国家科学技术学术著作出版基金资助出版

半导体激光器设计理论　Ⅱ

半导体激光器
激光波导模式理论

（上　册）

郭长志　编著

U0225870

科 学 出 版 社

北　京

内 容 简 介

模式理论是研究激光在波导光腔中的传播规律、各种波导结构中可能存在的各种光模类型和模式结构特点，揭示激光模式结构与波导结构的内在联系，从而发现控制波导结构和模式结构的途径。由于光在传播过程中主要突出其波动性，量子场论和经典场论基本上导出相同的结果，因此完全可以从麦克斯韦方程组出发进行分析。其任务是找出器件性能所需的最佳激光模式结构和设计出其合理的波导光腔结构方案。本书是在作者1989年12月出版的《半导体激光模式理论》的基础上，作了修订和大量补充完备，以反映作者及其团队几十年来取得的重要研究成果和该领域的最新进展。全书论述既重基础又涉及前沿，既重物理概念又重推导编程演算。

本书适合有关专业的大学高年级学生、研究生、研究人员和教师作为专业教材、参考书或自修提高的读物。

图书在版编目（CIP）数据

半导体激光器激光波导模式理论. 上册/郭长志编著. —北京：科学出版社，2015.10

（半导体激光器设计理论）

ISBN 978-7-03-045717-2

Ⅰ. ①半··· Ⅱ. ①郭··· Ⅲ. ①半导体激光器–激光–光波导–研究
Ⅳ. ①TN248.4

中国版本图书馆 CIP 数据核字(2015) 第 222435 号

责任编辑：钱 俊／责任校对：钟 洋
责任印制：徐晓晨／封面设计：耕者设计

科学出版社 出版
北京东黄城根北街 16 号
邮政编码：100717
http://www.sciencep.com

北京凌奇印刷有限责任公司 印刷
科学出版社发行 各地新华书店经销

*

2015 年 10 月第 一 版 开本：720 × 1000 1/16
2015 年 10 月第一次印刷 印张：31 3/4
字数：672 000

POD定价： 178.00元
（如有印装质量问题，我社负责调换）

前　　言

人类接触到的热光 (太阳光、燃烧光、热钨丝光等)、冷光 (生物光、光荧光、放电荧光、电场发光、电流注入发光等) 都是一种**自发辐射** (spontaneous radiation)。自发辐射的特点是：① **相干性较差**，与宏观天线辐射的电磁波不同，这些由原子等微观系统，每次以辐射时间 τ_c 辐射的电磁波是一个长度为 $l_c = \tau_c c_0$ 的**波列**，τ_c 和 l_c 分别称为**相干时间和相干长度**，c_0 是真空波速。各波列之间的振荡相位差 (或其出现的**相对时间**) 是**随机**的，如**图 1**所示。② **单色性较差**，其频谱和谱线都较宽。例如[1.1]，即使是单色性较好而曾被选为长度基准的氪原子 (Kr^{86}) 放电灯在低温下发射 6057 Å 的光，其相干时间为 $\tau_c = 2.5 \times 10^{-9}s$，相干长度为 $l_c = 76cm$，谱线宽度为 $5 \times 10^{-3}Å$。③ **每频率的平均光粒子数 (光子简并度) 较少**，尤其是热辐射，例如，黑体的温度为 50000K 时，波长为 $1\mu m$ 的平均光子数只有 1 个。④ **发射方向几乎是全方位向外辐射出去的。**

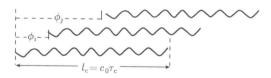

图 1　原子一次次随机自发发射的各个光波列

由爱因斯坦的辐射理论，在发生自发辐射的原子等微观系统中的同一能级差，处于上能级的激发状态粒子也有可能受到这能级差相应频率的光触发而发生**受激辐射**(stimulated radiation)。受激辐射虽然是激光所需的辐射跃迁，但这些基本上是有去无回的发射方式，每个能级差向下跃迁所产生的光即刻离开这个能级差而一去不复返，难以获得合适和足量的同能级差的光来触发受激辐射 (**图 2**)，因此是不可能产生激光的。激光的特点是：① **相位相干性很好，其相干时间和相干长度都很长**；② **单色性很好，谱线很窄**；③ **每频率的平均光粒子数即光子简并度很高**；④ **发射光的方向性很好，即发射角 θ 很小**。例如[1.1]，一般稳频的氦氖激光器发射的 6328 Å 的相干时间为 $\tau_c = 1.3 \times 10^{-4}s$，相干长度为 $l_c = 4 \times 10^6 cm = 40km$，谱线宽度为 $6 \times 10^{-8}Å$ (目前选作长度基准的氦氖激光器发射 $3.39\mu m$ 的光，其线宽为 $3.39 \times 10^{-9}Å$)，发射锥角为 $2\theta = 10^{-3} \times 180/\pi = 0.057°$。

可见，要产生激光，首先必须保证受激辐射在辐射跃迁中占绝对主导地位。为此必须设法使每个原子等微观系统的能级差辐射的光能够回来触发这个能级差的

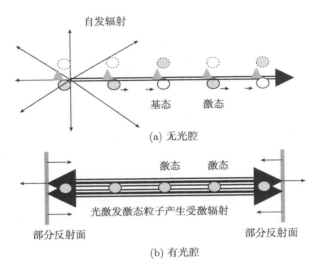

图 2 光腔的作用

向下辐射跃迁。显然将能级差系统的粒子集中起来，并将其所辐射的光反射回来触发受激发射，就可大为提高激发粒子使其处于同一激发态的效率，尤其更大提高了触发这同一激发态向下受激跃迁的效率，这一良性循环，将可随外来的**激发或泵浦 (excitation or pumping) 强度**的增加，很快在这个有集中的有源粒子和光反馈作用的有限空间中实现向下受激发射占绝对主导地位的要求 (开始有增益的粒子数反转条件)。如果其外来的泵浦强度达到或超过保证受激辐射强度足以抵消这有限空间的光损耗时，就可以产生**激光** (laser＝light amplification by stimulated emission of radiation)。

这个起集中有源粒子和光反馈作用的有限空间就是使自发辐射变成激光所必不可少的**光波导腔 (optical waveguide cavity)**。无论是气体激光器[1.1~1.3]、固体激光器[1.1~1.3]、染料激光器[1.1~1.3]、半导体激光器[1.1~1.10]、量子点激光器[1.11,1.23]还是纳米线激光器[1.16] 等，都必须有其适当形式的光波导腔才能成为激光器产生激光。例如，由直接带隙半导体加 pn 结制成的发光二极管 (LED)，有电注入时即可发射自发辐射。历史上第一个半导体激光器就是发光二极管中无意和偶然形成有一定光反馈和导波作用的波导光腔时才能构成激光器，在注入非平衡载流子浓度达到阈值之后**激射** (lasing) 而发射激光。

上述分析表明构成任何激光器的三个要素是：① **能提供有源粒子的激光有源材料**；② **光波导腔**；③ **激发有源粒子的泵浦机制**。其中，必不可少的**光波导腔**的作用是：① **选择适当光频**；② **集中有源粒子和光能并形成适当的腔内光强空间分布使其与有源粒子尽可能重合以增强其相互作用，降低阈值和使出射光束夹角尽**

量小；③ 提供适当的光反馈。

　　本书是关于用半导体和金属等材料实现上述光波导腔作用的设计理论。共分四章，第 1 章表述所需的理论基础、所需半导体和金属材料的光学性质及其理论、所需光波导腔可能的一般结构方案。第 2、第 3 章分别系统讨论**集中反馈**方式的突变和缓变光波导结构与其光模式的空间和频谱分布的关系及其控制作用和设计。第 4 章讨论**分布反馈**方式的**水平腔**和**垂直腔**光波导结构与其光模式的空间和频谱分布的关系及其控制作用和设计。

郭长志

2015 年 8 月

目　　录

第1章 半导体波导及其传播模式

概　　述

半导体激光器中，为了实现激射 (振荡)，必须利用波导腔中的谐振现象；而为了降低阈值，实现室温连续激射，则必须使注入非平衡载流子和所生的光场集中在波导腔的有源区内；为了使辐射出去的光场能量集中和稳定，还必须使整个波导腔的结构能够保证稳定的单基横模甚至单纵模激射或单频激射。半导体激光器 (**图 1.0-1**) 从同质结构到异质结构，从低温脉冲激射到室温连续激射，激射波长从 $0.9\mu m$ 左右的近红外到可见光和远红外光的发展，一方面是依靠新材料和新工艺的探索，另一方面是依靠对激射过程，包括对波导结构及其传播模式的研究才取得的[1.10]。

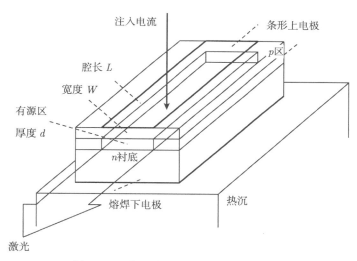

图 1.0-1　半导体激光器的基本结构要素

半导体波导一般是利用以半导体材料为主的不同材料和注入非平衡载流子等的光学性质，按一定的几何分布组成的有利于光场集中并定向传播的结构。定向传播的波导轴线，可以是笔直的，也可以是弯曲的。在一定的波导结构中，只允许一定的偏振性、一定的场强空间分布、一定几何形状的波阵面 (等相面)、一定频谱的电磁波在其中传播，因而辐射出去的光场也具有一定的光束结构和频谱结构。也就是说，**一定的波导结构确定一定的内外传播模式**。从光在传播过程中所应遵从的麦克斯韦方程组及由其导出的**波动方程**和**波导方程**，结合实际的材料，无论是介电（绝缘体）、半导体或金属的**光学**或**电磁性质分布**和**边界条件**，可以从理论上定量地推知波导结构及其传播模式之间的内在联系[1.1~1.16]。这方面的分析工作是理论认识和工程设计的重要依据。

半导体激光器的波导模式理论，在很大程度上继承了**微波理论**的成果，同时也赋予了新的光学处理[1.17~1.22]。因此，在讨论半导体激光器的波导模式问题时，既可以从求解一定介质分布和边界条件的波导方程入手，也可以从分析波导腔内光的反射、折射、干涉和衍射现象入手。因为这两者，**波动光学和光线光学**，在实质上是等价的，所以应该得出完全相同的结果。前者方法系统，后者较为直观。下面将以**电磁波理论**为主，导出主要结果，而以**唯象光学**作为补充，讨论结果的物理 (光学) 含义。

半导体激光器的波导模式理论与**集成光学**理论[1.9,1.10,1.23~1.27] 有若干共同的内容。前者主要讨论**有源介质波导**模式的空间结构和频谱结构、模式竞争和选模机制、模式稳定性等问题，其光源多在波导腔内；后者着重讨论**无源介质波导**模式的馈入、馈出、耦合、分离、组合、转换、调变等问题，其光源一般在波导腔之外。

半导体激光器的波导模式理论的早期研究主要是结合如何在半导体中**实现激射**、**降低阈值**和**延长工作寿命**的问题，近年来结合各种波导光腔结构**改善稳态和瞬态的模式行为及其工作稳定性**、**提高调制速率**、**实现动态单模 (单频)**、**光电器件集成**、**微型化**的研究，其成果不但推动了基本半导体激光器技术的发展，而且带动和促进了新材料、新结构、新波导机制和新理论，例如，微腔和光子的量子尺寸效应[1.10,1.13]、光子晶体激光器[1.10,1.14]、表面等离子体波导[1.10,1.15]、量子点激光器[1.10,1.11] 和纳米线激光器[1.16]、单光子和光集束化的波导等问题的研究[1.12]。

1.1　电磁过程的基本方程[1.7]

1.1.1　麦克斯韦方程组

光在产生和吸收过程中虽然更多表现其电磁粒子性，但在传播过程中，却充分表现其电磁波的本质。电磁波是某种电磁场分布的传播。电磁场可以用**电场强度矢量** E [V·cm^{-1}]，**电位移矢量** D [As·cm^{-2}]，**磁场强度矢量** H [A·cm^{-1}]，**磁感应矢量** B [Vs·cm^{-2}] 这四个与空间 (x, y, z) 和时间 (t) 有关的基本物理量来描述。影响电磁场分布和传播过程的，一方面是所在介质的**电容率** ε [A·s·V^{-1}·cm^{-1}]、**磁导率** μ [V·s·A^{-1}·cm^{-1}]、**电导率** σ [A·V^{-1}·cm^{-1}] 等电磁性质，另一方面是所在介质中的**电荷密度** ρ [A·s·cm^{-3}] 和**电流密度矢量** j [Acm^{-2}] 的分布。它们之间的关系为

$$\nabla \cdot D = \rho, \quad \nabla \cdot B = 0, \quad \nabla \times E = -\frac{\partial B}{\partial t}, \quad \nabla \times H = j + \frac{\partial D}{\partial t} \quad (1.1\text{-}1\mathrm{a,b,c,d})$$

$$\boldsymbol{D} = \varepsilon \boldsymbol{E}, \quad \boldsymbol{B} = \mu \boldsymbol{H}, \quad \boldsymbol{j} = \sigma \boldsymbol{E} \tag{1.1-1e, f, g}$$

从实验出发的观点看，式 (1.1-1a) 是**静电库仑定律**的概括和推广，即认为库仑定律在**动电情况**下仍然成立；式 (1.1-1b) 是**静磁库仑定律**和**不存在独立磁荷**这一事实的概括和向**动磁情况**的推广；式 (1.1-1c) 是**法拉第电磁感应定律**和楞次定律的概括；式 (1.1-1d) 是**电流产生磁场**这一事实的概括和向**位移电流情况**的推广，即认为位移电流密度 $\partial \boldsymbol{D}/\partial t$ 也和传导电流密度 $\boldsymbol{j}$ 一样产生磁场。式 (1.1-1a~d) 构成**麦克斯韦方程组**，它是一切电磁场变化必须遵从的规律。式 (1.1-1e) 描述**介质的电极化性质**；式 (1.1-1f) 描述**介质的磁化性质**；式 (1.1-1g) 描述**介质的导电性质** (如果 σ 与场强无关，则为**欧姆定律**)，在光频电磁过程中，电导率 σ 在低频时主要反映电导过程中载流子在介质中的碰撞损耗，在光频中还将包含载流子电动过程中的辐射等损耗性质。式 (1.1-1e, j, g) 是三个描述介质性质的**物性 (本构 (constitutive))方程**。如果 ε、μ 和 σ 是与场强无关的**标量**，则只能描述**各向同性和线性**近似成立的介质。在介质出现**突变**的**界面**上，式 (1.1-1a~d) 相应地化为

$$D_{n1} - D_{n2} = \rho_{\mathrm{s}}, \quad B_{n1} - B_{n2} = 0, \quad E_{t1} - E_{t2} = 0, \quad H_{t1} - H_{t2} = j_{\mathrm{s}} \tag{1.1-1h, i, j, k}$$

这是在**突变界面**上的麦克斯韦方程组。式 (1.1-1h) 表示在突变界面上 1、2 两侧介质中的电位移矢量不相等，其差等于界面上的**表面电荷密度** ρ_{s}；式 (1.1-1i) 表示在突变界面上两侧介质中的磁感应矢量的法向分量总是相等的；式 (1.1-1j) 表示在突变界面上两侧介质中的电场强度矢量的切向分量总是相等的；式 (1.1-1k) 表示在突变界面上两侧介质中的磁场强度矢量的切向分量不相等，其差等于界面上的**表面电流密度** j_{s}。如果在界面上无面电荷和面电流分布，则式 (1.1-1h~k) 的右边皆为零，有关的四个分量在界面上皆连续。这时由于在光频情况下，介质的磁导率通常与真空磁导率几乎没有差别，即 $\mu \approx \mu_0$，虽然由电场强度矢量构成的**电力线**通过界面时总有所偏折，但是由磁场强度矢量构成的**磁力线**通过界面时则不偏折，即磁场强度矢量本身在突变界面上总是连续的 ($\boldsymbol{H}_1 = \boldsymbol{H}_2$)。

1.1.2 波动方程

对于各向同性和线性近似成立的介质，麦克斯韦方程组式 (1.1-1a~d) 和物性方程式 (1.1-1e~g) 是线性的，可以将电磁波分解为**单色波的叠加**，故可先集中讨论一个 "单色 (单频)" 波的行为。即可设整个电磁场共同随时间作简谐变化，其圆频率为 $\omega = 2\pi\nu$，ν 为频率，则各电磁场皆包含一个共同的与时间 t 有关的因子 $e^{\mathrm{i}\omega t}$，$\mathrm{i} \equiv \sqrt{-1}$，这时式 (1.1-1d) 化为

$$\nabla \times \boldsymbol{H} = (\sigma + \mathrm{i}\omega\varepsilon) \boldsymbol{E} \equiv \mathrm{i}\omega\tilde{\varepsilon}\boldsymbol{E} = \tilde{\varepsilon}\partial \boldsymbol{E}/\partial t \tag{1.1-1l}$$

$$\tilde{\varepsilon} = \varepsilon_{\mathrm{r}} + \mathrm{i}\varepsilon_{\mathrm{i}} \equiv \varepsilon - \mathrm{i}\frac{\sigma}{\omega}, \quad \tilde{n}^2 \equiv \frac{\tilde{\varepsilon}}{\varepsilon_0} = \varepsilon_{\mathrm{R,r}} + \mathrm{i}\varepsilon_{\mathrm{R,i}} \equiv \varepsilon_1 - \mathrm{i}\varepsilon_2 = \frac{\varepsilon}{\varepsilon_0} - \mathrm{i}\frac{\sigma}{\varepsilon_0\omega}$$

$$\tilde{k}^2 \equiv \omega^2 \mu_0 \tilde{\varepsilon} = k_0^2 \tilde{n}^2 \equiv \tilde{\beta}^2 \qquad (1.1\text{-}1\text{m, n, o})$$

$$k_0 \equiv \omega\sqrt{\varepsilon_0\mu_0} = \frac{\omega}{c_0} = \frac{2\pi}{\lambda_0}, \quad c_0 = \frac{1}{\sqrt{\varepsilon_0\mu_0}} = \lambda_0\nu$$

$$\varepsilon_{\mathrm{R,r}} = \varepsilon_1 = \frac{\varepsilon_{\mathrm{r}}}{\varepsilon_0} = \frac{\varepsilon}{\varepsilon_0}, \quad \varepsilon_{\mathrm{R,i}} = \frac{\varepsilon_{\mathrm{i}}}{\varepsilon_0} = -\varepsilon_2 \equiv \frac{-\sigma}{\varepsilon_0\omega} \qquad (1.1\text{-}1\text{s, t, u})$$

电导率 σ 的存在反映介质是有损耗的。设

$$\tilde{n} = \bar{n}_{\mathrm{r}} + \mathrm{i}\bar{n}_{\mathrm{i}} \equiv \bar{n} - \mathrm{i}\bar{k}, \quad \tilde{\beta} \equiv \beta_{\mathrm{r}} + \mathrm{i}\beta_{\mathrm{i}} \qquad (1.1\text{-}1\text{v})$$

由式 (1.1-1n) 和式 (1.1-1v) 得

$$\tilde{n}^2 = \bar{n}^2 - \bar{k}^2 - \mathrm{i}2\bar{n}\bar{k} \equiv \varepsilon_1 - \mathrm{i}\varepsilon_2 \rightarrow \varepsilon_1 \equiv \frac{\varepsilon}{\varepsilon_0} = \bar{n}^2 - \bar{k}^2 = \varepsilon_{\mathrm{R,r}}$$

$$\varepsilon_2 \equiv \frac{\sigma}{\varepsilon_0\omega} = 2\bar{n}\bar{k} = -\varepsilon_{\mathrm{R,i}} \qquad (1.1\text{-}1\text{w})$$

$$\bar{k} = \frac{\varepsilon_2}{2\bar{n}} \rightarrow \varepsilon_1 = \bar{n}^2 - \left(\frac{\varepsilon_2}{2\bar{n}}\right)^2 \rightarrow \bar{n}^4 - \varepsilon_1\bar{n}^2 - \frac{\varepsilon_2^2}{4} = 0 \rightarrow \bar{n}^2 = \frac{\varepsilon_1}{2} + \frac{1}{2}\sqrt{\varepsilon_1^2 + \varepsilon_2^2} > 0$$

$$\varepsilon_1 = 0 \rightarrow \bar{n}^2 = \frac{\varepsilon_2}{2} \rightarrow \bar{n} = \frac{\varepsilon_2}{2\bar{n}} = \bar{k}$$

则

$$\bar{n} = \sqrt{\frac{\varepsilon_1}{2} + \frac{1}{2}\sqrt{\varepsilon_1^2 + \varepsilon_2^2}}, \quad \bar{k} = \frac{\varepsilon_2}{2\bar{n}}$$

$$\bar{k}^2 \ll \bar{n}^2 \rightarrow \bar{n} \approx \sqrt{\varepsilon_1}, \quad \bar{k}^2 > \bar{n}^2 \rightarrow \varepsilon_1 < 0 \qquad (1.1\text{-}1\text{x})$$

$$\beta_{\mathrm{r}} = k_0\bar{n} = \frac{2\pi}{\lambda}, \quad \beta_{\mathrm{i}} = -k_0\bar{k}, \quad \lambda \equiv \frac{\lambda_0}{\bar{n}} \qquad (1.1\text{-}1\text{y})$$

$\tilde{\varepsilon}, \tilde{n}$ 分别是介质的**复电容率**和**复折射率**；$\tilde{k}, \tilde{\beta}$ 分别是电磁波在介质中的**复波数**和**复传播常数**，在均匀的无限介质中二者是相等的；$\bar{n}, \bar{k}$ 分别是介质的**折射率**和**消光系数**；k_0, λ_0 分别是电磁波在真空中的**波数**和**波长**；λ 是电磁波在折射率为 $\bar{n}$ 的介质中的波长。$\varepsilon_0 = 8.85419 \times 10^{-14}\mathrm{F\cdot cm^{-1}}$ [$\mathrm{A\cdot s\cdot V^{-1}\cdot cm^{-1}}$]，$\mu_0 = 4\pi \times 10^{-9}\mathrm{H\cdot cm^{-1}}$[$\mathrm{V\cdot s\cdot A^{-1}\cdot cm^{-1}}$]，$c_0 = 2.9979 \times 10^{10}\mathrm{cm\cdot s^{-1}}$，分别是真空中的电容率、磁导率和光速。

在 $\rho = 0$ 的介质中，由式 (1.1-1a) 得

$$\nabla \cdot \boldsymbol{D} = \nabla \cdot (\tilde{\varepsilon}\boldsymbol{E}) = \boldsymbol{E} \cdot \nabla\tilde{\varepsilon} + \tilde{\varepsilon}\nabla \cdot \boldsymbol{E} = 0 \rightarrow \nabla \cdot \boldsymbol{E} = -\boldsymbol{E} \cdot \left(\frac{\nabla\tilde{\varepsilon}}{\tilde{\varepsilon}}\right) \qquad (1.1\text{-}2\text{a})$$

取式 (1.1-1c) 的旋度，则由式 (1.1-1l)，特别是由**位移电流假设**，得

$$\nabla \times \nabla \times \boldsymbol{E} \equiv \nabla(\nabla \cdot \boldsymbol{E}) - \nabla^2\boldsymbol{E} = -\mu_0\frac{\partial}{\partial t}(\nabla \times \boldsymbol{H}) = -\mu_0\tilde{\varepsilon}\frac{\partial^2\boldsymbol{E}}{\partial t^2} \qquad (1.1\text{-}2\text{b})$$

将式 (1.1-2a) 代入即得**矢量波动方程**：

$$\nabla^2 \boldsymbol{E} + \nabla \left[\boldsymbol{E} \cdot \left(\frac{\nabla \tilde{\varepsilon}}{\tilde{\varepsilon}} \right) \right] - \mu_0 \tilde{\varepsilon} \frac{\partial^2 \boldsymbol{E}}{\partial t^2} = 0 \tag{1.1-2c}$$

即

$$\nabla^2 \boldsymbol{E} + \nabla \left(\frac{E_x}{\tilde{\varepsilon}} \frac{\partial \tilde{\varepsilon}_x}{\partial x} + \frac{E_y}{\tilde{\varepsilon}} \frac{\partial \tilde{\varepsilon}_y}{\partial y} + \frac{E_z}{\tilde{\varepsilon}} \frac{\partial \tilde{\varepsilon}_z}{\partial z} \right) - \mu_0 \tilde{\varepsilon} \frac{\partial^2 \boldsymbol{E}}{\partial t^2} = 0 \tag{1.1-2d}$$

其分量方程分别为

$$\nabla^2 E_x + \frac{\partial}{\partial x} \left(\frac{E_x}{\tilde{\varepsilon}} \frac{\partial \tilde{\varepsilon}_x}{\partial x} + \frac{E_y}{\tilde{\varepsilon}} \frac{\partial \tilde{\varepsilon}_y}{\partial y} + \frac{E_z}{\tilde{\varepsilon}} \frac{\partial \tilde{\varepsilon}_z}{\partial z} \right) - \mu_0 \tilde{\varepsilon} \frac{\partial^2 E_x}{\partial t^2} = 0 \tag{1.1-2e}$$

$$\nabla^2 E_y + \frac{\partial}{\partial y} \left(\frac{E_x}{\tilde{\varepsilon}} \frac{\partial \tilde{\varepsilon}_x}{\partial x} + \frac{E_y}{\tilde{\varepsilon}} \frac{\partial \tilde{\varepsilon}_y}{\partial y} + \frac{E_z}{\tilde{\varepsilon}} \frac{\partial \tilde{\varepsilon}_z}{\partial z} \right) - \mu_0 \tilde{\varepsilon} \frac{\partial^2 E_y}{\partial t^2} = 0 \tag{1.1-2e$'$}$$

$$\nabla^2 E_z + \frac{\partial}{\partial z} \left(\frac{E_x}{\tilde{\varepsilon}} \frac{\partial \tilde{\varepsilon}_x}{\partial x} + \frac{E_y}{\tilde{\varepsilon}} \frac{\partial \tilde{\varepsilon}_y}{\partial y} + \frac{E_z}{\tilde{\varepsilon}} \frac{\partial \tilde{\varepsilon}_z}{\partial z} \right) - \mu_0 \tilde{\varepsilon} \frac{\partial^2 E_z}{\partial t^2} = 0 \tag{1.1-2e$''$}$$

如果在一定区域内 $\tilde{\varepsilon}$ 随空间变化比较缓慢，则

$$\left(\frac{\nabla \tilde{\varepsilon}}{\tilde{\varepsilon}} \right) \approx 0 \rightarrow \nabla \cdot \boldsymbol{E} \approx 0 \tag{1.1-2f}$$

代入式 (1.1-2c)，则近似为

$$\nabla^2 \boldsymbol{E} = \mu_0 \tilde{\varepsilon} \frac{\partial^2 \boldsymbol{E}}{\partial t^2} = \left(\frac{\tilde{n}}{c_0} \right)^2 \frac{\partial^2 \boldsymbol{E}}{\partial t^2} \equiv \frac{1}{\tilde{v}^2} \frac{\partial^2 \boldsymbol{E}}{\partial t^2} \tag{1.1-2g}$$

其分量方程分别为

$$\nabla^2 E_x = \mu_0 \tilde{\varepsilon} \frac{\partial^2 E_x}{\partial t^2}, \quad \nabla^2 E_y = \mu_0 \tilde{\varepsilon} \frac{\partial^2 E_y}{\partial t^2}, \quad \nabla^2 E_y = \mu_0 \tilde{\varepsilon} \frac{\partial^2 E_y}{\partial t^2} \tag{1.1-2h}$$

皆可写成标量方程的形式

$$\nabla^2 \psi = \mu_0 \tilde{\varepsilon} \frac{\partial^2 \psi}{\partial t^2} \tag{1.1-2i}$$

故可称为**标量波动方程**。对磁场也可得出类似的标量波动方程

$$\nabla^2 \boldsymbol{H} = \mu_0 \tilde{\varepsilon} \frac{\partial^2 \boldsymbol{H}}{\partial t^2} = \left(\frac{\tilde{n}}{c_0} \right)^2 \frac{\partial^2 \boldsymbol{H}}{\partial t^2} \equiv \frac{1}{\tilde{v}^2} \frac{\partial^2 \boldsymbol{H}}{\partial t^2} \tag{1.1-2j}$$

其中，$\tilde{v}$ 是其复传播速度

$$\tilde{v} \equiv \frac{c_0}{\tilde{n}} = \frac{\omega}{\tilde{\beta}} = \frac{\omega}{\tilde{k}} \tag{1.1-2k}$$

式 (1.1-2g) 和式 (1.1-2j) 就是电磁波在均匀或缓变复电容率介质中所应满足的**标量波动方程**。

假设整个电磁场共同随时间作简谐变化，实即假设电磁场量的时间变量 t 可与空间变量 (x, y, z) 分离，即电磁场量可看成只含空间变量的函数和只含时间变量的公因子 $T(t)$ 的乘积：

$$\boldsymbol{E}(x, y, z, t) \equiv \boldsymbol{E}(x, y, z) T(t), \quad \boldsymbol{H}(x, y, z, t) \equiv \boldsymbol{H}(x, y, z) T(t) \tag{1.1-2l}$$

时间公因子可取为

$$T(t) = \mathrm{e}^{\mathrm{i}\omega t} \text{ 或 } \mathrm{e}^{-\mathrm{i}\omega t} \tag{1.1-2m}$$

而不失普遍性 [见式 (1.2-1e)]，空间因子则满足**亥姆霍兹 (Helmholtz) 方程**：

$$\nabla^2 \boldsymbol{E}(x, y, z) + k_0^2 \tilde{n}^2 \boldsymbol{E}(x, y, z) = 0, \quad \nabla^2 \boldsymbol{H}(x, y, z) + k_0^2 \tilde{n}^2 \boldsymbol{H}(x, y, z) = 0 \tag{1.1-2n}$$

电磁波传播的功率流密度由**坡印亭 (Poynting) 矢量**表为

$$\boldsymbol{S} = \boldsymbol{E} \times \boldsymbol{H} \quad [\mathrm{A \cdot V \cdot cm^{-2}}] \tag{1.1-2o}$$

如果 $\boldsymbol{E}$ 和 $\boldsymbol{H}$ 皆用复数表示 (仅其实部有物理意义)，则电磁波对时间平均的功率流密度可表为

$$\boldsymbol{P} \equiv \overline{\boldsymbol{S}} = \mathrm{Re}\left(\frac{1}{2}\boldsymbol{E} \times \boldsymbol{H}^*\right) \quad [\mathrm{A \cdot V \cdot cm^{-2}}] \tag{1.1-2p}$$

式中，$*$ 表示**复共轭 (complex conjugate) 量**。

在无限大的均匀介质中，电磁场有一种最简单的传播方式，它是麦克斯韦方程组的**平面波解**。所谓平面波是指在垂直于传播方向的平面上一切电磁场分量皆不随空间变化，如取 z 轴与传播方向重合，$\tilde{\boldsymbol{\beta}} \cdot \boldsymbol{r} = \tilde{\beta}_x 0 + \tilde{\beta}_y 0 + \tilde{\beta}_z \hat{\boldsymbol{z}} = \tilde{\beta}_z \hat{\boldsymbol{z}}$，则**平面波解的条件**为

$$\frac{\partial}{\partial x} = 0, \quad \frac{\partial}{\partial y} = 0 \tag{1.1-2q}$$

如果再取 x 轴与电场强度分量 E_x 重合，则由式 (1.1-2g)、式 (1.1-2j) 和式 (1.1-2p)，并取式 (1.1-2m) 的前者，得

$$E_x(z, t) = A\mathrm{e}^{\mathrm{i}(\omega t - \tilde{\beta}_z)} = A\mathrm{e}^{\beta_i z}\mathrm{e}^{\mathrm{i}(\omega t - \beta_r z)}, \quad E_y = 0, \quad E_z = 0 \quad [\mathrm{V \cdot cm^{-1}}] \tag{1.1-2r}$$

$$H_x = 0, \quad H_y = \frac{\tilde{\beta}}{\mu_0 \omega} A\mathrm{e}^{\mathrm{i}(\omega t - \tilde{\beta}_z)} \left(= \frac{\tilde{\beta}}{\mu_0 \omega} E_x\right)$$

$$= \frac{A\sqrt{\beta_r^2 + \beta_i^2}}{\mu_0 \omega}\mathrm{e}^{\mathrm{i}\tan^{-1}(\beta_i/\beta_r)}\mathrm{e}^{\beta_i z}\mathrm{e}^{\mathrm{i}(\omega t - \beta_r z)}, \quad H_z = 0 \quad [\mathrm{A \cdot cm^{-1}}] \tag{1.1-2s}$$

$$P_x = 0, \quad P_y = 0, \quad P_z = \frac{A^2 \beta_r}{2\mu_0 \omega}\mathrm{e}^{2\beta_i z} \equiv P_0 \mathrm{e}^{-\alpha z} \quad [\mathrm{A \cdot V \cdot cm^{-2}}] \tag{1.1-2t}$$

其中，α 是介质的**吸收系数**

$$\alpha \equiv \frac{-\mathrm{d}P_z/P_z}{\mathrm{d}z} = -\frac{1}{P_z}\frac{\mathrm{d}P_z}{\mathrm{d}z} = -2\beta_\mathrm{i} \xrightarrow{\text{式 (1.1-1y)}} 2k_0\bar{k} = \frac{2\omega\bar{k}}{c_0} = \frac{4\pi\bar{k}}{\lambda_0} \quad [\mathrm{cm}^{-1}] \quad (1.1\text{-}2\mathrm{u})$$

因而

$$\beta_\mathrm{i} = -k_0\bar{k} = -\frac{\alpha}{2}, \quad \beta_\mathrm{r} = k_0\bar{n} = \frac{2\pi}{\lambda} > 0 \quad [\mathrm{cm}^{-1}] \quad (1.1\text{-}2\mathrm{v})$$

若取式 (1.1-2r) 和式 (1.1-2s) 的实部, 则**正向平面波场解**的实数表达式为

$$E_x(z,t) = Ae^{\beta_\mathrm{i}z}\cos(\omega t - \beta_\mathrm{r}z) = Ae^{-\frac{\alpha}{2}z}\cos(\omega t - \beta_\mathrm{r}z), \quad E_y = 0, \quad E_z = 0 \quad (1.1\text{-}2\mathrm{w})$$

$$H_x = 0, \quad H_y = \frac{A}{\mu_0\omega}\sqrt{\beta_\mathrm{r}^2 + \beta_\mathrm{i}^2}\,e^{\beta_\mathrm{i}z}\cos\phi, \quad H_z = 0, \quad \phi \equiv \omega t - \beta_\mathrm{r}z + \arctan\frac{\beta_\mathrm{i}}{\beta_\mathrm{r}} \quad (1.1\text{-}2\mathrm{x})$$

其**等相面方程**为

$$\phi = \omega t - \beta_\mathrm{r}z + \arctan\frac{\beta_\mathrm{i}}{\beta_\mathrm{r}} = 常数 \rightarrow z = \frac{\omega}{\beta_\mathrm{r}}t - \frac{1}{\beta_\mathrm{r}}\left(\phi - \arctan\frac{\beta_\mathrm{i}}{\beta_\mathrm{r}}\right) \quad (1.1\text{-}2\mathrm{y})$$

是垂直于传播方向的平面。这**等相面的传播速度 (相速)**为

$$v \equiv \frac{\mathrm{d}z}{\mathrm{d}t} = \frac{\omega}{\beta_\mathrm{r}} = \frac{c_0}{\bar{n}} \quad (1.1\text{-}2\mathrm{z})$$

可见, 如果不考虑介质的色散, 则**平面波**具有一系列的特点: ① 它能以任何频率传播; ② 它是横波; ③ 它是线偏振的; ④ 其电磁场在垂直于传播方向的平面上是均匀的; ⑤ 其波阵面或等相面垂直于传播方向的平面; ⑥ 如果 $\alpha = -2\beta_\mathrm{i} = 0$, 则电场和磁场同相变化, 否则在电场和磁场的变化之间有一定相位差; ⑦ 当 $\alpha = -2\beta_\mathrm{i} >$ 或 $=$ 或 < 0 时, 电磁波的振幅将随着传播距离分别按指数规律减小、不变或增大, 只有在无损耗和增益的介质中, 其电磁场的分布才具有严格的空间周期性, 即波长, 这时才是严格意义下的平面波; ⑧ 其能流方向不受限制, 而且总与传播方向一致。当然, 无限波阵面的平面波是不可能存在的, 因为其传播能量将为无限大。但是, 在比波长大得多的一定空间范围内是可能具有平面波的上述特点的。在有限空间内传播的电磁波, 不可能单纯是上述平面波, 但有时可以看成是许多平面波的某种叠加。

1.2 光在波导结构中的传播[1.7]

1.2.1 波导方程

1. 波导解式

直腔光波导的一般形式, 是嵌在不同介质中的直柱状介质, 其横截面的几何形状和 $\bar{\varepsilon}$ 在横截面的分布是任意的, 而沿着轴线方向则相同 (**图 1.2-1A**)。由于介质

的电磁性质不均匀和界面的影响，电磁波在其中的传播方式不可能是任意的。令轴线方向为 z，则描述其传播方式的波导解式应该具有可以分别分离出 z 和 t 变量的性质，而且皆含有共同的 z 函数 $Z(z)$ 和 t 函数 $T(t)$ 两个因子：

$$E(x, y, z, t) \equiv E(x, y)Z(z)T(t) \tag{1.2-1a}$$

$$H(x, y, z, t) \equiv H(x, y)Z(z)T(t) \tag{1.2-1b}$$

这时标量波动方程 (1.1-2g) 化为

$$\left[\frac{\partial^2 E(x, y)}{\partial x^2} + \frac{\partial^2 E(x, y)}{\partial y^2}\right]Z(z)T(t) + E(x, y)\frac{\mathrm{d}^2 Z(z)}{\mathrm{d}z^2}T(t) = \mu_0\tilde{\varepsilon}E(x, y)Z(z)\frac{\mathrm{d}^2 T(t)}{\mathrm{d}t^2}$$

两边除以 $\mu_0\tilde{\varepsilon}E(x, y)Z(z)T(t)$：

$$\frac{1}{\mu_0\tilde{\varepsilon}E(x, y)}\left[\frac{\partial^2 E(x, y)}{\partial x^2} + \frac{\partial^2 E(x, y)}{\partial y^2}\right] + \frac{1}{\mu_0\tilde{\varepsilon}Z(z)}\frac{\mathrm{d}^2 Z(z)}{\mathrm{d}z^2} = \frac{1}{T(t)}\frac{\mathrm{d}^2 T(t)}{\mathrm{d}t^2} = -a^2 \tag{1.2-1c}$$

$$\frac{1}{E(x, y)}\left[\frac{\partial^2 E(x, y)}{\partial x^2} + \frac{\partial^2 E(x, y)}{\partial y^2}\right] + a^2\mu_0\tilde{\varepsilon} = -\frac{1}{Z(z)}\frac{\mathrm{d}^2 Z(z)}{\mathrm{d}z^2} = b^2 \tag{1.2-1d}$$

式中，a 和 b 是两个**分离常数**。

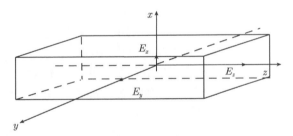

图 1.2-1A 直腔柱状介质波导

由式 (1.2-1c) 和式 (1.2-1d) 分别求出

$$T(t) = A\mathrm{e}^{iat} + B\mathrm{e}^{-iat}, \quad Z(z) = C\mathrm{e}^{ibz} + D\mathrm{e}^{-ibz} \tag{1.2-1e, f}$$

其中，A, B, C, D 均为常数。只取含有 e^{iat} 和 e^{-ibz} 的项，并将常数归并到 $E(x, y)$ 中去，则波导解式可写成

$$E(x, y, z, t) = E(x, y)\mathrm{e}^{i(at-bz)} \equiv E(x, y)\mathrm{e}^{i(\omega t - \tilde{\beta}_z z)} \tag{1.2-1g}$$

$$H(x, y, z, t) = H(x, y)\mathrm{e}^{i(at-bz)} \equiv H(x, y)\mathrm{e}^{i(\omega t - \tilde{\beta}_z z)} \tag{1.2-1h}$$

可见，例如对比平面波情况式 (1.1-2r) 和式 (1.1-2s)，分离常数 $a \equiv \omega$ 和 $b \equiv \tilde{\beta}_z$ 分别具有电磁波的**圆频率**和**复传播常数**的含义，表示整个电磁场一起随着时间作

简谐变化，并一起沿 z 轴传播。这样的波导解式 (1.2-1g) 和式 (1.2-1h) 必将满足麦克斯韦方程组。例如，将其代回标量波动方程式 (1.1-2g) 式 (1.1-2j)，得

$$\frac{\partial^2 \boldsymbol{E}(x,y)}{\partial x^2} + \frac{\partial^2 \boldsymbol{E}(x,y)}{\partial y^2} + \left(\tilde{k}^2 - \tilde{\beta}_z^2\right)\boldsymbol{E}(x,y) = 0$$

$$\frac{\partial^2 \boldsymbol{H}(x,y)}{\partial x^2} + \frac{\partial^2 \boldsymbol{H}(x,y)}{\partial y^2} + \left(\tilde{k}^2 - \tilde{\beta}_z^2\right)\boldsymbol{H}(x,y) = 0, \quad \tilde{k}^2 \equiv \omega^2 \mu_0 \tilde{\varepsilon} \tag{1.2-1i}$$

表明电磁波的电磁场三个分量都满足同样的**直腔波导方程**，但下述分析将表明电磁场的横向分量还将满足另一组方程。

2. 电磁场横向分量方程

将式 (1.2-1g) 和式 (1.2-1h) 代入麦克斯韦方程组，则式 (1.1-1c) 式 (1.2-1d) 分别化为

$$-\mathrm{i}\tilde{\beta}_z E_x(x,y) - \frac{\partial E_z(x,y)}{\partial x} = -\mathrm{i}\mu_0\omega H_y(x,y), \quad \frac{\partial E_y(x,y)}{\partial x} - \frac{\partial E_x(x,y)}{\partial y} = -\mathrm{i}\mu_0\omega H_z(x,y)$$
$$\tag{1.2-1j, k}$$

$$\frac{\partial H_z(x,y)}{\partial y} + \mathrm{i}\tilde{\beta}_z H_y(x,y) = \mathrm{i}\omega\tilde{\varepsilon}E_x(x,y), \quad -\mathrm{i}\tilde{\beta}_z H_x(x,y) - \frac{\partial H_z(x,y)}{\partial x} = \mathrm{i}\omega\tilde{\varepsilon}E_y(x,y)$$
$$\tag{1.2-1l, m}$$

$$\frac{\partial H_y(x,y)}{\partial x} - \frac{\partial H_x(x,y)}{\partial y} = \mathrm{i}\omega\tilde{\varepsilon}E_z(x,y) \tag{1.2-1n}$$

将式 (1.2-1j) 乘以 $\tilde{\beta}_z$：

$$-\mathrm{i}\tilde{\beta}_z^2 E_x(x,y) = \tilde{\beta}_z\frac{\partial E_z(x,y)}{\partial x} - \mathrm{i}\mu_0\omega\tilde{\beta}_z H_y(x,y)$$

将式 (1.2-1j) 乘以 $\mu_0\omega$：

$$\mathrm{i}\mu_0\omega^2\tilde{\varepsilon}E_x(x,y) = \mu_0\omega\frac{\partial H_z(x,y)}{\partial y} + \mathrm{i}\mu_0\omega\tilde{\beta}_z H_y(x,y)$$

再将上述两式相加：

$$\mathrm{i}\left(\omega^2\mu_0\tilde{\varepsilon} - \tilde{\beta}_z^2\right)E_x(x,y) = \tilde{\beta}_z\frac{\partial E_z(x,y)}{\partial x} + \mu_0\omega\frac{\partial H_z(x,y)}{\partial y}^2, \quad \tilde{k}^2 \equiv \frac{\omega^2}{c_0^2}\frac{\tilde{\varepsilon}}{\varepsilon_0} = k_0^2\tilde{n}^2$$

注意到波导中电磁波的波数 $\tilde{k}$ 和传播常数 $\tilde{\beta}_z$ 的区别，类此，由式 (1.2-1i)~ 式 (1.2-1m) 可求出

$$E_x(x,y) = \frac{-\mathrm{i}}{\tilde{k}^2 - \tilde{\beta}_z^2}\left[\tilde{\beta}_z\frac{\partial E_z(x,y)}{\partial x} + \omega\mu_0\frac{\partial H_z(x,y)}{\partial y}\right],$$

$$E_y(x,y) = \frac{\mathrm{i}}{\tilde{k}^2 - \tilde{\beta}_z^2}\left[-\tilde{\beta}_z\frac{\partial E_z(x,y)}{\partial y} + \omega\mu_0\frac{\partial H_z(x,y)}{\partial x}\right] \tag{1.2-1o, p}$$

$$H_x(x,y) = \frac{\mathrm{i}}{\tilde{k}^2 - \tilde{\beta}_z^2}\left[\omega\tilde{\varepsilon}\frac{\partial E_z(x,y)}{\partial y} - \tilde{\beta}_z\frac{\partial H_z(x,y)}{\partial x}\right]$$

$$H_y(x,y) = \frac{-\mathrm{i}}{\tilde{k}^2 - \tilde{\beta}_z^2}\left[\omega\tilde{\varepsilon}\frac{\partial E_z(x,y)}{\partial x} + \tilde{\beta}_z\frac{\partial H_z(x,y)}{\partial y}\right] \qquad (1.2\text{-}1\mathrm{q,r})$$

表明，**在直腔柱状光波导中传播的电磁波电磁场横向分量，完全由其纵向分量的横向偏微商所决定。**

3. 电磁场纵向分量方程

将式 (1.2-1q,r) 微分后代入上节尚未用到的式 (1.2-1n)，分别消去电磁场横向分量，得

$$\frac{\partial H_y(x,y)}{\partial x} - \frac{\partial H_x(x,y)}{\partial y}$$

$$= \frac{-\mathrm{i}}{\tilde{k}^2 - \tilde{\beta}_z^2}\left[\omega\tilde{\varepsilon}\frac{\partial^2 E_z(x,y)}{\partial x^2} + \tilde{\beta}_z\frac{\partial^2 H_z(x,y)}{\partial x \partial y}\right] - \frac{\mathrm{i}}{\tilde{k}^2 - \tilde{\beta}_z^2}\left[\omega\tilde{\varepsilon}\frac{\partial^2 E_z(x,y)}{\partial y^2} - \tilde{\beta}_z\frac{\partial^2 H_z(x,y)}{\partial y \partial x}\right]$$

$$= \frac{-\mathrm{i}\omega\tilde{\varepsilon}}{\tilde{k}^2 - \tilde{\beta}_z^2}\left[\frac{\partial^2 E_z(x,y)}{\partial x^2} + \frac{\partial^2 E_z(x,y)}{\partial y^2}\right]$$

$$= \mathrm{i}\omega\tilde{\varepsilon}E_z(x,y) \rightarrow \frac{\partial^2 E_z(x,y)}{\partial x^2} + \frac{\partial^2 E_z(x,y)}{\partial y^2} + \left(\tilde{k}^2 - \tilde{\beta}_z^2\right)E_z(x,y) = 0 \qquad (1.2\text{-}1\mathrm{s})$$

并将式 (1.2-1o,p) 微分后代入上节尚未用到的 (1.2-1k)，分别消去电磁场横向分量，得

$$\frac{\partial E_y(x,y)}{\partial x} - \frac{\partial E_x(x,y)}{\partial y}$$

$$= \frac{\mathrm{i}}{\tilde{k}^2 - \tilde{\beta}_z^2}\left[-\tilde{\beta}_z\frac{\partial^2 E_z(x,y)}{\partial x \partial y} + \omega\mu_0\frac{\partial^2 H_z(x,y)}{\partial x^2}\right] - \frac{-\mathrm{i}}{\tilde{k}^2 - \tilde{\beta}_z^2}\left[\tilde{\beta}_z\frac{\partial^2 E_z(x,y)}{\partial y \partial x} + \omega\mu_0\frac{\partial^2 H_z(x,y)}{\partial y^2}\right]$$

$$= \frac{\mathrm{i}\omega\mu_0}{\tilde{k}^2 - \tilde{\beta}_z^2}\left[\frac{\partial^2 H_z(x,y)}{\partial x^2} + \frac{\partial^2 H_z(x,y)}{\partial y^2}\right]$$

$$= -\mathrm{i}\mu_0\omega H_z(x,y) \rightarrow \frac{\partial^2 H_z(x,y)}{\partial x^2} + \frac{\partial^2 H_z(x,y)}{\partial y^2} + \left(\tilde{k}^2 - \tilde{\beta}_z^2\right)H_z(x,y) = 0 \qquad (1.2\text{-}1\mathrm{t})$$

表明**电磁场横向分量方程组** (1.2-1o~r) 与**直腔波导方程组** (1.2-1i) 中的**电磁场纵向分量方程** (1.2-1s,t) 是兼容和闭合的。这样，单独由这 6 个方程就完全可以确定在直腔波导中传播的电磁波全部 6 个电磁场分量。至于**直腔波导方程组 (二维亥姆霍兹方程)** (1.2-1*i*) 中的电磁场另 4 个横向分量的波导方程就是正确但多余的了，必要时可以来检验上述 6 个方程式 (1.2-1o)~ 式 (1.2-1t) 得出解的正确性。这就是直腔柱状波导结构对电磁波场量的基本影响。

4. 物理方程的对称变换和对偶性原理[1.17,1.24]

直腔柱状波导具有 "**柱状对称性**"，即其模式沿波导轴传播过程中，除相位外不发生变化。

例如，由式 (1.2-1o)～式 (1.2-1t) 可直接看出，直柱波导腔中这些由麦克斯韦方程组导出的方程组对下述变换具有不变性：

$$\left.\begin{array}{cccc} E_x \to E_x, & E_y \to E_y, & E_z \to -E_z \\ H_x \to -H_x, & H_y \to -H_y, & H_z \to H_z \\ & \beta_z \to -\beta_z \end{array}\right\} \tag{1.2-1u}$$

即 (E_z, H_x, H_y, β_z) 反号，其余不变。

这一变换可使式 (1.2-1o)～式 (1.2-1t) 6 个方程中的任何一个方程保持不变，每个方程变换后仍为原来的 6 个方程，即满足变换的**闭合性**。但其任何一个解将可能得到另一个不同的解。例如，由 $(E_x, E_y, E_z, H_x, H_y, H_z, \beta_z)$ 的解，可得其**对偶解** $(E_x, E_y, -E_z, -H_x, -H_y, H_z, -\beta_z)$。对于无源无限的麦克斯韦方程组 4 个方程和 2 个物性方程，这种变换也不会引起这些方程之间的变换。

但保持式 (1.2-1o)～式 (1.2-1t) 不变的变换也可以是

$$\boldsymbol{E} \leftrightarrow \boldsymbol{H}, \quad \mu \leftrightarrow -\tilde{\varepsilon} \tag{1.2-1v}$$

这种变换会引起这些方程之间的变换，对上述无源无限麦克斯韦方程组和物性方程，也会引起这些方程之间的变换，每个方程变换后，全部方程仍保持不变，也满足闭合性。

这些**对称性**变换也称为**对偶性原理**，一般不是唯一的。而且其具体的对称性或对偶性变换与这些方程组所存在空间的几何结构有关。例如，适用于无限空间或柱状空间内的对称性或对偶性变换，就不一定直接适用于异质交界面上的连续条件，应注意检验。

5. 波导模式

由于只要给定 2 个电磁波场纵向分量，则电磁波场的 4 个横向分量就可由 4 个横向方程式 (1.2-1o)～式 (1.2-1r) 求出。而决定这 2 个电磁波场纵向分量的 2 个波动方程互无交叉项，因而可以分别单独根据给定的边界条件解出。可见在直腔柱状光波导中传播的电磁波，一般其电场和磁场 2 个纵向分量必须首先都相对独立解出之后，才能由 4 个横向方程解出其他 4 个电磁横向分量。因此可用这 2 个纵向分量各自是否为零来得出和区分这 6 个纵横方程所能解出全部电磁波模式解，所以根据纵向分量 $E_z(x, y)$ 和 $H_z(x, y)$ 是否为零而有下述四种可能的**波导模式**。

(1) 横向电磁波 (TEM) 模式：$E_z(x, y) = 0, H_z(x, y) = 0$。总电磁场量都只存在于横截面上。由式 (1.2-1o)～式 (1.2-1r)，这时要求

$$\tilde{k}^2 - \tilde{\beta}_z^2 = 0, \quad \tilde{\beta}_z^= \tilde{k} = \omega\sqrt{\mu_0\tilde{\varepsilon}} \tag{1.2-1w}$$

(2) 横向电波 (TE) 模式:

$$E_z(x,y) = 0, \quad H_z(x,y) \neq 0 \tag{1.2-1x}$$

(3) 横向磁波 (TM) 模式:

$$E_z(x,y) \neq 0, \quad H_z(x,y) = 0 \tag{1.2-1y}$$

(4) 混合波 (HW) 模式:

$$E_z(x,y) \neq 0, \quad H_z(x,y) \neq 0 \tag{1.2-1z}$$

另外, 根据电磁场量沿波导轴线远处是否为零, 还可将上述各种传播模式分为**导波模式 (guided modes)** 和**辐射模式 (radiation modes)**, 二者的传播常数分别存在于不同数值范围内, 而且前者的传播常数是**分立 (discrete)** 分布的, 后者是**连续 (continuous)** 分布的, 其整体就构成波导模式系统的**完备集 (complete set)**。

1.2.2   波导模式的正交关系

1. 无损耗介质波导中模式的正交关系[1.17,1.24]

由于波导解式 (1.2-1g,h) 随时间作简谐变化, 在无损耗介质中的麦克斯韦方程 (1.1-1c,d) 可以写成

$$\nabla \times \boldsymbol{E}_v = -\mathrm{i}\omega\mu_0\boldsymbol{H}_v, \quad \nabla \times \boldsymbol{H}_v = \mathrm{i}\omega\varepsilon\boldsymbol{E}_v \tag{1.2-2a, b}$$

用下标 v 和 μ 分别表示属于 v 模式和 μ 模式的电磁场量, 并由恒等式:

$$\nabla \cdot (\boldsymbol{A} \times \boldsymbol{B}) = \boldsymbol{B} \cdot (\nabla \times \boldsymbol{A}) - \boldsymbol{A} \cdot (\nabla \times \boldsymbol{B}) \tag{1.2-2c}$$

则由式 (1.2-2a,b)

$$\begin{aligned}
&\mathrm{i}\omega \int_{-\infty}^{\infty} (\varepsilon\boldsymbol{E}_\mu \cdot \boldsymbol{E}_v^* - \mu_0\boldsymbol{H}_\mu \cdot \boldsymbol{H}_v^*)\,\mathrm{d}x\mathrm{d}y \\
&= -\int_{-\infty}^{\infty} [\boldsymbol{E}_\mu \cdot (\nabla \times \boldsymbol{H}_v^*) - \boldsymbol{H}_v^* \cdot (\nabla \times \boldsymbol{E}_\mu)]\,\mathrm{d}x\mathrm{d}y \\
&= -\int_{-\infty}^{\infty} \nabla \cdot (\boldsymbol{H}_v^* \times \boldsymbol{E}_\mu)\,\mathrm{d}x\mathrm{d}y \\
&= -\int_{-\infty}^{\infty} \frac{\partial}{\partial z}(\boldsymbol{H}_v^* \times \boldsymbol{E}_\mu)_z\,\mathrm{d}x\mathrm{d}y - \int_{-\infty}^{\infty} \nabla_t \cdot (\boldsymbol{H}_v^* \times \boldsymbol{E}_\mu)_t\,\mathrm{d}x\mathrm{d}y
\end{aligned}$$

$$= \mathrm{i}\left(\beta_{z\mu} - \beta_{z\nu}\right) \int_{-\infty}^{\infty} \left(\boldsymbol{H}_\nu^* \times \boldsymbol{E}_\mu\right)_z \mathrm{d}x\mathrm{d}y - \int_{-\infty}^{\infty} \nabla_t \cdot \left(\boldsymbol{H}_\nu^* \times \boldsymbol{E}_\mu\right)_t \mathrm{d}x\mathrm{d}y \quad (1.2\text{-}2\mathrm{d})$$

因为

$$\boldsymbol{H}_\nu^* \times \boldsymbol{E}_\mu = \begin{vmatrix} \widehat{\boldsymbol{x}} & \widehat{\boldsymbol{y}} & \widehat{\boldsymbol{z}} \\ H_{\nu x}^* & H_{\nu y}^* & H_{\nu z}^* \\ E_{\mu x} & E_{\mu y} & E_{\mu z} \end{vmatrix}$$

$$= \widehat{\boldsymbol{x}} \begin{vmatrix} H_{\nu y}^* & H_{\nu z}^* \\ E_{\mu y} & E_{\mu z} \end{vmatrix} + \widehat{\boldsymbol{y}} \begin{vmatrix} H_{\nu z}^* & H_{\nu x}^* \\ E_{\mu z} & E_{\mu x} \end{vmatrix} + \widehat{\boldsymbol{z}} \begin{vmatrix} H_{\nu x}^* & H_{\nu y}^* \\ E_{\mu x} & E_{\mu y} \end{vmatrix} \quad (1.2\text{-}2\mathrm{e})$$

$$\frac{\partial}{\partial z}\left(\boldsymbol{H}_\nu^* \times \boldsymbol{E}_\mu\right)_z = \frac{\partial}{\partial z}\left[H_{\nu x}^* E_{\mu y} - E_{\mu x} H_{\nu y}^*\right]$$

$$= \frac{\partial}{\partial z}\left[H_{\nu x}^*(x,y)E_{\mu y}(x,y)\mathrm{e}^{\mathrm{i}(\beta_{z\nu}-\beta_{z\mu})z} - E_{\mu x}(x,y)H_{\nu y}^*(x,y)\mathrm{e}^{\mathrm{i}(\beta_{z\nu}-\beta_{z\mu})z}\right]$$

$$= \frac{\partial}{\partial z}\left[H_{\nu x}^*(x,y)E_{\mu y}(x,y) - E_{\mu x}(x,y)H_{\nu y}^*(x,y)\right]\mathrm{e}^{\mathrm{i}(\bar\beta_{z\nu}-\beta_{z\mu})z}$$

$$= \mathrm{i}\left(\beta_{z\nu} - \beta_{z\mu}\right)\left(\boldsymbol{H}_\nu^* \times \boldsymbol{E}_\mu\right)_z = \mathrm{i}\left(\beta_{z\mu} - \beta_{z\nu}\right)\left(\boldsymbol{E}_\mu \times \boldsymbol{H}_\nu^*\right)_z \quad (1.2\text{-}2\mathrm{f})$$

而

$$\int_{-\infty}^{\infty} \nabla_t \cdot \left(\boldsymbol{H}_\nu^* \times \boldsymbol{E}_\mu\right)\mathrm{d}x\mathrm{d}y \equiv \int_C \left(\boldsymbol{H}_\nu^* \times \boldsymbol{E}_\mu\right)\cdot\boldsymbol{n}\,\mathrm{d}S = 0 \quad (1.2\text{-}2\mathrm{g})$$

其中, $\nabla_t \equiv \widehat{\boldsymbol{x}}\dfrac{\partial}{\partial x} + \widehat{\boldsymbol{y}}\dfrac{\partial}{\partial y}$, 而 $\widehat{\boldsymbol{x}}$, $\widehat{\boldsymbol{y}}$, $\widehat{\boldsymbol{z}}$ 分别是 x, y, z 方向的单位矢量, C 是无限大圆, $\mathrm{d}S$ 是面积元, $\boldsymbol{n}$ 是其法向单位矢量, 故由式 (1.2-2d) 得

$$\left(\beta_{z\mu} - \beta_{z\nu}\right)\int_{-\infty}^{\infty}\left(\boldsymbol{E}_\mu \times \boldsymbol{H}_\nu^*\right)_z \mathrm{d}x\mathrm{d}y = \omega \int_{-\infty}^{\infty}\left(\varepsilon\boldsymbol{E}_\mu \cdot \boldsymbol{E}_\nu^* - \mu_0\boldsymbol{H}_\mu \cdot \boldsymbol{H}_\nu^*\right)\mathrm{d}x\mathrm{d}y$$

$$(1.2\text{-}2\mathrm{h})$$

对式 (1.2-2h) 取共轭:

$$\left(\beta_{z\mu} - \beta_{z\nu}\right)\int_{-\infty}^{\infty}\left(\boldsymbol{E}_\mu^* \times \boldsymbol{H}_\nu\right)_z \mathrm{d}x\mathrm{d}y = \omega \int_{-\infty}^{\infty}\left(\varepsilon\boldsymbol{E}_\mu^* \cdot \boldsymbol{E}_\nu - \mu_0\boldsymbol{H}_\mu^* \cdot \boldsymbol{H}_\nu\right)\mathrm{d}x\mathrm{d}y$$

$$(1.2\text{-}2\mathrm{i})$$

互换 μ, ν

$$\left(\beta_{z\nu} - \beta_{z\mu}\right)\int_{-\infty}^{\infty}\left(\boldsymbol{E}_\nu^* \times \boldsymbol{H}_\mu\right)_z \mathrm{d}x\mathrm{d}y = \omega \int_{-\infty}^{\infty}\left(\varepsilon\boldsymbol{E}_\nu^* \cdot \boldsymbol{E}_\mu - \mu_0\boldsymbol{H}_\nu^* \cdot \boldsymbol{H}_\mu\right)\mathrm{d}x\mathrm{d}y \quad (1.2\text{-}2\mathrm{j})$$

再与式 (1.2-2h) 相减, 得

$$\left(\beta_{z\mu} - \beta_{z\nu}\right)\int_{-\infty}^{\infty}\left[\left(\boldsymbol{E}_\mu \times \boldsymbol{H}_\nu^*\right)_z + \left(\boldsymbol{E}_\nu^* \times \boldsymbol{H}_\mu\right)_z\right]\mathrm{d}x\mathrm{d}y = 0 \quad (1.2\text{-}2\mathrm{k})$$

因此必然得出

$$\beta_{z\mu} \neq \beta_{z\nu} \rightarrow \int_{-\infty}^{\infty}\left[\left(\boldsymbol{E}_\mu \times \boldsymbol{H}_\nu^*\right)_z + \left(\boldsymbol{E}_\nu^* \times \boldsymbol{H}_\mu\right)_z\right]\mathrm{d}x\mathrm{d}y = 0 \quad (1.2\text{-}2\mathrm{l})$$

由直柱对称性或对偶性原理式 (1.2-1u) 得

$$
\left.
\begin{array}{l}
E_x \to E_x, \quad E_y \to E_y, \quad E_z \to -E_z \\
H_x \to -H_x, \quad H_y \to -H_y, \quad H_z \to H_z \\
\qquad\qquad \beta_z \to -\beta_z
\end{array}
\right\}
\tag{1.2-2m}
$$

式 (1.2-2l) 对式 (1.2-1o∼t) 的任何两个模式解都成立, 因此只对 μ 模式而不对 ν 模式进行式 (1.2-2m) 变换, 所得下述结果仍能成立:

$$
(-\beta_{z\mu} - \beta_{zv}) \int_{-\infty}^{\infty} \left[(\boldsymbol{E}_\mu \times \boldsymbol{H}_v^*)_z - (\boldsymbol{E}_v^* \times \boldsymbol{H}_\mu)_z \right] \mathrm{d}x\mathrm{d}y = 0
\tag{1.2-2n}
$$

或

$$
(\beta_{z\mu} + \beta_{zv}) \int_{-\infty}^{\infty} \left[(\boldsymbol{E}_\mu \times \boldsymbol{H}_v^*)_z - (\boldsymbol{E}_v^* \times \boldsymbol{H}_\mu)_z \right] \mathrm{d}x\mathrm{d}y = 0
\tag{1.2-2o}
$$

因此必然得出

$$
\beta_{z\mu} \neq -\beta_{zv} \to \int_{-\infty}^{\infty} \left[(\boldsymbol{E}_\mu \times \boldsymbol{H}_v^*)_z - (\boldsymbol{E}_v^* \times \boldsymbol{H}_\mu)_z \right] \mathrm{d}x\mathrm{d}y = 0
\tag{1.2-2p}
$$

由式 (1.2-2p) 与式 (1.2-2l) 相加得

$$
\int_{-\infty}^{\infty} (\boldsymbol{E}_\mu \times \boldsymbol{H}_v^*)_z \, \mathrm{d}x\mathrm{d}y = 0, \quad v \neq \mu
\tag{1.2-2q}
$$

正交关系式 (1.2-2q) 对任何两个不同模式 (不管 μ 和 ν 模式都是导波模式, 都是辐射模式, 或一个是导波模式而另一个是辐射模式) 都成立。注意在 $\beta_{zv} = -\beta_{z\mu}$ 情况下, 由式 (1.2-2o) 不能得出式 (1.2-2p), 故传播方向相反的模式之间不正交。

对于平板波导的 TE 模式, $E_z(x,y) = 0$。由式 (1.2-1p,q) 和式 (1.2-2o,r), 分别得出

$$
E_y(x,y) = \frac{\mathrm{i}\omega\mu_0}{\tilde{k}^2 - \tilde{\beta}_z^2} \frac{\partial H_z(x,y)}{\partial y}, \quad H_x(x,y) = \frac{-\mathrm{i}\tilde{\beta}_z}{\tilde{k}^2 - \tilde{\beta}_z^2} \frac{\partial H_z(x,y)}{\partial x} = \frac{-\tilde{\beta}_z}{\omega\mu_0} E_y(x,y)
\tag{1.2-2r}
$$

$$
E_x(x,y) = \frac{-\mathrm{i}\omega\mu_0}{\tilde{k}^2 - \tilde{\beta}_z^2} \frac{\partial H_z(x,y)}{\partial y}, \quad H_y(x,y) = \frac{-\mathrm{i}\tilde{\beta}_z}{\tilde{k}^2 - \tilde{\beta}_z^2} \frac{\partial H_z(x,y)}{\partial x} = \frac{\tilde{\beta}_z}{\omega\mu_0} E_x(x,y)
\tag{1.2-2s}
$$

$$
\boldsymbol{E}_\mu \times \boldsymbol{H}_v^* =
\begin{vmatrix}
\widehat{\boldsymbol{x}} & \widehat{\boldsymbol{y}} & \widehat{\boldsymbol{z}} \\
E_{\mu x} & E_{\mu y} & E_{\mu z} \\
H_{vx}^* & H_{vy}^* & H_{vz}^*
\end{vmatrix}
= \widehat{\boldsymbol{x}} \begin{vmatrix} E_{\mu y} & E_{\mu z} \\ H_{vy}^* & H_{vz}^* \end{vmatrix}
- \widehat{\boldsymbol{y}} \begin{vmatrix} E_{\mu x} & E_{\mu z} \\ H_{vx}^* & H_{vz}^* \end{vmatrix}
+ \widehat{\boldsymbol{z}} \begin{vmatrix} E_{\mu x} & E_{\mu y} \\ H_{vx}^* & H_{vy}^* \end{vmatrix}
\tag{1.2-2t}
$$

则由式 (1.1-2p), **平板波导** (见**第 2 章**) 的导波模式可用单位宽度的电磁波功率流进行归一化:

$$
P^{(v)} = S_z^{(v)} = \int_{-\infty}^{\infty} \left(\frac{1}{2} \boldsymbol{E}_\mu \times \boldsymbol{H}_v^* \right)_z \mathrm{d}x = \frac{1}{2} \int_{-\infty}^{\infty} \left(\begin{vmatrix} E_{\mu x} & E_{\mu y} \\ H_{vx}^* & H_{vy}^* \end{vmatrix} \right) \mathrm{d}x
$$

$$= \frac{-\beta_z^{(v)}}{2\omega\mu_0} \int_{-\infty}^{\infty} \left(\begin{vmatrix} E_{\mu x} & E_{\mu y} \\ E_{vy}^* & -E_{vx}^* \end{vmatrix} \right) dx$$

$$= \frac{-\beta_z^{(v)}}{2\omega\mu_0} \int_{-\infty}^{\infty} \left(\begin{vmatrix} 0 & E_{\mu y} \\ E_{vy}^* & 0 \end{vmatrix} \right) dx = \frac{\beta_z^{(v)}}{2\omega\mu_0} \int_{-\infty}^{\infty} \left(E_y^{(\mu)} E_y^{(v)*} \right) dx \qquad (1.2\text{-}2u)$$

因平板波导的 TE 导波模式，$E_x = H_y = E_z = 0$。与式 (1.2-2q) 相结合，得出其正交归一关系为

TE 导波模式：

$$\int_{-\infty}^{\infty} \left(E_y^{(\mu)} E_y^{(v)*} \right) dx = \frac{2\omega\mu_0}{\beta_z^{(\mu)}} P^{(\mu)} \delta_{\mu\nu} \qquad (1.2\text{-}2v)$$

对于平板波导的 TE 偏振的辐射模式，可用 δ 函数将其正交归一关系写成

TE 辐射模式：

$$\int_{-\infty}^{\infty} \left[E_y(\rho) E_y^*(\rho') \right] dx = \frac{2\omega\mu_0}{\beta_z(\rho)} P^{(\rho)} \delta(\rho - \rho') \qquad (1.2\text{-}2w)$$

同理，可将平板波导中 TM 偏振的导波模式和辐射模式 ($H_x = E_y = H_z = 0$) 分别写成

TM 导波模式：

$$\int_{-\infty}^{\infty} \left(\frac{1}{\tilde{n}^2} H_y^{(\mu)} H_y^{(v)*} \right) dx = \frac{2\omega\varepsilon_0}{\beta_z^{(\mu)}} P^{(\mu)} \delta_{\mu\nu} \qquad (1.2\text{-}2x)$$

TM 辐射模式：

$$\int_{-\infty}^{\infty} \left[\frac{1}{\tilde{n}^2} H_y(\rho) H_y^*(\rho') \right] dx = \frac{2\omega\varepsilon_0}{\beta_z(\rho)} P^{(\rho)} \delta(\rho - \rho') \qquad (1.2\text{-}2y)$$

2. 有损耗介质波导中模式的正交关系 [1.28]

正如 1.2.1 节所述，将式 (1.2-1g) 和式 (1.2-1h) 直接代入波动方程 (1.1-2g~k)，可以得出与式 (1.2-1s) 和式 (1.2-1t) 相似的电磁场横向分量应该满足的亥姆霍兹方程。例如，对于接近 TE 模式的 E_{mn}^y 模式：

$$E_x(x,y), \quad E_z(x,y) \ll E_y(x,y), \quad E_y(x,y,z,t) = E_y(x,y) e^{i(\omega t - \tilde{\beta}_z z)} \qquad (1.2\text{-}3a, b)$$

$$\frac{\partial^2 E_y(x,y)}{\partial^2 x} + \frac{\partial^2 E_y(x,y)}{\partial^2 y} + \left[k_0^2 \tilde{n}^2(x,y) - \tilde{\beta}_z^2 \right] E_y(x,y)$$

$$= 0 \rightarrow \nabla_t^2 E_y = \left[\tilde{\beta}_z^2 - k_0^2 \tilde{n}^2(x,y) \right] E_y(x,y) \qquad (1.2\text{-}3c)$$

因为在介质中有损耗或增益，所以式 (1.2-3c) 中的 $\tilde{n}(x,y)$ 是复数，则轴向传播常数 $\tilde{\beta}_z$ 也是复数。显然

$$\tilde{n}^*(x,y) \neq \tilde{n}(x,y) \tag{1.2-3d}$$

设其两个模式的解分别是

$$E_y^{(\mu)}(x,y), \quad \tilde{\beta}_\mu \text{ 和 } E_y^{(v)}(x,y), \quad \tilde{\beta}_v, \quad \tilde{\beta}_\mu \neq \tilde{\beta}_\nu \tag{1.2-3e}$$

定义包含复共轭量的积分:

$$\hat{I} \equiv \int_{-\infty}^{\infty} \left[E_y^{(\mu)*} \nabla_t^2 E_y^{(v)} - E_y^{(v)} \nabla_t^2 E_y^{(\mu)*} \right] \mathrm{d}x\mathrm{d}y \tag{1.2-3f}$$

其中,

$$\nabla_t^2 \equiv \partial^2/\partial x^2 + \partial^2/\partial y^2 \tag{1.2-3g}$$

对于导波模式解, 在远处 E_y 和 E_y^* 皆趋近于零, 因而

$$\begin{aligned}
\int_{-\infty}^{\infty} E_y^{(\mu)*} \frac{\partial^2 E_y^{(v)}}{\partial x^2} \mathrm{d}x &= \int_{-\infty}^{\infty} E_y^{(\mu)*} \frac{\partial}{\partial x}\left(\frac{\partial E_y^{(v)}}{\partial x}\right) \mathrm{d}x \\
&= E_y^{(\mu)*} \frac{\partial E_y^{(v)}}{\partial x}\bigg|_{-\infty}^{\infty} - \int_{-\infty}^{\infty} \frac{\partial E_y^{(\mu)*}}{\partial x}\frac{\partial E_y^{(v)}}{\partial x} \mathrm{d}x \\
&= -\int_{-\infty}^{\infty} \frac{\partial E_y^{(\mu)*}}{\partial x}\frac{\partial E_y^{(v)}}{\partial x} \mathrm{d}x
\end{aligned} \tag{1.2-3h}$$

同理

$$\int_{-\infty}^{\infty} E_y^{(\mu)*} \frac{\partial^2 E_y^{(v)}}{\partial y^2} \mathrm{d}y = -\int_{-\infty}^{\infty} \frac{\partial E_y^{(\mu)*}}{\partial y}\frac{\partial E_y^{(v)}}{\partial y} \mathrm{d}y$$

$$\int_{-\infty}^{\infty} E_y^{(v)} \frac{\partial^2 E_y^{(\mu)*}}{\partial x^2} \mathrm{d}x = -\int_{-\infty}^{\infty} \frac{\partial E_y^{(v)}}{\partial x}\frac{\partial E_y^{(\mu)*}}{\partial x} \mathrm{d}x \tag{1.2-3i, j}$$

$$\int_{-\infty}^{\infty} E_y^{(v)} \frac{\partial^2 E_y^{(\mu)*}}{\partial y^2} \mathrm{d}y = -\int_{-\infty}^{\infty} \frac{\partial E_y^{(v)}}{\partial y}\frac{\partial E_y^{(\mu)*}}{\partial y} \mathrm{d}y \tag{1.2-3k}$$

将式 (1.2-3h)～ 式 (1.2-3k) 代入式 (1.2-3f), 则得恒等式:

$$\hat{I} \equiv 0 \tag{1.2-3l}$$

再将式 (1.2-3c) 代入式 (1.2-3f) 和式 (1.2-3l), 则

$$\begin{aligned}
\hat{I} &= \int_{-\infty}^{\infty} \left[E_y^{(\mu)*}\left(\tilde{\beta}_v^2 - k_0^2 \tilde{n}^2\right) E_y^{(v)} - E_y^{(v)}\left(\tilde{\beta}_\mu^{*2} - k_0^2 \tilde{n}^{*2}\right) E_y^{(\mu)*} \right] \mathrm{d}x\mathrm{d}y \\
&= \left(\tilde{\beta}_v^2 - \tilde{\beta}_\mu^{*2}\right) \int_{-\infty}^{\infty} E_y^{(v)} E_y^{(\mu)*} \mathrm{d}x\mathrm{d}y \\
&\quad - k_0^2 \int_{-\infty}^{\infty} \left[\tilde{n}^2(x,y) - \tilde{n}^{*2}(x,y)\right] E_y^{(v)} E_y^{(\mu)*} \mathrm{d}x\mathrm{d}y = 0
\end{aligned} \tag{1.2-3m}$$

因此，即使由于式 (1.2-3e)，$\tilde{\beta}_v^2 \neq \tilde{\beta}_v^{*2}$，但是由于式 (1.2-9d)，$\tilde{n}^2(x,y) \neq \tilde{n}^{*2}(x,y)$，导致

$$\int_{-\infty}^{\infty} E_y^{(v)} E_y^{(\mu)*} \mathrm{d}x\mathrm{d}y \neq 0 \tag{1.2-3n}$$

这就说明，当 $\tilde{n}(x,y)$ 为复数时，通常的正交关系不成立。但如果定义另一种不包含复共轭量的积分：

$$\hat{J} \equiv \int_{-\infty}^{\infty} \left[E_y^{(\mu)} \nabla_t^2 E_y^{(v)} - E_y^{(v)} \nabla_t^2 E_y^{(\mu)} \right] \mathrm{d}x\mathrm{d}y \tag{1.2-3o}$$

同样可以得恒等式：

$$\hat{J} \equiv 0 \tag{1.2-3p}$$

仍用式 (1.2-3c) 代入式 (1.2-3o) 和式 (1.2-3p)，则

$$\hat{J} = \int_{-\infty}^{\infty} \left[E_y^{(\mu)} \left(\tilde{\beta}_v^2 - k_0^2 \tilde{n}^2 \right) E_y^{(v)} - E_y^{(v)} \left(\tilde{\beta}_\mu^2 - k_0^2 \tilde{n}^2 \right) E_y^{(\mu)} \right] \mathrm{d}x\mathrm{d}y$$

$$= \left(\tilde{\beta}_v^2 - \tilde{\beta}_\mu^2 \right) \int_{-\infty}^{\infty} E_y^{(v)} E_y^{(\mu)} \mathrm{d}x\mathrm{d}y = 0 \tag{1.2-3q}$$

因而由式 (1.2-3e) 得

$$\int_{-\infty}^{\infty} E_y^{(v)} E_y^{(\mu)} \mathrm{d}x\mathrm{d}y = 0 \tag{1.2-3r}$$

这就是**有损耗或增益介质波导的导波模式所应满足的新的正交关系。**

1.3 介质的光学性质[1.3,1.29,1.30]

描述电磁波在介质中传播的过程，涉及性质不同的三种物理量：

(1) 描述**电磁波本身性质**的物理量，如电磁波场量 $\boldsymbol{E}$ 等及其振动频率 v 或圆频率 $\omega = 2\pi v$ 和偏振性等。

(2) 描述**介质光学性质**的物理量，如介质的折射率及其色散 $\bar{n}(\omega)$ 和吸收或增益系数及其频谱 $\alpha(\omega)$ 或 $g(\omega) = -\alpha(\omega)$。

(3) 描述**电磁波在介质中传播**的物理量，如波长 λ 或传播常数 β、波阵面 (等相面) Φ 等。

实质上，上述 (2) 和 (3) 物理量都是电磁辐射 (1) 与介质中带电粒子系统相互作用的结果。**光波导就是利用不同材料的光学性质组成一定的几何结构，造成某种折射率和吸收或增益系数的空间分布，以实现对光场的集中限制、定向导引和模式选择的。**那么，介质的光学性质，如折射率和吸收或增益吸收及其频谱或波谱结构是如何产生或形成的？

1.3.1　介质的电极化及其克拉默斯 − 克勒尼希关系

介质的光学性质是介质中由电子、质子等基本粒子组成的原子系统与电磁辐射相互作用的反映。在频率较高的光频 ($\omega \approx l0^{15}\mathrm{rad \cdot s^{-1}}$) 段上，由于磁化过程较慢，辐射场中的磁场对原子系统的磁化作用很小而可以忽略，故介质的光学性质主要涉及光辐射场中的电场对原子系统的**极化过程** (polarization)，故也可称为**光的电极化过程**。原子系统一旦受到光的电场极化，介质中就出现一定的极化电荷密度分布：

$$\rho_P = -\nabla \cdot \boldsymbol{P} \tag{1.3-1a}$$

其中，$\boldsymbol{P}$ 是**极化强度 (电偶极矩密度) 矢量**。在各向同性的线性介质中，它与电场强度矢量 $\boldsymbol{E}$ 成正比，即

$$\boldsymbol{P} = \varepsilon_0 \tilde{\chi} \boldsymbol{E} \quad [\mathrm{A \cdot s \cdot cm^{-2}}] \tag{1.3-1b}$$

比例系数 $\tilde{\chi}$ 是一个由介质中原子系统的具体结构决定的无量纲量，称为介质的**电极化率**。极化电荷的存在，当然也会产生相应的电场。因此，在非真空的介质中，电场不但由真实的自由电荷密度 ρ，而且也由极化电荷密度 ρ_P 所共同决定的，因而

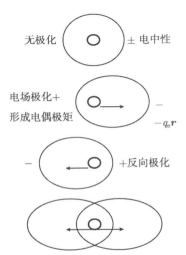

无极化　　　　　　±电中性

电场极化+　　　　　　−
形成电偶极矩　　　　$-q_e \boldsymbol{r}$

−　　　←　　　+反向极化

电偶极振荡(电偶极能$-q_e \boldsymbol{r} \cdot \boldsymbol{E}$)

$$\begin{aligned}\nabla \cdot \boldsymbol{E} &= \frac{\rho + \rho_P}{\varepsilon_0} = \frac{\rho - \nabla \cdot \boldsymbol{P}}{\varepsilon_0} \to \nabla \cdot (\varepsilon_0 \boldsymbol{E}) + \nabla \cdot \boldsymbol{P} \\ &= \rho = \nabla \cdot \boldsymbol{D} = \nabla \cdot (\tilde{\varepsilon} \boldsymbol{E})\end{aligned} \tag{1.3-1c,d}$$

图 1.3-1A　电场极化与电偶极振荡

表明电位移矢量 $\boldsymbol{D}$ [$\mathrm{A \cdot s \cdot cm^{-2}}$] 正是反映了介质受极化过程的影响。它与极化强度矢量的关系为

$$\boldsymbol{D} = \varepsilon_0 \boldsymbol{E} + \boldsymbol{P} = \varepsilon_0 \boldsymbol{E} + \varepsilon_0 \tilde{\chi} \boldsymbol{E} = \varepsilon_0 \left(1 + \tilde{\chi}\right) \boldsymbol{E} \equiv \tilde{\varepsilon} \boldsymbol{E} \tag{1.3-1e}$$

因而，介质的**复电容率** $\tilde{\varepsilon}$ 与**复极化率** $\tilde{\chi}$ 的关系为

$$\tilde{\varepsilon} = \varepsilon_0 \left(1 + \tilde{\chi}\right), \quad [\mathrm{F \cdot m^{-1}}] \tag{1.3-1f}$$

介质**复相对电容率**或**复相对介电常数** $\tilde{\varepsilon}_{\mathrm{r}}$ 为无量纲量：

$$\tilde{\varepsilon}_{\mathrm{r}} = \frac{\tilde{\varepsilon}}{\varepsilon_0} = 1 + \tilde{\chi} \tag{1.3-1g}$$

式 (1.3-1e) 表明，描述某时刻 t 的极化结果的电位移矢量 $\boldsymbol{D}(t)$，是以时刻 t 及其以前的电场作用的结果，而与其将来的电场值无关。这**物理因果关系** (causuality)

在数学上可表为

$$\boldsymbol{D}(t) = \varepsilon_0 \boldsymbol{E}(t) + \boldsymbol{P}(t) = \varepsilon_0 \boldsymbol{E}(t) + \int_{-\infty}^{t} \varepsilon_0 \chi(t-\tau) \boldsymbol{E}(\tau) \mathrm{d}\tau \tag{1.3-1h}$$

其中, 实数函数 $\chi(t)$ 代表在介质中可能发生的各种物理过程的时间响应。在线性光学范畴内, 任何电磁波都可由许多**单频 (单色) 平面波**来组成。每个单频 (单色) 平面波可以写成互为共轭的两复数项之和:

$$\begin{aligned}
\boldsymbol{E}(t) &= \boldsymbol{E}(\omega)\mathrm{e}^{\mathrm{i}\omega t} + \boldsymbol{E}^*(\omega)\mathrm{e}^{-\mathrm{i}\omega t} \\
&= \boldsymbol{E}(\omega)(\cos\omega t + \mathrm{i}\sin\omega t) + \boldsymbol{E}^*(\omega)(\cos\omega t - \mathrm{i}\sin\omega t) \\
&= [\boldsymbol{E}(\omega) + \boldsymbol{E}^*(\omega)]\cos\omega t + \mathrm{i}[\boldsymbol{E}(\omega) - \boldsymbol{E}^*(\omega)]\sin\omega t \\
&= \widehat{\boldsymbol{E}}(\omega)(\cos\phi\cos\omega t - \sin\phi\sin\omega t) \\
&\rightarrow \boldsymbol{E}(t) = \widehat{\boldsymbol{E}}(\omega)\cos(\omega t + \phi)
\end{aligned} \tag{1.3-1i}$$

$$\tag{1.3-1j}$$

其中,

$$\boldsymbol{E}(\omega) + \boldsymbol{E}^*(\omega) \equiv \widehat{\boldsymbol{E}}(\omega)\cos\phi, \quad \boldsymbol{E}(\omega) - \boldsymbol{E}^*(\omega) \equiv -\mathrm{i}\widehat{\boldsymbol{E}}(\omega)\sin\phi \tag{1.3-1k,l}$$

将式 (1.3-1k,l) 相加得

$$2\boldsymbol{E}(\omega) = \widehat{\boldsymbol{E}}(\omega)(\cos\phi - \mathrm{i}\sin\phi) \quad \rightarrow \boldsymbol{E}(\omega) = \frac{1}{2}\widehat{\boldsymbol{E}}(\omega)\mathrm{e}^{-\mathrm{i}\phi} \tag{1.3-1m}$$

将式 (1.3-1k,l) 相减得

$$2\boldsymbol{E}^*(\omega) = \widehat{\boldsymbol{E}}(\omega)(\cos\phi + \mathrm{i}\sin\phi) \rightarrow \boldsymbol{E}^*(\omega) = \frac{1}{2}\widehat{\boldsymbol{E}}(\omega)\mathrm{e}^{\mathrm{i}\phi} \tag{1.3-1n}$$

将式 (1.3-1i) 取共轭

$$\boldsymbol{E}^*(t) = \boldsymbol{E}^*(\omega)\mathrm{e}^{-\mathrm{i}\omega t} + \boldsymbol{E}(\omega)\mathrm{e}^{\mathrm{i}\omega t} = \boldsymbol{E}(t)$$

将式 (1.3-1m) 取共轭

$$\frac{1}{2}\widehat{\boldsymbol{E}}^*(\omega)\mathrm{e}^{\mathrm{i}\phi} = \boldsymbol{E}^*(\omega) = \frac{1}{2}\widehat{\boldsymbol{E}}(\omega)\mathrm{e}^{\mathrm{i}\phi} \rightarrow \widehat{\boldsymbol{E}}^*(\omega) = \widehat{\boldsymbol{E}}(\omega) \tag{1.3-1o}$$

因此, $\boldsymbol{E}(t)$ 和 $\widehat{\boldsymbol{E}}(\omega)$ 都是实函数。可见, 式 (1.3-1i) 是电场强度的**实数表述**。在计算中, 可以只用其中一项作为**复数表述**。这种表述有时称为**相位表述 (phasor)**。取第一项 $\boldsymbol{E}(\omega)\mathrm{e}^{\mathrm{i}\omega t}$ 代入式 (1.3-1h) 中的 $\boldsymbol{E}(t)$, 并由式 (1.3-1e) 得

$$\tilde{\varepsilon}(\omega)\boldsymbol{E}(\omega)\mathrm{e}^{\mathrm{i}\omega t} = \varepsilon_0 \boldsymbol{E}(\omega)\mathrm{e}^{\mathrm{i}\omega t} + \int_{-\infty}^{t} \chi(t-\tau)\varepsilon_0 \boldsymbol{E}(\omega)\mathrm{e}^{\mathrm{i}\omega\tau}\mathrm{d}\tau \tag{1.3-1p}$$

两边除以 $\varepsilon_0 \boldsymbol{E}(\omega)\mathrm{e}^{\mathrm{i}\omega t}$：

$$\frac{\tilde{\varepsilon}(\omega)}{\varepsilon_0} = 1 + \int_{-\infty}^{t} \chi(t-\tau)\mathrm{e}^{\mathrm{i}\omega(\tau-t)}\mathrm{d}\tau = 1 + \int_0^\infty \chi(\tau')\mathrm{e}^{-\mathrm{i}\omega\tau'}\mathrm{d}\tau' = 1 + \tilde{\chi}(\omega) \quad (1.3\text{-}1\mathrm{q})$$

其中，$\tau' = t - \tau$。将式 (1.3-1q) 取共轭：

$$\frac{\tilde{\varepsilon}^*(\omega)}{\varepsilon_0} = 1 + \int_0^\infty \chi(\tau')\mathrm{e}^{\mathrm{i}\omega\tau'}\mathrm{d}\tau' = 1 + \tilde{\chi}^*(\omega) = \frac{\tilde{\varepsilon}(-\omega)}{\varepsilon_0} = 1 + \tilde{\chi}(-\omega) \quad (1.3\text{-}1\mathrm{r})$$

由式 (1.3-1g)、式 (1.3-1q) 和式 (1.3-1r) 得出 $1 + \tilde{\chi}^*(\omega) = 1 + \tilde{\chi}(-\omega)$，即

$$\tilde{\chi}^*(\omega) = \tilde{\chi}(-\omega) \quad (1.3\text{-}1\mathrm{s,t})$$

定义

$$\frac{\tilde{\varepsilon}(\omega)}{\varepsilon_0} = \tilde{\varepsilon}_R(\omega) \equiv \varepsilon_{R,r}(\omega) + \mathrm{i}\varepsilon_{R,i}(\omega), \quad \tilde{\chi}(\omega) \equiv \chi_r(\omega) + \mathrm{i}\chi_i(\omega) \quad (1.3\text{-}1\mathrm{u,v})$$

则由式 (1.3-1r)，分别得出

$$\varepsilon_{R,r}(-\omega) = \varepsilon_{R,r}(\omega), \quad \chi_r(-\omega) = \chi_r(\omega) \quad (1.3\text{-}1\mathrm{w})$$

$$\varepsilon_{R,i}(-\omega) = -\varepsilon_{R,i}(\omega), \quad \chi_i(-\omega) = -\chi_i(\omega) \quad (1.3\text{-}1\mathrm{x})$$

表明 $\tilde{\varepsilon}(\omega)$ 和 $\tilde{\chi}(\omega)$ 的**实部为频率的偶函数，虚部为频率的奇函数**。而且 $\tilde{\varepsilon}(\omega)$ 和 $\tilde{\chi}(\omega)$ 作为**解析函数**，其实部与虚部之间必然有内在联系。因为在 $\omega \to \infty$ 时，一切电极化过程都将无法跟上，所以这时的极化率必然为零，即

$$\tilde{\chi}(\infty) = 0 \quad (1.3\text{-}2\mathrm{a})$$

同时由于介质中原子系统对极化过程的任一本征频率都是 $\tilde{\chi}(\omega)$ **的一个极点**。但对于热平衡的物理介质，对 $\mathrm{e}^{\mathrm{i}\omega t}$ 这极点不可能处于复数圆频率 $\tilde{\omega}$ 复数平面的下半部。因为在下半平面的极点可以写成 $\omega' - \mathrm{i}\omega''$，$\omega'' > 0$，相当于有一个解为 $\mathrm{e}^{\mathrm{i}(\omega'-\mathrm{i}\omega'')t} = \mathrm{e}^{\mathrm{i}\omega' t}\mathrm{e}^{\omega'' t}$，它表示能量将随时间无限增加，这对于无源的线性介质当然是不可能的。设 ω 是在 $\mathrm{Re}(\tilde{\omega})$ 轴上的一个极点，则 $\tilde{\chi}(\tilde{\omega})/(\tilde{\omega}-\omega)$ 按如**图 1.3-1C** 所示路线作回路积分应为零：

$$\oint \frac{\tilde{\chi}(\tilde{\omega})}{\tilde{\omega}-\omega}\mathrm{d}\tilde{\omega} = \int_{-R}^{\omega-s} \frac{\tilde{\chi}(\tilde{\omega})}{\tilde{\omega}-\omega}\mathrm{d}\tilde{\omega} + \int_C \frac{\tilde{\chi}(\tilde{\omega})}{\tilde{\omega}-\omega}\mathrm{d}\tilde{\omega}$$
$$+ \int_{\omega+s}^R \frac{\tilde{\chi}(\tilde{\omega})}{\tilde{\omega}-\omega}\mathrm{d}\tilde{\omega} + \int_{C'} \frac{\tilde{\chi}(\tilde{\omega})}{\tilde{\omega}-\omega}\mathrm{d}\tilde{\omega} = 0 \quad (1.3\text{-}2\mathrm{b})$$

其中，C' 是从 R 到 $-R$ 的半径为 R 的半圆，C 是围绕 ω 点的半径为 ε 的半圆。令式 (1.3-2b) 中 $R \to \infty$，$\varepsilon \to 0$，则由式 (1.3-2a)：

$$\int_C' \frac{\tilde{\chi}(\tilde{\omega})}{\tilde{\omega} - \omega} \mathrm{d}\tilde{\omega} = 0 \tag{1.3-2c}$$

但在 C 上：$\tilde{\omega} = \omega + \varepsilon \mathrm{e}^{\mathrm{i}\phi}$，则

$$\begin{aligned}
\lim_{\varepsilon \to 0} \int_C \frac{\tilde{\chi}(\tilde{\omega})}{\tilde{\omega} - \omega} \mathrm{d}\tilde{\omega} &= \lim_{\varepsilon \to 0} \int_\pi^{2\pi} \frac{\tilde{\chi}(\omega + \varepsilon \mathrm{e}^{\mathrm{i}\phi})}{\varepsilon \mathrm{e}^{\mathrm{i}\phi}} \mathrm{i}\varepsilon \mathrm{e}^{\mathrm{i}\phi} \mathrm{d}\phi = \lim_{\varepsilon \to 0} \int_\pi^{2\pi} \tilde{\chi}(\omega + \varepsilon \mathrm{e}^{\mathrm{i}\phi}) \, \mathrm{i}\mathrm{d}\phi \\
&= \lim_{\varepsilon \to 0} \int_\pi^{2\pi} \left[\tilde{\chi}(\omega) + \tilde{\chi}' \varepsilon \mathrm{e}^{\mathrm{i}\phi} \right] \mathrm{i}\mathrm{d}\phi \\
&= \mathrm{i}\tilde{\chi}(\omega) \int_\pi^{2\pi} \mathrm{d}\phi + \tilde{\chi}' \varepsilon \lim_{\varepsilon \to 0} \int_\pi^{2\pi} \left[\mathrm{e}^{\mathrm{i}\phi} \right] \mathrm{i}\mathrm{d}\phi \\
&= \mathrm{i}\tilde{\chi}(\omega) \left[\phi \right]_\pi^{2\pi} + \tilde{\chi}' \lim_{\varepsilon \to 0} \varepsilon \left[\mathrm{e}^{\mathrm{i}\phi} \right]_\pi^{2\pi} \\
&= \mathrm{i}\tilde{\chi}(\omega) \left[2\pi - \pi \right] + \tilde{\chi}' \lim_{\varepsilon \to 0} \varepsilon \left[\mathrm{e}^{\mathrm{i}2\pi} - \mathrm{e}^{\mathrm{i}\pi} \right] \\
&= \mathrm{i}\pi\tilde{\chi}(\omega) + \tilde{\chi}' \lim_{\varepsilon \to 0} \varepsilon \left[1 + 1 \right] = \mathrm{i}\pi\tilde{\chi}(\omega)
\end{aligned} \tag{1.3-2d}$$

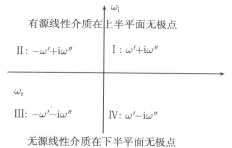

图 1.3-1B   复圆频率 $\tilde{\omega} = \omega_\mathrm{r} + \mathrm{i}\omega_\mathrm{i}$ 平面

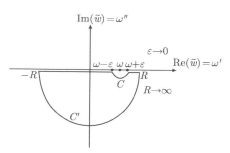

图 1.3-1C   极化率在复频率平面上的极点及其积分路径[1.6]

定义一个在柯西 (Cauchy) 意义下的主值积分：

$$\lim_{\varepsilon \to 0} \left[\int_{-\infty}^{\omega - \varepsilon} \frac{\tilde{\chi}(\omega')}{\omega' - \omega} \mathrm{d}\omega' + \int_{\omega + \varepsilon}^{\infty} \frac{\tilde{\chi}(\omega')}{\omega' - \omega} \mathrm{d}\omega' \right] \equiv \wp \int_{-\infty}^{\infty} \frac{\tilde{\chi}(\omega')}{\omega' - \omega} \mathrm{d}\omega' \tag{1.3-2e}$$

因而式 (1.3-2b) 化为

$$\wp \int_{-\infty}^{\infty} \frac{\tilde{\chi}(\omega')}{\omega' - \omega} \mathrm{d}\omega' + \mathrm{i}\pi\tilde{\chi}(\omega) = 0 \to \tilde{\chi}(\omega) = \frac{\mathrm{i}}{\pi} \wp \int_{-\infty}^{\infty} \frac{\tilde{\chi}(\omega')}{\omega' - \omega} \mathrm{d}\omega' \tag{1.3-2f, g}$$

或

$$\chi_\mathrm{r}(\omega) + \mathrm{i}\chi_\mathrm{i}(\omega) = \frac{\mathrm{i}}{\pi} \wp \int_{-\infty}^{\infty} \frac{\chi_\mathrm{r}(\omega') + \mathrm{i}\chi_\mathrm{i}(\omega')}{\omega' - \omega} \mathrm{d}\omega' = \frac{1}{\pi} \wp \int_{-\infty}^{\infty} \frac{-\chi_\mathrm{i}(\omega') + \mathrm{i}\chi_\mathrm{r}(\omega')}{\omega' - \omega} \mathrm{d}\omega'$$
$$\tag{1.3-2h}$$

为了不出现奇点, 可利用

$$\wp \int_{-\infty}^{\infty} \frac{\mathrm{d}\omega'}{\omega' - \omega} = 0 \rightarrow \wp \int_{-\infty}^{\infty} \frac{F(\omega)\mathrm{d}\omega'}{\omega' - \omega} = F(\omega)\wp \int_{-\infty}^{\infty} \frac{\mathrm{d}\omega'}{\omega' - \omega} = 0 \qquad (1.3\text{-}2\mathrm{i})$$

令 $F(\omega) = \chi_\mathrm{i}(\omega) - \mathrm{i}\chi_\mathrm{i}(\omega)$, 则式 (1.3-2h) 由式 (1.3-2g)~ 式 (1.3-2i) 可以写成

$$\chi_\mathrm{r}(\omega) + \mathrm{i}\chi_\mathrm{i}(\omega) = \frac{1}{\pi}\wp \int_{-\infty}^{\infty} \frac{-\chi_\mathrm{i}(\omega') + \mathrm{i}\chi_\mathrm{r}(\omega') + F(\omega)}{\omega' - \omega}\mathrm{d}\omega'$$

$$= \frac{1}{\pi}\wp \int_{-\infty}^{\infty} \frac{-\left[\chi_\mathrm{i}(\omega') - \chi_\mathrm{i}(\omega)\right] + \mathrm{i}\left[\chi_\mathrm{r}(\omega') - \chi_\mathrm{r}(\omega)\right]}{\omega' - \omega}\mathrm{d}\omega' \quad (1.3\text{-}2\mathrm{j})$$

利用 χ_i 的奇函数性质式 (1.3-1x), 由式 (1.3-2h), 得

$$\chi_\mathrm{r}(\omega) = -\frac{1}{\pi}\wp \int_{-\infty}^{\infty} \frac{\chi_\mathrm{i}(\omega')}{\omega' - \omega}\mathrm{d}\omega' \qquad (1.3\text{-}2\mathrm{k})$$

$$= -\frac{1}{\pi}\wp \int_{-\infty}^{\infty} \frac{\chi_\mathrm{i}(\omega')(\omega' + \omega)}{\omega'^2 - \omega^2}\mathrm{d}\omega'$$

$$= -\frac{1}{\pi}\wp \left[\int_{-\infty}^{0} \frac{\chi_\mathrm{i}(\omega')(\omega' + \omega)}{\omega'^2 - \omega^2}\mathrm{d}\omega' + \int_{0}^{\infty} \frac{\chi_\mathrm{i}(\omega')(\omega' + \omega)}{\omega'^2 - \omega^2}\mathrm{d}\omega'\right]$$

$$= -\frac{1}{\pi}\wp \left[\int_{-\infty}^{0} \frac{\chi_\mathrm{i}(\omega')\omega'}{\omega'^2 - \omega^2}\mathrm{d}\omega' + \int_{0}^{\infty} \frac{\chi_\mathrm{i}(\omega')\omega'}{\omega'^2 - \omega^2}\mathrm{d}\omega'\right.$$

$$\left. + \omega\int_{-\infty}^{0} \frac{\chi_\mathrm{i}(\omega')}{\omega'^2 - \omega^2}\mathrm{d}\omega' + \omega\int_{0}^{\infty} \frac{\chi_\mathrm{i}(\omega')}{\omega'^2 - \omega^2}\mathrm{d}\omega'\right]$$

$$= -\frac{1}{\pi}\wp \left[\int_{0}^{\infty} \frac{\chi_\mathrm{i}(\omega')\omega'}{\omega'^2 - \omega^2}\mathrm{d}\omega' + \int_{0}^{\infty} \frac{\chi_\mathrm{i}(\omega')\omega'}{\omega'^2 - \omega^2}\mathrm{d}\omega'\right.$$

$$\left. + -\omega\int_{0}^{\infty} \frac{\chi_\mathrm{i}(\omega')}{\omega'^2 - \omega^2}\mathrm{d}\omega' + \omega\int_{0}^{\infty} \frac{\chi_\mathrm{i}(\omega')}{\omega'^2 - \omega^2}\mathrm{d}\omega'\right]$$

$$\rightarrow \chi_\mathrm{r}(\omega) = -\frac{2}{\pi}\wp \int_{0}^{\infty} \frac{\chi_\mathrm{i}(\omega')\omega'}{\omega'^2 - \omega^2}\mathrm{d}\omega' \qquad (1.3\text{-}2\mathrm{l})$$

因为 $\dfrac{\chi_\mathrm{i}(\omega')}{\omega'^2 - \omega^2} \xrightarrow{\omega' \to -\omega'} \dfrac{\chi_\mathrm{i}(-\omega')}{\omega'^2 - \omega^2} = \dfrac{-\chi_\mathrm{i}(\omega')}{\omega'^2 - \omega^2}$ 和 $\dfrac{\chi_\mathrm{i}(\omega')\omega'}{\omega'^2 - \omega^2} \xrightarrow{\omega' \to -\omega'} \dfrac{-\chi_\mathrm{i}(-\omega')\omega'}{\omega'^2 - \omega^2} =$ $\dfrac{\chi_\mathrm{i}(\omega')\omega'}{\omega'^2 - \omega^2}$ 分别是 ω' 的奇函数和偶函数。

或由式 (1.3-2j):

$$\chi_\mathrm{r}(\omega) = -\frac{2}{\pi}\wp \int_{0}^{\infty} \frac{\left[\chi_\mathrm{i}(\omega') - \chi_\mathrm{i}(\omega)\right]\omega'}{\omega'^2 - \omega^2}\mathrm{d}\omega' \qquad (1.3\text{-}2\mathrm{m})$$

再利用 χ_r 的偶函数性质式 (1.3-1w), 由式 (1.3-2h), 同样可得

$$\chi_\mathrm{i}(\omega) = \frac{1}{\pi}\wp \int_{-\infty}^{\infty} \frac{\chi_\mathrm{r}(\omega')}{\omega' - \omega}\mathrm{d}\omega' \rightarrow \chi_\mathrm{i}(\omega) = \frac{2\omega}{\pi}\wp \int_{0}^{\infty} \frac{\chi_\mathrm{r}(\omega')}{\omega'^2 - \omega^2}\mathrm{d}\omega' \qquad (1.3\text{-}2\mathrm{n,o})$$

或由式 (1.3-2j) 得

$$\chi_{\mathrm{i}}(\omega) = \frac{2\omega}{\pi}\wp\int_0^\infty \frac{\chi_{\mathrm{r}}(\omega') - \chi_{\mathrm{r}}(\omega)}{\omega'^2 - \omega^2}\mathrm{d}\omega' \tag{1.3-2p}$$

式 (1.3-2k,n)、(1.3-2l,o)、或式 (1.3-2m,p)，就是复电极化率的实部与虚部之间存在的**克拉默斯 – 克勒尼格 (Kramers-Krönig) 关系** (简称 **K-K 关系**)。这个关系表明，**介质的各光学性质，如实折射率和吸收 (或增益) 系数之间不是互相无关，而是有其内在联系的，只要知道其中任何一个的完整频谱，就可以通过 K-K 关系求出另一个的完整频谱**。

1.3.2 介质极化及其色散的电子论[1.29~1.31]

1. 洛伦兹的电极化模型

介质的电极化过程及其频率关系的微观理论应该建立在**全量子理论 (full quantum theory)** (对原子系统和电磁辐射都作量子化处理) 的基础上，但是**洛伦兹 (Lorentz) 电子论**可以提供一个比较形象而且近似正确的**全经典模型 (full classical model)** (对原子系统和电磁辐射都作经典的处理)。也就是说，在各向同性和线性光学范畴内，可以认为介电介质 (电绝缘体) 中的每个电子都是由**简谐恢复力 (harmonic restoring force)** $m_{\mathrm{e}}\omega_0^2\boldsymbol{r}$ 维持在其动态的平衡位置上，m_{e} 是电子的自由质量或有效质量，ω_0 是其本征圆频率。在与电磁辐射相互作用的过程中，每个电子在电磁辐射中的电场 $\boldsymbol{E}$ 作用下，**按牛顿运动方程运动**：

$$m_{\mathrm{e}}\frac{\mathrm{d}^2\boldsymbol{r}}{\mathrm{d}t^2} = -m_{\mathrm{e}}\omega_0^2\boldsymbol{r} - 2\gamma m_{\mathrm{e}}\frac{\mathrm{d}\boldsymbol{r}}{\mathrm{d}t} - q_{\mathrm{e}}\boldsymbol{E} \tag{1.3-3a}$$

其中，$2\gamma m_{\mathrm{e}}\mathrm{d}\boldsymbol{r}/\mathrm{d}t$ 是与其他原子碰撞造成的**阻尼力 (damping force)** (图 1.3-2A)。

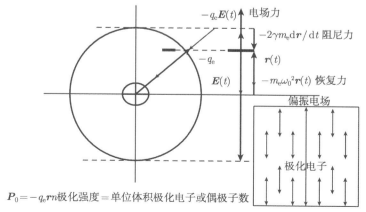

图 1.3-2A 介质中原子电极化过程的洛伦兹电子论模型

由于原子的大小或电子运动范围比所涉电磁波的波长小得多, 式 (1.2-2a) 可近似为

$$\boldsymbol{E}(x, y, z, t) = \boldsymbol{E}(x, y)\mathrm{e}^{\mathrm{i}(\omega t - \bar{\beta}_z z)} \approx \boldsymbol{E}_0 \mathrm{e}^{\mathrm{i}\omega t} \equiv \boldsymbol{E}(t) \qquad (1.3\text{-}3\mathrm{b})$$

其中, $\boldsymbol{E}_0$ 为常数。因而式 (1.3-3a) 简化为**二阶常系数非齐次微分方程**:

$$m_{\mathrm{e}}\frac{\mathrm{d}^2\boldsymbol{r}}{\mathrm{d}t^2} = -m_{\mathrm{e}}\omega_0^2\boldsymbol{r} - 2\gamma m_{\mathrm{e}}\frac{\mathrm{d}\boldsymbol{r}}{\mathrm{d}t} - q_{\mathrm{e}}\boldsymbol{E}_0\mathrm{e}^{\mathrm{i}\omega t} \rightarrow \frac{\mathrm{d}^2\boldsymbol{r}}{\mathrm{d}t^2} + 2\gamma\frac{\mathrm{d}\boldsymbol{r}}{\mathrm{d}t} + \omega_0^2\boldsymbol{r} = -\frac{q_{\mathrm{e}}}{m_{\mathrm{e}}}\boldsymbol{E}_0\mathrm{e}^{\mathrm{i}\omega t} \quad (1.3\text{-}3\mathrm{c})$$

根据式 (1.3-3c) 右边的源项的函数形式, 设其特解的形式为

$$\boldsymbol{r} = A\mathrm{e}^{\mathrm{i}\omega t} \qquad (1.3\text{-}3\mathrm{c}')$$

代入式 (1.3-3c) 得

$$\left(-\omega^2 + \mathrm{i}2\gamma\omega + \omega_0^2\right)\boldsymbol{r} = -\frac{q_{\mathrm{e}}}{m_{\mathrm{e}}}\boldsymbol{E}_0\mathrm{e}^{\mathrm{i}\omega t} \rightarrow \boldsymbol{r} = -\frac{q_{\mathrm{e}}}{m_{\mathrm{e}}}\frac{\boldsymbol{E}_0\mathrm{e}^{\mathrm{i}\omega t}}{\omega_0^2 - \omega^2 + \mathrm{i}2\gamma\omega} \qquad (1.3\text{-}3\mathrm{d})$$

2. 单态电子的极化强度与介电函数的电子论模型

设属于相同的原子结构层次而具有相同恢复力的电子浓度为 n, 则其极化强度矢量可表为

$$\boldsymbol{P}_0 = -q_{\mathrm{e}}\boldsymbol{r}n = \frac{q_{\mathrm{e}}^2 n}{m_{\mathrm{e}}}\frac{\boldsymbol{E}_0\mathrm{e}^{\mathrm{i}\omega t}}{\omega_0^2 - \omega^2 + \mathrm{i}2\gamma\omega} = \frac{q_{\mathrm{e}}^2 n}{m_{\mathrm{e}}}\frac{\boldsymbol{E}(t)}{\omega_0^2 - \omega^2 + \mathrm{i}2\gamma\omega} \qquad (1.3\text{-}3\mathrm{e})$$

由式 (1.3-3e), 其电位移矢量应为

$$\boldsymbol{D}(t) = \tilde{\varepsilon}\boldsymbol{E}(t) = \varepsilon_0\boldsymbol{E}(t) + \boldsymbol{P}_0(t) = \varepsilon_0\boldsymbol{E}(t)\left[1 + \left(\frac{q_{\mathrm{e}}^2 n}{m_{\mathrm{e}}\varepsilon_0}\right)\frac{1}{\omega_0^2 - \omega^2 + \mathrm{i}2\gamma\omega}\right] \quad (1.3\text{-}3\mathrm{f})$$

将 (1.3-3f) 除以 $\varepsilon_0\boldsymbol{E}(t)$, 并由式 (1.1-6a,11e) 和 $\omega_{\mathrm{p}0}$ (1.3-3j), 得

$$\frac{\tilde{\varepsilon}(\omega)}{\varepsilon_0} = 1 + \frac{\omega_{p0}^2}{\omega_0^2 - \omega^2 + \mathrm{i}2\gamma\omega} \qquad (1.3\text{-}3\mathrm{g})$$

$$= 1 + \frac{\omega_{p0}^2\left(\omega_0^2 - \omega^2 - \mathrm{i}2\gamma\omega\right)}{\left(\omega_0^2 - \omega^2\right)^2 + (2\gamma\omega)^2}$$

$$= 1 + \frac{\omega_{p0}^2\left(\omega_0^2 - \omega^2\right)}{\left(\omega_0^2 - \omega^2\right)^2 + (2\gamma\omega)^2} - \mathrm{i}\frac{2\gamma\omega_{p0}^2\omega}{\left(\omega_0^2 - \omega^2\right)^2 + (2\gamma\omega)^2}$$

$$= \left[\bar{n}(\omega) - \mathrm{i}\bar{k}(\omega)\right]^2 \qquad (1.3\text{-}3\mathrm{g}')$$

$$\varepsilon_1(\omega) \equiv \frac{\varepsilon_{\mathrm{r}}(\omega)}{\varepsilon_0} = 1 + \frac{\left(\omega_0^2 - \omega^2\right)\omega_{p0}^2}{\left(\omega_0^2 - \omega^2\right)^2 + 4\gamma^2\omega^2}$$

$$= \bar{n}^2(\omega) - \bar{k}^2(\omega)\begin{cases} \approx \bar{n}^2(\omega)\,(\bar{k} \ll \bar{n}) \\ = 0(\bar{k} = \bar{n}) \\ < 0(\bar{k} > \bar{n}) \end{cases}, \quad \omega_{p0} \equiv \sqrt{\frac{q_{\mathrm{e}}^2 n}{m_{\mathrm{e}}\varepsilon_0}} \qquad (1.3\text{-}3\mathrm{h,i})$$

$$\varepsilon_1(\omega) \equiv \frac{\varepsilon_{\mathrm{i}}(\omega)}{\varepsilon_0} = \frac{-2\gamma\omega\omega_{p_0}^2}{\left(\omega_0^2 - \omega^2\right)^2 + (2\gamma\omega)^2} = -2\bar{n}(\omega)\bar{k}(\omega) = -\frac{\bar{n}(\omega)}{k_0}\alpha(\omega) \qquad (1.3\text{-}3\mathrm{j})$$

是这些电子在真空介质中的 **等离子体振荡 (plasma oscillation) 圆频率**。对于 $\omega_{\mathrm{p0}} = 0.9\omega_0$ 和不同的 **阻尼系数** γ, 式 (1.3-3h,i) 分别如 **图 1.3-2B(a)**, **(b)** 所示 [1.29]。其虚部式 (1.3-3i) 的频率分布, 即所谓 **洛伦兹线型 (Lorentzian line-shape)**, 在 $\omega = \omega_0$ 处出现峰值:

$$\frac{\varepsilon_{\mathrm{i}}(\omega_0)}{\varepsilon_0} = -\frac{\omega_{p_0}^2}{2\gamma\omega_0} \qquad (1.3\text{-}3\mathrm{k})$$

在 ω_0 附近, $\omega \approx \omega_0$, 式 (1.3-3i) 近似为

$$\frac{\varepsilon_{\mathrm{i}}(\omega)}{\varepsilon_0} \approx -\frac{\omega_{p_0}^2}{2\omega_0}\frac{\gamma}{\left(\omega_0 - \omega\right)^2 + \gamma^2} \qquad (1.3\text{-}3\mathrm{l})$$

根据式 (1.3-3k,l) 写出决定半峰值圆频率 $\omega_{1/2}$ 的方程为

$$\frac{\varepsilon_{\mathrm{i}}\left(\omega_{1/2}\right)}{\varepsilon_0} = \frac{1}{2}\frac{\varepsilon_{\mathrm{i}}\left(\omega_0\right)}{\varepsilon_0} = -\frac{\omega_{p_0}^2}{2\omega_0}\frac{\gamma}{\left(\omega_0 - \omega_{1/2}\right)^2 + \gamma^2}$$

$$\to \gamma = \left|\omega_0 - \omega_{1/2}\right| \to \frac{\varepsilon_{\mathrm{i}}\left(\omega_{1/2}\right)}{\varepsilon_0} = -\frac{\omega_{p_0}^2}{2\omega_0}\frac{1}{2\gamma} \qquad (1.3\text{-}1\mathrm{m,n})$$

表明: **阻尼系数** γ **就是介质的复电容率虚部对** ω_0 **的半峰值圆频率的半宽**。而且, 由 **图 1.3-2B(b)** 可见, 只要在几个 γ 之外, $|\varepsilon_{\mathrm{i}}(\omega)/\varepsilon_0|$ 已小得可以忽略, 这时

$$\tilde{\varepsilon}(\omega) \approx \varepsilon_{\mathrm{r}}(\omega), \quad |\omega - \omega_{\mathrm{o}}| \gg \gamma \qquad (1.3\text{-}3\mathrm{o})$$

也就是说, **这个频率范围的电磁辐射在这种介质中将不被吸收**, 即这种介质对该频率范围内的电磁辐射是透明的。但在 ω_0 附近就有明显的吸收, 因而 ω_0 就是电子系统的共振圆频率 (resonance circular frequency)。在 $\omega = \omega_0$ 处, 电磁辐射中的电场将强烈地激发电偶极子而损耗掉其电磁辐射能量。对任何 $\gamma \neq 0$, 由式 (1.3-3h) 得

$$\varepsilon_{\mathrm{r}}(\omega_0)/\varepsilon_0 = 1 \qquad (1.3\text{-}3\mathrm{p})$$

故 **图 1.3-2B(a)** 中所有的色散曲线都将经过 $(\omega_0, 1)$ 点, 而在 ω_0 左右约 γ 处分别有一个极大值和一个极小值, 均称为转折点 (turning point)。在这两个转折点之外, $\varepsilon_{\mathrm{r}}(\omega)/\varepsilon_0$ 随 ω 的增大而增大, 是正常色散 (normal dispersion) 区。在这两个转折点之间, $\varepsilon_{\mathrm{r}}(\omega)/\varepsilon_0$ 随 ω 的增大而减小, 是反常色散 (anomalous dispersion) 区。在反常色散区内, ω_0 右边的 $\varepsilon_{\mathrm{r}}(\omega)/\varepsilon_0 < 1$。而且如果足够小, $\varepsilon_{\mathrm{r}}(\omega)/\varepsilon_0$ 还可能是负值, 这时, 介质将不能传播电磁波, 故将 $\varepsilon_{\mathrm{r}}(\omega)/\varepsilon_0 < 0$ 的频率范围称为阻止频

带 (stop band)。图 1.3-2B(b) 是**复相对介电函数负虚部** $-\varepsilon_{R,i} \equiv -\varepsilon_i/\varepsilon_0$ 随光频 ω/ω_0 的变化。图 1.3-2C(a) 和 (b) 分别是**折射率** $\bar{n}$ 和**消光系数** $\bar{k}$ 随光频 ω/ω_0 的变化。

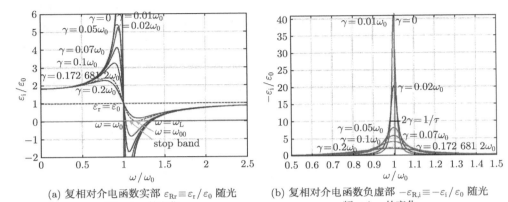

(a) 复相对介电函数实部 $\varepsilon_{Rr} \equiv \varepsilon_r/\varepsilon_0$ 随光频 ω/ω_0 的变化

(b) 复相对介电函数负虚部 $-\varepsilon_{R,i} \equiv -\varepsilon_i/\varepsilon_0$ 随光频 ω/ω_0 的变化

图 1.3-2B　$\omega_{p0} = 0.9\omega_0$ 时，介质复相对电容率 $\tilde{\varepsilon}/\varepsilon_0$ 随光频 ω/ω_0 的变化

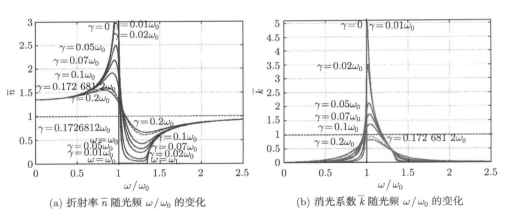

(a) 折射率 $\bar{n}$ 随光频 ω/ω_0 的变化

(b) 消光系数 $\bar{k}$ 随光频 ω/ω_0 的变化

图 1.3-2C　$\omega_{p0} = 0.9\omega_0$ 时，介质复折射率 $\tilde{n} = \bar{n} - i\bar{k}$ 随光频 ω/ω_0 的变化

根据式 (1.3-3h)，$\varepsilon_r(\omega)/\varepsilon_0 = 0$ 的频率 ω_{00} 可如下求出：

$$
\begin{aligned}
\frac{\varepsilon_r(\omega_{00})}{\varepsilon_0} &= 1 + \frac{\omega_{p0}^2(\omega_0^2 - \omega_{00}^2)}{(\omega_0^2 - \omega_{00}^2)^2 + 4\gamma^2\omega_{00}^2} \\
&= \frac{(\omega_0^2 - \omega_{00}^2)^2 + 4\gamma^2\omega_{00}^2 + \omega_{p0}^2(\omega_0^2 - \omega_{00}^2)}{(\omega_0^2 - \omega_{00}^2)^2 + 4\gamma^2\omega_{00}^2} = 0
\end{aligned}
\tag{1.3-3q}
$$

或

$$
(\omega_{p0}^2 + \omega_0^2 - \omega_{00}^2)(\omega_0^2 - \omega_{00}^2) = -4\gamma^2\omega_{00}^2
\tag{1.3-3r}
$$

当 $\gamma = 0$ 时，式 (1.3-3s) 右边为零，得

$$\omega_{00,1}^2 = \omega_0^2, \quad \omega_{00,2}^2 = \omega_0^2 + \omega_{p_0}^2 \equiv \omega_{\mathrm{L}}^2 \qquad (1.3\text{-}3\mathrm{s,t})$$

则 $\gamma = 0$ 时的阻止带宽为

$$\omega_{\mathrm{L}} - \omega_0 = \left[\sqrt{1 + (\omega_{p_0}/\omega_0)^2} - 1 \right] \omega_0 \qquad (1.3\text{-}3\mathrm{u})$$

如果用单位矢量 $\boldsymbol{a}_\omega$ 表征电磁波的偏振方向 (电磁波电场的偏振方向)，用单位矢量 $\boldsymbol{w}$ 表征电磁波的传播方向，则沿传播方向的波矢为

$$\tilde{\boldsymbol{\beta}}_{\mathrm{w}} = \tilde{\beta}_{\mathrm{w}} \boldsymbol{w} \qquad (1.3\text{-}4\mathrm{a})$$

则由式 (1.2-1g) 和式 (1.3-1i) 中的 $\boldsymbol{E}(\omega)$ 可写成平面波形式

$$\boldsymbol{E}(\omega) = E_\omega \boldsymbol{a}_\omega \mathrm{e}^{\mathrm{i}\tilde{\beta}_{\mathrm{w}} \boldsymbol{w} \cdot \boldsymbol{r}} \qquad (1.3\text{-}4\mathrm{b})$$

将式 (1.3-4b) 代入式 (1.1-2b)，得**菲涅耳方程 (Fresnel equation)**：

$$\tilde{\beta}_{\mathrm{w}}^2 \boldsymbol{w} \times (\boldsymbol{w} \times \boldsymbol{a}_\omega) + \omega^2 \mu_0 \tilde{\varepsilon}(\omega) \boldsymbol{a}_\omega = \tilde{\beta}_{\mathrm{w}}^2 \boldsymbol{w}(\boldsymbol{w} \cdot \boldsymbol{a}_\omega) + \left[\omega^2 \mu_0 \tilde{\varepsilon}(\omega) - \tilde{\beta}_{\mathrm{w}}^2 \right] \boldsymbol{a}_\omega = 0 \quad (1.3\text{-}4\mathrm{c})$$

由 $\boldsymbol{w} \cdot (1.3\text{-}4\mathrm{c})$，得

$$\tilde{\beta}_{\mathrm{w}}^2 (\boldsymbol{w} \cdot \boldsymbol{a}_\omega) + \left[\frac{\omega^2}{c_0^2} \frac{\tilde{\varepsilon}(\omega)}{\varepsilon_0} - \tilde{\beta}_{\mathrm{w}}^2 \right] (\boldsymbol{w} \cdot \boldsymbol{a}_\omega) = \frac{\omega^2}{c_0^2} \frac{\tilde{\varepsilon}(\omega)}{\varepsilon_0} (\boldsymbol{w} \cdot \boldsymbol{a}_\omega) = 0 \qquad (1.3\text{-}4\mathrm{d})$$

由 $\boldsymbol{a}_\omega \cdot (1.3\text{-}4\mathrm{c})$，得

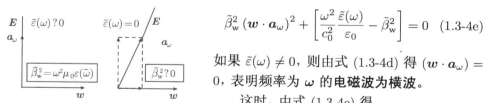

$$\tilde{\beta}_{\mathrm{w}}^2 (\boldsymbol{w} \cdot \boldsymbol{a}_\omega)^2 + \left[\frac{\omega^2}{c_0^2} \frac{\tilde{\varepsilon}(\omega)}{\varepsilon_0} - \tilde{\beta}_{\mathrm{w}}^2 \right] = 0 \quad (1.3\text{-}4\mathrm{e})$$

图 1.3-2D 菲涅耳矢量波动方程的
两种传播解

如果 $\tilde{\varepsilon}(\omega) \neq 0$，则由式 (1.3-4d) 得 $(\boldsymbol{w} \cdot \boldsymbol{a}_\omega) = 0$，表明频率为 ω 的**电磁波为横波**。

这时，由式 (1.3-4e) 得

$$\tilde{\beta}_{\mathrm{w}}^2 = \frac{\omega^2}{c_0^2} \frac{\tilde{\varepsilon}(\omega)}{\varepsilon_0} = k_0^2 \tilde{n}^2(\omega) = \tilde{k}^2 \quad (1.3\text{-}4\mathrm{f})$$

但如果 $\tilde{\varepsilon}(\omega) = 0$, $\tilde{\beta}_{\mathrm{w}}^2 \neq 0$，则由式 (1.3-4e) 得

$$\tilde{\beta}_{\mathrm{w}}^2 \left[(\boldsymbol{w} \cdot \boldsymbol{a}_\omega)^2 - 1 \right] = 0 \rightarrow \boldsymbol{w} \cdot \boldsymbol{a}_\omega = \pm 1 \neq 0 \qquad (1.3\text{-}4\mathrm{g, h})$$

表明对此频率 ω 的**电磁波有纵向分量**。故在阻止频带的两端，例如 $\gamma = 0$ **时的** ω_0
和 ω_L **处，电磁波为"纵波"**。随着 γ 的增大，阻止频带变窄，其两端使 $\varepsilon_r(\omega) = 0$
的圆频率互相靠近，由式 (1.3-3r)，如果 $\gamma = (\omega_L - \omega_0)/2$，则

$$\omega_0^2 \omega_L^2 + \omega_{00}^2 \omega_{00}^2 - 2\omega_{00}^2 \omega_L \omega_0 = \left(\omega_0 \omega_L - \omega_{00}^2\right)^2 = 0 \tag{1.3-4i}$$

则这两频率重合为

$$\omega_{00} = \sqrt{\omega_L \omega_0} \tag{1.3-4j}$$

这时阻止频带宽度为零，并且 $\bar{n}(\omega_{00}) = \bar{k}(\omega_{00})$，**如图 1.3-2E 所示。如果** $\gamma > (\omega_L - \omega_0)/2$，**则不存在使** $\varepsilon_r(\omega) = 0$ **的圆频率，也不可能存在"纵向"电磁波，更不存在阻止频带。**

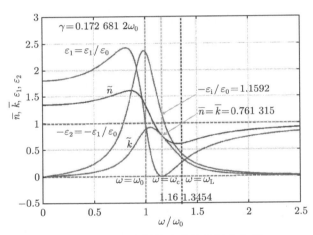

图 1.3-2E　阻止频带为零的临界点性质

3. 多态电子的介电函数

如果有不同原子或在原子中有不同层次，或不同能带的电子，则介质中将有一个以上的本征圆频率。对此式 (1.3-3g) 可以推广为

$$\frac{\tilde{\varepsilon}(\omega)}{\varepsilon_0} = 1 + \sum_l \frac{\omega_{pl}^2 f_l}{\omega_l^2 - \omega^2 + \mathrm{i}2\gamma_l \omega}, \quad \omega_{p_j} \equiv \sqrt{\frac{q_e^2 n_j}{m_j \varepsilon_0}} \tag{1.3-4k}$$

$$\frac{\varepsilon_{l \neq j}}{\varepsilon_0} \equiv \bar{n}_0^2 \equiv 1 + \sum_{l \neq j} \frac{\omega_{pl}^2 f_l}{\omega_l^2 - \omega^2 + \mathrm{i}2\gamma_l \omega}$$

$$\frac{\tilde{\varepsilon}(\omega)}{\varepsilon_0} = 1 + \sum_{l \neq j} \frac{\omega_{pl}^2 f_l}{\omega_l^2 - \omega^2 + \mathrm{i}2\gamma_l \omega} + \frac{\omega_{p_j}^2 f_j}{\omega_l^2 - \omega^2 + \mathrm{i}2\gamma_j \omega}$$

$$= \bar{n}_0^2 + \frac{\omega_{p_j}^2}{\omega_j^2 - \omega^2 + \mathrm{i}2\gamma_j\omega}, \quad \omega_{p_j} \equiv \sqrt{\frac{q_\mathrm{e}^2 n_j}{m_j \varepsilon_0}} \qquad (1.3\text{-}4\mathrm{l,m,n})$$

其中, $\omega_{\mathrm{p}j}$ 是第 j 种电子在介质 ε 中的等离子体振荡圆频率; $\varepsilon_{l \neq j}$ 是别的原子、别的层次或其他能带的电子对电容率的贡献, 正如上述, 它应为**实数**, 而且对于 ω_j, 它近似为**常数**。f_l 是电子本征频率为 ω_l 的**无量纲振子强度**。如果对原子系统作量子力学处理, 则将得出**克拉默斯 – 海森伯 (Kramers-Heisenberg) 公式**:

$$\frac{\tilde{\varepsilon}(\omega)}{\varepsilon_0} = 1 + \sum_{l,j} \frac{q_\mathrm{e}^2 n_l}{m_l \varepsilon_0} \frac{f_{lj}}{\omega_{lj}^2 - \omega^2 + \mathrm{i}2\gamma_{lj}\omega} \qquad (1.3\text{-}4\mathrm{o})$$

其中, l、j 态之间的**能量差**为 $\hbar\omega_{lj} = |E_l - E_j|$, **无量纲跃迁强度**为

$$f_{lj} = \frac{8\pi\varepsilon_0 m_l \omega_{lj}}{3q_\mathrm{e}^2 \hbar} |\wp_{lj}|^2 \qquad (1.3\text{-}4\mathrm{p})$$

其中, $\wp_{lj}$ 是**电偶极矩矩阵元**。可见, 经典公式 (1.3-4k) 与量子力学公式 (1.3-4p) 在形式上很相近。

1.3.3 "自由" 载流子的带内吸收和等离子振荡折射率

1. 自由电子是否可能吸收或发射光子[1.32]

爱因斯坦的特殊相对论根据能量和动量守恒定律, 以下述定理回答了这问题。

定理: 一个自由电子永远不可能发射或吸收一个自由光子。

假设一个质量为 m 的电子以速度 $\boldsymbol{v}$ 运动。这个电子的相对论能量和动量分别为

$$E = \frac{mc_0^2}{\sqrt{1 - (v/c_0)^2}}, \quad \boldsymbol{p}_\mathrm{e} = \frac{m\boldsymbol{v}}{\sqrt{1 - (v/c_0)^2}} \qquad (1.3\text{-}4\mathrm{q,r})$$

其中, c_0 是真空光速。如果电子能够发射一个能量为 $\hbar\omega$, 动量为 $\hbar\boldsymbol{\beta}$ 的光子, 则电子的速度必将变为 $\boldsymbol{u}$, 这时能量守恒定律要求

$$\frac{mc_0^2}{\sqrt{1 - (v/c_0)^2}} = \frac{mc_0^2}{\sqrt{1 - (u/c_0)^2}} + \hbar\omega \qquad (1.3\text{-}4\mathrm{s})$$

同时动量守恒定律 (图 1.3-3A) 要求

$$\frac{m\boldsymbol{v}}{\sqrt{1 - (v/c_0)^2}} = \frac{m\boldsymbol{u}}{\sqrt{1 - (u/c_0)^2}} + \hbar\boldsymbol{\beta} \qquad (1.3\text{-}4\mathrm{t})$$

其中,

$$\beta = \sqrt{\varepsilon_\mathrm{r}}\,\omega/c_0, \quad \varepsilon_\mathrm{r} = \varepsilon/\varepsilon_0, \quad c_0 = 1/\sqrt{\varepsilon_0\mu_0} \qquad (1.3\text{-}4\mathrm{u})$$

将式 (1.3-4u) 平方，得

$$\frac{m^2v^2}{1-(v/c_0)^2} = \frac{m^2u^2}{1-(u/c_0)^2} + \left(\frac{\hbar\omega}{c_0}\right)^2 \varepsilon_{\mathrm{r}} + 2\frac{m\hbar u\frac{\omega}{c_0}\sqrt{\varepsilon_{\mathrm{r}}}}{\sqrt{1-(u/c)^2}}\cos\theta \tag{1.3-4v}$$

其中，θ 是 $\boldsymbol{u}$ 和 $\boldsymbol{\beta}$ 的方向之间的夹角。由式 (1.3-4s) 解出 v^2：

$$\frac{1}{\sqrt{1-(v/c_0)^2}} = \frac{1}{\sqrt{1-(u/c_0)^2}} + \frac{\hbar\omega}{mc_0^2} \to \frac{1}{1-(v/c_0)^2}$$

$$= \frac{1}{1-(u/c_0)^2} + \left(\frac{\hbar\omega}{mc_0^2}\right)^2 + \frac{2}{\sqrt{1-(u/c_0)^2}}\frac{\hbar\omega}{mc_0^2} \to$$

$$m^2v^2 = (v/c_0)^2\left(m^2c_0^2\right) = m^2c_0^2 - \frac{m^2c_0^2}{\dfrac{1}{1-(u/c_0)^2} + \left(\dfrac{\hbar\omega}{mc_0^2}\right)^2 + \dfrac{2}{\sqrt{1-(u/c_0)^2}}\dfrac{\hbar\omega}{mc_0^2}} \to$$

$$\frac{m^2v^2}{1-(v/c_0)^2} = \left[m^2c_0^2 - \frac{m^2c_0^2}{\dfrac{1}{1-(u/c_0)^2} + \left(\dfrac{\hbar\omega}{mc_0^2}\right)^2 + \dfrac{2}{\sqrt{1-(u/c_0)^2}}\dfrac{\hbar\omega}{mc_0^2}}\right]$$

$$\cdot \left[\frac{1}{1-(u/c_0)^2} + \left(\frac{\hbar\omega}{mc_0^2}\right)^2 + \frac{2}{\sqrt{1-(u/c_0)^2}}\frac{\hbar\omega}{mc_0^2}\right]$$

$$= \left[\frac{m^2c_0^2}{1-(u/c_0)^2} + m^2c_0^2\left(\frac{\hbar\omega}{mc_0^2}\right)^2 + \frac{2m^2c_0^2}{\sqrt{1-(u/c_0)^2}}\frac{\hbar\omega}{mc_0^2} - m^2c_0^2\right]$$

$$= \frac{m^2c_0^2}{1-(u/c_0)^2} - m^2c_0^2 + \left(\frac{\hbar\omega}{c_0}\right)^2 + \frac{2m\hbar\omega}{\sqrt{1-(u/c_0)^2}} \to$$

$$\frac{m^2c_0^2}{1-(u/c_0)^2} - m^2c_0^2 = \frac{m^2c_0^2 - m^2c_0^2\left[1-(u/c_0)^2\right]}{\left[1-(u/c_0)^2\right]} = \frac{m^2c_0^2(u/c_0)^2}{1-(u/c_0)^2} = \frac{m^2u^2}{1-(u/c_0)^2} \to$$

$$\frac{m^2u^2}{1-(u/c_0)^2} = \frac{m^2v^2}{1-(v/c_0)^2} - \left(\frac{\hbar\omega}{c_0}\right)^2 - 2\frac{m\hbar\omega}{\sqrt{1-(u/c_0)^2}} \tag{1.3-4w}$$

将式 (1.3-4w) 代入式 (1.3-4v)，得

$$\frac{m^2v^2}{1-(v/c_0)^2} = \frac{m^2v^2}{1-(v/c_0)^2} - \left(\frac{\hbar\omega}{c_0}\right)^2 - 2\frac{m\hbar\omega}{\sqrt{1-(u/c_0)^2}} + \left(\frac{\hbar\omega}{c_0}\right)^2\varepsilon_{\mathrm{r}}$$

$$+ 2\frac{m\hbar u\frac{\omega}{c_0}\sqrt{\varepsilon_{\mathrm{r}}}}{\sqrt{1 - (u/c)^2}}\cos\theta \to$$

$$\frac{m\hbar u\frac{\omega}{c_0}\sqrt{\varepsilon_{\mathrm{r}}}}{\sqrt{1 - (u/c)^2}}\cos\theta = \frac{m\hbar\omega}{\sqrt{1 - (u/c_0)^2}} - \frac{\varepsilon_{\mathrm{r}} - 1}{2}\left(\frac{\hbar\omega}{c_0}\right)^2 \to$$

$$\cos\theta = \frac{c_0}{u\sqrt{\varepsilon_{\mathrm{r}}}} - \frac{\varepsilon_{\mathrm{r}} - 1}{2}\left(\frac{\hbar\omega}{c_0}\right)\frac{\sqrt{1 - (u/c)^2}}{mu\sqrt{\varepsilon_{\mathrm{r}}}}$$

即

$$\cos\theta = \frac{c_0}{u\sqrt{\varepsilon_{\mathrm{r}}}}\left(1 - \frac{\varepsilon_{\mathrm{r}} - 1}{2}\sqrt{1 - \frac{u^2}{c_0^2}}\frac{\hbar\omega}{mc_0^2}\right) \xrightarrow{\varepsilon_{\mathrm{r}} = 1} \cos\theta = \frac{c_0}{u} > 1 \to \theta = \text{虚数} \quad (1.3\text{-}4\mathrm{x})$$

式 (1.3-4x) 表明, **如果 $\varepsilon_{\mathrm{r}} = 1$, 由于 u 必须小于 c_0, 在发射过程中受到反座作用而
散射的电子与其所发射光子之间的夹角将是一个虚数。也就
是说, 一个在真空中运动的自由电子是不可能发射光子的, 因
为电子不可能以高于光子的速度运动。**"自由电子发射光子"
的提法, 是由于实际上存在使自由电子可以发射一个光子而
不违反上述所证定理的许多可能性。

图 1.3-3A   动量守恒
定律示意图

如果电子在如磁场 (磁控电子管) 或一个重原子核 (**轫致辐射 (bremsstrah-
lung)**) 等外场中运动, 该外场可以承担所需的动量, 使电子与光子之间不再需要
满足动量守恒。严格说来, 电子在外场中已经不再是自由的了。但这里的 **"自由
电子"** 一词是用来区别于被束缚在一个原子核周围的轨道中的电子。即使电子在
外场作用下仍可称为自由电子, 是由于实际上可以找到一个自由电子发射一个光
子的实际例子, 因为这时有第三种力量来承担在该过程中所出现的任何不平衡的
动量。

另一个存在自由电子发射光子的可能性是光子与一个外在介质相互作用。假
设一个光腔内存在电磁场。则光腔的腔壁将可以参加电子和光子之间的动量交换,
因而也导致电子和光子之间不再需要满足动量守恒。在这个例子中, 光子是不自由
的, 因此不属于上述定理的范畴。

最后, 如果可以造成 $c_0 < u\sqrt{\varepsilon_{\mathrm{r}}}$, 则自由电子就可以发射光子。该可能性是由
于采用了如液体的介质, 使相对论电子在其中运动了一段距离。这样得到的辐射称
为**切连科夫 (Cherenkov) 辐射**。显然, 电子在液体中运动不断与液体分子碰撞,
就已经不是严格意义下的自由电子了。

2. 介质中 "自由" 载流子的介电函数及其吸收系数和折射率贡献

介质中的 "自由" 载流子正是相对于不能摆脱原子场的**束缚**电子而言的, 在洛
伦兹电子论中即**恢复力或本征圆频率为零的电子 (德鲁德 (Drude) 模型)**。这些

"自由" 载流子从其各自的原子电离出来, 但仍然不断与晶体中各种微观粒子相互碰撞, 交换动量和能量, 因此, 可以不受上述定理的约束, 它对电容率的贡献可以令 $\omega_j = 0, f_j \approx 1$, 由式 (1.3-4l) 得出

$$\frac{\tilde{\varepsilon}(\omega)}{\varepsilon_0} = \frac{\varepsilon_{l \neq j}}{\varepsilon_0} + \frac{\omega_{pj}^2}{-\omega^2 + \mathrm{i}2\gamma_j\omega} = \bar{n}_0^2 - \frac{\omega_{pj}^2}{\omega\left(\omega - \mathrm{i}2\gamma_j\right)} = \bar{n}_0^2 - \frac{\omega_{pj}^2\left(\omega + \mathrm{i}2\gamma_j\right)}{\omega\left(\omega^2 + 4\gamma_j^2\right)}$$

$$= \bar{n}_0^2 - \frac{\omega_{pj}^2}{\left(\omega^2 + 4\gamma_j^2\right)} - \mathrm{i}\frac{2\gamma_j\omega_{pj}^2}{\omega\left(\omega^2 + 4\gamma_j^2\right)} \tag{1.3-5a}$$

$$\frac{\varepsilon_{\mathrm{r}}(\omega)}{\varepsilon_0} = \bar{n}_0^2 - \frac{\omega_{pj}^2}{\omega^2 + 4\gamma_j^2} = \bar{n}^2 - \bar{k}^2, \quad \frac{\varepsilon_{\mathrm{i}}(\omega)}{\varepsilon_0} = -\frac{2\gamma_j\omega_{pj}^2}{\omega\left(\omega^2 + 4\gamma_j^2\right)} = -2\bar{n}\bar{k} \tag{1.3-5b, c}$$

该无恢复力的洛伦兹 德鲁德可用于大量自由电子的金属和少量自由电子或空穴的半导体。**图 1.3-3B(a)~(d)** 就是由式 (1.3-5b,c) 和**表 1.3-1A** 的贵金属参数算出单态电子介电函数的实部和虚部, 折射率和消光系数随光子能量的变化 (金属光学性质的色散关系)。由**表 1.3-1A** 可见, 金属的自由载流子浓度比半导体约高 5 个量级, 电子有效质量大十几倍, 带内弛豫时间小几十倍, 等离子体频率或能量约大 2 个量级。因此近红外光子能量 (~1eV) 或圆频率 ($10^{15}\mathrm{s}^{-1}$) 比半导体等离子体能量或频率大 1 个量级, 比金属小 1 个量级, 但都在反常色散区, 如**图 1.3-3B** 所示。

表 1.3-1A　　贵金属和半导体的电子光学或有效质量和弛豫时间等参数

金属或半导体	电子浓度 $n[10^{18} \cdot \mathrm{cm}^{-3}]$	电子光学质量/自由质量 m_{e}/m_0	弛豫时间 $\tau = (2\gamma)^{-1}/10^{-15}\mathrm{s}$	等离子体频率 $\omega_{\mathrm{p}}[10^{14} \cdot \mathrm{s}^{-1}]$	等离子体能量 $E_{pj}[\mathrm{eV}]$
Au	58 594.14	0.99±0.04[1.32]	9.3±0.9[1.33]	137.2452[1.34]	9.029 959[1.33]
Ag	56 567.15	0.96±0.04[1.32]	31±12[1.33]	136.9412[1.34]	9.009 966[1.33]
Cu	126 848.89	1.49±0.06[1.32]	6.9±0.7[1.33]	164.6030[1.34]	10.829 96[1.33]
n-GaAs	1	0.067	76.189 412	2.179 457 7	0.143 396 7
	2	0.067	76.189 412	3.082 218 6	0.202 793 5
p-GaAs	1	0.48	54.583 459	0.814 263 98	0.053 574 2
	2	0.48	54.583 459	1.151 543 7	0.075 765 4

半导体自由载流子的折射率和吸收系数可由其弛豫时间 $\tau_j (j = \mathrm{n}, \mathrm{p})$ 或反常色散区半宽 γ_j 算出。而如 GaAs 中 "自由" 电子 $\gamma_j = \gamma_{\mathrm{n}}$ 的大小, 则可由电子作为载流子受晶格和杂质原子散射决定的迁移率 $\mu_{\mathrm{n}} \approx 2000\mathrm{cm}^2 \cdot \mathrm{V}^{-1} \cdot \mathrm{s}^{-1}$ 估计出来。因在稳定电流情况下, 式 (1.3-3a) 中由于 $\frac{\mathrm{d}^2\boldsymbol{r}}{\mathrm{d}t^2} = 0, \omega_j = 0$, 而简化为 $\boldsymbol{E}$ 原取负向 (**图 1.3-2A**):

$$2\gamma_{\mathrm{n}}m_{\mathrm{n}}\overline{\frac{\mathrm{d}\boldsymbol{r}}{\mathrm{d}t}} = -q_{\mathrm{e}}\boldsymbol{E} = q_{\mathrm{e}}\bar{\boldsymbol{E}} \rightarrow \overline{\frac{\mathrm{d}\boldsymbol{r}}{\mathrm{d}t}} = \frac{q_{\mathrm{e}}}{2\gamma_{\mathrm{n}}m_{\mathrm{n}}}\bar{\boldsymbol{E}} \tag{1.3-5d}$$

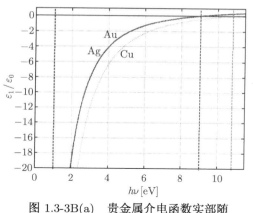

图 1.3-3B(a)　贵金属介电函数实部随
光子能量的变化

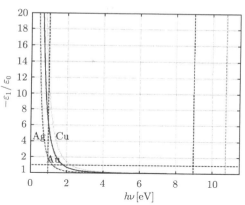

图 1.3-3B(b)　贵金属介电函数虚部随
光子能量的变化

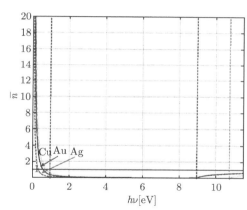

图 1.3-3B(c)　贵金属折射率随光子能
量的变化

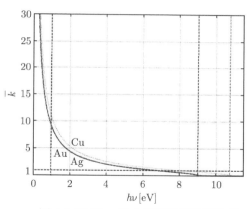

图 1.3-3B(d)　贵金属消光系数随光子
能量的变化

由电子迁移率 μ_n 的定义:

$$\overline{\frac{d\boldsymbol{r}}{dt}} = \mu_n \bar{\boldsymbol{E}} \rightarrow \mu_n = \frac{q_e}{2\gamma_n m_n} \quad [\mathrm{cm \cdot s^{-1} V^{-1} cm = cm^2 V^{-1} s^{-1}}] \tag{1.3-5e}$$

故对 $\lambda_0 = 0.9\mu m$, 由式 (1.3-5d) 和式 (1.3-5e) 得

$$2\gamma_n = \frac{1}{\tau_n} = \frac{q_e}{m_n \mu_n} \approx 1 \times 10^{13} \mathrm{s^{-1}} \ll \omega \approx 10^{15} \cdot \mathrm{s^{-1}} \tag{1.3-5f}$$

因此, 式 (1.3-5b,c) 分别近似为

$$\frac{\varepsilon_r}{\varepsilon_0} = \bar{n}^2 \overset{\omega\tau_n \gg 1}{\approx} \bar{n}_0^2 - \frac{\omega_{pn}^2}{\omega^2} = \bar{n}_0^2 - \frac{q_e^2 n}{m_n \varepsilon_0 \omega^2}, \quad \omega_{pn} \equiv \sqrt{\frac{q_e^2 n}{m_n \varepsilon_0}} \tag{1.3-5g}$$

$$\frac{\varepsilon_i}{\varepsilon_0} = -2\bar{n}\bar{k} \overset{\omega\tau_n \gg 1}{\approx} \frac{-q_e}{m_n\mu_n} \frac{q_e^2 n}{m_n\varepsilon_0} \frac{1}{\omega^3}$$

$$\approx -\frac{q_e^3 n}{m_n^2 \varepsilon_0 \mu_n \omega^3} \to \bar{k} \overset{\omega\tau_n \gg 1}{\approx} \frac{q_e^3 n}{2\bar{n}m_n^2 \varepsilon_0 \mu_n \omega^3}, \quad \omega = \frac{2\pi c_0}{\lambda_0} \qquad (1.3\text{-}5\text{h})$$

ω_{pn} 是半导体介质 ε 中 “自由” 电子等离子体振荡圆频率。由式 (1.1-11d) 和式 (1.3-5) 得 “自由” 电子带内吸收系数为

$$\alpha_{fc} = 2k_0\bar{k} \overset{\omega\tau_n \gg 1}{\approx} \frac{q_e^3 n k_0}{m_n^2 \varepsilon_0 \mu_n \omega^3 \bar{n}} = \frac{q_e^3 \lambda_0^2 n}{4\pi^2 m_n^2 c_0^3 \bar{n}\varepsilon_0 \mu_n} \qquad (1.3\text{-}5\text{i})$$

同理，可得 “自由” 空穴的带内吸收系数为

$$\alpha_{fv} \overset{\omega\tau_p \gg 1}{\approx} \frac{q_e^3 \lambda_0^2 p}{4\pi^2 m_p^2 c_0^3 \bar{n}\varepsilon_0 \mu_p} \qquad (1.3\text{-}5\text{j})$$

其中，p 是空穴浓度，$\mu_p \approx 200 \text{cm}^2 \cdot \text{V}^{-1} \cdot \text{s}^{-1}$ 是空穴迁移率，m_p 是空穴的有效质量。对 GaAs 和 $\lambda_0 = 0.9\mu\text{m}$，$\alpha_{fc} \approx 1\times10^{-18}n$，故当激射时，$n \approx 1\times10^{18}\text{cm}^{-3}$，$\alpha_{fc} \approx 1\text{cm}^{-1}$。

由式 (1.3-5b) 得

$$\bar{n}^2 - \bar{n}_0^2 \approx 2\bar{n}_0 (\bar{n} - \bar{n}_0) \overset{\omega\tau_n \gg 1}{\approx} -\frac{q_e^2 n}{m_n \varepsilon_0 \omega^2} < 0 \qquad (1.3\text{-}5\text{k})$$

可见，“自由” 电子的存在使介质的折射率比非 “自由” 电子时的晶格折射率 $\bar{n}_0$ 有所减小，所减小部分是 “自由” 电子对折射率**负**的贡献：

$$\Delta\bar{n}_{fc} \equiv \bar{n} - \bar{n}_0 \overset{\omega\tau_n \gg 1}{\approx} -\frac{\omega_{pn}^2}{\omega^2} \frac{1}{2\bar{n}_0} = -\frac{q_e^2 n}{2\bar{n}_0 m_n \varepsilon_0 \omega^2} \qquad (1.3\text{-}5\text{l})$$

同理，“自由” 空穴对折射率**负**贡献为

$$\Delta\bar{n}_{fv} \equiv \bar{n} - \bar{n}_0 \overset{\omega\tau_p \gg 1}{\approx} -\frac{\omega_{pp}^2}{\omega^2} \frac{1}{2\bar{n}_0} = -\frac{q_e^2 p}{2\bar{n}_0 m_p \varepsilon_0 \omega^2}, \quad \omega_{pp} \equiv \sqrt{\frac{q_e^2 p}{m_p \varepsilon_0}} \qquad (1.3\text{-}5\text{m})$$

其中，ω_{pp} 是半导体介质 ε 中 “自由” 空穴等离子体振荡圆频率。

由式 (1.3-5l) 和式 (1.3-5m)，半导体载流子折射率贡献为

$$\Delta\bar{n}_{fj} \overset{\omega\tau_n \gg 1}{\approx} -4.484\,45 \times 10^{-22} \left(\frac{m_0}{m_j}\right) \left(\frac{n_j}{\bar{n}_0}\right) \lambda_0^2, \quad j = c, v \qquad (1.3\text{-}5\text{n})$$

其中，$m_c \equiv m_n$，$m_v \equiv m_p = \left[(m_{ph})^{3/2} + (m_{pl})^{3/2}\right]^{2/3}$，$m_{ph}$ 和 m_{pl} 分别是价带的重空穴和轻空穴的有效质量；$n_c \equiv n$ 和 $n_v \equiv p$ 分别是导带和价带的载流子浓度，λ_0 单位为 μm。某些半导体材料中载流子引起的折射率变化如**表 1.3-1B** 所示。

表 1.3-1B   算出的半导体导带和价带的自由载流子折射率

材料	$\lambda_0[\mu m]$	$\Delta\bar{n}(\lambda_0)$	m_n/m_0	$\Delta\bar{n}_{fc}(\lambda_0)/n$	m_{ph}/m_0	m_{pl}/m_0	m_p/m_0	$\Delta\bar{n}_{fv}(\lambda_0)/p$
GaAs	0.90	3.59	0.067	$-1.510\ 20\times10^{-21}$	0.45	0.082	0.480	-0.2108×10^{-21}
GaInAsP	1.3	3.52	0.053	$-4.062\ 35\times10^{-21}$	0.50	0.072	0.518	-0.4572×10^{-21}
GaInAsP	1.55	3.55	0.045	$-6.744\ 20\times10^{-21}$	0.50	0.062	0.515	-0.5893×10^{-21}
InP	0.92	3.45	0480	-1.37523×10^{-21}	0.56	0.120	0.597	-0.1843×10^{-21}

由于注入载流子的**能带填充效应 (band filling effect)** [**图 1.3-3C(a)**]，半导体的吸收边将向高能 (短波长) 端移动 (蓝移)，如**图 1.3-3C(b)** 所示。由 K-K 关系，折射率色散曲线的峰值也将向高能 (短波长) 端移动 (蓝移)，故在激射波长处折射率将有更明显的下降，如**图 1.3-3C(c)** 所示。该效应将比自由载流子的等离子体振荡折射率效应大一个数量级。实际测出折射率随载流子注入的下降将是这两者之和。例如，对 GaAs-AlGaAs 激光器，测出 $\Delta\bar{n}_j/n_j = -(1.2\pm0.2)\times10^{-20}\text{cm}^3$，故在阈值时，$\Delta\bar{n} = -0.03 \sim -0.06$；对 $1.3\mu m$ 的 InGaAsP-InP 激光器，测出：$\Delta\bar{n}_j/n_j = -(2.8\pm0.6)\times10^{-20}\text{cm}^3$，故在阈值时，$\Delta\bar{n} = -0.04 \sim -0.10$。

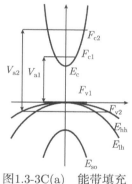

图1.3-3C(a)　能带填充
效应示意图

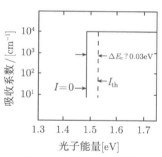

图1.3-3C(b)　能带填充效应
对载流子吸收系数的影响

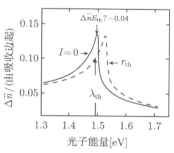

图1.3-3C(c)　能带填充效应
对载流子折射率的影响

第一讲学习重点

在《速率方程理论》中认为，激光行为是由起关键作用的电子和光子的各个基本过程在半导体激光器中的 "特定区域" 内相互作用的结果。而在《激光模式理论》中将对上述 "特定区域" 及其所能存在的光子模式的性质和规律性给出电动力学的理论和设计。

激光模式理论在本质上是一种宏观的唯象理论，由于有坚实的实验基础和有效的数学工具，其成果在该领域中已经得到广泛的应用并促进其本身及其有关领域的重大发展。

任何理论方法都具有演绎性质，也就是从基本方程出发，在特定的具体条件

下，通过物理考虑、提出假设、建立模型和数学演算，推导出可能的结论。本课程
第 1 章的主要任务是从更普遍的视角，探讨光与介质相互作用中，介质对光的滤
波和导波作用的普遍规律性及其物理根源。

本讲需要掌握好的重点内容是：

(1) 由麦克斯韦方程组、物性方程和边界条件，导出波动方程和波导方程。

(2) 直腔波导中横向场和纵向场的方程及其关系，从之得出光模式的基本分类
及其判据。

(3) 无损耗介质和有损耗介质中光模式之间正交关系的导出及其含义和用处。

(4) 介质的光学性质和 K-K 关系的导出及其含义和运用。

(5) 介质电极化过程的洛伦兹电子论、光在介质中传播的横波和纵波行为、折
射率的正常色散和反常色散、吸收谱的洛伦兹线型和谱宽、阻止频带的导出及其
含义。

(6) 真正自由电子不能吸收光子也不能辐射光子的特殊相对论证明。

(7) "自由"载流子的吸收和折射率贡献的导出及其含义和应用。

本讲要建立的核心思想是：

(1) 麦克斯韦方程组是电磁实验的总结和推广，在物体内部和界面都成立，后
者表现为电磁场的边界条件。联系场量和源量的是物性方程，也称本构方程 (con-
stitutive equation)。

(2) 一定的波导结构产生一定的模式结构形式，其作用是引导集中光能到所筛
选模式。

(3) 波导是由不同折射率的不同半导体材料或半导体芯层和金属限制层构
成的。

(4) 折射率是由介电性的束缚电子 (原子内振荡) 和金属性的 "自由" 电子
(集体振荡) 与其离子实的电极化形成的。

(5) 介质有吸收或增益时，折射率可为复数，但其虚部与实部有内在联系互不
独立。

(6) 洛伦兹 (Lorentz) 和德鲁德 (Drude) 的电子论可成功得出上述两种折射
率的经典解释。

本讲要锻炼的实践能力是运用演绎法从基本原理出发通过数学推导论证科学
命题。

习　题　一

Ex.1.1 (a) 求出无源单频简谐麦克斯韦方程组的对称性。(b) 由麦克斯韦方程组推
导出直腔柱状波导中横向和纵向方程组 (1.2-1o~r) 和 (1.2-1s,t)。结果说明在直柱

形波导结构中的横向分量和纵向分量之间有何联系？各纵向分量之间有无联系？横向分量之间呢？为什么？如何对这种波导结构中能够存在的光模式进行科学分类？其理论根据是什么？(c) 何谓 K-K 关系？其核心内容是什么？有哪几种证明方法，其理论根据分别是什么？试证明并导出

$$\int_{C'} \frac{\tilde{\chi}(\tilde{\omega})}{\tilde{\omega} - \omega} d\tilde{\omega} = 0 \qquad (1.3\text{-}2c)^*$$

$$\chi_i(\omega) = \frac{2\omega}{\pi} \wp \int_0^\infty \frac{\chi_r(\omega')}{\omega'^2 - \omega^2} d\omega', \quad \chi_i(\omega) = \frac{2\omega}{\pi} \wp \int_0^\infty \frac{\chi_r(\omega') - \chi_r(\omega)}{\omega'^2 - \omega^2} d\omega' \quad (1.3\text{-}2o, p)^*$$

并分别说明其含义。

Ex.1.2 (a) 何谓正常色散和反常色散？分别是如何产生的？介质中的折射率是否有可能小于 1？为什么？光在介质中传播的过程中为什么会出现阻止频带？在什么条件下？光在真空中是横波，在介质中是否还是横波？有没有可能是纵波？在什么条件下？(b) 证明如果用单位矢量 $\boldsymbol{a}_\omega$ 表征电磁波的偏振方向，用单位矢量 $\boldsymbol{w}$ 表征电磁波的传播方向：$\tilde{\boldsymbol{k}} = \tilde{k}\boldsymbol{w}$，并设

$$\boldsymbol{E}(r, t) = E_\omega \boldsymbol{a}_\omega e^{i(\omega t + \tilde{k}\boldsymbol{w} \cdot \boldsymbol{r})} \qquad (1.3\text{-}4a, b)$$

则式 (1.1-2c) 将化为

$$\tilde{k}^2 \boldsymbol{w} \times (\boldsymbol{w} \times \boldsymbol{a}_\omega) + \omega^2 \mu_0 \tilde{\varepsilon}(\omega) \boldsymbol{a}_\omega = \tilde{k}^2 \boldsymbol{w}(\boldsymbol{w} \cdot \boldsymbol{a}_\omega) + \left[\omega^2 \mu_0 \tilde{\varepsilon}(\omega) - \tilde{k}^2\right] \boldsymbol{a}_\omega = 0 \quad (1.3\text{-}4c)$$

从式 (1.3-4c) 如何得出给定介质中是否能够存在横波或纵波的论断？例如，在半导体和金属中分别是否可能传播横波或纵波？(c) 为什么半导体中 "自由" 载流子 (无论是带负电的电子还是带正电的空穴) 的折射率贡献总是负的？能带填充效应引起折射率贡献是正的还是负的？为什么？这两种效应那个大？如何区分？根据爱因斯坦的**特殊相对论**，自由电子是不可能吸收光子的。那么半导体中的 "自由" 载流子的光吸收是否可能？对于 GaAs，当注入电子-空穴对为 $n = p = 2 \times 10^{18} \text{cm}^{-3}$ 时，其电子和空穴的吸收系数和折射率贡献分别是多少？为什么？

参 考 文 献

[1.1] 邹英华, 孙驹亨. 激光物理学. 北京: 北京大学出版社, 1991.

[1.2] Thyagarajan K, Ghatak A K. Lasers, Theory and Applications. New York: Plenum, 1981.

[1.3] Yariv A. Quantum Electronics. 3rd ed. New York: Wiley, 1989.

[1.4] Kressel H, Butler J K. Semiconductor Laser and Heterojunction LEDs. New York: Academic Press, 1977.

中译本：半导体激光器和异质结激光二极管. 黄史坚, 译, 郭长志, 校. 北京：国防工业出版社, 1983.

[1.5]　Casey H C, Jr Panish M B. Heterostructure lasers, Part A. Fundamental Principles; Part B. Materials and Operation Characteristics. New York: Academic Press, 1978. 中译本：异质结构激光器, 上册, 基本原理. 杜宝勋, 译, 郭长志, 校. 北京：国防工业出版社, 1983; 异质结构激光器, 下册, 制作工艺和工作特性. 郭长志译, 杜宝勋校. 北京：国防工业出版社, 1985.

[1.6]　Thompson G H B. Physics of Semiconductor Laser Devices. New York: Wiley, 1980.

[1.7]　郭长志. 半导体激光模式理论. 北京：人民邮电出版社, 1989.

[1.8]　Agrawal G P, Dutta N K. Semiconductor Lasers. 2nd ed. New York: Nostrand, 1993.

[1.9]　Suematsu Y, Adams A R. Handbook of Semiconductor Lasers and Photonic Integrated Circuits. 1994.

[1.10]　(a) Chuang S L. Physics of Optoelectronic Devices. New York: Wiley, 1995. (b) 2nd ed. Physics of Photonic Devices. New York: Wiley, 2009. 第二版中译本：贾东主, 王肇颖, 桑梅, 杨天新译. 光电子学器件物理. 电子工业出版社.

[1.11]　Bimberg D, Grundmann M, Ledentsov N N. Quantum Dot Heterostructures. New York: Wiley, 1999.

[1.12]　Michler P. Single Quantum Dots, Fundamentals, Applications, and New Concepts. Berlin: Springer, 2003.

[1.13]　Kavokin A V, Baumberg J J, Malpuech E, et al. Microcavities. Oxford: Oxford Science Publications, 2007.

[1.14]　Joannopoulos J D, Johnson S G, Winn J N, et al. Photonic Crystals, Molding the Flow of Light. 2nd ed. Princeton University Press, 2008.

[1.15]　Maier S, Plasmonics: Fundamental and Applications. Berlin: Springer, 2007.

[1.16]　Ning C Z. (ASU) Semiconductor nanolasers. Physica Status Solidi B, 2010: 1-15.

[1.17]　Marcuse D. Light Transmission Optics. New York: Van Nostrand Reihold Co., 1972.

[1.18]　Kapany N S, Burke J J. Optical Waveguides. New York: Academic Press, 1972.

[1.19]　Marcuse D. Theory of Dielectric Optical Waveguides. 1974.

[1.20]　Unger H G. Planar Optical Waveguides and Fibres. Oxford: Clarendon Press, 1977.

[1.21]　Adams M J. An Introduction to Optical Waveguides. New York: John Wiley & Sons, 1981.

[1.22]　Snyder A W, Love J D. Optical Waveguide Theory. London: Chapman, 1983. 中译本：周幼威, 林志媛, 姚慧海, 等, 译. 北京：人民邮电出版社, 1991.

[1.23] Barnaski M K. Introduction to Integrated Optics. New York: Springer-Verlag, 1974.

[1.24] Tamir T. Integrated Optics. Berlin: Springer, 1975.
中译本: 集成光学. 梁民基, 张福初, 译, 杨在石, 校. 北京: 科学出版社, 1982.

[1.25] Tien P K. Integrated optics and new phenomena in optical waveguides. Rev. Mod. Phys., 1977, 49: 361–420.
中译本: 田炳耕. 集成光学和光学波导中新的波现象. 裘小农, 译, 郭长志, 校. 北京: 人民邮电出版社, 1981.

[1.26] Hunsperger R G. Integrated Optics. Berlin: Springer, 1979.
中译本: 集成光学导论. 刘树杞, 蔡伯荣, 陈铮, 编译. 北京: 国防工业出版社, 1983.

[1.27] 末松安晴. 長波長集積レザ回路に関よる研究. 1985.

[1.28] Streifer W, Scifres D R, Burham R D. Analysis of gain-induced waveguiding in stripe geometry diode lasers. IEEE J. Quantum Electron., 1978, QE-14: 418–427.

[1.29] McLean T P. Linear and non-linear optics of condenced matter. Interaction of Radiation with Condensed Matter, 1977, 1: 3–91.

[1.30] Moss T S, Burrell G J, Ellis B. Semiconductor Opto-electronics. London: Butter-worths, 1973.

[1.31] Young K C. Opto-electronics. Beijing: The Chinese University Press, 1982.

[1.32] Marcuse D. Principles of Quantum Electronics. New York: Academic Press, 1980.

[1.33] Johnson P B, Christy R W. Optical constants of the noble metals. Phys. Rev. B. 1972, 6(12): 4370–4379.

[1.34] Rakić A D, Djurišić A B, Elazar J M. et al. Optical properties of metatic films for vertical-cavity optoelectronic devices. Appl. Opt., 1998, 37(22): 5271–5283.

1.3.4 半导体激光材料的光学性质

半导体激光器所需的关键材料是构成光波导腔的在外部激发下能够提供光增益的有源 (active) 材料和对光场起限制作用的无源 (passive) 材料。可作为增益介质的半导体, 一般必须具有直接带隙 (导带底和价带顶的电子波矢相同) 的电子能带结构。这些理想的发光和激光材料大多是自然界不存在而是完全由人类创造出来的。例如, GaAs [其电子能带结构如**图 1.3-3A(a)** 所示] 和 InP 以及分别与其晶格匹配的 $Al_xGa_{1-x}As$ 和 $In_xGa_{1-x}As_yP_{1-y}$ 等 III - V 族化合物半导体, 是可能在室温发射从可见光到近红外光的发光和激光材料。而 InSb, InGaAsSb, $Sn_xPb_{1-x}Te$, Cd_x-$Hg_{1-x}Te$ 等 III - V 族, IV - VI 族和 II - VI 族窄带隙半导体, 则是可以在低温下发射 2μm 以上的红外发光和激光材料。在足够低的温度下达到热平衡时, 这些晶体的价带都几乎被电子占满, 而导带则几乎是空的。因此, 半导体材料在热平衡时的光学性质, 主要来源于构成晶格原子的束缚电子。在这些化合物半导体, 如 III - V 族化合物半导体中, III 族元素和 V 族元素分别构成一个面心立方晶格, 并沿着原胞对角线方向相对移动角线方向长度的 1/4，而构成闪锌矿结构。所以二元以上的Ⅲ - Ⅴ族化合物可以看成是有关二元化合物的**混晶**，混晶中所有Ⅲ族原子无规地共同构成一个Ⅲ族面心立方晶格，所有 Ⅴ 族原子则无规地共同构成另一个Ⅴ族面心立方晶格，这两个晶格再沿对角线移动对角线长度的 1/4 而构成混晶闪锌矿 (ZB=zincblene) 晶格结构，如**图 1.3-3A(b)** 所示。构成上述重要激光材料的元素在周期表中的位置，其有关的晶格常数、禁带宽度和与禁带宽度相应的发光波长分别如**图 1.3-3A(c), (d)** 所示。

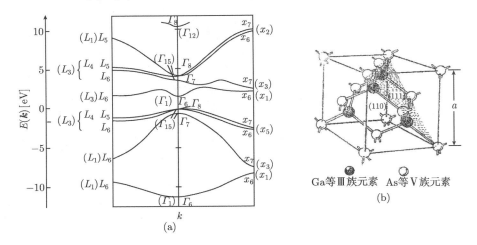

图 1.3-3A   GaAs 的能带结构 (a) 和晶格结构 (b)(ZB)[1.5]

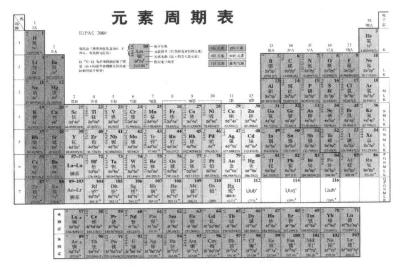

图 1.3-3A(c)   元素周期表[2.1]

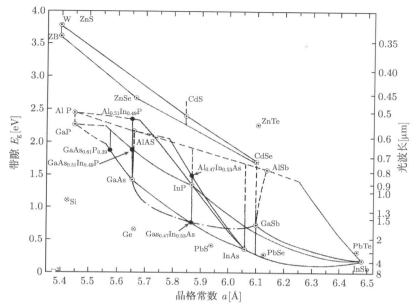

图 1.3-3A(d) 多元化合物半导体的晶格常数、带隙和光波长[1.9]

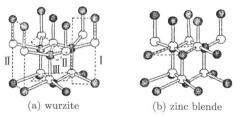

(a) wurzite
(b) zinc blende

图 1.3-3A(e) 纤锌矿 (wurzite) 六角晶体结构和闪锌矿 (zinc blende) 立方晶体结构[2.2]

作为对光场起限制作用的无源材料可以是带隙较大、折射率较小的直接带隙或间接带隙半导体，或在工作光频的折射率甚至小于 1 的如金等贵金属的适当金属材料。

决定光波导腔性能的是有源和无源材料的首先是其工作光频的折射率，其次是其光吸收系数或消光系数和有源材料在一定激发下的增益系数。这些光样品采用适当方法进行实验观测取得的。但有时还需要对某些可能的新材料进行理论估算，从而为半导体激光器的理论分析和设计提供必要的可靠数据。因此以下将分别讨论有关的测量方法和理论模型。

1. 半导体光学性质的测量方法

1) 热平衡样品的折射率和吸收系数的测量

半导体的体内光学性质，主要由其折射率和吸收 (或增益) 系数来表征。如果有可能将半导体制成三棱镜样品，则可用一定频率 ω 的单色光在一定样品温度 T 下测量其最小偏折角 φ_0，从而确定该半导体在该 T,ω 下的折射率 $\bar{n}(\omega)$（**图 1.3-3B(a)**）。GaAs 和 InP 单晶能够制成大块样品，故可用这种方法测出各温度下的折射率及其频率关系（色散）。但是，$Al_xGa_{1-x}As$ 和 $In_xGa_{1-x}As_yP_{1-y}$ 等半导体材料，由于工艺上的困难，目前尚不能制成大块样品，故上述方法不适用。另外，当光子能量等于或大于半导体的禁带宽度时，吸收系数约为 $10^4 cm^{-1}$，无法通过透射率的测量来确定其吸收系数及其频谱。

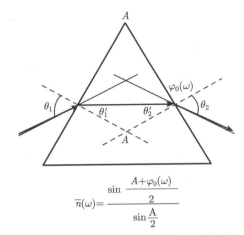

$$\bar{n}(\omega) = \frac{\sin\dfrac{A+\varphi_0(\omega)}{2}}{\sin\dfrac{A}{2}}$$

图 1.3-3B(a)　测量折射率及其色散的
三棱镜最小偏折角法

因此，半导体材料的折射率和吸收系数往往是通过测量垂直入射功率反射率的频谱 $R(\omega)$，再利用 K-K 关系求出复振幅反射率 $\tilde{r}$ 的相角与频率的关系 $\theta(\omega)$，来确定折射率的色散关系 $\bar{n}(\omega)$ 和吸收系数的频谱 $\alpha(\omega)$。

设待测半导体的复折射率为

$$\tilde{n}(\omega) = \bar{n}(\omega) - \mathrm{i}\bar{k}(\omega) = \bar{n}(\omega) - \mathrm{i}\frac{\alpha(\omega)c_0}{2\omega} \tag{1.3-6a}$$

光子能量为 $\hbar\omega$ 的单色线偏振光从真空或空气中入射，入射电场强度为 $E_{y\mathrm{i}}$，反射光的电场强度为 $E_{y\mathrm{r}}$，则其**复振幅反射率**为

$$\tilde{r}(\omega) \equiv E_{y\mathrm{r}}/E_{y\mathrm{i}} = |\tilde{r}(\omega)|\,\mathrm{e}^{\mathrm{i}\theta(\omega)} = r(\omega)\mathrm{e}^{\mathrm{i}\theta(\omega)}, \quad r(\omega) \equiv |\tilde{r}(\omega)| = \sqrt{R(\omega)} \tag{1.3-6b}$$

对于垂直入射，其入射角和反射角皆为零，则由式 (4.4-3i)：

$$\tilde{r}(\omega) = \frac{\tilde{n}(\omega)-1}{\tilde{n}(\omega)+1} = \frac{[\bar{n}(\omega)-1]-\mathrm{i}\bar{k}(\omega)}{[\bar{n}(\omega)+1]-\mathrm{i}\bar{k}(\omega)} = \sqrt{R(\omega)}\cos\theta + \mathrm{i}\sqrt{R(\omega)}\sin\theta \tag{1.3-6c}$$

由式 (1.3-6c) 解出

$$\bar{n}(\omega) = \frac{1-R(\omega)}{1+R(\omega)-2\sqrt{R(\omega)}\cos\theta},$$

$$\alpha(\omega) = \frac{2\omega}{c_0}\bar{k}(\omega) = \frac{2\omega}{c_0}\frac{-2\sqrt{R(\omega)}\sin\theta}{1+R(\omega)-2\sqrt{R(\omega)}\cos\theta} \tag{1.3-6d, e)*}$$

反之，由式 (1.3-6b,c) 得

$$R(\omega) = \tilde{r}(\omega)\tilde{r}^*(\omega) = \frac{[\bar{n}(\omega)-1]^2+\bar{k}^2(\omega)}{[\bar{n}(\omega)+1]^2+\bar{k}^2(\omega)}, \quad \tan[\theta(\omega)] = \frac{-2\bar{k}(\omega)}{\bar{n}^2(\omega)+\bar{k}^2(\omega)-1}$$

$$\tag{1.3-6f, g}$$

将式 (1.3-6b) 取对数得

$$\ln\left[\tilde{r}(\omega)\right] = \ln\left[r(\omega)\right] + \mathrm{i}\theta(\omega) \tag{1.3-6h}$$

可见，复振幅反射率的对数也是一个**解析函数**，其实部 $\ln\left[r(\omega)\right]$ 和虚部 $\theta(\omega)$ 之间也应该满足 K-K 关系。由式 (1.3-2p) 得

$$\theta(\omega) = \frac{2\omega}{\pi}\int_0^\infty \frac{\ln\left[r(\omega')\right] - \ln\left[r(\omega)\right]}{\omega'^2 - \omega^2}\mathrm{d}\omega'$$

$$= \frac{\omega}{\pi}\int_0^\infty \frac{2\ln\left[r(\omega')/r(\omega)\right]}{\omega'^2 - \omega^2}\mathrm{d}\omega' \rightarrow$$

$$\theta(\omega) = \frac{\omega}{\pi}\int_0^\infty \frac{\ln\left[R(\omega')/R(\omega)\right]}{\omega'^2 - \omega^2}\mathrm{d}\omega' \tag{1.3-6i}$$

或

$$\theta(\omega) = \frac{E}{\pi}\int_0^\infty \frac{\ln\left[R(\omega')/R(\omega)\right]}{E'^2 - E^2}\mathrm{d}E' \tag{1.3-6j}$$

其中，

$$E = \hbar\omega, \quad E' = \hbar\omega'.$$

因此，只要由反射光谱测出 $R(\omega)$，就可由式 (1.3-6i) 求出 $\theta(\omega)$，从而可由式 (1.3-6d,e) 分别求出 $\bar{n}(\omega)$ 和 $\bar{k}(\omega)$ 或 $\alpha(\omega)$。**图 1.3-3B(b)** 是测量 $R(\omega)$ 的双光束反射光谱仪的示意图，它采用电子选通和石英折射斩波器，并由微型计算机按式 (1.3-6a,d,e,j) 计算出 $\bar{n}(\omega)$ 和 $\alpha(\omega)$。

2) 半导体光增益谱的测量[2.3~2.5]

一般激光增益介质必须在受到足够强的激发 (泵浦) 而达到粒子数反转之后才能从**吸收状态**转变为**增益状态**。所以为了测量半导体的光增益谱，必须注入足够高浓度的非平衡载流子。作为材料性质的测量，可将待测材料 (如 $\mathrm{In}_x\mathrm{Ga}_{1-x}\mathrm{As}_y\mathrm{P}_{1-y}$) 外延生长在两个禁带较宽的限制层材料 (如 InP) 之间，再用光子能量比待测材料的禁带宽度 $E_\mathrm{g}^{(a)}$ 大 (如 Ar^+ 或 Kr^+ 离子激光器或高压汞灯等)，而比限制层材料的禁带宽度 $E_\mathrm{g}^{(c)}$ 小的光 (如 $1.3\mathrm{\mu m}$ 的四元系可用 Nd:YAG 或染料激光器) 激发 (光注入) 待测材料的作为**有源区**的 L_1 部分 (**图 1.3-3C**)，非平衡载流子复合产生的光经过未受激发的 L_2 部分出射到单色仪及探测器 (如近红外光电倍增管或 PbS.Ge 探测器)，测量在一定光激发或光注入下发射光强的谱分布为

$$I(n, L_1, \lambda_0) = [1 - R(\lambda_0)]\,\mathrm{e}^{-\alpha(\lambda_0)L_2}\frac{I_\mathrm{sp}(n, \lambda_0)}{g(n, \lambda_0)}\left[\mathrm{e}^{g(n, \lambda_0)L_1} - 1\right] \tag{1.3-6k}$$

其中，$R(\lambda_0)$ 是表面功率反射率，$\alpha(\lambda_0)$ 是未受激发的 L_2 部分的材料吸收系数，皆**已经测知**。因此，只要测出不同 L_1 的两套光谱，即可由式 (1.3-6j) 得出在一定激

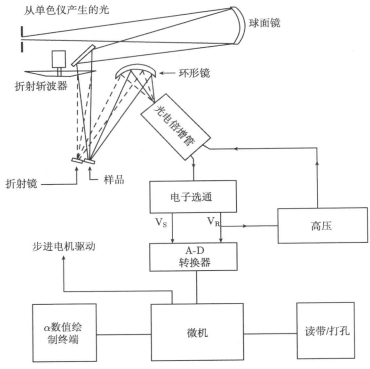

图 1.3-3B(b)　测量 $R(\omega)$ 的双光束反射光谱仪[2.3]

发或注入载流子浓度 n 下的自发发射光谱 $I_{sp}(n,\lambda_0)$ 和光增益谱 $g(n,\lambda_0)$：

$$I(n,L_{1,1},\lambda_0) = [1-R(\lambda_0)]\,\mathrm{e}^{-\alpha(\lambda_0)L_2}\frac{I_{sp}(n,\lambda_0)}{g(n,\lambda_0)}\left[\mathrm{e}^{g(n,\lambda_0)L_{1,1}}-1\right],$$

$$I(n,L_{1,2},\lambda_0) = [1-R(\lambda_0)]\,\mathrm{e}^{-\alpha(\lambda_0)L_2}\frac{I_{sp}(n,\lambda_0)}{g(n,\lambda_0)}\left[\mathrm{e}^{g(n,\lambda_0)L_{1,2}}-1\right]$$

$$\frac{I(n,L_{1,1},\lambda_0)}{I(n,L_{1,2},\lambda_0)} = \frac{\mathrm{e}^{g(n,\lambda_0)L_{1,1}}-1}{\mathrm{e}^{g(n,\lambda_0)L_{1,2}}-1} \to g(n,\lambda_0) = f_g(n,\lambda_0,L_{1,1},L_{1,2}) \to I_{sp}(n,\lambda_0)$$

$$= \left\{\frac{I(n,L_{1,1},\lambda_0)}{[1-R(\lambda_0)]\,\mathrm{e}^{-\alpha(\lambda_0)L_2}}\right\}\frac{g(n,\lambda_0)}{\mathrm{e}^{g(n,\lambda_0)L_{1,1}}-1}$$

其测量系统如**图 1.3-3C** 所示。

对于**已经制成激光器**的样品，则可以利用光在**法布里-珀罗 (Fabry-Perot) 腔 (F-P 腔)**中的相增和相消干涉条纹的光强或光子密度 (S^+, S^-) 来测出在一定注入载流子浓度 n 下对应于第 i 模式波长 λ_i 的光增益系数 $g(n,\lambda_i)$，该方法常称为**赫奇泡利 (Hakki-Pauli) 法**[2.6]。

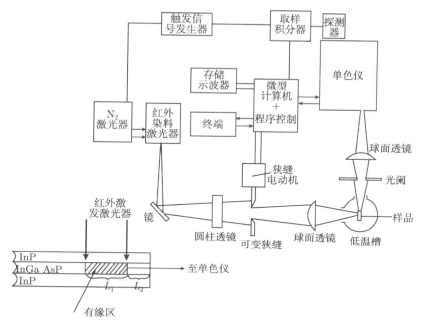

图 1.3-3C　测量光激发 (光注入载流子) 样品的光增益谱的系统[2.4]

设入射光的电场在进入 F-P 腔的第 1 端镜面前为 E_{in}，进入后降为 $\tilde{t}_1 E_{\text{in}}$，经过腔长 L 到达第 2 端镜面前为 $\tilde{t}_1 E_{\text{in}} \mathrm{e}^{-\mathrm{i}\tilde{\beta}_z L}$，透射后降低为 $\tilde{t}_1 \tilde{t}_2 E_{\text{in}} \mathrm{e}^{-\mathrm{i}\tilde{\beta}_z L}$，而反射回来后降低为 $\tilde{t}_1 \tilde{r}_2 E_{\text{in}} \mathrm{e}^{-\mathrm{i}\tilde{\beta}_z L}$，经过 L 到达第 1 端镜面前为 $\tilde{t}_1 \tilde{r}_2 E_{\text{in}} \mathrm{e}^{-\mathrm{i}2\tilde{\beta}_z L}$，透射后降低为 $\tilde{t}_1^2 \tilde{r}_2 E_{\text{in}} \mathrm{e}^{-\mathrm{i}2\tilde{\beta}_z L}$，而反射回来后降低为 $\tilde{t}_1 \tilde{r}_1 \tilde{r}_2 E_{\text{in}} \mathrm{e}^{-\mathrm{i}2\tilde{\beta}_z L}$，经过 L 到这第 2 端镜面前为 $\tilde{t}_1 \tilde{r}_1 \tilde{r}_2 E_{\text{in}} \mathrm{e}^{-\mathrm{i}3\tilde{\beta}_z L}$，透射后降低为 $\tilde{t}_1 \tilde{t}_2 \tilde{r}_1 \tilde{r}_2 E_{\text{in}} \mathrm{e}^{-\mathrm{i}3\tilde{\beta}_z L}$，而反射后降低为 $\tilde{t}_1 \tilde{r}_1 \tilde{r}_2^2 E_{\text{in}} \mathrm{e}^{-\mathrm{i}3\tilde{\beta}_z L} \cdots\cdots$ 如**图 1.3-3D(a),(b)** 所示。则从第 2 端镜面出射光的电场为

$$E_{\text{out}} = \tilde{t}_1 \tilde{t}_2 E_{\text{in}} \mathrm{e}^{-\mathrm{i}\tilde{\beta}_z L} \left[1 + \tilde{r}_1 \tilde{r}_2 \mathrm{e}^{-\mathrm{i}2\tilde{\beta}_z L} + \tilde{r}_1^2 \tilde{r}_2^2 \mathrm{e}^{-\mathrm{i}4\tilde{\beta}_z L} + \cdots \right] = E_{\text{in}} \frac{\tilde{t}_1 \tilde{t}_2 \mathrm{e}^{-\mathrm{i}\tilde{\beta}_z L}}{1 - \tilde{r}_1 \tilde{r}_2 \mathrm{e}^{-\mathrm{i}2\tilde{\beta}_z L}}$$

$$(1.3\text{-}6\text{l})$$

$$\tilde{\beta}_z = k_0 \tilde{N} = k_0 \left(\overline{N} - \mathrm{i}\frac{\bar{\alpha}}{2k_0} \right) = k_0 \overline{N} - \mathrm{i}\frac{\bar{\alpha}}{2} = k_0 \bar{n} + \mathrm{i}\frac{\bar{g}}{2} \qquad (1.3\text{-}6\text{m})$$

其中，$\overline{N}, \bar{\alpha}$ 分别是由传播常数的实部和虚部决定的**有效折射率**和**有效吸收系数**，$\bar{g} = -\bar{\alpha}$ 是**有效增益系数**。式 (1.3-6l) 无穷级数的公比：

$$\tilde{r}_1 \tilde{r}_2 \mathrm{e}^{-\mathrm{i}2\tilde{\beta}_z L} = r_1 r_2 \mathrm{e}^{-\bar{g} L - \mathrm{i}\left(\theta_1 + \theta_2 + 2k_0 \overline{N} L \right)} \qquad (1.3\text{-}6\text{n})$$

$$\tilde{r}_1 = r_1 \mathrm{e}^{\mathrm{i}\theta_1}, \quad \tilde{r}_2 = r_2 \mathrm{e}^{\mathrm{i}\theta_2} \qquad (1.3\text{-}6\text{o})$$

分别是第 1, 2 端镜面的**振幅反射率**或**反射系数** $\tilde{t}_1, \tilde{t}_2$；分别是第 1,2 端镜**振幅透射率**或**透射系数**。

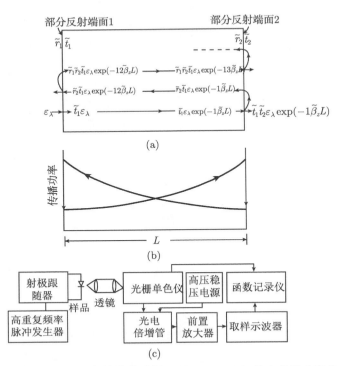

图 1.3-3D　F-P 腔中的增益过程 ($E_\lambda \equiv E_{\text{in}}$) (a), 腔中的光功率分布
(b) 和增益测量系统 (c)[2.5]

如忽略**反射相移**, 即令

$$\theta_1 \approx 0, \quad \theta_2 \approx 0 \tag{1.3-6p}$$

对于**相增干涉**, 式 (1.3-6m) 相位为

$$2k_0\overline{N}_m L = 2m\pi, \quad m \text{ 为正整数} \tag{1.3-6q}$$

由式 (1.3-6l) 得相增干涉条件下第 2 端镜面出射的电场强度为

$$E^+ = E_{\text{in}}\frac{t_1 t_2 \mathrm{e}^{\frac{\bar{g}}{2}L}}{1 - r_1 r_2 \mathrm{e}^{\bar{g}L}} \tag{1.3-6r}$$

对于**相消干涉**:

$$2k_0\overline{N}_m L = (2m+1)\pi = 2(m+1/2)\pi, \quad m \text{ 为正整数} \tag{1.3-6s}$$

由式 (1.3-6l) 得相消干涉条件下第 2 端镜面出射的电场强度为

$$E^- = E_{\text{in}}\frac{t_1 t_2 \mathrm{e}^{\frac{\bar{g}}{2}L}}{1 + r_1 r_2 \mathrm{e}^{\bar{g}L}} \tag{1.3-6t}$$

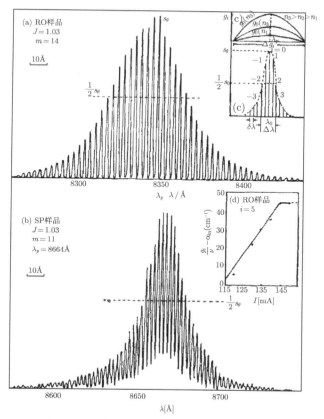

图 1.3-3E 条形半导体激光器的模式波谱[2.5]

(a) 正常样品 (RO), (d) 是其 $i = 5$ 模式的增益峰值; (b) 有自脉动样品

式 (1.3-6r) 减去式 (1.3-6t)，再被式 (1.3-6r) 加式 (1.3-6r) 所除，得

$$\frac{E^+ - E^-}{E^+ + E^-} = r_1 r_2 \mathrm{e}^{\bar{g}L} \tag{1.3-6u}$$

对弱波导，近似定义光功率限制因子 Γ 为光场在有源区中的功率与光场的总功率之比，对平板波导为

$$\Gamma \equiv \frac{\displaystyle\int_{-d/2}^{d/2} |E|^2 \, \mathrm{d}x}{\displaystyle\int_{-\infty}^{\infty} |E|^2 \, \mathrm{d}x} \leqslant 1 \tag{1.3-6v}$$

并设对应于共振光跃迁的**材料增益系数**为 g，腔内损耗的**折合吸收系数**为 α_{in}，则由式 (1.3-6u) 第 i 模式的光增益系数为

$$\bar{g}_{\mathrm{i}} = \Gamma \left(g_{\mathrm{i}} - \alpha_{\mathrm{in}} \right) = \frac{1}{L} \left[\ln \left(\frac{1}{r_1 r_2} \right) + \ln \left(\frac{E_{\mathrm{i}}^+ - E_{\mathrm{i}}^-}{E_{\mathrm{i}}^+ + E_{\mathrm{i}}^-} \right) \right] \rightarrow$$

$$\bar{g}_\mathrm{i} = \frac{1}{L}\left[\frac{1}{2}\ln\left(\frac{1}{R_1 R_2}\right) + \ln\left(\frac{\sqrt{S_\mathrm{i}^+} - \sqrt{S_\mathrm{i}^-}}{\sqrt{S_\mathrm{i}^+} + \sqrt{S_\mathrm{i}^-}}\right)\right] \tag{1.3-6w}$$

其中, S_i^+ 和 S_i^- 分别是正比于 $|E_i^+|^2$ 和 $|E_i^-|^2$ 的第 i 模式的光子密度, 其测量系统如**图 1.3-4C(c)** 所示。

2. 二元半导体材料的折射率及其色散

1) 纯二元半导体材料的折射率[2.7~2.9]

高纯 GaAs 在室温下的折射率及其色散如**图 1.3-4A** 所示。图中的实线是用如**图 1.3-3F(b)** 所示的装置测出的, "•" 是 Marple 用三棱镜法测出的[2.7], "○" 是 Eden 用 K-K 关系测出的。在光子能量为 1.2~1.8eV 的范围内, 总的趋势是折射率随光子能量增加而增加的**正常色散**。但是, 在光子能量等于**带隙** (或**禁带宽度** $E_\mathrm{g} = 1.424\ \mathrm{eV}$) 处的吸收边上, 由于吸收系数出现突变 (见后文), 导致折射率的色散在这里出现一个明显的尖峰; 而在光子能量略高于带隙处出现了**反常色散**。对于纯半导体, 在光子能量比带隙小的范围内应该是**透明**的, 折射率及其色散可以用简单的**经验关系**来描述。例如, AlAs 的极化率与折射率的关系为 $\chi = \bar{n}^2 - 1$, 其直接测量数据可能是由 K-K 关系得出的极化率和极化率倒数随真空光波长及其倒数和光子能量及其平方 (正比于波长倒数平方) 的变化分别如**图 1.3-4B(a)~(e)** 所示。可见只有**图 1.3-4B(e)** 表现出明显的线性关系:

$$\frac{1}{\chi(E)} = \frac{1}{\bar{n}^2(E) - 1} = a - \frac{E^2}{b} = \frac{ab - E^2}{b} \tag{1.3-7a}$$

如设 $ab = E_\mathrm{o}^2, b = E_\mathrm{o}E_\mathrm{d}, a = \dfrac{E_\mathrm{o}^2}{b} = \dfrac{E_\mathrm{o}}{E_\mathrm{d}}$, 则

$$\chi(E) = \bar{n}^2(E) - 1 = \frac{b}{ab - E^2} = \frac{E_\mathrm{o}E_\mathrm{d}}{E_\mathrm{o}^2 - E^2} \tag{1.3-7b}$$

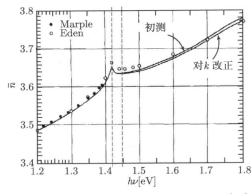

图 1.3-4A　GaAs 在室温下的折射率色散[2.7]

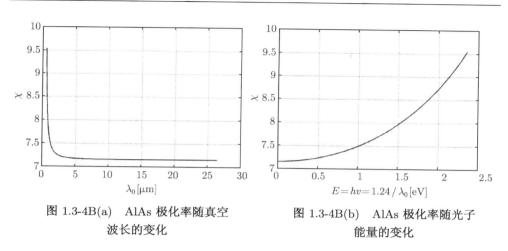

图 1.3-4B(a)　AlAs 极化率随真空
波长的变化

图 1.3-4B(b)　AlAs 极化率随光子
能量的变化

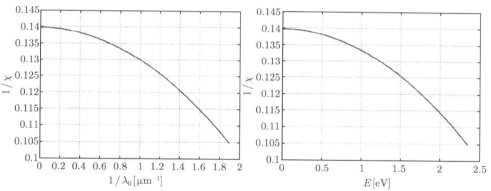

图 1.3-4B(c)　AlAs 极化率倒数随真空波
长倒数的变化

图 1.3-4B(d)　AlAs 极化率倒数随光子
能量的变化

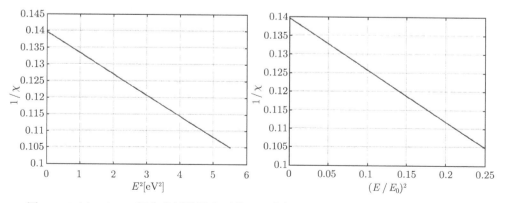

图 1.3-4B(e)　AlAs 极化率倒数随光子能
量平方的变化

图 1.3-4B(f)　AlAs 极化率倒数随归一化
光子能量平方变化

因此，由**图 1.3-4B(e)** 和式 (1.3-7a) 的实验直线截距 (a) 和斜率 ($1/b$)，即可求出两个参数 E_o 和 E_d。其他二元系的极化率也呈现出类似的规律，其相应参数如**图 1.3-4B(g)** 和**表 1.3-2A** 所示。

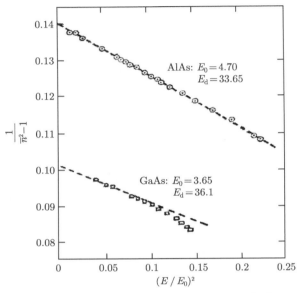

图 1.3-4B(g)　GaAs, AlAs 的折射率色散[2.9]

表 1.3-2A　二元化合物半导体实验得出的单振子折射率模型参数

材料	E_o/eV	E_d/eV	E_g/eV	E_f/eV	η
AlAa[1.42]	4.70	33.65	2.95	5.956	0.038 03
GaAs[1.42]	3.65	36.10	1.424	4.962	0.1032
GaP[1.45]	4.51	36.45	2.77	5.7452	0.4927
InAs[1.45]	1.50	16.20	0.36	2.090 55	3.5559
InP[1.45]	3.39	28.91	1.35	4.060 02	0.1205

2) 单振子折射率模型[2.6~2.9]

假设复电容率的虚部是 E_o 处的一个 δ 函数，由式 (1.3-1g) 得

$$\frac{\varepsilon_i(E')}{\varepsilon_0} = -f_o\delta(E' - E_o) = \chi_i(E') \tag{1.3-7c}$$

由 K-K 关系式 (1.3-2l) 得

$$\chi_r(E) = \bar{n}^2(E) - 1 = \frac{2}{\pi}\wp\int_{-\infty}^{\infty}\frac{E'f_o\delta(E' - E_o)}{E'^2 - E^2}\mathrm{d}E' = \frac{2}{\pi}\frac{E_o f_o}{E_o^2 - E^2} \tag{1.3-7d}$$

与实验公式 (1.3-7a) 比较，得

$$E_{\mathrm{d}} = \frac{2}{\pi} f_{\mathrm{o}} \rightarrow f_{\mathrm{o}} = \frac{\pi}{2} E_{\mathrm{d}}, \quad [\mathrm{eV}] \tag{1.3-7e}$$

可见，E_{d} 和 E_{o} 与半导体中束缚电子系统的各个本征频率和振子强度有关。根据介质光极化的电子论 (**1.3.2 节**)，设阻尼力可略，$\gamma_l = 0$，则由式 (1.3-4k) 得

$$\chi_{\mathrm{r}}(\omega) = \frac{\varepsilon_{\mathrm{r}}(\omega)}{\varepsilon_0} - 1 = \sum_l \frac{\omega_{\mathrm{p}10}^2 f_l}{\omega_l^2 - \omega^2} = \frac{\omega_{\mathrm{p}10}^2 f_1}{\omega_1^2 - \omega^2} + \sum_{l \neq 1} \frac{\omega_{\mathrm{p}10}^2 f_l}{\omega_l^2 - \omega^2}$$

$$= \frac{\omega_{\mathrm{p}10}^2 f_1}{\omega_1^2} \frac{1}{1 - \left(\frac{\omega}{\omega_1}\right)^2} + \sum_{l \neq 1} \frac{\omega_{\mathrm{p}10}^2 f_l}{\omega_l^2} \frac{1}{1 - \left(\frac{\omega}{\omega_l}\right)^2}$$

$$= \frac{\omega_{\mathrm{p}10}^2 f_1}{\omega_1^2} \left[1 + \left(\frac{\omega}{\omega_1}\right)^2 + \cdots\right] + \sum_{l \neq 1} \frac{\omega_{\mathrm{p}10}^2 f_l}{\omega_l^2} \left[1 + \left(\frac{\omega}{\omega_l}\right)^2 + \cdots\right], \quad \omega_1, \omega_l \gg \omega$$

$$= \frac{\omega_{\mathrm{p}10}^2 f_1}{\omega_1^2} + \sum_{l \neq 1} \frac{\omega_{\mathrm{p}10}^2 f_l}{\omega_l^2} + \left[\frac{\omega_{\mathrm{p}10}^2 f_1}{\omega_1^4} + \sum_{l \neq 1} \frac{\omega_{\mathrm{p}10}^2 f_l}{\omega_l^4}\right] \omega^2 + \cdots \tag{1.3-7f}$$

令

$$\omega_{\mathrm{d}}^{-2} = \frac{\omega_{\mathrm{p}10}^2 f_1}{\omega_1^4} + \sum_{l \neq 1} \frac{\omega_{\mathrm{p}10}^2 f_l}{\omega_l^4}, \quad \omega_{\mathrm{o}}^2 \equiv \left(\frac{\omega_{\mathrm{p}10}^2 f_1}{\omega_1^2} + \sum_{l \neq 1} \frac{\omega_{\mathrm{p}10}^2 f_l}{\omega_l^2}\right) \bigg/ \left(\frac{1}{\omega_{\mathrm{d}}^2}\right) \tag{1.3-7g, h}$$

并近似展开到 ω^2 为止，则式 (1.3-7f) 简化为

$$\chi_{\mathrm{r}}(\omega) \approx \omega_{\mathrm{d}}^{-2} \left(\omega_{\mathrm{o}}^2 + \omega^2\right) = \omega_{\mathrm{d}}^{-2} \omega_{\mathrm{o}}^2 \left(1 + \frac{\omega^2}{\omega_{\mathrm{o}}^2}\right)$$

$$\approx \frac{\omega_{\mathrm{d}}^{-2} \omega_{\mathrm{o}}^2}{1 - \omega^2/\omega_{\mathrm{o}}^2} = \frac{\omega_{\mathrm{d}}^{-2} \omega_{\mathrm{o}}^4}{\omega_{\mathrm{o}}^2 - \omega^2} = \frac{\hbar^{-2} \omega_{\mathrm{d}}^{-2} \hbar^4 \omega_{\mathrm{o}}^4}{E_{\mathrm{o}}^2 - E^2} \tag{1.3-7i}$$

与实验公式 (1.3-7a) 和 (1.3-7d) 比较，得

$$E_{\mathrm{o}} = \hbar \omega_{\mathrm{o}}, \quad E_{\mathrm{d}} = \frac{\hbar^3 \omega_{\mathrm{o}}^3}{\hbar^2 \omega_{\mathrm{d}}^2} = \frac{2f_{\mathrm{o}}}{\pi} \quad [\mathrm{eV}] \tag{1.3-7j}$$

因此，这些二元半导体在透明区的折射率可以看成是由一个本征圆频率为 ω_{o}、能量量纲的振子强度为 $f_{\mathrm{o}} = E_{\mathrm{d}} \pi / 2$ 的无阻尼等效振子受光波电场极化所产生的，这一认识称为单振子折射率模型。定义 $\varepsilon_{\mathrm{i}}(E')/\varepsilon_0$ 的第 r 阶矩为

$$M_r \equiv \frac{2}{\pi} \int_{E_{\mathrm{g}}}^{\infty} [E']^r \frac{\varepsilon_{\mathrm{i}}(E')}{\varepsilon_0} \mathrm{d}E' \tag{1.3-7k}$$

则由 K-K 关系：

$$\chi_{\mathrm{r}}(\omega) = \frac{\varepsilon_{\mathrm{r}}(\omega)}{\varepsilon_0} - 1 = \frac{2}{\pi} \wp \int_0^{\infty} \frac{E' \varepsilon_{\mathrm{i}}(E')/\varepsilon_0}{E'^2 - E^2} \mathrm{d}E' = \frac{2}{\pi} \wp \int_0^{\infty} \frac{(E')^{-1} \varepsilon_{\mathrm{i}}(E')/\varepsilon_0}{1 - (E^2/E'^2)} \mathrm{d}E'$$

$$= \frac{2}{\pi} \int_{E_g}^{\infty} \frac{\varepsilon_i(E')}{\varepsilon_0} \left(\frac{1}{E'} + \frac{E^2}{E'^3} + \frac{E^4}{E'^5} + \cdots \right) dE'$$

$$= M_{-1} + M_{-3}E^2 + M_{-5}E^4 + \cdots \tag{1.3-7l}$$

其中

$$M_{-1} = \frac{2}{\pi} \int_{E_g}^{\infty} [E']^{-1} \frac{\varepsilon_i(E')}{\varepsilon_0} dE', \quad M_{-3} = \frac{2}{\pi} \int_{E_g}^{\infty} [E']^{-3} \frac{\varepsilon_i(E')}{\varepsilon_0} dE',$$

$$M_{-5} = \frac{2}{\pi} \int_{E_g}^{\infty} [E']^{-5} \frac{\varepsilon_i(E')}{\varepsilon_0} dE' \tag{1.3-7m}$$

如果近似展开到 E^2 为止,则单振子模型的折射率色散可用各个阶矩表为

$$\chi_r(E) = \bar{n}^2(E) - 1 \approx M_{-1} + M_{-3}E^2 = M_{-1}\left(1 + \frac{M_{-3}}{M_{-1}}E^2\right)$$

$$\approx \frac{M_{-1}}{1 - \dfrac{M_{-3}}{M_{-1}}E^2} = \frac{M_{-1}\dfrac{M_{-1}}{M_{-3}}}{\dfrac{M_{-1}}{M_{-3}} - E^2} \tag{1.3-7n}$$

与实验公式 (1.3-7a) 比较得

$$E_o^2 = \frac{M_{-1}}{M_{-3}}, \quad E_d^2 = \frac{M_{-1}^3}{M_{-3}} \to E_o E_d = \sqrt{\frac{M_{-1}}{M_{-3}}\frac{M_{-1}^3}{M_{-3}}} = \frac{M_{-1}^2}{M_{-3}} \tag{1.3-7o}$$

3) 改进单振子折射率模型

根据**表 1.3-2A** 列出的数据,GaAs 和 AlAs 的禁带宽度在**图 1.3-4B** 上的位置 $(E_g/E_0)^2$ 分别为 $(1.424/3.65)^2=0.152$ 和 $(2.95/4.70)^2=0.394$,可见上述简单的单振子折射率模型在光子能量接近于带隙时比实际折射率明显偏大,因而不适于激光器的情况。明显偏离的原因是由于近似式 (1.3-7c) 过于简化,它只适于光子小于 E_g 的情况。对于纯 GaAs 实际的 $\varepsilon_i(E)/\varepsilon_0$ 如**图 1.3-4C** 中的实线所示。

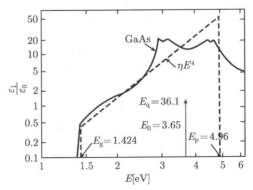

图 1.3-4C　纯 GaAs 的相对电容率虚部的能谱分布[2.9]

因此，为了改进单振子折射率模型，显然应该从改进 $\varepsilon_i(E)/\varepsilon_0$ 的假设入手。根据**图 1.3-4C**，可假设

$$\frac{\varepsilon_i(\omega)}{\varepsilon_0} = \begin{cases} \eta E^4, & E_g \leqslant E \leqslant E_f \\ 0, & E < E_g, E > E_f \end{cases} \tag{1.3-7p}$$

由式 (1.3-7l) 得

$$\chi_r(\omega) = \bar{n}^2 - 1 = \frac{2}{\pi} \int_{E_g}^{\infty} \frac{\varepsilon_i(E')}{\varepsilon_0} \left(\frac{1}{E'} + \frac{E^2}{E'^3} + \frac{E^4}{E'^5} + \cdots \right) dE'$$

$$= M_{-1} + M_{-3}E^2 + M_{-5}E^4 + M_{-7}E^6 + M_{-9}E^8 + \cdots$$

$$= M_{-1} + M_{-3}E^2 + E^4 \left(M_{-5} + M_{-7}E^2 + M_{-9}E^4 + \cdots \right) \tag{1.3-7p'}$$

则由 $\varepsilon_i(E')/\varepsilon_0$ 的第 r-阶矩定义式 (1.3-7k)，可求出式 (1.3-7l) 中 $\varepsilon_i(E)/\varepsilon_0$ 的各个阶矩分别为

$$M_{-1} \equiv \frac{2}{\pi} \int_{E_g}^{E_f} \frac{\eta E'^4}{E'} dE' = \frac{\eta}{2\pi} \left(E_f^4 - E_g^4 \right),$$

$$M_{-3} \equiv \frac{2}{\pi} \int_{E_g}^{E_f} \frac{\eta E'^4}{E'^3} dE' = \frac{\eta}{\pi} \left(E_f^2 - E_g^2 \right) \tag{1.3-7p''}$$

$$E^4 \left(M_{-5} + M_{-7}E^2 + M_{-9}E^4 + \cdots \right)$$

$$= E^4 \left(\frac{2}{\pi} \int_{E_g}^{\infty} (E')^{-5} \eta E'^4 dE' + E^2 \frac{2}{\pi} \int_{E_g}^{\infty} (E')^{-7} \eta E'^4 dE' \right.$$

$$\left. + E^4 \frac{2}{\pi} \int_{E_g}^{\infty} (E')^{-9} \eta E'^4 dE' + \cdots \right)$$

$$= \frac{\eta E^4}{\pi} \int_{E_g}^{E_f} \frac{2}{E'} \left[1 + \left(\frac{E}{E'} \right)^2 + \left(\frac{E}{E'} \right)^4 + \cdots \right] dE'$$

$$= \frac{\eta E^4}{\pi} \int_{E_g}^{E_f} \frac{2dE'}{E' \left[1 - (E/E')^2 \right]}$$

$$= \frac{\eta E^4}{\pi} \int_{E_g}^{E_f} \frac{d \left(E'^2 - E^2 \right)}{E'^2 - E^2} = \frac{\eta E^4}{\pi} \ln \left(\frac{E_f^2 - E^2}{E_g^2 - E^2} \right) \tag{1.3-7q}$$

故式 (1.3-7l) 可写成

$$\chi(E) = \bar{n}^2(E) - 1 = M_{-1} + M_{-3}E^2 + \frac{\eta}{\pi} E^4 \ln \left(\frac{E_f^2 - E^2}{E_g^2 - E^2} \right) \tag{1.3-7r}$$

对 GaAs，式 (1.3-7r) 在 $0.895\mu m < \lambda_0 < 1.7\mu m$ 或 $1.2855\text{eV} > \boldsymbol{E} > 0.7294\text{eV}$ 范围内成立。在 $E \ll E_g$ 时，式 (1.3-7r) 将简化为

$$\chi(E) = \bar{n}^2(E) - 1 \approx M_{-1} + M_{-3}E^2 \tag{1.3-7r'}$$

式 (1.3-7r′) 与简单的单振子折射率模型的结果式 (1.3-7n) 比较，由式 (1.3-7o) 和式 (1.3-7p″) 得

$$\frac{E_{\mathrm{d}}}{E_{\mathrm{o}}} = \sqrt{\frac{M_{-1}^3}{M_{-3}}\frac{M_{-3}}{M_{-1}}} = M_{-1} = \frac{\eta}{2\pi}\left(E_{\mathrm{f}}^4 - E_{\mathrm{g}}^4\right) \rightarrow E_{\mathrm{f}}^4 - E_{\mathrm{g}}^4 = \frac{2\pi E_{\mathrm{d}}}{\eta E_{\mathrm{o}}} \quad (1.3\text{-}7\mathrm{s})$$

$$\frac{E_{\mathrm{d}}}{E_{\mathrm{o}}^3} = \sqrt{\frac{M_{-1}^3}{M_{-3}}\frac{M_{-3}^3}{M_{-1}^3}} = M_{-3} = \frac{\eta}{\pi}\left(E_{\mathrm{f}}^2 - E_{\mathrm{g}}^2\right) \rightarrow E_{\mathrm{f}}^2 - E_{\mathrm{g}}^2 = \frac{\pi E_{\mathrm{d}}}{\eta E_{\mathrm{o}}^3} \quad (1.3\text{-}7\mathrm{t})$$

由式 (1.3-7r) 和式 (1.3-7s) 得

$$\frac{E_{\mathrm{d}}}{E_{\mathrm{o}}} = \frac{\eta}{2\pi}\left(E_{\mathrm{f}}^2 - E_{\mathrm{g}}^2\right)\left(E_{\mathrm{f}}^2 + E_{\mathrm{g}}^2\right) = \frac{E_{\mathrm{d}}}{2E_{\mathrm{o}}^3}\left(E_{\mathrm{f}}^2 + E_{\mathrm{g}}^2\right) \rightarrow E_{\mathrm{f}}^2 + E_{\mathrm{g}}^2 = 2E_{\mathrm{o}}^2 \quad (1.3\text{-}7\mathrm{s}')$$

(1.3-7r′)−(1.3-7s):

$$E_{\mathrm{g}}^2 = E_{\mathrm{o}}^2 - \frac{\pi E_{\mathrm{d}}}{2\eta E_{\mathrm{o}}^3} \rightarrow \frac{\pi E_{\mathrm{d}}}{2\eta E_{\mathrm{o}}^3} = E_{\mathrm{o}}^2 - E_{\mathrm{g}}^2 \rightarrow \eta = \frac{\pi E_{\mathrm{d}}}{2E_{\mathrm{o}}^3\left(E_{\mathrm{o}}^2 - E_{\mathrm{g}}^2\right)} \quad (1.3\text{-}7\mathrm{u})$$

(1.3-7r′)+(1.3-7s):

$$E_{\mathrm{f}}^2 = \frac{\pi E_{\mathrm{d}}}{2\eta E_{\mathrm{o}}^3} + E_{\mathrm{o}}^2 = 2E_{\mathrm{o}}^2 - E_{\mathrm{g}}^2 \rightarrow E_{\mathrm{f}} = \sqrt{2E_{\mathrm{o}}^2 - E_{\mathrm{g}}^2} \quad (1.3\text{-}7\mathrm{v})$$

因此，式 (1.3-7s) 可写成

$$\chi\left(E\right) = \bar{n}^2\left(E\right) - 1 = \frac{E_{\mathrm{d}}}{E_{\mathrm{o}}} + \frac{E_{\mathrm{d}}E^2}{E_{\mathrm{o}}^3} + \frac{E_{\mathrm{d}}E^4}{2E_{\mathrm{o}}^3\left(E_{\mathrm{o}}^2 - E_{\mathrm{g}}^2\right)}\ln\left(\frac{2E_{\mathrm{o}}^2 - E_{\mathrm{g}}^2 - E^2}{E_{\mathrm{g}}^2 - E^2}\right) \quad (1.3\text{-}7\mathrm{w})$$

某些二元半导体材料的 E_{f} 和 η 值如**表 1.3-2A** 所示。

4) 塞尔迈厄色散公式[2.12]

由于光子能量与波长成反比：

$$E = \frac{hc_0}{\lambda_0} = \frac{4.134 \times 10^{-15} \times 2.998 \times 10^{10}}{\lambda_0\,[\mu\mathrm{m}] \times 10^{-4}} = \frac{1.2394}{\lambda_0\,[\mu\mathrm{m}]}\,[\mathrm{eV}] \quad (1.3\text{-}7\mathrm{x})$$

介质折射率色散以光子能量表述的实验公式 (1.3-7a) 可写成以真空波长表述的形式：

$$\bar{n}^2\left(\frac{hc_0}{\lambda_0}\right) = 1 + \frac{E_{\mathrm{d}}E_{\mathrm{o}}}{E_0^2 - (hc_0/\lambda_0)^2} = 1 + \frac{E_{\mathrm{d}}E_{\mathrm{o}}\lambda_0^2}{E_{\mathrm{o}}^2\lambda_0^2 - (hc_0)^2} = 1 + \frac{(E_{\mathrm{d}}/E_{\mathrm{o}})\,\lambda_0^2}{\lambda_0^2 - (hc_0/E_{\mathrm{o}})^2} \quad (1.3\text{-}7\mathrm{y})$$

则其拟合公式可写成

$$\bar{n}^2\left(\lambda_0\right) = A_{\mathrm{i}} + \frac{B_i\lambda_0^2}{\lambda_0^2 - C_i} \quad (1.3\text{-}7\mathrm{z})$$

其中, A_i、B_i、C_i 一般应与 λ_0 有关, 如果将其当作只与材料有关的常数, 则式 (1.3-7z) 称为**塞尔迈厄 (Sellmeier) 折射率色散公式**。用式 (1.3-7z) 来拟合二元半导体材料的折射率及其色散的实验数据, 并且 λ_0 以微米 (µm) 为单位, 则可得各个二元系的塞尔迈厄系数如**表 1.3-2B** 所示。

表 1.3-2B 塞尔迈厄系数[2.12]

i	材料	A_i	B_i	C_i
1	GaAs	8.95	2.054	0.390
2	GaP	4.54	4.31	0.220
3	InAs	7.79	4.00	0.250
4	InP	7.255	2.316	0.3922

3. 多元混晶半导体材料的折射率及其色散[1.5,2.4,2.8,2.9,2.12]

1) $Al_xGa_{1-x}As$ 三元系

用**图 1.3-3B(b)** 所示的装置在室温下测出不同 AlAs 克分子比 x 的 $Al_xGa_{1-x}As$ 三元半导体的折射率随光子能量的变化如**图 1.3-4D(a)** 所示。**图 1.3-4E(a)** 是在室温下对光子能量 1.38eV 测出的 $Al_xGa_{1-x}As=(AlAs)_x(GaAs)_{1-x}$ 的折射率随 AlAs 克分子比 x 的变化。**图 1.3-4E(b)** 是 $Al_xGa_{1-x}As$ 三元半导体的 Γ、X、和 L 三个导带底随 AlAs 克分子比 x 的变化。

实验证明, III- V **族多元化合物半导体的晶格常数是其有关的二元化合物半导体的晶格常数按组分的线性组合**。这个规律称为**维加德 (Vegard) 定律**。但是, III-V 族多元化合物半导体的能带结构及其各个参量 (禁带宽度和有效质量等) 则不完全服从维加德定律而有**弯曲项**。例如, **图 1.3-4E(a)** 中 $Al_xGa_{1-x}As$ 的直接带隙 $E_g^\Gamma(x)$ 随 AlAs 克分子比 x 的变化为

$$E_g^\Gamma(x) = 1.424 + 1.266x + 0.26x^2 \tag{1.3-8a}$$

如设等效单振子的本征圆频率 ω_0 或其本征能量 $E_0 = \hbar\omega_0$ 与禁带宽度 E_g 成如下线性关系

$$E_o \approx 2.6 + \frac{3}{4}E_g \rightarrow E_o \approx 2.6 + \frac{3}{4}\left(1.424 + 1.266x + 0.26x^2\right)$$
$$\approx 3.65 + 0.87x + 0.179x^2 \tag{1.3-8b,c}$$

再设等效单振子与振子强度有关的另一个参数 E_d 与 AlAs 克分子比 x 有线性关系为

$$E_d = 36.1 - 2.45x \tag{1.3-8d}$$

将式 (1.3-8a,c,d) 代入式 (1.3-8i,j), 即可求出改进的单振子模型的另两个参数 E_f 和 η 与 x 的关系, 从而得出折射率 $\bar{n}$ 与 x 的关系。例如, 高纯 GaAs 对 $E = 1.38$eV

($\approx 0.9\mu m$) 的折射率为

$$\bar{n}(x) = 3.590 - 0.710x + 0.091x^2 \qquad (1.3\text{-}8e)$$

算出的各 x 值的折射率色散关系如**图 1.3-4D(b)** 中的 "○" 点所示。为了与实验数据完全吻合，所取的 x 值皆比实验的 x 值略小。

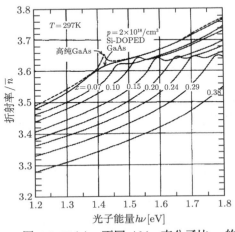

图 1.3-4D(a)　不同 AlAs 克分子比 x 的 $Al_xGa_{1-x}As$ 室温折射率随光子能量的变化[2.8]

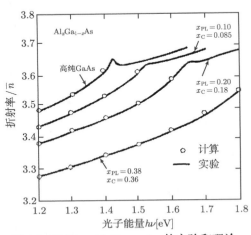

图 1.3-4D(b)　$Al_xGa_{1-x}As$ 的实验和理论折射率随光子能量的变化[2.9]

x_{PL} 是实验测定的合金组分，x_c 是模型算出与实验一致的合金组分

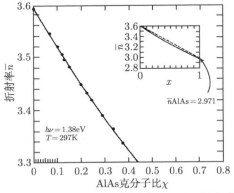

图 1.3-4E(a)　光子能量为 1.38eV 温度为 297K 测出的 $Al_xGa_{1-x}As$ 折射率随组分 x(AlAs) 的变化[2.5]

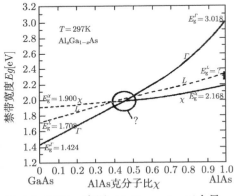

图 1.3-4E(b)　室温 $Al_xGa_{1-x}As$ 三个导带能谷底随 x 变化[1.5]

其更精确的理论模型将涉及更细致的能带结构考虑[79]。由于这系统和许多 Ⅲ-Ⅴ 族材料的折射率对于带隙以下的光子能量皆可近似表为

$$\bar{n}(\omega) \cong \sqrt{\varepsilon_{\mathrm{r}}(\omega)/\varepsilon_0} \tag{1.3-8f}$$

其中，$\varepsilon_{\mathrm{r}}(\omega)$ 是电容率函数的实部，其虚部 $\varepsilon_{\mathrm{i}}(\omega)$ 可略，对于带隙以下的光子能量：

$$\frac{\varepsilon_{\mathrm{r}}(\omega)}{\varepsilon_0} \cong A(x)\left\{f(y) + \frac{1}{2}\left[\frac{E_{\mathrm{g}}(x)}{E_{\mathrm{g}}(x)+\Delta(x)}\right]^{3/2} f(y_{\mathrm{SO}})\right\} + B(x) \tag{1.3-8g}$$

$$f(y) = \left[2 - (1+y)^{1/2} - (1-y)^{1/2}\right]/y^2, \quad y = \hbar\omega/E_{\mathrm{g}}(x),$$

$$y_{\mathrm{SO}} = \hbar\omega/\left[E_{\mathrm{g}}(x)+\Delta(x)\right] \tag{1.3-8h}$$

其中，$E_{\mathrm{g}}(x)$ 是带隙能量，$\Delta(x)$ 是自旋轨道分裂能量。对三元系 $\mathrm{Al}_x\mathrm{Ga}_{1-x}\mathrm{As}$，在带隙以下，其参数与 Al 克分子比 x 的关系为

$$E_{\mathrm{g}}(x) = 1.424 + 1.266x + 0.26x^2[\mathrm{eV}] \tag{1.3-8i}$$

$$\Delta(x) = 0.34 - 0.5x[\mathrm{eV}], \quad A(x) = 6.64 + 16.92x, \quad B(x) = 9.20 - 9.22x \tag{1.3-8i'}$$

这些结果与实验数据非常吻合，光子能量低于带隙的相对电容率实部 $\varepsilon_1(\omega) = \varepsilon_{\mathrm{r}}(\omega)/\varepsilon_0$ 如**图 1.3-4F(b)** 所示。光子能量低于带隙的折射率 $\bar{n}(\omega)$ 如**图 1.3-4F(b)** 所示。

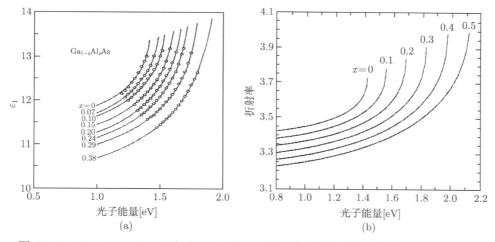

图 1.3-4F　$\mathrm{Al}_x\mathrm{Ga}_{1-x}\mathrm{As}$: 由式 (1.3-8g) 算出相对实介电常数及其实验值 (∘)(a) 和由式 (1.3-8g) 开方得出折射率随光子能量的变化 (b)[1.10(a)]

2) $\mathrm{Ga}_x\mathrm{In}_{1-x}\mathrm{As}$ 三元系

图 1.3-4G(a) 中的实验点 (×) 是在室温下对光子能量 $E = E_{\mathrm{g}}(x) - 0.03\mathrm{eV}$ 测出的 $\mathrm{Ga}_x\mathrm{In}_{1-x}\mathrm{As} = (\mathrm{GaAs})_x(\mathrm{InAs})_{1-x}$ 的折射率随 InAs 克分子比 $1-x$ 的变化与**改进的单振子折射率模型**计算结果 (实线) 的比较。可见其符合得很好。

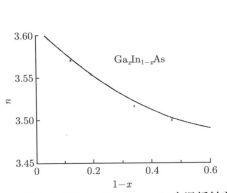

图 1.3-4G(a) Ga$_x$In$_{1-x}$As 室温折射率
随 1 − x 的变化

图 1.3-4G(b) In$_x$Ga$_{1-x}$As$_y$P$_{1-y}$
禁带宽度随 y 变化[1.5]

实线：改进的单振子折射率模型，×：实验数据[2.12]

3) In$_x$Ga$_{1-x}$As$_y$P$_{1-y}$ 四元系

图 1.3-4G(b) 中的实验点 (●) 是由光致发射光谱的峰值位置确定的，与 InP
晶格匹配的四元半导体 In$_x$Ga$_{1-x}$As$_y$P$_{1-y}$ 带隙 E_g 随组分 y 的变化。由于其分子
式可分解成

$$In_xGa_{1-x}As_yP_{1-y}=[(InAs)_x(GaAs)_{1-x}]_y[(InP)_x(GaP)_{1-x}]_{1-y} \tag{1.3-8j}$$

如假设等效单振子参数与组分 x 和 y 的关系也近似满足**维加德定律**，则

$$E_o(In_xGa_{1-x}As_yP_{1-y}) = (1-x)yE_o(GaAs)+(1-x)(1-y)E_o(GaP)$$
$$+xyE_o(InAs)+x(1-y)E_o(InP) \tag{1.3-8k}$$

E_d 亦有类似结果。对于与 InP 晶格匹配的 In$_x$Ga$_{1-x}$As$_y$P$_{1-y}$，其 x 和 y 受到如下
约束

$$x = \frac{0.4184 - 0.2024y}{0.4184 - 0.013y} = 1 - \frac{0.1894y}{0.4184 - 0.013y} \tag{1.3-8l}$$

实验测定与 InP 晶格匹配的 In$_x$Ga$_{1-x}$As$_y$P$_{1-y}$ 的禁带宽度与组分 y 的关系为

$$E_g(y) = 1.35 - 0.72y + 0.12y^2 \tag{1.3-8m}$$

激射光子能量 E 比禁带宽度 $E_g(y)$ 略微减小，设所减小的能量为 ΔE，则

$$E = E_g(y) - \Delta E, \quad \Delta E = 0.03eV \tag{1.3-8n}$$

由式 (1.3-8l,k) 得

$$E_{\mathrm{o}}(y) = 3.39 - 1.395y + 0.506y^2 \tag{1.3-8o}$$

同理,可得

$$E_{\mathrm{d}}(y) = 28.91 - 9.415y + 5.978y^2 \tag{1.3-8p}$$

由带隙插值法导出 $E = E_{\mathrm{g}}(y)$ 时的折射率与匹配组分的关系为

$$\bar{n}(y) = 3.4 + 0.256y - 0.095y^2 \tag{1.3-8q}$$

如果采用塞尔迈厄公式,并按式 (1.3-8k) 及**表 1.3-2B** 作线性插值,则得四元化合物半导体的折射率色散为

$$\bar{n}^2(\lambda_0) = \sum_{i=1}^{4} \left(A_{\mathrm{i}} + \frac{B_{\mathrm{i}}\lambda_0^2}{\lambda_0^2 - C_{\mathrm{i}}} \right) f_{\mathrm{i}},$$

$$f_1 = (1-x)y, \quad f_2 = (1-x)(1-y), \quad f_3 = xy, \quad f_4 = x(1-y) \tag{1.3-8r}$$

当然,由于**塞尔迈厄公式忽略了吸收边的影响**,式 (1.3-8r) 不适用于太靠近带边的光子能量。**图 1.3-4G(c)** 是由式 (1.3-7w), (1.3-8l,m,o,p) 算出的与 InP 晶格匹配的 $\mathrm{In}_x\mathrm{Ga}_{1-x}\mathrm{As}_y\mathrm{P}_{1-y}$ 折射率随光波长的变化。**图 1.3-4G(d)** 比较了上述几种折射率模型的插值方法结果,其中以**改进的单振子折射率模型 (曲线 a)** 比较接近实际。图中也给出了 InP 的折射率色散。

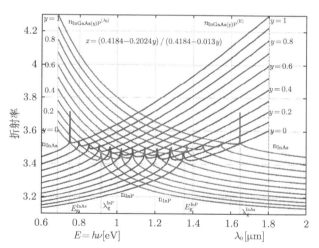

图 1.3-4G(c)　改进的单振子折射率模型算出与 InP
晶格匹配的 $\mathrm{In}_x\mathrm{Ga}_{1-x}\mathrm{As}_y\mathrm{P}_{1-y}$ 的折射率色散

4. 半导体材料的群折射率及其群色散[2.12]

前面讨论的折射率,是与光在半导体材料中传播的相速度相联系的折射率,称为**相折射率**。但是,与半导体激光器中的纵模间隔 $\Delta\lambda$ 相联系的折射率是**群折射率**

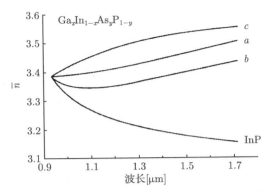

图 1.3-4G(d)　与 InP 晶格匹配的 $In_xGa_{1-x}As_yP_{1-y}$ 折射率色散比较

a: 改进的单振子折射率模型 (1.3-8o,p), b: Sellmeier 色散公式 (1.3-8r),

c: 带隙折射率插值公式 (1.3-8q)[2.12]

$\bar{n}_g$, 其定义为

$$\bar{n}_g = \bar{n} - \lambda_0 \frac{d\bar{n}}{d\lambda_0} = \bar{n} + E\frac{d\bar{n}}{dE} \tag{1.3-8s}$$

如腔长为 L, 则

$$\bar{n}_g = \frac{\lambda_0^2}{2L\Delta\lambda} \tag{1.3-8t}$$

故群折射率易由激光器的纵模谱线间隔 $\Delta\lambda$ 测出。在改进的**单振子折射率模型**下的群折射率色散为

$$\bar{n}_g = 3\bar{n} - \frac{2}{\bar{n}}\left\{1 + \frac{E_d}{E_o}\left[1 + \frac{E^2}{2E_o^2}\left(1 - \frac{E^4}{(2E_o^2 - E_g^2 - E^2)(E_g^2 - E^2)}\right)\right]\right\} \tag{1.3-8u}$$

参数 E_o, E_d, E_g 用相应插值公式 (1.3-8a,c,d) 或 (1.3-8m,o,p) 确定。而由式 (1.3-8r) 则可得出采用**塞尔迈厄折射率色散公式**的群折射率色散为

$$\bar{n}_g(\lambda_0) = \bar{n}\left[1 + \left(\frac{\lambda_0}{\bar{n}}\right)^2 \sum_{i=1}^{4}\frac{B_iC_if_i}{\lambda_0^2 - C_i}\right] \tag{1.3-8v}$$

图 1.3-4G(e) 比较了式 (1.3-8u) 和式 (1.3-8v) 这两种模型的计算结果。可见,对 $In_xGa_{1-x}As_yP_{1-y}$ 二者相差较大。

5. 杂质, 温度和应力对折射率的影响

1) 杂质的影响[2.3]

图 1.3-4H(a) 是用如**图 1.3-3B(a),(b)** 所示装置测出低掺杂碲 (Te) n-GaAs 室温折射率及其色散。为便于比较, 不同掺杂的折射率是相继移开 0.1 画出的。可见, **掺杂使带边尖峰变得圆滑了**。**图 1.3-4H(b),(c)** 分别是同上测出的高掺杂碲和高掺杂锌 (Zn) 的 n-GaAs 和 p-GaAs 的室温折射率及其色散。n 型高掺杂使

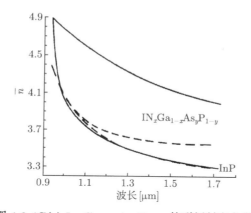

图 1.3-4G(e) $In_xGa_{1-x}As_yP_{1-y}$ 的群折射率色散

实线: 改进的单振子折射率模型式 (1.3-8u), 虚线: Sellmeier 色散公式 (1.3-8v)[2.12]

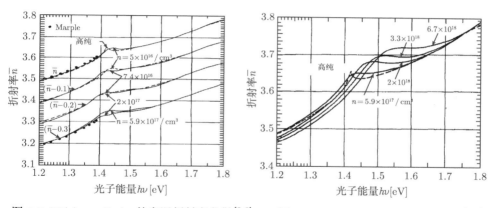

图 1.3-4H(a)　n-GaAs 的室温折射率色散[2.3]　　图 1.3-4H(b)　n-GaAs 折射率色散[2.3]

折射率的色散曲线向高能方向上移, 因而对小于带边的光子能量, 折射率减小; 而对大于带边的光予能量, 则折射率增大。p 型高掺杂主要对小于带边的光子能量折射率稍微下降, 对大于带边的光子能量折射率几乎不受影响。**图 1.3-4H(d)** 是 GaAs 对光子能量为 $E = 1.38eV$ (或波长为 $\lambda_0 = 0.9\mu m$) 的折射率随 n 型 (Te) 和 p 型 (Zn) 掺杂浓度的变化。可见, 对于 p 型掺杂, 在 $p_0 \leqslant 2 \times 10^{18}cm^{-3}$ 时折射率的变化很小, 但在 $p_0 > 2 \times 10^{18}cm^{-3}$ 时折射率随掺杂浓度提高而迅速减小。对于 n 型掺杂, $n_0 \leqslant 3.5 \times 10^{17}cm^{-3}$ 的折射率随掺杂浓度提高而迅速增加, 但在 $n_0 > 3.5 \times 10^{17}cm^{-3}$ 时折射率随掺杂浓度提高而迅速减小。而且, 在 $n_0 \approx 1.5 \times 10^{17} \sim 8 \times 10^{17}cm^{-3}$ 范围内, 其折射率大于 p 型掺杂的折射率, 在这个范围以外则远低于 p 型掺杂的折射率。这些复杂情况表明, 在设计或分析掺杂半导体的波导效应时, **必须定量地确定所涉及的 n 型和 p 型杂质浓度, 才能得出明**

确的结论。上述杂质浓度, 就是由霍耳测量确定的平衡载流子浓度 n_0 和 p_0。正如 1.3.3 节所述, 这些自由载流子只能使材料的折射率下降一些 $(\Delta \bar{n} \leqslant 10^{-3})$, 故测出**的折射率主要还是反映掺杂原子的影响。**

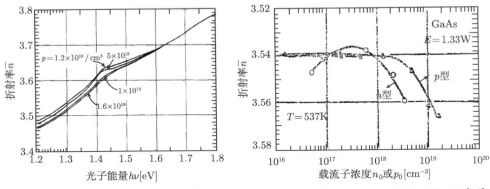

图 1.3-4H(c)   p-GaAs 折射率色散[2.3]   图 1.3-4H(d)   掺杂对 GaAs 折射率的影响[1.5]

2) 温度的影响[2.7]

纯 GaAs 在小于带边的光子能量范围内, 用三棱镜法测出的折射率随温度的变化, 如**图 1.3-4I** 所示。温度增加使整条折射率色散曲线按温差成比例地平行上移。由温差 ΔT 的折射率变化为

$$\Delta \bar{n}_T \approx 4 \times 10^{-4} \Delta T \tag{1.3-8w}$$

因此, 只要有 2.5°C 的温差, 所引起的折射率差就可达 $\Delta \bar{n}_T \approx 10^{-3}$, 就足以引起明显的**温差波导作用。**

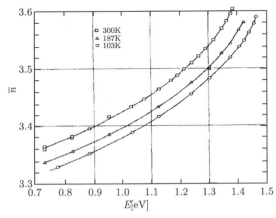

图 1.3-4I   不同温度的 GaAs 折射率随光子能量的变化[2,7]

3) 应变的影响[2.13]

半导体材料与氧化层或电极联接, 不可避免地会引进一定的晶格失配应变, 它可以是张应变或压应变, 并分别通过改变原子间距而使折射率增大或减小。由于 III-V 族化合物半导体的**光弹性系数**较大, 应变的效应有时不可忽略, 甚至可以利用它来形成**应变波导**, 以氧化物条形半导体激光器为例, 若氧化层的厚度为 2700Å, 条形电极宽度为 20μm, 则在条形电极下面 2μm 处的有源区内, 算出的最大压应变为 3×10^{-4}。这个应变将使有源区的折射率大约减小 10^{-2}, 显然将对波导过程有重大影响。

6. 半导体材料的吸收系数和吸收光谱

半导体完整吸收光谱一般如**图 1.3-5A** 所示, 其中, **(a)** 是吸收系数随光子能量的变化, 可看出其紫外区的谱结构; **(b)** 是吸收系数随光波长的变化, 可看出其红外区的谱结构。

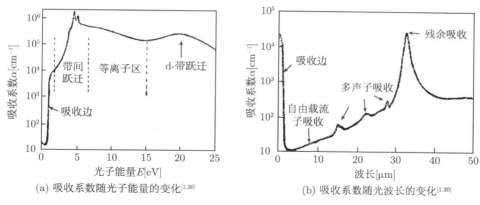

(a) 吸收系数随光子能量的变化[1.30]   (b) 吸收系数随光波长的变化[1.30]

图 1.3-5A   半导体完整吸收光谱

1) 纯 GaAs 的吸收光谱

图 1.3-5B 是用如**图 1.3-3B(b)** 所示的装置测出的纯 GaAs 的吸收光谱。直接测出的纯 GaAs 的室温反射相移频谱如**图 1.3-5C(a)** 所示。由其导出相应的吸收系数, 如**图 1.3-5C(b)** 所示。为便于比较, 在**图 1.3-5C(b)** 上还画出了由透射率实验测出的吸收系数和斯特兹 (Sturge) 的实验数据。可见, 在吸收边处吸收系数的变化非常剧烈, 吸收边以上的吸收系数很大 ($\sim 10^4 \text{cm}^{-1}$) 且变化缓慢。

2) 掺杂对吸收光谱的影响

图 1.3-5D(a), **(b)** 分别是 n 型掺杂 (Te) 和 p 型掺杂 (Zn) 的 GaAs 在室温下用如**图 1.3-3B(b)** 所示的装置测出的吸收光谱。可见, **掺杂减缓了吸收边附近吸收系数的变化**, 但 **n 型掺杂主要使原吸收边以上的吸收系数下降很大 (可达两个**

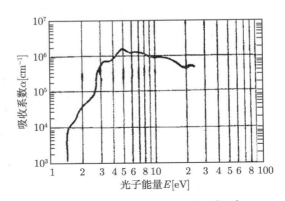

图 1.3-5B   纯 GaAs 的吸收光谱[2.14]

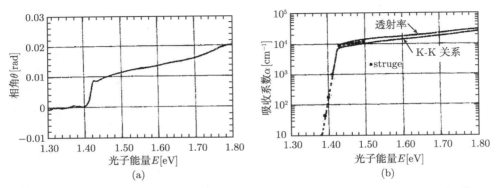

图 1.3-5C   纯 GaAs 在室温测出的反射相移频谱 (a) 和导出的相应吸收谱 (b)[2.14]

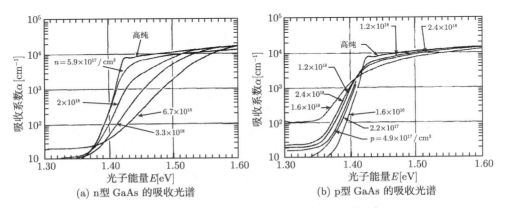

(a) n 型 GaAs 的吸收光谱   (b) p 型 GaAs 的吸收光谱

图 1.3-5D   n 型和 p 型 GaAs 的吸收光谱[2.14]

量级), 而 p 型掺杂则主要使吸收边以下的吸收系数增大。

7. 半导体材料的增益系数和光增益谱[1.5,2.15]

当半导体被**激发**或**注入**非平衡载流子时，价带中的电子不断地被激发到导带中去，同时已被激发到导带中的电子又不断地与价带中的空穴复合，发射出能量约等于禁带宽度的光子。在小注入时，该复合过程主要是自发复合过程，这时能量约等于禁带宽度的光子在半导体中主要将被吸收而产生**一对电子和空穴**。当然其吸收系数将比无注入时小。如果复合过程的量子效率为 1，则在达到稳定状态之后，每单位时间内注入有源区的电子的数目将等于每单位时间复合的电子-空穴对的数目。设有源区的长、宽、厚分别为 L、W、d，注入电流为 I，总自发辐射复合率为 R_{spr}，电子电荷为 q_{e}，则

$$I = q_{\mathrm{e}} R_{\mathrm{spr}} LWd \quad [\mathrm{A}] \tag{1.3-9a}$$

定义标称 (nominal) 电流密度为

$$J_{\mathrm{nom}} \equiv \frac{I}{LWd} = \frac{J}{d} = q_{\mathrm{e}} R_{\mathrm{spr}} = 1.602 \times 10^{-23} R_{\mathrm{spr}} \quad [\mathrm{A \cdot cm^{-2} \cdot \mu m^{-1}}] \tag{1.3-9b}$$

它是单位有源区体积的注入电流，或单位有源区厚度的注入电流密度。如果光子能量为 E 的自发辐射复合率为 $r_{\mathrm{spr}}(E)$，则

$$R_{\mathrm{spr}} = \int_0^\infty r_{\mathrm{spr}}(E)\,\mathrm{d}E \approx Bnp \quad [\mathrm{cm^{-3}s^{-1}}] \tag{1.3-9c}$$

其中，$B \approx 10^{10}\mathrm{cm^3/s}$，称为**自发辐射复合系数**。小注入时的总自发辐射复合率 R_{spr} 与无注入时的平衡值 $R_{\mathrm{spr},0}$ 之差 ΔR_{spr}，近似地与注入的非平衡载流子浓度 $(n-n_0)$ 成正比，其比例常数的倒数称为**自发辐射复合寿命** τ_{spr}，对 p 型有源区 $(p \approx p_0)$：

$$\Delta R_{\mathrm{spr}} \equiv R_{\mathrm{spr}} - R_{\mathrm{spr},0} \approx B(np - n_0 p_0) \approx Bp_0(n-n_0)$$
$$= \frac{n-n_0}{\tau_{\mathrm{spr}}} \equiv \frac{\Delta n}{\tau_{\mathrm{spr}}} \quad [\mathrm{cm^{-3}s^{-1}}] \tag{1.3-9d}$$

对 GaAs 等半导体激光材料，$\tau_{\mathrm{spr}} \approx 1 \sim 4\mathrm{ns}$。由电中性条件，注入的非平衡电子浓度 Δn 与注入的非平衡空穴浓度 Δp 相等，即

$$\Delta n = \Delta p \quad [\mathrm{cm^{-3}}] \tag{1.3-9e}$$

因此，当复合过程主要是自发辐射复合时，注入电流与注入的非平衡载流子浓度的关系近似为

$$J_{\mathrm{nom}} = \frac{J}{d} = \frac{q_{\mathrm{e}} \Delta n}{\tau_{\mathrm{spr}}} \quad [\mathrm{A \cdot cm^{-2} \cdot \mu m^{-1}}] \tag{1.3-9f}$$

图 1.3-5E(a) 的左图是 297K 的 GaAs 在不同注入水平下的吸收光谱，其中 $J_{\mathrm{nom}} = 0$ 的吸收光谱即**图 1.3-5D** 中的一部分。可见，**注入将使吸收系数减**

小(如 $J_{\text{nom}} = 3000 \text{A} \cdot \text{cm}^{-2} \cdot \mu\text{m}^{-1}$ 的曲线), 如果注入增大到一定程度 (如 $J_{\text{nom}} = 4000 \text{A} \cdot \text{cm}^{-2} \cdot \mu\text{m}^{-1}$ 的曲线), 则吸收系数在一定频谱范围内**变为负的**, 这部分即构成在该注入水平下的**增益谱**。增益谱在**长波长端拖尾**, 在**短波长端过零**, 中间有一个**增益峰**。如果注入进一步增大, 则增益过零点和增益峰均移向短波长端, 而且**增益系数皆变大**。这些现象在低温时更为明显, 如**图 1.3-5E(a)** 的右图所示。给定光子能量的增益系数随 J_{nom} 的变化如**图 1.3-5E(b)** 所示, 其包络线轨迹为增益峰 g_{max} 随注入水平的变化。可见, 这个变化近似为一条与电流坐标轴相交的直线。如果把注入电流密度按式 (1.3-9f) 折算成注入的载流子浓度 ($\Delta n \approx n$), 则可表示为

$$g(n) = g_{\text{max}}(n, \lambda_0) = a(n - n_{\text{e}}) \tag{1.3-9g}$$

其中, a 是微分增益, 其量纲为 $[\text{cm}^2]$, 故可看成是由受激复合过程决定的**受激复合截面**。n_{e} 称为**透明载流子浓度**, 因为由式 (1.3-9g) 有

$$g(n_{\text{e}}) = 0 \tag{1.3-9h}$$

对于 GaAs, 这两个参数的室温典型值分别为: $a \approx 2.88 \times 10^{-16} \text{cm}^2$, $n_{\text{e}} \approx 0.75 \times 10^{18} \text{cm}^{-3}$。

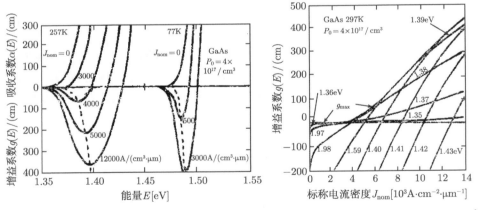

图 1.3-5E(a)　GaAs 在不同注入下的吸收光谱[1.5]　图 1.3-5E(b)　增益系数随 J_{nom} 的变化[1.5]

图 1.3-5F 是如**图 1.3-3C** 所示的装置在室温下注入 $n = 1.4 \times 10^{18} \text{cm}^{-3}$ 时测出的 $\text{In}_{0.74}\text{Ga}_{0.26}\text{As}_{0.6}\text{P}_{0.4}$ 的增益谱, 图中的虚线是低注入水平时的吸收光谱。**图 1.3-3E(a)** 是用如**图 1.3-3D(c)** 所示的装置测出的 GaAs 条形激光器的正常样品在注入电流密度超过阈值 3% 时 ($J = 1.03 J_{\text{th}}$) 的激光光谱, 其峰值模式的波长为 $\lambda_{\text{p}} = 8664\text{Å}$。**图 1.3-3E(d)** 是用式 (1.3-6w) 测出的 λ_{p} 右侧第五个模式的增益随注入电流的变化, 其线性部分可以用式 (1.3-9g) 来描述, 在注入电流大到一定程度后出现增益饱和。这是由于在阈值以上, 注入非平衡载流子浓度由于开始触发了强

烈的受激复合以致遭到额外的消耗而出现**阈值增益饱和**，因而按式 (1.3-9g) 也使增益系数出现饱和。当然，激光超过一定的强度，也会使增益系数偏离式 (1.3-9g) 的简单关系，变为与激光光强有关，并出现随激光光强增加的增益增加趋于饱和的**非线性增益**。

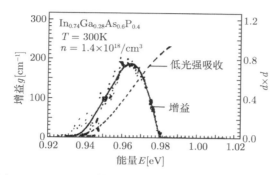

图 1.3-5F 室温下注入 $n = 1.4 \times 10^{18} \mathrm{cm}^{-3}$ 时测出的 $\mathrm{In_{0.74}Ga_{0.26}As_{0.6}P_{0.4}}$ 的增益谱[2.4]

1.3.5 金属材料的光学性质

近红外波段的纳米尺寸等离子体光波导腔一般是由贵金属与半导体组成的。金属的光学性质在宏观上可由金属在圆频率为 ω，复传播常数为 $\tilde{\beta}$ 的平面波电场 $\boldsymbol{E}(\boldsymbol{r}, t) = \boldsymbol{E}_0 \mathrm{e}^{\mathrm{i}(\omega t - \tilde{\beta} \cdot \boldsymbol{r})}$ 作用下的复介电函数 $\tilde{\varepsilon}$ 或复折射率 $\tilde{n}$ 描述，由 **1.1.2 节**，其间的关系为

$$\tilde{k}^2 \equiv \omega^2 \mu_0 \tilde{\varepsilon} = k_0^2 \tilde{n}^2 \equiv \tilde{\beta}^2 \to \tilde{\beta} = k_0 \tilde{n}, \tilde{n} = \bar{n}_{\mathrm{r}} + \mathrm{i}\bar{n}_{\mathrm{i}} \equiv \bar{n} - \mathrm{i}\bar{k}, \quad \tilde{\beta} \equiv \beta_{\mathrm{r}} + \mathrm{i}\beta_{\mathrm{i}},$$

$$\beta_{\mathrm{i}} = -k_0 \bar{k} = \frac{-\alpha}{2}, \quad \beta_{\mathrm{r}} = k_0 \bar{n} = \frac{2\pi}{\lambda} > 0 \tag{1.1-1o, v, y}$$

$$\tilde{\varepsilon} = \varepsilon_{\mathrm{r}} + \mathrm{i}\varepsilon_{\mathrm{i}} \equiv \varepsilon - \mathrm{i}\frac{\sigma}{\omega}, \quad \tilde{n}^2 \equiv \frac{\tilde{\varepsilon}}{\varepsilon_0} = \varepsilon_{\mathrm{R,r}} + \mathrm{i}\varepsilon_{\mathrm{R,i}} \equiv \varepsilon_1 - \mathrm{i}\varepsilon_2 = \frac{\varepsilon}{\varepsilon_0} - \mathrm{i}\frac{\sigma}{\varepsilon_0 \omega},$$

$$g = -\alpha = -2k_0 \bar{k} = -\frac{\omega \varepsilon_2}{c_0 \bar{n}} = \frac{\omega \varepsilon_{\mathrm{R,i}}}{c_0 \bar{n}} \tag{1.1-6m, n}$$

$$\varepsilon_1 \equiv \frac{\varepsilon}{\varepsilon_0} = \bar{n}^2 - \bar{k}^2 = \varepsilon_{\mathrm{R,r}}, \quad \varepsilon_2 \equiv \frac{\sigma}{\varepsilon_0 \omega} = 2\bar{n}\bar{k} = -\varepsilon_{\mathrm{R,i}},$$

$$\bar{n} = \sqrt{\frac{\varepsilon_{\mathrm{R,r}}}{2} + \frac{1}{2}\sqrt{\varepsilon_{\mathrm{R,r}}^2 + \varepsilon_{\mathrm{R,i}}^2}}, \quad \bar{k} = \frac{-\varepsilon_{\mathrm{R,i}}}{2\bar{n}} = \frac{\varepsilon_2}{2\bar{n}} \tag{1.1-1w, x}$$

$$\bar{k}^2 \ll \bar{n}^2 \to \bar{n} \approx \sqrt{\varepsilon_{\mathrm{R,r}}} = \sqrt{\varepsilon_1}, \quad \bar{k}^2 > \bar{n}^2 \to \varepsilon_{\mathrm{R,r}} = \varepsilon_1 < 0,$$

$$\bar{k} > 0 \to -\varepsilon_{\mathrm{R,i}} = \varepsilon_2 > 0 \tag{1.1-1x, c'}$$

1. 金属的自由电子气介电函数的频率关系[1.15,1.33]

从微观上看, 金属光学性质在广泛的频率范围内, 可由粒子数浓度为 n 的**自由电子气**相对于固定的**正离子实**背景做集体运动的**等离子体模型** (plasma model) (**图 1.3-6A(a)**) 描述. 对于**碱金属**, 该频率范围可以扩展到紫外, 但**贵金属**由于在可见光频率发生带间跃迁, 限制了该模型的应用. 在等离子体模型中, 没有考虑详细的晶格势和电子-电子相互作用. 而只是简单假设能带结构的某些方面并引进每个电子的**光学有效质量** m_{pe}. 电子因响应外加电磁场而振荡, 其运动因碰撞而阻尼, 其特征碰撞频率为 $2\gamma = 1/\tau$, τ 称为自由电子气的**弛豫时间**. 在室温, $\tau \approx 10^{-14}\text{s}$ 的量级, 相应频率为

$$2\gamma = 1/\tau \approx 10^{14}\text{Hz} = 100\text{THz}$$

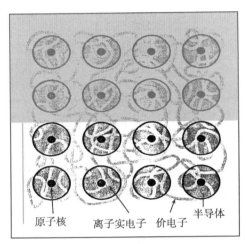

图 1.3-6A(a)　由价电子和离子实相互作用金属构成晶体的模型[2.2]

在上述外加电场 $\boldsymbol{E}$ 的作用下, 由式 (1.3-3a), 等离子体海中一个**无恢复力** ($\omega_0 = 0$) 的电子牛顿运动方程可写成

$$m_{\text{pe}}\frac{\text{d}^2\boldsymbol{r}}{\text{d}t^2} + 2\gamma m_{\text{pe}}\frac{\text{d}\boldsymbol{r}}{\text{d}t} = -q_{\text{e}}\boldsymbol{E} \tag{1.3-10a}$$

设 $\boldsymbol{E}(t) \approx \boldsymbol{E}_0\text{e}^{\text{i}\omega t}$, 其特解为 $\boldsymbol{r}(t) \approx \boldsymbol{r}_0\text{e}^{\text{i}\omega t}$, 代入式 (1.3-10a) 得

$$-\omega^2 m_{\text{pe}}\boldsymbol{r}_0\text{e}^{\text{i}\omega t} + \text{i}2\omega m_{\text{pe}}\gamma\boldsymbol{r}_0\text{e}^{\text{i}\omega t} = -q_{\text{e}}\boldsymbol{E}_0\text{e}^{\text{i}\omega t} \rightarrow \boldsymbol{r}_0 = \frac{q_{\text{e}}}{m_{\text{pe}}}\frac{\boldsymbol{E}_0}{\omega^2 - \text{i}2\gamma\omega} \rightarrow \boldsymbol{r}(t)$$

$$= \frac{q_{\text{e}}}{m_{\text{pe}}}\frac{\boldsymbol{E}_0\text{e}^{\text{i}\omega t}}{\omega^2 - \text{i}2\gamma\omega} \tag{1.3-10b}$$

表明复振幅 $\boldsymbol{r}_0$ 在驱动电场和响应之间引进一个相位. 极化电子对宏观极化强度的贡献为

$$\boldsymbol{P} = -q_{\mathrm{e}}\boldsymbol{r}n = -\frac{q_{\mathrm{e}}^2 n}{m_{\mathrm{pe}}}\frac{\boldsymbol{E}}{\omega^2 - \mathrm{i}2\gamma\omega} \rightarrow \boldsymbol{D}(t) = \tilde{\varepsilon}\boldsymbol{E}(t) = \varepsilon_0\boldsymbol{E}(t) + \boldsymbol{P}(t)$$

$$= \varepsilon_0\left(1 - \frac{\omega_{\mathrm{p}}^2}{\omega^2 - \mathrm{i}2\gamma\omega}\right)\boldsymbol{E}(t), \quad \omega_{\mathrm{p}} \equiv \sqrt{\frac{q_{\mathrm{e}}^2 n}{m_{\mathrm{pe}}\varepsilon_0}} \qquad (1.3\text{-}10\mathrm{c,d})$$

其中, ω_{p} 是自由电子气的等离子体频率, 其相对介电函数 $[\mathrm{V \cdot A}^{2-1} \cdot \mathrm{s}^{2-2-1} \cdot \mathrm{cm}^{-3+2+1} \cdot \mathrm{eV}^1 = 1]$ 为

$$\frac{\tilde{\varepsilon}(\omega)}{\varepsilon_0} = 1 - \frac{\omega_{\mathrm{p}}^2}{\omega^2 - \mathrm{i}2\gamma\omega} = 1 - \frac{\omega_{\mathrm{p}}^2\left(\omega^2 + \mathrm{i}2\gamma\omega\right)}{\omega^2 + (2\gamma\omega)^2} = 1 - \frac{\omega_{\mathrm{p}}^2\tau^2}{1 + \omega^2\tau^2} - \mathrm{i}\frac{\omega_{\mathrm{p}}^2\tau}{\omega\left(1 + \omega^2\tau^2\right)}$$

$$= \varepsilon_{\mathrm{R,r}}(\omega) + \mathrm{i}\varepsilon_{\mathrm{R,i}}(\omega) = \varepsilon_1(\omega) - \mathrm{i}\varepsilon_2(\omega) \qquad (1.3\text{-}10\mathrm{e})$$

$$\varepsilon_1(\omega) = 1 - \frac{\omega_{\mathrm{p}}^2\tau^2}{1 + \omega^2\tau^2} = \varepsilon_{\mathrm{R,r}}(\omega), \quad \varepsilon_2(\omega) = \frac{\omega_{\mathrm{p}}^2\tau}{\omega\left(1 + \omega^2\tau^2\right)} = -\varepsilon_{\mathrm{R,i}}(\omega) \qquad (1.3\text{-}10\mathrm{f,g})$$

因只在 $\omega < \omega_{\mathrm{p}}$, 金属才保持其金属特性, 以下将讨论相对于碰撞频率 $2\gamma = 1/\tau$ 的不同频区。

1) 非常低频区

对多电子态和 $\omega \ll 1/\tau$, 则

$$\varepsilon_1(\omega) = \varepsilon_{\mathrm{R,r}}(\omega) = \bar{n}^2 - \bar{k}^2 = \bar{n}_0^2 - \omega_{\mathrm{p}}^2\tau^2 \ll \varepsilon_2(\omega) = 2\bar{n}\bar{k} = \frac{\omega_{\mathrm{p}}^2\tau}{\omega} = -\varepsilon_{\mathrm{R,i}}(\omega) \qquad (1.3\text{-}10\mathrm{h})$$

$$\varepsilon_1 \overset{\omega\tau \ll 1}{\approx} \bar{n}_0^2(0) - \omega_{\mathrm{p}j}^2\tau^2 \approx 0 \rightarrow \bar{n} \approx \bar{k} \approx \sqrt{\bar{n}\bar{k}} = \sqrt{\frac{\varepsilon_2}{2}} \overset{\omega\tau \ll 1}{=} \sqrt{\frac{\omega_{\mathrm{p}}^2\tau}{2\omega}} \rightarrow$$

$$\alpha(\omega) = \frac{2\bar{k}(\omega)\omega}{c_0} \overset{\varepsilon_1 = 0}{\underset{\omega\tau \ll 1}{=}} \frac{2\omega}{c_0}\sqrt{\frac{\omega_{\mathrm{p}}^2\tau}{2\omega}} = \sqrt{\frac{2\omega_{\mathrm{p}}^2\tau\omega}{c_0^2}} = \sqrt{2\omega_{\mathrm{p}}^2\tau\varepsilon_0\mu_0\omega} \qquad (1.3\text{-}10\mathrm{i,i}')$$

定义**直流**电导率: $\sigma_0 = nq_{\mathrm{e}}^2\tau/m_{\mathrm{e}} = \omega_{\mathrm{p}}^2\tau\varepsilon_0$, 则式 (1.3-10i) 化为

$$\alpha(\omega) = \sqrt{2\sigma_0\omega\mu_0} \qquad (1.3\text{-}10\mathrm{j})$$

比尔 (Beer) 定律表明, **低频**电磁场在金属中按 $\mathrm{e}^{-x/\delta}$ 衰减, 其**集肤深度**为

$$\delta = \frac{2}{\alpha} = \frac{c_0}{\bar{k}\omega} = \begin{cases} \overset{\varepsilon_1 = 0}{\underset{\omega\tau \ll 1}{=}} \sqrt{\dfrac{2}{\omega_{\mathrm{p}}^2\tau\varepsilon_0\omega\mu_0}} = \dfrac{\hbar c_0}{E_{\mathrm{p}}}\sqrt{\dfrac{2E_\tau}{E_\omega}} \propto \dfrac{1}{\sqrt{E_\omega}} \\ = \dfrac{\hbar c_0}{E_\omega}\dfrac{1}{\bar{k}}, \quad E_\omega \equiv \hbar\omega \end{cases} \qquad (1.3\text{-}10\mathrm{k})$$

建立在玻尔兹曼 (Boltzmann) 输运方程上的**低频**行为的一个更严格讨论证明: 只要电子的主要自由程 $l = v_{\mathrm{F}}\tau \ll \delta$, 其中, v_{F} 是费米速度, 该描述即可成立。因室温典型金属 $l \approx 10\mathrm{nm}$ 和 $\delta \approx 100\mathrm{nm}$, 故验证了自由电子模型的正确性。但是在低温下, 主要的自由程可增加许多量级, 导致透入深度的改变, 该现象称为**反常集肤效应 (abnormal skin effect)**。

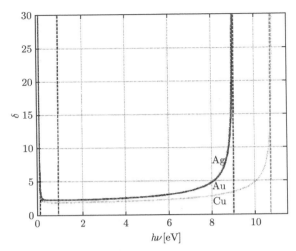

图 1.3-6A(b)   贵金属 Au 的集肤深度随光频变化

2) 较高频区

在 $1/\tau \leqslant \omega \leqslant \omega_\mathrm{p}$，复数折射率基本上是虚数，导致反射率为 $R \approx 1$，σ 更有复数特性。模糊了自由和束缚电荷的界限。

迄今假设理想的自由电子金属，现在来比较该模型与一个对等离子体很重要的真实金属例子。在自由电子模型中，当 $\omega \gg \omega_\mathrm{p}$ 时，$\tilde{\varepsilon}/\varepsilon_0 \to 1$。对于贵金属 (Au, Ag, Cu)，在 $\omega > \omega_\mathrm{p}$ 时，该模型须作适当推广 (其中响应的主要是自由 s 电子)，由于靠近费米表面的充满 d 壳层造成强烈极化的环境。该由离子实正电背景形成的剩余极化可由加上一项 $\boldsymbol{P}_\infty = \varepsilon_0(\varepsilon_\infty - 1)\boldsymbol{E}$ 到式 (1.3-1e) 来描述，现在 $\boldsymbol{P}$ 只表示自由电子的极化 (式 (1.2-10c))。因此，该效应只由一个介电常数 ε_∞ 所描述 (通常 $1 \leqslant \varepsilon_\infty \leqslant 10$)，故可写成

$$\frac{\tilde{\varepsilon}(\omega)}{\varepsilon_0} \approx \varepsilon_\infty - \frac{\omega_\mathrm{p}^2}{\omega^2 + \mathrm{i}2\gamma\omega} \tag{1.3-10l}$$

自由电子描述式 (1.3-10l) 的正确性极限如图 1.3-6C(b) 所示 (图中 $\varepsilon(\omega) \equiv \tilde{\varepsilon}(\omega)/\varepsilon_0$)。可见这种介电函数的实部和虚部与实验确定的 Au 的介电函数 (点) 相符。显然在可见光频率。由于带间跃迁导致 $\varepsilon_2 \equiv -\varepsilon_{\mathrm{R,i}}$ 增加，自由电子模型不适用。相应于图 1.3-6C(b) 的复折射率分量的拟合结果如图 1.3-6C(c) 所示。

将自由电子等离子体式 (1.3-10e) 与金属交流电导率 $\sigma(\omega)$ 的德鲁德 (Drude) 模型联系起来可得到一些启发。因式 (1.3-10a) 可写成

$$m_\mathrm{pe}\frac{\mathrm{d}^2\boldsymbol{r}}{\mathrm{d}t^2} + 2\gamma m_\mathrm{pe}\frac{\mathrm{d}\boldsymbol{r}}{\mathrm{d}t} = -q_\mathrm{e}\boldsymbol{E} \to \dot{\boldsymbol{p}} = -\frac{p}{\tau} - q_\mathrm{e}\boldsymbol{E} \tag{1.3-10m}$$

其中，$\boldsymbol{p} = m_\mathrm{pe}\dot{\boldsymbol{r}}$ 是各个自由电子的动量。

通过与上述相同的分析得交流电导率为

$$\sigma = nq_{\mathrm{e}}p/m_{\mathrm{pe}} \tag{1.3-10n}$$

对 $\omega < \omega_{\mathrm{p}}$，基本仍保持其金属性。

对 $\omega \approx \omega_{\mathrm{p}}$，则 $\omega\tau \gg 1$，导致阻尼可略，$\tilde{\varepsilon}(\omega)$ 基本上是实函数

$$\tilde{\varepsilon}(\omega) \approx \varepsilon_0 \left(1 - \frac{\omega_{\mathrm{p}}^2}{\omega^2}\right) \tag{1.3-10o}$$

等离子体频率 ω_{p} 的意义还可从小阻尼极限

$$\tilde{\varepsilon}(\omega_{\mathrm{p}}) \approx \varepsilon_0 \left(1 - \frac{\omega_{\mathrm{p}}^2}{\omega_{\mathrm{p}}^2}\right) = 0$$

(对 $\beta = 0$) 得到阐明。因此，该激元相应于**集体纵向模式** (collective longitudinal mode)。在这种情况下：

$$\tilde{\varepsilon}(\omega) = 0 \rightarrow \boldsymbol{D} = \tilde{\varepsilon}\boldsymbol{E} = \varepsilon_0\boldsymbol{E} + \boldsymbol{P} = 0 \rightarrow \boldsymbol{E} = -\boldsymbol{P}/\varepsilon_0 \tag{1.3-10p}$$

可见，在等离子体频率，电场纯粹是一个**去极化场** (depolarization field)。

ω_{p} **激元** (excitation) 的物理意义可由考虑在一个等离子体平板中，导带电子气在带正电的固定离子实的背景中作纵向振荡而得到理解，如**图 1.3-6A(a)** 所示，电子云的一个集体位移 $\boldsymbol{u}$ 导致在平板边界出现一对表面电荷密度 $\sigma = \pm nq_{\mathrm{e}}u$。这在平板内部建立起一个均匀电场 $\boldsymbol{E} = nq_{\mathrm{e}}\boldsymbol{u}/\varepsilon_0$。因此，被位移的电子受到一个来自电场的恢复力，其运动可由运动方程描述，将电场的公式代入，则

$$nm_{\mathrm{pe}}\ddot{\boldsymbol{u}} = nq_{\mathrm{e}}\boldsymbol{E} \rightarrow nm_{\mathrm{pe}}\ddot{\boldsymbol{u}} = -\frac{n^2q_{\mathrm{e}}^2}{\varepsilon_0}\boldsymbol{u} \rightarrow \ddot{\boldsymbol{u}} + \omega_{\mathrm{p}}^2\boldsymbol{u} = 0 \tag{1.3-10q}$$

因此，可将等离子体频率 ω_{p} 看成是**电子海自由振荡 (类似简谐振子) 的自然振荡频率**。推导中假设所有的电子做同相运动，因此，ω_{p} 相应于 $\beta = 0$ 的长波极限的振荡频率。这些电荷振荡的量子称为**等离体子** (plasmon) (或**体积等离体子** (volume plasmon)，以区别于**表面和局域化等离体子**)。由于激元的纵向性质，体等离子体激元不能与横向电磁波耦合，而只能由粒子碰撞所激发。另一个后果是其衰减只能将能量转移到各单个电子的称为**朗道阻尼** (Landau damping) 的过程来实现。

实验上，金属的等离子体频率一般是由将电子穿过薄金属箔的**电子能量损耗光谱学** (EELS=electron energy loss spectroscopy) 实验确定的。对于大多数金属，其等离子体频率在紫外线区，随能带结构的不同，$\hbar\omega_{\mathrm{p}} \approx 5 \sim 15\mathrm{eV}$ 的量级[1.34]。这种纵向振荡也可能在介电介质中激发出来，在这种情况下，是价电子相对于离子实背景作集体振荡。

除了在 ω_{p} 同相振荡之外，还存在于高频以有限 (不为零) 波矢满足式 (1.3-10p) 的这类纵向振荡。这种体等离子体的色散关系直至 β 的二次方 (E_{F} 是费米能量)：

$$\omega^2 = \omega_{\mathrm{p}}^2 + \frac{6E_{\mathrm{F}}\beta^2}{5m_{\mathrm{pe}}} \tag{1.3-10r}$$

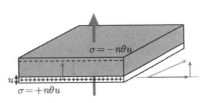

图 1.3-6A(c)　体积等离子体:金属中传导电子的纵向集体振荡. 红箭电场, 蓝箭恢复力[1.15]

3) 紫外透明区

在 $\omega > \omega_{\mathrm{p}}$，将式 (1.3-10o) 代入式 (1.1-1o) 或式 (1.3-4f)

$$\tilde{k}^2 = \tilde{\beta}^2 = \frac{\tilde{\varepsilon}(\omega)}{\varepsilon_0}\frac{\omega^2}{c_0^2} \rightarrow k^2 = \beta^2 = \left(1 - \frac{\omega_{\mathrm{p}}^2}{\omega^2}\right)\frac{\omega^2}{c_0^2}$$

$$= \frac{\omega^2}{c_0^2} - \frac{\omega_{\mathrm{p}}^2}{c_0^2} \rightarrow \omega^2 \approx \omega_{\mathrm{p}}^2 + \beta^2 c_0^2 \rightarrow \frac{\omega}{\omega_{\mathrm{p}}} \approx \sqrt{1 + \left(\frac{\beta c_0}{\omega_{\mathrm{p}}}\right)^2} \tag{1.3-10s}$$

一般自由电子模型的这种关系如**图 1.3-6B(a)，(b)** 所示。可见，对于 $\omega < \omega_{\mathrm{p}}$，在金属等离子体中禁止横向电磁波的传播。但对于 $\omega > \omega_{\mathrm{p}}$，等离子体支持横向电磁波以群速 $v_{\mathrm{g}} = \mathrm{d}\omega/\mathrm{d}\beta < c_0$ 传播。

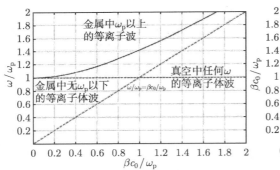

图 1.3-6B(a)　等离子体波在金属和真空中的传播曲线

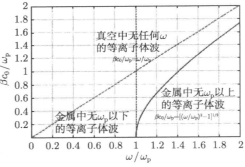

图 1.3-6B(b)　等离子体波在金属和真空中的传播曲线

2. 金属光学参数的理论和实验数值结果及其比较[1.15]

图 1.3-6C(a) 和 (b) 是银 (Ag) 和金 (Au) 相对介电函数的实部和虚部随光子能量变化的理论值和实验值，**图 1.3-6C(c)** 是金 (Au) 的折射率和消光系数随光子能量变化的理论值。**图 1.3-6D(a) 和 (b)** 是贵金属相对介电函数的实部和虚部与真空光波长的关系。可见在 $0 \sim 2\mu\mathrm{m}$ 波段内，其实部负值 ($-\varepsilon_1 > 0$) 正比于真空光波长 (用微米作单位) 的平方，而虚部与微米波长之比则正比于微米波波长平方。

表 1.3-3A 贵金属 (金，银，铜)，铝，铍，碱金属 (钠，钾) 和过渡金属 (铬，镍，铂，钛，钨) 12 种金属的原子结构[2.16]

| 金属元素 | | | K | L | | M | | | N | | | | O | | | P | 光谱 | 电离 |
名称	符号	序数	1.01s	2.02s	2.12p	3.03s	3.13p	3.23d	4.04s	4.14p	4.24d	4.34f	5.05s	5.15p	5.25d	6.06s	基项	势能 [eV]
铍	Be	4	2	2													$^1S_0$	9.48
钠	Na	11	2	2	6	1											$^2S_{1/2}$	5.12
铝	Al	13	2	2	6	2	1										$^2P_{1/2}$	5.96
钾	K	19	2	2	6	2	6	—	1								$^2S_{1/2}$	4.32
钛	Ti	22	2	2	6	2	6	2	2								$^3F_2$	6.80
铬	Cr	24	2	2	6	2	6	5	1								$^7F_3$	6.74
镍	Ni	28	2	2	6	2	6	8	2								$^3F_4$	7.61
铜	Cu	29	2	2	6	2	6	10	1								$^2S_{1/2}$	7.69
银	Ag	47	2	2	6	2	6	10	2	6	10	—	1				$^2S_{1/2}$	7.54
钨	W	74	2	2	6	2	6	10	2	6	10	14	2	6	4	2	$^3D_0$	
铂	Pt	78	2	2	6	2	6	10	2	6	10	14	2	6	8	2	$^3D_3$	
金	Au	79	2	2	6	2	6	10	2	6	10	14	2	6	10	1	$^2S_{1/2}$	9.20

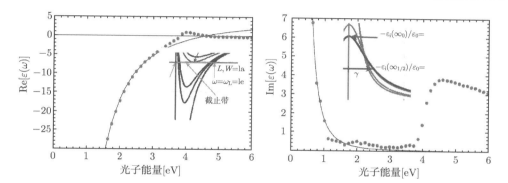

图 1.3-6C(a)　银 (Ag) 的相对介电函数实部 ε_r 和虚部 ε_i 随光子能量 $\hbar\omega$ 变化的理论值 (实线) 和实验值 (圆点)[1.15]

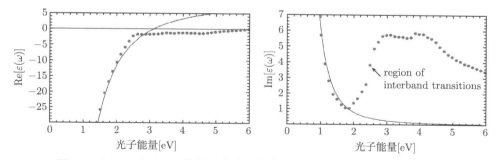

图 1.3-6C(b)　金 (Au) 的相对介电函数实部 ε_r 和虚部 ε_i 随光子能量 $\hbar\omega$ 变化的理论值 (实线) 和实验值 (圆点)[1.15]

图 1.3-6E(a)~(j) 是**贵金属 (金 (Au)，银 (Ag)，铜 (Cu))、铝 (Al)、铍 (Be)** 和**过渡金属 (铬 (Cr)、镍 (Ni)、铂 (Pt)、钛 (Ti)、钨 (W))**(其**原子结构**如表 **1.3-3A** 所示) 的相对介电函数实部和虚部随光子能量变化的理论值 (LD(Lorentz-Drude) 模型，BB(Brendel-Bormann) 模型) 和实验值。图线的表述有利于看清全局走向，但

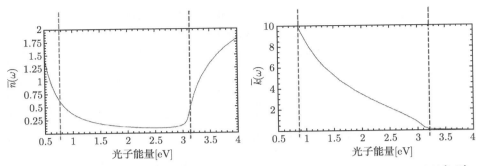

图 1.3-6C(c)   金 (Au) 的折射率 $\bar{n}$ 和消光系数 $\bar{k}$ 随光子能量 $\hbar\omega$ 变化的理论值[1.15]

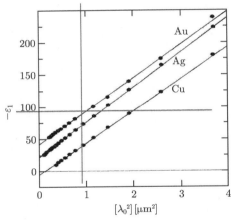

图 1.3-6D(a)   贵金属相对介电函数实
部 ε_1 与光波长 l 的关系[1.33]

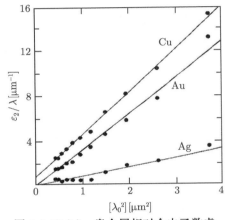

图 1.3-6D(b)   贵金属相对介电函数虚
部 ε_2 与光波长 l 的关系[1.33]

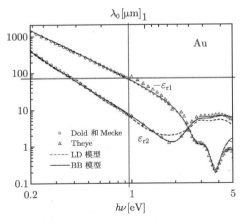

图 1.3-6E(a)   金 (Au) 的 ε_2 和 $-\varepsilon_1$
随光子能量 $h\nu$ 变化[1.34]

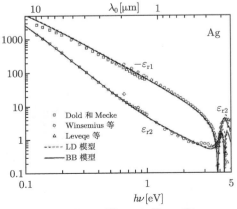

图 1.3-6E(b)   银 (Ag) 的 ε_2 和 $-\varepsilon_1$
随光子能量 $h\nu$ 变化[1.34]

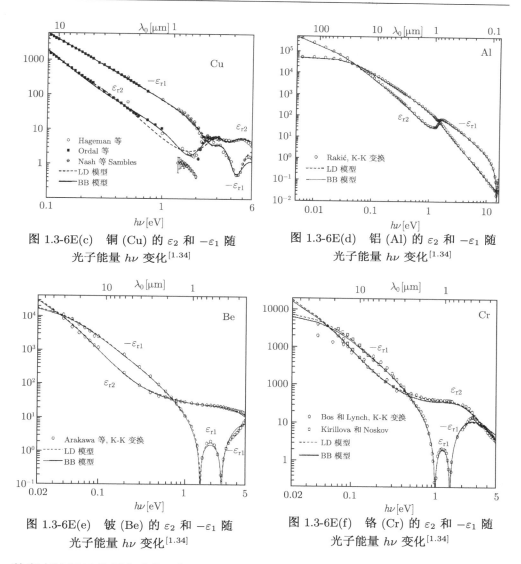

图 1.3-6E(c) 铜 (Cu) 的 ε_2 和 $-\varepsilon_1$ 随
光子能量 $h\nu$ 变化[1.34]

图 1.3-6E(d) 铝 (Al) 的 ε_2 和 $-\varepsilon_1$ 随
光子能量 $h\nu$ 变化[1.34]

图 1.3-6E(e) 铍 (Be) 的 ε_2 和 $-\varepsilon_1$ 随
光子能量 $h\nu$ 变化[1.34]

图 1.3-6E(f) 铬 (Cr) 的 ε_2 和 $-\varepsilon_1$ 随
光子能量 $h\nu$ 变化[1.34]

数字表述便于获得准确值。**表 1.3-3B** 是**贵金属**的**折射率**和**消光系数**及其误差与光子能量 $h\nu$ 关系的数值。**表 1.3-3C** 是**贵金属、铝、铍和过渡金属**的**等离子体频率**的数据。**表 1.3-3D** 是**贵金属**电子的**光学质量**和**弛豫时间**的数据。**表 1.3-3E** 是各个**光波段**的波长和光子能量。

以上的分析和理论, 实验结果表明: 在激光波导材料中, 以前因其对光有强烈吸收而不得不尽量回避, 而现在却成为实现超微型激光器件中波导腔关键材料的金属, 正是得益于其光学性质与光频有极其强烈的关系, 提供了广泛的可能性。根据其性质特点, 可将金属光学性质大体分为低、中、高三个频段:

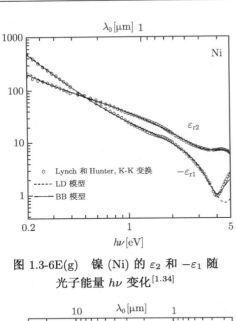

图 1.3-6E(g) 镍 (Ni) 的 ε_2 和 $-\varepsilon_1$ 随
光子能量 $h\nu$ 变化[1.34]

图 1.3-6E(h) 铂 (Pt) 的 ε_2 和 $-\varepsilon_1$ 随
光子能量 $h\nu$ 变化[1.34]

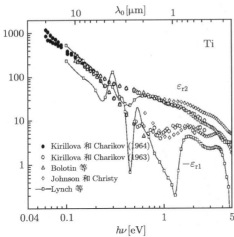

图 1.3-6E(i) 钛 (Ti) 的 ε_2 和 $-\varepsilon_1$ 随
光子能量 $h\nu$ 变化[1.34]

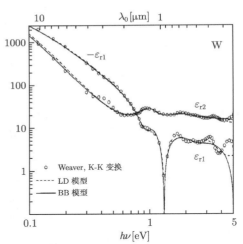

图 1.3-6E(j) 钨 (W) 的 ε_2 和 $-\varepsilon_1$ 随
光子能量 $h\nu$ 变化[1.34]

表 1.3-3B 贵金属 (铜,银,金) 的折射率 $\bar{n}$,消光系数 $\bar{k}$,及其近似误差 $\Delta\bar{n}$, $\Delta\bar{k}$ 随光子
能量 [eV] 的变化值[1.33]

$E = h\nu$[eV]	铜		银		金		误差	
	$\bar{n}$	$\bar{k}$	$\bar{n}$	$\bar{k}$	$\bar{n}$	$\bar{k}$	$\Delta\bar{n}$	$\Delta\bar{k}$
0.64	1.09	13.43	0.24	14.08	0.92	13.78	±0.18	±0.65
0.77	0.76	11.12	0.15	11.85	0.56	11.21	±0.08	±0.30
0.89	0.60	9.439	0.13	10.10	0.43	9.519	±0.06	±0.17
1.02	0.48	8.245	0.09	8.828	0.35	8.145	±0.04	±0.10

续表

$E = h\nu$[eV]	铜		银		金		误差	
	$\bar{n}$	$\bar{k}$	$\bar{n}$	$\bar{k}$	$\bar{n}$	$\bar{k}$	$\Delta\bar{n}$	$\Delta\bar{k}$
1.14	0.36	7.217	0.04	7.795	0.27	7.150	±0.03	±0.07
1.26	0.32	6.421	0.04	6.992	0.22	6.350	±0.02	±0.05
1.39	0.30	5.768	0.04	6.312	0.17	5.663	±0.02	±0.03
1.51	0.26	5.180	0.04	5.727	0.16	5.083	±0.02	±0.025
1.64	0.24	4.665	0.03	5.242	0.14	4.542	±0.02	±0.015
1.76	0.21	4.205	0.04	4.838	0.13	4.103	±0.02	±0.010
1.88	0.22	3.747	0.05	4.483	0.14	3.697	±0.02	±0.007
2.01	0.30	3.205	0.06	4.152	0.21	3.272	±0.02	±0.007
2.13	0.70	2.704	0.05	3.858	0.29	2.863	±0.02	±0.007
2.26	1.02	2.577	0.06	3.586	0.43	2.455	±0.02	±0.007
2.38	1.18	2.608	0.05	3.324	0.62	2.081	±0.02	±0.007
2.50	1.22	2.564	0.05	3.093	1.04	1.833	±0.02	±0.007
2.63	1.25	2.483	0.05	2.869	1.31	1.849	±0.02	±0.007
2.75	1.24	2.397	0.04	2.657	1.38	1.914	±0.02	±0.007
2.88	1.25	2.305	0.04	2.462	1.45	1.948	±0.02	±0.007
3.00	1.28	2.207	0.05	2.275	1.46	1.958	±0.02	±0.007
3.12	1.32	2.116	0.05	2.070	1.47	1.952	±0.02	±0.007
3.25	1.33	2.045	0.05	1.864	1.46	1.933	±0.02	±0.007
3.37	1.36	1.975	0.07	1.657	1.48	1.895	±0.02	±0.007
3.50	1.37	1.916	0.10	1.419	1.50	1.866	±0.02	±0.007
3.62	1.36	1.864	0.14	1.142	1.48	1.871	±0.02	±0.007
3.74	1.34	1.821	0.17	0.829	1.48	1.883	±0.02	±0.007
3.87	1.38	1.783	0.81	0.392	1.54	1.898	±0.02	±0.007
3.99	1.38	1.729	1.13	0.616	1.53	1.893	±0.02	±0.007
4.12	1.40	1.679	1.34	0.964	1.53	1.889	±0.02	±0.007
4.24	1.42	1.633	1.39	1.161	1.49	1.878	±0.02	±0.007
4.36	1.45	1.633	1.41	1.264	1.47	1.869	±0.02	±0.007
4.49	1.46	1.646	1.41	1.331	1.43	1.847	±0.02	±0.007
4.61	1.45	1.668	1.38	1.372	1.38	1.803	±0.02	±0.007
4.74	1.41	1.691	1.35	1.387	1.35	1.749	±0.02	±0.007
4.86	1.41	1.741	1.33	1.393	1.33	1.688	±0.02	±0.007
4.98	1.37	1.783	1.31	1.389	1.33	1.631	±0.02	±0.007
5.11	1.34	1.799	1.30	1.378	1.32	1.577	±0.02	±0.007
5.23	1.28	1.802	1.28	1.367	1.32	1.536	±0.02	±0.007
5.36	1.23	1.792	1.28	1.357	1.30	1.497	±0.02	±0.007
5.48	1.18	1.768	1.26	1.344	1.31	1.460	±0.02	±0.007
5.60	1.13	1.737	1.25	1.342	1.30	1.427	±0.02	±0.007
5.73	1.08	1.699	1.22	1.336	1.30	1.387	±0.02	±0.007
5.85	1.04	1.651	1.20	1.325	1.30	1.350	±0.02	±0.007
5.98	1.01	1.599	1.18	1.312	1.30	1.304	±0.02	±0.007
6.10	0.99	1.550	1.15	1.296	1.33	1.277	±0.02	±0.007
6.22	0.98	1.493	1.14	1.277	1.33	1.251	±0.02	±0.007
6.35	0.97	1.440	1.12	1.255	1.34	1.226	±0.02	±0.007
6.47	0.95	1.388	1.10	1.232	1.32	1.203	±0.02	±0.007
6.60	0.94	1.337	1.07	1.212	1.28	1.188	±0.02	±0.007

表 1.3-3C　金属的等离体子能量频率电子浓度

金属	$\hbar\omega_p$[eV][1.34]	ω_p[$10^{16}s^{-1}$]	电子浓度 n[10^{23}cm^{-3}]
Au	9.03	1.372 452	0.585 941
Ag	9.01	1.369 412	0.565 672
Cu	10.83	1.646 030	1.268 489
Al	14.98	2.276 781	1.628 798
Be	18.51	2.813 299	2.486 889
Cr	10.75	1.633 871	0.838 804
Ni	15.92	2.407 521	1.821 230
Pd	9.72	1.477 324	0.685 766
Pt	9.59	1.457 565	0.667 545
Ti	7.29	1.107 993	0.385 743
W	13.22	2.009 282	1.268 547

表 1.3-3D　贵金属的电子光学质量和弛豫时间等

金属	电子光学质量 m_e/m_0[1.33]	弛豫时间[1.33] τ[10^{-15}s]	等离子体频率 ω_p[10^{16}s^{-1}][1.34]	$\omega_p\tau$	电子浓度 n[10^{23}cm^{-3}]
金	0.99±0.04	9.3±0.9	1.372 452	127.6380	0.585 941 4
银	0.96±0.04	31±12	1.369 412	424.5178	0.565 671 5
铜	1.49±0.06	6.9±0.7	1.646 030	113.5761	1.268 488 9

表 1.3-3E　各个光波段的波长和光子能量

性质	光波段	真空光波长	光子能量 [eV]
原子核	γ 射线	$10^{-8} \sim 10^{-4}\mu$m	$1.2394 \times 10^8 \sim 1.2394 \times 10^4$
深壳层	X 射线	$2 \cdot 10^{-6} \sim 0.5\mu$m	$6.197\times10^5 \sim 2.4788$
温	紫外光	$1000 \sim 3800$Å	$12.394 \sim 3.2616$
	可见光$-$紫	$3800 \sim 4400$Å	$3.2616 \sim 2.8168$
	可见光$-$蓝	$4400 \sim 4950$Å	$2.8168 \sim 2.5038$
度	可见光$-$绿	$4950 \sim 5580$Å	$2.5038 \sim 2.2211$
	可见光$-$黄	$5580 \sim 6400$Å	$2.2211 \sim 1.9366$
辐	可见光$-$红	$6400 \sim 7500$Å	$1.9366 \sim 1.6525$
	红外光	$0.7500 \sim 1000\mu$m	$1.6525 \sim 1.2394\times10^{-3}$
射	微波	1mm~ 50cm	$1.239 \times 10^{-3} \sim 2.479 \times 10^{-6}$
	无线电波	$0.5 \sim 10000$m	$2.479 \times 10^{-6} \sim 1.24 \times 10^{-10}$

(1) 近红外以下的低频段。这时金属表现为理想导体, 有强反射能力, 电磁波不能在金属中传播。折射率大多是稍大于 1$\sim$ 小于 2, 消光系数都是随光频增加而降低。

(2) 近红外到可见光频段。透入深度和损耗都明显增加, 在低频很好工作的光子学器件, 不易按简单的尺寸比例转换为该波段的器件。该频段的折射率基本上都明显小于 1。

(3) 紫外光及其更高频。金属具有介电性质，可以传播电磁波，称为"**紫外透明 (ultraviolet transparency)**"[1.15,2.1]，但有与电子能带结构有关的衰减。**碱金属 Na** 等对光几乎作自由电子的响应，故有紫外透明。但贵金属如 **Au、Ag** 则因有电子带间跃迁而导致强吸收，折射率从小于 **1** 到大于 **1**，并有可能超过 **5**。因为频率接近电子的弛豫时间时，感生电流相对于电场将反相变号。由于金属的等离子体共振能量 $\hbar\omega_p$ 约为 10eV(**表 1.3-3C**)，或等离子体圆共振频率约为 10^{16}rad·s^{-1}，属紫外频段，远高于一般近红外到可见光频段的光电器件的工作频率。

1.4 半导体激光器的波导结构

1.4.1 波导结构的形成

半导体激光器可分为由少数载流子主导的结型半导体激光器 (LD)，和由多数载流子主导的量子级联半导体激光器 (QCL) 两大类。它们都是多层结构，其界面分别与提供非平衡少数载流子的注入 pn 结面或提供非平衡多数载流子的量子隧穿注入区的多层界面平行。其发光和形成激光的过程发生在由三维波导结构所形成的光腔中。光腔与波导结构的关系及其构成和作用，可用沿轴向出光，即所谓**侧面出光 (edge emission)** 的由不同半导体材料构成的直柱腔波导为例，其腔结构可分为：① 沿直柱腔轴向的 z 向或**纵向波导**，② 垂直于多层结构层面的横向的 x 向或**垂直波导**，③ 平行于多层结构层面的侧向的 y 向或**水平波导**。波导腔就是由上下腔壁、左右腔壁、前后腔壁、腔内的有源介质、腔外对载流子和光起限制作用的高带隙低折射率介质所组成的。折射率和增益沿 x 方向的分布构成 x 向波导，其作用是形成利用全反射现象留下 x 向的导波模式，漏走 x 向辐射模式的上下腔壁，因此对 x 向的导波模式是一个闭腔结构。同样，折射率和增益沿 y 方向的分布构成 y 向波导，其作用是形成利用全反射现象留下 y 向的导波模式，漏走 y 向的辐射模式的左右腔壁，对 y 向的导波模式也是一个闭腔结构。但折射率和增益沿 z 方向的分布构成 z 向波导，其作用一般是形成利用部分反射和部分透射现象将导波模式一部分反馈回腔内，以延长积累增益的传播路程，另一部分衍射出腔外，以提供激光输出，因而对输出的激光模式是一个开腔结构，如图 **1.4-1A** 所示。可见，光腔的轴向波导过程与垂直和水平的波导过程对激光的形成及其行为分别起着各自不同的作用，所谓微腔效应将取决于开腔的尺寸而不取决于闭腔的尺寸。

1. 垂直于结面方向的波导

正如上述，对于侧面出光的结型半导体激光器，主要起形成腔内导波模式作用的垂直于结面方向的波导基本上是起选择性驻波作用的**闭腔波导结构**，其实际构成方法有：

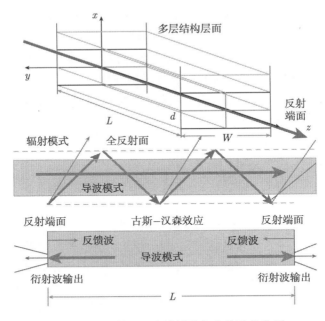

图 1.4-1A   激光器光波导腔六个腔壁的作用

(1) 同质结 (homojunction) 激光器中，是由一个同质 pn 结注入载流子，经扩散分布在大约一个扩散长度范围内形成有源区，并由异型掺杂和注入载流子分布产生的折射率分布和增益分布形成比较复杂的弱波导 ($|\Delta n| \leqslant 10^{-3}$)。由于对载流子的限制和对光的限制都较弱，故其阈值电流密度较高，也很难保证稳定的单基横模工作，更难实现单纵模或单频工作。

(2) 单异质结 (single heterojunction) 激光器中是由一个同质 pn 结注入载流子并与另一个同型异质 pP 结形成少子的势垒，两者构成限制注入载流子的有源区和限制并导引光场的不对称波导。由于异质结有较大的材料折射率差 ($\Delta n \approx 0.1$) 和禁带宽度差 ($\Delta E_{\mathrm{g}} \approx 0.3\mathrm{eV}$)。对载流子和光的限制作用都有所改善。

(3) 双异质结 (double heterojunction) 激光器中，是由一个异型异质结 (pN 或 nP) 注入载流子，另一个同型异质结 (pP 或 nN) 形成少子的势垒，两者构成有源区和对称波导，如**图 1.4-1B** 所示。由于对载流子限制和光限制

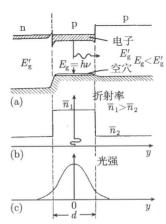

图 1.4-1B   双异质结构突变波导[1.9]

都大为加强, 因而降低了阈值电流。但是, 为了消除高阶横向模式, 两个异质结的距离 (有源区厚度) 必须足够小 $(d \leqslant 0.3\mu m)$, 采用液相异质外延 (LPE)、分子束外延 (MBE) 或有机化合物气相沉积 (MOCVD) 等共晶生长技术形成如此薄的异质多层结构, 在工艺上并无困难。目前, 双异质和量子阱结构是最常用的半导体激光器结构。

2. 平行于结平面方向的波导

平行于结面方向的 y 向波导的作用与 x 向波导相似, 在结构上虽然也基本上是一种驻波的**闭腔波导**结构, 但多式多样, 其在效果上也很不相同, 在实现工艺上有的难度较大, 主要的典型方法有下述三种。

1) 利用有源层厚度的变化

例如, **脊形, 梯形衬底, 弯月形波导**分别如**图 1.4-2A**, **图 1.4-2B** 和**图 1.4-3A(a)** 中的插图所示。

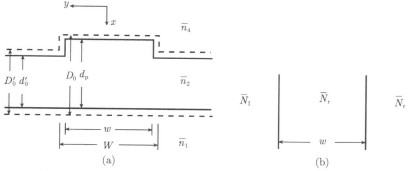

图 1.4-2A 利用模式折射率随有源层厚度增加而增加的脊形波导 (RW) 及其分析法[12.2]

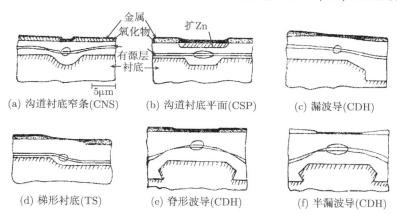

(a) 沟道衬底窄条(CNS)   (b) 沟道衬底平面(CSP)   (c) 漏波导(CDH)

(d) 梯形衬底(TS)   (e) 脊形波导(CDH)   (f) 半漏波导(CDH)

图 1.4-2B 用腐蚀法制成衬底沟道或衬底台面, 以利用外延生长速度与生长界面的几何形状有关控制各外延层厚度[12.8]

2) 利用限制层厚度的变化

例如，**衬底沟道平面 (CSP)**、**梯形衬底 (TS)** 波导，如**图 1.4-2C** 和**图 1.4-2D** 所示。

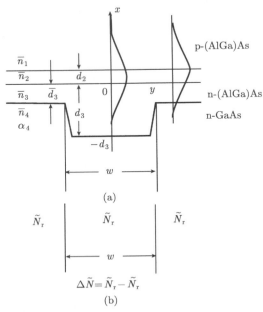

图 1.4-2C   利用限制层厚度控制有源层与衬底通过模式的耦合程度由一次外延制成的衬底沟道平面 (CSP) 波导结构[12.5]

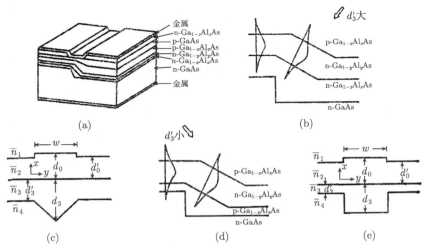

图 1.4-2D   将衬底腐蚀成一个梯形控制外延生长速度形成有源层和限制层在中部较厚的梯形衬底 (TS) 波导[12.10]

3) 利用有源层材料或掺杂的不同

例如，**隐埋条形、负载条形、深锌扩散平面条形波导**，如**图 1.4-2E～图 1.4-2G** 所示。

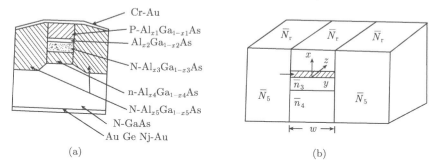

图 1.4-2E 中区为四层波导、左右区为单层的四层隐埋 (BH) 波导[11.4]

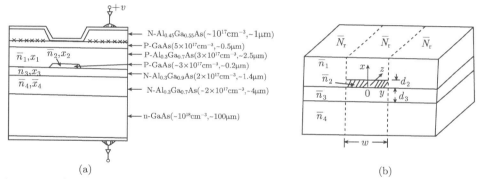

图 1.4-2F 中区为四层平板波导、左右区皆为三层平板波导的条形隐埋 (SBH) 波导结构[12.1]
工艺上需要先做三层外延，取出进行刻蚀成有源条形区，再外延三个区的上限制层

3. 轴向波导与激射条件

对于侧面出光的结型**法布里-珀罗 (Fabry-Perot) F-P 腔**半导体激光器，沿直柱腔轴的 z-向波导一般是由将有源介质与空气隔开的、垂直于腔轴、相距为 L 的两个平行解理端面形成**开腔结构**，如**图 1.4-1A** 所示。借助于 x 向和 y 向波导所形成的导波模式是沿 z 轴向以准驻波 (因在端面有一部分反馈回腔，另一部分行波出射) 方式在腔内反复传播的，如**图 1.3-3D(a)，(b)** 所示。因此 z 向波导形成一**个量子振荡器**，在适当的增益和反馈的作用下，将产生**激光振荡**，形成**激光**。因为在适当的注入下，有源介质处于增益状态时，就具有光放大的能力。但是，只有在适当的反馈下达到**激射 (lasing) 条件**，才能转入振荡 (共振) 状态而产生激光。这个**激射条件**或振荡条件，相当于要求如**图 1.3-3D(a)** 所示的法布里-珀罗腔在光输入为零 ($E_{in} = 0$) 时仍有光输出 ($E_{out} \neq 0$)，这只有当式 (1.3-6l) 的分母为零时，由

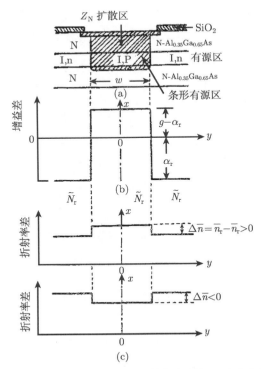

图 1.4-2G　利用 Zn 浓度使控制有源区比两边折射率高或低，而形成折射率正或负波导，从
　　　　　而可以实现不同的波导机制的深锌扩散平面条形 (DDS) 波导[12.15]

式 (1.3-6m,n) 得

$$\tilde{r}_1\tilde{r}_2 e^{-i2\tilde{\beta}_z L} = r_1 r_2 e^{\bar{g}L} e^{i\left(\theta_1 + \theta_2 - 2k_0\overline{N}_m L\right)} = 1 \tag{1.4-1a}$$

时才可能实现。式 (1.4-la) 就是激射或振荡条件的表达式，其振幅和相位分别满足

振幅条件:

$$r_1 r_2 e^{\bar{g}L} = 1, \quad 或\ \bar{g} = g - \alpha_{\text{in}} = \frac{1}{L}\ln\left(\frac{1}{r_1 r_2}\right) = \frac{1}{2L}\ln\left(\frac{1}{R_1 R_2}\right) \tag{1.4-1b}$$

相位条件:

$$\theta_1 + \theta_2 - 2k_0\overline{N}_m L = -2m\pi \rightarrow 2k_0\overline{N}_m L = 2m\pi + \theta_1 + \theta_2 \approx 2m\pi \tag{1.4-1c}$$

其中，α_{in} 是腔内的杂散光损耗系数。振幅条件式 (1.4-1b) 是增益所应满足的阈值
条件，满足该条件的增益称为**阈值有效增益** $\bar{g}_{\text{th}}$。相位条件式 (1.4-1c) 就是**相干增
强条件**式 (1.3-7g)，它**决定各个腔纵模的波长**，如果光场和增益不是均匀而是各有
一定的空间分布，则对于弱波导情况，式 (1.4-1b) 中的净增益 $\bar{g}$ 可改用对模式光强

分布取权平均的**模式增益**:

$$\bar{G}(n) \equiv \frac{\int_{-\infty}^{\infty}\int_{-\infty}^{\infty}\int_{-\infty}^{\infty} \bar{g}(n)|E|^2\,\mathrm{d}x\mathrm{d}y\mathrm{d}z}{\int_{-\infty}^{\infty}\int_{-\infty}^{\infty}\int_{-\infty}^{-\infty}|E|^2\,\mathrm{d}x\mathrm{d}y\mathrm{d}z}$$

$$= \frac{\int_{-\infty}^{\infty}\int_{-\infty}^{\infty}\int_{-\infty}^{\infty}[\bar{g}(n)-\alpha_{\mathrm{in}}]|E|^2\,\mathrm{d}x\mathrm{d}y\mathrm{d}z}{\int_{-\infty}^{\infty}\int_{-\infty}^{\infty}\int_{-\infty}^{-\infty}|E|^2\,\mathrm{d}x\mathrm{d}y\mathrm{d}z} = G(n)-\alpha_{\mathrm{in}} \quad (1.4\text{-}1\mathrm{d})$$

如增益集中并均匀分布在长、宽、厚分别为 L、W、d 的有源区内,而且

$$E(x,y,z) = E_x(x)E_y(y)E_z(z)$$

则

$$G(n) \equiv \frac{\int_{-L/2}^{L/2}\int_{-W/2}^{W/2}\int_{-d/2}^{d/2} g(n)|E|^2\,\mathrm{d}x\mathrm{d}y\mathrm{d}z}{\int_{-\infty}^{\infty}\int_{-\infty}^{\infty}\int_{-\infty}^{-\infty}|E|^2\,\mathrm{d}x\mathrm{d}y\mathrm{d}z} \approx \Gamma g(n) = \Gamma_z\Gamma_y\Gamma_x g(n) \quad (1.4\text{-}1\mathrm{e})$$

其中,

$$\Gamma \equiv \frac{\int_{-L/2}^{L/2}\int_{-W/2}^{W/2}\int_{-d/2}^{d/2}|E|^2\,\mathrm{d}x\mathrm{d}y\mathrm{d}z}{\int_{-\infty}^{\infty}\int_{-\infty}^{\infty}\int_{-\infty}^{-\infty}|E|^2\,\mathrm{d}x\mathrm{d}y\mathrm{d}z}$$

$$= \frac{\int_{-L/2}^{L/2}|E_z|^2\,\mathrm{d}z}{\int_{-\infty}^{-\infty}|E_z|^2\,\mathrm{d}z}\frac{\int_{-W/2}^{W/2}|E_y|^2\,\mathrm{d}y}{\int_{-\infty}^{-\infty}|E_y|^2\,\mathrm{d}y}\frac{\int_{-d/2}^{d/2}|E_x|^2\,\mathrm{d}x}{\int_{-\infty}^{-\infty}|E_x|^2\,\mathrm{d}x} = \Gamma_z\Gamma_y\Gamma_x \quad (1.4\text{-}1\mathrm{f})$$

是**光功率限制因子 (power optical confinement factor)** 及其三个分量。这是以光功率之比定义的光限制因子,因而不可能大于 1。这对尺寸不太小的通常半导体激光器的弱介电波导是适用的。但在强波导,特别是等离子体波导和光腔尺寸小到纳米情况下,模式增益将大于或远大于材料增益,因而引起对光限制因子的更严格概念、定义或表述的探讨[1.16,2.17~2.23]。

对于侧面出光的结型 F-P 腔半导体激光器,$\Gamma_z \approx 1$。因而,阈值条件应为

$$G_{\mathrm{th}} \equiv G(n_{\mathrm{th}}) \equiv \Gamma g_{\mathrm{th}} \equiv \Gamma g(n_{\mathrm{th}}) \approx \Gamma_y\Gamma_x g(n_{\mathrm{th}}) = \alpha_{\mathrm{in}} + \frac{1}{2L}\ln\left(\frac{1}{R_1 R_2}\right) \quad (1.4\text{-}1\mathrm{g})$$

其中,Γ_x 和 Γ_y 表明 x 向波导和 y 向波导对整个半导体激光器的激射阈值的贡献。z 向波导另一个重要作用是决定了半导体激光器的纵模谱系,如相位条件式

(1.4-1c) 所示。同时，x 向波导和 y 向波导作为闭腔驻波的波导当然也会根据类似如式 (1.4-1c) 所示的相位条件决定各自的横 (垂直) 模谱系和侧 (水平) 模谱系，根据波导是突变还是缓变性质，这两个谱系之间和与纵模谱系在谱系结构上将有很大差别，如**图 1.4-3A(a)，(b)** 所示。

4. 有分布反馈 (光栅) 结构的波导

半导体激光器的横模和侧模一般只有几个，而且模谱间隔比较宽，其筛选基模的功能一般可以依靠横向波导和侧向波导抑制多模和高阶模的结构尺寸来实现模式控制。但纵模一般有几千个，而且模谱间隔非常窄，是很难依靠纵向波导的结构尺寸来实现模式控制的。实际上，法布里-珀罗腔半导体激光器主要是依靠各个纵模在增益谱上所取得的增益差，再辅以腔内杂散光损耗和端面反射率的模式选择性进行选模的。仅此即使采用减小腔长 (**图 1.4-4A(e)**) 以增大模谱间隔从而获得较大的增益差，或增大腔长以增加对邻模的增益抑制效应[2.24,2.25] 等措施，最终获得静态单纵模激射，但在调制下仍然将出现多纵模工作。为了加强选模效应，特别是为了保证在高频调制下或在瞬态过程中确保动态单纵模，甚至动态单频工作，最有效可行的方案是采用光栅选模机制。

所谓光栅是在透明平板上有等距 (周期) 分布的平行直线刻槽的光学元件。当

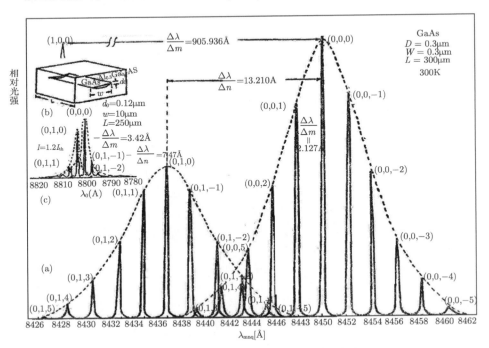

图 1.4-3A(a)   突变波导腔的梳状纵模谱系

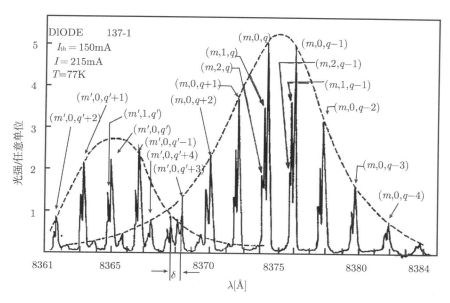

图 1.4-3A(b) 缓变波导腔的卫星状纵模谱系[14.2]

光以特定角度向其入射时，其各刻槽的各束衍射光将互相干涉最后只能留下某一波长沿某一方向出射的单色光，因而有非常强大有效的滤波或选模作用。相对于F-P 腔的两个集中的反馈端面，光栅的反馈过程不是集中在一个平面上，而是分布在长度为 L_g 的区域内，因此也称为分布反馈结构。

光栅可为外置 (图 1.4-4A(f)) 或内置；内置光栅可为与有源区合一的 DFB 结构 (图 1.4-4(a))，也可为与有源区分开的侧面出光的 DBR 结构 (图 1.4-4(b))，或表面出光的垂直腔表面发射的 VCSEL 结构 (图 1.4-4B)。

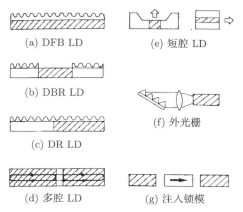

(a) DFB LD   (e) 短腔 LD

(b) DBR LD   (f) 外光栅

(c) DR LD

(d) 多腔 LD   (g) 注入锁模

图 1.4-4A 实现动态单模激光器的各种方案[1.9]

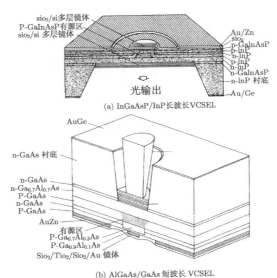

图 1.4-4B　垂直腔表面发射激光器 (VCSEL)[1.9]

5. 其他结构的波导腔

实现单模激射还可采用各种锁模形式, 如自锁模的外腔激光器, 外锁模的主从耦合腔激光器[2.26] 等。为了不用端镜面而得到反馈, 也可采用微盘波导[10.3]、环行波腔[2.27], 甚至依靠相干和不相干散射过程反馈的随机激光器[2.28] 等结构的波导腔。

1.4.2　半导体激光器波导的理论模型

1. 波导结构与模式的关系 —— 经典模型

为了从理论上分析上述各种有源波导结构的传播模式, 必须对实际的波导结构进行突出其主要特性的适当简化。

1) 突变波导与缓变波导模型

根据构成波导的介质光学性质分布变化的快慢, 可以分别用突变波导和缓变波导两种模型来处理。前者指各区的光学性质均匀, 只在界面上出现光学性质突变的波导, 例如用异质结构成的波导, 即可近似用突变波导模型处理。缓变波导指介质的光学性质逐渐变化的波导, 例如条形区注入电流的载流子分布形成的增益分布, 即可作为缓变波导采用有解析解的近似分布模型处理。例如, 抛物线型、双曲线型分布等, 进行解析求解, 或者直接根据实际分布进行数值求解。

2) 自建波导与与非自建波导模型

如果构成波导的介质光学性质及其分布由器件的工艺过程来决定, 而与器件

的工作条件 (温度、注入等) 无关，则可以认为是自建波导，否则就是非自建波导。例如，埋层条形激光器的波导属于前者，电极条形激光器或质子轰击条形激光器的平行于结平面方向的波导属于后者。对于后者，原则上必须根据注入条件求出注入非平衡载流子分布，再求出由其所造成的光学性质分布，然后才能分析其波导效应及其随注入条件的变化等。

3) 光栅或分布反馈结构的理论

关于半导体的光栅或分布反馈结构的基础理论分为：

(1) 侧面出光的分布反馈结构 —— 光腔轴向和光栅面与多层异质界面平行。其理论主要有**利用弱耦合近似的耦合波理论**[2.29]，**利用光栅结构的周期性的布洛赫波理论**[2.30] 和**利用傅里叶分析的耦合系数理论**[2.31]。

(2) 表面出光的分布反馈结构 —— 光腔轴向和光栅面与多层异质界面垂直。其理论主要基于薄膜光学理论等[2.32,2.33]。

(3) 上述光学一维周期结构向三维周期结构发展，即形成光子晶体及其理论[1.13]，有望成为微腔的一种可能结构。

2. 涉及量子化电磁场的波导模式理论

以上的波导模式理论皆以经典麦克斯韦方程组为基础，因而适用于结构尺寸大于其激射波长的波导光腔。由于近红外到可见光的波长 (~ 1000 nm) 远长于电子的德布罗意波长 (~ 100 nm)，因此即使波导光腔的尺寸已经出现电子的量子尺寸效应，光波仍可作经典处理。但一旦波导光腔的尺寸小于或远小于其激射波长时，例如微腔[1.12] 和某些亚微米 $\sim$ 纳米尺寸的波导和激光器[1.15] 等，光波也必须作量子力学处理[1.31]，而涉及电磁场的量子化、量子场论、和腔量子电动力学等。

第二讲学习重点

半导体激光器中的波导结构是依靠一定的折射率和增益分布来实现对光的传播过程进行控制或引导的。本讲着重讨论这些折射率是如何产生、如何测出、与材料中的什么因素有关、有什么规律性、如何来形成具有所需性能的波导结构以及如何为其建立有效的理论模型和设计方法等问题。需要掌握好的重点内容是：

(1) 测量半导体激光材料的折射率色散、吸收谱以及增益谱的理论和方法。

(2) 折射率色散的单振子模型和改进的单振子模型的理论及其应用。

(3) 塞尔迈厄折射率色散公式和群折射率色散公式的导出和应用。

(4) 金属的极化过程的性质可随极化源的频率而从低频时的金属性不能传播光波化为紫外光频时的介电性和光透明性可以传播光波。

(5) 掺杂、温度和应变对折射率色散、吸收谱和增益谱的影响。

(6) 主要多元化合物半导体折射率和带隙等参数的插值公式的导出和应用。

(7) 波导结构和光腔的构成和作用及其理论处理方法。

半导体激光材料光学性质及其物理根源

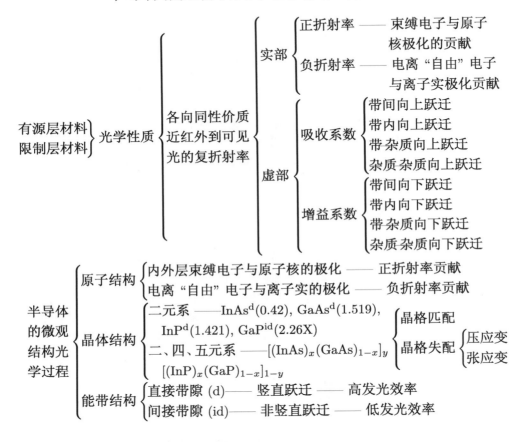

半导体激光器的结构类型及其波导机制

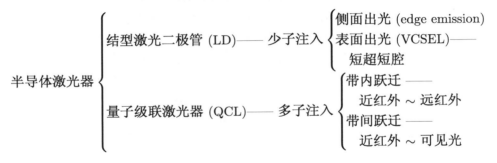

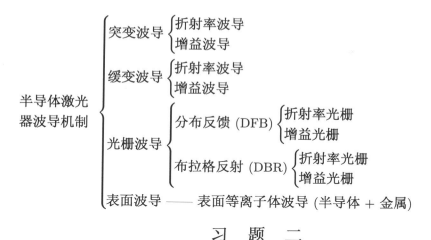

$$
半导体激光器波导机制
\begin{cases}
突变波导 \begin{cases} 折射率波导 \\ 增益波导 \end{cases} \\
缓变波导 \begin{cases} 折射率波导 \\ 增益波导 \end{cases} \\
光栅波导 \begin{cases} 分布反馈\ (DFB) \begin{cases} 折射率光栅 \\ 增益光栅 \end{cases} \\ 布拉格反射\ (DBR) \begin{cases} 折射率光栅 \\ 增益光栅 \end{cases} \end{cases} \\
表面波导 \text{——} 表面等离子体波导\ (半导体 + 金属)
\end{cases}
$$

习 题 二

Ex.2.1(a) 如何直接测量半导体材料的折射率及其色散？证明式 (1.3-6a′) 并说明其应用。**(b)** 一般为什么需要间接测量？如何间接测量？证明式 (1.3-6d,e) 并说明其应用。增益系数是负的吸收系数，但吸收谱和增益谱的测量方法是否相同？有何区别？**(c)** 纯 GaAs 的折射率色散实验和理论结果**图 1.3-4A** 是如何得出的？有何特点？与**图 1.3-2B(a)** 有何异同？为什么？**(d)** 何谓单振子和改进的单振子折射率色散模型？有何异同？为什么？何谓群折射率色散？证明在改进的单振子折射率模型下的群折射率为

$$
\bar{n}_{\mathrm{g}} = 3\bar{n} - \frac{2}{\bar{n}}\left\{ 1 + \frac{E_{\mathrm{d}}}{E_{\mathrm{o}}}\left[1 + \frac{E^2}{2E_{\mathrm{o}}^2}\left(1 - \frac{E^4}{\left(2E_{\mathrm{o}}^2 - E_{\mathrm{g}}^2 - E^2\right)\left(E_{\mathrm{g}}^2 - E^2\right)} \right) \right] \right\} \quad (1.3\text{-}8\mathrm{u})
$$

(e) 掺杂、温度和应变对半导体折射率有何影响？掺杂和注入非平衡载流子对半导体吸收谱有何影响？**(f)** 用改进的单振子模型计算与 InP 晶格匹配的 $In_xGa_{1-x}As_yP_{1-y}$ 折射率色散，并分别画出其折射率随光子能量和随光波长的变化曲线 (**图 1.3-4G(c)**)。

Ex.2.2(a) 何谓**等离体子** (plasmon) 或体积等离子体？等离子体振荡？等离子体共振频率 (ω_{p})？光波对金属的集肤深度？各自有何物理意义？**(b)** 何谓金属中"电子的光学质量 (m_{pe})"？与电子在真空中的自由质量 (m_0) 和半导体中的有效质量 (m_{e}) 有何异同？为什么？**(c)** 何谓"去极化电场"和"紫外透明"？分别发生在什么光频？在光频低于或高于等离子体共振频率 (ω_{p}) 的光波各自在金属中是否能够传播？为什么？集肤深度的概念适用于低频还是高频？是否都适用？为什么？由式 (1.3-10k) 式分别算出光子能量为 $k_{\mathrm{B}}T \approx 1/40\mathrm{eV}$ 的热波、2eV 的可见光波、9.03eV 和 20eV 的紫外光波在金 (Au) 中的集肤深度 (用 cm 作单位)，并结合**图 1.3-6C(c)**，**图 1.3-6D(a)**、**(b)**，**图 1.3-6E(a)** 和**表 1.3-3B**∼**表 1.3-3E** 的数据进行讨论。**(d)** 何

谓材料增益、模式增益和光功率限制因子 (简称光限制因子)? 模式增益应该小于还是大于材料增益? 如果大于 1，则是否说明光限制因子大于 1? 按在有源区的光能与整个光波导腔的光能之比定义的光功率限制因子有无可能大于 1?

参 考 文 献

[2.1] Kittel C. Introduction to Solid State Physics. 8th ed. New York: Wiley, 2005.
中译本：固体物理导论. 项金钟，吴兴惠，译. 北京：化学工业出版社, 2007.

[2.2] Cohen M L. Chelikowsky J R. Electronic Structure and Optical Properties of Semi-conductors. Berlin: Springer, 1988.

[2.3] Sell D D, Casey H C Jr, Wecht K W. Concentration dependence of the refractive index for n- and p-type GaAs between 1.2 and 1.8 eV. J. Appl. Phys., 1974, 45: 2650–2657.

[2.4] Pearsall T P. GaInAsP Alloy Semiconductors. New York: John Wiley, 1982.

[2.5] 郭长志, 钮金真. 半导体激光器的多模行为和自发发射因子及其对瞬态过程的影响. 半导体学报, 1983, 4(3): 247–256.

[2.6] Hakki B W, Paoli T L. Gain spectra in GaAs double-heterostructure injection lasers. J. Appl. Phys., 1975, 46 (3): 1299–1306.

[2.7] Marple D T F. Refraction index of GaAs. J. Appl. Phys., 1964, 35: 1241–1242.

[2.8] Casey H C Jr, Sell D D, Panish M B. Refractive index of $Al_xGa_{1-x}As$ between 1.2 and 1.8 eV，Appl. Phys. Lett., 1974, 24: 63–65.

[2.9] Afromowitz M A. Refractive index of $Ga_{1-x}Al_xAs$. Solid State Comm., 1974, 15: 59–63.

[2.10] Stern F. Dispersion of the index of refraction near the absorption edge of semiconductors. Phys. Rev., 1964, 133: A1653–A1664.

[2.11] Wemple S H, DiDomenico M. Behavior of the electronic dielectric constant in covalent and ionic materials，Phys. Rev. B, 1971, 3: 1338–1351.

[2.12] Buus J, Adams M J. Phase and group indices for double heterostructure lasers. Solid State and Electron Devices, 1979, 3: 189–195.

[2.13] Kirkby P A, Selway P R, Westbrook L D. Photoelastic waveguides and their effect on stripe-geometry $GaAs/Ga_{1-x}Al_xAs$ lasers. J. Appl. Phys., 1979, 50: 4567–4579.

[2.14] Casey H C Jr, Sell D D, Wecht K W. Concentration dependence of the absorption coefficient for n- and p-type GaAs between 1.3 and 1.6 eV. J. Appl. Phys., 1975, 46: 250–257.

[2.15] Guo C Z. Semiconductor Quantum Well Lasers (Mar. 1990, Beijing, Jan. 1991, Guangzhou, Feb. 1992, Toronto).

[2.16] 周世勋. 量子力学. 上海：上海科学技术出版社, 1961.

[2.17] Huang Y Z, Pan Z, Wu R H. Analysis of the optical confinement factor in semi-conductor lasers. J. Appl. Phys., 1996, 79(8): 3827–3830.

[2.18] Visser T D, Blok H, Demeulenaere B, et al. Confinement factors and gain in optical amplifiers. IEEE J. Quantum Electron., 1997, 33(10): 1763–1766.

[2.19] Huang Y Z. Comparison of modal gain and material gain for strong slab waveguides. IEE Proc. Optoelectron., 2001, 148(3): 131–133.

[2.20] Barrios C A, Lipson M. Electrically driven silicon resonant light emitting device based on slot-waveguide，Optics Express, 2005, 13(25): 10092–10100.

[2.21] Robinson J T, Preston K, Painter O, et al. First-principle derivation of gain in high-index-contrast waveguides. Optics Express, 2008, 16(21): 16659–16659.

[2.22] Chang S W, Chuang S L. Fundamental formulation for plasmonic nanolasers. IEEE J. Quantum Electron., 2009, QE-45: 1014–1023.

[2.23] Li D B, Ning C Z. Giant modal gain, amphfied surface phsmon-polaritob propation, and slowing down of energy velocity in metal-semi conductor-metal structure. Phys. Rev. B., 2009, 80: 153304.

[2.24] Guo C Z, Xie J S, Shen F. Effects of nonlinear gain on single longitudinal mode bewhavior of semiconductor lasers. IEEE J. Quantum Electron., 1985, QE-21: 794–803.

[2.25] 郭长志, 解金山, 沈峰. 单纵模条形半导体激光器中光功率 - 电流特性扭曲的机理. 中国激光,1984, 11: 700-702; 沈峰, 解金山, 郭长志. 长腔半导体激光器中的纵模行为. 中国激光，1985, 12(11): 664–667.

[2.26] Streifer W, Yevick D, Paoli T L, et al. An analysis of cleaved coupled-cavity lasers. IEEE J. Quantum Electron., 1984, QE-20: 754–764.

[2.27] Wang S, Choi H K, Fattah I H A. Studies of semiconductor lasers of the interfero-metric and ring types. IEEE J. Quantum Electron., 1984, QE-18: 610–617.

[2.28] Cao H. Review on latest developments in random lasers with coherent feedback. J. Phys, A: Math. Gen., 2005, 38: 10497–10535.

[2.29] Kolgenik H, Shank C V. Coupled-wave theory of distributed feedback lasers. J. Appl. Phys., 1972, 43: 2327–2335.

[2.30] Wang S. Principles of distributed feedback and distributed Braggs reflection lasers. IEEE J. Quantum Electron., 1974, 10: 413–427.

[2.31] Streifer W, Scifres D R, Burnham D R. Coupling coefficients for distributed feed-back single-and double-heterostructure diode lasers. IEEE J. Quantum Electron., 1975, 11: 867–873.

[2.32] 林永昌, 卢维强. 光学薄膜原理. 北京：国防工业出版社, 1990.

[2.33] 唐晋发, 郑权. 应用光学薄膜. 上海：上海科学技术出版社, 1984.

第 2 章　突　变　波　导

2.1　三层平板波导[1.7]

2.1.1　电磁模型及其解的性质

波导的**电磁模型**指波导的几何结构、尺寸和折射率分布。如以**平板 (slab)** 界面的垂直方向为 x 方向、沿平板界面方向为 y 方向，则 z 方向按右手螺旋定则确定。**图 2.1-1A(a)** 是三层波导的电磁模型示意。图中的坐标原点取在夹心平板层 (芯层) 的中心，故其波导轴为垂直纸面向内的 z 轴。

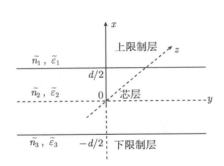

平板波导是指该波导中**每层无限宽**，**厚度** (芯层厚度为 d，上下限制层无限厚) 和层内**复折射率分布**均匀 ($\tilde{n}_1, \tilde{n}_2, \tilde{n}_3$ 是常数)，因此各层的界面是互相**平行的平面**，而且在界面有**复折射率的突变**。其数学条件是其每个物理量对 y 方向偏微商为零：

图 2.1-1A(a)　三层平板波导的电磁模型

$$\partial/\partial y = 0 \qquad (2.1\text{-}1a)$$

故由麦克斯韦方程组得出电磁波在该直腔平板波导中电磁场 4 个横向分量和 2 个纵向分量方程将化为

$$E_x(x,y) = \frac{-\mathrm{i}}{\tilde{k}^2 - \tilde{\beta}_z^2}\left[\tilde{\beta}_z\frac{\partial E_z(x,y)}{\partial x} + \omega\mu_0\frac{\partial H_z(x,y)}{\partial y}\right] \rightarrow E_x(x) = \frac{-\mathrm{i}\tilde{\beta}_z}{\tilde{k}^2 - \tilde{\beta}_z^2}\frac{\mathrm{d}E_z(x)}{\mathrm{d}x}$$
$$(2.1\text{-}1b)$$

$$E_y(x,y) = \frac{\mathrm{i}}{\tilde{k}^2 - \tilde{\beta}_z^2}\left[-\tilde{\beta}_z\frac{\partial E_z(x,y)}{\partial y} + \omega\mu_0\frac{\partial H_z(x,y)}{\partial x}\right] \rightarrow E_y(x) = \frac{\mathrm{i}\omega\mu_0}{\tilde{k}^2 - \tilde{\beta}_z^2}\frac{\mathrm{d}H_z(x)}{\mathrm{d}x}$$
$$(2.1\text{-}1c)$$

$$H_x(x,y) = \frac{\mathrm{i}}{\tilde{k}^2 - \tilde{\beta}_z^2}\left[\omega\tilde{\varepsilon}\frac{\partial E_z(x,y)}{\partial y} - \tilde{\beta}_z\frac{\partial H_z(x,y)}{\partial x}\right] \rightarrow H_x(x) = \frac{-\mathrm{i}\tilde{\beta}_z}{\tilde{k}^2 - \tilde{\beta}_z^2}\frac{\mathrm{d}H_z(x)}{\mathrm{d}x}$$
$$(2.1\text{-}1d)$$

$$H_y(x,y) = \frac{-\mathrm{i}}{\tilde{k}^2 - \tilde{\beta}_z^2}\left[\omega\tilde{\varepsilon}\frac{\partial E_z(x,y)}{\partial x} + \tilde{\beta}_z\frac{\partial H_z(x,y)}{\partial y}\right] \rightarrow H_y(x) = \frac{-\mathrm{i}\omega\tilde{\varepsilon}}{\tilde{k}^2 - \tilde{\beta}_z^2}\frac{\mathrm{d}E_z(x)}{\mathrm{d}x}$$
$$(2.1\text{-}1e)$$

$$\frac{\partial^2 E_z(x,y)}{\partial x^2} + \frac{\partial^2 E_z(x,y)}{\partial y^2} + \left(\tilde{k}^2 - \tilde{\beta}_z^2\right) E_z(x,y) = 0 \rightarrow \frac{\mathrm{d}^2 E_z(x)}{\mathrm{d}x^2} + \left(\tilde{k}^2 - \tilde{\beta}_z^2\right) E_z(x) = 0$$
(2.1-1f)

$$\frac{\partial^2 H_z(x,y)}{\partial x^2} + \frac{\partial^2 H_z(x,y)}{\partial y^2} + \left(\tilde{k}^2 - \tilde{\beta}_z^2\right) H_z(x,y) = 0 \rightarrow \frac{\mathrm{d}^2 H_z(x)}{\mathrm{d}x^2} + \left(\tilde{k}^2 - \tilde{\beta}_z^2\right) H_z(x) = 0$$
(2.1-1g)

由此可得出如下反映作为一切**波导**原型的**三层平板波导**基本性质的几个**定理**及其**引理**。

TE 和 TM 模式**图 2.1-1A(b)** 的定义分别是其纵向电场为零而纵向磁场不为零 ($E_z = 0, H_z \neq 0$) 和纵向磁场为零而纵向电场不为零 ($H_z = 0, E_z \neq 0$)，因此上述式 (2.1-1b)～ 式 (2.1-1g) 6 个方程分裂为两组互相独立的方程组。

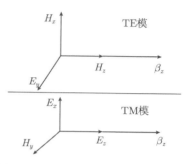

图 2.1-1A(b) TE, TM 模场分量

TE 模式：

$$E_z(x) = 0, \quad H_y(x) = 0, \quad E_x(x) = 0 \quad (2.1\text{-}1h)$$

$$\frac{\mathrm{d}^2 H_z(x)}{\mathrm{d}x^2} + \left(\tilde{k}^2 - \tilde{\beta}_z^2\right) H_z(x) = 0,$$

$$E_y(x) = \frac{\mathrm{i}\omega\mu_0}{\tilde{k}^2 - \tilde{\beta}_z^2} \frac{\mathrm{d}H_z(x)}{\mathrm{d}x},$$

$$H_x(x) = \frac{-\mathrm{i}\tilde{\beta}_z}{\tilde{k}^2 - \tilde{\beta}_z^2} \frac{\mathrm{d}H_z(x)}{\mathrm{d}x} \rightarrow H_x(x) = \frac{-\tilde{\beta}_z}{\omega\mu_0} E_y(x) \quad (2.1\text{-}1i)$$

TM 模式：

$$H_z(x) = 0, \quad E_y(x) = 0, \quad H_x(x) = 0 \quad (2.1\text{-}1j)$$

$$\frac{\mathrm{d}^2 E_z(x)}{\mathrm{d}x^2} + \left(\tilde{k}^2 - \tilde{\beta}_z^2\right) E_z(x) = 0, \quad H_y(x) = \frac{-\mathrm{i}\omega\tilde{\varepsilon}}{\tilde{k}^2 - \tilde{\beta}_z^2} \frac{\mathrm{d}E_z(x)}{\mathrm{d}x},$$

$$E_x(x) = \frac{-\mathrm{i}\tilde{\beta}_z}{\tilde{k}^2 - \tilde{\beta}_z^2} \frac{\mathrm{d}E_z(x)}{\mathrm{d}x} = \frac{\tilde{\beta}_z}{\omega\tilde{\varepsilon}} H_y(x) \quad (2.1\text{-}1k)$$

式 (2.1-1i,k) 中的第三式表明，**横向电磁场之间是有联系的**。由于这两组对各自 6 个分量的取值互不矛盾、互不制约、各自求解、各自有解，故互相独立共同存在于同一个三层平板波导中，至于各自是否能激射，则取决于其各自的阈值条件。

图 2.1-1B 是纯折射率三层平板波导可能存在的各种传播模式及其波矢关系。以下将根据模式折射率从大到小分别探讨**馈入模式**、**导波模式**和**辐射模式**。

[定理 1] 三层平板波导中同时存在互相独立互不干扰的横向电场 (TE) 和横向磁场 (TM) 两种传播模式，但不可能存在横向电磁场 (TEM) 模式或混合模式。

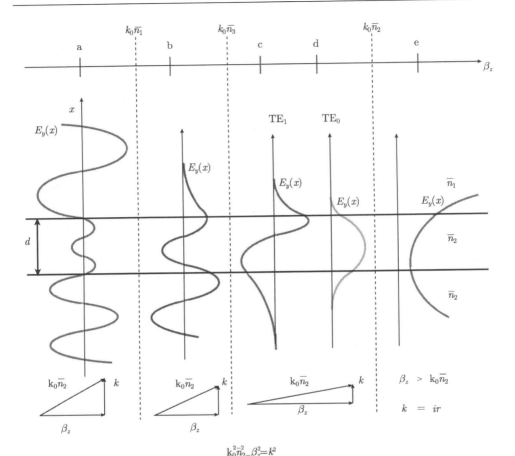

图 2.1-1B   三层平板波导中可能存在的各种模式及其芯层波矢

[定理 2]   三层平板波导中传播模式的电磁场在每一层中的分布只可能是简谐 (正弦或余弦函数) 式或指数 (指数函数) 式的分布, 其组合可能形成导波模式或辐射模式 (包括只向衬底辐射的衬底模式和只向空气辐射的空气模式), 甚至也可能形成馈入模式。

2.1.2   馈入模式——模式折射率大于折射率最高的芯层折射率

馈入模式的**电磁模型**为

$$\overline{N}_m \equiv \beta_z/k_0 > \bar{n}_2 > \bar{n}_3, \bar{n}_1 \tag{2.1-2a}$$

芯层分布:

$$|x| \leqslant d/2: \quad \gamma_2^2 \equiv \beta_z^2 - k_0^2 \bar{n}_2^2 \equiv -\kappa^2 > 0, \quad \gamma_2 = \sqrt{\beta_z^2 - k_0^2 \bar{n}_2^2} = k_0 \sqrt{\overline{N}_m^2 - \bar{n}_2^2} > 0 \tag{2.1-2b}$$

上限制层分布:

$$x \geqslant \frac{d}{2}: \quad \gamma_1^2 \equiv \beta_z^2 - k_0^2 \bar{n}_1^2 > 0, \quad \gamma_1 = \sqrt{\beta_z^2 - k_0^2 \bar{n}_1^2} = k_0 \sqrt{\overline{N_m^2} - \bar{n}_1^2} > 0 \quad (2.1\text{-}2\text{c})$$

下限制层分布:

$$x \leqslant -\frac{d}{2}: \quad \gamma_3^2 \equiv \beta_z^2 - k_0^2 \bar{n}_3^2 > 0, \quad \gamma_3 = \sqrt{\beta_z^2 - k_0^2 \bar{n}_3^2} = k_0 \sqrt{\overline{N_m^2} - \bar{n}_3^2} > 0 \quad (2.1\text{-}2\text{d})$$

模式折射率大于折射率最高的芯层折射率时,κ 为虚数,表明芯层无简谐解。但是否可能存在限制层波函数在远处为零的传播模式,即**导波模式**;或者可能存在限制层波函数在远处为无穷大的传播模式,即**馈入模式**?这两种模式是否都能够存在? 或都不能存在? 或只能存在其中的那一种? 或可能存在别的传播模式? 从麦克斯韦方程组对平板波导的分析,可以明确回答这些问题。

1. 在各层中的解式 —— 电磁场的空间分布

1) 在芯层 ($|x| \leqslant d/2$)

以 TE 模式为例,由式 (2.1-1i) 得

$$\frac{\mathrm{d}^2 H_{z2}(x)}{\mathrm{d}x^2} = -\left(k_2^2 - \beta_z^2\right) H_{z2}(x) = \left(\beta_z^2 - k_0^2 \bar{n}_2^2\right) H_{z2}(x)$$

$$= k_0^2 \left(\overline{N_m^2} - \bar{n}_2^2\right) H_{z2}(x) = \gamma_2^2 H_{z2}(x) \quad (2.1\text{-}2\text{e})$$

从之解出

$$H_{z2}(x) = a_1 \mathrm{e}^{\gamma_2 x} + a_2 \mathrm{e}^{-\gamma_2 x} \quad (2.1\text{-}2\text{f})$$

$$H_{x2}(x) = \frac{-\mathrm{i}\beta_z}{k_2^2 - \beta_z^2} \frac{\mathrm{d}H_{z2}(x)}{\mathrm{d}x} = \mathrm{i}\frac{\beta_z}{\gamma_2}\left(a_1 \mathrm{e}^{\gamma_2 x} - a_2 \mathrm{e}^{-\gamma_2 x}\right) \quad (2.1\text{-}2\text{g})$$

$$E_{y2}(x) = \frac{\mathrm{i}\omega\mu_0}{k_2^2 - \beta_z^2} \frac{\partial H_{z2}(x)}{\partial x} = -\mathrm{i}\frac{\omega\mu_0}{\gamma_2}\left(a_1 \mathrm{e}^{\gamma_2 x} - a_2 \mathrm{e}^{-\gamma_2 x}\right) = A_1 \mathrm{e}^{\gamma_2 x} + A_2 \mathrm{e}^{-\gamma_2 x}$$

$$(2.1\text{-}2\text{h})$$

$$A_1 \equiv -\mathrm{i}\frac{\omega\mu_0}{\gamma_2} a_1, \quad A_2 \equiv \mathrm{i}\frac{\omega\mu_0}{\gamma_2} a_2 \rightarrow a_1 = \mathrm{i}\frac{\gamma_2}{\omega\mu_0} A_1, \quad a_2 = -\mathrm{i}\frac{\gamma_2}{\omega\mu_0} A_2 \quad (2.1\text{-}2\text{i})$$

$$H_{x2}(x) = \mathrm{i}\frac{\beta_z}{\gamma_2}\left(a_1 \mathrm{e}^{\gamma_2 x} - a_2 \mathrm{e}^{-\gamma_2 x}\right) = \frac{-\beta_z}{\omega\mu_0}\left(A_1 \mathrm{e}^{\gamma_2 x} + A_2 \mathrm{e}^{-\gamma_2 x}\right) \quad (2.1\text{-}2\text{j})$$

$$H_{z2}(x) = a_1 \mathrm{e}^{\gamma_2 x} + a_2 \mathrm{e}^{-\gamma_2 x} = \mathrm{i}\frac{\gamma_2}{\omega\mu_0}\left(A_1 \mathrm{e}^{\gamma_2 x} - A_2 \mathrm{e}^{-\gamma_2 x}\right) \quad (2.1\text{-}2\text{k})$$

2) 在上限制层 ($x \geqslant d/2$)

$$\frac{\mathrm{d}^2 H_{z1}(x)}{\mathrm{d}x^2} = \gamma_1^2 H_{z1}(x) \rightarrow H_{z1}(x) = b_1 \mathrm{e}^{\gamma_1 x} + b_2 \mathrm{e}^{-\gamma_1 x},$$

$$H_{z1}(\infty) = \begin{cases} b_1 \mathrm{e}^{+\gamma_1 x} = \infty, & b_2 = 0 \text{ (馈入模式)} \\ b_2 \mathrm{e}^{-\gamma_1 x} = 0, & b_1 = 0 \text{ (导波模式)} \end{cases} \quad (2.1\text{-}2\text{l})$$

对馈入模式取 $b_2 = 0$:

$$H_{x1}(x) = \frac{\mathrm{i}\beta_z}{\gamma_1^2}\frac{\mathrm{d}H_{z1}(x)}{\mathrm{d}x} = \mathrm{i}\frac{\beta_z}{\gamma_1}b_1\mathrm{e}^{\gamma_1 x} \tag{2.1-2m}$$

$$E_{y1}(x) = -\frac{\mathrm{i}\omega\mu_0}{\gamma_1^2}\frac{\mathrm{d}H_{z1}(x)}{\mathrm{d}x} = -\mathrm{i}\frac{\omega\mu_0}{\gamma_1}b_1\mathrm{e}^{\gamma_1 x} = B_1\mathrm{e}^{\gamma_1 x},$$

$$B_1 \equiv -\mathrm{i}\frac{\omega\mu_0}{\gamma_1}b_1, \quad b_1 = \mathrm{i}\frac{\gamma_1}{\omega\mu_0}B_1 \tag{2.1-2n}$$

$$H_{x1}(x) = \mathrm{i}\frac{\beta_z}{\gamma_1}b_1\mathrm{e}^{\gamma_1 x} = \frac{-\beta_z}{\omega\mu_0}B_1\mathrm{e}^{\gamma_1 x}, \quad H_{z1}(x) = b_1\mathrm{e}^{\gamma_1 x} = \mathrm{i}\frac{\gamma_1}{\omega\mu_0}B_1\mathrm{e}^{\gamma_1 x} \tag{2.1-2o, p}$$

3) 在下限制层 $(x \leqslant -d/2)$

$$\frac{\mathrm{d}^2 H_{z3}(x)}{\mathrm{d}x^2} = \gamma_3^2 H_{z3}(x) \rightarrow H_{z3}(x) = c_1\mathrm{e}^{-\gamma_3 x} + c_2\mathrm{e}^{\gamma_3 x},$$

$$|H_{z3}(-\infty)| = \begin{cases} c_1\mathrm{e}^{-\gamma_3 x} = \infty, & c_2 = 0 \text{ (馈入模式)} \\ c_2\mathrm{e}^{\gamma_3 x} = 0, & c_1 = 0 \text{ (导波模式)} \end{cases} \tag{2.1-2q}$$

对馈入模式取 $c_2 = 0$:

$$H_{x3}(x) = \frac{\mathrm{i}\beta_z}{\gamma_3^2}\frac{\mathrm{d}H_{z3}(x)}{\mathrm{d}x} = -\mathrm{i}\frac{\beta_z}{\gamma_3}c_1\mathrm{e}^{-\gamma_3 x} \tag{2.1-2r}$$

$$E_{y3}(x) = -\frac{\mathrm{i}\omega\mu_0}{\gamma_3^2}\frac{\mathrm{d}H_{z3}(x)}{\mathrm{d}x} = \mathrm{i}\frac{\omega\mu_0}{\gamma_3}c_1\mathrm{e}^{-\gamma_3 x} = C_1\mathrm{e}^{-\gamma_3 x},$$

$$C_1 \equiv \mathrm{i}\frac{\omega\mu_0}{\gamma_3}c_1, \quad c_1 = -\mathrm{i}\frac{\gamma_3}{\omega\mu_0}C_1 \tag{2.1-2s}$$

$$H_{x3}(x) = -\mathrm{i}\frac{\beta_z}{\gamma_3}c_1\mathrm{e}^{-\gamma_3 x} = -\frac{\beta_z}{\omega\mu_0}C_1\mathrm{e}^{-\gamma_3 x}, \quad H_{z3}(x) = c_1\mathrm{e}^{-\gamma_3 x} = -\mathrm{i}\frac{\gamma_3}{\omega\mu_0}C_1\mathrm{e}^{-\gamma_3 x}$$
$$\tag{2.1-2t, u}$$

2. 边界条件 —— 系数关系和本征方程

1) 在芯层与上限制层的界面 $(x = d/2)$

由式 (2.1-2h,n) 和式 (2.1-2k,p):

$$E_{y1}(d/2) = E_{y2}(d/2) \rightarrow B_1\mathrm{e}^{\frac{\gamma_1 d}{2}} = A_1\mathrm{e}^{\frac{\gamma_2 d}{2}} + A_2\mathrm{e}^{\frac{-\gamma_2 d}{2}} \tag{2.1-3a}$$

$$H_{z1}\left(\frac{d}{2}\right) = H_{z2}\left(\frac{d}{2}\right) \rightarrow \mathrm{i}\frac{\gamma_1}{\omega\mu_0}B_1\mathrm{e}^{\frac{\gamma_1 d}{2}} = \mathrm{i}\frac{\gamma_2}{\omega\mu_0}\left(A_1\mathrm{e}^{\frac{\gamma_2 d}{2}} - A_2\mathrm{e}^{\frac{-\gamma_2 d}{2}}\right) \tag{2.1-3b}$$

$$B_1 = A_1\mathrm{e}^{(\gamma_2-\gamma_1)\frac{d}{2}} + A_2\mathrm{e}^{-(\gamma_2+\gamma_1)\frac{d}{2}}, \quad \gamma_1 B_1 = \gamma_2\left(A_1\mathrm{e}^{(\gamma_2-\gamma_1)\frac{d}{2}} - A_2\mathrm{e}^{-(\gamma_2+\gamma_1)\frac{d}{2}}\right)$$
$$\tag{2.1-3c, d}$$

2) 在芯层与下限制层的界面 $(x = -d/2)$

由式 (2.1-2h,s) 和式 (2.1-2k,u)：

$$E_{y3}(-d/2) = E_{y2}(-d/2) \rightarrow C_1 \mathrm{e}^{\frac{\gamma_3 d}{2}} = A_1 \mathrm{e}^{\frac{-\gamma_2 d}{2}} + A_2 \mathrm{e}^{\frac{\gamma_2 d}{2}} \tag{2.1-3e}$$

$$H_{z3}\left(-\frac{d}{2}\right) = H_{z2}\left(-\frac{d}{2}\right) \rightarrow -\mathrm{i}\frac{\gamma_3}{\omega\mu_0}C_1\mathrm{e}^{\frac{\gamma_3 d}{2}} = \mathrm{i}\frac{\gamma_2}{\omega\mu_0}\left(A_1\mathrm{e}^{\frac{-\gamma_2 d}{2}} - A_2\mathrm{e}^{\frac{\gamma_2 d}{2}}\right) \tag{2.1-3f}$$

$$C_1 = A_1\mathrm{e}^{-(\gamma_2+\gamma_3)\frac{d}{2}} + A_2\mathrm{e}^{(\gamma_2-\gamma_3)\frac{d}{2}}, \quad -\gamma_3 C_1 = \gamma_2\left(A_1\mathrm{e}^{-(\gamma_2+\gamma_3)\frac{d}{2}} - A_2\mathrm{e}^{(\gamma_2-\gamma_3)\frac{d}{2}}\right) \tag{2.1-3g, h}$$

3) 系数关系

由式 (2.1-3c,d) 和式 (2.1-3g,h)：

$$B_{11} - A_{21}\mathrm{e}^{-(\gamma_2+\gamma_1)\frac{d}{2}} = \mathrm{e}^{(\gamma_2-\gamma_1)\frac{d}{2}}, \quad B_{11} \equiv B_1/A_1, \quad A_{21} \equiv A_2/A_1 \tag{2.1-3i}$$

$$\gamma_{12}B_{11} + A_{21}\mathrm{e}^{-(\gamma_2+\gamma_1)\frac{d}{2}} = \mathrm{e}^{(\gamma_2-\gamma_1)\frac{d}{2}}, \quad \gamma_{12} \equiv \gamma_1/\gamma_2 \tag{2.1-3j}$$

$$\Delta_{12} = \begin{vmatrix} 1 & -\mathrm{e}^{-(\gamma_2+\gamma_1)\frac{d}{2}} \\ \gamma_{12} & \mathrm{e}^{-(\gamma_2+\gamma_1)\frac{d}{2}} \end{vmatrix} = (1+\gamma_{12})\mathrm{e}^{-(\gamma_2+\gamma_1)\frac{d}{2}} \tag{2.1-3k}$$

$$\begin{aligned} B_{11} &= \frac{\begin{vmatrix} \mathrm{e}^{(\gamma_2-\gamma_1)\frac{d}{2}} & -\mathrm{e}^{-(\gamma_2+\gamma_1)\frac{d}{2}} \\ \mathrm{e}^{(\gamma_2-\gamma_1)\frac{d}{2}} & \mathrm{e}^{-(\gamma_2+\gamma_1)\frac{d}{2}} \end{vmatrix}}{\Delta_{12}} = \frac{2\mathrm{e}^{-\gamma_1 d}}{(1+\gamma_{12})\mathrm{e}^{-(\gamma_2+\gamma_1)\frac{d}{2}}} \\ &= \frac{2}{1+\gamma_{12}}\mathrm{e}^{(\gamma_2-\gamma_1)\frac{d}{2}} = \frac{2\gamma_2}{\gamma_2+\gamma_1}\mathrm{e}^{(\gamma_2-\gamma_1)\frac{d}{2}} \end{aligned} \tag{2.1-3l}$$

$$A_{21} = \frac{\begin{vmatrix} 1 & \mathrm{e}^{(\gamma_2-\gamma_1)\frac{d}{2}} \\ \gamma_{12} & \mathrm{e}^{(\gamma_2-\gamma_1)\frac{d}{2}} \end{vmatrix}}{\Delta_{12}} = \frac{(1-\gamma_{12})\mathrm{e}^{(\gamma_2-\gamma_1)\frac{d}{2}}}{(1+\gamma_{12})\mathrm{e}^{-(\gamma_2+\gamma_1)\frac{d}{2}}} = \frac{1-\gamma_{12}}{1+\gamma_{12}}\mathrm{e}^{\gamma_2 d} = \frac{\gamma_2-\gamma_1}{\gamma_2+\gamma_1}\mathrm{e}^{\gamma_2 d} \tag{2.1-3m}$$

$$C_{11} - A_{21}\mathrm{e}^{(\gamma_2-\gamma_3)\frac{d}{2}} = \mathrm{e}^{-(\gamma_2+\gamma_3)\frac{d}{2}}, \quad C_{11} \equiv C_1/A_1 \tag{2.1-3n}$$

$$-\gamma_{32}C_{11} + A_{21}\mathrm{e}^{(\gamma_2-\gamma_3)\frac{d}{2}} = \mathrm{e}^{-(\gamma_2+\gamma_3)\frac{d}{2}}, \quad \gamma_{32} \equiv \gamma_3/\gamma_2 \tag{2.1-3o}$$

$$\Delta_{32} = \begin{vmatrix} 1 & -\mathrm{e}^{(\gamma_2-\gamma_3)\frac{d}{2}} \\ -\gamma_{32} & \mathrm{e}^{(\gamma_2-\gamma_3)\frac{d}{2}} \end{vmatrix} = (1-\gamma_{32})\mathrm{e}^{(\gamma_2-\gamma_3)\frac{d}{2}} \tag{2.1-3p}$$

$$\begin{aligned} C_{11} &= \frac{\begin{vmatrix} \mathrm{e}^{-(\gamma_2+\gamma_3)\frac{d}{2}} & -\mathrm{e}^{(\gamma_2-\gamma_3)\frac{d}{2}} \\ \mathrm{e}^{-(\gamma_2+\gamma_3)\frac{d}{2}} & \mathrm{e}^{(\gamma_2-\gamma_3)\frac{d}{2}} \end{vmatrix}}{\Delta_{32}} = \frac{2\mathrm{e}^{-\gamma_3 d}}{(1-\gamma_{32})\mathrm{e}^{(\gamma_2-\gamma_3)\frac{d}{2}}} \\ &= \frac{2}{1-\gamma_{32}}\mathrm{e}^{-(\gamma_2+\gamma_3)\frac{d}{2}} = \frac{2\gamma_2}{\gamma_2-\gamma_3}\mathrm{e}^{-(\gamma_2+\gamma_3)\frac{d}{2}} \end{aligned} \tag{2.1-3q}$$

$$A_{21} = \frac{\begin{vmatrix} 1 & \mathrm{e}^{-(\gamma_2+\gamma_3)\frac{d}{2}} \\ -\gamma_{32} & \mathrm{e}^{-(\gamma_2+\gamma_3)\frac{d}{2}} \end{vmatrix}}{\Delta_{32}} = \frac{(1+\gamma_{32})\,\mathrm{e}^{-(\gamma_2+\gamma_3)\frac{d}{2}}}{(1-\gamma_{32})\,\mathrm{e}^{(\gamma_2-\gamma_3)\frac{d}{2}}}$$

$$= \frac{1+\gamma_{32}}{1-\gamma_{32}}\mathrm{e}^{-\gamma_2 d} = \frac{\gamma_2+\gamma_3}{\gamma_2-\gamma_3}\mathrm{e}^{-\gamma_2 d} \tag{2.1-3r}$$

4) 本征方程

由式 (2.1-3m)= 式 (2.1-3r) 得

$$A_{21} = \frac{\gamma_2-\gamma_1}{\gamma_2+\gamma_1}\mathrm{e}^{\gamma_2 d} = \frac{\gamma_2+\gamma_3}{\gamma_2-\gamma_3}\mathrm{e}^{-\gamma_2 d} \tag{2.1-3s}$$

故本征方程为

$$\mathrm{e}^{2\gamma_2 d} = \frac{\gamma_2+\gamma_3}{\gamma_2-\gamma_3}\cdot\frac{\gamma_2+\gamma_1}{\gamma_2-\gamma_1} > 1 \rightarrow \gamma_2 = \frac{1}{2d}\ln\left(\frac{\gamma_2+\gamma_1}{\gamma_2-\gamma_1}\cdot\frac{\gamma_2+\gamma_3}{\gamma_2-\gamma_3}\right) > 0\,\text{有解} \tag{2.1-3t}$$

这时

$$\gamma_2^2 = \beta_z^2 - k_0^2\bar{n}_2^2 \rightarrow \overline{N}_m \equiv \frac{\beta_z}{k_0} = \sqrt{\left(\frac{\gamma_2}{k_0}\right)^2 + \bar{n}_2^2},$$

$$\gamma_1 = k_0\sqrt{\overline{N}_m^2 - \bar{n}_1^2}, \quad \gamma_3 \equiv k_0\sqrt{\overline{N}_m^2 - \bar{n}_3^2} \tag{2.1-3u}$$

反之，如式 (2.1-2l,q) 中分别取 $b_1 = 0$ 和 $c_1 = 0$，则将得出**导波模式**的本征方程为

$$\mathrm{e}^{2\gamma_2 d} = \frac{\gamma_2-\gamma_3}{\gamma_2+\gamma_3}\cdot\frac{\gamma_2-\gamma_1}{\gamma_2+\gamma_1} < 1 \rightarrow \gamma_2 = \frac{1}{2d}\ln\left(\frac{\gamma_2-\gamma_1}{\gamma_2+\gamma_1}\cdot\frac{\gamma_2-\gamma_3}{\gamma_2+\gamma_3}\right) < 0\ \text{无解} \tag{2.1-3t'}$$

对于**对称**三层平板波导，式 (2.1-3t) 化为

$$\gamma_1 = \gamma_3 \rightarrow \mathrm{e}^{2\gamma_2 d} = \left(\frac{\gamma_2+\gamma_1}{\gamma_2-\gamma_1}\right)^2 \rightarrow \gamma_2 = \frac{1}{d}\ln\left(\frac{\gamma_2+\gamma_1}{\gamma_2-\gamma_1}\right) \tag{2.1-3v}$$

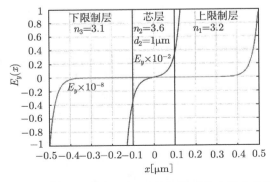

图 2.1-2A(a)　三层平板波导的 TE 馈入模式的电场在各层的分布

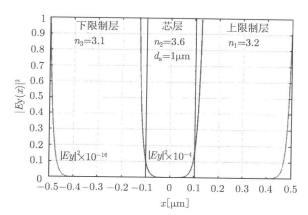

图 2.1-2A(b)　三层平板波导 TE 馈入模式的电场平方在各层的分布

例如，对于 $\bar{n}_2 = 3.6, \bar{n}_1 = 3.2, \bar{n}_3 = 3.1, d = 0.1\mu m$, $E_g = 1.424eV$，计算得出这种模式的真空波长为 $\lambda_0 = 0.870\ 79\mu m$，波数为 $k_0 = 7.2155 \times 10^4[cm^{-1}]$，**传播常数为** $\beta_z = 4.361 \times 10^5[cm^{-1}]$，**模式折射率为** $\overline{N}_m = 6.044 > \bar{n}_2, A_1 = 1, A_2 = -0.907, B_1 = 0.882, C_1 = -0.777; \gamma_1 = 3.699 \times 10^5[cm^{-1}]$, $\gamma_2 = 3.503 \times 10^5[cm^{-1}]$, $\gamma_3 = 3.743 \times 10^5[cm^{-1}]$。据此，**模式电场**在各层的分布如**图 2.1-2A(a)** 所示。可见，这个解是**奇宇称**的。

3. 传播性质

芯层厚度为 d、各层折射率分别为 $\bar{n}_2 > \bar{n}_3, \bar{n}_1$ 的纯折射率三层平板波导既然可以得出其**本征值** β_z 和**波函数** $E_y(x)$，表明电磁波动方程在该波导结构中有相应的**传播解** $E_y(x, z, t)$：

$$E_{y1}(x, z, t) = E_{y1}(x)e^{i(\omega t - \beta_z z)} = (B_1 e^{\gamma_1 x}) e^{i(\omega t - \beta_z z)} = A_1 B_{11} e^{\gamma_1 x} e^{i(\omega t - \beta_z z)}$$

$$(2.1\text{-}3w)$$

$$E_{y2}(x, z, t) = E_{y2}(x)e^{i(\omega t - \beta_z z)} = \left(A_1 e^{\gamma_2 x} + A_2 e^{-\gamma_2 x}\right) e^{i(\omega t - \beta_z z)}$$
$$= A_1 \left(e^{\gamma_2 x} + A_{21} e^{-\gamma_2 x}\right) e^{i(\omega t - \beta_z z)} \qquad (2.1\text{-}3x)$$

$$E_{y3}(x, z, t) = E_{y3}(x)e^{i(\omega t - \beta_z z)} = \left(C_1 e^{-\gamma_3 x}\right) e^{i(\omega t - \beta_z z)} = A_1 C_{11} e^{-\gamma_3 x} e^{i(\omega t - \beta_z z)}$$

$$(2.1\text{-}1y)$$

其**特点**是：

(1) 由于

$$\beta_z > k_0 \bar{n}_2 > k_0 \bar{n}_3, \quad k_0 \bar{n}_1 \rightarrow \kappa = i\sqrt{\beta_z^2 - k_0^2 \bar{n}_2^2} \qquad (2.1\text{-}3z)$$

因而芯层无简谐解，其解不服从芯层中的**波矢三角形 (图 2.1-1B 和图 2.1-3B)**。

(2) 限制层电磁波模式振幅是发散的: $|E_{y1,3}(\pm\infty)| = \infty$。这可理解为远处是光的发射源。

(3) 其模式功率为无限大, 这点与平面波和辐射模式相似。

(4) 这种模式在内部产生光源的半导体激光器中是不可能存在的。

因此, 可以认为这种**特殊的传播模式**是波导中**可能存在**的一种 "**馈入模式**", 但不属于半导体激光器的导波模式。

2.1.3　导波模式——模式折射率小于折射率最高的芯层折射率而大于限制层折射率

导波模式的**电磁模型**为

$$\bar{n}_2 > \overline{N}_m \equiv \beta_z/k_0 > \bar{n}_3, \bar{n}_1 \tag{2.1-4a}$$

设 $\begin{cases} \text{对 TE 模}: \psi = H_z(x) \\ \text{对 TM 模}: \psi = E_z(x) \end{cases}$

上限制层 $(x \geqslant d/2)$:

$$\mathrm{d}^2\psi(x)/\mathrm{d}x^2 = \left(\beta_z^2 - k_0^2\bar{n}_1^2\right)\psi(x) = \gamma_1^2\psi(x), \quad \gamma_1^2 \equiv \beta_z^2 - k_0^2\bar{n}_1^2 > 0 \tag{2.1-4b}$$

芯层 $(|x| \leqslant d/2)$:

$$\mathrm{d}^2\psi(x)/\mathrm{d}x^2 = -\left(k_0^2\bar{n}_2^2 - \beta_z^2\right)\psi(x) = -\kappa^2\psi(x), \quad \kappa^2 \equiv k_0^2\bar{n}_2^2 - \beta_z^2 > 0 \tag{2.1-4c}$$

下限制层 $(x \leqslant -d/2)$:

$$\mathrm{d}^2\psi(x)/\mathrm{d}x^2 = \left(\beta_z^2 - k_0^2\bar{n}_3^2\right)\psi(x) = \gamma_3^2\psi(x), \quad \gamma_3^2 \equiv \beta_z^2 - k_0^2\bar{n}_3^2 > 0 \tag{2.1-4d}$$

1. 模式波函数及其本征方程

1) TE 导波模式

由

$$E_y(x) = \frac{\mathrm{i}\omega\mu}{\tilde{k}^2 - \tilde{\beta}_z^2}\frac{\mathrm{d}H_z(x)}{\mathrm{d}x}, \quad H_x(x) = \frac{-\mathrm{i}\tilde{\beta}_z}{\tilde{k}^2 - \tilde{\beta}_z^2}\frac{\mathrm{d}H_z(x)}{\mathrm{d}x},$$

$$\frac{\mathrm{d}^2H_z(x)}{\mathrm{d}x^2} + \left(\tilde{k}^2 - \tilde{\beta}_z^2\right)H_z(x) = 0 \tag{2.1-1c, d, g}$$

每个场量都满足波动方程

$$\frac{\mathrm{d}^2E_y(x)}{\mathrm{d}x^2} + \left(\tilde{k}^2 - \tilde{\beta}_z^2\right)E_y(x) = 0, \quad \frac{\mathrm{d}^2H_x(x)}{\mathrm{d}x^2} + \left(\tilde{k}^2 - \tilde{\beta}_z^2\right)H_x(x) = 0 \tag{1.2-5a', b'}$$

其中, 波数 $\tilde{k}^2 \equiv k_0^2\tilde{n}^2$ 由光模式频率或真空波长和各层折射率而定。将各场量用 E_y 表述:

由式 (2.1-1g,c) 得

$$H_z(x) = \frac{-1}{\tilde{k}^2 - \tilde{\beta}_z^2} \frac{\mathrm{d}}{\mathrm{d}x} \frac{\mathrm{d}H_z(x)}{\mathrm{d}x} = \frac{-1}{\tilde{k}^2 - \tilde{\beta}_z^2} \frac{\tilde{k}^2 - \tilde{\beta}_z^2}{\mathrm{i}\omega\mu} \frac{\mathrm{d}E_y(x)}{\mathrm{d}x} = \frac{\mathrm{i}}{\omega\mu} \frac{\mathrm{d}E_y(x)}{\mathrm{d}x} \quad (2.1\text{-}4\mathrm{e})$$

由式 (2.1-1d,c) 得

$$H_x(x) = \frac{-\mathrm{i}\tilde{\beta}_z}{\tilde{k}^2 - \tilde{\beta}_z^2} \frac{\mathrm{d}H_z(x)}{\mathrm{d}x} = \frac{-\mathrm{i}\tilde{\beta}_z}{\tilde{k}^2 - \tilde{\beta}_z^2} \frac{\tilde{k}^2 - \tilde{\beta}_z^2}{\mathrm{i}\omega\mu} E_y(x) = \frac{-\tilde{\beta}_z}{\omega\mu} E_y(x) \quad (2.1\text{-}4\mathrm{f})$$

由式 (2.1-1d) 和式 (2.1-4f) 得

$$\begin{aligned}
\frac{\mathrm{d}H_x(x)}{\mathrm{d}x} &= \frac{-\mathrm{i}\tilde{\beta}_z}{\tilde{k}^2 - \tilde{\beta}_z^2} \frac{\mathrm{d}}{\mathrm{d}x} \frac{\mathrm{d}H_z(x)}{\mathrm{d}x} = \frac{-\mathrm{i}\tilde{\beta}_z}{\tilde{k}^2 - \tilde{\beta}_z^2} \frac{\tilde{k}^2 - \tilde{\beta}_z^2}{\mathrm{i}\omega\mu} \frac{\mathrm{d}E_y(x)}{\mathrm{d}x} \\
&= \frac{-\tilde{\beta}_z}{\omega\mu} \frac{\mathrm{d}E_y(x)}{\mathrm{d}x} = \mathrm{i}\tilde{\beta}_z H_z(x)
\end{aligned} \quad (2.1\text{-}4\mathrm{g})$$

由式 (2.1-4e,g) 得

$$\frac{\mathrm{d}H_z(x)}{\mathrm{d}x} = \frac{\mathrm{i}}{\omega\mu} \frac{\mathrm{d}^2 E_y(x)}{\mathrm{d}x^2} = \frac{\tilde{k}^2 - \tilde{\beta}_z^2}{\mathrm{i}\omega\mu} E_y(x) \quad (2.1\text{-}4\mathrm{h})$$

TE 模: 边界条件要求 E_y, H_z 连续导致 $\mathrm{d}E_y/\mathrm{d}x, H_x, \mathrm{d}H_x/\mathrm{d}x$ 连续, 而 $\mathrm{d}H_z/\mathrm{d}x$ 不连续。

由式 (2.1-4a~d) 和式 (2.1-4e~h), 纯折射率三层平板波导 **TE 导波模式**在各层的**波函数**分别为

$|x| \leqslant \dfrac{d}{2}$:

$$E_{y2} = A \cos(\kappa x - \phi), \quad H_{z2} = \frac{\mathrm{i}}{\omega\mu_2} \frac{\mathrm{d}E_{y2}}{\mathrm{d}x} = \frac{\kappa A}{\mathrm{i}\omega\mu_2} \sin(\kappa x - \phi),$$

$$H_{x2} = \frac{-\beta_z}{\omega\mu_2} E_{y2} = \frac{-\beta_z A}{\omega\mu_2} \cos(\kappa x - \phi) \quad (2.1\text{-}4\mathrm{i})$$

$$\frac{\mathrm{d}E_{y2}}{\mathrm{d}x} = -\mathrm{i}\omega\mu_2 H_{z2} = -\kappa A \sin(\kappa x - \phi), \quad \frac{\mathrm{d}H_{z2}}{\mathrm{d}x} = \frac{-\mathrm{i}\kappa^2}{\omega\mu_2} E_{y2} = \frac{\kappa^2 A}{\mathrm{i}\omega\mu_2} \cos(\kappa x - \phi),$$

$$\frac{\mathrm{d}H_{x2}}{\mathrm{d}x} = \mathrm{i}\beta_z H_{z2} = \frac{\kappa\beta_z A}{\omega\mu_2} \sin(\kappa x - \phi) \quad (2.1\text{-}4\mathrm{i}')$$

$x \geqslant \dfrac{d}{2}$:

$$E_{y1} = B_1 \mathrm{e}^{-\gamma_1 x}, \quad H_{z1} = \frac{\mathrm{i}}{\omega\mu_1} \frac{\mathrm{d}E_{y1}}{\mathrm{d}x} = \frac{\gamma_1 B_1}{\mathrm{i}\omega\mu_1} \mathrm{e}^{-\gamma_1 x},$$

$$H_{x1} = \frac{-\beta_z \beta_z}{\omega\mu_1} E_{y1} = \frac{-\beta_z B_1}{\omega\mu_1} \mathrm{e}^{-\gamma_1 x} \quad (2.1\text{-}4\mathrm{j})$$

$$\frac{\mathrm{d}E_{y1}}{\mathrm{d}x} = -\mathrm{i}\omega\mu_1 H_{z1} = -\gamma_1 B_1 \mathrm{e}^{-\gamma_1 x}, \quad \frac{\mathrm{d}H_{z1}}{\mathrm{d}x} = \frac{\mathrm{i}\gamma_1^2}{\omega\mu_1} E_{y1} = \frac{\mathrm{i}\gamma_1^2 B_1}{\omega\mu_1} \mathrm{e}^{-\gamma_1 x},$$

$$\frac{\mathrm{d}H_{x1}}{\mathrm{d}x} = \frac{-\beta_z}{\omega\mu_1}\frac{\mathrm{d}E_{y1}}{\mathrm{d}x} = \frac{\gamma_1\beta_z B_1}{\omega\mu_1}\mathrm{e}^{-\gamma_1 x} \tag{2.1-4j$'$}$$

$x \leqslant -\dfrac{d}{2}$：

$$E_{y3} = B_3\mathrm{e}^{\gamma_3 x}, \quad H_{z3} = \frac{\mathrm{i}}{\omega\mu_3}\frac{\mathrm{d}E_{y3}}{\mathrm{d}x} = \frac{\mathrm{i}\gamma_3 B_3}{\omega\mu_3}\mathrm{e}^{\gamma_3 x}, \quad H_{x3} = \frac{-\beta_z}{\omega\mu_3}E_{y2} = \frac{-\beta_z B_3}{\omega\mu_3}\mathrm{e}^{\gamma_3 x} \tag{2.1-4k}$$

$$\frac{\mathrm{d}E_{y3}}{\mathrm{d}x} = -\mathrm{i}\omega\mu_3 H_{z3} = \gamma_3 B_3\mathrm{e}^{\gamma_3 x}, \quad \frac{\mathrm{d}H_{z3}}{\mathrm{d}x} = \frac{\mathrm{i}\gamma_3^2}{\omega\mu_3}E_{y3} = \frac{\mathrm{i}\gamma_3^2 B_1}{\omega\mu_3}\mathrm{e}^{\gamma_3 x},$$

$$\frac{\mathrm{d}H_{x3}}{\mathrm{d}x} = \frac{-\beta_z}{\omega\mu_3}\frac{\mathrm{d}E_{y3}}{\mathrm{d}x} = \frac{-\gamma_3\beta_z B_3}{\omega\mu_3}\mathrm{e}^{\gamma_3 x} \tag{2.1-4k$'$}$$

由边界条件得

$$E_{y2}\left(\frac{d}{2}\right) = E_{y1}\left(\frac{d}{2}\right) \ \text{或} \ \frac{\mathrm{i}\omega\mu_2}{\kappa^2}\frac{\mathrm{d}H_{z2}}{\mathrm{d}x}\left(\frac{d}{2}\right) = \frac{-\mathrm{i}\omega\mu_1}{\gamma_1^2}\frac{\mathrm{d}H_{z1}}{\mathrm{d}x}\left(\frac{d}{2}\right) \ \text{或} \ H_{x2}\left(\frac{d}{2}\right)$$

$$= H_{x1}\left(\frac{d}{2}\right) \rightarrow A\cos\left(\frac{\kappa d}{2}-\phi\right) = B_1\mathrm{e}^{\frac{-\gamma_1 d}{2}} \tag{2.1-4l}$$

$$H_{z2}\left(\frac{d}{2}\right) = H_{z1}\left(\frac{d}{2}\right) \ \text{或} \ \frac{\mathrm{d}E_{y2}}{\mathrm{d}x}\left(\frac{d}{2}\right) = \frac{\mathrm{d}E_{y1}}{\mathrm{d}x}\left(\frac{d}{2}\right) \ \text{或} \ \frac{\mathrm{d}H_{x2}}{\mathrm{d}x}\left(\frac{d}{2}\right)$$

$$= \frac{\mathrm{d}H_{x1}}{\mathrm{d}x}\left(\frac{d}{2}\right) \rightarrow \kappa A\sin\left(\frac{\kappa d}{2}-\phi\right) = \gamma_1 B_1\mathrm{e}^{-\frac{\gamma_1 d}{2}} \tag{2.1-4l$'$}$$

$$E_{y2}\left(\frac{-d}{2}\right) = E_{y3}\left(\frac{-d}{2}\right) \ \text{或} \ \frac{1}{\kappa^2}\frac{\mathrm{d}H_{z2}}{\mathrm{d}x}\left(\frac{-d}{2}\right) = \frac{-1}{\gamma_3^2}\frac{\mathrm{d}H_{z3}}{\mathrm{d}x}\left(\frac{-d}{2}\right) \ \text{或} \ H_{x2}\left(\frac{-d}{2}\right)$$

$$= H_{x3}\left(\frac{-d}{2}\right) \rightarrow A\cos\left(\frac{\kappa d}{2}+\phi\right) = B_3\mathrm{e}^{-\frac{\gamma_3 d}{2}} \tag{2.1-4m}$$

$$H_{z2}\left(\frac{-d}{2}\right) = H_{z1}\left(\frac{-d}{2}\right) \ \text{或} \ \frac{\mathrm{d}E_{y2}}{\mathrm{d}x}\left(\frac{-d}{2}\right) = \frac{\mathrm{d}E_{y3}}{\mathrm{d}x}\left(\frac{-d}{2}\right) \ \text{或} \ \frac{\mathrm{d}H_{x2}}{\mathrm{d}x}\left(\frac{-d}{2}\right)$$

$$= \frac{\mathrm{d}H_{x3}}{\mathrm{d}x}\left(\frac{-d}{2}\right) \rightarrow \kappa A\sin\left(\frac{\kappa d}{2}+\phi\right) = \gamma_3 B_3\mathrm{e}^{\frac{-\gamma_3 d}{2}} \tag{2.1-4m$'$}$$

上述边界条件表明 TE 模的 E_y、H_x 及其导数都是连续的，但 H_z 虽连续，其导数不连续。并从之得出各**振幅系数**之间的关系，消去振幅系数之后所得出的**本征方程**分别为

$$B_1 = A\mathrm{e}^{\frac{\gamma_1 d}{2}}\cos\left(\frac{\kappa d}{2}-\phi\right) = A\mathrm{e}^{\frac{\gamma_1 d}{2}}\sin\left(\frac{\kappa d}{2}-\phi\right)\frac{\kappa}{\gamma_1} \rightarrow \tan\left(\frac{\kappa d}{2}-\phi\right) = \frac{\gamma_1}{\kappa} \tag{2.1-4n}$$

$$B_3 = A\mathrm{e}^{\frac{\gamma_3 d}{2}}\cos\left(\frac{\kappa d}{2}+\phi\right) = A\mathrm{e}^{\frac{\gamma_3 d}{2}}\sin\left(\frac{\kappa d}{2}+\phi\right)\frac{\kappa}{\gamma_3} \rightarrow \tan\left(\frac{\kappa d}{2}+\phi\right) = \frac{\gamma_3}{\kappa} \tag{2.1-4n$'$}$$

将式 (2.1-4n,n′) 取反正切后相加和相减, 分别得出

$$\kappa d = m\pi + \tan^{-1}\left(\frac{\gamma_1}{\kappa}\right) + \tan^{-1}\left(\frac{\gamma_3}{\kappa}\right), \quad \phi = \frac{m\pi}{2} - \frac{1}{2}\tan^{-1}\left(\frac{\gamma_1}{\kappa}\right) + \frac{1}{2}\tan^{-1}\left(\frac{\gamma_3}{\kappa}\right)$$

$$(2.1\text{-}4o)$$

$$E_{y1} = A\cos\left(\frac{\kappa d}{2} - \phi\right)\mathrm{e}^{-\gamma_1\left(x-\frac{d}{2}\right)}, \quad H_{z1} = \frac{\kappa}{\mathrm{i}\omega\mu_0}A\sin\left(\frac{\kappa d}{2} - \phi\right)\mathrm{e}^{-\gamma_1\left(x-\frac{d}{2}\right)},$$

$$H_{x1} = \frac{-\beta_z}{\omega\mu_0}A\cos\left(\frac{\kappa d}{2} - \phi\right)\mathrm{e}^{-\gamma_1\left(x-\frac{d}{2}\right)} \qquad (2.1\text{-}4p)$$

$$E_{y2} = A\cos\left(\kappa x - \phi\right), \quad H_{z2} = \frac{\kappa}{\mathrm{i}\omega\mu_0}A\sin\left(\kappa x - \phi\right), \quad H_{x2} = \frac{-\beta_z}{\omega\mu_0}A\cos\left(\kappa x - \phi\right)$$

$$(2.1\text{-}4p')$$

$$E_{y3} = A\cos\left(\frac{\kappa d}{2} + \phi\right)\mathrm{e}^{\gamma_3\left(x+\frac{d}{2}\right)}, \quad H_{z1} = \frac{-\kappa}{\mathrm{i}\omega\mu_0}A\sin\left(\frac{\kappa d}{2} + \phi\right)\mathrm{e}^{\gamma_3\left(x+\frac{d}{2}\right)},$$

$$H_{x1} = \frac{-\beta_z}{\omega\mu_0}A\cos\left(\frac{\kappa d}{2} + \phi\right)\mathrm{e}^{\gamma_3\left(x+\frac{d}{2}\right)} \qquad (2.1\text{-}1p'')$$

2) TM 导波模式

纯折射率三层平板波导中 **TM 导波模式**在各层的**波函数**分别为

由

$$H_y(x) = \frac{-\mathrm{i}\omega\tilde{\varepsilon}}{\tilde{k}^2 - \tilde{\beta}_z^2}\frac{\mathrm{d}E_z(x)}{\mathrm{d}x}, \quad E_x(x) = \frac{-\mathrm{i}\tilde{\beta}_z}{\tilde{k}^2 - \tilde{\beta}_z^2}\frac{\mathrm{d}E_z(x)}{\mathrm{d}x},$$

$$\frac{\mathrm{d}^2 E_z(x)}{\mathrm{d}x^2} + \left(\tilde{k}^2 - \tilde{\beta}_z^2\right)E_z(x) = 0 \qquad (2.1\text{-}1e, b, f)$$

每个场量都满足波动方程:

$$\frac{\mathrm{d}^2 H_y(x)}{\mathrm{d}x^2} + \left(\tilde{k}^2 - \tilde{\beta}_z^2\right)H_y(x) = 0, \quad \frac{\mathrm{d}^2 E_x(x)}{\mathrm{d}x^2} + \left(\tilde{k}^2 - \tilde{\beta}_z^2\right)E_x(x) = 0 \quad (1.2\text{-}5a', b')$$

将各场量用 H_y 表述, 为此可利用三层平板波导的对偶原理 ($\boldsymbol{E} \leftrightarrow \boldsymbol{H}, \quad \mu \leftrightarrow -\tilde{\varepsilon}$) 得出

由式 (2.1-4e∼h):

$$E_z(x) = \frac{1}{\mathrm{i}\omega\tilde{\varepsilon}}\frac{\mathrm{d}H_y(x)}{\mathrm{d}x}, \quad E_x(x) = \frac{\tilde{\beta}_z}{\omega\tilde{\varepsilon}}H_y(x),$$

$$\frac{\mathrm{d}E_x(x)}{\mathrm{d}x} = \mathrm{i}\tilde{\beta}_z E_z(x), \quad \frac{\mathrm{d}E_z(x)}{\mathrm{d}x} = \frac{\mathrm{i}\left(\tilde{k}^2 - \tilde{\beta}_z^2\right)}{\omega\tilde{\varepsilon}}H_y(x) \qquad (2.1\text{-}4q)$$

TM 模: 边界条件要求 H_y, E_z **连续导致** $\mathrm{d}E_x/\mathrm{d}x$ **连续, 而** $E_x, \mathrm{d}H_y/\mathrm{d}x, \mathrm{d}E_z/\mathrm{d}x$ **不连续。**

但 TM 模的连续性与 TE 模电磁场 E, H 连续性之间并不总是存在对偶性, 例如, 与连续的 μH_x 对偶的 $-\varepsilon E_x = -D_x$ 虽是连续的, 但 E_x 不连续。

表 2.1-1　三层平板波导中 TE 和 TM 偏振模式电磁场分量的连续性及其对偶性

TE	E_y	H_z	$H_x \propto E_y/\mu$	$\mathrm{d}E_y/\mathrm{d}x \propto H_z\mu$	$\mathrm{d}H_z/\mathrm{d}x \propto \kappa^2 E_y/\mu$	$\mathrm{d}H_x/\mathrm{d}x \propto H_z$
	连续	连续	连续	连续	不连续	连续
TM	H_y	E_z	$E_x \propto E_y/\varepsilon$	$\mathrm{d}H_y/\mathrm{d}x \propto E_z\varepsilon$	$\mathrm{d}E_z/\mathrm{d}x \propto \kappa^2 H_y/\varepsilon$	$\mathrm{d}E_x/\mathrm{d}x \propto E_z$
	连续	连续	不连续	不连续	不连续	连续

由式 (2.1-1e,b,f,l″)，纯折射率三层平板波导 **TM 导波模式**在各层的**波函数**分别为

$|x| \leqslant \dfrac{d}{2}$：

$$H_{y2} = A\cos(\kappa x - \phi),\quad E_{z2} = \frac{-\mathrm{i}}{\omega\varepsilon_2}\frac{\mathrm{d}H_{y2}}{\mathrm{d}x} = \frac{\mathrm{i}\kappa}{\omega\varepsilon_0\bar{n}_2^2}A\sin(\kappa x - \phi),$$

$$E_{x2} = \frac{\tilde{\beta}_z}{\omega\tilde{\varepsilon}}H_{y2}(x) = \frac{\beta_z}{\omega\varepsilon_0\bar{n}_2^2}A\cos(\kappa x - \phi) \tag{2.1-4q'}$$

$$\frac{\mathrm{d}H_{y2}}{\mathrm{d}x} = \mathrm{i}\omega\varepsilon_0\bar{n}_2^2 E_{z2} = -\kappa A\sin(\kappa x - \phi),$$

$$\frac{\mathrm{d}E_{z2}}{\mathrm{d}x} = \frac{\mathrm{i}\kappa^2}{\omega\varepsilon}H_y(x) = \frac{\mathrm{i}\kappa^2}{\omega\varepsilon_0\bar{n}_2^2}A\cos(\kappa x - \phi),$$

$$\frac{\mathrm{d}E_{x2}}{\mathrm{d}x} = \mathrm{i}\tilde{\beta}_z E_{z2}(x) = \frac{-\kappa\tilde{\beta}_z}{\omega\varepsilon_0\bar{n}_2^2}A\sin(\kappa x - \phi) \tag{2.1-4q''}$$

$x \geqslant \dfrac{d}{2}$：

$$H_{y1} = B_1\mathrm{e}^{-\gamma_1 x},\quad E_{z1} = \frac{-\mathrm{i}}{\omega\varepsilon_1}\frac{\mathrm{d}H_{y1}}{\mathrm{d}x} = \frac{\mathrm{i}\gamma_1}{\omega\varepsilon_0\bar{n}_1^2}B_1\mathrm{e}^{-\gamma_1 x},$$

$$E_{x1} = \frac{\beta_z}{\omega\varepsilon_1}H_{y1}(x) = \frac{\beta_z}{\omega\varepsilon_0\bar{n}_1^2}B_1\mathrm{e}^{-\gamma_1 x} \tag{2.1-4r}$$

$$\frac{\mathrm{d}H_{y1}}{\mathrm{d}x} = \mathrm{i}\omega\varepsilon_0\bar{n}_1^2 E_{z1} = -\gamma_1 B_1\mathrm{e}^{-\gamma_1 x},\quad \frac{\mathrm{d}E_{z1}}{\mathrm{d}x} = \frac{-\gamma_1^2}{\omega\varepsilon_1}H_{y1}(x) = \frac{-\gamma_1^2}{\omega\varepsilon_0\bar{n}_1^2}B_1\mathrm{e}^{-\gamma_1 x},$$

$$\frac{\mathrm{d}E_{x1}}{\mathrm{d}x} = \mathrm{i}\tilde{\beta}_z E_{z1}(x) = \frac{-\gamma_1\tilde{\beta}_z}{\omega\varepsilon_0\bar{n}_1^2}B_1\mathrm{e}^{-\gamma_1 x} \tag{2.1-4r'}$$

$x \leqslant -\dfrac{d}{2}$：

$$H_{y3} = B_3\mathrm{e}^{\gamma_3 x},\quad E_{z3} = \frac{-\mathrm{i}}{\omega\varepsilon_3}\frac{\mathrm{d}H_{y3}}{\mathrm{d}x} = \frac{-\mathrm{i}\gamma_3}{\omega\varepsilon_0\bar{n}_3^2}B_3\mathrm{e}^{\gamma_3 x},$$

$$E_{x3} = \frac{\beta_z}{\omega\varepsilon_3}H_{y3}(x) = \frac{\beta_z}{\omega\varepsilon_0\bar{n}_3^2}B_3\mathrm{e}^{\gamma_3 x} \tag{2.1-4s'}$$

$$\frac{\mathrm{d}H_{y3}}{\mathrm{d}x} = \mathrm{i}\omega\varepsilon_0\bar{n}_3^2 E_{z3} = \gamma_3 B_3\mathrm{e}^{\gamma_3 x},\quad \frac{\mathrm{d}E_{z3}}{\mathrm{d}x} = \frac{-\gamma_3^2}{\omega\varepsilon_3}H_{y3}(x) = \frac{-\gamma_3^2}{\omega\varepsilon_0\bar{n}_3^2}B_3\mathrm{e}^{\gamma_3 x},$$

$$\frac{\mathrm{d}E_{x3}}{\mathrm{d}x} = \mathrm{i}\tilde{\beta}_z E_{z3}(x) = \frac{\gamma_3 \tilde{\beta}_z}{\omega \varepsilon_0 \bar{n}_3^2} B_3 \mathrm{e}^{\gamma_3 x} \tag{2.1-4s''}$$

由边界条件得

$$H_{y2}\left(\frac{d}{2}\right) = H_{y1}\left(\frac{d}{2}\right) \text{ 或 } \frac{\bar{n}_2^2}{\bar{\kappa}_2^2}\frac{\mathrm{d}E_{z2}}{\mathrm{d}x}\left(\frac{d}{2}\right) = \frac{-\bar{n}_1^2}{\gamma_1^2}\frac{\mathrm{d}E_{z1}}{\mathrm{d}x}\left(\frac{d}{2}\right) \text{ 或 } \bar{n}_2^2 E_{x2}\left(\frac{d}{2}\right)$$

$$= \bar{n}_1^2 E_{x1}\left(\frac{d}{2}\right) \rightarrow A\cos\left(\frac{\kappa d}{2} - \phi\right) = B_1 \mathrm{e}^{\frac{-\gamma_1 d}{2}} \tag{2.1-4t}$$

$$E_{z2}\left(\frac{d}{2}\right) = E_{z1}\left(\frac{d}{2}\right) \text{ 或 } \frac{1}{\bar{n}_2^2}\frac{\mathrm{d}H_{y2}}{\mathrm{d}x}\left(\frac{d}{2}\right) = \frac{1}{\bar{n}_1^2}\frac{\mathrm{d}H_{y1}}{\mathrm{d}x}\left(\frac{d}{2}\right) \text{ 或 } \frac{\mathrm{d}E_{x2}}{\mathrm{d}x}\left(\frac{d}{2}\right)$$

$$= \frac{\mathrm{d}E_{x1}}{\mathrm{d}x}\left(\frac{d}{2}\right) \rightarrow \frac{\kappa}{\bar{n}_2^2} A\sin\left(\frac{\kappa d}{2} - \phi\right) = \frac{\gamma_1}{\bar{n}_1^2} B_1 \mathrm{e}^{\frac{-\gamma_1 d}{2}} \tag{2.1-4t'}$$

$$H_{y2}\left(\frac{-d}{2}\right) = H_{y1}\left(\frac{-d}{2}\right) \text{ 或 } \frac{\bar{n}_2^2}{\bar{\kappa}_2^2}\frac{\mathrm{d}E_{z2}}{\mathrm{d}x}\left(\frac{-d}{2}\right) = \frac{-\bar{n}_1^2}{\gamma_3^2}\frac{\mathrm{d}E_{z1}}{\mathrm{d}x}\left(\frac{-d}{2}\right) \text{ 或 } \bar{n}_2^2 E_{z2}\left(\frac{-d}{2}\right)$$

$$= \bar{n}_3^2 E_{z3}\left(\frac{-d}{2}\right) \rightarrow A\cos\left(\frac{\kappa d}{2} + \phi\right) = B_3 \mathrm{e}^{\frac{-\gamma_3 d}{2}} \tag{2.1-4u}$$

$$E_{z2}\left(\frac{-d}{2}\right) = E_{z3}\left(\frac{-d}{2}\right) \text{ 或 } \frac{1}{\bar{n}_2^2}\frac{\mathrm{d}H_{y2}}{\mathrm{d}x}\left(\frac{-d}{2}\right) = \frac{1}{\bar{n}_3^2}\frac{\mathrm{d}H_{y3}}{\mathrm{d}x}\left(\frac{-d}{2}\right) \text{ 或 } \frac{\mathrm{d}E_{x2}}{\mathrm{d}x}\left(\frac{-d}{2}\right)$$

$$= \frac{\mathrm{d}E_{x3}}{\mathrm{d}x}\left(\frac{-d}{2}\right) \rightarrow \frac{\kappa}{\bar{n}_2^2} A\sin\left(\frac{\kappa d}{2} + \phi\right) = \frac{\gamma_3}{\bar{n}_3^2} B_3 \mathrm{e}^{\frac{-\gamma_3 d}{2}} \tag{2.1-4u'}$$

从之得出**各振幅系数**之间的关系和消去振幅系数之后所得出 TM 模的**本征方程**分别为

$$B_1 = A\mathrm{e}^{\frac{\gamma_1 d}{2}}\cos\left(\frac{\kappa d}{2} - \phi\right) = A\mathrm{e}^{\frac{\gamma_1 d}{2}}\sin\left(\frac{\kappa d}{2} - \phi\right)\frac{\kappa}{\varepsilon_{21}\gamma_1}$$

$$\rightarrow \tan\left(\frac{\kappa d}{2} - \phi\right) = \varepsilon_{21}\frac{\gamma_1}{\kappa} \tag{2.1-4v}$$

$$B_3 = A\mathrm{e}^{\frac{\gamma_3 d}{2}}\cos\left(\frac{\kappa d}{2} + \phi\right) = A\mathrm{e}^{\frac{\gamma_3 d}{2}}\sin\left(\frac{\kappa d}{2} + \phi\right)\frac{\kappa}{\varepsilon_{23}\gamma_3}$$

$$\rightarrow \tan\left(\frac{\kappa d}{2} + \phi\right) = \varepsilon_{23}\frac{\gamma_3}{\kappa} \tag{2.1-4v'}$$

其中,

$$\varepsilon_{2j} = \varepsilon_2/\varepsilon_j = \bar{n}_2^2/\bar{n}_j^2, \quad j = 1,3 \tag{2.1-4v''}$$

式 (2.1-4n,n') 取反正切后相加, 得

$$\kappa d = m\pi + \tan^{-1}\left(\varepsilon_{21}\frac{\gamma_1}{\kappa}\right) + \tan^{-1}\left(\varepsilon_{23}\frac{\gamma_3}{\kappa}\right) \tag{2.1-4w}$$

式 (2.1-4n,n') 取反正切后相减, 得

$$\phi = \frac{m\pi}{2} - \frac{1}{2}\tan^{-1}\left(\varepsilon_{21}\frac{\gamma_1}{\kappa}\right) + \frac{1}{2}\tan^{-1}\left(\varepsilon_{23}\frac{\gamma_3}{\kappa}\right) \tag{2.1-4w'}$$

$$H_{y1} = A\cos\left(\frac{\kappa d}{2} - \phi\right)e^{-\gamma_1\left(x-\frac{d}{2}\right)}, \quad E_{z1} = \frac{\mathrm{i}\kappa}{\omega\varepsilon_0\bar{n}_1^2}A\sin\left(\frac{\kappa d}{2} - \phi\right)e^{-\gamma_1\left(x-\frac{d}{2}\right)},$$

$$E_{x1} = \frac{\beta_z}{\omega\varepsilon_0\bar{n}_1^2}A\cos\left(\frac{\kappa d}{2} - \phi\right)e^{-\gamma_1\left(x-\frac{d}{2}\right)} \tag{2.1-4x}$$

$$H_{y2} = A\cos\left(\kappa x - \phi\right), \quad E_{z2} = \frac{\mathrm{i}\kappa}{\omega\varepsilon_0\bar{n}_2^2}A\sin\left(\kappa x - \phi\right), \quad E_{x2} = \frac{\beta_z}{\omega\varepsilon_0\bar{n}_2^2}A\cos\left(\kappa x - \phi\right)$$
$$\tag{2.1-4y}$$

$$H_{y3} = A\cos\left(\frac{\kappa d}{2} + \phi\right)e^{\gamma_3\left(x+\frac{d}{2}\right)}, \quad E_{z3} = \frac{-\mathrm{i}\kappa}{\omega\varepsilon_0\bar{n}_3^2}A\sin\left(\frac{\kappa d}{2} + \phi\right)e^{\gamma_3\left(x+\frac{d}{2}\right)},$$

$$E_{x1} = \frac{\beta_z}{\omega\varepsilon_0\bar{n}_3^2}A\cos\left(\frac{\kappa d}{2} + \phi\right)e^{\gamma_3\left(x+\frac{d}{2}\right)} \tag{2.1-4z}$$

上述分析结果可以归结为:

[定理 3]　三层平板波导中可能存在的传播模式是其电磁场满足各界面边界条件的传播模式。该条件将得出确定作为本征值的传播常数的本征方程,而由传播常数即可确定相应的作为本征函数的各个电磁场的空间分布。

[引理 3.1]　光波导中各界面上电场和磁场切向分量必须连续的边界条件表明 TE 模式的切向电场和法向磁场及其斜率 (微商) 连续,切向磁场虽连续,其斜率不连续;而 TM 模式的切向磁场、切向电场、法线电场的斜率连续,法向电场、切向电场斜率和切向磁场斜率皆不连续。该差别完全符合对偶性原理。

[引理 3.2]　三层平板波导中的中心层 (芯层) 折射率 (或增益系数) 必须大于其上下光限制层的折射率,才可能存在导波模式。

[引理 3.3]　三层平板波导中导波模式的模式折射率的值只可能存在于芯层折射率 (或增益系数) 和光限制层的最大折射率 (或增益系数) 的值之间。

[引理 3.4]　三层平板波导中的中心层 (芯层) 越厚,其折射率 (或增益系数) 越大于光限制层的最大折射率 (或增益系数),则波导中可能存在的导波模式的个数就越多。

2. 导波模式在各层的电磁场分布, 等相面和相速度的特性

1) 导波模式电场在芯层中的分布

以上着重讨论了纯折射率波导情况,在有源或有损耗的更普遍的复折射率波导中,波导和模式的参数大多是复数,因此必须进行适当的分析处理,才能看清其结构和行为的特点。以 TE 模为例,其唯一的电场空间分量的复数表述为

$$\begin{aligned}
E_{y2}(x,z,t) &= \tilde{A}\cos\left(\tilde{\kappa}x - \tilde{\phi}\right)e^{\mathrm{i}(\omega t - \tilde{\beta}_z z)} \\
&= (A_\mathrm{r} + \mathrm{i}A_\mathrm{i})\cos\left[(\kappa_\mathrm{r}x - \phi_\mathrm{r}) + \mathrm{i}(\kappa_\mathrm{i}x - \phi_\mathrm{i})\right]e^{\mathrm{i}[\omega t - (\beta_{zr} + \mathrm{i}\beta_{zi})z]} \\
&= \sqrt{A_\mathrm{r}^2 + A_\mathrm{i}^2}\,e^{\mathrm{i}\tan^{-1}\left(\frac{A_\mathrm{i}}{A_\mathrm{r}}\right)}\left[\cos\left(\kappa_\mathrm{r}x - \phi_\mathrm{r}\right)\cos\mathrm{i}\left(\kappa_\mathrm{i}x - \phi_\mathrm{i}\right)\right.
\end{aligned}$$

$$-\sin\left(\kappa_{\mathrm{r}}x-\phi_{\mathrm{r}}\right)\sin\mathrm{i}\left(\kappa_{\mathrm{i}}x-\phi_{\mathrm{i}}\right)]\mathrm{e}^{\beta_{zi}z}\mathrm{e}^{\mathrm{i}(\omega t-\beta_{zr}z)}$$

$$=\sqrt{A_{\mathrm{r}}^2+A_{\mathrm{i}}^2}\,\mathrm{e}^{\mathrm{i}\tan^{-1}\left(\frac{A_{\mathrm{i}}}{A_{\mathrm{r}}}\right)}\left[\cos\left(\kappa_{\mathrm{r}}x-\phi_{\mathrm{r}}\right)\cosh\left(\kappa_{\mathrm{i}}x-\phi_{\mathrm{i}}\right)\right.$$

$$\left.-\mathrm{i}\sin\left(\kappa_{\mathrm{r}}x-\phi_{\mathrm{r}}\right)\sinh\left(\kappa_{\mathrm{i}}x-\phi_{\mathrm{i}}\right)\right]\mathrm{e}^{\beta_{zi}z}\mathrm{e}^{\mathrm{i}(\omega t-\beta_{zr}z)}$$

$$=\sqrt{A_{\mathrm{r}}^2+A_{\mathrm{i}}^2}\,\mathrm{e}^{\mathrm{i}\tan^{-1}\left(\frac{A_{\mathrm{i}}}{A_{\mathrm{r}}}\right)}\cos\left(\kappa_{\mathrm{r}}x-\phi_{\mathrm{r}}\right)\cosh\left(\kappa_{\mathrm{i}}x-\phi_{\mathrm{i}}\right)$$

$$\left[1-\mathrm{i}\tan\left(\kappa_{\mathrm{r}}x-\phi_{\mathrm{r}}\right)\tanh\left(\kappa_{\mathrm{i}}x-\phi_{\mathrm{i}}\right)\right]\mathrm{e}^{\beta_{zi}z}\mathrm{e}^{\mathrm{i}(\omega t-\beta_{zr}z)}$$

$$=\sqrt{A_{\mathrm{r}}^2+A_{\mathrm{i}}^2}\,\mathrm{e}^{\mathrm{i}\tan^{-1}\left(\frac{A_{\mathrm{i}}}{A_{\mathrm{r}}}\right)}\cos\left(\kappa_{\mathrm{r}}x-\phi_{\mathrm{r}}\right)\cosh\left(\kappa_{\mathrm{i}}x-\phi_{\mathrm{i}}\right)$$

$$\sqrt{1+\tan^2\left(\kappa_{\mathrm{r}}x-\phi_{\mathrm{r}}\right)\tanh^2\left(\kappa_{\mathrm{i}}x-\phi_{\mathrm{i}}\right)}\,\mathrm{e}^{\mathrm{i}\theta(x)}\mathrm{e}^{\beta_{zi}z}\mathrm{e}^{\mathrm{i}(\omega t-\beta_{zr}z)}$$

$$=\sqrt{A_{\mathrm{r}}^2+A_{\mathrm{i}}^2}\,C_2(x)\mathrm{e}^{\beta_{zi}z}\mathrm{e}^{\mathrm{i}\left[\omega t-\beta_{zr}z+\theta(x)+\tan^{-1}\left(\frac{A_{\mathrm{i}}}{A_{\mathrm{r}}}\right)\right]},$$

$$\theta(x)\equiv-\tan^{-1}\left[\tan\left(\kappa_{\mathrm{r}}x-\phi_{\mathrm{r}}\right)\tanh\left(\kappa_{\mathrm{i}}x-\phi_{\mathrm{i}}\right)\right]\rightarrow$$

$$E_{y2}(x,z,t)=\sqrt{A_{\mathrm{r}}^2+A_{\mathrm{i}}^2}\,C_2(x)\mathrm{e}^{\beta_{zi}z}\mathrm{e}^{\mathrm{i}\Phi_2(x,z,t)},$$

$$\tilde{\kappa}=\kappa_{\mathrm{r}}+\mathrm{i}\kappa_{\mathrm{i}},\quad-\frac{d}{2}\leqslant x\leqslant\frac{d}{2}\tag{2.1-5a}$$

$$C_2(x)=\cos\left(\kappa_{\mathrm{r}}x-\phi_{\mathrm{r}}\right)\cosh\left(\kappa_{\mathrm{i}}x-\phi_{\mathrm{i}}\right)\sqrt{1+\tan^2\left(\kappa_{\mathrm{r}}x-\phi_{\mathrm{r}}\right)\tanh^2\left(\kappa_{\mathrm{i}}x-\phi_{\mathrm{i}}\right)}$$
$$\tag{2.1-5b}$$

$$\Phi_2(x,z,t)=\omega t-\beta_{zr}z-\tan^{-1}\left[\tan\left(\kappa_{\mathrm{r}}x-\phi_{\mathrm{r}}\right)\tanh\left(\kappa_{\mathrm{i}}x-\phi_{\mathrm{i}}\right)\right]+\tan^{-1}\left(\frac{A_{\mathrm{i}}}{A_{\mathrm{r}}}\right)=C$$
$$\tag{2.1-5c}$$

$$z=\frac{1}{\beta_{zr}}\left[\omega t+\tan^{-1}\left(\frac{A_{\mathrm{i}}}{A_{\mathrm{r}}}\right)-C\right]-\frac{1}{\beta_{zr}}\tan^{-1}\left[\tan\left(\kappa_{\mathrm{r}}x-\phi_{\mathrm{r}}\right)\tanh\left(\kappa_{\mathrm{i}}x-\phi_{\mathrm{i}}\right)\right]\equiv f(x)$$
$$\tag{2.1-5d}$$

表明该柱形**等相面** $(\partial/\partial y=0)$ 在 (x,z) 平面的截线是一条曲线, 其中, C 是区分不同等相面的**参数**. 为了便于求出其**曲率半径** $R(x)$ 和**曲率圆的中心** (x_C,z_C) 的解析表达式而不失去典型性, 可以复折射率对称三层平板波导中的**基横模** $(m=0)$ 为例. 这时由式 (2.1-4p′) 得

$$\tilde{\phi}=\phi_{\mathrm{r}}+\mathrm{i}\phi_{\mathrm{i}}=0\rightarrow\phi_{\mathrm{r}}=\frac{m\pi}{2},\quad\phi_{\mathrm{i}}=0\tag{2.1-5e}$$

曲线方程 (2.1-5d) 及其在原点附近的第 1、2 阶导数将为

$$z=\frac{1}{\beta_{zr}}\left[\omega t+\tan^{-1}\left(\frac{A_{\mathrm{i}}}{A_{\mathrm{r}}}\right)-C\right]-\frac{1}{\beta_{zr}}\tan^{-1}\left[\tan\left(\kappa_{\mathrm{r}}x\right)\tanh\left(\kappa_{\mathrm{i}}x\right)\right]=f(x)\tag{2.1-5f}$$

$$-\beta_{zr}\frac{\mathrm{d}z}{\mathrm{d}x}=\frac{\mathrm{d}}{\mathrm{d}x}\tan^{-1}\left[\tan\left(\kappa_{\mathrm{r}}x\right)\tanh\left(\kappa_{\mathrm{i}}x\right)\right]=\frac{\frac{\mathrm{d}}{\mathrm{d}x}\left[\tan\left(\kappa_{\mathrm{r}}x\right)\tanh\left(\kappa_{\mathrm{i}}x\right)\right]}{1+\left[\tan\left(\kappa_{\mathrm{r}}x\right)\tanh\left(\kappa_{\mathrm{i}}x\right)\right]^2}$$

$$
\begin{aligned}
&= \frac{\tanh\left(\kappa_{\mathrm{i}}x\right)\dfrac{d}{dx}\left[\tan\left(\kappa_{\mathrm{r}}x\right)\right] + \tan\left(\kappa_{\mathrm{r}}x\right)\dfrac{d}{dx}\left[\tanh\left(\kappa_{\mathrm{i}}x\right)\right]}{1 + \left[\tan\left(\kappa_{\mathrm{r}}x\right)\tanh\left(\kappa_{\mathrm{i}}x\right)\right]^2} \\
&= \frac{\tanh\left(\kappa_{\mathrm{i}}x\right)\cos^{-2}\left(\kappa_{\mathrm{r}}x\right)\kappa_{\mathrm{r}} + \tan\left(\kappa_{\mathrm{r}}x\right)\cosh^{-2}\left(\kappa_{\mathrm{i}}x\right)\kappa_{\mathrm{i}}}{1 + \left[\tan\left(\kappa_{\mathrm{r}}x\right)\tanh\left(\kappa_{\mathrm{i}}x\right)\right]^2} \\
&\approx \frac{2\kappa_{\mathrm{r}}\kappa_{\mathrm{i}}x}{1 + \left(\kappa_{\mathrm{r}}\kappa_{\mathrm{i}}x^2\right)^2} \approx 2\kappa_{\mathrm{r}}\kappa_{\mathrm{i}}x \rightarrow \frac{dz}{dx} \approx \frac{2\kappa_{\mathrm{r}}\kappa_{\mathrm{i}}x}{-\beta_{zr}}, \quad \frac{d^2z}{dx^2} \approx \frac{2\kappa_{\mathrm{r}}\kappa_{\mathrm{i}}}{-\beta_{zr}}
\end{aligned} \tag{2.1-5g,h}
$$

其曲率半径 $R(x)$ 和曲率圆的中心 (x_C, z_C) 在原点附近将分别为

$$
R(x) = \frac{\left[1 + \left(\dfrac{dz}{dx}\right)^2\right]^{3/2}}{\dfrac{d^2z}{dx^2}} = \frac{\left[1 + \left(\dfrac{2\kappa_{\mathrm{r}}\kappa_{\mathrm{i}}x}{-\beta_{zr}}\right)^2\right]^{3/2}}{\dfrac{2\kappa_{\mathrm{r}}\kappa_{\mathrm{i}}}{-\beta_{zr}}} = \frac{\left[\beta_{zr}^2 + \left(2\kappa_{\mathrm{r}}\kappa_{\mathrm{i}}\right)^2 x^2\right]^{3/2}}{-2\kappa_{\mathrm{r}}\kappa_{\mathrm{i}}\beta_{zr}^2}
$$

$$ \tag{2.1-5i} $$

$$
\begin{aligned}
x_C\left(x, z\right) &= x - \frac{\left(\dfrac{dz}{dx}\right)\left[1 + \left(\dfrac{dz}{dx}\right)^2\right]}{\dfrac{d^2z}{dx^2}} \\
&= x - \frac{\left(\dfrac{2\kappa_{\mathrm{r}}\kappa_{\mathrm{i}}x}{-\beta_{zr}}\right)\left[1 + \left(\dfrac{2\kappa_{\mathrm{r}}\kappa_{\mathrm{i}}x}{-\beta_{zr}}\right)^2\right]}{\dfrac{2\kappa_{\mathrm{r}}\kappa_{\mathrm{i}}}{-\beta_{zr}}} = \left(\frac{2\kappa_{\mathrm{r}}\kappa_{\mathrm{i}}}{\beta_{zr}}\right)^2 x^3
\end{aligned} \tag{2.1-5j}
$$

$$
\begin{aligned}
z_C\left(x, z\right) &= z + \frac{1 + \left(\dfrac{dz}{dx}\right)^2}{\dfrac{d^2z}{dx^2}} = z + \frac{\left[1 + \left(\dfrac{2\kappa_{\mathrm{r}}\kappa_{\mathrm{i}}x}{-\beta_{zr}}\right)^2\right]}{\dfrac{2\kappa_{\mathrm{r}}\kappa_{\mathrm{i}}}{-\beta_{zr}}} \\
&= z - \frac{\beta_{zr}}{2\kappa_{\mathrm{r}}\kappa_{\mathrm{i}}}\left[1 + \left(\frac{2\kappa_{\mathrm{r}}\kappa_{\mathrm{i}}}{-\beta_{zr}}\right)^2 x^2\right]
\end{aligned} \tag{2.1-5k}
$$

$$
R(0) = \left(\frac{-\beta_{zr}}{2\kappa_{\mathrm{r}}}\right)\frac{1}{\kappa_{\mathrm{i}}}, \quad x_C\left(0,0\right) = 0, \quad z_C\left(0,0\right) = \left(\frac{-\beta_{zr}}{2\kappa_{\mathrm{r}}}\right)\frac{1}{\kappa_{\mathrm{i}}}, \quad \beta_{zr} > 0, \quad \kappa_{\mathrm{r}} > 0
$$

$$ \tag{2.1-5l} $$

因此，当 $\kappa_{\mathrm{i}} > 0$ 时，等相面对前进方向是外凸柱面，而当 $\kappa_{\mathrm{i}} < 0$ 时，等相面对前进方向是内凹柱面，曲率圆的中心分别在等相面之后和之前的 z 轴附近。等相面速度的 z 和 x 分量分别为

$$
\left.\frac{\partial \Phi_2}{\partial t}\right|_{x=常数} = \omega - \beta_{zr}\frac{\partial z}{\partial t} = 0 \rightarrow v_z = \left.\frac{\partial z}{\partial t}\right|_x = \frac{\omega}{\beta_{zr}} = \frac{\omega}{k_0\overline{N}_m} = \frac{c_0}{\overline{N}_m} \tag{2.1-5m}
$$

$$\left.\frac{\partial \Phi_2}{\partial t}\right|_{z=常数} \approx \omega - \frac{\partial}{\partial t} \tan^{-1}\left[\tan\left(\kappa_r x\right)\tanh\left(\kappa_i x\right)\right]$$

$$= \omega - \frac{\partial}{\partial x}\tan^{-1}\left[\tan\left(\kappa_r x\right)\tanh\left(\kappa_i x\right)\right]\frac{\mathrm{d}x}{\mathrm{d}t}$$

$$\approx \omega - \frac{2\kappa_r \kappa_i x}{1+\left(\kappa_r \kappa_i x^2\right)^2}\frac{\mathrm{d}x}{\mathrm{d}t} = 0 \rightarrow v_x = \left.\frac{\mathrm{d}x}{\mathrm{d}t}\right|_z$$

$$\approx \omega\frac{1+\left(\kappa_r \kappa_i x^2\right)^2}{2\kappa_r \kappa_i x} \approx \frac{\omega}{2\kappa_r \kappa_i x} \tag{2.1-5n}$$

2) 导波模式电场在上限制层中的分布

$x \geqslant \dfrac{d}{2}$:

$$\tilde{\gamma}_j = \tilde{\gamma}_{jr} + \mathrm{i}\tilde{\gamma}_{ji}, \quad j = 1,3$$

$$E_{y1}(x,z,t) = \tilde{A}\cos\left(\frac{\tilde{\kappa}d}{2} - \tilde{\phi}\right)\mathrm{e}^{-\tilde{\gamma}_1\left(x-\frac{d}{2}\right)}\mathrm{e}^{\mathrm{i}\left(\omega t - \bar{\beta}_z z\right)}$$

$$= \sqrt{A_r^2 + A_i^2}\, C_2\left(\frac{d}{2}\right)\mathrm{e}^{\beta_{zi}z - \gamma_{1r}\left(x-\frac{d}{2}\right)}\mathrm{e}^{\mathrm{i}\Phi_1(x,z,t)}$$

$$\Phi_1(x,z,t) = \Phi_2\left(\frac{d}{2},z,t\right) - \gamma_{1i}\left(x-\frac{d}{2}\right) \tag{2.1-6a}$$

$$\Phi_1(x,z,t) = \omega t - \beta_{zr}z - \tan^{-1}\left[\tan\left(\frac{\kappa_r d}{2} - \phi_r\right)\tanh\left(\frac{\kappa_i d}{2} - \phi_i\right)\right]$$

$$+ \tan^{-1}\left(\frac{A_i}{A_r}\right) - \gamma_{1i}\left(x-\frac{d}{2}\right) \tag{2.1-6b}$$

$$K_1 \equiv -\tan^{-1}\left[\tan\left(\frac{\kappa_r d}{2} - \phi_r\right)\tanh\left(\frac{\kappa_i d}{2} - \phi_i\right)\right] + \tan^{-1}\left(\frac{A_i}{A_r}\right) + \frac{\gamma_{1i}d}{2} = 0 \tag{2.1-6c}$$

$$\Phi_1 = \omega t + K_1 - \beta_{zr}z - \gamma_{1i}x = C \rightarrow \beta_{zr}z + \gamma_{1i}x = \omega t + K_1 - C, C \text{ 是常数} \tag{2.1-6d}$$

因此在上限制层中的等相面是平行面上的一条斜线, 其斜率、截距和相速分别为

$$m_1 \equiv \frac{\mathrm{d}z}{\mathrm{d}x} = -\frac{\gamma_{1i}}{\beta_{zr}}, \quad x_{01} \equiv x|_{z=0} = \frac{\omega t - C}{\gamma_{1i}}, \quad z_{01} \equiv z|_{x=0} = \frac{\omega t - C}{\beta_{zr}} \tag{2.1-6e}$$

$$\frac{\partial \Phi_1}{\partial t} = \omega - \beta_{zr}\frac{\partial z}{\partial t} - \gamma_{1i}\frac{\partial x}{\partial t} = 0 \rightarrow v_{x,1} = \left.\frac{\partial x}{\partial t}\right|_z = \frac{\omega}{\gamma_{1i}}, \quad v_{z,1} = \left.\frac{\partial z}{\partial t}\right|_x = \frac{\omega}{\beta_{zr}} \tag{2.1-6f}$$

3) 导波模式电场在下限制层内的分布

$x \leqslant -\dfrac{d}{2}$:

$$E_{y3}(x,z,t) = \tilde{A}\cos\left(\frac{\tilde{\kappa}d}{2} + \tilde{\phi}\right)\mathrm{e}^{\tilde{\gamma}_3\left(x+\frac{d}{2}\right)}\mathrm{e}^{\mathrm{i}\left(\omega t - \bar{\beta}_z z\right)}$$

$$= \sqrt{A_r^2 + A_i^2} C_2 \left(-\frac{d}{2}\right) e^{\beta_{zi} z + \gamma_{3r} \left(x + \frac{d}{2}\right)} e^{i\Phi_3(x,z,t)},$$

$$\Phi_3(x,z,t) = \Phi_2\left(-\frac{d}{2}, z, t\right) + \gamma_{3i}\left(x + \frac{d}{2}\right) \tag{2.1-6g}$$

$$\Phi_3(x,z,t) = \omega t - \beta_{zr} z - \tan^{-1}\left[\tan\left(\frac{\kappa_r d}{2} + \phi_r\right) \tanh\left(\frac{\kappa_i d}{2} + \phi_i\right)\right]$$
$$+ \tan^{-1}\left(\frac{A_i}{A_r}\right) + \gamma_{3i}\left(x + \frac{d}{2}\right) \tag{2.1-6h}$$

$$K_3 \equiv -\tan^{-1}\left[\tan\left(\frac{\kappa_r d}{2} + \phi_r\right) \tanh\left(\frac{\kappa_i d}{2} + \phi_i\right)\right] + \tan^{-1}\left(\frac{A_i}{A_r}\right) + \frac{\gamma_{3i} d}{2} = 0 \tag{2.1-6i}$$

$$\Phi_3 = \omega t + K_3 - \beta_{zr} z + \gamma_{3i} x = C \rightarrow \beta_{zr} z - \gamma_{3i} x = \omega t + K_3 - C \quad C \text{是常数} \tag{2.1-6j}$$

因此在下限制层中的等相面是平行面上的一条斜线,其斜率、截距和相速分别为

$$m_3 \equiv \frac{dz}{dx} = \frac{\gamma_{3i}}{\beta_{zr}}, \quad x_{03} \equiv x|_{z=0} = -\frac{\omega t + K_3 - C}{\gamma_{3i}},$$

$$z_{03} \equiv z|_{x=0} = \frac{\omega t + K_3 - C}{\beta_{zr}} \tag{2.1-6k}$$

$$\frac{\partial \Phi_3}{\partial t} = \omega - \beta_{zr}\frac{\partial z}{\partial t} + \gamma_{1i}\frac{\partial x}{\partial t} = 0 \rightarrow v_{x,3} = \left.\frac{\partial x}{\partial t}\right|_z = -\frac{\omega}{\gamma_{1i}}, \quad v_{z,3} = \left.\frac{\partial z}{\partial t}\right|_x = \frac{\omega}{\beta_{zr}} \tag{2.1-6l}$$

表明对于正增益波导,$\gamma_{1i}, \gamma_{3i} > 0$,由式 (2.1-5f,l),导波模式在上下限制层的等相面分别是负斜线和正斜线,在芯层是连接这两个平面的曲线,因此一起形成柱轴平行于 y 轴的向前凸的柱面。反之,对于负增益波导,$\gamma_{1i}, \gamma_{3i} < 0$,导波模式在上下限制层的等相面分别是正斜线和负斜线,在芯层是连接这两个平面的曲线,因此一起形成柱轴平行于 y 轴的向前凹的柱面。如**图 2.1-3A**所示。

4) 导波模式在传播过程中的光程差

$$\Phi_1(x, z_1, t) = \omega t - \beta_{zr} z_1 - \tan^{-1}\left[\tan(\kappa_r x - \phi_r)\tanh(\kappa_i x - \phi_i)\right]$$
$$+ \tan^{-1}(A_i/A_r) = C_1 \tag{2.1-6m}$$

$$\Phi_2(x, z_2, t) = \omega t - \beta_{zr} z_2 - \tan^{-1}\left[\tan(\kappa_r x - \phi_r)\tanh(\kappa_i x - \phi_i)\right]$$
$$+ \tan^{-1}(A_i/A_r) = C_2 \tag{2.1-6n}$$

$$\Delta\Phi_2 \equiv \Phi_2(x, z_2, t) - \Phi_2(x, z_1, t) = -\beta_{zr} z_2 - (-\beta_{zr} z_1)$$
$$= -\beta_{zr}(z_2 - z_1) = -k_0 \overline{N}_m \cdot \Delta z \tag{2.1-6o}$$

$$\Delta\Phi_1 \equiv \Phi_1(x, z_2, t) - \Phi_1(x, z_1, t) = -\beta_{zr}(z_2 - z_1) = -k_0 \overline{N}_m \cdot \Delta z \tag{2.1-6p}$$

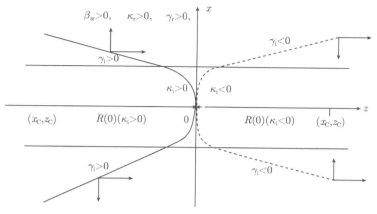

图 2.1-3A 三层平板波导中导波模式的等相面结构

$$\Delta \Phi_3 \equiv \Phi_3\left(x, z_2, t\right) - \Phi_3\left(x, z_1, t\right) = -\beta_{zr}\left(z_2 - z_1\right) = -k_0 \overline{N}_m \cdot \Delta z \qquad (2.1\text{-}6\text{q})$$

表明模式光从 z_1 到 z_2 之间的相位差。

[定理 4]   三层平板波导中导波模式等相面的形状直接而敏感地反映波导的机制。在纯折射率波导中,导波模式的等相面是垂直于纵 (z) 轴传播方向的平面,其等相面的运动速度只有沿纵轴传播方向的分量。在纯增益波导中,导波模式的等相面在芯 (有源) 层中是以侧向 (y) 轴为柱轴的向前突出的柱面,有沿 z 轴正向的相速分量,上下光限制层中是与其连接翼状平面共同形成向前的箭头状、分别有沿 x 轴正向向上和反向向下的相速分量。在纯反增益波导中则相反,导波模式的等相面在芯 (有源) 层中对传播是向后凹入的,有沿 z 轴正向的相速分量,上下光限制层中是与其连接翼状平面共同形成向后的箭头状、分别有沿 x 轴正向向上和反向向下的相速分量。

[引理 4.1]   光程差即光所历经路程的相位差,是光经历路程与该方向的传播常数之积的负值。

第三讲学习重点

三层平板波导是一切波导结构的原型,其结构最简单却包含波导结构的所有基本要素和基本作用。因此是研究波导理论和设计的最佳最有效的切入点。本讲主要分析在三层平板波导中所能存在的全部模式的两种:馈入模式和导波模式。需要掌握好的重点内容是:

(1) 三层平板波导的特点及其在模式理论中的意义和典型性,其理论分析方法。

(2) 三层平板波导模式的分类及其存在条件，馈入模式的存在及其特点的导出。

(3) 三层平板波导中导波模式的结构，即振幅、相位、等相面、光程差的分布及其导出。

(4) 波导传播模式与平面波模式的比较，其差别和相同点。

习 题 三

Ex.3.1 **(a)** 何谓三层平板波导及其电磁模型？何谓导波模式、辐射模式、衬底模式、空气模式、馈入模式及其各自的特点？为什么三层平板波导中不可能存在横向电磁场模式和混合模式？**(b)** 直腔方程组 (1.2-1o~t) 在平板波导情况有何对称性或对偶性？与直腔柱形波导是否相同？或有何异同？有何应用？例如，已知平板波导的一个 TE 模是否可以或如何由对称性或对偶性得出其相应的 TM 模？(比较式 (2.1-5k) 和式 (2.1-5l) 等)。**(c)** 分别对平面波的八个特点 (1.1.2 节) 进行解析证明，并精确详尽列表比较平面波和导波模式的异同。

Ex.3.2 **(a)** 证明 "如果在界面上没有面电荷和面电流分布，则光频情况下，**电力线**通过界面时总有所偏折，而**磁力线**通过界面时则不偏折"。**(b)** 证明关于边界条件的 [**引理 3.1**]。**(c)** 证明导波模式场在芯层的分布可以写成如下的三种等价形式：

$$\tilde{A}_1 \mathrm{e}^{\mathrm{i}\tilde{\kappa}x} + \tilde{A}_2 \mathrm{e}^{-\mathrm{i}\tilde{\kappa}x} = \tilde{A}_\mathrm{e} \cos\left(\tilde{\kappa}x\right) + \tilde{A}_\mathrm{o} \sin\left(\tilde{\kappa}x\right) = \tilde{A} \cos\left(\tilde{\kappa}x - \tilde{\phi}\right)$$

并说明其中各个复数量的含义。

3. 本征方程的各种形式及其相应的截止公式[4.1~4.5]

组成直柱波导的基本方程组的 2 个光波电磁场纵向分量的波动方程和 4 个横向分量方程都包含一个因子：$\tilde{k}^2 - \tilde{\beta}_z^2$，其中，$\tilde{k}^2 \equiv \omega^2 \mu_0 \tilde{\varepsilon} = k_0^2 \tilde{n}^2$。则 $\tilde{k}$ 相当于平面波在 $\tilde{n}$ 介质中的波矢，其沿 z 轴方程的分量为 $\tilde{\beta}_z$，如**图 2.1-3B(a)** 所示。如将波矢 $\tilde{\boldsymbol{k}}$ 与 xz 平面重合则其 y 分量 $\tilde{\beta}_y$ 为零，其 x 分量即上述公因子的开方：$\tilde{\beta}_x \equiv \tilde{\kappa} = \sqrt{\tilde{k}^2 - \tilde{\beta}_z^2}$，从而构成如**图 2.1-1B** 所示的只存在于简谐波函数中的**芯层波矢三角形**。实际上，$\tilde{\beta}_z$ 是决定任何波导结构中全部波函数的唯一参数，称为**本征值**。

由于两个简谐函数叠加而成的芯层光模波函数必须在上下边界与上下**限制层**中的光模波函数相连接，因此其叠加系数之比 A_2/A_1 分别满足上下边界条件的结果必须相等，从而得出决定光模波函数**本征值**的**本征方程**。光模波函数可有不同表述形式，其本征值可以是光模的**传播常数**(或 $\beta_z/k_0 = \bar{N}_m$ **模式折射率**)，或光模所含**平面波**对界面法线的**入射角** θ_i (**图 2.1-3B(a)**, **(b)**)。因此在波导中得以传播的电磁波模式的本征方程也有相应的两种基本形式。

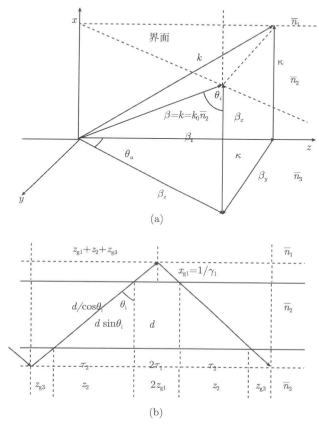

(a)

(b)

图 2.1-3B　传播矢量入射到界面上的过程及其各个分量

1) 本征方程的基本形式

三层平板波导模式的**系统电磁理论解法**的优点是其成熟的程式化严谨求解过程:

第一步,给定**电磁模型** $(\tilde{n}_j, d)$。

第二步,写出各层包含**本征值**的**波函数**(电磁场分量在各层的空间分布)。由于假设上下限制层无限厚,不必考虑其**返回波**,因此包含波函数的 4 个振幅系数,如"模式波函数及其本征方程"中 A_1, A_2 (或 A, ϕ),B_1, B_3,4 个电磁场系数和传播参数 $\kappa, \gamma_1, \gamma_3$ 所共同包含的 1 个作为本征值的传播常数 β_z 共 5 个未知数。根据模式电磁场在远处为 0、有限大和无限大而分为导波模式,辐射模式和馈入模式,而用正弦、余弦、衰减指数、增长指数函数表述。

第三步，分别写出电磁场切向分量满足上下**边界条件**的包含 5 个未知数的 4 个关系式。因此只能确定电磁场分量的 3 个比例系数，如 A_2/A_1、B_1/A_1、B_3/A_1，或 ϕ、B_1/A、B_3/A，其中，A 或 A_1 则必须由另一个独立的物理条件，如**能量守恒条件**或给定功率值确定。

第四步，解析解出 3 个比例系数的 4 个只包含同一个未知数，即本征值 β_z 的波函数**解式**。

第五步，消去电磁场系数，例如，令 A、ϕ 的两个解式相等 (或相除)，得出只包含同一个未知数 β_z 的**本征方程**，并可将其化为各种所需的形式。

第六步，由本征方程**数值解**出所有可能的本征值 $\beta_{z,m}$。对于分立的、个数有限的导波模式，不同的本征值按数值从大到小，依次用**分立模阶** $m = 0, 1, 2, 3, \cdots$ 标志。对于无限多个辐射模式，则用**连续模阶**标记。

第七步，检验解的**正确性**。可由代入所得出的 $\beta_{z,m}$ 后，例如，A、ϕ 的两个解式的数值是否相等、各层的电场波函数及其斜率在各个界面上是否正确连接 (包括应有的连续或不连续)、各阶模式的波峰的个数是否为 $m+1$ 来鉴别。

上述**第五步**中提到，为了便于求解，或解的通用化，或揭示其物理内涵，可将本征方程表为某种**通用形式**。根据所采用通用参数的不同，同一本征方程可以具有多种多样的通用形式。

例如，由式 (2.1-4) 可将 TE 和 TM 导波模式以传播常数 β_z 为本征值的本征方程表为

$$\tan\left(\frac{\tilde{\kappa}d}{2} - \tilde{\phi}\right) = \tilde{\varepsilon}_{21}\frac{\tilde{\gamma}_1}{\tilde{\kappa}}, \quad \tan\left(\frac{\tilde{\kappa}d}{2} + \tilde{\phi}\right) = \tilde{\varepsilon}_{23}\frac{\tilde{\gamma}_3}{\tilde{\kappa}}, \quad \tilde{\varepsilon}_{2j} = \begin{cases} 1, \quad j = 1, 3 & \text{(TE)} \\ \dfrac{\tilde{\varepsilon}_2}{\tilde{\varepsilon}_j} = \dfrac{\tilde{n}_2^2}{\tilde{n}_j^2}, & \text{(TM)} \end{cases}$$

(2.1-7a)

这是联立的两个复数超越方程，可以确定两个待定的未知复数 $\tilde{\beta}_z$ 和 $\tilde{\phi}$。

2) 角度形式

波导中传播模式可由其波性的传播常数标识，也可由描述构成模式的平面波传播方向的光线对界面法线夹角标识。后者可由上述式 (2.1-7a) 导出如下：

$$\tan(\tilde{\kappa}d) = \tan\left[\left(\frac{\tilde{\kappa}d}{2} + \tilde{\phi}\right) + \left(\frac{\tilde{\kappa}d}{2} - \tilde{\phi}\right)\right]$$

$$= \frac{\tan\left(\frac{\tilde{\kappa}d}{2} + \tilde{\phi}\right) + \tan\left(\frac{\tilde{\kappa}d}{2} - \tilde{\phi}\right)}{1 - \tan\left(\frac{\tilde{\kappa}d}{2} + \tilde{\phi}\right) \cdot \tan\left(\frac{\tilde{\kappa}d}{2} - \tilde{\phi}\right)} = \frac{\tilde{\varepsilon}_{23}\frac{\tilde{\gamma}_3}{\tilde{\kappa}} + \tilde{\varepsilon}_{21}\frac{\tilde{\gamma}_1}{\tilde{\kappa}}}{1 - \tilde{\varepsilon}_{23}\frac{\tilde{\gamma}_3}{\tilde{\kappa}}\tilde{\varepsilon}_{21}\frac{\tilde{\gamma}_1}{\tilde{\kappa}}}$$

(2.1-7b′)

$$\tan(2\tilde{\phi}) = \tan\left[\left(\frac{\tilde{\kappa}d}{2} + \tilde{\phi}\right) - \left(\frac{\tilde{\kappa}d}{2} - \tilde{\phi}\right)\right]$$

$$= \frac{\tan\left(\dfrac{\tilde{\kappa}d}{2} + \tilde{\phi}\right) - \tan\left(\dfrac{\tilde{\kappa}d}{2} - \tilde{\phi}\right)}{1 + \tan\left(\dfrac{\tilde{\kappa}d}{2} + \tilde{\phi}\right) \cdot \tan\left(\dfrac{\tilde{\kappa}d}{2} - \tilde{\phi}\right)} = \frac{\tilde{\varepsilon}_{23}\dfrac{\tilde{\gamma}_3}{\tilde{\kappa}} - \tilde{\varepsilon}_{21}\dfrac{\tilde{\gamma}_1}{\tilde{\kappa}}}{1 + \tilde{\varepsilon}_{23}\dfrac{\tilde{\gamma}_3}{\tilde{\kappa}}\tilde{\varepsilon}_{21}\dfrac{\tilde{\gamma}_1}{\tilde{\kappa}}} \tag{2.1-7c'}$$

$$\tan\left(\tilde{\kappa}d\right) = \frac{\tilde{\kappa} \cdot (\tilde{\varepsilon}_{23}\tilde{\gamma}_3 + \tilde{\varepsilon}_{21}\tilde{\gamma}_1)}{\tilde{\kappa}^2 - \tilde{\varepsilon}_{23}\tilde{\gamma}_3 \cdot \tilde{\varepsilon}_{21}\tilde{\gamma}_1}, \quad \tan\left(2\tilde{\phi}\right) = \frac{\tilde{\kappa} \cdot (\tilde{\varepsilon}_{23}\tilde{\gamma}_3 - \tilde{\varepsilon}_{21}\tilde{\gamma}_1)}{\tilde{\kappa}^2 + \tilde{\varepsilon}_{23}\tilde{\gamma}_3 \cdot \tilde{\varepsilon}_{21}\tilde{\gamma}_1} \tag{2.1-7b, c}$$

另一方面, 对**主值**, 式 (2.1-7a) 可以写成

$$\frac{\tilde{\kappa}d}{2} - \tilde{\phi} = \tan^{-1}\left(\tilde{\varepsilon}_{21}\frac{\tilde{\gamma}_1}{\tilde{\kappa}}\right) \equiv \tilde{\phi}_1, \quad \frac{\tilde{\kappa}d}{2} + \tilde{\phi} = \tan^{-1}\left(\tilde{\varepsilon}_{23}\frac{\tilde{\gamma}_3}{\tilde{\kappa}}\right) \equiv \tilde{\phi}_3 \tag{2.1-7d}$$

其中, $\tilde{\phi}_1$ 和 $\tilde{\phi}_3$ 只是 $\tilde{\beta}_z$ 的函数。将上述两式相加和相减并考虑到正切函数的周期多值性 $(m\pi/2)$, 分别得出

$$\tilde{\kappa}d - m\pi = \tilde{\phi}_3 + \tilde{\phi}_1, \quad 2\tilde{\phi} - m\pi = \tilde{\phi}_3 - \tilde{\phi}_1, \quad m = 0, 1, 2, 3\cdots \tag{2.1-7e}$$

由三角函数的关系:

$$\tan\left(\theta - \frac{\pi}{2}\right) = -\cot\theta = -\frac{1}{\tan\theta}, \tag{2.1-7f}$$

式 (2.1-7e) 可化为

$$\begin{aligned} \tilde{\kappa}d &= (m+1)\pi + \left[\tan^{-1}\left(\tilde{\varepsilon}_{23}\frac{\tilde{\gamma}_3}{\tilde{\kappa}}\right) - \frac{\pi}{2}\right] + \left[\tan^{-1}\left(\tilde{\varepsilon}_{21}\frac{\tilde{\gamma}_1}{\tilde{\kappa}}\right) - \frac{\pi}{2}\right] \\ &= (m+1)\pi - \tilde{\phi}_3' - \tilde{\phi}_1' \end{aligned} \tag{2.1-7g}$$

$$\begin{aligned} \tilde{\phi} &= \frac{m\pi}{2} + \frac{\tilde{\phi}_3 - \tilde{\phi}_1}{2} = \frac{m\pi}{2} + \frac{1}{2}\left[\tan^{-1}\left(\tilde{\varepsilon}_{23}\frac{\tilde{\gamma}_3}{\tilde{\kappa}}\right) - \frac{\pi}{2}\right] - \frac{1}{2}\left[\tan^{-1}\left(\tilde{\varepsilon}_{21}\frac{\tilde{\gamma}_1}{\tilde{\kappa}}\right) - \frac{\pi}{2}\right] \\ &= \frac{m\pi}{2} - \frac{\tilde{\phi}_3'}{2} + \frac{\tilde{\phi}_1'}{2} \end{aligned} \tag{2.1-7h}$$

其中, 作为 $\tilde{\beta}_z$ 的函数的本征角为

$$\tilde{\phi}_j' \equiv \tan^{-1}\left(\tilde{\varepsilon}_{j2}\frac{\tilde{\kappa}}{\tilde{\gamma}_j}\right), \quad j = 1, 3 \tag{2.1-7i}$$

3) 归一化形式

引进**复数归一化厚度或频率**:

$$\tilde{V}_j \equiv k_0 d\sqrt{\tilde{n}_2^2 - \tilde{n}_j^2} = \frac{\omega d}{c_0}\sqrt{\tilde{n}_2^2 - \tilde{n}_j^2} \equiv 2\tilde{D}_j, \quad j = 1, 3 \tag{2.1-7j}$$

是由给定的电磁模型 $(\tilde{n}_j, d)$ 和给定或待定的光模频率或波长 $(k_0 = \omega/c_0 = 2\pi/\lambda_0)$ 确定的量。则

$$\tilde{V}_j^2 - (\tilde{\kappa}d)^2 \equiv k_0^2 d^2 \left(\tilde{n}_2^2 - \tilde{n}_j^2\right) - \left(k_0^2\tilde{n}_2^2 - \tilde{\beta}_z^2\right)d^2 = \left(\tilde{\beta}_z^2 - k_0^2\tilde{n}_j^2\right)d^2 = \left(\tilde{\gamma}_j d\right)^2 \tag{2.1-7k}$$

也是 $\tilde{\beta}_z$ 的函数。因而式 (2.1-7g,h) 可化为

$$
\begin{aligned}
\tilde{\kappa}d &= (m+1)\pi - \tan^{-1}\left(\tilde{\varepsilon}_{32}\frac{\tilde{\kappa}}{\tilde{\gamma}_3}\right) - \tan^{-1}\left(\tilde{\varepsilon}_{12}\frac{\tilde{\kappa}}{\tilde{\gamma}_1}\right) \\
&= (m+1)\pi - \tan^{-1}\left(\frac{\tilde{\varepsilon}_{32}\cdot\tilde{\kappa}d}{\sqrt{\tilde{V}_3^2 - (\tilde{\kappa}d)^2}}\right) - \tan^{-1}\left(\frac{\tilde{\varepsilon}_{12}\cdot\tilde{\kappa}d}{\sqrt{\tilde{V}_1^2 - (\tilde{\kappa}d)^2}}\right)
\end{aligned}
\tag{2.1-7l}
$$

$$
\tilde{\phi} = \frac{m\pi}{2} - \frac{1}{2}\tan^{-1}\left(\frac{\tilde{\varepsilon}_{32}\cdot\tilde{\kappa}d}{\sqrt{\tilde{V}_3^2 - (\tilde{\kappa}d)^2}}\right) + \frac{1}{2}\tan^{-1}\left(\frac{\tilde{\varepsilon}_{12}\cdot\tilde{\kappa}d}{\sqrt{\tilde{V}_1^2 - (\tilde{\kappa}d)^2}}\right)
\tag{2.1-7m}
$$

由只含 $\tilde{\beta}_z$ 的式 (2.1-7l) 用数值法解出 $\tilde{\beta}_z$,即可代入式 (2.1-7m) 得出 $\tilde{\phi}$。引进复模式折射率 $\tilde{N}$、归一化复模式折射率 $\tilde{b}$、TE 不对称参数 $\tilde{a}_E$、TM 不对称参数 $\tilde{a}_M$:

$$
\tilde{N} \equiv \frac{\tilde{\beta}_z}{k_0}, \quad \tilde{b} \equiv \frac{\tilde{N}^2 - \tilde{n}_3^2}{\tilde{n}_2^2 - \tilde{n}_3^2}, \quad \tilde{a}_E \equiv \frac{\tilde{n}_3^2 - \tilde{n}_1^2}{\tilde{n}_2^2 - \tilde{n}_3^2}, \quad \tilde{a}_M \equiv \frac{\tilde{n}_2^4}{\tilde{n}_1^4}\tilde{a}_E
\tag{2.1-7n}
$$

还可将本征方程化为**通用形式**。结合式 (2.1-3c′) 和式 (2.1-7j,k,n),得出

$$
\begin{aligned}
\tilde{\kappa}d &= d\sqrt{k_0^2\tilde{n}_2^2 - \tilde{\beta}_z^2} = k_0 d\sqrt{\tilde{n}_2^2 - \tilde{N}^2} \\
&= k_0 d\sqrt{\tilde{n}_2^2 - \tilde{n}_3^2}\sqrt{\frac{\tilde{n}_2^2 - \tilde{n}_3^2 + \tilde{n}_3^2 - \tilde{N}^2}{\tilde{n}_2^2 - \tilde{n}_3^2}} = \tilde{V}_3\sqrt{1 - \tilde{b}}
\end{aligned}
\tag{2.1-7o}
$$

$$
\begin{aligned}
\tilde{\gamma}_1 d &= d\sqrt{\tilde{\beta}_z^2 - k_0^2\tilde{n}_1^2} = k_0 d\sqrt{\tilde{N}^2 - \tilde{n}_1^2} \\
&= k_0 d\sqrt{\tilde{n}_2^2 - \tilde{n}_3^2}\sqrt{\frac{\tilde{n}_3^2 - \tilde{n}_1^2 + \tilde{N}^2 - \tilde{n}_3^2}{\tilde{n}_2^2 - \tilde{n}_3^2}} = \tilde{V}_3\sqrt{\tilde{a}_E + \tilde{b}}
\end{aligned}
\tag{2.1-7p}
$$

$$
\begin{aligned}
\tilde{\gamma}_3 d &= d\sqrt{\tilde{\beta}_z^2 - k_0^2\tilde{n}_3^2} = k_0 d\sqrt{\tilde{N}^2 - \tilde{n}_3^2} \\
&= k_0 d\sqrt{\tilde{n}_2^2 - \tilde{n}_3^2}\sqrt{\frac{\tilde{N}^2 - \tilde{n}_3^2}{\tilde{n}_2^2 - \tilde{n}_3^2}} = \tilde{V}_3\sqrt{\tilde{b}}
\end{aligned}
\tag{2.1-7q}
$$

则本征方程 (2.1-7e,h) 将分别化为归一化通用形式的本征方程:

$$
\begin{aligned}
\tilde{\kappa}d - m\pi = \tilde{\phi}_3 + \tilde{\phi}_1 \to \tilde{V}_3\sqrt{1 - \tilde{b}} &= m\pi + \tan^{-1}\left(\tilde{\varepsilon}_{23}\sqrt{\frac{\tilde{b}}{1 - \tilde{b}}}\right) \\
&+ \tan^{-1}\left(\tilde{\varepsilon}_{21}\sqrt{\frac{\tilde{a}_E + \tilde{b}}{1 - \tilde{b}}}\right)
\end{aligned}
\tag{2.1-7r}
$$

$$
2\tilde{\phi} - m\pi = \tilde{\phi}_3 - \tilde{\phi}_1 \to \tilde{\phi} = \frac{m\pi}{2} + \frac{1}{2}\tan^{-1}\left(\tilde{\varepsilon}_{23}\sqrt{\frac{\tilde{b}}{1 - \tilde{b}}}\right)
$$

$$-\frac{1}{2}\tan^{-1}\left(\tilde{\varepsilon}_{21}\sqrt{\frac{\tilde{a}_{\mathrm{E}}+\tilde{b}}{1-\tilde{b}}}\right) \tag{2.1-7s}$$

对于**对称**三层平板波导, $\tilde{n}_3=\tilde{n}_1 \rightarrow \tilde{a}_{\mathrm{E}}=0, \tilde{\varepsilon}_{23}=\tilde{\varepsilon}_{21}$, 式 (2.1-7r,s) 分别简化为

$$\tilde{\phi}=\phi_{\mathrm{r}}+\mathrm{i}\phi_{\mathrm{i}}=\frac{m\pi}{2} \rightarrow \phi_{\mathrm{r}}=\frac{m\pi}{2},$$

$$\phi_{\mathrm{i}}=0 \rightarrow \tan\left(\frac{\tilde{V}_3}{2}\sqrt{1-\tilde{b}}-\frac{m\pi}{2}\right)=\tilde{\varepsilon}_{21}\sqrt{\frac{\tilde{b}}{1-\tilde{b}}} \tag{2.1-7t}$$

即 1 个复数超越方程确定 1 个复数未知数 —— 本征值 $\tilde{\beta}_z$ 或 $\tilde{N}$。

对于**纯折射率波导**, $\tilde{n}_j=\bar{n}_j(j=1,2,3)$ 的 TE 模式, 或 $\bar{n}_{2j}\approx 1$ 的 TM 模式, 本征方程 (2.1-7r,s) 的数值解如**图 2.1-3C** 所示, 可见, 对于给定的波导结构 V_3, 其 $\tilde{b}=b$ 将为**分立值**。

在归一化通用公式中的变量包含一系列参数, 因此, 通用公式对一定变量的结果, 可以由许多不同的参数组合来实现。例如, $V_3 \equiv k_0 d\sqrt{\bar{n}_2^2-\bar{n}_3^2}$ 也包含光波长 λ_0、有源层厚度 d、有源层折射率 $\bar{n}_2$ 和下限制层折射率 $\bar{n}_3$ 四个参数。受此约束, 如需要控制某些参数就将影响到其他参数。例如, 要计算给定 $\lambda_0,\bar{n}_2$, 在一定的 a_{E} 和 $\bar{n}_3/\bar{n}_2$ 下, b 或 Γ 随 V_3 的变化, 则 $\bar{n}_3$ 和 $\bar{n}_1$ 只能由 d 来调节, 因为

$$\lambda_0,a_{\mathrm{E}},\bar{n}_2,\frac{\bar{n}_3}{\bar{n}_2},V_3 \rightarrow \bar{n}_3=\sqrt{\bar{n}_2^2-\frac{V_3}{k_0 d}}, \quad \bar{n}_1=\sqrt{(1+a_{\mathrm{E}})\bar{n}_3^2-a_{\mathrm{E}}\bar{n}_2^2} \tag{2.1-7u}$$

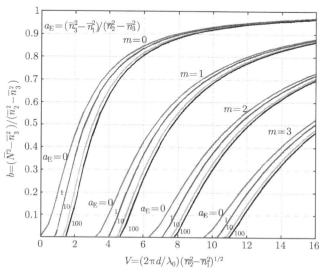

图 2.1-3C(a) 纯折射率三层平板波导的归一化 TE 模式折射率 b 随归一化厚度 V_1 的变化

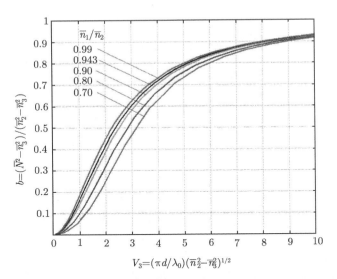

图 2.1-3C(b)　纯折射率三层平板波导归一化 TM_0 模式折射率 b 随归一化
厚度 V_3 的变化 ($a_E = 0$)

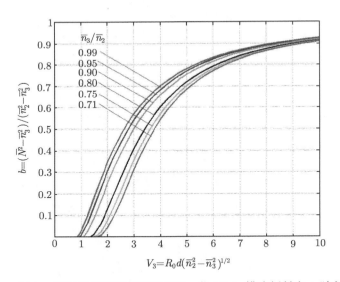

图 2.1-3C(c)　纯折射率三层平板波导归一化 TM_0 模式折射率 b 随归一化
厚度 V_3 的变化 ($a_E = 1$)

4) 模式的截止和模数

(1) 纯折射率三层平板波导: $\tilde{a}_E = a_E > 0 \rightarrow \bar{n}_3 > \bar{n}_1$。

当本征方程 (2.1-7r) 中出现**截止条件**:

$$\tilde{b} = b_{\mathrm{c,m}} = 0 \to \gamma_{3,c} = 0 \to \tilde{N} = \overline{N}_m = \bar{n}_3 \tag{2.1-8a}$$

则式 (2.1-7r) 化为

$$V_{3,c} \equiv k_0 d_{\mathrm{c,m}} \sqrt{\bar{n}_2^2 - \bar{n}_3^2} = m\pi + \tan^{-1} \varepsilon_{21} \sqrt{a_{\mathrm{E}}} \tag{2.1-8b}$$

其 $m = m_{\mathrm{ct}}$ 阶模式将被**截止 (cutoff)**，其**截止厚度**和波导可能存在的**总模数**分别为

$$d_{\mathrm{c,m}} = \frac{\left[m\pi + \tan^{-1} \left(\varepsilon_{21} \sqrt{\frac{\bar{n}_3^2 - \bar{n}_1^2}{\bar{n}_2^2 - \bar{n}_3^2}} \right) \right] \lambda_0}{2\pi \sqrt{\bar{n}_2^2 - \bar{n}_3^2}}$$

$$m_{\mathrm{ct}} \equiv \mathrm{Int} \left[\frac{2d}{\lambda_0} \sqrt{\bar{n}_2^2 - \bar{n}_3^2} - \frac{1}{\pi} \tan^{-1} \left(\varepsilon_{21} \sqrt{\frac{\bar{n}_3^2 - \bar{n}_1^2}{\bar{n}_2^2 - \bar{n}_3^2}} \right) \right] + 1, \quad \bar{n}_3 > \bar{n}_1 \tag{2.1-8c}$$

这时，波导中导波模式共有 m_{ct} 个，$\mathrm{Int}[\ ]$ 表示将方括号内的数值**截尾取整数**。

(2) 纯折射率三层平板波导： $\tilde{a}_{\mathrm{E}} = a_{\mathrm{E}} < 0 \to \bar{n}_1 > \bar{n}_3$。

当本征方程 (2.1-7r) 中出现**截止条件**：

由式 (2.1-7p) 得

$$\tilde{N} = \overline{N}_m \equiv \frac{\beta_{z,m}}{k_0} = \bar{n}_1 \to \gamma_{1,c} = 0 \to \tilde{b} = b = -a_{\mathrm{E}},$$

$$1 + a_{\mathrm{E}} \equiv 1 + \frac{\bar{n}_3^2 - \bar{n}_1^2}{\bar{n}_2^2 - \bar{n}_3^2} = \frac{\bar{n}_2^2 - \bar{n}_1^2}{\bar{n}_2^2 - \bar{n}_3^2} \to \frac{\bar{n}_3^2 - \overline{N}_m^2}{\bar{n}_2^2 - \bar{n}_3^2} = -b \tag{2.1-8d}$$

则由式 (2.1-7r) 得出其第 m 阶模式的**截止公式**为

$$V_{3,c}\sqrt{1 + a_{\mathrm{E}}} = m\pi + \tan^{-1} \left(\frac{\varepsilon_{23}\sqrt{-a_{\mathrm{E}}}}{\sqrt{1 + a_{\mathrm{E}}}} \right) + \tan^{-1} \left(\frac{\varepsilon_{21}\sqrt{a_{\mathrm{E}} - a_{\mathrm{E}}}}{\sqrt{1 + a_{\mathrm{E}}}} \right)$$

$$\to k_0 d_{\mathrm{c,m}} \sqrt{\bar{n}_2^2 - \bar{n}_3^2} \sqrt{\frac{\bar{n}_2^2 - \bar{n}_1^2}{\bar{n}_2^2 - \bar{n}_3^2}}$$

$$= m\pi + \tan^{-1} \left(\varepsilon_{23} \sqrt{\frac{\bar{n}_1^2 - \bar{n}_3^2}{\bar{n}_2^2 - \bar{n}_3^2}} \sqrt{\frac{\bar{n}_2^2 - \bar{n}_3^2}{\bar{n}_2^2 - \bar{n}_1^2}} \right)$$

$$\to k_0 d_{\mathrm{c,m}} \sqrt{\bar{n}_2^2 - \bar{n}_1^2} = m\pi + \tan^{-1} \left(\varepsilon_{23} \sqrt{\frac{\bar{n}_1^2 - \bar{n}_3^2}{\bar{n}_2^2 - \bar{n}_1^2}} \right) \tag{2.1-8e}$$

则 m 阶模的**截止厚度** $d_{\mathrm{c,m}}$ 和在该厚度所存在的**模数** m_{ct} 分别为

$$d_{\mathrm{c,m}} = \frac{\left(m\pi + \tan^{-1} \varepsilon_{23} \sqrt{\frac{\bar{n}_1^2 - \bar{n}_3^2}{\bar{n}_2^2 - \bar{n}_1^2}} \right) \lambda_0}{2\pi \sqrt{\bar{n}_2^2 - \bar{n}_1^2}}$$

$$m_{ct} = \text{Int}\left[\frac{2d}{\lambda_0}\sqrt{\bar{n}_2^2 - \bar{n}_1^2} - \frac{1}{\pi}\tan^{-1}\varepsilon_{23}\sqrt{\frac{\bar{n}_1^2 - \bar{n}_3^2}{\bar{n}_2^2 - \bar{n}_1^2}}\right] + 1, \quad \bar{n}_1 > \bar{n}_3 \tag{2.1-8f}$$

(3) 纯折射率对称三层平板波导： $\bar{n}_1 = \bar{n}_3$.

由式 (2.1-8c,f)，TE 和 TM 导波模式的**截止公式**皆简化为

$$d_{c,m} = \frac{m\lambda_0}{2\sqrt{\bar{n}_2^2 - \bar{n}_1^2}}, \quad m_{ct} = \text{Int}\left[\frac{2d}{\lambda_0}\sqrt{\bar{n}_2^2 - \bar{n}_1^2}\right] + 1, \quad \bar{n}_1 = \bar{n}_3 \tag{2.1-8g}$$

5) 其他形式

设

$$\tilde{u} \equiv \frac{\tilde{\kappa}d}{2}, \quad \tilde{v}_j \equiv \frac{\tilde{\gamma}_j d}{2}, \quad \tilde{D}_j \equiv \frac{k_o d}{2}\sqrt{\tilde{n}_2^2 - \tilde{n}_j^2}, \quad \tilde{\eta} \equiv \frac{\tilde{n}_2^2 - \tilde{n}_1^2}{\tilde{n}_2^2 - \tilde{n}_3^2} = 1 + \tilde{a}_E \tag{2.1-8h}$$

其中，$j = 1, 3$，则对于 **TE 模式**，式 (2.1-7e) 化为

$$2\tilde{u} = m\pi + \cos^{-1}\left(\frac{\tilde{u}}{\sqrt{\tilde{\eta} \cdot \tilde{D}_3}}\right) + \cos^{-1}\left(\frac{\tilde{u}}{\tilde{D}_3}\right) \tag{2.1-8i}$$

这是以 m、$\tilde{\eta}$、$\tilde{D}_3$ 为参数，只含 $\tilde{u}$ 的本征方程。只要解出 $\tilde{u}$，就可以求出

$$\tilde{v}_1 = \sqrt{\tilde{\eta}\tilde{D}_3^2 - \tilde{u}^2}, \quad \tilde{v}_3 = \sqrt{\tilde{D}_3^2 - \tilde{u}^2}, \quad \gamma_j = 2\tilde{v}_j/d, \quad \tilde{\kappa} = 2\tilde{u}/d, \quad \tilde{\beta}_z = \sqrt{k_0^2\tilde{n}_2^2 - \tilde{\kappa}^2} \tag{2.1-8j}$$

对于**纯折射率波导**，在**截止条件** $\beta_z = k_0\bar{n}_3 \rightarrow u = D_3$ 下，式 (2.1-8i) 给出的**截止公式**为

$$2D_{3c} = m\pi + \cos^{-1}\left(1/\sqrt{\eta}\right) \tag{2.1-8k}$$

而在**截止条件** $\beta_z = k_0\bar{n}_1 \rightarrow u = \sqrt{\eta}D_3$ 下，式 (2.1-8i) 给出的**截止公式**为

$$2\sqrt{\eta}D_{3c} = m\pi + \cos^{-1}\sqrt{\eta} \tag{2.1-8l}$$

这两个公式与式 (2.1-8b,e) 完全相同。

对于**对称三层折射率波导**，$D_1 = D_3 = D$，式 (2.1-8i,k,l) 分别化为

$$\cos\left(u - \frac{m\pi}{2}\right) = \frac{u}{D}, \quad u = D = \frac{m\pi}{2} \rightarrow d_{c,m} = \frac{m\lambda_0}{2\sqrt{\bar{n}_2^2 - \bar{n}_1^2}},$$

$$m_{ct} = \text{Int}\left[\frac{2d}{\lambda_0}\sqrt{\bar{n}_2^2 - \bar{n}_1^2}\right] + 1 \tag{2.1-8m}$$

以上的分析结果可以归结成下述定理：

[定理 5]   (1) 三层平板波导中作为本征值的模式传播常数或模式折射率随芯层厚度，或折射率差，或光频的增加而增加。

(2) 其增加的速率是先快后慢，即厚度、折射率差或光频较小时，增加较快，反之较慢。

(3) 低阶模式的本征值总是高于高阶的。

(4) 对于上下限制层的折射率相同的对称波导，基模从不截止；对于非对称波导，基模可以截止。

(5) 上下限制层的折射率差越大或芯层越厚则截止厚度越厚。折射率差和厚度越大，导波模式的数目越多，折射率差越小，本征值将越小。

(6) **TM** 与 **TE** 模的行为相似，数值大多相近。

[定理 6]   三层平板波导的导波模式的数目等于截止模式的阶。如导波模式的基模被截止，则该波导结构将不可能存在任何导波模式。

4. 复折射率对称三层平板波导精确解及其波导机制分类和在波导结构空间的分布

1) 本征方程

设芯层为有源层，其**增益系数**和**杂散吸收系数**分别为 g_2 和 α_{i2}，限制层的**吸收系数**为 $\alpha_{i3}=\alpha_{i1}=\alpha_i$，并设其**增光系数** k_j' 为

$$k_j' \equiv -\bar{k}_j \rightarrow k_1' = k_3' = \frac{-\alpha_i}{2k_0}, \quad k_2' = \frac{g_2 - \alpha_{i2}}{2k_0}, \quad \gamma_1 = \gamma_3 \equiv \gamma \tag{2.1-9a}$$

$$\Delta\bar{n} = \bar{n}_2 - \bar{n}_1, \quad \Delta k' = k_2' - k_1' = \frac{(g_2 - \alpha_{i2}) - (-\alpha_i)}{2k_0} \equiv \frac{\Delta g}{2k_0},$$
$$\Delta g \equiv g_2 - \alpha_{i2} + \alpha_i \equiv g_m \tag{2.1-9b}$$

$$\delta \equiv \frac{\Delta k'}{\Delta\bar{n}} = \frac{\lambda_0}{4\pi}\frac{\Delta g}{\Delta\bar{n}}, \quad \tilde{D} \equiv \frac{k_0 d}{2}\sqrt{\tilde{n}_2^2 - \tilde{n}_1^2}, \quad \tilde{D}^2 = \left|\tilde{D}\right|^2 e^{i\varphi} \tag{2.1-9c}$$

$$D \equiv \left|\tilde{D}\right| = \frac{k_0 d}{2}\left|\tilde{n}_2^2 - \tilde{n}_1^2\right|^{1/2} = \frac{k_0 d}{2}\left|\bar{n}_2^2 - k_2'^2 + i2\bar{n}_2 k_2' - \left(\bar{n}_1^2 - k_1'^2 + i2\bar{n}_1 k_1'\right)\right|^{1/2}$$
$$= \frac{k_0 d}{2}\left|\left[(\bar{n}_2^2 - k_2'^2) - (\bar{n}_1^2 - k_1'^2)\right] + i2\left(\bar{n}_2 k_2' - \bar{n}_1 k_1'\right)\right|^{1/2}$$
$$= \frac{k_0 d}{2}\left\{\left[(\bar{n}_2^2 - k_2'^2) - (\bar{n}_1^2 - k_1'^2)\right]^2 + 4\left(\bar{n}_2 k_2' - \bar{n}_1 k_1'\right)^2\right\}^{1/4}$$
$$\overset{|k_j'|\ll\bar{n}_j}{\approx} \frac{k_0 d}{2}\left\{\left[(\bar{n}_2^2) - (\bar{n}_1^2)\right]^2 + 4\left(\bar{n}_2 k_2' - \bar{n}_1 k_1'\right)^2\right\}^{1/4}$$
$$= \frac{k_0 \bar{n}_2 d}{2}\left\{\left[\frac{(\bar{n}_2 + \bar{n}_1)(\bar{n}_2 - \bar{n}_1)}{\bar{n}_2^2}\right]^2 + 4\left(\frac{\bar{n}_2 k_2' - \bar{n}_1 k_1'}{\bar{n}_2^2}\right)^2\right\}^{1/4}$$

$$\bar{n}_1 \overset{\approx}{\underset{\bar{n}_2}{}} \frac{k_0 \bar{n}_2 d}{2} \left\{ \left[\frac{2\Delta\bar{n}}{\bar{n}_2} \right]^2 + \left(\frac{2\Delta k'}{\bar{n}_2} \right)^2 \right\}^{1/4}$$

$$= \frac{k_0 \bar{n}_2 d}{2} \left| \frac{2\Delta\bar{n}}{\bar{n}_2} \right|^{1/2} \left\{ 1 + \left(\frac{\Delta k'}{\Delta\bar{n}} \right)^2 \right\}^{1/4} \rightarrow$$

$$D = \frac{\pi\bar{n}_2 d}{\lambda_0} \sqrt{2 \left| \frac{\Delta\bar{n}}{\bar{n}_2} \right|} \left(1 + \delta^2 \right)^{1/4}, \quad \bar{n}_1 \approx \bar{n}_2(\text{弱波导}), \quad \left| k'_{1,2} \right| \ll \bar{n}_{1,2}(\text{弱虚部})$$

$$\text{(2.1-9d)}$$

$$\tilde{D}^2 = \left| \tilde{D} \right|^2 e^{i\varphi} = D^2 e^{i\varphi}$$

$$= \left(\frac{k_0 d}{2} \right)^2 \left| \left[\left(\bar{n}_2^2 - k_2'^2 \right) - \left(\bar{n}_1^2 - k_1'^2 \right) \right] + i2 \left(\bar{n}_2 k_2' - \bar{n}_1 k_1' \right) \right| e^{i\varphi} \quad \text{(2.1-9e)}$$

$$\tan\varphi = \frac{\text{Im}\tilde{D}^2}{\text{Re}\tilde{D}^2} = \frac{2 \left(\bar{n}_2 k_2' - \bar{n}_1 k_1' \right)}{\left(\bar{n}_2^2 - \bar{n}_1^2 \right) - \left(k_2'^2 - k_1'^2 \right)}$$

$$\overset{\bar{n}_2 \approx \bar{n}_1}{\underset{|k_j'| \ll \bar{n}_j}{\approx}} \frac{2\bar{n}_2 \left(k_2' - k_1' \right)}{\left(\bar{n}_2 + \bar{n}_1 \right) \left(\bar{n}_2 - \bar{n}_1 \right)} \overset{\bar{n}_2 \approx \bar{n}_1}{\approx} \frac{\Delta k'}{\Delta\bar{n}} \equiv \delta \quad \text{(2.1-9f)}$$

$$\left(\frac{\tilde{\gamma}}{\tilde{\kappa}} \right)^2 = \frac{\tilde{\beta}_z^2 - k_0^2 \tilde{n}_1^2}{\tilde{\kappa}^2} = \frac{k_0^2 \tilde{n}_2^2 - k_0^2 \tilde{n}_1^2 + \tilde{\beta}_z^2 - k_0^2 \tilde{n}_2^2}{\tilde{\kappa}^2}$$

$$= \frac{k_0^2 \left(\tilde{n}_2^2 - \tilde{n}_1^2 \right) - \tilde{\kappa}^2}{\tilde{\kappa}^2} = \frac{\tilde{D}^2}{\left(\tilde{\kappa}d/2 \right)^2} - 1 \quad \text{(2.1-9g)}$$

则复数本征方程 (2.1-7a) 将化为

$$\tan\left(\frac{\tilde{\kappa}d}{2} - \frac{m\pi}{2} \right) = \tilde{\varepsilon}_{21} \left[\frac{D^2 e^{i \tan^{-1}\delta}}{\left(\tilde{\kappa}d/2 \right)^2} - 1 \right]^{1/2} \quad \text{(2.1-9h)}$$

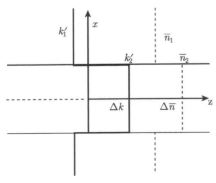

图 2.1-3D(a)　折射率差和增益差

这就是用**复归一化厚度** $\tilde{D}$ 和 $\tilde{\kappa}$ 表述的**弱波导弱虚部**复数本征方程。实际上也是 $\tilde{\beta}_z$ 的复数本征方程。复数对称三层平板波导中，一个复数超越方程确定一个未知复数 —— $\tilde{\kappa}$ 或 $\tilde{\beta}_z$。

2) 导波模式得以存在 (传播或有解) 的导波条件

对于有源区内的增益比有源区外高，$\Delta g > 0$，并且光的能量是从有源区内向外发射 (**图 2.1-1D(b)**) 的复数对称三层平板波导，其基本参数具有如下性质和表述：

$$\tilde{\beta}_z = \beta_{zr} + \mathrm{i}\beta_{zi} = \beta_{zr} + \mathrm{i}\frac{\Delta g}{2}, \quad g_m \equiv \Delta g > 0,$$

$$\tilde{\gamma}^2 \equiv (\gamma_\mathrm{r} + \mathrm{i}\gamma_\mathrm{i})^2 = \tilde{\beta}_z^2 - k_0^2 \tilde{n}_1^2 \tag{2.1-9i}$$

$$\tilde{\kappa}^2 \equiv (\kappa_\mathrm{r} + \mathrm{i}\kappa_\mathrm{i})^2 = (\kappa_\mathrm{r}^2 - \kappa_\mathrm{i}^2) + \mathrm{i}2\kappa_\mathrm{r}\kappa_\mathrm{i} = k_0^2 \tilde{n}_2^2 - \left(\beta_{zr} + \mathrm{i}\frac{\Delta g}{2}\right)^2$$

$$= k_0^2 \tilde{n}_2^2 - k_0^2 \left(\overline{N}_m + \mathrm{i}\frac{g_m}{2k_0}\right)^2$$

$$= k_0^2 \left[\bar{n}_2^2 - k_2'^2 + \overline{N}_m^2 - \left(\frac{g_m}{2}\right)^2\right] + \mathrm{i}2\bar{n}_2 k_2' k_0^2 - \mathrm{i}g_m k_0 \overline{N}_m$$

$$= k_0^2 \left\{\bar{n}_2^2 + \overline{N}_m^2 - \left[\left(\frac{g_m}{2}\right)^2 + \left(\frac{g_2 - \alpha_{i2}}{2}\right)^2\right]\right\}$$

$$\qquad - \mathrm{i}k_0 \left[(g_2 - \alpha_{i2})(\overline{N}_m - \bar{n}_2) + \alpha_\mathrm{i}\overline{N}_m\right]$$

$$\overset{\overline{N}_m \approx \bar{n}_2}{=} k_0^2 \left\{\bar{n}_2^2 + \overline{N}_m^2 - \left[\left(\frac{g_m}{2}\right)^2 + \left(\frac{g_m - \alpha_\mathrm{i}}{2}\right)^2\right]\right\} - \mathrm{i}k_0 \alpha_\mathrm{i}\overline{N}_m$$

$$= k_0^2 \left\{\bar{n}_2^2 + \overline{N}_m^2 - \left(\frac{g_m}{2}\right)^2 \left[1 + \left(1 - \frac{\alpha_\mathrm{i}}{g_m}\right)^2\right]\right\} - \mathrm{i}k_0 \alpha_\mathrm{i}\overline{N}_m \tag{2.1-9j$'$}$$

$$\kappa_\mathrm{i} = \frac{\alpha_\mathrm{i}k_0\overline{N}_m}{2\kappa_\mathrm{r}}, \quad \kappa_\mathrm{r}^2 - \kappa_\mathrm{i}^2 = k_0^2 \left\{\bar{n}_2^2 + \overline{N}_m^2 - \left(\frac{g_m}{2}\right)^2 \left[1 + \left(1 - \frac{\alpha_\mathrm{i}}{g_m}\right)^2\right]\right\}$$

$$= \kappa_\mathrm{r}^2 - \left(\frac{\alpha_\mathrm{i}k_0\overline{N}_m}{2\kappa_\mathrm{r}}\right)^2$$

上式乘以 κ_r^2:

$$\kappa_\mathrm{r}^4 - k_0^2 \left\{\bar{n}_2^2 + \overline{N}_m^2 - \left(\frac{g_m}{2}\right)^2 \left[1 + \left(1 - \frac{\alpha_\mathrm{i}}{g_m}\right)^2\right]\right\} \kappa_\mathrm{r}^2 - \left(\frac{\alpha_\mathrm{i}k_0\overline{N}_m}{2}\right)^2 = 0$$

$$\kappa_\mathrm{r}^2 = \frac{k_0^2}{2} \left\{\bar{n}_2^2 + \overline{N}_m^2 - \left(\frac{g_m}{2}\right)^2 \left[1 + \left(1 - \frac{\alpha_\mathrm{i}}{g_m}\right)^2\right]\right\}$$

$$\qquad + \sqrt{\left[\frac{k_0^2}{2} \left\{\bar{n}_2^2 + \overline{N}_m^2 - \left(\frac{g_m}{2}\right)^2 \left[1 + \left(1 - \frac{\alpha_\mathrm{i}}{g_m}\right)^2\right]\right\}\right]^2 + \left(\frac{\alpha_\mathrm{i}k_0\overline{N}_m}{2}\right)^2} > 0$$

$$\kappa_\mathrm{r} = \pm \sqrt{\frac{k_0^2}{2} \left\{\bar{n}_2^2 + \overline{N}_m^2 - \left(\frac{g_m}{2}\right)^2 \left[1 + \left(1 - \frac{\alpha_\mathrm{i}}{g_m}\right)^2\right]\right\} + \sqrt{\left[\frac{k_0^2}{2} \left\{\bar{n}_2^2 + \overline{N}_m^2 - \left(\frac{g_m}{2}\right)^2 \left[1 + \left(1 - \frac{\alpha_\mathrm{i}}{g_m}\right)^2\right]\right\}\right]^2 + \left(\frac{\alpha_\mathrm{i}k_0\overline{N}_m}{2}\right)^2}}$$

$$\kappa_{\mathrm{i}} = \frac{\alpha_{\mathrm{i}} k_0 \overline{N}_m}{2\kappa_{\mathrm{r}}} \tag{2.1-9j}$$

故 $\tilde{\kappa}$ 应在**第 I ，II 限象内 (图 2.1-3D(b))**，取

$$\kappa_{\mathrm{r}} > 0, \quad \kappa_{\mathrm{i}} \geqslant 0 \to \operatorname{Im}\left(\tilde{\kappa}^2\right) = 2\kappa_{\mathrm{r}}\kappa_{\mathrm{i}} \geqslant 0 \tag{2.1-9k}$$

其中，$\overline{N}_m$ 和 g_m 分别是**模式折射率和模式增益**。由式 (2.1-7a)，对 **TE 模式**，$\tilde{\varepsilon}_{2j} = 1$，得出

$$\tilde{\gamma} = \gamma_{\mathrm{r}} + \mathrm{i}\gamma_{\mathrm{i}} = \tilde{\kappa}\tan\left(\frac{\tilde{\kappa}d}{2} - \frac{m\pi}{2}\right) = (\kappa_{\mathrm{r}} + \mathrm{i}\kappa_{\mathrm{i}})\tan\left[\left(\frac{\kappa_{\mathrm{r}}d}{2} - \frac{m\pi}{2}\right) + \mathrm{i}\frac{\kappa_{\mathrm{i}}d}{2}\right]$$

$$= (\kappa_{\mathrm{r}} + \mathrm{i}\kappa_{\mathrm{i}}) \frac{\tan\left(\dfrac{\kappa_{\mathrm{r}}d}{2} - \dfrac{m\pi}{2}\right) + \tan\mathrm{i}\left(\dfrac{\kappa_{\mathrm{i}}d}{2}\right)}{1 - \tan\left(\dfrac{\kappa_{\mathrm{r}}d}{2} - \dfrac{m\pi}{2}\right)\tan\mathrm{i}\left(\dfrac{\kappa_{\mathrm{i}}d}{2}\right)}$$

$$= (\kappa_{\mathrm{r}} + \mathrm{i}\kappa_{\mathrm{i}}) \frac{\tan\left(\dfrac{\kappa_{\mathrm{r}}d}{2} - \dfrac{m\pi}{2}\right) + \mathrm{i}\tanh\left(\dfrac{\kappa_{\mathrm{i}}d}{2}\right)}{1 - \mathrm{i}\tan\left(\dfrac{\kappa_{\mathrm{r}}d}{2} - \dfrac{m\pi}{2}\right)\tanh\left(\dfrac{\kappa_{\mathrm{i}}d}{2}\right)}$$

$$= \frac{\kappa_{\mathrm{r}}\left[\tan\left(\dfrac{\kappa_{\mathrm{r}}d}{2} - \dfrac{m\pi}{2}\right) + \mathrm{i}\tanh\left(\dfrac{\kappa_{\mathrm{i}}d}{2}\right)\right]}{1 - \mathrm{i}\tan\left(\dfrac{\kappa_{\mathrm{r}}d}{2} - \dfrac{m\pi}{2}\right)\tanh\left(\dfrac{\kappa_{\mathrm{i}}d}{2}\right)} + \frac{\mathrm{i}\kappa_{\mathrm{i}}\left[\tan\left(\dfrac{\kappa_{\mathrm{r}}d}{2} - \dfrac{m\pi}{2}\right) + \mathrm{i}\tanh\left(\dfrac{\kappa_{\mathrm{i}}d}{2}\right)\right]}{1 - \mathrm{i}\tan\left(\dfrac{\kappa_{\mathrm{r}}d}{2} - \dfrac{m\pi}{2}\right)\tanh\left(\dfrac{\kappa_{\mathrm{i}}d}{2}\right)}$$

$$= \frac{\kappa_{\mathrm{r}}\left[\tan\left(\dfrac{\kappa_{\mathrm{r}}d}{2} - \dfrac{m\pi}{2}\right) + \mathrm{i}\tanh\left(\dfrac{\kappa_{\mathrm{i}}d}{2}\right)\right] \cdot \left[1 + \mathrm{i}\tan\left(\dfrac{\kappa_{\mathrm{r}}d}{2} - \dfrac{m\pi}{2}\right)\tanh\left(\dfrac{\kappa_{\mathrm{i}}d}{2}\right)\right]}{1 + \tan^2\left(\dfrac{\kappa_{\mathrm{r}}d}{2} - \dfrac{m\pi}{2}\right)\tanh^2\left(\dfrac{\kappa_{\mathrm{i}}d}{2}\right)}$$

$$+ \frac{\mathrm{i}\kappa_{\mathrm{i}}\left[\tan\left(\dfrac{\kappa_{\mathrm{r}}d}{2} - \dfrac{m\pi}{2}\right) + \mathrm{i}\tanh\left(\dfrac{\kappa_{\mathrm{r}}d}{2}\right)\right] \cdot \left[1 + \mathrm{i}\tan\left(\dfrac{\kappa_{\mathrm{r}}d}{2} - \dfrac{m\pi}{2}\right)\tanh\left(\dfrac{\kappa_{\mathrm{i}}d}{2}\right)\right]}{1 + \tan^2\left(\dfrac{\kappa_{\mathrm{r}}d}{2} - \dfrac{m\pi}{2}\right)\tanh^2\left(\dfrac{\kappa_{\mathrm{i}}d}{2}\right)}$$

$$= \frac{\kappa_{\mathrm{r}}\left\{\left[1 - \tanh^2\left(\dfrac{\kappa_{\mathrm{i}}d}{2}\right)\right] \cdot \tan\left(\dfrac{\kappa_{\mathrm{r}}d}{2} - \dfrac{m\pi}{2}\right) + \mathrm{i}\left[1 + \tan^2\left(\dfrac{\kappa_{\mathrm{r}}d}{2} - \dfrac{m\pi}{2}\right)\right]\tanh\left(\dfrac{\kappa_{\mathrm{i}}d}{2}\right)\right\}}{1 + \tan^2\left(\dfrac{\kappa_{\mathrm{r}}d}{2} - \dfrac{m\pi}{2}\right)\tanh^2\left(\dfrac{\kappa_{\mathrm{i}}d}{2}\right)}$$

$$= \frac{\kappa_{\mathrm{r}}\left\{\left[1 - \tanh^2\left(\dfrac{\kappa_{\mathrm{i}}d}{2}\right)\right] \cdot \tan\left(\dfrac{\kappa_{\mathrm{r}}d}{2} - \dfrac{m\pi}{2}\right)\right\}}{1 + \tan^2\left(\dfrac{\kappa_{\mathrm{r}}d}{2} - \dfrac{m\pi}{2}\right)\tanh^2\left(\dfrac{\kappa_{\mathrm{r}}d}{2}\right)}$$

$$- \frac{\kappa_{\mathrm{i}}\left\{\left[1 + \tan^2\left(\dfrac{\kappa_{\mathrm{r}}d}{2} - \dfrac{m\pi}{2}\right)\right]\tanh\left(\dfrac{\kappa_{\mathrm{i}}d}{2}\right)\right\}}{1 + \tan^2\left(\dfrac{\kappa_{\mathrm{r}}d}{2} - \dfrac{m\pi}{2}\right)\tanh^2\left(\dfrac{\kappa_{\mathrm{i}}d}{2}\right)}$$

$$+ \mathrm{i}\left\{\frac{\kappa_{\mathrm{r}}\left[1 + \tan^2\left(\dfrac{\kappa_{\mathrm{r}}d}{2} - \dfrac{m\pi}{2}\right)\right]\tanh\left(\dfrac{\kappa_{\mathrm{i}}d}{2}\right)}{1 + \tan^2\left(\dfrac{\kappa_{\mathrm{r}}d}{2} - \dfrac{m\pi}{2}\right)\tanh^2\left(\dfrac{\kappa_{\mathrm{i}}d}{2}\right)}\right.$$

$$\left. + \frac{\kappa_{\mathrm{i}}\left[1 - \tanh^2\left(\dfrac{\kappa_{\mathrm{i}}d}{2}\right)\right]\tan\left(\dfrac{\kappa_{\mathrm{r}}d}{2} - \dfrac{m\pi}{2}\right)}{1 + \tan^2\left(\dfrac{\kappa_{\mathrm{r}}d}{2} - \dfrac{m\pi}{2}\right)\tanh^2\left(\dfrac{\kappa_{\mathrm{i}}d}{2}\right)}\right\} \tag{2.1-9l}$$

根据**导波模式**的定义，要求在 x 方向上光场不发散，则

$$\gamma_{\mathrm{r}} > 0 \tag{2.1-9m}$$

同时与式 (2.1-9j) 一致，由**图 2.1-1D** 要求

$$\gamma_{\mathrm{i}} > 0$$

$$\gamma_{\mathrm{i}} = \frac{\kappa_{\mathrm{i}}\left[1 - \tanh^2\left(\dfrac{\kappa_{\mathrm{i}}d}{2}\right)\right]\tan\left(\dfrac{\kappa_{\mathrm{r}}d}{2} - \dfrac{m\pi}{2}\right)}{1 + \tan^2\left(\dfrac{\kappa_{\mathrm{r}}d}{2} - \dfrac{m\pi}{2}\right)\tanh^2\left(\dfrac{\kappa_{\mathrm{i}}d}{2}\right)}$$

$$+ \frac{\kappa_{\mathrm{r}}\left[1 + \tan^2\left(\dfrac{\kappa_{\mathrm{r}}d}{2} - \dfrac{m\pi}{2}\right)\right]\tanh\left(\dfrac{\kappa_{\mathrm{i}}d}{2}\right)}{1 + \tan^2\left(\dfrac{\kappa_{\mathrm{r}}d}{2} - \dfrac{m\pi}{2}\right)\tanh^2\left(\dfrac{\kappa_{\mathrm{i}}d}{2}\right)}$$

$$> 0 \tag{2.1-9n}$$

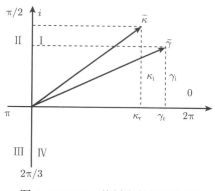

图 2.1-3D(b)　传播参数所在象限

因而 $\tilde{\gamma}$ 应在**第 I 象限**内 (**图 2.1-3D(b)**)：$\tilde{\gamma}^2 \equiv (\gamma_{\mathrm{r}} + \mathrm{i}\gamma_{\mathrm{i}})^2 = \gamma_{\mathrm{r}}^2 - \gamma_{\mathrm{i}}^2 + \mathrm{i}2\gamma_{\mathrm{r}}\gamma_{\mathrm{i}}$

$$\gamma_{\mathrm{r}} > 0, \quad \gamma_{\mathrm{i}} > 0 \rightarrow \mathrm{Im}\left(\tilde{\gamma}^2\right) = 2\gamma_{\mathrm{r}}\gamma_{\mathrm{i}} > 0 \tag{2.1-9o}$$

(1) 如果 $\delta \neq +0$，则由式 (2.1-9h) 和式 (2.1-7a) 得出

$$\left(\frac{\tilde{\kappa}d}{2}\right)^2 \tan^2\left(\frac{\tilde{\kappa}d}{2} - \frac{m\pi}{2}\right) = D^2 \mathrm{e}^{\mathrm{i}\tan^{-1}\delta} - \left(\frac{\tilde{\kappa}d}{2}\right)^2$$

$$\left(\frac{\tilde{\gamma}d}{2}\right)^2 = D^2 \mathrm{e}^{\mathrm{i}\tan^{-1}\delta} - \left(\frac{\tilde{\kappa}d}{2}\right)^2 \rightarrow \mathrm{Im}\left(\frac{\tilde{\gamma}d}{2}\right)^2$$

$$= \mathrm{Im}\left(D^2 \mathrm{e}^{\mathrm{i}\tan^{-1}\delta}\right) - \mathrm{Im}\left(\frac{\tilde{\kappa}d}{2}\right)^2 > 0 \tag{2.1-9p}$$

所以由**图 2.1-3E(a)** 的三角关系，式 (2.1-9p) 化为

$$D^2 \sin\left(\tan^{-1}\delta\right) = D^2 \frac{|\delta|}{\sqrt{1+\delta^2}} > \mathrm{Im}\left(\frac{\tilde{\kappa}d}{2}\right)^2 \tag{2.1-9q}$$

(2) 如果 $\delta = +0\,(\Delta\bar{n} > 0, \Delta k' = 0)$，则由式 (2.1-9h) 得出

$$\left(\frac{\tilde{\gamma}d}{2}\right)^2 = D^2 - \left(\frac{\tilde{\kappa}d}{2}\right)^2 \to \mathrm{Re}\left(\frac{\tilde{\gamma}d}{2}\right)^2 = D^2 - \mathrm{Re}\left(\frac{\tilde{\kappa}d}{2}\right)^2 > 0 \tag{2.1-9r}$$

这时式 (2.1-9r) 化为

$$D > \mathrm{Re}\left(\frac{\tilde{\kappa}d}{2}\right) > \frac{m\pi}{2} \tag{2.1-9s}$$

式 (2.1-9q,s) 是复折射率对称三层平板波导的**传播条件**，与本征方程 (2.1-9h) 相结合，可以求出这种波导的**可能传播范围**，即式 (2.1-9h) **的有解条件**，如图 **2.1-3E(b)** 所示。图中的阴影部分表示第 m 阶模式被**截止**。由式 (2.1-8a) 和式 (2.1-9s) 可以得出**纯折射率三层平板波导的截止公式**:

$$D = \left|\tilde{D}\right| = \left(\frac{k_0 d}{2}\right)\sqrt{\bar{n}_2^2 - \bar{n}_1^2} = \frac{m\pi}{2} \to d = \frac{m\lambda_0}{2\sqrt{\bar{n}_2^2 - \bar{n}_1^2}} \equiv d_{c,m} \tag{2.1-9t}$$

式 (2.1-9t) 和式 (2.1-8m) 完全相同。如 $\bar{n}_3 = \bar{n}_1, a_\mathrm{E} = 0$，式 (2.1-8c) 也化为该截止公式。

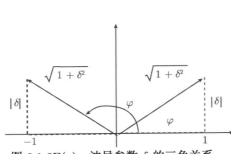

图 2.1-3E(a)   波导参数 δ 的三角关系

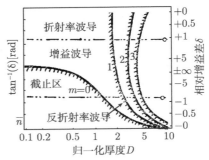

图 2.1-3E(b)   复折射率对称三层平板波导的传播 (有解) 范围

由式 (2.1-7o,p,q) 和式 (2.1-9k,o) 得出

$$\mathrm{Im}\left(\tilde{n}_2^2 - \tilde{n}_1^2\right) = \frac{1}{k_0^2}\mathrm{Im}\left(\tilde{\kappa}^2 + \tilde{\gamma}^2\right) > 0 \tag{2.1-9u}$$

即 $\tilde{n}_2^2 - \tilde{n}_1^2 = \left(\bar{n}_2^2 - \bar{n}_1^2\right) - \left(k_2'^2 + k_1'^2\right) + \mathrm{i}2\left(\bar{n}_2 k_2' - \bar{n}_1 k_1'\right)$ 应在**第 I、II 象限**内，这就要求

$$\bar{n}_2 k_2' - \bar{n}_1 k_1' > 0 \tag{2.1-9v}$$

(1) 如果 $k_1' = k_2'$，则式 (2.1-9v) 化为**纯折射率波导的有解条件**：

$$\bar{n}_2 > \bar{n}_1 \tag{2.1-9w}$$

(2) 如果 $\bar{n}_2 = \bar{n}_1$ 则式 (2.1-9v) 化为**纯增益波导的有解条件**：

$$k_2' > k_1' \tag{2.1-9x}$$

(3) 如果 $\Delta k' \equiv k_2' - k_1', \Delta\bar{n} \equiv \bar{n}_2 - \bar{n}_1 \ll \bar{n}_1$ (不一定小于 $|k_1'|$)，则式 (2.1-9v) 化为

$$(\bar{n}_2 k_2' - \bar{n}_1 k_2') + (\bar{n}_1 k_2' - \bar{n}_1 k_1') = k_2'\Delta\bar{n} + \bar{n}_1\Delta k' > 0 \rightarrow \frac{\Delta\bar{n}}{\bar{n}_1} + \frac{\Delta k'}{k_1'}$$

$$\approx \frac{\Delta k'}{k_2'} + \frac{\Delta\bar{n}}{\bar{n}_2} > 0 \tag{2.1-9y}$$

这表明：**即使** $\Delta k' < 0$ **(反增益波导)**，或 $\Delta\bar{n} < 0$ **(反折射率波导)**，只要式 (2.1-9y) 仍然成立，就可能有解。这相当于式 (2.1-9f) 中的 $\delta < 0$ 情况。同时也表明 $\Delta k'$ 和 $\Delta\bar{n}$ 不可同时为零，因这时将无波导作用，**也不可能同时为负**，因这时将抑制波导的作用。

3) 波导机制

根据波导参数 δ 的正负和大小，可以将复折射率波导分为如下几种情况，并以其主要波导机制命名：

(1) $+0 \leqslant \delta < +1$。这时**折射率起正波导作用** ($\Delta\bar{n} > 0$)；增益虽也起**正波导**作用 ($\Delta k' \equiv \Delta g/(2k_0) > 0$)，但比前者的作用小 ($\Delta k' < \Delta\bar{n}$)。在有电流注入的半导体双异质结 (**DH**) 激光器中垂直结面方向的波导即属这种情况。其特点是，等相面接近为平面，出射光束将无边峰。可以称为**折射率波导**，如果 $\Delta k' = 0$，则为**纯折射率波导**。

(2) $|\delta| > 1$。这时折射率可以起**正波导或反波导**作用 ($\Delta\bar{n} > 0$ 或 < 0)，但增益起更强的**正波导**作用 ($\Delta k' > |\Delta\bar{n}|$)。其特点是，等相面是向前凸出的弯曲柱面 (**图 2.1-1D**)，出射光束在一定条件 ($D \geqslant 2$) 下将无边峰，可以称为**增益波导**，如果 $\Delta\bar{n} = 0, |\delta| = \infty$，则为**纯增益波导**。

(3) $-1 < \delta \leqslant -0$。这时折射率起**反波导作用** ($\Delta\bar{n} < 0$)，而且强于增益**正波导**作用 ($\Delta k' < |\Delta\bar{n}|$)。其特点是，等相面在有源层内接近于平面，而在限制层内是向后倾斜的平面 (**图 2.1-1D**)，出射光束在中间峰之外还有左右边峰，在一定条件下，左右边峰甚至可以远离中间峰。可以称为**折射率反波导**，其波导过程主要由较弱的**增益正波导**来维持。

增益波导内，在一定条件下也可以出现**基模** ($m = 0$) **截止现象**。因为对于基模，$\tilde{\kappa}d/2$ 和 $\tilde{\gamma}d/2$ 都很小，则其本征方程可以近似为

$$\frac{\tilde{\gamma}d}{2} = \frac{\tilde{\kappa}d}{2}\tan\left(\frac{\tilde{\kappa}d}{2}-0\right) \approx \left(\frac{\tilde{\kappa}d}{2}\right)^2 \tag{2.1-10a}$$

则

$$\left(\frac{k_0 d}{2}\right)^2 (\tilde{n}_2^2 - \tilde{n}_1^2) = \left(\frac{\tilde{\kappa}d}{2}\right)^2 + \left(\frac{\tilde{\gamma}d}{2}\right)^2 \approx \frac{\tilde{\gamma}d}{2} + \left(\frac{\tilde{\gamma}d}{2}\right)^2 \approx \frac{\tilde{\gamma}d}{2} \tag{2.1-10b}$$

结合式 (2.1-9o,w)，得出

$$\mathrm{Re}\,(\tilde{n}_2^2 - \tilde{n}_1^2) \approx \frac{2}{k_0^2 d}\mathrm{Re}\,(\tilde{\gamma}) > 0, \quad \mathrm{Im}\,(\tilde{n}_2^2 - \tilde{n}_1^2) \approx \frac{2}{k_0^2 d}\mathrm{Im}\,(\tilde{\gamma}) > 0 \tag{2.1-10c}$$

如果 $\Delta\bar{n}$ 的大小足以保持 $(\tilde{n}_2^2 - \tilde{n}_1^2)$ 在**第 I 象限**内，则增益波导的基横模仍不会出现截止现象。但如果 $\Delta\bar{n}$ 小到反号，从而出现**折射率反波导**：

$$\frac{2}{k_0^2 d}\mathrm{Re}\,(\tilde{\gamma}) \approx \mathrm{Re}\,(\tilde{n}_2^2 - \tilde{n}_1^2) \approx (\bar{n}_2 + \bar{n}_1)\,\Delta\bar{n} < 0 \rightarrow \Delta\bar{n} < 0 \tag{2.1-10d}$$

则当 γ_r 从式 (2.1-10c) 中的 $\gamma_\mathrm{r} > 0$ 减小到式 (2.1-10d) 中的 $\gamma_\mathrm{r} < 0$ 的过程中，必将经过 $\gamma_\mathrm{r} = 0$，从而必然出现**基横模截止现象**。

以上关于波导机制对导波模式行为的影响的分析和计算结果 (**图 2.1-3E**) 可以总结为：

[定理 7]   产生导波模式的机制有芯层超过限制层的折射率差 $\Delta\bar{n}$ 和增益差 $\Delta k'$。两者至少必须有一个大于零，并且不可同时为零或同时小于零，否则不可能存在导波模式。虽然对称的波导结构在折射率波导机制主导下，基模不会被截止，而在增益波导机制主导下，如果同时没有反折射率波导机制起作用，基模仍将不会被截止。但在增益波导机制主导下，只要同时有反折射率波导机制起作用，则基模将可能被截止。

4) 全域的计算公式和计算结果

定义 4 个归一化波导参数 (**图 2.1-3A**) 为

$$\tilde{u} \equiv \frac{\tilde{\kappa}d}{2} = (\kappa_\mathrm{r} + \mathrm{i}\kappa_\mathrm{i})\frac{d}{2} = u_\mathrm{r} + \mathrm{i}u_\mathrm{i}, \quad u_\mathrm{r} = \frac{\kappa_\mathrm{r}d}{2}, \quad u_\mathrm{i} = \frac{\kappa_\mathrm{i}d}{2} \tag{2.1-10e}$$

$$\tilde{v} \equiv \frac{\tilde{\gamma}d}{2} = (\gamma_\mathrm{r} + \mathrm{i}\gamma_\mathrm{i})\frac{d}{2} = v_\mathrm{r} + \mathrm{i}v_\mathrm{i}, \quad v_\mathrm{r} = \frac{\gamma_\mathrm{r}d}{2}, \quad v_\mathrm{i} = \frac{\gamma_\mathrm{i}d}{2} \tag{2.1-10f}$$

并令

$$\varphi \equiv \tan^{-1}\delta, \quad A = D\cos\frac{\varphi}{2}, \quad B = D\sin\frac{\varphi}{2} \tag{2.1-10g}$$

则对于 **TE 模式**，或 $\tilde{\varepsilon}_{21} \approx 1$ 的 **TM 模式**，由本征方程 (2.1-9h) 得

$$\tan^2\left(\tilde{u} - \frac{m\pi}{2}\right) \approx \frac{D^2\mathrm{e}^{\mathrm{i}\varphi}}{\tilde{u}^2} - 1 \rightarrow \frac{D^2\mathrm{e}^{\mathrm{i}\varphi}}{\tilde{u}^2}$$

$$= 1 + \tan^2\left(\tilde{u} - \frac{m\pi}{2}\right) = \frac{1}{\cos^2\left(\tilde{u} - m\pi/2\right)} \tag{2.1-10h}$$

$$\tilde{u}^2 = D^2 \mathrm{e}^{\mathrm{i}\varphi} \cos^2\left(\tilde{u} - \frac{m\pi}{2}\right) \tag{2.1-10i}$$

$$\begin{aligned}
\tilde{u} = u_{\mathrm{r}} + \mathrm{i}u_{\mathrm{i}} &= D\left(\cos\frac{\varphi}{2} + \mathrm{i}\sin\frac{\varphi}{2}\right)\cos\left(u_{\mathrm{r}} - \frac{m\pi}{2} + \mathrm{i}u_{\mathrm{i}}\right) \\
&= (A + \mathrm{i}B)\left[\cos\left(u_{\mathrm{r}} - \frac{m\pi}{2}\right)\cosh u_{\mathrm{i}} - \mathrm{i}\sin\left(u_{\mathrm{r}} - \frac{m\pi}{2}\right)\sinh u_{\mathrm{i}}\right] \\
&= A\cos\left(u_{\mathrm{r}} - \frac{m\pi}{2}\right)\cosh u_{\mathrm{i}} + B\sin\left(u_{\mathrm{r}} - \frac{m\pi}{2}\right)\sinh u_{\mathrm{i}} \\
&\quad + \mathrm{i}\left[B\cos\left(u_{\mathrm{r}} - \frac{m\pi}{2}\right)\cosh u_{\mathrm{i}} - A\sin\left(u_{\mathrm{r}} - \frac{m\pi}{2}\right)\sinh u_{\mathrm{i}}\right] \tag{2.1-10j}
\end{aligned}$$

$$u_{\mathrm{r}} = A\cos\left(u_{\mathrm{r}} - \frac{m\pi}{2}\right)\cosh u_{\mathrm{i}} + B\sin\left(u_{\mathrm{r}} - \frac{m\pi}{2}\right)\sinh u_{\mathrm{i}},$$

$$u_{\mathrm{i}} = B\cos\left(u_{\mathrm{r}} - \frac{m\pi}{2}\right)\cosh u_{\mathrm{i}} - A\sin\left(u_{\mathrm{r}} - \frac{m\pi}{2}\right)\sinh u_{\mathrm{i}} \tag{2.1-10k, l}$$

由式 (2.1-9g,i) 得

$$\tilde{v}^2 = \tilde{u}^2 \tan^2\left(\tilde{u} - \frac{m\pi}{2}\right) = D^2\mathrm{e}^{\mathrm{i}\varphi} - \tilde{u}^2 = D^2\mathrm{e}^{\mathrm{i}\varphi} - D^2\mathrm{e}^{\mathrm{i}\varphi}\cos^2\left(\tilde{u} - \frac{m\pi}{2}\right) \rightarrow$$

$$\tilde{v}^2 = D^2\mathrm{e}^{\mathrm{i}\varphi}\sin^2\left(\tilde{u} - \frac{m\pi}{2}\right) \tag{2.1-10m}$$

$$\begin{aligned}
\tilde{v} = v_{\mathrm{r}} + \mathrm{i}v_{\mathrm{i}} &= D\left(\cos\frac{\varphi}{2} + \mathrm{i}\sin\frac{\varphi}{2}\right)\sin\left(u_{\mathrm{r}} - \frac{m\pi}{2} + \mathrm{i}u_{\mathrm{i}}\right) \\
&= (A + \mathrm{i}B)\left[\sin\left(u_{\mathrm{r}} - \frac{m\pi}{2}\right)\cosh u_{\mathrm{i}} + \mathrm{i}\cos\left(u_{\mathrm{r}} - \frac{m\pi}{2}\right)\sinh u_{\mathrm{i}}\right] \\
&= A\sin\left(u_{\mathrm{r}} - \frac{m\pi}{2}\right)\cosh u_{\mathrm{i}} - B\cos\left(u_{\mathrm{r}} - \frac{m\pi}{2}\right)\sinh u_{\mathrm{i}} \\
&\quad + \mathrm{i}\left[A\cos\left(u_{\mathrm{r}} - \frac{m\pi}{2}\right)\sinh u_{\mathrm{i}} + B\sin\left(u_{\mathrm{r}} - \frac{m\pi}{2}\right)\cosh u_{\mathrm{i}}\right] \tag{2.1-10n}
\end{aligned}$$

$$v_{\mathrm{r}} = A\sin\left(u_{\mathrm{r}} - \frac{m\pi}{2}\right)\cosh u_{\mathrm{i}} - B\cos\left(u_{\mathrm{r}} - \frac{m\pi}{2}\right)\sinh u_{\mathrm{i}},$$

$$v_{\mathrm{i}} = A\cos\left(u_{\mathrm{r}} - \frac{m\pi}{2}\right)\sinh u_{\mathrm{i}} + B\sin\left(u_{\mathrm{r}} - \frac{m\pi}{2}\right)\cosh u_{\mathrm{i}} \tag{2.1-10o, p}$$

为使 δ 的正负值对应的 φ 皆为正，不取第 I、IV 象限，而取第 I、II 象限，如图 **2.1-3E(a)** 所示。

(1) 当 $\delta > 0$ 时，取

$$0 < \varphi \equiv \tan^{-1}\delta < \frac{\pi}{2}, \quad \cos\varphi = \frac{1}{\sqrt{1 + \delta^2}} \tag{2.1-10q}$$

$$\cos\frac{\varphi}{2} = \sqrt{\frac{1 + \cos\varphi}{2}} = \sqrt{\frac{\sqrt{1 + \delta^2} + 1}{2\sqrt{1 + \delta^2}}} \rightarrow A = D\sqrt{\frac{\sqrt{1 + \delta^2} + 1}{2\sqrt{1 + \delta^2}}};$$

$$\sin\frac{\varphi}{2} = \sqrt{\frac{1-\cos\varphi}{2}} = \sqrt{\frac{\sqrt{1+\delta^2}-1}{2\sqrt{1+\delta^2}}} \rightarrow B = D\sqrt{\frac{\sqrt{1+\delta^2}-1}{2\sqrt{1+\delta^2}}} \qquad (2.1\text{-}10\text{r,s})$$

(2) 当 $\delta < 0$ 时，取

$$\frac{\pi}{2} < \varphi \equiv \tan^{-1}\delta < \pi, \quad \cos\varphi = \frac{-1}{\sqrt{1+\delta^2}} \qquad (2.1\text{-}10\text{t})$$

$$\cos\frac{\varphi}{2} = \sqrt{\frac{1+\cos\varphi}{2}} = \sqrt{\frac{\sqrt{1+\delta^2}-1}{2\sqrt{1+\delta^2}}} \rightarrow A = D\sqrt{\frac{\sqrt{1+\delta^2}-1}{2\sqrt{1+\delta^2}}} \qquad (2.1\text{-}10\text{u})$$

$$\sin\frac{\varphi}{2} = \sqrt{\frac{1-\cos\varphi}{2}} = \sqrt{\frac{\sqrt{1+\delta^2}+1}{2\sqrt{1+\delta^2}}} \rightarrow B = D\sqrt{\frac{\sqrt{1+\delta^2}+1}{2\sqrt{1+\delta^2}}} \qquad (2.1\text{-}10\text{v})$$

从以上得出的公式，即可进行**复折射率对称三层平板波导**的数值计算。

① 给定的**模阶** m、**归一化厚度** D 和**波导机制参数** δ。

② 根据 δ 的正负，由式 (2.1-10r,s) 或式 (2.1-10u,v) 算出**系数** A、B。

③ 由式 (2.1-10k,l,o,p) 4 个方程联立，解出 u_r, u_i 和 v_r, v_i。再从之得出**本征值** β_{zr} 和 β_{zi}。

实际的计算过程是:

(a) 由方程组 (2.1-10k,l) 解出 u_r 和 u_i; 两个实数超越方程确定两个未知实数。

(b) 代入方程组 (2.1-10o,p) 中，算出 v_r 和 v_i; 两个实数超越方程确定两个未知实数。

(c) 由式 (2.1-10o,p,q)、式 (2.1-10e) 或式 (2.1-10f) 以及式 (2.1-9i) 得出 β_{zr} 和 β_{zi}。两个实数代数方程确定两个未知实数。

计算结果如**图 2.1-3E(a)~(d)** 所示。

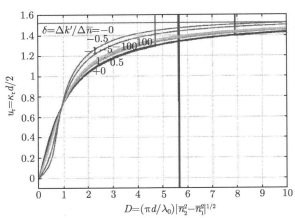

图 2.1-3E(c) 复折射率对称三层平板波导的 TE 基横模的 u_r 函数随归一化厚度 D 的变化

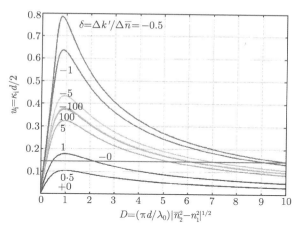

图 2.1-3E(d)　复折射率对称三层平板波导的 TE 基横模的 u_i 函数随归一化厚度 D 的变化

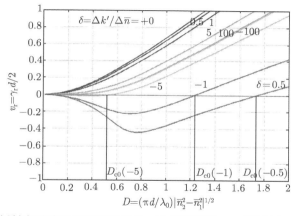

图 2.1-3E(e)　复折射率对称三层平板波导的 TE 基横模的 v_r 函数随归一化厚度 D 的变化

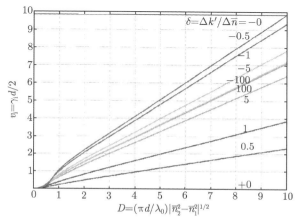

图 2.1-3E(f)　复折射率对称三层平板波导的 TE 基横模的 v_i 函数随归一化厚度 D 的变化

截止曲线或截止区的计算 (图 2.1-3E(g))：

(1) 给定的**模阶** m、**归一化厚度** D 和**波导机制参数** δ。

(2) 根据 δ 的正负，由式 (2.1-10r,s) 或式 (2.1-10u,v) 算出**系数** A、B。

(3) 对一定的 m 和一定的 δ，改变 D 使求出的 $v_r = \gamma_r d/2 = 0$ (**图 2.1-3E(e)**)，

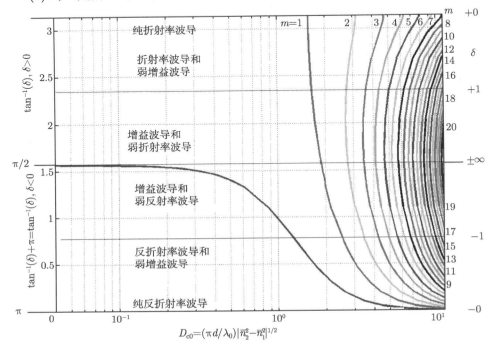

图 2.1-3E(g)　复折射率对称三层平板波导的 TE 基横模的截止线划分各阶模式分布区

这时的 D 即为归一化截止厚度 $D_{c,m} \rightarrow d_{c,m}$。

(4) 画出 $m = 0,1,2$ 时，从 $+0 \rightarrow +1 \rightarrow \pm\infty \rightarrow -1 \rightarrow -0$ 的 δ 对 $D = D_{c,m}$ 的曲线，即各 m 的截止曲线，不同 m 的截止曲线之间即形成出现或不出现某一模阶的区域。

第四讲学习重点

模式理论的核心问题，一方面是半导体激光器中的波导必须具有怎样的条件才能保证所需的导波模式的存在，特别是这些条件具有怎样的自由度？如何在数值上具体确定各阶模式所能存在的波导结构范围？另一方面是波导中的各种模式，特别是导波模式的物理实质是什么，与平面波之间有何联系？为什么全反射面并不在实际的异质界面上？应该在何处？为什么介质波导难以将光模式严格限制在表观的

微腔内，因而难以实现微腔量子电动力学效应？

　　本征方程概括了模式的存在条件及其物理本质。后一方面将在下一讲探讨，本讲先研究本征方程的各种数学形式及其有解和无解范围，即其存在条件和存在范围。学习重点是：

　　(1) 各种形式的本征方程和相应的归一化通用形式及其导出。

　　(2) 截止现象、截止条件、截止公式、截止厚度的各种表述形式和导波模数及其数值解。

　　(3) 波导机制，其分类，以及各阶模式在各种波导机制下的存在范围或分布版图及其数值解。

习　题　四

Ex.4.1(a) 设 $\mathbf{Al}_x\mathbf{Ga}_{1-x}\mathbf{As}=(\mathbf{AlAs})_x(\mathbf{GaAs})_{1-x}$ 三层平板波导芯层厚度为 $d=$ $1\mu m$，各层 Al 克分子比 x 分别为：$x_{1,2,3}=0.3,0,0.3$。相应的折射率为 $\bar{n}(x)=$ $3.590-0.710x+0.091x^2$。禁带宽度为 $E_g(x)=1.424+1.247x$ [eV]，相应的波长为 $\lambda_0(x)=1.24/E_g(x)$。求出可能存在的所有 TE 和 TM 模式的 $\kappa,\gamma,\beta_z,\phi$ 和模式折射率，画出其相应模式各个场强的空间分布 (**图 Ex.4.1(a)**)，研究其在各界面的连续性。并分别与由**图 2.1-3B(b)**、**(c)**，式 (2.1-8i) 或式 (2.1-8m) 和式 (2.1-9h) 所能得出的结果进行比较。**(b)** 求出该波导结构中可能存在的 TE 和 TM 的模数。如果该波导结构的材料不变，而要求其中只存在基模 ($m=0$)，则其芯层厚度 $d=$? 这时何阶模式必须被截止？其基模是否可能被截止？如果上下限制层的 x 不同呢？如果芯层的 $x_2>x_1,x_3$ 呢？将有何模式？**(c)** 但对于以 InP 为衬底，芯层为四元系 $\mathbf{In}_x\mathbf{Ga}_{1-x}\mathbf{As}_y\mathbf{P}_{1-y}=[(\mathbf{InAs})_x(\mathbf{GaAs})_{1-x}]_y[(\mathbf{InP})_x(\mathbf{GaP})_{1-x}]_{1-y}$ 与 InP 晶格匹配，发射激光波长为 1.30 μm 时，求其组分 (x,y)、带隙波长、光频及其一阶导波模式的截止厚度。如果保持该厚度不变，而将芯层该四元系组分改为与 InP 晶格匹配的能够发射 1.55 μm 波长的带隙，求其新的组分 (x',y')。这时波导中存在几个模式？模数应该是增加，不变，还是减少了？为什么？求出新的一阶模截止厚度和新的折射率差，并用来检验前述解释和论证三层平板波导是否也存在光的截止波长或截止频率，如存在，分别求出其截止公式。

Ex.4.2(a) 给定 $x_{\mathrm{Al},1}=x_{\mathrm{Al},3}=0.3,x_{\mathrm{Al},2}=0,E_g^{\mathrm{GaAs}}=1.424\mathrm{eV}$ (**图 Ex.4-1(a)**，但可能有增益或吸收)，计算复折射率对称三层平板波导各阶导波模式的归一化截止厚度 D 与波导机制或相对增益差 δ 的关系 (**图 2.1-3E**)，并总结其规律性。**(b)** 全面分析可能出现基模截止的波导机制和结构的条件 (**图 2.1-3E(g)**)。

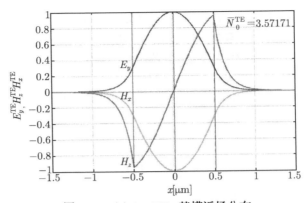

图 Ex.4.1(a)-1 TE_0 基模近场分布
$E_y, \mathrm{d}E_y/\mathrm{d}x, H_x, \mathrm{d}H_x/\mathrm{d}x, H_z$ 连续; $\mathrm{d}Hz/\mathrm{d}x$ 不连续

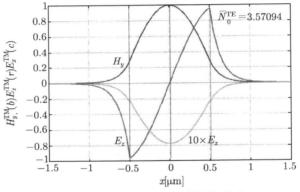

图 Ex.4.1(a)-2 TM_0 基模近场分布
$H_y, \mathrm{d}E_x/\mathrm{d}x, E_z$ 连续; $\mathrm{d}H_y/\mathrm{d}x, E_x, \mathrm{d}E_z/\mathrm{d}x$ 不连续

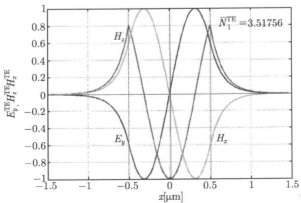

图 Ex.4.1(a)-3 TE_1 1 阶模近场分布
$E_y, \mathrm{d}E_y/\mathrm{d}x, H_x, \mathrm{d}H_x/\mathrm{d}x, H_z$ 连续; $\mathrm{d}H_z/\mathrm{d}x$ 不连续

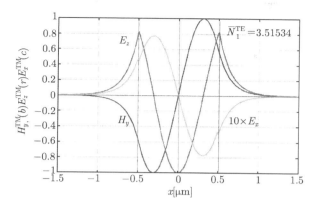

图 Ex.4.1(a)-4 TM$_1$ 1 阶模近场分布

$H_y, \mathrm{d}E_x/\mathrm{d}x, E_z$ 连续；$\mathrm{d}H_y/\mathrm{d}x, E_x, \mathrm{d}E_z/\mathrm{d}x$ 不连续

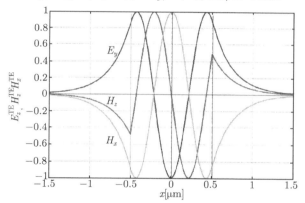

图 Ex.4.1(a)-5 TE$_2$ 2 阶模近场分布

$E_y, \mathrm{d}E_y/\mathrm{d}x, H_x, \mathrm{d}H_x/\mathrm{d}x, H_z$ 连续；$\mathrm{d}H_z/\mathrm{d}x$ 不连续

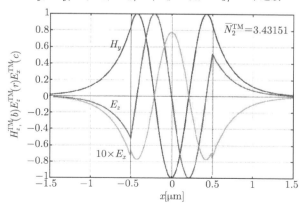

图 Ex.4.1(a)-6 TM$_2$ 2 阶模近场分布

$H_y, \mathrm{d}E_x/\mathrm{d}x, E_z$ 连续；$\mathrm{d}H_y/\mathrm{d}x, E_x, \mathrm{d}E_z/\mathrm{d}x$ 不连续

参 考 文 献

[4.1] Anderson W W. Mode confinement and gain in junction lasers. IEEE J. Quantum Electron., 1965, QE-1: 228–236.

[4.2] Schlosser W O. Gain-induced modes in planar structures. Bell System Tech. J., 1973, 52: 887–905.

[4.3] Suematsu Y, Yamada M. Oscillation-mode and mode-control in semiconductor lasers with stripe-geometry. 电子情报通信学会论文志，1974, 57-C: 434–440.

[4.4] Kogelnik H, Ramaswamg V. Scaling rules for thin-film optical wave-guides. Appl. Opt., 1974, 13: 1857–1862.

5. 本征方程的光线光学含义、古斯–汉欣线移与时延[4.4,5.1~5.3]

1) 从平面波的反射和折射到全反射和全反射相移

本征方程 (2.1-8a) 表示突变界面边界条件式 (1.1-2) 对导波模式的限制，化为角度形式的式 (2.1-8e) 之后可以看出其光线光学含义。由于在纯折射率波导过程中不涉及光吸收和光增益过程，而只涉及光传播受到突变界面的影响，所以必定具有单纯的几何光学的含义。例如，对于纯折射率三层平板波导的 **TE 基横模** ($m = 0$)，由式 (1.2-2a) 和式 (2.1-5a) 得

$$E_{y2}(x,z,t) = [A_e \cos(\kappa x) + A_o \sin(\kappa x)] e^{i(\omega t - \beta_z z)}$$
$$= \left[A_e \left(\frac{e^{i\kappa x} + e^{-i\kappa x}}{2} \right) + A_o \left(\frac{e^{i\kappa x} - e^{-i\kappa x}}{2} \right) \right] e^{i(\omega t - \beta_z z)}$$
$$= \left[\frac{A_e + A_o}{2} e^{i\tilde\kappa x} + \frac{A_e - A_o}{2} e^{-i\tilde\kappa x} \right] e^{i(\omega t - \beta_z z)}$$
$$= \left[A_1 e^{i\tilde\kappa x} + A_2 e^{-i\tilde\kappa x} \right] e^{i(\omega t - \beta_z z)}$$
$$= A_1 e^{i(\omega t - \kappa x - \beta_z z)} + A_2 e^{i(\omega t + \kappa x - \beta_z z)}$$
$$\equiv E_y^+ + E_y^- \equiv E_{yi} + E_{yr} \tag{2.1-11a}$$

$$\kappa^2 + \beta_z^2 = k_0^2 \bar n_2^2 \equiv k_2^2 \equiv k^2 \equiv \beta^2 \tag{2.1-11b}$$

一般，对于前进模式波，$\beta_z > 0$，式 (2.1-11b) 具有如**图 2.1-3F(a)** 所示的几何关系，矢量表示为

$$\boldsymbol{k} \cdot \boldsymbol{r} \equiv \boldsymbol{\beta} \cdot \boldsymbol{r} = \beta_x x + \beta_y y + \beta_z z, \quad \beta = k = k_0 \bar n_2 \tag{2.1-11c}$$

$$\beta_x \equiv \kappa = k_0 \bar n_2 \cos\theta_i, \quad \beta_y = k_0 \bar n_2 \sin\theta_i \sin\theta_a, \quad \beta_z = k_0 \bar n_2 \sin\theta_i \cos\theta_a \tag{2.1-11d}$$

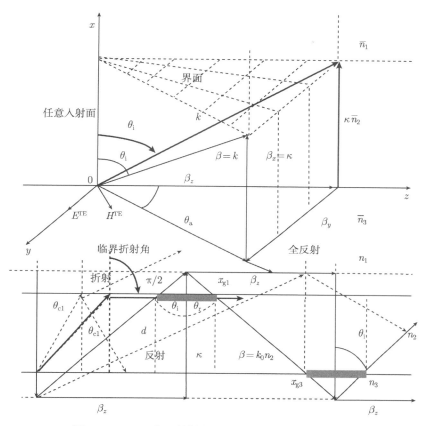

图 2.1-3F(a) 芯层传播矢量入射到界面上的几何关系

当入射波矢与入射点的平面法线所构成的入射面与 x-z 平面重合时，式 (2.1-11d) 化为

$$\theta_{\mathrm{a}} = 0 \rightarrow \beta_x \equiv \kappa = k_0 \bar{n}_2 \cos \theta_{\mathrm{i}}, \quad \beta_y = 0, \quad \beta_z = k_0 \bar{n}_2 \sin \theta_{\mathrm{i}} \tag{2.1-11e}$$

如果将 E^+ 看成是 $\bar{n}_2$ 内在与 $\bar{n}_1$ 的界面 $x = 0$ 处入射**平面波** $E_{y\mathrm{i}}$，其相对于法线的入射角为 θ_{i}，则

入射平面波：

$$E_{y\mathrm{i}} = E_{\mathrm{i}} \mathrm{e}^{\mathrm{i}(\omega t - k_0 \bar{n}_2 x \cos \theta_{\mathrm{i}} - k_0 \bar{n}_2 z \sin \theta_{\mathrm{i}})} \tag{2.1-11f}$$

反射平面波：

$$E_{y\mathrm{r}} = E_{\mathrm{r}} \mathrm{e}^{\mathrm{i}(\omega t + k_0 \bar{n}_2 x \cos \theta_{\mathrm{r}} - k_0 \bar{n}_2 z \sin \theta_{\mathrm{r}})} \tag{2.1-11g}$$

折射平面波：

$$E_{y\mathrm{t}} = E_t \mathrm{e}^{\mathrm{i}(\omega t - k_0 \bar{n}_1 x \cos \theta_t - k_0 \bar{n}_1 z \sin \theta_t)} \tag{2.1-11h}$$

其中, 各个电场量都是沿垂直重合的入射、反射和折射平面的 y 轴, θ_r 和 θ_t 分别是平面波相对于入射界面法线的反射角和折射角。边界条件要求界面上对任何时间 t 和位置 z:

(1) 电场的切向分量皆必须连续, 取原点在界面上 $(x, y, z = 0)$, 如非全反射, 则应为

$x = 0$:

$$E_{y\mathrm{i}} + E_{y\mathrm{r}} = E_{y\mathrm{t}} \to E_{\mathrm{i}}\mathrm{e}^{\mathrm{i}(\omega t - k_0\bar{n}_2 z\sin\theta_{\mathrm{i}})} + E_{\mathrm{r}}\mathrm{e}^{\mathrm{i}(\omega t - k_0\bar{n}_2 z\sin\theta_{\mathrm{r}})}$$
$$= E_{\mathrm{t}}\mathrm{e}^{\mathrm{i}(\omega t - k_0\bar{n}_1 z\sin\theta_{\mathrm{t}})} \tag{2.1-11i}$$

该关系应在包括 $z = 0$ 的任何 z 皆成立, 则

$$1 = \frac{E_t\mathrm{e}^{\mathrm{i}(\omega t - k_0\bar{n}_1 z\sin\theta_t)}}{E_{\mathrm{i}}\mathrm{e}^{\mathrm{i}(\omega t - k_0\bar{n}_2 z\sin\theta_{\mathrm{i}})}} - \frac{E_{\mathrm{r}}\mathrm{e}^{\mathrm{i}(\omega t - k_0\bar{n}_2 z\sin\theta_{\mathrm{r}})}}{E_{\mathrm{i}}\mathrm{e}^{\mathrm{i}(\omega t - k_0\bar{n}_2 z\sin\theta_{\mathrm{i}})}}$$
$$= \frac{E_t}{E_{\mathrm{i}}}\mathrm{e}^{-\mathrm{i}k_0 z(\bar{n}_1\sin\theta_t - \bar{n}_2\sin\theta_{\mathrm{i}})} - \frac{E_{\mathrm{r}}}{E_{\mathrm{i}}}\mathrm{e}^{-\mathrm{i}k_0 z(\sin\theta_{\mathrm{r}} - \sin\theta_{\mathrm{i}})}$$
$$= \frac{E_t}{E_{\mathrm{i}}}\mathrm{e}^{-\mathrm{i}k_0 z[\bar{n}_1\sin(\theta'_t - \pi) - \bar{n}_2\sin\theta'_{\mathrm{i}}]} - \frac{E_{\mathrm{r}}}{E_{\mathrm{i}}}\mathrm{e}^{-\mathrm{i}k_0 z[\sin(-\theta'_{\mathrm{r}}) - \sin\theta'_{\mathrm{i}}]}$$
$$\Rightarrow \frac{E_t}{E_{\mathrm{i}}} - \frac{E_{\mathrm{r}}}{E_{\mathrm{i}}} = \bar{t} - \bar{r} \to$$

沿 y 轴:

$$E_{\mathrm{i}} + E_{\mathrm{r}} = E_t \to 1 + \bar{r} = \bar{t} \to \bar{t} - \bar{r} = 1, \quad \bar{t} \equiv E_t/E_{\mathrm{i}}, \quad \bar{r} \equiv E_{\mathrm{r}}/E_{\mathrm{i}}, \quad R \equiv \bar{r}\cdot\bar{r}^* \tag{2.1-11j}$$

其中, 如对界面法线的夹角以顺时针为正, 逆时针为负 (**图 2.1-3F(b)**), 则式 (2.1-11j) 仍不变。

如 $z \neq 0$, 则

$$k_0\bar{n}_2 z\sin\theta_{\mathrm{i}} = k_0\bar{n}_2 z\sin\theta_{\mathrm{r}} = k_0\bar{n}_1 z\sin\theta_{\mathrm{t}} \to \theta_{\mathrm{i}} = \theta_{\mathrm{r}}, \quad \bar{n}_2\sin\theta_{\mathrm{r}} = \bar{n}_1\sin\theta_{\mathrm{t}} \tag{2.1-11k}$$

这即几何光学中的反射定律和折射定律。

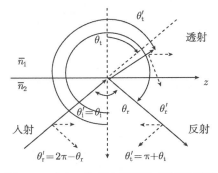

图 2.1-3F(b)　光在上界面的反射和折射

(2) 磁场的切向分量皆必须连续:

$$H_{zi} + H_{zr} = H_{zt} \tag{2.1-11l}$$

由式 (2.1-1c,g):

$$E_y(x) = \frac{\mathrm{i}\omega\mu_0}{\tilde{k}^2 - \tilde{\beta}_z^2}\frac{\mathrm{d}H_z(x)}{\mathrm{d}x} \rightarrow \frac{\mathrm{d}E_y(x)}{\mathrm{d}x} = \frac{\mathrm{i}\omega\mu_0}{\tilde{k}^2 - \tilde{\beta}_z^2}\frac{\mathrm{d}^2H_z(x)}{\mathrm{d}x^2} = -\mathrm{i}\omega\mu_0 H_z(x) \tag{2.1-11m}$$

由式 (2.1-11f):

$$H_{zi}(x) = \frac{\mathrm{i}}{\omega\mu_0}\frac{\mathrm{d}E_{yi}(x)}{\mathrm{d}x} = \frac{k_0\bar{n}_2}{\omega\mu_0}E_{yi}\cos\theta_i = \frac{\bar{n}_2}{c_0\mu_0}E_{yi}\cos\theta_i \tag{2.1-11n}$$

由式 (2.1-11g):

$$H_{zr}(x) = \frac{\mathrm{i}}{\omega\mu_0}\frac{\mathrm{d}E_{yr}(x)}{\mathrm{d}x} = \frac{-\bar{n}_2}{c_0\mu_0}E_{yr}\cos\theta_r \tag{2.1-11o}$$

由式 (2.1-11h):

$$H_{zt}(x) = \frac{\mathrm{i}}{\omega\mu_0}\frac{\mathrm{d}E_{yt}(x)}{\mathrm{d}x} = \frac{\bar{n}_1}{c_0\mu_0}E_{yt}\cos\theta_t \tag{2.1-11o'}$$

代入式 (2.1-11l),并利用式 (2.1-11e,f,j,k),得出

$$H_{zi} + H_{zr} = H_{zt} \rightarrow \frac{\bar{n}_2}{c_0\mu_0}E_{yi}\cos\theta_i - \frac{\bar{n}_2}{c_0\mu_0}E_{yr}\cos\theta_r = \frac{\bar{n}_1}{c_0\mu_0}E_{yt}\cos\theta_t \rightarrow$$

$$\bar{n}_2\cos\theta_i - \bar{r}_1\bar{n}_2\cos\theta_r = (1+\bar{r}_1)\,\bar{n}_1\cos\theta_t \rightarrow \bar{r}_1 = \frac{\bar{n}_2\cos\theta_i - \bar{n}_1\cos\theta_t}{\bar{n}_2\cos\theta_r + \bar{n}_1\cos\theta_t} \tag{2.1-11p}$$

由折射定律式 (2.1-11k):

$$\cos\theta_t = \pm\sqrt{1-\sin^2\theta_t} = \pm\sqrt{1-(\bar{n}_2/\bar{n}_1)^2\sin^2\theta_i} \tag{2.1-11q}$$

当 $\theta_i = \theta_{c1} \equiv \sin^{-1}(\bar{n}_1/\bar{n}_2)$ 时,$\cos\theta_t = 0, \theta_{tc} = \pi/2$。如果

$$\theta_i > \theta_{c1} \equiv \sin^{-1}(\bar{n}_1/\bar{n}_2) \tag{2.1-11r}$$

则将出现**全反射**,θ_{c1} 是芯层对上限制层的**全反射临界角**。这时式 (2.1-11q) 可以写成

$$\cos\theta_t = -\mathrm{i}\sqrt{(\bar{n}_2/\bar{n}_1)^2\sin^2\theta_i - 1} \tag{2.1-11s}$$

式 (2.1-11s) 中根号前的负号是为了保证导波模式在限制层内是**消逝波**。代入式 (2.1-11p),得出

$$\bar{r}_1 = \frac{\bar{n}_2\cos\theta_i + \mathrm{i}\sqrt{\bar{n}_2^2\sin^2\theta_i - \bar{n}_1^2}}{\bar{n}_2\cos\theta_i - \mathrm{i}\sqrt{\bar{n}_2^2\sin^2\theta_i - \bar{n}_1^2}} = \frac{a+\mathrm{i}b}{a-\mathrm{i}b} = \frac{\sqrt{a^2+b^2}\mathrm{e}^{\mathrm{i}\psi_1}}{\sqrt{a^2+b^2}\mathrm{e}^{-\mathrm{i}\psi_1}} \rightarrow \bar{r}_1 = \mathrm{e}^{\mathrm{i}2\psi_1} \tag{2.1-11t}$$

由式 (2.1-11e) 和式 (2.1-7d)：

$$\tan\psi_1 = \frac{b}{a} = \frac{\sqrt{\bar{n}_2^2\sin^2\theta_{\mathrm{i}} - \bar{n}_1^2}}{\bar{n}_2\cos\theta_{\mathrm{i}}} = \frac{\sqrt{k_0^2\bar{n}_2^2\sin^2\theta_{\mathrm{i}} - k_0^2\bar{n}_1^2}}{k_0\bar{n}_2\cos\theta_{\mathrm{i}}}$$

$$= \frac{\sqrt{\beta_z^2 - k_0^2\bar{n}_1^2}}{\kappa} \to \tan\psi_1 = \frac{\gamma_1}{\kappa} = \tan\phi_1 \tag{2.1-11u}$$

可见，$2\psi_1 = 2\phi_1$ 是入射平面波在 $\bar{n}_2$ 和 $\bar{n}_1$ 界面上的全反射相移。这时 "折射平面波" 式 (2.1-11h) 可由式 (2.1-11u) 写成

$$E_{y\mathrm{t}} = E_t\mathrm{e}^{\mathrm{i}\left(\omega t + \mathrm{i}\sqrt{k_0^2\bar{n}_2^2\sin^2\theta_{\mathrm{i}} - k_0^2\bar{n}_1^2}\cdot x - k_0\bar{n}_1 z\sin\theta_t\right)} = E_t\mathrm{e}^{-\gamma_1 x}\mathrm{e}^{\mathrm{i}(\omega t - k_0\bar{n}_1 z\sin\theta_t)} \tag{2.1-11v}$$

表明**导波模式**在 $\bar{n}_1 < \bar{n}_2$ 的上限制层中的振幅按指数规律消减，其振幅的 "**渗透深度**" 为 $1/\gamma_1$，**等相面**是垂直于 z 轴的平面，沿 z 轴传播 (**图 2.1-3F(c)**)，但其振幅沿 x 方向**消减**。

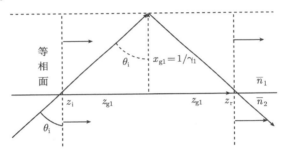

图 2.1-3F(c)　光在上界面的全反射相移和渗透深度

类此，在 $\bar{n}_2$ 和 $\bar{n}_3$ 界面上，如果

$$\theta_{\mathrm{i}} > \theta_{\mathrm{c}3} \equiv \sin^{-1}(\bar{n}_3/\bar{n}_2) \tag{2.1-11w}$$

则其**全反射系数**为

$$\bar{r}_3 = \frac{\bar{n}_2\cos\theta_{\mathrm{i}} + \mathrm{i}\sqrt{\bar{n}_2^2\sin^2\theta_{\mathrm{i}} - \bar{n}_3^2}}{\bar{n}_2\cos\theta_{\mathrm{i}} - \mathrm{i}\sqrt{\bar{n}_2^2\sin^2\theta_{\mathrm{i}} - \bar{n}_3^2}} = \mathrm{e}^{\mathrm{i}2\psi_3} \tag{2.1-11x}$$

由式 (2.1-11x) 和式 (2.1-7d)，**入射平面波**在 $\bar{n}_2$ 和 $\bar{n}_1$ 界面上的在全反射相移为 $2\psi_3 = 2\phi_3$：

$$\tan\psi_3 = \frac{\sqrt{\bar{n}_2^2\sin^2\theta_{\mathrm{i}} - \bar{n}_3^2}}{\bar{n}_2\cos\theta_{\mathrm{i}}} = \frac{\sqrt{\beta_z^2 - k_0^2\bar{n}_3^2}}{\kappa} = \frac{\gamma_3}{\kappa} = \tan\phi_3 \tag{2.1-11y}$$

因而，式 (2.1-7e) 可以由式 (2.1-7d) 和式 (2.1-11e) 写成相干光的相增干涉条件的形式：

$$2\bar{n}_2 k_0 \mathrm{d}\cos\theta_{\mathrm{i}} - 2\psi_3 - 2\psi_1 = 2m\pi, \quad \psi_j = \tan^{-1}\frac{\gamma_j}{\kappa} = \phi_j,$$

$$j = 1,3, \quad m = 0,1,2,3,\cdots \tag{2.1-11z}$$

该角度形式的本征方程也可以由计算全反射过程的总相位差即光程差加反射相移直接得出。由式 (2.1-6zc,zd,ze)，**光程差是传播常数与等相面移动距离的差之乘积的负值 (图 2.1-3F(d))：**

$$\Delta\Phi = -k_0\bar{n}_2 \cdot (AE - BG) \tag{2.1-12a}$$

$$\overline{AE} = d/\cos\theta_{\mathrm{i}} \tag{2.1-12b}$$

$$\overline{BG} = \overline{AB}\sin\theta_{\mathrm{i}} = (CE - CD)\sin\theta_{\mathrm{i}}$$

$$= (d\tan\theta_{\mathrm{i}} - d/\tan\theta_{\mathrm{i}})\sin\theta_{\mathrm{i}}$$

$$= d\sin^2\theta_{\mathrm{i}}/\cos\theta_{\mathrm{i}} - \mathrm{d}\cos\theta_{\mathrm{i}} \tag{2.1-12c}$$

$$\Delta\Phi = -k_0\bar{n}_2\left(\overline{AE} - \overline{BG}\right)$$

$$= -k_0\bar{n}_2\left(d/\cos\theta_{\mathrm{i}} - d\sin^2\theta_{\mathrm{i}}/\cos\theta_{\mathrm{i}} + \mathrm{d}\cos\theta_{\mathrm{i}}\right) \tag{2.1-12d}$$

$$= -k_0\bar{n}_2\left[d\left(1 - \sin^2\theta_{\mathrm{i}}\right)/\cos\theta_{\mathrm{i}} + \mathrm{d}\cos\theta_{\mathrm{i}}\right] = -k_0\bar{n}_2^2\mathrm{d}\cos\theta_{\mathrm{i}} \tag{2.1-12e}$$

因此，相增干涉条件是：**从上界面的入射点 A 到下界面的反射点 E 之间的光程差与上下两次全反射相移之和应为 2π 的整倍数：**

$$\Delta\Phi_{\mathrm{tot}} = \Delta\Phi + 2\psi_1 + 2\psi_3 = -2\pi m \rightarrow k_0\bar{n}_2^2\mathrm{d}\cos\theta_{\mathrm{i}} - 2\psi_1 - 2\psi_3 = 2\pi m \tag{2.1-12f}$$

故式 (2.1-12f) 的含义可表为：

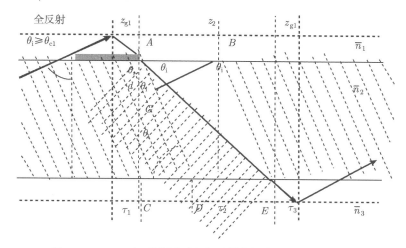

图 2.1-3F(d)　上下界面两次全反射之间在芯层中的光程差

[定理 8]　　　纯折射率波导过程也可以看成是有源层内以角度 θ_i 与限制层的交界面上入射和反射的同一平面波相干叠加 (干涉) 的结果, 其中能够存在的导波模式正是满足其相增干涉条件的某些入射平面波, 以致作为本征值的入射角 θ_i 只能取有限个分立值。即这些入射平面波在两平行界面之间曲折 (zigzag) 前进, 经上下各一次全反射引起的全反射相移与这段光程差所引起的相移的代数和必须等于整数个圆周角 $(2m\pi)$。

但是, 由于界面上仍存在 "入射波的无损耗渗透" 或 "入射光线的延伸和折回"(式 (2.1-11v)), 反射光线 (平面波前法线) 与入射光线的交点不可能在界面上, 而应移入限制层内, 移入的深度和所历时间都可以运用波包的概念进行定量分析得出。

2) 全反射相移的空间含义 —— 古斯 – 汉欣线移

平面波中作为光线的波阵面 (等相面) 法线的位置是不确定的, 但如果将入射波看成是振幅相同而入射角相差很小 $(\theta_i \pm \Delta \theta_i)$, 因而传播常数相差很小 $(\beta_z \pm \Delta \beta_z)$ 的两个平面波叠加而组成**类空间波包 (space-like wave package)**, 则在上限制层的 $\bar{n}_2$ 和 $\bar{n}_1$ 界面 $(x = 0)$ 上入射波和反射波可分别写成

$$
\begin{aligned}
E_{yi} &= E_i \left\{ e^{i[\omega t - (\beta_z + \Delta \beta_z) z_i]} + e^{i[\omega t - (\beta_z - \Delta \beta_z) z_i]} \right\} = E_i \left[e^{-i\Delta \beta_z z_i} + e^{i\Delta \beta_z z_i} \right] e^{i(\omega t - \beta_z z_i)} \\
&= 2 E_i \cos (\Delta \beta_z z_i) \, e^{i(\omega t - \beta_z z_i)}
\end{aligned}
\tag{2.1-12g}
$$

和

$$
\begin{aligned}
E_{yr} &= E_i \left\{ e^{i[\omega t - (\beta_z + \Delta \beta_z) z_r + 2(\phi_1 + \Delta \phi_1)]} + e^{i[\omega t - (\beta_z - \Delta \beta_z) z_r + 2(\phi_1 - \Delta \phi_1)]} \right\} \\
&= E_i \left[e^{-i(\Delta \beta_z z_r - 2\Delta \phi_1)} + e^{i(\Delta \beta_z z_r - 2\Delta \phi_1)} \right] e^{i(\omega t - \beta_z z_r + 2\phi_1)} \\
&= 2 E_i \cos (\Delta \beta_z z_r - 2\Delta \phi_1) \, e^{i(\omega t - \beta_z z_r + 2\phi_1)}
\end{aligned}
\tag{2.1-12h}
$$

全反射的边界条件为

$$
E_{yi} + E_{yr} = E_{yt} = 0 \rightarrow E_{yi} = -E_{yr}
\tag{2.1-12i}
$$

由式 (2.1-12g,h) 得

$$
2 E_i \cos (\Delta \beta_z z_i) \, e^{i(\omega t - \beta_z z_i)} = -2 E_i \cos (\Delta \beta_z z_r - 2\Delta \phi_1) \, e^{i(\omega t - \beta_z z_r + 2\phi_1)} \rightarrow
$$

$$
\begin{aligned}
\cos (\Delta \beta_z z_i) \, e^{-i\beta_z z_i} &= -\cos (\Delta \beta_z z_r - 2\Delta \phi_1) \, e^{-i(\beta_z z_r - 2\phi_1)} \\
&= \cos (\Delta \beta_z z_r - 2\Delta \phi_1) \, e^{-i(\beta_z z_r - 2\phi_1 \pm \pi)}
\end{aligned}
\tag{2.1-12j}
$$

这要求

$$
\Delta \beta_z z_i = \Delta \beta_z z_r - 2\Delta \phi_1, \quad \beta_z z_i = \beta_z z_r - 2\phi_1 \pm \pi
\tag{2.1-12k}
$$

将式 (2.1-11u) 对 β_z 求偏微商, 并注意

$$\phi_1 = \tan^{-1}\frac{\gamma_1}{\kappa}, \quad \kappa^2 = k_0^2\bar{n}_2^2 - \beta_z^2, \quad \gamma_1^2 = \beta_z^2 - k_0^2\bar{n}_1^2,$$

$$\frac{\partial\kappa}{\partial\beta_z} = -\frac{\beta_z}{\kappa}, \quad \frac{\partial\gamma_1}{\partial\beta_z} = \frac{\beta_z}{\gamma_1} \tag{2.1-12l}$$

$$\frac{\partial\phi_1}{\partial\beta_z} = \frac{\dfrac{\partial}{\partial\beta_z}\left(\dfrac{\gamma_1}{\kappa}\right)}{1 + \left(\dfrac{\gamma_1}{\kappa}\right)^2} = \frac{\dfrac{1}{\kappa^2}\left(\kappa\dfrac{\partial\gamma_1}{\partial\beta_z} - \gamma_1\dfrac{\partial\kappa}{\partial\beta_z}\right)}{1 + \left(\dfrac{\gamma_1}{\kappa}\right)^2} = \frac{\kappa\dfrac{\partial\gamma_1}{\partial\beta_z} - \gamma_1\dfrac{\partial\kappa}{\partial\beta_z}}{\kappa^2 + \gamma_1^2}$$

$$= \frac{\kappa\dfrac{\beta_z}{\gamma_1} + \gamma_1\dfrac{\beta_z}{\kappa}}{\kappa^2 + \gamma_1^2} = \frac{\beta_z}{\gamma_1\kappa} = \frac{k_0\bar{n}_2\sin\theta_i}{\gamma_1 k_0\bar{n}_2\cos\theta_i} = \frac{\tan\theta_i}{\gamma_1} \tag{2.1-12m}$$

由式 (2.1-12k,m), 得出入射光线和反射光线在界面上的位置 z_i, z_r 相距, 即其**线移**为

$$z_i = z_r - 2\frac{\Delta\phi_1}{\Delta\beta_z} \to z_{g1} \equiv \frac{(z_r - z_i)_1}{2} = \frac{\partial\phi_1}{\partial\beta_z} \to \frac{\partial\phi_1}{\partial\beta_z}$$

$$= z_{g1}^{TE} = x_{g1}^{TE}\tan\theta_i \to x_{g1}^{TE} = \frac{1}{\gamma_1} = \frac{\lambda_0}{2\pi\sqrt{N_m^2 - \bar{n}_1^2}} \tag{2.1-12n}$$

同样, 对下限制层的 $\bar{n}_2$ 和 $\bar{n}_3$ 界面, 得出

$$\frac{\partial\phi_3}{\partial\beta_z} = z_{g3}^{TE} = x_{g3}^{TE}\tan\theta_i \to x_{g3}^{TE} = \frac{1}{\gamma_3} = \frac{\lambda_0}{2\pi\sqrt{N_m^2 - \bar{n}_3^2}} \tag{2.1-12o}$$

以上的分析表明:

[定理 9] 在全反射过程中, 上下界面的反射光线相对于入射光线分别向前平移一段距离 $2z_{g1}$ 和 $2z_{g3}$, 入射光线和反射光线的延长线分别相交于上下限制层内深度为 x_{g1} 和 x_{g3} 的位置上, 这就是全反射时, "入射波无损耗渗透" 的振幅消减达到的渗透深度。可以将该位置上平行于界面的平面看成是入射光线和反射光线相交于一点的等效全反射面。这种在电介质界面上的全反射过程中, 光能透过一定深度后再折回来的现象, 称为古斯 – 汉欣线移。

因为是**古斯 (F. Goos)** 和**汉欣 (H. Hänchen)** 在 1943 年首先从可见激光束通过透明的玻璃三棱镜实验中实际观察到这一重要现象的。

3) 全反射相移的时间含义 —— 全反射时延

界面上的全反射相移, 不但与空间周期性 β_z 有关, 而且与时间周期性 ω 有关, 即

$$\phi = \phi(\omega, \beta_z), \quad \frac{\mathrm{d}\phi}{\mathrm{d}\beta_z} = \frac{\partial\phi}{\partial\omega}\frac{\mathrm{d}\omega}{\mathrm{d}\beta_z} + \frac{\partial\phi}{\partial\beta_z}\frac{\mathrm{d}\beta_z}{\mathrm{d}\beta_z} = \frac{\partial\phi}{\partial\omega}\frac{\mathrm{d}\omega}{\mathrm{d}\beta_z} + \frac{\partial\phi}{\partial\beta_z} \tag{2.1-12p}$$

因此可以利用**类时间波包 (time-like wave package)** 来说明在全反射产生线移的同时，还必然会在时间上产生一段**全反射时延** $(2\tau_j)$。

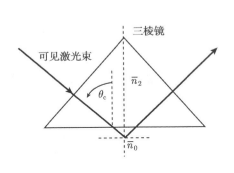

图 2.1-3F(e)　古斯－汉欣的三棱镜
激光束实验示意

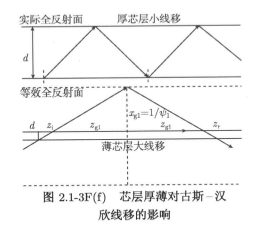

图 2.1-3F(f)　芯层厚薄对古斯－汉
欣线移的影响

如果将入射波看成是振幅和入射角，因而传播常数皆相同，而圆频率相差很小 $(\omega \pm \Delta\omega)$ 的两个平面波叠加组成类时间波包，则在上限制层的 $\bar{n}_2$ 和 $\bar{n}_1$ 界面 $(x=0)$ 上，入射波和反射波分别可以写成

$$
\begin{aligned}
E_{yi} &= E_i \left\{ e^{i[(\omega+\Delta\omega)t_i - \beta_z z]} + e^{i[(\omega-\Delta\omega)t_i - \beta_z z]} \right\} = E_i \left[e^{i\Delta\omega t_i} + e^{-i\Delta\omega t_i} \right] e^{i(\omega t_i - \beta_z z)} \\
&= 2E_i \cos\left(\Delta\omega_i^t\right) e^{i(\omega t_i - \beta_z z)}
\end{aligned}
\tag{2.1-12q}
$$

$$
\begin{aligned}
E_{yr} &= E_i \left\{ e^{i[(\omega+\Delta\omega)t_r - \beta_z z + 2(\phi_1 + \Delta\phi_1)]} + e^{i[(\omega-\Delta\omega)t_r - \beta_z z + 2(\phi_1 - \Delta\phi_1)]} \right\} \\
&= E_i \left[e^{i(\Delta\omega t_r + 2\Delta\phi_1)} + e^{-i(\Delta\omega t_r + 2\Delta\phi_1)} \right] e^{i(\omega t_r - \beta_z z + 2\phi_1)} \\
&= 2E_i \cos\left(\Delta\omega t_r + 2\Delta\phi_1\right) e^{i(\omega t_r - \beta_z z + 2\phi_1)}
\end{aligned}
\tag{2.1-12r}
$$

全反射的边界条件为

$$
E_{yi} + E_{yr} = E_{yt} = 0 \rightarrow E_{yi} = -E_{yr}
\tag{2.1-12s}
$$

即

$$
2E_i \cos\left(\Delta\omega t_i\right) e^{i(\omega t_i - \beta_z z)} = -2E_i \cos\left(\Delta\omega t_r + 2\Delta\phi_1\right) e^{i(\omega t_r - \beta_z z + 2\phi_1)} \rightarrow
$$

$$
\cos\left(\Delta\omega t_i\right) e^{i\omega t_i} = -\cos\left(\Delta\omega t_r + 2\Delta\phi_1\right) e^{i(\omega t_r + 2\phi_1 \pm \pi)}
\tag{2.1-12t}
$$

故得出

$$
\Delta\omega t_i = \Delta\omega t_r + 2\Delta\phi_1, \quad \omega t_i = \omega t_r + 2\phi_1 \pm \pi
\tag{2.1-12u}
$$

由式 (2.1-12u) 定义在 $\bar{n}_2$ 和 $\bar{n}_1$ 界面上的**全反射时延** $\triangle t_1$ 为

$$t_{\mathrm{i}} = t_{\mathrm{r}} - 2\frac{\triangle\phi_1}{\triangle\omega} \rightarrow \frac{\partial\phi_1}{\partial\omega} = \frac{(t_{\mathrm{r}} - t_{\mathrm{i}})_1}{2} \equiv \tau_1 \rightarrow \triangle t_1 \equiv (t_{\mathrm{r}} - t_{\mathrm{i}})_1 = 2\tau_1 \qquad (2.1\text{-}12\mathrm{v})$$

同样，在 $\bar{n}_2$ 和 $\bar{n}_3$ 界面上的**全反射时延** $\triangle t_3$ 为

$$t_{\mathrm{i}} = t_{\mathrm{r}} - 2\frac{\triangle\phi_3}{\triangle\omega} \rightarrow \frac{\partial\phi_3}{\partial\omega} = \frac{(t_{\mathrm{r}} - t_{\mathrm{i}})_3}{2} \equiv \tau_3 \rightarrow \triangle t_3 \equiv (t_{\mathrm{r}} - t_{\mathrm{i}})_3 = 2\tau_3 \qquad (2.1\text{-}12\mathrm{w})$$

[定理 10] 每个界面上的全反射线移 (古斯-汉欣线移) 不是一种速率无限快的瞬间突变，而是需要以一定的速度经历一定的时间才能实现的，从而产生相应的全反射过程的时延。

4) TM 导波模式的线移

与上述对 TE 模式的分析相似，纯折射率三层平板波导的 TM 模式为

$$H_{y2}(x,z,t) = [A_{\mathrm{e}}\cos(\kappa x) + A_{\mathrm{o}}\sin(\kappa x)]\mathrm{e}^{\mathrm{i}(\omega t - \beta_z z)}$$
$$= A_1\mathrm{e}^{\mathrm{i}(\omega t - \kappa x - \beta_z z)} + A_2\mathrm{e}^{\mathrm{i}(\omega t + \kappa x - \beta_z z)} \equiv H_y^+ + H_y^- \qquad (2.1\text{-}13\mathrm{a})$$

$$\boldsymbol{\beta}\cdot\boldsymbol{r} = \beta_x x + \beta_y y + \beta_z z \qquad (2.1\text{-}13\mathrm{b})$$

$$\beta_x \equiv \kappa = k_0\bar{n}_2\cos\theta_{\mathrm{i}}, \quad \beta_y = k_0\bar{n}_2\sin\theta_{\mathrm{i}}\sin\theta_{\mathrm{a}},$$
$$\beta_z = k_0\bar{n}_2\sin\theta_{\mathrm{i}}\cos\theta_{\mathrm{a}}, \quad \theta_{\mathrm{a}} = 0 \qquad (2.1\text{-}13\mathrm{c})$$

$$\begin{cases} H_{y\mathrm{i}} = H_{\mathrm{i}}\mathrm{e}^{\mathrm{i}(\omega t - k_0\bar{n}_2 x\cos\theta_{\mathrm{i}} - k_0\bar{n}_2 z\sin\theta_{\mathrm{i}})} \\ H_{y\mathrm{r}} = H_{\mathrm{r}}\mathrm{e}^{\mathrm{i}(\omega t + k_0\bar{n}_2 x\cos\theta_{\mathrm{r}} - k_0\bar{n}_2 z\sin\theta_{\mathrm{r}})} \\ H_{yt} = H_t\mathrm{e}^{\mathrm{i}(\omega t - k_0\bar{n}_1 x\cos\theta_t - k_0\bar{n}_1 z\sin\theta_t)} \end{cases} \qquad (2.1\text{-}13\mathrm{d})$$

上述各磁场分量分别是沿垂直重合的入射、反射和折射平面的 y 轴的唯一磁场分量。

(1) 磁场的切向分量皆必须连续:

$$H_{y\mathrm{i}} + H_{y\mathrm{r}} = H_{yt} \qquad (2.1\text{-}13\mathrm{e})$$

$$\theta_{\mathrm{i}} = \theta_{\mathrm{r}}, \quad \bar{n}_2\sin\theta_{\mathrm{r}} = \bar{n}_1\sin\theta_t, \quad \bar{r} = H_{\mathrm{r}}/H_{\mathrm{i}}, \quad R = \bar{r}\cdot\bar{r}^* \qquad (2.1\text{-}13\mathrm{f})$$

(2) 电场的切向分量皆必须连续:

$$E_{z\mathrm{i}} + E_{z\mathrm{r}} = E_{zt} \qquad (2.1\text{-}13\mathrm{g})$$

$$H_y = \frac{-\mathrm{i}\omega\varepsilon}{k^2 - \beta_z^2}\frac{\mathrm{d}E_z}{\mathrm{d}x} \rightarrow \frac{\mathrm{d}H_y}{\mathrm{d}x} = \frac{-\mathrm{i}\omega\varepsilon}{k^2 - \beta_z^2}\frac{\mathrm{d}^2 E_z}{\mathrm{d}x^2} = \mathrm{i}\omega\varepsilon E_z \qquad (2.1\text{-}13\mathrm{h})$$

$$E_{z\mathrm{i}} = \frac{1}{\mathrm{i}\omega\varepsilon_2}\frac{\mathrm{d}H_{y\mathrm{i}}}{\mathrm{d}x} = \frac{-\mathrm{i}\bar{n}_2}{\mathrm{i}\omega\varepsilon_2}H_{y\mathrm{i}}\cos\theta_{\mathrm{i}} = \frac{-\bar{n}_2}{c_0\varepsilon_2}H_{y\mathrm{i}}\cos\theta_{\mathrm{i}} \qquad (2.1\text{-}13\mathrm{i})$$

$$E_{zr} = \frac{\bar{n}_2}{c_0 \varepsilon_2} H_{yr} \cos\theta_{\rm r}, \quad E_{zt} = -\frac{\bar{n}_1}{c_0 \varepsilon_1} H_{yt} \cos\theta_t \tag{2.1-13j}$$

代入边界条件式 (2.1-13g)，得出

$$\frac{\bar{n}_2}{c_0 \varepsilon_2} H_{yi} \cos\theta_{\rm i} + \frac{\bar{n}_2}{c_0 \varepsilon_2} H_{yr} \cos\theta_{\rm r} = \frac{-\bar{n}_1}{c_0 \varepsilon_1} H_{yt} \cos\theta_t \to \bar{r}_1$$

$$= \frac{\dfrac{\bar{n}_2}{\varepsilon_2} \cos\theta_{\rm i} - \dfrac{\bar{n}_1}{\varepsilon_1} \cos\theta_t}{\dfrac{\bar{n}_2}{\varepsilon_2} \cos\theta_{\rm r} + \dfrac{\bar{n}_1}{\varepsilon_1} \cos\theta_t} \tag{2.1-13k}$$

当

$$\theta_{\rm i} > \theta_{\rm c1} \equiv \sin^{-1}\left(\bar{n}_1/\bar{n}_2\right) \to \cos\theta_t = -{\rm i}\sqrt{\left(\bar{n}_2/\bar{n}_1\right)^2 \sin^2\theta_{\rm i} - 1} \tag{2.1-13l}$$

$$\bar{r}_1 = \frac{\dfrac{\bar{n}_2}{\varepsilon_2}\cos\theta_{\rm i} + \dfrac{\rm i}{\varepsilon_1}\sqrt{\bar{n}_2^2 \sin^2\theta_{\rm i} - \bar{n}_1^2}}{\dfrac{\bar{n}_2}{\varepsilon_2}\cos\theta_{\rm i} - \dfrac{\rm i}{\varepsilon_1}\sqrt{\bar{n}_2^2 \sin^2\theta_{\rm i} - \bar{n}_1^2}} = \frac{a + {\rm i}b}{a - {\rm i}b} = \frac{\sqrt{a^2 + b^2}{\rm e}^{{\rm i}\phi_1}}{\sqrt{a^2 + b^2}{\rm e}^{-{\rm i}\phi_1}} \to \bar{r}_1 = {\rm e}^{{\rm i}2\phi_1}$$

$$\tag{2.1-13m}$$

$$\tan\phi_1 = \frac{b}{a} = \frac{\dfrac{1}{\varepsilon_1}\sqrt{\bar{n}_2^2 \sin^2\theta_{\rm i} - \bar{n}_1^2}}{\dfrac{\bar{n}_2}{\varepsilon_2}\cos\theta_{\rm i}} = \frac{\varepsilon_2}{\varepsilon_1}\frac{\sqrt{k_0^2 \bar{n}_2^2 \sin^2\theta_{\rm i} - k_0^2 \bar{n}_1^2}}{k_0 \bar{n}_2 \cos\theta_{\rm i}}$$

$$= \frac{\varepsilon_2}{\varepsilon_1}\frac{\sqrt{\beta_z^2 - k_0^2 \bar{n}_1^2}}{\kappa} = \frac{\varepsilon_2}{\varepsilon_1}\frac{\gamma_1}{\kappa} \to$$

$$\tan\phi_1 = \frac{\varepsilon_2}{\varepsilon_1}\frac{\gamma_1}{\kappa} = \varepsilon_{21}\frac{\gamma_1}{\kappa} = \tan\phi_1^{\rm TM} \tag{2.1-13n}$$

$$H_{yi} = H_{\rm i}\left\{{\rm e}^{{\rm i}[\omega t - (\beta_z + \Delta\beta_z)z_{\rm i}]} + {\rm e}^{{\rm i}[\omega t - (\beta_z - \Delta\beta_z)z_{\rm i}]}\right\}$$

$$= H_{\rm i}\left[{\rm e}^{-{\rm i}\Delta\beta_z z_{\rm i}} + {\rm e}^{{\rm i}\Delta\beta_z z_{\rm i}}\right]{\rm e}^{{\rm i}(\omega t - \beta_z z_{\rm i})}$$

$$= 2H_{\rm i}\cos\left(\Delta\beta_z z_{\rm i}\right){\rm e}^{{\rm i}(\omega t - \beta_z z_{\rm i})} \tag{2.1-13o}$$

$$H_{yr} = H_{\rm i}\left\{{\rm e}^{{\rm i}[\omega t - (\beta_z + \Delta\beta_z)z_{\rm r} + 2(\phi_1 + \Delta\phi_1)]} + {\rm e}^{{\rm i}[\omega t - (\beta_z - \Delta\beta_z)z_{\rm r} + 2(\phi_1 - \Delta\phi_1)]}\right\}$$

$$= H_{\rm i}\left[{\rm e}^{-{\rm i}(\Delta\beta_z z_{\rm r} - 2\Delta\phi_1)} + {\rm e}^{{\rm i}(\Delta\beta_z z_{\rm r} - 2\Delta\phi_1)}\right]{\rm e}^{{\rm i}(\omega t - \beta_z z_{\rm r} + 2\phi_1)}$$

$$= 2H_{\rm i}\cos\left(\Delta\beta_z z_{\rm r} - 2\Delta\phi_1\right){\rm e}^{{\rm i}(\omega t - \beta_z z_{\rm r} + 2\phi_1)} \tag{2.1-13p}$$

全反射的边界条件为

$$H_{yi} + H_{yr} = H_{yt} = 0 \to H_{yr} = -H_{yi} \tag{2.1-13q}$$

即

$$\cos\left(\Delta\beta_z z_{\rm i}\right){\rm e}^{{\rm i}(\omega t - \beta_z z_{\rm i})} = \cos\left(\Delta\beta_z z_{\rm r} - 2\Delta\phi_1\right){\rm e}^{{\rm i}(\omega t - \beta_z z_{\rm r} + 2\phi_1 \pm \pi)} \tag{2.1-13r}$$

得出

$$\Delta\beta_z z_{\rm i} = \Delta\beta_z z_{\rm r} - 2\Delta\phi_1, \quad \beta_z z_{\rm i} = \beta_z z_{\rm r} - 2\phi_1 \pm \pi \tag{2.1-13s}$$

$$z_{\rm g1}^{\rm TM} \equiv \frac{(z_{\rm r} - z_{\rm i})_1}{2} = \frac{\Delta\phi_1}{\Delta\beta_z} \approx \frac{\partial\phi_1}{\partial\beta_z} = \frac{\partial\left[\tan^{-1}\left(\dfrac{\varepsilon_2}{\varepsilon_1}\dfrac{\gamma_1}{\kappa}\right)\right]}{\partial\beta_z}$$

$$= \frac{\dfrac{\varepsilon_2}{\varepsilon_1}\dfrac{\partial}{\partial\beta_z}\left(\dfrac{\gamma_1}{\kappa}\right)}{1 + \left(\dfrac{\varepsilon_2}{\varepsilon_1}\dfrac{\gamma_1}{\kappa}\right)^2} = \frac{\dfrac{\varepsilon_2}{\varepsilon_1}\dfrac{\kappa\dfrac{\partial\gamma_1}{\partial\beta_z} - \gamma_1\dfrac{\partial\kappa}{\partial\beta_z}}{\kappa^2}}{1 + \left(\dfrac{\varepsilon_2}{\varepsilon_1}\dfrac{\gamma_1}{\kappa}\right)^2}$$

$$= \frac{\dfrac{\varepsilon_2}{\varepsilon_1}\left(\kappa\dfrac{\beta_z}{\gamma_1} - \gamma_1\dfrac{-\beta_z}{\kappa}\right)\dfrac{1}{\kappa^2}}{1 + \left(\dfrac{\varepsilon_2}{\varepsilon_1}\dfrac{\gamma_1}{\kappa}\right)^2} = \frac{\dfrac{k_0^2\bar{n}_2^2 - k_0^2\bar{n}_1^2}{\kappa\gamma_1}\beta_z}{\dfrac{\varepsilon_1}{\varepsilon_2}\kappa^2 + \dfrac{\varepsilon_2}{\varepsilon_1}\gamma_1^2}$$

$$= \frac{k_0^2\bar{n}_2^2 - k_0^2\bar{n}_1^2}{\dfrac{\bar{n}_1^2}{\bar{n}_2^2}(k_0^2\bar{n}_2^2 - \beta_z^2) + \dfrac{\bar{n}_2^2}{\bar{n}_1^2}(\beta_z^2 - k_0^2\bar{n}_1^2)} \cdot \frac{\beta_z}{\kappa\gamma_1}$$

$$= \frac{k_0^2(\bar{n}_2^2 - \bar{n}_1^2)}{\beta_z^2\left(\dfrac{\bar{n}_2^4 - \bar{n}_1^4}{\bar{n}_1^2\bar{n}_2^2}\right) - k_0^2(\bar{n}_2^2 - \bar{n}_1^2)} \cdot \frac{k_0\bar{n}_2\sin\theta_{\rm i}}{\gamma_1 k_0\bar{n}_2\cos\theta_{\rm i}}$$

$$= \frac{1}{\left(\dfrac{\bar{n}_2^2 + \bar{n}_1^2}{\bar{n}_1^2\bar{n}_2^2}\right)\dfrac{\beta_z^2}{k_0^2} - 1} \cdot \frac{\tan\theta_{\rm i}}{\gamma_1}$$

$$= \frac{1}{\left(\dfrac{\beta_z}{k_0\bar{n}_2}\right)^2 + \left(\dfrac{\beta_z}{k_0\bar{n}_1}\right)^2 - 1} \cdot \frac{\tan\theta_{\rm i}}{\gamma_1}$$

$$= \frac{1}{\left(\dfrac{\overline{N}_m}{\bar{n}_2}\right)^2 + \left(\dfrac{\overline{N}_m}{\bar{n}_1}\right)^2 - 1} \cdot \frac{\tan\theta_{\rm i}}{\gamma_1}$$

$$= \frac{\tan\theta_{\rm i}}{\gamma_1 q_1} \rightarrow z_{\rm g1}^{\rm TM} = \frac{\tan\theta_{\rm i}}{\gamma_1 q_1} \tag{2.1-13t}$$

$$z_{{\rm g}j}^{\rm TM} = \frac{\tan\theta_{\rm i}}{\gamma_j q_j} = x_{{\rm g}j}^{\rm TM}\tan\theta_{\rm i} \rightarrow z_{{\rm g}j}^{\rm TM} = \frac{z_{{\rm g}j}^{\rm TE}}{q_j},$$

$$x_{{\rm g}j}^{\rm TM} = \frac{x_{{\rm g}j}^{\rm TE}}{q_j}, \quad q_j \equiv \left(\frac{\overline{N}_m}{\bar{n}_2}\right)^2 + \left(\frac{\overline{N}_m}{\bar{n}_j}\right)^2 - 1, \quad j = 1, 3 \tag{2.1-13u}$$

[引理 9.1] TM 模的古斯–汉欣线移与 TE 模相似, 但数值上有差别 ($z_{{\rm g}j}^{\rm TM} = z_{{\rm g}j}^{\rm TE}/q_j$, $x_{{\rm g}j}^{\rm TM} = x_{{\rm g}j}^{\rm TE}/q_j$)。

5) 导波模式的群速度

由式 (2.1-11e,z) 得

$$\beta_z = k_0 \bar{n}_2 \sin\theta_i = \frac{\omega}{c_0}\bar{n}_2\sin\theta_i, \quad m\pi + \phi_1 + \phi_3 = \frac{\omega d}{c_0}\bar{n}_2\cos\theta_i \qquad (2.1\text{-}14\text{a})$$

将导波模式的传播常数和角度形式的本征方程 (2.1-14a) 左右两边对 β_z 求微商, 将分别得出

$$
\begin{aligned}
1 &= \frac{\partial}{\partial\omega}\left(\frac{\omega}{c_0}\bar{n}_2\sin\theta_i\right)\frac{d\omega}{d\beta_z} + \frac{\partial}{\partial\theta_i}\left(\frac{\omega}{c_0}\bar{n}_2\sin\theta_i\right)\frac{d\theta_i}{d\beta_z}\\
&= \frac{\sin\theta_i}{c_0}\left(\bar{n}_2 + \omega\frac{d\bar{n}_2}{d\omega}\right)\frac{d\omega}{d\beta_z} + \frac{\omega}{c_0}\bar{n}_2\cos\theta_i\frac{d\theta_i}{d\beta_z}
\end{aligned}
\qquad (2.1\text{-}14\text{b})
$$

$$\frac{d\left(\phi_1 + \phi_3\right)}{d\beta_z} = \frac{d\cos\theta_i}{c_0}\left(\bar{n}_2 + \omega\frac{d\bar{n}_2}{d\omega}\right)\frac{d\omega}{d\beta_z} - \frac{\omega d}{c_0}\bar{n}_2\sin\theta_i\frac{d\theta_i}{d\beta_z} \qquad (2.1\text{-}14\text{c})$$

由式 (2.1-12f), 用 $d\tan\theta_i$ 乘以式 (2.1-14b), 并与式 (2.1-14c) 相加, 消去 $d\theta_i/d\beta_z$ 后得出

$$
\begin{aligned}
&d\tan\theta_i + \frac{\partial\phi_1}{\partial\omega}\frac{d\omega}{d\beta_z} + \frac{\partial\phi_1}{\partial\beta_z} + \frac{\partial\phi_3}{\partial\omega}\frac{d\omega}{d\beta_z} + \frac{\partial\phi_3}{\partial\beta_z}\\
&= \frac{d\sin^2\theta_i}{c_0\cos\theta_i}\left(\bar{n}_2 + \omega\frac{d\bar{n}_2}{d\omega}\right)\frac{d\omega}{d\beta_z} + \frac{\omega d}{c_0}\bar{n}_2\sin\theta_i\frac{d\theta_i}{d\beta_z}\\
&\quad + \frac{d\cos\theta_i}{c_0}\left(\bar{n}_2 + \omega\frac{d\bar{n}_2}{d\omega}\right)\frac{d\omega}{d\beta_z} - \frac{\omega d}{c_0}\bar{n}_2\sin\theta_i\frac{d\theta_i}{d\beta_z} \rightarrow
\end{aligned}
$$

$$
\begin{aligned}
d\tan\theta_i + \frac{\partial\phi_1}{\partial\beta_z} + \frac{\partial\phi_3}{\partial\beta_z} &= \frac{d\sin^2\theta_i}{c_0\cos\theta_i}\left(\bar{n}_2 + \omega\frac{d\bar{n}_2}{d\omega}\right)\frac{d\omega}{d\beta_z}\\
&\quad + \frac{d\cos^2\theta_i}{c_0\cos\theta_i}\left(\bar{n}_2 + \omega\frac{d\bar{n}_2}{d\omega}\right)\frac{d\omega}{d\beta_z} - \frac{\partial\phi_1}{\partial\omega}\frac{d\omega}{d\beta_z} - \frac{\partial\phi_3}{\partial\omega}\frac{d\omega}{d\beta_z}\\
&= \frac{d}{c_0\cos\theta_i}\left(\bar{n}_2 + \omega\frac{d\bar{n}_2}{d\omega}\right)\frac{d\omega}{d\beta_z} - \frac{\partial\phi_1}{\partial\omega}\frac{d\omega}{d\beta_z} - \frac{\partial\phi_3}{\partial\omega}\frac{d\omega}{d\beta_z} \rightarrow
\end{aligned}
$$

$$d\tan\theta_i + \frac{\partial\phi_1}{\partial\beta_z} + \frac{\partial\phi_3}{\partial\beta_z} = \left\{\frac{d}{c_0\cos\theta_i}\left(\bar{n}_2 + \omega\frac{d\bar{n}_2}{d\omega}\right) - \frac{\partial\phi_1}{\partial\omega} - \frac{\partial\phi_3}{\partial\omega}\right\}\frac{d\omega}{d\beta_z} \qquad (2.1\text{-}14\text{d})$$

式 (2.1-14d) 也正是本征方程 (2.1-11z) 对本征值的微商。由于**类时空波包 (space-time-like wave package)** 可以看成是由圆频率和传播常数皆相差很小 ($\omega\pm\Delta\omega, \beta_z\pm\Delta\beta_z$) 的两个平面波叠加而成, 则

$$
\begin{aligned}
E_{yi} &= E_i\left\{e^{i[(\omega+\Delta\omega)t - (\beta_z+\Delta\beta_z)z]} + e^{i[(\omega-\Delta\omega)t - (\beta_z-\Delta\beta_z)z]}\right\}\\
&= E_i\left[e^{i(\Delta\omega\cdot t - \Delta\beta_z z)} + e^{-i(\Delta\omega\cdot t - \Delta\beta_z z)}\right]e^{i(\omega\cdot t - \beta_z z)}
\end{aligned}
$$

$$= 2E_\mathrm{i} \cos\left(\Delta\omega \cdot t - \Delta\beta_z z\right) \mathrm{e}^{\mathrm{i}(\omega \cdot t - \beta_z z)} \tag{2.1-14e}$$

其振幅的相位为

$$\Phi_{wp} \equiv \Delta\omega \cdot t - \Delta\beta_z z \tag{2.1-14f}$$

其等相面随时间的变化为

$$\frac{\mathrm{d}\Phi_{\mathrm{wp}}}{\mathrm{d}t} = \Delta\omega - \Delta\beta_z \frac{\mathrm{d}z}{\mathrm{d}t} = 0 \tag{2.1-14g}$$

表明波包的纵 (z) 向群速度，也即**导波模式的群速度**为

$$v_{\mathrm{g}z} \equiv \frac{\mathrm{d}z}{\mathrm{d}t} = \frac{\mathrm{d}\omega}{\mathrm{d}\beta_z} \tag{2.1-14h}$$

而由式 (2.1-4l)，**导波模式的相速度**为

$$v_{\mathrm{p}z} = \frac{\omega}{\beta_z} = \frac{c_0 k_0}{\beta_z} = \frac{c_0}{\overline{N}_m}, \quad \overline{N}_m \equiv \frac{\beta_z}{k_0} \tag{2.1-14i}$$

其中，$\overline{N}_m$ 是导波模式的**模式折射率**。

作为对比，由电磁波在**均匀介质**中传播的相速度和群速度所分别定义的该介质的**相折射率** $\bar{n}_\mathrm{p}$ 和**群折射率** $\bar{n}_\mathrm{g}$ 为

$$\beta = k_0 \bar{n} = \frac{\omega}{c_0}\bar{n}, \quad v_\mathrm{p} = \frac{\omega}{\beta} = \frac{c_0}{\bar{n}} \equiv \frac{c_0}{\bar{n}_\mathrm{p}}, \quad \bar{n}_\mathrm{p} \equiv \frac{c_0}{v_\mathrm{p}} = \bar{n} \tag{2.1-14j}$$

$$v_\mathrm{g} = \frac{\mathrm{d}\omega}{\mathrm{d}\beta} = \frac{1}{\frac{\mathrm{d}\beta}{\mathrm{d}\omega}} \equiv \frac{c_0}{\bar{n} + \omega\frac{\mathrm{d}\bar{n}}{\mathrm{d}\omega}} \equiv \frac{c_0}{\bar{n}_\mathrm{g}}, \quad \bar{n}_\mathrm{g} \equiv \bar{n} + \omega\frac{\mathrm{d}\bar{n}}{\mathrm{d}\omega} = \bar{n} - \lambda_0\frac{\mathrm{d}\bar{n}}{\mathrm{d}\lambda_0} = \bar{n}_\mathrm{e} > \bar{n}_\mathrm{p} \tag{2.1-14k}$$

可见，在均匀介质中，**群折射率就是色散介质的等效折射率** $\bar{n}_\mathrm{e}$，并在正常色散介质中总是大于相折射率。

模式波包在有源区中相邻两次全反射期间内的行程为 $\overline{AE} = d/\cos\theta_\mathrm{i}$ (**图 2.1-3F(d)**)，所经历的时间由式 (2.1-15k) 为

$$\tau_2 = \frac{\overline{AE}}{v_{\mathrm{g}2}} = \frac{d}{\cos\theta_\mathrm{i}} \cdot \frac{1}{v_{\mathrm{g}2}} = \frac{d}{c_0 \cdot \cos\theta_\mathrm{i}}\left(\bar{n}_2 + \omega\frac{\mathrm{d}\bar{n}_2}{\mathrm{d}\omega}\right) \tag{2.1-14l}$$

在这段时间内其轴 (z) 向的行程 $\overline{CE}$ 为

$$\overline{CE} = z_2 = d \cdot \tan\theta_\mathrm{i} \tag{2.1-14m}$$

故由式 (2.1-12h,i,p,q) 和式 (2.1-14h)，可将式 (2.1-14d) 化为 (**图 2.1-3B(b)**，**图 2.1-3F(b)**)

$$v_{\mathrm{g}z} = \frac{\mathrm{d}\omega}{\mathrm{d}\beta_z} = \frac{\frac{\partial\phi_1}{\partial\beta_z} + d\tan\theta_\mathrm{i} + \frac{\partial\phi_3}{\partial\beta_z}}{-\frac{\partial\phi_1}{\partial\omega} + \frac{d}{c_0\cos\theta_\mathrm{i}}\left[\bar{n}_2 + \omega\frac{\mathrm{d}\bar{n}_2}{\mathrm{d}\omega}\right] - \frac{\partial\phi_3}{\partial\omega}} = \frac{z_{\mathrm{g}1} + z_2 + z_{\mathrm{g}1}}{\tau_1 + \tau_2 + \tau_3} \tag{2.1-14n}$$

表明类时空波包在全反射过程中的群速度正是其纵向总行程与其总历时之比。也说明**导波模式的能量是沿 z 方向流动的，该能量流动的速度就是群速度，并一般小于相速。**

式 (2.1-12z) 和式 (2.1-14n) 就是纯折射率三层平板波导的本征方程的物理含义。**它们分别是由本征方程的角度形式及其对传播常数的微商得出的。**

由式 (2.1-13u) 得

$$x_{gj}^{TM} = \frac{1}{\gamma_j q_j}, \quad j=1,3, \quad q_j \equiv \left(\frac{\overline{N}_m}{\bar{n}_2}\right)^2 + \left(\frac{\overline{N}_m}{\bar{n}_j}\right)^2 - 1, \quad \overline{N}_m \equiv \frac{\beta_z}{k_0} \quad (2.1\text{-}14\text{o})$$

考虑到等效全反射面在实际反射面之外，**导波模式的等效厚度将比实际厚度 d 增大。**

对于 TE 模式

$$d_E(\bar{n}_1,\bar{n}_2,\bar{n}_3) = d + \frac{1}{\gamma_1} + \frac{1}{\gamma_3}, \quad V_{Ej}=k_0 d_E\sqrt{\bar{n}_2^2-\bar{n}_j^2}, \quad j=1,3 \quad (2.1\text{-}14\text{p})$$

对于 TM 模式

$$d_M(\bar{n}_1,\bar{n}_2,\bar{n}_3) = d + \frac{1}{\gamma_1 q_1} + \frac{1}{\gamma_3 q_3}, \quad V_{Mj}=k_0 d_M\sqrt{\bar{n}_2^2-\bar{n}_j^2}, \quad j=1,3 \quad (2.1\text{-}14\text{q})$$

基模的归一化厚度 V_{E3} 和 V_{M3} 的关系如**图 2.1-3G(a)，(b)** 所示。

以上分析计算结果及其意义可以归纳为：

[定理 11]　在介质界面上的全反射相移过程表现为古斯汉欣线移的同时，还表现为全反射时延，光线是以同一群速走过芯层上下界面上的纵 (z 轴) 向线移和芯层内纵向路程的。

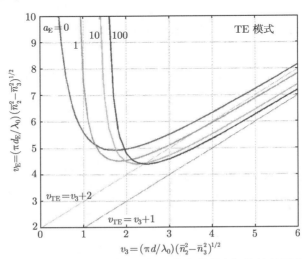

图 2.1-3G(a)　古斯–汉欣线移对 TE 模式存在空间的等效厚度的影响

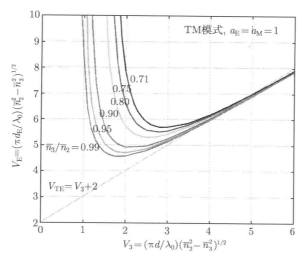

图 2.1-3G(b) 古斯－汉欣线移对 TM 模式存在空间的等效厚度的影响

[引理 11.1] 这表明光线在包括上下两个芯层外等效全反射面的整个曲折前进过程中似乎都是在增厚芯层介质中进行的，似乎并未进入折射率不同的上下限制层，表明在该过程中光线的活动空间似乎扩大了，也即芯层似乎是变厚了。芯层的实际厚度越薄，该过程所经历的等效厚度就越厚，但芯层的实际厚度越厚，则等效厚度将越接近实际厚度，因而将随实际厚度增加而同步增加。

[引理 11.2] 实际上，芯层外等效全反射面的位置不只是与芯层折射率有关，而且也与上限制层或下限制层的折射率有关，因而等效厚度是由芯层和上下限制层的折射率以一定的关系共同决定的。

[引理 11.3] 古斯－汉欣线移引起的等效厚度现象的存在，从根本上将使介质波导难以实现微腔效应所需的光量子限制尺寸，除非采用比介质波导更有效限制光场的其他材料构成波导。

[引理 11.4] 古斯－汉欣线移现象是无限大等相面的平面波从高折射率电介质到低折射率电介质的无限大平面界面上全反射过程的基本规律。但其线移大小与上下界面之间的距离有关，如果该距离很远，则等效全反射面几乎与实际界面完全重合，即几乎无全反射线移。

6. 光能的传播和光限制因子 —— 通常半导体激光器的弱波导情况

上述分析表明，介电波导有源区中光模所占据的有效体积 V_{eff} 总是大于非平衡载流子所占据的有源区体积 V_a。由《半导体激光器速率方程理论》中的式 (2.1-2f)，总粒子数受激发射速率 G_{tot} 与每单位体积光子数的受激发射速率 G_{st} 之比等于载流子占据的有源区体积 V_a 与光模占据的有效体积 V_{eff} 之比，并作为波导结构将光模的空间分布限制集中到有源区的效率度量而称其为**光限制因子 (optical confinement factor)** Γ_v:

$$G_{\text{tot}}/G_{\text{st}} = V_a/V_{\text{eff}} \equiv \Gamma_v \tag{2.1-15a}$$

该光限制因子当然总是小于 1 的。其中，由波导结构决定的有源区体积 V_a 是已知的，关键是如何确定光模的有效体积 V_{eff}。半导体中的受激发射是模式电场 $\boldsymbol{E}$ 对注入非平衡电子-空穴对相互作用 (电极化激发带间复合) 产生的，因此受激发射的速率必与材料增益谱 $g(\hbar\omega, n)$ 和传播模式以一定速度传播的电磁波中电场能量 $w_e = \varepsilon_0\varepsilon_r|\boldsymbol{E}|^2/2$ 的空间分布有关。在一般半导体激光器的低损耗或增益的弱折射率波导中，该电场分布近似为电磁波在无损耗波导中折射率最高的芯层两个界面上反复全反射相干叠加而成的导波模式 (束缚模式) 电场空间分布，一般芯层的电场强度比较高，存储着比较高的电场能量，而在限制层中的模式电磁能量则是由古斯汉欣线移形成的**消逝波 (evanescent wave)** 而作无损耗指数式消减分布。构成波导中总传播电磁能量的是这两部分电磁能量之和。因此曾经长期认为**模式增益是材料增益以模式功率为权的平均值**，如果材料增益 $g(n)$ 均匀集中在有源区，则**模式增益就简化为材料增益与光功率限制因子的乘积**。这个光功率限制因子就是上述取权平均中将均匀材料增益提出后的有源区光功率与总光功率之比:

$$g_M(n) = \Gamma_P g(n), \quad \Gamma_P \equiv P_a/P_{\text{tot}} \tag{2.1-15b}$$

该简单认识意味着上述载流子集聚的 (有源区) 体积和光模有效体积之比 V_a/V_{eff} 可与该两体积中的模式光功率之比 P_a/P_{tot} 等价，则光模等效体积可取值

$$V_{\text{eff}} = V_a/\Gamma_P \tag{2.1-15c}$$

1) TE 模式

上述分析表明，在普通半导体激光器的弱波导和尺寸不太小的三层平板波导中，光的**传播功率(时间平均功率流密度 W/cm²)** 可由坡印亭矢量的积分求出:

$$\boldsymbol{P} = \frac{1}{2}\text{Re}\int_{-\infty}^{\infty}(\boldsymbol{E}\times\boldsymbol{H}^*)\,\mathrm{d}x, \quad \boldsymbol{P}_{\text{tot}} = \int_{-\infty}^{\infty}\boldsymbol{P}\mathrm{d}y = \infty \ [\text{W}] \tag{2.1-15d}$$

对于 **TE 模式**，E_x、E_z、H_y 为零，E_y、H_x、H_z 不为零，则每单位侧向长度的光功率为

$$P_x = \frac{1}{2}\text{Re}\int_{-\infty}^{\infty}(E_y H_z^*)\,\mathrm{d}x, \quad P_y = 0, \quad P_z = -\frac{1}{2}\text{Re}\int_{-\infty}^{\infty}(E_y H_x^*)\,\mathrm{d}x \ [\text{V}\cdot\text{A/cm}] \tag{2.1-15e}$$

由式 (2.1-1c,d,g)

$$H_x = \frac{-\mathrm{i}\tilde{\beta}_z}{\tilde{\kappa}^2}\frac{\mathrm{d}H_z}{\mathrm{d}x} = \frac{-\mathrm{i}\tilde{\beta}_z}{\tilde{\kappa}^2}\frac{\tilde{\kappa}^2}{\mathrm{i}\omega\mu_0}E_y = \frac{-\tilde{\beta}_z}{\omega\mu_0}E_y,$$

$$\frac{\mathrm{d}E_y}{\mathrm{d}x} = \frac{\mathrm{i}\omega\mu_0}{\tilde{\kappa}^2}\frac{\mathrm{d}^2H_z}{\mathrm{d}x^2} = \frac{\mathrm{i}\omega\mu_0}{\tilde{\kappa}^2}\tilde{\kappa}^2 H_z = -\mathrm{i}\omega\mu_0 H_z \qquad (2.1\text{-}15\mathrm{f})$$

故**纯折射率**三层平板波导中 **TE 导波模式**的三个传播功率密度线积分 [A·V/cm] 分量分别为

$$P_x' = 0, \quad P_y' = 0,$$

$$P_z' = -\frac{1}{2}\mathrm{Re}\int_{-\infty}^{\infty}\left(E_y\frac{-\tilde{\beta}_z^*}{\omega\mu_0}E_y^*\right)\mathrm{d}x = \frac{\beta_{zr}}{2\omega\mu_0}\int_{-\infty}^{\infty}|E_y|^2\,\mathrm{d}x$$

$$= \frac{\beta_{zr}}{2\omega\mu_0}\left[\int_{-\infty}^{-d/2}|E_{y3}|^2\,\mathrm{d}x + \int_{-d/2}^{d/2}|E_{y2}|^2\,\mathrm{d}x + \int_{d/2}^{\infty}|E_{y1}|^2\,\mathrm{d}x\right] \qquad (2.1\text{-}15\mathrm{g})$$

由式 (2.1-15g) 和式 (2.1-5a~i)

$$P = P_z = \frac{\beta_z}{2\omega\mu_0}\left[B_3^2\int_{-\infty}^{-d/2}\mathrm{e}^{2\gamma_3 x}\mathrm{d}x + A^2\int_{-d/2}^{d/2}\cos^2(\kappa x - \phi)\,\mathrm{d}x + B_1^2\int_{d/2}^{\infty}\mathrm{e}^{-2\gamma_1 x}\mathrm{d}x\right]$$

$$= \frac{\beta_z A^2}{2\omega\mu_0}\left[\mathrm{e}^{\gamma_3 d}\cos^2\left(\frac{\kappa d}{2}+\phi\right)\left(\frac{\mathrm{e}^{2\gamma_3 x}}{2\gamma_3}\right)_{-\infty}^{-d/2}\right.$$

$$\left. + \frac{1}{\kappa}\left(\frac{\kappa x - \phi}{2} + \frac{\sin 2(\kappa x - \phi)}{4}\right)_{-d/2}^{d/2} + \mathrm{e}^{\gamma_1 d}\cos^2\left(\frac{\kappa d}{2}-\phi\right)\left(\frac{\mathrm{e}^{-2\gamma_1 x}}{-2\gamma_1}\right)_{d/2}^{\infty}\right]$$

$$= \frac{\beta_z A^2}{2\omega\mu_0}\left[\mathrm{e}^{\gamma_3 d}\cos^2\left(\frac{\kappa d}{2}+\phi\right)\left(\frac{\mathrm{e}^{-\gamma_3 d}}{2\gamma_3}\right)_{-\infty}^{-d/2}\right.$$

$$\left. + \frac{1}{\kappa}\left(\frac{\kappa d}{2} + \frac{\sin(\kappa d - 2\phi) + \sin(\kappa d + 2\phi)}{4}\right) + \mathrm{e}^{\gamma_1 d}\cos^2\left(\frac{\kappa d}{2}-\phi\right)\left(\frac{\mathrm{e}^{-2\gamma_1 x}}{-2\gamma_1}\right)_{d/2}^{\infty}\right]$$

$$= \frac{\beta_z A^2}{4\omega\mu_0}\left[\frac{1}{\gamma_3}\cos^2\left(\frac{\kappa d}{2}+\phi\right) + \left(d + \frac{\sin(\kappa d)\cos(2\phi)}{\kappa}\right) + \frac{1}{\gamma_1}\cos^2\left(\frac{\kappa d}{2}-\phi\right)\right]$$

$$= P_3 + P_2 + P_1 \qquad (2.1\text{-}15\mathrm{h})$$

$$A^{\mathrm{TE}} = \sqrt{\frac{4\omega\mu_0 P}{\beta_z\left[\frac{1}{\gamma_3}\cos^2\left(\frac{\kappa d}{2}+\phi\right) + \left(d + \frac{\sin(\kappa d)\cos(2\phi)}{\kappa}\right) + \frac{1}{\gamma_1}\cos^2\left(\frac{\kappa d}{2}-\phi\right)\right]}}$$

$$\qquad (2.1\text{-}15\mathrm{i})$$

$$\varGamma^{\mathrm{TE}} = \frac{P_2}{P_3 + P_2 + P_1}$$

$$= \frac{\left(d + \dfrac{\sin(\kappa d)\cos(2\phi)}{\kappa}\right)}{\dfrac{1}{\gamma_3}\cos^2\left(\dfrac{\kappa d}{2} + \phi\right) + \left(d + \dfrac{\sin(\kappa d)\cos(2\phi)}{\kappa}\right) + \dfrac{1}{\gamma_1}\cos^2\left(\dfrac{\kappa d}{2} - \phi\right)} \rightarrow$$

$$\Gamma^{\mathrm{TE}} = \frac{1}{1 + \dfrac{\dfrac{1}{\gamma_3}\cos^2\left(\dfrac{\kappa d}{2} + \phi\right) + \dfrac{1}{\gamma_1}\cos^2\left(\dfrac{\kappa d}{2} - \phi\right)}{d + \dfrac{\sin(\kappa d)\cos(2\phi)}{\kappa}}} \tag{2.1-15j}$$

对于对称三层纯折射率波导, $\bar{n}_3 = \bar{n}_1 \rightarrow \gamma_3 = \gamma_1 = \gamma$, 则 TE 各阶模式的光限制因子为

0 阶和偶阶模:

$$\phi = 0 \rightarrow P_z = \frac{\beta_z A^2}{4\omega\mu_0}\left[\frac{2}{\gamma}\cos^2\left(\frac{\kappa d}{2}\right) + \left(d + \frac{\sin(\kappa d)}{\kappa}\right)\right] = 2P_1 + P_2 \tag{2.1-15k}$$

$$\frac{P_2}{2P_1 + P_2} = \frac{d + \dfrac{\sin(\kappa d)}{\kappa}}{\dfrac{2}{\gamma}\cos^2\left(\dfrac{\kappa d}{2}\right) + \left(d + \dfrac{\sin(\kappa d)}{\kappa}\right)} = P_{\mathrm{e}}^{\mathrm{TE}} = \left[1 + \frac{2\cos^2\left(\dfrac{\kappa d}{2}\right)}{\gamma\left(d + \dfrac{\sin(\kappa d)}{\kappa}\right)}\right]^{-1} \tag{2.1-15l}$$

1 阶和奇阶模:

$$\phi = \frac{\pi}{2} \rightarrow P_z = \frac{\beta_z A^2}{4\omega\mu_0}\left[\frac{2}{\gamma}\sin^2\left(\frac{\kappa d}{2}\right) + \left(d - \frac{\sin(\kappa d)}{\kappa}\right)\right] = 2P_1 + P_2 \tag{2.1-15m}$$

$$\frac{P_2}{2P_1 + P_2} = \frac{d - \dfrac{\sin(\kappa d)}{\kappa}}{\dfrac{2}{\gamma}\sin^2\left(\dfrac{\kappa d}{2}\right) + \left(d - \dfrac{\sin(\kappa d)}{\kappa}\right)} = P_{\mathrm{o}}^{\mathrm{TE}} = \left[1 + \frac{2\sin^2\left(\dfrac{\kappa d}{2}\right)}{\gamma\left(d - \dfrac{\sin(\kappa d)}{\kappa}\right)}\right]^{-1} \tag{2.1-15n}$$

2) TM 模式

对于 **TM 模式**, E_y、H_x、H_z 为零, H_y、E_x、E_z 不为零, 则

$$P_x = -\frac{1}{2}\mathrm{Re}\int_{-\infty}^{\infty}\left(E_z H_y^*\right)\mathrm{d}x = 0, \quad P_y = 0, \quad P_z = -\frac{1}{2}\mathrm{Re}\int_{-\infty}^{\infty}\left(E_x H_y^*\right)\mathrm{d}x \tag{2.1-15o}$$

由式 (2.1-1b,e,f):

$$E_x = \frac{-\mathrm{i}\tilde{\beta}_z}{\tilde{k}^2 - \tilde{\beta}_z^2}\frac{\mathrm{d}E_z}{\mathrm{d}x} = \frac{\tilde{\beta}_z}{\omega\tilde{\varepsilon}}H_y, \quad \frac{\mathrm{d}H_y}{\mathrm{d}x} = \frac{-\mathrm{i}\omega\tilde{\varepsilon}}{\tilde{k}^2 - \tilde{\beta}_z^2}\frac{\mathrm{d}^2 E_z}{\mathrm{d}x^2} = \mathrm{i}\omega\tilde{\varepsilon}E_z \tag{2.1-15p}$$

纯折射率对称三层平板波导中 **TM 导波模式**光传播的功率流密度分量为

$$P_x = 0, \quad P_y = 0,$$

$$P_z = \frac{\beta_z}{2\omega\varepsilon_0} \int_{-\infty}^{\infty} \frac{|H_y|^2}{\bar{n}^2} \mathrm{d}x$$

$$= \frac{\beta_z}{2\omega\varepsilon_0} \left(\int_{-\infty}^{-d/2} \frac{|H_{y3}|^2}{\bar{n}_3^2} \mathrm{d}x + \int_{-d/2}^{d/2} \frac{|H_{y2}|^2}{\bar{n}_2^2} \mathrm{d}x + \int_{d/2}^{\infty} \frac{|H_{y1}|^2}{\bar{n}_1^2} \mathrm{d}x \right) \tag{2.1-15q}$$

$$P = P_z = \frac{\beta_z}{2\omega\varepsilon_0} \left[B_3^2 \int_{-\infty}^{-d/2} \frac{\mathrm{e}^{2\gamma_3 x}}{\bar{n}_3^2} \mathrm{d}x + A^2 \int_{d/2}^{-d/2} \frac{\cos^2(\kappa x - \phi)}{\bar{n}_2^2} \mathrm{d}x + B_1^2 \int_{d/2}^{\infty} \frac{\mathrm{e}^{-2\gamma x}}{\bar{n}_1^2} \mathrm{d}x \right]$$

$$= \frac{\beta_z A^2}{2\omega\varepsilon_0} \left\{ \frac{\mathrm{e}^{\gamma_3 d}}{\bar{n}_3^2} \cos^2\left(\frac{\kappa d}{2} + \phi\right) \frac{\left[\mathrm{e}^{2\gamma_3 x}\right]_{-\infty}^{-d/2}}{2\gamma_3} \right.$$

$$\left. + \frac{1}{2\bar{n}_2^2} \int_{-d/2}^{d/2} [1 + \cos 2(\kappa x - \phi)] \mathrm{d}x + \frac{\mathrm{e}^{\gamma_1 d}}{\bar{n}_1^2} \cos^2\left(\frac{\kappa d}{2} - \phi\right) \frac{\left[\mathrm{e}^{-2\gamma_1 x}\right]_{d/2}^{\infty}}{-2\gamma_1} \right\}$$

$$= \frac{\beta_z A^2}{2\omega\varepsilon_0} \left\{ \frac{1}{2\gamma_3 \bar{n}_3^2} \cos^2\left(\frac{\kappa d}{2} + \phi\right) \right.$$

$$\left. + \frac{1}{\bar{n}_2^2 \kappa} \left[\frac{\kappa x - \phi}{2} + \frac{\sin 2(\kappa x - \phi)}{4} \right]_{-d/2}^{d/2} + \frac{1}{2\gamma_1 \bar{n}_1^2} \cos^2\left(\frac{\kappa d}{2} - \phi\right) \right\}$$

$$= \frac{\beta_z A^2}{4\omega\varepsilon_0} \left\{ \frac{1}{\gamma_3 \bar{n}_3^2} \cos^2\left(\frac{\kappa d}{2} + \phi\right) \right.$$

$$\left. + \frac{1}{\bar{n}_2^2} \left[d + \frac{\sin(\kappa d)\cos(2\phi)}{\kappa} \right] + \frac{1}{\gamma_1 \bar{n}_1^2} \cos^2\left(\frac{\kappa d}{2} - \phi\right) \right\} \equiv P_3 + P_2 + P_1 \tag{2.1-15r}$$

$$A^{\mathrm{TM}} = \sqrt{\frac{4\omega\varepsilon_0 P}{\beta_z \cdot \left\{ \frac{1}{\gamma_3 \bar{n}_3^2} \cos^2\left(\frac{\kappa d}{2} + \phi\right) + \frac{1}{\bar{n}_2^2} \left[d + \frac{\sin(\kappa d)\cos(2\phi)}{\kappa} \right] + \frac{1}{\gamma_1 \bar{n}_1^2} \cos^2\left(\frac{\kappa d}{2} - \phi\right) \right\}}}$$

$$\tag{2.1-15s}$$

$$\Gamma^{\mathrm{TM}} = \frac{P_2}{P_3 + P_2 + P_1}$$

$$= \frac{\dfrac{1}{\bar{n}_2^2}\left(d + \dfrac{\sin(\kappa d)\cos(2\phi)}{\kappa}\right)}{\dfrac{1}{\gamma_3 \bar{n}_3^2}\cos^2\left(\dfrac{\kappa d}{2} + \phi\right) + \dfrac{1}{\bar{n}_2^2}\left(d + \dfrac{\sin(\kappa d)\cos(2\phi)}{\kappa}\right) + \dfrac{1}{\gamma_1 \bar{n}_1^2}\cos^2\left(\dfrac{\kappa d}{2} - \phi\right)} \rightarrow$$

$$\Gamma^{\mathrm{TM}} = \left[1 + \frac{\dfrac{\bar{n}_2^2}{\gamma_3 \bar{n}_3^2}\cos^2\left(\dfrac{\kappa d}{2} + \phi\right) + \dfrac{\bar{n}_2^2}{\gamma_1 \bar{n}_1^2}\cos^2\left(\dfrac{\kappa d}{2} - \phi\right)}{\left(d + \dfrac{\sin(\kappa d)\cos(2\phi)}{\kappa}\right)} \right]^{-1} \overset{\bar{n}_1, \bar{n}_3 \approx \bar{n}_2}{\approx} \Gamma^{\mathrm{TE}}$$

$$\tag{2.1-15t}$$

对于**对称三层纯折射率波导**，$\bar{n}_3 = \bar{n}_1 \to \gamma_3 = \gamma_1 = \gamma$，则 TM 各阶模式的光限制因子为

0 阶和偶阶模：

$$\phi = 0 \to P_z = \frac{\beta_z A^2}{4\omega\varepsilon_0}\left[\frac{2}{\bar{n}_1^2\gamma}\cos^2\left(\frac{\kappa d}{2}\right) + \frac{1}{\bar{n}_2^2}\left(d + \frac{\sin(\kappa d)}{\kappa}\right)\right] = 2P_1 + P_2 \quad (2.1\text{-}15\text{u})$$

$$\frac{P_2}{2P_1 + P_2} = \frac{\dfrac{1}{\bar{n}_2^2}\left(d + \dfrac{\sin\kappa d}{\kappa}\right)}{\dfrac{2}{\gamma\bar{n}_1^2}\cos^2\left(\dfrac{\kappa d}{2}\right) + \dfrac{1}{\bar{n}_2^2}\left(d + \dfrac{\sin(\kappa d)}{\kappa}\right)} =$$

$$\varGamma_{\mathrm{e}}^{\mathrm{TM}} = \left[1 + \frac{2\left(\dfrac{\bar{n}_2^2}{\bar{n}_1^2}\right)\cos^2\left(\dfrac{\kappa d}{2}\right)}{\gamma\left(d - \dfrac{\sin(\kappa d)}{\kappa}\right)}\right]^{-1} \overset{\bar{n}_1 \approx \bar{n}_2}{\approx} \varGamma_{\mathrm{e}}^{\mathrm{TE}} \quad (2.1\text{-}15\text{v})$$

$$\phi = \frac{\pi}{2}, \quad \gamma_3 = \gamma_1 = \gamma,$$

$$\bar{n}_3 = \bar{n}_1 \to P_z = \frac{\beta_z A^2}{4\omega\varepsilon_0}\left[\frac{2}{\bar{n}_1^2\gamma}\sin^2\left(\frac{\kappa d}{2}\right) + \frac{1}{\bar{n}_2^2}\left(d - \frac{\sin(\kappa d)}{\kappa}\right)\right] = 2P_1 + P_2$$
$$(2.1\text{-}15\text{w})$$

$$\frac{P_2}{2P_1 + P_2} = \frac{\dfrac{1}{\bar{n}_2^2}\left(d - \dfrac{\sin\kappa d}{\kappa}\right)}{\dfrac{2}{\gamma\bar{n}_1^2}\sin^2\left(\dfrac{\kappa d}{2}\right) + \dfrac{1}{\bar{n}_2^2}\left(d - \dfrac{\sin(\kappa d)}{\kappa}\right)} =$$

$$\varGamma_{\mathrm{o}}^{\mathrm{TM}} = \left[1 + \frac{2\left(\dfrac{\bar{n}_2^2}{\bar{n}_1^2}\right)\sin^2\left(\dfrac{\kappa d}{2}\right)}{\gamma\left(d - \dfrac{\sin(\kappa d)}{\kappa}\right)}\right]^{-1} \overset{\bar{n}_1 \approx \bar{n}_2}{\approx} \varGamma_{\mathrm{o}}^{\mathrm{TE}} \quad (2.1\text{-}15\text{x})$$

综合上述分析结果，**纯折射率三层平板波导**中的 **TE 和 TM 的偶阶和奇阶导波模式的光限制因子**可以综合表为

$$\varGamma = \left[1 + \frac{\varepsilon_{23}\cos^2\left(\dfrac{\kappa d}{2} + \phi\right)}{\gamma_3\left(d + \dfrac{\sin(\kappa d)\cos(2\phi)}{\kappa}\right)} + \frac{\varepsilon_{21}\cos^2\left(\dfrac{\kappa d}{2} - \phi\right)}{\gamma_1\left(d + \dfrac{\sin(\kappa d)\cos(2\phi)}{\kappa}\right)}\right]^{-1}$$

$$\varepsilon_{2j} = \begin{cases} 1 & (\text{TE}) \\ \dfrac{\bar{n}_2^2}{\bar{n}_j^2} & (\text{TM}) \end{cases}, \quad \phi_0 = \begin{cases} 0 & (\text{偶阶}) \\ \dfrac{\pi}{2} & (\text{奇阶}) \end{cases} \quad (2.1\text{-}15\text{y})$$

$$\phi = \frac{m\pi}{2} - \frac{1}{2}\tan^{-1}\left(\varepsilon_{21}\frac{\gamma_1}{\kappa}\right) + \frac{1}{2}\tan^{-1}\left(\varepsilon_{23}\frac{\gamma_3}{\kappa}\right)$$

$$= \phi_0 - \frac{1}{2}\tan^{-1}\left(\varepsilon_{21}\frac{\gamma_1}{\kappa}\right) + \frac{1}{2}\tan^{-1}\left(\varepsilon_{23}\frac{\gamma_3}{\kappa}\right) \tag{2.1-15z}$$

3) 数值结果

图 2.1-3H(a)~(g) 是对称 $Al_{0.3}Ga_{0.7}As/GaAs/Al_{0.3}Ga_{0.7}As$, $\lambda_0 = 0.9\mu m$ 情况算出偶阶和奇阶、TE 和 TM 模式的光功率限制因子。**图 2.1-3H(h)~(j)** 是非对称波导的结果。其规律性可表为:

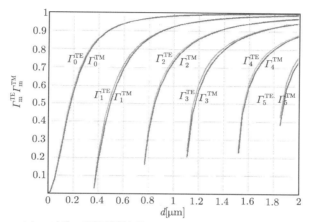

图 2.1-3H(a)　对称三层平板波导 $Al_{0.3}Ga_{0.7}As/GaAs/Al_{0.3}Ga_{0.7}As$,
$\lambda_0 = 0.9\mu m$ 的光功率限制因子

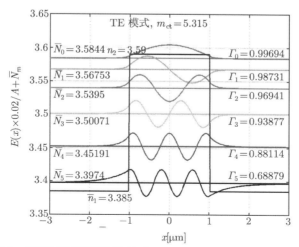

图 2.1-3H(b)　对称三层平板波导在 $d = 2\mu m$, $V_3 = 16.696$, $q_1 = 1.118\ 17$ 的
导波模式折射率 (本征值), 本征函数和 Γ

A 为作图归一常数, 下同

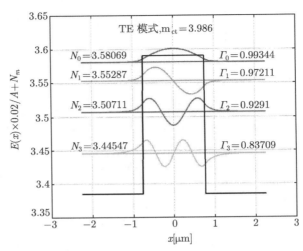

图 2.1-3H(c)　对称三层平板波导在 $d = 1.5\mu m$, $V_3 = 12.522$, $q_1 = 1.113\ 78$ 的
导波模式折射率 (本征值), 本征函数和 Γ

[定理 12]　纯折射率三层平板波导导波模式功率流密度没有横向 (x) 和侧向 (y) 分量, 只有沿轴向传播的纵向分量 (z), 因其等相面垂直于传播方向, 该功率可确定一个振幅系数 A。

[引理 12.1]　上述功率流密度虽然是有限的, 其侧向光强分布的均匀性将使其总功率流为无限大。但由于输入功率和实际尺寸有限, 实际总功率流仍将为有限, 表明侧向不可能无限。

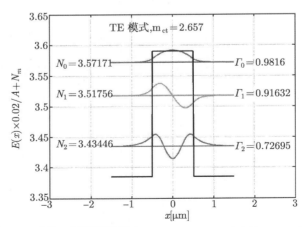

图 2.1-3H(d)　对称三层平板波导在 $d = 1\mu m$, $V_3 = 8.348$, $q_1 = 1.103\ 20$ 的
导波模式折射率 (本征值), 本征函数和 Γ

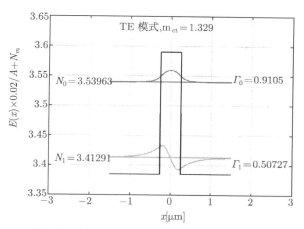

图 2.1-3H(e) 对称三层平板波导在 $d = 0.5\mu m$, $V_3 = 4.174$, $q_1 = 1.065\,58$ 的
导波模式折射率 (本征值),本征函数和 Γ

[定理 13]   三层平板波导中的导波模式的阶越高,其模式折射率 $\overline{N}_m$ 和光功
率限制因子 Γ 就越小;对于各阶模式,芯层厚度 d 越小,其 $\overline{N}_m$、Γ 和模数越小,
而且皆大体分成随芯层厚度 d 的变化较快和较慢两个部分。对于对称波导,Γ 只
在芯层厚度 d 为零时才为零,表明基模不截止,所有高阶模的 Γ 则分别在其模式截
止厚度处为零。TM 的值与 TE 的很接近,在 d 较小的快变段略小,而在 d 较大的
慢变段则稍微大些。非对称波导的导波模数比对称少,因其高阶模更容易被截止。

[引理 13.1]   光功率限制因子 Γ 的行为与作为本征值的传播常数 β_z 或模式
折射率 $\overline{N}_m$ 或其归一化值 b 相似,反映两者之间存在具有本征性的内在联系。

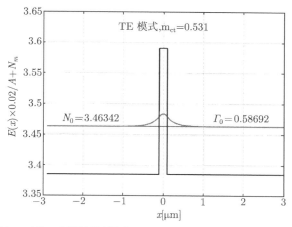

图 2.1-3H(f) 对称三层平板波导在 $d = 0.2\mu m$, $V_3 = 1.67$, $q_1 = 0.977\,60$ 的
导波模式折射率 (本征值),本征函数和 Γ

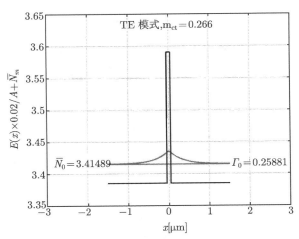

图 2.1-3H(g)　对称三层平板波导在 $d = 0.1\mu m$，$V_3 = 0.335$，$q_1 = 0.922\ 56$ 的
导波模式折射率 (本征值)，本征函数和 $\varGamma$

[引理 13.2]　　三层平板波导光功率限制因子是模式功率在芯层内的比率，由
于注入载流子主要集中在芯层内形成有源层，光功率限制因子主要反映模式光子
与非平衡载流子的耦合强度，因此，光功率限制因子越大，半导体激光器的激射阈
值将越低。

[引理 13.3]　　对称波导芯层越厚，存在的导波模式越多，其模式折射率相差
越小。但芯层厚度相同的相应不对称波导的模数则较少，因其对高阶模式有明显的
截止作用，因此可以利用该效应来实现大功率激光器所需比较厚有源芯层的单模
化过程。

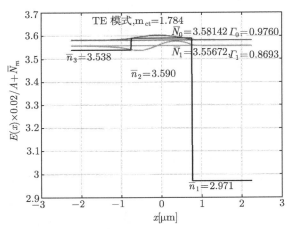

图 2.1-3H(h)　非对称三层平板波导在 $d = 1.5\mu m$，$V_3 = 6.365$，$q_1 = 1.4484$，$q_3 = 1.0199$ 的
导波模式折射率 (本征值)，本征函数和 $\varGamma$

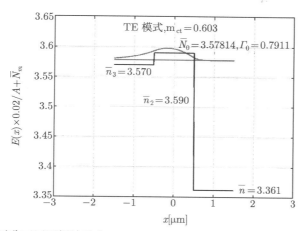

图 2.1-3H(i)　非对称三层平板波导在 $d = 1\mu m$, $V_3 = 2.657$, $q_1 = 1.1268$, $q_3 = 0.998$ 的导波模式折射率 (本征值), 本征函数和 Γ

7. 光限制因子理论的新进展

实际上, 模式增益是可以从麦克斯韦方程组出发严格导出的。因为有源波导方程解出导波模式本征值复传播常数 $\tilde{\beta}_z$ 虚部的两倍即其模式增益

$$g_M = 2\text{Im}\left[\tilde{\beta}_z\right] \tag{2.1-16a}$$

将其与有源介质的材料增益 g 之比定义为光限制因子 Γ_M:

$$\Gamma_M = g_M / g \tag{2.1-16b}$$

根据波导是弱或是强, 该限制因子可以是小于 1 或是大于 1。

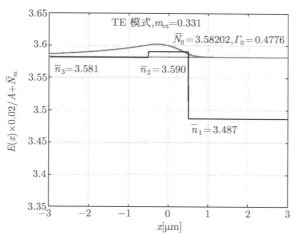

图 2.1-3H(j)　非对称三层平板波导在 $d = 1\mu m$, $V_3 = 1.8$, $q_1 = 1.051$, $q_3 = 0.996$ 近截止导波模式折射率 (本征值), 本征函数和 Γ

　　上述光功率限制因子的定义有时也将模式功率 P 因子进一步近似为模式光强 $|\boldsymbol{E}|^2$ 因子:

$$g_{\mathrm{M}}\left(n\right) \equiv \frac{\displaystyle\int_{V_{\mathrm{a}}} g\left(n\right) P \mathrm{d}V}{\displaystyle\int_{\infty} P \mathrm{d}V} \approx \frac{\displaystyle\int_{V_{\mathrm{a}}} g\left(n\right) \left|E\right|^2 \mathrm{d}V}{\displaystyle\int_{\infty} \left|E\right|^2 \mathrm{d}V} = \frac{\displaystyle\int_{V_{\mathrm{a}}} \left|E\right|^2 \mathrm{d}V}{\displaystyle\int_{\infty} \left|E\right|^2 \mathrm{d}V} g\left(n\right)$$

$$= \Gamma_{|\boldsymbol{E}|^2} g\left(n\right) \to \frac{g_{\mathrm{M}}\left(n\right)}{g\left(n\right)} \approx \frac{\displaystyle\int_{V_{\mathrm{a}}} \left|E\right|^2 \mathrm{d}V}{\displaystyle\int_{\infty} \left|E\right|^2 \mathrm{d}V} \equiv \Gamma_{|\boldsymbol{E}|^2} \tag{2.1-16c}$$

　　由于部分光功率或光能总是小于全部光功率或光能, 显然如此定义的光限制因子 Γ_{P} 或 $\Gamma_{|\boldsymbol{E}|^2}$ 也总是小于 1, 因而如此定义的模式增益也将总是小于材料增益。

　　这三类定义的光限制因子在通常半导体激光器的折射率差比较小和尺寸不太小的介电波导中差别不大, 可以认为三者基本上是一致的。但自从 20 世纪中叶研制对偏振不敏感的强波导 (芯层和限制层的折射率差比较大) **激光放大器**期间, 发现由经典场论严格导出的光限制因子 Γ_{M} 可以大于 1, 即**模式增益可以大于材料增益**! 这与 Γ_{P} 根本矛盾, 因为光限制因子 Γ_{P} 大于 1 就意味着有源区中的模式光功率将大于总的模式光功率。同时也与体积比的光限制因子 Γ_{V} 矛盾, 因为 Γ_{V} 大于 1 就意味着光模的占据体积将小于电子占据的有源区体积, 这就违背了古斯汉欣线移的基本事实, 在物理上也是难以理解和接受的。其中只有 Γ_P 可能站不住脚, 因其来自对模式增益的直观定义, 并不是从第一原理导出的。

　　从经典场论看, 对任何波导, 总可由数值解得出 Γ_{M}, 但为了得出其解析公式, 可对较为简单的波导结构, 由波导方程直接解析求解导波模式本征值 $\tilde{\beta}_z$ 的公式, 或在给定有源区中引进一个微扰折射率虚部 (Δn_{ai})。

　　用变分法导出导波模式本征值 $\tilde{\beta}_z$ 的相应变化得出[2.21]

$$\Delta\tilde{\beta} = \frac{\omega \displaystyle\iint_{\infty} \Delta\tilde{\varepsilon}_{\mathrm{R}} \left|\boldsymbol{E}(x,y)\right|^2 \mathrm{d}x\mathrm{d}y}{\frac{1}{2} \displaystyle\iint_{\infty} \mathrm{Re}\left\{\boldsymbol{E}(x,y) \times \boldsymbol{H}^*(x,y)\right\} \cdot \hat{\boldsymbol{a}}_z \mathrm{d}x\mathrm{d}y}, \quad \tilde{\varepsilon}_{\mathrm{R}} \equiv \frac{\tilde{\varepsilon}}{\varepsilon_0} \tag{2.1-16d}$$

其中,

$$\Delta\tilde{\varepsilon}_{\mathrm{R}} = (\bar{n}_{\mathrm{a}} + \mathrm{i}\Delta\bar{n}_{\mathrm{ai}})^2 = \bar{n}_{\mathrm{a}}^2 - \Delta\bar{n}_{\mathrm{ai}}^2 + \mathrm{i}2\bar{n}_{\mathrm{a}}\Delta\bar{n}_{\mathrm{ai}} = \bar{n}_{\mathrm{a}}^2 - g^2 + \mathrm{i}2\bar{n}_{\mathrm{a}}g \tag{2.1-16e}$$

则模式增益可写成

$$g_{\mathrm{M}} = 2\mathrm{Im}\left(\Delta\tilde{\beta}_z\right) = 2\left[\frac{\omega \displaystyle\iint_{A} 2\bar{n}_{\mathrm{a}}g \left|\boldsymbol{E}\right|^2 \mathrm{d}x\mathrm{d}y}{\frac{1}{2} \displaystyle\iint_{\infty} \mathrm{Re}\left\{\boldsymbol{E} \times \boldsymbol{H}^*\right\} \cdot \hat{\boldsymbol{a}}_z \mathrm{d}x\mathrm{d}y}\right]$$

$$= \left[\frac{\bar{n}_a c_0 \varepsilon_0 \iint_A |\boldsymbol{E}(x,y)|^2 \, \mathrm{d}x\mathrm{d}y}{\iint_\infty \mathrm{Re}\left\{\boldsymbol{E}(x,y) \times \boldsymbol{H}^*(x,y)\right\} \cdot \hat{\boldsymbol{a}}_z \mathrm{d}x\mathrm{d}y} \right] g \qquad (2.1\text{-}16\text{f})$$

得出光限制因子为

$$\varGamma_{\mathrm{M}} = \frac{g_{\mathrm{M}}}{g} = \frac{\bar{n}_a c_0 \varepsilon_0 \iint_A |\boldsymbol{E}(x,y)|^2 \, \mathrm{d}x\mathrm{d}y}{\iint_\infty \mathrm{Re}\left\{\boldsymbol{E}(x,y) \times \boldsymbol{H}^*(x,y)\right\} \cdot \hat{\boldsymbol{a}}_z \mathrm{d}x\mathrm{d}y}, \quad \hat{\boldsymbol{a}}_j \cdot \hat{\boldsymbol{a}}_j = 1, \quad j = x, y, z$$

$$(2.1\text{-}16\text{g})$$

式 (2.1-16d,f,g) 的分母是坡印亭功率流矢量对整个波导横截面的积分:

$$I_{\mathrm{s}} = \frac{1}{2} \iint_\infty \mathrm{Re}\left\{\boldsymbol{E} \times \boldsymbol{H}^*\right\} \cdot \hat{\boldsymbol{a}}_z \mathrm{d}x\mathrm{d}y = \frac{1}{2} \iint_\infty \mathrm{Re}\left\{ \begin{array}{ccc} \hat{\boldsymbol{a}}_x & \hat{\boldsymbol{a}}_y & \hat{\boldsymbol{a}}_z \\ E_x & E_y & E_z \\ H_x^* & H_y^* & H_z^* \end{array} \right\} \cdot \hat{\boldsymbol{a}}_z \mathrm{d}x\mathrm{d}y$$

$$= \frac{1}{2} \iint_\infty \mathrm{Re}\left\{ \left(E_y H_z^* - E_z H_y^*\right) \hat{\boldsymbol{a}}_x + \left(E_z H_x^* - E_x H_z^*\right) \hat{\boldsymbol{a}}_y \right.$$

$$\left. + \left(E_x H_y^* - E_y H_x^*\right) \hat{\boldsymbol{a}}_z \right\} \cdot \hat{\boldsymbol{a}}_z \mathrm{d}x\mathrm{d}y \qquad (2.1\text{-}16\text{h})$$

以三层平板波导沿波导轴 z 方向传播的 **TM 模式**为例 [2.21],**TM 模的电磁场分量**除了 H_y, E_z, E_x 之外皆为零 (**图 2.1-3I**),则

$$I_{\mathrm{S},z}^{\mathrm{TM}} = \frac{1}{2} \iint_\infty \mathrm{Re}\left\{ \left(E_x H_y^*\right) \hat{\boldsymbol{a}}_z \right\} \cdot \hat{\boldsymbol{a}}_z \mathrm{d}x\mathrm{d}y$$

$$(2.1\text{-}16\text{i})$$

由式 (1.1-2s),**均匀介质沿 z 轴传播平面波** H, E 关系为

$$\boldsymbol{H} = \frac{\tilde{\beta}_z}{\omega \mu_0} \left(\hat{\boldsymbol{a}}_z \times \boldsymbol{E}\right) \xrightarrow{\mathrm{TM}} H_y = \frac{\tilde{\beta}_z}{\omega \mu_0} E_x$$

$$(2.1\text{-}16\text{j})$$

对于弱波导,可近似采用平面波的电磁场关系式 (2.1-16j),代入式 (2.1-16i):

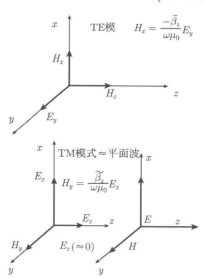

图 2.1-3I 电磁波中磁场与电场

$$I_{\mathrm{S},z}^{\mathrm{TM}} \approx \frac{1}{2} \iint_\infty \mathrm{Re}\left\{ \left(E_x \frac{\tilde{\beta}_z^*}{\omega \mu_0} E_x^* \right) \hat{\boldsymbol{a}}_z \right\} \cdot \hat{\boldsymbol{a}}_z \mathrm{d}x\mathrm{d}y$$

$$= \frac{1}{2} \frac{\beta_{zr}}{\omega \mu_0} \iint_\infty |E_x|^2 \, \mathrm{d}x\mathrm{d}y \overset{E_z \approx 0}{=\!=\!=} \frac{1}{2} \frac{\beta_{zr}}{\omega \mu_0} \iint_\infty |\boldsymbol{E}|^2 \, \mathrm{d}x\mathrm{d}y \qquad (2.1\text{-}16\text{k})$$

将式 (2.1-16k) 代入式 (2.1-16g) 的分母，得

$$\Gamma_{\mathrm{M}} \approx \frac{\bar{n}_{\mathrm{a}} c_0 \varepsilon_0 \iint_A |\boldsymbol{E}|^2 \,\mathrm{d}x\mathrm{d}y}{\frac{\beta_{zr}}{\omega \mu_0} \iint_\infty |\boldsymbol{E}|^2 \,\mathrm{d}x\mathrm{d}y} \overset{H_y \approx \frac{\bar{\beta}_z}{\omega \mu_0} E_x}{=\!=\!=} \frac{\bar{n}_{\mathrm{a}} \omega \iint_A |\boldsymbol{E}|^2 \,\mathrm{d}x\mathrm{d}y}{c_0 \beta_{zr} \iint_\infty |\boldsymbol{E}|^2 \,\mathrm{d}x\mathrm{d}y}$$

$$= \frac{\bar{n}_{\mathrm{a}} k_0 \iint_A |\boldsymbol{E}|^2 \,\mathrm{d}x\mathrm{d}y}{k_0 \overline{N}_m \iint_\infty |\boldsymbol{E}|^2 \,\mathrm{d}x\mathrm{d}y} = \frac{\bar{n}_{\mathrm{a}} \iint_A |\boldsymbol{E}|^2 \,\mathrm{d}x\mathrm{d}y}{\overline{N}_m \iint_\infty |\boldsymbol{E}|^2 \,\mathrm{d}x\mathrm{d}y}$$

$$\overset{\overline{N}_m \approx \bar{n}_{\mathrm{a}}}{=\!=\!=} \frac{\iint_A |\boldsymbol{E}|^2 \,\mathrm{d}x\mathrm{d}y}{\iint_\infty |\boldsymbol{E}|^2 \,\mathrm{d}x\mathrm{d}y} = \Gamma_{|\boldsymbol{E}|^2} \tag{2.1-16l}$$

表明由经典场论严格导出的**模式增益式 (2.1-16f)** 或 Γ_{M} 公式 (2.1-16g)，是在用了**平面波近似和模式折射率近似为有源层折射率**这两个在弱波导情况下才能成立的近似之后，Γ_{M} 才近似为 Γ_{P} 的。但注意，在强波导中。将磁场化为电场的关系式 (2.1-16j) 是不成立的，如**图 2.1-3J(b)** 所示。可见在折射率差小时两者相似，但折射率差大时两者相差甚远，特别是在**图 2.1-3J(e)** 中，电场集中在低折射率窄槽芯层中，但在**图 2.1-3J(f)** 中的场则集中在上下高折射率层中。**对色散介质，式 (2.1-16g) 中的** ε **应改为** $\mathrm{d}(\omega\varepsilon)/\mathrm{d}\omega$，**功率流的速度也应改用群速** ($v_{\mathrm{g}} \equiv c_0/\bar{n}_{\mathrm{g}}$)，忽略前者，则式 (2.1-16g) 至少应改为[2.21]

$$\frac{1}{2} \iint_\infty \mathrm{Re}\{\boldsymbol{E} \times \boldsymbol{H}^*\} \cdot \hat{\boldsymbol{a}}_z \mathrm{d}x\mathrm{d}y = v_{\mathrm{g}} \frac{1}{2} \iint_\infty \varepsilon |\boldsymbol{E}|^2 \mathrm{d}x\mathrm{d}y \rightarrow$$

$$\Gamma_{\mathrm{M}} = \frac{\bar{n}_{\mathrm{g}}}{\bar{n}_{\mathrm{a}}} \frac{\iint_A \varepsilon |\boldsymbol{E}|^2 \mathrm{d}x\mathrm{d}y}{\iint_\infty \varepsilon |\boldsymbol{E}|^2 \mathrm{d}x\mathrm{d}y} \equiv \frac{\bar{n}_{\mathrm{g}}}{\bar{n}_{\mathrm{a}}} \Gamma_\varepsilon,$$

$$\Gamma_\varepsilon \equiv \frac{\iint_A \varepsilon |\boldsymbol{E}|^2 \mathrm{d}x\mathrm{d}y}{\iint_\infty \varepsilon |\boldsymbol{E}|^2 \mathrm{d}x\mathrm{d}y} \tag{2.1-16m}$$

最早 (1996)[2.17] 从上述观点将 TE 和 TM 的 Γ_{M} 和 Γ_{P} 在 $\mathrm{Al}_{0.6}\mathrm{Ga}_{0.4}\mathrm{As}(3.2, \infty)/\mathrm{Al}_{0.3}\mathrm{Ga}_{0.7}\mathrm{As}(3.4, 0.1\mu\mathrm{m})/\mathrm{GaAs}(3.6)/\mathrm{Al}_{0.3}\mathrm{Ga}_{0.7}\mathrm{As}(3.4, 0.1\mu\mathrm{m})/\mathrm{Al}_{0.6}\mathrm{Ga}_{0.4}\mathrm{As}(3.2, \infty)$ 五层对称平板波导计算结果的对比，和更近 (2008 年) 在 $\mathrm{Si}(3.5)/\mathrm{Er:SiO}_2(1.5)/\mathrm{Si}(3.5)$ 三层窄槽 (slot) 波导计算结果的对比，分别如**图 2.1-3K～ 图 2.1-3M** 所示。

由于一般激光器大多属于弱波导和尺寸不太小的情况，故仍适用光功率比定义的光功率限制因子 Γ_{P}。至于在强波导和尺寸很小的等离子体波导和纳米激光器中，严格意义下的模式增益可能远大于材料增益，但对此有两种不同的物理解释。

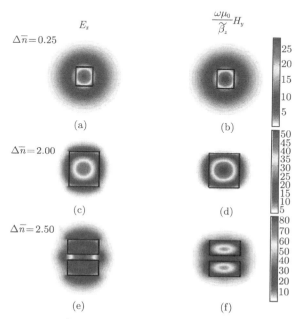

图 2.1-3J 500 nm 宽 600 nm 厚波导中 1.5 μm 波长的 TM 基模的场分布

黑框为高折射率 ($\bar{n}=3.5$) 材料, (a),(b) 的限制层折射率为 3.25, (c),(d) 为 1.5,(e),(f) 为 1[2.21]

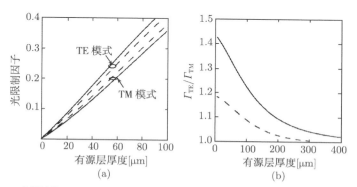

图 2.1-3K 光限制因子 (a) 和 TE 与 TM 光限制因子之比 (b) 随有源层厚度的变化

实线是 Γ_{M}，虚线是 Γ_{P} 的计算结果[2.17]

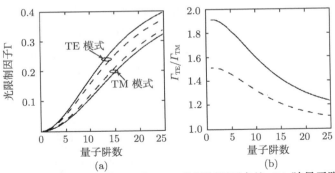

(a)   (b)

图 2.1-3L 光限制因子 (a) 和 TE 与 TM 光限制因子之比 (b) 随量子阱数的变化

实线是 Γ_{M}, 虚线是 Γ_{P} 的计算结果[2.17]

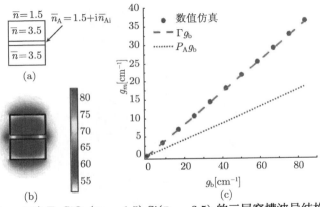

图 2.1-3M Si($\bar{n}_{\mathrm{c}} = 3.5$)-Er:SiO$_2$($\bar{n}_{\mathrm{a}} = 1.5$)-Si($\bar{n}_{\mathrm{c}} = 3.5$) 的三层窄槽波导结构 (a), 该结构中 TM 基模的主要场量分布 (b), 及数值求解该波导结构的 TM 基模复模式折射率得出的模式 增益 g_{m} (粗圆点), $\Gamma_{\mathrm{M}}g_{\mathrm{b}}$ (虚线) 和 $\Gamma_{\mathrm{P}}g_{\mathrm{b}}$ (点线)(c)[2.21]

虚线是由式 (2.1-16i) 算出的模式增益, 点线是由 $\Gamma_{\mathrm{P}}g_{\mathrm{b}}$ 算出的模式增益[2.22]

(1)[2.23] 仍从经典场论观点, 模式增益与材料增益之比的光限制因子应为

$$
\Gamma_{\mathrm{M}} = \frac{2\varepsilon_0 c n_b \iint_{\text{有源区}} \mathrm{d}x\mathrm{d}y \left| \bar{\boldsymbol{E}} \right|^2}{\iint \mathrm{d}x\mathrm{d}y \left[\bar{\boldsymbol{E}} \times \overline{\boldsymbol{H}}^* + \overline{\boldsymbol{E}}^* \times \overline{\boldsymbol{H}} \right] \cdot \hat{z}}
$$

$$
= \frac{v_P}{v_{\mathrm{E},z}} \frac{\iint_{\text{有源区}} w_{\mathrm{e}} \mathrm{d}x\mathrm{d}y}{\iint_{\text{波导}} \mathrm{d}x\mathrm{d}y (w_{\mathrm{e}} + w_m)/2} \equiv \frac{v_P}{v_{\mathrm{E},z}} \Gamma_{\mathrm{W}} = \frac{\bar{n}_{\mathrm{E,g}}}{\bar{n}_{\mathrm{b}}} \Gamma_{\mathrm{W}} \quad (2.1\text{-}16\mathrm{n})
$$

而在强波导和尺寸很小的波导中, 轴向的光模能量的传播速度 $v_{\mathrm{E},z}$ 可以远小于光

模的相位传播速度 v_P，或光模在这种波导中的能量群折射率 $\bar{n}_{E,g}$ 可以远大于其相折射率 $\bar{n}_b$，因而 Γ_M 可以远大于 Γ_W，或模式增益 g_M 可以远大于材料增益 g_b。其侧重点在光限制因子 Γ_M 远大于 1。

(2)[2.22] 从**量子电动力学**观点，认为光限制因子 Γ_V 仍不大于 1，群速也无重大根本差别，而是由于**珀塞尔 (Purcell) 效应**，即在此超微型光腔中模式数目极少、自发发射速率极高，所激发的自发发射相干性得到极大改善，从而几乎全部进入激射模式，导致受激跃迁速率因而增益得到极大增加。其侧重点在全量子受激跃迁速率得到极大增加 (见文献 [2.22]、[2.23] 原文，或《半导体激光器的速率方程理论》第二章)。

2.1.4 辐射模式[1.17]

对于**纯折射率对称三层平板波导**，如果本征入射角小于临界角：

$$\theta_i < \theta_c \tag{2.1-17a}$$

则**不发生全反射，而只发生部分反射**。这时，**传播常数**满足下述条件：

$$x \leqslant \frac{d}{2}: \quad \kappa_2^2 \equiv k_0^2 \bar{n}_2^2 - \beta_z^2 > 0; \quad x \geqslant \frac{d}{2}: \quad \kappa_1^2 \equiv k_0^2 \bar{n}_1^2 - \beta_z^2 > 0 \text{ [cm}^2] \tag{2.1-17b}$$

因而出现电磁场在 $x = \pm\infty$ 处**不为零但有限**，在有源层内外皆为**简谐函数分布**的**辐射模式**。由于是对称结构，故其模式可分为具有偶宇称性的偶阶模和具有偶宇称性的奇阶模分别讨论。

1. 偶阶 TE 辐射模式

纯折射率对称三层平板波导中**偶阶 TE 辐射模式**在各层的波函数和本征方程分别为

$$|x| \leqslant \frac{d}{2}: \quad E_{y2} = A_e \cos(\kappa_2 x), \quad H_{z2} = \frac{\kappa_2 A_e}{i\omega\mu_0}\sin(\kappa_2 x), \quad H_{x2} = \frac{-\beta_z A_e}{\omega\mu_0}\cos(\kappa_2 x) \tag{2.1-17c}$$

$$|x| \geqslant \frac{d}{2}: \quad E_{y1} = B_e e^{-i\kappa_1 x} + C_e e^{i\kappa_1 x}, \quad H_{z1} = \frac{x}{|x|}\frac{\kappa_1}{\omega\mu_0}\left(B_e e^{-i\kappa_1 x} - C_e e^{i\kappa_1 x}\right),$$

$$H_{x1} = \frac{-\beta_z}{\omega\mu_0}\left(B_e e^{-i\kappa_1 x} + C_e e^{i\kappa_1 x}\right) \tag{2.1-17d}$$

边界条件：

$$E_{y1}\left(\frac{d}{2}\right) = E_{y2}\left(\frac{d}{2}\right) \rightarrow B_e e^{-i\frac{\kappa_1 d}{2}} + C_e e^{i\frac{\kappa_1 d}{2}} = A_e \cos\left(\frac{\kappa_2 d}{2}\right) \tag{2.1-17e}$$

$$H_{z1}\left(\frac{d}{2}\right) = H_{z2}\left(\frac{d}{2}\right) \rightarrow B_e e^{-i\frac{\kappa_1 d}{2}} - C_e e^{i\frac{\kappa_1 d}{2}} = -iA_e \frac{\kappa_2}{\kappa_1}\sin\left(\frac{\kappa_2 d}{2}\right) \tag{2.1-17f}$$

$$\Delta_{\mathrm{e}} = \begin{vmatrix} \mathrm{e}^{-\mathrm{i}\frac{\kappa_1 d}{2}} & \mathrm{e}^{\mathrm{i}\frac{\kappa_1 d}{2}} \\ \mathrm{e}^{-\mathrm{i}\frac{\kappa_1 d}{2}} & -\mathrm{e}^{\mathrm{i}\frac{\kappa_1 d}{2}} \end{vmatrix} = -2 \tag{2.1-17g'}$$

$$\frac{B_{\mathrm{e}}}{A_{\mathrm{e}}} = \frac{\begin{vmatrix} \cos\left(\dfrac{\kappa_2 d}{2}\right) & \mathrm{e}^{\mathrm{i}\frac{\kappa_1 d}{2}} \\ -\mathrm{i}\dfrac{\kappa_2}{\kappa_1}\sin\left(\dfrac{\kappa_2 d}{2}\right) & -\mathrm{e}^{\mathrm{i}\frac{\kappa_1 d}{2}} \end{vmatrix}}{\Delta_{\mathrm{e}}}$$

$$= \frac{\mathrm{e}^{\mathrm{i}\frac{\kappa_1 d}{2}}}{2}\left[\cos\left(\frac{\kappa_2 d}{2}\right) - \mathrm{i}\frac{\kappa_2}{\kappa_1}\sin\left(\frac{\kappa_2 d}{2}\right)\right] \equiv \bar{B}_{\mathrm{e}} \tag{2.1-17g}$$

$$\frac{C_{\mathrm{e}}}{A_{\mathrm{e}}} = \frac{\begin{vmatrix} \mathrm{e}^{-\mathrm{i}\frac{\kappa_1 d}{2}} & \cos\left(\dfrac{\kappa_2 d}{2}\right) \\ \mathrm{e}^{-\mathrm{i}\frac{\kappa_1 d}{2}} & -\mathrm{i}\dfrac{\kappa_2}{\kappa_1}\sin\left(\dfrac{\kappa_2 d}{2}\right) \end{vmatrix}}{\Delta_{\mathrm{e}}}$$

$$= \frac{\mathrm{e}^{-\mathrm{i}\frac{\kappa_1 d}{2}}}{2}\left[\cos\left(\frac{\kappa_2 d}{2}\right) + \mathrm{i}\frac{\kappa_2}{\kappa_1}\sin\left(\frac{\kappa_2 d}{2}\right)\right] \equiv \bar{C}_{\mathrm{e}} = \bar{B}_{\mathrm{e}}^* \tag{2.1-17h}$$

由于每一个辐射模式所传播的总功率密度是无穷大，为确定实数 A_{e} 可采用 $\kappa(\kappa_1$ 或 $\kappa_2)$ 和 $\kappa'(\kappa_1'$ 或 $\kappa_2')$ **两个辐射模式之间以功率密度** $P_\kappa[\mathbf{AV/cm^2}]$ **归一化的正交归一关系式** (1.2-2w)：

$$P_\kappa \delta\left(\kappa - \kappa'\right) = \frac{\beta_z}{2\omega\mu_0}\int_{-\infty}^{\infty} E_y\left(\kappa\right) E_y^*\left(\kappa'\right)\mathrm{d}x = \frac{\beta_z I}{\omega\mu_0} \quad [\mathrm{VA/cm}]$$

$$I \equiv \int_0^{\infty} E_y\left(\kappa\right) E_y^*\left(\kappa'\right)\mathrm{d}x \tag{2.1-17i}$$

其中，δ **函数**

$$\delta\left(\Delta\kappa\right) = \lim_{\substack{K\to\infty \\ \Delta\kappa\to 0}}\frac{\sin\left(K\Delta\kappa\right)}{\pi\Delta\kappa} \quad [\mathrm{cm}] \tag{2.1-17j}$$

P_κ **是** $\kappa(\kappa_1$ **或** $\kappa_2)$ **辐射模式的总传播功率** (时间平均功率流密度 $\mathbf{Wcm^{-2}}$)。又由式 (2.1-17b)：

$$\kappa_2^2 = k_0^2\bar{n}_2^2 - \beta_z^2, \quad \kappa_2'^2 = k_0^2\bar{n}_2^2 - \beta_z'^2, \quad \kappa_1^2 = k_0^2\bar{n}_1^2 - \beta_z^2, \quad \kappa_1'^2 = k_0^2\bar{n}_1^2 - \beta_z'^2 \to$$

$$\kappa_2^2 - \kappa_2'^2 = \beta_z'^2 - \beta_z^2 = \kappa_1^2 - \kappa_1'^2 \tag{2.1-17k}$$

则

$$I \equiv \int_0^{\infty} E_y\left(\kappa\right) E_y^*\left(\kappa'\right)\mathrm{d}x$$

$$= \left[\int_0^{d/2} A_{\mathrm{e}} \cos\left(\kappa_2 x\right) A_{\mathrm{e}}'^* \cos\left(\kappa_2' x\right) \mathrm{d}x + \int_{d/2}^{\infty} A_{\mathrm{e}} \left(\bar{B}_{\mathrm{e}} \mathrm{e}^{-\mathrm{i}\kappa_1 x} + \bar{B}_{\mathrm{e}}^* \mathrm{e}^{\mathrm{i}\kappa_1 x} \right) \right.$$

$$\left. \cdot A_{\mathrm{e}}'^* \left(\bar{B}_{\mathrm{e}}'^* \mathrm{e}^{\mathrm{i}\kappa_1' x} + \bar{B}_{\mathrm{e}}' \mathrm{e}^{-\mathrm{i}\kappa_1' x} \right) \mathrm{d}x \right]$$

$$= A_{\mathrm{e}} A_{\mathrm{e}}'^* \left[\int_0^{d/2} \cos\left(\kappa_2 x\right) \cos\left(\kappa_2' x\right) \mathrm{d}x + \int_{d/2}^{\infty} \left(\bar{B}_{\mathrm{e}} \mathrm{e}^{-\mathrm{i}\kappa_1 x} + \bar{B}_{\mathrm{e}}^* \mathrm{e}^{\mathrm{i}\kappa_1 x} \right) \right.$$

$$\left. \cdot \left(\bar{B}_{\mathrm{e}}'^* \mathrm{e}^{\mathrm{i}\kappa_1' x} + \bar{B}_{\mathrm{e}}' \mathrm{e}^{-\mathrm{i}\kappa_1' x} \right) \mathrm{d}x \right]$$

$$= A_{\mathrm{e}} A_{\mathrm{e}}'^* \left\{ \frac{1}{2} \int_0^{d/2} \left[\cos\left(\kappa_2 + \kappa_2'\right)x + \cos\left(\kappa_2 - \kappa_2'\right)x \right] \mathrm{d}x \right.$$

$$+ \int_{d/2}^{\infty} \left[\bar{B}_{\mathrm{e}} \bar{B}_{\mathrm{e}}'^* \mathrm{e}^{-\mathrm{i}\left(\kappa_1 - \kappa_1'\right)x} + \bar{B}_{\mathrm{e}}^* \bar{B}_{\mathrm{e}}'^* \mathrm{e}^{\mathrm{i}\left(\kappa_1 + \kappa_1'\right)x} \right.$$

$$\left. + \bar{B}_{\mathrm{e}} \bar{B}_{\mathrm{e}}' \mathrm{e}^{-\mathrm{i}\left(\kappa_1 + \kappa_1'\right)x} + \bar{B}_{\mathrm{e}}^* \bar{B}_{\mathrm{e}}' \mathrm{e}^{\mathrm{i}\left(\kappa_1 - \kappa_1'\right)x} \right] \mathrm{d}x \right\}$$

$$= A_{\mathrm{e}} A_{\mathrm{e}}'^* \left\{ \frac{1}{2} \left[\frac{\sin\left(\kappa_2 + \kappa_2'\right)d/2}{\kappa_2 + \kappa_2'} + \frac{\sin\left(\kappa_2 - \kappa_2'\right)d/2}{\kappa_2 - \kappa_2'} \right] \right.$$

$$+ \left[\frac{\bar{B}_{\mathrm{e}} \bar{B}_{\mathrm{e}}'^*}{\mathrm{i}\left(\kappa_1 - \kappa_1'\right)} \left(\mathrm{e}^{-\mathrm{i}\left(\kappa_1 - \kappa_1'\right)\infty} - \mathrm{e}^{-\mathrm{i}\left(\kappa_1 - \kappa_1'\right)\frac{d}{2}} \right) \right.$$

$$+ \frac{\bar{B}_{\mathrm{e}}^* \bar{B}_{\mathrm{e}}'^*}{\mathrm{i}\left(\kappa_1 + \kappa_1'\right)} \left(\mathrm{e}^{\mathrm{i}\left(\kappa_1 + \kappa_1'\right)\infty} - \mathrm{e}^{\mathrm{i}\left(\kappa_1 + \kappa_1'\right)\frac{d}{2}} \right)$$

$$+ \frac{\bar{B}_{\mathrm{e}} \bar{B}_{\mathrm{e}}'}{\mathrm{i}\left(\kappa_1 + \kappa_1'\right)} \left(\mathrm{e}^{-\mathrm{i}\left(\kappa_1 + \kappa_1'\right)\infty} - \mathrm{e}^{-\mathrm{i}\left(\kappa_1 + \kappa_1'\right)\frac{d}{2}} \right)$$

$$\left. + \left. \frac{\bar{B}_{\mathrm{e}}^* \bar{B}_{\mathrm{e}}'}{\mathrm{i}\left(\kappa_1 - \kappa_1'\right)} \left(\mathrm{e}^{\mathrm{i}\left(\kappa_1 - \kappa_1'\right)\infty} - \mathrm{e}^{\mathrm{i}\left(\kappa_1 - \kappa_1'\right)\frac{d}{2}} \right) \right] \right\}$$

$$= A_{\mathrm{e}} A_{\mathrm{e}}'^* \left\{ \left[\frac{\kappa_2 \sin\left(\kappa_2 d/2\right) \cos\left(\kappa_2' d/2\right) - \kappa_2' \cos\left(\kappa_2 d/2\right) \sin\left(\kappa_2' d/2\right)}{\left(\kappa_2^2 - \kappa_2'^2\right)} \right] \right.$$

$$+ \left[\frac{-\bar{B}_{\mathrm{e}} \bar{B}_{\mathrm{e}}'^*}{\mathrm{i}\left(\kappa_1 - \kappa_1'\right)} \left(\mathrm{e}^{-\mathrm{i}\left(\kappa_1 - \kappa_1'\right)\infty} - \mathrm{e}^{-\mathrm{i}\left(\kappa_1 - \kappa_1'\right)\frac{d}{2}} \right) \right.$$

$$+ \frac{\bar{B}_{\mathrm{e}}^* \bar{B}_{\mathrm{e}}'^*}{\mathrm{i}\left(\kappa_1 + \kappa_1'\right)} \left(\mathrm{e}^{\mathrm{i}\left(\kappa_1 + \kappa_1'\right)\infty} - \mathrm{e}^{\mathrm{i}\left(\kappa_1 + \kappa_1'\right)\frac{d}{2}} \right)$$

$$+ \frac{-\bar{B}_{\mathrm{e}} \bar{B}_{\mathrm{e}}'}{\mathrm{i}\left(\kappa_1 + \kappa_1'\right)} \left(\mathrm{e}^{-\mathrm{i}\left(\kappa_1 + \kappa_1'\right)\infty} - \mathrm{e}^{-\mathrm{i}\left(\kappa_1 + \kappa_1'\right)\frac{d}{2}} \right)$$

$$\left. + \left. \frac{\bar{B}_{\mathrm{e}}^* \bar{B}_{\mathrm{e}}'}{\mathrm{i}\left(\kappa_1 - \kappa_1'\right)} \left(\mathrm{e}^{\mathrm{i}\left(\kappa_1 - \kappa_1'\right)\infty} - \mathrm{e}^{\mathrm{i}\left(\kappa_1 - \kappa_1'\right)\frac{d}{2}} \right) \right] \right\}$$

$$= A_{\mathrm{e}} A_{\mathrm{e}}'^* \left(C_1 + C_2 + C_3 + C_4 + C_5 \right) \tag{2.1-171}$$

由式 (2.1-17g,h):

$$\bar{B}_{\mathrm{e}} = \frac{\mathrm{e}^{\mathrm{i}\frac{\kappa_1 d}{2}}}{2}\left[\cos\left(\frac{\kappa_2 d}{2}\right) - \mathrm{i}\frac{\kappa_2}{\kappa_1}\sin\left(\frac{\kappa_2 d}{2}\right)\right],$$

$$\bar{B}_{\mathrm{e}}' = \frac{\mathrm{e}^{\mathrm{i}\frac{\kappa_1' d}{2}}}{2}\left[\cos\left(\frac{\kappa_2' d}{2}\right) - \mathrm{i}\frac{\kappa_2'}{\kappa_1'}\sin\left(\frac{\kappa_2' d}{2}\right)\right] \tag{2.1-17m}$$

$$\begin{aligned}
\bar{B}_{\mathrm{e}}\bar{B}_{\mathrm{e}}' = \frac{\mathrm{e}^{\mathrm{i}(\kappa_1+\kappa_1')\frac{d}{2}}}{4}&\left[\cos\left(\frac{\kappa_2 d}{2}\right)\cos\left(\frac{\kappa_2' d}{2}\right) - \mathrm{i}\frac{\kappa_2}{\kappa_1}\sin\left(\frac{\kappa_2 d}{2}\right)\cos\left(\frac{\kappa_2' d}{2}\right)\right.\\
&\left.- \mathrm{i}\frac{\kappa_2'}{\kappa_1'}\cos\left(\frac{\kappa_2 d}{2}\right)\sin\left(\frac{\kappa_2' d}{2}\right) - \frac{\kappa_2\kappa_2'}{\kappa_1\kappa_1'}\sin\left(\frac{\kappa_2 d}{2}\right)\sin\left(\frac{\kappa_2' d}{2}\right)\right]
\end{aligned} \tag{2.1-17n}$$

$$\begin{aligned}
\bar{B}_{\mathrm{e}}\bar{B}_{\mathrm{e}}'^* = \frac{\mathrm{e}^{\mathrm{i}(\kappa_1-\kappa_1')\frac{d}{2}}}{4}&\left[\cos\left(\frac{\kappa_2 d}{2}\right)\cos\left(\frac{\kappa_2' d}{2}\right) - \mathrm{i}\frac{\kappa_2}{\kappa_1}\sin\left(\frac{\kappa_2 d}{2}\right)\cos\left(\frac{\kappa_2' d}{2}\right)\right.\\
&\left.+ \mathrm{i}\frac{\kappa_2'}{\kappa_1'}\cos\left(\frac{\kappa_2 d}{2}\right)\sin\left(\frac{\kappa_2' d}{2}\right) + \frac{\kappa_2\kappa_2'}{\kappa_1\kappa_1'}\sin\left(\frac{\kappa_2 d}{2}\right)\sin\left(\frac{\kappa_2' d}{2}\right)\right]
\end{aligned} \tag{2.1-17o}$$

$$\begin{aligned}
\bar{B}_{\mathrm{e}}^*\bar{B}_{\mathrm{e}}' = \frac{\mathrm{e}^{-\mathrm{i}(\kappa_1-\kappa_1')\frac{d}{2}}}{4}&\left[\cos\left(\frac{\kappa_2 d}{2}\right)\cos\left(\frac{\kappa_2' d}{2}\right) + \mathrm{i}\frac{\kappa_2}{\kappa_1}\sin\left(\frac{\kappa_2 d}{2}\right)\cos\left(\frac{\kappa_2' d}{2}\right)\right.\\
&\left.- \mathrm{i}\frac{\kappa_2'}{\kappa_1'}\cos\left(\frac{\kappa_2 d}{2}\right)\sin\left(\frac{\kappa_2' d}{2}\right) + \frac{\kappa_2\kappa_2'}{\kappa_1\kappa_1'}\sin\left(\frac{\kappa_2 d}{2}\right)\sin\left(\frac{\kappa_2' d}{2}\right)\right]
\end{aligned} \tag{2.1-17p}$$

$$\begin{aligned}
\bar{B}_{\mathrm{e}}^*\bar{B}_{\mathrm{e}}'^* = \frac{\mathrm{e}^{-\mathrm{i}(\kappa_1+\kappa_1')\frac{d}{2}}}{4}&\left[\cos\left(\frac{\kappa_2 d}{2}\right)\cos\left(\frac{\kappa_2' d}{2}\right) + \mathrm{i}\frac{\kappa_2}{\kappa_1}\sin\left(\frac{\kappa_2 d}{2}\right)\cos\left(\frac{\kappa_2' d}{2}\right)\right.\\
&\left.+ \mathrm{i}\frac{\kappa_2'}{\kappa_1'}\cos\left(\frac{\kappa_2 d}{2}\right)\sin\left(\frac{\kappa_2' d}{2}\right) - \frac{\kappa_2\kappa_2'}{\kappa_1\kappa_1'}\sin\left(\frac{\kappa_2 d}{2}\right)\sin\left(\frac{\kappa_2' d}{2}\right)\right]
\end{aligned} \tag{2.1-17q}$$

$$C_1 \equiv \frac{\kappa_2}{\kappa_2^2 - \kappa_2'^2}\sin\left(\frac{\kappa_2 d}{2}\right)\cos\left(\frac{\kappa_2' d}{2}\right) - \frac{\kappa_2'}{\kappa_2^2 - \kappa_2'^2}\cos\left(\frac{\kappa_2 d}{2}\right)\sin\left(\frac{\kappa_2' d}{2}\right) \tag{2.1-17r}$$

$$\begin{aligned}
C_2 &\equiv \frac{-\bar{B}_{\mathrm{e}}\bar{B}_{\mathrm{e}}'^*}{\mathrm{i}(\kappa_1-\kappa_1')}\left(\mathrm{e}^{-\mathrm{i}(\kappa_1-\kappa_1')\infty} - \mathrm{e}^{-\mathrm{i}(\kappa_1-\kappa_1')\frac{d}{2}}\right)\\
&= -\frac{\mathrm{e}^{-\mathrm{i}(\kappa_1-\kappa_1')(\infty-\frac{d}{2})} - 1}{\mathrm{i}4(\kappa_1-\kappa_1')}\left[\cos\left(\frac{\kappa_2 d}{2}\right)\cos\left(\frac{\kappa_2' d}{2}\right) - \mathrm{i}\frac{\kappa_2}{\kappa_1}\sin\left(\frac{\kappa_2 d}{2}\right)\cos\left(\frac{\kappa_2' d}{2}\right)\right.\\
&\quad\left.+ \mathrm{i}\frac{\kappa_2'}{\kappa_1'}\cos\left(\frac{\kappa_2 d}{2}\right)\sin\left(\frac{\kappa_2' d}{2}\right) + \frac{\kappa_2\kappa_2'}{\kappa_1\kappa_1'}\sin\left(\frac{\kappa_2 d}{2}\right)\sin\left(\frac{\kappa_2' d}{2}\right)\right]
\end{aligned} \tag{2.1-17s}$$

$$\begin{aligned}
C_3 &\equiv \frac{\bar{B}_{\mathrm{e}}^*\bar{B}_{\mathrm{e}}'^*}{\mathrm{i}(\kappa_1+\kappa_1')}\left(\mathrm{e}^{\mathrm{i}(\kappa_1+\kappa_1')\infty} - \mathrm{e}^{\mathrm{i}(\kappa_1+\kappa_1')\frac{d}{2}}\right)\\
&= \frac{\mathrm{e}^{\mathrm{i}(\kappa_1+\kappa_1')(\infty-\frac{d}{2})} - 1}{\mathrm{i}4(\kappa_1+\kappa_1')}\left[\cos\left(\frac{\kappa_2 d}{2}\right)\cos\left(\frac{\kappa_2' d}{2}\right) + \mathrm{i}\frac{\kappa_2}{\kappa_1}\sin\left(\frac{\kappa_2 d}{2}\right)\cos\left(\frac{\kappa_2' d}{2}\right)\right.
\end{aligned}$$

$$+\mathrm{i}\frac{\kappa_2'}{\kappa_1'}\cos\left(\frac{\kappa_2 d}{2}\right)\sin\left(\frac{\kappa_2' d}{2}\right)-\frac{\kappa_2\kappa_2'}{\kappa_1\kappa_1'}\sin\left(\frac{\kappa_2 d}{2}\right)\sin\left(\frac{\kappa_2' d}{2}\right)\Bigg] \tag{2.1-17t}$$

$$C_4 \equiv \frac{-\bar{B}_{\mathrm e}\bar{B}_{\mathrm e}'}{\mathrm{i}\left(\kappa_1+\kappa_1'\right)}\left(\mathrm{e}^{-\mathrm{i}\left(\kappa_1+\kappa_1'\right)\infty}-\mathrm{e}^{-\mathrm{i}\left(\kappa_1+\kappa_1'\right)\frac{d}{2}}\right)$$

$$=-\frac{\mathrm{e}^{-\mathrm{i}\left(\kappa_1+\kappa_1'\right)\left(\infty-\frac{d}{2}\right)}-1}{\mathrm{i}4\left(\kappa_1+\kappa_1'\right)}\Bigg[\cos\left(\frac{\kappa_2 d}{2}\right)\cos\left(\frac{\kappa_2' d}{2}\right)-\mathrm{i}\frac{\kappa_2}{\kappa_1}\sin\left(\frac{\kappa_2 d}{2}\right)\cos\left(\frac{\kappa_2' d}{2}\right)$$

$$-\mathrm{i}\frac{\kappa_2'}{\kappa_1'}\cos\left(\frac{\kappa_2 d}{2}\right)\sin\left(\frac{\kappa_2' d}{2}\right)-\frac{\kappa_2\kappa_2'}{\kappa_1\kappa_1'}\sin\left(\frac{\kappa_2 d}{2}\right)\sin\left(\frac{\kappa_2' d}{2}\right)\Bigg] \tag{2.1-17u}$$

$$C_5 \equiv \frac{\bar{B}_{\mathrm e}^*\bar{B}_{\mathrm e}'}{\mathrm{i}\left(\kappa_1-\kappa_1'\right)}\left(\mathrm{e}^{\mathrm{i}\left(\kappa_1-\kappa_1'\right)\infty}-\mathrm{e}^{\mathrm{i}\left(\kappa_1-\kappa_1'\right)\frac{d}{2}}\right)$$

$$=\frac{\mathrm{e}^{\mathrm{i}\left(\kappa_1-\kappa_1'\right)\left(\infty-\frac{d}{2}\right)}-1}{\mathrm{i}4\left(\kappa_1-\kappa_1'\right)}\Bigg[\cos\left(\frac{\kappa_2 d}{2}\right)\cos\left(\frac{\kappa_2' d}{2}\right)+\mathrm{i}\frac{\kappa_2}{\kappa_1}\sin\left(\frac{\kappa_2 d}{2}\right)\cos\left(\frac{\kappa_2' d}{2}\right)$$

$$-\mathrm{i}\frac{\kappa_2'}{\kappa_1'}\cos\left(\frac{\kappa_2 d}{2}\right)\sin\left(\frac{\kappa_2' d}{2}\right)+\frac{\kappa_2\kappa_2'}{\kappa_1\kappa_1'}\sin\left(\frac{\kappa_2 d}{2}\right)\sin\left(\frac{\kappa_2' d}{2}\right)\Bigg] \tag{2.1-17v}$$

后四项之和为

$$C_2+C_3+C_4+C_5$$

$$=\left[\frac{\mathrm{e}^{\mathrm{i}\left(\kappa_1-\kappa_1'\right)\left(\infty-\frac{d}{2}\right)}-1}{\mathrm{i}4\left(\kappa_1-\kappa_1'\right)}-\frac{\mathrm{e}^{-\mathrm{i}\left(\kappa_1-\kappa_1'\right)\left(\infty-\frac{d}{2}\right)}-1}{\mathrm{i}4\left(\kappa_1-\kappa_1'\right)}\right]$$

$$\left[\cos\left(\frac{\kappa_2 d}{2}\right)\cos\left(\frac{\kappa_2' d}{2}\right)+\frac{\kappa_2\kappa_2'}{\kappa_1\kappa_1'}\sin\left(\frac{\kappa_2 d}{2}\right)\sin\left(\frac{\kappa_2' d}{2}\right)\right]$$

$$+\left[\frac{\mathrm{e}^{\mathrm{i}\left(\kappa_1+\kappa_1'\right)\left(\infty-\frac{d}{2}\right)}-1}{\mathrm{i}4\left(\kappa_1+\kappa_1'\right)}-\frac{\mathrm{e}^{-\mathrm{i}\left(\kappa_1+\kappa_1'\right)\left(\infty-\frac{d}{2}\right)}-1}{\mathrm{i}4\left(\kappa_1+\kappa_1'\right)}\right]$$

$$\left[\cos\left(\frac{\kappa_2 d}{2}\right)\cos\left(\frac{\kappa_2' d}{2}\right)-\frac{\kappa_2\kappa_2'}{\kappa_1\kappa_1'}\sin\left(\frac{\kappa_2 d}{2}\right)\sin\left(\frac{\kappa_2' d}{2}\right)\right]$$

$$+\left[\frac{\mathrm{e}^{\mathrm{i}\left(\kappa_1-\kappa_1'\right)\left(\infty-\frac{d}{2}\right)}-1}{4\left(\kappa_1-\kappa_1'\right)}+\frac{\mathrm{e}^{-\mathrm{i}\left(\kappa_1-\kappa_1'\right)\left(\infty-\frac{d}{2}\right)}-1}{4\left(\kappa_1-\kappa_1'\right)}\right]$$

$$\left[\frac{\kappa_2}{\kappa_1}\sin\left(\frac{\kappa_2 d}{2}\right)\cos\left(\frac{\kappa_2' d}{2}\right)-\frac{\kappa_2'}{\kappa_1'}\cos\left(\frac{\kappa_2 d}{2}\right)\sin\left(\frac{\kappa_2' d}{2}\right)\right]$$

$$+\left[\frac{e^{i(\kappa_1+\kappa_1')\left(\infty-\frac{d}{2}\right)}-1}{4(\kappa_1+\kappa_1')}+\frac{e^{-i(\kappa_1+\kappa_1')\left(\infty-\frac{d}{2}\right)}-1}{4(\kappa_1+\kappa_1')}\right]$$

$$\left[\frac{\kappa_2}{\kappa_1}\sin\left(\frac{\kappa_2 d}{2}\right)\cos\left(\frac{\kappa_2' d}{2}\right)+\frac{\kappa_2'}{\kappa_1'}\cos\left(\frac{\kappa_2 d}{2}\right)\sin\left(\frac{\kappa_2' d}{2}\right)\right]$$

$$=\left[\frac{\sin\left[(\kappa_1-\kappa_1')\left(\infty-\frac{d}{2}\right)\right]}{2(\kappa_1-\kappa_1')}\right]$$

$$\left[\cos\left(\frac{\kappa_2 d}{2}\right)\cos\left(\frac{\kappa_2' d}{2}\right)+\frac{\kappa_2\kappa_2'}{\kappa_1\kappa_1'}\sin\left(\frac{\kappa_2 d}{2}\right)\sin\left(\frac{\kappa_2' d}{2}\right)\right]$$

$$+\left\{\frac{\sin\left[(\kappa_1+\kappa_1')\left(\infty-\frac{d}{2}\right)\right]}{2(\kappa_1+\kappa_1')}\right\}$$

$$\left[\cos\left(\frac{\kappa_2 d}{2}\right)\cos\left(\frac{\kappa_2' d}{2}\right)-\frac{\kappa_2\kappa_2'}{\kappa_1\kappa_1'}\sin\left(\frac{\kappa_2 d}{2}\right)\sin\left(\frac{\kappa_2' d}{2}\right)\right]$$

$$+\left\{\frac{\cos\left[(\kappa_1-\kappa_1')\left(\infty-\frac{d}{2}\right)\right]}{2(\kappa_1-\kappa_1')}\right\}$$

$$\left[\frac{\kappa_2}{\kappa_1}\sin\left(\frac{\kappa_2 d}{2}\right)\cos\left(\frac{\kappa_2' d}{2}\right)-\frac{\kappa_2'}{\kappa_1'}\cos\left(\frac{\kappa_2 d}{2}\right)\sin\left(\frac{\kappa_2' d}{2}\right)\right]$$

$$+\left\{\frac{\cos\left[(\kappa_1+\kappa_1')\left(\infty-\frac{d}{2}\right)\right]}{2(\kappa_1+\kappa_1')}\right\}$$

$$\left[\frac{\kappa_2}{\kappa_1}\sin\left(\frac{\kappa_2 d}{2}\right)\cos\left(\frac{\kappa_2' d}{2}\right)+\frac{\kappa_2'}{\kappa_1'}\cos\left(\frac{\kappa_2 d}{2}\right)\sin\left(\frac{\kappa_2' d}{2}\right)\right]+C_1' \tag{2.1-17w}$$

其中，

$$C_1'=\frac{-1}{2(\kappa_1-\kappa_1')}\left[\frac{\kappa_2}{\kappa_1}\sin\left(\frac{\kappa_2 d}{2}\right)\cos\left(\frac{\kappa_2' d}{2}\right)-\frac{\kappa_2'}{\kappa_1'}\cos\left(\frac{\kappa_2 d}{2}\right)\sin\left(\frac{\kappa_2' d}{2}\right)\right]$$

$$+\frac{-1}{2(\kappa_1+\kappa_1')}\left[\frac{\kappa_2}{\kappa_1}\sin\left(\frac{\kappa_2 d}{2}\right)\cos\left(\frac{\kappa_2' d}{2}\right)+\frac{\kappa_2'}{\kappa_1'}\cos\left(\frac{\kappa_2 d}{2}\right)\sin\left(\frac{\kappa_2' d}{2}\right)\right]$$

$$=-\left[\frac{1}{2(\kappa_1+\kappa_1')}+\frac{1}{2(\kappa_1-\kappa_1')}\right]\left[\frac{\kappa_2}{\kappa_1}\sin\left(\frac{\kappa_2 d}{2}\right)\cos\left(\frac{\kappa_2' d}{2}\right)\right]$$

$$+\left[\frac{1}{2(\kappa_1-\kappa_1')}-\frac{1}{2(\kappa_1+\kappa_1')}\right]\left[\frac{\kappa_2'}{\kappa_1'}\cos\left(\frac{\kappa_2 d}{2}\right)\sin\left(\frac{\kappa_2' d}{2}\right)\right]$$

$$= -\frac{\kappa_2}{(\kappa_1^2 - \kappa_1'^2)}\left[\sin\left(\frac{\kappa_2 d}{2}\right)\cos\left(\frac{\kappa_2' d}{2}\right)\right]$$
$$+ \frac{\kappa_2'}{(\kappa_1^2 - \kappa_1'^2)}\left[\cos\left(\frac{\kappa_2 d}{2}\right)\sin\left(\frac{\kappa_2' d}{2}\right)\right] = -C_1 \tag{2.1-17x}$$

由于辐射模式之间以功率密度归一化的正交关系式 (2.1-17i)，I 作为被积分函数才有意义，在 $\kappa \to \kappa'$ 时式 (2.1-17w) 中分母为 $(\kappa + \kappa')$ 或 $(\kappa - \kappa')$ 的余弦项和分母为 $(\kappa + \kappa')$ 的正弦项，其数值和正负皆无定值，其平均贡献可认为零。只有分母为 $(\kappa - \kappa')$ 的正弦项可化为 δ 函数而有定值，因此 I 实际上可写成

$$I \approx A_e A_e'^*\left\{C_1 + \frac{\sin\left[(\kappa_1 - \kappa_1')\left(\infty - \frac{d}{2}\right)\right]}{2(\kappa_1 - \kappa_1')}\right.$$
$$\left.\left[\cos\left(\frac{\kappa_2 d}{2}\right)\cos\left(\frac{\kappa_2' d}{2}\right) + \frac{\kappa_2\kappa_2'}{\kappa_1\kappa_1'}\sin\left(\frac{\kappa_2 d}{2}\right)\sin\left(\frac{\kappa_2' d}{2}\right)\right] + 0 + 0 + (0 - C_1)\right\} \to$$

$$\frac{2I}{\pi A_e A_e'^*} \approx \frac{\sin\left[(\kappa_1 - \kappa_1')\left(\infty - \frac{d}{2}\right)\right]}{\pi(\kappa_1 - \kappa_1')}\left[\cos\left(\frac{\kappa_2 d}{2}\right)\cos\left(\frac{\kappa_2' d}{2}\right) + \frac{\kappa_2\kappa_2'}{\kappa_1\kappa_1'}\sin\left(\frac{\kappa_2 d}{2}\right)\sin\left(\frac{\kappa_2' d}{2}\right)\right]$$
$$\xrightarrow[\substack{\kappa_1 - \kappa_1' = 0,\, \kappa_2 - \kappa_2' = 0 \\ K = \infty - d/2 = \infty}]{} I = \frac{\pi A_e^2}{2}\left[\cos^2\left(\frac{\kappa_2 d}{2}\right) + \frac{\kappa_2^2}{\kappa_1^2}\sin^2\left(\frac{\kappa_2 d}{2}\right)\right]\delta(\kappa - \kappa') \tag{2.1-17y'}$$

故式 (2.1-17i) 化为

$$P_\kappa = \frac{A_e^2 \pi \beta_z}{2\kappa_1^2 \omega\mu_0}\left\{\left[\kappa_1\cos\left(\frac{\kappa_2 d}{2}\right)\right]^2 + \left[\kappa_2\sin\left(\frac{\kappa_2 d}{2}\right)\right]^2\right\} \quad [\text{AV·cm}^{-2}] \tag{2.1-17y}$$

从之得出场系数

$$A_e^{\text{TE}} = \sqrt{\frac{2\kappa_1^2\omega\mu_0 P_\kappa}{\pi\beta_z\left\{\left[\kappa_1\cos\left(\frac{\kappa_2 d}{2}\right)\right]^2 + \left[\kappa_2\sin\left(\frac{\kappa_2 d}{2}\right)\right]^2\right\}}}\,[\text{V·cm}^{-1}] \tag{2.1-17z}$$

2. 奇阶 TE 辐射模式

纯折射率三层平板波导中**奇阶 TE 辐射模式**在各层的波函数和本征方程分别为

$$|x| \leqslant \frac{d}{2}:\quad E_{y2} = A_o\sin(\kappa_2 x),\quad H_{z2} = \frac{i\kappa_2 A_o}{\omega\mu_0}\cos(\kappa_2 x),\quad H_{x2} = \frac{-\beta_z A_o}{\omega\mu_0}\sin(\kappa_2 x)$$
$$\tag{2.1-18a}$$

$$|x| \geqslant \frac{d}{2}: \quad E_{y1} = \frac{x}{|x|}\left(B_{\mathrm{o}}\mathrm{e}^{-\mathrm{i}\kappa_1|x|} + C_{\mathrm{o}}\mathrm{e}^{\mathrm{i}\kappa_1|x|}\right), \quad H_{z1} = \frac{\kappa_1}{\omega\mu_0}\left(B_{\mathrm{o}}\mathrm{e}^{-\mathrm{i}\kappa_1|x|} - C_{\mathrm{o}}\mathrm{e}^{\mathrm{i}\kappa_1|x|}\right),$$

$$H_{x1} = \frac{-\beta_z}{\omega\mu_0}\frac{x}{|x|}\left(B_{\mathrm{o}}\mathrm{e}^{-\mathrm{i}\kappa_1|x|} + C_{\mathrm{o}}\mathrm{e}^{\mathrm{i}\kappa_1|x|}\right) \tag{2.1-18b}$$

$$\frac{B_{\mathrm{o}}}{A_{\mathrm{o}}} = \frac{\mathrm{e}^{\mathrm{i}\frac{\kappa_1 d}{2}}}{2}\left[\sin\left(\frac{\kappa_2 d}{2}\right) + \mathrm{i}\frac{\kappa_2}{\kappa_1}\cos\left(\frac{\kappa_2 d}{2}\right)\right] \equiv \bar{B}_{\mathrm{o}},$$

$$\frac{C_{\mathrm{o}}}{A_{\mathrm{o}}} = \frac{\mathrm{e}^{-\mathrm{i}\frac{\kappa_1 d}{2}}}{2}\left[\sin\left(\frac{\kappa_2 d}{2}\right) - \mathrm{i}\frac{\kappa_2}{\kappa_1}\cos\left(\frac{\kappa_2 d}{2}\right)\right] \equiv \bar{C}_{\mathrm{o}} = \bar{B}_{\mathrm{o}}^* \tag{2.1-18c}$$

$$A_{\mathrm{o}}^{\mathrm{TE}} = \sqrt{\frac{2\kappa_1^2\omega\mu_0 P_\kappa}{\pi\beta_z\left\{\left[\kappa_1\sin\left(\frac{\kappa_2 d}{2}\right)\right]^2 + \left[\kappa_2\cos\left(\frac{\kappa_2 d}{2}\right)\right]^2\right\}}} \tag{2.1-18d}$$

3. 偶阶 TM 辐射模式

纯折射率三层平板波导中**偶阶 TM 辐射模式**在各层的波函数和本征方程分别为

$$|x| \leqslant \frac{d}{2}:$$

$$H_{y2} = A_{\mathrm{e}}\cos\left(\kappa_2 x\right), \quad E_{z2} = \frac{\mathrm{i}\kappa_2 A_{\mathrm{e}}}{\omega\varepsilon_0\bar{n}_2^2}\sin\left(\kappa_2 x\right), \quad E_{x2} = \frac{\beta_z A_{\mathrm{e}}}{\omega\varepsilon_0\bar{n}_2^2}\cos\left(\kappa_2 x\right) \tag{2.1-18e}$$

$$|x| \geqslant \frac{d}{2}:$$

$$H_{y1} = \left(B_{\mathrm{e}}\mathrm{e}^{-\mathrm{i}\kappa_1|x|} + C_{\mathrm{e}}\mathrm{e}^{\mathrm{i}\kappa_1|x|}\right)$$

$$E_{z1} = -\frac{x}{|x|}\frac{\kappa_1}{\omega\varepsilon_0\bar{n}_1^2}\left(B_{\mathrm{e}}\mathrm{e}^{-\mathrm{i}\kappa_1|x|} - C_{\mathrm{e}}\mathrm{e}^{\mathrm{i}\kappa_1|x|}\right) \tag{2.1-18f}$$

$$E_{x1} = \frac{\beta_z}{\omega\varepsilon_0\bar{n}_1^2}\left(B_{\mathrm{e}}\mathrm{e}^{-\mathrm{i}\kappa_1|x|} + C_{\mathrm{e}}\mathrm{e}^{\mathrm{i}\kappa_1|x|}\right)$$

$$\frac{B_{\mathrm{e}}}{A_{\mathrm{e}}} = \frac{\mathrm{e}^{\mathrm{i}\frac{\kappa_1 d}{2}}}{2}\left[\cos\left(\frac{\kappa_2 d}{2}\right) - \mathrm{i}\left(\frac{\bar{n}_1}{\bar{n}_2}\right)^2\frac{\kappa_2}{\kappa_1}\sin\left(\frac{\kappa_2 d}{2}\right)\right] \equiv \bar{B}_{\mathrm{e}}, \quad \frac{C_{\mathrm{e}}}{A_{\mathrm{e}}} \equiv \bar{C}_{\mathrm{e}} = \bar{B}_{\mathrm{e}}^* \tag{2.1-18g}$$

$$A_{\mathrm{e}}^{\mathrm{TM}} = \sqrt{\frac{2\kappa_1^2\omega\varepsilon_0\bar{n}_2^2 P_\kappa}{\pi\beta_z\left\{\left[\frac{\bar{n}_2}{\bar{n}_1}\kappa_1\cos\left(\frac{\kappa_2 d}{2}\right)\right]^2 + \left[\frac{\bar{n}_1}{\bar{n}_2}\kappa_2\sin\left(\frac{\kappa_2 d}{2}\right)\right]^2\right\}}} \tag{2.1-18h}$$

4. 奇阶 TM 辐射模式

纯折射率三层平板波导中**奇阶 TM 辐射模式**在各层的波函数和本征方程分别为

$|x| \leqslant \frac{d}{2}$:

$$H_{y2} = A_o \sin(\kappa_2 x), \quad E_{z2} = -\frac{i\kappa_2 A_o}{\omega \varepsilon_0 \bar{n}_2^2} \cos(\kappa_2 x), \quad E_{x2} = \frac{\beta_z A_o}{\omega \varepsilon_0 \bar{n}_2^2} \sin(\kappa_2 x) \quad (2.1\text{-}18\text{i})$$

$|x| \geqslant \frac{d}{2}$:

$$H_{y1} = \frac{x}{|x|} \left(B_o e^{-i\kappa_1|x|} + C_o e^{i\kappa_1|x|} \right)$$

$$E_{z1} = -\frac{\kappa_1}{\omega \varepsilon_0 \bar{n}_1^2} \left(B_o e^{-i\kappa_1|x|} - C_o e^{i\kappa_1|x|} \right) \quad (2.1\text{-}18\text{j})$$

$$E_{x1} = \frac{\beta_z}{\omega \varepsilon_0 \bar{n}_1^2} \frac{x}{|x|} \left(B_o e^{-i\kappa_1|x|} + C_o e^{i\kappa_1|x|} \right)$$

$$\frac{B_o}{A_o} = \frac{e^{i\frac{\kappa_1 d}{2}}}{2} \left[\sin\left(\frac{\kappa_2 d}{2}\right) + i \left(\frac{\bar{n}_1}{\bar{n}_2}\right)^2 \frac{\kappa_2}{\kappa_1} \cos\left(\frac{\kappa_2 d}{2}\right) \right] \equiv \bar{B}_o, \quad \frac{C_o}{A_o} \equiv \bar{C}_o = \bar{B}_o^* \quad (2.1\text{-}18\text{k})$$

$$A_o^{\text{TM}} = \sqrt{\frac{2\kappa_1^2 \omega \varepsilon_0 \bar{n}_2^2 P_\kappa}{\pi \beta_z \left\{ \left[\frac{\bar{n}_2}{\bar{n}_1} \kappa_1 \sin\left(\frac{\kappa_2 d}{2}\right) \right]^2 + \left[\frac{\bar{n}_1}{\bar{n}_2} \kappa_2 \cos\left(\frac{\kappa_2 d}{2}\right) \right]^2 \right\}}} \quad (2.1\text{-}18\text{l})$$

以上分析可以总结为:

[定理 14] 辐射模式是满足波导传播条件的本征入射角小于全反射临界角、在远处不为零但有限、具有连续谱的模式，在有限的注入电功率转化为导波模式光功率的过程中，是一种光损耗机制。在该意义上，虽然辐射模式有无穷多个，其总功率密度仍将是有限的，其每个模式的功率密度也将是有限的，因此可以利用不同模式的正交性求出每个辐射模式的有限光功率密度。

[引理 14.1] 辐射模式能量的逸出将带走芯层中的热能而使之降温。因而可以利用辐射模式的这一作用实现发光辐射制冷过程，而且可能比温差制冷在更低的温度下获得制冷。

第五讲学习重点

本征方程的物理内涵涉及波导中的各种模式，特别是导波模式的物理实质是什么、与平面波之间有何联系，为什么全反射面并不在实际的异质界面上，为什么介质波导无法将光模式严格限制在表观的微腔内、因而难以实现微腔量子电动力学效应等诸多问题。

　　上述问题所涉及的波导过程的物理实质，本是一个非常深入而复杂的物理理论课题，但也可以平面波折叠干涉和时空波包的概念作比较简单而不失普遍性的处理得出基本正确而又直观的物理图像。本讲的学习重点是：

　　(1) 从理论上导出古斯汉欣线移，揭示全反射和部分反射过程的本质差别，证明全反射面并不在芯层和限制层的界面上，而是移到限制层内，从而阐明了本征方程的物理内涵。

　　(2) 建立模式的光限制因子的概念及其新进展，从功率流及其取向进一步证明模式的存在空间一般都大于波导结构的实际尺寸，截止过程的实质，以及等相面结构与波导结构的内在联系。

　　(3) 从理论上建立辐射模式的概念，导出其存在条件和与截止模式的关系，及其在有源波导过程中的作用。

习　题　五

Ex.5.1 (a) 给定 $Al_xGa_{1-x}As$，$E_g = 1.424eV$，$x_{Al,2} = 0$，$x_{Al,1}$，$x_{Al,3}$ 待定 (**习题四 4.1(a)**)，计算纯折射率三层平板波导不同 a_E 的 TE 和 $a_E = 1$ 的 TM 导波基横 ($m = 0$) 模式的归一化等效厚度 V_E、V_M 与归一化实际厚度 V_3 的关系 (**图 2.1-3G(a)**、**(b)**)，并总结其规律性。对于导波模式能否认为等效厚度是芯层材料的延伸？请提出有说服力的论证。**(b)** 计算并画出 $Al_xGa_{1-x}As/GaAs/Al_{x'}Ga_{1-x'}As$，$\lambda_0 = 0.9\mu m$，$\bar{n}_2 = 3.590$，对称 $\bar{n}_1 = \bar{n}_3 = 3.385$ 和非对称 $\bar{n}_3 = 3.538$，$\bar{n}_1 = 2.971$，在 $d = 1.5\mu m$、$0.2\mu m$ 的一切 **TE** 导波模式的本征值和本征函数及其光功率限制因子。从而说明非对称波导比对称波导容易丢失高阶模，甚至出现基模截止现象的物理根源。**(c)** 三层平板波导中的 TM 模式是否有横向功率流？即 P_x 和 P_y 是否为零？为什么？对论断进行严格和详细的解析证明。**(d)** 如何理解从式 (2.1-11j) 得出的结果是 $\bar{t} - \bar{r} = 1$ 而不是 $\bar{t} + \bar{r} = 1$？其中有无能量守恒的含义？能否从能量守恒的观点对其作出某些论断？

Ex.5.2 (a) 考虑到导波模式多少有一部分渗入限制层，则限制层可否采用间接带隙材料？对激射阈值有无影响？有何影响？为什么？**(b)** 正确的光限制因子为何？应该如何导出？适用范围为何？光限制因子是否可能大于 1，或模式增益是否可能大于材料增益？如果可能，则是在什么情况下出现？为什么？**(c)** **图 1.1-3I(a)** $Si(\bar{n}_c = 3.5)$-$Er:SiO_2(\bar{n}_a = 1.5)$-$Si(\bar{n}_c = 3.5)$ **的三层窄槽波导结构**分明是一个 $\Delta\bar{n} = \bar{n}_a - \bar{n}_c = 2$ 的超强折射率反波导，难道能够制成激光器吗？为什么？试详加分析。**(d)** 辐射模式的存在对半导体激光器的激射阈值有无影响？有何影响？会使阈值升高或降低吗？为什么？阈值中应否考虑辐射模式？**(e)** 辐射模式和馈入模式都不是导波模式，三者之间有何主要的差别？

《半导体激光模式理论》阶段小结 —— 波导内模式

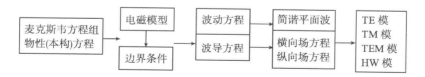

理论要求：(1) 从头演绎导出所需的公式。

(2) 概念和图象建立在正确解析结果之上。

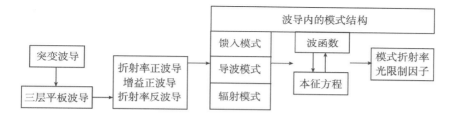

(3) 对数值分析技术要求的阶段小结。

复数本征方程 (2.1-7r,s)。实数本征方程 (2.1-10k,l,o,p)。

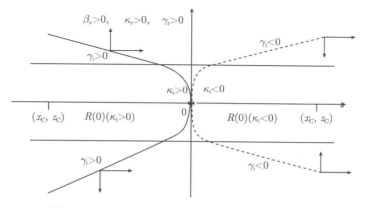

图 2.1-3A 三层平板波导中导波模式的等相面结构

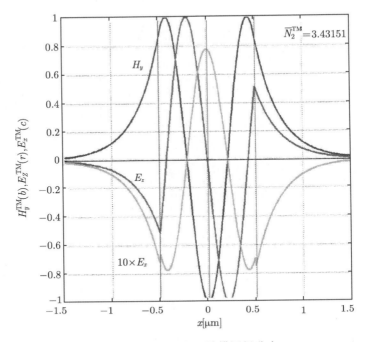

图 4.1(a)-6   TM 2 阶模近场分布

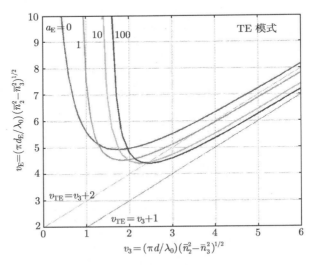

图 2.1-3G(a)   古斯 – 汉欣线移对 TE 模式存在空间的等效厚度的影响

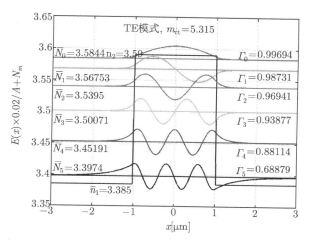

图 2.1-3H(b)　对称三层平板波导在 $d=2\mu m$，$V_3=16.696$ 的导波模式本征值，本征函数和 Γ

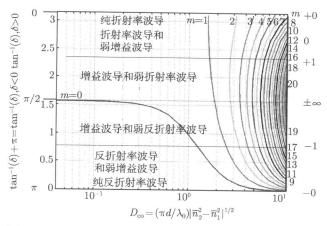

图 2.1-3E(g)　复折射率对称三层平板波导的 TE 基横模的截止线划分各阶模式分布区

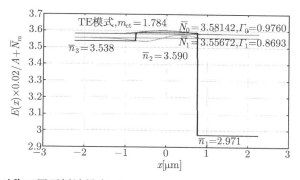

图 2.1-3H(h)　非对称三层平板波导在 $d=1.5\mu m$，$V_3=6.365$，$q_1=1.4484$，$q_3=1.0199$ 的
导波模式本征值，本征函数和 Γ

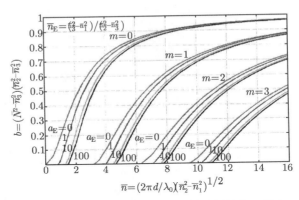

图 2.1-3C(a)   纯折射率三层平板波导的归一化 TE 模式折射率 b 随归一化厚度 V_1 的变化

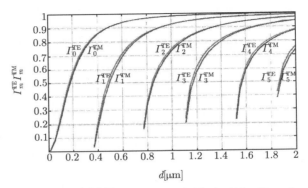

图 2.1-3H(a)   对称三层平板波导 $Al_{0.3}Ga_{0.7}As/GaAs/Al_{0.3}Ga_{0.7}As$, $\lambda_0 = 0.9\mu m$
的光功率限制因子

参 考 文 献

[5.1]   Goos F, Hänchen H. Über das Eindringen des totalreflektierten Lichtes in das dün-
         nere Medium. Annalen der Physik, 1943, 5(43): 383–392; Goos F, Hän-chen H. Ein
         neuer und fundamentaler Versuch zur Totalreflexion. Annalen der Physik, 1947,
         6(1): 333–345; Goos F, Hänchen H. Neumessung des Strahlverset-zungs-effektes
         bei Totalreflexionfundamentaler Versuch zur Totalreflexion. Annalen der Physik.,
         1949, 6(5): 251–252.

[5.2]   Kogelnik H, Weber H P. Rays, stored energy, and flow in dielectric waveguides. J.
         Opt. Soc. Am., 1974, 64: 174–185.

[5.3]   Yasumoto K, Oishi Y. A new evaluation of the Goos-Hänchen shift and associated
         time delay. J. Appl. Phys., 1983, 54: 2710–2176.

2.1.5 表面等离子体波导[1.15,2.22,2.23]

通常半导体激光器的波导都是用半导体材料构成的, 为了不断降低阈值、单模化、与电子器件集成, 而不断向微型化发展。但有源介质和波导光腔的尺寸小到激光介质波长以下时, 如何保证其有达到激射所需的足以克服腔损耗的**阈值模式增益**是面对的关键问题。

半导体激光器中有源区的总粒子数受激发射速率 G_{tot} 与单位体积粒子数受激发射速率 G_{st} 之比是有源区体积 V_a 与导波光模有效体积 V_{eff} 之比, 称为体积比光限制因子 $\Gamma_V = V_a/V_{eff}$:

$$G_{tot}/G_{st} = V_a/V_{eff} = \Gamma_V \rightarrow \Gamma_V v_g = v_g g_M/g \rightarrow g_M/g = \Gamma_V$$

其中, g_M 和 g 分别是模式增益和材料增益。由于古斯汉欣全反射线移效应, 全介电 (半导体) 波导的有源区体积 V_a 越小, 其导波光模的等效体积 V_{eff} 将越大, 因而光限制因子 Γ_V 将越小, 如果材料增益 g 保持不变, 将导致模式增益剧烈减小, 难以达到激射。可见, 重要的是如何限制光腔模式的等效体积, 将其尽可能压缩进有源区体积内, 当然由于通常光波段的光子波长远大于电子波长, 光限制因子 Γ_V 是不可能等于或大于 1 的。可见即使 Γ_V 得以达到体 (DH) 激光器的大小, 但如果保持原来光子与电子相互作用的水平, 以致有源介质的材料增益仍然保持体激光器, 或量子阱、量子线、量子点时的值, 则在如此小至衍射极限尺寸甚至更小的有源区体积内, 即使有很大反馈量, 要依靠腔模在其中往返传播积累增益也是难以达到所需阈值的。好在一旦实现基本上将腔模压缩进有源区体积内时, 将出现珀塞尔效应或腔电动力学效应, 使腔中的辐射跃迁速率得到极大的增强, 从而有可能达到激射。最近纳米激光器的成功发展就是有力的证明。

最近得以实现将光腔模式有效压缩进亚波长级的光腔中, 是利用了金属作为光限制材料与半导体增益材料相结合构成等离子体波导, 形成**表面等离子体极化子 (surface plasmonic polaritons)**, 从而使早在百年前发现并在经典场论框架内奠定了理论基础的课题重新引起兴趣, 并得到新的进展。

所谓**表面等离子体极化子**是在介电体或半导体和金属导体之间的界面处传播, 并在垂直方向以**消逝波 (evanescent wave)** 方式束缚于表面处 (**图 2.1-5A(a)**) 的**电磁激元 (excitations)**。这些电磁表面波是通过电磁场与导体的电子等离子体振荡相互耦合而产生的。近年来, **表面等离子体波导 (surface plasmon waveguide)**, 或**等离子体激元 (plasmonics)**, 因其可发展成**光频亚波长级的微型波导结构**已成为大量研究的课题。本节将从经典场论, 描述金属/介电或半导体的平面单界面和多层结构的表面等离子体极化子的基本原理。表征表面激元行为的是其色散、空间分布和对辐射场的限制功能。金属的光学性质或在光波作用下所表现的耗散性和透明性是随光频而异的, 如 1.3.5 节 1. 的 2) 所述, 其行为如同等离子体。式 (1.3-10o)

表明:

(1) 如果光频 ω 小于等离子体频率 ω_{p}, 金属介电常数是负的, $\tilde{\varepsilon}(\omega) < 0$, 光波的传播常数几乎为纯虚数, $k = k_0\sqrt{\tilde{\varepsilon}(\omega)/\varepsilon_0} = \mathrm{i}\gamma$, 这时电磁波在金属中将剧烈衰减, 其透入深度很小, 光波难以穿过金属, 但具体的衰减程度和透入深度与频率有关。在极低频区, 频率越高越严重, 透入深度越小。在中频区, 光频波的透入深度随光频的增加缓慢增加, 正是该透入深度形成表面波沿界面传播的通道。例如金属与空气的界面 (**图 2.1-5A(b)**)。

(2) 当 $\omega = \omega_{\mathrm{p}}$, $\tilde{\varepsilon}(\omega) = \varepsilon_0\left(1 - \omega_{\mathrm{p}}^2/\omega^2\right) = 0$, 这时传播常数为零: $k = k_0\sqrt{\tilde{\varepsilon}(\omega)/\varepsilon_0} = 0$, 任何模式的电磁波都不能在金属中传播。这时介质对电场极化的响应或电位移矢量为零:

$$\boldsymbol{D} = \tilde{\varepsilon}(\omega)\boldsymbol{E} = \varepsilon_0\boldsymbol{E} + \boldsymbol{P} = 0 \rightarrow \boldsymbol{P} = -\varepsilon_0\boldsymbol{E}$$

即感生极化密度矢量恰好与真空电位移矢量 $\varepsilon_0\boldsymbol{E}$ 数值相等方向相反, 自由带电粒子只能就地振荡不能传播, 这相当于形成波长无限长的 "波"。

(3) 当 $\omega > \omega_{\mathrm{p}}$, 金属电容率是正的, $\tilde{\varepsilon}(\omega) = \varepsilon_0\left(1 - \omega_{\mathrm{p}}^2/\omega^2\right) > 0$ 这时金属是透明的, 其光学性质与电介质或半导体相似。

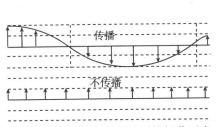

图 2.1-5A(a) 传播和不传播的振荡示意

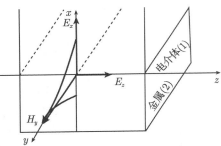

图 2.1-5A(b) 电介体和金属界面场量向体内指数衰减

1. 单界面的表面等离子体模式[1.15]

1) TM 表面模式

电磁波场量在半无限介电介质和半无限等离子体介质之间的界面向各自体内指数衰减, 如**图 2.1-5A(b)** 所示。金属是由于吸收损耗, 电介介质是由于束缚模式条件 (场量在无限远为零), 从而可能形成束缚于界面的表面传播模式。问题是理论上和实际上光场在界面附近从界面向 $+x$ 和 $-x$ 两个方向衰减, 而沿 z 方向传播的导波模式是否可能, 有哪些偏振模式? 下一小节中将证明, 存在这样模式的只有在 y 方向无电场分量的 TM 偏振波。由 H_y 在界面连续的边界条件得出其解:

$$\boldsymbol{H} = \widehat{\boldsymbol{y}}H_y = \widehat{\boldsymbol{y}}H_0\mathrm{e}^{-\mathrm{i}\beta_z z} \times \begin{cases} A_1\mathrm{e}^{-\gamma_1 x}, & x \geqslant 0 \text{ (电介 1)} \\ A_2\mathrm{e}^{\gamma_2 x}, & x \leqslant 0 \text{ (金属 2)} \end{cases} \tag{2.1-19a}$$

$$-\gamma_1^2 + \beta_z^2 = \omega^2 \mu_0 \tilde{\varepsilon}_1(\omega) \rightarrow \beta_z = \sqrt{\omega^2 \mu_0 \tilde{\varepsilon}_1 + \gamma_1^2} \tag{2.1-19b}$$

$$-\gamma_2^2 + \beta_z^2 = \omega^2 \mu_0 \tilde{\varepsilon}_2(\omega) \rightarrow \beta_z = \sqrt{\omega^2 \mu_0 \tilde{\varepsilon}_2 + \gamma_2^2} \tag{2.1-19c}$$

在 $x = 0$ 的边界条件:

$$H_{y01} = H_{y02} \rightarrow A_1 \mathrm{e}^{-\gamma_1 0} = A_2 \mathrm{e}^{\gamma_2 0} \rightarrow A_1 = A_2$$

图 2.1-5A(c) 是磁场分布的数值例子, 其电场为

$$
\boldsymbol{E} = \frac{\nabla \times \boldsymbol{H}}{-\mathrm{i}\omega\tilde{\varepsilon}} = \frac{\mathrm{i}}{\omega\tilde{\varepsilon}} \begin{vmatrix} \widehat{\boldsymbol{x}} & \widehat{\boldsymbol{y}} & \widehat{\boldsymbol{z}} \\ \dfrac{\partial}{\partial x} & \dfrac{\partial}{\partial y} & \dfrac{\partial}{\partial z} \\ H_x & H_y & H_z \end{vmatrix}
$$

$$
= \frac{\mathrm{i}}{\omega\tilde{\varepsilon}} \left(\widehat{\boldsymbol{x}} \begin{vmatrix} \dfrac{\partial}{\partial y} & \dfrac{\partial}{\partial z} \\ H_y & H_z \end{vmatrix} + \widehat{\boldsymbol{y}} \begin{vmatrix} \dfrac{\partial}{\partial z} & \dfrac{\partial}{\partial x} \\ H_z & H_x \end{vmatrix} + \widehat{\boldsymbol{z}} \begin{vmatrix} \dfrac{\partial}{\partial x} & \dfrac{\partial}{\partial y} \\ H_x & H_y \end{vmatrix} \right)
$$

$$
= \frac{\mathrm{i}}{\omega\tilde{\varepsilon}} \left[\left(\frac{\partial H_z}{\partial y} - \frac{\partial H_y}{\partial z} \right) \widehat{\boldsymbol{x}} + \left(\frac{\partial H_x}{\partial z} - \frac{\partial H_z}{\partial x} \right) \widehat{\boldsymbol{y}} + \left(\frac{\partial H_y}{\partial x} - \frac{\partial H_x}{\partial y} \right) \widehat{\boldsymbol{z}} \right]
$$

$$
\overset{\mathrm{TM}}{\underset{\mathrm{H}_x, \mathrm{H}_z, \mathrm{H}_y = 0}{=\!=\!=}} \frac{\mathrm{i}}{\omega\tilde{\varepsilon}} \left[\left(0 - \frac{\partial H_y}{\partial z} \right) \widehat{\boldsymbol{x}} + (0 - 0) \widehat{\boldsymbol{y}} + \left(\frac{\partial H_y}{\partial x} - 0 \right) \widehat{\boldsymbol{z}} \right] \rightarrow
$$

$$
\boldsymbol{E} = \begin{cases} \dfrac{\mathrm{i}}{\omega\tilde{\varepsilon}_1} \left(\mathrm{i}\beta_z \widehat{\boldsymbol{x}} - \gamma_1 \widehat{\boldsymbol{z}} \right) H_0 \mathrm{e}^{-\gamma_1 x - \mathrm{i}\beta_z z}, & x \geqslant 0 \ (\text{电介 } 1) \\[3mm] \dfrac{\mathrm{i}}{\omega\tilde{\varepsilon}_2} \left(\mathrm{i}\beta_z \widehat{\boldsymbol{x}} + \gamma_2 \widehat{\boldsymbol{z}} \right) H_0 \mathrm{e}^{\gamma_2 x - \mathrm{i}\beta_z z}, & x \leqslant 0 \ (\text{金属 } 2) \end{cases} \tag{2.1-19d}
$$

电场 $\boldsymbol{E}$ 切向分量 E_z 在界面 $(x = 0)$ 连续, 得

$$-\frac{\mathrm{i}\gamma_1}{\omega\tilde{\varepsilon}_1} H_0 \mathrm{e}^{-\mathrm{i}\beta_z z} = \frac{\mathrm{i}\gamma_2}{\omega\tilde{\varepsilon}_2} H_0 \mathrm{e}^{-\mathrm{i}\beta_z z} \rightarrow -\frac{\tilde{\varepsilon}_2}{\tilde{\varepsilon}_1} = \frac{\gamma_2}{\gamma_1} > 0 \tag{2.1-19e}$$

由式 (2.1-19b,c,e):

$$\beta_z^2 = \gamma_1^2 + \omega^2 \mu_0 \tilde{\varepsilon}_1 = \gamma_2^2 + \omega^2 \mu_0 \tilde{\varepsilon}_2 \rightarrow -\gamma_1^2 \tilde{\varepsilon}_2^2 / \tilde{\varepsilon}_1^2$$

$$= \omega^2 \mu_0 \tilde{\varepsilon}_2 - \beta_z^2 = \omega^2 \mu_0 \left(\tilde{\varepsilon}_2 - \tilde{\varepsilon}_1 \right) - \gamma_1^2$$

$$\gamma_1^2 \left(\tilde{\varepsilon}_1^2 - \tilde{\varepsilon}_2^2 \right) = \omega^2 \mu_0 \left(\tilde{\varepsilon}_2 - \tilde{\varepsilon}_1 \right) \tilde{\varepsilon}_1^2 \rightarrow \gamma_1^2$$

$$= \omega^2 \mu_0 \tilde{\varepsilon}_1^2 \frac{\tilde{\varepsilon}_2 - \tilde{\varepsilon}_1}{\tilde{\varepsilon}_1^2 - \tilde{\varepsilon}_2^2} = \frac{-\omega^2 \mu_0 \tilde{\varepsilon}_1^2}{\tilde{\varepsilon}_1 + \tilde{\varepsilon}_2} \rightarrow \gamma_1 = \omega \sqrt{\frac{-\mu_0 \tilde{\varepsilon}_1^2}{\tilde{\varepsilon}_1 + \tilde{\varepsilon}_2}} > 0 \tag{2.1-19f}$$

$$\gamma_2 = -\gamma_1 \frac{\tilde{\varepsilon}_2}{\tilde{\varepsilon}_1} \rightarrow \gamma_2^2 = \gamma_1^2 \frac{\tilde{\varepsilon}_2^2}{\tilde{\varepsilon}_1^2} = \omega^2 \frac{-\mu_0 \tilde{\varepsilon}_2^2}{\tilde{\varepsilon}_1 + \tilde{\varepsilon}_2} \rightarrow \gamma_2 = \omega \sqrt{\frac{-\mu_0 \tilde{\varepsilon}_2^2}{\tilde{\varepsilon}_1 + \tilde{\varepsilon}_2}} > 0 \tag{2.1-19g}$$

$$\beta_z^2 = \omega^2 \frac{-\mu_0 \tilde{\varepsilon}_1^2}{\tilde{\varepsilon}_1 + \tilde{\varepsilon}_2} + \omega^2 \mu_0 \tilde{\varepsilon}_1 = \omega^2 \mu_0 \left(\tilde{\varepsilon}_1 - \frac{\tilde{\varepsilon}_1^2}{\tilde{\varepsilon}_1 + \tilde{\varepsilon}_2} \right) = \omega^2 \mu_0 \left(\frac{\tilde{\varepsilon}_1 \tilde{\varepsilon}_2}{\tilde{\varepsilon}_1 + \tilde{\varepsilon}_2} \right) \to \beta_z$$

$$= \omega \sqrt{\frac{\mu_0 \tilde{\varepsilon}_1 \tilde{\varepsilon}_2}{\tilde{\varepsilon}_1 + \tilde{\varepsilon}_2}} = \frac{\omega}{c_0} \sqrt{\frac{(\tilde{\varepsilon}_1/\varepsilon_0)(\tilde{\varepsilon}_2/\varepsilon_0)}{(\tilde{\varepsilon}_1/\varepsilon_0) + (\tilde{\varepsilon}_2/\varepsilon_0)}} \tag{2.1-19h}$$

式 (2.1-19h) 可写成

$$\frac{\beta_z}{\omega_{\mathrm{p}}/c_0} = \frac{\omega}{\omega_{\mathrm{p}}} \sqrt{\frac{(\tilde{\varepsilon}_1/\varepsilon_0)(\tilde{\varepsilon}_2/\varepsilon_0)}{(\tilde{\varepsilon}_1/\varepsilon_0) + (\tilde{\varepsilon}_2/\varepsilon_0)}} \to \frac{\omega}{\omega_{\mathrm{p}}} = \frac{\beta_z}{\omega_{\mathrm{p}}/c_0} \Bigg/ \sqrt{\frac{(\tilde{\varepsilon}_1/\varepsilon_0)(\tilde{\varepsilon}_2/\varepsilon_0)}{(\tilde{\varepsilon}_1/\varepsilon_0) + (\tilde{\varepsilon}_2/\varepsilon_0)}} \tag{2.1-19i}$$

可见, 解 $\gamma_1, \gamma_2, \beta_z$ 皆可由 $\tilde{\varepsilon}_1, \tilde{\varepsilon}_2, \omega$ 表述。当 $\tilde{\varepsilon}_2 < -\tilde{\varepsilon}_1 < 0$, 即两材料的介电常数反号 ($\tilde{\varepsilon}_1 \tilde{\varepsilon}_2 < 0$) 且其和为负 ($\tilde{\varepsilon}_1 + \tilde{\varepsilon}_2 < 0$) 时, $\gamma_1, \gamma_2, \beta_z$ 为实数, 这时坡印亭矢量或功率流密度的 z 分量为

$$\boldsymbol{E} \times \boldsymbol{H}^* = \begin{cases} \dfrac{\mathrm{i}}{\omega \tilde{\varepsilon}_1} \left(-\gamma_1 \widehat{\boldsymbol{z}} + \mathrm{i}\beta_z \widehat{\boldsymbol{x}} \right) \times \widehat{\boldsymbol{y}} H_0^* \mathrm{e}^{-\gamma_1 x - \mathrm{i}\beta_z z} H_0 \mathrm{e}^{-\gamma_1 x + \mathrm{i}\beta_z z} \\ \quad = \dfrac{1}{\omega \tilde{\varepsilon}_1} \left(\mathrm{i}\gamma_1 \widehat{\boldsymbol{x}} - \beta_z \widehat{\boldsymbol{z}} \right) |H_0|^2 \mathrm{e}^{-2\gamma_1 x}, & x \geqslant 0 \,(\text{电介 } 1) \\[2mm] \dfrac{\mathrm{i}}{\omega \tilde{\varepsilon}_2} \left(\gamma_2 \widehat{\boldsymbol{z}} + \mathrm{i}\beta_z \widehat{\boldsymbol{x}} \right) \times \widehat{\boldsymbol{y}} H_0^* \mathrm{e}^{\gamma_2 x - \mathrm{i}\beta_z z} H_0 \mathrm{e}^{\gamma_2 x + \mathrm{i}k_z z} \\ \quad = \dfrac{-1}{\omega \tilde{\varepsilon}_2} \left(\mathrm{i}\gamma_2 \widehat{\boldsymbol{x}} + \beta_z \widehat{\boldsymbol{z}} \right) |H_0|^2 \mathrm{e}^{2\gamma_2 x}, & x \leqslant 0 \,(\text{金属 } 2) \end{cases} \tag{2.1-19j}$$

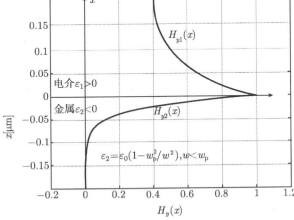

图 2.1-5A(c)　在介电等离子体单界面中沿 z 方向传播的表面等离子体 TM 偏振模式的 y 向磁场强度分布

$$\begin{cases} \boldsymbol{P}_x = 0 \\ \boldsymbol{P}_y = 0 \end{cases}, \quad \boldsymbol{P}_z = \frac{1}{2} \mathrm{Re} \left(\boldsymbol{E} \times \boldsymbol{H}^* \right)_z$$

$$= \widehat{z} \begin{cases} \dfrac{\beta_z}{2\omega\varepsilon_1} \left|H_0\right|^2 \mathrm{e}^{-2\gamma_1 x} > 0, & \varepsilon_1 > 0, \quad x \geqslant 0 \ (\text{电介 } 1) \\[3mm] \dfrac{\beta_z}{2\omega\varepsilon_2} \left|H_0\right|^2 \mathrm{e}^{2\gamma_2 x} < 0, & \varepsilon_2 < 0, \quad x \leqslant 0 \ (\text{金属 } 2) \end{cases} \tag{2.1-19k}$$

表明: ① **只在金属和介电体界面才能形成表面束缚模式 (2.1-19e)**; ② **半导体和金属中的模式功率流是反向的 (式 (2.1-19k))**; ③ **光模在金属中的透入深度远小于在半导体中的渗入深度** ($\delta_1/\delta_2 \equiv (1/\gamma_1)/(1/\gamma_2) = \gamma_2/\gamma_1 \gg 1$, 例如**图 2.1-5A** 中 $\gamma_2/\gamma_1 > 5$); ④ **表面等离子体极化子只存在 TM 偏振模式 (见下面)**。这是等离子体波导的四个重要特点。

2) TE 表面模式

在金属与电介质或半导体的界面, 除了可以存在上述 TM 表面模式之外, 是否可能存在 TE 表面模式? 下述分析将可作出明确回答。

$$\nabla \times \boldsymbol{E} = -\mathrm{i}\omega\mu_0 \boldsymbol{H} \to \boldsymbol{H} = \frac{\mathrm{i}}{\omega\mu_0} \nabla \times \boldsymbol{E} = \frac{\mathrm{i}}{\omega\mu_0} \begin{vmatrix} \widehat{\boldsymbol{x}} & \widehat{\boldsymbol{y}} & \widehat{\boldsymbol{z}} \\ \dfrac{\partial}{\partial x} & \dfrac{\partial}{\partial y} & \dfrac{\partial}{\partial z} \\ E_x & E_y & H_z \end{vmatrix}$$

$$= \frac{\mathrm{i}}{\omega\mu_0} \left(\widehat{\boldsymbol{x}} \begin{vmatrix} \dfrac{\partial}{\partial y} & \dfrac{\partial}{\partial z} \\ E_y & E_z \end{vmatrix} + \widehat{\boldsymbol{y}} \begin{vmatrix} \dfrac{\partial}{\partial z} & \dfrac{\partial}{\partial x} \\ E_z & E_x \end{vmatrix} + \widehat{\boldsymbol{z}} \begin{vmatrix} \dfrac{\partial}{\partial x} & \dfrac{\partial}{\partial y} \\ E_x & E_y \end{vmatrix} \right)$$

$$= \frac{\mathrm{i}}{\omega\mu_0} \left[\left(\frac{\partial E_z}{\partial y} - \frac{\partial E_y}{\partial z} \right) \widehat{\boldsymbol{x}} + \left(\frac{\partial E_x}{\partial z} - \frac{\partial E_z}{\partial x} \right) \widehat{\boldsymbol{y}} + \left(\frac{\partial E_y}{\partial x} - \frac{\partial E_x}{\partial y} \right) \widehat{\boldsymbol{z}} \right]$$

$$\underset{E_x, E_z, H_y = 0}{\overset{\mathrm{TE}}{=\!=\!=}} \frac{\mathrm{i}}{\omega\mu_0} \left[\left(0 - \frac{\partial E_y}{\partial z} \right) \widehat{\boldsymbol{x}} + (0 - 0) \widehat{\boldsymbol{y}} + \left(\frac{\partial E_y}{\partial x} - 0 \right) \widehat{\boldsymbol{z}} \right] \to$$

$$\boldsymbol{H} \underset{E_{y2} = A_1 \mathrm{e}^{\mathrm{i}(\omega t - \beta_z z - \gamma_2 x)}}{\overset{E_{y1} = A_1 \mathrm{e}^{\mathrm{i}(\omega t - \beta_z z - \gamma_1 x)}}{=\!=\!=}} \begin{cases} \dfrac{\mathrm{i}}{\omega\mu_1} \left(\mathrm{i}\beta_z \widehat{\boldsymbol{x}} - \gamma_1 \widehat{\boldsymbol{z}} \right) A_1 \mathrm{e}^{-\gamma_1 x - \mathrm{i}\beta_z z}, & x \geqslant 0 \ (\text{电介 } 1) \\[3mm] \dfrac{\mathrm{i}}{\omega\mu_2} \left(\mathrm{i}\beta_z \widehat{\boldsymbol{x}} + \gamma_2 \widehat{\boldsymbol{z}} \right) A_2 \mathrm{e}^{\gamma_2 x - \mathrm{i}\beta_z z}, & x \leqslant 0 \ (\text{金属 } 2) \end{cases}$$

$$\tag{2.1-19l}$$

故 TE 模非零场分量除了公因子 $\mathrm{e}^{\mathrm{i}(\omega t - \beta_z z)}$ 之外可表为

$x \geqslant 0$ (电介 1):

$$E_{y1}(x) = A_1 \mathrm{e}^{-\gamma_1 x}, \quad H_{z1}(x) = -\frac{\mathrm{i} A_1 \gamma_1}{\omega\mu_1} \mathrm{e}^{-\gamma_1 x}, \quad H_{x1}(x) = -\frac{A_1 \beta_z}{\omega\mu_1} \mathrm{e}^{-\gamma_1 x} \tag{2.1-19m}$$

$x \leqslant 0$ (金属 2):

$$E_{y2}(x) = A_2 \mathrm{e}^{\gamma_2 x}, \quad H_{z2}(x) = \frac{\mathrm{i} A_2 \gamma_2}{\omega\mu_2} \mathrm{e}^{\gamma_2 x}, \quad H_{x2}(x) = -\frac{A_2 \beta_z}{\omega\mu_2} \mathrm{e}^{\gamma_2 x} \tag{2.1-19n}$$

在 $x = 0$ 界面边界条件要求 (设 $\mu_1 \approx \mu_2 \approx \mu_0$): $E_{y1} = E_{y2}, H_{z1} = H_{z2} \to A_1 = A_2, A_1 \gamma_1 = -A_2 \gamma_2$ 故得

$$A_1 \left(\gamma_1 + \gamma_2 \right) = 0 \qquad\qquad (2.1\text{-}19\text{o})$$

由于束缚于表面的模式要求 $\mathrm{Re}[\gamma_1] > 0$ 和 $\mathrm{Re}[\gamma_2] > 0$，该条件只有当 $A_1 = 0$ 才可能满足，这时 $A_2 = A_1 = 0$。表明不存在 TE 偏振的表面模式。

3) 表面等离子体极化子 (SPP) 的实例

图 2.1-5B(a) 是其对忽略虚部的金属与空气 ($\omega_{\mathrm{sp,air}}$, $\varepsilon_{1,\mathrm{R,r}} = 1$，细线) 和与硅石 ($\omega_{\mathrm{sp,silica}}$, $\varepsilon_{1,\mathrm{R,r}} = 2.25$，粗线) 界面的数值例子。图中是归一化波矢 $\tilde{\beta}_z$ 的实部 ($\beta_{zr} c_0/\omega_{\mathrm{p}}$，实线) 和虚部 ($\beta_{zi} c_0/\omega_{\mathrm{p}}$，虚线) 与归一化频率 $\omega/\omega_{\mathrm{p}}$ 的关系。由于其束缚性质，SPP 激元相应的色散曲线在空气和硅石的**光波无限空间色散光线 (light line)** 的右边。因此，要对其进行三维激发，需要通过例如光栅或棱镜耦合等特殊相位匹配技术。正如前述，在 $\omega > \omega_{\mathrm{p}}$ 的透明区，辐射才能进入并透过金属。**在束缚模式区和辐射模式区之间，存在一个纯虚数 $\tilde{\beta}_z$，因而禁止传播的频率带隙区 (frequency gap region)。**

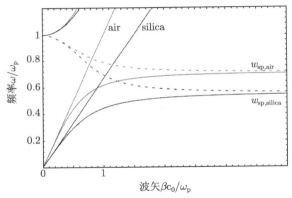

图 2.1-5B(a)　忽略虚部的金属与空气 ($\omega_{\mathrm{sp,air}}$，细线) 和与硅石 ($\omega_{\mathrm{sp,silica}}$，粗线) 界面的表面等离子体极化子 (SPP) 对等离子体频率归一化的频率 $\omega/\omega_{\mathrm{p}}$ 随对等离子体波矢归一化传播常数 (本征值) $\beta_z/(\omega_{\mathrm{p}} c_0)$ 的变化，即 SPP 的色散关系

图中 air($\varepsilon_{1,\mathrm{R,r}} = 1$) 细直线和 silica($\varepsilon_{1,\mathrm{R,r}} = 2.25$) 粗直线分别是光在均匀空气和硅石中的色散关系供比较[1.14]

对低频区 (中红外或更低频率的**小波矢**，SPP 的传播常数在光波色散直线上接近于 k_0，光波延射进入介电空间许多波长。因此在该区域内，SPP 具有掠射入射光场的性质，并称为**索莫菲尔德 – 镇内克 (Sommerfeld-Zenneck) 波**。反之，在**大波矢**的区域内，SPP 的频率趋于特征的表面等离子体频率

$$\omega_{\mathrm{sp}} = \frac{\omega_{\mathrm{p}}}{\sqrt{1 + \varepsilon_1/\varepsilon_0}} \qquad\qquad (2.1\text{-}19\text{p})$$

这可将自由电子介电函数式 (1.3-10e) 代入式 (2.1-19h) 而得到证明。在传导电子振荡的阻尼可略的极限下 (包含 $\mathrm{Im}[\varepsilon_2(\omega)/\varepsilon_0] = 0$)，当频率趋于 ω_{sp} 时波矢 β_z 趋于

无穷大而群速度 $v_g \to 0$。因此模式具有静电特性, 而称为**表面等离子体 (surface plasmon)**。它可通过直接求解 Laplace 方程 $\nabla^2\phi = 0$ 对如**图 2.1-5A(a)** 所示单平面界面几何结构求解得出, 其中 ϕ 是电势。在 z 方向是波动状, 在 x 方向是指数衰减的解为

$$x > 0 \text{ (电介 1)}, \quad \phi(x) = A_1 e^{-i\beta_z z} e^{-\gamma_1 x} \tag{2.1-19q}$$

$$x < 0 \text{ (金属 2)}, \quad \phi(x) = A_2 e^{-i\beta_z z} e^{\gamma_2 x} \tag{2.1-19r}$$

$\nabla^2\phi = 0$ 要求 $\gamma_1 = \gamma_2 = \beta_z$: 进入介电体和进入金属的指数衰减长度 $\delta = 1/\gamma_{1,2} = 1/\beta_z$ 是相等的。ϕ 和 $\varepsilon\partial\phi/\partial z$ 各自的连续, 保证了切向场分量和介电位移矢量的法向分量的连续, 并要求

$$A_1 = A_2, \quad \varepsilon_2(\omega) + \varepsilon_1 = 0 \tag{2.1-19s}$$

对由式 (1.3-10p) 形式的介电函数所描述的金属, 这个条件在 ω_{sp} 处得到满足。比较式 (2.1-19s) 和式 (2.1-19h), 可见表面等离子体在 $\beta_z \to \infty$ 时, 确实是 SPP 的极限形式。

对**图 2.1-5B(a)** 的上述讨论中已假设金属是 $\text{Im}(\varepsilon_{2,R}) = 0$ 的理想导体。但实际金属的导带电子的激元受到自由电子和带间两者的阻尼。因此 $\varepsilon_2(\omega)$ 是复数, 从而 SPP 的传播常数 β 也是复数。SPP 行波被阻尼了一个能量衰减长度 (也称为传播长度) $L = [2\text{Im}(\beta)]^{-1}$, 随所涉金属/介电体的组态不同, 在可见光区的典型值在 $10 \sim 100\mu m$。

图 2.1-5B(b) 是作为在银空气和银硅土分界面上传播的 SPP 色散关系的一个例子, 其中银的介电函数 $\varepsilon_2(\omega)$ 的数据与**图 2.1-5B(a)** 中完全无阻尼的 SPP 估算出的色散关系比较, 可见这时束缚 SPP 趋于一个最大值, 这是系统在表面等离子体频率 ω_{sp} 的有限波矢。这个极限为表面等离子体的波长 $\lambda_{sp} = 2\pi/\text{Re}(\beta)$ 和垂

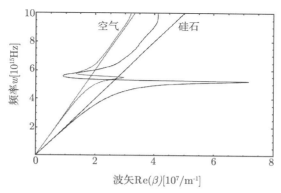

图 2.1-5B(b) SPP 在银 — 空气 (灰线) 和银 — 硅石 (黑线) 界面处的色散关系

由于阻尼, 束缚 SPP 的波矢趋于在表面等离子体频率处的有限极限[1.14]

直于界面模式所受限制的量设下一个下限, 由于 SPP 场在介电中按 $e^{-|\beta_z||z|}$ 减小, 其中,

$$\beta_z = \sqrt{\beta^2 - \frac{\varepsilon_1}{\varepsilon_0}\left(\frac{\omega}{c_0}\right)^2} \tag{2.1-19t}$$

而且, 与理想导体的情况相反, 这时在 ω_{sp} 和 ω_p 之间色散关系的**准束缚 (quasi-bound)** 允许有泄漏部分, 其中在该区域内, $\mathrm{Re}(\beta) = 0$ (**图 2.1-5B(a)**)。

现在以在介电体内的传播长度 L 和在介电体内的能量限制 (由 δ 度量) 的一个例子作为本节的结束。由色散关系可知, 两者都与频率有强烈的依赖关系。SPP 在频率接近于 ω_{sp} 时将光场很大地限制或束缚于界面, 因而由于阻尼增大, 传播距离减小。例如, 由上述的理论处理, 可见 SPP 在银空气界面 $\lambda_0 = 450\mathrm{nm}$ 的 $L \approx 16\mu\mathrm{m}$ 和 $\delta \approx 180\mathrm{nm}$。但在 $\lambda_0 \approx 1.5\mu\mathrm{m}$ 时, $L \approx 1080\mu\mathrm{m}$ 和 $\delta \approx 26\mu\mathrm{m}$。限制越好, 传播长度越小。在局域化和损耗之间的该特征性的折衷对等离子体是典型的。当光频接近于 ω_{sp} 时, 光场在介电体中所受的限制可以达到衍射极限的半波长以下。在从可见光到红外光的宽广频率范围内, 金属中场的衰减距离约在 20nm 的量级。

2. 多层系统中的表面等离子体模式[1.15]

由导体和介电体或半导体薄膜交替组成的多层结构中, 每个界面都可支持束缚于表面等离子体极化子。当相邻界面之间的间隔约为或小于界面模式的衰减长度时, 表面等离子体极化子之间的相互作用将产生耦合模式。为了说明耦合表面等离子体极化子的普遍性质, 将以两个特定的三层系统: 一个是薄金属层 (芯层) 夹在两个无限厚的介电体或半导体限制层之间, 成为绝缘体金属绝缘体 (IMI) 或半导体金属半导体 (SMS) 异质结构 (见下面), 另一个是薄介电芯层夹在两个无限厚的金属限制层之间, 成为金属绝缘体金属 (MIM) 或金属半导体金属 (MSM) 异质结构 (见下面)。并只考虑最低阶的束缚表面模式。

1) 金属 (IMI 或 SMS) 平板波导

两边由对称介电介质 ($\varepsilon_1 > 0$) 包围的薄金属平板, 有类似于对称介电波导的偶阶和奇阶模式。同理, 可将薄的空气 (或介电) 层夹在两金属之间, 并求出该波导中的导波模式。

以下将考虑薄金属平板, 其光频 ω 低于金属等离子体频率 ω_p 因而 $\varepsilon_2 < 0$。

(1) TM 偶阶模式。

TM 模式的磁场为

$$\boldsymbol{H} = \hat{y}e^{-i\beta_z z}\begin{cases} C_0 e^{-\gamma_1\left(x-\frac{d}{2}\right)}, & x \geqslant d/2(\text{介电}1) \\ C_1 \cosh\gamma_2 x, & |x| \leqslant d/2(\text{金属}2) \\ C_0 e^{\gamma_1\left(x+\frac{d}{2}\right)}, & x \leqslant -d/2(\text{介电}3=1) \end{cases} \tag{2.1-20a}$$

注意芯层用双曲函数是由于其表面波的性质。其波矢关系为

$$-\gamma_1^2 + \beta_z^2 = \omega^2\mu_0\tilde\varepsilon_1 \to \beta_z = \sqrt{\omega^2\mu_0\tilde\varepsilon_1 + \gamma_1^2},$$

$$-\gamma_2^2 + \beta_z^2 = \omega^2\mu_0\tilde\varepsilon_2(\omega) \to \beta_z = \sqrt{\omega^2\mu_0\tilde\varepsilon_2 + \gamma_2^2} \tag{2.1-20b}$$

其切向电场

$$E_z = \frac{-\mathrm{i}}{\omega\tilde\varepsilon}\frac{\partial H_y}{\partial x} = -\mathrm{i}e^{\mathrm{i}\beta_z z}\begin{cases} -\dfrac{\gamma_1}{\omega\tilde\varepsilon_1}C_0 e^{-\gamma_1\left(x-\frac{d}{2}\right)}, & x \geqslant \dfrac{d}{2}(\text{介电}1) \\ \dfrac{\gamma_2}{\omega\tilde\varepsilon_2}C_1\sinh\gamma_2 x, & |x| \leqslant \dfrac{d}{2}(\text{金属}2) \\ \dfrac{\gamma_1}{\omega\tilde\varepsilon_1}C_0 e^{\gamma_1\left(x+\frac{d}{2}\right)}, & x \leqslant -\dfrac{d}{2}(\text{介电}3=1) \end{cases} \tag{2.1-20c}$$

和磁场 H_y 在 $x = \pm d/2$ 界面连续的边界条件。得

$$x = \frac{d}{2}: \quad H_{y1} = H_{y2} \to C_0 e^{-\gamma_1\left(\frac{d}{2}-\frac{d}{2}\right)} = C_1\cosh\left(\gamma_2\frac{d}{2}\right) \to C_0 = C_1\cosh\left(\gamma_2\frac{d}{2}\right) \tag{2.1-20d}$$

$$x = \frac{d}{2}: \quad E_{z1} = E_{z2} \to \frac{-\mathrm{i}\gamma_1}{\omega\varepsilon_1}C_0 e^{-\gamma_1\left(\frac{d}{2}-\frac{d}{2}\right)}$$

$$= \frac{\mathrm{i}\gamma_2}{\omega\varepsilon_2}C_1\sinh\left(\gamma_2\frac{d}{2}\right) \to -\frac{\gamma_1}{\omega\varepsilon_1}C_0 = C_1\frac{\gamma_2}{\omega\varepsilon_2}\sinh\left(\gamma_2\frac{d}{2}\right) \tag{2.1-20e}$$

取上述两个方程之比消去 C_0 和 C_1，得出 TM 偶阶模式的本征方程或导波条件为

$$\gamma_1 = -\frac{\varepsilon_1}{\varepsilon_2}\gamma_2\tanh\left(\gamma_2\frac{d}{2}\right) \quad \text{或} \quad \tanh\left(\gamma_2\frac{d}{2}\right) = -\frac{\gamma_1\varepsilon_2}{\gamma_2\varepsilon_1} \tag{2.1-20f}$$

并由式 (2.1-20):

$$\beta_z^2 = \omega^2\mu_0\tilde\varepsilon_1 + \gamma_1^2 = \omega^2\mu_0\tilde\varepsilon_2 + \gamma_2^2 \to \gamma_2^2 - \gamma_1^2 = \omega^2\mu_0(\varepsilon_1 - \varepsilon_2) \tag{2.1-20g}$$

联立求解可得 β_z。由

$$\frac{H_y}{C_1 e^{\mathrm{i}\beta_z z}} = \begin{cases} \dfrac{C_0}{C_1}e^{-\gamma_1\left(x-\frac{d}{2}\right)} = \cosh\left(\gamma_2\frac{d}{2}\right)e^{-\gamma_1\left(x-\frac{d}{2}\right)}, & x \geqslant \dfrac{d}{2}\ (\text{介电}1) \\ \cosh\gamma_2 x, & |x| \leqslant \dfrac{d}{2}\ (\text{金属}2) \\ \dfrac{C_0}{C_1}e^{\gamma_1\left(x+\frac{d}{2}\right)} = \cosh\left(\gamma_2\frac{d}{2}\right)e^{\gamma_1\left(x-\frac{d}{2}\right)}, & x \leqslant -\dfrac{d}{2}\ (\text{介电}3=1) \end{cases} \tag{2.1-20h}$$

$$\frac{\mathrm{i}E_z}{C_1\mathrm{e}^{-\mathrm{i}\beta_z z}} = \begin{cases} -\dfrac{\gamma_1}{\omega\varepsilon_1}\dfrac{C_0}{C_1}\mathrm{e}^{-\gamma_1\left(x-\frac{d}{2}\right)} = \dfrac{\gamma_2}{\omega\varepsilon_2}\sinh\left(\gamma_2\dfrac{d}{2}\right)\mathrm{e}^{-\gamma_1\left(x-\frac{d}{2}\right)}, & x\geqslant\dfrac{d}{2}\ (\text{介电}1) \\[3mm] \dfrac{\gamma_2}{\omega\varepsilon_2}\sinh\gamma_2 x, & |x|\leqslant\dfrac{d}{2}\ (\text{金属}2) \\[3mm] \dfrac{\gamma_1}{\omega\varepsilon_1}\dfrac{C_0}{C_1}\mathrm{e}^{\gamma_1\left(x+\frac{d}{2}\right)} = -\dfrac{\gamma_2}{\omega\varepsilon_2}\sinh\left(\gamma_2\dfrac{d}{2}\right)\mathrm{e}^{\gamma_1\left(x+\frac{d}{2}\right)}, & x\leqslant-\dfrac{d}{2}\ (\text{介电}3=1) \end{cases}$$

$$\text{(2.1-20i)}$$

$$\frac{E_x}{\mathrm{e}^{-\mathrm{i}\beta_z z}} = \frac{\beta_z}{\omega}\frac{H_y}{\mathrm{e}^{-\mathrm{i}\beta_z z}}$$

$$= \begin{cases} \dfrac{C_0}{C_1}\dfrac{\varepsilon_2}{\varepsilon_1}\mathrm{e}^{-\gamma_1\left(x-\frac{d}{2}\right)} = \dfrac{\varepsilon_2}{\varepsilon_1}\cosh\left(\gamma_2\dfrac{d}{2}\right)\mathrm{e}^{-\gamma_1\left(x-\frac{d}{2}\right)}, & x\geqslant\dfrac{d}{2}\ (\text{介电}1) \\[3mm] \cosh\left(\gamma_2 x\right), & |x|\leqslant\dfrac{d}{2}\ (\text{金属}2) \\[3mm] \dfrac{C_0}{C_1}\dfrac{\varepsilon_2}{\varepsilon_1}\mathrm{e}^{\gamma_1\left(x+\frac{d}{2}\right)} = \dfrac{\varepsilon_2}{\varepsilon_1}\cosh\left(\gamma_2\dfrac{d}{2}\right)\mathrm{e}^{\gamma_1\left(x+\frac{d}{2}\right)}, & x\leqslant-\dfrac{d}{2}\ (\text{介电}3=1) \end{cases} \quad\text{(2.1-20j)}$$

$$x=\frac{d}{2}:\quad \varepsilon_1 E_{x1}=\varepsilon_2 E_{x2}\to \frac{\beta_z}{\omega}C_0\mathrm{e}^{-\gamma_1\left(\frac{d}{2}-\frac{d}{2}\right)}$$

$$= \frac{\beta_z}{\omega}C_1\cosh\left(\gamma_2\frac{d}{2}\right)\to C_0=C_1\cosh\left(\gamma_2\frac{d}{2}\right) \quad\text{(2.1-20k)}$$

$$x=-\frac{d}{2}:\quad \varepsilon_1 E_{x1}=\varepsilon_2 E_{x2}\to \frac{\beta_z}{\omega}C_0\mathrm{e}^{\gamma_1\left(-\frac{d}{2}+\frac{d}{2}\right)}$$

$$= \frac{\beta_z}{\omega}C_1\cosh\left(\gamma_2\frac{d}{2}\right)\to C_0=C_1\cosh\left(\gamma_2\frac{d}{2}\right) \quad\text{(2.1-20l)}$$

也得式 (2.1-20d)。

(2) TM 奇阶模式。

TM 奇阶磁场 H_y 和 E_z 分别为

$$\frac{H_y}{\mathrm{e}^{-\mathrm{i}\beta_z z}C_1} = \begin{cases} \sinh\left(\gamma_2\dfrac{d}{2}\right)\mathrm{e}^{-\gamma_1\left(x-\frac{d}{2}\right)}, & x\geqslant\dfrac{d}{2}\ (\text{介电}1) \\[3mm] \sinh\left(\gamma_2 x\right), & |x|\leqslant\dfrac{d}{2}\ (\text{金属}2) \\[3mm] -\sinh\left(\gamma_2\dfrac{d}{2}\right)\mathrm{e}^{\gamma_1\left(x+\frac{d}{2}\right)}, & x\leqslant-\dfrac{d}{2}\ (\text{介电}3=1) \end{cases} \quad\text{(2.1-20m)}$$

$$\frac{\mathrm{i}E_z}{C_1\mathrm{e}^{-\mathrm{i}\beta_z z}} = \begin{cases} -\dfrac{\gamma_1}{\omega\varepsilon_1}\dfrac{C_0}{C_1}\mathrm{e}^{-\gamma_1\left(x-\frac{d}{2}\right)} = \dfrac{\gamma_2}{\omega\varepsilon_2}\cosh\left(\gamma_2\dfrac{d}{2}\right)\mathrm{e}^{-\gamma_1\left(x-\frac{d}{2}\right)}, & x\geqslant\dfrac{d}{2}\ (\text{介电}1) \\[3mm] \dfrac{\gamma_2}{\omega\varepsilon_2}\cosh(\gamma_2 x), & |x|\leqslant\dfrac{d}{2}\ (\text{金属}2) \\[3mm] \dfrac{\gamma_1}{\omega\varepsilon_1}\dfrac{C_0}{C_1}\mathrm{e}^{\gamma_1\left(x+\frac{d}{2}\right)} = \dfrac{\gamma_2}{\omega\varepsilon_2}\cosh\left(\gamma_2\dfrac{d}{2}\right)\mathrm{e}^{\gamma_1\left(x+\frac{d}{2}\right)}, & x\leqslant-\dfrac{d}{2}\ (\text{介电}3=1) \end{cases}$$

$$\text{(2.1-20n)}$$

$$x = \pm\frac{d}{2}: \quad H_{y1} = H_{y2} \to C_0 e^{-\gamma_1\left(\frac{d}{2}-\frac{d}{2}\right)} = \pm C_1 \sinh\left(\gamma_2 \frac{d}{2}\right) \to C_0$$

$$= \pm C_1 \sinh\left(\gamma_2 \frac{d}{2}\right) \tag{2.1-20o}$$

$$x = \frac{d}{2}: \quad E_{z1} = E_{z2} \to \frac{-\mathrm{i}\gamma_1}{\omega\varepsilon_1} C_0 e^{-\gamma_1\left(\frac{d}{2}-\frac{d}{2}\right)}$$

$$= \frac{\mathrm{i}\gamma_2}{\omega\varepsilon_2} C_1 \cosh\left(\gamma_2 \frac{d}{2}\right) \to -\frac{\gamma_1}{\omega\varepsilon_1} C_0 = C_1 \frac{\gamma_2}{\omega\varepsilon_2}\cosh\left(\gamma_2\frac{d}{2}\right) \tag{2.1-20p}$$

$$x = -\frac{d}{2}: \quad E_{z1} = E_{z2} \to \frac{\mathrm{i}\gamma_1}{\omega\varepsilon_1} C_0 e^{\gamma_1\left(-\frac{d}{2}+\frac{d}{2}\right)}$$

$$= \frac{\mathrm{i}\gamma_2}{\omega\varepsilon_2} C_1 \cosh\left(\gamma_2 \frac{d}{2}\right) \to \frac{\gamma_1}{\omega\varepsilon_1} C_0 = C_1 \frac{\gamma_2}{\omega\varepsilon_2}\cosh\left(\gamma_2\frac{d}{2}\right) \tag{2.1-20q}$$

得本征方程为

$$\gamma_1 = -\frac{\varepsilon_1}{\varepsilon_2}\gamma_2\coth\left(\gamma_2\frac{d}{2}\right) \quad \text{或} \quad \tanh\left(\gamma_2\frac{d}{2}\right) = -\frac{\gamma_2\varepsilon_1}{\gamma_1\varepsilon_2} \tag{2.1-20r}$$

电场 x 分量为

$$\frac{E_x}{C_1 e^{-\mathrm{i}\beta_z z}} = \frac{H_y}{C_1 e^{-\mathrm{i}\beta_z z}}$$

$$= \begin{cases} \dfrac{\beta_z}{\omega\varepsilon_1}\dfrac{C_0}{C_1}e^{-\gamma_1\left(x-\frac{d}{2}\right)} = \dfrac{\beta_z}{\omega\varepsilon_1}\sinh\left(\gamma_2\frac{d}{2}\right)e^{-\gamma_1\left(x-\frac{d}{2}\right)}, & x \geqslant \dfrac{d}{2} \ (\text{介电}1) \\[3mm] \dfrac{\beta_z}{\omega\varepsilon_2}\sinh\left(\gamma_2 x\right), & |x| \leqslant \dfrac{d}{2} \ (\text{金属}2) \\[3mm] \dfrac{\beta_z}{\omega\varepsilon_1}\dfrac{C_0}{C_1}e^{\gamma_1\left(x+\frac{d}{2}\right)} = -\dfrac{\beta_z}{\omega\varepsilon_1}\sinh\left(\gamma_2\frac{d}{2}\right)e^{\gamma_1\left(x+\frac{d}{2}\right)}, & x \leqslant -\dfrac{d}{2} \ (\text{介电}3=1) \end{cases}$$

$$\tag{2.1-20s}$$

$$x = \frac{d}{2}: \quad \varepsilon_1 E_{x1} = \varepsilon_2 E_{x2} \to \frac{\beta_z}{\omega} C_0 e^{-\gamma_1\left(\frac{d}{2}-\frac{d}{2}\right)}$$

$$= \frac{\beta_z}{\omega} C_1 \sinh\left(\gamma_2\frac{d}{2}\right) \to C_0 = C_1 \sinh\left(\gamma_2\frac{d}{2}\right) \tag{2.1-20t}$$

$$x = -\frac{d}{2}: \quad \varepsilon_1 E_{x1} = \varepsilon_2 E_{x2} \to \frac{\beta_z}{\omega} C_0 e^{\gamma_1\left(-\frac{d}{2}+\frac{d}{2}\right)}$$

$$= -\frac{\beta_z}{\omega} C_1 \sinh\left(\gamma_2\frac{d}{2}\right) \to C_0 = -C_1 \sinh\left(\gamma_2\frac{d}{2}\right) \tag{2.1-20u}$$

也得式 (2.1-20o)。

(3) 数值结果

定义归一化变量:

$$\nu_2 = \gamma_2 d/2, \quad \nu_1 = \gamma_1 d/2, \quad R = \omega\sqrt{\mu_0\left(\varepsilon_1-\varepsilon_2\right)}d/2 = (k_0 d/2)\sqrt{(\varepsilon_1-\varepsilon_2)}$$

$$\tag{2.1-20v}$$

将式 (2.1-20g) 写成

$$\nu_2^2 - \nu_1^2 = R^2 \rightarrow \nu_1 = \sqrt{\nu_2^2 - R^2} \qquad (2.1\text{-}20\text{w})$$

与式 (2.1-20f) 结合得

$$\nu_1 = -\frac{\varepsilon_1}{\varepsilon_2}\nu_2 \tanh(\nu_2) \ (偶模), \quad \nu_1 = -\frac{\varepsilon_1}{\varepsilon_2}\nu_2 \coth(\nu_2) \ (奇模) \qquad (2.1\text{-}20\text{x})$$

则式 (2.1-20n) 与式 (2.1-20l) 或式 (2.1-20m) 之间的交点分别得出偶阶或奇阶模式 $\gamma_1 d/2$ 和 $\gamma_2 d/2$ 的解。

图 2.1-5C(a), **(b)** 是薄银层 (银的波长为 $\lambda_0 = 0.62\mu\mathrm{m}$ 时，电容率的虚部近

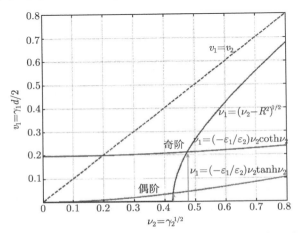

图 2.1-5C(a)   无损耗 SMS 平板波导 TM 模式根的分布

$\lambda_0 = 0.62\mu\mathrm{m}$，$\varepsilon_2 = -14.8\varepsilon_0$，$\varepsilon_1 = 2.89\varepsilon_0$，$d = 0.02\mu\mathrm{m}$

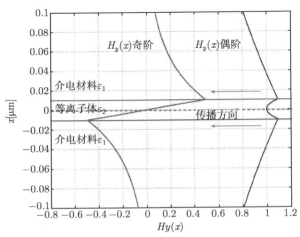

图 2.1-5C(b)   无损耗 SMS 平板波导 $\mathrm{TM}_{0,1}$ 模式分布

$\lambda_0 = 0.62\mu\mathrm{m}$，$\varepsilon_2 = -14.8\varepsilon_0$，$\varepsilon_1 = 2.89\varepsilon_0$，$d = 0.02\mu\mathrm{m}$

似可略, 实部为 $\varepsilon_{2,r} = -14.8\varepsilon_0^{[1.10(b)]}$) 两边由 $\varepsilon_{1,r} = 2.89\varepsilon_0^{[1.10(b)]}$ 的介电材料包围的等离子体波导 TM 模式根的分布, 及其奇偶阶磁场的分布特点。**图 2.1-5D(a)** 是 TM_0 磁场 H_y 和电场 E_x 和 E_z 的空间分布, 其中 E_z (当 E_z 是纯虚数时) 的虚部。**图 2.1-5D(b)** 是 TM_1 模式的电磁场分布。可清楚看出奇偶阶和纵横场量波函数对称性或宇称性的特点。

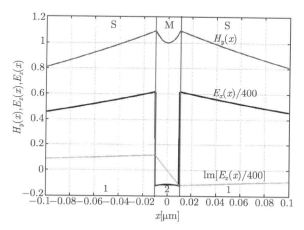

图 2.1-5D(a) 薄银层 SMS 平板波导的偶阶 TM_0 模式的电磁场分布

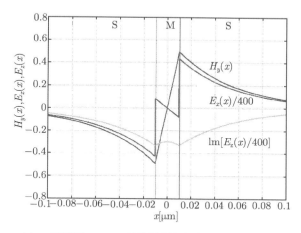

图 2.1-5D(b) 薄银层 SMS 平板波导的奇阶 TM_1 模式的电磁场分布

图 2.1-5E 是两种芯层厚度的空气银空气三层平板波导的耦合奇阶和偶阶模式的色散关系。可见, 偶阶 (TM 模的 $H_y(x)$, $E_x(x)$ 对 x 是对称, $E_z(x)$ 是反对称, 这里是以 $H_y(x)$ 为准, 定义为偶阶。偶阶模式的频率 ω_+ 高于单界面 SPP 的各个频率, 而奇阶模式的频率 ω_- 则较低。对大的波矢 β_z (这只能在 $\mathrm{Im}[\varepsilon(\omega)] = 0$ 才能

达到), 极限频率为

$$\omega_+ = \frac{\omega_{\mathrm{p}}}{\sqrt{1+\varepsilon_1}}\sqrt{1+\frac{2\varepsilon_1 \mathrm{e}^{-\beta_z d}}{1+\varepsilon_1}}, \quad \omega_- = \frac{\omega_{\mathrm{p}}}{\sqrt{1+\varepsilon_1}}\sqrt{1-\frac{2\varepsilon_1 \mathrm{e}^{-\beta_z d}}{1+\varepsilon_1}} \tag{2.1-20y}$$

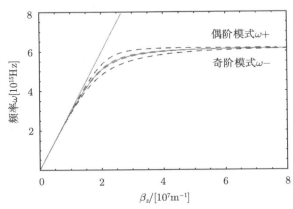

图 2.1-5E　芯层厚度为 100 nm(虚细线) 和 50 nm(虚粗线) 空气银空气
三层平板波导的耦合奇阶和偶阶模式的色散

图中还有银空气单界面的色散 (细线), 银用忽略阻尼的德鲁德模型[1.15]

　　值得注意的是: 偶阶模式的行为是当金属膜厚度减小至使模式演变成均匀介电体所支持的平面波时, 耦合 SPP 对金属膜的束缚减小。对由复数 $\varepsilon(\omega)$ 描述有吸收的实际金属, 这意味着 SPP 的传播长度将急剧增加而成为长程 (long-ranging) SPP。但奇阶模式的行为则相反 —— 其束缚到金属的程度随金属膜厚度的减小而增加, 导致传播长度减小。

　　2) 金属半导体金属 (MSM) 平板波导

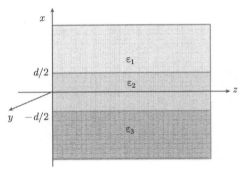

图 2.1-5F　三层等离子体平板波导 SMS
或 MSM 结构

上节的分析和得出的公式, 特别是本征方程 (2.1-20f,r) 和 (2.1-20g):

$$\tanh\left(\gamma_2 a\right) = -\frac{\gamma_1 \varepsilon_2}{\gamma_2 \varepsilon_1} \to \gamma_1 = \gamma_2 \frac{\varepsilon_1}{\varepsilon_2}\tanh\left(\gamma_2 \frac{d}{2}\right) \tag{2.1-20f}$$

$$\tanh\left(\gamma_2 a\right) = -\frac{\gamma_2 \varepsilon_1}{\gamma_1 \varepsilon_2} \to \gamma_1 = \gamma_2 \frac{\varepsilon_1}{\varepsilon_2}\coth\left(\gamma_2 \frac{d}{2}\right) \tag{2.1-20r}$$

$$\gamma_2^2 - \gamma_1^2 = \omega^2 \mu_0 \left(\varepsilon_1 - \varepsilon_2\right) \tag{2.1-20g}$$

既适用于 IMI 或 SMS, 也适用于 MIM 或 MSM。其差别只在介电常数 ε_1 和 ε_2 的值。

例如，将**图 2.1-5C** 和**图 2.1-5D** 的介电常数 ε_1 和 ε_2 的值对调，即可将 SMS 化为
MSM 结构，计算结果如**图 2.1-5G(a)～(d)** 所示。可见，对于单界面，**图 2.1-5G(a)**
与**图 2.1-5A(a)** 只是简单对调，但对于 MSM 三层平板波导，则有本质差别，例
如，对于所给定的芯层厚度和介电常数，将不可能存在奇阶模式，而无论芯层厚度
多小，永远存在偶阶基模。这是 MSM 的重要特点。

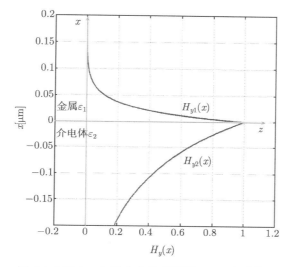

图 2.1-5G(a)　金属介电体界面的 SPP 束缚模式

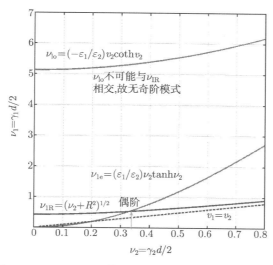

图 2.1-5G(b)　MSM 的 SPP 根分布 (不存在奇阶模式)

图 2.1-5H 是银空气银异质结构的模式色散关系。这时，银的介电函数 $\varepsilon_1(\omega)$

是复数[1.33]。因此，当趋于表面等离子体频率

$$\omega_{\text{sp}} = \omega_{\text{p}}/\sqrt{1 + \varepsilon_1/\varepsilon_0} \tag{2.1-19p}$$

时，β_z 不可能趋于无穷大，而是又折回来，并最终穿过光波色散直线，正如同 SPP
在单界面传播那样。

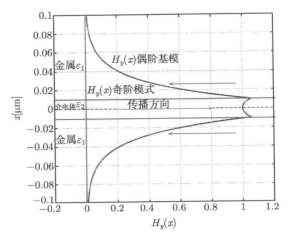

图 2.1-5G(c)　MSM 的 SPP TM$_0$ 模磁场分布及其功率流

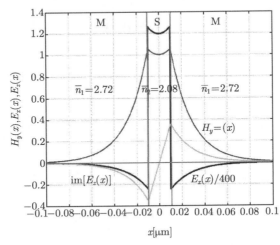

图 2.1-5G(d)　MSM 的 SPP TM$_0$ 模的电磁场分布

　　显然只要介电芯层的宽度选得足够小，即使激元远在 ω_{sp} 以下，也可以达到大
的传播常数 β_z。达到这么大波矢的能力，因而可由调节几何结构使进入金属层的
透入长度 δ 式 (1.3-17k) 变小，表明：**如同单界面的局域化效应，只在 ω_{sp} 附近的
激发才能得到保持，也才能够使该 MIM 或 MSM 结构获得红外激发。**

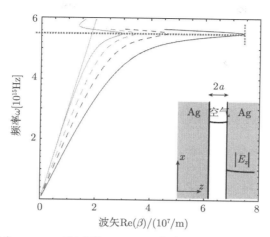

图 2.1-5H   芯层厚度为 100 nm (细虚线), 50 nm (粗虚线) 和 25nm (粗实线) 的银空气银三层平板波导的耦合 SSP 基模的色散

图中还有银空气 (细线) 单界面和空气的色散 (图中 $\beta == \beta_z, 2a = d, E_z = E_x$)[1.15]

3) 电磁场在金属中的能量[1.15]

金属中, 或更普遍的, **耗散介质 (dispersive media)** 中的电磁场能量描述, 由于各点电磁场的大小往往定量化为电磁场能量分布, 必须仔细考虑耗散的影响. 对于线性无损耗介质, 即

$$\boldsymbol{D} = \varepsilon\boldsymbol{E}, \quad \boldsymbol{B} = \mu\boldsymbol{H}, \quad \boldsymbol{j} = \sigma\boldsymbol{E} \qquad (1.1\text{-}1\mathrm{e,f,g})$$

才成立的介质, 电磁场的总能量密度和能流的坡印亭矢量可分别写成

$$u = \frac{1}{2}\left(\boldsymbol{E} \cdot \boldsymbol{D} + \boldsymbol{B} \cdot \boldsymbol{H}\right), \quad \boldsymbol{S} = \boldsymbol{E} \times \boldsymbol{H} \qquad (2.1\text{-}21\mathrm{a})$$

则电磁场中的守恒定律为

$$\frac{\partial u}{\partial t} + \nabla \cdot \boldsymbol{S} = -\boldsymbol{j} \cdot \boldsymbol{E} \qquad (2.1\text{-}21\mathrm{b})$$

它将材料中的电磁场能量密度的变化与能量流和吸收联系起来.

以下将集中得出 $\boldsymbol{E}$ 的能量密度 u_E 对电磁场总能量密度的贡献. 在金属中, $\tilde{\varepsilon}_r(\omega)$ 是复数并由于色散而与频率有关, 式 (2.1-21a) 将不适用. 对于由单色分量组成的场, 朗道和栗弗席兹 (Landau & Lifshitz) 证明: 如果将 u_E 的定义改为

$$u_{\mathrm{eff}} = \frac{1}{2}\mathrm{Re}\left[\frac{d\left(\omega\tilde{\varepsilon}_r\right)}{d\omega}\right]_{\omega_0}\langle\boldsymbol{E}\left(\boldsymbol{r},t\right) \cdot \boldsymbol{E}\left(\boldsymbol{r},t\right)\rangle \qquad (2.1\text{-}21\mathrm{c})$$

的有效电场能量 u_{eff}, 则守恒定律仍可成立. 其中, $\langle\boldsymbol{E}\left(\boldsymbol{r},t\right) \cdot \boldsymbol{E}\left(\boldsymbol{r},t\right)\rangle$ 是场对一个光频周期的平均值, ω_0 是感兴趣的频率. 如果 $\boldsymbol{E}$ 在 ω_0 附近的窄频率范围内有显

著的值, 而场对时间 $1/\omega_0$ 相比是缓变的, 则式 (2.1-21c) 是成立的。而且, 其中假设 $|\varepsilon_{\mathrm{i}}| \ll |\varepsilon_{\mathrm{r}}|$, 即吸收比较小。必须指出, 还必须特别注意式 (2.1-21b) 右边吸收的正确计算, 如果金属的介电响应完全由 $\tilde{\varepsilon}_{\mathrm{r}}(\omega)$ 描述, 并与围绕式 (1.1-1n) 的讨论思路一致, 则其中的 $\boldsymbol{j} \cdot \boldsymbol{E}$ 必须作如下替换:

$$\boldsymbol{j} \cdot \boldsymbol{E} \to \omega_0 \mathrm{Im}\left[\tilde{\varepsilon}_{\mathrm{r}}(\omega_0)\right]\langle\boldsymbol{E}(\boldsymbol{r},t) \cdot \boldsymbol{E}(\boldsymbol{r},t)\rangle \tag{2.1-21d}$$

所要求的低吸收, 限制了式 (2.1-21c) 应用于可见光和近红外频段, 但不限制其应用于更低的频率, 或 $|\varepsilon_{\mathrm{i}}| > |\varepsilon_{\mathrm{r}}|$ 的带间跃迁范围。但电场能量也可以式 (1.3-10m) 所示形式, 明显考虑电极化强度来确定。得出自由电子类型的介电函数的式 (1.3-10e) 形式 $\tilde{\varepsilon}/\varepsilon_0 = \tilde{\varepsilon}_{\mathrm{R}} = \varepsilon_{\mathrm{R,r}} + \mathrm{i}\varepsilon_{\mathrm{R,i}}$ 的公式为

$$u_{\mathrm{eff}} = \frac{\varepsilon_0}{4}\left(\varepsilon_{\mathrm{R,r}} + \frac{\omega\varepsilon_{\mathrm{R,i}}}{\gamma}\right)|\boldsymbol{E}|^2 \tag{2.1-21e}$$

其中, 包含另一个因子 $1/2$ 是由于隐含假设振荡场是简谐型的时间关系。如果可以忽略 $\varepsilon_{\mathrm{R,i}}$, 则可以证明, 对于时间简谐场, 式 (2.1-21e) 将简化为式 (2.1-21c), 在讨论到电磁场局域在金属表面涉及局域能量的大小时将用到式 (2.1-21e)。

4) 能量限制和有效模式长度[1.15,1.16,1.13]

用金属纳米粒子中的局域化表面等离子体, 可将电磁能量限制、束缚或压缩到体积小于衍射极限 $[\lambda_0/(2\bar{n})]^3$, 其中, $\bar{n} = \sqrt{\varepsilon}$ 是周围介质的折射率。这么高的限制将电磁场在微小的空间中得到很大的增强, 这在等离子体激元和微腔效应中是非常重要的。在基本上是单界面的一维情况和在上述支持 SPPs 传播的多层结构中, 也可能将能量局域化到垂直于界面 (s) 的衍射极限以下。但注意**场在界面的介电体一侧的衰减长度 L 在一个波长 $\lambda_0/\bar{n}$ 以下, 意味着 SPP 模式的总电场能量中有相当大的一部分存在于金属中**。当计算电场能量密度的空间分布时, 必须用式 (2.1-21e) 将该能量考虑进去, 因为要将光和实物 (例如, 放在场中的一个分子) 之间相互作用的强度定量化, 每单位能量 (单个光子) 的场强是重要的。以金空气金的 MIM 异质结构作为例, **图 2.1-5I(a)** 是用杜鲁德模型拟合 Au 的介电函数[1.32] 算出在真空波长为 $\lambda_0 = 850\mathrm{nm}$ 的激元 SPP 基模传播常数 β_z 的实部和虚部两部分随空气芯层厚度的变化。这两部分都随空气芯层厚度 $d = 2a$ 的减小而增加, 因为模式更具有电子等离子体的特性, 表明保存在金属半空间中的电磁场能量增加。**图 2.1-5I(b)** 是激元在波长为 $\lambda_0 = 600\mathrm{nm}$, $850\mathrm{nm}$, $1.5\mu\mathrm{m}$, $10\mu\mathrm{m}$ 和 $100\mu\mathrm{m}$ (=3THz) 的电场能量在金属区中的比率随对 λ_0 归一化空气芯层厚度的变化。例如, 对 20nm 的空气芯层厚度, 在 $\lambda_0 = 850\mathrm{nm}$ 的 $(2a/\lambda_0 = 20/850 = 0.023\,53)$ 这个比率已经达到 40%。显然, 随着电磁场对金空气界面的局域化增加, 或通过空气芯层厚度的减小, 或更接近于 ω_{sp} 的激元, 必将出现能量不断向金属区转移的现象。

为了更好处理减小两金属之间空气芯层厚度所造成的模式总能量进入金属区的比率增加的后果，可类似于腔量子电动力学中用等效模式体积 V_{eff} 来定义定量化光和实物相互作用的强度那样，定义有效模式长度 L_{eff} 为

$$L_{\text{eff}}\left(x_0\right) = \frac{\int u_{\text{eff}}(x)\mathrm{d}z}{u_{\text{eff}}\left(x_0\right)} \tag{2.1-21f}$$

其中，$u_{\text{eff}}(x_0)$ 是在空气芯层中某个特定位置 x_0 (如一个发射体的位置) 上的电场能量密度。因此在该一维图像中，有效模式长度可以规定为 SPP 模式总能量除以在特定的往往取为最高场的位置的能量密度 (每单位长度的能量) 的比值。因此在归一化总能量的一个定量化图像中，有效模式长度的倒数将每单个 SPP 激元的场强定量化。

MIM 结构的有效模式长度的确定，可以检验空气芯层中每个 SPP 激元的电场强度与空气芯层厚度的尺寸比例关系。图 **2.1-5I(c)** 是 L_{eff} (用真空波长 λ_0 归一化) 随归一化空气芯层厚度的变化。x_0 取在空气金属界面的空气边上，这里的电场强度最大。模式长度降至 $\lambda_0/2$ 以下，表明**等离子体金属结构确实能够保持其有效**

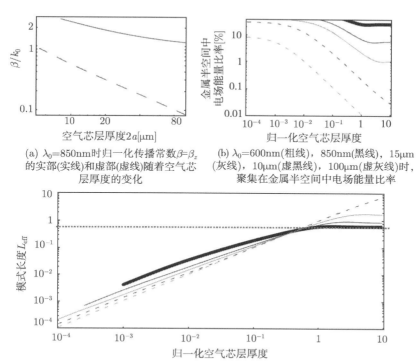

(a) $\lambda_0=850\text{nm}$ 时归一化传播常数 $\beta=\beta_z$ 的实部(实线)和虚部(虚线)随着空气芯层厚度的变化

(b) $\lambda_0=600\text{nm}$ (粗线)，850nm (黑线)，$15\mu\text{m}$ (灰线)，$10\mu\text{m}$ (虚黑线)，$100\mu\text{m}$ (虚灰线)时，聚集在金属半空间中电场能量比率

(c)以真空波长 λ_0 归一化的有效模式长度 L_{eff} 随空气芯层厚度的变化，各线意义同(b)[1.15]

图 2.1-5I 金空气金的 MIM 结构中的能量限制

限制或束缚功能，并保持其物理模式长度在光的衍射极限以下。L_{eff} 有与空气芯层厚度 $d = 2a$ 在尺寸上成比例的趋势，使空气芯层有一个物理延展范围。对于大的归一化空气芯层厚度和低频率，由于表面等离子体激元的消局域化性质，导致对同样的归一化空气芯层厚度，激元越接近表面等离子体频率 ω_{sp}，其模式长度将越小。

当空气芯层厚度减小到 SPP 模式的色散曲线发生折回 (turn over) (图 2.1-5H) 和能量开始进入金属半空间时，模式长度的连续减小是由于场在金属空气界面上的增加。在该范围内，对同样的归一化空气芯层厚度，激元的频率越低，其模式长度比激元接近等离子体共振时的长度越小，因为后者保存在金属中能量更多。必须指出，对 $d = 2a < 2\mathrm{nm}$ 的非常小的空气芯层厚度，由于未屏蔽表面电子起重要作用的局域场效应，导致 L_{eff} 进一步减小。这用介电波导是不能达到的。

概括起来，无论 SPP 模式有多么大部分的能量穿透入导体介质 (对接近于 ω_{sp} 或在小空气芯层厚度结构中的激元)，其相应的大传播常数 β_z 保证了模式在垂直界面的有效尺寸范围远远降低到衍射极限以下。这对辐射电磁场能量有效地限制或束缚在只允许存在一个模式的微小腔体内，这意味着在如此微小的腔体内不但仍然可能有很大的光限制因子[1.15,1.22,2.21]，而且还可能有很大的自发发射因子，因而可能是实现微型或微腔激光器[1.12] 的一个重要途径。虽然增强介电波导的折射率差[2.17,2.18]，甚至用掺 Er 的 SiO_2 作为低折射率 ($\bar{n}_2 = 1.46$) 窄槽 (slot) 有源区在两层高折射率 Si ($\bar{n}_1 = 3.48$) 之间形成的窄槽波导，利用法向电位移矢量连续的条件，在低折射率有源窄槽中集中更多的电场能量，使其光限制因子超过 1[2.20]，也远不及等离子体波导所起的如此巨大的作用[1.15]。

3. 表面等离子体模式的光限制因子

1) 纳米等离子体平板波导 —— 各种光限制因子的评比[2.22]

以金属半导体金属 (MSM) 纳米等离子体平板波导为例，比较各种光限制因子。即将证明光功率限制因子 Γ_P 对基于金属波导的等离子体和量子级联激光器是非物理的。考虑芯层为 $In_{0.53}Ga_{0.47}As$，限制层为 Ag 的等离子体波导，如图 2.1-5J 所示，芯层厚为 200nm。考虑到 $In_{0.53}Ga_{0.47}As$ 的材料色散，随着波长不同，材料折射率从 3.4 到 3.7。由于平板波导延伸到 $x = \pm\infty$，上述所有的光限制因子中的二维积分简化为一维积分。考虑该纳米等离子体平板波导的两个最低 TM 模式。随着波长不同，芯区中的电场 $\widehat{\mathcal{E}}_x(x)$① 的偶阶函数 $\cosh(\gamma_2 x)$ 或奇阶函数 $\sinh\gamma_2 x$ 与 $\cos\kappa x$ 或 $\sin\kappa x$ 相似。由 LT1-②式 (2.1-4b) 的激射阈值条件为

$$G_{\mathrm{tot}}(n_{\mathrm{th}}) = \Gamma_v G_{\mathrm{st}}(n_{\mathrm{th}}) = \Gamma_v v_g g_{\mathrm{th}}(\hbar\omega) = \Gamma_z v_g \left[\Gamma_t g_{\mathrm{th}}(\hbar\omega)\right]$$

① 振荡频率为 ω 的光模电场 $\underline{E}(\underline{r},t)$ 的相量 (phasor) 形式为 $\underline{E}(\underline{r},t) = \frac{1}{2}[\mathcal{E}(\underline{r})\mathrm{e}^{-\mathrm{i}wt} + \mathcal{E}^*(\underline{r})\mathrm{e}^{\mathrm{i}wt}]$，见文献 [2, 22]

② LT1 是本丛书第一分册《半导体激光器速率方程理论》的简称。

$$= \Gamma_z v_g g_{M,th}(\hbar\omega) = \frac{1}{\tau_{ph}} \quad [\text{s}^{-1}] \tag{2.1-21g}$$

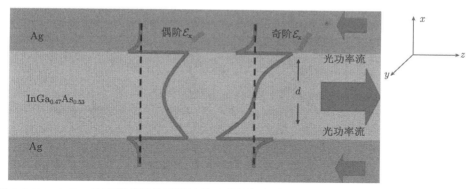

图 2.1-5J MSM 纳米等离子体平板波导及其最低偶阶 TM_0 和奇阶 TM_1 的 E_x 模式[2.22]
注意金属限制层与芯层中光功率流方向相反

图 2.1-5K(a) 是偶阶 TM_0-$\mathcal{E}_x$ 和奇阶 TM_1-$\mathcal{E}_x$ 模式有效折射率 $\bar{n}_{eff}(\omega) = \beta_{zr}/k_0 = \mathrm{Re}(\tilde{\beta}_z/k_0)$ 随光子能量 $\hbar\omega$ 的变化，其中 $\tilde{\beta}_z$ 是**复数传播常数**。在高光子能量，这两个模式的有效折射率有个激烈的增加，这是当频率趋于金属的等离子体频率时，等离子体表面波的一个特性。奇阶 TM_1-$\mathcal{E}_x$ 模式具有较低的截止频率，在其以下，复传播常数 $\tilde{\beta}_z$ 将由其虚部主导。因此，奇阶模式的有效折射率 $\bar{n}_{eff}(\omega)$ 在低能侧减小，并将趋于零。两个模式的 $\bar{n}_{eff}(\omega)$ 在高能侧的增加，而奇阶 TM_1-$\mathcal{E}_x$ 模式在低能侧的减小，意味着斜率 $\partial\beta_z/\partial\omega = 1/v_{g,z}(\omega)$ 将是大而正的，故在这些模式的极端波导群速将变小，如**图 2.1-5K(b)** 所示。波导群速 $v_{g,z}(\omega)$ 正比于沿 z 方向的光功率

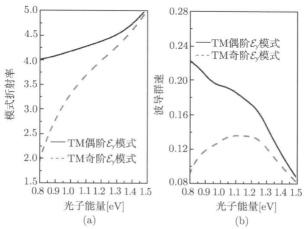

(a) (b)

图 2.1-5K 最低偶阶 TM_0 和奇阶 TM_1 的模式有效折射率 (a) 及群折射率
随光子能量的变化 (b)[2.22]

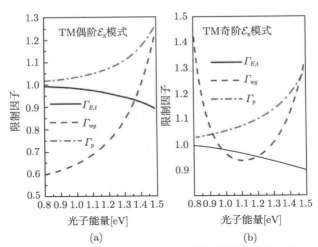

(a)   (b)

图 2.1-5L　最低偶阶 TM_0 (a) 和奇阶 TM_1 (b) 的各种限制因子随光子能量的变化[2.22]

流 P_z, Γ_{wg} 反比于 P_z, 则较小的 $v_{g,z}(\omega)$ 导致较大的 Γ_{wg}。表明在高或低能侧，Γ_{wg} 可能大于 1。

　　图 2.1-5L 是 TM_0-$\mathcal{E}_x$ 和 TM_1-$\mathcal{E}_x$ 模式的三个光限制因子 $\Gamma_{E,t}$, Γ_{wg} 和 Γ_P。对于这两个模式，能量限制因子 $\Gamma_{E,t}$ 总是小于 1，这物理上意为有些场可能处于金属限制层。因此，选择能量限制因子 $\Gamma_{E,t}$ 和材料群速 $v_{g,z}(\omega)$ 将总是有物理意义的。而且，由于等离子体平板波导的强限制，$\Gamma_{E,t}$ 在低能侧接近于 1，而在高能侧则减小。在高光子能量，将有更多的场在金属限制层中，因而能量限制因子 $\Gamma_{E,t}$ 比较低。同样，偶阶 TM_0-$\mathcal{E}_x$ 模式的能量限制因子稍大于奇阶 TM_1-$\mathcal{E}_x$ 模式的，因为奇阶模式的主导电场分量 $\mathcal{E}_x(x)$ 在芯区的中心有一节点。

　　另一方面，其他两个限制因子 Γ_{wg} 和 Γ_P 则不总是小于 1。正如上述，在高和低能侧的低群速都大为增强了波导限制因子 Γ_{wg}。正如**图 2.1-5L** 所示，偶阶 TM_0-$\mathcal{E}_x$ 模式的高能侧，和奇阶 TM_1-$\mathcal{E}_x$ 模式高低两侧的 Γ_{wg} 超过 1。如果在速率方程组中采用 Γ_{wg} 作为限制因子，则将被迫采用小于有源区体积 V_a 的有效模式体积 V_{eff}。该情况也可从式 (2.1-2f) 中的不变量 $\Gamma_V v_g$ 得到理解。选择低的群速 v_g 导致一个超过 1 的光限制因子。波导群速 $v_{g,z}(\omega)$ 也导致金属本征模式损耗 α_i 和 Γ_{wg} 的相似性，正如**图 2.1-5L** 和**图 2.1-5M** 所示。偶阶 TM_0-$\mathcal{E}_x$ 和 TM_1-$\mathcal{E}_x$ 模式的本征模式损耗也将受到增强，如果其相应的群速 $v_{g,z}(\omega)$ 是低的。与典型的半导体波导相比，等离子体波导的本征模式损耗 α_i 高得多。虽然高限制因子对等离子体纳米激光器的工作是有利的，仍将需要具有最大可用增益的材料，如体半导体。

　　正如式 (2.1-4i) 所示，对于介电波导的弱导波模式，Γ_{wg} 趋于功率限制因子 Γ_P。但这两个限制因子之间的一致性不是普遍的，对于强导波类 TM 模式，其误差就变得明显了。对于等离子体波导，采用功率限制因子 Γ_P 将更有问题。其原因部分是由于等离子体模式的强导波类 TM 行为，但大多是由于功率流在芯区和限制区的方向相反。正如**图 2.1-5J** 所示，由于金属电容率的实部是大和负的。因此，金属中的功率流的方向与半导体中的功率流方向相反。结果，该 MSM 纳米平板波导的净功率流小于芯区的功率流，因此，功率限制因子 Γ_P 总是大于 1，正如**图 2.1-5L** 所示。在更高光子能量，由于有更多的场出现在金属限制区，功率限制因子 Γ_P 偏离 1 更多，这导致芯区中的功率有更大的百分比被抵消。

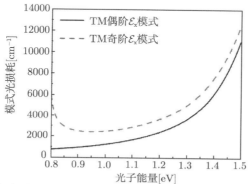

图 2.1-5M　最低偶阶 TM_0 和奇阶 TM_1 的腔内模式光损耗随光子能量的变化
其行为与图 2.1-3C 相似[2.22]

小结： 以上由费米黄金定则，并考虑到辐射场在色散和非均匀介质中归一化或量子化表述的等离子体模型。结合光子-电子相互作用的速率方程组的建立和分析计算结果表明：

(1) 有效模式体积和光限制因子的定义虽有其任意性，但群速和限制因子的乘积是与有效模式体积无关的不变量：

$$G_{\text{tot}}(n) = \Gamma_V G_{\text{st}}(n) = \Gamma_V v_g g(n) \to \Gamma_V v_g = \frac{G_{\text{tot}}(n)}{g(n)}$$
$$= \frac{每个光子的受激发射速率}{有源区材料增益系数} \tag{2.1-21h}$$

(2) 有源区的能量或体积限制因子 $(\Gamma_E = \Gamma_V)$ 和有源区的材料群速 $v_{g,a}(\omega)$ 总有物理意义。

(3) 当波导群速 $v_{g,z}(\omega)$ 小，而使波导限制因子 $\Gamma_{wg} = \Gamma_M$ 超过 1 时，Γ_{wg} 和 $v_{g,z}(\omega)$ 可能不是好的选择。

(4) 常用的光功率限制因子 Γ_P 只对弱导波光模才成立，对等离子体纳米激光器就不适用。

2) 等离子体波导中的能量传播速度变慢模型[2.23]

半导体纳米结构与金属结构的集成可将光波导引或限制到尺寸上比所涉光波长或衍射极限小得多的空间，因而成为创制纳米波导和纳米激光器等纳米光子器件的自然选择。金属中有害的损耗是主要的障碍，因其减小波导中的传播长度，导致纳米激光器所需的阈值增益难以达到。因此很自然会考虑到将金属与可以补偿金属损耗的半导体增益介质相结合，甚至用有源器件来为其提供净增益。在各种支持 SPP 模式的结构中，金属半导体金属 (MSM) 结构是一个典范的例子，最近已应用于有源纳米光子器件，研究了 MSM 结构中远低于等离子体共振的波长约 1.5μm 的传播模式的金属补偿损耗问题。表明在半导体金属芯壳结构中获得大的净模式增益是可能的。而实验上也在类似的结构中实现激射，这已部分证明该净增益的存在。虽然在 MSM 结构中获得任何净增益的可能性是重要的，但正模式增益的频率范围却在远低于 SPP 共振的截止频率附近。由于截止附近的有效波长非常长，因而不可能在远低于共振的频率实现等离子体器件可将波长减小或压缩的这个关键优点。因为有效波长在 SPP 共振频率附近最短，因此非常希望在 SPP 共振附近获得净增益。在该情况下就有可能实现波长 (和器件尺寸) 最大程度的缩短，同时获得正的增益，从而可能创制最小的有源器件。但迄今没有理论或实验证明在 MSM 波导中，在 SPP 共振附近的净光增益足以补偿金属的损耗。但以下将证明[2.23]，不仅 MSM 结构中在 SPP 共振附近存在一个净模式增益，而且增益将受到极大的增强。特别是，发现存在高达 1000 倍于半导体材料增益的一个**巨大模式增益 (giant modal gain)**。迄今尚未闻任何其他状况存在有如此巨大的增益。而且将阐明这个巨大增益的物理根源是结构中在 SPP 共振频率附近的平均能量速度明显变慢。

　　理论上可将 MSM 等离子体波导作为一个模型系统进行研究，并特别注意其**导波模式在 SPP 共振附近获得整体光增益的可能性**。对类似的结构已研究红外波长，即远低于 SPP 共振的损耗补偿。MSM 波导是由厚度为 d 的薄半导体 (2) 层夹在两个足够厚 (通常大于 100 nm = 0.1 μm) 的金属 (1) 层之间组成的。假设模式相对层面的横向 (x 方向) 受到限制，在 y 方向均匀 (不受限制)，沿 z 方向传播。半导体相对介电常数 $\tilde{\varepsilon}_{2,R} = \tilde{\varepsilon}_2/\varepsilon_0$ 的实部 $\varepsilon_{2,R,r}$ 为 12，金属是银，其相对介电函数 $\tilde{\varepsilon}_{1,R}(\omega) = \tilde{\varepsilon}_1/\varepsilon_0$ 的数据[1.32] 拟合成曲线以供数值解。所有从半导体到金属的能量损耗通道 (channels) 已包含在银的实验测出的介电函数 $\tilde{\varepsilon}_{1,R}(\omega)$ 中。半导体的材料增益 $g = \varepsilon_{2,R,i}\omega/(\bar{n}c_0)$，可将小的正虚部 $\varepsilon_{2,R,i}$ 加到介电常数中算出，其中 $\bar{n}$ 是折射率的实部。正如下述，$\varepsilon_{2,R,i}$ 与频率无关，这可用一个更实际的增益模型证明。对称 TM 模式的色散关系和传播波矢分别为 [式 (2.1-7a) 和 (2.1-11b)]

$$\tilde{\varepsilon}_1\tilde{\gamma}_2\tanh(\tilde{\gamma}_2 d/2) = -\tilde{\varepsilon}_2\tilde{\gamma}_1, \quad \tilde{\beta}_z^2 = \omega^2\mu_0\tilde{\varepsilon}_1 + \tilde{\gamma}_1^2 = \omega^2\mu_0\tilde{\varepsilon}_2 + \tilde{\gamma}_2^2 \qquad (2.1\text{-}20\text{f, g})$$

容易证明 MSM 结构的本征值，是熟知的 SPP 模式沿 MS 界面在大的 $\mathrm{Re}(\tilde{\gamma}_2 d)$ ($\tanh(\tilde{\gamma}_2 d/2) \approx 1$) 的极限下的公式：

$$\tilde{\varepsilon}_2\tilde{\gamma}_1 \approx -\tilde{\varepsilon}_1\tilde{\gamma}_2 \qquad (2.1\text{-}19\text{e})$$

对有限的 d, 式 (2.1-20f) 式的本征值必须作数值解。**图 2.1-5N(a)** 和 **(b)** 分别是 $d = 100\text{nm}$, 200nm, 半导体相对介电函数虚部 $\varepsilon_{2,\text{R},i}$ 的 4 个不同值, 波导 $\tilde{\beta}_z$ 的实

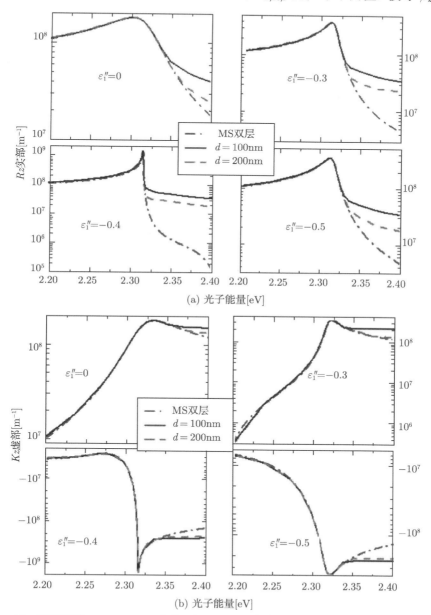

(a) 光子能量[eV]

(b) 光子能量[eV]

图 2.1-5N 芯层厚度 $d = 100\text{nm}$ (实线) 和 200nm (虚线) 的 MSM 结构或双层 MS 结构的 波矢实部 β_{zr} (a) 和负虚部 $-\beta_{zi}$ (b) 随光子能量的变化

图中 $-\varepsilon'' = \varepsilon_{2,\text{R},i}$, $\tilde{k}_{zr} = \beta_{zr}$, $k_{zi} = -\beta_{zi}$[2.23]

部 $\mathrm{Re}[\tilde{\beta}_z] = \beta_{zr}$ 和负虚部 $-\mathrm{Im}[\tilde{\beta}_z] = -\beta_{zi}$ 随光子能量的变化，并与一个 MS 双层 (bi-layer) 结构的色散关系比较。可见**所有的结构在 SPP 共振附近 (在峰值附近的 ± 25 meV 范围内) 的行为相同，与界面的数目或中间层的厚度无关**。这意味着导波模式在 MSM 波导中去耦为在两个 MS 界面上的两个独立 SPP 模式。由**图 2.1-5N(a)** 可见，半导体层的材料增益可能会明显改变共振行为，正如比较**图 2.1-5N(a)** 的不同分图所见。存在一个最佳水平的半导体增益 (约为 $\varepsilon_{2,\mathrm{R,i}} = 0.4$)，其中 SPP 共振具有最强的响应 (其共振峰值最高和最窄)。为了应用于有源光器件，更重要的是研究描述光损耗或增益的 $\tilde{\beta}_z$ 虚部。**模式增益** $g_{\mathrm{m}}(= 2\mathrm{Im}(\tilde{\beta}_z))$，描述给定模式在包含有源区的波导中所经受的整体增益。例如，沿波导的 z 轴传播的一个光场模式的强度可写成

$$I = I_0 \mathrm{e}^{g_{\mathrm{m}} z} \tag{2.1-21i}$$

其中，I_0 是初始强度。前已定义的**材料增益** g 是半导体的纯材料性质，它描述平面波在一个无限大的介质中 (不用波导) 得到放大的程度。在典型的具有增益介质的介电波导中，模式增益典型地远小于材料增益。注意 MSM 结构中的模式增益已考虑到金属损耗，因此是模式的净增益。由**图 2.1-5N(b)** 可见，对小的材料增益 (例如，$\varepsilon_{2,\mathrm{R,i}} > 0.3$)，在 SPP 共振附近由于金属损耗，$\mathrm{Im}(\tilde{\beta}_z)$ 或模式增益是负的。但**当在 SPP 共振附近半导体材料增益 g 或 $\varepsilon_{2,\mathrm{R,i}}$ 足够大时，$\mathrm{Im}(\tilde{\beta}_z)$ 或模式增益成为一个巨大的正值**。对 $\varepsilon_{2,\mathrm{R,i}} = 0.4$，相应于约 $1.35 \times 10^4 \mathrm{cm}^{-1}$ **的材料增益**，在 SPP 共振的频率，**模式增益约为 $2 \times 10^7 \mathrm{cm}^{-1}$ (图 2.1-5N(b))，比材料增益大一千多倍**。如此大的模式增益在任何其他系统或状况中都不曾见过。一个导波模式在每单位传播长度竟然可能获得比增益介质 (材料增益) 所能提供的更多的增益 (模式的增益) 这点，似乎是违反直觉的。这两者之比即限制因子 $\varGamma_{\mathrm{M}}$，在具有增益材料的通常波导中，典型地比 1 小得多。例如，一个 GaAs/AlGaAs 单量子阱波导的限制因子为 0.02~0.03。当在半导体纳米线情况第一次发现大于 1 的限制因子 $\varGamma_{\mathrm{M}}$ 时，限制因子的概念的确成为一个争论的问题。**在强波导情况出现较大模式增益的物理根源是群速 (定义 $v_{\mathrm{g}} = \partial\omega/\partial\beta_{zr}$) 显著变慢，导致比材料增益每单位长度获得更大的光增益**。

为了理解巨大模式增益的物理起源，以及模式增益的巨大增强与群速变慢的关系，**图 2.1-5O(a)** 中画出 $\varepsilon_{2,\mathrm{R,i}} = 0.4, 0.5$ 的群速，**图 2.1-5O(b)** 中画出相应的模式增益以供比较。正如所期，等离子体波导中的群速在 SPP 共振附近可取正值和负值。但是，模式增益的最大值并不与群速的任何特征相对应。注意在具有损耗或增益的色散介质中，物理的更基本的速度不是群速，而是**能量速度** v_{E} 即特定模式的能量传播速度。**能量速度定义为能量流密度** S **与存储能量密度** w **之比**[6.1]，即 $v_{\mathrm{E}} = S/w$。由于**能量在半导体和金属中的传播方向相反**，引进一个平均能量速度 $\bar{v}_{\mathrm{E}}$：

$$\bar{v}_{\mathrm{E}} = \frac{\int w^{(\mathrm{s})} v_{\mathrm{E}}^{(\mathrm{s})} \mathrm{d}v + \int w^{(\mathrm{m})} v_{\mathrm{E}}^{(\mathrm{m})} \mathrm{d}v}{\int w^{(\mathrm{s})} \mathrm{d}v + \int w^{(\mathrm{m})} \mathrm{d}v} = \frac{\int S^{(\mathrm{s})} \mathrm{d}v + \int S^{(\mathrm{m})} \mathrm{d}v}{\int w^{(\mathrm{s})} \mathrm{d}v + \int w^{(\mathrm{m})} \mathrm{d}v} \tag{2.1-21j}$$

其中, 上标 "(s)" 和 "(m)" 分别表示半导体和金属中的量。

在这种情况下, 能量流密度的 z 分量 S_z 可表为

$$S_z = \frac{1}{2} \mathrm{Re} \left(E_x H_y^* \right) \tag{2.1-21k}$$

半导体中的能量密度按通常方式定义为

$$w^{(\mathrm{s})} = \frac{1}{2} \mathrm{Re} \left[\boldsymbol{E}^{(\mathrm{s})} \cdot \boldsymbol{D}^{(\mathrm{s})*} + \boldsymbol{B}^{(\mathrm{s})} \cdot \boldsymbol{H}^{(\mathrm{s})*} \right] \tag{2.1-21l}$$

而由坡印亭定理, 在线性有损耗的色散介质中推导出金属中的能量密度为[6.1]

$$w^{(\mathrm{m})} = \frac{1}{2} \mathrm{Re} \left[\frac{\mathrm{d}\left(\omega \varepsilon_{\mathrm{R,i}} \right)}{\mathrm{d}\omega} \boldsymbol{E}^{(\mathrm{m})} \cdot \boldsymbol{E}^{(\mathrm{m})*} + \boldsymbol{B}^{(\mathrm{m})} \cdot \boldsymbol{H}^{(\mathrm{m})*} \right] \tag{2.1-21m}$$

图 2.1-5O(c) 是对于 $\varepsilon_{2,\mathrm{R,i}} = 0.4, 0.5$, 平均能量速度的 z 分量随光子能量的变化。可见只要 g_{m} 是最大时, $\bar{v}_{\mathrm{E}}$ 将具有最小值。这个关系对所有的材料增益值都是正确的。这意味着巨大的模式增益是由平均能量传播速度变慢所致。**变慢的能量输运过程容许光波与增益介质或光波与损耗介质之间进行更多的能量交换, 或当传播通**

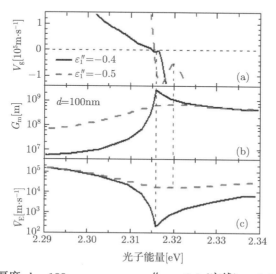

图 2.1-5O 芯层厚度 $d = 100\mathrm{nm}$, $-\varepsilon_{2,\mathrm{R,i}} \equiv \varepsilon_1'' = -0.4$ (实线), -0.5 (虚线) 的群速 (a) 和模式增益 (b) 随光子能量的变化[2.23]

图中 $G_{\mathrm{m}} = g_{\mathrm{m}}$

过同样的距离时，缓慢的光波比快速的光波将经受更多的吸收或发射过程。如果总系统是损耗系统，该增强的交换在共振附近将导致巨大的模式损耗；反之亦然，即在有增益的介质中将获得巨大的模式增益。**在 SPP 共振处，最慢的能量速度 ($\varepsilon_{2,R,i} = 0.4$) 约 200m·s^{-1}。这比真空光速 3×10^{8}m·s^{-1} 慢了 31.5×10^6 倍。**如此强烈的变慢就让每单位传播长度有更长的相互作用时间，因此任何小的模式增益可以增加到非常巨大的值。

虽然模式增益的增强显然具有巨大的重要性，但这只发生在材料增益足够大到可以抵消金属损耗时，才有可能达到如此大的模式增益。因此重要的是要评估获得此材料增益的可能性。例如，为了在芯层厚度为 100nm 厚的 MSM 波导中获得如此巨大的模式增益，所需的最小材料增益 (g_{min}) 约为 $1.34×10^4$cm^{-1} (相应于 $\varepsilon_{2,R,i} \approx 0.396$)。虽然在宽带隙半导体量子阱，如氮化物或 II-VI 半导体中，已有可能获得高达 $2×10^4$cm^{-1} 的材料增益[6.2]，但更希望的是如此的增强可以发生在较低的材料增益水平。一个可能的初始实验可在低温下进行。如所熟知，金属中光损耗，如银的光损耗在低温将明显减小，而半导体中的增益将明显增加，实验上已证明当温度减小时，银的介电常数虚部的确减小。在 3eV 的降低率约为 $5×10^{-4}$K^{-1}。在理论上估计银介电常数的实部和虚部的温度系数在 2eV 时分别为 $8.5×10^{-4}$K^{-1} 和 $1.5×10^{-3}$K^{-1}。利用实验结果，估计在 77K，要获得巨大模式增益所需的半导体介电常数的虚部可低到 0.271，相应于 $9×10^3$cm^{-1} 的材料增益。更具体的，考虑在 77 K，芯层材料为 Zn$_{0.8}$Cd$_{0.2}$Se 的 MSM 波导。通过一个自由载流子模型算出 Zn$_{0.8}$Cd$_{0.2}$Se 的材料增益[6.2]，利用 ZnSe 和 CdSe 的材料参数[6.3]，作线性插值得到 Zn$_{0.8}$Cd$_{0.2}$Se 的材料参数。算出的材料增益 g 的能谱如**图 2.1-5P**(虚点线) 中的

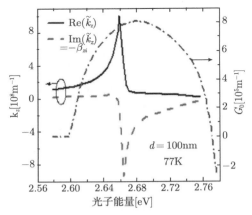

图 2.1-5P　77K，$d = 100$nm Ag/Zn$_{0.8}$Cd$_{0.2}$Se/Ag 波导 TM 模的 MSM 结构或双层 MS 结构的波矢 $k_z = \beta_z$ 实部 (实线) 和虚部 (虚线)

Zn$_{0.8}$Cd$_{0.2}$Se 层在 $n = 1.1 × 10^{19}$cm^{-3} 算出的材料增益 $G_0 = g$ (虚点线)[2.23]

载流子浓度为 $1.1 \times 10^{19} \mathrm{cm}^{-3}$。在 77K，这样的增益水平在 $\mathrm{Zn}_{0.8}\mathrm{Cd}_{0.2}\mathrm{Se}$ 中是合理的。利用 $\varepsilon_{2,\mathrm{R,i}} = \bar{n}c_0 g/\omega$ 得到介电函数虚部的真实能谱关系，并用来求解传播波矢 $\tilde{\beta}_z$，在**图 2.1-5P** (实线) 中是 TM 基模。正如所见，在 SPP 共振处产生巨大的 $\tilde{\beta}_z$ 正虚部 (虚线)，这意味着巨大的模式增益产生在这个更实际的情况。此外，这个特殊的例子也验证早先将半导体的介电函数虚部处理成与频率无关的值，因为 SPP 共振附近，半导体增益谱比波矢虚部谱宽得多。

总结和展望[2.22,2.23]：在 SPP 共振附近的 MSM 等离子体波导中，光子和等离子体之间的相互作用，存在一个相当不寻常的现象，即在 SPP 共振附近，存在一个比半导体材料增益大 1000 倍的巨大模式增益。由于在 SPP 共振附近，$\tilde{\beta}_z$ 的实部是极大值 (或有效波长是极小值)，工作于 SPP 共振附近的器件，可将其尺寸做得最小。该巨大增益的发现将使其可能同时达到增益为正而尺寸最小，这是纳米光子器件的必要特性，该巨大增益的物理根源可认为是由能量速度激烈变慢到 $200\mathrm{ms}^{-1}$ 所致，这将有助于对有源等离子体中 SPP 现象迅速增加的理解，并将会促进在实验寻求该巨大的模式增益。作为第一个实验，MSM 波导可用光栅耦合入射光来激发 SPP。在 MS 结构中，可以从半导体一侧入射光激发，也称泵浦 (pumping)，并可通过自发发射激发 SPP。实际上，在半导体一侧和金属一侧，都可能有长的传播长度和非线性饱和起重要作用。此外，放大的或长程的 SPP 将可实现许多实验，并将很大冲击物理学的许多领域，如凝聚态，经典和量子光学及亚稳材料等。最后，如此空前的模式增益也可能有助于对许多等离子体器件，如等离子体波导将来在晶片实现互连和亚波长源，如 SPASERS 和许多其他真正的纳米光子器件。

第六讲学习重点

将可提供光增益的半导体与可有效压缩光场的金属相结合是实现可与半导体电子学器件集成的超微型半导体激光器的重要途径，也是当今对与阈值条件有关的光限制因子概念和理论冲击的最大焦点。本讲的讨论和学习重点是：

(1) 单表面和多层波导结构中表面等离子体极化子基本特性的理论和应用。

(2) 光限制因子概念和理论在等离子体波导中的新进展 ——两种不同观点及其物理实质。

习 题 六

Ex.6.1 (a) 求激射波长 $\lambda_0 = 0.892\mu\mathrm{m}$，芯层厚度 $d_\mathrm{a} = 0.02\mu\mathrm{m}$，$0.5\mu\mathrm{m}$ 的 Ag-GaAs-Ag 三层无源平板等离子体波导中可能存在的全部表面等离子体极化子模式，其中有何种偏振模式？有几阶模式？其各个电磁场分量的空间分布、宇称性、本征传播常数和模式折射率、模式等效厚度 d_{eff}，一维厚度限制因子 $\varGamma_{\text{a}} = d_{\text{a}}/d_{\text{eff}}$，各个光模在各层的光功率空间分布及其流动方向和在各层的存在厚度，在金属层和半导体层每单位宽度的模式功率。比较这两种芯层厚度的表面等离子体极化子模式有何异同并与纯半导体波导模式进行比较。

Ex.6.2 (a) 证明当光波频率趋于无穷大，表面等离子体极化子的频率趋于表面等离子体频率式 (2.1-19p)。**(b)** 比较等离子体波导中关于光限制因子的两种不同观点，各自对在纳米激光器中实现激射可能性的理论要点。

参 考 文 献

[6.1] Landau L D, Lifshitz E M. Electrodynamics of Continuous Media. 2nd ed. Oxford: Butterworth-Heinemann, 1984.

[6.2] Chow W W, Koch S W. Semiconductor-Laser Fundamentals. Berlin: Springer, 1999.

[6.3] Palik E D. Handbook of Optical Constants of Solids. New York: Academic Press, 1985.

2.1.6 端面出射[1.4,1.5,4.3,4.5]

设在 $z = 0$ 处有一个与传播方向垂直的界平面，界面左边 $(z \leqslant 0)$ 是三层平板波导，界面右边 $(z > 0)$ 是真空或空气。由于有源芯层厚度为光在介质中的波长量级 $(d \approx \lambda = \lambda_0/\bar{n}_2)$，在这个出射端面上不能发生平面波特有的折射过程。波导内的导波模式在端面出射后将转化为满足**二维空间波动方程**的**连续谱辐射模式**，并将受到原**导波模式**的制约。例如，其辐射场仍然具有 $\partial/\partial y = 0$ 的对称性，仍然可以分为 TE 和 TM 模式，仍然要求**场分布在端面上连续**，即其出射辐射模式的场量在垂直界面上必须与腔内原导波模式的分布 (**近场图**) 一致。以下将先讨论纯折射率对称三层平板波导的 TE 和 TM 模式情况，然后再推广到**复折射率**对称波导的 TE 模式情况。

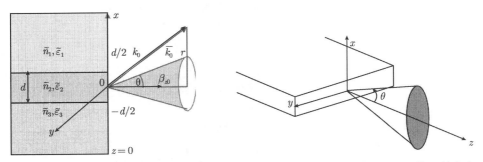

图 2.1-6A(a)   波导端面出射的电磁模型   图 2.1-6A(b)   半导体激光器的基模出射光束

1. 二维波动方程及其通解

根据边界条件, TE 模式出射后将仍为 TE 模式, 即仍然有 $E_x = E_z = H_y = 0$, 其他分量不为零。其中 E_y 所满足的时空波动方程为

$$\frac{\partial^2 E_y(x,z,t)}{\partial x^2} + \frac{\partial^2 E_y(x,z,t)}{\partial z^2} = \varepsilon_0 \mu_0 \frac{\partial^2 E_y(x,z,t)}{\partial t^2} \tag{2.1-22a}$$

多变量函数的偏微分方程的通用解法是根据下述定理进行变量分离:

[定理 14] **多变量函数的偏微分方程, 如能分成左右边所含的变量不同并彼此独立, 则左右边将同时等于同一个常数, 这称为分离常数, 必是系统共有的某物理参数。这时左右边所含变量就可以彼此分离, 即原来的多变量函数可以化为这两组互相独立的变量的函数的乘积。**

试设 E_y 可分离为

$$E_y(x,z,t) = XZT, \quad X \equiv X(x), \quad Z \equiv Z(z), \quad T \equiv T(t) \tag{2.1-22b}$$

代入波动方程 (2.1-22a), 每项皆除以 XZT 得

$$X''ZT + XZ''T = XZT'' \rightarrow \frac{X''}{X} + \frac{Z''}{Z} = \varepsilon_0 \mu_0 \frac{T''}{T} = K_t, \quad [\mathrm{cm}^{-2}] \tag{2.1-22c}$$

分离出时间 t 变量的方程:

$$T'' = \frac{K_t}{\varepsilon_0 \mu_0} T \equiv -\omega^2 T \Rightarrow -K_t \equiv \omega^2 \varepsilon_0 \mu_0 = \left(\frac{\omega}{c_0}\right)^2 = k_0^2 \tag{2.1-22c$'$}$$

则其解为

$$T = A_{t+} \mathrm{e}^{\mathrm{i}\omega t} + A_{t-} \mathrm{e}^{-\mathrm{i}\omega t} \rightarrow A_{t+} \mathrm{e}^{\mathrm{i}\omega t} \tag{2.1-22d}$$

表明其分离常数的负值具有**波数平方**的含义, 对向前时间和正频率, 只选用其第一项。再分离出空间 x 变量的方程:

$$\frac{X''}{X} = -\frac{Z''}{Z} - k_0^2 = K_x \equiv -\bar{\kappa}_0^2 \equiv -(\bar{u}k_0)^2 \; [\mathrm{cm}^{-2}] \tag{2.1-22e}$$

则其解为

$$X(x) = A_x \mathrm{e}^{\mathrm{i}\bar{\kappa}_0 x} + B_x \mathrm{e}^{-\mathrm{i}\bar{\kappa}_0 x} = A_x \mathrm{e}^{\mathrm{i}\bar{u}k_0 x} + B_x \mathrm{e}^{-\mathrm{i}\bar{u}k_0 x}, \quad \bar{u} \equiv \bar{\kappa}_0/k_0 \tag{2.1-22f}$$

表明其分离变量负值具有波矢 x 分量平方的含义, 并可以其与**波数比值** $\bar{u}$ 为其**连续模阶数**。空间 z 变量的方程为

$$Z''/Z = K_t - K_x \equiv -k_0^2 + (\bar{u}k_0)^2 = -\left(1 - \bar{u}^2\right) k_0^2 \equiv -\bar{\beta}_{z0}^2 \tag{2.1-22g}$$

$$\bar{\kappa}_0^2 + \bar{\beta}_{z0}^2 = k_0^2, \quad \bar{\beta}_{z0} \equiv \sqrt{k_0^2 - \bar{\kappa}_0^2}, \quad \bar{\beta}_{z0}/k_0 = \sqrt{1 - \bar{u}^2} \tag{2.1-22g$'$}$$

$$Z(z) = A_z \mathrm{e}^{\mathrm{i}\bar{\beta}_{z0}z} + B_z \mathrm{e}^{-\mathrm{i}\bar{\beta}_{z0}z} = A_z \mathrm{e}^{\mathrm{i}k_0\sqrt{1-\bar{u}^2}z} + B_z \mathrm{e}^{-\mathrm{i}k_0\sqrt{1-\bar{u}^2}z} \qquad (2.1\text{-}22\mathrm{h})$$

表明 $Z(z)$ 的分离变量是前两个分离变量之差，是 z 方向传播常数 $\bar{\beta}_{z0}$ 平方的负值。故对于标志某个**辐射模式**的**连续谱参数** $\bar{u}$ **值**的一个沿 $+z$ 方向传播的**特解**为

$$E_y(x,z,t) = X(x)Z(z)T(t) = B_x B_z A_{t+} \mathrm{e}^{\mathrm{i}\left(\omega t - \bar{u}k_0 x - k_0\sqrt{1-\bar{u}^2}z\right)} = E_y(x,z,\bar{u})\,\mathrm{e}^{\mathrm{i}\omega t}$$
$$(2.1\text{-}22\mathrm{i})$$

二维辐射模式电场的空间部分为

$$E_y(x,z,\bar{u}) \equiv a(\bar{u})\,\mathrm{e}^{-\mathrm{i}\left(\bar{u}k_0 x + k_0\sqrt{1-\bar{u}^2}z\right)} \qquad (2.1\text{-}22\mathrm{j})$$

对 $\bar{u}$ 积分求和，即得出波动方程 (2.1-22a) 的**通解**为

$$E_y(x,z) = \int_{-\infty}^{+\infty} E_y(x,z,\bar{u})\,\mathrm{d}\bar{u} = \int_{-\infty}^{+\infty} a(\bar{u})\,\mathrm{e}^{-\mathrm{i}\left(\bar{u}k_0 x + k_0\sqrt{1-\bar{u}^2}z\right)}\mathrm{d}\bar{u} \qquad (2.1\text{-}22\mathrm{k})$$

[引理 14.1]　　波导中的导波模式从波导出射形成的平面波辐射模式的总体，是所有这些辐射模式的叠加，其中 $a(\bar{u})$ 是第 $\bar{u}$ 辐射模式的振幅，或在叠加中的权重。

[引理 14.2]　　数理偏微分方程的分离常数总有其本征性质的数理含义。例如，$-K_t$ 是真空波数的平方，$-K_x$ 是模式传播常数 x 分量的平方，$-(K_t - K_x)$ 是模式传播常数 z 分量的平方。

　　2. 远场近似

将直角坐标系 (x,z) 变换为极坐标系 (r,θ)：

$$x = r\sin\theta, \quad z = r\cos\theta \qquad (2.1\text{-}22\mathrm{l})$$

则可将**远场条件**表为

$$r \gg \lambda_0, \quad d \qquad (2.1\text{-}22\mathrm{m})$$

由于激射波长和作为出射孔径的有源芯层厚度皆在 1μm 量级，表明远场条件要求观测点在 10μm 之外，这是实际容易达到的范围。通解 (2.1-22k) 可表为

$$E_y(x,z) = E_y(r,\theta) = \int_{-\infty}^{+\infty} a(\bar{u})\,\mathrm{e}^{-\mathrm{i}\left(\bar{u}\sin\theta+\sqrt{1-\bar{u}^2}\cos\theta\right)k_0 r}\mathrm{d}\bar{u}$$

$$\equiv \int_{-\infty}^{+\infty} a(\bar{u})\,\mathrm{e}^{-\mathrm{i}\bar{\phi}k_0 r}\mathrm{d}\bar{u} \qquad (2.1\text{-}22\mathrm{n})$$

$$\bar{\phi} \equiv \bar{\phi}(\bar{u},\theta) \equiv \bar{u}\sin\theta + \sqrt{1-\bar{u}^2}\cos\theta \qquad (2.1\text{-}22\mathrm{o})$$

$$\mathrm{Re}\left(\mathrm{e}^{-\mathrm{i}\bar{\phi}k_0 r}\right) = \mathrm{Re}\left[\cos(\bar{\phi}k_0 r) - \mathrm{i}\sin(\bar{\phi}k_0 r)\right] = \cos\left(\bar{\phi}k_0 r\right) \equiv \cos\left(\Omega\bar{u}\right),$$

$$\Omega \equiv \Omega\left(\bar{u}, \theta, r\right) \equiv \frac{\bar{\phi}k_0}{\bar{u}} r = \left(\frac{2\pi\bar{\phi}}{\bar{u}}\right)\frac{r}{\lambda_0} \qquad (2.1\text{-}22\mathrm{o}')$$

由于远场条件 (2.1-22m)，$\bar{u}$ 变化的空间**频率** Ω 很大，因而在积分 (2.1-22n) 中，除了 $\bar{\phi}$ 随 $\bar{u}$ **变化平缓**处，即

$$\partial\bar{\phi}/\partial\bar{u} = 0 \qquad (2.1\text{-}22\mathrm{p})$$

的附近外，皆正负相消 (**图 2.1-6B**)，表明可以用**平稳相位法 (stationary phase method)** 来计算远场式 (2.1-22n) 的近似解。由式 (2.1-22o,o') 求平稳点 $\bar{u}_0$：

$$\left.\frac{\partial\bar{\phi}}{\partial\bar{u}}\right|_{\bar{u}=\bar{u}_0} = \sin\theta - \frac{\bar{u}_0}{\sqrt{1-\bar{u}_0^2}}\cos\theta = 0 \qquad (2.1\text{-}22\mathrm{p}')$$

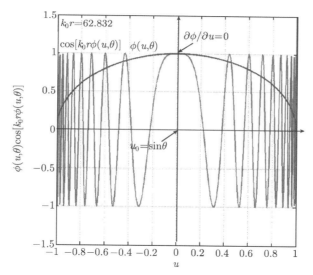

图 2.1-6B $\quad \bar{\phi}$ 函数的平稳点 $\bar{u}_0$ 附近和远处的高频振荡相消

其解为平稳点：

$$\bar{u}_0 = \sin\theta \qquad (2.1\text{-}22\mathrm{q})$$

在 $\bar{u}_0$ 附近的点 $\bar{u} = \bar{u}_0 + \bar{v}$，将式 (2.1-22o) 展开为

$$\begin{aligned}
\bar{\phi}\left(\bar{u}\right) = \phi\left(\bar{u}_0 + \bar{v}\right) &= \bar{\phi}\left(\bar{u}_0\right) + \bar{\phi}'\left(\bar{u}_0\right)\bar{v} + \frac{1}{2}\bar{\phi}''\left(\bar{u}_0\right)\bar{v}^2 + \cdots \\
&\approx \bar{\phi}\left(\bar{u}_0\right) + \frac{1}{2}\bar{\phi}''\left(\bar{u}_0\right)\bar{v}^2 \qquad (2.1\text{-}22\mathrm{q}')
\end{aligned}$$

$$\bar{\phi}''\left(\bar{u}_0\right) = \left.\frac{\partial}{\partial\bar{u}}\left[\sin\theta - \frac{\bar{u}}{\sqrt{1-\bar{u}^2}}\cos\theta\right]\right|_{\bar{u}=\bar{u}_0}$$

$$= \left[\frac{\bar{u}}{2} \left(1 - \bar{u}^2 \right)^{-3/2} (-2\bar{u}) - \frac{1}{\sqrt{1 - \bar{u}^2}} \right] \cos \theta$$

$$= \frac{-\cos \theta}{\sqrt{1 - \bar{u}^2}} \left[\frac{\bar{u}^2}{1 - \bar{u}^2} + 1 \right] \Bigg|_{u = u_0}$$

$$= \frac{-\cos \theta}{\sqrt{1 - \bar{u}^2}} \left[\frac{1}{1 - \bar{u}^2} \right] \Bigg|_{u = u_0} = -\frac{1}{\cos^2 \theta} < 0 \qquad (2.1\text{-}22\text{r})$$

表明 $\bar{\phi}(\bar{u}_0)$ 是**极大值**。在 $\bar{u}_0$ 附近的展开式

$$a\left(\bar{u} \right) = a\left(\bar{u}_0 + \bar{v} \right) \approx a\left(\bar{u}_0 \right) + a'\left(\bar{u}_0 \right) \bar{v} \qquad (2.1\text{-}22r')$$

其中，$a'(\bar{u}_0)\bar{v}$ 是奇函数，其积分为 0，并利用积分公式

$$\int_{-\infty}^{+\infty} e^{ibv^2} dv = \sqrt{\frac{\pi}{b}} e^{i\frac{\pi}{4}} \qquad (2.1\text{-}22\text{s})$$

则可由式 (2.1-22q′,r′) 得

$$a\left(\bar{u} \right) \approx a\left(\bar{u}_0 \right), \quad \bar{\phi}\left(\bar{u} \right) \approx \sin^2 \theta + \cos^2 \theta - \frac{\bar{v}^2}{2\cos^2 \theta} = 1 - \frac{\bar{v}^2}{2\cos^2 \theta} \qquad (2.1\text{-}22\text{t})$$

故由式 (2.1-22t,s) 得出通解 (2.1-22n) 的远场近似总辐射模式电场为

$$E_y(r, \theta) = a\left(\bar{u}_0 \right) \int_{-\infty}^{+\infty} e^{-ik_0 r \left(1 - \frac{\bar{v}^2}{2\cos^2 \theta} \right)} d\bar{v} = a\left(\bar{u}_0 \right) e^{-ik_0 r} \int_{-\infty}^{+\infty} e^{i\left(\frac{k_0 r}{2\cos^2 \theta} \right) \bar{v}^2} d\bar{v}$$

$$= a\left(\bar{u}_0 \right) e^{-ik_0 r} \sqrt{\frac{2\pi \cos^2 \theta}{k_0 r}} e^{i\frac{\pi}{4}} \rightarrow$$

$$E_y(r, \theta) = \sqrt{\frac{\lambda_0}{r}} e^{i\frac{\pi}{4}} \cos \theta \, a\left(\bar{u}_0 \right) e^{-ik_0 r} \qquad (2.1\text{-}22\text{u})$$

在 $z = 0$ 的边界面处，应满足电磁场连续的**边界条件**：

$$E_y^{\text{内}}(x, 0) = E_y^{\text{外}}(x, 0) \qquad (2.1\text{-}22\text{v})$$

由于通解 (2.1-22k)：

$$E_y^{\text{外}}(x, 0) = \int_{-\infty}^{+\infty} a\left(\bar{u} \right) e^{-i\bar{u}k_0 x} d\bar{u} \qquad (2.1\text{-}22\text{w})$$

的**傅里叶变换**为

$$a\left(\bar{u} \right) = \frac{1}{2\pi} \int_{-\infty}^{+\infty} E_y^{\text{外}}(x, 0) e^{i\bar{u}k_0 x} d\left(k_0 x \right) \qquad (2.1\text{-}22\text{x})$$

由式 (2.1-22v)，在 $\bar{u} = \bar{u}_0$ 处，上式化为

$$a\left(\bar{u}_0 \right) = \frac{1}{\lambda_0} \int_{-\infty}^{+\infty} E_y^{\text{内}}(x, 0) e^{ik_0 x \sin \theta} dx \qquad (2.1\text{-}22\text{y})$$

代入式 (2.1-22u) 中，得

$$E_y(r,\theta) = \frac{1}{\sqrt{\lambda_0 r}} \mathrm{e}^{\mathrm{i}\frac{\pi}{4}} \mathrm{e}^{-\mathrm{i}k_0 r} \cos\theta \int_{-\infty}^{+\infty} E_y^{\text{内}}(x,0)\, \mathrm{e}^{\mathrm{i}k_0 x \sin\theta} \mathrm{d}x \qquad (2.1\text{-}22\mathrm{z})$$

3. 远场光强的相对分布 (远场图)

当满足**远场条件** (2.1-22m) 时，由式 (2.1-22z)，在 r 处的光强为

$$I(\theta) \equiv |E_y(r,\theta)|^2 = \frac{\cos^2\theta}{\lambda_0 r} \left| \int_{-\infty}^{+\infty} E_y^{\text{内}}(x,0)\, \mathrm{e}^{\mathrm{i}k_0 x \sin\theta} \mathrm{d}x \right|^2 \propto \frac{\cos^2\theta}{r} \qquad (2.1\text{-}23\mathrm{a})$$

1) 偶阶模式

纯折射对称三层平板波导中偶阶 $(m = 0, 2, 4, \cdots)$ 电场分布及其本征方程分别为

$$x \geqslant \frac{d}{2}: \quad E_{y1} = B_1 \mathrm{e}^{-\gamma_1 x} = A_\mathrm{e} \cos\left(u - \frac{m\pi}{2}\right) \mathrm{e}^{-\gamma\left(x - \frac{d}{2}\right)} = A_\mathrm{e} \cos u \cdot \mathrm{e}^{-\gamma\left(x - \frac{d}{2}\right)}, \quad u \equiv \frac{\kappa d}{2}$$
$$(2.1\text{-}23\mathrm{b})$$

$$|x| \leqslant \frac{d}{2}: \quad E_{y2} = A \cos\left(\kappa x - \frac{m\pi}{2}\right) = A_\mathrm{e} \cos \kappa x \qquad (2.1\text{-}23\mathrm{c})$$

$$x \leqslant -\frac{d}{2}: \quad E_{y3} = B_3 \mathrm{e}^{\gamma_3 x} = A_\mathrm{e} \cos\left(u + \frac{m\pi}{2}\right) \mathrm{e}^{\gamma\left(x + \frac{d}{2}\right)} = A_\mathrm{e} \cos u \cdot \mathrm{e}^{\gamma\left(x + \frac{d}{2}\right)} \quad (2.1\text{-}23\mathrm{d})$$

$$\tan\left(u - \frac{m\pi}{2}\right) = \frac{\varepsilon_{21}\gamma}{\kappa} \to \tan u = \frac{\varepsilon_{21}\gamma}{\kappa} \to \kappa \sin u = \varepsilon_{21}\gamma \cos u \qquad (2.1\text{-}23\mathrm{e})$$

$$I_0 \equiv \int_{-\infty}^{+\infty} E_y^{\text{内}}(x,0)\, \mathrm{d}x = 2 \int_0^{+\infty} E_y^{\text{内}}(x,0)\, \mathrm{d}x$$

$$= 2A_\mathrm{e} \int_0^{d/2} \cos(\kappa x)\, \mathrm{d}x + 2A_\mathrm{e} \cos u \cdot \mathrm{e}^{\frac{\gamma d}{2}} \int_{d/2}^{+\infty} \mathrm{e}^{-\gamma x}\, \mathrm{d}x$$

$$= \frac{2A_\mathrm{e}}{\kappa} \left[\sin(\kappa x)\right]_0^{d/2} + \frac{2A_\mathrm{e}}{-\gamma} \cos u \cdot \mathrm{e}^{\frac{\gamma d}{2}} \left(\mathrm{e}^{-\gamma x}\right)_{d/2}^{\infty}$$

$$= 2A_\mathrm{e} \left(\frac{\kappa \sin u}{\kappa^2} + \frac{\cos u}{\gamma}\right) \to I_0 = \frac{2A_\mathrm{e} \cos u}{\kappa^2 \gamma}\left(\varepsilon_{21}\gamma^2 + \kappa^2\right) \qquad (2.1\text{-}23\mathrm{f})$$

定义

$$\bar{\varphi} \equiv \frac{k_0 d}{2} \sin\theta \qquad (2.1\text{-}23\mathrm{g})$$

并由积分公式

$$\int \mathrm{e}^{ax} \cos(bx)\, \mathrm{d}x = \frac{\mathrm{e}^{ax}}{a^2 + b^2}\left[a\cos(bx) + b\sin(bx)\right] \qquad (2.1\text{-}23\mathrm{h})$$

$$\int \mathrm{e}^{ax} \sin(bx)\, \mathrm{d}x = \frac{\mathrm{e}^{ax}}{a^2 + b^2}\left[a\sin(bx) - b\cos(bx)\right] \qquad (2.1\text{-}23\mathrm{h}')$$

可分区算出式 (2.1-23a) 中的积分

$$I_1(\theta) \equiv \int_{-\infty}^{+\infty} E_y^{\text{内}}(x,0) \mathrm{e}^{\mathrm{i}k_0 x \sin\theta} \mathrm{d}x$$

$$= \int_{-\infty}^{-d/2} A_{\mathrm{e}} \cos u \cdot \mathrm{e}^{\gamma\left(x+\frac{d}{2}\right)} \mathrm{e}^{\mathrm{i}k_0 x \sin\theta} \mathrm{d}x$$

$$+ \int_{-d/2}^{d/2} A_{\mathrm{e}} \cos(\kappa x) \cdot \mathrm{e}^{\mathrm{i}k_0 x \sin\theta} \mathrm{d}x + \int_{d/2}^{\infty} A_{\mathrm{e}} \cos u \cdot \mathrm{e}^{-\gamma\left(x-\frac{d}{2}\right)} \mathrm{e}^{\mathrm{i}k_0 x \sin\theta} \mathrm{d}x$$

$$= A_{\mathrm{e}} \cos u \cdot \mathrm{e}^{\frac{\gamma d}{2}} \left[\int_{-\infty}^{-d/2} \mathrm{e}^{(\mathrm{i}k_0 \sin\theta + \gamma)x} \mathrm{d}x + \int_{d/2}^{\infty} \mathrm{e}^{(\mathrm{i}k_0 \sin\theta - \gamma)x} \mathrm{d}x \right]$$

$$+ A_{\mathrm{e}} \int_{-d/2}^{d/2} \cos(\kappa x) \cdot \mathrm{e}^{\mathrm{i}k_0 x \sin\theta} \mathrm{d}x$$

$$= A_{\mathrm{e}} \cos u \cdot \mathrm{e}^{\frac{\gamma d}{2}} \left\{ \frac{\left[\mathrm{e}^{(\mathrm{i}k_0 \sin\theta + \gamma)x}\right]_{-\infty}^{-d/2}}{\mathrm{i}k_0 \sin\theta + \gamma} + \frac{\left[\mathrm{e}^{(\mathrm{i}k_0 \sin\theta - \gamma)x}\right]_{d/2}^{\infty}}{\mathrm{i}k_0 \sin\theta - \gamma} \right\}$$

$$+ A_{\mathrm{e}} \frac{\left\{ [\mathrm{i}k_0 \sin\theta \cos(\kappa x) + \kappa \sin(\kappa x)] \mathrm{e}^{\mathrm{i}k_0 x \sin\theta} \right\}_{-d/2}^{d/2}}{\kappa^2 + (\mathrm{i}k_0 \sin\theta)^2}$$

$$= A_{\mathrm{e}} \cos u \cdot \mathrm{e}^{\frac{\gamma d}{2}} \left[\frac{\mathrm{e}^{-\left(\mathrm{i}\bar{\varphi} + \frac{\gamma d}{2}\right)}}{\gamma + \mathrm{i}k_0 \sin\theta} + \frac{\mathrm{e}^{\left(\mathrm{i}\bar{\varphi} - \frac{\gamma d}{2}\right)}}{\gamma - \mathrm{i}k_0 \sin\theta} \right]$$

$$+ A_{\mathrm{e}} \frac{[\mathrm{i}k_0 \sin\theta \cos u + \kappa \sin u] \mathrm{e}^{\mathrm{i}\bar{\varphi}} - [\mathrm{i}k_0 \sin\theta \cos u - \kappa \sin u] \mathrm{e}^{-\mathrm{i}\bar{\varphi}}}{\kappa^2 + (\mathrm{i}k_0 \sin\theta)^2}$$

$$= A_{\mathrm{e}} \cos u \frac{(\gamma - \mathrm{i}k_0 \sin\theta) \mathrm{e}^{-\mathrm{i}\bar{\varphi}} + (\gamma + \mathrm{i}k_0 \sin\theta) \mathrm{e}^{\mathrm{i}\bar{\varphi}}}{\gamma^2 + k_0^2 \sin^2\theta}$$

$$+ A_{\mathrm{e}} \frac{\mathrm{i}k_0 \sin\theta \cos u \left(\mathrm{e}^{\mathrm{i}\bar{\varphi}} - \mathrm{e}^{-\mathrm{i}\bar{\varphi}}\right) + \kappa \sin u \left(\mathrm{e}^{\mathrm{i}\bar{\varphi}} + \mathrm{e}^{-\mathrm{i}\bar{\varphi}}\right)}{\kappa^2 - k_0^2 \sin^2\theta}$$

$$= A_{\mathrm{e}} \cos u \frac{\gamma(\mathrm{e}^{\mathrm{i}\bar{\varphi}} + \mathrm{e}^{-\mathrm{i}\bar{\varphi}}) + \mathrm{i}k_0 \sin\theta(\mathrm{e}^{\mathrm{i}\bar{\varphi}} - \mathrm{e}^{-\mathrm{i}\bar{\varphi}})}{\gamma^2 + k_0^2 \sin^2\theta}$$

$$+ 2A_{\mathrm{e}} \frac{\kappa \sin u \cos\bar{\varphi} - k_0 \sin\theta \cos u \sin\bar{\varphi}}{\kappa^2 - k_0^2 \sin^2\theta}$$

$$= 2A_{\mathrm{e}} \cos u \frac{\gamma \cos\bar{\varphi} - k_0 \sin\theta \sin\bar{\varphi}}{\gamma^2 + k_0^2 \sin^2\theta}$$

$$+ 2A_{\mathrm{e}} \frac{\varepsilon_{21} \gamma \cos u \cos\bar{\varphi} - k_0 \sin\theta \cos u \sin\bar{\varphi}}{\kappa^2 - k_0^2 \sin^2\theta}$$

$$= 2A_{\mathrm{e}} \cos u \left(\frac{\gamma \cos\bar{\varphi} - k_0 \sin\theta \sin\bar{\varphi}}{\gamma^2 + k_0^2 \sin^2\theta} + \frac{\varepsilon_{21} \gamma \cos\bar{\varphi} - k_0 \sin\theta \sin\bar{\varphi}}{\kappa^2 - k_0^2 \sin^2\theta} \right) \quad (2.1\text{-}23\mathrm{i})$$

对于偶阶模式, $I(0)$ 为峰值, 取其为参考值和归一化值, 则偶阶模式远场光强的相

对分布，即**远场图 (far field pattern)** 可以表为

$$\frac{I(\theta)}{I(0)} \equiv \frac{|E_y(r,\theta)|^2}{|E_y(r,0)|^2} = \frac{\cos^2\theta \left|\int_{-\infty}^{+\infty} E_y^{\mathrm{in}}(x,0)\,\mathrm{e}^{\mathrm{i}k_0 x\sin\theta}\mathrm{d}x\right|^2}{\left|\int_{-\infty}^{+\infty} E_y^{\mathrm{in}}(x,0)\,\mathrm{d}x\right|^2}$$

$$= \frac{\cos^2\theta \left|2A_{\mathrm{e}}\cos u\left(\dfrac{\gamma\cos\bar\varphi - k_0\sin\theta\sin\bar\varphi}{\gamma^2 + k_0^2\sin^2\theta} + \dfrac{\varepsilon_{21}\gamma\cos\bar\varphi - k_0\sin\theta\sin\bar\varphi}{\kappa^2 - k_0^2\sin^2\theta}\right)\right|^2}{\left|\dfrac{2A_{\mathrm{e}}\cos u}{\gamma\kappa^2}(\varepsilon_{21}\gamma^2 + \kappa^2)\right|^2}$$

$$= \frac{\cos^2\theta \left|\left(\dfrac{\gamma\cos\bar\varphi - k_0\sin\theta\sin\bar\varphi}{\gamma^2 + k_0^2\sin^2\theta} + \dfrac{\varepsilon_{21}\gamma\cos\bar\varphi - k_0\sin\theta\sin\bar\varphi}{\kappa^2 - k_0^2\sin^2\theta}\right)\right|^2}{\left|\dfrac{1}{\kappa^2\gamma}(\kappa^2 + \varepsilon_{21}\gamma^2)\right|^2} \to$$

$$\left.\frac{I(\theta)}{I(0)}\right|_{\varepsilon_{21}=\frac{\bar n_2^2}{\bar n_1^2}}^{\mathrm{TM}} = \cos^2\theta\left[\frac{\kappa^2\gamma}{\kappa^2+\varepsilon_{21}\gamma^2}\left(\frac{\gamma\cos\bar\varphi - k_0\sin\theta\sin\bar\varphi}{\gamma^2 + k_0^2\sin^2\theta} + \frac{\boldsymbol{\varepsilon_{21}}\gamma\cos\bar\varphi - k_0\sin\theta\sin\bar\varphi}{\kappa^2 - k_0^2\sin^2\theta}\right)\right]^2 \tag{2.1-23j}$$

$$\left.\frac{I(\theta)}{I(0)}\right|_{\varepsilon_{21}=1}^{\mathrm{TE}} = \cos^2\theta\left[\frac{\kappa^2\gamma(\gamma\cos\bar\varphi - k_0\sin\theta\sin\bar\varphi)}{(\gamma^2 + k_0^2\sin^2\theta)(\kappa^2 - k_0^2\sin^2\theta)}\right]^2 \tag{2.1-23k}$$

2) 奇阶模式

对于奇阶模式，$m = 1,3,5,\cdots$

$$x \geqslant \frac{d}{2}: \quad E_{y1} = B_1\mathrm{e}^{-\gamma_1 x} = A_{\mathrm{o}}\cos\left(u - \frac{m\pi}{2}\right)\mathrm{e}^{-\gamma\left(x-\frac{d}{2}\right)} = A_{\mathrm{o}}\sin u\cdot\mathrm{e}^{-\gamma\left(x-\frac{d}{2}\right)} \tag{2.1-23l}$$

$$|x| \leqslant \frac{d}{2}: \quad E_{y2} = A_{\mathrm{o}}\cos\left(\kappa x - \frac{m\pi}{2}\right) = A_{\mathrm{o}}\sin(\kappa x) \tag{2.1-23m}$$

$$x \leqslant -\frac{d}{2}: \quad E_{y3} = B_3\mathrm{e}^{\gamma_3 x} = A_{\mathrm{o}}\cos\left(u + \frac{m\pi}{2}\right)\mathrm{e}^{\gamma\left(x+\frac{d}{2}\right)} = -A_{\mathrm{o}}\sin u\cdot\mathrm{e}^{\gamma\left(x+\frac{d}{2}\right)} \tag{2.1-23n}$$

$$\tan\left(u - \frac{m\pi}{2}\right) = \frac{\varepsilon_{21}\gamma}{\kappa} \to -\cot u = \frac{\varepsilon_{21}\gamma}{\kappa} \to \kappa\cos u = -\varepsilon_{21}\gamma\sin u \tag{2.1-23o}$$

由于 $I(0) = 0$，不能作为归一化值，由式 (2.1-20a) 可以改取**正半边积分** $I_+(0)$ 作归一化值：

$$\frac{\left.I_+(0)\right|_{\varepsilon_{21}=\bar n_2^2/\bar n_1^2}^{\mathrm{TM}}}{4}\frac{\lambda_0 r}{\cos^2 0}$$

$$\equiv \left|\int_0^{+\infty} E_y^-(x,0)\,\mathrm{d}x\right|^2 = \left|\int_0^{d/2} A_{\mathrm{o}}\sin(\kappa x)\,\mathrm{d}x + \int_{d/2}^{\infty} A_{\mathrm{o}}\sin u\cdot\mathrm{e}^{-\gamma\left(x-\frac{d}{2}\right)}\mathrm{d}x\right|^2$$

$$= \left| \frac{A_\mathrm{o}}{\kappa} \left[-\cos\left(\kappa x\right) \right]_0^{d/2} + A_\mathrm{o}\sin u \cdot \frac{1}{-\gamma} \left[\mathrm{e}^{-\gamma x'} \right]_0^\infty \right|^2 = \left| \frac{A_\mathrm{o}}{\kappa} \left(-\cos u + 1\right) + A_\mathrm{o}\sin u \cdot \frac{1}{\gamma} \right|^2$$

$$= \left| \frac{A_\mathrm{o}}{\kappa\gamma} \left[\gamma - \left(\gamma\cos u - \kappa\sin u\right) \right] \right|^2 = \left| \frac{A_\mathrm{o}}{\kappa\gamma} \left[\gamma + \kappa\sin u \left(-\frac{\gamma}{\kappa}\cot u + 1 \right) \right] \right|^2$$

$$= \left| \frac{A_\mathrm{o}}{\kappa\gamma} \left[\gamma + \kappa\sin u \cdot \left(\frac{\varepsilon_{21}\gamma^2}{\kappa^2} + 1 \right) \right] \right|^2 = \left| \frac{A_\mathrm{o}}{\kappa} \left[1 + \frac{\kappa}{\gamma} \frac{1}{\sqrt{1+\cot^2 u}} \cdot \left(\frac{\varepsilon_{21}\gamma^2}{\kappa^2} + 1 \right) \right] \right|^2$$

$$= \left| \frac{A_\mathrm{o}}{\kappa} \left[1 + \frac{\kappa}{\gamma} \frac{1}{\sqrt{1 + \dfrac{\varepsilon_{21}^2\gamma^2}{\kappa^2}}} \cdot \left(\frac{\varepsilon_{21}\gamma^2}{\kappa^2} + 1 \right) \right] \right|^2$$

$$= \left| \frac{A_\mathrm{o}}{\kappa} \left[1 + \frac{\varepsilon_{21}\gamma}{\kappa} \frac{1}{\sqrt{1 + \dfrac{\varepsilon_{21}^2\gamma^2}{\kappa^2}}} \cdot \left(1 + \frac{\kappa^2}{\varepsilon_{21}\gamma^2} \right) \right] \right|$$

$$= \left| \frac{A_\mathrm{o}}{\kappa} \left[1 - \frac{1}{\sqrt{1 + \dfrac{\kappa^2}{\varepsilon_{21}^2\gamma^2}}} \left(1 + \frac{\kappa^2}{\varepsilon_{21}\gamma^2} \right) \right] \right|^2$$

$$= \left| \frac{A_\mathrm{o}}{\kappa} \left[1 - \frac{1}{\gamma\sqrt{\varepsilon_{21}^2\gamma^2 + \kappa^2}} \left(\varepsilon_{21}\gamma^2 + \kappa^2 \right) \right] \right|^2 \rightarrow$$

$$\frac{I_+(0)\big|_{\varepsilon_{21}=\bar{n}_2^2/\bar{n}_1^2}^{\mathrm{TM}}}{4} \frac{\lambda_0 r}{\cos^2 0} = \left| \frac{A_\mathrm{o}}{\kappa\gamma} \left(\gamma - \frac{\varepsilon_{21}\gamma^2 + \kappa^2}{\varepsilon_{21}\sqrt{\varepsilon_{21}^2\gamma^2 + \kappa^2}} \right) \right|^2,$$

$$\frac{I_+(0)\big|_{\varepsilon_{21}=1}^{\mathrm{TE}}}{4} \frac{\lambda_0 r}{\cos^2 0} = \left| \frac{A_\mathrm{o}\left(\gamma - \sqrt{\gamma^2 + \kappa^2} \right)}{\kappa\gamma} \right|^2 \rightarrow$$

$$I_+(0)\big|_{\varepsilon_{21}=\bar{n}_2^2/\bar{n}_1^2}^{\mathrm{TM}} = \frac{4\cos^2 0}{\lambda_0 r} \left| \frac{A_\mathrm{o}}{\kappa\gamma} \left(\gamma - \frac{\varepsilon_{21}\gamma^2 + \kappa^2}{\varepsilon_{21}\sqrt{\varepsilon_{21}^2\gamma^2 + \kappa^2}} \right) \right|^2,$$

$$I_+(0)\big|_{\varepsilon_{21}=1}^{\mathrm{TE}} = \frac{4\cos^2 0}{\lambda_0 r} \left| \frac{A_\mathrm{o}\left(\gamma - \sqrt{\gamma^2 + \kappa^2} \right)}{\kappa\gamma} \right|^2 \tag{2.1-23p}$$

对奇阶模式

$$I_2\left(\theta\right) \equiv \int_{-\infty}^{+\infty} E_y^{\text{内}}\left(x,0\right) \mathrm{e}^{\mathrm{i}k_0 x\sin\theta}\mathrm{d}x$$

$$= -\int_{-\infty}^{-d/2} A_\mathrm{o}\sin u\, \mathrm{e}^{\gamma\left(x+\frac{d}{2}\right)}\mathrm{e}^{\mathrm{i}k_0 x\sin\theta}\mathrm{d}x$$

$$+ \int_{-d/2}^{d/2} A_{\mathrm{o}} \sin(\kappa x) \, \mathrm{e}^{\mathrm{i}k_0 x \sin\theta} \mathrm{d}x + \int_{d/2}^{\infty} A_{\mathrm{o}} \sin u \cdot \mathrm{e}^{-\gamma\left(x-\frac{d}{2}\right)} \mathrm{e}^{\mathrm{i}k_0 x \sin\theta} \mathrm{d}x$$

$$= A_{\mathrm{o}} \sin u \cdot \mathrm{e}^{\frac{\gamma d}{2}} \left[-\int_{-\infty}^{-d/2} \mathrm{e}^{(\mathrm{i}k_0 \sin\theta + \gamma)x} \mathrm{d}x + \int_{d/2}^{\infty} \mathrm{e}^{(\mathrm{i}k_0 \sin\theta - \gamma)x} \mathrm{d}x \right]$$

$$+ A_{\mathrm{o}} \int_{-d/2}^{d/2} \sin(\kappa x) \, \mathrm{e}^{\mathrm{i}k_0 x \sin\theta} \mathrm{d}x$$

$$= A_{\mathrm{o}} \sin u \cdot \mathrm{e}^{\frac{\gamma d}{2}} \left\{ \frac{-\left[\mathrm{e}^{(\mathrm{i}k_0 \sin\theta + \gamma)x}\right]_{-\infty}^{-d/2}}{\mathrm{i}k_0 \sin\theta + \gamma} + \frac{\left[\mathrm{e}^{(\mathrm{i}k_0 \sin\theta - \gamma)x}\right]_{d/2}^{\infty}}{\mathrm{i}k_0 \sin\theta - \gamma} \right\}$$

$$+ A_{\mathrm{o}} \frac{\left[(\mathrm{i}k_0 \sin\theta \sin(\kappa x) - \kappa\cos(\kappa x)) \, \mathrm{e}^{\mathrm{i}k_0 x \sin\theta}\right]_{-d/2}^{d/2}}{\kappa^2 + (\mathrm{i}k_0 \sin\theta)^2}$$

$$= A_{\mathrm{o}} \sin u \cdot \mathrm{e}^{\frac{\gamma d}{2}} \left[\frac{-\mathrm{e}^{-\left(\mathrm{i}\bar\varphi + \frac{\gamma d}{2}\right)}}{\gamma + \mathrm{i}k_0 \sin\theta} + \frac{\mathrm{e}^{\left(\mathrm{i}\bar\varphi - \frac{\gamma d}{2}\right)}}{\gamma - \mathrm{i}k_0 \sin\theta} \right]$$

$$+ A_{\mathrm{o}} \frac{(\mathrm{i}k_0 \sin\theta \sin u + \varepsilon_{21}\gamma \sin u)\,\mathrm{e}^{\mathrm{i}\bar\varphi} - (-\mathrm{i}k_0 \sin\theta \sin u + \varepsilon_{21}\gamma \sin u)\,\mathrm{e}^{-\mathrm{i}\bar\varphi}}{\kappa^2 - k_0^2 \sin^2\theta}$$

$$= A_{\mathrm{o}} \sin u \left(\frac{-\mathrm{e}^{-\mathrm{i}\bar\varphi}}{\gamma + \mathrm{i}k_0 \sin\theta} + \frac{\mathrm{e}^{\mathrm{i}\bar\varphi}}{\gamma - \mathrm{i}k_0 \sin\theta} \right)$$

$$+ \mathrm{i}A_{\mathrm{o}} \frac{(k_0 \sin\theta \sin u - \mathrm{i}\varepsilon_{21}\gamma \sin u)\,\mathrm{e}^{\mathrm{i}\bar\varphi} + (k_0 \sin\theta \sin u + \mathrm{i}\varepsilon_{21}\gamma \sin u)\,\mathrm{e}^{-\mathrm{i}\bar\varphi}}{\kappa^2 - k_0^2 \sin^2\theta}$$

$$= \mathrm{i}A_{\mathrm{o}} \sin u \left[\frac{-(-\mathrm{i}\gamma - k_0 \sin\theta)\,\mathrm{e}^{-\mathrm{i}\bar\varphi} + (-\mathrm{i}\gamma + k_0 \sin\theta)\,\mathrm{e}^{\mathrm{i}\bar\varphi}}{(\gamma + \mathrm{i}k_0 \sin\theta)(\gamma - \mathrm{i}k_0 \sin\theta)} \right.$$

$$\left. + \frac{k_0 \sin\theta\left(\mathrm{e}^{\mathrm{i}\bar\varphi} + \mathrm{e}^{-\mathrm{i}\bar\varphi}\right) - \mathrm{i}\varepsilon_{21}\gamma\left(\mathrm{e}^{\mathrm{i}\bar\varphi} - \mathrm{e}^{-\mathrm{i}\bar\varphi}\right)}{\kappa^2 - k_0^2 \sin^2\theta} \right]$$

$$= \mathrm{i}2A_{\mathrm{o}} \sin u \left\{ \frac{-\mathrm{i}\gamma\left(\mathrm{e}^{\mathrm{i}\bar\varphi} - \mathrm{e}^{-\mathrm{i}\bar\varphi}\right) + k_0 \sin\theta\left(\mathrm{e}^{\mathrm{i}\bar\varphi} + \mathrm{e}^{-\mathrm{i}\bar\varphi}\right)}{2\left[\gamma^2 - (\mathrm{i}k_0 \sin\theta)^2\right]} \right.$$

$$\left. + \frac{k_0 \sin\theta \cos\bar\varphi + \varepsilon_{21}\gamma \sin\bar\varphi}{\kappa^2 - k_0^2 \sin^2\theta} \right\}$$

$$= \mathrm{i}2A_{\mathrm{o}} \sin u \left(\frac{\gamma \sin\bar\varphi + k_0 \sin\theta \cos\bar\varphi}{\gamma^2 + k_0^2 \sin^2\theta} + \frac{\varepsilon_{21}\gamma \sin\bar\varphi + k_0 \sin\theta \cos\bar\varphi}{\kappa^2 - k_0^2 \sin^2\theta} \right) \quad (2.1\text{-}23\mathrm{q})$$

奇阶模式远场相对光强分布 (远场图)可以表为

$$\frac{I(\theta)}{I_+(0)} = \cos^2\theta \left| \frac{\kappa\gamma\left(\dfrac{\gamma \sin\bar\varphi + k_0 \sin\theta \cos\bar\varphi}{\gamma^2 + k_0^2 \sin^2\theta} + \dfrac{\varepsilon_{21}\gamma \sin\bar\varphi + k_0 \sin\theta \cos\bar\varphi}{\kappa^2 - k_0^2 \sin^2\theta} \right)}{\sqrt{\dfrac{1}{\tan^2 u} + 1}\left(\gamma - \dfrac{\varepsilon_{21}\gamma^2 + \kappa^2}{\varepsilon_{21}\sqrt{\varepsilon_{21}^2\gamma^2 + \kappa^2}} \right)} \right|^2$$

$$= \cos^2\theta \left| \frac{\kappa\gamma \left(\dfrac{\gamma\sin\bar{\varphi} + k_0\sin\theta\cos\bar{\varphi}}{\gamma^2 + k_0^2\sin^2\theta} + \dfrac{\varepsilon_{21}\gamma\sin\bar{\varphi} + k_0\sin\theta\cos\bar{\varphi}}{\kappa^2 - k_0^2\sin^2\theta} \right)}{\dfrac{1}{\kappa}\sqrt{\varepsilon_{21}^2\gamma^2 + \kappa^2} \left(\dfrac{\gamma\varepsilon_{21}\sqrt{\varepsilon_{21}^2\gamma^2 + \kappa^2} - (\varepsilon_{21}\gamma^2 + \kappa^2)}{\varepsilon_{21}\sqrt{\varepsilon_{21}^2\gamma^2 + \kappa^2}} \right)} \right|^2 \rightarrow$$

$$\left. \frac{I(\theta)}{I_+(0)} \right|_{\varepsilon_{21} = \frac{\bar{n}_2^2}{\bar{n}_1^2}}^{\text{TM}} = \cos^2\theta \left| \frac{\kappa^2\gamma \left(\dfrac{\gamma\sin\bar{\varphi} + k_0\sin\theta\cos\bar{\varphi}}{\gamma^2 + k_0^2\sin^2\theta} + \dfrac{\varepsilon_{21}\gamma\sin\bar{\varphi} + k_0\sin\theta\cos\bar{\varphi}}{\kappa^2 - k_0^2\sin^2\theta} \right)}{\gamma\sqrt{\varepsilon_{21}^2\gamma^2 + \kappa^2} - \varepsilon_{21}^{-1}(\varepsilon_{21}\gamma^2 + \kappa^2)} \right|^2$$

(2.1-23r)

$$\left. \frac{I(\theta)}{I_+(0)} \right|_{\varepsilon_{21} = 1}^{\text{TE}} = \cos^2\theta \left| \frac{\kappa^2\gamma\sqrt{\gamma^2 + \kappa^2}}{\gamma - \sqrt{\gamma^2 + \kappa^2}} \left[\frac{\gamma\sin\bar{\varphi} + k_0\sin\theta\cos\bar{\varphi}}{(\gamma^2 + k_0^2\sin^2\theta)(\kappa^2 - k_0^2\sin^2\theta)} \right] \right|^2 \quad (2.1\text{-}23s)$$

注意：对于 $m = 1, 3, 5, \cdots$ 式 (2.1-23r,s) 的极大值不一定是 1，除非用其极大值再进行归一化。**图 2.1-6C** 是 $\mathrm{GaAs}/\mathrm{Al}_x\mathrm{Ga}_{1-x}\mathrm{As}$ 纯折射率对称三层平板波导的

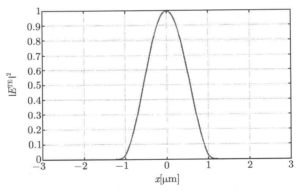

图 2.1-6C(a)　纯折射率对称三层平板波导中的基模近场光强分布 (近场图)

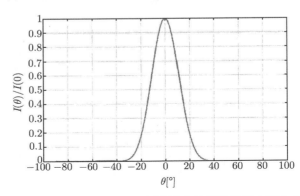

图 2.1-6C(b)　纯折射率对称三层平板波导中的基模远场光强分布 (远场图)

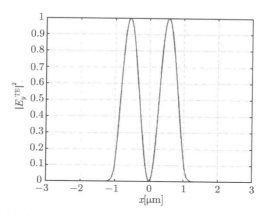

图 2.1-6C(c)　纯折射率对称三层平板波导中的一阶模式近场光强分布 (近场图)

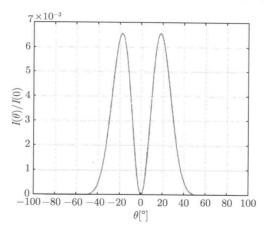

图 2.1-6C(d)　纯折射率对称三层平板波导中的一阶模式远场光强分布 (远场图)

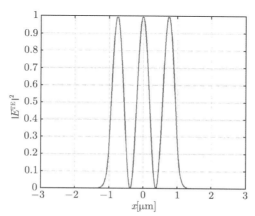

图 2.16-6C(e)　纯折射率对称三层平板波导中的二阶模式近场光强分布 (近场图)

远场相对光强分布的计算结果。其中，**半功率全角 Θ 是使 $I(\theta)/I(0) = 1/2$ 的角度 $\theta_{1/2}$ 的两倍。图 2.1-6C(a)~(l)** 是对 $d = 2\mu m$ 算出的所有六个 ($m = 0,1,2,3,4,5$) TE 导波模式的近场图及其相应的远场图，**图 2.1-6D** 是对 $d = 0.9\mu m$ 算出的所有三个 ($m = 0,1,2$) TE 导波模式的远场图。**图 2.1-6E(a)~(d)** 是算出的 TE 导波基模的半功率全角 Θ 随有源层厚度 d 的变化。其规律性可以归结为：

[**定理 15**]   波导内的导波模式与其从端面出射的全体辐射模式之间是傅里叶变换的关系。即远场是近场的傅里叶变换，而近场也是远场的傅里叶变换。

[**引理 15.1**]   从近场图到远场图的过程中，模式的阶总是守恒的。

[**引理 15.2**]   从近场图到远场图的过程中，对于纯折射率波导，模式的峰值个数是守恒的，虽然其峰值的相对高低不一定守恒。这时，从近场图或远场图的峰值个数，都可以准确判断导波模式的阶，即基模为 **0** 阶的导波模式阶数是其近场

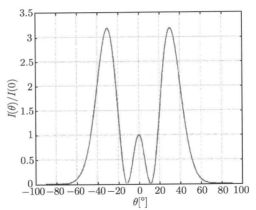

图 2.16-6C(f)   纯折射率对称三层平板波导中的二阶模式远场光强分布 (远场图)

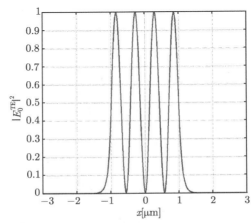

图 2.1-6C(g)   纯折射率对称三层平板波导的三阶模式近场光强分布 (近场图)

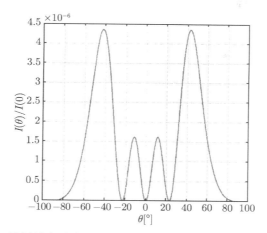

图 2.1-6C(h)　纯折射率对称三层平板波导的三阶模式远场光强分布 (远场图)

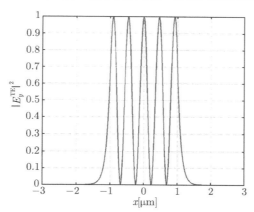

图 2.1-6C(i)　纯折射率对称三层平板波导中的四阶模式近场光强分布 (近场图)

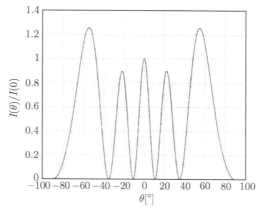

图 2.1-6C(j)　纯折射率对称三层平板波导中的四阶模式远场光强分布 (远场图)

或远场的峰数减一。

　　[引理 15.3]　　高阶模的各峰不一定等高，其高低分布与芯层厚度有关，但对中心是对称的。

　　[引理 15.4]　　基模在远场图中的半功率全角基本上决定出射激光束的发散角，但高阶模的半功率全角不一定代表其整体的发散角，因为其模式外峰不一定最强或最高。

　　[引理 15.5]　　对于纯折射率波导，随作为出射孔径的有源层厚度的增加，基模在远场图中的发散角将增加到一阶模的截止厚度或等效厚度最小的实际厚度两倍处出现极大值。

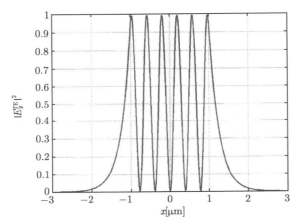

图 2.1-6C(k)　纯折射率对称三层平板波导中的五阶模式近场光强分布 (近场图)

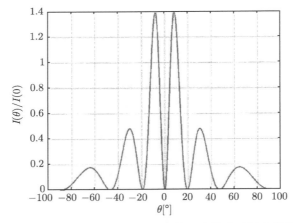

图 2.1-6C(l)　纯折射率对称三层平板波导中的五阶模式远场光强分布 (远场图)

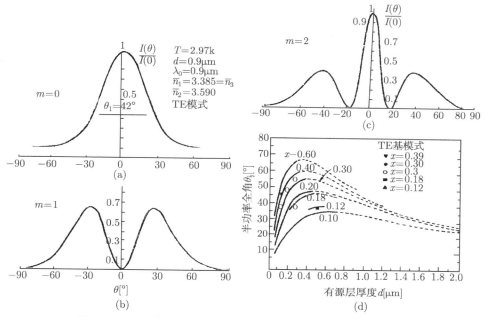

图 2.1-6D 基模 (a)、一阶 (b)、二阶模式 (c) 的远场图和基模
发散角随芯层厚度的变化 (d)[1.5]

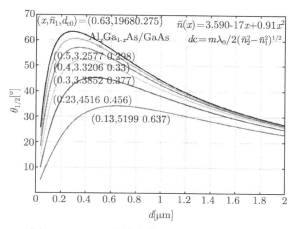

图 2.1-6E(a) 基模发散角随芯层厚度的变化

3) 本征值、光限制因子、和光束发散角的近似公式[1.5]

(1) 薄芯层 $(d \to 0)$ 极限。

$$\frac{\beta_z}{k_0} \approx \bar{n}_1 \to \kappa = k_0 \sqrt{\bar{n}_2^2 - \left(\frac{\beta_z}{k_0}\right)^2} \approx k_0 \sqrt{\bar{n}_2^2 - \bar{n}_1^2},$$

$$\frac{\gamma}{\kappa} = \tan\frac{\kappa d}{2} \approx \frac{\kappa d}{2} \rightarrow \gamma \approx \frac{\kappa^2 d}{2} \approx \frac{d}{2}k_0^2\left(\bar{n}_2^2 - \bar{n}_1^2\right) \tag{2.1-23t}$$

$$E_y \approx A_{\rm e}\cos\frac{\kappa d}{2}\cdot{\rm e}^{-\gamma x} \approx A_{\rm e}{\rm e}^{-\gamma x} \rightarrow \Gamma \approx \frac{\displaystyle\int_0^{d/2} A_{\rm e}^2 {\rm e}^{-2\gamma x}{\rm d}x}{\displaystyle\int_0^{\infty} A_{\rm e}^2 {\rm e}^{-2\gamma x}{\rm d}x} \approx \frac{\left[{\rm e}^{-2\gamma x}\right]_0^{d/2}}{\left[{\rm e}^{-2\gamma x}\right]_0^{\infty}}$$

$$= \frac{{\rm e}^{-\gamma d}-1}{0-1} \approx \gamma d \rightarrow \Gamma \approx \gamma d \approx \frac{d^2}{2}k_0^2\left(\bar{n}_2^2 - \bar{n}_1^2\right) \propto d^2 \tag{2.1-23u}$$

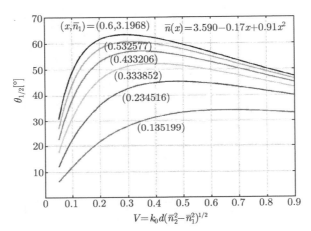

图 2.1-6E(b)　基模发散角随芯层归一化厚度 V 的变化

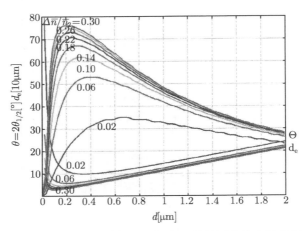

图 2.1-6E(c)　TE 基模远场发散角和基模芯层等效厚度随实际芯层厚度的变化

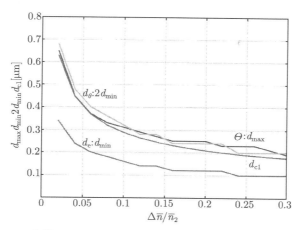

图 2.1-6E(d)　TE 基模远场最大发散角厚度和芯层最小等效厚度随折射率差的变化

对于基模，$m = 0$，$\theta = \theta_{1/2}$，$|I(\theta_{1/2})| = |I(0)|/2 \to |I(\theta_{1/2})/I(0)| = 1/2$，$\Theta = 2\theta_{1/2}$。由式 (2.1-23k)：

$$\frac{1}{2} = \cos^2 \theta_{1/2} \left\{ \frac{\kappa^2 \gamma \left[\gamma \cos\left(\frac{k_0 d}{2} \sin\theta_{1/2} \right) - k_0 \sin\theta_{1/2} \sin\left(\frac{k_0 d}{2} \sin\theta_{1/2} \right) \right]}{\left(\gamma^2 + k_0^2 \sin^2\theta_{1/2} \right) \left(\kappa^2 - k_0^2 \sin^2\theta_{1/2} \right)} \right\}^2 \to \frac{1}{2}$$

$$\approx \left[\frac{\kappa^2 \gamma \left(\gamma - k_0^2 \theta_{1/2}^2 \frac{d}{2} \right)}{\left(\gamma^2 + k_0^2 \theta_{1/2}^2 \right) \left(\kappa^2 - k_0^2 \theta_{1/2}^2 \right)} \right]^2 \approx \left[\frac{\kappa^2 \gamma^2}{\left(\gamma^2 + k_0^2 \theta_{1/2}^2 \right) \kappa^2} \right]^2 = \frac{\gamma^4}{\left(\gamma^2 + k_0^2 \theta_{1/2}^2 \right)^2} \to$$

$$\frac{1}{\sqrt{2}} \approx \frac{\gamma^2}{\gamma^2 + k_0^2 \theta_{1/2}^2} \to \gamma^2 + k_0^2 \theta_{1/2}^2 \approx \sqrt{2}\gamma^2 \to \theta_{1/2} \approx \frac{\sqrt{\sqrt{2}-1}}{2\pi} \gamma \lambda_0$$

$$\approx \pi \sqrt{\sqrt{2}-1} \left(\bar{n}_2^2 - \bar{n}_1^2 \right) \frac{d}{\lambda_0} \tag{2.1-23v}$$

$$\Theta \equiv 2\theta_{1/2} \approx 0.202\,19\gamma\lambda_0 \approx 4.0438 \left(\bar{n}_2^2 - \bar{n}_1^2 \right) \frac{d}{\lambda_0} \tag{2.1-23v'}$$

对于 $Al_x Ga_{1-x} As$：

$$\bar{n}(x_{Al}) = 3.590 - 0.71 x_{Al} + 0.091 x_{Al}^2 \to \bar{n}_1 = \bar{n}_2 - 0.71 x_{Al} + 0.091 x_{Al}^2$$

$$\bar{n}_1^2 = \bar{n}_2^2 + 0.71^2 x_{Al}^2 + 0.091^2 x_{Al}^4 - 2 \times 0.71 x_{Al} \bar{n}_2 + 2 \times 0.091 x_{Al}^2 \bar{n}_2 - 2 \times 0.71 \times 0.091 x_{Al}^2 \to$$

$$\bar{n}_2^2 - \bar{n}_1^2 \approx 1.42 \bar{n}_2 x_{Al} \to \Theta \approx 420.6145 x_{Al} \frac{d}{\lambda_0} [\text{rad}] = 1.1811 \times 10^3 x_{Al} \frac{d}{\lambda_0} [°] \tag{2.1-23v''}$$

例如，当 $x_{Al} = 0.3$ 时，$\Theta \approx 39.37°$，其精确值为 $\Theta = 39.5°$。

(2) 厚芯层 $(d \to \infty)$ 极限。

$$\frac{\gamma}{\kappa} = \tan \frac{\kappa d}{2} \approx \infty \to \frac{\kappa d}{2} \approx \frac{\pi}{2} \to \kappa = k_0 \sqrt{\bar{n}_2^2 - \left(\frac{\beta_z}{k_0}\right)^2} \approx \frac{\pi}{d} \qquad (2.1\text{-}23\text{w})$$

$$\overline{N}_m = \frac{\beta_z}{k_0} = \sqrt{\bar{n}_2^2 - \left(\frac{\kappa}{k_0}\right)^2} \approx \sqrt{\bar{n}_2^2 - \left(\frac{\pi}{k_0 d}\right)^2} = \bar{n}_2 \sqrt{1 - \left(\frac{\pi}{k_0 \bar{n}_2 d}\right)^2} < \bar{n}_2 \tag{2.1-23w$'$}$$

$$\gamma = k_0 \sqrt{\left(\frac{\beta_z}{k_0}\right)^2 - \bar{n}_1^2} \approx k_0 \sqrt{\bar{n}_2^2 - \left(\frac{\pi}{k_0 d}\right)^2 - \bar{n}_1^2} = \sqrt{k_0^2 \left(\bar{n}_2^2 - \bar{n}_1^2\right) - \left(\frac{\pi}{d}\right)^2} \tag{2.1-23x}$$

$$E_y \approx A_e \cos \kappa x \to \Gamma \approx \frac{\displaystyle\int_0^{d/2} A_e^2 \cos^2 \kappa x \, \mathrm{d}x}{0 + \displaystyle\int_0^{d/2} A_e^2 \cos^2 \kappa x \, \mathrm{d}x + 0} \approx 1 \tag{2.1-23x$'$}$$

当 $d \to \infty$ 时, $\theta \to 0$, $\sin \theta \approx \theta \to 0$, $\cos \theta \to 1$, $\varphi \to 0$, 则

$$\left. \frac{I(\theta)}{I(0)} \right|_{\varepsilon_{21}=1}^{\text{TE}} = \cos^2 \theta \left[\frac{\kappa^2 \gamma \left(\gamma \cos \varphi - k_0 \sin \theta \sin \varphi\right)}{\left(\gamma^2 + k_0^2 \sin^2 \theta\right)\left(\kappa^2 - k_0^2 \sin^2 \theta\right)} \right]^2 \approx \cos^2 \theta \approx 1 \to \Theta_{d\to\infty} \approx 0 \tag{2.1-23y}$$

4. 复折射率对称三层波导

式 (2.1-23a) 远场相对光强的分布公式可以推广应用到复折射率对称三层平板波导。利用本征方程组 (2.1-11k,l,o,p) 可以导出其 TE 模式或 $\tilde{\varepsilon}_{21} \approx 1$ 的 TM 模式的远场光强分布 (远场图)。当满足远场条件 (2.1-22l) 时, 由式 (2.1-23a), 在 r 处的光强为

$$I(\theta) \equiv \left| \tilde{E}_y(r, \theta) \right|^2 = \frac{\cos^2 \theta}{\lambda_0 r} \left| \int_{-\infty}^{+\infty} \tilde{E}_y^{\text{内}}(x, 0) \, \mathrm{e}^{\mathrm{i}k_0 x \sin \theta} \mathrm{d}x \right|^2 \tag{2.1-24a}$$

1) 偶阶模式

复折射率对称三层平板波导中偶阶 $(m = 0, 2, 4, \cdots)$ 电场分布及其本征方程分别为

$$x \geqslant \frac{d}{2}: \quad \tilde{E}_{y1} = \tilde{B}_1 \mathrm{e}^{-\tilde{\gamma}_1 x} = \tilde{A}_e \cos\left(\tilde{u} - \frac{m\pi}{2}\right) \mathrm{e}^{-\tilde{\gamma}\left(x - \frac{d}{2}\right)} = \tilde{A}_e \cos \tilde{u} \cdot \mathrm{e}^{-\tilde{\gamma}\left(x - \frac{d}{2}\right)} \tag{2.1-24b}$$

$$|x| \leqslant \frac{d}{2}: \quad \tilde{E}_{y2} = \tilde{A}_e \cos\left(\tilde{\kappa}x - \frac{m\pi}{2}\right) = \tilde{A}_e \cos\left(\tilde{\kappa}x\right) \tag{2.1-24c}$$

$$x \leqslant -\frac{d}{2}: \quad \tilde{E}_{y3} = \tilde{B}_3 \mathrm{e}^{\tilde{\gamma}_3 x} = \tilde{A}_e \cos\left(\tilde{u} + \frac{m\pi}{2}\right) \mathrm{e}^{\tilde{\gamma}\left(x + \frac{d}{2}\right)} = \tilde{A}_e \cos \tilde{u} \cdot \mathrm{e}^{\tilde{\gamma}\left(x + \frac{d}{2}\right)} \tag{2.1-24d}$$

$$\tan\left(\tilde{u} - \frac{m\pi}{2}\right) = \frac{\tilde{\gamma}}{\tilde{\kappa}} = \frac{\tilde{v}}{\tilde{u}} \to \tan\tilde{u} = \frac{\tilde{v}}{\tilde{u}} \to \tilde{u}\sin\tilde{u} = \tilde{v}\cos\tilde{u} \tag{2.1-24e}$$

定义

$$\tilde{u} \equiv \frac{\tilde{\kappa}d}{2} = u_{\mathrm{r}} + \mathrm{i}u_{\mathrm{i}}, \quad \tilde{v} \equiv \frac{\tilde{\gamma}d}{2} = v_{\mathrm{r}} + \mathrm{i}v_{\mathrm{i}}, \quad \bar{\varphi} \equiv \frac{k_0 d}{2}\sin\theta = \frac{\vartheta d}{2}, \quad \vartheta \equiv k_0\sin\theta \tag{2.1-24f}$$

并利用积分公式 (2.1-23h,h′)，则

$$
\begin{aligned}
I_1\left(\theta\right) &\equiv \int_{-\infty}^{+\infty} \tilde{E}_y^{\text{内}}\left(x,0\right) \mathrm{e}^{\mathrm{i}k_0 x\sin\theta}\mathrm{d}x \\
&= \int_{-\infty}^{-d/2} \tilde{A}_{\mathrm{e}}\cos\tilde{u}\cdot\mathrm{e}^{\tilde{\gamma}\left(x+\frac{d}{2}\right)}\mathrm{e}^{\mathrm{i}k_0 x\sin\theta}\mathrm{d}x + \int_{-d/2}^{d/2}\tilde{A}_{\mathrm{e}}\cos\left(\tilde{\kappa}x\right)\mathrm{e}^{\mathrm{i}k_0 x\sin\theta}\mathrm{d}x \\
&\quad + \int_{d/2}^{\infty}\tilde{A}_{\mathrm{e}}\cos\tilde{u}\cdot\mathrm{e}^{-\tilde{\gamma}\left(x-\frac{d}{2}\right)}\mathrm{e}^{\mathrm{i}k_0 x\sin\theta}\mathrm{d}x \\
&= -\int_{\infty}^{d/2}\tilde{A}_{\mathrm{e}}\cos\tilde{u}\cdot\mathrm{e}^{-\tilde{\gamma}\left(x-\frac{d}{2}\right)}\mathrm{e}^{-\mathrm{i}k_0 x\sin\theta}\mathrm{d}x + \int_{-d/2}^{d/2}\tilde{A}_{\mathrm{e}}\cos\left(\tilde{\kappa}x\right)\mathrm{e}^{\mathrm{i}k_0 x\sin\theta}\mathrm{d}x \\
&\quad + \int_{d/2}^{\infty}\tilde{A}_{\mathrm{e}}\cos\tilde{u}\cdot\mathrm{e}^{-\tilde{\gamma}\left(x-\frac{d}{2}\right)}\mathrm{e}^{\mathrm{i}k_0 x\sin\theta}\mathrm{d}x \\
&= \tilde{A}_{\mathrm{e}}\cos\tilde{u}\cdot\int_{d/2}^{\infty}\mathrm{e}^{-\tilde{\gamma}\left(x-\frac{d}{2}\right)}\left(\mathrm{e}^{\mathrm{i}k_0 x\sin\theta} + \mathrm{e}^{-\mathrm{i}k_0 x\sin\theta}\right)\mathrm{d}x \\
&\quad + \int_{0}^{d/2}\tilde{A}_{\mathrm{e}}\cos\left(\tilde{\kappa}x\right)\left(\mathrm{e}^{\mathrm{i}k_0 x\sin\theta} + \mathrm{e}^{-\mathrm{i}k_0 x\sin\theta}\right)\mathrm{d}x \\
&= 2\tilde{A}_{\mathrm{e}}\cos\tilde{u}\cdot\mathrm{e}^{\frac{\tilde{\gamma}d}{2}}\int_{d/2}^{\infty}\mathrm{e}^{-\tilde{\gamma}x}\cos\left(\vartheta x\right)\mathrm{d}x + 2\tilde{A}_{\mathrm{e}}\int_{0}^{d/2}\cos\left(\tilde{\kappa}x\right)\cos\left(\vartheta x\right)\mathrm{d}x \\
&= 2\tilde{A}_{\mathrm{e}}\left\{\cos\tilde{u}\cdot\mathrm{e}^{\frac{\tilde{\gamma}d}{2}}\left[\frac{\mathrm{e}^{-\tilde{\gamma}x}\left(-\tilde{\gamma}\cos\left(\vartheta x\right) + \vartheta\sin\left(\vartheta x\right)\right)}{\left(-\tilde{\gamma}\right)^2 + \vartheta^2}\right]_{d/2}^{\infty}\right. \\
&\quad \left. + \frac{1}{2}\int_{0}^{d/2}\left[\cos\left(\tilde{\kappa}+\vartheta\right)x + \cos\left(\tilde{\kappa}-\vartheta\right)x\right]\mathrm{d}x\right\} \\
&= 2\tilde{A}_{\mathrm{e}}\left\{\cos\tilde{u}\cdot\mathrm{e}^{\frac{\tilde{\gamma}d}{2}}\left[\frac{\mathrm{e}^{-\frac{\tilde{\gamma}d}{2}}\left(\tilde{\gamma}\cos\bar{\varphi} - \vartheta\sin\bar{\varphi}\right)}{\tilde{\gamma}^2 + \vartheta^2}\right]\right. \\
&\quad \left. + \frac{1}{2}\left[\frac{\sin\left(\tilde{\kappa}+\vartheta\right)x}{\tilde{\kappa}+\vartheta} + \frac{\sin\left(\tilde{\kappa}-\vartheta\right)x}{\tilde{\kappa}-\vartheta}\right]_{0}^{d/2}\right\} \\
&= 2\tilde{A}_{\mathrm{e}}\left\{\frac{d}{2}\cos\tilde{u}\cdot\left(\frac{\tilde{v}\cos\bar{\varphi} - \bar{\varphi}\sin\bar{\varphi}}{\tilde{v}^2 + \bar{\varphi}^2}\right)\right. \\
&\quad \left. + \frac{d}{4}\left[\frac{\sin\left(\tilde{u}+\bar{\varphi}\right)}{\tilde{u}+\bar{\varphi}} + \frac{\sin\left(\tilde{u}-\bar{\varphi}\right)}{\tilde{u}-\bar{\varphi}}\right]\right\}
\end{aligned}
$$

$$= \tilde{A}_{e}d\left\{ \cos\tilde{u}\cdot\left(\frac{\tilde{v}\cos\bar{\varphi}-\bar{\varphi}\sin\bar{\varphi}}{\tilde{v}^{2}+\bar{\varphi}^{2}}\right)\right.$$

$$\left.+\frac{1}{2}\left[\frac{(\tilde{u}-\bar{\varphi})\sin(\tilde{u}+\bar{\varphi})+(\tilde{u}+\bar{\varphi})\sin(\tilde{u}-\bar{\varphi})}{\tilde{u}^{2}-\bar{\varphi}^{2}}\right]\right\}$$

$$= \tilde{A}_{e}d\left[\cos\tilde{u}\cdot\left(\frac{\tilde{v}\cos\bar{\varphi}-\bar{\varphi}\sin\bar{\varphi}}{\tilde{v}^{2}+\bar{\varphi}^{2}}\right)\right.$$

$$\left.+\frac{(\tilde{u}-\bar{\varphi})(\sin\tilde{u}\cos\bar{\varphi}+\cos\tilde{u}\sin\bar{\varphi})+(\tilde{u}+\bar{\varphi})(\sin\tilde{u}\cos\bar{\varphi}-\cos\tilde{u}\sin\bar{\varphi})}{2(\tilde{u}^{2}-\bar{\varphi}^{2})}\right]$$

$$= \tilde{A}_{e}d\left[\cos\tilde{u}\cdot\left(\frac{\tilde{v}\cos\bar{\varphi}-\bar{\varphi}\sin\bar{\varphi}}{\tilde{v}^{2}+\bar{\varphi}^{2}}\right)+\frac{\tilde{u}\sin\tilde{u}\cos\bar{\varphi}-\bar{\varphi}\cos\tilde{u}\sin\bar{\varphi}}{\tilde{u}^{2}-\bar{\varphi}^{2}}\right]$$

$$= \tilde{A}_{e}d\cos\tilde{u}\cdot\left(\frac{\tilde{v}\cos\bar{\varphi}-\bar{\varphi}\sin\bar{\varphi}}{\tilde{v}^{2}+\bar{\varphi}^{2}}+\frac{\tilde{v}\cos\bar{\varphi}-\bar{\varphi}\sin\bar{\varphi}}{\tilde{u}^{2}-\bar{\varphi}^{2}}\right)$$

$$= \tilde{A}_{e}d\cos\tilde{u}(\tilde{v}\cos\bar{\varphi}-\bar{\varphi}\sin\bar{\varphi})\left[\frac{1}{\tilde{v}^{2}+\bar{\varphi}^{2}}+\frac{1}{\tilde{u}^{2}-\bar{\varphi}^{2}}\right]$$

$$= \tilde{A}_{e}d\cos\tilde{u}(\tilde{v}\cos\bar{\varphi}-\bar{\varphi}\sin\bar{\varphi})\frac{(\tilde{u}^{2}-\bar{\varphi}^{2})+(\tilde{v}^{2}+\bar{\varphi}^{2})}{(\tilde{v}^{2}+\bar{\varphi}^{2})(\tilde{u}^{2}-\bar{\varphi}^{2})}$$

$$= \tilde{A}_{e}d\cos\tilde{u}\frac{(\tilde{v}\cos\bar{\varphi}-\bar{\varphi}\sin\bar{\varphi})(\tilde{u}^{2}+\tilde{v}^{2})}{(\tilde{v}^{2}+\bar{\varphi}^{2})(\tilde{u}^{2}-\bar{\varphi}^{2})}=\tilde{A}_{e}d\cos\tilde{u}\cdot(\tilde{u}^{2}+\tilde{v}^{2})\tilde{U}(\theta) \quad (2.1\text{-}24\text{g})$$

其中，

$$\tilde{U}(\theta)\equiv\frac{\tilde{v}\cos\bar{\varphi}-\bar{\varphi}\sin\bar{\varphi}}{(\tilde{v}^{2}+\bar{\varphi}^{2})(\tilde{u}^{2}-\bar{\varphi}^{2})},\quad \theta=0\rightarrow\bar{\varphi}=\frac{k_{0}d}{2}\sin\theta=0,\quad \tilde{U}(0)=\frac{1}{\tilde{v}\tilde{u}^{2}} \quad (2.1\text{-}24\text{h})$$

$$F_{e}(\theta)\equiv\left|\tilde{U}(\theta)\right|^{2},\quad I_{1}(0)\equiv\int_{-\infty}^{+\infty}E_{y}^{内}(x,0)\,\mathrm{d}x=\tilde{A}_{e}d\cos\tilde{u}\cdot\frac{\tilde{u}^{2}+\tilde{v}^{2}}{\tilde{u}^{2}\tilde{v}} \quad (2.1\text{-}24\text{i})$$

$$\left.\frac{I(\theta)}{I(0)}\right|_{偶阶}^{\mathrm{TE}}=\cos^{2}\theta\frac{\left|\int_{-\infty}^{+\infty}\tilde{E}_{y}^{内}(x,0)\mathrm{e}^{\mathrm{i}k_{0}x\sin\theta}\mathrm{d}x\right|^{2}}{\left|\int_{-\infty}^{+\infty}\tilde{E}_{y}^{内}(x,0)\,\mathrm{d}x\right|^{2}}=\cos^{2}\theta\frac{|I_{1}(\theta)|^{2}}{|I_{1}(0)|^{2}}=\cos^{2}\theta\frac{F_{e}(\theta)}{F_{e}(0)}$$

$$(2.1\text{-}24\text{j})$$

$$\frac{F_{e}(\theta)}{F_{e}(0)}=\frac{|\tilde{v}\cos\bar{\varphi}-\bar{\varphi}\sin\bar{\varphi}|^{2}\left|\tilde{u}^{2}\tilde{v}\right|^{2}}{\left|(\tilde{v}^{2}+\bar{\varphi}^{2})(\tilde{u}^{2}-\bar{\varphi}^{2})\right|^{2}}$$

$$= \frac{\left|(v_{r}\cos\bar{\varphi}-\bar{\varphi}\sin\bar{\varphi})+\mathrm{i}v_{i}\cos\bar{\varphi}\right|^{2}\left(u_{r}^{2}+u_{i}^{2}\right)^{2}\left(u_{r}^{2}+u_{i}^{2}\right)}{\left[\left(v_{r}^{2}-v_{i}^{2}+\bar{\varphi}^{2}\right)^{2}+(2v_{r}v_{i})^{2}\right]\left[\left(u_{r}^{2}-u_{i}^{2}-\bar{\varphi}^{2}\right)^{2}+(2u_{r}u_{i})^{2}\right]}$$

$$= \frac{\left[(v_{r}\cos\bar{\varphi}-\bar{\varphi}\sin\bar{\varphi})^{2}+(v_{i}\cos\bar{\varphi})^{2}\right]\left(u_{r}^{2}+u_{i}^{2}\right)^{2}\left(v_{r}^{2}+v_{i}^{2}\right)}{\left[\left(v_{r}^{2}-v_{i}^{2}+\bar{\varphi}^{2}\right)^{2}+(2v_{r}v_{i})^{2}\right]\left[\left(u_{r}^{2}-u_{i}^{2}-\bar{\varphi}^{2}\right)^{2}+(2u_{r}u_{i})^{2}\right]}$$

$$(2.1\text{-}24\text{k})$$

则复对称三层平板波导的偶阶远场相对光强分布或远场图可表为

$$\frac{I\left(\theta\right)}{I(0)}\bigg|_{\text{偶阶复}}^{\text{TE}} = \cos^2\theta \frac{\left[\left(v_{\text{r}}\cos\bar\varphi - \bar\varphi\sin\bar\varphi\right)^2 + \left(v_{\text{i}}\cos\bar\varphi\right)^2\right]\left[\left(u_{\text{r}}^2 + u_{\text{i}}^2\right)^2\left(v_{\text{r}}^2 + v_{\text{i}}^2\right)\right]}{\left[\left(v_{\text{r}}^2 - v_{\text{i}}^2 + \bar\varphi^2\right)^2 + \left(2v_{\text{r}}v_{\text{i}}\right)^2\right]\left[\left(u_{\text{r}}^2 - u_{\text{i}}^2 - \bar\varphi^2\right)^2 + \left(2u_{\text{r}}u_{\text{i}}\right)^2\right]}$$

$$(2.1\text{-}24l)$$

对纯折射率波导三层平板波导偶阶模式

$$\delta = +0 \to u_{\text{i}} = 0, \quad v_{\text{i}} = 0 \tag{2.1-24m}$$

$$
\begin{aligned}
\frac{I\left(\theta\right)}{I(0)}\bigg|_{\delta=+0}^{\text{TE}} &= \cos^2\theta \frac{\left(v_{\text{r}}\cos\bar\varphi - \bar\varphi\sin\bar\varphi\right)^2\left(u_{\text{r}}^2\right)^2\left(v_{\text{r}}^2\right)}{\left(v_{\text{r}}^2 + \bar\varphi^2\right)^2\left(u_{\text{r}}^2 - \bar\varphi^2\right)^2} \\
&= \cos^2\theta\left[\frac{\kappa^2\gamma\left(\gamma\cos\bar\varphi - k_0\sin\theta\sin\bar\varphi\right)}{\left(\kappa^2 - k_0^2\sin^2\theta\right)\left(\gamma^2 + k_0^2\sin^2\theta\right)}\right]^2
\end{aligned}
\tag{2.1-24n}
$$

与式 (2.1-23k) 一致。

2) 奇阶模式

对于奇阶模式, $m = 1, 3, 5, \cdots$

$$x \geqslant \frac{d}{2}: \quad \tilde E_{y1} = \tilde B_1 \text{e}^{-\tilde\gamma x} = \tilde A_{\text{o}}\cos\left(\tilde u - \frac{m\pi}{2}\right)\text{e}^{-\tilde\gamma\left(x - \frac{d}{2}\right)} = \tilde A_{\text{o}}\sin\tilde u \cdot \text{e}^{-\tilde\gamma\left(x - \frac{d}{2}\right)}$$

$$(2.1\text{-}24o)$$

$$|x| \leqslant \frac{d}{2}: \quad \tilde E_{y2} = \tilde A_{\text{o}}\cos\left(\tilde\kappa x - \frac{m\pi}{2}\right) = \tilde A_{\text{o}}\sin\tilde\kappa x \tag{2.1-24p}$$

$$x \leqslant -\frac{d}{2}: \quad \tilde E_{y3} = \tilde B_3 \text{e}^{\tilde\gamma x} = \tilde A_{\text{o}}\cos\left(\tilde u + \frac{m\pi}{2}\right)\text{e}^{\tilde\gamma\left(x + \frac{d}{2}\right)} = -\tilde A_{\text{o}}\sin\tilde u \cdot \text{e}^{\tilde\gamma\left(x + \frac{d}{2}\right)} \tag{2.1-24q}$$

$$\tan\left(\tilde u - \frac{m\pi}{2}\right) = \frac{\tilde\gamma}{\tilde\kappa} \to -\cot\tilde u = \frac{\tilde\gamma}{\tilde\kappa} \to \tilde\kappa\cos\tilde u = -\tilde\gamma\sin\tilde u, \quad \bar\varphi \equiv \frac{k_0 d}{2}\sin\theta \tag{2.1-24r}$$

由式 (2.1-23q):

$$
\begin{aligned}
I_2\left(\theta\right) &= \text{i}A_{\text{o}}d\sin u\left(\frac{\tilde v\sin\bar\varphi + \bar\varphi\cos\bar\varphi}{\tilde v^2 + \bar\varphi^2} + \frac{\tilde v\sin\bar\varphi + \bar\varphi\cos\bar\varphi}{\tilde u^2 - \bar\varphi^2}\right) \\
&= \text{i}A_{\text{o}}d\sin u\left[\frac{\left(\tilde u^2 - \bar\varphi^2\right)\left(\tilde v\sin\bar\varphi + \bar\varphi\cos\bar\varphi\right) + \left(\tilde v^2 + \bar\varphi^2\right)\left(\tilde v\sin\bar\varphi + \bar\varphi\cos\bar\varphi\right)}{\left(\tilde v^2 + \bar\varphi^2\right)\left(\tilde u^2 - \bar\varphi^2\right)}\right] \\
&= \frac{\left(\tilde u^2 - \bar\varphi^2\right)\tilde v\sin\bar\varphi + \left[\left(\tilde u^2 + \tilde v^2\right)\bar\varphi + \left(\varphi^2 + \tilde v^2\right)\tilde u\right]\cos\bar\varphi}{\left(\tilde v^2 + \bar\varphi^2\right)\left(\tilde u^2 - \bar\varphi^2\right)} \\
&= \tilde A_{\text{o}}d\cdot\sin\tilde u\cdot\frac{\left(\tilde u^2 + \tilde v^2\right)\left(\tilde v\sin\bar\varphi + \bar\varphi\cos\bar\varphi\right)}{\left(\tilde v^2 + \bar\varphi^2\right)\left(\tilde u^2 - \bar\varphi^2\right)} \\
&= \tilde A_{\text{o}}d\cdot\sin\tilde u\cdot\left(\tilde u^2 + \tilde v^2\right)\cdot\tilde U_{\text{o}}\left(\theta\right)
\end{aligned}
\tag{2.1-24s}
$$

$$F_{\text{o}}\left(\theta\right) = \left|\tilde U_{\text{o}}\left(\theta\right)\right|^2 = \left|\frac{\tilde v\sin\bar\varphi + \bar\varphi\cos\bar\varphi}{\left(\tilde v^2 + \bar\varphi^2\right)\left(\tilde u^2 - \bar\varphi^2\right)}\right|^2$$

$$= \left| \frac{(v_r + iv_i) \sin \bar{\varphi} + \bar{\varphi} \cos \bar{\varphi}}{(v_r^2 - v_r^2 + i2v_r v_i + \bar{\varphi}^2)(u_r^2 - u_r^2 + i2u_r u_i - \bar{\varphi}^2)} \right|^2$$

$$= \frac{(v_r \sin \bar{\varphi} + \bar{\varphi} \cos \bar{\varphi})^2 + (v_i \sin \bar{\varphi})^2}{\left[(v_r^2 - v_r^2 + \bar{\varphi}^2)^2 + (2v_r v_i)^2 \right] \left[(u_r^2 - u_r^2 - \bar{\varphi}^2)^2 + (2u_r u_i)^2 \right]} \tag{2.1-24t}$$

$$\left. \frac{I(\theta)}{I_{o,max}} \right|_{\text{奇阶, 复}}^{\text{TE}} = \frac{\cos^2 \theta}{F_{o,max}} \frac{(v_r \sin \bar{\varphi} + \bar{\varphi} \cos \bar{\varphi})^2 + (v_i \sin \bar{\varphi})^2}{\left[(v_r^2 - v_r^2 + \bar{\varphi}^2)^2 + (2v_r v_i)^2 \right] \left[(u_r^2 - u_r^2 - \bar{\varphi}^2)^2 + (2u_r u_i)^2 \right]}$$
$$\tag{2.1-24u}$$

对**纯折射率波导三层平板波导奇阶模式**:

$$\delta = +0 \rightarrow u_i = 0, \quad v_i = 0 \tag{2.1-24v}$$

$$F_o = \frac{(v_r \sin \bar{\varphi} + \bar{\varphi} \cos \bar{\varphi})^2}{(u_r^2 - \bar{\varphi}^2)^2 (v_r^2 + \bar{\varphi}^2)^2} = \frac{2}{d} F_o', \quad F_o' \equiv \frac{(\gamma \sin \bar{\varphi} + k_0 \sin \theta \cos \bar{\varphi})^2}{(\kappa^2 - k_0^2 \sin^2 \theta)^2 (\gamma^2 + k_0^2 \sin^2 \theta)^2} \tag{2.1-24w}$$

$$\left. \frac{I_o(\theta)}{I_{o,max}} \right|_{\text{奇阶, 纯}}^{\text{TE}} = \frac{F_o \cos^2 \theta}{F_{o,max}} = \frac{\cos^2 \theta}{F_{o,max}'} \frac{(\gamma \sin \bar{\varphi} + k_0 \sin \theta \cos \bar{\varphi})^2}{(\kappa^2 - k_0^2 \sin^2 \theta)^2 (\gamma^2 + k_0^2 \sin^2 \theta)^2} \tag{2.1-24x}$$

图 2.1-6F 是对一定的波长 λ_0 和芯层厚度 $d(d = 1\mu m, 0.5\mu m, 0.3\mu m, 0.1\mu m, 0.02\mu m)$，但在 $\delta = 0$ 和 $\pm\infty$ 时，$D = D_0 = 1.276\,36$，而在 $\delta = \pm 1$ 时，$D = D_0(1 + \delta^2)^{1/4} = 1.517\,86$ 算出的。**图 2.1-6F(a)**，**(c)**，**(e)**，**(g)**，**(i)** 分别是其 TE 基模远场图的数值计算结果的例子。

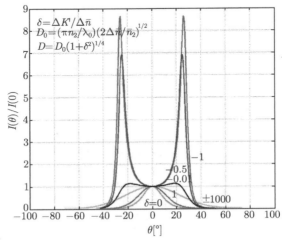

图 2.1-6F(a)　$d = 1\mu m$ 的三层复折射率平板波导 δ 不同的 TE 基模远场图

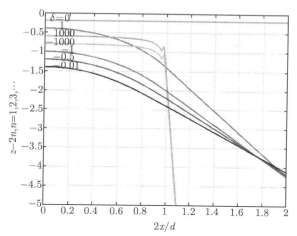

图 2.1-6F(b) $d = 1\mu m$ 的三层复折射率平板波导 δ 不同的 TE 基模等相面

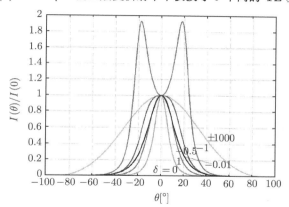

图 2.1-6F(c) $d = 0.5\mu m$ 的三层复折射率平板波导 δ 不同的 TE 基模远场图

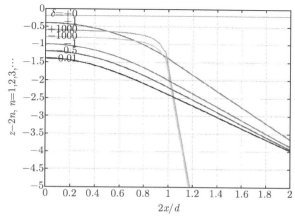

图 2.1-6F(d) $d = 0.5\mu m$ 的三层复折射率平板波导 δ 不同的 TE 基模等相面

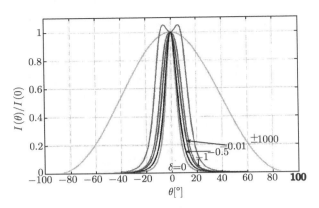

图 2.1-6F(e) $d = 0.3\mu m$ 的三层复折射率平板波导 δ 不同的 TE 基模远场图

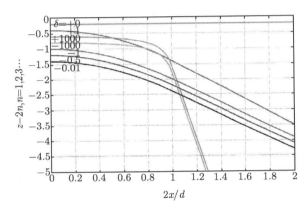

图 2.1-6F(f) $d = 0.3\mu m$ 的三层复折射率平板波导 δ 不同的 TE 基模等相面

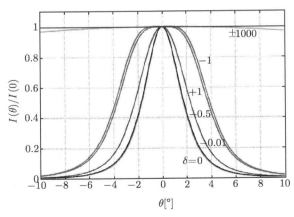

图 2.1-6F(g) $d = 0.1\mu m$ 的三层复折射率平板波导 δ 不同 TE 基模远场图

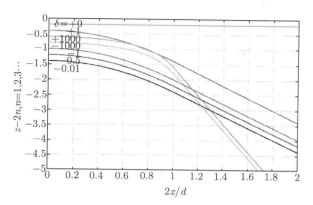

图 2.1-6F(h) $d = 0.1\mu m$ 的三层复折射率平板波导 δ 不同 TE 基模等相面

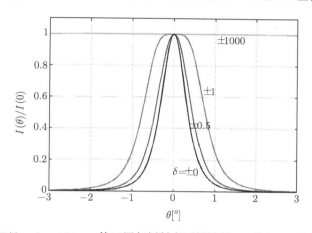

图 2.1-6F(i) $d = 0.02\mu m$ 的三层复折射率平板波导 δ 不同 TE 基模远场图

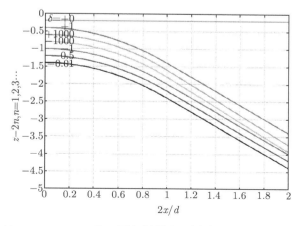

图 2.1-6F(j) $d = 0.02\mu m$ 的三层复折射率平板波导 δ 不同 TE 基模等相面

　　由图可见，对于**折射率反波导的增益波导** $(\delta < 0)$，**基模的远场图可以出现明显的双峰现象**。其相应的等相面，在端面上的场强分布和时间平均近场图分别如**图 2.1-6F(b)**、**(d)**、**(f)**、**(h)**、**(j)**[①]；**(k)**、**(l)** 所示。由图可见，**在远场出现双峰时，近场仍然是单峰的，然而其等相面明显偏离垂直平面**。这些现象及其规律性可以归结为：

　　[引理 15.6]　　对于反折射率波导，导波模式的近场图转变为远场图时其峰值个数也不一定是守恒的，严重的反折射率波导的近场，即使基模是典型的单峰，其远场的单模却可能是双峰 (二维波导可出现三峰) 的。因此单纯从远场图的峰值个数并不能可靠判断导波模式的阶。

　　[引理 15.7]　　除了纯折射率波导中导波模式的波前是平面外，其他波导机制所支持的导波模式的等相面都是向前进方向突出的。该现象可以作为是否纯折射率波导机制的判据，但从其弯曲程度并不容易区分增益波导或反折射率波导机制，也难以判断是否会出现双峰。

　　[引理 15.8]　　有源区的厚度越薄，远场图的双峰现象越不容易出现，厚度有明显控制作用。

第七讲学习重点

　　无限平面界面的三层平板波导的导波模式是 z 方向的**行波 (running wave)**。如果这三层平板波导终止于一个垂直于 z 方向的无限平面，其外是真空或空气。波导内导波模式将在该垂直面发生出射和反射或反馈。本讲的学习重点是关于出射方面的基本理论和规律性：

　　(1) 如何由导波模式的近场图导出远场图，并明确其间的关系。

　　(2) 远场图的峰数和发散角与其相应导波模式的阶、波导结构和波导机制的关系。

　　(3) 学会数值计算分析纯折射率波导和复折射率波导的远场图及其结果的各种表述。

习　题　七

　　Ex.7.1 (a) 试讨论导波模式出射过程的物理实质。**(b)** 试述**平稳相位法**的实质，并定量分析讨论如**图 2.1-6C** 所示导波模式远场的发散角与 θ 角的关系。**(c)** 为什么基模远场的发散角 $\Theta = 2\theta_{1/2}$ 会先随有源层厚度的增加而增加，达到一极大值后反而随有源层厚度的增加而减小？该极大值又代表什么？试对这三点作出正确的物理解释。

---

　　①画出等相面公式减去一个相应平移常数是为了将各种 δ 的曲线平移隔开以便于分析比较。

Ex.7.2 (a) 计算并画出 $\bar{n}_2 = 3.590$, $\bar{n}_1 = \bar{n}_3 = 3.385$, $d = 0.9\mu\text{m}$, $\lambda_0 = 0.9\mu\text{m}$ 的所有导波模式的近场图和远场图、基模的发散角 $\Theta = 2\theta_{1/2}$。**(b)** 计算并画出 $\bar{n}_2 = 3.590$, $\bar{n}_1 = \bar{n}_3 = 3.571\,38$, $D_0 = 1.276\,36$, $\lambda_0 = 0.9\mu\text{m}$, $[\delta, D] = [+1 \times 10^{-23}, D_0]$, $[+1, D_0(1+\delta^2)^{1/4}]$, $[+1000, D_0]$, $[-1000, D_0]$, $[-1, D_0(1+\delta^2)^{1/4}]$, $[-0.5, D_0(1+\delta^2)^{1/4}]$ 的基模 $(m = 0)$ 的远场图，及其腔内导波模式 (近场) 的等相面，算出其各自的芯层厚度 d，并讨论其物理内涵。

2.1.7 端面返射 [1.4,5.4,5.5,8.1]

在波导内传播的分立导波模式到达垂直端面后，一部分能量出射到空气或真空中，另一部分能量则**返射**回来成为偏振性保持不变 (**偏振性守恒**) 的该波导结构所允许的**全部分立导波模式**(最高模阶为 M，共 $M+1$ 个模式) 和**全部连续辐射模式** (共有无穷多个)。这时，**波导内的模式场应为原导波模式与诸反向同偏振模式完备集的线性组合，并满足与出射模式场在垂直端面上连续的边界条件**。表明由于这端界面不是两均匀介质的无限交界面，其**返射**过程将涉及模式转换过程而与通常的**反射**含义有别，这里的返射过程是一个前进的某阶导波模式遇到终止端面而转变为波导内一切反向导波模式和反向辐射模式的过程。根据能量守恒原理，**一个前进导波模式**在端面所发生的过程应满足能量守恒关系：

$$R_m + T_m + S_m = 1 \tag{2.1-25a}$$

其中，R_m、T_m、S_m 分别是 m 阶导波模式转换为其反向 m 阶导波模式的**功率反射**

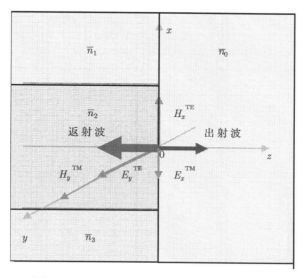

图 2.1-7A(a)　三层平板波导垂直端面的场量

率、转换为 m 阶出射光束的**功率出射率**和转换为其他导波模式和辐射模式的**功率散射率**。S_m 将随波导结构中表征波导强度的折射率突变量，即芯层与限制层之间的**折射率差** $\Delta\bar{n}$ 的增加而增加。当 $\Delta\bar{n}$ 不太大，因而波导作用不太强时，$S_m \ll 1$。比值 $T_m/(T_m + S_m)$ 将会限制激光器的**外量子效率**。由于 $\mathrm{Sn}_x\mathrm{Pb}_{1-x}\mathrm{Te}$ 的折射率比 $\mathrm{Al}_x\mathrm{Ga}_{1-x}\mathrm{As}$ 或 $\mathrm{In}_x\mathrm{Ga}_{1-x}\mathrm{As}_y\mathrm{P}_{1-y}$ 的折射率大 3~4 倍，而且随组分变化剧烈，故 $\Delta\bar{n}$ 很大。例如，在激射波长为 $\lambda_0 = 6.5 \sim 20\mu\mathrm{m}$ 的 $\mathrm{Sn}_x\mathrm{Pb}_{1-x}\mathrm{Te}$ DH 激光器中，$S_m \approx 10\%$，$R_m \approx 70\%$，其最大的**外量子效率**可能小于 50%。

1. TE 模式

对纯折射率对称三层平板波导，TE 模式电磁场由式 (1.1-2m) 和式 (2.1-1h,i) 得

$$H_y = 0, E_x = 0, E_z = 0, \quad E_y(x,z) = E_y(x)\mathrm{e}^{-\mathrm{i}\beta_z z},$$

$$H_x(x,z) = H_x(x)\mathrm{e}^{-\mathrm{i}\beta_z z} \to \frac{\partial E_y(x,z)}{\partial z} = -\mathrm{i}\beta_z E_y(x,z) \tag{2.1-25b}$$

由式 (2.1-1c,d) 得

$$H_x(x) = \frac{-\mathrm{i}\beta_z}{k^2 - \beta_z^2}\frac{\mathrm{d}H_z(x)}{\mathrm{d}x} = \frac{-\beta_z}{\omega\mu_0}E_y(x) \to H_x(x,z) = \frac{1}{\mathrm{i}\omega\mu_0}\frac{\partial E_y(x,z)}{\partial z} \tag{2.1-25c}$$

因此，在 TE 情况，可将边界条件所涉的电磁场量化为 E_y **及其对** z **的微商。**

在波导内 $(z \leqslant 0)$：由式 (2.1-4i~k') 和式 (2.1-17c~e)，各层的模式波函数分别为

$$|x| \leqslant \frac{d}{2}: \quad E_{y2,\mathrm{m}} \equiv \psi_m(x) = A_m\cos\left(\kappa_m x - \frac{m\pi}{2}\right), \quad E_{y2,r} \equiv \psi_\mathrm{r}(x) = \begin{cases} A_{er}\cos(\kappa_{2\mathrm{r}}x) \\ A_{or}\sin(\kappa_{2\mathrm{r}}x) \end{cases} \tag{2.1-25d}$$

$$|x| \geqslant \frac{d}{2}: \quad E_{y1,\mathrm{m}}(x) \equiv \psi_m(x) = B_1\mathrm{e}^{-\gamma_m|x|} = A_\mathrm{e}\cos\left(\frac{\kappa_m d}{2} - \frac{m\pi}{2}\right)\mathrm{e}^{-\gamma_m\left(|x|-\frac{d}{2}\right)} \tag{2.1-25e}$$

$$E_{y1,\mathrm{r}}(x) \equiv \psi_\mathrm{r}(x) = \begin{cases} B_{r,e}\mathrm{e}^{-\mathrm{i}\kappa_{1\mathrm{r}}|x|} + C_{r,e}\mathrm{e}^{\mathrm{i}\kappa_{1\mathrm{r}}|x|} \\ \dfrac{x}{|x|}\left(B_{r,o}\mathrm{e}^{-\mathrm{i}\kappa_{1\mathrm{r}}|x|} + C_{r,o}\mathrm{e}^{\mathrm{i}\kappa_{1\mathrm{r}}|x|}\right) \end{cases} \quad [\mathrm{V}\cdot\mathrm{cm}^{-1}] \tag{2.1-25f}$$

导波模式的本征方程为

$$\tan\left(\frac{\kappa_m d}{2} - \frac{m\pi}{2}\right) = \frac{\gamma_m}{\kappa_m} \to \kappa_m\sin\left(\frac{\kappa_m d}{2} - \frac{m\pi}{2}\right) = \gamma_m\cos\left(\frac{\kappa_m d}{2} - \frac{m\pi}{2}\right) \tag{2.1-25g}$$

腔内场按波函数完备集展开：

$$E_y^{\text{内}}(x,z) = \psi_m(x)\mathrm{e}^{-\mathrm{i}\beta_{zm}z} + \sum_{n=0}^{M}\rho_{mn}\psi_\mathrm{n}(x)\mathrm{e}^{\mathrm{i}\beta_{zn}z} + \int_0^\infty \rho_{mr}\psi_\mathrm{r}(x)\mathrm{e}^{\mathrm{i}\beta_{zr}z}\mathrm{d}\beta_{zr} \tag{2.1-25h}$$

$$H_x^{\text{内}}(x,z) = \frac{1}{\mathrm{i}\omega\mu_0}\frac{\partial E_y^{\text{内}}(x,z)}{\partial z} = \frac{-1}{\omega\mu_0}\left[\beta_{zm}\psi_m(x)\mathrm{e}^{-\mathrm{i}\beta_{zm}z} - \sum_{n=0}^{M}\rho_{mn}\beta_{zn}\psi_{\mathrm{n}}(x)\mathrm{e}^{\mathrm{i}\beta_{zn}z}\right.$$
$$\left. - \int_0^{\infty}\rho_{mr}\beta_{zr}\psi_{\mathrm{r}}(x)\mathrm{e}^{\mathrm{i}\beta_{zr}z}\mathrm{d}\beta_{zr}\right] \tag{2.1-25i}$$

波导外($z \geqslant 0$)：由式 (2.1-19f,g,k,za) 和式 (2.1-25c)，腔外出射模式电场按连续平面波展开为

$$E_y^{\text{外}}(x,z) = \int_{-\infty}^{\infty}a(\bar{\kappa}_0)\mathrm{e}^{-\mathrm{i}(\bar{\kappa}_0 x + \bar{\beta}_{z0}z)}\mathrm{d}\bar{\kappa}_0, \quad \bar{\kappa}_0 = \bar{u}k_0, \quad \bar{\beta}_{z0} = \sqrt{1-\bar{u}^2}k_0 \tag{2.1-25j}$$

其傅里叶变换是出射电场分量平面波振幅：

$$a(\bar{\kappa}_0) = \frac{1}{2\pi}\int_{-\infty}^{\infty}E_y^{\text{外}}(x,z)\mathrm{e}^{\mathrm{i}(\bar{\kappa}_0 x + \bar{\beta}_{z0}z)}\mathrm{d}x \; [\mathrm{V}] \tag{2.1-25k}$$

在端面 ($z=0$) 处简化为

$$a(\bar{\kappa}_0) = \frac{1}{2\pi}\int_{-\infty}^{\infty}E_y^{\text{外}}(x,0)\mathrm{e}^{\mathrm{i}\bar{\kappa}_0 x}\mathrm{d}x \tag{2.1-25k'}$$

腔外出射模式磁场 $[\mathrm{A\cdot cm^{-1}}]$ 的平面波展开为

$$H_x^{\text{外}}(x,z) = \frac{1}{\mathrm{i}\omega\mu_0}\frac{\partial E_y^{\text{外}}(x,z)}{\partial z} = \int_{-\infty}^{\infty}\left(\frac{a(\bar{\kappa}_0)\bar{\beta}_{z0}}{-\omega\mu_0}\right)\mathrm{e}^{-\mathrm{i}(\bar{\kappa}_0 x + \bar{\beta}_{z0}z)}\mathrm{d}\bar{\kappa}_0 \tag{2.1-25l}$$

其傅里叶变换为磁场分量平面波振幅：

$$\frac{-1}{\omega\mu_0}\bar{\beta}_{z0}a(\bar{\kappa}_0) = \frac{1}{2\pi}\int_{-\infty}^{\infty}H_x^{\text{外}}(x,z)\mathrm{e}^{\mathrm{i}(\bar{\kappa}_0 x + \bar{\beta}_{z0}z)}\mathrm{d}x \; [\mathrm{A}] \tag{2.1-25m'}$$

在端面 ($z=0$) 处简化为

$$\frac{-1}{\omega\mu_0}\bar{\beta}_{z0}a(\bar{\kappa}_0) = \frac{1}{2\pi}\int_{-\infty}^{\infty}H_x^{\text{外}}(x,0)\mathrm{e}^{\mathrm{i}\bar{\kappa}_0 x}\mathrm{d}x \tag{2.1-25m}$$

其传播常数为

$$\bar{\beta}_{z0} \equiv \sqrt{k_0^2 - \bar{\kappa}_0^2}, \quad \beta_{zr} < k_0\bar{n}_1, \quad k_0\bar{n}_1 < \beta_{zn} < k_0\bar{n}_2, \quad k_0 = 2\pi/\lambda_0, \quad \bar{\kappa}_0^2 \leqslant k_0^2 \tag{2.1-25n}$$

端界面上 ($z=0$) 的边界条件为

$$E_y^{\text{外}}(x,0) = E_y^{\text{内}}(x,0), \quad H_x^{\text{外}}(x,0) = H_x^{\text{内}}(x,0) \tag{2.1-25o}$$

利用上述边界条件 (2.1-25o) 进行傅里叶变换，导出以端界面上出射辐射模式的传播常数 $\bar{\kappa}_0$ 为连续变量的函数。由式 (2.1-25k,o) 得

$$a\left(\bar{\kappa}_0\right) = \frac{1}{2\pi}\int_{-\infty}^{\infty} E_y^{内}\left(x,0\right)\mathrm{e}^{\mathrm{i}\bar{\kappa}_0 x}\mathrm{d}x$$

$$= \frac{1}{2\pi}\int_{-\infty}^{\infty}\left[\psi_m(x) + \sum_{n=0}^{M}\rho_{mn}\psi_\mathrm{n}(x) + \int_0^{\infty}\rho_{mr}\psi_\mathrm{r}(x)\mathrm{d}\beta_{zr}\right]\mathrm{e}^{\mathrm{i}\bar{\kappa}_0 x}\mathrm{d}x$$

$$= \left[\frac{1}{2\pi}\int_{-\infty}^{\infty}\psi_m(x)\mathrm{e}^{\mathrm{i}\bar{\kappa}_0 x}\mathrm{d}x\right] + \sum_{n=0}^{M}\rho_{mn}\left[\frac{1}{2\pi}\int_{-\infty}^{\infty}\psi_\mathrm{n}(x)\mathrm{e}^{\mathrm{i}\bar{\kappa}_0 x}\mathrm{d}x\right]$$

$$+ \int_0^{\infty}\rho_{mr}\left[\frac{1}{2\pi}\int_{-\infty}^{\infty}\psi_\mathrm{r}(x)\mathrm{e}^{\mathrm{i}\bar{\kappa}_0 x}\mathrm{d}x\right]\mathrm{d}\beta_{zr} \qquad (2.1\text{-}25\mathrm{p}')$$

其中，$\bar{\kappa}_0$ 的函数为

$$\bar{\psi}_j\left(\bar{\kappa}_0\right) \equiv \frac{1}{2\pi}\int_{-\infty}^{\infty}\psi_j(x)\mathrm{e}^{\mathrm{i}\bar{\kappa}_0 x}\mathrm{d}x \ [\mathrm{V}], \quad j=m,n,r \qquad (2.1\text{-}25\mathrm{p})$$

是波导中存在的**波导模式完备集**中各 $(j=m,n,r)$ **模式场** $\psi_j(x)$ 在 $\bar{\kappa}_0$ 空间的傅里叶积分变换。

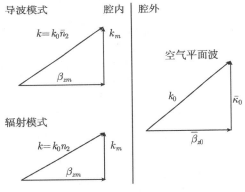

图 2.1-7A(b)　腔内外的波矢关系

式 (2.1-25p′) 得**出射模式电场**的振幅为

$$a\left(\bar{\kappa}_0\right) = \bar{\psi}_m\left(\bar{\kappa}_0\right) + \sum_{n=0}^{M}\rho_{mn}\bar{\psi}_\mathrm{n}\left(\bar{\kappa}_0\right) + \int_0^{\infty}\rho_{mr}\bar{\psi}_\mathrm{r}\left(\bar{\kappa}_0\right)\mathrm{d}\beta_{zr} \ [\mathrm{V}] \qquad (2.1\text{-}25\mathrm{q})$$

由式 (2.1-25i,m,o)，**出射模式磁场**的振幅为

$$\frac{-1}{\omega\mu_0}\bar{\beta}_{z0}a\left(\bar{\kappa}_0\right) = \frac{1}{2\pi}\int_{-\infty}^{\infty}H_x^{内}\left(x,0\right)\mathrm{e}^{\mathrm{i}\bar{\kappa}_0 x}\mathrm{d}x$$

$$= \frac{1}{2\pi}\int_{-\infty}^{\infty}\frac{-1}{\omega\mu_0}\left[\beta_{zm}\psi_m(x)\mathrm{e}^{-\mathrm{i}\beta_{zn}0} - \sum_{n=0}^{M}\rho_{mn}\beta_{zn}\psi_\mathrm{n}(x)\mathrm{e}^{\mathrm{i}\beta_{zn}0}\right.$$

$$-\int_0^\infty \rho_{mr}\beta_{zr}\psi_{\mathrm r}(x)\mathrm e^{\mathrm i\beta_{zn}0}\mathrm d\beta_{zr}\Big]\mathrm e^{\mathrm i\bar\kappa_0 x}\mathrm dx\to$$

$$\bar\beta_{z0}a\left(\bar\kappa_0\right)=\frac{1}{2\pi}\int_{-\infty}^\infty\left[\beta_{zm}\psi_m(x)-\sum_{n=0}^M\rho_{mn}\beta_{zn}\psi_{\mathrm n}(x)-\int_0^\infty\rho_{mr}\beta_{zr}\psi_{\mathrm r}(x)\mathrm d\beta_{zr}\right]\mathrm e^{\mathrm i\bar\kappa_0 x}\mathrm dx$$

$$=\beta_{zm}\left[\frac{1}{2\pi}\int_{-\infty}^\infty\psi_m(x)\mathrm e^{\mathrm i\bar\kappa_0 x}\mathrm dx\right]-\sum_{n=0}^M\rho_{mn}\beta_{zn}\left[\frac{1}{2\pi}\int_{-\infty}^\infty\psi_{\mathrm n}(x)\mathrm e^{\mathrm i\bar\kappa_0 x}\mathrm dx\right]$$

$$-\int_0^\infty\rho_{mr}\beta_{zr}\left[\frac{1}{2\pi}\int_{-\infty}^\infty\psi_{\mathrm r}(x)\mathrm e^{\mathrm i\bar\kappa_0 x}\mathrm dx\right]\mathrm d\beta_{zr}\to$$

$$\bar\beta_{z0}\left(\bar\kappa_0\right)a\left(\bar\kappa_0\right)=\beta_{zm}\bar\psi_m\left(\bar\kappa_0\right)-\sum_{n=0}^M\rho_{mn}\beta_{zn}\bar\psi_{\mathrm n}\left(\bar\kappa_0\right)$$

$$-\int_0^\infty\rho_{mr}\beta_{zr}\bar\psi_{\mathrm r}\left(\bar\kappa_0\right)\mathrm d\beta_{zr}\quad[\mathrm{V\cdot cm^{-1}}]\tag{2.1-25r}$$

利用下述积分具有的 δ 函数性质：

$$\frac{1}{2\pi}\int_{-\infty}^\infty\mathrm e^{-\mathrm i\bar\kappa_0\left(x'-x\right)}\mathrm d\bar\kappa_0=\frac{\left[\mathrm e^{-\mathrm i\bar\kappa_0\left(x'-x\right)}\right]_{-\infty}^\infty}{-\mathrm i2\pi\left(x'-x\right)}=\frac{\left[\mathrm e^{-\mathrm iK\left(x'-x\right)}-\mathrm e^{\mathrm iK\left(x'-x\right)}\right]}{-\mathrm i2\pi\left(x'-x\right)}$$

$$=\frac{\sin\left[K\left(x'-x\right)\right]}{\pi\left(x'-x\right)}=\delta\left(x'-x\right)\quad[\mathrm{cm^{-1}}]\tag{2.1-25s}$$

和各模式场的积分变换之间的正交归一性：

$$\int_{-\infty}^\infty\bar\psi_m\left(\bar\kappa_0\right)\bar\psi_{\mathrm n}^*\left(\bar\kappa_0\right)\mathrm d\bar\kappa_0$$

$$=\frac{1}{2\pi}\int_{-\infty}^\infty\psi_m(x)\left\{\int_{-\infty}^\infty\psi_{\mathrm n}^*\left(x'\right)\left[\frac{1}{2\pi}\int_{-\infty}^\infty\mathrm e^{-\mathrm i\bar\kappa_0\left(x'-x\right)}\mathrm d\bar\kappa_0\right]\mathrm dx'\right\}\mathrm dx\ [\mathrm{V^2cm^{-1}}]$$

$$=\frac{1}{2\pi}\int_{-\infty}^\infty\psi_m(x)\left[\int_{-\infty}^\infty\psi_{\mathrm n}^*\left(x'\right)\delta\left(x-x'\right)\mathrm dx'\right]\mathrm dx$$

$$=\frac{1}{2\pi}\int_{-\infty}^\infty\psi_m(x)\psi_{\mathrm n}^*(x)\mathrm dx=\frac{1}{2\pi}\int_{-\infty}^\infty E_{y\mathrm m}(x)E_{y\mathrm n}^*(x)\mathrm dx\tag{2.1-25t}$$

并由模式的时间平均功率密度 (2.1-15d,f) 得

$$P=P_z=-\frac{1}{2}\mathrm{Re}\int_{-\infty}^\infty E_yH_x^*\mathrm dx=-\frac{1}{2}\mathrm{Re}\int_{-\infty}^\infty\left(E_y\frac{-\beta_z^*}{\omega\mu_0}E_y^*\right)\mathrm dx$$

$$=\frac{\mathrm{Re}\left(\beta_z\right)}{2\omega\mu_0}\int_{-\infty}^\infty E_yE_y^*\mathrm dx\quad[\mathrm{A\cdot V\cdot cm^{-1}}]\tag{2.1-25u}$$

将式 (2.1-25t) 化为导波模式积分变换的正交归一关系：

$$\int_{-\infty}^\infty\bar\psi_m\left(\bar\kappa_0\right)\bar\psi_{\mathrm n}^*\left(\bar\kappa_0\right)\mathrm d\bar\kappa_0=\frac{\omega\mu_0P}{\pi\mathrm{Re}\left(\beta_{zm}\right)}\delta_{mn},\quad[\mathrm{A^{1-1}V^{1+1}cm^{1-1-1}s^{1-1}}=\mathrm{V^2\cdot cm^{-1}}]$$

$$\tag{2.1-25v}$$

由辐射模式的积分变换 (2.1-25p) 和积分 (2.1-25s) 的 δ 函数性质:

$$\int_{-\infty}^{\infty} \bar\psi_{\rm r}(\bar\kappa_0)\,\bar\psi_{\rm r'}^*(\bar\kappa_0)\,{\rm d}\bar\kappa_0 = \frac{1}{2\pi}\int_{-\infty}^{\infty}\psi_{\rm r}(x)\left[\int_{-\infty}^{\infty}\psi_{\rm r'}^*(x')\left(\frac{1}{2\pi}\int_{-\infty}^{\infty}{\rm e}^{-{\rm i}\bar\kappa_0(x'-x)}d\kappa_0\right)dx'\right]{\rm d}x$$

$$= \frac{1}{2\pi}\int_{-\infty}^{\infty}\psi_{\rm r}(x)\left[\int_{-\infty}^{\infty}\psi_{\rm r'}^*(x')\,\delta(x-x')\,dx'\right]{\rm d}x$$

$$= \frac{1}{2\pi}\int_{-\infty}^{\infty}\psi_{\rm r}(x)\psi_{\rm r'}^*(x){\rm d}x = \frac{\omega\mu_0 P}{\pi{\rm Re}(\beta_{zr})}\delta(r-r')$$

得辐射模式积分变换的正交归一关系:

$$\int_{-\infty}^{\infty}\bar\psi_{\rm r}(\bar\kappa_0)\,\bar\psi_{\rm r'}^*(\bar\kappa_0)\,{\rm d}\bar\kappa_0 = \frac{\omega\mu_0 P}{\pi{\rm Re}(\beta_{zr})}\delta(r-r') \tag{2.1-25w}$$

又由

$$\int_{-\infty}^{\infty}\bar\psi_m(\bar\kappa_0)\,\bar\psi_{\rm r}^*(\bar\kappa_0)\,{\rm d}\bar\kappa_0 = \frac{1}{2\pi}\int_{-\infty}^{\infty}\psi_m(x)\left\{\int_{-\infty}^{\infty}\psi_{\rm r}^*(x')\left[\frac{1}{2\pi}\int_{-\infty}^{\infty}{\rm e}^{-{\rm i}\bar\kappa_0(x'-x)}d\kappa_0\right]dx'\right\}{\rm d}x$$

$$= \frac{1}{2\pi}\int_{-\infty}^{\infty}\psi_m(x)\left[\int_{-\infty}^{\infty}\psi_{\rm r}^*(x')\,\delta(x-x')\,dx'\right]{\rm d}x$$

$$= \frac{1}{2\pi}\int_{-\infty}^{\infty}\psi_m(x)\psi_{\rm r}^*(x){\rm d}x = 0$$

得导波模式与辐射模式积分变换的正交关系为

$$\int_{-\infty}^{\infty}\bar\psi_m(\bar\kappa_0)\,\bar\psi_{\rm r}^*(\bar\kappa_0)\,{\rm d}\bar\kappa_0 = 0 \tag{2.1-25x}$$

将式 (2.1-25r) 乘以 $\bar\psi_l^*(\bar\kappa_0)$, $l=0,1,2,\cdots,m,\cdots,M$, 对 $\bar\kappa_0$ 在 $[-\infty,\infty]$ 区间积分, **并定义 q 参数:**

$$q_{\rm nl} \equiv \int_{-\infty}^{\infty}\bar\psi_l^*(\bar\kappa_0)\sqrt{k_0^2-\bar\kappa_0^2}\,\bar\psi_{\rm n}(\bar\kappa_0)\,{\rm d}\bar\kappa_0 = q_{l^n}^*,$$

$$q_{rl} \equiv \int_{-\infty}^{\infty}\bar\psi_l^*(\bar\kappa_0)\sqrt{k_0^2-\bar\kappa_0^2}\,\bar\psi_{\rm r}(\bar\kappa_0)\,{\rm d}\bar\kappa_0 = q_{lr}^* \quad [{\rm V}^2{\cdot}{\rm cm}^{-2}] \tag{2.1-25y}$$

则由式 (2.1-25q,n) 和正交归一关系 (2.1-25v,w,x), 将式 (2.1-25r) 乘以 $\bar\psi_l^*(\bar\kappa_0)$ 并对 $\bar\kappa_0$ 积分, 左右边分别为

$$\text{左边} = \int_{-\infty}^{\infty}\bar\psi_l^*(\bar\kappa_0)\,\bar\beta_{z0}(\bar\kappa_0)\,a(\bar\kappa_0)\,{\rm d}\bar\kappa_0$$

$$= \int_{-\infty}^{\infty}\bar\psi_l^*(\bar\kappa_0)\,\bar\beta_{z0}(\bar\kappa_0)\left[\bar\psi_m(\bar\kappa_0)+\sum_{n=0}^{M}\rho_{mn}\bar\psi_{\rm n}(\bar\kappa_0)+\int_0^{\infty}\rho_{mr}\bar\psi_{\rm r}(\bar\kappa_0)\,{\rm d}\beta_{zr}\right]{\rm d}\bar\kappa_0$$

$$= \int_{-\infty}^{\infty}\bar\psi_l^*(\bar\kappa_0)\sqrt{k_0^2-\bar\kappa_0^2}\,\bar\psi_m(\bar\kappa_0)\,{\rm d}\bar\kappa_0+\sum_{n=0}^{M}\rho_{mn}\int_{-\infty}^{\infty}\bar\psi_l^*(\bar\kappa_0)\sqrt{k_0^2-\bar\kappa_0^2}\,\bar\psi_{\rm n}(\bar\kappa_0)\,{\rm d}\bar\kappa_0$$

$$+ \int_0^\infty \rho_{mr} \int_{-\infty}^\infty \bar\psi_l^*\left(\bar\kappa_0\right)\sqrt{k_0^2-\bar\kappa_0^2}\bar\psi_{\rm r}\left(\bar\kappa_0\right){\rm d}\bar\kappa_0 {\rm d}\beta_{zr}$$

$$= q_{ml} + \sum_{n=0}^M \rho_{mn}q_{\rm nl} + \int_0^\infty \rho_{mr}q_{rl}{\rm d}\beta_{zr}$$

$$右边 = \int_{-\infty}^\infty \beta_{zm}\bar\psi_l^*\left(\bar\kappa_0\right)\bar\psi_m\left(\bar\kappa_0\right){\rm d}\bar\kappa_0 - \sum_{n=0}^M \rho_{mn}\beta_{zn}\int_{-\infty}^\infty \bar\psi_l^*\left(\bar\kappa_0\right)\bar\psi_{\rm n}\left(\bar\kappa_0\right){\rm d}\bar\kappa_0$$

$$- \int_0^\infty \rho_{mr}\beta_{zr}\int_{-\infty}^\infty \bar\psi_l^*\left(\bar\kappa_0\right)\bar\psi_{\rm r}\left(\bar\kappa_0\right){\rm d}\bar\kappa_0{\rm d}\beta_{zr}$$

$$= \beta_{zm}\frac{\omega\mu_0 P}{\pi{\rm Re}\left(\beta_{zm}\right)}\delta_{lm} - \sum_{n=0}^M \rho_{mn}\beta_{zn}\frac{\omega\mu_0 P}{\pi{\rm Re}\left(\beta_{zl}\right)}\delta_{ln} - \int_0^\infty \rho_{mr}\beta_{zr}\cdot 0\cdot{\rm d}\beta_{zr}$$

$$= \beta_{zm}\frac{\omega\mu_0 P}{\pi{\rm Re}\left(\beta_{zm}\right)}\delta_{lm} - \rho_{ml}\beta_{zl}\frac{\omega\mu_0 P}{\pi{\rm Re}\left(\beta_{zl}\right)}$$

则式 (2.1-25r) 化为

$$q_{ml} + \sum_{n=0}^M \rho_{mn}q_{\rm nl} + \int_0^\infty \rho_{mr}q_{rl}{\rm d}\beta_{zr} + \frac{\omega\mu_0 P}{\pi}\rho_{ml} = \frac{\omega\mu_0 P}{\pi}\delta_{lm}\ \left[{\rm V}^2\cdot{\rm cm}^{-2}\right] \quad (2.1\text{-}26{\rm a})$$

另定义

$$\left.\begin{array}{l} q_{nr'} \equiv \int_{-\infty}^\infty \bar\psi_{\rm r'}^*\left(\bar\kappa_0\right)\sqrt{k_0^2-\bar\kappa_0^2}\bar\psi_{\rm n}\left(\bar\kappa_0\right){\rm d}\bar\kappa_0 = q_{r'n}^* \\[2mm] q_{rr'} \equiv \int_{-\infty}^\infty \bar\psi_{\rm r'}^*\left(\bar\kappa_0\right)\sqrt{k_0^2-\bar\kappa_0^2}\bar\psi_{\rm r}\left(\bar\kappa_0\right){\rm d}\bar\kappa_0 = q_{r'r}^* \end{array}\right\} \quad (2.1\text{-}26{\rm b})$$

则将式 (2.1-25r) 乘以 $\bar\psi_{\rm r'}^*\left(\bar\kappa_0\right)$ 并对 $\bar\kappa_0$ 积分, 其左右边分别为

$$左边 = \int_{-\infty}^\infty \bar\psi_{\rm r'}^*\left(\bar\kappa_0\right)\bar\beta_{z0}\left(\bar\kappa_0\right)a\left(\bar\kappa_0\right){\rm d}\bar\kappa_0$$

$$= \int_{-\infty}^\infty \bar\psi_{\rm r'}^*\left(\bar\kappa_0\right)\bar\beta_{z0}\left(\bar\kappa_0\right)\left[\bar\psi_m\left(\bar\kappa_0\right)+\sum_{n=0}^M \rho_{mn}\bar\psi_{\rm n}\left(\bar\kappa_0\right)+\int_0^\infty \rho_{mr}\bar\psi_{\rm r}\left(\bar\kappa_0\right){\rm d}\beta_{zr}\right]{\rm d}\bar\kappa_0$$

$$= \int_{-\infty}^\infty \bar\psi_{\rm r'}^*\left(\bar\kappa_0\right)\sqrt{k_0^2-\bar\kappa_0^2}\bar\psi_m\left(\bar\kappa_0\right){\rm d}\bar\kappa_0 + \sum_{n=0}^M \rho_{mn}\int_{-\infty}^\infty \bar\psi_{\rm r'}^*\left(\bar\kappa_0\right)\sqrt{k_0^2-\bar\kappa_0^2}\bar\psi_{\rm n}\left(\bar\kappa_0\right){\rm d}\bar\kappa_0$$

$$+ \int_0^\infty \rho_{mr}\int_{-\infty}^\infty \bar\psi_{\rm r'}^*\left(\bar\kappa_0\right)\sqrt{k_0^2-\bar\kappa_0^2}\bar\psi_{\rm r}\left(\bar\kappa_0\right){\rm d}\bar\kappa_0{\rm d}\beta_{zr}$$

$$= q_{mr'} + \sum_{n=0}^M \rho_{mn}q_{\rm nr'} + \int_0^\infty \rho_{mr}q_{rr'}{\rm d}\beta_{zr} \quad (2.1\text{-}26{\rm c})$$

$$右边 = \int_{-\infty}^\infty \beta_{zm}\bar\psi_m\left(\bar\kappa_0\right)\bar\psi_{\rm r'}^*\left(\bar\kappa_0\right){\rm d}\bar\kappa_0 - \sum_{n=0}^M \rho_{mn}\beta_{zn}\int_{-\infty}^\infty \bar\psi_{\rm n}\left(\bar\kappa_0\right)\bar\psi_{\rm r'}^*\left(\bar\kappa_0\right){\rm d}\bar\kappa_0$$

$$- \int_0^\infty \rho_{mr}\beta_{zr}\int_{-\infty}^\infty \bar\psi_{\rm r}\left(\bar\kappa_0\right)\bar\psi_{\rm r'}^*\left(\bar\kappa_0\right){\rm d}\bar\kappa_0{\rm d}\beta_{zr}$$

$$= \beta_{zm} \frac{\omega \mu_0 P}{\pi \mathrm{Re}\,(\beta_{zm})} \delta_{r'm} - \sum_{n=0}^{M} \rho_{mn} \beta_{zn} \cdot 0$$

$$- \int_0^\infty \rho_{mr} \beta_{zr} \left[\frac{\omega \mu_0 P}{\pi \mathrm{Re}\,(\beta_{zr})} \delta\,(r - r') \right] \mathrm{d}\beta_{zr} = -\rho_{mr'} \beta_{zr'} \frac{\omega \mu_0 P}{\pi \mathrm{Re}\,(\beta_{zr'})} \to$$

$$q_{mr'} + \sum_{n=0}^{M} \rho_{mn} q_{\mathrm{nr}'} + \int_0^\infty \rho_{mr} q_{rr'} \mathrm{d}\beta_{zr} + \frac{\omega \mu_0 P}{\pi} \rho_{mr'} = 0 \quad [\mathrm{V}^2 \cdot \mathrm{cm}^{-2}] \qquad (2.1\text{-}26\mathrm{d})$$

式 (2.1-26a,d) 就是确定 m 阶 **TE** 导波模式的反射系数 ρ_{mm}、**功率反射率** $R_m^{\mathrm{TE}} \equiv |\rho_{mm}|^2$、**散射转换**为 n 阶导波模式的耦合系数或转换系数 $\rho_{mn}(n \neq m)$ 和**散射转换**成传播常数为 β_r 的辐射模式的耦合或转换系数 ρ_{mr} 的代数积分方程组，因为未知待求的各个系数 ρ_{ij} 分别包含在方程式的代数求和项和积分项中。

2. TM 模式

考虑纯折射率对称三层平板波导中 TM 模式的电磁场: $E_y = 0$, $H_x = 0$, $H_z = 0$,

$$E_x\,(x, z) = E_x(x)\mathrm{e}^{-\mathrm{i}\beta_z z}, \quad H_y\,(x, z) = H_y(x)\mathrm{e}^{-\mathrm{i}\beta_z z} \to \frac{\partial H_y\,(x, z)}{\partial z} = -\mathrm{i}\beta_z H_y\,(x, z) \tag{2.1-27a}$$

由式 (2.1-1b,e):

$$E_x(x) = \frac{-\mathrm{i}\beta_z}{k^2 - \beta_z^2} \frac{\mathrm{d}E_z(x)}{\mathrm{d}x} = \frac{\beta_z}{\omega \varepsilon} H_y(x) \to E_x\,(x, z) = \frac{\mathrm{i}}{\omega \varepsilon} \frac{\partial H_y\,(x, z)}{\partial z} \tag{2.1-27b}$$

因此，在 **TM** 情况，可将边界条件所涉的电磁场量化为 H_y **及其对** z **的微商**。

在波导内 $(z \leqslant 0)$:

$$|x| \leqslant \frac{d}{2}: \quad H_{y2,\mathrm{m}} \equiv \phi_m(x) = A_m \cos\left(\kappa_m x - \frac{m\pi}{2}\right)$$

$$H_{y2,r} \equiv \phi_r(x) = \begin{cases} A_{er} \cos(\kappa_{2r} x) \\ A_{or} \sin(\kappa_{2r} x) \end{cases} \quad [\mathrm{A} \cdot \mathrm{cm}^{-1}] \tag{2.1-27c}$$

$$|x| \geqslant \frac{d}{2}: \quad H_{y1,\mathrm{m}}(x) \equiv \phi_m(x) = B_1 \mathrm{e}^{-\gamma_m |x|} = A_m \cos\left(\frac{\kappa_m d}{2} - \frac{m\pi}{2}\right) \mathrm{e}^{-\gamma_m \left(|x| - \frac{d}{2}\right)} \tag{2.1-27d}$$

$$H_{y1,\mathrm{r}}(x) \equiv \phi_r(x) = \begin{cases} B_{r,e} \mathrm{e}^{-\mathrm{i}\kappa_{1r}|x|} + C_{r,e} \mathrm{e}^{\mathrm{i}\kappa_{1r}|x|} \\ \dfrac{x}{|x|} \left(B_{r,o} \mathrm{e}^{-\mathrm{i}\kappa_{1r}|x|} + C_{r,o} \mathrm{e}^{\mathrm{i}\kappa_{1r}|x|}\right) \end{cases} \tag{2.1-27e}$$

$$\tan\left(\frac{\kappa_m d}{2} - \frac{m\pi}{2}\right) = \frac{\bar{n}_2^2}{\bar{n}_1^2} \frac{\gamma_m}{\kappa_m} \to \frac{\kappa_m}{\bar{n}_2^2} \sin\left(\frac{\kappa_m d}{2} - \frac{m\pi}{2}\right) = \frac{\gamma_m}{\bar{n}_1^2} \cos\left(\frac{\kappa_m d}{2} - \frac{m\pi}{2}\right) \tag{2.1-27f}$$

$$H_y^{\text{内}}(x,z) = \phi_m(x)\mathrm{e}^{-\mathrm{i}\beta_{zm}z} + \sum_{n=0}^{M}\varsigma_{mn}\phi_{\text{n}}(x)\mathrm{e}^{\mathrm{i}\beta_{zn}z} + \int_0^{\infty}\varsigma_{mr}\phi_{\text{r}}(x)\mathrm{e}^{\mathrm{i}\beta_{zr}z}\mathrm{d}\beta_{zr} \quad (2.1\text{-}27\text{g})$$

$$E_x^{\text{内}}(x,z) = \frac{\mathrm{i}}{\omega\varepsilon}\frac{\partial H_y(x,z)}{\partial z} = \frac{1}{\omega\varepsilon}\left[\beta_{zm}\phi_m(x)\mathrm{e}^{-\mathrm{i}\beta_{zm}z} - \sum_{n=0}^{M}\varsigma_{mn}\beta_{zn}\phi_{\text{n}}(x)\mathrm{e}^{\mathrm{i}\beta_{zn}z}\right.$$

$$\left. - \int_0^{\infty}\varsigma_{mr}\beta_{zr}\phi_{\text{r}}(x)\mathrm{e}^{\mathrm{i}\beta_{zr}z}\mathrm{d}\beta_{zr}\right] \quad (2.1\text{-}27\text{h})$$

在波导外 $(z\geqslant 0)$:

$$H_y^{\text{外}}(x,z) = \int_{-\infty}^{\infty}b(\bar\kappa_0)\,\mathrm{e}^{-\mathrm{i}(\bar\kappa_0 x + \bar\beta_{z0}z)}\mathrm{d}\bar\kappa_0 \quad (2.1\text{-}27\text{i})$$

其傅里叶变换为出射模式磁场分量波振幅:

$$b(\bar\kappa_0) = \frac{1}{2\pi}\int_{-\infty}^{\infty}H_y^{\text{外}}(x,z)\,\mathrm{e}^{\mathrm{i}(\bar\kappa_0 x + \bar\beta_{z0}z)}\mathrm{d}x\ [\mathrm{A}] \quad (2.1\text{-}27\text{j})$$

在 $z=0$ 的端界面上为

$$b(\bar\kappa_0) = \frac{1}{2\pi}\int_{-\infty}^{\infty}H_y^{\text{外}}(x,0)\,\mathrm{e}^{\mathrm{i}\bar\kappa_0 x}\mathrm{d}x \quad (2.1\text{-}27\text{j}')$$

$$E_x^{\text{外}}(x,z) = \frac{\mathrm{i}}{\omega\varepsilon_0}\frac{\partial H_y(x,z)}{\partial z} = \int_{-\infty}^{\infty}\left[\frac{b(\bar\kappa_0)\,\bar\beta_{z0}}{\omega\varepsilon_0}\right]\mathrm{e}^{-\mathrm{i}(\bar\kappa_0 x + \bar\beta_{z0}z)}\mathrm{d}\bar\kappa_0 \quad (2.1\text{-}27\text{k})$$

其傅里叶变换为电场分量波振幅:

$$\frac{1}{\omega\varepsilon_0}\bar\beta_{z0}b(\bar\kappa_0) = \frac{1}{2\pi}\int_{-\infty}^{\infty}E_x^{\text{外}}(x,z)\,\mathrm{e}^{\mathrm{i}(\bar\kappa_0 x + \bar\beta_{z0}z)}\mathrm{d}x\ [\mathrm{V}] \quad (2.1\text{-}27\text{l})$$

在 $z=0$ 的端界面上为

$$\frac{1}{\omega\varepsilon_0}\bar\beta_{z0}b(\bar\kappa_0) = \frac{1}{2\pi}\int_{-\infty}^{\infty}E_x^{\text{外}}(x,0)\,\mathrm{e}^{\mathrm{i}\bar\kappa_0 x}\mathrm{d}x \quad (2.1\text{-}27\text{l}')$$

其传播常数为

$$\bar\beta_{z0}\equiv\sqrt{k_0^2 - \bar\kappa_0^2},\quad \beta_{zr}<k_0\bar n_1,\quad k_0\bar n_1<\beta_{zn}<k_0\bar n_2,\quad k_0=2\pi/\lambda_0,\quad \bar\kappa_0^2\leqslant k_0^2 \quad (2.1\text{-}27\text{m})$$

在端界面上 $(z=0)$ 的边界条件为

$$H_y^{\text{外}}(x,0) = H_y^{\text{内}}(x,0),\quad E_x^{\text{外}}(x,0) = E_x^{\text{内}}(x,0) \quad (2.1\text{-}27\text{n})$$

利用上述边界条件进行傅里叶变换 (2.1-27j,l),导出以 $\bar\kappa_0$ 为变量的函数。

由式 (2.1-27j):

$$b\left(\bar{\kappa}_0\right) = \frac{1}{2\pi}\int_{-\infty}^{\infty} H_y^{\text{外}}\left(x,0\right)\mathrm{e}^{\mathrm{i}\bar{\kappa}_0 x}\mathrm{d}x = \frac{1}{2\pi}\int_{-\infty}^{\infty} H_y^{\text{内}}\left(x,0\right)\mathrm{e}^{\mathrm{i}\bar{\kappa}_0 x}\mathrm{d}x$$

$$= \frac{1}{2\pi}\int_{-\infty}^{\infty}\left[\phi_m(x) + \sum_{n=0}^{M}\varsigma_{mn}\phi_{\mathrm{n}}(x) + \int_0^{\infty}\varsigma_{mr}\phi_{\mathrm{r}}(x)\mathrm{d}\beta_{zr}\right]\mathrm{e}^{\mathrm{i}\bar{\kappa}_0 x}\mathrm{d}x$$

$$= \frac{1}{2\pi}\int_{-\infty}^{\infty}\phi_m(x)\mathrm{e}^{\mathrm{i}\bar{\kappa}_0 x}\mathrm{d}x + \sum_{n=0}^{M}\varsigma_{mn}\left[\frac{1}{2\pi}\int_{-\infty}^{\infty}\phi_{\mathrm{n}}(x)\mathrm{e}^{\mathrm{i}\bar{\kappa}_0 x}\mathrm{d}x\right]$$

$$+ \int_0^{\infty}\varsigma_{mr}\left[\frac{1}{2\pi}\int_{-\infty}^{\infty}\phi_{\mathrm{r}}(x)\mathrm{e}^{\mathrm{i}\bar{\kappa}_0 x}\mathrm{d}x\right]\mathrm{d}\beta_{zr} \rightarrow$$

$$b\left(\bar{\kappa}_0\right) = \bar{\phi}_m\left(\bar{\kappa}_0\right) + \sum_{n=0}^{M}\varsigma_{mn}\bar{\phi}_{\mathrm{n}}\left(\bar{\kappa}_0\right) + \int_0^{\infty}\varsigma_{mr}\bar{\phi}_{\mathrm{r}}\left(\bar{\kappa}_0\right)\mathrm{d}\beta_{zr} \tag{2.1-27o}$$

由式 (2.1-27l,n,o):

$$\frac{1}{\varepsilon_0\omega}\bar{\beta}_{z0}b\left(\bar{\kappa}_0\right) = \frac{1}{2\pi}\int_{-\infty}^{\infty} E_x^{\text{外}}\left(x,0\right)\mathrm{e}^{\mathrm{i}\bar{\kappa}_0 x}\mathrm{d}x = \frac{1}{2\pi}\int_{-\infty}^{\infty} E_x^{\text{内}}\left(x,0\right)\mathrm{e}^{\mathrm{i}\bar{\kappa}_0 x}\mathrm{d}x$$

$$= \frac{1}{2\pi}\int_{-\infty}^{\infty}\frac{1}{\omega\varepsilon(x)}\left[\beta_{zm}\phi_m(x) - \sum_{n=0}^{M}\varsigma_{mn}\beta_{zn}\phi_{\mathrm{n}}(x)\right.$$

$$\left. - \int_0^{\infty}\varsigma_{mr}\beta_{zr}\phi_{\mathrm{r}}(x)\mathrm{d}\beta_{zr}\right]\mathrm{e}^{\mathrm{i}\bar{\kappa}_0 x}\mathrm{d}x \rightarrow$$

$$\bar{\beta}_{z0}b\left(\bar{\kappa}_0\right) = \frac{1}{2\pi}\int_{-\infty}^{\infty}\frac{\varepsilon_0}{\varepsilon(x)}\left[\beta_{zm}\phi_m(x) - \sum_{n=0}^{M}\varsigma_{mn}\beta_{zn}\phi_{\mathrm{n}}(x) - \int_0^{\infty}\varsigma_{mr}\beta_{zr}\phi_{\mathrm{r}}(x)\mathrm{d}\beta_{zr}\right]\mathrm{e}^{\mathrm{i}\bar{\kappa}_0 x}\mathrm{d}x$$

$$= \beta_{zm}\left[\frac{1}{2\pi}\int_{-\infty}^{\infty}\frac{\varepsilon_0}{\varepsilon(x)}\phi_m(x)\mathrm{e}^{\mathrm{i}\bar{\kappa}_0 x}\mathrm{d}x\right] - \sum_{n=0}^{M}\varsigma_{mn}\beta_{zn}\left[\frac{1}{2\pi}\int_{-\infty}^{\infty}\frac{\varepsilon_0}{\varepsilon(x)}\phi_{\mathrm{n}}(x)\mathrm{e}^{\mathrm{i}\bar{\kappa}_0 x}\mathrm{d}x\right]$$

$$- \int_0^{\infty}\varsigma_{mr}\beta_{zr}\left[\frac{1}{2\pi}\int_{-\infty}^{\infty}\frac{\varepsilon_0}{\varepsilon(x)}\phi_{\mathrm{r}}(x)\mathrm{e}^{\mathrm{i}\bar{\kappa}_0 x}\mathrm{d}x\right]\mathrm{d}\beta_{zr}$$

$$= \beta_{zm}\bar{\phi}'_m\left(\bar{\kappa}_0\right) - \sum_{n=0}^{M}\varsigma_{mn}\beta_{zn}\bar{\phi}'_{\mathrm{n}}\left(\bar{\kappa}_0\right) - \int_0^{\infty}\varsigma_{mr}\beta_{zr}\bar{\phi}'_{\mathrm{r}}\left(\bar{\kappa}_0\right)\mathrm{d}\beta_{zr} \rightarrow$$

$$\bar{\beta}_{z0}\left(\bar{\kappa}_0\right)b\left(\bar{\kappa}_0\right) = \beta_{zm}\bar{\phi}'_m\left(\bar{\kappa}_0\right) - \sum_{n=0}^{M}\varsigma_{mn}\beta_{zn}\bar{\phi}'_{\mathrm{n}}\left(\bar{\kappa}_0\right) - \int_0^{\infty}\varsigma_{mr}\beta_{zr}\bar{\phi}'_{\mathrm{r}}\left(\bar{\kappa}_0\right)\mathrm{d}\beta_{zr} \tag{2.1-27p}$$

其中,

$$\bar{\phi}_j\left(\bar{\kappa}_0\right) \equiv \frac{1}{2\pi}\int_{-\infty}^{\infty}\phi_j(x)\mathrm{e}^{\mathrm{i}\bar{\kappa}_0 x}\mathrm{d}x,$$

$$\bar{\phi}'_j\left(\bar{\kappa}_0\right) \equiv \frac{1}{2\pi}\int_{-\infty}^{\infty}\frac{\varepsilon_0}{\varepsilon(x)}\phi_j(x)\mathrm{e}^{\mathrm{i}\bar{\kappa}_0 x}\mathrm{d}x, \quad j = m,n,r \tag{2.1-27q}$$

$$\frac{1}{2\pi} \int_{-\infty}^{\infty} \mathrm{e}^{-\mathrm{i}\bar{\kappa}_0 (x'-x)} \mathrm{d}\bar{\kappa}_0 = \frac{\left[\mathrm{e}^{-\mathrm{i}\bar{\kappa}_0 (x'-x)}\right]_{-\infty}^{\infty}}{-\mathrm{i}2\pi (x'-x)} = \frac{\left[\mathrm{e}^{-\mathrm{i}K(x'-x)} - \mathrm{e}^{\mathrm{i}K(x'-x)}\right]}{-\mathrm{i}2\pi (x'-x)}$$

$$= \frac{\sin\left[K(x'-x)\right]}{\pi (x'-x)} = \delta (x'-x)$$

$$\int_{-\infty}^{\infty} \bar{\phi}_m (\bar{\kappa}_0) \bar{\phi}_{\mathrm{n}}'^{*} (\bar{\kappa}_0) \mathrm{d}\bar{\kappa}_0$$

$$= \frac{1}{2\pi} \int_{-\infty}^{\infty} \phi_m (x) \left\{ \int_{-\infty}^{\infty} \frac{\varepsilon_0}{\varepsilon (x')} \phi_{\mathrm{n}}^{*} (x') \left[\frac{1}{2\pi} \int_{-\infty}^{\infty} \mathrm{e}^{-\mathrm{i}\bar{\kappa}_0 (x'-x)} d\kappa_0\right] dx' \right\} \mathrm{d}x$$

$$= \frac{1}{2\pi} \int_{-\infty}^{\infty} \phi_m (x) \left[\int_{-\infty}^{\infty} \frac{\varepsilon_0}{\varepsilon (x')} \phi_{\mathrm{n}}^{*} (x') \delta (x-x') dx'\right] \mathrm{d}x$$

$$= \frac{1}{2\pi} \int_{-\infty}^{\infty} \frac{\varepsilon_0}{\varepsilon (x)} \phi_m (x) \phi_{\mathrm{n}}^{*} (x) \mathrm{d}x = \frac{\omega \varepsilon_0 P}{\pi \mathrm{Re} (\beta_{zm})} \delta_{mn}$$

$$\int_{-\infty}^{\infty} \bar{\phi}_{\mathrm{n}}'^{*} (\bar{\kappa}_0) \bar{\phi}_m (\bar{\kappa}_0) \mathrm{d}\bar{\kappa}_0 = \frac{\omega \varepsilon_0 P}{\pi \mathrm{Re} (\beta_{zm})} \delta_{mn} \tag{2.1-27r}$$

其中，P 是模式的**时间平均功率密度** (2.1-16n)。

$$\int_{-\infty}^{\infty} \bar{\phi}_{\mathrm{r}} (\bar{\kappa}_0) \bar{\phi}_{\mathrm{r}'}'^{*} (\bar{\kappa}_0) \mathrm{d}\bar{\kappa}_0$$

$$= \frac{1}{2\pi} \int_{-\infty}^{\infty} \phi_{\mathrm{r}} (x) \left\{ \int_{-\infty}^{\infty} \frac{\varepsilon_0}{\varepsilon (x')} \phi_{\mathrm{r}'}^{*} (x') \left[\frac{1}{2\pi} \int_{-\infty}^{\infty} \mathrm{e}^{-\mathrm{i}\bar{\kappa}_0 (x'-x)} d\kappa_0\right] dx' \right\} \mathrm{d}x$$

$$= \frac{1}{2\pi} \int_{-\infty}^{\infty} \phi_{\mathrm{r}} (x) \left[\int_{-\infty}^{\infty} \frac{\varepsilon_0}{\varepsilon (x')} \phi_{\mathrm{r}'}^{*} (x') \delta (x-x') dx'\right] \mathrm{d}x$$

$$= \frac{1}{2\pi} \int_{-\infty}^{\infty} \frac{\varepsilon_0}{\varepsilon (x)} \phi_{\mathrm{r}} (x) \phi_{\mathrm{r}'}^{*} (x) \mathrm{d}x = \frac{\omega \varepsilon_0 P}{\pi \mathrm{Re} (\beta_{zr})} \delta (r-r') \rightarrow$$

$$\int_{-\infty}^{\infty} \bar{\phi}_{\mathrm{r}} (\bar{\kappa}_0) \bar{\phi}_{\mathrm{r}'}'^{*} (\bar{\kappa}_0) \mathrm{d}\bar{\kappa}_0 = \frac{\omega \varepsilon_0 P}{\pi \mathrm{Re} (\beta_{zr})} \delta (r-r') \tag{2.1-27s}$$

$$\int_{-\infty}^{\infty} \bar{\phi}_m (\bar{\kappa}_0) \bar{\phi}_{\mathrm{r}}'^{*} (\bar{\kappa}_0) \mathrm{d}\bar{\kappa}_0$$

$$= \frac{1}{2\pi} \int_{-\infty}^{\infty} \phi_m (x) \left\{ \int_{-\infty}^{\infty} \frac{\varepsilon_0}{\varepsilon (x')} \phi_{\mathrm{r}}^{*} (x') \left[\frac{1}{2\pi} \int_{-\infty}^{\infty} \mathrm{e}^{-\mathrm{i}\bar{\kappa}_0 (x'-x)} d\kappa_0\right] dx' \right\} \mathrm{d}x$$

$$= \frac{1}{2\pi} \int_{-\infty}^{\infty} \phi_m (x) \left[\int_{-\infty}^{\infty} \frac{\varepsilon_0}{\varepsilon (x')} \phi_{\mathrm{r}}^{*} (x') \delta (x-x') dx'\right] \mathrm{d}x$$

$$= \frac{1}{2\pi} \int_{-\infty}^{\infty} \frac{\varepsilon_0}{\varepsilon (x)} \phi_m (x) \phi_{\mathrm{r}}^{*} (x) \mathrm{d}x = 0 \rightarrow$$

$$\int_{-\infty}^{\infty} \bar{\phi}_m (\bar{\kappa}_0) \bar{\phi}_{\mathrm{r}}'^{*} (\bar{\kappa}_0) \mathrm{d}\bar{\kappa}_0 = 0 \tag{2.1-27t}$$

把式 (2.1-27p) 乘以 $\bar{\phi}_l^*\,(\bar{\kappa}_0)$ $(l = 0, 1, 2, \cdots, m, \cdots, M)$，对 $\bar{\kappa}_0$ 在 $[-\infty, \infty]$ 区间积分，定义 p 参数：

$$\left.\begin{aligned}p_{\mathrm{n}l} &\equiv \int_{-\infty}^{\infty} \bar{\phi}_l^*\,(\bar{\kappa}_0)\,\sqrt{k_0^2 - \bar{\kappa}_0^2}\,\bar{\phi}_{\mathrm{n}}\,(\bar{\kappa}_0)\,\mathrm{d}\bar{\kappa}_0 = p_{l\mathrm{n}}^* \\[2mm] p_{\mathrm{r}l} &\equiv \int_{-\infty}^{\infty} \bar{\phi}_l^*\,(\bar{\kappa}_0)\,\sqrt{k_0^2 - \bar{\kappa}_0^2}\,\bar{\phi}_{\mathrm{r}}\,(\bar{\kappa}_0)\,\mathrm{d}\bar{\kappa}_0 = p_{l\mathrm{r}}^*\end{aligned}\right\} \tag{2.1-27u}$$

并利用式 (2.1-27o) 和正交归一关系式 (2.1-23r~t)，将式 (2.1-27p) 乘以 $\bar{\phi}_l^*\,(\bar{\kappa}_0)$ 并对 $\bar{\kappa}_0$ 积分，其左右边分别为

$$\begin{aligned}\text{左边} &= \int_{-\infty}^{\infty} \bar{\phi}_l^*\,(\bar{\kappa}_0)\,\bar{\beta}_{z0}\,(\bar{\kappa}_0)\left[\bar{\phi}_m\,(\bar{\kappa}_0) + \sum_{n=0}^{M} \varsigma_{mn}\bar{\phi}_{\mathrm{n}}\,(\bar{\kappa}_0) + \int_0^{\infty} \varsigma_{mr}\bar{\phi}_{\mathrm{r}}\,(\bar{\kappa}_0)\,\mathrm{d}\beta_{zr}\right]\mathrm{d}\bar{\kappa}_0 \\[2mm] &= \int_{-\infty}^{\infty} \bar{\phi}_l^*\,(\bar{\kappa}_0)\,\sqrt{k_0^2 - \bar{\kappa}_0^2}\,\bar{\phi}_m\,(\bar{\kappa}_0)\,\mathrm{d}\bar{\kappa}_0 + \sum_{n=0}^{M}\varsigma_{mn}\int_{-\infty}^{\infty}\bar{\phi}_l^*\,(\bar{\kappa}_0)\,\sqrt{k_0^2 - \bar{\kappa}_0^2}\,\bar{\phi}_{\mathrm{n}}\,(\bar{\kappa}_0)\,\mathrm{d}\bar{\kappa}_0 \\[2mm] &\quad + \int_0^{\infty}\varsigma_{mr}\left[\int_{-\infty}^{\infty}\bar{\phi}_l^*\,(\bar{\kappa}_0)\,\sqrt{k_0^2 - \bar{\kappa}_0^2}\,\bar{\phi}_{\mathrm{r}}\,(\bar{\kappa}_0)\,\mathrm{d}\bar{\kappa}_0\right]\mathrm{d}\beta_{zr} \\[2mm] &= p_{ml} + \sum_{n=0}^{M}\varsigma_{mn}p_{\mathrm{n}l} + \int_0^{\infty}\varsigma_{mr}p_{\mathrm{r}l}\,\mathrm{d}\beta_{zr}\end{aligned}$$

$$\begin{aligned}\text{右边} &= \int_{-\infty}^{\infty} \beta_{zm}\bar{\phi}_l^*\,(\bar{\kappa}_0)\,\bar{\phi}_m'\,(\bar{\kappa}_0)\,\mathrm{d}\bar{\kappa}_0 - \sum_{n=0}^{M}\varsigma_{mn}\beta_{zn}\int_{-\infty}^{\infty}\bar{\phi}_l^*\,(\bar{\kappa}_0)\,\bar{\phi}_{\mathrm{n}}'\,(\bar{\kappa}_0)\,\mathrm{d}\bar{\kappa}_0 \\[2mm] &\quad - \int_0^{\infty}\varsigma_{mr}\beta_{zr}\left[\int_{-\infty}^{\infty}\bar{\phi}_l^*\,(\bar{\kappa}_0)\,\bar{\phi}_{\mathrm{r}}'\,(\bar{\kappa}_0)\,\mathrm{d}\bar{\kappa}_0\right]\mathrm{d}\beta_{zr} \\[2mm] &= \beta_{zm}\frac{\omega\varepsilon_0 P}{\pi\mathrm{Re}\,(\beta_{zm})}\delta_{lm} - \sum_{n=0}^{M}\varsigma_{mn}\beta_{zn}\frac{\omega\varepsilon_0 P}{\pi\mathrm{Re}\,(\beta_{zl})}\delta_{ln} \\[2mm] &\quad - \int_0^{\infty}\varsigma_{mr}\beta_{zr}\cdot 0\cdot\mathrm{d}\beta_{zr} \\[2mm] &= \beta_{zm}\frac{\omega\varepsilon_0 P}{\pi\mathrm{Re}\,(\beta_{zm})}\delta_{lm} - \varsigma_{ml}\beta_l\frac{\omega\varepsilon_0 P}{\pi\mathrm{Re}\,(\beta_{zl})} \longrightarrow\end{aligned}$$

$$p_{ml} + \sum_{n=0}^{M}\varsigma_{mn}p_{\mathrm{n}l} + \int_0^{\infty}\varsigma_{mr}p_{\mathrm{r}l}\,\mathrm{d}\beta_{zr} + \frac{\omega\varepsilon_0 P}{\pi}\varsigma_{ml} = \frac{\omega\varepsilon_0 P}{\pi}\delta_{lm} \tag{2.1-27v}$$

另定义

$$\left.\begin{aligned}p_{\mathrm{n}r'} &\equiv \int_{-\infty}^{\infty} \bar{\phi}_{\mathrm{r}'}^*\,(\bar{\kappa}_0)\,\sqrt{k_0^2 - \bar{\kappa}_0^2}\,\bar{\phi}_{\mathrm{n}}\,(\bar{\kappa}_0)\,\mathrm{d}\bar{\kappa}_0 = p_{r'\mathrm{n}}^* \\[2mm] p_{\mathrm{r}r'} &\equiv \int_{-\infty}^{\infty} \bar{\phi}_{\mathrm{r}'}^*\,(\bar{\kappa}_0)\,\sqrt{k_0^2 - \bar{\kappa}_0^2}\,\bar{\phi}_{\mathrm{r}}\,(\bar{\kappa}_0)\,\mathrm{d}\bar{\kappa}_0 = p_{r'\mathrm{r}}^*\end{aligned}\right\} \tag{2.1-27w}$$

则将式 (2.1-27p) 乘以 $\bar{\phi}_{\mathrm{r}'}^*\,(\bar{\kappa}_0)$，再对 $\bar{\kappa}_0$ 积分，并作同上处理：

$$\int_{-\infty}^{\infty} \bar{\phi}_{\mathrm{r}'}^*\,(\bar{\kappa}_0)\,\bar{\beta}_{z0}\,(\bar{\kappa}_0)\left[\bar{\phi}_m\,(\bar{\kappa}_0) + \sum_{n=0}^{M} \varsigma_{mn}\bar{\phi}_{\mathrm{n}}\,(\bar{\kappa}_0) + \int_0^{\infty} \varsigma_{mr}\bar{\phi}_{\mathrm{r}}\,(\bar{\kappa}_0)\,\mathrm{d}\beta_{zr}\right]\mathrm{d}\bar{\kappa}_0$$

$$
\begin{aligned}
&= \int_{-\infty}^{\infty} \bar{\phi}_{\mathrm{r}'}^{*}\left(\bar{\kappa}_{0}\right) \sqrt{k_{0}^{2}-\bar{\kappa}_{0}^{2}} \bar{\phi}_{m}\left(\bar{\kappa}_{0}\right) \mathrm{d}\bar{\kappa}_{0} + \sum_{n=0}^{M} \varsigma_{mn} \int_{-\infty}^{\infty} \bar{\phi}_{\mathrm{r}'}^{*}\left(\bar{\kappa}_{0}\right) \sqrt{k_{0}^{2}-\bar{\kappa}_{0}^{2}} \bar{\phi}_{\mathrm{n}}\left(\bar{\kappa}_{0}\right) \mathrm{d}\bar{\kappa}_{0} \\
&\quad + \int_{0}^{\infty} \varsigma_{mr} \left[\int_{-\infty}^{\infty} \bar{\phi}_{\mathrm{r}'}^{*}\left(\bar{\kappa}_{0}\right) \sqrt{k_{0}^{2}-\bar{\kappa}_{0}^{2}} \bar{\phi}_{\mathrm{r}}\left(\bar{\kappa}_{0}\right) \mathrm{d}\bar{\kappa}_{0} \right] \mathrm{d}\beta_{zr} \\
&= p_{mr'} + \sum_{n=0}^{M} \varsigma_{mn} p_{\mathrm{nr}'} + \int_{0}^{\infty} \varsigma_{mr} p_{rr'} \mathrm{d}\beta_{zr} \\
&= \int_{-\infty}^{\infty} \beta_{zm} \bar{\phi}_{m}\left(\bar{\kappa}_{0}\right) \bar{\phi}_{\mathrm{r}'}^{\prime*}\left(\bar{\kappa}_{0}\right) d\kappa_{0} - \sum_{n=0}^{M} \varsigma_{mn} \beta_{zn} \int_{-\infty}^{\infty} \bar{\phi}_{\mathrm{n}}\left(\bar{\kappa}_{0}\right) \bar{\phi}_{\mathrm{r}'}^{\prime*}\left(\bar{\kappa}_{0}\right) \mathrm{d}\bar{\kappa}_{0} \\
&\quad - \int_{0}^{\infty} \varsigma_{mr} \beta_{zr} \left[\int_{-\infty}^{\infty} \bar{\phi}_{\mathrm{r}}\left(\bar{\kappa}_{0}\right) \bar{\phi}_{\mathrm{r}'}^{\prime*}\left(\bar{\kappa}_{0}\right) \mathrm{d}\bar{\kappa}_{0} \right] \mathrm{d}\beta_{zr} \\
&= \beta_{zm} \frac{\omega \varepsilon_{0} P}{\pi \mathrm{Re}\left(\beta_{zm}\right)} \delta_{r'm} - \sum_{n=0}^{M} \varsigma_{mn} \beta_{zn} \cdot 0 - \int_{0}^{\infty} \varsigma_{mr} \beta_{zr} \frac{\omega \varepsilon_{0} P}{\pi \mathrm{Re}\left(\beta_{zr}\right)} \delta\left(r-r'\right) \mathrm{d}\beta_{zr} \\
&= -\varsigma_{mr'} \beta_{zr'} \frac{\omega \varepsilon_{0} P}{\pi \mathrm{Re}\left(\beta_{zr'}\right)} \rightarrow
\end{aligned}
$$

$$
p_{mr'} + \sum_{n=0}^{M} \varsigma_{mn} p_{\mathrm{nr}'} + \int_{0}^{\infty} \varsigma_{mr} p_{rr'} \mathrm{d}\beta_{r} + \frac{\omega \varepsilon_{0} P}{\pi} \varsigma_{mr'} = 0 \tag{2.1-27x}
$$

上述式 (2.1-27w,x) 就是确定 m 阶 **TM 导波模式的反射系数** ς_{mm}、**功率反射率** $R_m^{\mathrm{TM}} \equiv |\varsigma_{mm}|^2$、**散射转换为** n **阶导波模式的耦合或转换系数** $\varsigma_{mn}(n \neq m)$ 和**散射转换成传播常数为** β_{r} **的辐射模式的耦合系数或转换系数** ς_{mr} 的**代数积分方程组**。因其代数求和项和积分项包含有未知待求的各个系数 ς_{ij}。

3. 不太强波导的近似解

当波导的折射率突变 $\Delta \bar{n}$ 不太大时, 散射转换为辐射模式的功率很小, ρ_{mr} 和 ς_{mr} 皆接近为零, 例如, 对于 $\mathrm{Al}_x\mathrm{Ga}_{1-x}\mathrm{As}$ 或 $\mathrm{In}_x\mathrm{Ga}_{1-x}\mathrm{As}_y\mathrm{P}_{1-y}$ 的激光器, 式 (2.1-25y)、式 (2.1-26c) 和式 (2.1-27w,x) 将分别简化为

TE 模式:

$$
\sum_{n=0}^{M} \rho_{mn} \bar{q}_{\mathrm{nl}} + \rho_{ml} = \delta_{lm} - \bar{q}_{ml}, \quad q_{ml} = \frac{\omega \mu_{0} P}{\pi} \bar{q}_{ml}, \quad l = 0, 1, 2, \cdots, M
$$

$$
[\mathrm{A}^{1-1}\mathrm{V}^{2-1-1}\mathrm{cm}^{2+2}\mathrm{S}^{1-1} = \mathrm{cm}^4] \tag{2.1-28a}
$$

TM 模式:

$$
\sum_{n=0}^{M} \varsigma_{mn} \bar{p}_{\mathrm{nl}} + \varsigma_{ml} = \delta_{lm} - \bar{p}_{ml}, \quad p_{ml} = \frac{\omega \varepsilon_{0} P}{\pi} \bar{p}_{ml}, \quad l = 0, 1, 2, \cdots, M \tag{2.1-28b}
$$

对于具有 $M+1$ 个导波模式的波导, 其任何一个 m 阶的导波模式, $l = 0, 1, 2, \cdots, M$, 上述两式各自包含 $M+1$ 个方程, 各自可以解出 $M+1$ 个 TE

模式转换系数 ρ_{ml} 和 $M+1$ 个 TM 模式转换系数 ζ_{ml}。由于 $m = 0, 1, 2, \cdots, M$，则共有 $(M+1)^2$ 个方程，分别可以解出全部 $(M+1)^2$ 个 TE 模式转换系数 ρ_{ml} 和 $(M+1)^2$ 个 TM 模式转换系数 ζ_{ml}，其中包含 $(M+1)$ 个 TE 模式反射系数 ρ_{mm} 和 $(M+1)$ 个 TM 模式反射系数 ζ_{mm}。以下将分别讨论其各阶的计算公式和计算结果。

1) TE 模式

由式 (2.1-9c)，芯层为 d 的折射率三层平板波导中可能存在的导波模式的最高阶 M 和总数 N_{mode} 分别为

$$M \equiv \mathrm{Int}\left[\frac{2d}{\lambda_0}\sqrt{\bar{n}_2^2 - \bar{n}_3^2} - \frac{1}{\pi}\tan^{-1}\left(\varepsilon_{21}\sqrt{a_{\mathrm{E}}}\right)\right], \quad N_{\mathrm{mode}} = M + 1 \qquad (2.1\text{-}28\mathrm{c}')$$

其中，$\mathrm{Int}[\ ]$，表示取 [ ] 中数值舍弃小数点后的整数，例如，$\mathrm{Int}[2.95]=2$。因此，随芯层厚度 d 不同，M 也不同，具体计算反射率的方程组也不同。以下是不同 M 的计算公式表述。

$\boldsymbol{M = 0}$：波导中将只有基模传播，$\boldsymbol{m = n = l = 0}$，式 (2.1-24a) 化为

$$\rho_{00}\bar{q}_{00} + \rho_{00} = 1 - \bar{q}_{00} \to (1 + \bar{q}_{00})\rho_{00} = (1 - \bar{q}_{00}) \to \rho_{00} = \frac{1 - \bar{q}_{00}}{1 + \bar{q}_{00}} \qquad (2.1\text{-}28\mathrm{c})$$

$M = 1$：波导中将有基模和一阶模式传播，$m = n = l = 0, 1$，式 (2.1-24a) 化为

$$\rho_{00}(1 + \bar{q}_{00}) + \rho_{01}\bar{q}_{10} = 1 - \bar{q}_{00}, \quad \rho_{00}\bar{q}_{01} + \rho_{01}(1 + \bar{q}_{11}) = -\bar{q}_{01} \quad (m = 0; l = 0, 1)$$
$$(2.1\text{-}28\mathrm{d})$$

联立解出

$$\rho_{00} = \frac{\begin{vmatrix} 1 - \bar{q}_{00} & \bar{q}_{10} \\ -\bar{q}_{01} & 1 + \bar{q}_{11} \end{vmatrix}}{\begin{vmatrix} 1 + \bar{q}_{00} & \bar{q}_{10} \\ \bar{q}_{01} & 1 + \bar{q}_{11} \end{vmatrix}} = \frac{(1 - \bar{q}_{00})(1 + \bar{q}_{11}) + \bar{q}_{01}\bar{q}_{10}}{(1 + \bar{q}_{00})(1 + \bar{q}_{11}) - \bar{q}_{01}\bar{q}_{10}} \qquad (2.1\text{-}28\mathrm{e})$$

$$\rho_{01} = \frac{\begin{vmatrix} 1 + \bar{q}_{00} & 1 - \bar{q}_{00} \\ \bar{q}_{01} & -\bar{q}_{01} \end{vmatrix}}{\begin{vmatrix} 1 + \bar{q}_{00} & \bar{q}_{10} \\ \bar{q}_{01} & 1 + \bar{q}_{11} \end{vmatrix}} = \frac{-2\bar{q}_{01}}{(1 + \bar{q}_{00})(1 + \bar{q}_{11}) - \bar{q}_{01}\bar{q}_{10}} \qquad (2.1\text{-}28\mathrm{f})$$

$m = 1; l = 0, 1 : \rho_{10}(1 + \bar{q}_{00}) + \rho_{11}\bar{q}_{10} = -\bar{q}_{10}, \quad \rho_{10}\bar{q}_{01} + \rho_{11}(1 + \bar{q}_{11}) = 1 - \bar{q}_{11}$
$$(2.1\text{-}28\mathrm{g})$$

联立解出

$$\rho_{10} = \frac{\begin{vmatrix} -\bar{q}_{10} & \bar{q}_{10} \\ 1 - \bar{q}_{11} & 1 + \bar{q}_{11} \end{vmatrix}}{\begin{vmatrix} 1 + \bar{q}_{00} & \bar{q}_{10} \\ \bar{q}_{01} & 1 + \bar{q}_{11} \end{vmatrix}} = \frac{-2\bar{q}_{10}}{(1 + \bar{q}_{00})(1 + \bar{q}_{11}) - \bar{q}_{01}\bar{q}_{10}} \qquad (2.1\text{-}28\text{h})$$

$$\rho_{11} = \frac{\begin{vmatrix} 1 + \bar{q}_{00} & -\bar{q}_{10} \\ \bar{q}_{01} & 1 - \bar{q}_{11} \end{vmatrix}}{\begin{vmatrix} 1 + \bar{q}_{00} & \bar{q}_{10} \\ \bar{q}_{01} & 1 + \bar{q}_{11} \end{vmatrix}} = \frac{(1 + \bar{q}_{00})(1 - \bar{q}_{11}) + \bar{q}_{01}\bar{q}_{10}}{(1 + \bar{q}_{00})(1 + \bar{q}_{11}) - \bar{q}_{01}\bar{q}_{10}} \qquad (2.1\text{-}28\text{i})$$

综合上述四个代数求解过程式 (2.1-28d,g) 为一个矩阵求解过程:

$$\begin{pmatrix} 1 + \bar{q}_{00} & \bar{q}_{10} \\ \bar{q}_{01} & 1 + \bar{q}_{11} \end{pmatrix} \begin{pmatrix} \rho_{00} & \rho_{10} \\ \rho_{01} & \rho_{11} \end{pmatrix}$$

$$= \begin{pmatrix} 1 - \bar{q}_{00} & -\bar{q}_{10} \\ -\bar{q}_{01} & 1 - \bar{q}_{11} \end{pmatrix} \rightarrow (\mathbf{1} + \bar{\boldsymbol{q}})\,\boldsymbol{\rho} = (\mathbf{1} - \bar{\boldsymbol{q}}) \rightarrow \boldsymbol{\rho} = (\mathbf{1} + \bar{\boldsymbol{q}})^{-1}(\mathbf{1} - \bar{\boldsymbol{q}}) \quad (2.1\text{-}28\text{i}')$$

$\boldsymbol{M = 2}$: 波导中将有基模和一阶模式传播,$\boldsymbol{m = n = l = 0, 1, 2}$,则式 (2.1-28a) 化为

$$m, l = 0, 0 : (1 + \bar{q}_{00})\rho_{00} + \bar{q}_{10}\rho_{01} + \bar{q}_{20}\rho_{02} = 1 - \bar{q}_{00} \qquad (2.1\text{-}28\text{j})$$

$$m, l = 0, 1 : q_{01}\rho_{00} + (1 + \bar{q}_{11})\rho_{01} + \bar{q}_{21}\rho_{02} = -\bar{q}_{01} \qquad (2.1\text{-}28\text{k})$$

$$m, l = 0, 2 : \bar{q}_{02}\rho_{00} + \bar{q}_{12}\rho_{01} + (1 + \bar{q}_{22})\rho_{02} = -\bar{q}_{02} \qquad (2.1\text{-}28\text{l})$$

$$\begin{pmatrix} 1 + \bar{q}_{00} & \bar{q}_{10} & \bar{q}_{20} \\ \bar{q}_{01} & 1 + \bar{q}_{11} & \bar{q}_{21} \\ \bar{q}_{02} & \bar{q}_{12} & 1 + \bar{q}_{22} \end{pmatrix} \begin{pmatrix} \rho_{00} \\ \rho_{01} \\ \rho_{02} \end{pmatrix} = \begin{pmatrix} 1 - \bar{q}_{00} \\ -\bar{q}_{01} \\ -\bar{q}_{02} \end{pmatrix} \rightarrow \boldsymbol{Q} \cdot \boldsymbol{\rho_0} = \bar{\boldsymbol{q}}_{\mathbf{0}} \rightarrow \boldsymbol{\rho_0} = \boldsymbol{Q}^{-1} \cdot \bar{\boldsymbol{q}}_{\mathbf{0}}$$

$$(2.1\text{-}28\text{m})$$

$$m, l = 1, 0 : (1 + \bar{q}_{00})\rho_{10} + \bar{q}_{10}\rho_{11} + \bar{q}_{20}\rho_{12} = -\bar{q}_{10} \qquad (2.1\text{-}28\text{n})$$

$$m, l = 1, 1 : q_{01}\rho_{10} + (1 + \bar{q}_{11})\rho_{11} + \bar{q}_{21}\rho_{12} = 1 - \bar{q}_{11} \qquad (2.1\text{-}28\text{o})$$

$$m, l = 1, 2 : \bar{q}_{02}\rho_{10} + \bar{q}_{12}\rho_{11} + (1 + \bar{q}_{22})\rho_{12} = -\bar{q}_{12} \qquad (2.1\text{-}28\text{p})$$

$$\begin{pmatrix} 1 + \bar{q}_{00} & \bar{q}_{10} & \bar{q}_{20} \\ \bar{q}_{01} & 1 + \bar{q}_{11} & \bar{q}_{21} \\ \bar{q}_{02} & \bar{q}_{12} & 1 + \bar{q}_{22} \end{pmatrix} \begin{pmatrix} \rho_{10} \\ \rho_{11} \\ \rho_{12} \end{pmatrix} = \begin{pmatrix} -\bar{q}_{10} \\ 1 - \bar{q}_{11} \\ -\bar{q}_{12} \end{pmatrix} \rightarrow \boldsymbol{Q} \cdot \boldsymbol{\rho_1} = \bar{\boldsymbol{q}}_{\mathbf{1}} \rightarrow \boldsymbol{\rho_1} = \boldsymbol{Q}^{-1} \cdot \bar{\boldsymbol{q}}_{\mathbf{1}}$$

$$(2.1\text{-}28\text{q})$$

$$m, l = 2, 0 : (1 + \bar{q}_{00})\rho_{20} + \bar{q}_{10}\rho_{21} + \bar{q}_{20}\rho_{22} = -\bar{q}_{20} \qquad (2.1\text{-}28\text{r})$$

$$m, l = 2, 1 : q_{01}\rho_{20} + (1 + \bar{q}_{11})\, \rho_{21} + \bar{q}_{21}\rho_{22} = -\bar{q}_{21} \tag{2.1-28s}$$

$$m, l = 2, 2 : \bar{q}_{02}\rho_{20} + \bar{q}_{12}\rho_{21} + (1 + \bar{q}_{22})\, \rho_{22} = 1 - \bar{q}_{22} \tag{2.1-28t}$$

$$\begin{pmatrix} 1 + \bar{q}_{00} & \bar{q}_{10} & \bar{q}_{20} \\ \bar{q}_{01} & 1 + \bar{q}_{11} & \bar{q}_{21} \\ \bar{q}_{02} & \bar{q}_{12} & 1 + \bar{q}_{22} \end{pmatrix} \begin{pmatrix} \rho_{20} \\ \rho_{21} \\ \rho_{22} \end{pmatrix} = \begin{pmatrix} -\bar{q}_{20} \\ -\bar{q}_{21} \\ 1 - \bar{q}_{22} \end{pmatrix} \to \boldsymbol{Q} \cdot \boldsymbol{\rho_2} = \bar{\boldsymbol{q}}_2 \to \boldsymbol{\rho_2} = \boldsymbol{Q}^{-1} \cdot \bar{\boldsymbol{q}}_2$$

$$\tag{2.1-28u}$$

综合上述三个求解矢量的过程为一个求解矩阵的过程:

$$\begin{pmatrix} 1 + \bar{q}_{00} & \bar{q}_{10} & \bar{q}_{20} \\ \bar{q}_{01} & 1 + \bar{q}_{11} & \bar{q}_{21} \\ \bar{q}_{02} & \bar{q}_{12} & 1 + \bar{q}_{22} \end{pmatrix} \begin{pmatrix} \rho_{00} & \rho_{10} & \rho_{20} \\ \rho_{01} & \rho_{11} & \rho_{21} \\ \rho_{02} & \rho_{12} & \rho_{22} \end{pmatrix} = \begin{pmatrix} 1 - \bar{q}_{00} & -\bar{q}_{10} & -\bar{q}_{20} \\ -\bar{q}_{01} & 1 - \bar{q}_{11} & -\bar{q}_{21} \\ -\bar{q}_{02} & -\bar{q}_{12} & 1 - \bar{q}_{22} \end{pmatrix}$$

$$\tag{2.1-28u'}$$

$$(\boldsymbol{1} + \bar{\boldsymbol{q}})\, \boldsymbol{\rho} = (\boldsymbol{1} - \bar{\boldsymbol{q}}) \to \boldsymbol{\rho} = (\boldsymbol{1} + \bar{\boldsymbol{q}})^{-1} (\boldsymbol{1} - \bar{\boldsymbol{q}}) \tag{2.1-28u''}$$

同理可以写出 $M > 2$, 求某一 m 的 $\rho_{mn}(n = l = 0, 1, 2, \cdots)$ 的**普遍矩阵方程式**。

$$\begin{pmatrix} 1 + \bar{q}_{00} & \bar{q}_{10} & \bar{q}_{20} & \bar{q}_{30} & \bar{q}_{40} & \bar{q}_{50} & \cdots & \bar{q}_{M0} \\ \bar{q}_{01} & 1 + \bar{q}_{11} & \bar{q}_{21} & \bar{q}_{31} & \bar{q}_{41} & \bar{q}_{51} & \cdots & \bar{q}_{M1} \\ \bar{q}_{02} & \bar{q}_{12} & 1 + \bar{q}_{22} & \bar{q}_{32} & \bar{q}_{42} & \bar{q}_{52} & \cdots & \bar{q}_{M2} \\ \bar{q}_{03} & \bar{q}_{13} & \bar{q}_{23} & 1 + \bar{q}_{33} & \bar{q}_{43} & \bar{q}_{53} & \cdots & \bar{q}_{M3} \\ \bar{q}_{04} & \bar{q}_{14} & \bar{q}_{24} & \bar{q}_{34} & 1 + \bar{q}_{44} & \bar{q}_{54} & \cdots & \bar{q}_{M4} \\ \bar{q}_{05} & \bar{q}_{15} & \bar{q}_{25} & \bar{q}_{35} & \bar{q}_{45} & 1 + \bar{q}_{55} & \cdots & \bar{q}_{M5} \\ \vdots & \vdots & \vdots & \vdots & \vdots & \vdots & & \vdots \\ \bar{q}_{0M} & \bar{q}_{1M} & \bar{q}_{2M} & \bar{q}_{3M} & \bar{q}_{4M} & \bar{q}_{5M} & \cdots & 1 + \bar{q}_{MM} \end{pmatrix} \begin{pmatrix} \rho_{m0} \\ \rho_{m1} \\ \rho_{m2} \\ \rho_{m3} \\ \rho_{m4} \\ \rho_{m5} \\ \vdots \\ \rho_{mM} \end{pmatrix}$$

$$= \begin{pmatrix} \delta_{m0} - \bar{q}_{m0} \\ \delta_{m1} - \bar{q}_{m1} \\ \delta_{m2} - \bar{q}_{m2} \\ \delta_{m3} - \bar{q}_{m3} \\ \delta_{m4} - \bar{q}_{m4} \\ \delta_{m5} - \bar{q}_{m5} \\ \vdots \\ \delta_{mM} - \bar{q}_{mM} \end{pmatrix} \tag{2.1-28v}$$

而求一切 m 的 $\rho_{mn}(m = n = l = 0, 1, 2, \cdots)$ 的**普遍矩阵方程式**则为

$$\begin{pmatrix} 1+\bar{q}_{00} & \bar{q}_{10} & \bar{q}_{20} & \cdots & \bar{q}_{M0} \\ \bar{q}_{01} & 1+\bar{q}_{11} & \bar{q}_{21} & \cdots & \bar{q}_{M1} \\ \bar{q}_{02} & \bar{q}_{12} & 1+\bar{q}_{22} & \cdots & \bar{q}_{M2} \\ \vdots & \vdots & \vdots & & \vdots \\ \bar{q}_{0M} & \bar{q}_{1M} & \bar{q}_{2M} & \cdots & 1+\bar{q}_{MM} \end{pmatrix} \begin{pmatrix} \rho_{00} & \rho_{10} & \rho_{20} & \cdots & \rho_{M0} \\ \rho_{01} & \rho_{11} & \rho_{21} & \cdots & \rho_{M1} \\ \rho_{02} & \rho_{12} & \rho_{22} & \cdots & \rho_{M2} \\ \vdots & \vdots & \vdots & & \vdots \\ \rho_{0M} & \rho_{1M} & \rho_{2M} & \cdots & \rho_{MM} \end{pmatrix}$$

$$= \begin{pmatrix} 1-\bar{q}_{00} & -\bar{q}_{10} & -\bar{q}_{20} & \cdots & -\bar{q}_{M0} \\ -\bar{q}_{01} & 1-\bar{q}_{11} & -\bar{q}_{21} & \cdots & -\bar{q}_{M1} \\ -\bar{q}_{02} & -\bar{q}_{12} & 1-\bar{q}_{22} & \cdots & -\bar{q}_{M2} \\ \vdots & \vdots & \vdots & & \vdots \\ -\bar{q}_{0M} & -\bar{q}_{1M} & -\bar{q}_{2M} & \cdots & 1-\bar{q}_{MM} \end{pmatrix} \qquad (2.1\text{-}28\mathrm{v}')$$

矩阵解出

$$(1+\bar{q})\,\rho = (1-\bar{q}) \to \rho = (1+\bar{q})^{-1}\,(1-\bar{q}) \to R_m^{\mathrm{TE}} = |\rho_{mm}|^2, \quad m = 0,1,2,\cdots$$
$$(2.1\text{-}28\mathrm{v}'')$$

其中, $\bar{\psi}_l(\bar{\kappa}_0)$ 可以由纯折射率对称三层波导中相应导波模式的本征值和本征函数求出。

计算中将涉及正余弦函数的周期性 (图 2.1-7A(c))。

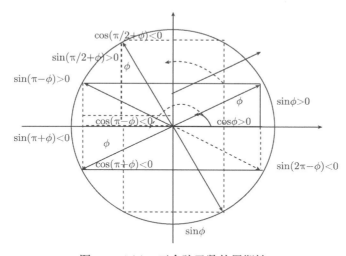

图 2.1-7A(c) 正余弦函数的周期性

偶阶模 $l = 2s$:

$$\begin{cases} \cos\left(u_l \mp \dfrac{l\pi}{2}\right) = \cos\left(u_l \mp s\pi\right) = (-1)^s \cos u_l \\[2mm] \sin\left(u_l \mp \dfrac{l\pi}{2}\right) = \sin\left(u_l \mp s\pi\right) = (-1)^s \sin u_l \end{cases}$$

其**本征方程**为

$$\gamma \cos u_l = \kappa \sin u_l$$

奇阶模 $l = 2s + 1$:

$$
\begin{cases}
\cos\left(u_l \mp \dfrac{l\pi}{2}\right) = \sin\left(u_l \mp s\pi\right) = \begin{cases} (-1)^s \\ (-1)^{s+1} \end{cases} \sin u_l \\[4mm]
\sin\left(u_l \mp \dfrac{l\pi}{2}\right) = \mp\cos\left(u_l \mp s\pi\right) = \begin{cases} (-1)^{s+1} \\ (-1)^s \end{cases} \cos u_l
\end{cases}
$$

其**本征方程**为

$$-\gamma \sin u_l = \kappa \cos u_l$$

例如, 对于 $l = 2s + 1$:

$$
\begin{aligned}
\cos\left(u_l - \frac{l\pi}{2}\right) &= \cos\left((u_l - s\pi) - \frac{\pi}{2}\right) = \cos\left(\frac{\pi}{2} - (u_l - s\pi)\right) = \sin(u_l - s\pi) \\
&= -\sin(s\pi - u_l) = -(-1)^{s+1}\sin u_l = (-1)^{s+2}\sin u_l = (-1)^s \sin u_l
\end{aligned}
$$

$$
\begin{aligned}
s = 0 &: \cos\left(u_l - \frac{\pi}{2}\right) = \cos\left(\frac{\pi}{2} - u_l\right) = \sin u_l = (-1)^0 \sin u_l \\
s = 1 &: \cos\left(u_l - \frac{3\pi}{2}\right) = \cos\left(\frac{3\pi}{2} - u_l\right) = \cos\left(\frac{\pi}{2} + (\pi - u_l)\right) \\
&= -\sin(\pi - u_l) = -\sin u_l = (-1)^1 \sin u_l \\
s = 2 &: \cos\left(u_l - \frac{5\pi}{2}\right) = \cos\left(\frac{5\pi}{2} - u_l\right) = \cos\left(\frac{\pi}{2} + (2\pi - u_l)\right) \\
&= -\sin(2\pi - u_l) = \sin u_l = (-1)^2 \sin u_l \\
s = 3 &: \cos\left(u_l - \frac{7\pi}{2}\right) = \cos\left(\frac{7\pi}{2} - u_l\right) = \cos\left(\frac{\pi}{2} + (3\pi - u_l)\right) \\
&= -\sin(3\pi - u_l) = -\sin(\pi - u_l) = (-1)^3 \sin u_l
\end{aligned}
$$

偶阶模式: $l = 2s, s = 0, 1, 2, \cdots,$ $\cos\left(u_l - \dfrac{l\pi}{2}\right) = (-1)^s \cos u_l$, 利用积分

(2.1-20h,h′), 并注意其中, $\bar{\kappa}_0 = k_0 \sin\theta, \bar{\varphi} = \dfrac{k_0 d}{2}\sin\theta = \dfrac{\bar{\kappa}_0 d}{2}, u_l = \dfrac{\kappa_l d}{2}, v_l = \dfrac{\gamma_l d}{2}$, 则其本征函数的积分变换为

$$
\begin{aligned}
&\bar{\psi}_l(\bar{\kappa}_0) \\
&\equiv \frac{1}{2\pi}\int_{-\infty}^{\infty} \psi_l(x)\mathrm{e}^{\mathrm{i}\bar{\kappa}_0 x}\mathrm{d}x = \frac{1}{2\pi}\left[\int_{-\infty}^{-d/2} B_3 \mathrm{e}^{\gamma_1 x}\mathrm{e}^{\mathrm{i}\bar{\kappa}_0 x}\mathrm{d}x \right. \\
&\left. + \int_{-d/2}^{d/2} A\cos\left(\kappa_l x - \frac{l\pi}{2}\right)\mathrm{e}^{\mathrm{i}\bar{\kappa}_0 x}\mathrm{d}x + \int_{d/2}^{\infty} B_1 \mathrm{e}^{-\gamma_1 x}\mathrm{e}^{\mathrm{i}\bar{\kappa}_0 x}\mathrm{d}x \right]
\end{aligned}
$$

$$= \frac{1}{2\pi} \left[\int_{-\infty}^{-d/2} A_\mathrm{e} \cos\left(\frac{\kappa_l d}{2} + \frac{l\pi}{2}\right) \mathrm{e}^{\gamma_1 d/2} \mathrm{e}^{(\mathrm{i}\bar\kappa_0 + \gamma_l)x} \mathrm{d}x \right.$$

$$+ \int_{-d/2}^{d/2} A_\mathrm{e} \cos\left(\kappa_l x - \frac{l\pi}{2}\right) \mathrm{e}^{\mathrm{i}\bar\kappa_0 x} \mathrm{d}x$$

$$\left. + \int_{d/2}^{\infty} A_\mathrm{e} \cos\left(\frac{\kappa_l d}{2} - \frac{l\pi}{2}\right) \mathrm{e}^{\gamma_1 d/2} \mathrm{e}^{(\mathrm{i}\bar\kappa_0 - \gamma_l)x} \mathrm{d}x \right]$$

$$= \frac{(-1)^s A_\mathrm{e}}{2\pi} \left[\int_{-\infty}^{-d/2} \cos u_l \cdot \mathrm{e}^{\gamma_1 d/2} \mathrm{e}^{(\mathrm{i}\bar\kappa_0 + \gamma_l)x} \mathrm{d}x \right.$$

$$\left. + \int_{d/2}^{\infty} \cos u_l \cdot \mathrm{e}^{\gamma_1 d/2} \mathrm{e}^{(\mathrm{i}\bar\kappa_0 - \gamma_l)x} \mathrm{d}x + \int_{-d/2}^{d/2} \cos\left(\kappa_l x\right) \mathrm{e}^{\mathrm{i}\bar\kappa_0 x} \mathrm{d}x \right]$$

$$= \frac{(-1)^s A_\mathrm{e}}{2\pi} \left[\cos u_l \cdot \mathrm{e}^{\gamma_1 d/2} \left(\frac{\mathrm{e}^{(\mathrm{i}\bar\kappa_0 + \gamma_l)x} \big|_{-\infty}^{-d/2}}{\mathrm{i}\bar\kappa_0 + \gamma_l} + \frac{\mathrm{e}^{(\mathrm{i}\bar\kappa_0 - \gamma_l)x} \big|_{d/2}^{\infty}}{\mathrm{i}\bar\kappa_0 - \gamma_l} \right) \right.$$

$$\left. + \frac{1}{2} \int_{-d/2}^{d/2} \left[\mathrm{e}^{\mathrm{i}(\bar\kappa_0 + \kappa_l)x} + \mathrm{e}^{\mathrm{i}(\bar\kappa_0 - \kappa_l)x} \right] \mathrm{d}x \right]$$

$$= \frac{(-1)^s A_\mathrm{e}}{2\pi} \left\{ \cos u_l \cdot \mathrm{e}^{\gamma_1 d/2} \left[\frac{\mathrm{e}^{-(\mathrm{i}\bar\kappa_0 + \gamma_l)d/2}}{\gamma_l + \mathrm{i}\bar\kappa_0} + \frac{\mathrm{e}^{(\mathrm{i}\bar\kappa_0 - \gamma_l)d/2}}{\gamma_l - \mathrm{i}\bar\kappa_0} \right] \right.$$

$$\left. + \frac{1}{2} \left[\frac{\mathrm{e}^{\mathrm{i}(\bar\kappa_0 + \kappa_l)x} \big|_{-d/2}^{d/2}}{\mathrm{i}(\bar\kappa_0 + \kappa_l)} + \frac{\mathrm{e}^{(\bar\kappa_0 - \kappa_l)x} \big|_{-d/2}^{d/2}}{\mathrm{i}(\bar\kappa_0 - \kappa_l)} \right] \right\}$$

$$= \frac{(-1)^s A_\mathrm{e}}{2\pi} \left\{ \cos u_l \left(\frac{\mathrm{e}^{-\mathrm{i}\bar\kappa_0 d/2}}{\gamma_l + \mathrm{i}\bar\kappa_0} + \frac{\mathrm{e}^{\mathrm{i}\bar\kappa_0 d/2}}{\gamma_l - \mathrm{i}\bar\kappa_0} \right) \right.$$

$$\left. + \frac{1}{2} \left[\frac{\mathrm{e}^{\mathrm{i}(\bar\kappa_0 + \kappa_l)d/2} - \mathrm{e}^{-\mathrm{i}(\bar\kappa_0 + \kappa_l)d/2}}{\mathrm{i}(\bar\kappa_0 + \kappa_l)} + \frac{\mathrm{e}^{\mathrm{i}(\bar\kappa_0 - \kappa_l)d/2} - \mathrm{e}^{-\mathrm{i}(\bar\kappa_0 - \kappa_l)d/2}}{\mathrm{i}(\bar\kappa_0 - \kappa_l)} \right] \right\}$$

$$= \frac{(-1)^s A_\mathrm{e}}{2\pi} \left[\cos u_l \frac{(\gamma_l - \mathrm{i}\bar\kappa_0)\, \mathrm{e}^{-\mathrm{i}\bar\kappa_0 d/2} + (\gamma_l + \mathrm{i}\bar\kappa_0)\, \mathrm{e}^{\mathrm{i}\bar\kappa_0 d/2}}{\bar\kappa_0^2 + \gamma_l^2} \right.$$

$$\left. + \left\{ \frac{\sin\left[(\bar\kappa_0 + \kappa_l)\, d/2\right]}{\bar\kappa_0 + \kappa_l} + \frac{\sin\left[(\bar\kappa_0 - \kappa_l)\, d/2\right]}{\bar\kappa_0 - \kappa_l} \right\} \right]$$

$$= \frac{(-1)^s A_\mathrm{e}}{2\pi} \left\{ \cos u_l \frac{2\gamma_l \cos\left(\bar\kappa_0 d/2\right) - 2\bar\kappa_0 \sin\left(\bar\kappa_0 d/2\right)}{\bar\kappa_0^2 + \gamma_l^2} \right.$$

$$\left. + \frac{(\kappa_l - \bar\kappa_0)\sin\left(\bar\kappa_0 d/2 + u_l\right) - (\kappa_l + \bar\kappa_0)\sin\left(\bar\kappa_0 d/2 - u_l\right)}{\kappa_l^2 - \bar\kappa_0^2} \right\}$$

$$= \frac{(-1)^s A_\mathrm{e}}{2\pi} \left[2\cos u_l \frac{\gamma_l \cos\left(\bar\kappa_0 d/2\right) - \bar\kappa_0 \sin\left(\bar\kappa_0 d/2\right)}{\bar\kappa_0^2 + \gamma_l^2} \right.$$

$$+\frac{\kappa_l(\sin[[\bar{\kappa}_0d/2+u_l)]-\sin[(\bar{\kappa}_0d/2-u_l)])-\bar{\kappa}_0\left(\sin[(\bar{\kappa}_0d/2+u_l)]+\sin[(\bar{\kappa}_0d/2-u_l)])\right)}{\kappa_l^2-\bar{\kappa}_0^2}\Bigg]$$

$$=\frac{(-1)^s\,A_{\rm e}}{\pi}\left[\cos u_l\frac{\gamma_l\cos(\bar{\kappa}_0d/2)-\bar{\kappa}_0\sin(\bar{\kappa}_0d/2)}{\bar{\kappa}_0^2+\gamma_l^2}\right.$$

$$\left.+\frac{\kappa_l\cos(\bar{\kappa}_0d/2)\sin u_l-\bar{\kappa}_0\sin(\bar{\kappa}_0d/2)\cos u_l}{\kappa_l^2-\bar{\kappa}_0^2}\right]$$

$$=\frac{(-1)^s\,A_{\rm e}}{\pi}\left[\cos u_l\frac{\gamma_l\cos(\bar{\kappa}_0d/2)-\bar{\kappa}_0\sin(\bar{\kappa}_0d/2)}{\bar{\kappa}_0^2+\gamma_l^2}\right.$$

$$\left.+\frac{\gamma_l\cos(\bar{\kappa}_0d/2)\cos u_l-\bar{\kappa}_0\sin(\bar{\kappa}_0d/2)\cos u_l}{\kappa_l^2-\bar{\kappa}_0^2}\right]$$

$$=\frac{(-1)^s\,A_{\rm e}}{\pi}\cos u_l\left[\frac{\gamma_l\cos(\bar{\kappa}_0d/2)-\bar{\kappa}_0\sin(\bar{\kappa}_0d/2)}{\bar{\kappa}_0^2+\gamma_l^2}+\frac{\gamma_l\cos(\bar{\kappa}_0d/2)-\bar{\kappa}_0\sin(\bar{\kappa}_0d/2)}{\kappa_l^2-\bar{\kappa}_0^2}\right]$$

$$=\frac{(-1)^s\,A_{\rm e}}{\pi}\cos u_l\left[\gamma_l\cos(\bar{\kappa}_0d/2)-\bar{\kappa}_0\sin(\bar{\kappa}_0d/2)\right]\left(\frac{1}{\bar{\kappa}_0^2+\gamma_l^2}+\frac{1}{\kappa_l^2-\bar{\kappa}_0^2}\right)$$

$$=\frac{(-1)^s\,A_{\rm e}}{\pi}\cos u_l\left[\gamma_l\cos(\bar{\kappa}_0d/2)-\bar{\kappa}_0\sin(\bar{\kappa}_0d/2)\right]\frac{\kappa_l^2+\gamma_l^2}{(\bar{\kappa}_0^2+\gamma_l^2)(\kappa_l^2-\bar{\kappa}_0^2)}$$

$$\bar{\psi}_l(\bar{\kappa}_0)=\frac{(-1)^s\,A_{\rm e}\cos u_l}{\pi}\cdot\frac{\left(\kappa_l^2+\gamma_l^2\right)\left[\gamma_l\cos\left(\dfrac{\bar{\kappa}_0d}{2}\right)-\bar{\kappa}_0\sin\left(\dfrac{\bar{\kappa}_0d}{2}\right)\right]}{(\gamma_l^2+\bar{\kappa}_0^2)(\kappa_l^2-\bar{\kappa}_0^2)}=\bar{\psi}_l(-\bar{\kappa}_0)\tag{2.1-28w}$$

奇阶模式: $l=2s+1,\,s=0,1,2,\cdots,\,\cos\left(u_l-\dfrac{l\pi}{2}\right)=(-1)^s\sin u_l$

例如, $s=0,l=1,\cos(u_l-\pi/2)=\sin u_l$; $s=1,l=3,\cos(u_l-3\pi/2)=-\sin u_l$; $s=2,l=5,\cos(u_l-5\pi/2)=\cos(u_l-\pi/2)=\sin u_l$, 并由式 (2.1-21q), 积分得出

$$\bar{\psi}_l(\bar{\kappa}_0)=\frac{(-1)^s\,{\rm i}A_{\rm o}\sin u_l}{\pi}\cdot\frac{\left(\kappa_l^2+\gamma_l^2\right)\left[\gamma_l\sin\left(\dfrac{\bar{\kappa}_0d}{2}\right)+\bar{\kappa}_0\cos\left(\dfrac{\bar{\kappa}_0d}{2}\right)\right]}{(\gamma_l^2+\bar{\kappa}_0^2)(\kappa_l^2-\bar{\kappa}_0^2)}=-\bar{\psi}_l(-\bar{\kappa}_0)\tag{2.1-28x}$$

振幅和本征方程: 对于 m 阶导波模式, 由式 (2.1-16f), 并用 φ 代替 ϕ, 以区别于 TM 模的 ϕ, 得

$$A_m=\sqrt{\frac{4\omega\mu_0P}{\beta_{zm}\left\{\left(d+\dfrac{\sin2u_m\cos2\varphi}{\kappa_m}\right)+\dfrac{1}{\gamma_m}\left[\cos^2(u_m+\varphi)+\cos^2(u_m-\varphi)\right]\right\}}}$$

$$m=2s:A_{em}=\sqrt{\frac{2\omega\mu_0P}{\beta_{zm}\left(\dfrac{d}{2}+\dfrac{\sin2u_m}{2\kappa_m}+\dfrac{1}{\gamma_m}\cos^2u_m\right)}}$$

$$= \sqrt{\frac{2\omega\mu_0 P}{\beta_{zm}\left[\left(\dfrac{d}{2}+\dfrac{1}{\gamma_m}\right)+\sin u_m \cos u_m \left(\dfrac{1}{\kappa_m}-\dfrac{1}{\gamma_m}\tan u_m\right)\right]}} \rightarrow$$

$$A_{\mathrm{em}}^{\mathrm{TE}} = \sqrt{\frac{2\omega\mu_0 P}{\beta_{zm}\left(d/2+1/\gamma_m\right)}} \tag{2.1-28y}$$

$$m = 2s+1 : A_{\mathrm{om}} = \sqrt{\frac{2\omega\mu_0 P}{\beta_{zm}\left(\dfrac{d}{2}-\dfrac{\sin 2u_m}{2\kappa_m}+\dfrac{1}{\gamma_m}\sin^2 u_m\right)}}$$

$$= \sqrt{\frac{2\omega\mu_0 P}{\beta_{zm}\left[\left(\dfrac{d}{2}+\dfrac{1}{\gamma_m}\right)-\sin u_m \cos u_m \left(\dfrac{1}{\kappa_m}+\dfrac{1}{\gamma_m}\cot u_m\right)\right]}} \rightarrow$$

$$A_{\mathrm{om}}^{\mathrm{TE}} = \sqrt{\frac{2\omega\mu_0 P}{\beta_{zm}\left(d/2+1/\gamma_m\right)}} \tag{2.1-28z}$$

因

$$\tan\left(u_m - \varphi\right) = \frac{\gamma_m}{\kappa_m}, \quad \gamma_m^2 + \kappa_m^2 = k_0^2\left(\bar{n}_2^2 - \bar{n}_1^2\right), \quad \varphi = \frac{m\pi}{2} \tag{2.1-29a}$$

从而可以求出各个 q_{nl} 参数。由式 (2.1-28w, x)，$l = 0, 1, 2$，得

$$\bar{\psi}_0\left(\bar{\kappa}_0\right) = \sqrt{\frac{2P'}{\pi\beta_{z0}\left(d/2+1/\gamma_0\right)}}\cos u_0$$

$$\cdot \frac{\left(\kappa_0^2 + \gamma_0^2\right)\left[\gamma_0 \cos\left(\dfrac{\bar{\kappa}_0 d}{2}\right)-\bar{\kappa}_0 \sin\left(\dfrac{\bar{\kappa}_0 d}{2}\right)\right]}{\left(\gamma_0^2 + \bar{\kappa}_0^2\right)\left(\kappa_0^2 - \bar{\kappa}_0^2\right)} = \bar{\psi}_0\left(-\bar{\kappa}_0\right) \tag{2.1-29b}$$

$$\bar{\psi}_1\left(\bar{\kappa}_0\right) = -\mathrm{i}\sqrt{\frac{2P'}{\pi\beta_{z1}\left(d/2+1/\gamma_1\right)}}\sin u_1$$

$$\cdot \frac{\left(\kappa_1^2 + \gamma_1^2\right)\left[\gamma_1 \sin\left(\dfrac{\bar{\kappa}_0 d}{2}\right)+\bar{\kappa}_0 \cos\left(\dfrac{\bar{\kappa}_0 d}{2}\right)\right]}{\left(\gamma_1^2 + \bar{\kappa}_0^2\right)\left(\kappa_1^2 - \bar{\kappa}_0^2\right)} = -\bar{\psi}_1\left(-\bar{\kappa}_0\right) \tag{2.1-29c}$$

$$\bar{\psi}_2\left(\bar{\kappa}_0\right) = \sqrt{\frac{2P'}{\pi\beta_{z2}\left(d/2+1/\gamma_2\right)}}\cos u_2$$

$$\cdot \frac{\left(\kappa_2^2 + \gamma_2^2\right)\left[\gamma_2 \cos\left(\dfrac{\bar{\kappa}_0 d}{2}\right)-\bar{\kappa}_0 \sin\left(\dfrac{\bar{\kappa}_0 d}{2}\right)\right]}{\left(\gamma_2^2 + \bar{\kappa}_0^2\right)\left(\kappa_2^2 - \bar{\kappa}_0^2\right)} = \bar{\psi}_2\left(-\bar{\kappa}_0\right) \tag{2.1-29d}$$

$$q_{00} \equiv \int_{-\infty}^{\infty} \bar{\psi}_0^*\left(\bar{\kappa}_0\right)\sqrt{k_0^2 - \bar{\kappa}_0^2}\,\bar{\psi}_0\left(\bar{\kappa}_0\right)\mathrm{d}\bar{\kappa}_0 \quad \left[\mathrm{V}^2\cdot\mathrm{cm}^{-2}\right]$$

$$= \int_{-\infty}^{\infty} \frac{2P' \cos^2 u_0}{\pi \beta_{z0} \left(d/2 + 1/\gamma_0 \right)}$$

$$\cdot \frac{\left(\kappa_0^2 + \gamma_0^2 \right)^2 \left[\gamma_0 \cos \left(\dfrac{\bar{\kappa}_0 d}{2} \right) - \bar{\kappa}_0 \sin \left(\dfrac{\bar{\kappa}_0 d}{2} \right) \right]^2}{\left(\gamma_0^2 + \bar{\kappa}_0^2 \right)^2 \left(\kappa_0^2 - \bar{\kappa}_0^2 \right)^2} \sqrt{k_0^2 - \bar{\kappa}_0^2} \, \mathrm{d}\bar{\kappa}_0$$

$$= \frac{2P'}{\pi} \frac{v_0 \left[\left(u_0^2 + v_0^2 \right) \cos u_0 \right]^2}{\beta_0' \left(1 + v_0 \right)} \int_{-\infty}^{\infty} \left[\frac{v_0 \cos \bar{\kappa}_0' - \bar{\kappa}_0' \sin \bar{\kappa}_0'}{\left(v_0^2 + \bar{\kappa}_0'^2 \right) \left(u_0^2 - \bar{\kappa}_0'^2 \right)} \right]^2 \sqrt{k_0'^2 - \bar{\kappa}_0'^2} \, \mathrm{d}\bar{\kappa}_0'$$

$$= \frac{2P'}{\pi} C_0^2 I_{00} \equiv P' \bar{q}_{00}, \quad P' \equiv \frac{\omega \mu_0 P}{\pi} \; [\mathrm{V}^2 \cdot \mathrm{cm}^{-2}] \to \bar{q}_{00} = \frac{2}{\pi} C_0^2 I_{00} \; [1] \quad (2.1\text{-}29\mathrm{e})$$

$$q_{11} \equiv \int_{-\infty}^{\infty} \bar{\psi}_1^* \left(\bar{\kappa}_0 \right) \sqrt{k_0^2 - \bar{\kappa}_0^2} \, \bar{\psi}_1 \left(\bar{\kappa}_0 \right) \, \mathrm{d}\bar{\kappa}_0$$

$$= \frac{2P'}{\pi} \int_{-\infty}^{\infty} \frac{v_1 \left[\left(\kappa_1^2 + \gamma_1^2 \right) \sin u_1 \right]^2}{\beta_1' \left(1 + v_1 \right)} \cdot \left[\frac{v_1 \sin \bar{\kappa}_0' + \bar{\kappa}_0' \cos \bar{\kappa}_0'}{\left(v_1^2 + \bar{\kappa}_0'^2 \right) \left(u_1^2 - \bar{\kappa}_0'^2 \right)} \right]^2 \sqrt{k_0'^2 - \bar{\kappa}_0'^2} \, \mathrm{d}\bar{\kappa}_0'$$

$$= \frac{2P'}{\pi} C_1^2 I_{11} \equiv P' \bar{q}_{11} \to \bar{q}_{11} \equiv \frac{2}{\pi} C_1^2 I_{11} \qquad\qquad (2.1\text{-}29\mathrm{f})$$

$$q_{01} \equiv \int_{-\infty}^{\infty} \bar{\psi}_0^* \left(\bar{\kappa}_0 \right) \sqrt{k_0^2 - \bar{\kappa}_0^2} \, \bar{\psi}_1 \left(\bar{\kappa}_0 \right) \, \mathrm{d}\bar{\kappa}_0$$

$$= \int_{-\infty}^{\infty} \sqrt{\frac{2P'}{\pi \beta_{z0} \left(d/2 + 1/\gamma_0 \right)}} \cos u_0$$

$$\cdot \frac{\left(\kappa_0^2 + \gamma_0^2 \right) \left[\gamma_0 \cos \left(\dfrac{\bar{\kappa}_0 d}{2} \right) - \bar{\kappa}_0 \sin \left(\dfrac{\bar{\kappa}_0 d}{2} \right) \right]}{\left(\gamma_0^2 + \bar{\kappa}_0^2 \right) \left(\kappa_0^2 - \bar{\kappa}_0^2 \right)}$$

$$\cdot (-\mathrm{i}) \sqrt{\frac{2P'}{\pi \beta_{z1} \left(d/2 + 1/\gamma_1 \right)}} \sin u_1$$

$$\cdot \frac{\left(\kappa_1^2 + \gamma_1^2 \right) \left[\gamma_1 \sin \left(\dfrac{\bar{\kappa}_0 d}{2} \right) + \bar{\kappa}_0 \cos \left(\dfrac{\bar{\kappa}_0 d}{2} \right) \right]}{\left(\gamma_1^2 + \bar{\kappa}_0^2 \right) \left(\kappa_1^2 - \bar{\kappa}_0^2 \right)} \sqrt{k_0^2 - \bar{\kappa}_0^2} \, \mathrm{d}\bar{\kappa}_0$$

$$= -\mathrm{i} \frac{2P'}{\pi} C_0 C_1 I_{01} = P' \bar{q}_{01} \to \bar{q}_{01} \equiv -\mathrm{i} \frac{2}{\pi} C_0 C_1 I_{01} \qquad (2.1\text{-}29\mathrm{g})$$

$$q_{10} \equiv \int_{-\infty}^{\infty} \bar{\psi}_1^* \left(\bar{\kappa}_0 \right) \sqrt{k_0^2 - \bar{\kappa}_0^2} \, \bar{\psi}_0 \left(\bar{\kappa}_0 \right) \, \mathrm{d}\bar{\kappa}_0 = \mathrm{i} \frac{2P'}{\pi} C_1 C_0 I_{10}$$

$$= P' \bar{q}_{10} \to \bar{q}_{10} \equiv \mathrm{i} \frac{2}{\pi} C_1 C_0 I_{10} = \bar{q}_{01}^* \qquad\qquad (2.1\text{-}29\mathrm{h})$$

$$q_{22} \equiv \int_{-\infty}^{\infty} \bar{\psi}_2^* \left(\bar{\kappa}_0 \right) \sqrt{k_0^2 - \bar{\kappa}_0^2} \, \bar{\psi}_2 \left(\bar{\kappa}_0 \right) \, \mathrm{d}\bar{\kappa}_0$$

$$= \frac{2P'}{\pi} \int_{-\infty}^{\infty} \frac{v_2 \left[\left(u_2^2 + v_2^2 \right) \cos u_2 \right]^2}{\beta_2' \left(1 + v_2 \right)} \cdot \left[\frac{v_2 \cos \bar{\kappa}_0' - \bar{\kappa}_0' \sin \bar{\kappa}_0'}{\left(v_2^2 + \bar{\kappa}_2'^2 \right) \left(u_2^2 - \bar{\kappa}_0'^2 \right)} \right]^2 \sqrt{k_0'^2 - \bar{\kappa}_0'^2} \mathrm{d}\bar{\kappa}_0'$$

$$= \frac{2P'}{\pi} C_2^2 I_{22} = P' \bar{q}_{22} \rightarrow \bar{q}_{22} \equiv \frac{2}{\pi} C_2^2 I_{22} \tag{2.1-29i}$$

$$q_{20} \equiv \int_{-\infty}^{\infty} \bar{\psi}_2^* \left(\bar{\kappa}_0 \right) \sqrt{k_0^2 - \bar{\kappa}_0^2} \bar{\psi}_0 \left(\bar{\kappa}_0 \right) \mathrm{d}\bar{\kappa}_0$$

$$= \frac{-2P'}{\pi} C_2 C_0 I_{20} \equiv P' \bar{q}_{20} \rightarrow \bar{q}_{20} \equiv -\frac{2}{\pi} C_2 C_0 I_{20} = \bar{q}_{02}^* \tag{2.1-29j}$$

$$q_{21} \equiv \int_{-\infty}^{\infty} \bar{\psi}_2^* \left(\bar{\kappa}_0 \right) \sqrt{k_0^2 - \bar{\kappa}_0^2} \bar{\psi}_1 \left(\bar{\kappa}_0 \right) \mathrm{d}\bar{\kappa}_0$$

$$= -\mathrm{i} \frac{2P'}{\pi} C_2 C_1 I_{21} \equiv P' \bar{q}_{21} \rightarrow \bar{q}_{21} \equiv -\mathrm{i} \frac{2}{\pi} C_2 C_1 I_{21} = \bar{q}_{21}^* \tag{2.1-29k}$$

$$C_0^2 = \frac{v_0 \left[\left(u_0^2 + v_0^2 \right) \cos u_0 \right]^2}{\beta_{z0}' \left(1 + v_0 \right)}, \quad C_1^2 = \frac{v_1 \left[\left(u_1^2 + v_1^2 \right) \sin u_1 \right]^2}{\beta_{z1}' \left(1 + v_1 \right)},$$

$$C_2^2 = \frac{v_2 \left[\left(u_2^2 + v_2^2 \right) \cos u_2 \right]^2}{\beta_{z2}' \left(1 + v_2 \right)} \tag{2.1-29l}$$

$$I_{00} \equiv \int_{-\infty}^{\infty} \left[\frac{v_0 \cos \bar{\kappa}_0' - \bar{\kappa}_0' \sin \bar{\kappa}_0'}{\left(v_0^2 + \bar{\kappa}_0'^2 \right) \left(u_0^2 - \bar{\kappa}_0'^2 \right)} \right]^2 \sqrt{k_0'^2 - \bar{\kappa}_0'^2} \mathrm{d}\bar{\kappa}_0' > 0 \tag{2.1-29m}$$

$$I_{11} = \int_{-\infty}^{\infty} \left[\frac{v_1 \sin \bar{\kappa}_0' + \bar{\kappa}_0' \cos \bar{\kappa}_0'}{\left(v_1^2 + \bar{\kappa}_0'^2 \right) \left(u_1^2 - \bar{\kappa}_0'^2 \right)} \right]^2 \sqrt{k_0'^2 - \bar{\kappa}_0'^2} \mathrm{d}\bar{\kappa}_0' > 0 \tag{2.1-29n}$$

$$I_{01} \equiv \int_{-\infty}^{\infty} \left[\frac{v_0 \cos \bar{\kappa}_0' - \bar{\kappa}_0' \sin \bar{\kappa}_0'}{\left(v_0^2 + \bar{\kappa}_0'^2 \right) \left(u_0^2 - \bar{\kappa}_0'^2 \right)} \right] \cdot \left[\frac{v_1 \sin \bar{\kappa}_0' + \bar{\kappa}_0' \cos \bar{\kappa}_0'}{\left(v_1^2 + \bar{\kappa}_0'^2 \right) \left(u_1^2 - \bar{\kappa}_0'^2 \right)} \right] \sqrt{k_0'^2 - \bar{\kappa}_0'^2} \mathrm{d}\bar{\kappa}_0' = 0 \tag{2.1-29o}$$

$$I_{22} = \int_{-\infty}^{\infty} \left[\frac{v_2 \cos \bar{\kappa}_0' - \bar{\kappa}_0' \sin \bar{\kappa}_0'}{\left(v_2^2 + \bar{\kappa}_0'^2 \right) \left(u_2^2 - \bar{\kappa}_0'^2 \right)} \right]^2 \sqrt{k_0'^2 - \bar{\kappa}_0'^2} \mathrm{d}\bar{\kappa}_0' > 0 \tag{2.1-29p}$$

$$I_{21} \equiv \int_{-\infty}^{\infty} \left[\frac{v_2 \cos \bar{\kappa}_0' - \bar{\kappa}_0' \sin \bar{\kappa}_0'}{\left(v_2^2 + \bar{\kappa}_0'^2 \right) \left(u_2^2 - \bar{\kappa}_0'^2 \right)} \right] \cdot \left[\frac{v_1 \sin \bar{\kappa}_0' + \bar{\kappa}_0' \cos \bar{\kappa}_0'}{\left(v_1^2 + \bar{\kappa}_0'^2 \right) \left(u_1^2 - \bar{\kappa}_0'^2 \right)} \right] \sqrt{k_0'^2 - \bar{\kappa}_0'^2} \mathrm{d}\bar{\kappa}_0' = 0 \tag{2.1-29q}$$

$$I_{02} \equiv \int_{-\infty}^{\infty} \left[\frac{v_0 \cos \bar{\kappa}_0' - \bar{\kappa}_0' \sin \bar{\kappa}_0'}{\left(v_0^2 + \bar{\kappa}_0'^2 \right) \left(u_0^2 - \bar{\kappa}_0'^2 \right)} \right] \cdot \left[\frac{v_2 \cos \bar{\kappa}_0' - \bar{\kappa}_0' \sin \bar{\kappa}_0'}{\left(v_2^2 + \bar{\kappa}_0'^2 \right) \left(u_2^2 - \bar{\kappa}_0'^2 \right)} \right] \sqrt{k_0'^2 - \bar{\kappa}_0'^2} \mathrm{d}\bar{\kappa}_0' < 0 \tag{2.1-29r}$$

$$u_m \equiv \frac{\kappa_m d}{2}, \quad v_m \equiv \frac{\gamma_m d}{2}, \quad \bar{\kappa}_0' \equiv \frac{\bar{\kappa}_0 d}{2}, \quad k_0' \equiv \frac{k_0 d}{2}, \quad \beta_{zm}' \equiv \frac{\beta_{zm} d}{2} = \sqrt{k_0'^2 \bar{n}_2^2 - u_m^2} \tag{2.1-29s}$$

其中, u_m、v_m、β_{zm}' 和 $\bar{\kappa}_0'$、k_0' 分别表示 m 阶导波模式、辐射和真空模式的归一化传播常数分量。

2) TM 模式

可作与 TE 模式类似的处理, 但改用矩阵表述。

$\boldsymbol{M=0}$：波导中将只有基模传播，$\boldsymbol{m=n=l=0}$，式 (2.1-29b) 化为

$$(1+\bar{p}_{00})\,(\varsigma_{00}) = (\delta_{m0}-\bar{p}_{m0}) \equiv \bar{\boldsymbol{p}}_m^{(1)} \to \boldsymbol{\varsigma}_m^{(1)} \equiv (\varsigma_{00}) = \boldsymbol{B}^{(1)^{-1}} \bar{\boldsymbol{p}}_m^{(1)} \qquad (2.1\text{-}30\text{a})$$

$\boldsymbol{M=1}$：波导中将有基模和一阶模式传播，$\boldsymbol{m=n=l=0,1}$，则式 (2.1-28b) 化为

$$\begin{pmatrix} 1+\bar{p}_{00} & \bar{p}_{10} \\ \bar{p}_{01} & 1+\bar{p}_{11} \end{pmatrix} \begin{pmatrix} \varsigma_{m0} \\ \varsigma_{m1} \end{pmatrix} = \begin{pmatrix} \delta_{m0}-\bar{p}_{m0} \\ \delta_{m1}-\bar{p}_{m1} \end{pmatrix} \equiv \bar{\boldsymbol{p}}_m^{(2)} \to \boldsymbol{\varsigma}_m^{(2)}$$

$$\equiv \begin{pmatrix} \varsigma_{m0} \\ \varsigma_{m1} \end{pmatrix} = \boldsymbol{B}^{(2)^{-1}} \cdot \bar{\boldsymbol{p}}_m^{(2)} \qquad (2.1\text{-}30\text{b})$$

$\boldsymbol{M=2}$：波导中将有基模和一阶模式传播，$\boldsymbol{m=n=l=0,1,2}$，则式 (2.1-29b) 化为

$$\begin{pmatrix} 1+\bar{p}_{00} & \bar{p}_{10} & \bar{p}_{20} \\ \bar{p}_{01} & 1+\bar{p}_{11} & \bar{p}_{21} \\ \bar{p}_{02} & \bar{p}_{12} & 1+\bar{p}_{22} \end{pmatrix} \begin{pmatrix} \varsigma_{m0} \\ \varsigma_{m1} \\ \varsigma_{m2} \end{pmatrix}$$

$$= \begin{pmatrix} \delta_{m0}-\bar{p}_{m0} \\ \delta_{m1}-\bar{p}_{m1} \\ \delta_{m2}-\bar{p}_{m2} \end{pmatrix} \equiv \boldsymbol{p}_m^{(\bar{3})} \to \boldsymbol{\varsigma}_m^{(3)} \equiv \begin{pmatrix} \varsigma_{m0} \\ \varsigma_{m1} \\ \varsigma_{m2} \end{pmatrix}$$

$$= \boldsymbol{B}^{(\boldsymbol{3})^{-1}} \cdot \boldsymbol{p}_m^{(\bar{3})}, \quad m=0,1,2 \qquad (2.1\text{-}30\text{c})$$

或一次解出 ζ 矩阵：

$$\begin{pmatrix} 1+\bar{p}_{00} & \bar{p}_{10} & \bar{p}_{20} \\ \bar{p}_{01} & 1+\bar{p}_{11} & \bar{p}_{21} \\ \bar{p}_{02} & \bar{p}_{12} & 1+\bar{p}_{22} \end{pmatrix} \begin{pmatrix} \varsigma_{00} & \varsigma_{10} & \varsigma_{20} \\ \varsigma_{01} & \varsigma_{11} & \varsigma_{21} \\ \varsigma_{m2} & \varsigma_{m2} & \varsigma_{m2} \end{pmatrix}$$

$$= \begin{pmatrix} 1-\bar{p}_{00} & -\bar{p}_{10} & -\bar{p}_{20} \\ -\bar{p}_{01} & 1-\bar{p}_{11} & -\bar{p}_{21} \\ -\bar{p}_{02} & -\bar{p}_{12} & 1-\bar{p}_{22} \end{pmatrix} \qquad (2.1\text{-}30\text{c}')$$

也可写成

$$(\boldsymbol{1}+\bar{\boldsymbol{p}})\,\boldsymbol{\zeta} = (\boldsymbol{1}-\bar{\boldsymbol{p}}) \to \boldsymbol{\zeta} = (\boldsymbol{1}+\bar{\boldsymbol{p}})^{-1}\,(\boldsymbol{1}-\bar{\boldsymbol{p}}) \qquad (2.1\text{-}30\text{c}'')$$

同理可以写出 $M>2$，任何 $M, m=n=l=0,1,2,\cdots,M$ 的确定 ζ_{mn} 的矩阵公式：

$$
\begin{pmatrix}
1+\bar{p}_{00} & \bar{p}_{10} & \bar{p}_{20} & \bar{p}_{30} & \bar{p}_{40} & \bar{p}_{50} & \cdots & \bar{p}_{M0} \\
\bar{p}_{01} & 1+\bar{p}_{11} & \bar{p}_{21} & \bar{p}_{31} & \bar{p}_{41} & \bar{p}_{51} & \cdots & \bar{p}_{M1} \\
\bar{p}_{02} & \bar{p}_{12} & 1+\bar{p}_{22} & \bar{p}_{32} & \bar{p}_{42} & \bar{p}_{52} & \cdots & \bar{p}_{M2} \\
\bar{p}_{03} & \bar{p}_{13} & \bar{p}_{23} & 1+\bar{p}_{33} & \bar{p}_{43} & \bar{p}_{53} & \cdots & \bar{p}_{M3} \\
\bar{p}_{04} & \bar{p}_{14} & \bar{p}_{24} & \bar{p}_{34} & 1+\bar{p}_{44} & \bar{p}_{54} & \cdots & \bar{p}_{M4} \\
\bar{p}_{05} & \bar{p}_{15} & \bar{p}_{25} & \bar{p}_{35} & \bar{p}_{45} & 1+\bar{p}_{55} & \cdots & \bar{p}_{M5} \\
\vdots & \vdots & \vdots & \vdots & \vdots & \vdots & & \vdots \\
\bar{p}_{0M} & \bar{p}_{1M} & \bar{p}_{2M} & \bar{p}_{3M} & \bar{p}_{4M} & \bar{p}_{5M} & \cdots & 1+\bar{p}_{MM}
\end{pmatrix}
\begin{pmatrix}
\varsigma_{m0} \\ \varsigma_{m1} \\ \varsigma_{m2} \\ \varsigma_{m3} \\ \varsigma_{m4} \\ \varsigma_{m5} \\ \vdots \\ \varsigma_{mM}
\end{pmatrix}
$$

$$
=
\begin{pmatrix}
\delta_{m0}-\bar{p}_{m0} \\ \delta_{m1}-\bar{p}_{m1} \\ \delta_{m2}-\bar{p}_{m2} \\ \delta_{m3}-\bar{p}_{m3} \\ \delta_{m4}-\bar{p}_{m4} \\ \delta_{m5}-\bar{p}_{m5} \\ \vdots \\ \delta_{mM}-\bar{p}_{mM}
\end{pmatrix}
\tag{2.1-30d}
$$

$$
\begin{pmatrix}
1+\bar{p}_{00} & \bar{p}_{10} & \bar{p}_{20} & \cdots & \bar{p}_{M0} \\
\bar{p}_{01} & 1+\bar{p}_{11} & \bar{p}_{21} & \cdots & \bar{p}_{M1} \\
\bar{p}_{02} & \bar{p}_{12} & 1+\bar{p}_{22} & \cdots & \bar{p}_{M2} \\
\vdots & \vdots & \vdots & & \vdots \\
\bar{p}_{0M} & \bar{p}_{1M} & \bar{p}_{2M} & \cdots & 1+\bar{p}_{MM}
\end{pmatrix}
\begin{pmatrix}
\zeta_{00} & \zeta_{10} & \zeta_{20} & \cdots & \zeta_{M0} \\
\zeta_{01} & \zeta_{11} & \zeta_{21} & \cdots & \zeta_{M1} \\
\zeta_{02} & \zeta_{12} & \zeta_{22} & \cdots & \zeta_{M2} \\
\vdots & \vdots & \vdots & & \vdots \\
\zeta_{0M} & \zeta_{1M} & \zeta_{2M} & \cdots & \zeta_{MM}
\end{pmatrix}
$$

$$
=
\begin{pmatrix}
1-\bar{p}_{00} & -\bar{p}_{10} & \bar{p}_{20} & \cdots & -\bar{p}_{M0} \\
-\bar{p}_{01} & 1-\bar{p}_{11} & \bar{p}_{21} & \cdots & -\bar{p}_{M1} \\
-\bar{p}_{02} & -\bar{p}_{12} & 1+\bar{p}_{22} & \cdots & -\bar{p}_{M2} \\
\vdots & \vdots & \vdots & & \vdots \\
-\bar{p}_{0M} & -\bar{p}_{1M} & \bar{p}_{2M} & \cdots & 1-\bar{p}_{MM}
\end{pmatrix}
\tag{2.1-30e}
$$

矩阵解出:

$$
(\mathbf{1}+\bar{\boldsymbol{p}})\,\boldsymbol{\zeta}=(\mathbf{1}-\bar{\boldsymbol{p}}) \to \boldsymbol{\zeta}=(\mathbf{1}+\bar{\boldsymbol{p}})^{-1}(\mathbf{1}-\bar{\boldsymbol{p}}) \to R_m^{\mathrm{TM}}=|\zeta_{mm}|^2, \quad m=0,1,2,\cdots
\tag{2.1-30f}
$$

其中, $\bar{\phi}_l(\bar{\kappa}_0)$ 可以由纯折射率对称三层波导中相应导波模式的本征值和本征函数求出。

偶阶模式: $l=2s, \quad s=0,1,2,\cdots, \quad \cos\left(u_l-\dfrac{l\pi}{2}\right)=(-1)^{l/2}\cos u_l$, 并由式

(2.1-25h) 得

$$
\bar{\phi}_l\left(\bar{\kappa}_0\right)=\frac{(-1)^s A_{\mathrm{e}} \cos u_l}{\pi} \cdot\left(\frac{\gamma_l \cos \left(\dfrac{\bar{\kappa}_0 d}{2}\right)-\bar{\kappa}_0 \sin \left(\dfrac{\bar{\kappa}_0 d}{2}\right)}{\gamma_l^2+\bar{\kappa}_0^2}\right.
$$

$$
\left.+\frac{\varepsilon_{21} \gamma_l \cos \left(\dfrac{\bar{\kappa}_0 d}{2}\right)-\bar{\kappa}_0 \sin \left(\dfrac{\bar{\kappa}_0 d}{2}\right)}{\kappa_l^2-\bar{\kappa}_0^2}\right)=\bar{\phi}_l\left(-\bar{\kappa}_0\right) \quad (2.1\text{-}30\mathrm{g})
$$

奇阶模式: $l=2s+1,\quad s=0,1,2,\cdots,\quad \cos\left(u_l-\dfrac{l\pi}{2}\right)=(-1)^{s+1}\sin u_l$，并由式 (2.1-25q) 得

$$
\bar{\phi}_l\left(\bar{\kappa}_0\right)=\frac{(-1)^{s+1} \mathrm{i} A_{\mathrm{o}} \sin u_l}{\pi}\left(\frac{\gamma_l \sin \left(\dfrac{\bar{\kappa}_0 d}{2}\right)+\bar{\kappa}_0 \cos \left(\dfrac{\bar{\kappa}_0 d}{2}\right)}{\gamma_l^2+\bar{\kappa}_0^2}\right.
$$

$$
\left.+\frac{\varepsilon_{21} \gamma_l \sin \left(\dfrac{\bar{\kappa}_0 d}{2}\right)+\bar{\kappa}_0 \cos \left(\dfrac{\bar{\kappa}_0 d}{2}\right)}{\kappa_l^2-\bar{\kappa}_0^2}\right)=-\bar{\phi}_l\left(-\bar{\kappa}_0\right) \quad (2.1\text{-}30\mathrm{h})
$$

振幅和本征方程: 对于 m 阶 TM 导波模式，由式 (2.1-16p) 得

$$
A^{\mathrm{TM}}=\sqrt{\frac{4\omega\varepsilon_0 P}{\beta_z\cdot\left[\dfrac{1}{\gamma_3\bar{n}_3^2}\cos^2(u+\varphi)+\dfrac{1}{\bar{n}_2^2}\left(d+\dfrac{\sin 2u\cos 2\varphi}{\kappa}\right)+\dfrac{1}{\gamma_1\bar{n}_1^2}\cos^2(u-\varphi)\right]}}
$$

$$
=\sqrt{\frac{4\omega\bar{n}_2^2\varepsilon_0 P}{\beta_z\cdot\left\{\left(d+\dfrac{\sin 2u\cos 2\varphi}{\kappa}\right)+\dfrac{\bar{n}_2^2}{\gamma_1\bar{n}_1^2}\left[\cos^2(u-\varphi)+\cos^2(u+\varphi)\right]\right\}}}
$$

$$
=\sqrt{\frac{4\omega\varepsilon_2 P}{\beta_z\cdot\left\{\left(d+\dfrac{\sin 2u\cos 2\varphi}{\kappa}\right)+\dfrac{\varepsilon_{21}}{\gamma_1}\left[\cos^2(u-\varphi)+\cos^2(u+\varphi)\right]\right\}}} \quad (2.1\text{-}30\mathrm{i})
$$

$m=2s, \varphi=0, P''\equiv\dfrac{\omega\varepsilon_0 P}{\pi}$。

$$
A_{me}=\sqrt{\frac{2\omega\varepsilon_2 P}{\beta_{zm}\left[\left(\dfrac{d}{2}+\dfrac{\sin 2u_m}{2\kappa_m}\right)+\dfrac{\varepsilon_{21}}{\gamma_m}\cos^2 u_m\right]}}
$$

$$= \sqrt{\frac{2\omega\varepsilon_2 P}{\beta_{zm}\left[\left(\dfrac{d}{2} + \dfrac{\varepsilon_{21}}{\gamma_m}\right) + \sin u_m \cos u_m \left(\dfrac{1}{\kappa_m} - \dfrac{\varepsilon_{21}}{\gamma_m}\tan u_m\right)\right]}}$$

$$= \sqrt{\frac{2\pi\bar{n}_2^2 P''}{\beta_{zm}\left[\left(\dfrac{d}{2} + \dfrac{\varepsilon_{21}}{\gamma_m}\right) + \dfrac{\sin 2u_m}{2\kappa_m}\{1 - \varepsilon_{21}^2\}\right]}}$$

$$= \sqrt{\frac{2\pi\bar{n}_2^2 P''}{\beta_{zm}\left[\dfrac{d}{2} + \dfrac{\bar{n}_1^2\bar{n}_2^2\left(\kappa_m^2 + \gamma_m^2\right)}{\gamma_m\left(\bar{n}_2^4\gamma_m^2 + \bar{n}_1^4\kappa_m^2\right)}\right]}} \qquad (2.1\text{-}30\text{j})$$

$m = 2s + 1, \varphi = \dfrac{\pi}{2}$。

$$A_{mo} = \sqrt{\frac{2\omega\varepsilon_2 P}{\beta_{zm}\left[\left(\dfrac{d}{2} - \dfrac{\sin 2u_m}{2\kappa_m}\right) + \dfrac{\varepsilon_{21}}{\gamma_m}\sin^2 u_m\right]}}$$

$$= \sqrt{\frac{2\omega\varepsilon_2 P}{\beta_{zm}\left[\left(\dfrac{d}{2} + \dfrac{\varepsilon_{21}}{\gamma_m}\right) - \sin u_m \cos u_m \left(\dfrac{1}{\kappa_m} + \dfrac{\varepsilon_{21}}{\gamma_m}\cot u_m\right)\right]}}$$

$$= \sqrt{\frac{2\pi\bar{n}_2^2 P''}{\beta_{zm}\left[\left(\dfrac{d}{2} + \dfrac{\varepsilon_{21}}{\gamma_m}\right) - \dfrac{\sin 2u_m}{2\kappa_m}\left(1 - \varepsilon_{21}^2\right)\right]}}$$

$$= \sqrt{\frac{2\pi\bar{n}_2^2 P''}{\beta_{zm}\left[\dfrac{d}{2} + \dfrac{\bar{n}_1^2\bar{n}_2^2\left(\kappa_m^2 + \gamma_m^2\right)}{\gamma_m\left(\bar{n}_2^4\gamma_m^2 + \bar{n}_1^4\kappa_m^2\right)}\right]}} \qquad (2.1\text{-}30\text{k})$$

$$\tan\left(u_m - \dfrac{m\pi}{2}\right) = \dfrac{\varepsilon_{21}\gamma_m}{\kappa_m}, \quad \gamma_m^2 + \kappa_m^2 = k_0^2\left(\bar{n}_2^2 - \bar{n}_1^2\right), \quad \varepsilon_{21} \equiv \begin{cases} 1, & \text{TE} \\[2mm] \dfrac{\bar{n}_2^2}{\bar{n}_1^2}, & \text{TM} \end{cases}$$

$$(2.1\text{-}30\text{l})$$

对偶、奇阶模式:

$$\tan u_{\mathrm{e}} = \dfrac{\varepsilon_{21}\gamma_{\mathrm{e}}}{\kappa_{\mathrm{e}}}, \quad -\cot u_{\mathrm{o}} = \dfrac{\varepsilon_{21}\gamma_{\mathrm{o}}}{\kappa_{\mathrm{o}}} \rightarrow \tan u_{\mathrm{o}} = -\dfrac{\kappa_{\mathrm{o}}}{\varepsilon_{21}\gamma_{\mathrm{o}}} \qquad (2.1\text{-}30\text{m})$$

从而可以求出 p_{nl} 参数。由式 (2.1-30g,h) 得

$l = 0$:

$$\bar{\phi}_0\left(\bar{\kappa}_0\right) = \sqrt{\frac{2\bar{n}_2^2 P''}{\pi\beta_{z0}\left[\left(\dfrac{d}{2} + \dfrac{\varepsilon_{21}}{\gamma_0}\right) + \dfrac{\sin 2u_0}{2\kappa_0}\left(1 - \varepsilon_{21}^2\right)\right]}}\cos u_0$$

$$\cdot \left[\frac{\gamma_0 \cos\left(\frac{\bar{\kappa}_0 d}{2}\right) - \bar{\kappa}_0 \sin\left(\frac{\bar{\kappa}_0 d}{2}\right)}{\gamma_0^2 + \bar{\kappa}_0^2} + \frac{\varepsilon_{21}\gamma_0 \cos\left(\frac{\bar{\kappa}_0 d}{2}\right) - \bar{\kappa}_0 \sin\left(\frac{\bar{\kappa}_0 d}{2}\right)}{\kappa_0^2 - \bar{\kappa}_0^2} \right]$$

$$= \bar{\phi}_0\left(-\bar{\kappa}_0\right) \tag{2.1-30n}$$

$l = 1$:

$$\bar{\phi}_1\left(\bar{\kappa}_0\right) = - \mathrm{i} \sqrt{\frac{2\bar{n}_2^2 P''}{\pi \beta_{z1}\left[\left(\frac{d}{2} + \frac{\varepsilon_{21}}{\gamma_1}\right) - \frac{\sin 2u_1}{2\kappa_1}\left(1 - \varepsilon_{21}^2\right)\right]}} \sin u_1$$

$$\cdot \left[\frac{\gamma_1 \sin\left(\bar{\kappa}_0 d/2\right) + \bar{\kappa}_0 \cos\left(\bar{\kappa}_0 d/2\right)}{\gamma_1^2 + \bar{\kappa}_0^2} + \frac{\varepsilon_{21}\gamma_1 \sin\left(\bar{\kappa}_0 d/2\right) + \bar{\kappa}_0 \cos\left(\bar{\kappa}_0 d/2\right)}{\kappa_1^2 - \bar{\kappa}_0^2} \right]$$

$$= - \bar{\phi}_1\left(-\bar{\kappa}_0\right) \tag{2.1-30o}$$

$l = 2$:

$$\bar{\phi}_2\left(\bar{\kappa}_0\right) = - \sqrt{\frac{2\bar{n}_2^2 P''}{\pi \beta_{z2}\left[\left(\frac{d}{2} + \frac{\varepsilon_{21}}{\gamma_2}\right) + \frac{\sin\left(2u_2\right)}{2\kappa_2}\left(1 - \varepsilon_{21}^2\right)\right]}} \cos u_2$$

$$\cdot \left\{ \frac{\gamma_2 \cos\left(\frac{\bar{\kappa}_0 d}{2}\right) - \bar{\kappa}_0 \sin\left(\frac{\bar{\kappa}_0 d}{2}\right)}{\gamma_2^2 + \bar{\kappa}_0^2} + \frac{\varepsilon_{21}\gamma_2 \cos\left(\frac{\bar{\kappa}_0 d}{2}\right) - \bar{\kappa}_0 \sin\left(\frac{\bar{\kappa}_0 d}{2}\right)}{\kappa_2^2 - \bar{\kappa}_0^2} \right\}$$

$$= \bar{\phi}_2\left(-\bar{\kappa}_0\right) \tag{2.1-30p}$$

偶阶模:

$$D_m \equiv \frac{\bar{n}_2 \cos u_m}{\sqrt{\beta'_{zm}\left[\left(1 + \frac{\varepsilon_{21}}{v_m}\right) + \frac{\sin 2u_m}{2u_m}\left(1 - \varepsilon_{21}^2\right)\right]}} = \frac{\bar{n}_2 \cos u_m}{\sqrt{\beta'_{zm}\left[1 + \frac{\bar{n}_1^2 \bar{n}_2^2\left(v_m^2 + u_m^2\right)}{v_m\left(\bar{n}_2^4 v_m^2 + \bar{n}_1^4 u_m^2\right)}\right]}} \tag{2.1-30q}$$

奇阶模:

$$D_m \equiv \frac{\bar{n}_2 \sin u_m}{\sqrt{\beta'_{zm}\left(\left(1 + \frac{\varepsilon_{21}}{v_m}\right) - \frac{\sin 2u_m}{2u_m}\left(1 - \varepsilon_{21}^2\right)\right)}} = \frac{\bar{n}_2 \sin u_m}{\sqrt{\beta'_{zm}\left[1 + \frac{\bar{n}_1^2 \bar{n}_2^2\left(v_m^2 + u_m^2\right)}{v_m\left(\bar{n}_2^4 v_m^2 + \bar{n}_1^4 u_m^2\right)}\right]}} \tag{2.1-30r}$$

$$J_{00} \equiv \int_{-\infty}^{\infty} \left(\frac{v_0 \cos \bar{\kappa}_0' - \bar{\kappa}_0' \sin \bar{\kappa}_0'}{v_0^2 + \bar{\kappa}_0'^2} + \frac{\varepsilon_{21} v_0 \cos \bar{\kappa}_0' - \bar{\kappa}_0' \sin \bar{\kappa}_0'}{u_0^2 - \bar{\kappa}_0'^2} \right)^2 \sqrt{k_0'^2 - \bar{\kappa}_0'^2} \mathrm{d}\bar{\kappa}_0' > 0 \tag{2.1-30s}$$

$$J_{11} \equiv \int_{-\infty}^{\infty} \left(\frac{v_1 \sin \bar{\kappa}_0' + \bar{\kappa}_0' \cos \bar{\kappa}_0'}{v_1^2 + \bar{\kappa}_0'^2} + \frac{\varepsilon_{21} v_1 \sin \bar{\kappa}_0' + \bar{\kappa}_0' \cos \bar{\kappa}_0'}{u_1^2 - \bar{\kappa}_0'^2} \right)^2 \sqrt{k_0'^2 - \bar{\kappa}_0'^2} \, \mathrm{d}\bar{\kappa}_0' > 0$$
$$(2.1\text{-}30\mathrm{t})$$

$$J_{22} \equiv \int_{-\infty}^{\infty} \left(\frac{v_2 \cos \bar{\kappa}_0' - \bar{\kappa}_0' \sin \bar{\kappa}_0'}{v_2^2 + \bar{\kappa}_0'^2} + \frac{\varepsilon_{21} v_2 \cos \bar{\kappa}_0' - \bar{\kappa}_0' \sin \bar{\kappa}_0'}{u_2^2 - \bar{\kappa}_0'^2} \right)^2 \sqrt{k_0'^2 - \bar{\kappa}_0'^2} \, \mathrm{d}\bar{\kappa}_0' > 0$$
$$(2.1\text{-}30\mathrm{u})$$

$$J_{01} = \int_{-\infty}^{\infty} \left(\frac{v_0 \cos \bar{\kappa}_0' - \bar{\kappa}_0' \sin \bar{\kappa}_0'}{v_0^2 + \bar{\kappa}_0'^2} + \frac{\varepsilon_{21} v_0 \cos \bar{\kappa}_0' - \bar{\kappa}_0' \sin \bar{\kappa}_0'}{u_0^2 - \bar{\kappa}_0'^2} \right)$$
$$\cdot \left(\frac{v_1 \sin \bar{\kappa}_0' + \bar{\kappa}_0' \cos \bar{\kappa}_0'}{v_1^2 + \bar{\kappa}_0'^2} + \frac{\varepsilon_{21} v_1 \sin \bar{\kappa}_0' + \bar{\kappa}_0' \cos \bar{\kappa}_0'}{u_1^2 - \bar{\kappa}_0'^2} \right) \sqrt{k_0'^2 - \bar{\kappa}_0'^2} \, \mathrm{d}\bar{\kappa}_0' = 0 \quad (2.1\text{-}30\mathrm{v})$$

$$J_{02} \equiv \int_{-\infty}^{\infty} \left(\frac{v_0 \cos \bar{\kappa}_0' - \bar{\kappa}_0' \sin \bar{\kappa}_0'}{v_0^2 + \bar{\kappa}_0'^2} + \frac{\varepsilon_{21} v_0 \cos \bar{\kappa}_0' - \bar{\kappa}_0' \sin \bar{\kappa}_0'}{u_0^2 - \bar{\kappa}_0'^2} \right)$$
$$\cdot \left(\frac{v_2 \cos \bar{\kappa}_0' - \bar{\kappa}_0' \sin \bar{\kappa}_0'}{v_2^2 + \bar{\kappa}_0'^2} + \frac{\varepsilon_{21} v_2 \cos \bar{\kappa}_0' - \bar{\kappa}_0' \sin \bar{\kappa}_0'}{u_2^2 - \bar{\kappa}_0'^2} \right) \sqrt{k_0'^2 - \bar{\kappa}_0'^2} \, \mathrm{d}\bar{\kappa}_0' > 0 \quad (2.1\text{-}30\mathrm{w})$$

$$J_{21} \equiv \int_{-\infty}^{\infty} \left(\frac{v_2 \cos \bar{\kappa}_0' - \bar{\kappa}_0' \sin \bar{\kappa}_0'}{v_2^2 + \bar{\kappa}_0'^2} + \frac{\varepsilon_{21} v_2 \cos \bar{\kappa}_0' - \bar{\kappa}_0' \sin \bar{\kappa}_0'}{u_2^2 - \bar{\kappa}_0'^2} \right)$$
$$\cdot \left(\frac{v_1 \sin \bar{\kappa}_0' + \bar{\kappa}_0' \cos \bar{\kappa}_0'}{v_1^2 + \bar{\kappa}_0'^2} + \frac{\varepsilon_{21} v_1 \sin \bar{\kappa}_0' + \bar{\kappa}_0' \cos \bar{\kappa}_0'}{u_1^2 - \bar{\kappa}_0'^2} \right) \sqrt{k_0'^2 - \bar{\kappa}_0'^2} \, \mathrm{d}\bar{\kappa}_0' = 0 \quad (2.1\text{-}30\mathrm{x})$$

$$p_{00} \equiv \int_{-\infty}^{\infty} \bar{\phi}_0^* (\bar{\kappa}_0) \sqrt{k_0^2 - \bar{\kappa}_0^2} \, \bar{\phi}_0 (\bar{\kappa}_0) \, \mathrm{d}\bar{\kappa}_0 = \frac{2P''}{\pi} D_0^2 J_{00} \equiv P'' \bar{p}_{00} \to \bar{p}_{00} = \frac{2}{\pi} D_0^2 J_{00}$$
$$(2.1\text{-}30\mathrm{y})$$

$$p_{11} \equiv \int_{-\infty}^{\infty} \bar{\phi}_1^* (\bar{\kappa}_0) \sqrt{k_0^2 - \bar{\kappa}_0^2} \, \bar{\phi}_1 (\bar{\kappa}_0) \, \mathrm{d}\bar{\kappa}_0 = \frac{2P''}{\pi} D_1^2 J_{11} \equiv P'' \bar{p}_{11} \to \bar{p}_{11} \equiv \frac{2}{\pi} D_1^2 J_{11}$$
$$(2.1\text{-}30\mathrm{z})$$

$$p_{22} \equiv \int_{-\infty}^{\infty} \bar{\phi}_2^* (\bar{\kappa}_0) \sqrt{k_0^2 - \bar{\kappa}_0^2} \, \bar{\phi}_2 (\bar{\kappa}_0) \, \mathrm{d}\bar{\kappa}_0 = \frac{2P''}{\pi} D_2^2 J_{22} = P'' \bar{p}_{22} \to \bar{p}_{22} \equiv \frac{2}{\pi} D_2^2 J_{22}$$
$$(2.1\text{-}31\mathrm{a})$$

$$p_{01} \equiv \int_{-\infty}^{\infty} \bar{\phi}_0^* (\bar{\kappa}_0) \sqrt{k_0^2 - \bar{\kappa}_0^2} \, \bar{\phi}_1 (\bar{\kappa}_0) \, \mathrm{d}\bar{\kappa}_0 = -\mathrm{i} \frac{2P''}{\pi} D_0 D_1 J_{01}$$
$$= P'' \bar{p}_{01} \to \bar{p}_{01} \equiv -\mathrm{i} \frac{2}{\pi} D_0 D_1 J_{01} \quad\quad (2.1\text{-}31\mathrm{b})$$

$$p_{10} \equiv \int_{-\infty}^{\infty} \bar{\phi}_1^* (\bar{\kappa}_0) \sqrt{k_0^2 - \bar{\kappa}_0^2} \, \bar{\phi}_0 (\bar{\kappa}_0) \, \mathrm{d}\bar{\kappa}_0 = \mathrm{i} \frac{2P''}{\pi} D_1 D_0 J_{10}$$
$$= P'' \bar{p}_{10} \to \bar{p}_{10} \equiv \mathrm{i} \frac{2}{\pi} D_1 D_0 J_{10} = \bar{p}_{01}^* \quad\quad (2.1\text{-}31\mathrm{c})$$

$$p_{20} \equiv \int_{-\infty}^{\infty} \bar{\phi}_2^* (\bar{\kappa}_0) \sqrt{k_0^2 - \bar{\kappa}_0^2} \, \bar{\phi}_0 (\bar{\kappa}_0) \, \mathrm{d}\bar{\kappa}_0 = -\frac{2P''}{\pi} D_2 D_0 J_{20}$$
$$\equiv P'' \bar{p}_{20} \to \bar{p}_{20} \equiv -\frac{2}{\pi} D_2 D_0 J_{20} = \bar{p}_{02}^* \quad\quad (2.1\text{-}31\mathrm{d})$$

$$p_{21} \equiv \int_{-\infty}^{\infty} \bar{\phi}_2^*\left(\bar{\kappa}_0\right) \sqrt{k_0^2 - \bar{\kappa}_0^2} \bar{\phi}_1\left(\bar{\kappa}_0\right) \mathrm{d}\bar{\kappa}_0 = \mathrm{i}\frac{2P''}{\pi} D_2 D_1 J_{21}$$

$$\equiv P'' \bar{p}_{21} \to \bar{p}_{21} \equiv \mathrm{i}\frac{2}{\pi} D_2 D_1 J_{21} = \bar{p}_{12}^* \tag{2.1-31e}$$

$$u_m \equiv \frac{\kappa_m d}{2}, \quad v_m \equiv \frac{\gamma_m d}{2}, \quad \bar{\kappa}_0' \equiv \frac{\bar{\kappa}_0 d}{2}, \quad k_0' \equiv \frac{k_0 d}{2}, \quad \beta_{zm}' \equiv \frac{\beta_{zm} d}{2} = \sqrt{k_0'^2 \bar{n}_2^2 - u_m^2} \tag{2.1-31f}$$

其中，u_m、v_m、β_m' 和 $\bar{\kappa}_0'$、k_0' 分别表示 m 阶导波模式、辐射和真空模式的归一化传播常数分量，**$p_{mm'}, q_{mm'}$ 系数的积分上下限虽由于傅里叶变换要求从 $-\infty$ 积分到 $+\infty$，但传播常数分量之间的关系 (2.1-28m)，只允许 $\bar{\kappa}_0'$ 从 $-k_0'$ 积到 $+k_0'$，并应避开奇点**。**图 2.18** 是上述理论和公式分不同截止区按下述算序以及模式的波函数和傅里叶积分的宇称性导致的系数性质：

$$\bar{n}_2, \bar{n}_1, \lambda_0 \to \tan\left(u_m - \frac{m\pi}{2}\right) = \varepsilon_{21}\frac{v_m}{u_m} \to \begin{cases} \psi_m, \phi_m \\ \beta_m', k_0' \\ A_{\mathrm{e}}, A_{\mathrm{o}} \\ \bar{\psi}_m, \bar{\phi}_m \end{cases} \to$$

$$\begin{cases} C_m, I_{mm'} \\ D_m, J_{mm'} \end{cases} \to \begin{cases} q_{mm'} \\ p_{mm'} \end{cases} \to \begin{cases} \rho_{mm'} \\ \varsigma_{mm'} \end{cases} \to \begin{cases} R_m^{\mathrm{TE}} \\ R_m^{\mathrm{TM}} \end{cases} \tag{2.1-31g}$$

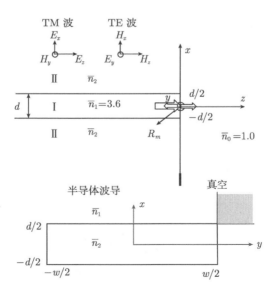

图 2.1-7A(d)   反射率计算的典型电磁模型

$$
\begin{cases}
\bar{\psi}_{\mathrm{e}}\left(-x\right)=\bar{\psi}_{\mathrm{e}}(x), & \bar{\psi}_{\mathrm{o}}\left(-x\right)=-\bar{\psi}_{\mathrm{o}}(x)\to I_{mm'}=I_{ee,oo}\delta_{eo}, & q_{mm'}=q_{m'm}^{*} \\
\bar{\phi}_{\mathrm{e}}\left(-x\right)=\bar{\phi}_{\mathrm{e}}(x), & \bar{\phi}_{\mathrm{o}}\left(-x\right)=-\bar{\phi}_{\mathrm{o}}(x)\to J_{mm'}=J_{ee,oo}\delta_{eo}, & p_{mm'}=p_{m'm}^{*}
\end{cases}
\tag{2.1-31h}
$$

4. 数值结果

对不同组分、尺寸、偏振和模阶的 GaAs/AlGaAs 三层平板波导的一维功率反射率 R 和模式损耗 $\ln(1/R)$ 算出的部分结果如**图 2.1-7B(a)~(f)** 和**图 2.1-7C(a)~(f)** 所示。对隐埋矩形波导的二维算出不同有源区厚度为 d 的 GaAs(3.59)/$\mathrm{Al_{0.4}Ga_{0.6}As}$ (3.321) BH 激光器反射率 R 和模式损耗 $\ln(1/R)$ 随有源区宽度 w 的变化如**图 2.1-7D(a)~(c)** 和 **(d)~(f)** 以及**图 2.1-7E(a)~(f)** 所示。其典型的电磁模型如**图 2.1-7A(d)** 所示。**图 2.1-7F(a)~(f)** 是 InGaAsP 和 GaAs 波导界面散射损耗及其选模作用的计算分析结果。其典型的电磁模型如**图 2.1-7A(d)** 所示。

5. 总结

上述的理论计算结果所反映的规律性可以归结如下：

[定理 16] **(1) TM 模式的反射率普遍低于 TE 模式的反射率，而且几乎成为其倒影。即 TM 模式的反射损耗普遍高于 TE 模式的反射损耗，而不易激射，表明端面反射有很强的偏振选择性（图 2.1-7B(a)）。**

(2) 当芯层厚度 d 很小或很大时，模式的反射率趋近于平面波的反射率；当 d 达某中间值时，TE 模式的反射率出现极大值，TM 模式的反射率出现极小值（图 2.1-7B(a)）。

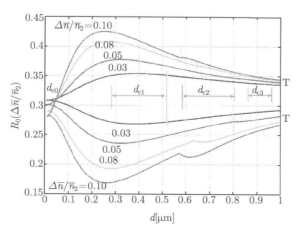

图 2.1-7B(a) 三层平板波导折射率差不同的 TE 和 TM 基模的端面反射率随厚度变化

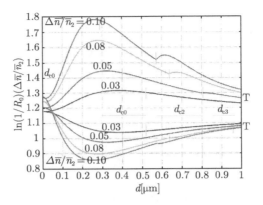

图 2.1-7B(b)　三层平板波导折射率差不同的 TE 和 TM 基模的端面反射率损耗随厚度变化

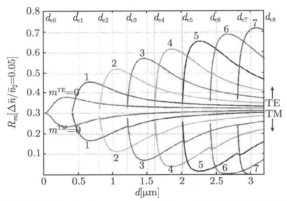

图 2.1-7B(c)　三层平板波导中 $\Delta\bar{n}/\bar{n}_2 = 0.05$ 各阶 TE 和 TM 模式端面反射率随厚度 d 的变化

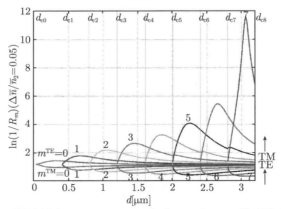

图 2.1-7B(d)　三层平板波导中 $\Delta\bar{n}/\bar{n}_2 = 0.05$ 各阶 TE 和 TM 模式端面反射率损耗随厚度 d 的变化

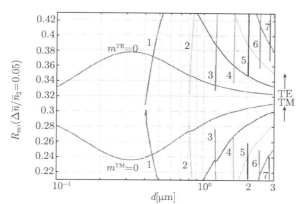

图 2.1-7B(e) 三层平板波导中 $\Delta\bar{n}/\bar{n}_2 = 0.05$ 各阶 TE 和 TM 模式端面
反射率随厚度 d 的变化

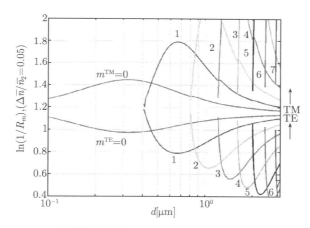

图 2.1-7B(f) 三层平板波导中 $\Delta\bar{n}/\bar{n}_2 = 0.05$ 各阶 TE 和 TM 模式端面
反射率损耗随厚度 d 的变化的半对数图

(3) 当 d 大于高阶模式的截止值因而允许多模传播的波导中, 对于 TE 模式,
模阶越高, 其模式反射率越大, 因而比较容易激射。对于 TM 模式则与此相反。
即在多模激光器中 TE 模式的阶越高越易激射, TM 模式的阶越低越易激射 (图
2.1-7B(b))。

(4) 随反映波导强度的相对折射率差 $\Delta\bar{n}/\bar{n}_2$ 的增加, TE 基模 ($m = 0$) 的反
射率单调增加, TE 高阶模式 ($m > 1$) 则先增加, 达极大值后再减小; 但 TM 基
模 ($m = 0$) 的反射率单调减小, TM 高阶模式 ($m > 1$) 则先减小, 达极小值后再
增加。即随折射率差增加, TE 模式的基模将更易激射, TM 模式的高阶模式更易

激射 (图 2.1-7B(c)~(j))。

(5) 随芯层厚度的增加，每当同宇称的新模出现前后反射率曲线将有些扭折，尤以 TM 和高阶模为甚。[图 2.1-7B(a)~(f) 和图 2.1-7C(a)~(d)]

[引理 16.1]   类似计算表明，矩形波导的二维端面反射过程与上述一维情况的规律相似，但更突出。[图 2.1-7D(a)~(f) 和图 2.1-7E(a)~(d)]

1) GaAs/AlGaAs 三层平板波导模式的一维反射率和模式损耗

2) GaAs/AlGaAs 隐埋矩形波导模式的二维反射率和模式损耗

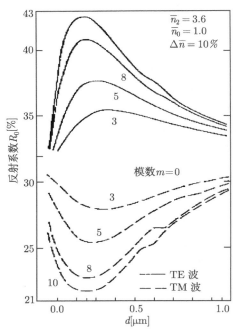 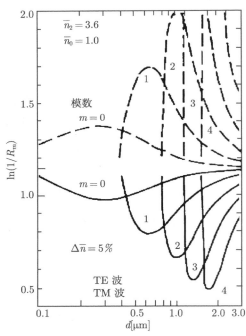

图 2.1-7C(a) 不同相对折射率差的 TE 和 TM 基模功率反射率随芯层厚度的变化[8.1]   图 2.1-7C(b) 不同相对折射率差的 TE 和 TM 基模损耗随芯层厚度的变化[8.1]

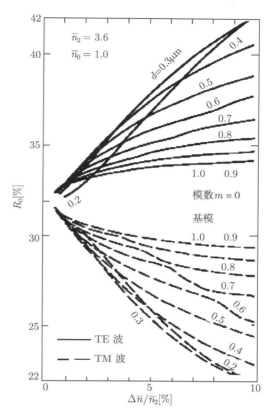

图 2.1-7C(c) 不同芯层厚度的 TE 和 TM 基模功率反射率随相对折射率差的变化[8.1]

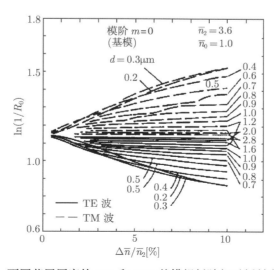

图 2.1-7C(d) 不同芯层厚度的 TE 和 TM 基模损耗随相对折射率差的变化[8.1]

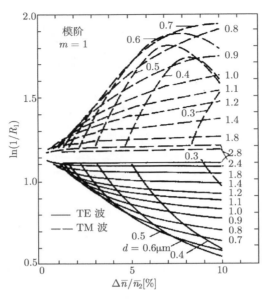

图 2.1-7C(e)   不同芯层厚度的 TE 和 TM 一阶模式损耗随相对折射率差的变化[8.1]

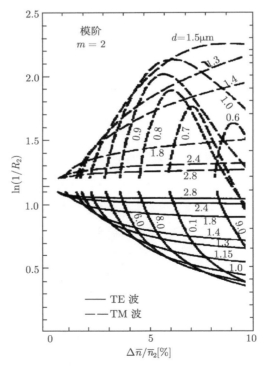

图 2.1-7C(f)   不同芯层厚度的 TE 和 TM 二阶模式损耗随相对折射率差的变化[8.1]

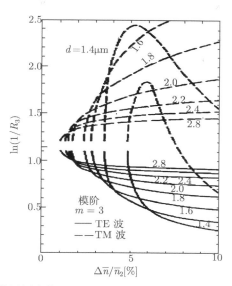

图 2.1-7C(g) 不同芯层厚度的 TE 和 TM 三阶模式损耗随相对折射率差的变化[8.1]

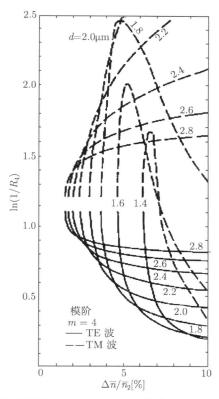

图 2.1-7C(h) 不同芯层厚度的 TE 和 TM 四阶模式损耗随相对折射率差的变化[8.1]

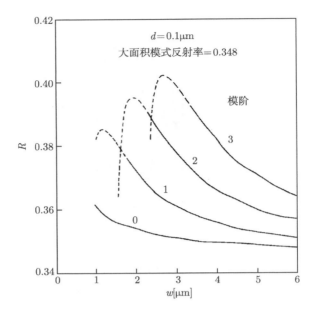

图 2.1-7D(a) 侧模分别为偶阶 $(0,2)$ 和奇阶 $(1,3)$ 的模式反射率随有源区宽度 w 的变化[8.3]

有源区厚度 d 为 $0.1\mu m$

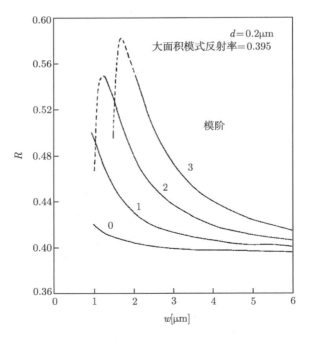

图 2.1-7D(b) 有源区厚度 d 为 $0.2\mu m$，余同 (a)[8.3]

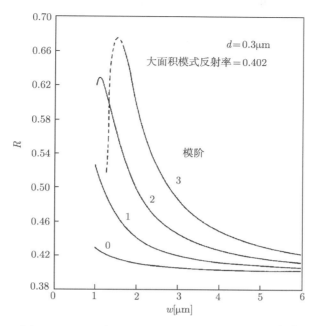

图 2.1-7D(c) 有源区厚度 d 为 0.3μm，余同 (a)[8.3]

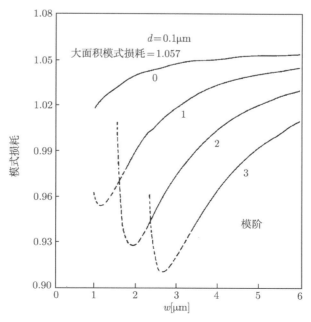

图 2.1-7D(d) 各阶模式损耗 $\ln(1/R)$ 随 w 变化[8.3]

d 为 0.1μm

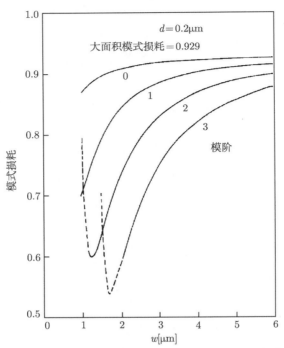

图 2.1-7D(e)   各阶模式损耗 $\ln(1/R)$ 随 w 变化[8.3]

d 为 0.2μm

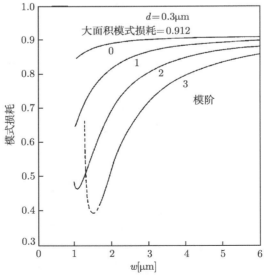

图 2.1-7D(f)   各阶模式损耗 $\ln(1/R)$ 随 w 变化[8.3]

d 为 0.3μm

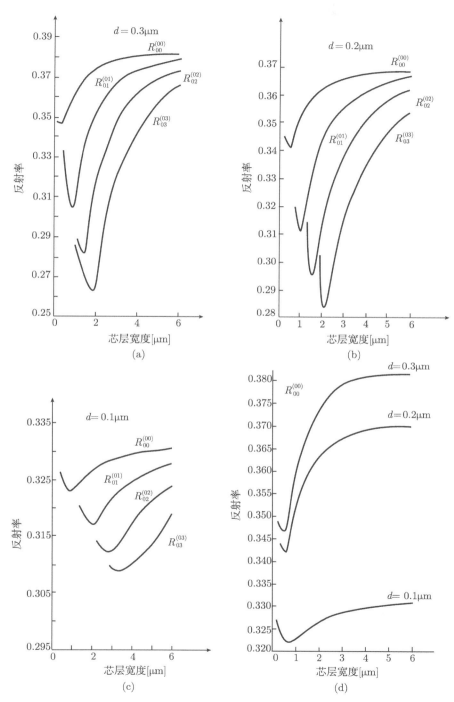

图 2.1-7E   矩形波导不同芯层厚度的模式功率反射率随芯层宽度的变化[8.4]

2.1.8　不平整 (粗糙) 界面的散射 [8.5~8.7]

上述分析中近似假设所有的界面是理想的光滑平整界面。但除了小范围的解理晶面, 目前任何晶体生长, 特别是异质外延生长成的实际界面总存在一定程度的不平整性或粗糙性, 对光必将产生一定程度的散射 (**图 2.1-8A**), 而成为影响激光器激射阈值的表面散射损耗, 由于接触这些界面的是腔内全部本征模式, 如果界面的散射损耗对各种模式的散射损耗有区别, 也必将有一定的选模作用, 问题是这作用有多大和与哪些因素有关。为此必须对其进行定量的分析, 而因不平整或粗糙表面的几何形状是随机的, 则必须将波导模式的经典场论与统计理论相结合。

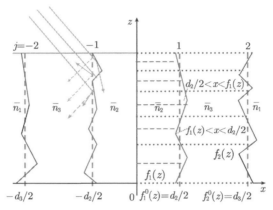

图 2.1-8A　界面不平整 (粗糙) 而有随机起伏的厚度函数 $f_j(z)$ 示意

1. 理论概述

平行的界平面可用相对于与其平行的 z 坐标轴的距离 $f(z)$ 表述。设如**图 2.1-8A**所示垂直于 x 轴原点两边从左到右依次有 $j = -2, -1, 1, 2$ 四个界面在 $-(d_2 + d_3)/2, -d_2/2, d_2/2, (d_2 + d_3)/2$ 处, 其理想平整和不平整界面的方程及其差分别为 $f_j^0, f_j(z), \Delta f_j(z)$, 则

$$\Delta f_{\pm 1}(z) = f_{\pm 1}(z) - f_{\pm 1}^0, f_{\pm 1}^0 = \pm d_2/2,$$

$$\Delta f_{\pm 2}(z) = f_{\pm 2}(z) - f_{\pm 2}^0, f_{\pm 2}^0 = \pm (d_2 + d_3)/2 \tag{2.1-32a'}$$

对于平整界面, 每层介电平板的相对介电常数或折射率平方分别为

$$\bar{n}_0^2(x) = \begin{cases} \bar{n}_2^2, & |x| < d_2/2 \\ \bar{n}_3^2, & d_2/2 < |x| < (d_2 + d_3)/2 \\ \bar{n}_1^2, & |x| > (d_2 + d_3)/2 \end{cases} \tag{2.1-32a}$$

界面的不平整性的波导作用可看成是对各层相对介电常数或折射率平方的微扰:

$$\Delta\bar{n}^2(x,z) = \begin{cases} \bar{n}_2^2 - \bar{n}_3^2, & d_2/2 < x < f_1(z) \\ \bar{n}_3^2 - \bar{n}_2^2, & f_1(z) < x < d_2/2 \\ 0, & \text{其他情况} \end{cases} \tag{2.1-32b}$$

余类推。为了说明 BH 激光器中 $\text{TE}_{mn}^y \approx \text{TE}_{mn}$ 的模式行为, 以下将着重分析侧向波导的 TM_n 模式, 将其唯一不为零的磁场分布的时空变量分离成

$$\mathscr{H}_y(x,z,t) = H_y(x,z)\mathrm{e}^{\mathrm{i}\omega t} \tag{2.1-32c}$$

则其亥姆赫兹方程可写成

$$\left\{ \frac{\partial^2}{\partial x^2} + \frac{\partial^2}{\partial z^2} + k_0^2 \left[\bar{n}_0^2(x) + \Delta\bar{n}^2(x,z) \right] \right\} H_y(x,z) = 0 \tag{2.1-32d}$$

受扰磁场分布 $H_y(x,z)$ 可表为未受扰磁场分布完备集 $\{h_m(x)\mathrm{e}^{-\mathrm{i}\beta_m z}, h_p(\rho,z)\mathrm{e}^{-\mathrm{i}\beta_p(\rho)z}\}$ 的线性叠加组合:

$$H_y(x,z) = \sum_m c_m(z) h_m(x) \mathrm{e}^{-\mathrm{i}\beta_m z} + \sum_{p=0}^{1} \int_0^\infty g_p(\rho,z) h_p(\rho,x) \mathrm{e}^{-\mathrm{i}\beta_p(\rho)z} d\rho \tag{2.1-32e)}$$

其中, 未受扰磁场分布分别是式 (2.1-32d) 中 $\Delta\bar{n}^2(x,z) = 0$ 时未受扰亥姆赫兹方程:

$$\left[\frac{\mathrm{d}^2}{\mathrm{d}x^2} + k_0^2 \bar{n}_0^2(x) - \beta^2 \right] h(x) = 0 \tag{2.1-32f}$$

的分立导波模式和连续辐射模式解, 其中, β_m, $\beta_p(\rho)$ 为其相应的传播常数, 模阶 m, ρ 分别是正整数和正实数, $p = 0,1$ 分别标志辐射模式的偶宇称和奇宇称, λ_0 和 $k_0 = 2\pi/\lambda_0$ 分别为真空波长和真空波数:

$$\begin{cases} h_m(x) = A_{2m}\cos(\kappa_{2m}|x| - m\pi/2), & \\ & |x| \leqslant d_2/2 \\ h_m(x) = \begin{cases} A_{3om}\mathrm{e}^{-\gamma_{3m}(|x|-d_2/2)} + B_{3om}\mathrm{e}^{\gamma_{3m}(|x|-d_2/2)}, & (\text{原厚传播}) \\ \sqrt{A_{3am}^2 + B_{3am}^2}\sin\left[\kappa_{2m}(|x|-d_2/2) + \tan^{-1}(A_{3am}/B_{3am})\right] & (\text{增厚传播}) \end{cases}, \\ & \frac{d_2}{2} \leqslant |x| \leqslant \frac{d_2+d_3}{2} \\ h_m(x) = B_{1m}\mathrm{e}^{\gamma_{1m}[|x|-(d_2+d_3)/2]}, & \\ & |x| \geqslant (d_2+d_3)/2 \end{cases}$$
$$\tag{2.1-32g}$$

$$\kappa_{2m} = \sqrt{k_0^2 \bar{n}_2^2 - \beta_m^2}, \quad \kappa_{3m} = \sqrt{k_0^2 \bar{n}_3^2 - \beta_m^2},$$

$$\gamma_{3m} = \sqrt{\beta_m^2 - k_0^2 \bar{n}_3^2}, \quad \gamma_{1m} = \sqrt{\beta_m^2 - k_0^2 \bar{n}_1^2} \tag{2.1-32g$'$}$$

$$\begin{cases} h_p\left(\rho, x\right) = A_{2p}\cos\left[\kappa_{2p}\left(\rho\right)|x| - p\pi/2\right], \\ \hspace{6cm} |x| \leqslant d_2/2 \\ h_p\left(\rho, x\right) = A_{3p}\left(\rho\right)\left[D_3 \mathrm{e}^{\mathrm{i}\kappa_{3p}(\rho)(|x| - d_2/2)} + D_3^* \mathrm{e}^{-\mathrm{i}\kappa_{3p}(\rho)(|x| - d_2/2)}\right], \\ \hspace{6cm} d_2/2 \leqslant |x| \leqslant \left(d_2 + d_3\right)/2 \\ h_p\left(\rho, x\right) = A_{2p}\left(\rho\right)\left[D_1 \mathrm{e}^{\mathrm{i}\kappa_{1p}(\rho)[|x| - (d_2 + d_3)/2]} + D_1^* \mathrm{e}^{-\mathrm{i}\kappa_{1p}(\rho)[|x| - (d_2 + d_3)/2]}\right], \\ \hspace{6cm} |x| \geqslant \left(d_2 + d_3\right)/2 \end{cases} \tag{2.1-32h}$$

$$\kappa_{2p}\left(\rho\right) = \sqrt{k_0^2 \bar{n}_2^2 - \beta_p^2\left(\rho\right)}, \quad \kappa_{3p}\left(\rho\right) = \sqrt{k_0^2 \bar{n}_3^2 - \beta_p^2\left(\rho\right)}, \quad \kappa_{1p}\left(\rho\right) = \sqrt{k_0^2 \bar{n}_1^2 - \beta_p^2\left(\rho\right)} \tag{2.1-32h$'$}$$

$$A_{2m} = \sqrt{\dfrac{P\omega\varepsilon_0}{\beta_m\left(I_{1m}/\bar{n}_1^2 + I_{2m}/\bar{n}_2^2 + I_{3m}/\bar{n}_3^2\right)}} \tag{2.1-32h$''$}$$

$$I_{2m} = \int_0^{d_2/2} \left|h_m\left(x\right)\right|^2 \mathrm{d}x, \quad I_{3m} = \int_{d_2/2}^{(d_2 + d_3)/2} \left|h_m\left(x\right)\right|^2 \mathrm{d}x,$$

$$I_{1m} = \int_{(d_2 + d_3)/2}^{\infty} \left|h_m\left(x\right)\right|^2 \mathrm{d}x \tag{2.1-32h$'''$}$$

$$A_{2p}\left(\rho\right) = \sqrt{\dfrac{2P\omega\varepsilon_0 \bar{n}_1^2}{\pi\beta_p\left(\rho\right)\left[\bar{\alpha}_p^2\left(\rho\right) + \bar{\beta}_p^2\left(\rho\right)\right]}} \tag{2.1-32i}$$

$$\begin{cases} \bar{\alpha}_p\left(\rho\right) = \cos\left[\kappa_{2p}\left(\rho\right)\dfrac{d_2}{2} - \dfrac{p\pi}{2}\right]\cos\left[\kappa_{3p}\left(\rho\right)\dfrac{d_3}{2}\right] \\ \hspace{1cm} - \dfrac{\kappa_{2p}\left(\rho\right)\bar{n}_3^2}{\kappa_{3p}\left(\rho\right)\bar{n}_2^2}\sin\left[\kappa_{2p}\left(\rho\right)\dfrac{d_2}{2} - \dfrac{p\pi}{2}\right]\sin\left[\kappa_{3p}\left(\rho\right)\dfrac{d_3}{2}\right] \\ \bar{\beta}_p\left(\rho\right) = \dfrac{\kappa_{3p}\left(\rho\right)\bar{n}_1^2}{\kappa_{1p}\left(\rho\right)\bar{n}_3^2}\cos\left[\kappa_{2p}\left(\rho\right)\dfrac{d_2}{2} - \dfrac{p\pi}{2}\right]\sin\left[\kappa_{3p}\left(\rho\right)\dfrac{d_3}{2}\right] \\ \hspace{1cm} + \dfrac{\kappa_{2p}\left(\rho\right)\bar{n}_1^2}{\kappa_{1p}\left(\rho\right)\bar{n}_2^2}\sin\left[\kappa_{2p}\left(\rho\right)\dfrac{d_2}{2} - \dfrac{p\pi}{2}\right]\cos\left[\kappa_{3p}\left(\rho\right)\dfrac{d_3}{2}\right] \end{cases} \tag{2.1-32i$'$}$$

其中, P 为每阶模式的功率; ε_0 为真空介电常数。式 (2.1-32e) 中的叠加系数 $c_m(x)$, $g_p(x, z)$ 应满足由方程 (2.1-32e) 和模式之间的正交关系:

$$\begin{cases} \displaystyle\int_{-\infty}^{\infty} \dfrac{\beta_m}{2\omega\varepsilon_0 \bar{n}^2\left(x\right)} h_m^*\left(x\right) h_n\left(x\right) \mathrm{d}x = P\delta_{nm} \\ \displaystyle\int_{-\infty}^{\infty} \dfrac{\beta_p\left(\rho\right)}{2\omega\varepsilon_0 \bar{n}^2\left(x\right)} h_p^*\left(\rho, x\right) h_p'\left(x\right) \mathrm{d}x = P\delta_{pp'}\delta\left(p - p'\right) \end{cases} \tag{2.1-32j}$$

导出的微分方程

$$\begin{cases} \dfrac{\mathrm{d}^2}{\mathrm{d}z^2} c_m\left(z\right) - 2\mathrm{i}\beta_m \dfrac{\mathrm{d}}{\mathrm{d}z} c_m\left(z\right) = F_m^{(q)}\left(z\right) \\ \dfrac{\mathrm{d}^2}{\mathrm{d}z^2} g_p\left(\rho', z\right) - 2\mathrm{i}\beta_m \dfrac{\mathrm{d}}{\mathrm{d}z} g_p\left(\rho', z\right) = G_p^{(q)}\left(\rho', z\right) \end{cases} \tag{2.1-32k}$$

其中

$$
\begin{cases}
F_m^{(q)}(z) = -\dfrac{\beta_m k_0^2}{2\omega\varepsilon_0 P}\left[\sum_n c_n(z)\int_{-\infty}^{\infty}\dfrac{\mathrm{d}x}{\bar{n}^2(x)}h_m^*(x)\Delta\bar{n}^2(x,z)h_n(x)\mathrm{e}^{-\mathrm{i}(\beta_n - q\beta_m)z}\right.\\[2mm]
\left.\quad + \sum_{p=0}^{1}\int_0^{\infty}g_p(\rho,z)\mathrm{d}\rho\int_{-\infty}^{\infty}\dfrac{\mathrm{d}x}{\bar{n}^2(x)}h_m^*(x)\Delta\bar{n}^2(x,z)h_p(\rho,z)\mathrm{e}^{-\mathrm{i}\left[\beta_p(\rho)-q\beta_m\right]z}\right]\\[3mm]
G_p^{(q)}(\rho',z) = -\dfrac{\beta_p(\rho')k_0^2}{2\omega\varepsilon_0 P}\left[\sum_n c_n(z)\int_{-\infty}^{\infty}\dfrac{\mathrm{d}x}{\bar{n}^2(x)}h_p^*(\rho',x)\Delta\bar{n}^2(x,z)h_n(x)\mathrm{e}^{-\mathrm{i}\left[\beta_n - q\beta_p(\rho')\right]z}\right.\\[2mm]
\left.\quad + \sum_{p=0}^{1}\int_0^{\infty}g_p'(\rho,z)\mathrm{d}\rho\int_{-\infty}^{\infty}\dfrac{\mathrm{d}x}{\bar{n}^2(x)}h_p^*(\rho',x)\Delta\bar{n}^2(x,z)h_p'(\rho,z)\mathrm{e}^{-\mathrm{i}\left[\beta_p'(\rho)-q\beta_p(\rho')\right]z}\right]
\end{cases}
$$

$$(2.1\text{-}32\mathrm{k}')$$

式 (2.1-32k) 的解分别为

$$
c_m(z) = c_m^{(+)}(z) + c_m^{(-)}(z),\quad g_p(\rho',z) = g_p^{(+)}(\rho',z) + g_p^{(-)}(\rho',z) \tag{2.1-32l}
$$

$$
\begin{cases}
c_m^{(+)}(z) = A_m - \dfrac{1}{2\mathrm{i}\beta_m}\int_0^z F_m^{(q)m}(\xi)\mathrm{d}\xi\\[3mm]
c_m^{(-)}(z) = \left\{B_m + \dfrac{1}{2\mathrm{i}\beta_m}\int_0^z \mathrm{e}^{-2\mathrm{i}\beta_m\xi}F_m^{(q)}(\xi)\mathrm{d}\xi\right\}\mathrm{e}^{2\mathrm{i}\beta_m z}\\[3mm]
g_p^{(+)}(\rho',z) = A_p' - \dfrac{1}{2\mathrm{i}\beta_p(\rho')}\int_0^z G_p^{(q)}(\rho',\xi)\mathrm{d}\xi\\[3mm]
g_p^{(-)}(\rho',z) = \left\{B_p' + \dfrac{1}{2\mathrm{i}\beta_p(\rho')}\int_0^z \mathrm{e}^{-2\mathrm{i}\beta_p(\rho')\xi}G_p^{(q)}(\rho',\xi)\mathrm{d}\xi\right\}\mathrm{e}^{2\mathrm{i}\beta_p(\rho')z}
\end{cases}
$$

$$(2.1\text{-}32\mathrm{l}')$$

其中, 相应于 $q = \pm 1$ 的上标 "$\pm$" 分别标志正反向波在 z 点的叠加系数, 假设在 $z = 0$ 处只有沿正向传播的 n 阶模式, 在 $z = L$ 处不存在沿反向传播的模式。

$$
\begin{cases}
A_m = \delta_{nm},\quad B_m^{(q)} = -\dfrac{1}{2\mathrm{i}\beta_m}\int_0^L \mathrm{e}^{-2\mathrm{i}\beta_m\xi}F_m^{(q)}(\xi)\mathrm{d}\xi\\[3mm]
A_p' = 0,\quad B_p'^{(q)} = -\dfrac{1}{2\mathrm{i}\beta_p(\rho')}\int_0^L \mathrm{e}^{-2\mathrm{i}\beta_p(\rho')\xi}G_p^{(q)}(\rho',\xi)\mathrm{d}\xi
\end{cases}
$$

$$(2.1\text{-}32\mathrm{m})$$

故由原功率为 P 的 n 阶导波模式进入长度为 L 的不平整界面区之后所转换产生的各阶正反向模式的总功率为

$$
\begin{aligned}
\Delta P_{nj} = P\Bigg\{&\sum_m \left[\left|c_m^{(+)}(L)\right|^2(1-\delta_{nm}) + \left|c_m^{(-)}(0)\right|^2\right]\\
&+ \sum_{\rho=0}^{1}\int_0^{\infty}\left[\left|g_p^{(+)}(\rho,L)\right|^2 + \left|g_p^{(-)}(\rho,0)\right|^2\right]\mathrm{d}\rho\Bigg\}_j
\end{aligned}
$$

$$(2.1\text{-}32\mathrm{n})$$

并由于各界面的不平整性基本上是互相独立的, 故 n 阶导波模式对第 j 界面的和对所有界面的平均散射损耗系数分别为

$$\alpha_{sj}^{(n)} \equiv \left\langle \frac{\Delta P_{nj}}{P} \frac{1}{L} \right\rangle_{av}, \alpha_s^{(n)} = \sum_j \alpha_{sj}^{(n)} \tag{2.1-32o}$$

对于界面不平整性不太大的情况, 可对式 (2.1-32k′) 中的叠加系数作一级迭代处理, 并对界面的不平整性作近似的统计处理:

$$c_n(z) \leqslant c_n(0) = \delta_{nm}, \quad g_p(\rho, z) \leqslant g_p(\rho, 0) = 0 \tag{2.1-32p}$$

并设在不平整界面上的模式场可近似等于平整界面上的模式场, 则式 (2.1-32k′) 在 $j = 1$ 的界面上近似为

$$F_m(z) = -\frac{\beta_m k_0^2 \left(\bar{n}_2^2 - \bar{n}_3^2\right)}{2\omega\varepsilon_0 \bar{n}_2^2 P} \left[f_1(z) - \frac{d_2}{2}\right] h_m^* \left(\frac{d_2}{2}\right) h_n \left(\frac{d_2}{2}\right) e^{-i(\beta_n - \beta_m)z} \tag{2.1-32q}$$

$$G_p(\rho', z) = -\frac{\beta_p(\rho') k_0^2 \left(\bar{n}_2^2 - \bar{n}_3^2\right)}{2\omega\varepsilon_0 \bar{n}_2^2 P} \left[f_1(z) - \frac{d_2}{2}\right] h_p^* \left(\rho', \frac{d_2}{2}\right) h_n \left(\frac{d_2}{2}\right) e^{-i[\beta_n - \beta_p(\rho')]z} \tag{2.1-32q'}$$

由式 (2.1-32l′) 和 (2.1-32m) 得出由 n 阶模式转化为 m 阶模式的转换系数为

$$c_{nm}^{(+)}(L) = \frac{k_0^2 \left(\bar{n}_2^2 - \bar{n}_3^2\right) L}{2\omega\varepsilon_0 \bar{n}_2^2 P} h_n \left(\frac{d_2}{2}\right) h_m^* \left(\frac{d_2}{2}\right) \varphi_m \tag{2.1-32r}$$

$$\varphi_m = \frac{1}{L} \int_0^L \left[f_1(z) - \frac{d_2}{2}\right] e^{-i(\beta_n - \beta_m)z} dz \tag{2.1-32s}$$

$$\langle \varphi_m \cdot \varphi_m^* \rangle_{av} = \frac{1}{L^2} \int_0^L dz \int_0^L dz' R(z - z') e^{-i(\beta_n - \beta_m)(z-z')} = \frac{2a^2}{lL} \frac{1}{(\beta_n - \beta_m)^2 + l^{-2}} \tag{2.1-32s'}$$

其中, 设 $j = 1$ 界面的**相关函数**可表为

$$R(z - z') \equiv \left\langle \left[f_1(z) - \frac{d_2}{2}\right] \left[f_1(z') - \frac{d_2}{2}\right] \right\rangle = a^2 e^{-\frac{|z-z'|}{l}} \tag{2.1-32t}$$

l 为第 j 界面不平整性的**相干长度**,

$$l \ll L, a = \sqrt{\left\langle \left[f_1(z) - \frac{d_2}{2}\right]^2 \right\rangle_{av}} \tag{2.1-32t'}$$

故得

$$\alpha_s^{(n)} = -\frac{a^2 k_0^2}{8l} \left(\bar{n}_2^2 - \bar{n}_3^2\right)^2 V_n \left(\frac{d_2}{2}\right) \sum_q$$

$$\left[\sum_m V_n \left(\frac{d_2}{2} \right) Q_{nm} + \sum_{p=0}^1 \int_0^\infty V_p \left(\rho, \frac{d_2}{2} \right) Q_{np} \left(\rho \right) \mathrm{d}\rho \right] \qquad (2.1\text{-}32\mathrm{u})$$

$$V_n \left(d_2/2 \right) = \frac{|h_n \left(d_2/2 \right)|^2}{\omega \varepsilon_0 \bar{n}_2^2 P}, \quad Q_{nm} = \left(\beta_n - \beta_m \right)^2 + l^{-2} \qquad (2.1\text{-}32\mathrm{v})$$

$$V_p \left(\rho, d_2/2 \right) = \frac{|h_p \left(\rho, d_2/2 \right)|^2}{\omega \varepsilon_0 \bar{n}_2^2 P}, \quad Q_{np} \left(\rho \right) = \left[\beta_n - \beta_p \left(\rho \right) \right]^2 + l^{-2} \qquad (2.1\text{-}32\mathrm{w})$$

其他界面作类似处理。对于 TE 模式, 可将 $\varepsilon_0 \bar{n}^2 \left(x \right)$ 换成 μ_0; 显然, $d_3 = 0$ 或 ∞ 时, 上述各式将化为相应三层平板波导情况的公式。

2. 数值结果: GaAs 和 InGaAsP 隐埋矩形波导模式的二维散射损耗及其选模特性

1) 散射损耗与迁移层厚度的关系

以五层结构 (**图 2.1-8A**) 的 $\lambda_0 = 1.3\mu\mathrm{m}$ InGaAsP 质量迁移激光器[1]为计算实例, 其 InGaAsP 有源层参数为 $\bar{n}_2 = 3.52, d_2 = 2.0\mu\mathrm{m}$, InP 迁移层参数为 $\bar{n}_3 = 3.21$, $d_3 = 0\mu\mathrm{m}, 0.5\mu\mathrm{m}, 1.0\mu\mathrm{m}, 2.0\mu\mathrm{m}, 8.0\mu\mathrm{m}, \infty$, 聚酰亚胺外限制层参数为 $\bar{n}_1 = 1.5$, $d_1 = \infty$, 在 $a = 0.1\mu\mathrm{m}$, $l = 10.0\mu\mathrm{m}$ 情况下算出其各阶导波模式的散射损耗如**图 2.1-8B(a)**所示。可见迁移层的存在 $(d_3 \neq 0)$, 因其引入另一对界面而使散射损耗增加两个数量级, 迁移层增加, 模数增加, 散射损耗的数值随模阶而振荡, 但对 A 类模式的高阶模, 即 1, 2, 3 阶模仍有明显的抑制作用, 而 d_3 小 $(d_3 < 2\mu\mathrm{m})$ 时, 对 B 类模式也有明显的抑制作用, 对 $d_3 \geqslant 2\mu\mathrm{m}$, 就不能单靠散射损耗对 B 类模式进行抑制, 不过这时 B 类模式的限制因子 $\Gamma_2^{(m)}$ 已很小, 单靠增益差即可对其实现抑制。

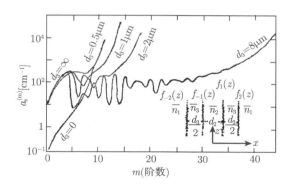

图 2.1-8B(a)　各阶模式散射损耗与迁移层厚度的关系

① 关于质量迁移激光器包括其 A 类和 B 类模式等将在 2.5.3 节详细讨论。

2) 散射损耗与有源层厚度等的关系

图 2.1-8B(b) 是在 $d_2 = 2.0\mu m$, $a = 0.1\mu m$, $l = 10.0\mu m$ 条件下用等效折射率法计算以 InP 为上下限制层, 聚酰亚胺为侧向限制层的 $1.3\mu m$ InGaAsP 激光器, 有源层厚度 $d = 0.1\mu m, 0.2\mu m, 0.45\mu m, \infty$ 对侧向界面不平整性引起的散射损耗的影响。结果表明有源层厚度的影响并不太明显, 但散射损耗还是随模阶的增加单调迅速增加。

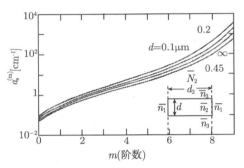

图 2.1-8B(b)　有源层厚度 d 对散射损耗随模阶 m 变化关系的影响 [8.5]

图 2.1-8B(c) 是计算图 2.1-8B(b) 结构在有源层厚度 $d = 0.2\mu m$, $a = 0.1\mu m$, $l = 0.2\mu m, 3.0\mu m$ 条件下, 由侧向界面不平整性引起的 TE_{00}, TE_{01} 模式散射损耗与侧向厚度 d_3 的关系, 以及 $d_2 = \infty$, $a = 0.01\mu m, 0.1\mu m$, $l = 10.0\mu m$ 条件下, 上下界面不平整性引起的 TE_0 模式散射损耗随有源层厚度 d 的变化关系。两者都表明散射损耗随有源层厚度 d 及其侧向厚度 (即有源的宽度) d_2 的减小而增加。因此, 为了减小上下限制层引起的散射损耗以降低阈值, 要求外延层面非常平整。在上述等效折射率法计算 TE_{mn} 模式时, 先求出侧向各区上下三层波导 TE 模的模式折射率 $(\bar{N}_m = \beta_m / k_0)$ 作为各区的等效折射率, 再求出侧向多层波导的 TM_n 模式, 而不应求侧向波导的 TM_n 模式。

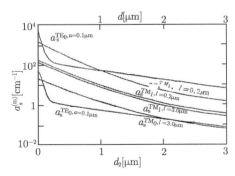

图 2.1-8B(c)　$1.3\mu m$ InGaAsP 散射损耗与有源层侧向厚度 (即有源层宽度)d_2 的关系 [8.5]

这两种求法的结果是不一样的, 特别是 TE 模和 TM 模的散射损耗随界面折射率差的变化很不相同, 如图 2.1-8B(d) 所示。图中对 $Al_{0.12}Ga_{0.88}As$ 有源层 $\bar{n}_2 = 3.506, d_2 = 3.0\mu m, \lambda_0 = 0.9\mu m, a = 0.1\mu m, l = 10.0\mu m$ 算出侧向三层波导 TE_0、TE_1、TM_0、TM_1 的散射损耗随侧向界面折射率差 $\Delta\bar{n}$ 的变化。可见随 $\Delta\bar{n}$ 的增加, TE 模的散射损耗单调增加 (虽然开始增加较快, 然后增加都比较缓慢), 而 TM 模的散射损耗只在开始时有所增加, 但在 $\Delta\bar{n} > 0.1$ 之后即明显下降, 并可达四个数量级。

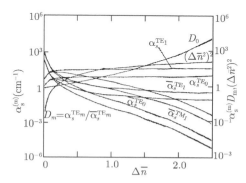

图 2.1-8B(d) GaAs 激光器中散射损耗与折射率差的关系 [8.5]

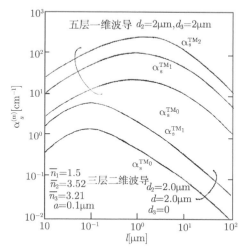

图 2.1-8B(e) 三层和五层平板波导的导波模式散射损耗随相干长度的变化 [8.5]

图 2.1-8B(e) 是在 $a = 0.1\mu m$ 和不同层厚的散射损耗与相干长度的关系, 可见其变化有一个极大值, 对于 $d_3 = 0$ 情况, $l = 0.1\mu m$ 的散射损耗最大, $\alpha_s^{TM_1} - \alpha_s^{TM_0} \approx 7cm^{-1}$。如果 $a = 0.1\mu m$, 则散射损耗可达 $28cm^{-1}$, 这可能说明在适当条件下, 直接

以聚酰亚胺为侧向限制层的 BH 特强波导对高阶模有明显的抑制能力而容易实现单基横模化的原因。

3) 决定散射损耗的主要因素

上述理论和计算结果表明, 各阶导波模式在界面上所遭受的散射损耗当然与界面以 a, l 表征的不平整性有关, 由式 (2.1-32u), $\alpha_s^{(n)} \propto a^2$, 而随 l 的变化则有一个极大值, 如图 2.1-8B(e) 所示; 与界面的折射率差当然也有关系, 但并不是单纯地与 $\left(\Delta \bar{n}^2\right)^2$ 成正比, 例如, 图 2.1-8B(d) 中, $\bar{\alpha}_s^{(n)} \equiv \alpha_s^{(n)} / \left(\Delta \bar{n}^2\right)^2$ 对 TE 模和 TM 模都是随 $\Delta \bar{n}$ 单调下降, 而不是和 $\left(\Delta \bar{n}^2\right)^2$ 或 $\alpha_{\mathrm{sn}}^{\mathrm{TE}_n}$ 那样单调上升。这不但影响了到达界面的光能所受的散射强度, 而且更重要的是影响了到达界面的光能, 特别是其使 TM 模到达界面的光能比 TE 的光能小得多, 这是 TM 模的散射损耗随折射率差的增大不能像 TE 模那样单调增加, 反而 $\Delta \bar{n}$ 大到有的程度之后剧烈变小的主要原因。实际上, 高阶模的散射损耗比低阶模高也是主要由于到达界面的光能比低阶模高; 如果出现相反情况, 则将得到高阶模的散射损耗比低阶模低的结果, 正如图 2.1-8B(b) 所出现的随模阶振荡的现象。五层波导 A 类模式的散射损耗在内侧壁总比外侧壁高, 而 B 类模式也大都如此 [图 2.1-8B(f) 中 $\alpha_{s\pm2}^{(n)} / \alpha_{s\pm1}^{(n)}$ 随 n 的变化], 也是由于到达外壁的光能 $(V_{\pm2})$ 比到达内壁的光能 $(V_{\pm1})$ 小, 如图 2.1-8B(f) 中 $V_{\pm2}/V_{\pm1}$ 随模阶 n 的变化所示。迁移层的引入使散射损耗增加两个数量级 [图 2.1-8B(a)], 主要也是由于使到达内界面的光能增加, 因而增加了内界面的散射损耗的作用, 同时又有外界面的散射损耗贡献所致。

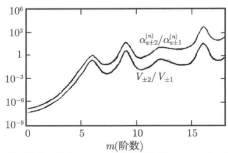

图 2.1-8B(f) 五层平板波导内外侧向界面的各阶数散射损耗和达到界面的能量比值 [8.5]

3. 小结

以上的理论分析和计算结果可归结为下述定理:

[定理 17] 不平整界面对波导腔模的散射随界面不平整程度、界面两边的折射率差和到达界面的模式能量的增加而增加, 导致高阶横模和侧模的散射损耗比基横模和基侧模都大得多, 因而有很强的抑制高阶横模和侧模的选模作用 [图 2.1-8B(a)~(f)]。

第八讲学习重点

三层平板波导中的导波模式在前进中遇到垂直传播方向的端界平面除了将出射一部分模式功率转化为出射光束之外, 其余部分的模式功率将返回波导内转化为可能存在的一切导波模式和辐射模式。本讲讨论对理想的平整界面这部分返回光波所发生的模式转换物理过程和对不平整界面所发生的散射损耗及其选模作用的理论及其规律性, 学习重点如下:

(1) 从波导中的模式完备集和终端界面上的边界条件导出反射率和各种转换率的理论公式。

(2) 所涉各种积分变换的导出、含义及其在各种偏振性和宇称性下的具体积分结果。

(3) 不同折射率差的基模和在一定折射率差下各阶模式功率反射率随有源的芯层厚度变化的数值计算方法及其计算结果的分析。

(4) 建立端面返射过程中的模式转换过程和反射、散射过程的选模作用的基本概念及其基本规律性。

(5) 比较一维的三层平板波导和二维的矩形波导反射率行为的特点及其内在的规律性。

(6) 不平整界面的散射损耗及其选模作用的波导模式经典场论与统计理论结合的处理。

习 题 八

Ex.8.1(a) 分别逐步详细导出偶阶和奇阶 TE 模的积分变换结果表达式 (2.1-28w, x) 及其相应系数 (2.1-28y, z), 导波模式的低阶转换系数 $q_{00}, q_{01}, q_{10}, q_{11}$ (2.1-28ze, zf, zg, zh)。(b) 计算纯折射率对称三层平板波导中, $\bar{n}_2 = 3.590, \Delta\bar{n}/\bar{n}_2 = 0.05$ 时, TE 和 TM 导波模式各阶 m 的功率反射率 $R_m^{\mathrm{TE}}, R_m^{\mathrm{TM}}$ 随芯层厚度 d 的变化, 并总结所得出结果或已知结果的规律性。

Ex.8.2(a) 为何当芯层厚度 d 很小或很大时, 模式的反射率趋近于平面波的反射率? (b) 为何 TM 模式的反射率总是低于同条件下的 TE 模式反射率? (c) 不平整界面的散射损耗为何有选模作用? 其散射损耗的大小为何会随模阶的增加出现相继变大变小的振荡现象?

参 考 文 献

[8.1] Ikegami T. Reflectivity of mode at facet and oscillation mode in double-hetero-structure injection lasers. IEEE J. Quantum Electron., 1972, QE-8: 470–476.

[8.2] Davies R W, Walpode J N. Output coupling for closely confined PbSnTe double-heterostructure lasers. IEEE J. Quantum Electron., 1976, QE-12: 291-303.

[8.3] Kardontchik J E. Mode reflectivity of narrow stripe-geometry double heterostructure lasers. IEEE J. Quantum Electron., 1982，QE-18：1279-1286.

[8.4] Handelman D, Hardy A, Katzir A. Reflectivity of the TE modes at the facets of buried heterostructure injection lasers. IEEE J. Quantum Electron., 1986, QE-22: 498-500.

[8.5] 郭长志, 吴立新. 半导体 BH 激光器中散射过程的选模作用. 半导体学报. 1989, 10(5): 334-342.

[8.6] Henry C H, Logan R A, Merritt F R. Single mode operation of buried heterostructure lasers by loss stabilization. IEEE J. Quantum Electronics, 1981, QE-17: 2196.

[8.7] Marcuse D. Mode conversation caused by surface imperfections of a dielectric slab waveguide. BSTJ, 1969, 48: 3187.

2.2　自发发射因子的经典模型[9.1~9.3]

前两讲讨论了三层平板波导中, 如果有一个无限大的垂直**端面**, 则波导内的某一个导波 (束缚) 模式达到该端面时将分裂为出射到腔外的远场模式和返回腔内而构成反射率的返回模式和作为光损耗的辐射模式。但这作为源头的原始模式从何而来? 实际上, 在半导体激光器中它是由外注入非平衡载流子的所谓 "自发" 辐射复合所产生的大量自发发射光子中从几百万个挑出一个属于适合该波导条件的模式光子数所发生的分配和重组过程, 这个几百万分之一的比率, 就称为**自发发射因子**。该过程与光腔结构之间存在密切的关系, 有两个垂直端平面的三层或多层波导构成一维的**法布里珀罗光腔**。在该光腔中一旦有非平衡载流子自发辐射复合产生的自发发射光子, 其能量 (光子数) 将在波导的全部有限个分立导波模式和无限多个辐射模式态中进行分配, 正如同从端面返回的模式光子数要在这些模式完备集进行分配那样, 虽然其间的区别只在这时的源头不是腔内一个导波模式达到端面出射后剩下的模式能量 (光子数), 而是不断产生的许多不同自发发射光子的能量 (光子数) 在这些相同的模式完备集中进行分配而已, 但该过程对半导体激光器却有更为深远的含义。因为降低激射阈值的努力, 总是半导体激光器发展的一个永恒驱动力。光腔波导结构从多方面对此作出贡献。例如, 由于用异质结构改进了垂直光腔轴向的波导对光子和注入载流子空间分布的限制和导引, 激射阈值电流密度降低到 1000A/cm^2 的水平, 从而实现了室温激射。用晶格匹配和应变层量子阱, 增加微分光增益和减小透明电流密度和腔损耗, 阈值电流密度进一步降低到 50A/cm^2 的水平。如果激光器端面镀高反射膜, 改进了平行光腔轴向的波导增强了光能的反馈, 则阈值电流甚至可降低到 1 mA 以下。而光腔波导结构还有一个更深层的作用, 就是控制光腔中的 "**自发发射因子 (spontaneous emission factor)**" 的作用和大小。在通常的半导体激光器结构中该比率非常小, 约为 $\gamma \approx 10^{-6} \sim 10^{-4}$, 这对半导体激光器静态和瞬态虽有一定的定态和动态影响, 但对激射阈值大小的影响尚不明显。只有增加到约 10^{-2} 或更大时, 才有可能对激射阈值的降低起重要作用。特别是当趋于 $\gamma = 1$ 时, 即当所有自发发射光子全部耦合进单独一个激射模式, 从而成为完全相干的激射模式, 如果光腔的质量因子 Q 值足够大, 即光腔的损耗足够小, 则激射阈值甚至可能降到零, 这时将实现无阈值激射的理想状态。因此, 将自发发射因子增加到接近或达到 1, 可以认为是实现超常低阈值或甚至无阈值激射的一个必要条件。

可见, 波导光腔要能够极大地增强自发发射因子, 首先, 该波导光腔必须是结构性**单模**波导光腔, 则其尺寸必须不大于激射模式的介质波长, 也即至少必须是从亚微米到纳米级微小尺寸的波导光腔, 可称为**微型波导光腔**。其次, 在该亚波长尺寸的波导光腔中的自发发射因子可增加好几个量级, 但如果单纯依靠经典过程, 也即经典的光波态密度, 则最多也只能增加到 $\gamma \approx 0.2$ 左右, 除非在此亚波长尺寸的波导光腔中出现光子的量子尺寸效应, 或称**腔量子电动力学 (cavity quantum electrdynamics)** 效应, 改变光子的量子态密度, 才有望实现 $\gamma \approx 1$ 的要求, 这时的微型波导光腔就称为 "**微腔 (microcavity)**", 微型波导光腔中的量子力学效应就称为 "**微腔效应**"。

从上述分析也可见, 自发发射因子与光限制因子有密切联系, 前者涉及自发发射过程的量子化, 后者涉及光增益过程的二次量子化, 但两者共同涉及光子的量子尺寸效应, 特别是光子态密度的量子化。

目前实现微型波导光腔的途径有: ① 具有分布布拉格反射体 (DBR) 端面, 腔长约为激射模式的一个介质波长的**垂直腔表面发射激光器 (vertical cavity surface emitting laser, VCSEL)**; ② 具有回音壁模式和集中反馈的**微盘激光器 (microdisk laser with whispering-gallery modes)**; ③ 以金属为光限制层的**表面等离子体激光器 (surface plasmonic laser)**。此外还有用**光子晶体 (photonic crystal)** 实现微腔的途径。

以下将从经典理论讨论自发发射因子, 为此必须对源自量子场论的自发发射过程采用经典模型处理。上述**集中反馈**的微盘和准量子线或纳米波导光腔, 将在下一节讨论, **分布反馈**的波导光腔和光子晶体**禁带光腔**将在**第 4 章**中讨论。

2.2.1 电磁辐射的经典理论[9.2,9.4]

光具有二重性, 在其产生和湮灭过程中主要表现为粒子性, 应服从量子场论的规律 (即光子和电子皆服从量子力学规律, 因而也称全量子理论), 并可近似服从半经典理论规律 (电子服从量子力学规律、而光子仍服从经典场论规律)。但光在远大于其波长的空间中传播过程则主要表现为波动性，基本上服从经典场论的规律，即服从麦克斯韦方程组。自发发射因子 γ 涉及自发发射过程，这是由于光场量子化，其量子态全部未被占据时的所谓"零点场"的量子起伏所引起的自发辐射跃迁，因而原则上是一个只有量子场论才能彻底处理的问题。但由于实际的困难，迄今仍未能得出实用的结果。不过如果研究的侧重点放在自发发射所产生的全部无限多的光模系统和光腔内可以存在的有限个模式，以及其间的耦合，则有可能由经典场论对其作有效的近似处理。

由于光也是一种电磁波，从经典场论的观点看，任何带电体做**加速运动**时，必定会**辐射电磁波**。当馈入一定频率的交变电流时，一切**天线**必将发射该频率的宏观相干电磁波。**图 2.2-1A**[9.4] 是 1887 年赫兹 (Hertz) 产生，发现电磁波及其传播，并测出电磁波传播速度，因而从实验上证明麦克斯韦电磁波理论以及加速电荷产生电磁波的装置。

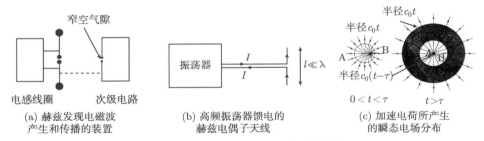

图 2.2-1A   宏观电磁辐射的产生[9.4]

由于真空场与电子相互作用，电子将受激从导带占据态落到价带空态，从而发生导带负电荷的电子与价带正电荷的空穴的自发复合过程。如果该复合过程产生辐射，则称为**自发辐射复合过程**，该过程可以从量子场论得到严格的描述，但从经典场论的**电偶极子辐射模型**却可更容易得到基本正确，而且可能更为实用的关于自发发射因子的近似结果。

1. 描述电磁辐射的非齐次 (有源) 波动方程

由式 (1.1-1a~g)，实验中静电荷和无单极静磁荷的**库仑定律**到动态的推广，磁场变化产生电场的**法拉第定律**和**楞次定律**，电流产生磁场的**毕奥-萨伐尔定律**和**位移电流**也能产生磁场的假设，归纳得出的**麦克斯韦方程组**为

$$\nabla \cdot \boldsymbol{D} = \rho, \quad \nabla \cdot \boldsymbol{B} = 0, \quad \nabla \times \boldsymbol{E} = -\frac{\partial \boldsymbol{B}}{\partial t}, \quad \nabla \times \boldsymbol{H} = \boldsymbol{j} + \frac{\partial \boldsymbol{D}}{\partial t} \qquad (2.2\text{-}1a)$$

和描述电磁场量的电位移矢量 $\boldsymbol{D}$，电场强度矢量 $\boldsymbol{E}$，电极化强度矢量 $\boldsymbol{P}_d$，磁场强度矢量 $\boldsymbol{H}$，磁通密度矢量 $\boldsymbol{B}$ 与描述介质性质的介电常数 ε，磁导率 μ，电导率 σ 之间关系的**物性**或**本构关系**为

$$\boldsymbol{D} = \varepsilon_0 \boldsymbol{E} + \boldsymbol{P}_d = \varepsilon \boldsymbol{E}, \quad \boldsymbol{B} = \mu \boldsymbol{H}, \quad \boldsymbol{j} = \sigma \boldsymbol{E} \tag{2.2-1b}$$

在真空中,$\mu = \mu_0$,$\varepsilon = \varepsilon_0$,设在均匀介质的无限空间无自由电荷:$\rho = 0$,$\nabla \cdot \boldsymbol{E} \approx 0$,则对法拉第定律取旋度:

$$\nabla \times \nabla \times \boldsymbol{E} = -\mu_0 \frac{\partial}{\partial t} \nabla \times \boldsymbol{H} = -\mu_0 \sigma \frac{\partial \boldsymbol{E}}{\partial t} - \mu_0 \varepsilon \frac{\partial^2 \boldsymbol{E}}{\partial t^2} - \mu_0 \frac{\partial^2 \boldsymbol{P}_d}{\partial t^2} \tag{2.2-1c}$$

又因

$$\nabla \times \nabla \times \boldsymbol{E} = \nabla \left(\nabla \cdot \boldsymbol{E} \right) - \nabla^2 \boldsymbol{E} \approx -\nabla^2 \boldsymbol{E} \tag{2.2-1d}$$

得描述电磁辐射的非齐次 (有源) 标量波动方程:

$$\nabla^2 \boldsymbol{E} - \mu_0 \sigma \frac{\partial \boldsymbol{E}}{\partial t} - \mu_0 \varepsilon \frac{\partial^2 \boldsymbol{E}}{\partial t^2} = \mu_0 \frac{\partial^2 \boldsymbol{P}_d}{\partial t^2} \tag{2.2-1e}$$

对于圆频率为 ω 的简谐**单频电磁波**,其电场强度矢量和电极化强度矢量可写成

$$\boldsymbol{E} \left(x, y, z, t \right) = \mathrm{Re} \left[\boldsymbol{E}_\omega \left(x, y, z \right) \mathrm{e}^{\mathrm{i}\omega t} \right], \quad \boldsymbol{P}_d \left(x, y, z, t \right) = \mathrm{Re} \left[\boldsymbol{P}_{d,\omega} \left(x, y, z \right) \mathrm{e}^{\mathrm{i}\omega t} \right] \tag{2.2-1f, g}$$

电极化强度矢量时间变化 $\partial \boldsymbol{P}_d / \partial t$ 产生电极化电流密度 $\boldsymbol{j}_d$ 的过程可写成

$$\boldsymbol{j}_d \left(x, y, z, t \right) = \mathrm{Re} \left[\boldsymbol{j}_{d.\omega} \left(x, y, z \right) \mathrm{e}^{\mathrm{i}\omega t} \right] = \frac{\partial \boldsymbol{P}_d}{\partial t} \rightarrow \boldsymbol{j}_{d,\omega} = \mathrm{i}\omega \boldsymbol{P}_{d,\omega}, \quad \boldsymbol{P}_{d,\omega} = -\frac{\mathrm{i}}{\omega} \boldsymbol{j}_{d,\omega} \tag{2.2-1h, i}$$

代入有源波动方程 (2.2-1e),消去简谐时间因子,得出其振幅矢量方程为:

$$\nabla^2 \boldsymbol{E}_\omega - \mathrm{i}\mu_0 \sigma \omega \boldsymbol{E}_\omega + \mu_0 \varepsilon \omega^2 \boldsymbol{E}_\omega = -\mu_0 \omega^2 \boldsymbol{P}_{d\omega} \rightarrow$$
$$\nabla^2 \boldsymbol{E}_\omega + \frac{\omega^2}{c_0^2} \left(\frac{\varepsilon}{\varepsilon_0} - \mathrm{i} \frac{\sigma}{\varepsilon_0 \omega} \right) \boldsymbol{E}_\omega = \mathrm{i}\mu_0 \omega \boldsymbol{j}_\omega \tag{2.2-1j}$$

$$\nabla^2 \boldsymbol{E}_\omega + k_0^2 \frac{\tilde{\varepsilon}}{\varepsilon_0} \boldsymbol{E}_\omega = \mathrm{i}\mu_0 \omega \boldsymbol{j}_{d,\omega} \rightarrow \nabla^2 \boldsymbol{E}_\omega + k_0^2 \tilde{n}^2 \boldsymbol{E}_\omega = \mathrm{i}\mu_0 \omega \boldsymbol{j}_{d,\omega} \tag{2.2-1k}$$

此即非齐次波动方程的空间部分,称为**非齐次 (有源) 亥姆霍兹方程**。其中的复电容率和复折射率的定义及其间的关系为

$$\tilde{n}^2 \equiv \frac{\tilde{\varepsilon}}{\varepsilon_0} \equiv \frac{\varepsilon}{\varepsilon_0} - \mathrm{i} \frac{\sigma}{\varepsilon_0 \omega}, \quad k_0 = \frac{\omega}{c_0} \tag{2.2-1l}$$

2. 一个电偶极子的电磁辐射[9.4]

长度为 $l \ll \lambda_0$ 的电偶极子 (也称赫兹电偶极子) 如图 2.2-1B(a) 所示,其端电荷 $q(t)$,电流 I,偶极矩 p 为

$$q = q_\mathrm{e} \cos \left(\omega t \right), \quad I = \frac{\mathrm{d}q}{\mathrm{d}t} = -I_0 \sin \left(\omega t \right), \quad I_0 = \omega q_\mathrm{e} \tag{2.2-1m}$$

$$I = \int j\mathrm{d}x\mathrm{d}y = Ii_z, \quad p = ql = i_z p_0 \cos(\omega t), \quad p_0 = lq_{\mathrm{e}} = \frac{lI_0}{\omega} \tag{2.2-1n}$$

其**矢量势**为

$$A(r,t) = -i_z \frac{\mu_0 lI_0 \sin\left[\omega\left(t - \dfrac{r}{c_0}\right)\right]}{4\pi r} \tag{2.2-1o}$$

$$\begin{aligned} B = \nabla \times A &= i_\phi \frac{1}{r}\left[\frac{\partial(rA_\theta)}{\partial r} - \frac{\partial A_{\mathrm{r}}}{\partial \theta}\right] \\ &= i_\phi \frac{\mu_0 lI_0 \sin\theta}{4\pi}\left\{-\frac{\omega\cos[\omega(t - r/c_0)]}{c_0 r} - \frac{\sin[\omega(t - r/c_0)]}{r^2}\right\} \end{aligned} \tag{2.2-1p}$$

$$B^{(\mathrm{rad})} \approx -i_\phi \frac{\mu_0 p_0 \omega^2 \sin\theta}{4\pi c_0 r}\cos\left[\omega\left(t - \frac{r}{c_0}\right)\right] = \frac{1}{c_0} i_{\mathrm{r}} \times E^{\mathrm{rad}} \tag{2.2-1q}$$

$$E^{(\mathrm{rad})} \approx -i_\theta \frac{\mu_0 p_0 \omega^2 \sin\theta}{4\pi r}\cos\left[\omega\left(t - \frac{r}{c_0}\right)\right] \tag{2.2-1r}$$

则 t 时刻形成的辐射电力线如图 2.2-1B(b) 所示。其**辐射功率**的坡印亭矢量:

$$P(\omega,\theta,t) = E^{(\mathrm{rad})} \times B^{(\mathrm{rad})} \rightarrow$$

$$P(\omega,\theta,t) = i_{\mathrm{r}} \frac{\mu_0 p_0^2 \omega^4 \sin^2\theta}{16\pi^2 c_0 r^2}\cos^2\left[\omega\left(t - \frac{r}{c_0}\right)\right] \tag{2.2-1s}$$

表明其能量沿径向向外辐射，并有 $\sin^2\theta$ 的角度关系，如图 2.2-1B(c) 所示。其时间周期平均为

$$\bar{P}(\omega,\theta) = i_{\mathrm{r}} \frac{\mu_0 p_0^2 \omega^4 \sin^2\theta}{32\pi^2 c_0 r^2} \tag{2.2-1t}$$

其中三维极坐标系的单位矢 $(\underline{i}_r, \underline{i}_\theta, \underline{i}_\phi)$ 与三维直角坐标系 [图 2.2-1B(a)] 单位矢 $(\underline{i}_x, \underline{i}_y, \underline{i}_z)$ 之间的关系为

$$\left.\begin{cases} \underline{i}_r = \underline{i}_x \sin\theta\cos\phi + \underline{i}_y \sin\theta\sin\phi + \underline{i}_z \cos\theta \\ \underline{i}_\theta = \underline{i}_x \cos\theta\cos\phi + \underline{i}_y \cos\theta\sin\phi - \underline{i}_z \sin\theta \\ \underline{i}_\phi = -\underline{i}_x \sin\phi + \underline{i}_y \cos\phi \\ \underline{i}_x = \underline{i}_r \sin\theta\cos\phi + \underline{i}_y \cos\theta\cos\phi - \underline{i}_\phi \sin\phi \\ \underline{i}_y = \underline{i}_r \sin\theta\sin\phi + \underline{i}_\theta \cos\theta\sin\phi - \underline{i}_\phi \cos\phi \\ \underline{i}_z = -\underline{i}_r \cos\phi + \underline{i}_\theta \sin\phi \end{cases}\right\} \tag{2.2-1t'}$$

对角度分布积分得出**真空总辐射功率**为

$$P_{\mathrm{tot}}(\omega) = \frac{\mu_0 p_0^2 \omega^4}{12\pi c_0} = \frac{1}{2}I_0^2 R_\omega \tag{2.2-1u}$$

其量纲为 $[\text{VsA}^{-1}\text{cmA}^2\text{s}^{2-4}\text{cm}^{-1}\text{s}=\text{V}\cdot\text{A}]$。在**介质**中总辐射功率为

$$P_{\text{tot},\omega} = \frac{\bar{n}_\omega \mu_0 p_0^2 \omega^4}{12\pi c_0} = \frac{\bar{n}_\omega \mu_0 \omega^4}{12\pi c_0}\left(\frac{lI_0}{\omega}\right)_\omega^2 = \frac{\bar{n}_\omega}{12\pi}\frac{\omega^2}{c_0^2}\sqrt{\frac{\mu_0}{\varepsilon_0}}\left|Il\right|_\omega^2$$

$$= \frac{\bar{n}_\omega}{12\pi}\frac{4\pi^2}{\lambda_0^2}\sqrt{\frac{\mu_0}{\varepsilon_0}}\left|Il\right|_\omega^2 = \frac{\pi \bar{n}_\omega}{3\lambda_0^2}\sqrt{\frac{\mu_0}{\varepsilon_0}}\left|Il\right|_\omega^2 \qquad (2.2\text{-}1\text{v})$$

其中的偶极矩的时间导数,可称为**电偶极电流矩**:

$$(Il)_\omega = |lI|_\omega\,\text{e}^{\text{i}\omega t} = (lI_0)_\omega\,\text{e}^{\text{i}\omega t}\ [\text{A}\cdot\text{cm}] \qquad (2.2\text{-}1\text{v}')$$

由式 (2.2-1u),**电偶极子辐射过程所消耗的能量相当于一个真空辐射阻抗**或相当于在电路中起能量消耗作用的**电阻** R_ω 为

$$R_\omega = \frac{\mu_0 p_0^2 \omega^4}{6\pi c_0 I_0^2} = \frac{2\pi}{3}\sqrt{\frac{\mu_0}{\varepsilon_0}}\left(\frac{l}{\lambda_0}\right)^2 = 789\left(\frac{l}{\lambda_0}\right)^2\ [\Omega] \qquad (2.2\text{-}1\text{w})$$

由上述分析可见**电偶极辐射的特点是**:① **辐射具有方向性**;② **辐射场强与距离成反比**;③ **总辐射功率与波长的平方成反比**;④ **辐射是有阻尼的**,由此产生其**自然线宽**,如**原子辐射的自然线宽**约为 10^{-4}Å。此外,可知:⑤ **辐射的频率分布具有洛伦兹线型**;⑥ 原子辐射除了**电偶极辐射**之外,还有**四极辐射**等高阶辐射分量,但这些辐射分量都比偶极辐射小得多,因此只有当偶极辐射受到禁戒而为零时,才依次逐阶考虑其他高阶辐射分量,通常可以采用**偶极辐射近似**。

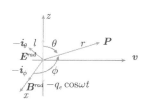
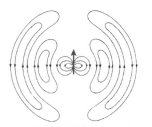
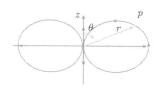

(a) 长度为l的电偶极子及其坐标系　　(b) 电偶极子的辐射电力线[9.4]　　(c) 电偶极子的辐射图样

图 2.2-1B

2.2.2 半导体波导内一个电子 – 空穴对作为一个电偶极子的自发辐射功率和效率[9.2]

在半导体波导的有源区中,一个电子-空穴对的任何一个自发辐射应是该波导的解所决定的,包括全部**分立导波模式**和**连续辐射模式**在内的整个**完备集**中的**一个模式**。

1. 激发强度

将在 2.4 节讨论的矩形波导中虽然不可能存在 **TE 模式**和 **TM 模式**, 但有与其接近的模式。例如, 矩形波导的混合模式中 E_x 和 E_z 分量皆比 E_y 分量小得多的 E_{mn}^y **模式**就可以认为与平板波导的 **TE 模式**相接近。y 方向的电偶极子就是依靠 E_y 分量激发的。类此, 矩形波导混合模式中的 H_x 和 H_z 分量皆比 H_y 分量小得多的 E_m^x **模式**就可认为与平板波导的 **TM 模式**相接近。x 方向的电偶极子主要是依靠其 E_x 分量激发, 其 E_z 分量虽然不为零, 但相对比较小。

设辐射电偶极子的电流为 I, 长度为 l, 则在 (x_p, y_p, z_p) 处作为辐射源的**电偶极子强度**为

$$
\begin{aligned}
j_{d,\omega,y}(t) &= (Il)_\omega\, \delta\left(x - x_p\right) \delta\left(y - y_p\right) \delta\left(z - z_p\right) \\
&= \mathrm{Re}\left(\left|Il\right|_\omega \mathrm{e}^{\mathrm{i}\omega t}\right) \delta\left(x - x_p\right) \delta\left(y - y_p\right) \delta\left(z - z_p\right)\ [\mathrm{A\cdot cm^{-2}}]
\end{aligned} \tag{2.2-2a}
$$

代入非齐次亥姆霍兹方程:

$$
\nabla^2 E_{\omega,y}(x,y,z,t) + k_0^2 \tilde{n}^2 E_{\omega,y}(x,y,z,t) = \mathrm{i}\mu_0 \omega\, |j_{d,\omega,y}(t)| \tag{2.2-2b}
$$

其**齐次亥姆霍兹方程**

$$
\nabla^2 E_{\omega,y}(x,y,z) + k_0^2 \tilde{n}^2 E_{\omega,y}(x,y,z) = 0 \tag{2.2-2c}
$$

的正反向**行波模式解**为

$$
E_{\omega,y}(x,y,z) = \tilde{E}_{mn}(x,y)\mathrm{e}^{\mp \mathrm{i}\beta_{mn}z} \tag{2.2-2d}
$$

相应**齐次波动方程**的简谐振荡解为

$$
E_{\omega,y}^{\pm}(x,y,z,t) = \tilde{E}_{mn}(x,y)\mathrm{e}^{\mathrm{i}(\omega t \mp \beta_{mn}z)} \tag{2.2-2e}
$$

则**非齐次亥姆霍兹方程的正向行波模式解**为

$$
E_+ \equiv E_{\omega,y}^+ = \sum_{mn} D_{mn}^+ \tilde{E}_{mn}(x,y)\mathrm{e}^{-\mathrm{i}\beta_{mn}(z-z_p)} \tag{2.2-2f}
$$

相应的**反向行波模式解**为

$$
E_- \equiv E_{\omega,y}^- = \sum_{mn} D_{mn}^- \tilde{E}_{mn}(x,y)\mathrm{e}^{\mathrm{i}\beta_{mn}(z-z_p)} \tag{2.2-2g}
$$

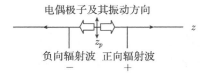

图 2.2-1C(a)　自发辐射边界条件

由于自发辐射的相位和发射方向都是随机的, 因此波导内允许各个方向都有相位随机的辐射。其边界条件是在辐射源处, 各方向的辐射模式波应相等 (**图 2.2-1C(a)**), 故其**激发强度**相同:

$$E_-|_{z=z_p} = E_+|_{z=z_p} \rightarrow D_{mn}^+ = D_{mn}^- = D_{mn} \tag{2.2-2h, i}$$

为求解非齐次亥姆霍兹方程:

$$\left(\frac{\partial^2}{\partial x^2} + \frac{\partial^2}{\partial y^2} + \frac{\partial^2}{\partial z^2} \right) E_{\omega,y} + k_0^2 \tilde{n}^2 \hat{E}_{\omega,y} = i\mu_0\omega |j_{d\omega,y}| \tag{2.2-2j}$$

积分得 z_p 附近偶极子的总和: $\int_{z_p-0}^{z_p+0} (2.2\text{-}2\text{j})\mathrm{d}z$, 其中, $E_{\omega,y} = E_{\omega,y}(x,y)\mathrm{e}^{\mp i\tilde{\beta}_{mn}(z-z_p)}$, 则式 (2.2-2j) 化为

$$0 + 0 + \frac{\partial E_{\omega,y}}{\partial z}\bigg|_{z_p-0}^{z_p+0} + k_0^2\tilde{n}^2 \int_{z_p-0}^{z_p+0} E_{\omega,y}(x,y)\mathrm{d}z$$

$$= i\mu_0\omega |Il|_\omega \, \delta(x-x_p)\,\delta(y-y_p) \int_{z_p-0}^{z_p+0} \delta(z-z_p)\,\mathrm{d}z \tag{2.2-2k}$$

由式 (2.2-2f,g):

$$\left[E_{\omega,y}(x,y)\mathrm{e}^{-i\tilde{\beta}_{mn}(z_p+0-z_p)} \left(-i\tilde{\beta}_{mn} \right) - E_{\omega,y}(x,y)\mathrm{e}^{i\tilde{\beta}_{mn}(z_p-0-z_p)}i\tilde{\beta}_{mn} \right]$$

$$= -2i\tilde{\beta}_{mn}E_{\omega,y}(x,y) = -2i\sum_{mn} D_{mn}\tilde{\beta}_{mn}\tilde{E}_{mn}(x,y) = i\mu_0\omega |Il|_\omega \, \delta(x-x_p)\,\delta(y-y_p) \rightarrow$$

$$-2\sum_{mn} D_{mn}\tilde{\beta}_{mn}\tilde{E}_{mn}(x,y) = \mu_0\omega |Il|_\omega \, \delta(x-x_p)\,\delta(y-y_p) \tag{2.2-2l}$$

将上式乘以 $m'n'$ 模式: $\tilde{E}_{m'n'}(x,y)$, 再对 x、y 在无限空间积分, 并利用有源介质波导中的导波模式之间的**正交归一关系**:

$$\frac{\int_{-\infty}^{\infty}\int_{-\infty}^{\infty} \tilde{E}_{m'n'}(x,y)\tilde{E}_{mn}(x,y)\mathrm{d}x\mathrm{d}y}{\int_{-\infty}^{\infty}\int_{-\infty}^{\infty} \tilde{E}_{m'n'}^2(x,y)\mathrm{d}x\mathrm{d}y} = \delta_{mm'}\delta_{nn'} \tag{2.2-2m}$$

将式 (2.2-2l) 化为

$$-2\sum_{mn} D_{mn}\tilde{\beta}_{mn} \int_{-\infty}^{\infty}\int_{-\infty}^{\infty} \tilde{E}_{m'n'}(x,y)\tilde{E}_{mn}(x,y)\mathrm{d}x\mathrm{d}y$$

$$= \mu_0\omega |Il|_\omega \int_{-\infty}^{\infty}\int_{-\infty}^{\infty} \tilde{E}_{m'n'}(x,y)\delta(x-x_p)\,\delta(y-y_p)\,\mathrm{d}x\mathrm{d}y \rightarrow$$

$$-2\sum_{mn} D_{mn}\tilde{\beta}_{mn}\delta_{mm'}\delta_{nn'} \int_{-\infty}^{\infty}\int_{-\infty}^{\infty} \tilde{E}_{m'n'}^2(x,y)\mathrm{d}x\mathrm{d}y = \mu_0\omega |Il|_\omega \, \tilde{E}_{m'n'}(x_p,y_p) \tag{2.2-2n}$$

即

$$-2D_{m'n'}\tilde{\beta}_{m'n'}\int_{-\infty}^{\infty}\int_{-\infty}^{\infty}\tilde{E}_{m'n'}^2(x,y)\mathrm{d}x\mathrm{d}y = \mu_0\omega\left|Il\right|_\omega \tilde{E}_{m'n'}(x_p,y_p) \tag{2.2-2o}$$

从而得出 $m'n'$ 模式的**激发强度**为

$$D_{m'n'} = -\frac{\mu_0\omega\left|Il\right|_\omega \tilde{E}_{m'n'}(x_p,y_p)}{2\tilde{\beta}_{m'n'}\displaystyle\int_{-\infty}^{\infty}\int_{-\infty}^{\infty}\tilde{E}_{m'n'}^2(x,y)\mathrm{d}x\mathrm{d}y} \tag{2.2-2p}$$

表明 $m'n'$ 模式的激发强度与 $m'n'$ 模式本身的场强分布 $\tilde{E}_{m'n'}(x,y)$ 有关 (不同模式分布的激发强度不同),与光波的频率 $\omega = 2\pi c_0/\lambda_0$ 成正比,或与光波的波长成反比 (光频率越高或光波长越短,激发强度越大),**与其传播常数** $\tilde{\beta}_{m'n'}$ **成反比** (传播常数或模式折射率越大,激发强度越小)。表明波导中不同导波模式的激发强度,或被激发的概率是不同的。

2. 自发发射所激发的导波模式功率

由坡印亭矢量,在 x_p、y_p 处,电偶极子激发出的 $m'n'$ **导波模式** (E_{mn}^y) 的辐射功率为

$$
\begin{aligned}
&P_{m'n'}\left(\omega, x_p, y_p\right)\\
&= \frac{1}{2}\mathrm{Re}\left[\int_{-\infty}^{\infty}\int_{-\infty}^{\infty}\boldsymbol{E}\times\boldsymbol{H}^*\mathrm{d}x\mathrm{d}y\right]_{m'n'} = -\frac{1}{2}\mathrm{Re}\left[\int_{-\infty}^{\infty}\int_{-\infty}^{\infty}E_yH_x^*\mathrm{d}x\mathrm{d}y\right]_{m'n'}\\
&= -\frac{1}{2}\mathrm{Re}\left[\int_{-\infty}^{\infty}\int_{-\infty}^{\infty}\left(-\frac{\tilde{\beta}^*}{\omega\mu_0}E_y^*\right)E_y\mathrm{d}x\mathrm{d}y\right]_{m'n'}\\
&\overset{\text{式}(2.2\text{-}2\mathrm{f,g})}{=}\frac{1}{2}\mathrm{Re}\left[\frac{D_{m'n'}D_{m'n'}^*\tilde{\beta}_{m'n'}^*}{\omega\mu_0}\int_{-\infty}^{\infty}\int_{-\infty}^{\infty}\left|\tilde{E}_{m'n'}(x,y)\right|^2\mathrm{d}x\mathrm{d}y\right]\\
&\overset{\text{式}(2.2\text{-}2\mathrm{q})}{=}\mathrm{Re}\left[\frac{\tilde{\beta}_{m'n'}^*}{\omega\mu_0}\frac{\mu_0^2\omega^2\left|Il\right|_\omega^2\left|\tilde{E}_{m'n'}(x_p,y_p)\right|^2}{8\tilde{\beta}_{m'n'}\tilde{\beta}_{m'n'}^*\left|\displaystyle\int_{-\infty}^{\infty}\int_{-\infty}^{\infty}\tilde{E}_{m'n'}^2(x,y)\mathrm{d}x\mathrm{d}y\right|^2}\int_{-\infty}^{\infty}\int_{-\infty}^{\infty}\left|\tilde{E}_{m'n'}(x,y)\right|^2\mathrm{d}x\mathrm{d}y\right]\\
&= \mathrm{Re}\left[\frac{\mu_0 c_0 k_0\left|Il\right|_\omega^2}{8\tilde{\beta}_{m'n'}}\right]\frac{\left|\tilde{E}_{m'n'}(x_p,y_p)\right|^2\displaystyle\int_{-\infty}^{\infty}\int_{-\infty}^{\infty}\left|\tilde{E}_{m'n'}(x,y)\right|^2\mathrm{d}x\mathrm{d}y}{\left|\displaystyle\int_{-\infty}^{\infty}\int_{-\infty}^{\infty}\tilde{E}_{m'n'}^2(x,y)\mathrm{d}x\mathrm{d}y\right|^2}\rightarrow
\end{aligned}
$$

$$P_{m'n'}\left(\omega, x_p, y_p\right) = \frac{\left|Il\right|_\omega^2}{8\overline{N}_{m'n'}}\sqrt{\frac{\mu_0}{\varepsilon_0}}\frac{\left|\tilde{E}_{m'n'}(x_p,y_p)\right|^2\displaystyle\int_{-\infty}^{\infty}\int_{-\infty}^{\infty}\left|\tilde{E}_{m'n'}(x,y)\right|^2\mathrm{d}x\mathrm{d}y}{\left|\displaystyle\int_{-\infty}^{\infty}\int_{-\infty}^{\infty}\tilde{E}_{m'n'}^2(x,y)\mathrm{d}x\mathrm{d}y\right|^2} \tag{2.2-2q}$$

其中, $m'n'$ 模式的**模式折射率**为

$$\overline{N}_{m'n'} = \mathrm{Re}\left(\frac{\tilde{\beta}_{m'n'}}{k_0}\right) = \mathrm{Re}\left(\frac{\tilde{\beta}_{m'n'}}{\omega}c_0\right) = \mathrm{Re}\left(\frac{\tilde{\beta}_{m'n'}}{\omega\sqrt{\mu_0\varepsilon_0}}\right) \tag{2.2-2r}$$

3. 导波模式的自发辐射激发效率

$m'n'$ 导波模式的**自发辐射激发效率**的定义是: **半导体中在 x_p, y_p 处, 电偶极子激发的向正反两个方向传播的 $m'n'$ 导波模式的自发辐射功率的总和与电偶极子的总自发辐射功率之比**

$$\eta_{m'n'} = \frac{2P_{m'n'}(\omega, x_p, y_p)}{P_{\mathrm{tot}}} \tag{2.2-2s}$$

由式 (2.2-1v), 一定频率的电偶极子对各方向积分得出的总自发辐射功率 (包括**辐射模式**和**导波模式**) 为

$$P_{\mathrm{tot},\omega} = \frac{\bar{n}_\omega}{12\pi}\frac{\omega^2}{c_0^2}\sqrt{\frac{\mu_0}{\varepsilon_0}}\left|Il\right|_\omega^2 = \frac{\bar{n}_\omega}{12\pi}\omega^2\mu_0\sqrt{\mu_0\varepsilon_0}\left|Il\right|_\omega^2, \quad (Il)_\omega = |Il|_\omega \mathrm{e}^{\mathrm{i}\omega t} \tag{2.2-2t}$$

其中, $\bar{n}_\omega = \bar{n}_\lambda$ 是半导体光介质的**相折射率**。从而得出一个电偶极子自发辐射到 $m'n'$ 导波模式的**辐射效率**为

$$\eta_{m'n'} = \frac{2}{\frac{\bar{n}_\omega}{12\pi}\omega_{m'n'}^2\mu_0\sqrt{\mu_0\varepsilon_0}\left|Il\right|_\omega^2}\frac{|Il|_\omega^2}{8\overline{N}_{m'n'}}\sqrt{\frac{\mu_0}{\varepsilon_0}}$$

$$\frac{\left|\tilde{E}_{m'n'}(x_p, y_p)\right|^2\int_{-\infty}^{\infty}\int_{-\infty}^{\infty}\left|\tilde{E}_{m'n'}(x,y)\right|^2\mathrm{d}x\mathrm{d}y}{\left|\int_{-\infty}^{\infty}\int_{-\infty}^{\infty}\tilde{E}_{m'n'}^2(x,y)\mathrm{d}x\mathrm{d}y\right|^2}$$

$$= \frac{3\pi}{\omega_{m'n'}^2\mu_0\varepsilon_0\bar{n}_\omega\overline{N}_{m'n'}}\frac{\left|\tilde{E}_{m'n'}(x_p, y_p)\right|^2\int_{-\infty}^{\infty}\int_{-\infty}^{\infty}\left|\tilde{E}_{m'n'}(x,y)\right|^2\mathrm{d}x\mathrm{d}y}{\left|\int_{-\infty}^{\infty}\int_{-\infty}^{\infty}\tilde{E}_{m'n'}^2(x,y)\mathrm{d}x\mathrm{d}y\right|^2} \rightarrow$$

$$\eta_{m'n'} = \frac{3\lambda_{m'n'}^2}{4\pi\bar{n}_\omega\overline{N}_{m'n'}}\frac{\left|\tilde{E}_{m'n'}(x_p, y_p)\right|^2\int_{-\infty}^{\infty}\int_{-\infty}^{\infty}\left|\tilde{E}_{m'n'}(x,y)\right|^2\mathrm{d}x\mathrm{d}y}{\left|\int_{-\infty}^{\infty}\int_{-\infty}^{\infty}\tilde{E}_{m'n'}^2(x,y)\mathrm{d}x\mathrm{d}y\right|^2} \tag{2.2-2u}$$

2.2.3 半导体波导中的自发发射因子[9.2]

1. 基本假设

根据电偶极子辐射的特点, 可作如下假设:

假设一，由于**电偶极子的取向是随机的**，如考虑某一**偏振模式**，则电偶极子沿某一方向 (y) 辐射的**几率约为 1/3**。

假设二，每一点的**电偶极子个数**与电子空穴对的**浓度**成正比，故可设 $i_{sp}(x_p, y_p)$ 为电偶极子**强度**，表示电偶极子的个数。

假设三，**模式谱的分布**可以用 $f(\lambda)d\lambda$ 表示，即辐射频率落在 $(\lambda, \lambda + d\lambda)$ 之间的几率为 $f(\lambda)d\lambda$，其归一化条件为

$$\int_0^\infty f(\lambda)\,d\lambda = 1. \tag{2.2-3a}$$

假设四，$f(\lambda)$ 在**腔模谱线宽度** $(\delta\lambda)_{m'n'q'}$ 内大体上是均匀的：

$$\int_{m'n'q'} f(\lambda)\,d\lambda \approx f(\lambda_{m'n'q'})\,(\delta\lambda)_{m'n'q'} \tag{2.2-3b}$$

其中，$(\delta\lambda)_{m'n'q'}$ 是由量子噪声中的相位噪声决定的。

假设五，$(\delta\lambda)_{m'n'q'} \approx (\delta\lambda)_{q'}$，即**以纵模的谱线间隔近似代表模式的谱线宽度**。设腔长为 L_a，则

$$L_a = q\frac{\lambda_q}{2\bar{n}} \to \delta q = 2L_a\frac{\lambda_q\delta\bar{n} - \bar{n}\delta\lambda}{\lambda_q^2} = -1 \to (\delta\lambda)_{q'} = \frac{\lambda_{q'}^2}{2L_a\bar{n}_g^{q'}} \tag{2.2-3c}$$

其中，半导体介质对模式的**群折射率**为

$$\bar{n}_g^{q'} = \left(\bar{n} - \lambda\frac{\delta\bar{n}}{\delta\lambda}\right)_{q'} \tag{2.2-3d}$$

假设六，**自发发射谱是洛伦兹线型的**：

$$\begin{aligned} f(\lambda_{m'n'q'}) &= \frac{(\Delta\lambda)_{sp}/(2\pi)}{\left(\lambda_{m'n'q'} - \lambda_{sp}\right)^2 + \left[(\Delta\lambda)_{sp}/2\right]^2} \\ &= \frac{1}{\dfrac{\pi(\Delta\lambda)_{sp}}{2}\left[1 + \left(\dfrac{\lambda_{m'n'q'} - \lambda_{sp}}{(\Delta\lambda)_{sp}/2}\right)^2\right]} \end{aligned} \tag{2.2-3e}$$

其中，$(\Delta\lambda)_{sp}$ 是如**图 1.3-3E** 所示自发发射谱按波长分布的有效宽度。

假设七，**增益谱的峰值波长** λ_g 与自发发射谱的峰值波长 λ_{sp} 并不相等，一般 $\lambda_g > \lambda_{sp}$，但可取其为近似相等：

$$\lambda_{m'n'q'} \approx \lambda_{sp} \tag{2.2-3f}$$

即假设激光模式的峰值波长 $\lambda_{m'n'q'}$ 与自发发射的峰值波长 λ_{sp} 近似相等，则由式 (2.2-3e)，自发发射谱按波长分布简化为

$$f\left(\lambda_{m'n'q'}\right) \approx \frac{2}{\pi\left(\Delta\lambda\right)_{\mathrm{sp}}} \tag{2.2-3f}$$

假设八，模式场的 x, y 变量可以分离：

$$\tilde{E}_{m'n'}(x, y) \approx X_{m'}(x)Y_{n'}(y) \tag{2.2-3g}$$

假设九，x 方向是实折射率波导：

$$X_{m'}^*(x) = X_{m'}(x) \tag{2.2-3h}$$

则横向光功率限制因子近似为

$$\Gamma_{x,m'} \equiv \frac{\displaystyle\int_{-d_{\mathrm{a}}/2}^{d_{\mathrm{a}}/2} |X_{m'}(x)|^2\,\mathrm{d}x}{\displaystyle\int_{-\infty}^{\infty} |X_{m'}(x)|^2\,\mathrm{d}x} = \frac{\displaystyle\int_{-d_{\mathrm{a}}/2}^{d_{\mathrm{a}}/2} [X_{m'}(x)]^2\,\mathrm{d}x}{\displaystyle\int_{-\infty}^{\infty} [X_{m'}(x)]^2\,\mathrm{d}x} \tag{2.2-3i}$$

假设十，注入非平衡载流子，即**电偶极子集中在厚度为 d_{a} 的有源层内**：

$$i_{\mathrm{sp}}(x, y) = I_{\mathrm{sp}}(x)h(x), \quad h(x) = \begin{cases} 1, & x \leqslant d_{\mathrm{a}}/2 \\ 0, & x > d_{\mathrm{a}}/2 \end{cases} \tag{2.2-3j}$$

假设十一，受激辐射的光强为

$$I_{\mathrm{st},n'}(y) \approx |Y_{n'}(y)|^2 \tag{2.2-3k}$$

2. 侧向模式的像散因子，等效模式宽度，等效模式厚度，有源区等效体积

定义反映波导机制影响自发发射因子的侧向模式的**像散因子 (astigmatic factor)** 为

$$K_{n'} \equiv \frac{\left[\displaystyle\int_{-\infty}^{\infty} |Y_{n'}(y)|^2\,\mathrm{d}y\right]^2}{\left|\displaystyle\int_{-\infty}^{\infty} Y_{n'}^2(y)\mathrm{d}y\right|^2} \tag{2.2-3l}$$

表明**在实折射率波导中 $Y_{n'}(y)$ 为实数，K 为 1，而在增益波导中 $Y_{n'}(y)$ 为复数，K 将大于 1**。

分别定义**等效模式宽度**：

$$W_{\mathrm{eff},n'} \equiv \frac{\displaystyle\int_{-\infty}^{\infty} I_{\mathrm{st},n'}(y)\mathrm{d}y \cdot \int_{-\infty}^{\infty} I_{\mathrm{sp}}(y)\mathrm{d}y}{\displaystyle\int_{-\infty}^{\infty} I_{\mathrm{st},n'}(y)I_{\mathrm{sp}}(y)\mathrm{d}y} \tag{2.2-3m}$$

等效模式厚度和等效模式体积：

$$d_{\mathrm{a},m'} \equiv d_{\mathrm{a}}/\Gamma_{x,m'}, \quad V_{\mathrm{eff},m'n'} \equiv L_{\mathrm{a}}W_{\mathrm{eff},n'}d_{a,m'} \tag{2.2-3n, o}$$

3. 自发发射因子的定义

三维 $m'n'q'$ 导波模式的自发发射因子定义为

$$\gamma_{m'n'q'} = \frac{\text{有源区中所有电偶极子的自发发射进入一个 } m'n'q' \text{ 导波模式的功率}}{\text{有源区中所有电偶极子的自发发射功率}}$$

(2.2-3p)

据此，以及以上的假设和定义的量，$m'n'q'$ **导波模式的自发发射因子**可解析表为

$$\gamma_{m'n'q'} = \frac{\frac{1}{3}\int_{-\infty}^{\infty}\int_{-\infty}^{\infty}\int_{m'n'q'} 2P_{m'n'q'}(\lambda_{m'n'q'}, x_p, y_p) i_{\mathrm{sp}}(x_p, y_p) f(\lambda)\, \mathrm{d}\lambda_{m'n'q'}\mathrm{d}x_p\mathrm{d}y_p}{\int_{-\infty}^{\infty}\int_{-\infty}^{\infty}\int_{m'n'q'} P_{\mathrm{tot},\omega}(x_p, y_p) i_{\mathrm{sp}}(x_p, y_p)\, \mathrm{d}x_p\mathrm{d}y_p}$$

$$\approx \frac{\frac{1}{3}\int_{-\infty}^{\infty}\int_{-\infty}^{\infty}\int_{m'n'q'} \frac{2P_{m'n'q'}(\lambda_{m'n'q'}, x_p, y_p)}{P_{\mathrm{tot},\omega}(x_p, y_p)} i_{\mathrm{sp}}(x_p, y_p) f(\lambda)\, \mathrm{d}\lambda_{m'n'q'}\mathrm{d}x_p\mathrm{d}y_p}{\int_{-\infty}^{\infty}\int_{-\infty}^{\infty} \frac{P_{\mathrm{tot},\omega}(x_p, y_p)}{P_{\mathrm{tot},\omega}(x_p, y_p)} i_{\mathrm{sp}}(x_p, y_p)\, \mathrm{d}x_p\mathrm{d}y_p}$$

$$\overset{式(2.2\text{-}2s)}{\approx} \frac{1}{3} f(\lambda_{\mathrm{sp}})(\delta\lambda)_{m'n'q'} \cdot \frac{\int_{-\infty}^{\infty}\int_{-\infty}^{\infty} \eta_{m'n'q'}(\lambda_{m'n'q'}, x_p, y_p) i_{\mathrm{sp}}(x_p, y_p)\, \mathrm{d}x_p\mathrm{d}y_p}{\int_{-\infty}^{\infty}\int_{-\infty}^{\infty} i_{\mathrm{sp}}(x_p, y_p)\, \mathrm{d}x_p\mathrm{d}y_p}$$

$$\overset{式(2.2\text{-}2u)}{\approx} \frac{1}{3} \cdot \frac{2}{\pi(\Delta\lambda)_{\mathrm{sp}}} \cdot \frac{\lambda_{m'n'q'}^2}{2L_a\bar{n}_{\mathrm{g}}^{m'n'q'}} \cdot \frac{3\lambda_{m'n'}^2}{4\pi\bar{n}_\lambda\overline{N}_{m'n'}} \frac{\int_{-\infty}^{\infty}\int_{-\infty}^{\infty} \left|\tilde{E}_{m'n'q'}\right|^2 \mathrm{d}x\mathrm{d}y}{\left|\int_{-\infty}^{\infty}\int_{-\infty}^{\infty} \tilde{E}_{m'n'q'}^2 \mathrm{d}x\mathrm{d}y\right|^2}$$

$$\cdot \frac{\int_{-\infty}^{\infty}\int_{-\infty}^{\infty} \left|\bar{E}_{m'n'q'}(x_p, y_p)\right|^2 i_{\mathrm{sp}}(x_p, y_p)\, \mathrm{d}x_p\mathrm{d}y_p}{\int_{-\infty}^{\infty}\int_{-\infty}^{\infty} i_{\mathrm{sp}}(x_p, y_p)\, \mathrm{d}x_p\mathrm{d}y_p}$$

$$\approx \frac{\lambda_{m'n'q'}^4}{4\pi^2 L_a\bar{n}_\lambda\bar{n}_{\mathrm{g}}^{m'n'q'}\overline{N}_{m'n'q'}(\Delta\lambda)_{\mathrm{sp}}} \cdot \frac{\int_{-\infty}^{\infty} |X_{m'}|^2\, \mathrm{d}x \cdot \int_{-\infty}^{\infty} |Y_{n'}|^2\, \mathrm{d}y}{\left|\int_{-\infty}^{\infty} X_{m'}^2\, \mathrm{d}x \cdot \int_{-\infty}^{\infty} Y_{n'}^2\, \mathrm{d}y\right|^2}$$

$$\cdot \frac{\int_{-d_a/2}^{d_a/2} |X_{m'}|^2\, \mathrm{d}x_p \cdot \int_{-\infty}^{\infty} |Y_{n'}|^2 I_{\mathrm{sp}}(y_p)\, \mathrm{d}y_p}{d_a \cdot \int_{-\infty}^{\infty} I_{\mathrm{sp}}(y_p)\, \mathrm{d}y_p}$$

$$= \frac{\lambda_{m'n'q'}^4}{4\pi^2 L_a\bar{n}_\lambda\bar{n}_{\mathrm{g}}^{m'n'q'}\overline{N}_{m'n'q'}(\Delta\lambda)_{\mathrm{sp}}} \cdot \frac{\int_{-\infty}^{\infty} |X_{m'}|^2\, \mathrm{d}x \cdot \left(\int_{-\infty}^{\infty} |Y_{n'}|^2\, \mathrm{d}y\right)^2}{\left|\int_{-\infty}^{\infty} X_{m'}^2\, \mathrm{d}x \cdot \int_{-\infty}^{\infty} Y_{n'}^2\, \mathrm{d}y\right|^2}$$

$$
\cdot \frac{\displaystyle\int_{-d_{\mathrm{a}}/2}^{d_{\mathrm{a}}/2} |X_{m'}|^2 \,\mathrm{d}x_p \cdot \int_{-\infty}^{\infty} |Y_{n'}|^2 I_{\mathrm{sp}}(y_p)\,\mathrm{d}y_p}{d_{\mathrm{a}} \cdot \displaystyle\int_{-\infty}^{\infty} |Y_{n'}|^2 \,\mathrm{d}y \cdot \int_{-\infty}^{\infty} I_{\mathrm{sp}}(y_p)\,\mathrm{d}y_p}
$$

$$
= \frac{\lambda_{m'n'q'}^4}{4\pi^2 L_{\mathrm{a}} \bar{n}_\lambda \bar{n}_{\mathrm{g}}^{m'n'q'} \overline{N}_{m'n'q'}(\Delta\lambda)_{\mathrm{sp}}} \cdot \frac{\left(\displaystyle\int_{-\infty}^{\infty} |Y_{n'}|^2 \,\mathrm{d}y\right)^2}{\left|\displaystyle\int_{-\infty}^{\infty} Y_{n'}^2 \,\mathrm{d}y\right|^2}
$$

$$
\cdot \frac{\displaystyle\int_{-d_{\mathrm{a}}/2}^{d_{\mathrm{a}}/2} |X_{m'}|^2 \,\mathrm{d}x_p}{d_{\mathrm{a}} \cdot \displaystyle\int_{-\infty}^{\infty} X_{m'}^2 \,\mathrm{d}x} \cdot \frac{\displaystyle\int_{-\infty}^{\infty} I_{\mathrm{st},n'}(y_p) I_{\mathrm{sp}}(y_p)\,\mathrm{d}y_p}{\displaystyle\int_{-\infty}^{\infty} I_{\mathrm{st},n'}(y_p)\,\mathrm{d}y \cdot \int_{-\infty}^{\infty} I_{\mathrm{sp}}(y_p)\,\mathrm{d}y_p}
$$

$$
= \frac{\lambda_{m'n'q'}^4}{4\pi^2 L_{\mathrm{a}} \bar{n}_\lambda \bar{n}_{\mathrm{g}}^{m'n'q'} \overline{N}_{m'n'q'}(\Delta\lambda)_{\mathrm{sp}}} \cdot K_{n'} \cdot \frac{\Gamma_{x,m'}}{d_{\mathrm{a}}} \cdot \frac{1}{W_{\mathrm{eff},n'}}
$$

$$
= \frac{\lambda_{m'n'q'}^4}{4\pi^2 \bar{n}_\lambda \bar{n}_{\mathrm{g}}^{m'n'q'} \overline{N}_{m'n'q'}(\Delta\lambda)_{\mathrm{sp}}} \cdot K_{n'} \cdot \frac{\Gamma_{x,m'}}{L_{\mathrm{a}} W_{\mathrm{eff},n'} d_{\mathrm{a}}} \rightarrow \tag{2.2-3q}
$$

$$
\gamma_{m'n'q'} = \frac{\lambda_{m'n'q'}^4 K_{n'}}{4\pi^2 \bar{n}_\lambda \bar{n}_{\mathrm{g}}^{m'n'q'} \overline{N}_{m'n'q'}(\Delta\lambda)_{\mathrm{sp}} V_{\mathrm{eff},m'n'}} \tag{2.2-3r}
$$

表明: $m'n'q'$ **导波模式的自发发射因子是与该导波模式波长的四次方成正比, 与其侧向模式的像散因子成正比, 与有源介质的相折射率、群折射率和该模式的模式折射率成反比, 与自发发射谱宽和该模式的等效体积成反比的。**

但如 $\lambda_{m'n'q'} \neq \lambda_{\mathrm{sp}}$ 则式 (2.2-3r) 应由式 (2.2-3e) 和 $m'n'q' = v$, $\lambda_v = \lambda_0 + v\delta\lambda$ 写成

$$
\gamma_v = \frac{\lambda_v^4 K_{n'}}{4\pi^2 \bar{n}_\lambda \bar{n}_{\mathrm{g}}^v \overline{N}_v V_{\mathrm{eff},v}(\Delta\lambda)_{\mathrm{sp}} \left[1 + \left(\dfrac{\lambda_v - \lambda_{\mathrm{sp}}}{(\Delta\lambda)_{\mathrm{sp}}/2}\right)^2\right]} \approx \gamma_0 \frac{(1 + v\delta\lambda/\lambda_0)^4}{1 + \left(\dfrac{\lambda_{\mathrm{sp}} - \lambda_v}{(\Delta\lambda)_{\mathrm{sp}}/2}\right)^2}
$$

$$
\tag{2.2-3s}
$$

2.2.4 半导体波导结构对侧向模式像散因子的影响[9.3]

由于外延工艺的进步, 沿外延生长的方向总可以形成实折射率波导, 而在电极条形激光器中的侧向则是由注入非平衡载流子所形成的非内建增益波导, 或反折射率波导。因此, 在这类半导体激光器中, 像散因子将起重要作用。以下将讨论其两个典型实例。

1. 一维延伸抛物型复折射率波导

一维延伸抛物型复折射率波导的复折射率分布可表为

$$\tilde{n}^2(y) = \frac{\tilde{\varepsilon}(y)}{\varepsilon_0} = \tilde{\varepsilon}_p - \tilde{a}^2 y^2 = \tilde{n}_p^2 \left[1 - \left(\frac{\tilde{a}}{\tilde{n}_p} \right)^2 y^2 \right], \quad \tilde{a} = a_r + i a_i$$

其波导模式的电场为

$$E_y(x, y, z, t) = e^{\beta_i z - \frac{k_0 a_r}{2} y^2} H_n \left(\sqrt{k_0 z} y \right) e^{i \left(\omega t - \beta_r z - \frac{k_0 a_i}{2} y^2 \right)} \tag{2.2-4a}$$

其各阶厄米函数为

$$H_0(\eta) = 1, \quad H_1(\eta) = 2\eta, \quad H_2(\eta) = 4\eta^2 - 2, \quad H_3(\eta) = 8\eta^3 - 12\eta, \cdots \tag{2.2-4b}$$

其基模和一阶模的像散因子分别为

$$K_0 = \sqrt{1 + \alpha_y^2}, \quad \alpha_y \equiv a_i/a_r, \quad K_1 = K_0^3 \tag{2.2-4c}$$

$$K_0 = \frac{\overline{W}_{y0}}{W_{y0}}, \quad W_{\text{eff},0} = \sqrt{\frac{\pi}{2 \ln 2}} \sqrt{W_{\text{st}}^2 + W_{\text{sp}}^2} \tag{2.2-4d}$$

其中，$\overline{W}_{y0}$ 是近场束宽，W_{y0} 是腰束宽，W_{st} 是模式宽度，W_{sp} 是自发发射光束宽度，$W_{\text{eff},0}$ 是基模的等效宽度。

2. 平方双曲正切波导

平方双曲正切增益波导的复折射率分布为

$$\tilde{n}_{2\nu}(y) = \tilde{\eta}_p - \tilde{\eta}_3 \tanh^2 \left(\frac{y}{y_3} \right) = \tilde{\eta}_p - \tilde{\eta}_3 + \tilde{\eta}_3 / \coth^2 \left(\frac{y}{y_3} \right) \tag{2.2-4e}$$

其中，$\tilde{\eta}_p$，$\tilde{\eta}_3$，y_3 是其分布的结构参数，其模式电场为

$$Y_n(y) = E_n \left[\cosh \left(\frac{y}{y_3} \right) \right]^{\tilde{\mu}} C_n^{(\tilde{\mu})} \left[i \sinh \left(\frac{y}{y_3} \right) \right] \tag{2.2-4f}$$

$$\tilde{\mu}(1 - \tilde{\mu}) \equiv -2 k_0^2 \Gamma_{xm} \tilde{n}_{20} (\tilde{\eta}_p - \tilde{\eta}_3) y_3^2, \quad \tilde{\mu} = \mu_r + i \mu_i \tag{2.2-4g}$$

其中，$C_n^{(\tilde{\mu})}(\zeta)$ 是**超球函数 (ultraspherical function)**，其低阶函数及其迭代和定义关系分别为

$\tilde{\mu} \neq 0$：

$$C_0^{(\tilde{\mu})}(\zeta) = 1, \quad C_1^{(\tilde{\mu})}(\zeta) = 2 \tilde{\mu} \zeta \tag{2.2-4h}$$

$\tilde{\mu} = 0$：

$$C_0^{(0)}(\zeta) = 1, \quad C_1^{(0)}(\zeta) = 2\zeta, \quad C_l^{(0)}(\zeta) = \lim_{\tilde{\mu} \to 0} \frac{1}{\tilde{\mu}} C_l^{(\tilde{\mu})}(\zeta) \tag{2.2-4i}$$

$$(l+1)\,\mathrm{C}_{l+1}^{(\tilde{\mu})}\,(\zeta) = 2\zeta\,(l+\tilde{\mu})\,\mathrm{C}_{l}^{(\tilde{\mu})}\,(\zeta) - (l+2\tilde{\mu}-1)\,\mathrm{C}_{l-1}^{(\tilde{\mu})}\,(\zeta) \tag{2.2-4j}$$

$$\mathrm{C}_n^{(\tilde{\mu})}\,(\zeta) = \frac{1}{\Gamma\,(\tilde{\mu})}\sum_{l=0}^{n/2}(-1)^l\,\frac{\Gamma\,(\tilde{\mu}+n-l)}{l!\,(n-2l)!}\,(2\zeta)^{n-2l} \tag{2.2-4k}$$

其基模的像散因子为

$$K_0 = \prod_{n=0}^{\infty}\left\{\left[1+\left(\frac{\mu_{\mathrm{i}}}{n-\mu_{\mathrm{r}}}\right)^2\right]\Big/\left[1+\left(\frac{\mu_{\mathrm{i}}}{n+1/2-\mu_{\mathrm{r}}}\right)^2\right]\right\} \tag{2.2-4l}$$

在这种情况下，像散因子有可能远大于 1。

2.2.5 半导体激光器自发发射因子的测量 [2.5,9.5,9.6,9.8]

普通半导体激光器的自发发射因子比较小，一般在几百万分之一 ~ 几千分之一，一般不容易测得很准确。测量方法主要是根据自发发射因子对电流-光功率特性的影响，特别是对其阈值附近行为的影响。如果不通过分光光谱仪，可测量多模半导体激光器的总模自发发射因子，如果通过分光光谱仪，则可借助锁相放大器测量多模半导体激光器各个模式的单模化自发发射因子，这两者原则上也可根据调制响应的类共振峰频率与总模或各个分模单模化自发发射因子的关系确定。从原则上看，任何能够显示自发发射因子影响的现象或效应，都可以用来测量自发发射因子，问题是其难易和准确度是否合适。

迄今常用的测量方法是根据其对电流-光功率特性的影响。例如，将直流测出的电流-光功率特性，特别是阈值附近的数据，与速率方程以不同自发发射因子 γ 为参数的计算结果进行比较，确定与实验曲线吻合最好的理论曲线所用的 γ 参数为测出值[2.5,9.5]。但其准确度不高，一般只能确定其数量级，即其误差可高达百分之几百。更好的方法[9.6] 是在对电流-光功率特性进行直流测量时，叠加一个低频正弦信号，利用电流-光功率特性在阈值附近的非线性产生谐波，测量其二次谐波信号峰值电流与偏流的比值。从之提取自发发射因子的信息。这就可以通过分光光谱仪和锁相放大器测定多模半导体激光器各个模式的单模化自发发射因子，对于普通半导体激光器，其精度可高达百分之几，即提高了两个数量级以上。该方法可简称为"谐波法"。关于自发发射因子测量的这些方法及其理论、测量系统和测量结果，其局限性和用于微腔情况的困难等，见本丛书第一分册《半导体激光器速率方程理论》(简称 LT1)2.4.5 节深入的详细论述或其有关文献 [9.5~9.9]。

附录 A 关于贝塞尔函数及其变形[9.10]

在微盘和准量子线或纳米激光器的波导和量子力学分析中，以及矩形二维波导的**圆谐分析**中广泛应用贝塞尔函数及其各种变形函数，为此以下将对其进行简要的系统讨论。

A.1 贝塞尔函数[9.9,9.10]

A.1.1 贝塞尔微分方程

贝塞尔 (微分) 方程 (Bessel's (differential) equation) 的标准形式是

$$x^2\frac{\mathrm{d}^2y}{\mathrm{d}x^2}+x\frac{\mathrm{d}y}{\mathrm{d}x}+\left(x^2-n^2\right)y=0 \text{ 或 } \frac{\mathrm{d}^2y}{\mathrm{d}x^2}+\frac{1}{x}\frac{\mathrm{d}y}{\mathrm{d}x}+\left(1-\frac{n^2}{x^2}\right)y=0 \tag{A1}$$

后者在 $x=0$ 处有一个**非本性的 (non-essential)** 或可移去的奇点 (removable singularity)，因此根据**福舒定理 (Fusch-theorem)**，可以用**级数积分法 (series integration method)** 求解如下：

$$y=\sum_{\nu=0}^{\infty}a_\nu x^{k+\nu}\rightarrow\frac{\mathrm{d}y}{\mathrm{d}x}=\sum_{\nu=0}^{\infty}a_\nu\left(k+\nu\right)x^{k+\nu-1}\rightarrow$$

$$\frac{\mathrm{d}^2y}{\mathrm{d}x^2}=\sum_{\nu=0}^{\infty}a_\nu\left(k+\nu\right)\left(k+\nu-1\right)x^{k+\nu-2} \tag{A2}$$

其中各项的系数 a_ν 和幂中的 k 是待定的两个关键参数，n、ν 是正整数。将式 (A2) 代入式 (A1)：

$$\sum_{\nu=0}^{\infty}\left[\left(k+\nu\right)\left(k+\nu-1\right)x^{k+\nu-2}+\frac{1}{x}\left(k+\nu\right)x^{k+\nu-1}+\left(1-\frac{n^2}{x^2}\right)x^{k+\nu}\right]a_\nu$$

$$=\sum_{\nu=0}^{\infty}\left\{\left[\left(k+\nu\right)\left(k+\nu-1\right)+\left(k+\nu\right)-n^2\right]x^{k+\nu-2}+x^{k+\nu}\right\}a_\nu\rightarrow$$

$$\sum_{\nu=0}^{\infty}\left\{\left[\left(k+\nu\right)^2-n^2\right]x^{-2}+1\right\}a_\nu x^{k+\nu}$$

$$=\sum_{\nu=0}^{\infty}\left\{\left[\left(k+\nu\right)^2-n^2\right]a_\nu x^{k+\nu-2}+a_\nu x^{k+\nu}\right\}\equiv0 \tag{A3}$$

这是恒等式, 其每一幂项的系数都必须为 0。例如, 由式 (A2) 的 **最低幂项** x^{k-2} 的系数为 0, 即可确定 k 与本征方程 (A1) 的阶的关系:

$$\left(k^2 - n^2\right) a_0 = 0, \quad a_0 \neq 0 \to k^2 = n^2 \to k = \pm n \tag{A4}$$

由第二低 $(v=1)$ 幂项 x^{k-1} 系数为 0 定 a_1

$$\left[(k+1)^2 - n^2\right] a_1 = 0, \quad (k+1)^2 - n^2 \neq 0 \to a_1 = 0 \tag{A5}$$

由式 (A3) 的通项 x^{k+v} 系数为 0 得出各个系数之间的递推关系:

$$\left[(k+v+2)^2 - n^2\right] a_{v+2} + a_\nu = 0 \to a_{v+2} = \frac{-a_\nu}{(k+v+2-n)(k+v+2+n)} \tag{A6}$$

情况 1, $k = +n$: $a_{v+2} = \dfrac{-a_\nu}{(v+2)(2n+v+2)}$, $a_1 = 0$。令式 (A6) 中的 $v = 0, 1, 2, 3, \cdots$ 分别得

$$a_2 = \frac{-a_0}{2(2n+2)}, \quad a_3 = \frac{-a_1}{3(2n+3)} = 0,$$

$$a_4 = \frac{-a_2}{4(2n+4)} = \frac{a_0}{2 \cdot 4 (2n+2)(2n+4)}, \quad a_5 = \frac{-a_3}{5(2n+5)} = 0,$$

$$a_6 = \frac{-a_4}{6(2n+6)} = \frac{-a_0}{2 \cdot 4 \cdot 6 (2n+2)(2n+4)(2n+6)}$$
$$= \frac{-a_0}{2^{2 \cdot 3} \cdot 1 \cdot 2 \cdot 3 (n+1)(n+2)(n+3)} \to$$

结果只有偶阶幂项:

$$a_{2v+1} = 0, \quad a_{2v} = \frac{-(-1)^v a_0}{2 \cdot 4 \cdot 6 \cdots 2v (2n+2)(2n+4)(2n+6)\cdots(2n+2v)} \tag{A7a}$$

$$a_{2v} = \frac{-(-1)^v a_0}{2^{2v} \cdot 1 \cdot 2 \cdot 3 \cdots v (n+1)(n+2)(n+3)\cdots(n+v)}$$
$$= \frac{-(-1)^v a_0}{2^{2v} v! (n+1)(n+2)(n+3)\cdots(n+v)} \tag{A7b}$$

从而得出 n 阶贝塞尔方程 (A1) 的解为

$$y = a_0 \left[x^n - \frac{x^{n+2}}{2(2n+2)} + \frac{x^{n+4}}{2 \cdot 4 (2n+2)(2n+4)} - \cdots \right]$$
$$= a_0 x^n \left[1 - \frac{x^2}{2(2n+2)} + \frac{x^4}{2 \cdot 4 (2n+2)(2n+4)} \right.$$

$$- \frac{(-1)^\nu x^{2\nu}}{2 \cdot 4 \cdot 6 \cdots 2\nu (2n+2)(2n+4)(2n+6)\cdots(2n+2\nu)} + \cdots \Bigg]$$

$$= a_0 x^n \sum_{\nu=0}^{\infty} \frac{(-1)^\nu x^{2\nu}}{2^\nu \nu! 2^\nu (n+1)\cdots(n+\nu)}$$

如果 $a_0 = \dfrac{1}{2^n \Gamma(n+1)}$, 则该解称为 $\mathrm{J}_n(x)$。再由伽马 (Gama) 函数 $\Gamma(m+1) = m!$, 即可将 $\mathrm{J}_n(x)$ 表为

$$\mathrm{J}_n(x) \equiv \sum_{\nu=0}^{\infty} \frac{(-1)^\nu x^{n+2\nu}}{2^{n+2\nu}\nu!n!(n+1)(n+2)\cdots(n+\nu)}$$

$$= \sum_{\nu=0}^{\infty} (-1)^\nu \left(\frac{x}{2}\right)^{n+2\nu} \frac{1}{\nu!\Gamma(n+\nu+1)} \tag{A8}$$

情况 2, $k = -n$: 代入式 (A8) 得

$$\mathrm{J}_{-n}(x) = \sum_{\nu=0}^{\infty} (-1)^\nu \left(\frac{x}{2}\right)^{-n+2\nu} \frac{1}{\nu!\Gamma(-n+\nu+1)} \overset{(A17)}{=} (-1)^n \mathrm{J}_n(x) \tag{A9}$$

如果 n 为**非整数**, 贝塞尔方程的**完全解**将为

$$y = A\mathrm{J}_n(x) + B\mathrm{J}_{-n}(x) \tag{A10}$$

因如 n 为**整数**, 则由式 (A17): $y = A\mathrm{J}_n(x) + B\mathrm{J}_{-n}(x) = [A + B(-1)^n]\mathrm{J}_n(x) = A'\mathrm{J}_n(x)$, 这就不是完全解了, 正确的**完全解 (complete solution)** 应包含所有的解, 应为

$$y = A'\mathrm{J}_n(x) + B'\mathrm{Y}_n(x) \tag{A10'}$$

引理: $n = 0$ 的贝塞尔方程

$$\frac{\mathrm{d}^2 y}{\mathrm{d}t^2} + \frac{1}{x}\frac{\mathrm{d}y}{\mathrm{d}t} + y = 0 \tag{A11}$$

的解, 可用级数 (A2) 代入 (A11), 得出

$$y = a_0 \left(1 - \frac{x^2}{2^2} + \frac{x^4}{2^2 \cdot 2^4} - \frac{x^6}{2^2 \cdot 2^4 \cdot 2^6} + \cdots\right)$$

如 $a_0 = 1$, 则式 (A11) 的这个解称为 **0 阶第一类贝塞尔函数** $\mathrm{J}_0(x)$(**besselj(nu=0,z)**):

$$\mathrm{J}_0(x) = 1 - \frac{x^2}{2^2} + \frac{x^4}{2^2 \cdot 2^4} - \frac{x^6}{2^2 \cdot 2^4 \cdot 2^6} + \cdots \to \mathrm{J}_0(0) = 1 \tag{A12}$$

当自变量 $x = au$, a 为常数时, 式 (A1) 将化为

$$\frac{\mathrm{d}^2 y}{\mathrm{d}u^2} + \frac{1}{u}\frac{\mathrm{d}y}{\mathrm{d}u} + \left(a^2 - \frac{n^2}{u^2}\right)y = 0 \tag{A13}$$

由式 (A39), 其**完全解**将相应化为

$$y = A\mathrm{J}_n(au) + B\mathrm{Y}_n(au) \tag{A14}$$

A.1.2 $J_n(x)$ 的产生函数

能够产生第一类贝塞尔函数的**初等函数**可如下求出。利用指数函数的展开式，可得

$$e^{\frac{xt}{2}} = \sum_{\nu=0}^{\infty} \frac{x^\nu t^\nu}{2^\nu \nu!}, \quad e^{\frac{-x}{2t}} = \sum_{s=0}^{\infty} \frac{(-1)^s x^s}{2^s t^s s!},$$

及其乘积

$$e^{\frac{xt}{2}} \times e^{\frac{-x}{2t}} = e^{\frac{x}{2}\left(t-\frac{1}{t}\right)} = \sum_{\nu=0}^{\infty} \frac{x^\nu t^\nu}{2^\nu \nu!} \times \sum_{s=0}^{\infty} \frac{(-1)^s x^s}{2^s t^s s!} \tag{A15}$$

令 $\nu \to n+s$，得 t^n 的系数为

$$\sum_{s=0}^{\infty} \frac{x^{n+s}}{2^{n+s}(n+s)!} \times \frac{(-1)^s x^s}{2^s s!} = \sum_{s=0}^{\infty} (-1)^s \left(\frac{x}{2}\right)^{-n+2s} \frac{1}{s!(n+s)!} = J_n(x) \tag{A16}$$

再令 $s = n+\nu$，得 t^{-n} 的系数:

$$\sum_{\nu=0}^{\infty} \frac{x^{n+s}}{2^\nu \nu!} \times \frac{(-1)^{n+\nu} x^{n+\nu}}{2^{n+\nu} s!} = (-1)^n \sum_{\nu=0}^{\infty} (-1)^\nu \left(\frac{x}{2}\right)^{n+2\nu} \frac{1}{\nu!(n+\nu)!}$$

$$= (-1)^n J_n(x) = J_{-n}(x) \tag{A17}$$

这就是正负整数阶第一类贝塞尔函数之间的关系，也表明 $J_{\pm n}(x)$ 与**指数函数**之间有着紧密的联系，因为由式 (A15)～ 式 (A17) 得

$$e^{\frac{x}{2}\left(t-\frac{1}{t}\right)} = \sum_{n=-\infty}^{\infty} t^n J_n(x) \tag{A18}$$

引理: 令 $t = e^{i\phi}$, $1/t = e^{-i\phi}$，并因 n 为偶阶时，$J_n(x) = J_{-n}(x)$，则式 (A18) 左右边将分别化为

$$e^{\frac{ix}{2i}\left(e^{i\phi}-e^{-i\phi}\right)} = e^{ix\sin\phi} = \cos(x\sin\phi) + i\sin(x\sin\phi)$$

$$\overset{式\,(A18)}{=} \sum_{n=-\infty}^{\infty} e^{in\phi} J_n(x) = J_0(x) + \left[J_1(x)e^{i\phi} + J_{-1}(x)e^{-i\phi} + \cdots\right]$$

$$+ \left[J_2(x)e^{i2\phi} + J_{-2}(x)e^{-i2\phi} + \cdots\right]$$

$$= J_0(x) + J_1(x)\left(e^{i\phi} - e^{-i\phi}\right) + \cdots + J_2(x)\left(e^{i2\phi} + e^{-i2\phi}\right) + \cdots$$

$$= J_0(x) + i2J_1(x)\sin 2\phi + \cdots + 2J_2(x)\cos 2\phi + \cdots$$

令其实部和虚部分别相等，得

$$\cos(x\sin\phi) = J_0(x) + 2J_2(x)\cos 2\phi + 2J_4(x)\cos 4\phi + \cdots \tag{A19}$$

$$\sin\left(x\sin\phi\right) = 2\mathrm{J}_1(x)\sin 2\phi + 2\mathrm{J}_3(x)\sin 3\phi + 2\mathrm{J}_5(x)\sin 5\phi + \cdots \tag{A20}$$

令 $\phi \to \pi/2 - \phi$，则式 (A19) 和式 (A20) 将分别化为

$$\cos\left(x\cos\phi\right) = \mathrm{J}_0(x) + 2\mathrm{J}_2(x)\cos 2\phi + 2\mathrm{J}_4(x)\cos 4\phi + \cdots \tag{A21}$$

$$\sin\left(x\cos\phi\right) = 2\mathrm{J}_1(x)\cos 2\phi - 2\mathrm{J}_3(x)\cos 3\phi + 2\mathrm{J}_5(x)\cos 5\phi + \cdots \tag{A22}$$

A.1.3 $\mathrm{J}_0(x)$ 和 $\mathrm{J}_n(x)$ 的积分表达式

第一类贝塞尔函数不但可以用级数表述，利用上述结果也可将其作如下的积分表述：

$$\mathrm{J}_0(x) = \frac{1}{\pi}\int_0^\pi \cos\left(x\sin\phi\right)\mathrm{d}\phi, \quad \mathrm{J}_0(x) = \frac{1}{\pi}\int_0^\pi \cos\left(x\cos\phi\right)\mathrm{d}\phi \tag{A23}$$

$$\mathrm{J}_n(x) = \frac{1}{\pi}\int_0^\pi \cos\left(n\phi - x\sin\phi\right)\mathrm{d}\phi,$$

$$\mathrm{J}_n(x) = \frac{1}{\sqrt{\pi}\,\Gamma\left(n+1/2\right)}\left(\frac{x}{2}\right)^n \int_0^\pi \cos\left(x\sin\phi\right)\cos^{2n}\phi\,\mathrm{d}\phi \tag{A24}$$

A.1.4 $\mathrm{J}_n(x)$ 的递推公式和微分公式

上述分析表明，这些很有用的特殊函数的微分计算比初等函数复杂得多，为此需要发展由比较简单的低阶函数算出比较复杂的高阶函数或其微商的关系式，如

(1) 由隔邻阶函数得出中间阶函数的关系式：

$$\begin{cases} 2n\mathrm{J}_n(x) = x\left[\mathrm{J}_{n+1}(x) - \mathrm{J}_{n-1}(x)\right] \\ \mathrm{J}_{n+3}(x) + \mathrm{J}_{n+5}(x) = \dfrac{2}{x}\left(n+4\right)\mathrm{J}_{n+4}(x) \end{cases} \tag{A25}$$

(2) 由相邻阶函数得出其微商的关系式：

$$\begin{cases} x\mathrm{J}_n'(x) = n\mathrm{J}_n(x) - x\mathrm{J}_{n+1}(x) \\ x\mathrm{J}_n'(x) = -n\mathrm{J}_n(x) + x\mathrm{J}_{n-1}(x) \\ 2\mathrm{J}_n'(x) = \mathrm{J}_{n-1}(x) - \mathrm{J}_{n+1}(x) \end{cases} \tag{A26}$$

(3) 微分公式：

$$\frac{\mathrm{d}}{\mathrm{d}x}\left[n^n\mathrm{J}_n(x)\right] = x^n\mathrm{J}_{n-1}(x), \quad \frac{\mathrm{d}}{\mathrm{d}x}\left[x^{-n}\mathrm{J}_n(x)\right] = -x^{-n}\mathrm{J}_{n+1}(x) \tag{A27}$$

如图 **A1** 所示

$$\mathrm{J}_0'(x) = -\mathrm{J}_1(x), \quad 2\mathrm{J}_0''(x) = \mathrm{J}_2(x) - \mathrm{J}_0(x) \tag{A28}$$

其组合关系为

$$\mathrm{J}_n(x)\mathrm{J}_{-n}'(x) - \mathrm{J}_n'(x)\mathrm{J}_{-n}(x) = -\frac{2\sin n\pi}{\pi x} \tag{A29}$$

(4) 与初等函数的关系:

$$\cos x = \mathrm{J}_0(x) - 2\mathrm{J}_2(x) + 2\mathrm{J}_4(x), \quad \sin x = 2\mathrm{J}_1(x) - 2\mathrm{J}_3(x) + 2\mathrm{J}_5(x),$$

$$\mathrm{J}_{1/2}(x) = \sqrt{\frac{2}{\pi x}} \sin x \tag{A30}$$

A.1.5 贝塞尔多项式的正交性

如 μ 和 μ' 分别是 $\mathrm{J}_n(\mu r)$ 不同的根, 则

$$\int_0^a \mathrm{J}_n(\mu r)\, \mathrm{J}_n(\mu' r)\, r\mathrm{d}r = 0 \tag{A31}$$

A.2 第二类贝塞尔函数 $(\mathrm{Y}_n(x))$

如 0 阶贝塞尔方程 (A11) 除 $\mathrm{J}_0(x)$ 外的另一个根是

$$y = u\mathrm{J}_0 + w \tag{A32}$$

则 $u = \ln x, w = \sum \dfrac{4\,(-1)^{n/2-1}}{n}\mathrm{J}_n(x)$, 即

$$y = \mathrm{J}_0(x)\ln x + \sum \frac{4\,(-1)^{n/2-1}}{n}\mathrm{J}_n(x) \tag{A33}$$

但诺依曼 (Neumann) 给出 0 阶贝塞尔方程 (A11) 的根为

$$\mathrm{N}_0(x) = \mathrm{J}_0(x)\ln x - \sum_{p=1}^{\infty} (-1)^p \frac{(x/2)^{2p}}{(p!)^2}\left(1 + \frac{1}{2} + \frac{1}{3} + \cdots + \frac{1}{p}\right) \tag{A34}$$

此根称为 **0 阶第二类诺依曼函数 (Neumann function of the second kind of zero order)** $\mathrm{N}_0(x)$, 而**韦伯 (Weber)** 给出 0 阶贝塞尔方程 (A11) 的根则为

$$\mathrm{Y}_0(x) = \frac{2}{\pi}\left(\ln\frac{x}{2} + \gamma\right)\mathrm{J}_0(x) - \frac{2}{\pi}\sum_{p=1}^{\infty} (-1)^p \frac{(x/2)^{2p}}{(p!)^2}\left(1 + \frac{1}{2} + \frac{1}{3} + \cdots + \frac{1}{p}\right) \tag{A35}$$

其中的**欧拉常数 (Euler constant)** 为

$$\gamma = \lim_{m\to\infty}\left(1 + \frac{1}{2} + \frac{1}{3} + \cdots + \frac{1}{m} - \ln m\right) \tag{A36}$$

两者之间的关系为

$$\mathrm{Y}_0(x) = \frac{2}{\pi}[N_0(x) - (\ln 2 - \gamma)\,\mathrm{J}_0(x)] \tag{A37}$$

因此, 0 阶贝塞尔方程 (A11) 的**完全解**为

$$y = A\mathrm{J}_0(x) + B\mathrm{Y}_0(x) \tag{A38}$$

因而 n 阶贝塞尔方程 (A1) 的**完全解**则为

$$y = A'\mathrm{J}_n(x) + B'\mathrm{Y}_n(x) \tag{A39}$$

$$\mathrm{Y}_n(x) = \frac{2}{\pi}\left(\gamma + \ln\frac{x}{2}\right)\mathrm{J}_n(x) - \frac{1}{\pi}\sum_{p=0}^{n-1}(-1)^p\frac{\varGamma(n-p)}{(p!)}\left(\frac{2}{p}\right)^{n-2p}$$

$$-\frac{1}{\pi}\sum_{p=1}^{\infty}(-1)^p\frac{(x/2)^{n+p}}{p!\,\varGamma(n+p+1)}\left[\left(1+\frac{1}{2}+\frac{1}{3}+\cdots+\frac{1}{p}\right)\right.$$

$$\left.+\left(1+\frac{1}{2}+\frac{1}{3}+\cdots+\frac{1}{n+p}\right)\right] \tag{A40}$$

其中, n 是正整数。上述由诺依曼函数和韦伯函数组合而成的特殊函数 $\mathrm{Y}_0(x)$ 和 $\mathrm{Y}_n(x)$ (bessely(nu,z)) 称为**第二类贝塞尔函数 (Bessel's functions of the second kind)** 的**整数阶**表达式。如果 n 不是整数, 则**非整数**n 阶第二类贝塞尔函数可表为

$$\mathrm{Y}_n(x) = \frac{\mathrm{J}_n(x)\cos n\pi - \mathrm{J}_{-n}(x)}{\sin n\pi} \tag{A41}$$

第一、二类贝塞尔函数在原点外都作有限振荡, 但第一类贝塞尔函数在原点的值, 除 0 阶为 1 外, 其他阶皆为 0, 而第二类贝塞尔函数在原点总是负或正的无穷大, 如图 A2～ 图 A5 所示。

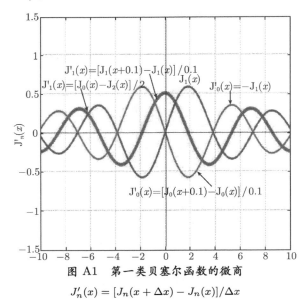

图 A1　第一类贝塞尔函数的微商

$$J_n'(x) = [J_n(x + \Delta x) - J_n(x)]/\Delta x$$

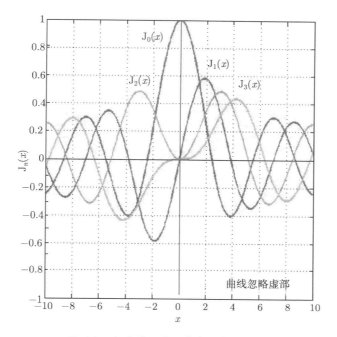

图 A2　各阶第一类贝塞尔函数的行为

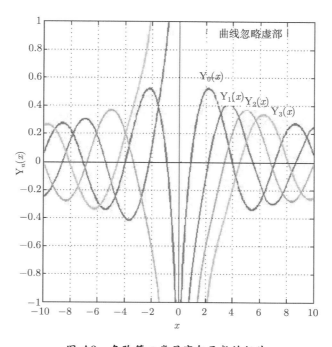

图 A3　各阶第二类贝塞尔函数的行为

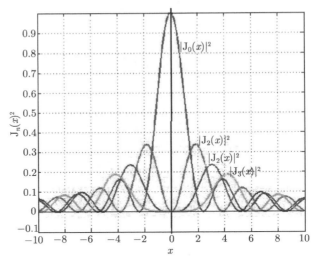

图 A4　各阶第一类贝塞尔函数绝对值平方

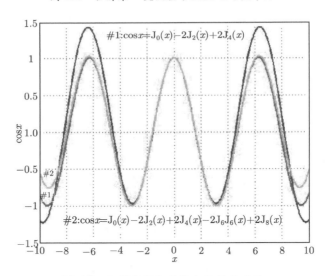

图 A5　初等函数与贝塞尔函数的关系

A.3　第三类贝塞尔函数 (汉克尔函数 $\mathrm{H}_n(x)$)

定义

$$\mathrm{H}_n^{(1)}(x) = \mathrm{J}_n(x) + \mathrm{i}\mathrm{Y}_n(x) \tag{A42}$$

$$\mathrm{H}_n^{(2)}(x) = \mathrm{J}_n(x) - \mathrm{i}\mathrm{Y}_n(x) \tag{A43}$$

从之解出

$$J_n(x) = \frac{1}{2}\left[H_n^{(1)}(x) + H_n^{(2)}(x) \right] \tag{A44}$$

$$Y_n(x) = -\frac{i}{2}\left[H_n^{(1)}(x) - H_n^{(2)}(x) \right] \tag{A45}$$

可见两种汉克尔函数 (besselh(nu,z)) 或第三类贝塞尔函数的表观实部和虚部分别
是第一类和第二类贝塞尔函数，如**图 A6** 所示，后两者也可能是复数。

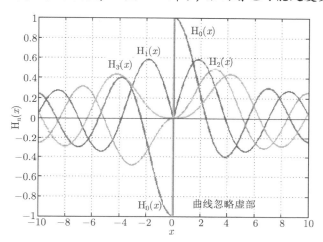

图 A6　各阶第三类贝塞尔函数的行为

A.4　变形 (虚宗量) 贝塞尔函数 $(I_n(x), K_n(x))$

如果 n 阶贝塞尔方程 (A1) 的变量为纯虚数，则

$$x = iz \rightarrow \frac{\mathrm{d}x}{\mathrm{d}z} = i, \quad \frac{\mathrm{d}z}{\mathrm{d}x} = \frac{1}{i}, \quad \frac{\mathrm{d}y}{\mathrm{d}x} = \frac{\mathrm{d}y}{\mathrm{d}z}\frac{\mathrm{d}z}{\mathrm{d}x} = \frac{1}{i}\frac{\mathrm{d}y}{\mathrm{d}z},$$

$$\frac{\mathrm{d}^2 y}{\mathrm{d}x^2} = \frac{\mathrm{d}}{\mathrm{d}x}\left(\frac{1}{i}\frac{\mathrm{d}y}{\mathrm{d}z} \right) = \frac{1}{i^2}\frac{\mathrm{d}^2 y}{\mathrm{d}z^2} = -\frac{\mathrm{d}^2 y}{\mathrm{d}z^2}$$

代入式 (A1) 得

$$-\frac{\mathrm{d}^2 y}{\mathrm{d}z^2} + \frac{1}{iz}\frac{\mathrm{d}y}{i\mathrm{d}z} + \left(1 - \frac{n^2}{(iz)^2} \right) y = 0 \rightarrow \frac{\mathrm{d}^2 y}{\mathrm{d}z^2} + \frac{1}{z}\frac{\mathrm{d}y}{\mathrm{d}z} - \left(1 + \frac{n^2}{z^2} \right) y = 0 \tag{A46}$$

由式 (A39)，其完全解应为

$$y = AJ_n(iz) + BY_n(iz) \tag{A47}$$

由式 (A8)：

$$J_n(iz) = \sum_{v=0}^{\infty}(-1)^v \left(\frac{iz}{2} \right)^{n+2v} \frac{1}{v!\,\Gamma(n+v+1)} = i^n \sum_{v=0}^{\infty}(z)\frac{z^{n+2v}}{2^{n+2v}v!\,(n+v)!} \tag{A48}$$

$$\mathrm{I}_n(z) \equiv \mathrm{i}^{-n}\mathrm{J}_n\left(\mathrm{i}z\right) = \sum_{v=0}^{\infty} \frac{z^{n+2\nu}}{2^{n+2\nu}\nu!\,(n+\nu)!} \tag{A49}$$

称为第 n 阶第一类变形贝塞尔函数 (modified Bessel′s function of the first kind of order n) (besseli(nu,z))。当 $n=0$ 时，其 0 阶函数为

$$I_0(z) = \sum_{v=0}^{\infty} \frac{z^{2v}}{2^{2v}\,(r!)^2} = 1 + \left(\frac{z}{2}\right)^2 + \frac{(z/2)^4}{(2!)^2} + \cdots \tag{A50}$$

当 n 是整数时，第二类变形贝塞尔函数为 $\mathrm{K}_n(z)$ (besselk(nu,z))：

$$K_n(z) = \frac{1}{2}\sum_{v=0}^{n-1} (-1)^v \frac{(n-v-1)!}{v!} \left(\frac{2}{z}\right)^{n-2v}$$

$$+ (-1)^{n+1} \sum_{v=0}^{\infty} \frac{(z/2)^{n+2v}}{v!\,(n+v)} \left\{ \ln\left(\frac{z}{2}\right) - \frac{1}{2}\left[\psi\left(v+1\right) + \psi\left(n+v+1\right)\right] \right\} \tag{A51}$$

$$\psi\left(v+1\right) = \left(1 + \frac{1}{2} + \frac{1}{3} + \cdots + \frac{1}{v}\right) - \gamma,$$

$$\psi\left(n+v+1\right) = \left(1 + \frac{1}{2} + \frac{1}{3} + \cdots + \frac{1}{n+v}\right) - \gamma \tag{A52}$$

当 $n=0$ 时，其 0 阶函数为

$$\mathrm{K}_0(z) = \left\{\gamma + \ln\left(\frac{z}{2}\right)\right\}\mathrm{I}_0(z) + \sum_{v=1}^{\infty} \frac{(z/2)^{2r}}{(v!)^2}\left(1 + \frac{1}{2} + \frac{1}{3} + \cdots + \frac{1}{v}\right) \tag{A53}$$

当 n 不是整数时，其 n 阶函数可表为

$$\mathrm{K}_n(z) = \frac{\pi}{2}\left[\frac{\mathrm{I}_{-n}(z) - \mathrm{I}_n(z)}{\sin\left(n\pi\right)}\right] \tag{A54}$$

因此，虚宗量贝塞尔方程 (A46) 的完全解为

$$y = A\mathrm{I}_n(z) + B\mathrm{K}_n(z) \tag{A55}$$

如果自变量 $z=bv$，b 为常数时，式 (A46) 将化为

$$\frac{\mathrm{d}^2y}{\mathrm{d}z^2} + \frac{1}{z}\frac{\mathrm{d}y}{\mathrm{d}z} - \left(b^2 + \frac{n^2}{z^2}\right)y = 0 \tag{A56}$$

由式 (A54)，新的虚宗量贝塞尔方程 (A56) 的完全解将为

$$y = A\mathrm{I}_n\left(bz\right) + B\mathrm{K}_n\left(bz\right) \tag{A57}$$

第一、二类变形 (虚宗量) 贝塞尔函数都是单调变化函数，但偶 (奇) 阶第一类变形 (虚宗量) 贝塞尔函数在原点为 0 起，单调增加 (减小) 到远处为正 (负) 无穷大，而偶 (奇) 阶第二类变形 (虚宗量) 贝塞尔函数在原点为正 (负) 无穷大起，单调减小 (增加) 到远处为 0，如图 A7 和图 A8 所示。

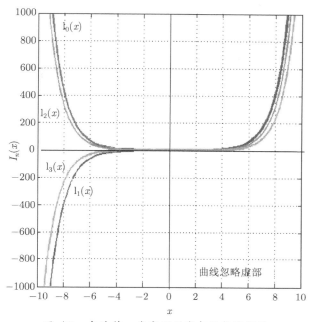

图 A7　各阶第一类变形贝塞尔函数的行为

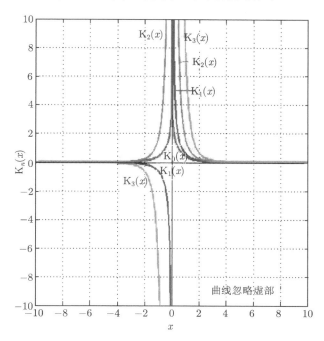

图 A8　各阶第二类变形贝塞尔函数的行为

其微商为

$$K'_n(x) = \frac{-1}{2}\left[K_{n-1}(x) - K_{n+1}(x)\right] = -K_{n-1}(x) - \frac{nK_n(x)}{x}$$

$$= \frac{nK_n(x)}{x} - K_{n+1}(x) \tag{A58}$$

A.5 Ber, Bei, Ker, Kei 函数

微分方程:

$$x\frac{\mathrm{d}^2 y}{\mathrm{d}x^2} + \frac{\mathrm{d}y}{\mathrm{d}x} - \left(\mathrm{i}p^2\right)xy = 0 \rightarrow \frac{\mathrm{d}^2 y}{\mathrm{d}x^2} + \frac{1}{x}\frac{\mathrm{d}y}{\mathrm{d}x} - \left(\sqrt{\mathrm{i}}\,p\right)^2 y = 0 \tag{A59}$$

显然这是 0 阶变形贝塞尔方程, 因令 $z = xp\sqrt{\mathrm{i}}$, 则:

$$\frac{\mathrm{d}^2 y}{\mathrm{d}z^2} + \frac{1}{z}\frac{\mathrm{d}y}{\mathrm{d}z} - y = 0 \rightarrow \frac{\mathrm{d}^2 y}{\mathrm{i}p^2\mathrm{d}x^2} + \frac{1}{xp^2\mathrm{i}}\frac{\mathrm{d}y}{\mathrm{d}x} - y = 0 \rightarrow \frac{\mathrm{d}^2 y}{\mathrm{i}\mathrm{d}x^2} + \frac{1}{x}\frac{\mathrm{d}y}{\mathrm{d}x} - \left(p\sqrt{\mathrm{i}}\right)^2 y = 0 \tag{A60}$$

故其完全解为

$$y = AI_n\left(xp\sqrt{\mathrm{i}}\right) + BY_n\left(xp\sqrt{\mathrm{i}}\right) \tag{A61}$$

为了将其解分成实部和虚部, 引进四个新的函数: Ber (Bessel real), Bei (Bessel imaginary) 和类似的 Ker, Kei。其定义分别为

$$I_0\left(x\sqrt{\mathrm{i}}\right) = \mathrm{Ber}(x) + \mathrm{iBei}(x), \quad K_0\left(x\sqrt{\mathrm{i}}\right) = \mathrm{Ker}(x) + \mathrm{iKei}(x) \tag{A62,63}$$

其中

$$\mathrm{Ber}(x) = \frac{(x/2)^4}{(2!)^2} + \frac{(x/2)^8}{(4!)^2} + \cdots, \quad \mathrm{Bei}(x) = \left(\frac{x}{2}\right)^2 - \frac{(x/2)^6}{(3!)^2} + \frac{(x/2)^{10}}{(5!)^2} - \cdots \tag{A64,65}$$

第九讲学习重点

自发发射因子是半导体激光器中注入电流产生的自发发射光子中属于半导体激光器中的波导的滤波作用所允许的模式的比率, 从自发发射过程看, 是一个典型的量子场论课题, 但从其模式选择性看是个典型的波动过程, 因此有可能从经典场论的电偶极发射理论与波导理论相结合进行处理。本讲学习重点是:

(1) 电磁辐射的经典场论, 有源非齐次波动方程及其解法。

(2) 电偶极子辐射总能量及其辐射阻抗的导出。

(3) 自发辐射与波导模式完备集之间的相互耦合。

(4) 自发发射因子的定义、导出及其决定因素。

(5) 波导结构对自发发射因子的影响。

(6) 自发发射因子的测量方法、精度及其局限性。

(7) 贝塞尔函数及其变形的理论和应用。

习 题 九

Ex.9.1 **(a)** 比较波导中大量不同的自发发射光子进入某一激射模式的过程和某一激射模式在波导内传播到达垂直端面, 经部分出射之后剩下光子返射回波导内的模式转换过程的相似性和不同点。**(b)** 将折射率分别为 $\bar{n}_2$ 和 $\bar{n}_1$ 的 GaAs/Al$_{0.3}$Ga$_{0.7}$As 对称三层平板波导简单推广到三维, 其芯层的长、宽、厚为 $L_a = 300\mu m$、$W_a = 2\mu m$、$d_a = 0.2\mu m$, $\lambda_0 = 0.9\mu m$, 自发发射谱宽约为 360Å, 计算其基模自发发射因子的大小。**(c)** 由于折射率波导的模式场为实数, 设为 $Y_1(y) = A_1(y) = y$, 增益波导的模式场为复数, $Y_2(y) = A_2(y) = ye^{-i\phi(y)} = ye^{iy}$。设积分限为 0~10, 试分别计算出两者的像散因子, 结果是否说明折射率波导的像散因子为 1, 增益波导的像散因子可以远大于 1? 是何含义?

Ex.9.2 **(a)** 比较第一类贝塞尔函数 $J_n(u)$ 与简谐函数, 以及第二类变形贝塞尔函数 $K_n(w)$ 与指数函数的行为之间有何相似性和不同点。**(b)** 画出 0 阶和 1 阶第一类贝塞尔函数 $J_0(u)$ 和 $J_1(u)$, 其中, $u = k_0 a\sqrt{\bar{n}_2^2 - \bar{n}_1^2}$, $\bar{n}_2$ 和 $\bar{n}_1$ 分别是 GaAs 和 Al$_{0.3}$Ga$_{0.7}$As 的折射率, $\lambda_0 = 0.9\mu m$。求出其根 $u = u_n(n = 1 \sim 9)$ 及其相应的 $a = a_n$: 并画出其 a 对 u 的曲线。**(c)** 证明: $Z_m(u) \equiv \dfrac{J'_m(u)}{uJ_m(u)} = \pm\dfrac{J_{m\mp 1}(u)}{uJ_m(u)} \mp \dfrac{m}{u^2}$ 和 $X_m(w) = \dfrac{K'_m(w)}{wK_m(w)} = -\dfrac{K_{m-1}(w)}{wK_m(w)} - \dfrac{m}{w^2}$, 其中, m 为正整数。画出 $m = 0$ 的 $Z_m(u) + X_m(w)$ 对 $\overline{N}_m$ 的曲线, 并求出其与 $\overline{N}_m$ 轴的交点, 即其根, 其中 $u = k_0 a\sqrt{\bar{n}_2^2 - \overline{N}_m^2}$, $w = k_0 a\sqrt{\overline{N}_m^2 - \bar{n}_1^2}$, $\lambda_0 = 0.9\mu m$, $a = 0.3\mu m$。

参 考 文 献

[9.1] Suematsu Y, Furuya K. Theoretical spontaneous emission factor of injection lasers. Trans. IECE Japan, 1977, E60: 467.

[9.2] Petermann K. Calculated spontaneous emission factor for double-heterostructure injection lasers with gain-induced waveguiding. IEEE J. Quantum Electron.,1979, QE-15: 566.

[9.3] Streifer W, Scifres D R, Burnham R D. Spontaneous emission factor of narrow-stripe gain-guided diode lasers. Electron. Lett., 1981, 17: 933.

[9.4] Read F H. Electromagnetic Radiation. Hoboken: Wiley, 1980.

[9.5] Suematsu Y, Akiba S, Hong T. Measurements of spontaneous emission factor of AlGaAs double heterostructure semiconductor lasers. IEEE J. Quantum Electron., 1977, QE-13:596.

[9.6]   Goodwin J C, Garside B K. Measurement of spontaneous emission factor for injection lasers. IEEE J. Quantum Electron., 1982, QE-18(8): 1264.

[9.7]   郭长志, 陈水莲. 微腔效应与无粒子数反转增益效应对半导体激光器阈值的影响. 半导体微腔物理及其应用, CCAST-WL Workshop Series, 1997, 75: 67–91.

[9.8]   赵一广, 郭长志. 条形 DH 半导体激光器的自发射因子. 半导体学报, 1989, 10(4): 264–275.

[9.9]   郭长志, 陈水莲. 分布反馈面发射垂直腔微腔半导体激光器的微腔效应. 物理学报, 1997, 46(9): 1731–1743; 半导体微腔物理及其应用. 中国高等科学技术中心, CCAST—WL WORKSHOP SERIES, 1997, 75: 33–49.

[9.10]   Gupta B D. Mathematical Physics. Delhi: Vikas Pub., 1980.

[9.11]   Abramowitz M, Stegen I A. Handbook of Mathematical Functions with Formulas, Graphic, and Mathematical Tables, National Bureau of Standard Applied Mathematical Series. New York: Dover Pub., 1972.

2.3 圆柱形波导[1.17~1.22,10.1,10.3]

通常半导体激光器中几乎都有平面平板或矩形截面的有源波导. 为了将其阈值电流密度进一步减小到零以及获得动态单模工作, 采用了垂直腔表面发射结构、圆盘形[10.4,10.5]、圆柱形纳米线、准量子线 (**图 2.3-1A(a)**) 等有源波导的微腔结构. 因此有必要了解其模式行为相对于通常半导体激光器有何特点. 虽然微腔会有某些突出的量子电动力学性质, 但其传播模式行为基本上属于经典性质, 因此麦克斯韦方程组对此有可能提供满意的描述. 因其波导结构 (包括光纤激光器、放大器、环形波导[10.6] 等) 的圆柱形特点, 分析中宜采用圆柱极坐标系进行表述.

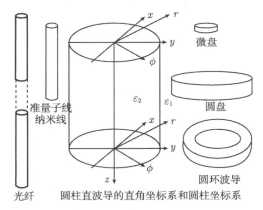

图 2.3-1A(a) 宜采用圆柱坐标系的各种波导结构

2.3.1 圆柱波导及其导波模式[10.1]

1. 基本方程的圆柱极坐标表述及其导波模式的分类

在任何横截面的**直腔波导**中传播模式的电磁场可表为

$$\boldsymbol{E}(x,y,z,t) \equiv \boldsymbol{E}(x,y)Z(z)T(t) = \boldsymbol{E}(x,y)\mathrm{e}^{\mathrm{i}(\omega t - \tilde{\beta}_z z)} \qquad (1.2\text{-}1\mathrm{a,g})$$

$$\boldsymbol{H}(x,y,z,t) \equiv \boldsymbol{H}(x,y)Z(z)T(t) = \boldsymbol{H}(x,y)\mathrm{e}^{\mathrm{i}(\omega t - \tilde{\beta}_z z)} \qquad (1.2\text{-}1\mathrm{b,h})$$

先将其化为圆柱极坐标 (v, ϕ, z) 表述, 设其横截面极坐标系 (r, ϕ) 和直角坐标系 (x, y) 如**图 2.3-1A(b)** 所示, 其变换关系为

$$x = r\cos\phi, \quad y = r\sin\phi, \quad r = \sqrt{x^2 + y^2}, \quad \phi = \tan^{-1}(y/x) \qquad (2.3\text{-}1\mathrm{a,b})$$

$$\frac{\partial r}{\partial x} = \frac{1}{2}\left(x^2 + y^2\right)^{-1/2} 2x = \frac{x}{r} = \cos\phi, \qquad \frac{\partial r}{\partial y} = \frac{y}{r} = \sin\phi,$$

$$\frac{\partial \phi}{\partial x} = \frac{\partial}{\partial x}\tan^{-1}\left(\frac{y}{x}\right) = \frac{1}{1 + (y/x)^2}\frac{-y}{x^2} = \frac{-y}{x^2 + y^2} = -\frac{1}{r}\frac{y}{r} = -\frac{1}{r}\sin\phi,$$

$$\frac{\partial \phi}{\partial y} = \frac{\partial}{\partial y}\tan^{-1}\left(\frac{y}{x}\right) = \frac{x}{r^2} = \frac{1}{r}\cos\phi$$

将横截面上任何场量 F 偏导数的直坐标 (x, y) 表述到极坐标 (r, ϕ) 表述的变换为

$$\frac{\partial F}{\partial x} = \frac{\partial F}{\partial r}\frac{\partial r}{\partial x} + \frac{\partial F}{\partial \phi}\frac{\partial \phi}{\partial x} = \frac{\partial F}{\partial r}\cos\phi - \frac{1}{r}\frac{\partial F}{\partial \phi}\sin\phi,$$

$$\frac{\partial F}{\partial y} = \frac{\partial F}{\partial r}\frac{\partial r}{\partial y} + \frac{\partial F}{\partial \phi}\frac{\partial \phi}{\partial y} = \frac{\partial F}{\partial r}\sin\phi + \frac{1}{r}\frac{\partial F}{\partial \phi}\cos\phi \qquad (2.3\text{-}1\mathrm{c,d})$$

也可简写成

$$F_r \equiv \frac{\partial F}{\partial r}, \quad F_\phi \equiv \frac{1}{r}\frac{\partial F}{\partial \phi}; \quad F_x = F_r\cos\phi - F_\phi\sin\phi, \quad F_y = F_r\sin\phi + F_\phi\cos\phi$$

$$(2.3\text{-}1\mathrm{e,f})$$

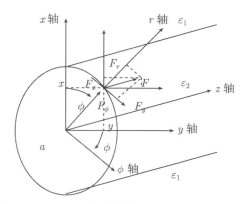

图 2.3-1A(b) 圆柱波导的直坐标系和圆柱坐标系

由式 (1.2-1a,g,b,h)，圆柱波导模式的 6 个电磁场分量分离出 z, t 变量的两个函数之后，包括纵向分量在内的每个分量，都是 x, y 或 r, ϕ 的函数。将式 (2.3-1c,d,f) 代入式 (1.2-1o,p) 得

$$E_x(x,y) = \frac{-\mathrm{i}}{\kappa^2}\left[\beta_z\frac{\partial E_z(x,y)}{\partial x} + \omega\mu_0\frac{\partial H_z(x,y)}{\partial y}\right] \to E_\mathrm{r}\cos\phi - E_\phi\sin\phi$$
$$= \frac{-\mathrm{i}}{\kappa^2}\left[\beta_z\left(\frac{\partial E_z}{\partial r}\cos\phi - \frac{1}{r}\frac{\partial E_z}{\partial\phi}\sin\phi\right) + \omega\mu_0\left(\frac{\partial H_z}{\partial r}\sin\phi + \frac{1}{r}\frac{\partial H_z}{\partial\phi}\cos\phi\right)\right]$$
$$\text{(2.3-1g)}$$

$$E_y(x,y) = \frac{-\mathrm{i}}{\kappa^2}\left[\beta_z\frac{\partial E_z(x,y)}{\partial y} - \omega\mu_0\frac{\partial H_z(x,y)}{\partial x}\right] \to E_\mathrm{r}\sin\phi + E_\phi\cos\phi$$
$$= \frac{-\mathrm{i}}{\kappa^2}\left[\beta_z\left(\frac{\partial E_z}{\partial r}\sin\phi + \frac{1}{r}\frac{\partial E_z}{\partial\phi}\cos\phi\right) - \omega\mu_0\left(\frac{\partial H_z}{\partial r}\cos\phi - \frac{1}{r}\frac{\partial H_z}{\partial\phi}\sin\phi\right)\right]$$
$$\text{(2.3-1h)}$$

其中，对实波导，ε, $k^2 = \omega^2\mu_0\varepsilon$, $\kappa = k^2 - \beta_z^2$ 皆为正实数。将式 (2.3-1g)$\times\cos\phi+$ 式 (2.3-1h)$\times\sin\phi$, 和 $-$ 式 (2.3-1g)$\times\sin\phi+$ 式 (2.3-1h)$\times\cos\phi$ 如下:

式 (2.3-1g)$\times\cos\phi$:

$$E_\mathrm{r}\cos^2\phi - E_\phi\cos\phi\sin\phi = \frac{-\mathrm{i}}{\kappa^2}\left[\beta_z\left(\frac{\partial E_z}{\partial r}\cos^2\phi - \frac{1}{r}\frac{\partial E_z}{\partial\phi}\cos\phi\sin\phi\right)\right.$$
$$\left. + \omega\mu_0\left(\frac{\partial H_z}{\partial r}\cos\phi\sin\phi + \frac{1}{r}\frac{\partial H_z}{\partial\phi}\cos^2\phi\right)\right]$$

式 (2.3-1h)$\times\sin\phi$:

$$E_\mathrm{r}\sin^2\phi + E_\phi\cos\phi\sin\phi = \frac{-\mathrm{i}}{\kappa^2}\left[\beta_z\left(\frac{\partial E_z}{\partial r}\sin^2\phi + \frac{1}{r}\frac{\partial E_z}{\partial\phi}\cos\phi\sin\phi\right)\right.$$
$$\left. - \omega\mu_0\left(\frac{\partial H_z}{\partial r}\cos\phi\sin\phi - \frac{1}{r}\frac{\partial H_z}{\partial\phi}\sin^2\phi\right)\right]$$

式 (2.3-1g)$\times\cos\phi-$ 式 (2.3-1h)$\times\sin\phi$:

$$E_r = \frac{-\mathrm{i}}{\kappa^2}\left(\beta_z\frac{\partial E_z}{\partial r} - \frac{\omega\mu_0}{r}\frac{\partial H_z}{\partial\phi}\right) \qquad \text{(2.3-1i)}$$

式 (2.3-1h)$\times\cos\phi$:

$$E_\mathrm{r}\cos\phi\sin\phi + E_\phi\cos^2\phi = \frac{-\mathrm{i}}{\kappa^2}\left[\beta_z\left(\frac{\partial E_z}{\partial r}\cos\phi\sin\phi + \frac{1}{r}\frac{\partial E_z}{\partial\phi}\cos^2\phi\right)\right.$$
$$\left. - \omega\mu_0\left(\frac{\partial H_z}{\partial r}\cos^2\phi - \frac{1}{r}\frac{\partial H_z}{\partial\phi}\cos\phi\sin\phi\right)\right]$$

式 (2.3-1g)$\times\sin\phi$:

$$E_r\cos\phi\sin\phi - E_\phi\sin^2\phi = \frac{-\mathrm{i}}{\kappa^2}\left[\beta_z\left(\frac{\partial E_z}{\partial r}\cos\phi\sin\phi - \frac{1}{r}\frac{\partial E_z}{\partial\phi}\sin^2\phi\right)\right.$$

$$+\omega\mu_0\left(\frac{\partial H_z}{\partial r}\sin^2\phi+\frac{1}{r}\frac{\partial H_z}{\partial\phi}\cos\phi\sin\phi\right)\right]$$

式 (2.3-1h)× $\cos\phi-$ 式 (2.3-1g)× $\sin\phi$：

$$E_\phi=\frac{-\mathrm{i}}{\kappa^2}\left(\frac{\beta_z}{r}\frac{\partial E_z}{\partial\phi}-\omega\mu_0\frac{\partial H_z}{\partial r}\right)\tag{2.3-1j}$$

类似得磁场分量：

$$H_r=-\frac{\mathrm{i}}{\kappa^2}\left(\beta_z\frac{\partial H_z}{\partial r}-\frac{\omega\varepsilon}{r}\frac{\partial E_z}{\partial\phi}\right),\quad H_\phi=-\frac{\mathrm{i}}{\kappa^2}\left(\frac{\beta_z}{r}\frac{\partial H_z}{\partial\phi}+\omega\varepsilon\frac{\partial E_z}{\partial r}\right)\tag{2.3-1k,l}$$

与上述式 (2.3-1i,j) 一起构成圆柱波导中由纵向电磁场分量的横向偏微商确定的 4 个电磁场横向分量方程。

由式 (2.3-1b,e,f)，圆柱波导模式电场的纵向分量 E_z 的一、二阶导数分别为

$$\frac{\partial E_z}{\partial x}=\frac{\partial E_z}{\partial r}\frac{\partial r}{\partial x}-\frac{y}{r^2}\frac{\partial E_z}{\partial\phi}\frac{\partial\phi}{\partial x}=\frac{\partial E_z}{\partial r}\frac{1}{2}\left(x^2+y^2\right)^{1/2}2x+\frac{\partial E_z}{\partial\phi}\left(\frac{-y/x^2}{1+(y/x)^2}\right)\rightarrow$$

$$\frac{\partial E_z}{\partial x}=\frac{x}{r}\frac{\partial E_z}{\partial r}-\frac{y}{r^2}\frac{\partial E_z}{\partial\phi}\tag{2.3-1m}$$

$$\frac{\partial E_z}{\partial y}=\frac{\partial E_z}{\partial r}\frac{\partial r}{\partial y}+\frac{\partial E_z}{\partial\phi}\frac{\partial\phi}{\partial y}=\frac{\partial E_z}{\partial r}\frac{1}{2}\left(x^2+y^2\right)^{1/2}2y+\frac{\partial E_z}{\partial\phi}\left(\frac{x/x^2}{1+(y/x)^2}\right)\rightarrow$$

$$\frac{\partial E_z}{\partial y}=\frac{y}{r}\frac{\partial E_z}{\partial r}+\frac{x}{r^2}\frac{\partial E_z}{\partial\phi}\tag{2.3-1n}$$

$$\frac{\partial^2 E_z}{\partial x^2}=\left(\frac{1}{r}-\frac{x^2}{r^3}\right)\frac{\partial E_z}{\partial r}+\frac{x}{r}\left(\frac{x}{r}\frac{\partial^2 E_z}{\partial r^2}-\frac{y}{r^2}\frac{\partial^2 E_z}{\partial r\partial\phi}\right)+\frac{2xy}{r^4}\frac{\partial E_z}{\partial\phi}$$
$$-\frac{y}{r^2}\left(\frac{x}{r}\frac{\partial^2 E_z}{\partial r\partial\phi}-\frac{y}{r^2}\frac{\partial^2 E_z}{\partial\phi^2}\right)\tag{2.3-1o}$$

$$\frac{\partial^2 E_z}{\partial y^2}=\left(\frac{1}{r}-\frac{y^2}{r^3}\right)\frac{\partial E_z}{\partial r}+\frac{y}{r}\left(\frac{y}{r}\frac{\partial^2 E_z}{\partial r^2}+\frac{x}{r^2}\frac{\partial^2 E_z}{\partial r\partial\phi}\right)-\frac{2xy}{r^4}\frac{\partial E_z}{\partial\phi}$$
$$+\frac{x}{r^2}\left(\frac{y}{r}\frac{\partial^2 E_z}{\partial r\partial\phi}+\frac{x}{r^2}\frac{\partial^2 E_z}{\partial\phi^2}\right)\tag{2.3-1p}$$

将这些关系代入式 (1.2-1s)，导出 E_z 在圆柱坐标系中的亥姆霍兹方程为

$$\frac{\partial^2 E_z}{\partial x^2}+\frac{\partial^2 E_z}{\partial y^2}+\kappa^2 E_z=0\rightarrow\left(\frac{2}{r}-\frac{x^2+y^2}{r^3}\right)\frac{\partial E_z}{\partial r}+\left(\frac{x^2+y^2}{r^2}\right)\frac{\partial^2 E_z}{\partial r^2}$$
$$+\left(\frac{2xy}{r^3}-\frac{2xy}{r^3}\right)\frac{\partial^2 E_z}{\partial r\partial\phi}+\left(\frac{2xy}{r^4}-\frac{2xy}{r^4}\right)\frac{\partial E_z}{\partial\phi}$$
$$+\frac{x^2+y^2}{r^4}\frac{\partial^2 E_z}{\partial\phi^2}+\kappa^2 E_z\rightarrow$$

$$\frac{\partial^2 E_z(r,\phi)}{\partial r^2} + \frac{1}{r}\frac{\partial E_z(r,\phi)}{\partial r} + \frac{1}{r^2}\frac{\partial^2 E_z(r,\phi)}{\partial \phi^2} + \kappa^2 E_z(r,\phi) = 0 \tag{2.3-1q}$$

类此得出纵向磁场分量方程:

$$\frac{\partial^2 H_z(r,\phi)}{\partial r^2} + \frac{1}{r}\frac{\partial H_z(r,\phi)}{\partial r} + \frac{1}{r^2}\frac{\partial^2 H_z(r,\phi)}{\partial \phi^2} + \kappa^2 H_z(r,\phi) = 0 \tag{2.3-1r}$$

这 2 个电磁场纵向分量方程 (2.3-1q,r) 与式 (2.3-1i~l) 一起构成确定圆柱波导模式 6 个电磁场分量的基本方程组。其中,纵向分量 E_z 和 H_z 可优先由式 (2.3-1q,r) 联立分别求解,再一起代入式 (2.3-1i~l) 即可得出其他 4 个横向分量 E_r, E_ϕ 和 H_r, H_ϕ。因此,圆柱形波导结构中的导波模式,也是根据 E_z 或 H_z 是否为零,只能有 4 种可能的偏振模式波。

(1) 横向电磁 (TEM) 波:

$$E_z, H_z = 0 \Rightarrow \beta_z^2 = k^2 = k_0^2 \bar{n}^2 \Rightarrow E_r, E_\phi, H_r, H_\phi \neq 0 \tag{2.3-1s}$$

(2) 横向电 (TE) 波:

$$E_z = 0 \text{ 和 } H_z \neq 0 \Rightarrow E_z, E_r, H_\phi = 0, E_\phi, H_r, H_z \neq 0 \tag{2.3-1t}$$

(3) 横向磁 (TM) 波:

$$E_z \neq 0 \text{ 和 } H_z = 0 \Rightarrow H_z, H_r, E_\phi = 0, H_\phi, E_r, E_z \neq 0 \tag{2.3-1u}$$

(4) 混合波 (HW):

$$E_z, H_z \neq 0 \Rightarrow \begin{cases} \left|\dfrac{E_z/E_{\mathrm{p}}}{H_z/H_p}\right| > 1 : E_z, E_r, E_\phi, H_z, H_r, H_\phi \neq 0 \text{ (HE 模式)} \\[3mm] \left|\dfrac{E_z/E_{\mathrm{p}}}{H_z/H_p}\right| < 1 : H_z, H_r, H_\phi, E_z, E_r, E_\phi \neq 0 \text{ (EH 模式)} \end{cases} \tag{2.3-1v}$$

2. 纵向场的解式

以 $\varPsi$ 表示纵向场分量 $\boldsymbol{E}_z$ 或 $\boldsymbol{H}_z$,并将非零解分解为

$$\varPsi(r,\phi) = R(r)\varPhi(\phi) \tag{2.3-2a}$$

代入亥姆霍兹方程:

$$\frac{\partial^2 \varPsi}{\partial r^2} + \frac{1}{r}\frac{\partial \varPsi}{\partial r} + \frac{1}{r^2}\frac{\partial^2 \varPsi}{\partial \phi^2} + \kappa^2 \varPsi = 0 \tag{2.3-2b}$$

$$\frac{\partial^2 R(r)}{\partial r^2}\varPhi(\phi) + \frac{1}{r}\frac{\partial R(r)}{\partial r}\varPhi(\phi) + \frac{R(r)}{r^2}\frac{\partial^2 \varPhi(\phi)}{\partial \phi^2} + \kappa^2 R(r)\varPhi(\phi) = 0$$

或

$$r^2\left[\frac{1}{R(r)}\frac{\mathrm{d}^2 R(r)}{\mathrm{d}r^2} + \frac{1}{r}\frac{1}{R(r)}\frac{\mathrm{d}R(r)}{\mathrm{d}r} + \kappa^2\right] + \frac{1}{\varPhi(\phi)}\frac{\mathrm{d}^2 \varPhi(\phi)}{\mathrm{d}\phi^2} = 0 \tag{2.3-2c}$$

如 r 和 ϕ 是两个独立变量，则将分离为

$$r^2\left[\frac{1}{R(r)}\frac{\mathrm{d}^2R(r)}{\mathrm{d}r^2} + \frac{1}{r}\frac{1}{R(r)}\frac{\mathrm{d}R(r)}{\mathrm{d}r} + \kappa^2\right] = -\frac{1}{\varPhi(\phi)}\frac{\mathrm{d}^2\varPhi(\phi)}{\mathrm{d}\phi^2} = m^2 \quad (2.3\text{-}2\mathrm{d})$$

以 m 作为分离常数的 ϕ 方程：

$$\frac{1}{\varPhi(\phi)}\frac{\mathrm{d}^2\varPhi(\phi)}{\mathrm{d}\phi^2} = -m^2 \quad (2.3\text{-}2\mathrm{e})$$

的解为

$$\varPhi(\phi) = A_1\mathrm{e}^{im\phi} + B_1\mathrm{e}^{-im\phi} = A_2\cos(m\phi) + \mathrm{i}B_2\sin(m\phi) \quad (2.3\text{-}2\mathrm{f})$$

其每一项表示沿 $+\phi$ 或 $-\phi$ 方向旋转的分量波，并由于相干干涉，合乎相增干涉条件的驻波场必须是周期为 2π 的周期函数：

$$\varPhi(\phi) = \varPhi(\phi + 2\pi) \Rightarrow \mathrm{e}^{\pm i2\pi m} = 1 \Rightarrow m = 0, 1, 2, 3, \cdots \quad (2.3\text{-}2\mathrm{g})$$

确定 $R(r)$ 的贝塞尔微分方程为

$$\frac{\mathrm{d}^2R(r)}{\mathrm{d}r^2} + \frac{1}{r}\frac{\mathrm{d}R(r)}{\mathrm{d}r} + \left(\kappa^2 - \frac{m^2}{r^2}\right)R(r) = 0 \quad (2.3\text{-}2\mathrm{h})$$

可见其 $m = +|m|$ 和 $-|m|$ 的解 $R(r)$ 相同，是**简并**的，并可根据 κ^2 的大小分为圆柱内外两个区域。

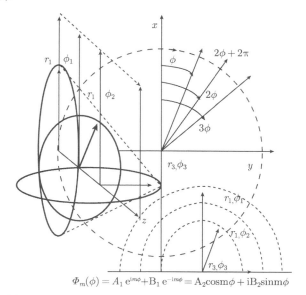

$$\varPhi_m(\phi) = A_1\,\mathrm{e}^{im\phi} + B_1\,\mathrm{e}^{-im\phi} = A_2\cos m\phi + \mathrm{i}B_2\sin m\phi$$

图 2.3-1A(c) $\quad\varPhi_m(\phi)$ 函数及其周期性 $(m = 0, 1, 2, \cdots)$

(1) 芯内区 (有源区) $\kappa^2 > 0$ **解式。**

$$R(r) = AJ_m(\kappa r) + BY_m(\kappa r) \tag{2.3-2i}$$

其中，$J_m(\kappa r)$ **(besselj(nu,z))** 和 $Y_m(\kappa r)$ **(bessely(nu,z))** 分别是变量为 κr 的**第一类和第二类贝塞尔函数**，如附录 A 的**图 A2 和图 A3** 所示。注意后者在原点是发散的。

(2) 芯外区 (限制区) $\kappa^2 < 0, \kappa = \mathrm{i}\gamma$ **解式。**

$$R(r) = CI_m(\gamma r) + DK_m(\gamma r) \tag{2.3-2j}$$

其中，$I_m(\gamma r)$ **(besseli(nu,z))** 和 $K_m(\gamma r)$ **(besselk(nu,z))** 分别是变量为 γr 的**第一类和第二类变形贝塞尔函数**。如附录 A 的**图 A7 和图 A8** 所示。前者在 $\pm\infty$ 发散，后者在原点发散。

2.3.2 圆柱折射率突变波导的导波模式[10.1]

1. 对导波模式的要求

对芯柱半径为 a 的阶跃实折射率圆柱波导，芯柱介电常数为 ε_2，限制层介电常数为 ε_1，在这两区中平面波的传播常数分别为 $k_0\bar{n}_2 = \omega\sqrt{\mu_0\varepsilon_2}$ 和 $k_0\bar{n}_1 = \omega\sqrt{\mu_0\varepsilon_1}$，其中，$\bar{n}_2, \bar{n}_1$ 是其相应的折射率。作为光场主要限制在芯柱中的可能导波模式，必须满足下述三个要求：

(1) 贝塞尔函数所有类型的变量必须是实数的。

实的 κ 和 γ 要求轴向模式传播常数 β_z 的大小必须位于这两区平面波的传播常数之间：

$$k_0\bar{n}_1 < \beta_z < k_0\bar{n}_2 \text{ 或 } \bar{n}_1 < \beta_z/k_0 = \overline{N} < \bar{n}_2 \tag{2.3-2k}$$

用归一化量 u, w 表为

$$\kappa = \sqrt{k_0^2\bar{n}_2^2 - \beta_z^2} = \frac{u}{a}, \quad \gamma = \sqrt{\beta_z^2 - k_0^2\bar{n}_1^2} = \frac{w}{a} \to w = \sqrt{(k_0a)^2(\bar{n}_2^2 - \bar{n}_1^2) - u^2} \tag{2.3-2l}$$

则场的解在芯柱中可表为

$$r \leqslant a: \quad R(r) = AJ_m\left(\frac{u}{a}r\right) + BY_m\left(\frac{u}{a}r\right) \tag{2.3-2m}$$

在芯柱外可表为

$$r \geqslant a: \quad R(r) = CI_m\left(\frac{w}{a}r\right) + DK_m\left(\frac{w}{a}r\right) \tag{2.3-2n}$$

(2) 光场必须到处保持有限并在无穷处为零。

由于 $\lim\limits_{r\to 0} Y_m(\kappa r) \to -\infty$，$\lim\limits_{r\to+\infty} I_m(\gamma r) \to +\infty$，故要求

$$B = C = 0 \qquad (2.3\text{-}2\text{o, p})$$

$$r \leqslant a: \quad R(r) = A\mathrm{J}_m\left(\frac{u}{a}r\right); \quad r \geqslant a: \quad R(r) = D\mathrm{K}_m\left(\frac{w}{a}r\right) \qquad (2.3\text{-}2\text{q, r})$$

(3) 光场的分布必须满足边界条件。

在行波场分布中的相位因子可能有 4 种可能组合:

(i) z 正向, ϕ 右旋行进, $R(r)\mathrm{e}^{\mathrm{i}(\omega t - \beta_z z - m\phi)}$, 右螺旋正轴向行波 $\qquad (2.3\text{-}2\text{s})$

(ii) z 正向, ϕ 左旋行进, $R(r)\mathrm{e}^{\mathrm{i}(\omega t - \beta_z z + m\phi)}$, 左螺旋正轴向行波 $\qquad (2.3\text{-}2\text{t})$

(iii) z 反向, ϕ 左旋行进, $R(r)\mathrm{e}^{\mathrm{i}(\omega t + \beta_z z + m\phi)}$, 左螺旋反轴向行波 $\qquad (2.3\text{-}2\text{u})$

(iv) z 反向, ϕ 右旋行进, $R(r)\mathrm{e}^{\mathrm{i}(\omega t + \beta_z z - m\phi)}$, 右螺旋反轴向行波 $\qquad (2.3\text{-}2\text{v})$

为满足边界条件 (2.3-3k), ϕ 中的驻波分布 $\Phi(\phi)$ 因子在 $\{E_z, H_z\}$ 中对每个 z 向行波将有两种可能组合:

$$\left\{ \begin{array}{l} \Phi_{\mathrm{E}_z,1}(\phi) = \cos(m\phi) \\ \Phi_{\mathrm{H}_z,1}(\phi) = \sin(m\phi) \end{array} \right\}; \quad \left\{ \begin{array}{l} \Phi_{\mathrm{E}_z,2}(\phi) = \sin(m\phi) \\ \Phi_{\mathrm{H}_z,2}(\phi) = \cos(m\phi) \end{array} \right\} \qquad (2.3\text{-}2\text{w})$$

而在 z 向的驻波, $Z(z)$ 因子在 $\{E_z, H_z\}$ 中对每个 ϕ 旋波将有两个可能的组合:

$$\left\{ \begin{array}{l} Z_{\mathrm{E}_z,1}(z) = \cos(\beta_z z) \\ Z_{\mathrm{H}_z,1}(z) = \sin(\beta_z z) \end{array} \right\}; \quad \left\{ \begin{array}{l} Z_{\mathrm{E}_z,2}(z) = \sin(\beta_z z) \\ Z_{\mathrm{H}_z,2}(z) = \cos(\beta_z z) \end{array} \right\} \qquad (2.3\text{-}2\text{x})$$

可见任意情况下, (m, n) 阶的每个**本征值** $\beta_z, \{E_z, H_z\}$ 有 4 种可能的光场分布或**波函数**, 因而是**四重简并态**:

$$\left\{ \begin{array}{l} E_z^{(1)} = R(r)\,\Phi_{\mathrm{E}_z,1}(\phi)\left[Z_{\mathrm{E}_z,1}(z)\mathrm{e}^{\mathrm{i}\omega t}\right] = R(r)\cos(m\phi)\left[\cos(\beta_z z)\,\mathrm{e}^{\mathrm{i}\omega t}\right] \\ H_z^{(1)} = R(r)\,\Phi_{\mathrm{H}_z,1}(\phi)\left[Z_{\mathrm{H}_z,1}(z)\mathrm{e}^{\mathrm{i}\omega t}\right] = R(r)\sin(m\phi)\left[\sin(\beta_z z)\,\mathrm{e}^{\mathrm{i}\omega t}\right] \end{array} \right. \qquad (2.3\text{-}2\text{y})$$

$$\left\{ \begin{array}{l} E_z^{(2)} = R(r)\,\Phi_{\mathrm{E}_z,2}(\phi)\left[Z_{\mathrm{E}_z,1}(z)\mathrm{e}^{\mathrm{i}\omega t}\right] = R(r)\sin(m\phi)\left[\cos(\beta_z z)\,\mathrm{e}^{\mathrm{i}\omega t}\right] \\ H_z^{(2)} = R(r)\,\Phi_{\mathrm{H}_z,2}(\phi)\left[Z_{\mathrm{H}_z,1}(z)\mathrm{e}^{\mathrm{i}\omega t}\right] = R(r)\cos(m\phi)\left[\sin(\beta_z z)\,\mathrm{e}^{\mathrm{i}\omega t}\right] \end{array} \right. \qquad (2.3\text{-}2\text{y}')$$

$$\left\{ \begin{array}{l} E_z^{(3)} = R(r)\,\Phi_{\mathrm{E}_z,1}(\phi)\left[Z_{\mathrm{E}_z,2}(z)\mathrm{e}^{\mathrm{i}\omega t}\right] = R(r)\cos(m\phi)\left[\sin(\beta_z z)\,\mathrm{e}^{\mathrm{i}\omega t}\right] \\ H_z^{(3)} = R(r)\,\Phi_{\mathrm{H}_z,1}(\phi)\left[Z_{\mathrm{H}_z,2}(z)\mathrm{e}^{\mathrm{i}\omega t}\right] = R(r)\sin(m\phi)\left[\cos(\beta_z z)\,\mathrm{e}^{\mathrm{i}\omega t}\right] \end{array} \right. \qquad (2.3\text{-}2\text{z})$$

$$\left\{ \begin{array}{l} E_z^{(4)} = R(r)\,\Phi_{\mathrm{E}_z,2}(\phi)\left[Z_{\mathrm{E}_z,2}(z)\mathrm{e}^{\mathrm{i}\omega t}\right] = R(r)\sin(m\phi)\left[\sin(\beta_z z)\,\mathrm{e}^{\mathrm{i}\omega t}\right] \\ H_z^{(4)} = R(r)\,\Phi_{\mathrm{H}_z,2}(\phi)\left[Z_{\mathrm{H}_z,2}(z)\mathrm{e}^{\mathrm{i}\omega t}\right] = R(r)\cos(m\phi)\left[\cos(\beta_z z)\,\mathrm{e}^{\mathrm{i}\omega t}\right] \end{array} \right. \qquad (2.3\text{-}2\text{z}')$$

2. 圆柱导波模式的本征方程和本征函数

对纵向场分量第一种组合 (不写出 $\{z, t\}$ 因子) 所表征的本征态模式:

$$r \leqslant a: \quad \begin{cases} E_{z2}(r, \phi) = A_{\mathrm{E}} \mathrm{J}_m\left(\dfrac{u}{a}r\right)\cos(m\phi) \\[3mm] H_{z2}(r, \phi) = A_H \mathrm{J}_m\left(\dfrac{u}{a}r\right)\sin(m\phi) \end{cases} \tag{2.3-3a}$$

$$r \geqslant a: \quad \begin{cases} E_{z1}(r, \phi) = B_{\mathrm{E}} \mathrm{K}_m\left(\dfrac{w}{a}r\right)\cos(m\phi) \\[3mm] H_{z1}(r, \phi) = B_H \mathrm{K}_m\left(\dfrac{w}{a}r\right)\sin(m\phi) \end{cases} \tag{2.3-3b}$$

将式 (2.3-3a~d) 代入横向场公式 (2.3-1i~l),并注意在芯柱中,$\kappa^2 = u^2/a^2$,而在芯柱外,$\kappa^2 = -w^2/a^2 = -\gamma^2$,则相应的横向场分量将为

$$r \leqslant a: \quad E_{r2} = -\mathrm{i}\frac{a^2}{u^2}\left[\beta_z A_{\mathrm{E}}\frac{u}{a}\mathrm{J}'_m\left(\frac{u}{a}r\right) + \frac{\omega\mu_0}{r}A_H m \mathrm{J}_m\left(\frac{u}{a}r\right)\right]\cos(m\phi) \tag{2.3-3c}$$

$$E_{\phi2} = \mathrm{i}\frac{a^2}{u^2}\left[\frac{\beta_z}{r}A_{\mathrm{E}}m\mathrm{J}_m\left(\frac{u}{a}r\right) + \omega\mu_0 A_H\frac{u}{a}\mathrm{J}'_m\left(\frac{u}{a}r\right)\right]\sin(m\phi) \tag{2.3-3d}$$

$$H_{r2} = -\mathrm{i}\frac{a^2}{u^2}\left[\beta_z A_H\frac{u}{a}\mathrm{J}'_m\left(\frac{u}{a}r\right) + \frac{\omega\varepsilon_2}{r}A_{\mathrm{E}}m\mathrm{J}_m\left(\frac{u}{a}r\right)\right]\sin(m\phi) \tag{2.3-3e}$$

$$H_{\phi2} = -\mathrm{i}\frac{a^2}{u^2}\left[\frac{\beta_z}{r}A_H m\mathrm{J}_m\left(\frac{u}{a}r\right) + \omega\varepsilon_2 A_{\mathrm{E}}\frac{u}{a}\mathrm{J}'_m\left(\frac{u}{a}r\right)\right]\cos(m\phi) \tag{2.3-3f}$$

$$r \geqslant a: \quad E_{r1} = \mathrm{i}\frac{a^2}{w^2}\left[\beta_z B_{\mathrm{E}}\frac{w}{a}\mathrm{K}'_m\left(\frac{w}{a}r\right) + \frac{\omega\mu_0}{r}B_H m\mathrm{K}_m\left(\frac{w}{a}r\right)\right]\cos(m\phi) \tag{2.3-3g}$$

$$E_{\phi1} = -\mathrm{i}\frac{a^2}{w^2}\left[\frac{\beta_z}{r}B_{\mathrm{E}}m\mathrm{K}_m\left(\frac{w}{a}r\right) + \omega\mu_0 B_H\frac{w}{a}\mathrm{K}'_m\left(\frac{w}{a}r\right)\right]\sin(m\phi) \tag{2.3-3h}$$

$$H_{r1} = \mathrm{i}\frac{a^2}{w^2}\left[\beta_z B_H\frac{w}{a}\mathrm{K}'_m\left(\frac{w}{a}r\right) + \frac{\omega\varepsilon_1}{r}B_{\mathrm{E}}m\mathrm{K}_m\left(\frac{w}{a}r\right)\right]\sin(m\phi) \tag{2.3-3i}$$

$$H_{\phi1} = \mathrm{i}\frac{a^2}{w^2}\left[\frac{\beta_z}{r}B_H m\mathrm{K}_m\left(\frac{w}{a}r\right) + \omega\varepsilon_1 B_{\mathrm{E}}\frac{w}{a}\mathrm{K}'_m\left(\frac{w}{a}r\right)\right]\cos(m\phi) \tag{2.3-3j}$$

决定系数 $A_{\mathrm{E}}, A_H, B_{\mathrm{E}}, B_H$ 的**边界条件**为 "在 $r = a$ 的圆柱界面上,电磁场的 z, ϕ 分量连续":

$$E_{z1}(a) = E_{z2}(a), \quad E_{\phi1}(a) = E_{\phi2}(a), \quad H_{z1}(a) = H_{z2}(a), \quad H_{\phi1}(a) = H_{\phi2}(a) \tag{2.3-3k}$$

从之消去 $\Phi(\phi)$ 得出

$$A_{\mathrm{E}}\mathrm{J}_m(u) - B_{\mathrm{E}}\mathrm{K}_m(w) = 0, \quad A_H\mathrm{J}_m(u) - B_H\mathrm{K}_m(w) = 0 \tag{2.3-3l}$$

$$\frac{\beta_z m}{u^2} A_E J_m(u) + \frac{\omega\mu_0}{u} A_H J'_m(u) + \frac{\beta_z m}{w^2} B_E K_m(w) + \frac{\omega\mu_0}{w} B_H K'_m(w) = 0 \quad (2.3\text{-}3\text{m})$$

$$\frac{\beta_z m}{u^2} A_H J_m(u) + \frac{\omega\varepsilon_2}{u} A_E J'_m(u) + \frac{\beta_z m}{w^2} B_H K_m(w) + \frac{\omega\varepsilon_1}{w} B_E K'_m(w) = 0 \quad (2.3\text{-}3\text{n})$$

这些齐次方程组有解的充分和必要的条件是方程组的行列式 D 为零。这个条件提供一个确定本征值 β_z 的**本征方程**:

$$D = \begin{vmatrix} J_m(u) & 0 & -K_m(w) & 0 \\ 0 & J_m(u) & 0 & -K_m(w) \\ \frac{\beta_z m}{u^2} J_m(u) & \frac{\omega\mu_0}{u} J'_m(u) & \frac{\beta_z m}{w^2} K_m(w) & \frac{\omega\mu_0}{w} K'_m(w) \\ \frac{\omega\varepsilon_2}{u} J'_m(u) & \frac{\beta_z m}{u^2} J_m(u) & \frac{\omega\varepsilon_1}{w} K'_m(w) & \frac{\beta_z m}{w^2} K_m(w) \end{vmatrix} = 0 \quad (2.3\text{-}3\text{o})$$

展开得

$$\left[k_0^2 \bar{n}_2^2 \frac{J'_m(u)}{u J_m(u)} + k_0^2 \bar{n}_1^2 \frac{K'_m(w)}{w K_m(w)} \right] \left[\frac{J'_m(u)}{u J_m(u)} + \frac{K'_m(w)}{w K_m(w)} \right] = \beta_z^2 m^2 \left(\frac{1}{u^2} + \frac{1}{w^2} \right)^2 \quad (2.3\text{-}3\text{p})$$

解出本征值 $\beta_{z,mn}$ 还必须满足式 (2.3-2k):

$$k_0 \bar{n}_1 < \beta_{z,mn} < k_0 \bar{n}_2 \quad \text{或} \quad \bar{n}_1 < \beta_{z,mn}/k_0 = \overline{N}_{mn} < \bar{n}_2 \quad (2.3\text{-}3\text{q})$$

其中, m 是旋转变量 ϕ 的阶, n 是在 m 条件下的第 n 本征态 $\beta_{z,mn}$, 其最低值分别为 $m=0$ 和 $n=1$。

系数 A_E, A_H, B_E, B_H 由方程组 (2.3-3l~m) 确定。A_H, B_E, B_H 可用 A_E 表述, 例如, 由式 (2.3-3l) 分别得出

$$B_E = \frac{J_m(u)}{K_m(w)} A_E \quad \text{或} \quad A_H = \frac{K_m(w)}{J_m(u)} B_H \quad (2.3\text{-}3\text{r})$$

将式 (2.3-3r) 代入式 (2.3-3m), 并定义函数

$$Z_m(u) = \frac{J'_m(u)}{u J_m(u)}, \quad X_m(w) = \frac{K'_m(w)}{w K_m(w)} \quad (2.3\text{-}3\text{s})$$

写成

$$A_E \beta_z m J_m(u) \left(\frac{1}{u^2} + \frac{1}{w^2} \right) = -B_H \omega\mu_0 K_m(w) \left[\frac{J'_m(u)}{u J_m(u)} + \frac{K'_m(w)}{w K_m(w)} \right]$$
$$= -B_H \omega\mu_0 K_m(w) (Z_m + X_m)$$

则得系数关系为

$$B_H = -\frac{m\beta_z}{\omega\mu_0} \left(\frac{1}{u^2} + \frac{1}{w^2} \right) \frac{J_m(u)}{K_m(w)} \frac{1}{Z_m + X_m} A_E \quad (2.3\text{-}3\text{t})$$

$$A_H = -\frac{m\beta_z}{\omega\mu_0}\left(\frac{1}{u^2}+\frac{1}{w^2}\right)\frac{1}{Z_m+X_m}A_E, \quad B_E = \frac{\mathrm{J}_m(u)}{\mathrm{K}_m(w)}A_E \qquad (2.3\text{-}3\mathrm{u,r})$$

可证明其他三个可能的组将有相同的本征方程组和相同的场系数之间的关系如式 (2.3-3a~j)，所以**这 4 组不同的本征函数将有相同的本征值。因此圆柱波导本征态具有四重简并性。**

由系数关系 (2.3-3r,u,t)，可将导波模式在芯区内外的 **12 个电磁场纵横向分量** 分别表为

$r \leqslant a$:

$$\begin{cases} E_{z2}\left(r,\phi\right) = A_\mathrm{E}\mathrm{J}_m\left(\frac{u}{a}r\right)\cos\left(m\phi\right) \\[2mm] H_{z2}\left(r,\phi\right) = -A_\mathrm{E}\left[\frac{m\beta_z}{\omega\mu_0}\left(\frac{1}{u^2}+\frac{1}{w^2}\right)\frac{1}{Z_m+X_m}\right]\mathrm{J}_m\left(\frac{u}{a}r\right)\sin\left(m\phi\right) \end{cases} \quad (2.3\text{-}3\mathrm{a}')$$

$r \geqslant a$:

$$\begin{cases} E_{z1}\left(r,\phi\right) = A_\mathrm{E}\frac{\mathrm{J}_m(u)}{\mathrm{K}_m(w)}\mathrm{K}_m\left(\frac{w}{a}r\right)\cos\left(m\phi\right) \\[2mm] H_{z1}\left(r,\phi\right) = -A_\mathrm{E}\left[\frac{m\beta_z}{\omega\mu_0}\left(\frac{1}{u^2}+\frac{1}{w^2}\right)\frac{1}{Z_m+X_m}\right]\frac{\mathrm{J}_m(u)}{\mathrm{K}_m(w)}\mathrm{K}_m\left(\frac{w}{a}r\right)\sin\left(m\phi\right) \end{cases}$$
$$(2.3\text{-}3\mathrm{b}')$$

$r \leqslant a$:

$$E_{r2}=-\mathrm{i}A_\mathrm{E}\frac{a^2}{u^2}\left[\beta_z\frac{u}{a}\mathrm{J}'_m\left(\frac{u}{a}r\right)-\frac{\omega\mu_0}{r}\frac{m^2\beta_z}{\omega\mu_0}\left(\frac{1}{u^2}+\frac{1}{w^2}\right)\frac{1}{Z_m+X_m}\mathrm{J}_m\left(\frac{u}{a}r\right)\right]\cos(m\phi)$$
$$(2.3\text{-}3\mathrm{c}')$$

$$E_{\phi2}=\mathrm{i}A_\mathrm{E}\frac{a^2}{u^2}\left[\frac{\beta_z}{r}m\mathrm{J}_m\left(\frac{u}{a}r\right)+\omega\mu_0\frac{u}{a}\mathrm{J}'_m\left(\frac{u}{a}r\right)\right]\sin\left(m\phi\right) \qquad (2.3\text{-}3\mathrm{d}')$$

$$H_{r2}=-\mathrm{i}A_\mathrm{E}\frac{a^2}{u^2}\left[\beta_z\frac{u}{a}\mathrm{J}'_m\left(\frac{u}{a}r\right)+\frac{\omega\varepsilon_2}{r}m\mathrm{J}_m\left(\frac{u}{a}r\right)\right]\sin\left(m\phi\right) \qquad (2.3\text{-}3\mathrm{e}')$$

$$H_{\phi2}=-\mathrm{i}A_\mathrm{E}\frac{a^2}{u^2}\left[\frac{\beta_z}{r}m\mathrm{J}_m\left(\frac{u}{a}r\right)+\omega\varepsilon_2\frac{u}{a}\mathrm{J}'_m\left(\frac{u}{a}r\right)\right]\cos\left(m\phi\right) \qquad (2.3\text{-}3\mathrm{f}')$$

$r \geqslant a$

$$E_{r1}=\mathrm{i}A_\mathrm{E}\frac{a^2}{w^2}\left[\beta_z\frac{\mathrm{J}_m(u)}{\mathrm{K}_m(w)}\frac{w}{a}\mathrm{K}'_m\left(\frac{w}{a}r\right)\right.$$
$$\left.-\frac{m^2\beta_z}{r}\left(\frac{1}{u^2}+\frac{1}{w^2}\right)\frac{\mathrm{J}_m(u)}{\mathrm{K}_m(w)}\frac{1}{Z_m+X_m}\mathrm{K}_m\left(\frac{w}{a}r\right)\right]\cos\left(m\phi\right) \qquad (2.3\text{-}3\mathrm{g}')$$

$$E_{\phi1}=-\mathrm{i}A_\mathrm{E}\frac{a^2}{w^2}\left[\frac{\beta_z}{r}\frac{\mathrm{J}_m(u)}{\mathrm{K}_m(w)}m\mathrm{K}_m\left(\frac{w}{a}r\right)\right.$$
$$\left.-\frac{m\beta_zw}{a}\left(\frac{1}{u^2}+\frac{1}{w^2}\right)\frac{\mathrm{J}_m(u)}{\mathrm{K}_m(w)}\frac{1}{Z_m+X_m}\mathrm{K}'_m\left(\frac{w}{a}r\right)\right]\sin\left(m\phi\right) \qquad (2.3\text{-}3\mathrm{h}')$$

$$H_{r1} = \mathrm{i}A_{\mathrm{E}}\frac{a^2}{w^2}\left[\frac{\beta_z w}{a}\frac{\mathrm{J}_m(u)}{\mathrm{K}_m(w)}\mathrm{K}_m'\left(\frac{w}{a}r\right) + \frac{m\omega\varepsilon_1}{r}\frac{\mathrm{J}_m(u)}{\mathrm{K}_m(w)}\mathrm{K}_m\left(\frac{w}{a}r\right)\right]\sin\left(m\phi\right) \quad (2.3\text{-}3\mathrm{i}')$$

$$H_{\phi 1} = \mathrm{i}A_{\mathrm{E}}\frac{a^2}{w^2}\left[\frac{m\beta_z}{r}\frac{\mathrm{J}_m(u)}{\mathrm{K}_m(w)}\mathrm{K}_m\left(\frac{w}{a}r\right) + \frac{\omega\varepsilon_1 w}{a}\frac{\mathrm{J}_m(u)}{\mathrm{K}_m(w)}\mathrm{K}_m'\left(\frac{w}{a}r\right)\right]\cos\left(m\phi\right)$$
$$(2.3\text{-}3\mathrm{j}')$$

2.3.3 各种偏振的导波模式 [10.1]

1. TE_{0n} 和 TM_{0n} 模式

当 $m = 0$ 时, 分离方程 (2.3-2f) 的解为

$$\varPhi\left(\phi\right) = C\,(\text{常数}) \quad\quad\quad (2.3\text{-}4\mathrm{a})$$

因此其解简化为

$$\varPsi\left(r,\phi\right) = CR(r) = \varPsi(r) \quad\quad\quad (2.3\text{-}4\mathrm{b})$$

$\varPsi$ 仅与 r 有关, 表明这种模式只存在于由常数 C 决定的过轴剖面上, 而且在任何沿轴剖面上的行为都相同, 称为**轴对称模式**。因 $m = 0$ 则 $\sin m\phi = 0, \cos m\phi = 1$, 得出式 (2.3-3a') 中 $H_z, H_r, E_\phi = 0$ 的 TM 模式, 对于正余弦对换的另一组则得出 $E_z, E_r, H_\phi = 0$ 的 TE 模式。结果正如式 (2.3-1i~l,q,r) 所示, 纵横分量方程组分解为相互独立, 分别称为 TE,TM 模的两个子方程组。

TE_{0n} 模:

$$\frac{\partial^2 H_z(r)}{\partial r^2} + \frac{1}{r}\frac{\partial H_z(r)}{\partial r} + \kappa^2 H_z(r) = 0, \quad E_\phi(r) = \mathrm{i}\frac{\omega\mu_0}{\kappa^2}\frac{\partial H_z(r)}{\partial r},$$

$$H_r(r) = -\mathrm{i}\frac{\beta_z}{\kappa^2}\frac{\partial H_z(r)}{\partial r}, \quad E_z = E_r = H_\phi = 0 \quad (2.3\text{-}4\mathrm{c})$$

TM_{0n} 模:

$$\frac{\partial^2 E_z(r)}{\partial r^2} + \frac{1}{r}\frac{\partial E_z(r)}{\partial r} + \kappa^2 E_z(r) = 0, \quad H_\phi(r) = -\mathrm{i}\frac{\omega\varepsilon}{\kappa^2}\frac{\partial E_z(r)}{\partial r},$$

$$E_r(r) = -\mathrm{i}\frac{\beta_z}{\kappa^2}\frac{\partial E_z(r)}{\partial r}, \quad H_z = H_r = E_\phi = 0 \quad (2.3\text{-}4\mathrm{d})$$

在光线图像中, $m = 0$ 的这两种偏振模式是由子午线产生的, 并具有对于圆柱轴的旋转对称性, 其行为类似但不等同于芯层和包层折射率与其相同, 厚度为 $d = 2a$ 的对称三层平板波导中的 TE_{n-1} 和 TM_{n-1} 模 $(n = 1, 2, 3, \cdots)$, 如**图 2.3-3A(a)** 所示。为简化起见, 上述场分量只写出 $\varPsi(r,\phi)$, 未明显写出其公因子 $Z(z)T(t) = \mathrm{e}^{\mathrm{i}(\omega t - \beta_z z)}$, 下同。

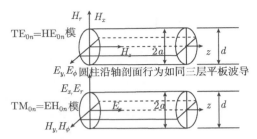

图 2.3-3A(a) 圆柱波导中的 TE, TM 模 ($m = 0$, 不旋转)

1) TE$_{0n}$ 模式

由式 (2.3-3a,b)，对 $E_z = 0, H_z \neq 0$，纵向分量只有

$$r \leqslant a: \quad H_{z2} = C_H \mathrm{J}_0 \left(u \frac{r}{a} \right) \tag{2.3-4e}$$

$$r \geqslant a: \quad H_{z1} = D_H \mathrm{K}_0 \left(w \frac{r}{a} \right) \tag{2.3-4f}$$

其非零横向分量为

$$r \leqslant a: \quad E_{\phi 2} = \mathrm{i} \frac{\omega \mu_0 a}{u} C_H \mathrm{J}_0' \left(u \frac{r}{a} \right), \quad H_{r2} = -\mathrm{i} \frac{\beta_z a}{u} C_H \mathrm{J}_0' \left(u \frac{r}{a} \right) \tag{2.3-4g}$$

$$r \geqslant a: \quad E_{\phi 1} = -\mathrm{i} \frac{\omega \mu_0 a}{w} D_H \mathrm{K}_0' \left(w \frac{r}{a} \right), \quad H_{r1} = \mathrm{i} \frac{\beta_z a}{w} D_H \mathrm{K}_0' \left(w \frac{r}{a} \right) \tag{2.3-4h}$$

由切向分量连续的边界条件:

$$H_{z1}(a) = H_{z2}(a), \quad E_{\phi 1}(a) = E_{\phi 2}(a) \tag{2.3-4i}$$

得出

$$C_H \mathrm{J}_0(u) = D_H \mathrm{K}_0(w), \quad C_H \frac{\mathrm{J}_0'(u)}{u} = -D_H \frac{\mathrm{K}_0'(w)}{w} \tag{2.3-4j}$$

相除或由定义 (2.3-3s) 写成:

$$\frac{\mathrm{J}_0'(u)}{u \mathrm{J}_0(u)} + \frac{\mathrm{K}_0'(w)}{w \mathrm{K}_0(w)} = 0 \quad \text{或} \quad Z_0 + X_0 = 0 \to \beta_z \tag{2.3-4k}$$

这是圆柱波导中求解 **TE 模本征值 β_z** 的本征方程，其第 n 个解可记为 **TE$_{0n}$**。

场系数 C_H 和 D_H 由式 (2.3-4j) 决定，D_H 可由 C_H 表为

$$D_H = \frac{\mathrm{J}_0(u)}{\mathrm{K}_0(w)} C_H \tag{2.3-4l}$$

2) TM$_{0n}$ 模式

由式 (2.3-3a,b)，对 $H_z = 0$，$E_z \neq 0$，纵向分量只有

$$r \leqslant a: \quad E_{z2} = A_{\mathrm{E}} \mathrm{J}_0 \left(u \frac{r}{a} \right) \tag{2.3-4m}$$

$$r \geqslant a: \quad E_{z1} = B_{\mathrm{E}} \mathrm{K}_0 \left(w \frac{r}{a} \right) \tag{2.3-4n}$$

非零的横向分量为

$$r \leqslant a: \quad E_{r2} = -\mathrm{i} \frac{\beta_z a}{u} A_{\mathrm{E}} \mathrm{J}_0' \left(u \frac{r}{a} \right), \quad H_{\phi 2} = -\mathrm{i} \frac{\omega \varepsilon_2 a}{u} A_{\mathrm{E}} \mathrm{J}_0' \left(u \frac{r}{a} \right) \tag{2.3-4o}$$

$$r \geqslant a: \quad E_{r1} = \mathrm{i} \frac{\beta_z a}{w} B_{\mathrm{E}} \mathrm{K}_0' \left(w \frac{r}{a} \right), \quad H_{\phi 1} = -\mathrm{i} \frac{\omega \varepsilon_1 a}{w} B_{\mathrm{E}} \mathrm{K}_0' \left(w \frac{r}{a} \right) \tag{2.3-4p}$$

由切向分量连续的边界条件:

$$E_{z1}(a) = E_{z2}(a), \quad H_{\phi 1}(a) = H_{\phi 2}(a) \tag{2.3-4q}$$

得出

$$A_E \mathrm{J}_0(u) = B_E \mathrm{K}_0(w), \quad -A_E \frac{\varepsilon_2 \mathrm{J}_0'(u)}{u} = B_E \frac{\varepsilon_1 \mathrm{K}_0'(w)}{w} \tag{2.3-4r}$$

相除并由式 (2.3-3s) 得

$$\frac{\varepsilon_2 \mathrm{J}_0'(u)}{u \mathrm{J}_0(u)} + \frac{\varepsilon_1 \mathrm{K}_0'(w)}{w \mathrm{K}_0(w)} = 0 \ \text{或} \ Z_0 + \left(\frac{\bar{n}_1^2}{\bar{n}_2^2} \right) X_0 = 0 \to \beta_z \tag{2.3-4s}$$

这是圆柱波导中求解 **TM 模本征值** β_z **的本征方程**, 其第 n 个解可表为 $\mathbf{TM}_{0n}$。

场系数 A_E 和 B_E 由式 (2.3-4r) 决定, B_E 可由 A_E 表为

$$B_E = \frac{\mathrm{J}_0(u)}{\mathrm{K}_0(w)} A_E \tag{2.3-4t}$$

由 **2.3.1 节**可见, 圆柱波导中 TE 或 TM 模式的同一个**波矢** β_z 决定**一对正反向行波**, 因而每个 TE 或 TM 模式各自都具有**二重简并性**。

2. 圆柱波导中作为判据的波阻抗

圆截面的圆柱波导中导波模式, 除简单的 TE 和 TM 模式之外, 还可有重要的混合模式 (HE, EH), 这两者可由波导有源区中**波阻抗 (wave impedance)** 的大小来区别。

真空波阻抗或平面波的电阻定义为

$$\eta_0 = \frac{E_0}{H_0} = \sqrt{\frac{\mu_0}{\varepsilon_0}} [\mathrm{Vcm}^{-1}\mathrm{A}^{-1}\mathrm{cm} = \mathrm{V \cdot A}^{-1} = \Omega] \tag{2.3-4u}$$

在无限大的各向同性介质中, 波阻抗将为

$$\eta = \frac{E}{H} = \sqrt{\frac{\mu}{\varepsilon}} \approx \frac{1}{\bar{n}} \sqrt{\frac{\mu_0}{\varepsilon_0}} = \frac{\eta_0}{\bar{n}} \tag{2.3-4u'}$$

其中, $\bar{n}$ 是各向同性介质的折射率。如果有源区中的传播模式是由**斜平面波**形成, 并沿 z 向传播常数为 β_z, 其模式折射率 $\overline{N}$ 定义为

$$\overline{N} = \frac{c_0}{v} = \frac{c_0}{\omega/\beta_z} = \frac{\beta_z}{k_0} \tag{2.3-4v}$$

其中，v 是导波的相速。波导中与该导波等价的平面波的波阻抗定义为

$$\eta_{\mathrm{p}} = \frac{E_{\mathrm{p}}}{H_{\mathrm{p}}} = \frac{1}{\overline{N}}\sqrt{\frac{\mu_0}{\varepsilon_0}} = \frac{\eta_0}{\overline{N}} = \frac{k_0}{\beta_z}\sqrt{\frac{\mu_0}{\varepsilon_0}} = \frac{\omega\sqrt{\varepsilon_0\mu_0}}{\beta_z}\sqrt{\frac{\mu_0}{\varepsilon_0}} = \frac{\omega\mu_0}{\beta_z} \tag{2.3-4w'}$$

当波导中定向传播的电磁场不再是平面波，其波阻抗在行波表述中定义为

$$\xi = \frac{E_z}{H_z} = \frac{A_E}{A_H} = -\left[\frac{\mathrm{J}'_m(u)}{u\mathrm{J}_m(u)} + \frac{\mathrm{K}'_m(w)}{w\mathrm{K}_m(w)}\right]\left(\frac{\omega\mu_0}{\beta_z}\right)\left(\frac{Bu^2}{m}\right)$$

$$m \neq 0, \quad B = \frac{w^2}{u^2 + w^2} \tag{2.3-4w}$$

对 $m = 0$，由于式 (2.3-3p)，ξ 将成为 $0/0$，不适用。

导波模式的相对波阻抗在圆柱波导中对其等价平面波阻抗之比称为**纵向场比** ρ：

$$\rho = \frac{\xi}{\eta_{\mathrm{p}}} = \frac{E_z/E_{\mathrm{p}}}{H_z/H_{\mathrm{p}}} = \frac{E_z/E_0}{\overline{N}\,(H_z/H_0)} = -\left[\frac{\mathrm{J}'_m(u)}{u\mathrm{J}_m(u)} + \frac{\mathrm{K}'_m(w)}{w\mathrm{K}_m(w)}\right]\left(\frac{Bu^2}{m}\right), \quad m \neq 0 \tag{2.3-4x}$$

由式 (2.3-4v,w)，或由式 (2.3-3p)：

$$\rho = \frac{\xi}{\eta_{\mathrm{p}}} = -\frac{m\overline{N}^2}{Bu^2}\frac{1}{\bar{n}_2^2 Z_m + \bar{n}_1^2 X_m}, \quad m \neq 0 \tag{2.3-4x'}$$

可见式 (2.3-4x) 和式 (2.3-4x′) 是与本征方程 (2.3-3p) 等价的。

当 $|\rho| > 1$，纵向电场 E_z 相对于等价平面波的电场 E_{p} 的相对大小 E_z/E_{p} 将大于纵向磁场 H_z 相对于等价平面波的磁场 H_{p} 的相对大小 H_z/H_{p}。反之，当 $|\rho| < 1$ 时，情况将相反，即，相对纵向磁场 H_z/H_{p} 将大于相对纵向电场 E_z/E_{p}。据此，对非零 E_z 和 H_z，$m \neq 0$ 的混合模式可分为：

(1) $|\rho| > 1$ **模式，称为 HE$_{mn}$ 模式**，电场主导的螺旋行波 (类似矩形波导的 $\mathbf{E}_{mn}^y \approx \mathbf{TE}_{mn}$) 　　　　　　　　　　　　　　　　　(2.3-4y)

(2) $|\rho| < 1$ **模式，称为 EH$_{mn}$ 模式**，磁场主导的螺旋行波 (类似矩形波导的 $\mathbf{E}_{mn}^x \approx \mathbf{TM}_{mn}$) 　　　　　　　　　　　　　　　　　(2.3-4z)

所有导波模式的传播常数 β_z，必须满足本征方程 (2.3-3p)，其中 β_z 将随 m 变化，而对每个 m 有由整数阶 n 表示的一组属于相同 β_z 和 m 的本征函数。这些可能导波模式的简并态，可根据其波阻抗的 $|\rho|$ 值，由 **HE$_{mn}$** 和 **EH$_{mn}$** 表示。

3. HE$_{mn}$ 和 EH$_{mn}$ 模式

HE 模式和 EH 模式的本征方程可由二次方程 (2.3-3p) 分解得出。用函数 (2.3-3s) 将式 (2.3-3p) 表为

$$[Z_m(u) + X_m(w)] \left[\bar{n}_2^2 Z_m(u) + \bar{n}_1^2 X_m(w)\right] = \frac{m^2\beta_z^2}{k_0^2}\left(\frac{1}{Bu^2}\right)^2 = \left(\frac{m\overline{N}}{Bu^2}\right)^2 \quad (2.3\text{-}5a)$$

或

$$\bar{n}_2^2 Z_m^2(u) + \left(\bar{n}_2^2 + \bar{n}_1^2\right) X_m(w) Z_m(u) + \left[\bar{n}_1^2 X_m^2(w) - \left(\frac{m\overline{N}}{Bu^2}\right)^2\right] = 0 \quad (2.3\text{-}5b)$$

其两个由根号前正负号区别的解式，经**纵向场比** ρ 判定分别为

HE 模本征方程:

$|\rho| > 1:$

$$Z_m(u) = \frac{1}{2\bar{n}_2^2}\left[-\left(\bar{n}_2^2 + \bar{n}_1^2\right)X_m(w) - \sqrt{\left(\bar{n}_2^2 - \bar{n}_1^2\right)^2 X_m^2(w) + 4\bar{n}_2^2\left(\frac{m\overline{N}}{Bu^2}\right)^2}\right]$$
$$(2.3\text{-}5c)$$

EH 模本征方程:

$|\rho| < 1:$

$$Z_m(u) = \frac{1}{2\bar{n}_2^2}\left[-\left(\bar{n}_2^2 + \bar{n}_1^2\right)X_m(w) + \sqrt{\left(\bar{n}_2^2 - \bar{n}_1^2\right)^2 X_m^2(w) + 4\bar{n}_2^2\left(\frac{m\overline{N}}{Bu^2}\right)^2}\right]$$
$$(2.3\text{-}5d)$$

[**证明**]　如果这两者之一判定是 EH 模的本征方程，则另一个就是 HE 模的本征方程。

(1) 由式 (2.3-5d):

$$Z_m(u) + \frac{\bar{n}_1^2}{\bar{n}_2^2}X_m(w) = -\frac{\bar{n}_2^2 - \bar{n}_1^2}{2\bar{n}_2^2}X_m(w) + \sqrt{\left(\frac{\bar{n}_2^2 - \bar{n}_1^2}{2\bar{n}_2^2}X_m(w)\right)^2 + \left(\frac{m\overline{N}}{\bar{n}_2 Bu^2}\right)^2}$$
$$(2.3\text{-}5e)$$

由式 (2.3-4x′):

$$\frac{1}{|\rho|} = \left|\frac{\bar{n}_2^2 Bu^2}{m\overline{N}^2}\left(Z_m(u) + \frac{\bar{n}_1^2}{\bar{n}_2^2}X_m(w)\right)\right|, \quad m \neq 0 \quad (2.3\text{-}5f)$$

将式 (2.3-5e) 代入式 (2.3-5f):

$$\frac{1}{|\rho|} = \left|\bar{n}_2^2\left[-\frac{\bar{n}_2^2 - \bar{n}_1^2}{2\bar{n}_2^2}X_m + \sqrt{\left(\frac{\bar{n}_2^2 - \bar{n}_1^2}{2\bar{n}_2^2}\right)^2 X_m^2 + \left(\frac{m\overline{N}}{\bar{n}_2 Bu^2}\right)^2}\right]\frac{Bu^2}{m\overline{N}^2}\right| \quad (2.3\text{-}5g)$$

由式 (A58)，圆柱函数的导数和迭代关系为

$$K_m'(w) = -K_{m+1}(w) + \frac{m}{w}K_m(w)$$
$$K_{m+1}(w) = \frac{2m}{w}K_m(w) + K_{m-1}(w)$$
$$(2.3\text{-}5h)$$

式 (2.3-5a) 中的 X_m 由式 (2.3-5h) 和式 (2.3-3s) 化为

$$X_m(w) = \frac{\mathrm{K}_m'(w)}{w\mathrm{K}_m(w)} = -\left[\frac{\mathrm{K}_{m-1}(w)}{w\mathrm{K}_m(w)} + \frac{m}{w^2}\right] \tag{2.3-5i}$$

可见, 对 w 的实数正值, X_m 也是实数, 但总是保持负值。因此, 式 (2.3-5g) 化为

对 $\bar{n}_2 > \overline{N}$:

$$\frac{1}{|\rho|} = \frac{(\bar{n}_2^2 - \bar{n}_1^2)\, Bu^2}{2m\overline{N}^2}|X_m| + \sqrt{\left[\frac{Bu^2\,(\bar{n}_2^2 - \bar{n}_1^2)}{2m\overline{N}^2}X_m\right]^2 + \frac{\bar{n}_2^2}{\overline{N}^2}} > 1, \quad m \neq 0 \tag{2.3-5j}$$

则

$$|\rho| < 1, \quad m \neq 0 \tag{2.3-5k}$$

故式 (2.3-5d) 是 **EH 模式的本征方程**。用排除法本来可对式 (2.3-5c) 下结论, 但仍作独立证明如下。

(2) 由式 (2.3-5c):

$$Z_m + X_m = \frac{\bar{n}_2^2 - \bar{n}_1^2}{2\bar{n}_2^2}X_m - \sqrt{\left(\frac{\bar{n}_2^2 - \bar{n}_1^2}{2\bar{n}_2^2}X_m\right)^2 + \left(\frac{m\overline{N}}{\bar{n}_2 Bu^2}\right)^2} \tag{2.3-5l}$$

将式 (2.3-5l) 代入式 (2.3-4x), 则得

$$\rho = -\left[\frac{\bar{n}_2^2 - \bar{n}_1^2}{2\bar{n}_2^2}X_m - \sqrt{\left(\frac{\bar{n}_2^2 - \bar{n}_1^2}{2\bar{n}_2^2}X_m\right)^2 + \left(\frac{m\overline{N}}{\bar{n}_2 Bu^2}\right)^2}\right]\frac{Bu^2}{m}, \quad m \neq 0 \tag{2.3-5m}$$

取绝对值:

$$|\rho| = \left[\frac{\bar{n}_2^2 - \bar{n}_1^2}{2\bar{n}_2^2}|X_m| + \sqrt{\left(\frac{\bar{n}_2^2 - \bar{n}_1^2}{2\bar{n}_2^2}X_m\right)^2 + \left(\frac{m\overline{N}}{\bar{n}_2 Bu^2}\right)^2}\right]\frac{Bu^2}{m}, \quad m \neq 0 \tag{2.3-5n}$$

如果

$$|\rho| > 1, \quad m \neq 0 \tag{2.3-5o}$$

则要求

$$\frac{\bar{n}_2^2 - \bar{n}_1^2}{2\bar{n}_2^2}|X_m| + \sqrt{\left(\frac{\bar{n}_2^2 - \bar{n}_1^2}{2\bar{n}_2^2}X_m\right)^2 + \left(\frac{m\overline{N}}{\bar{n}_2 Bu^2}\right)^2} > \frac{m}{Bu^2} \tag{2.3-5p}$$

或

$$\left(\frac{\bar{n}_2^2 - \bar{n}_1^2}{2\bar{n}_2^2}X_m\right)^2 + \left(\frac{\overline{N}}{\bar{n}_2}\frac{m}{Bu^2}\right)^2 > \left(\frac{m}{Bu^2} - \frac{\bar{n}_2^2 - \bar{n}_1^2}{2\bar{n}_2^2}|X_m|\right)^2 \tag{2.3-5q}$$

将式 (2.3-5i) 代入式 (2.3-5q):

$$\left(\frac{\bar{n}_2^2 - \bar{n}_1^2}{2\bar{n}_2^2}\right)^2 \left(\frac{\mathrm{K}_{m-1}}{w\mathrm{K}_m} + \frac{m}{w^2}\right)^2 + \left(\frac{m\overline{N}}{\bar{n}_2 Bu^2}\right)^2 > \left(\frac{m}{Bu^2} - \frac{\bar{n}_2^2 - \bar{n}_1^2}{2\bar{n}_2^2}\left(\frac{\mathrm{K}_{m-1}}{w\mathrm{K}_m} + \frac{m}{w^2}\right)\right)^2$$

$$= \left(\frac{m}{Bu^2}\right)^2 - \frac{m}{Bu^2}\frac{\bar{n}_2^2 - \bar{n}_1^2}{\bar{n}_2^2}\left(\frac{\mathrm{K}_{m-1}}{w\mathrm{K}_m} + \frac{m}{w^2}\right) + \left(\frac{\bar{n}_2^2 - \bar{n}_1^2}{2\bar{n}_2^2}\right)^2 \left(\frac{\mathrm{K}_{m-1}}{w\mathrm{K}_m} + \frac{m}{w^2}\right)^2 \quad (2.3\text{-}5\mathrm{r})$$

则

$$\frac{m\overline{N}^2}{\bar{n}_2^2 Bu^2} > \frac{m}{Bu^2} - \frac{\bar{n}_2^2 - \bar{n}_1^2}{\bar{n}_2^2}\left(\frac{\mathrm{K}_{m-1}}{w\mathrm{K}_m} + \frac{m}{w^2}\right) \quad (2.3\text{-}5\mathrm{s})$$

$$\frac{\mathrm{K}_{m-1}}{w\mathrm{K}_m} > \frac{\bar{n}_2^2}{\bar{n}_2^2 - \bar{n}_1^2}\frac{m}{Bu^2}\left(1 - \frac{\overline{N}^2}{\bar{n}_2^2}\right) - \frac{m}{w^2} = m\left(\frac{\bar{n}_2^2 - \overline{N}^2}{\bar{n}_2^2 - \bar{n}_1^2}\frac{u^2 + w^2}{u^2 w^2} - \frac{1}{w^2}\right)$$

$$= \frac{m}{w^2}\left[\frac{\bar{n}_2^2 - \overline{N}^2}{\bar{n}_2^2 - \bar{n}_1^2}\frac{a^2 k_0^2(\bar{n}_2^2 - \bar{n}_1^2)}{a^2 k_0^2(\bar{n}_2^2 - \overline{N}^2)} - 1\right] = 0 \quad (2.3\text{-}5\mathrm{t})$$

即要求

$$\frac{\mathrm{K}_{m-1}}{w\mathrm{K}_m} > 0 \quad (2.3\text{-}5\mathrm{u})$$

并可由 w 的任何实正值所满足。因此，条件 (2.3-5p) 总可满足，根据判据 $|\rho| > 1$，式 (2.3-5c) 是 **HE 模式的本征方程**。在光线图像 (图 2.3-3A(b)) 中，可由相应于 $m \neq 0$ **不交轴光线或空间光线**产生。

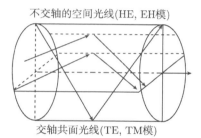

图 2.3-3A(b)　圆柱波导中的
交轴和不交轴光线

(3) 上述判据 (2.3-5k) 和 (2.3-5o) 是在 $m \neq 0$ 的条件下导出的。当 $m = 0$ 时，式 (2.3-3p) 将简化为 TE 和 TM 模式的两个本征方程：

$$\left[k_0^2 \bar{n}_2^2 \frac{\mathrm{J}_m'(u)}{u\mathrm{J}_m(u)} + k_0^2 \bar{n}_2^2 \frac{\mathrm{K}_m'(w)}{w\mathrm{K}_m(w)}\right]\left[\frac{\mathrm{J}_m'(u)}{u\mathrm{J}_m(u)} + \frac{\mathrm{K}_m'(w)}{w\mathrm{K}_m(w)}\right] = 0 \rightarrow$$

$$\begin{cases} \dfrac{\mathrm{J}_m'(u)}{u\mathrm{J}_m(u)} + \dfrac{\mathrm{K}_m'(w)}{w\mathrm{K}_m(w)} = Z_m(u) + X_m(w) = 0, & \text{TE 模} \\[3mm] \bar{n}_2^2 \dfrac{\mathrm{J}_m'(u)}{u\mathrm{J}_m(u)} + \bar{n}_2^2 \dfrac{\mathrm{K}_m'(w)}{w\mathrm{K}_m(w)} = \bar{n}_2^2 Z_m(u) + \bar{n}_2^2 X_m(w) = 0, & \text{TM 模} \end{cases} \quad (2.3\text{-}3\mathrm{p}')$$

而这是不能分别由式 (2.3-5j) 和式 (2.3-5n) 定义的判据所区分的。事实上，它们不是由令 $E_\mathrm{p} = 0$ 或 $H_\mathrm{p} = 0$ 导出的，但当 $m = 0$ 时，只将其分解为具有 TE 和 TM 特征的两个独立模式，而分别与 HE_{0n} 和 EH_{0n} 的本征方程一致。

2.3.4　导波模式的截止行为[10.1]

由于圆柱波导中得以存在的导波模式，实际上也可看成是平面波以某一**倾角**

在波导中反复作内全反射, 并相干叠加的结果, 从而构成一系列的分立态, 并有一系列相应的截止半径、截止波频或波长, 如**图 2.3-6B(a)~(c)** 所示。

1. HE_{mn} 和 EH_{mn} 模式的截止公式

圆柱波导中导波模式的**截止条件**仍为

$$\gamma \equiv \frac{w}{a} = 0 \quad \text{或} \quad \frac{\beta_z}{k_0} \equiv \overline{N} = \bar{n}_1 \tag{2.3-6a}$$

各种模式的截止公式可将截止条件代入相应模式的本征方程导出, 为此可先将有关方程作适当处理和简化。

由式 (2.3-2k,l):

$$\frac{u^2}{w^2} = \frac{\bar{n}_2^2 - \overline{N}^2}{\overline{N}^2 - \bar{n}_1^2} \rightarrow \overline{N}^2 = \frac{\bar{n}_1^2 u^2 + \bar{n}_2^2 w^2}{w^2} B, \quad B = \frac{w^2}{u^2 + w^2} \tag{2.3-6b}$$

从之得出

$$\frac{\overline{N}^2}{\bar{n}_2^2} \frac{1}{Bu^2} = \frac{\bar{n}_1^2 u^2 + \bar{n}_2^2 w^2}{\bar{n}_2^2 u^2 w^2} = \frac{1}{u^2} + \frac{\bar{n}_1^2}{\bar{n}_2^2} \frac{1}{w^2} \tag{2.3-6c}$$

或

$$\frac{m^2 \overline{N}^2}{\bar{n}_2^2} \left(\frac{1}{Bu^2} \right)^2 = m^2 \left(\frac{1}{u^2} + \frac{1}{w^2} \right) \left(\frac{1}{u^2} + \frac{\bar{n}_1^2}{\bar{n}_2^2} \frac{1}{w^2} \right) \rightarrow \left(\frac{m\overline{N}}{Bu^2} \right)^2$$
$$= m^2 \left(\frac{1}{u^2} + \frac{1}{w^2} \right) \left(\frac{\bar{n}_2^2}{u^2} + \frac{\bar{n}_1^2}{w^2} \right) \tag{2.3-6d}$$

则式 (2.3-5c) 化为

$$Z_m(u) = -\frac{(\bar{n}_2^2 + \bar{n}_1^2)}{2\bar{n}_2^2} X_m(w) - \sqrt{\left(\frac{\bar{n}_2^2 - \bar{n}_1^2}{2\bar{n}_2^2} \right)^2 X_m^2(w) + \frac{1}{\bar{n}_2^2} \left(\frac{m\overline{N}}{Bu^2} \right)^2} \tag{2.3-5c'}$$

令

$$S \equiv \left(\frac{\bar{n}_2^2 - \bar{n}_1^2}{2\bar{n}_2^2} \right)^2 X_m^2 + m^2 \left(\frac{1}{u^2} + \frac{1}{w^2} \right) \left(\frac{1}{u^2} + \frac{\bar{n}_1^2}{\bar{n}_2^2} \frac{1}{w^2} \right),$$
$$\Delta \equiv \frac{\bar{n}_2^2 - \bar{n}_1^2}{2\bar{n}_2^2} = \frac{(\bar{n}_2 - \bar{n}_1)(\bar{n}_2 + \bar{n}_1)}{2\bar{n}_2^2} \approx \frac{\Delta\bar{n}}{\bar{n}_2} \tag{2.3-6e}$$

由第二类变形贝塞尔函数小变量近似公式:

$$\mathrm{K}_m(w) \approx \frac{1}{2}\Gamma(m) \left(\frac{w}{2} \right)^{-m}, \quad m > 0, \quad \Gamma(m+1) = m\Gamma(m) = m! \tag{2.3-6f}$$

其中, $\Gamma(m)$ 是整数变量的 Γ 函数, 并由式 (2.3-5i) 得

$$X_m \approx -\frac{\frac{1}{2}\Gamma(m-1)\left(\frac{w}{2}\right)^{-m+1}}{w \cdot \frac{1}{2}\Gamma(m)\left(\frac{w}{2}\right)^{-m}} - \frac{m}{w^2} = -\frac{1}{2(m-1)} - \frac{m}{w^2}, \quad m \neq 1 \tag{2.3-6g}$$

将式 (2.3-6g) 代入式 (2.3-6e):

$$
S = \left(\frac{\bar{n}_2^2 - \bar{n}_1^2}{2\bar{n}_2^2}\right)^2 \left[\frac{m}{w^2} + \frac{1}{2(m-1)}\right]^2 + m^2 \left(\frac{1}{u^2} + \frac{1}{w^2}\right) \left(\frac{1}{u^2} + \frac{\bar{n}_1^2}{\bar{n}_2^2}\frac{1}{w^2}\right)
$$

$$
= \left(\frac{\bar{n}_2^2 - \bar{n}_1^2}{2\bar{n}_2^2}\right)^2 \left[\frac{m^2}{w^4} + \frac{m}{(m-1)w^2} + \frac{1}{4(m-1)^2}\right]
$$

$$
+ m^2 \left(\frac{1}{u^4} + \frac{\bar{n}_2^2 + \bar{n}_1^2}{\bar{n}_2^2}\frac{1}{u^2 w^2} + \frac{\bar{n}_1^2}{\bar{n}_2^2}\frac{1}{w^4}\right) \tag{2.3-6h}
$$

代入**截止条件**(2.3-6a),当 $w/a \to 0$ 时,式 (2.3-6h) 中除了 a/w 的幂之外的项可略,因此

$$
S \approx \left(\frac{\bar{n}_2^2 + \bar{n}_1^2}{2\bar{n}_2^2}\right)^2 \frac{m^2}{w^4} + \left(\frac{\bar{n}_2^2 - \bar{n}_1^2}{2\bar{n}_2^2}\right)^2 \frac{m}{(m-1)w^2} + \frac{\bar{n}_2^2 + \bar{n}_1^2}{\bar{n}_2^2}\frac{m^2}{u^2 w^2}
$$

$$
= \left(\frac{\bar{n}_2^2 + \bar{n}_1^2}{2\bar{n}_2^2}\right)^2 \frac{m^2}{w^4}\left[1 + \left(\frac{\bar{n}_2^2 - \bar{n}_1^2}{\bar{n}_2^2 + \bar{n}_1^2}\right)^2 \frac{w^2}{m(m-1)} + \frac{4\bar{n}_2^2}{\bar{n}_2^2 + \bar{n}_1^2}\frac{w^2}{u^2}\right] \tag{2.3-6i}
$$

$$
\sqrt{S} \approx \frac{\bar{n}_2^2 + \bar{n}_1^2}{2\bar{n}_2^2}\frac{m}{w^2}\left[1 + \left(\frac{\bar{n}_2^2 - \bar{n}_1^2}{\bar{n}_2^2 + \bar{n}_1^2}\right)^2 \frac{w^2}{2m(m-1)} + \frac{2\bar{n}_2^2}{\bar{n}_2^2 + \bar{n}_1^2}\frac{w^2}{u^2}\right]
$$

$$
= \frac{\bar{n}_2^2 + \bar{n}_1^2}{2\bar{n}_2^2}\frac{m}{w^2} + \frac{(\bar{n}_2^2 - \bar{n}_1^2)^2}{\bar{n}_2^2(\bar{n}_2^2 + \bar{n}_1^2)}\frac{1}{4(m-1)} + \frac{m}{u^2} \tag{2.3-6j}
$$

在截止条件下,由 HE_{mn} 模式的本征方程 (2.3-5c) 右边:

$$
Z_m^{(\mathrm{HE})} = -\frac{\bar{n}_2^2 + \bar{n}_1^2}{2\bar{n}_2^2}X_m - \sqrt{S} = \frac{\bar{n}_2^2 + \bar{n}_1^2}{2\bar{n}_2^2}\left(\frac{m}{w^2} + \frac{1}{2(m-1)}\right)
$$

$$
- \left[\frac{\bar{n}_2^2 + \bar{n}_1^2}{2\bar{n}_2^2}\frac{m}{w^2} + \frac{(\bar{n}_2^2 - \bar{n}_1^2)^2}{\bar{n}_2^2(\bar{n}_2^2 + \bar{n}_1^2)}\frac{1}{4(m-1)} + \frac{m}{u^2}\right] \tag{2.3-6k}
$$

即

$$
Z_m^{(\mathrm{HE})} = -\frac{\bar{n}_2^2 + \bar{n}_1^2}{2\bar{n}_2^2}X_m - \sqrt{S} = \frac{\bar{n}_1^2}{\bar{n}_2^2 + \bar{n}_1^2}\frac{1}{(m-1)} - \frac{m}{u^2} \tag{2.3-6l}
$$

相似地,对 EH_{mn},式 (2.3-5d) 右边将为

$$
Z_m^{(\mathrm{EH})} = -\frac{\bar{n}_2^2 + \bar{n}_1^2}{2\bar{n}_2^2}X_m + \sqrt{S} = \frac{\bar{n}_2^2 + \bar{n}_1^2}{\bar{n}_2^2}\frac{m}{w^2} + \frac{\bar{n}_2^4 + \bar{n}_1^4}{\bar{n}_2^2(\bar{n}_2^2 + \bar{n}_1^2)}\frac{1}{4(m-1)} + \frac{m}{u^2} \tag{2.3-6m}
$$

由定义 (2.3-3s) 和迭代关系 (A26) 得恒等关系:

$$
Z_m = \pm\frac{\mathrm{J}_{m\mp 1}(u)}{u\mathrm{J}_m(u)} \mp \frac{m}{u^2} \tag{2.3-6n}
$$

将式 (2.3-6l,n) 代入式 (2.3-5b)，得 $\mathbf{HE}_{mn}$ 模截止本征方程为

$$\frac{\mathrm{J}_{m-1}}{u\mathrm{J}_m} = \frac{\bar{n}_1^2}{\bar{n}_2^2 + \bar{n}_1^2} \frac{1}{(m-1)}, \quad m \neq 1 \tag{2.3-6o}$$

对 $m = 1$，由式 (2.3-5i) 和第二类变形贝塞尔函数的小变量 w 近似公式[10.1,10.2]：

$$\mathrm{K}_0(w) \approx -\ln(w) \to X_1(w) = \frac{\mathrm{K}_1'(w)}{w\mathrm{K}_1(w)} = -\left[\frac{\mathrm{K}_0(w)}{w\mathrm{K}_1(w)} + \frac{1}{w^2}\right]$$

$$\approx \frac{\ln(w)}{(w/2)\,\Gamma(1)\,(w/2)^{-1}} - \frac{1}{w^2} = \ln(w) - \frac{1}{w^2} \tag{2.3-6p}$$

代入式 (2.3-6e)：

$$S = \left(\frac{\bar{n}_2^2 - \bar{n}_1^2}{2\bar{n}_2^2}\right)^2 \left[-\frac{1}{w^2} + \ln(w)\right]^2 + \left(\frac{1}{u^2} + \frac{1}{w^2}\right)\left(\frac{1}{u^2} + \frac{\bar{n}_1^2}{\bar{n}_2^2}\frac{1}{w^2}\right)$$

$$\approx \left(\frac{\bar{n}_2^2 + \bar{n}_1^2}{2\bar{n}_2^2}\right)^2 \frac{1}{w^4}\left[1 - 2\left(\frac{\bar{n}_2^2 - \bar{n}_1^2}{\bar{n}_2^2 + \bar{n}_1^2}\right)^2 w^2\ln(w) + \frac{4\bar{n}_2^2}{\bar{n}_2^2 + \bar{n}_1^2}\frac{w^2}{u^2}\right] \tag{2.3-6q}$$

$$\sqrt{S} \approx \frac{\bar{n}_2^2 + \bar{n}_1^2}{2\bar{n}_2^2}\frac{1}{w^2}\left[1 - \left(\frac{\bar{n}_2^2 - \bar{n}_1^2}{\bar{n}_2^2 + \bar{n}_1^2}\right)^2 w^2\ln(w) + \frac{2\bar{n}_2^2}{\bar{n}_2^2 + \bar{n}_1^2}\frac{w^2}{u^2}\right]$$

$$= \frac{\bar{n}_2^2 + \bar{n}_1^2}{2\bar{n}_2^2}\frac{1}{w^2} - \frac{(\bar{n}_2^2 - \bar{n}_1^2)^2}{2\bar{n}_2^2(\bar{n}_2^2 + \bar{n}_1^2)}\ln(w) + \frac{1}{u^2} \tag{2.3-6r}$$

由式 (2.3-6n) 和式 (2.3-6r)，HE_{1n} 的本征方程 (2.3-5b) 左右边分别化为

$$\frac{\mathrm{J}_0}{u\mathrm{J}_1} - \frac{1}{u^2} = -\frac{\bar{n}_2^2 + \bar{n}_1^2}{2\bar{n}_2^2}\left[-\frac{1}{w^2} + \ln(w)\right] - \sqrt{S} = -\frac{2\bar{n}_1^2}{\bar{n}_2^2 + \bar{n}_1^2}\ln(w) - \frac{1}{u^2} \tag{2.3-6s}$$

因此

$$\frac{\mathrm{J}_0}{u\mathrm{J}_1} = -\frac{2\bar{n}_1^2}{\bar{n}_2^2 + \bar{n}_1^2}\ln(w) \tag{2.3-6t}$$

当 $w/a \to 0$ 时，式 (2.3-6t) 右边趋于无穷，故 $\mathbf{HE}_{1n}$ 模式的截止方程为：

$$\mathrm{J}_1(u) = 0 \tag{2.3-6u}$$

式 (2.3-6u) 的第一个根 ($n = 1$) 是 $u = 0$，表明 $\mathbf{HE}_{11}$ 模式是在圆柱形介电波导中的一个基模，并且永远不会截止。

相似地，由式 (2.3-6m) 和式 (2.3-6n)，将 EH_{mn} 模式的本征方程 (2.3-5c) 左右边化为

$$Z_m^{(\mathrm{EH})} = \frac{\mathrm{J}_{m+1}}{u\mathrm{J}_m} = -\frac{\bar{n}_2^2 + \bar{n}_1^2}{\bar{n}_2^2}\frac{m}{w^2} - \frac{\bar{n}_2^4 + \bar{n}_1^4}{\bar{n}_2^2(\bar{n}_2^2 + \bar{n}_1^2)}\frac{1}{4(m-1)} \tag{2.3-6v}$$

当 $w/a \to 0$ 时，其右边第二项相对于第一项可略，得

$$\frac{\mathrm{J}_{m+1}}{u\mathrm{J}_m} \to -\frac{\bar{n}_2^2 + \bar{n}_1^2}{\bar{n}_2^2}\frac{m}{w^2} \tag{2.3-6w}$$

当 $w/a \to 0$ 时，对 $m \neq 0$，式 (2.3-6w) 的右边趋于无穷，故得

EH$_{mn}$ 模截止本征方程:

$$\mathrm{J}_m(u) = 0, \quad m \neq 0, \quad u \neq 0 \tag{2.3-6x}$$

其根的分布如**图 A2** 所示。其中，当 $m \geqslant 0$ 时，其根 $u \neq 0$ 是因为如 $u = 0$，由于 $m \neq 0, \mathrm{J}_m(u=0) = 0$，这时式 (2.3-6w) 的左边将成为

$$\frac{\mathrm{J}_{m+1}(u)}{u\mathrm{J}_m(u)} = \frac{0}{0} \tag{2.3-6y}$$

从而无法满足式 (2.3-6w) 的右边的要求。

2. TE$_{0n}$ 和 TM$_{0n}$ 模式的截止公式

由式 (A28) 和式 (A58):

$$\mathrm{J}_0'(u) = -\mathrm{J}_1(u), \quad \mathrm{K}_0'(w) = -\mathrm{K}_1(w) \tag{2.3-7a}$$

则由式 (2.3-4k) 和式 (2.3-4s) 得

TE 模式的本征方程:

$$\frac{\mathrm{J}_0'(u)}{u\mathrm{J}_0(u)} = -\frac{\mathrm{K}_0'(w)}{w\mathrm{K}_0(w)} \Rightarrow \frac{\mathrm{J}_1(u)}{u\mathrm{J}_0(u)} = -\frac{\mathrm{K}_1(w)}{w\mathrm{K}_0(w)} \tag{2.3-7b}$$

TM 模式的本征方程:

$$\frac{\bar{n}_2^2\mathrm{J}_0'(u)}{u\mathrm{J}_0(u)} = -\frac{\bar{n}_1^2\mathrm{K}_0'(w)}{w\mathrm{K}_0(w)}, \Rightarrow \frac{\mathrm{J}_1(u)}{u\mathrm{J}_0(u)} = -\frac{\bar{n}_1^2}{\bar{n}_2^2}\frac{\mathrm{K}_1(w)}{w\mathrm{K}_0(w)} \tag{2.3-7c}$$

对小变量 w，近似为式 (2.3-6p): $\mathrm{K}_0 \approx -\ln(w)$，并由式 (2.3-6f)，

$$\mathrm{K}_1(w) \approx \frac{1}{2}\varGamma(1)\left(\frac{w}{2}\right)^{-1} = \frac{1}{2}\frac{2}{w} = \frac{1}{w}, \varGamma(1) = 1$$

在式 (2.3-7b) 右边和式 (2.3-7c) 化为

$$\frac{\mathrm{K}_1(w)}{w\mathrm{K}_0(w)} = \frac{1}{w^2\ln(w)} \tag{2.3-7d}$$

但是[10.1,10.7]

$$\lim_{w\to 0}\left[w^2\ln(w)\right] = 0 \tag{2.3-7e}$$

则当 $w \to 0$ 时，式 (2.3-7b) 左边和式 (2.3-7c) 趋于无穷，故得

TE$_{0n}$ 模和 TM$_{0n}$ 模截止公式: $\quad \mathrm{J}_0(u) = 0, \quad u \neq 0 \tag{2.3-7f}$

其根的分布如附录 A 的**图 A2** 所示。

2.3.5　弱波导[10.1]

当 $\bar{n}_2 \approx \bar{n}_1$, 圆柱波导的导波作用较弱，这时式 (2.3-2k) 化为

$$k_0\bar{n}_1 \approx \beta_z \approx k_0\bar{n}_2, \quad |\rho| = 1 \tag{2.3-7g}$$

1. 本征方程

由式 (2.3-7e)，一般的本征方程 (2.3-5c) 和 (2.3-5d) 化为

$$Z_m(u) \approx -X_m(w) \mp \left(\frac{m}{Bu^2}\right) \to Z_m(u) + X_m(w) \approx \mp\frac{m}{Bu^2}$$

$$= \mp m\frac{u^2+w^2}{u^2w^2} = \mp m\left(\frac{1}{u^2}+\frac{1}{w^2}\right), \quad \rho = \pm 1$$

$$\text{HE}_{mn} \text{ 模式}: Z_m + X_m = -m\left(\frac{1}{u^2}+\frac{1}{w^2}\right), \quad \rho = +1 \tag{2.3-7h}$$

$$\text{EH}_{mn} \text{ 模式}: Z_m + X_m = +m\left(\frac{1}{u^2}+\frac{1}{w^2}\right), \quad \rho = -1 \tag{2.3-7i}$$

由第一类贝塞尔函数 $J_m(u)$ 和第二类变形贝塞尔函数 $K_m(w)$ 的迭代关系 (A25)、(A26) 和 (A58)：

$$2J'_m(u) = J_{m-1}(u) - J_{m+1}(u), \quad \frac{2m}{u}J_m(u) = J_{m+1}(u) + J_{m-1}(u) \tag{2.3-7j}$$

$$2K'_m(w) = -K_{m+1}(w) - K_{m-1}(w), \quad \frac{2m}{w}K_m(w) = K_{m+1}(w) - K_{m-1}(w) \tag{2.3-1k}$$

由式 (2.3-3s)，式 (2.3-6n) 和式 (2.3-5i)：

$$Z_m = \pm\frac{J_{m\mp1}(u)}{uJ_m(u)} \mp \frac{m}{u^2}, \quad X_m = -\frac{K_{m\mp1}(w)}{wK_m(w)} \mp \frac{m}{w^2}, \quad \rho = \pm 1 \tag{2.3-7l}$$

将式 (2.3-7l) 代入式 (2.3-7h,i) 得出

HE$_{mn}$ ($\rho = +1$):

$$\frac{J_{m-1}(u)}{uJ_m(u)} - \frac{m}{u^2} - \frac{K_{m-1}(w)}{wK_m(w)} - \frac{m}{w^2} = -m\left(\frac{1}{u^2}+\frac{1}{w^2}\right) \to \frac{J_{m-1}(u)}{uJ_m(u)} = \frac{K_{m-1}(w)}{wK_m(w)}\Big|_{\text{HE}_{mn}} \tag{2.3-7m}$$

EH$_{mn}$ ($\rho = -1$):

$$-\frac{J_{m+1}(u)}{uJ_m(u)} + \frac{m}{u^2} - \frac{K_{m+1}(w)}{wK_m(w)} + \frac{m}{w^2} = m\left(\frac{1}{u^2}+\frac{1}{w^2}\right) \to \frac{J_{m+1}(u)}{uJ_m(u)} = -\frac{K_{m+1}(w)}{wK_m(w)}\Big|_{\text{EH}_{mn}} \tag{2.3-7n}$$

2. $\mathrm{EH}_{m,n}$ 和 $\mathrm{HE}_{m+2,n}$ 之间的简并性

在式 (2.3-7j,k) 中用 $m+1$ 代替 m, 得出恒等式:

$$\frac{2(m+1)}{u}\mathrm{J}_{m+1} = \mathrm{J}_m + \mathrm{J}_{m+2} \Rightarrow 2(m+1) = \frac{u\mathrm{J}_m}{\mathrm{J}_{m+1}} + \frac{u\mathrm{J}_{m+2}}{\mathrm{J}_{m+1}} \tag{2.3-7o}$$

$$\frac{2(m+1)}{w}\mathrm{K}_{m+1} = -\mathrm{K}_m + \mathrm{K}_{m+2} \Rightarrow 2(m+1) = -\frac{w\mathrm{K}_m}{\mathrm{K}_{m+1}} + \frac{w\mathrm{K}_{m+2}}{\mathrm{K}_{m+1}} \tag{2.3-7p}$$

由式 (2.3-7 为 o,p) 得出

$$\frac{u\mathrm{J}_m}{\mathrm{J}_{m+1}} + \frac{u\mathrm{J}_{m+2}}{\mathrm{J}_{m+1}} = -\frac{w\mathrm{K}_m}{\mathrm{K}_{m+1}} + \frac{w\mathrm{K}_{m+2}}{\mathrm{K}_{m+1}} \tag{2.3-7q}$$

则

$$-\frac{u\mathrm{J}_{m+2}}{\mathrm{J}_{m+1}} + \frac{w\mathrm{K}_{m+2}}{\mathrm{K}_{m+1}} \overset{\text{式 (2.3-7q)}}{=\!=\!=} \frac{u\mathrm{J}_m}{\mathrm{J}_{m+1}} + \frac{w\mathrm{K}_m}{\mathrm{K}_{m+1}} \overset{\text{式 (2.3-7n)}}{\underset{\mathrm{EH}_{mn}}{=\!=\!=}} -\frac{w\mathrm{K}_m}{\mathrm{K}_{m+1}} + \frac{w\mathrm{K}_m}{\mathrm{K}_{m+1}}$$

$$= 0 \to \begin{cases} \dfrac{\mathrm{J}_{m+1}}{u\mathrm{J}_m} = -\dfrac{\mathrm{K}_{m+1}}{w\mathrm{K}_m}\mathrm{EH}_{mn} \\[2mm] \dfrac{\mathrm{J}_{m+1}}{u\mathrm{J}_{m+2}} = \dfrac{\mathrm{K}_{m+1}}{w\mathrm{K}_{m+2}}\mathrm{HE}_{m+2,n} \end{cases} \tag{2.3-7r}$$

因而得出两个等价的本征方程:

$$\frac{\mathrm{J}_{m+1}(u)}{u\mathrm{J}_m(u)} = -\frac{\mathrm{K}_{m+1}(w)}{w\mathrm{K}_m(w)}\bigg|_{\mathrm{EH}_{mn}} \Leftrightarrow \frac{\mathrm{J}_{m+1}}{u\mathrm{J}_{m+2}} = \frac{\mathrm{K}_{m+1}}{w\mathrm{K}_{m+2}}\bigg|_{\mathrm{HE}_{m+2,n}} \tag{2.3-7s}$$

式 (2.3-7s) 与式 (2.3-7m) 中用 $m+2$ 代替 m 的结果相同, 即 $\mathbf{EH}_{m,n}=\mathbf{HE}_{m+2,n}$, 该模式重合而成为**传播常数 (本征值)**和相速都彼此相同但**电磁场分布 (本征函数)**不同的简并模式。

3. 简并模式的波阻抗

由波阻抗定义 (2.3-4x):

$$\rho = \frac{\xi}{\eta_\mathrm{p}} = -\left(Z_m + X_m\right)\frac{Bu^2}{m} = -\frac{Z_m + X_m}{m}\left(\frac{1}{u^2} + \frac{1}{w^2}\right)^{-1} \tag{2.3-7t}$$

将弱波导的式 (2.3-7h,i) 代入:

$$\rho \overset{\mathrm{HE}_{mn}}{=\!=\!=} -\frac{-m}{m}\left(\frac{1}{u^2} + \frac{1}{w^2}\right)\left(\frac{1}{u^2} + \frac{1}{w^2}\right)^{-1} = +1,$$

$$\rho \overset{\mathrm{EH}_{mn}}{=\!=\!=} -\frac{+m}{m}\left(\frac{1}{u^2} + \frac{1}{w^2}\right)\left(\frac{1}{u^2} + \frac{1}{w^2}\right)^{-1} = -1$$

表明作为判据的波阻抗在弱波导不取绝对值:

$$\text{HE}_{mn} \text{ 模式: } \rho = +1; \quad \text{EH}_{mn} \text{ 模式: } \rho = -1 \qquad (2.3\text{-}7\text{u, v})$$

弱波导模式的模式折射率将为

$$\overline{N} = \frac{\beta_z}{k_0} \approx \bar{n}_2 \to \eta_g = \frac{1}{\overline{N}}\sqrt{\frac{\mu_0}{\varepsilon_0}} \approx \frac{1}{\bar{n}_2}\sqrt{\frac{\mu_0}{\varepsilon_0}} \qquad (2.3\text{-}7\text{w, x})$$

由式 (2.3-7u,v)，行波波阻抗同值反号:

$$\xi^{(\text{HE})} = \frac{A_E}{A_H} \approx \frac{1}{\bar{n}_2}\sqrt{\frac{\mu_0}{\varepsilon_0}}, \quad \xi^{(\text{EH})} = \frac{A_E}{A_H} \approx -\frac{1}{\bar{n}_2}\sqrt{\frac{\mu_0}{\varepsilon_0}} \approx -\xi^{(\text{HE})} \qquad (2.3\text{-}7\text{y, z})$$

4. 简并模式的场分布

式 (2.3-3a,b) 的纵向场分布和横向场分布 (2.3-3c~f) 和 (2.3-3g~j) 对弱导波模式仍然成立。由边界条件 (2.3-3k), 并由式 (2.3-3l) 得

$$B_E = \frac{\text{J}_m(u)}{\text{K}_m(w)} A_E, \quad B_H = \frac{\text{J}_m(u)}{\text{K}_m(w)} A_H \qquad (2.3\text{-}8\text{a, b})$$

由式 (2.3-7y,z) 得出

$$A_H = \pm\bar{n}_2\sqrt{\frac{\varepsilon_0}{\mu_0}} A_E, \quad B_H = \pm\frac{\text{J}_m(u)}{\text{K}_m(w)}\bar{n}_2\sqrt{\frac{\varepsilon_0}{\mu_0}} A_E = \pm\bar{n}_2\sqrt{\frac{\varepsilon_0}{\mu_0}} B_E \begin{cases} +(\text{HE}) \\ -(\text{EH}) \end{cases}$$
$$(2.3\text{-}8\text{c, d})$$

这是场系数 A_H, B_E, B_H, A_E 之间的关系。

1) HE_{mn} 模场

在芯柱内外的分布分别为 (对比式 $(2.3\text{-}3\text{a}' \sim \text{j}')$)

$r \leqslant a$:

$$E_{z2} = A_E \text{J}_m\left(\frac{ur}{a}\right)\cos(m\phi), \quad H_{z2} = \pm A_E\bar{n}_2\sqrt{\frac{\varepsilon_0}{\mu_0}}\text{J}_m\left(\frac{ur}{a}\right)\sin(m\phi) \qquad (2.3\text{-}8\text{e})$$

$r \geqslant a$:

$$E_{z1} = A_E\frac{\text{J}_m(u)}{\text{K}_m(w)}\text{K}_m\left(\frac{wr}{a}\right)\cos(m\phi)$$

$$H_{z1} = \pm A_E\bar{n}_2\sqrt{\frac{\varepsilon_0}{\mu_0}}\frac{\text{J}_m(u)}{\text{K}_m(w)}\text{K}_m\left(\frac{wr}{a}\right)\sin(m\phi) \qquad (2.3\text{-}8\text{f})$$

由迭代关系 (2.3-7j):

$$\text{J}'_m(u) = \frac{1}{2}\left(\text{J}_{m-1} - \text{J}_{m+1}\right)\begin{cases} \overset{\text{消 J}_{m+1}}{=}\dfrac{1}{2}\left(2\text{J}_{m-1} - \dfrac{2m}{u}\text{J}_m\right) \\[3mm] \overset{\text{消 J}_{m-1}}{=}\dfrac{1}{2}\left(-2\text{J}_{m+1} + \dfrac{2m}{u}\text{J}_m\right) \end{cases} = \pm\text{J}_{m\mp1} \mp \frac{m}{u}\text{J}_m$$

$$(2.3\text{-}8\text{g})$$

$$K'_m(u) = -\frac{1}{2}\left(K_{m-1}+K_{m+1}\right)\begin{cases} \overset{消\ K_{m+1}}{=\!=}-\frac{1}{2}\left(2K_{m-1}+\frac{2m}{w}K_m\right) \\ \overset{消\ K_{m-1}}{=\!=}-\frac{1}{2}\left(2K_{m+1}-\frac{2m}{w}K_m\right) \end{cases} = -\left(K_{m\mp1}\pm\frac{m}{w}K_m\right)$$

$$(2.3\text{-}8h)$$

取式 (2.3-8g) 的上面的正或负号, 并将式 (2.3-8h) 代入式 (2.3-3c~j), 例如, 对芯区 $r \leqslant a$ 得出

$$E_{r2} = -\mathrm{i}\frac{a^2}{u^2}\left[\frac{\beta_z u}{a}A_E J'_m\left(\frac{ur}{a}\right)+\frac{\omega\mu_0}{r}mA_H J_m\left(\frac{ur}{a}\right)\right]\cos(m\phi)$$

$$= -\mathrm{i}\frac{a^2}{u^2}\left[\frac{\beta_z u}{a}A_E\left(J_{m-1}-\frac{m}{\left(\frac{ur}{a}\right)}J_m\right)+\frac{\omega\mu_0}{r}mA_E\bar{n}_2\sqrt{\frac{\varepsilon_0}{\mu_0}}J_m\right]\cos(m\phi)$$

$$= -\mathrm{i}\frac{a^2}{u^2}\left[\frac{\beta_z u}{a}A_E J_{m-1}+\frac{m}{r}A_E J_m\left(\omega\sqrt{\mu_0\varepsilon_0}\bar{n}_2-\beta_z\right)\right]\cos(m\phi)$$

$$= -\mathrm{i}\frac{\beta_z a}{u}A_E J_{m-1}\cos(m\phi), \quad \because \beta_z \approx \omega\sqrt{\mu_0\varepsilon_0}\bar{n}_2$$

类此处理, 得出的 HE_{mn} 模电磁场分布归纳如下。

$$r \leqslant a: E_{r2} = -\mathrm{i}\frac{\beta_z a}{u}A_E J_{m-1}\left(\frac{ur}{a}\right)\cos(m\phi),$$

$$H_{r2} = -\mathrm{i}\frac{\beta_z a}{u}\bar{n}_2\sqrt{\frac{\varepsilon_0}{\mu_0}}A_E J_{m-1}\left(\frac{ur}{a}\right)\sin(m\phi) \qquad (2.3\text{-}8i)$$

$$E_{\phi2} = +\mathrm{i}\frac{\beta_z a}{u}A_E J_{m-1}\left(\frac{ur}{a}\right)\sin(m\phi),$$

$$H_{\phi2} = -\mathrm{i}\frac{\beta_z a}{u}\bar{n}_2\sqrt{\frac{\varepsilon_0}{\mu_0}}A_E J_{m-1}\left(\frac{ur}{a}\right)\cos(m\phi) \qquad (2.3\text{-}8j)$$

$$r \geqslant a: E_{r1} = -\mathrm{i}\frac{\beta_z a}{w}B_E K_{m-1}\left(\frac{wr}{a}\right)\cos(m\phi),$$

$$H_{r1} = -\mathrm{i}\frac{\beta_z a}{w}\bar{n}_2\sqrt{\frac{\varepsilon_0}{\mu_0}}B_E K_{m-1}\left(\frac{wr}{a}\right)\sin(m\phi) \qquad (2.3\text{-}8k)$$

$$E_{\phi1} = +\mathrm{i}\frac{\beta_z a}{w}B_E K_{m-1}\left(\frac{wr}{a}\right)\sin(m\phi),$$

$$H_{\phi1} = -\mathrm{i}\frac{\beta_z a}{w}\bar{n}_2\sqrt{\frac{\varepsilon_0}{\mu_0}}B_E K_{m-1}\left(\frac{wr}{a}\right)\cos(m\phi) \qquad (2.3\text{-}8l)$$

2) EH_{mn} 模场

取式 (2.3-8g,h) 下面的正或负号, 代入式 (2.3-3c~j), 则得其场分布为

$$r \leqslant a: E_{r2} = +\mathrm{i}\frac{\beta_z a}{u}A_E J_{m-1}\left(\frac{ur}{a}\right)\cos(m\phi),$$

$$H_{r2} = +\mathrm{i}\frac{\beta_z a}{u}\bar{n}_2\sqrt{\frac{\varepsilon_0}{\mu_0}}A_E J_{m-1}\left(\frac{ur}{a}\right)\sin(m\phi) \qquad (2.3\text{-}8m)$$

$$E_{\phi 2} = +\mathrm{i}\frac{\beta_z a}{u} A_E \mathrm{J}_{m+1}\left(\frac{ur}{a}\right)\sin\left(m\phi\right),$$

$$H_{\phi 2} = +\mathrm{i}\frac{\beta_z a}{u}\bar{n}_2\sqrt{\frac{\varepsilon_0}{\mu_0}} A_E \mathrm{J}_{m+1}\left(\frac{ur}{a}\right)\cos\left(m\phi\right) \tag{2.3-8n}$$

$$r \geqslant a: E_{r1} = -\mathrm{i}\frac{\beta_z a}{w} B_E \mathrm{K}_{m+1}\left(\frac{wr}{a}\right)\cos\left(m\phi\right),$$

$$H_{r1} = +\mathrm{i}\frac{\beta_z a}{w}\bar{n}_2\sqrt{\frac{\varepsilon_0}{\mu_0}} B_E \mathrm{K}_{m+1}\left(\frac{wr}{a}\right)\sin\left(m\phi\right) \tag{2.3-8o}$$

$$E_{\phi 1} = -\mathrm{i}\frac{\beta_z a}{w} B_E \mathrm{K}_{m+1}\left(\frac{wr}{a}\right)\sin\left(m\phi\right),$$

$$H_{\phi 1} = -\mathrm{i}\frac{\beta_z a}{w}\bar{n}_2\sqrt{\frac{\varepsilon_0}{\mu_0}} B_E \mathrm{K}_{m+1}\left(\frac{wr}{a}\right)\cos\left(m\phi\right) \tag{2.3-8p}$$

5. 光功率限制因子

对于弱波导,光功率限制因子 Γ_{P} 可近似定义为

$$\Gamma_{\mathrm{P}} \equiv \frac{\mathrm{Re}\displaystyle\int_{-\frac{d}{2}}^{\frac{d}{2}}\left(\boldsymbol{E}\times\boldsymbol{H}^*\right)_z\mathrm{d}x}{\mathrm{Re}\displaystyle\int_{-\infty}^{\infty}\left(\boldsymbol{E}\times\boldsymbol{H}^*\right)_z\mathrm{d}x} \tag{2.3-8q}$$

并可由积分坡印亭矢量 $\boldsymbol{S}$ 算出

$$\boldsymbol{S} = \boldsymbol{E}\times\boldsymbol{H}^* \tag{2.3-8r}$$

其中,$\boldsymbol{H}^*$ 是磁场的复数共轭。功率流密度 $\boldsymbol{P}$ 是 $\boldsymbol{S}$ 的时间平均:

$$\boldsymbol{P} = \mathrm{Re}\left(\frac{1}{2}\boldsymbol{E}\times\boldsymbol{H}^*\right) \tag{2.3-8s}$$

在笛卡儿坐标系 $(\underline{i}_x,\underline{i}_y,\underline{i}_z,)$ 中,坡印亭矢量通常可表为

$$\boldsymbol{S} = \boldsymbol{E}\times\boldsymbol{H}^* = \begin{vmatrix} \underline{i}_x, & \underline{i}_y, & \underline{i}_z, \\ E_x & E_y & E_z \\ H_x^* & H_y^* & H_z^* \end{vmatrix}$$
$$= \left(E_y H_z^* - E_z H_y^*\right)\underline{i}_x, + \left(E_z H_x^* - E_x H_z^*\right)\underline{i}_y, + \left(E_x H_y^* - E_y H_x^*\right)\underline{i}_z, \tag{2.3-8t}$$

而在圆柱坐标系 (i_r,i_ϕ,i_z), 中转换为

$$\boldsymbol{S} = \boldsymbol{E}\times\boldsymbol{H}^* = \begin{vmatrix} \boldsymbol{i}_r & \boldsymbol{i}_\phi & \boldsymbol{i}_z \\ E_r & E_\phi & E_z \\ H_r^* & H_\phi^* & H_z^* \end{vmatrix} = \left(E_\phi H_z^* - E_z H_\phi^*\right)\boldsymbol{i}_r$$
$$+ \left(E_z H_r^* - E_r H_z^*\right)\boldsymbol{i}_\phi + \left(E_r H_\phi^* - E_\phi H_r^*\right)\boldsymbol{i}_z \tag{2.3-8u}$$

$$S_r = \frac{1}{2}\text{Re}\left(E_\phi H_z^* - E_z H_\phi^*\right), \quad S_\phi = \frac{1}{2}\text{Re}\left(E_z H_r^* - E_r H_z^*\right),$$

$$S_z = \frac{1}{2}\text{Re}\left(E_r H_\phi^* - E_\phi H_r^*\right) \tag{2.3-8v}$$

$$\Gamma_r = \int_0^a S_r \mathrm{d}r \bigg/ \int_0^\infty S_r \mathrm{d}r, \quad \Gamma_\phi = \int_0^a S_\phi \mathrm{d}r \bigg/ \int_0^\infty S_\phi \mathrm{d}r, \quad \Gamma_z = \int_0^a S_z \mathrm{d}r \bigg/ \int_0^\infty S_z \mathrm{d}r \tag{2.3-8w}$$

根据式 (2.3-3c~j) 的场分布，S_r 和 S_ϕ 没有实部，因为

$$S_r = \frac{1}{2}\text{Re}(E_\phi H_z^* - E_z H_\phi^*) = 0, \quad S_\phi = \frac{1}{2}\text{Re}(E_z H_r^* - E_r H_z^*) = 0 \tag{2.3-8x}$$

$$S_{z2} = \frac{1}{2}\text{Re}\left(E_r H_\phi^* - E_\phi H_r^*\right) = \frac{a^4}{2u^4}\left(\beta_z^2 + \omega^2\mu_0\varepsilon_2\right)A_E A_H \left(\frac{m}{r}\text{J}_m\right)\left(\frac{u}{a}\text{J}_m'\right)$$
$$+ \frac{a^4}{2u^4}\beta_z\left(\omega\mu_0 A_H^2\cos^2(m\phi) + \omega\varepsilon_2 A_E^2\sin^2(m\phi)\right)\left(\frac{m}{r}\text{J}_m\right)^2 \tag{2.3-8y}$$

$$S_{z1} = \frac{1}{2}\text{Re}\left(E_{r2}H_{\phi2}^* - E_{\phi2}H_{r2}^*\right)$$
$$= -\frac{a^4}{2w^4}\left(\beta_z^2 + \omega^2\mu_0\varepsilon_1\right)B_E B_H \left(\frac{m}{r}\text{K}_m\right)\left(\frac{w}{a}\text{K}_m'\right)$$
$$+ \frac{a^4}{2w^4}\beta_z\left[\left(\omega\mu_0 B_H^2\cos^2(m\phi) + \omega\varepsilon_1 B_E^2\sin^2(m\phi)\right)\right]\left(\frac{m}{r}\text{K}_m\right)^2$$
$$+ \frac{a^4}{2w^4}\beta_z\left[\left(\omega\varepsilon_1 B_E^2\cos^2(m\phi) + \omega\mu_0 B_H^2\sin^2(m\phi)\right)\right]\left(\frac{w}{a}\text{K}_m'\right)^2 \tag{2.3-8z}$$

2.3.6 数值结果 [10.1]

1. 圆柱突变波导的本征值和截止值

表 2.3-1 是突变圆柱波导模式的本征方程和截止公式的总结。**表 2.3-2** 是 $\bar{n}_2 = 3.590, \bar{n}_1 = 3.351, \varepsilon_{21} \equiv \bar{n}_2/\bar{n}_1 = 1.1247$ 的圆柱突变波导横截面上前 30 个模式截止半径。以其电磁场分量相对大小的类似特点，也可将圆柱波导全部模式统一标记为

$$\mathbf{TE}_{mn} = \mathbf{HE}_{mn}, \quad \text{其中 } \mathbf{HE}_{0n} = \mathbf{TE}_{0n}; \quad \mathbf{TM}_{mn} = \mathbf{EH}_{mn}, \quad \text{其中 } \mathbf{EH}_{0n} = \mathbf{TM}_{0n}$$

表中所示各模式截止半径是由**表 2.3-1** 中的相应截止公式 (2.3-6o,u,x) 算出，其根的位置和分布如附录 A 的**图 A2** 和**图 2.3-6A(a),(b)** 所示，结果表明：

(1) 圆柱突变波导前 30 个导波模式截止半径或频率由小到大的排序如**表 2.3-2** 所示。

(2) 截止半径或频率的大小不是由阶数 mn 的大小决定，特别是 $\text{HE}_{mn}(=\text{TE}_{mn})$，例如，$\text{HE}_{11} < \text{TE}_{01} < \text{HE}_{21} < \text{HE}_{12} < \text{HE}_{31} < \text{HE}_{41} < \text{TE}_{02} < \text{HE}_{22} < \text{HE}_{51} < \text{HE}_{13} < \text{HE}_{32} < \text{HE}_{42} < \text{HE}_{23} < \text{TE}_{03} < \text{TE}_{14}$ (15 个)。虽然 $\text{EH}_{mn}(=\text{TM}_{mn})$ 稍微好些，例如，$\text{TM}_{01} <$

$EH_{11}<EH_{21}<TM_{02}<EH_{31}<EH_{12}<EH_{41}<EH_{22}<TM_{03}<EH_{51}<EH_{32}<EH_{13}<EH_{42}<EH_{23}<TM_{04}<EH_{52}(16 个)。$

表 2.3-1　突变圆柱波导模式的本征方程和截止公式的总结[10.1]

$HE_{mn}(=TE_{mn})$ 模式		$EH_{mn}(=TM_{mn})$ 模式	
本征方程			
$z_m^{(HE)}=-\dfrac{\bar{n}_2^2+\bar{n}_1^2}{2\bar{n}_2^2}X_m-\sqrt{S}$ $=\dfrac{\bar{n}_1^2}{\bar{n}_2^2-\bar{n}_1^2}\dfrac{1}{(m-1)}-\dfrac{m}{u^2}$	(2.3-6l)	$z_m^{(HE)}=-\dfrac{\bar{n}_2^2+\bar{n}_1^2}{2\bar{n}_2^2}X_m-\sqrt{S},\dfrac{\bar{n}_2^2+\bar{n}_1^2}{\bar{n}_2^2}\dfrac{m}{w^2}$ $+\dfrac{\bar{n}_1^2}{\bar{n}_2^2-\bar{n}_1^2}\dfrac{1}{(m-1)}+\dfrac{m}{u^2}$	(2.3-6m)
$k=\sqrt{k_0^2\bar{n}_2^2-\beta_z^2}=\dfrac{u}{a},$ $\gamma=\sqrt{\beta_z^2-k_0^2\bar{n}_1^2}=\dfrac{w}{a}$ $\to w=\sqrt{(k_0a)^2(\bar{n}_2^2-\bar{n}_1^2)-a^2}$ $\bar{n}_1<\beta_{z,mn}/k_0=\tilde{N}_{mn}\ll\bar{n}_2$	(2.3-2e) (2.3-2q)	$X_m(w)=-\dfrac{K_{m-1}(w)}{wK_m(w)}-\dfrac{m}{w^2}$	(2.3-5i)
$S=\left(\dfrac{\bar{n}_2^2-\bar{n}_1^2}{2\bar{n}_2^2}\right)^2X_m^2+m^2\left(\dfrac{1}{u^2}+\dfrac{1}{w^2}\right)\left(\dfrac{1}{u^2}+\dfrac{\bar{n}_1^2}{\bar{n}_2^2}\dfrac{1}{w^2}\right)$			(2.3-6d)
$m=0$ (TE_{0n} 模式): $\dfrac{J_0'(u)}{uJ_0(u)}+\dfrac{K_0'(w)}{wK_0(w)}=0$ 或 $Z_0+X_0=0$	(2.3-6x)	$m=0(TM_{0n}$ 模式)$:\varepsilon_2/\varepsilon_0=\bar{n}_2^2,\varepsilon_1/\varepsilon_0=\bar{n}_1^2$ $\dfrac{\varepsilon_2J_0'(u)}{uJ_0(u)}+\dfrac{\varepsilon_1K_0'(w)}{wK_0(w)}=0$ 或 $\bar{n}_2^2Z_0+\bar{n}_1^2X_0=0$	(2.3-7c)
截止公式			
$m>1:\dfrac{J_{m-1}}{uJ_m}=\dfrac{\bar{n}_1^2}{\bar{n}_2^2+\bar{n}_1^2}\dfrac{1}{(m-1)},\quad u\neq0$	(2.3-6o)	$m\neq0,u\neq0:J_m(u)=0$	(2.3-6x)
$m=1:J_1(u)=0$	(2.3-6u)		
$m=0(TE_{0n}$ 模式): $J_0(u)=0,u\neq0$	(2.3-7f)	$m=0(TM_{0n}$ 模式): $J_0(u)=0,u\neq0$	(2.3-7f)

(3) $TE_{mn}=HE_{mn}$ 的最低阶模为 $HE_{11}=TE_{11}$。$TM_{mn}=EH_{mn}$ 的最低阶模为 $TM_{01}=EH_{01}$。

(4) $HE_{0n}=TE_{0n}\neq TE_{n-1}$，$EH_{0n}=TM_{0n}\neq TM_{n-1}$。例如，$TE_0=TM_0<TE_{01}=TM_{01}<TE_1=TM_1<TE_{02}=TM_{02}<TE_2=TM_2<TE_{03}=TM_{03}<TE_3=TM_3<TE_{04}=TM_{04}<TE_5=TM_4$。

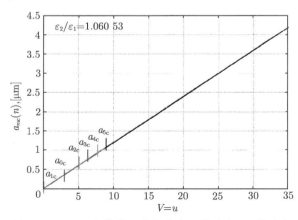

图 2.3-6A(a)　各模截止半径按归一化半径 V 的分布

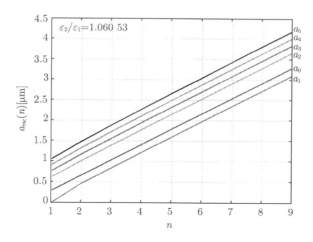

图 2.3-6A(b)　各模截止半径按径向阶 n 的分布

表 2.3-2　圆柱突变波导模式的截止半径 a 排序[10.1]

#	a(或 d)/μm	$u_c, w_c = 0$	圆柱模式
1	0	0	HE_{11}, TE_0, TM_0
2	0.288 137 54	2.404 824 59	TE_{01}, TM_{01}
3	0.294 157	2.455 062 27	HE_{21}
4	0.376 414 48	3.141 592 65	TE_1, TM_1
5	0.459 1014	3.831 705 96	HE_{12}, EH_{11}
6	0.466 582 09	3.894 140 52	HE_{31}
7	0.615 332	5.135 622 29	EH_{21}
8	0.623 646 27	5.205 013 78	HE_{41}
9	0.661 396 16	5.520 078 11	TE_{02}, TM_{02}
10	0.664 087	5.542 531 75	HE_{22}
11	0.7528	6.283 185 3	TE_2, TM_2
12	0.764 448	6.380 161 89	EH_{31}
13	0.773 324 4	6.454 242 39	HE_{51}
14	0.840 582 68	7.015 586 66	HE_{13}, EH_{12}
15	0.844 788 32	7.050 687 36	HE_{32}
16	0.909 208 24	7.588 342 43	EH_{41}
17	1.008 524 3	8.417 244 14	EH_{22}
18	1.013 751 54	8.460 871 22	HE_{42}
19	1.036 858 94	8.653 727 90	TE_{03}, TM_{03}
20	1.038 581 41	8.668 103 81	HE_{23}
21	1.050 968	8.771 483 80	EH_{51}
22	1.129 243	9.424 777 96	TE_3, TM_3
23	1.169 53	9.761 023 13	EH_{32}
24	1.218 949	10.173 468 1	HE_{14}, EH_{13}
25	1.325 734	11.064 709 5	EH_{42}
26	1.392 248	11.619 841 2	EH_{23}

#	a(或 d)/μm	$u_c, w_c = 0$	圆柱模式
27	1.412 819 78	11.791 534 4	TE_{04}, TM_{04}
28	1.414 085	11.802 097 3	HE_{24}
29	1.478 37	12.338 604 2	EH_{52}
30	1.505 657 90	12.566 370 6	TE_3, TM_3

图 2.3-6**B(a)**~**(c)** 是 $\varepsilon_{21} = 1.46$ (实线), $\varepsilon_{21} \approx 1$ (虚线) 的圆柱突变波导各种混合波的导波模式本征值 (**模式折射率** $\overline{N} = \beta_z/k_0$) 的归一化量 $b = (\overline{N} - \bar{n}_1)/(\bar{n}_2 - \bar{n}_1)$ 随半径 a, 与光频 ω 或波长 λ_0 的归一化量 $V = k_0 a\sqrt{\bar{n}_2 - \bar{n}_1}$ 的变化。图中还画出介电常数比相同的对称三层平板波导波导模式 $\mathbf{TE}_{n-1}$ 和 $\mathbf{TM}_{n-1}$ 的归一化模式折射率 b 随其厚度 $d = 2a$ 的归一化量 $V^S = 2V$ 的变化以供对比。可见:

(1) 其每条曲线都是从截止点 $b = 0$ 开始先增加较快然后缓慢趋于饱和的单调变化。

(2) 其中 HE_{11}, TE_0, TM_0 的截止点在 $V = 0$, 表明它们分别是圆柱波导和对称三层平板波导的基模, 而且不会截止, 但 HE_{11} 在 V 的减小过程中较早趋于截止。

(3) 各种各阶模式的曲线大都是分组集聚的, 但不完全按其阶码大小的顺序分组。

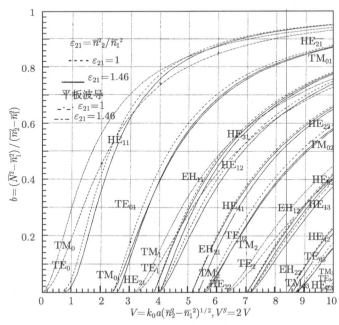

图 2.3-6B(a)   圆柱突变波导各种偏振的各阶模式归一化本征值 (模式折射率)
随归一化半径的变化[10.1]

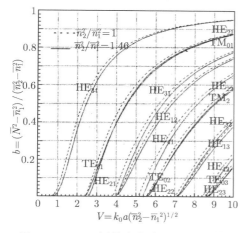

图 2.3-6B(b) 圆柱突变波导 HE_{mn} 模式
本征值随半径变化[10.1]

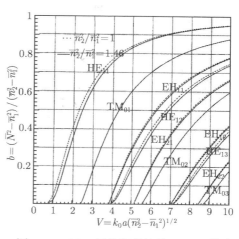

图 2.3-6B(c) 圆柱突变波导 EH_{mn} 模式
本征值随半径变化[10.1]

2. 导体中直圆柱介电波导横截面上的电磁力线分布[10.3]

这种突变波导的**边界条件**为 $\boldsymbol{E}_{//} = \boldsymbol{H}_{\perp} = 0$，其极点 [力线的源 (sources) 或沉 (sinks)] 作对称分布，$m \neq 0$ 时，极点数为 $2m$ 个，m 越大越有靠近边缘的趋势，但 $m = 0$ 时，仅在中心处有 1 个极点。如图 2.3-6C 所示。

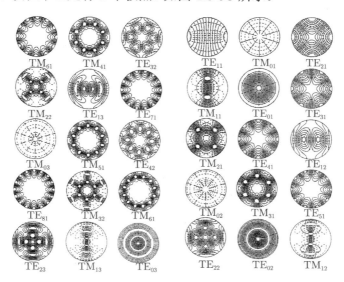

图 2.3-6C 导体中直圆柱介电波导 (边界条件为 $\boldsymbol{E}_{//} = \boldsymbol{H}_{\perp} = 0$)
横截面上各阶模式的电力线 ($\boldsymbol{E}$ — —) 磁力线 ($\boldsymbol{H}$ — — — —) 分布[10.2]

3. 圆柱突变弱波导中导波模式的简并性[10.1]

弱波导中，$\mathbf{EH}_{m,n}$ 和 $\mathbf{HE}_{m+2,n}$ 之间的本征值相同，但其各自的本征函数即模式电磁场分布不同。**图 2.3-6D(a)~(n)** 是 $m = 1, 2, 3$ 这两种旋转模式的全部本征值和本征函数的计算结果。

(1) 其中，(c) $\mathbf{EH}_{11}$ 和 (l) $\mathbf{HE}_{31}$ 的本征值 —— 模式折射率同为 **3.530 016 11**，但其本征函数 —— 电磁场分布则不相同；而 (e) $\mathbf{EH}_{12}$ 和 (n) $\mathbf{HE}_{32}$ 的本征值 —— 模式折射率同为 **3.431 854 1**，但其本征函数 —— 电磁场分布也不相同。因此这两对旋转模式分别都是互为简并模式。

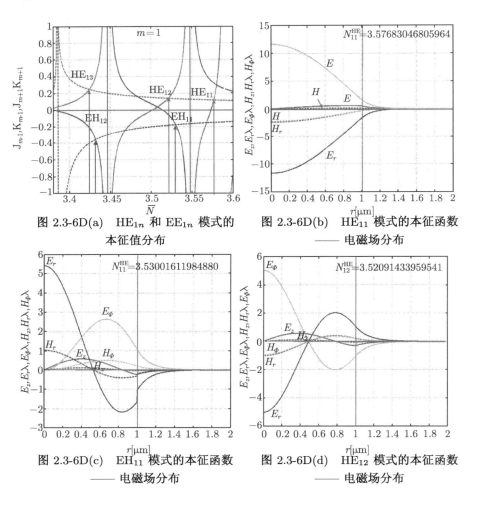

图 2.3-6D(a)　HE_{1n} 和 EE_{1n} 模式的本征值分布

图 2.3-6D(b)　HE_{11} 模式的本征函数
—— 电磁场分布

图 2.3-6D(c)　EH_{11} 模式的本征函数
—— 电磁场分布

图 2.3-6D(d)　HE_{12} 模式的本征函数
—— 电磁场分布

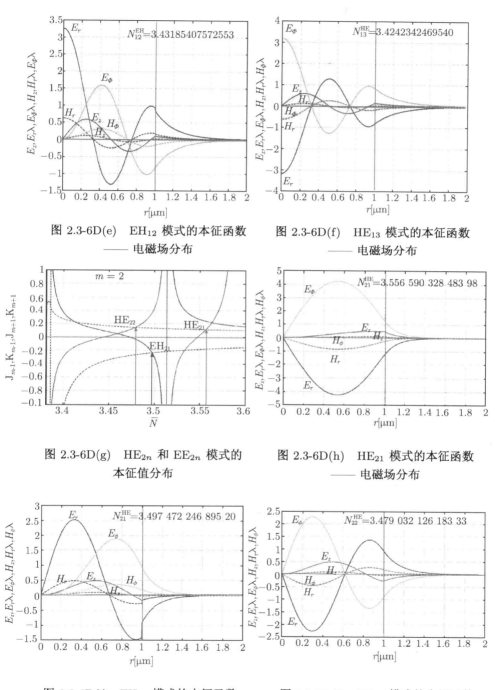

图 2.3-6D(e) EH$_{12}$ 模式的本征函数
—— 电磁场分布

图 2.3-6D(f) HE$_{13}$ 模式的本征函数
—— 电磁场分布

图 2.3-6D(g) HE$_{2n}$ 和 EE$_{2n}$ 模式的
本征值分布

图 2.3-6D(h) HE$_{21}$ 模式的本征函数
—— 电磁场分布

图 2.3-6D(i) EH$_{21}$ 模式的本征函数
—— 电磁场分布

图 2.3-6D(j) HE$_{22}$ 模式的本征函数
—— 电磁场分布

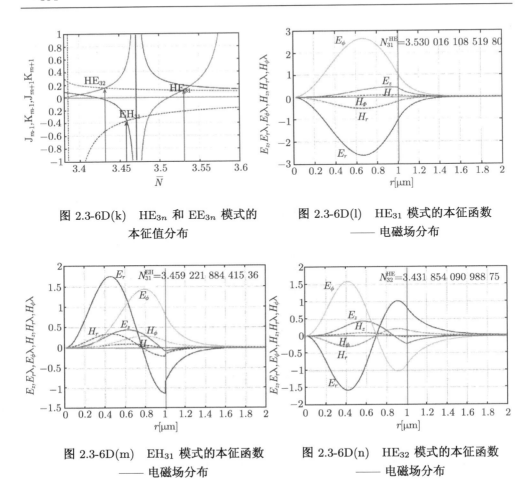

图 2.3-6D(k)　HE$_{3n}$ 和 EE$_{3n}$ 模式的
本征值分布

图 2.3-6D(l)　HE$_{31}$ 模式的本征函数
—— 电磁场分布

图 2.3-6D(m)　EH$_{31}$ 模式的本征函数
—— 电磁场分布

图 2.3-6D(n)　HE$_{32}$ 模式的本征函数
—— 电磁场分布

表 2.3-3　$m = 1, 2, 3$ 全部圆柱波导模式的模式折射率大小顺序和电磁场的峰值数
(模式前为截止半径从小到大编号)

#, 图	圆柱模式	本征值 = 模式折射率	峰值数 (r, ϕ, z)	#, 图	圆柱模式	本征值 = 模式折射率	峰值数 (r, ϕ, z)
1(b)	1.HE$_{11}$	3.576 830 468 059 64	(1,1,2), (1,1,2)	7(j)	10.HE$_{22}$	3.479 032 126 183 33	(4,4,4), (4,4,4)
2(h)	3.HE$_{21}$	3.556 590 328 483 98	(2,2,2), (2,2,2)	8(m)	12.EH$_{31}$	3.459 221 884 415 36	(4,2,4), (4,2,4)
3(l)	6.HE$_{31}$	3.530 016 108 519 80	(2,2,2), (2,2,2)	9(n)	15.HE$_{32}$	3.431 854 090 988 75	(4,4,4), (4,4,4)
4(c)	5.EH$_{11}$	3.530 016 119 848 80	(3,2,4), (3,2,4)	10(e)	14.EH$_{12}$	3.431 854 075 725 53	(5,4,6), (5,4,6)
5(d)	5.HE$_{12}$	3.520 914 339 595 41	(3,3,4), (3,3,4)	11(f)	14.HE$_{13}$	3.424 234 242 695 40	(5,5,6), (5,5,6)
6(i)	7.EH$_{21}$	3.497 472 246 895 20	(4,2,4), (4,2,4)				

(2)这些模式折射率大小的顺序 (同**图 2.3-6B(a)**) 及其峰值个数 (圆和方括号中分别是 E_r, E_ϕ, E_z 和 H_r, H_ϕ, H_z 的峰值数) 如**表 2.3-3** 所示。表明磁场分量较小但其峰值数与电场相同, 其辐向电磁场分量 E_r, H_r 的峰值数都是随模式折射率的增加而增加, 不完全由模阶决定。

4. 圆柱突变波导的基模与对称三层平板波导基模的电磁场分布比较[10.1]

芯区半径为 a, 折射率为 $\bar{n}_2$, 芯外折射率为 $\bar{n}_1$ 的圆柱突变波导基模 HE$_{11}$ 的场分布, 由式 (2.3-8i~l) 及其边界条件 (2.3-3k) 得出。而芯区厚度为 $d = 2a$, 折射率 $\bar{n}_2$, 限制层折射率为 $\bar{n}_1$ 的对称三层平板波导基模 TE$_0$ 则由其场分布:

$$|x| \leqslant a: \begin{cases} E_y(x) = A_s \cos\left[\dfrac{ux}{a} - \dfrac{(n-1)\pi}{2}\right] \\[2mm] H_z(x) = -\dfrac{\mathrm{i}A_s u}{\omega\mu_0 a}\sin\left[\dfrac{ux}{a} - \dfrac{(n-1)\pi}{2}\right] \\[2mm] H_x(x) = -\dfrac{A_s\overline{N}}{c\mu_0}\cos\left[\dfrac{ux}{a} - \dfrac{(n-1)\pi}{2}\right] \end{cases} \tag{2.3-9a}$$

$$|x| \geqslant a: \begin{cases} E_y(x) = A_s \cos\left[u - \dfrac{(n-1)\pi}{2}\right]\mathrm{e}^{-w\left(\frac{x}{a}-1\right)} \\[2mm] H_z(x) = -\dfrac{\mathrm{i}A_s w}{\omega\mu_0 a}\cos\left[u - \dfrac{(n-1)\pi}{2}\right]\mathrm{e}^{-w\left(\frac{x}{a}-1\right)} \\[2mm] H_x(x) = -\dfrac{A_s\overline{N}}{c\mu_0}\cos\left[u - \dfrac{(n-1)\pi}{2}\right]\mathrm{e}^{-w\left(\frac{x}{a}-1\right)} \end{cases} \tag{2.3-9b}$$

及其边界条件:

$$E_{y1}(a) = E_{y2}(a), \quad H_{x1}(a) = H_{x2}(a), \quad H_{z1}(a) = H_{z2}(a) \tag{2.3-9c}$$

得出。其光限制因子为

$$\Gamma_z^{\mathrm{S}} = \left[1 + \frac{\cos^2 u}{w\left(1 + \sin u \cos u/u\right)}\right]^{-1} \tag{2.3-9d}$$

$$u = k_0 a\sqrt{\bar{n}_2^2 - \overline{N}^2}, \quad w = k_0 a\sqrt{\overline{N}^2 - \bar{n}_1^2} \tag{2.3-9e}$$

得出。**图 2.3-1E(a)~(d)** 是 $\lambda_0 = 0.8708\mu\mathrm{m}$, $\bar{n}_2 = 3.59$, $\bar{n}_1 = 3.385, 3.385, 1, 3.58$, 半径为 $a = 0.1\mu\mathrm{m}, 1\mu\mathrm{m}, 0.5556\mu\mathrm{m}, 5\mu\mathrm{m}$ 的圆柱突变波导基模 **EH$_{11}$** 的电磁场分量 $E_\phi^{\mathrm{C}}, H_r^{\mathrm{C}}, H_z^{\mathrm{C}}$ 与厚度为 $d = 2a = 0.2\mu\mathrm{m}, 2\mu\mathrm{m}, 1.1112\mu\mathrm{m}, 10\mu\mathrm{m}$ 的对称三层平板波导基模 **TE$_0$** 的相应电磁场分量 $E_y^{\mathrm{S}}, H_r^{\mathrm{S}}, H_z^{\mathrm{S}}$ 的归一化量相比较。两者的相应数值结果都非常接近, 表明从电磁场分量的数值上看, 这两种波导互相对应的基模也是 **HE$_{11}$** 和 **TE$_0$** 而不是 **TE$_{01}$** 和 **TM$_0$**, 虽然后者同属不旋转的线性偏振波, 其电场和磁场的振动平面都是通过 z 轴的, 如**图 2.3-3A(a′)**, **图 2.3-6c(b)**、(e) 和电磁力线图 (a)**TE$_{01}$**, **TM$_{01}$** 所示。而前者的 **HE$_{11}$** 则是 $m = 1 \neq 0$ 的圆形偏振波, 或最低阶的回音壁模式, 其电磁场分量都是随 ϕ 变量旋转的, 如**图 2.3-6F(b)**, **(d)**, **(f)** 和电磁力线图 (a)**HE$_{11}$** 所示。

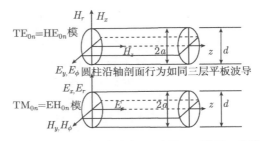

图 2.3-3A(a′)　圆柱波导中 m 为零 (不旋转) 的模式

5. 圆柱突变波导基本性质的总结[10.1]

(1) 圆柱突变波导中的模式有类似于在长方形波导内的 E_{mn}^y 和 E_{mn}^x ($m,n = 0,1,2,\cdots$) 的混合模 **HE**$_{mn}$ 和 **EH**$_{mn}$ ($m=0,1,2,\cdots; n=1,2,3,\cdots$)，以及类似于对称的平板波导的 $m=0$ 情况的 TE$_{0n}$ 和 TM$_{0n}$，后两者在矩形直柱波导中是不可能存在的。其径向电磁场分量的峰值数随模式折射率的增加而增加，但不完全由模阶决定。

(2) 圆柱波导中的 HE 和 EH 混合模可用波阻抗 $|\rho| > 1$ 和 $|\rho| < 1$ 作为判据进行区分，在弱波导 ($\varepsilon_{21} \approx 1$)，波阻抗判据为 $\rho = \pm 1$，但不适合用来区分圆柱型波导 $m=0$ 的 TE$_{0n}$ 和 TM$_{0n}$ 模式，因为在 $m=0$ 时有一个纵向场为零，导致 $\rho = 0/0$。

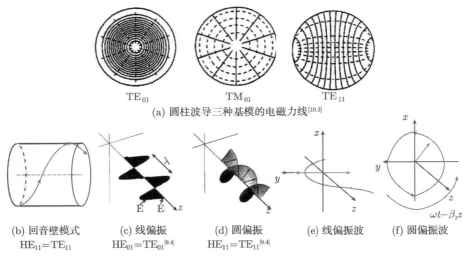

(a) 圆柱波导三种基模的电磁力线[10.3]

图 2.3-6F　圆柱波导三种基模的电磁力线和旋转行波

(3) 在弱波导 ($\varepsilon_{21} \approx 1$)，EH$_{m,n}$ 和 HE$_{m+2,n}$ 将简并，即其本征函数，即模式电磁场分布虽不同，但其本征值 β_z 或模式折射率 $\overline{N}$ 则完全相同。

(4) TE_{0n} 的归一化模式折射率 $\bar{b}$ 不明显依赖于折射率比 $\varepsilon_{21} = \varepsilon_2/\varepsilon_1$，其本征方程明显与 ε_{21} 无关，虽然其传播常数 β_z 或模式折射率 $\bar{N}$ 当然与介电常数 $\varepsilon_2, \varepsilon_1$ 和半径 a 有关。

(5) EH_{mn} 的径向场分量 E_r^C 和 H_r^C 在 $\bar{n}_2 > \bar{n}_1$ 的圆柱突变波导圆形边界出现突变连接，与平板波导 TM_{n-1} 中的 E_x^S 相似，因其边界条件实际上是电位移矢量 $\boldsymbol{D}$ 的法向分量在界面连续。但 TE_{n-1} 中的 H_x^S 不可能出现此突变，因其磁通矢量 $\boldsymbol{B}$ 的法向分量在界面连续，在光频，$\mu \approx \mu_0$。

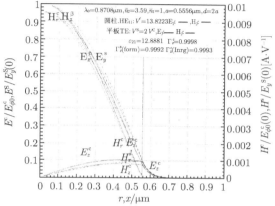

图 2.3-6E(c)　HE_{11} 与 TE_0 电磁场分布比较[10.1]

$$\bar{n}_2 = 3.59, \bar{n}_1 = 1, a = 0.5556\mu m$$

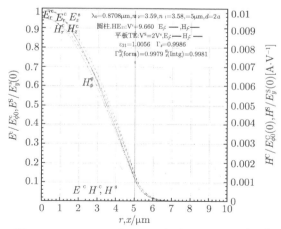

图 2.3-6E(d) HE_{11} 与 TE_0 电磁场分布比较[10.1]

$$\bar{n}_2 = 3.59, \bar{n}_1 = 3.58, a = 5\mu m$$

(6) 圆柱折射率波导中坡印亭矢量的径向和切向分量总是恒等于零，因此在横向边界上永远不可能有径向或切向电磁辐射。从而排除了回音壁模式从横向边界辐射的可能性。如果需要其从圆界壁辐射，则需要一定的渗漏机制。

(7) 圆柱波导中的基模是 HE_{11} 而不是类似平板波导模式的 TE_{01} 或 TM_{01} 模。因前者的模式折射率和光限制因子 Γ_P 的归一化半径或频率 $V = k_0 a \sqrt{\bar{n}_2^2 - \bar{n}_1^2}$ 都是小于后者，在非常大的 V 范围内，彼此才互相趋近。

(8) 圆柱波导中 TE_{0n} 或 TM_{0n} 模不同于对称三层平板波导相应的轴向对称场分布，因 TE_{n-1} 或 TM_{n-1} 模只有一维对称性。因此圆柱突变波导的 TE_{0n} 或 TM_{0n} 模的模式折射率总是较小，实际上更小于对称三层平板波导的相应模式。薄平板的光限制因子将大于相应的圆柱，即有较好的光限制。

2.3.7　微盘波导的自发发射因子[10.4~10.7]

1. 理论[10.1,10.4]

自发发射因子 γ 的现有理论是建立在麦克斯韦方程组[9.1,9.2]上的经典场论，或建立在量子力学[10.7]上的量子场论。这两种理论都涉及波导光腔中与自发发射相耦合的激射导波模式结构，包括偏振、模式分布、模式截面和模式密度。在原则上，这些结构在定量上可以由求解麦克斯韦方程组及其适当边界条件相当准确算出。盘厚为 d_z，半径为 a，折射率为 $\bar{n}_2$，埋在折射率为 $\bar{n}_1$ 的周围介质中的圆柱介电微盘，由式 (2.2-3r)，其自发发射因子可写成

$$\gamma \approx \pi \phi \gamma \approx \frac{\lambda_0^4}{4\pi^2 \bar{n}_2^3 \left(\Delta\lambda\right)_{\mathrm{sp}} w_z \pi \left(\frac{w_r}{2}\right)^2} = C_n \frac{\rho_{a/\lambda_0}}{\left(\dfrac{w_z}{\lambda_0}\right)\left(\dfrac{w_r}{\lambda_0}\right)},$$

$$C_n = \frac{3}{8\pi^2 \bar{n}_2^3}, \quad \rho_{a/\lambda_0} = \frac{1}{\dfrac{3\pi}{4}\dfrac{w_r}{2\lambda_0}\dfrac{(\Delta\lambda)_{\mathrm{sp}}}{\lambda_0}} \tag{2.3-10a}$$

其中，λ_0 是激射导波模式的真空波长，ρ_{a/λ_0} 是在用微盘半径 a 归一化的真空波长倒数，即真空波数为 a/λ_0 的相位空间模式密度，w_z 和 w_r 分别是沿微盘轴向 z 和径向 r 的模式宽度。在 z 轴与微盘轴一致的圆柱坐标系 (r,ϕ,z) 中，微盘内在 t 时刻导波模式的电场和磁场的三维分量可表为

$$F\left(r,\phi,z,t\right) = R(r)\, \Phi\left(\phi\right) Z(z) T(t) \tag{2.3-10b}$$

对圆频率为 ω 的时间简谐波，其时间因子取为 $T(t) = \mathrm{e}^{\mathrm{i}\omega t}$，描述沿中心 Z 轴传播的行波模式 Z 因子取为 $Z(z) = \mathrm{e}^{\pm\mathrm{i}\beta_z z}$。盘内沿 z 方向定态波场具有空间简谐函数 $\cos\beta_z z$ 或 $\sin\beta_z z$。正是这两个在相反方向传播的行波相干叠加。在非常薄的微圆盘 $(d_z \ll a)$ 情况，圆盘模式的该公因子函数可首先用芯层和限制层折射率分别

为 $\bar{n}_2$ 和 $\bar{n}_1$ 的等价三层平板波导解出[10.1,10.4]。在临界厚度 $d_{zc} = \dfrac{\lambda_0}{2\sqrt{\bar{n}_2^2 - \bar{n}_1^2}}$ 内只

存在单独一个基模,其第 p 阶模式折射率为 $\bar{n}_{z,p} = \dfrac{\beta_{z,p}}{k_0}$,其中,$k_0 = \dfrac{2\pi}{\lambda_0} = \dfrac{\omega}{c_0}$ 是
真空波数,c_0 是真空光速,β_z 是沿 z 方向模式的传播常数,其 ϕ 函数的方程为式
(2.3-2d~g):

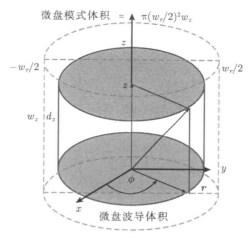

图 2.3-7A 微盘波导体积及其模式体积

$$\frac{1}{\Phi(\phi)}\frac{d^2\Phi(\phi)}{d\phi^2} = -m^2, \quad \Phi(\phi) = e^{\pm im\phi} \tag{2.3-10c}$$

ϕ 的周期为 2π,ϕ 函数 $\Phi(\phi)$ 的周期为 $2\pi m$,m 是正整数,$+m$ 和 $-m$ 与第 m 阶
旋转行波有关,对于 z 驻波场,也分别称为左旋和右旋的**回音壁模式**(whispering-gallery modes),其定态的驻波解分别为式 (2.3-2w,x): $\cos(m\phi)$ 和 $\sin(m\phi)$。其 r 函
数 $R(r)$ 的方程为 (2.3-2h):

$$\frac{d^2R(r)}{dr^2} = \frac{1}{r}\frac{dR(r)}{dr} + \left(k_j^2 - \frac{m^2}{r^2}\right)R(r) = 0, \quad k_j^2 = k_0^2\left(\bar{n}_j^2 - \bar{n}_z^2\right) \tag{2.3-10d}$$

$R(r)$ 在不同偏振回音壁模式中的电场和磁场分量分别为式 (2.3-3a~j):

$$E_{z2}^{mn}(r) = J_m\left(u\frac{r}{a}\right)F_{z2}^{E_{mn}}, \quad E_{z1}^{mn}(r) = \frac{J_m(u)}{K_m(w)}K_m\left(w\frac{r}{a}\right)F_{z1}^{E_{mn}} \tag{2.3-10e}$$

$$H_{z2}^{mn}(r) = iJ_m\left(u\frac{r}{a}\right)F_{z2}^{H_{mn}}, \quad H_{z1}^{mn}(r) = i\frac{J_m(u)}{K_m(w)}K_m\left(w\frac{r}{a}\right)F_{z1}^{H_{mn}} \tag{2.3-10f}$$

$$E_{r2}^{mn}(r) = -iJ_m\left(u\frac{r}{a}\right)F_{r2}^{E_{mn}}, \quad E_{r1}^{mn}(r) = i\frac{J_m(u)}{K_m(w)}K_m\left(w\frac{r}{a}\right)F_{r1}^{E_{mn}} \tag{2.3-10g}$$

$$E_{\phi 2}^{mn}(r) = \mathrm{J}_m\left(u\frac{r}{a}\right)F_{\phi 2}^{E_{mn}}, \quad E_{\phi 1}^{mn}(r) = -\frac{\mathrm{J}_m(u)}{\mathrm{K}_m(w)}\mathrm{K}_m\left(w\frac{r}{a}\right)F_{\phi 1}^{E_{mn}} \tag{2.3-10h}$$

$$H_{r2}^{mn}(r) = \mathrm{J}_m\left(u\frac{r}{a}\right)F_{r2}^{H_{mn}}, \quad H_{r1}^{mn}(r) = -\frac{\mathrm{J}_m(u)}{\mathrm{K}_m(w)}\mathrm{K}_m\left(w\frac{r}{a}\right)F_{r1}^{H_{mn}} \tag{2.3-10i}$$

$$H_{\phi 2}^{mn}(r) = -\mathrm{i}\mathrm{J}_m\left(u\frac{r}{a}\right)F_{\phi 2}^{H_{mn}}, \quad H_{\phi 1}^{mn}(r) = \mathrm{i}\frac{\mathrm{J}_m(u)}{\mathrm{K}_m(w)}\mathrm{K}_m\left(w\frac{r}{a}\right)F_{\phi 1}^{H_{mn}} \tag{2.3-10j}$$

其中, 下标 2 和 1 分别表示圆盘的芯区 ($\bar{n}_j = \bar{n}_2$) 和限制区 ($\bar{n}_j = \bar{n}_1$) 的量; $\mathrm{i} = \sqrt{-1}$, $n = 0,1,2,\cdots$ 表示相应于给定第 m 阶回音壁模式的第 n 阶径向行波。J_m 和 K_m 分别是第一类第 m 阶贝塞尔函数和第二类变形贝塞尔函数。相应的场分布因子为式 (2.3-3a′~j′):

$$F_{zj}^{E_{mn}} = A_E, \quad F_{zj}^{H_{mn}} = A_H \tag{2.3-10k}$$

$$F_{rj}^{E_{mn}} = A_1 C_{mnj}\left(\frac{r}{a}\right) + B_1 D_{mnj}\left(\frac{r}{a}\right), \quad F_{rj}^{H_{mn}} = A_3 C_{mnj}\left(\frac{r}{a}\right) + B_3 \bar{n}_j^2 D_{mnj}\left(\frac{r}{a}\right) \tag{2.3-10l}$$

$$F_{\phi j}^{E_{mn}} = A_2 C_{mnj}\left(\frac{r}{a}\right) + B_2 D_{mnj}\left(\frac{r}{a}\right), \quad F_{\phi j}^{H_{mn}} = A_4 \bar{n}_j^2 C_{mnj}\left(\frac{r}{a}\right) + B_4 D_{mnj}\left(\frac{r}{a}\right) \tag{2.3-10m}$$

其中, $j = 2,1$,

$$A_E = \frac{1}{2\pi\left(\dfrac{a}{\lambda_0}\right)\bar{n}_z}, \quad A_H = \left(\frac{m\bar{n}_z}{c_0\mu_0}\right)A_E, \quad U_{\mathrm{w}} = \frac{\dfrac{1}{u^2}+\dfrac{1}{w^2}}{\dfrac{\mathrm{J}_m'(u)}{u\mathrm{J}_m(u)}+\dfrac{\mathrm{K}_m'(w)}{w\mathrm{K}_m(w)}} \tag{2.3-10n}$$

$$A_1 = 1, \quad A_2 = -mU_{\mathrm{w}}, \quad A_3 = \frac{m\bar{n}_z}{c_0\mu_0}U_{\mathrm{w}}, \quad A_4 = \frac{c_0\varepsilon_0}{\bar{n}_z} \tag{2.3-10o}$$

$$B_1 = mA_2, \quad B_2 = mA_1, \quad B_3 = -mA_4, \quad B_4 = -mA_3 \tag{2.3-10p}$$

$$C_{mn2}\left(\frac{r}{a}\right) = \frac{\mathrm{J}_m'\left(u\dfrac{r}{a}\right)}{u\mathrm{J}_m\left(u\dfrac{r}{a}\right)}, \quad C_{mn1}\left(\frac{r}{a}\right) = \frac{\mathrm{K}_m'\left(w\dfrac{r}{a}\right)}{w\mathrm{K}_m\left(w\dfrac{r}{a}\right)} \tag{2.3-10q}$$

$$D_{mn2}\left(\frac{r}{a}\right) = \frac{1}{u^2\dfrac{r}{a}}, \quad D_{mn1}\left(\frac{r}{a}\right) = \frac{1}{w^2\dfrac{r}{a}} \tag{2.3-10r}$$

$$u = 2\pi\frac{a}{\lambda_0}\sqrt{\bar{n}_2^2-\bar{n}_z^2}, \quad w = W_u u, \quad W_u = \sqrt{\frac{\bar{n}_z^2-\bar{n}_1^2}{\bar{n}_2^2-\bar{n}_z^2}} \tag{2.3-10s}$$

本征值 u 由不同偏振的下述本征方程 (2.3-5c,d) 决定:

$$Z_m = -\frac{\bar{n}_2^2+\bar{n}_1^2}{2\bar{n}_2^2}X_m \mp \sqrt{\left(\frac{\bar{n}_2^2-\bar{n}_1^2}{2\bar{n}_2^2}\right)^2 X_m^2 + m^2\left(\frac{1}{u^2}+\frac{1}{w^2}\right)\left(\frac{1}{u^2}+\frac{\bar{n}_1^2}{\bar{n}_2^2}\frac{1}{w^2}\right)}$$

$$\begin{cases} -, \mathrm{HE}_{mn} \\ +, \mathrm{EH}_{mn} \end{cases} \tag{2.3-10t}$$

$$Z_m = \frac{\mathrm{J}'_m(u)}{u\mathrm{J}_m(u)}, \quad X_m = \frac{\mathrm{K}'_m(w)}{w\mathrm{K}_m(w)} \tag{2.3-10u}$$

其中, J'_m 和 K'_m 分别是 J_m 和 K_m 对括号中变量的导数。式 (2.3-10t,u) 的解中, 根号前有负号的解是混合偏振的 HE_{mn} 模式, 根号前有正号的是混合偏振的 EH_{mn} 模式。只有当 $m = 0$, 它们才分别成为横向电场偏振模式 TE_{0n} 和横向磁场偏振模式 TM_{0n}。所有这些模式都是针对 z 方向的给定第 p 阶横向电场偏振 $\mathbf{TE}_z$ 模式或横向磁场偏振 $\mathbf{TM}_z$ 模式解出的[10.4,10.5]。其整体一起组成三维第 mnp 阶回音壁模式的系统, 其 z 和 r 方向是定态驻波分布, 并沿 ϕ 方向旋转。其给定第 np 阶模式, 根据全量子理论, 并用一定归一化处理[10.5], 消去有关真空场起伏量等之后, 得出自发发射因子和模式结构之间的主要关系中, 在归一化波数 a/λ_0 空间的模式密度可表为

$$\rho_{a/\lambda_0} = \frac{\mathrm{d}m}{\mathrm{d}\,(a/\lambda_0)} \tag{2.3-10v}$$

为便于比较, 式 (2.3-10c) 中令

$$m\phi = a\phi k_\nu = a\phi k_0\bar{n}_\nu, \quad k_\nu = \frac{m}{a} = k_0\bar{n}_\nu \tag{2.3-10w}$$

则只要取

$$\rho_{k_0} = \frac{\mathrm{d}k_\nu}{\mathrm{d}k_0} = \frac{1}{2\pi}\rho_{a/\lambda_0} \tag{2.3-10x}$$

也可由式 (2.3-10v) 得出在 k_0 空间的[10.4,10.5] 模式密度。

在 $d_z \leqslant d_{zc}$ 的微盘情况下, $p = 0$ 总是成立的, 因此可以理解下述在 z 方向总是只有单独一个基模。对给定的第 m 阶模式可以解出第 mn 阶模式的本征值 u_{mn}。相应于由圆柱波导的垂直横截面内曲折光线投影的外接圆半径的比值为

$$\alpha_{mn} = \frac{m}{u_{mn}} = \frac{r_{\min}}{a} \tag{2.3-10y}$$

在光线图像中, 对 $r < r_{\min}$ 没有光线在此圆内, 但在波动图像中, 那里仍存在类似于微盘外古斯汉欣线移的模式消失波的阻尼分布。因此, 回音壁模式的横截面宽度 w_r 和 w_z, 必须分别由测量场分布在 r 方向向外从 $r = a$ 阻尼到 e^{-1} 的值和向内 $r = r_{\min}$ 的值, 而在 z 方向场分布从 $z = \pm d_z/2$ 向外阻尼到 e^{-1} 的值。前者只能由数值计算确定, 而后者可解析表为 [式 (2.1-140~q)]

$$w_z = d_z + \frac{2}{q_z\gamma_1} = d_z + \frac{2\lambda_0}{q_z 2\pi\sqrt{\bar{n}_z^2 - \bar{n}_1^2}} \rightarrow \frac{w_z}{\lambda_0} = \frac{d_z}{\lambda_0} + \frac{1}{q_z\pi\sqrt{\bar{n}_z^2 - \bar{n}_1^2}} \tag{2.3-11a}$$

其中, 对 TE_z 模式, $q_z = 1$, 对 TM_z 模式,

$$q_z = \left(\frac{\bar{n}_z}{\bar{n}_1}\right)^2 + \left(\frac{\bar{n}_z}{\bar{n}_2}\right)^2 - 1 \tag{2.3-11b}$$

微盘波导中束缚或导波模式的存在条件为

$$\bar{n}_1 < \bar{n}_z < \bar{n}_2 \tag{2.3-11c}$$

要求

$$\frac{d_z}{\lambda_0} < \frac{1}{2\sqrt{\bar{n}_2^2 - \bar{n}_1^2}} = \frac{d_{zc}}{\lambda_0}, \quad \frac{a}{\lambda_0} > \frac{(u_{mn})_c}{2\pi\sqrt{\bar{n}_2^2 - \bar{n}_1^2}} = \frac{a_c}{\lambda_0} \tag{2.3-11d}$$

其中，$(u_{mn})_c$ 是 u_{mn} 在 $\bar{n}_z = \bar{n}_1$ 的截止值 (见 2.1.3 节中的 3~5 小节)。

2. 数值结果[10.4]

考虑激射波长为 1.5μm 的长波长半导体激光器典型的增强光限制的一个典型结构，并假设波导光腔只由折射率为 $\bar{n}_2 = 3.4$ 的四元固溶晶体 InGaAsP，埋在折射率为 $\bar{n}_1 \approx 1$ 的空气中组成，这给出 $d_c/\lambda_0 = 0.4$ 和 $a_c/\lambda_0 = 0.15$。算出 TE_z 和 TM_z 的基模 $(p = 0)$ 的模式折射率 $\bar{n}_z$ 随用真空波长归一化的微盘厚度 d/λ_0 的变化如**图 2.3-7B** 所示。图中还有 z 方向相应的归一化宽度 w_z/λ_0(实线) 和由余弦拟合得出的 $d_z/\lambda_0 = 1/2\bar{n}_z$(虚线)。对给定不同归一化微盘厚度、不同偏振和不同 n 阶的 m 阶回音壁模式解出的本征值 u_{mn} 如**图 2.3-7C** 所示。表明不同的微盘厚度几乎没有区别。不同的偏振和不同的微盘厚度和不同归一化微盘半径 a/λ_0 与模阶 m 之间的关系如**图 2.3-7D(a)** 所示。当 $a = 2$μm 和 $n = 0$ 时，m 阶回音壁模式的真空波长 λ_0 如**图 2.3-7D(b)** 所示。可见，激射波长为 $\lambda_0 = 1.5$μm 的模式只能是高阶模式。微盘越厚，模阶 m 将越高，其中 HE_{m0}-TE_z 偏振的阶 m 最高，即其定态驻波图样将在沿靠近圆边包含有 $2(m+1)$ 个点一个光环形式。波长越短模阶将越高，而且在给定结构 $(d/\lambda_0, a/\lambda_0)$ 的三维波导微盘中，每个 pmn 阶模式只有一个波长，u_{mn} 和 a/λ_0 之间的关系与如**图 2.3-7D(a)** 所示相似。$\alpha_{mn} = m/u_{mn} = r_{min}/a$ 与 a/λ_0 比值的变化如**图 2.3-7E(a)** 所示。由**图 2.3-7D(a)** 可见，模阶 m 越高，光场越趋于圆边；微盘越薄，这种现象越显著。例如，如**图 2.3-7E(b)** 所示的 $m = 10$ 和 $d/\lambda_0 = 0.14$ 的模式径向电场分布，具有包含古斯汉欣线移得出的模式宽度 w_r，并与由余弦拟合得出的模式宽度 w_c 进行比较。不同微盘厚度和偏振的 $\bar{n}_\nu$ 和模式密度随微盘半径的变化如**图 2.3-7F(a)**，**(b)** 所示。得出的相应自发发射因子如**图 2.3-7G** 所示，图中也画出由 Chin 等 [10.5] 用一个简化模型和保角变换得出的结果。可见其简化模型过高估计了自发发射因子的可能值因而随微盘半径的减小而单调增加 (**图 2.3-7G**)。这当然是不合理的，这可能是由于忽略了古斯汉欣线移 (**图 2.3-7B**)，也是由于其近似过高估计了模式密度 (**图 2.3-7G**)。事实上对 $m \neq 0$，微盘中将只有混合偏振模式，根本不可能存在 TE_{0n} 或 TM_{0n} 偏振模式。古斯汉欣线移将会拓宽模式宽度，特别是当腔的几何宽度很窄时，自发发射因子因此将随微盘半径和厚度的减小而增加，直到最大值，然后在几何宽度小到使腔中古斯汉欣线移加宽了模式宽度而开始减小。当回音壁模式的光场集中到靠近盘边的 $r_{min} < r < a$

的区域内，在中心 $r < r_{\min}$ 区内的均匀注入载流子将聚集在光场外面而对激射复合没有贡献。提出为了改进在模式场和注入非平衡载流子之间的耦合，上电极应是半径小于 $r_{\min}$ 的圆形，下电极应是内半径为 $r_{\min}$ 外半径为 a 的环形，从而引导注入非平衡载流子的分布与回音壁模式场的分布一致。由于在这种情况下给出的折射率差非常大，径向光场在微盘侧边之外迅速阻尼，从而不容易将激光耦合出腔外。这对高 Q 微盘结构的这类半导体激光器确实是个困难问题。但是，在微盘非常薄的情况下，在微盘的上下表面之外，仍然有足够强的回音壁模式场的沿轴向分布 (**图 2.3-7B**)，因此有可能用光纤将激光光束导引出来。

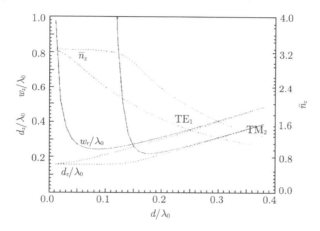

图 2.3-7B　轴向模式折射率 $\bar{n}_z$(点虚线)、归一化轴向模式宽度 w_z/λ_0 (实线) 和厚度 $\mathrm{d}z/\lambda_0$
　　　　　(虚线) 随归一化微盘厚度 $d/\lambda_0(p=0)$ 的变化[10.4]

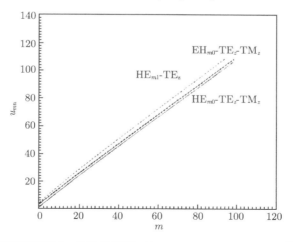

图 2.3-7C　不同偏振和不同归一化微盘厚度 $d/\lambda_0 = 0.01, 0.05, 0.1, 0.14$ 的第 mnp 阶回音壁
　　　　　模式[10.4] $(p=0)$ 本征值 u_{mn} 随模阶 m 的变化

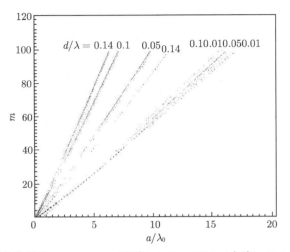

图 2.3-7D(a) 微盘偏振为 HE_{m0}-TE_z (实线), HE_{m0}-TM_z (虚线), EE_{m0}-TE_z (点虚线),
EE_{m0}-TM_z (点线) 的回音壁模阶 m 随微盘归一化半径 $a/\lambda_0(p=0)$ 的变化[10.4]

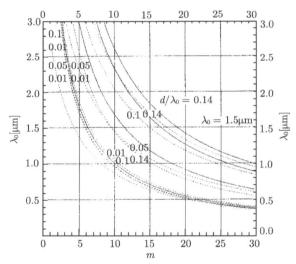

图 2.3-7D(b) 不同归一化厚度 d/λ_0, 不同偏振同图 2.3-7D(a) $(p=0)$, 半径为 $a=2\mu m$ 的
微盘激射波长随模阶 m 的变化[10.4]

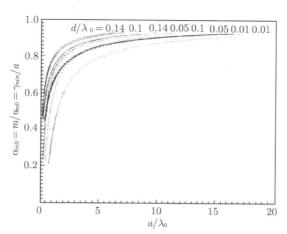

图 2.3-7E(a)　不同微盘归一化厚度 d/λ_0，偏振同图 2.3-7D(a)$(p=0)$ 的螺旋光线在截面上投影的外接圆归一化半径 $r_{\min}/a$ 随微盘归一化半径 a/λ_0 的变化[10.4]

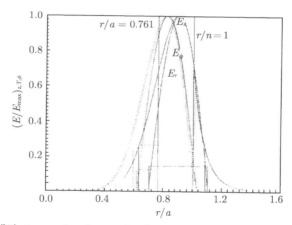

图 2.3-7E(b)　模阶 $(m,n,p) = (10,0,0), d/\lambda_0 = 0.14, a/\lambda_0 = 0.767\,88, \bar{n}_g = 2.033\,86$，对 E_z, E_z, E_ϕ 的 $w_r/a = 0.446, 0.490, 0.499, w_c/a = 0.406, 0.395, 0.410$ 的 HE$_{mn}$ 回音壁模式空间分布[10.4]

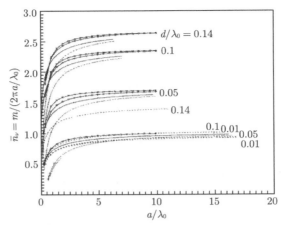

图 2.3-7F(a)　不同 d/λ_0，偏振同图 2.3-7D(a)$(p=0)$ 的回音壁
模式的 $\bar{n}_\nu$ 随 a/λ_0 的变化[10.4]

图中由保角变换 (圆点线) 和用 $\alpha = 0.984 - 0.163\lambda_0/a$ ($\times$ 线) 供比较

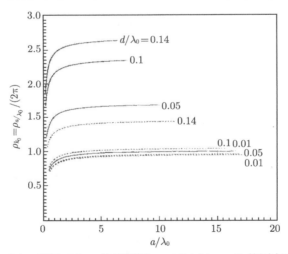

图 2.3-7F(b)　不同 d/λ_0，偏振同图 2.3-7D(a)$(p=0)$ 的回音壁模式的
模式密度 ϕ_{k_0} 和 ρ_{a/k_0} 随 a/λ_0 的变化[10.4]

3. 结论[10.4]

以上在薄微盘条件下严格求解圆柱波导模式，计算了模式密度和模式截面。讨论了其对薄微盘腔中控制回音壁模式自发发射因子的影响。发现由于考虑了古斯–汉欣线移，任何偏振模式自发发射因子不但随微盘厚度的变化有一个最大值，而且随微盘半径的变化也有一个最大值。这将为自发发射因子设置一个**上限**。即使对具有较高的自发发射因子的 HE_{m0}-TE_z 偏振模式，其在 $d_z/\lambda_0 = 0.14$ 和 $a/\lambda_0 = 0.45$

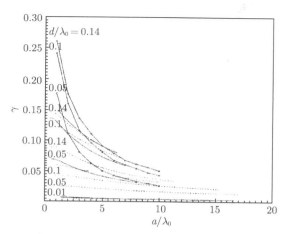

图 2.3-7G 不同 d/λ_0, 偏振同图 2.3-7D(a)($p = 0$) 的回音壁模式的
自发发射因子 γ 随 a/λ_0 的变化[10.4]

图中有 Chin 等[10.5] 的结果 (圆点线) 供比较

的最大值仅为 $\gamma = 0.165$, 小于 $\gamma = 0.2$. 提出可将激射阈值降到最小, 并将激光耦合出微盘光腔之外的器件结构. 但是, 即使已采用了各种可能的改进, 使激射阈值得到明显降低之后, 这种微盘半导体激光器似乎仍然难以成为无阈值激光器.

第十讲学习重点

圆柱突变波导可以看成是由对称三层平板波导旋转而成, 是后者的一维波导结构向二维波导推广的一种波导结构, 例如, 圆截面突变光纤波导、准量子线波导和纳米波导、圆盘和微盘波导、圆环波导等, 是目前波导理论发展的前沿之一. 其圆柱对称性导致其与平板波导有一系列相似性和不同点. 例如, 其截止点和本征值的大小一般不是按模阶的大小编序的, 等等. 其理论分析涉及比平板波导所涉的三角函数和指数函数复杂的贝塞尔函数及其变形函数系列 (见附录 A), 但两者的模式分类和行为特点仍有某些相似之处. 本讲着重讨论圆柱突变波导模式的基本理论, 系统严格阐明这种重要波导结构的处理方法和基本性质, 并以微盘结构的自发发射因子作为现代应用的实例. 本讲的学习重点是:

(1) 将有关麦克斯韦理论的基本方程从直角坐标系表述转换为圆柱极坐标系表述.

(2) 圆柱波导模式的基本方程组及其可能存在模式的科学分类.

(3) 圆柱波导模式的本征方程和本征函数的推导和表述及其计算结果的规律性.

(4) 圆柱波导模式的截止公式和解法及其各种偏振和各阶模式集中到的实际分布。

(5) 圆柱波导模式的电力线和磁力线的分布和圆柱波导模式的简并性的实例。

(6) 微盘波导模式及其自发发射因子的经典理论和计算结果。

习 题 十

Ex.10.1 (a) 圆柱突变波导模式与平板波导模式有何相似性和不同点? 例如, 圆柱突变波导中 $m = 0$ 和 $m \neq 0$ 的模式有何异同? 圆柱突变波导中 $m = 0$ 的模式与平板波导的模式有何异同? 圆柱突变波导中何谓旋转模式和回音壁模式? 两者有何异同? 圆柱突变波导中的模式是否也有截止现象? 为什么? 如有, 其截止条件为何? 与平板波导的截止现象和截止条件有何异同? 这两种波导的最低价模式分别为何? 是否有永远不会截止的模式? 为何? 为什么? 等等, 尽所知进行详细列举和讨论。(b) 从头起 (至少从式 (2.3-3o) 起) 详细导出圆柱波导模式的本征方程 (2.3-3p), 并从之继续导出 TE_{0n}、TM_{0n}、HE_{mn}、EH_{mn} 的本征方程及其相应的截止公式。

Ex.10.2 (a) 对 $GaAs/Al_{0.3}Ga_{0.7}As$ 圆柱突变波导模式, 求其截止半径最小的 3 种模式。(b) 计算 $GaAs/Al_{0.3}Ga_{0.7}As$ 圆柱突变波导中的 HE_{32} 和 EH_{12} 的本征值 (模式折射率) 及其本征函数 (6 个电磁场分量的分布), 分别画出这两个模式的 6 个电磁场分量的分布, 并进行比较 (例如有几个光强峰值等), 从而具体判断两者是否同属互为简并的模式。(c) 微盘波导是否是一种封闭而不漏光的电介波导? 其自发发射因子为何难以超过 0.2 的量级?

参 考 文 献

[10.1] Chen S L, Guo C Z. Semiconductor Lasers with Cylindrical Waveguide. 1994.

[10.2] 《数学手册》编写组. 数学手册. 北京: 人民教育出版社, 1979.

[10.3] Lee C S, Lee S W, Chuang S L. Plot of modal field distribution in rectangular and circular waveguides. IEEE Trans. Microwave Theory and Techn., 1985, MTT-33: 271–274.

[10.4] Guo C Z, Chen S L. Whispering-gallery mode structure in semiconductor micro-disk lasers and control of the spontaneous emission factor. Acta Physca Sinica(oversea ed.), 1996, 5: 185–192.

[10.5] Chin M K, Chu D Y, Ho S T. Estimation of the spontaneous emission factor for microdisk lasers via the approximation of wispering gallery modes. J. Appl. Phys., 1994, 75: 3302.

[10.6] Chu A Y, Ho S T. Spontaneous emission from excitons in cylindrical dielectric waveguides and the spontaneous-emission factor for microcavity ring lasers. Opt. Soc. Am., 1993, B10: 381.

[10.7] Yamamoto Y, Machida S, Bjork G. Micro-cavity semiconductor lasers with controlled spontaneous emission. Opt. Quantum Electron., 1992, 24: S215; Yokoyama H, Nishi K, Anan T, et al. Controlling spontaneous emission and threshold-less laser oscillation with optical microcavities. Opt.Quantum Electron.,1992,24: S245.

2.4 矩 形 波 导

如果在垂直和平行于结平面的方向上均形成波导，则可以使光场分布进一步集中，如与平行结平面方向的载流子限制相结合，即可大为降低半导体激光器的阈值电流，采用这种双异质结构 (DH) 是半导体激光器实现室温连续激射的一个关键措施。如此形成横截面为矩形的导波芯区，周围为折射率较低介质的**矩形突变波导**，也称为矩形截面的**隐埋异质结构 (buried heterostucture, BH)** 波导。

任何横截面形状的直腔突变波导，一般最多只可能存在 TEM 波、TE 波、TM 波和 HW 波 4 种类型的模式结构。但波导材料不同、横截面形状不同、边界条件不同，导致波导可能存在的模式结构类型也不同。例如，圆柱导体介电波导和介电波导，因其介电常数的分布具有旋转对称性，而可以存在 4 种波 [图 2.3-1A(a)]；只有两个互相垂直镜面对称性的矩形直柱导体介电波导可以存在 TE、TM 波；不能存在 TEM 波 [图 2.4-1A(a)]；矩形直柱介电波导只能存在接近 TEM 波的两种 HW 模式 [图 2.4-1A(b)]；宽厚比为零或为无穷大的平板波导只存在 TE 和 TM 模；等等。

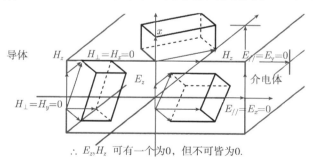

图 2.4-1A(a)　导体介电体矩形直柱波导的边界条件

而且，横截面形状不同，所需的表述函数也不同。例如，圆形横截面可直接采用径向变量 r 的圆对称贝塞尔函数和极角变量 θ 的简谐函数相乘的**圆谐函数**表述，虽然矩形横截面没有矩形对称性的函数，但由于上述原因，可采用圆谐函数的叠加构成具有所需矩形对称性的函数表述的**圆谐分析 (circular harmonic analysis)**。

由于矩形直柱波导结构的任何一维尺寸趋于无穷大时将化为一维波导的极限，

这时其解将为 TE 或 TM 模式。因此，矩形波导模式必将具有 TE 和 TM 模式的某些基本特点，例如，其芯区的波函数将具有平板波导芯层的解即简谐函数也即三

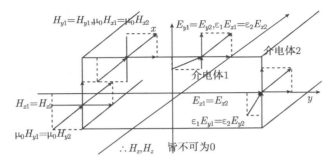

图 2.4-1A(b)　介电体矩形直柱波导的边界条件

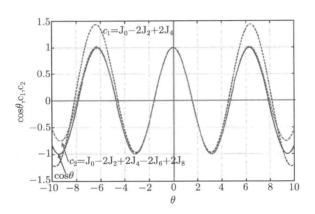

图 2.4-1A(c)　由偶字称第一类贝塞尔函数叠加构成余弦函数

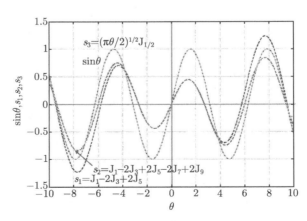

图 2.4-1A(d)　由奇字称第一类贝塞尔函数叠加构成正弦函数

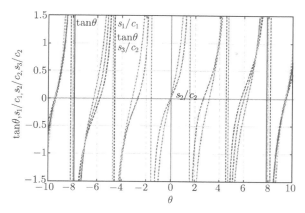

图 2.4-1A(e) 由奇、偶宇称第一类贝塞尔函数叠加构成正切函数

角函数的某些特点: 其模阶 $m, n(= 0, 1, 2, 3, \cdots)$ 的峰值数为 $m+1, n+1$ 的确定关系。而简谐函数即三角函数可用圆谐函数中奇、偶宇称函数分别叠加构成, 如**图 2.4-1A(c)~(e)** 所示。但该方法一般涉及大量函数, 波导腔的边界条件的数学表述比较复杂, 而且介质波导腔在圆谐分析中远比微波导体介电波导腔复杂, 因此矩形直柱介电波导迄今尚无普遍而精确的解析解, 只有在特殊情况下的计算机**数值解**和在一定条件下的**解析近似解**。

2.4.1 圆谐分析[1.17,11.1]

1. 柱坐标波动方程及其解的展开式

由于圆谐函数是由直柱极坐标系表述的, 要用于由直角坐标系表述的矩形直柱波导必须进行相应的坐标变换。设厚度为 d, 宽度为 W, 介电常数为 ε_2 的导波芯隐埋在介电常数为 $\varepsilon_1(< \varepsilon_2)$ 的无限介质内, 波导的纵轴垂直进入纸面内的 z 轴, 所取的直角坐标和极坐标及其激光模式场分量之间的关系分别为 [图 2.4-1B(a),(b)]

$$r = \sqrt{x^2 + y^2}, \quad \theta = \tan^{-1}(y/x), \quad z = z \tag{2.4-1a}$$

$$\begin{cases} E_r = E_x \cos\theta + E_y \sin\theta \\ E_\theta = -E_x \sin\theta + E_y \cos\theta \\ E_z = E_z \end{cases} \tag{2.4-1b}$$

$$\begin{cases} H_r = H_x \cos\theta + H_y \sin\theta \\ H_\theta = -H_x \sin\theta + H_y \cos\theta \\ H_z = H_z \end{cases} \tag{2.4-1b'}$$

$$\begin{pmatrix} E_r \\ E_\theta \\ E_z \end{pmatrix} = \begin{pmatrix} \cos\theta & \sin\theta & 0 \\ -\sin\theta & \cos\theta & 0 \\ 0 & 0 & 1 \end{pmatrix} \begin{pmatrix} E_x \\ E_y \\ E_z \end{pmatrix} \qquad (2.4\text{-}1c)$$

$$\begin{pmatrix} H_r \\ H_\theta \\ H_z \end{pmatrix} = \begin{pmatrix} \cos\theta & \sin\theta & 0 \\ -\sin\theta & \cos\theta & 0 \\ 0 & 0 & 1 \end{pmatrix} \begin{pmatrix} H_x \\ H_y \\ H_z \end{pmatrix} \qquad (2.4\text{-}1c')$$

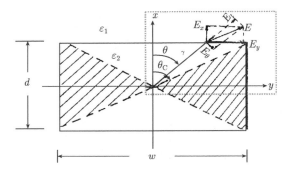

图 2.4-1B(a)　波导截面的电磁模型及其坐标系

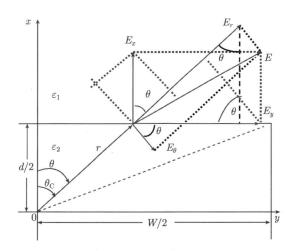

图 2.4-1B(b)　两种坐标系中的电场分量

则由式 (1.2-4a~f) 麦克斯韦方程组导出的电磁场**横向**和**纵向**分量方程的**极坐标**形式为式 (2.3-1k~j,q,r)：

$$E_r(r,\theta) = \frac{\mathrm{i}}{k^2 - \beta_z^2}\left[\beta_z \frac{\partial E_z(r,\theta)}{\partial r} + \frac{\omega\mu_0}{r}\frac{\partial H_z(r,\theta)}{\partial \theta} \right] \quad [\mathrm{V\cdot cm^{-1}}] \qquad (2.4\text{-}1d)$$

$$E_\theta(r,\theta) = \frac{\mathrm{i}}{k^2 - \beta_z^2}\left[\frac{\beta_z}{r}\frac{\partial E_z(r,\theta)}{\partial \theta} - \omega\mu_0 \frac{\partial H_z(r,\theta)}{\partial r}\right] \qquad (2.4\text{-}1\mathrm{e})$$

$$H_r(r,\theta) = \frac{\mathrm{i}}{k^2 - \beta_z^2}\left[-\frac{\omega\varepsilon}{r}\frac{\partial E_z(r,\theta)}{\partial \theta} + \beta_z \frac{\partial H_z(r,\theta)}{\partial r}\right] \quad [\mathrm{A\cdot cm^{-1}}] \qquad (2.4\text{-}1\mathrm{f})$$

$$H_\theta(r,\theta) = \frac{\mathrm{i}}{k^2 - \beta_z^2}\left[\omega\varepsilon\frac{\partial E_z(r,\theta)}{\partial r} + \frac{\beta_z}{r}\frac{\partial H_z(r,\theta)}{\partial \theta}\right] \qquad (2.4\text{-}1\mathrm{g})$$

$$\frac{\partial^2 E_z(r,\theta)}{\partial r^2} + \frac{1}{r}\frac{\partial E_z(r,\theta)}{\partial r} + \frac{1}{r^2}\frac{\partial^2 E_z(r,\theta)}{\partial \theta^2} + \left(k^2 - \beta_z^2\right) E_z(r,\theta) = 0 \quad [\mathrm{V\cdot cm^{-2}}] \quad (2.4\text{-}1\mathrm{h})$$

$$\frac{\partial^2 H_z(r,\theta)}{\partial r^2} + \frac{1}{r}\frac{\partial H_z(r,\theta)}{\partial r} + \frac{1}{r^2}\frac{\partial^2 H_z(r,\theta)}{\partial \theta^2} + \left(k^2 - \beta_z^2\right) H_z(r,\theta) = 0 \quad [\mathrm{A\cdot cm^{-3}}] \quad (2.4\text{-}1\mathrm{i})$$

$$k = k_0\bar{n} = \omega\sqrt{\mu_0\varepsilon} = \frac{\omega}{v} \;[\mathrm{cm^{-1}}], \quad v = \frac{c_0}{\bar{n}} \;[\mathrm{cm\cdot s^{-1}}], \quad k_0 = \frac{\omega}{c_0} \;[\mathrm{cm^{-1}}] \qquad (2.4\text{-}1\mathrm{j})$$

$$E_z(r,\theta,z,t) = E_z(r,\theta)\mathrm{e}^{\mathrm{i}(\omega t - \beta_z z)}, \quad H_z(r,\theta,z,t) = H_z(r,\theta)\mathrm{e}^{\mathrm{i}(\omega t - \beta_z z)} \qquad (2.4\text{-}1\mathrm{k})$$

设代表纵向电磁场 $E_z(r,\theta), H_z(r,\theta)$ 的函数 $\Psi(r,\theta)$ 可以分离变量:

$$\Psi(r,\theta) = R(r)\Theta(\theta) \qquad (2.4\text{-}1\mathrm{l})$$

则式 (2.4-1h) 化为

$$\frac{\partial^2 R}{\partial r^2}\Theta + \frac{1}{r}\frac{\partial R}{\partial r}\Theta + \frac{1}{r^2}\frac{\partial^2 \Theta}{\partial \theta^2}R + \left(k^2 - \beta_z^2\right)R\Theta = 0 \qquad (2.4\text{-}1\mathrm{m})$$

乘以 $r^2/(R\Theta)$ 得

$$\frac{r^2}{R}\frac{\partial^2 R}{\partial r^2} + \frac{r}{R}\frac{\partial R}{\partial r} + \frac{1}{\Theta}\frac{\partial^2 \Theta}{\partial \theta^2} + \left(k^2 - \beta_z^2\right)r^2 = 0 \qquad (2.4\text{-}1\mathrm{n})$$

分离变量到两边:

$$\frac{r^2}{R}\frac{\partial^2 R}{\partial r^2} + \frac{r}{R}\frac{\partial R}{\partial r} + \left(k^2 - \beta_z^2\right)r^2 = -\frac{1}{\Theta}\frac{\partial^2 \Theta}{\partial \theta^2} = l^2 \qquad (2.4\text{-}1\mathrm{o})$$

其中只含 Θ 的方程:

$$\frac{\partial^2 \Theta}{\partial \theta^2} = -l^2\Theta \qquad (2.4\text{-}1\mathrm{p})$$

解出

$$\Theta_l(\theta) = A_l\mathrm{e}^{\mathrm{i}l\theta} + B_l\mathrm{e}^{-\mathrm{i}l\theta} = A_l'\sin l\theta + B_l'\cos l\theta = a_l\sin(l\theta + \phi_l) \qquad (2.4\text{-}1\mathrm{q})$$

其中, l^2 是**分离常数**。为使 $\Theta_l(\theta)$ 具有 2π 的周期性, 要求 l 为整数, 取其为正整数, l 不同, 方程及其解都将不同, 称为区分不同导波模式的阶:

$$l = \text{正整数} \qquad (2.4\text{-}1\mathrm{r})$$

在波导芯内：

$$\kappa^2 \equiv k_2^2 - \beta_z^2 = k_0^2 \bar{n}_2^2 - \beta_z^2 > 0 \ [\text{cm}^{-2}] \tag{2.4-1s}$$

由式 (2.4-1o)$\times R/r^2$ 得

$$\frac{\partial^2 R}{\partial r^2} + \frac{1}{r}\frac{\partial R}{\partial r} + \left(\kappa^2 - \frac{l^2}{r^2}\right) R = 0 \ [\text{V}\cdot\text{cm}^{-3}] \tag{2.4-1t}$$

其在原点无奇点的解为 l 阶第一类贝塞尔函数 J_l (无量纲，见附录 A)：

$$R(r) = A\mathrm{J}_l\left(\kappa r\right) + B\mathrm{Y}_l\left(\kappa r\right), \quad |\mathrm{Y}_l(0)| = \infty \rightarrow B = 0 \Rightarrow R(r) = A\mathrm{J}_l\left(\kappa r\right) \ [\text{V}\cdot\text{cm}^{-1}] \tag{2.4-1u}$$

在波导芯外：

$$\gamma^2 \equiv \beta_z^2 - k_1^2 = \beta_z^2 - k_0^2 \bar{n}_1^2 > 0 \ [\text{cm}^{-2}] \tag{2.4-1v}$$

由式 (2.2-1o) 得

$$\frac{\partial^2 R}{\partial r^2} + \frac{1}{r}\frac{\partial R}{\partial r} - \left(\gamma^2 + \frac{l^2}{r^2}\right) R = 0 \ [\text{V}\cdot\text{cm}^{-3}] \tag{2.4-1w}$$

其向外近似于指数衰减的解是 l 阶第二类变形 (虚宗量) 贝塞尔函数 K_l (无量纲，见附录 A)：

$$R(r) = A'\mathrm{I}_l\left(\gamma r\right) + B'\mathrm{K}_l\left(\gamma r\right), \quad |\mathrm{I}_l\left(\pm\infty\right)| = \infty \rightarrow A' = 0 \Rightarrow R(r) = B'\mathrm{K}_l\left(\gamma r\right) \ [\text{V}\cdot\text{cm}^{-1}] \tag{2.4-1x}$$

由于 $\Theta(\theta)$、$\mathrm{J}_l(\kappa r)$ 和 $\mathrm{K}_l(\gamma r)$ 均具有**圆柱对称性**，必须用其各阶解式的**线性叠加**来描述具有**矩形柱对称性**的波导。而且由于如果 $l = 0$ 则 $\Theta(\theta) = $ 常数 C，由式 (2.4-1t) 和式 (A11,12)，其微分方程和解式分别为

$$\frac{\partial^2 R}{\partial r^2} + \frac{1}{r}\frac{\partial R}{\partial r} + \kappa^2 R = 0 \quad \text{和} \quad \Psi(r,\theta) = CR(r) \tag{2.4-1y}$$

将式 (2.4-1q,u,x) 代入式 (2.4-1l)，得出由正整数 $l \neq 0$ 的 l 阶贝塞尔函数和 l 阶简谐函数相乘，并对全部 l 阶函数求和而相干叠加所构成芯内外电磁场的纵向分量分别为[11.1]

在波导芯内：

$$E_{z2}(r,\theta) = \sum_{l=0}^{\infty} a_l \mathrm{J}_l\left(\kappa r\right) \sin\left(l\theta + \phi_l\right) \ [\text{V}\cdot\text{cm}^{-1}] \tag{2.4-2a}$$

$$H_{z2}(r,\theta) = \sum_{l=0}^{\infty} b_l \mathrm{J}_l\left(\kappa r\right) \sin\left(l\theta + \psi_l\right) \ [\text{A}\cdot\text{cm}^{-1}] \tag{2.4-2b}$$

在波导芯外：

$$E_{z1}(r,\theta) = \sum_{l=0}^{\infty} c_l \mathrm{K}_l\,(\gamma r) \sin\,(l\theta + \phi_l)\ [\mathrm{V\cdot cm^{-1}}] \tag{2.4-2c}$$

$$H_{z1}(r,\theta) = \sum_{l=0}^{\infty} d_l \mathrm{K}_l\,(\gamma r) \sin\,(l\theta + \psi_l)\ [\mathrm{A\cdot cm^{-1}}] \tag{2.4-2d}$$

电场与磁场的 $\Theta(\theta)$ 应该相差 $\pi/2$:

$$(\phi_l, \psi_l) = \left(0, \frac{\pi}{2}\right), \quad \text{或} \quad \left(\frac{\pi}{2}, \pi\right) \tag{2.4-2e}$$

则 l 应只是**正奇数**或只是**正偶数**, 即电磁模式解应只由**奇谐函数**或只由**偶谐函数**所组成。

正如上述, **在矩形波导中, 纵向电磁场分量皆不为零**, 故其传播模式为**混合波**。但在宽厚比 (aspect ratio)W/d 比较大, 波长 (λ_0) 比较短, 折射率差 ($\Delta\bar{n} = \bar{n}_2 - \bar{n}_1$) 比较小的**极限情况**下, **横向电场**接近平行于 x 轴或 y 轴。前者称为 E_{mn}^x 模, 近似于 **TM** 模; 后者称为 E_{mn}^y 模, 近似于 **TE** 模。下标 $m, n(= 0, 1, 2, 3, \cdots)$ 分别是 x 方向和 y 方向出现**零值点的个数** (x 方向和 y 方向分别有 $m+1$ 和 $n+1$ 个光强**峰值**), 从而可以用来区分和辨认, 并编排各个模式的**阶数**。例如基模为 E_{00}^y、E_{00}^x, 高阶模为 E_{01}^y、E_{10}^y、E_{01}^x、E_{10}^x、E_{11}^y、E_{11}^x 等。

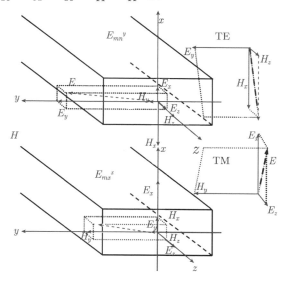

图 2.4-1B(c) E_{mn}^y, E_{mn}^x 和 TE, TM 模式的电磁场分量

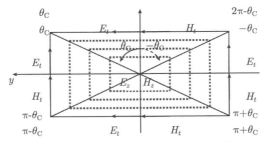

图 2.4-1B(d)　矩形波导的边界条件

2. 边界条件和本征方程

在矩形边界上, 电磁场的纵横向的切向方向分量必须连续

$$\begin{cases} E_{z1}(r,\theta) = E_{z2}(r,\theta) \\ H_{z1}(r,\theta) = H_{z2}(r,\theta) \end{cases} \tag{2.4-2f}$$

$$\begin{aligned} E_{t1}(r,\theta) &= E_{t2}(r,\theta) \\ H_{t1}(r,\theta) &= H_{t2}(r,\theta) \end{aligned} \tag{2.4-2g}$$

在**上下界面**上, $-\theta_{\mathrm{C}} < \theta < \theta_{\mathrm{C}}, \pi - \theta_{\mathrm{C}} < \theta < \pi + \theta_{\mathrm{C}}$, 的**横向切向分量**分别为

$$E_t(r,\theta) = \pm [E_r(r,\theta)\sin\theta + E_\theta(r,\theta)\cos\theta] \tag{2.4-2h}$$

$$H_t(r,\theta) = \pm [H_r(r,\theta)\sin\theta + H_\theta(r,\theta)\cos\theta] \tag{2.4-2i}$$

在**左右界面**上, $\theta_{\mathrm{C}} < \theta < \pi - \theta_{\mathrm{c}}, \pi + \theta_{\mathrm{c}} < \theta < 2\pi - \theta_{\mathrm{c}}$ 的横向切向方向分量分别为

$$E_t(r,\theta) = \pm [-E_r(r,\theta)\cos\theta + E_\theta(r,\theta)\sin\theta] \tag{2.4-2j}$$

$$H_t(r,\theta) = \pm [-H_r(r,\theta)\cos\theta + H_\theta(r,\theta)\sin\theta] \tag{2.4-2k}$$

将纵向场 (2.4-2a~d) 代入横向场 (2.4-1d~g), 切向场 (2.4-2h~k) 和边界条件 (2.4-2f,g) 中, 即可得出确定 a_l, b_l, c_l, d_l 的关系式. 在实际计算中, 式 (2.4-2a~d) 是用有限个空间谐函数相叠加, 并依次取项数 $N = 1, 2, 3, \cdots$ 直到再增加所得结果改变不大为止, 如**表 2.4-1A** 所示.

如果用 N 个空间谐函数来叠加, 则必须确定 $4N$ 个叠加系数 (a_l, b_l, c_l, d_l 各 N 个), 故应该在矩形边界上为边界条件 (2.4-2f,g) 选择 $4N$ 个连续点 (r, θ). 这些点可以选定相隔皆为 $2\pi/(4N) = \pi/(2N)$[rad], 并皆分布在矩形边界的**对称点**上. 例如, 取第一点在 $\theta_1 = (1 - 1/2)[\pi/(2N)]$ 的边界上, 第二点在 $\theta_2 = (2 - 1/2)[\pi/(2N)]$ 的边界上, $\cdots$, 第 ν 点在 $\theta_\nu = (\nu - 1/2)[\pi/(2N)]$ 的边界上. 这种选法, 既适用于奇谐函数叠加, 也适用于宽厚比 $W/d \neq 1$ 的偶谐函数叠加. 其中, $\nu = 1, 2, \cdots, N$

点在第 I 象限内，其他 $3N$ 个点皆为其对称点。因此，只需要对这 N 个连续点写出边界条件 (2.4-2f,g)，每点 4 个关系式，共有 $4N$ 个关系式。由式 (2.2-2f,g) 分别得[11.1]

表 2.4-1A　不同宽厚比所需的叠加项数[11.1]

N	b'			
	$W/d = 1$	$W/d = 2$	$W/d = 3$	$W/d = 4$
3	0.714	0.811	0.820	0.828
4	0.713	0.811	0.820	0.819
5	0.715	0.808	0.819	0.813
6	0.714	0.808	0.822	0.820
7	0.715	0.808	0.820	0.813
8	0.715	0.807	0.820	0.814
9	0.715	0.807	0.823	0.815
差别	0.2%	0.4%	0.4%	1.5%

$$\begin{cases} \boldsymbol{E}^{LA}\boldsymbol{A} + \boldsymbol{0} - \boldsymbol{E}^{LC}\boldsymbol{C} + \boldsymbol{0} = \boldsymbol{0} \\ \boldsymbol{0} + \boldsymbol{H}^{LB}\boldsymbol{B} + \boldsymbol{0} - \boldsymbol{H}^{LD}\boldsymbol{D} = \boldsymbol{0} \\ \boldsymbol{E}^{TA}\boldsymbol{A} + \boldsymbol{E}^{TB}\boldsymbol{B} - \boldsymbol{E}^{TC}\boldsymbol{C} - \boldsymbol{E}^{TD}\boldsymbol{D} = \boldsymbol{0} \\ \boldsymbol{H}^{TA}\boldsymbol{A} + \boldsymbol{H}^{TB}\boldsymbol{B} - \boldsymbol{H}^{TC}\boldsymbol{C} - \boldsymbol{H}^{TD}\boldsymbol{D} = \boldsymbol{0} \end{cases} \qquad (2.4\text{-}2\text{l} \sim \text{o})$$

总起来写成矩阵形式:

$$\boldsymbol{QT} = \boldsymbol{0} \qquad (2.4\text{-}2\text{p})$$

$$\boldsymbol{Q} \equiv \begin{bmatrix} \boldsymbol{E}^{LA} & \boldsymbol{0} & -\boldsymbol{E}^{LC} & \boldsymbol{0} \\ \boldsymbol{0} & \boldsymbol{H}^{LB} & \boldsymbol{0} & -\boldsymbol{H}^{LD} \\ \boldsymbol{E}^{TA} & \boldsymbol{E}^{TB} & -\boldsymbol{E}^{TC} & -\boldsymbol{E}^{TD} \\ \boldsymbol{H}^{TA} & \boldsymbol{H}^{TB} & -\boldsymbol{H}^{TC} & -\boldsymbol{H}^{TD} \end{bmatrix}, \quad \boldsymbol{T} \equiv \begin{bmatrix} \boldsymbol{A} \\ \boldsymbol{B} \\ \boldsymbol{C} \\ \boldsymbol{D} \end{bmatrix}, \quad \boldsymbol{A} \equiv \begin{bmatrix} a_1 \\ a_2 \\ \vdots \\ a_N \end{bmatrix},$$

$$\boldsymbol{B} \equiv \begin{bmatrix} b_1 \\ b_2 \\ \vdots \\ b_N \end{bmatrix}, \quad \boldsymbol{C} \equiv \begin{bmatrix} c_1 \\ c_2 \\ \vdots \\ c_N \end{bmatrix}, \quad \boldsymbol{D} \equiv \begin{bmatrix} d_1 \\ d_2 \\ \vdots \\ d_N \end{bmatrix} \qquad (2.4\text{-}2\text{q, r})$$

$$\begin{cases} \boldsymbol{E}^{LA} \equiv \left(e_{\nu\mu}^{LA}\right), \quad \boldsymbol{E}^{LC} \equiv \left(e_{\nu\mu}^{LC}\right), \quad \boldsymbol{H}^{LB} \equiv \left(h_{\nu\mu}^{LB}\right), \quad \boldsymbol{H}^{LD} \equiv \left(h_{\nu\mu}^{LD}\right) \\ \boldsymbol{E}^{TA} \equiv \left(e_{\nu\mu}^{TA}\right), \quad \boldsymbol{E}^{TB} \equiv \left(e_{\nu\mu}^{TB}\right), \quad \boldsymbol{E}^{TC} \equiv \left(e_{\nu\mu}^{TC}\right), \quad \boldsymbol{E}^{TD} \equiv \left(e_{\nu\mu}^{TD}\right) \\ \boldsymbol{H}^{TA} \equiv \left(h_{\nu\mu}^{TA}\right), \quad \boldsymbol{H}^{TB} \equiv \left(h_{\nu\mu}^{TB}\right), \quad \boldsymbol{H}^{TC} \equiv \left(h_{\nu\mu}^{TC}\right), \quad \boldsymbol{H}^{TD} \equiv \left(h_{\nu\mu}^{TD}\right) \end{cases} \qquad (2.4\text{-}2\text{s})$$

$$
\left\{
\begin{aligned}
&e^{LA}_{\nu\mu}=\mathrm{J}_{\nu\mu}S_{\nu\mu}, \quad e^{LC}_{\nu\mu}=\mathrm{K}_{\nu\mu}S_{\nu\mu}, \quad h^{LB}_{\nu\mu}=\mathrm{J}_{\nu\mu}C_{\nu\mu}, \quad h^{LD}_{\nu\mu}=\mathrm{K}_{\nu\mu}C_{\nu\mu}, \quad Z_l \equiv \sqrt{\mu_0/\varepsilon_l}\\
&e^{TA}_{\nu\mu}=-\beta_z\left(\boldsymbol{J}'_{\nu\mu}S_{\nu\mu}R_\nu+\boldsymbol{J}_{\nu\mu}C_{\nu\mu}T_\nu\right), \quad e^{TB}_{\nu\mu}=k_l Z_l\left(\boldsymbol{J}_{\nu\mu}S_{\nu\mu}R_\nu+\boldsymbol{J}'_{\nu\mu}C_{\nu\mu}T_\nu\right)\\
&e^{TC}_{\nu\mu}=\beta_z\left(\boldsymbol{K}'_{\nu\mu}S_{\nu\mu}R_\nu+\boldsymbol{K}_{\nu\mu}C_{\nu\mu}T_\nu\right), \quad e^{TD}_{\nu\mu}=-k_l Z_l\left(\boldsymbol{K}_{\nu\mu}S_{\nu\mu}R_\nu+\boldsymbol{K}'_{\nu\mu}C_{\nu\mu}T_\nu\right)\\
&h^{TA}_{\nu\mu}=\left(\boldsymbol{J}_{\nu\mu}C_{\nu\mu}R_\nu-\boldsymbol{J}'_{\nu\mu}S_{\nu\mu}T_\nu\right)k_l\varepsilon_2/\varepsilon_1, \quad h^{TB}_{\nu\mu}=-\beta_z\left(\boldsymbol{J}'_{\nu\mu}C_{\nu\mu}R_\nu-\boldsymbol{J}_{\nu\mu}S_{\nu\mu}T_\nu\right)\\
&h^{TC}_{\nu\mu}=-\left(\boldsymbol{K}_{\nu\mu}C_{\nu\mu}R_\nu-\boldsymbol{K}'_{\nu\mu}S_{\nu\mu}T_\nu\right)k_l/Z_l, \quad h^{TD}_{\nu\mu}=\beta_z\left(\boldsymbol{K}'_{\nu\mu}C_{\nu\mu}R_\nu-\boldsymbol{K}_{\nu\mu}S_{\nu\mu}T_\nu\right)
\end{aligned}
\right.
$$
$$(2.4\text{-}2\mathrm{t})$$

$$
\left\{
\begin{aligned}
&S_{\nu\mu} \equiv \sin\left(\mu\theta_\nu+\phi\right), \quad C_\nu \equiv \cos\left(\mu\theta_\nu+\phi\right), \quad \phi=0, \quad \pi/2\\
&\mathrm{J}_{\nu\mu} \equiv \mathrm{J}_\mu\left(\kappa r_\nu\right), \quad \mathrm{K}_{\nu\mu} \equiv \mathrm{K}_\mu\left(\gamma r_\nu\right), \quad \mathrm{J}'_{\nu\mu} \equiv \mathrm{J}'_\mu\left(\kappa r_\nu\right)=\mathrm{dJ}_\mu\left(\kappa r_\nu\right)/\mathrm{d}\left(\kappa r_\nu\right),\\
&\qquad \mathrm{K}'_{\nu\mu} \equiv \mathrm{K}'_\mu\left(\gamma r_\nu\right)=\mathrm{dK}_\mu\left(\gamma r_\nu\right)/\mathrm{d}\left(\gamma r_\nu\right)\\
&\boldsymbol{J}_{\nu\mu} \equiv \mu\mathrm{J}_\mu\left(\kappa r_\nu\right)/\left(\kappa^2 r_\nu\right), \quad \boldsymbol{K}_{\nu\mu} \equiv \mu\mathrm{K}_\mu\left(\gamma r_\nu\right)/\left(\gamma^2 r_\nu\right), \quad \boldsymbol{J}'_{\nu\mu} \equiv \mathrm{J}'_\mu\left(\kappa r_\nu\right)/\kappa,\\
&\qquad \boldsymbol{K}'_{\nu\mu} \equiv \mathrm{K}'_\mu\left(\gamma r_\nu\right)/\gamma\\
&\theta<\theta_C: \quad R_\nu \equiv \sin\theta_\nu, \quad T_\nu \equiv \cos\theta_\nu, \quad r_\nu \equiv W/\left(2\cos\theta_\nu\right)\\
&\theta=\theta_C: \quad R_\nu \equiv \cos\left(\theta_\nu+\pi/4\right), \quad T_\nu \equiv \cos\left(\theta_\nu-\pi/4\right), \quad r_\nu \equiv \sqrt{W^2+d^2}/2\\
&\theta>\theta_C: \quad R_\nu \equiv -\cos\theta_\nu, \quad T_\nu \equiv \sin\theta_\nu, \quad r_\nu \equiv d/\left(2\sin\theta_\nu\right)
\end{aligned}
\right.
$$
$$(2.4\text{-}2\mathrm{u})$$

在式 (2.4-2t~u) 中，(r_ν,θ_ν) 和 (r_μ,θ_μ) 皆表示在第 I 象限内的矩形边界上按 ν 和 μ 从 1 到 N 各个连续点的极坐标，J_ν 和 K_ν 分别代表**奇阶第一类贝塞尔函数**和**奇阶第二类变形贝塞尔函数** $(\mathrm{J}_1,\mathrm{K}_1,\mathrm{J}_3,\mathrm{K}_3,\mathrm{J}_5,\mathrm{K}_5,\cdots)$ 或**偶阶第一类贝塞尔函数**和**偶阶第二类变形贝塞尔函数** $(\mathrm{J}_0,\mathrm{K}_0,\mathrm{J}_2,\mathrm{K}_2,\mathrm{J}_4,\mathrm{K}_4,\cdots)$，而 a_ν,b_ν,c_ν,d_ν 实际上表示**奇阶谐函数的叠加系数** $a_1,b_1,c_1,d_1,a_3,b_3,c_3,d_3,a_5,b_5,c_5,d_5,\cdots$ 或表示**偶阶谐函数的叠加系数** $(a_0,b_0,c_0,d_0,a_2,b_2)$ 齐次线性方程组，其有非零解的条件是 $\boldsymbol{Q}$ 的行列式为零：

$$\det(\boldsymbol{Q})=0 \qquad\qquad (2.4\text{-}2\mathrm{v})$$

这就是确定传播常数 β_z 或模式折射率 $\overline{N}_m=\beta_z/k_0$ 的**本征方程**。对于不同的波导尺寸 (W,d) 和不同的折射率分布 $(\bar{n}_1,\bar{n}_2)$，可以由式 (2.4-2v) 求出相应的本征值传播常数 β_z 或模式折射率 $\overline{N}_m=\beta_z/k_0$，从而通过式 (2.4-1s~v) 得出模式场的分布 (2.4-2a~e)。

3. 数值结果[11.1]

为了便于计算和通用，分别定义**归一化本征值 (传播常数或模式折射率)** b'，**归一化半径** r'，**归一化厚度** V' 为

$$b' \equiv \frac{\beta_z^2-k_1^2}{k_2^2-k_1^2}=\frac{\overline{N}_m^2-\bar{n}_1^2}{\bar{n}_2^2-\bar{n}_1^2}, \qquad \overline{N}_m \equiv \frac{\beta_z}{k_0}$$

$$r' \equiv k_0 r \sqrt{\bar{n}_2^2 - \bar{n}_1^2}, \quad V' \equiv \frac{2d}{\lambda_0}\sqrt{\bar{n}_2^2 - \bar{n}_1^2} = \frac{r'd}{r\pi} \tag{2.4-2w}$$

则第一类贝塞尔函数和第二类变形贝塞尔函数的无量纲宗量分别化为

$$\kappa r = r\sqrt{k_2^2 - \beta_z^2} = r'\sqrt{1 - b'}$$
$$\gamma r = r\sqrt{\beta_z^2 - k_1^2} = r'\sqrt{b'} \tag{2.4-2x}$$

对于不同**宽厚比** W/d，可由本征方程求出归一化传播常数 b' 与归一化厚度 V' 的关系，如**图 2.4-1C** 所示。计算结果的精度如**表 2.4-1** 所示。各阶模式光强分布 (近场图)，导体介电波导宽高比为 2:1 矩形截面，1:1 正方截面的模式电磁力线分布如**图 2.4-1D** 和**图 2.4-1E(a)**、**(b)** 所示。

以上的分析和实际计算结果可以归结为：

[定理 18]

(1) 当 $\Delta\bar{n}/\bar{n}_1 \to 0$ 和 $W/d = 2$ 时，$E_{mn}^x = E_{mn}^y$ (**图 2.4-1C(a)**)，即具有偏振简并性；但当 $\Delta\bar{n}/\bar{n}_1 \geqslant 0.5$ 和 $W/d = 2$ 时，$E_{mn}^x \neq E_{mn}^y$ (**图 2.4-1C(b)**)，偏振简并性明显消失。偏振简并性随宽厚比和折射率差增加的变化，如**图 2.4-1C(c)** 和 **(d)** 所示。可见只要折射率差足够小，无论宽厚比如何，偏振总是简并的。

(2) 当 $\Delta\bar{n}/\bar{n}_1 \to 0$ 时，基模传播常数 β_z 随宽厚比 W/d 的增加而增加，越接近正方形 $(W/d = 1)$, β_z 越小 (**图 2.4-1C(d)**)；当 $W/d = 1$ 时，b' 将随 $\Delta\bar{n}/\bar{n}_1$ 的增加而减小；当 $\Delta\bar{n}/\bar{n}_1 \to \infty$ 时，基模几乎趋于截止 (**图 2.4-1C(e)**)。由于矩形波导的对称性，基模虽不截止，但可能几乎截止或准截止。

(3) 矩形波导的近场图是一组对称结构的光强斑点 (**图 2.4-1D**)。其斑点数目上下为 $m+1$ 个，左右为 $n+1$ 个，m、n 分别是 x、y 方向导波模式的阶。斑点一般近似为**椭圆形**，其短轴可能对应于芯层厚度 d，长轴可能对应于芯层宽度 W。其远场图一般将可能与此相反 (即长短轴对换)。一般当 $W/d \to 1$ (**图 2.4-1C(d)**) 时，斑点将呈**圆形**，其远场图也将有利于与截面为圆形的光纤耦合的激光光束结构。

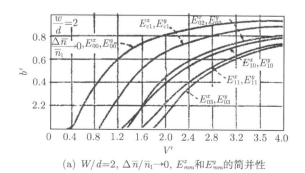

(a) $W/d=2$, $\Delta\bar{n}/\bar{n}_1 \to 0$, E_{mm}^x 和 E_{mm}^y 的简并性

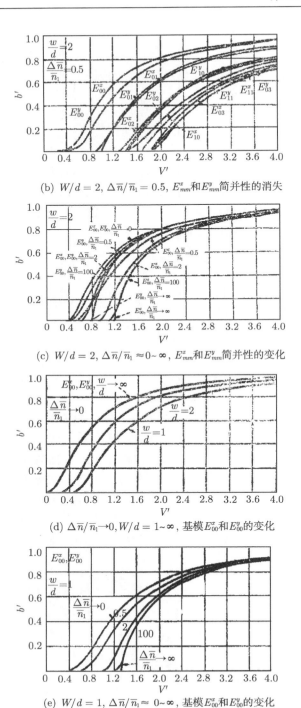

(b) $W/d = 2$, $\Delta \bar{n}/\bar{n}_1 = 0.5$, E_{mn}^x 和 E_{mn}^y 简并性的消失

(c) $W/d = 2$, $\Delta \bar{n}/\bar{n}_1 \approx 0 \sim \infty$, E_{mn}^x 和 E_{mn}^y 简并性的变化

(d) $\Delta \bar{n}/\bar{n}_1 \to 0$, $W/d = 1 \sim \infty$, 基模 E_{00}^x 和 E_{00}^y 的变化

(e) $W/d = 1$, $\Delta \bar{n}/\bar{n}_1 \approx 0 \sim \infty$, 基模 E_{00}^x 和 E_{00}^y 的变化

图 2.4-1C　矩形直柱波导的导波模式本征值随厚度变化[11.1]

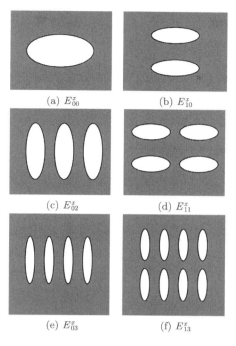

(a) E_{00}^x (b) E_{10}^x

(c) E_{02}^x (d) E_{11}^x

(e) E_{03}^x (f) E_{13}^x

图 2.4-1D 矩形直柱波导的导波模式光强分布 (近场图) 示意

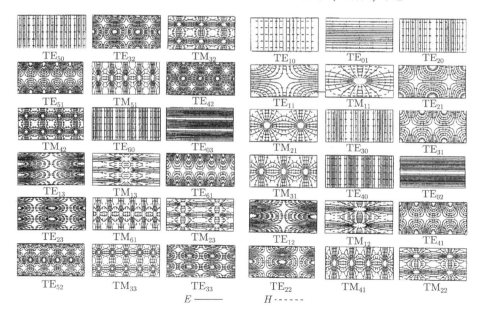

E —— H ------

图 2.4-1E(a) 宽高比 $w/d = 2:1$ 矩形直柱导体 – 电介波导 (边界条件为 $E_{//} = H_{\perp} = 0$) 的横截面电磁力线分布[10.3]

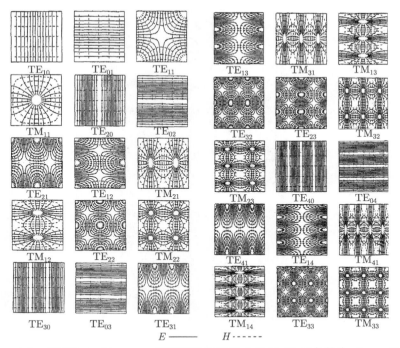

$$E \text{———}\qquad H \text{------}$$

图 2.4-1E(b)　宽高比 $W/d = 1:1$ 矩形直柱导体电介波导 (边界条件为 $E_{//} = H_\perp = 0$)
的横截面电磁力线分布[10.3]

4. 矩形波导模式波函数的内在联系

在二维波导中虽然导波模式波函数即其电磁场的 6 个分量都不为零, 但为了从理论上得出这 6 个电磁场分量, 只要由波导方程解出其中 1 个, 就可以从之推算出其他 5 个。但 E_{mn}^y 模的总电场 E 以及 E_{mn}^x 模的总磁场 H 都比较靠近 y 轴, 如**图 2.4-1B(c)** 所示。因此在其他轴上的分量都相对比较小, 为使计算得以简化, 可近似取其中一个近似为 0, 这将有 4 种不同的取法, 从而计算中要用哪个分量来推算所有其他分量的公式也将完全不同。这些公式可由 4 个横向方程和 2 个纵向方程联立导出。

1) E_{mn}^y 模式 ($\approx$TE 模式)

(1) 假设:

$$E_x(x,y) \approx 0, \quad E_y(x,y) = X(x)Y(y) \tag{2.4-3a}$$

其他四个分量 E_z, H_x, H_y, H_z 可由解出的 E_y 分别根据以下导出的公式算出。

(i) $E_y \to E_z$。式 (1.2-1o) 对 x 求偏导和式 (1.2-1p) 对 y 求偏导分别为

$$\frac{\partial E_x(x,y)}{\partial x} = \frac{-\mathrm{i}}{\tilde{k}^2 - \tilde{\beta}_z^2}\left[\tilde{\beta}_z \frac{\partial^2 E_z(x,y)}{\partial x^2} + \omega\mu_0 \frac{\partial^2 H_z(x,y)}{\partial x \partial y}\right] \approx 0,$$

$$\frac{\partial E_y(x,y)}{\partial y} = \frac{-\mathrm{i}}{\tilde{k}^2 - \tilde{\beta}_z^2} \left[\tilde{\beta}_z \frac{\partial^2 E_z(x,y)}{\partial y^2} - \omega\mu_0 \frac{\partial^2 H_z(x,y)}{\partial x \partial y} \right]$$

相加并由式 (1.2-1s) 得

$$\frac{\partial E_y(x,y)}{\partial y} = \frac{-\mathrm{i}\tilde{\beta}_z}{\tilde{k}^2 - \tilde{\beta}_z^2} \left[\frac{\partial^2 E_z(x,y)}{\partial x^2} + \frac{\partial^2 E_z(x,y)}{\partial y^2} \right]$$

$$= \frac{-\mathrm{i}\tilde{\beta}_z}{\tilde{k}^2 - \tilde{\beta}_z^2} \left[-\left(\tilde{k}^2 - \tilde{\beta}_z^2\right) E_z(x,y) \right] = \mathrm{i}\tilde{\beta}_z E_z(x,y) \rightarrow$$

$$E_z(x,y) = \frac{1}{\mathrm{i}\beta_z} \frac{\partial E_y(x,y)}{\partial y} \tag{2.4-3b}$$

(ii) $\boldsymbol{E}_y \rightarrow \boldsymbol{H}_z$。将式 (1.2-1o) 对 y 求偏导:

$$\frac{\partial E_x(x,y)}{\partial y} = \frac{\mathrm{i}}{\tilde{k}^2 - \tilde{\beta}_z^2} \left[-\tilde{\beta}_z \frac{\partial^2 E_z(x,y)}{\partial x \partial y} - \omega\mu_0 \frac{\partial^2 H_z(x,y)}{\partial y^2} \right] \approx 0$$

式 (1.2-1p) 对 x 求偏导:

$$\frac{\partial E_y(x,y)}{\partial x} = \frac{\mathrm{i}}{\tilde{k}^2 - \tilde{\beta}_z^2} \left[-\tilde{\beta}_z \frac{\partial^2 E_z(x,y)}{\partial x \partial y} + \omega\mu_0 \frac{\partial^2 H_z(x,y)}{\partial x^2} \right]$$

相减并由式 (1.2-1t) 得

$$\frac{\partial E_y(x,y)}{\partial x} = \frac{\mathrm{i}\omega\mu_0}{\tilde{k}^2 - \tilde{\beta}_z^2} \left[\frac{\partial^2 H_z(x,y)}{\partial x^2} + \frac{\partial^2 H_z(x,y)}{\partial y^2} \right]$$

$$= \frac{\mathrm{i}\omega\mu_0}{\tilde{k}^2 - \tilde{\beta}_z^2} \left[-\left(\tilde{k}^2 - \tilde{\beta}_z^2\right) H_z(x,y) \right]$$

$$= -\mathrm{i}\omega\mu_0 H_z(x,y) \rightarrow H_z(x,y) = \frac{\mathrm{i}}{\omega\mu_0} \frac{\partial E_y(x,y)}{\partial x} \tag{2.4-3c}$$

(iii) $\boldsymbol{E}_y \rightarrow \boldsymbol{H}_y$。由式 (1.2-1o):

$$E_x(x,y) = \frac{-\mathrm{i}}{\tilde{k}^2 - \tilde{\beta}_z^2} \left[\tilde{\beta}_z \frac{\partial E_z(x,y)}{\partial x} + \omega\mu_0 \frac{\partial H_z(x,y)}{\partial y} \right] \approx 0$$

代入式 (1.2-1r):

$$H_y(x,y) = \frac{-\mathrm{i}}{\tilde{k}^2 - \tilde{\beta}_z^2} \left[\omega\tilde{\varepsilon} \frac{\partial E_z(x,y)}{\partial x} - \tilde{\beta}_z \frac{\tilde{\beta}_z}{\omega\mu_0} \frac{\partial E_z(x,y)}{\partial x} \right]$$

$$= \frac{-\mathrm{i}}{\tilde{k}^2 - \tilde{\beta}_z^2} \left[\frac{\omega^2\mu_0\tilde{\varepsilon} - \tilde{\beta}_z^2}{\omega\mu_0} \right] \frac{\partial E_z(x,y)}{\partial x} = \frac{-\mathrm{i}}{\omega\mu_0} \frac{\partial E_z(x,y)}{\partial x}$$

$$= \frac{-\mathrm{i}}{\omega\mu_0} \frac{\partial}{\partial x} \left[\frac{1}{\mathrm{i}\tilde{\beta}} \frac{\partial E_y(x,y)}{\partial y} \right] \rightarrow H_y(x,y) = \frac{-1}{\omega\mu_0\tilde{\beta}} \frac{\partial^2 E_y(x,y)}{\partial x \partial y} \tag{2.4-3d}$$

(iv) $E_y \to H_x$。将式 (2.4-3b,c) 代入式 (1.2-1r)，并由式 (1.2-1i) 得

$$H_x(x,y) = \frac{\mathrm{i}}{\tilde{k}^2 - \tilde{\beta}_z^2}\left[\omega\tilde{\varepsilon}\frac{\partial}{\partial y}\frac{1}{\mathrm{i}\beta_z}\frac{\partial E_y(x,y)}{\partial y} - \tilde{\beta}_z\frac{\partial}{\partial x}\frac{\mathrm{i}}{\omega\mu_0}\frac{\partial E_y(x,y)}{\partial x}\right]$$

$$= \frac{1}{\left(\tilde{k}^2 - \tilde{\beta}_z^2\right)\omega\mu_0\tilde{\beta}_z}\left(\omega^2\mu_0\tilde{\varepsilon}\frac{\partial^2 E_y}{\partial y^2} + \tilde{\beta}_z^2\frac{\partial^2 E_y}{\partial x^2}\right)$$

$$= \frac{1}{\left(\tilde{k}^2 - \tilde{\beta}_z^2\right)\omega\mu_0\tilde{\beta}_z}\left[-\omega^2\mu_0\tilde{\varepsilon}\left(\tilde{k}^2 - \tilde{\beta}_z^2\right)E_y(x,y) - \left(\omega^2\mu_0\tilde{\varepsilon} - \tilde{\beta}_z^2\right)\frac{\partial^2 E_y(x,y)}{\partial x^2}\right]$$

$$= \frac{1}{\left(\tilde{k}^2 - \tilde{\beta}_z^2\right)\omega\mu_0\tilde{\beta}_z}\left[\omega^2\mu_0\tilde{\varepsilon}\left(\frac{\partial^2 E_y}{\partial y^2} + \frac{\partial^2 E_y}{\partial x^2}\right) - \left(\omega^2\mu_0\tilde{\varepsilon} - \tilde{\beta}_z^2\right)\frac{\partial^2 E_y}{\partial x^2}\right]$$

$$= \frac{-1}{\omega\mu_0\tilde{\beta}_z}\left[\omega^2\mu_0\tilde{\varepsilon}E_y(x,y) + \frac{\partial^2 E_y(x,y)}{\partial x^2}\right] \to$$

$$H_x(x,y) = \frac{-1}{\omega\mu_0\tilde{\beta}_z}\left(\omega^2\mu_0\tilde{\varepsilon} + \frac{\partial^2}{\partial x^2}\right)E_y(x,y) \tag{2.4-3e}$$

(2) 假设：

$$H_y(x,y) = 0, \quad H_x(x,y) = X(x)Y(y) \tag{2.4-3f}$$

其他四个分量 H_z, E_x, E_y, E_z 可由解出的 H_x 分别根据以下导出的公式算出。

(i) $H_x \to H_z$。将式 (1.2-1q) 对 x 求偏导和式 (1.2-1r) 对 y 求偏导分别为

$$\frac{\partial H_x(x,y)}{\partial x} = \frac{\mathrm{i}}{\tilde{k}^2 - \tilde{\beta}_z^2}\left[\omega\tilde{\varepsilon}\frac{\partial^2 E_z(x,y)}{\partial x\partial y} - \tilde{\beta}_z\frac{\partial^2 H_z(x,y)}{\partial^2 x}\right],$$

$$\frac{\partial H_y(x,y)}{\partial y} = \frac{\mathrm{i}}{\tilde{k}^2 - \tilde{\beta}_z^2}\left[-\omega\tilde{\varepsilon}\frac{\partial^2 E_z(x,y)}{\partial x\partial y} - \tilde{\beta}_z\frac{\partial^2 H_z(x,y)}{\partial^2 y}\right] \approx 0$$

相加并由式 (1.2-1t) 得

$$\frac{\partial H_x(x,y)}{\partial y} = \frac{-\mathrm{i}\tilde{\beta}_z}{\tilde{k}^2 - \tilde{\beta}_z^2}\left[\frac{\partial^2 H_z(x,y)}{\partial x^2} + \frac{\partial^2 H_z(x,y)}{\partial y^2}\right]$$

$$= \frac{-\mathrm{i}\tilde{\beta}_z}{\tilde{k}^2 - \tilde{\beta}_z^2}\left[-\left(\tilde{k}^2 - \tilde{\beta}_z^2\right)H_z(x,y)\right] = \mathrm{i}\tilde{\beta}_z H_z(x,y) \to$$

$$H_z(x,y) = \frac{1}{\mathrm{i}\tilde{\beta}_z}\frac{\partial H_x(x,y)}{\partial x} \tag{2.4-3g}$$

(ii) $H_x \to E_z$。将式 (1.2-1r) 对 x 求偏导：

$$\frac{\partial H_y(x,y)}{\partial x} = \frac{\mathrm{i}}{\tilde{k}^2 - \tilde{\beta}_z^2}\left[-\omega\tilde{\varepsilon}\frac{\partial^2 E_z(x,y)}{\partial^2 x} - \tilde{\beta}_z\frac{\partial^2 H_z(x,y)}{\partial x\partial y}\right] \approx 0$$

将式 (1.2-1q) 对 y 求偏导：

$$\frac{\partial H_x(x,y)}{\partial y} = \frac{\mathrm{i}}{\tilde{k}^2 - \tilde{\beta}_z^2}\left[\omega\tilde{\varepsilon}\frac{\partial^2 E_z(x,y)}{\partial^2 y} - \tilde{\beta}_z\frac{\partial^2 H_z(x,y)}{\partial x\partial y}\right]$$

相减并由式 (1.2-1s) 得

$$\begin{aligned}
\frac{\partial H_x(x,y)}{\partial y} &= \frac{\mathrm{i}\omega\tilde{\varepsilon}}{\tilde{k}^2 - \tilde{\beta}_z^2}\left[\frac{\partial^2 E_z(x,y)}{\partial x^2} + \frac{\partial^2 E_z(x,y)}{\partial y^2}\right] \\
&= \frac{\mathrm{i}\omega\tilde{\varepsilon}}{\tilde{k}^2 - \tilde{\beta}_z^2}\left[-\left(\tilde{k}^2 - \tilde{\beta}_z^2\right)E_z(x,y)\right] \\
&= -\mathrm{i}\omega\tilde{\varepsilon}E_z(x,y) \rightarrow E_z(x,y) = \frac{\mathrm{i}}{\omega\tilde{\varepsilon}}\frac{\partial H_x(x,y)}{\partial y} \quad (2.4\text{-}3\mathrm{h})
\end{aligned}$$

(iii) $\boldsymbol{H_x \rightarrow E_y}$。将式 (2.2-3g,h) 代入式 (1.2-1p)，并由式 (1.2-1i) 得

$$\begin{aligned}
E_y(x,y) &= \frac{\mathrm{i}}{\tilde{k}^2 - \tilde{\beta}_z^2}\left[-\tilde{\beta}_z\frac{\partial E_z(x,y)}{\partial y} + \omega\mu_0\frac{\partial H_z(x,y)}{\partial x}\right] \\
&= \frac{1}{\tilde{k}^2 - \tilde{\beta}_z^2}\left[\frac{\tilde{\beta}_z}{\omega\tilde{\varepsilon}}\frac{\partial^2 H_x}{\partial^2 y} + \frac{\omega\mu_0}{\tilde{\beta}_z}\frac{\partial^2 H_x}{\partial^2 x}\right] \\
&= \frac{1}{\left(\tilde{k}^2 - \tilde{\beta}_z^2\right)\omega\tilde{\varepsilon}\tilde{\beta}_z}\left(\omega^2\mu_0\tilde{\varepsilon}\frac{\partial^2 H_x}{\partial^2 x} + \tilde{\beta}_z^2\frac{\partial^2 H_x}{\partial^2 y}\right) \\
&= \frac{1}{\left(\tilde{k}^2 - \tilde{\beta}_z^2\right)\omega\tilde{\varepsilon}\tilde{\beta}_z}\left[\omega^2\mu_0\tilde{\varepsilon}\left(\frac{\partial^2 H_x}{\partial^2 x} + \frac{\partial^2 H_x}{\partial^2 y}\right) - \left(\omega^2\mu_0\tilde{\varepsilon} - \tilde{\beta}_z^2\right)\frac{\partial^2 H_x}{\partial^2 y}\right] \\
&= \frac{1}{\left(\tilde{k}^2 - \tilde{\beta}_z^2\right)\mathrm{i}\omega\tilde{\varepsilon}\tilde{\beta}_z}\left[-\omega^2\mu_0\tilde{\varepsilon}\left(\tilde{k}^2 - \tilde{\beta}_z^2\right)H_x - \left(\omega^2\mu_0\tilde{\varepsilon} - \tilde{\beta}_z^2\right)\frac{\partial^2 H_x}{\partial^2 y}\right] \\
&= \frac{-1}{\omega\tilde{\varepsilon}\tilde{\beta}_z}\left(\omega^2\mu_0\tilde{\varepsilon} + \frac{\partial^2}{\partial^2 y}\right)H_x \rightarrow
\end{aligned}$$

$$E_y(x,y) = \frac{-1}{\omega\tilde{\varepsilon}\tilde{\beta}_z}\left[\omega^2\mu_0\tilde{\varepsilon} + \frac{\partial^2}{\partial^2 y}\right]H_x \quad (2.4\text{-}3\mathrm{i})$$

(iv) $\boldsymbol{H_x \rightarrow E_x}$。将式 (2.2-3g,h) 代入式 (2.1-1o)，并由式 (1.2-1i) 得

$$\begin{aligned}
E_x(x,y) &= \frac{-\mathrm{i}}{\tilde{k}^2 - \tilde{\beta}_z^2}\left[\tilde{\beta}_z\frac{\partial E_z(x,y)}{\partial x} + \omega\mu_0\frac{\partial H_z(x,y)}{\partial y}\right] \\
&= \frac{-\mathrm{i}}{\tilde{k}^2 - \tilde{\beta}_z^2}\left[\frac{\mathrm{i}\tilde{\beta}_z}{\omega\tilde{\varepsilon}}\frac{\partial^2 H_x(x,y)}{\partial x\partial y} + \frac{\omega\mu_0}{\mathrm{i}\beta_z}\frac{\partial^2 H_x(x,y)}{\partial x\partial y}\right] \\
&= \frac{1}{\left(\tilde{k}^2 - \tilde{\beta}_z^2\right)\omega\tilde{\varepsilon}\tilde{\beta}_z}\left(\tilde{\beta}_z^2 - \omega^2\mu_0\tilde{\varepsilon}\right)\frac{\partial^2 H_x(x,y)}{\partial x\partial y}
\end{aligned}$$

$$\rightarrow E_x(x,y) = \frac{-1}{\omega\tilde{\varepsilon}\tilde{\beta}_z}\frac{\partial^2 H_x(x,y)}{\partial x\partial y} \tag{2.4-3j}$$

2) $\boldsymbol{E}_{mn}^x$ 模式 ($\approx$ TM 模式)

(1) 假设

$$H_x(x,y) = 0, \quad H_y(x,y) = X(x)Y(y) \tag{2.4-3a'}$$

则其他电磁场分量 H_z, E_x, E_y, E_z 可由解出的 H_y 分别根据以下导出的公式算出。

(i) $\boldsymbol{H_y} \rightarrow \boldsymbol{H_z}$。将式 (1.2-1q) 对 x 求偏导:

$$\frac{\partial H_x(x,y)}{\partial x} = \frac{\mathrm{i}}{\tilde{k}^2 - \tilde{\beta}_z^2}\left[\omega\tilde{\varepsilon}\frac{\partial^2 E_z(x,y)}{\partial x\partial y} - \tilde{\beta}_z\frac{\partial^2 H_z(x,y)}{\partial x^2}\right] \approx 0$$

将式 (1.2-1r) 对 y 求偏导:

$$\frac{\partial H_y(x,y)}{\partial y} = \frac{\mathrm{i}}{\tilde{k}^2 - \tilde{\beta}_z^2}\left[-\omega\tilde{\varepsilon}\frac{\partial^2 E_z(x,y)}{\partial x\partial y} - \tilde{\beta}_z\frac{\partial^2 H_z(x,y)}{\partial y^2}\right]$$

相加并由式 (1.2-1t) 得

$$\begin{aligned}
\frac{\partial H_y(x,y)}{\partial y} &= \frac{-\mathrm{i}\tilde{\beta}_z}{\tilde{k}^2 - \tilde{\beta}_z^2}\left[\frac{\partial^2 H_z(x,y)}{\partial x^2} + \frac{\partial^2 H_z(x,y)}{\partial y^2}\right] \\
&= \frac{-\mathrm{i}\tilde{\beta}_z}{\tilde{k}^2 - \tilde{\beta}_z^2}\left[-\left(\tilde{k}^2 - \tilde{\beta}_z^2\right)H_z(x,y)\right] \\
&= \mathrm{i}\tilde{\beta}_z H_z(x,y) \rightarrow H_z(x,y) = \frac{1}{\mathrm{i}\tilde{\beta}_z}\frac{\partial H_y(x,y)}{\partial y}
\end{aligned} \tag{2.4-3b'}$$

(ii) $\boldsymbol{H_y} \rightarrow \boldsymbol{E_z}$。式 (1.2-1q) 对 y 求偏导:

$$\frac{\partial H_x(x,y)}{\partial y} = \frac{\mathrm{i}}{\tilde{k}^2 - \tilde{\beta}_z^2}\left[\omega\tilde{\varepsilon}\frac{\partial^2 E_z(x,y)}{\partial y^2} - \tilde{\beta}_z\frac{\partial^2 H_z(x,y)}{\partial x\partial y}\right] \approx 0$$

式 (1.2-1r) 对 x 求偏导:

$$\frac{\partial H_y(x,y)}{\partial x} = \frac{\mathrm{i}}{\tilde{k}^2 - \tilde{\beta}_z^2}\left[-\omega\tilde{\varepsilon}\frac{\partial^2 E_z(x,y)}{\partial x^2} - \tilde{\beta}_z\frac{\partial^2 H_z(x,y)}{\partial x\partial y}\right]$$

相减并由式 (1.2-1t) 得

$$\begin{aligned}
\frac{\partial H_y(x,y)}{\partial x} &= \frac{-\mathrm{i}\omega\tilde{\varepsilon}}{\tilde{k}^2 - \tilde{\beta}_z^2}\left[\frac{\partial^2 E_z(x,y)}{\partial x^2} + \frac{\partial^2 E_z(x,y)}{\partial y^2}\right] \\
&= \frac{-\mathrm{i}\omega\tilde{\varepsilon}}{\tilde{k}^2 - \tilde{\beta}_z^2}\left[-\left(\tilde{k}^2 - \tilde{\beta}_z^2\right)E_z(x,y)\right] \\
&= \mathrm{i}\omega\tilde{\varepsilon}E_z(x,y) \rightarrow E_z(x,y) = \frac{1}{\mathrm{i}\omega\tilde{\varepsilon}}\frac{\partial H_y(x,y)}{\partial x}
\end{aligned} \tag{2.4-3c'}$$

(iii) $H_y \rightarrow E_y$。由式 (1.2-1q):

$$H_x(x,y) = \frac{\mathrm{i}}{\tilde{k}^2 - \tilde{\beta}_z^2} \left[\omega\tilde{\varepsilon} \frac{\partial E_z(x,y)}{\partial y} - \tilde{\beta}_z \frac{\partial H_z(x,y)}{\partial x} \right] \approx 0$$

代入式 (1.2-1p):

$$\begin{aligned}
E_y(x,y) &= \frac{\mathrm{i}}{\tilde{k}^2 - \tilde{\beta}_z^2} \left[-\tilde{\beta}_z \frac{\tilde{\beta}_z}{\omega\tilde{\varepsilon}} \frac{\partial H_z(x,y)}{\partial x} + \omega\mu_0 \frac{\partial H_z(x,y)}{\partial x} \right] \\
&= \frac{\mathrm{i}}{\left(\tilde{k}^2 - \tilde{\beta}_z^2\right)\omega\tilde{\varepsilon}} \left(\omega^2\mu_0\tilde{\varepsilon} - \tilde{\beta}_z^2 \right) \frac{\partial H_z(x,y)}{\partial x} \\
&= \frac{\mathrm{i}}{\omega\tilde{\varepsilon}} \frac{\partial H_z(x,y)}{\partial x} = \frac{\mathrm{i}}{\omega\tilde{\varepsilon}} \frac{\partial}{\partial x} \left[\frac{1}{\mathrm{i}\tilde{\beta}_z} \frac{\partial H_y(x,y)}{\partial y} \right] \rightarrow
\end{aligned}$$

$$E_y(x,y) = \frac{1}{\omega\tilde{\varepsilon}\tilde{\beta}_z} \frac{\partial^2 H_y(x,y)}{\partial x \partial y} \tag{2.4-3d$'$}$$

(iv) $H_y \rightarrow E_x$。将式 (2.2-3b$'$,c$'$) 代入式 (1.2-1o),并由式 (1.2-1t) 得

$$\begin{aligned}
E_x(x,y) &= \frac{-\mathrm{i}}{\tilde{k}^2 - \tilde{\beta}_z^2} \left[\tilde{\beta}_z \frac{\partial}{\partial x} \frac{1}{\mathrm{i}\omega\tilde{\varepsilon}} \frac{\partial H_y(x,y)}{\partial x} x + \omega\mu_0 \frac{\partial}{\partial y} \frac{1}{\mathrm{i}\beta_z} \frac{\partial H_y(x,y)}{\partial y} \right] \\
&= \frac{-1}{\left(\tilde{k}^2 - \tilde{\beta}_z^2\right)\omega\tilde{\varepsilon}\tilde{\beta}_z} \left[\tilde{\beta}_z^2 \frac{\partial^2 H_y(x,y)}{\partial x^2} + \omega^2\mu_0\tilde{\varepsilon} \frac{\partial^2 H_y(x,y)}{\partial y^2} \right] \\
&= \frac{-1}{\left(\tilde{k}^2 - \tilde{\beta}_z^2\right)\omega\tilde{\varepsilon}\tilde{\beta}_z} \left[\left(\tilde{\beta}_z^2 - \omega^2\mu_0\tilde{\varepsilon} \right) \frac{\partial^2 H_y(x,y)}{\partial x^2} \right. \\
&\quad + \left. \omega^2\mu_0\tilde{\varepsilon} \left(\frac{\partial^2 H_y(x,y)}{\partial x^2} + \frac{\partial^2 H_y(x,y)}{\partial y^2} \right) \right] \\
&= \frac{-1}{\left(\tilde{k}^2 - \tilde{\beta}_z^2\right)\omega\tilde{\varepsilon}\tilde{\beta}_z} \left[-\omega^2\mu_0\tilde{\varepsilon} \left(\tilde{k}^2 - \tilde{\beta}_z^2 \right) H_y(x,y) \right. \\
&\quad - \left. \left(\omega^2\mu_0\tilde{\varepsilon} - \tilde{\beta}_z^2 \right) \frac{\partial^2 H_y(x,y)}{\partial x^2} \right] \\
&= \frac{1}{\omega\tilde{\varepsilon}\tilde{\beta}_z} \left[\omega^2\mu_0\tilde{\varepsilon} H_y(x,y) + \frac{\partial^2 H_y(x,y)}{\partial x^2} \right] \rightarrow
\end{aligned}$$

$$E_x(x,y) = \frac{1}{\omega\tilde{\varepsilon}\tilde{\beta}_z} \left(\omega^2\mu_0\tilde{\varepsilon} + \frac{\partial^2}{\partial x^2} \right) H_y(x,y) \tag{2.4-3e$'$}$$

(2) 假设

$$E_y(x,y) = 0, \quad E_x(x,y) = X(x)Y(y) \tag{2.4-3f$'$}$$

则其他电磁场分量 E_z, H_x, H_y, H_z 可由解出的 E_x 分别根据以下导出的公式算出。

(i) $E_x \to E_z$。

式 (1.2-1o) 对 x 求偏导:

$$\frac{\partial E_x(x,y)}{\partial x} = \frac{\mathrm{i}}{\tilde{k}^2 - \tilde{\beta}_z^2}\left[-\tilde{\beta}_z\frac{\partial^2 E_z(x,y)}{\partial x^2} - \omega\mu_0\frac{\partial^2 H_z(x,y)}{\partial x\partial y}\right]$$

式 (1.2-1p) 对 y 求偏导:

$$\frac{\partial E_y(x,y)}{\partial y} = \frac{\mathrm{i}}{\tilde{k}^2 - \tilde{\beta}_z^2}\left[-\tilde{\beta}_z\frac{\partial^2 E_z(x,y)}{\partial y^2} + \omega\mu_0\frac{\partial^2 H_z(x,y)}{\partial x\partial y}\right] \approx 0$$

相加得

$$\frac{\partial E_x(x,y)}{\partial x} = \frac{-\mathrm{i}\tilde{\beta}_z}{\tilde{k}^2 - \tilde{\beta}_z^2}\left[\frac{\partial^2 E_z(x,y)}{\partial x^2} + \frac{\partial^2 E_z(x,y)}{\partial y^2}\right]$$

$$= \mathrm{i}\tilde{\beta}_z E_z(x,y) \to E_z(x,y) = \frac{1}{\mathrm{i}\tilde{\beta}_z}\frac{\partial E_x(x,y)}{\partial x} \tag{2.4-3g$'$}$$

(ii) $E_x \to H_z$。

式 (1.2-1o) 对 y 求偏导:

$$\frac{\partial E_x(x,y)}{\partial y} = \frac{\mathrm{i}}{\tilde{k}^2 - \tilde{\beta}_z^2}\left[-\tilde{\beta}_z\frac{\partial^2 E_z(x,y)}{\partial x\partial y} - \omega\mu_0\frac{\partial^2 H_z(x,y)}{\partial y^2}\right]$$

式 (1.2-1p) 对 x 求偏导:

$$\frac{\partial E_y(x,y)}{\partial x} = \frac{\mathrm{i}}{\tilde{k}^2 - \tilde{\beta}_z^2}\left[-\tilde{\beta}_z\frac{\partial^2 E_z(x,y)}{\partial x\partial y} + \omega\mu_0\frac{\partial^2 H_z(x,y)}{\partial x^2}\right] \approx 0$$

相减得

$$\frac{\partial E_x(x,y)}{\partial y} = \frac{-\mathrm{i}\omega\mu_0}{\tilde{k}^2 - \tilde{\beta}_z^2}\left[\frac{\partial^2 H_z(x,y)}{\partial y^2} + \frac{\partial^2 H_z(x,y)}{\partial y^2}\right]$$

$$= \mathrm{i}\omega\mu_0 H_z(x,y) \to H_z(x,y) = \frac{1}{\mathrm{i}\omega\mu_0}\frac{\partial E_x(x,y)}{\partial y} \tag{2.4-3h$'$}$$

(iii) $E_x \to H_x$。 将式 (2.2-3g$'$,h$'$) 代入式 (1.2-1q),得

$$H_x(x,y) = \frac{\mathrm{i}}{\tilde{k}^2 - \tilde{\beta}_z^2}\left[\omega\tilde{\varepsilon}\frac{\partial}{\partial y}\frac{1}{\mathrm{i}\tilde{\beta}_z}\frac{\partial E_x(x,y)}{\partial x} - \tilde{\beta}_z\frac{\partial}{\partial x}\frac{1}{\mathrm{i}\omega\mu_0}\frac{\partial E_x(x,y)}{\partial y}\right]$$

$$= \frac{1}{\left(\tilde{k}^2 - \tilde{\beta}_z^2\right)\omega\mu_0\tilde{\beta}}\left(\omega^2\mu_0\tilde{\varepsilon} - \tilde{\beta}_z^2\right)\frac{\partial^2 E_x(x,y)}{\partial x\partial y} \to$$

$$H_x(x,y) = \frac{1}{\omega\mu_0\tilde{\beta}_z}\frac{\partial^2 E_x(x,y)}{\partial x\partial y} \tag{2.4-3i$'$}$$

(iv) $E_x \to H_y$。 将式 (2.2-3g$'$,h$'$) 代入式 (1.2-1r):

$$H_y(x,y) = \frac{-\mathrm{i}}{\tilde{k}^2 - \tilde{\beta}_z^2}\left[\frac{\omega\tilde{\varepsilon}}{\mathrm{i}\tilde{\beta}_z}\frac{\partial^2 E_x(x,y)}{\partial x^2} + \frac{\tilde{\beta}_z}{\mathrm{i}\omega\mu_0}\frac{\partial^2 E_x(x,y)}{\partial y^2}\right]$$

$$= \frac{-1}{\left(\tilde{k}^2 - \tilde{\beta}_z^2\right)\omega\mu_0\tilde{\beta}_z}\left[\omega^2\mu_0\tilde{\varepsilon}\left(\frac{\partial^2}{\partial x^2} + \frac{\partial^2}{\partial y^2}\right)\right.$$

$$\left. + \left(\tilde{\beta}_z^2 - \omega^2\mu_0\tilde{\varepsilon}\right)\frac{\partial^2}{\partial y^2}\right]E_x(x,y) \rightarrow$$

$$H_y(x,y) = \frac{1}{\omega\mu_0\tilde{\beta}_z}\left(\omega^2\mu_0\tilde{\varepsilon} + \frac{\partial^2}{\partial y^2}\right)E_x(x,y) \tag{2.4-3j'}$$

3) 不同假设的结果比较

以上导出的矩形波导模式场分量各种计算公式与三层平板波导的比较如**表 2.4-1B(a)**，**(b)** 所示。

2.4.2 远离截止近似[11.2]

设矩形截面的波导芯区内折射率为 $\bar{n}_2$，其上下左右和四角区的隐埋介质折射率分别为 $\bar{n}_1$、$\bar{n}_3$、$\bar{n}_5$、$\bar{n}_4$、$\bar{n}_6$、$\bar{n}_7$、$\bar{n}_8$、$\bar{n}_9$，如**图 2.4-2A(a)** 所示。远离截止条件是

$$\bar{n}_2 > \beta_z/k_0 \gg \bar{n}_{1,3,4,5} \quad \text{或} \quad \gamma_{1,3,4,5} \gg \kappa_x, \kappa_y \tag{2.4-3k}$$

在满足远离截止条件的情况下，模式场将主要集中在波导芯内部，透入四边相邻的限制区内将比较少，故不管**图 2.4-2A(a)** 中四个角上着色区的折射率 $\bar{n}_6 \sim \bar{n}_9$ 如何，皆可作如**图 2.4-2A(b)~(d)** 所示的**马卡提里 (Marcatili) 法**[11.2] 处理。

表 2.4-1B(a) 突变波导中导波模式 E_{mn}^y 与 E_{mn}^x 的电磁场各分量关系的比较

假设	$E_x \approx 0, E_y = X(x)Y(y)$		$H_x \approx 0, H_y = X(x)Y(y)$	
波导	矩形波导	三层平板波导	矩形波导	三层平板波导
模式	$E_{mn}^y(x,y)$	$TM(x), \partial/\partial y = 0$	$E_{mn}^x(x,y)$	$TE(x), \partial/\partial y = 0$
E_x	≈ 0	0	$\frac{1}{\omega\tilde{\varepsilon}\tilde{\beta}_z}\left(\omega^2\mu_0\tilde{\varepsilon}+\frac{\partial^2}{\partial x^2}\right)H_y$	$\frac{1}{\omega\tilde{\varepsilon}\tilde{\beta}_z}\left(\omega^2\mu_0\tilde{\varepsilon}+\frac{\partial^2}{\partial x^2}\right)H_y$
E_y	$X(x)Y(y)$	$X(x)$	$\frac{1}{\omega\tilde{\varepsilon}\tilde{\beta}_z}\frac{\partial^2 H_y}{\partial x\partial y}$	0
E_z	$\frac{1}{i\beta_z}\frac{\partial E_y}{\partial y}$	0	$\frac{1}{i\omega\tilde{\varepsilon}}\frac{\partial H_y}{\partial x}$	$\frac{1}{i\omega\tilde{\varepsilon}}\frac{\partial H_y}{\partial x}$
H_x	$\frac{-1}{\omega\mu_0\tilde{\beta}_z}\left(\omega^2\mu_0\tilde{\varepsilon}+\frac{\partial^2}{\partial x^2}\right)E_y$	$\frac{-1}{\omega\mu_0\tilde{\beta}_z}\left(\omega^2\mu_0\tilde{\varepsilon}+\frac{\partial^2}{\partial x^2}\right)E_y$	≈ 0	0
H_y	$\frac{-1}{\omega\mu_0\tilde{\beta}}\frac{\partial^2 E_y}{\partial x\partial y}$	0	$X(x)Y(y)$	$X(x)$
H_z	$\frac{i}{\omega\mu_0}\frac{\partial E_y}{\partial x}$	$\frac{i}{\omega\mu_0}\frac{\partial E_y}{\partial x}$	$\frac{1}{i\tilde{\beta}_z}\frac{\partial H_y}{\partial y}$	0

表 2.4-1B(b)　　突变波导中导波模式 E^x_{mn} 电磁场在不同假设下各分量关系的比较

假设	$E_y \approx 0, E_x = X(x)Y(y)$		$H_y \approx 0, H_x = X(x)Y(y)$	
波导	矩形波导	三层平板波导	矩形波导	三层平板波导
模式	$E^x_{mn}(x,y)$	TM$(x), \partial/\partial y = 0$	$E^y_{mn}(x,y)$	TE$(x), \partial/\partial y = 0$
E_x	$X(x)Y(y)$	$X(x)$	$\dfrac{-1}{\omega\tilde\varepsilon\tilde\beta_z}\dfrac{\partial^2 H_x(x,y)}{\partial x\partial y}$	0
E_y	≈ 0	0	$\dfrac{-1}{\omega\tilde\varepsilon\tilde\beta_z}\left(\omega^2\mu_0\tilde\varepsilon+\dfrac{\partial^2}{\partial^2 y}\right)H_x$	$\dfrac{\omega\mu_0}{\tilde\beta_z}H_x$
E_z	$\dfrac{1}{\mathrm{i}\tilde\beta_z}\dfrac{\partial E_x}{\partial x}$	$\dfrac{1}{\mathrm{i}\tilde\beta_z}\dfrac{\partial E_x}{\partial x}$	$\dfrac{\mathrm{i}}{\omega\tilde\varepsilon}\dfrac{\partial H_x}{\partial y}$	0
H_x	$\dfrac{1}{\omega\mu_0\tilde\beta}\dfrac{\partial^2 E_x}{\partial x\partial y}$	0	$X(x)Y(y)$	$X(x)$
H_y	$\dfrac{1}{\omega\mu_0\tilde\beta_z}\left(\omega^2\mu_0\tilde\varepsilon+\dfrac{\partial^2}{\partial y^2}\right)E_x$	$\dfrac{\omega\tilde\varepsilon}{\tilde\beta_z}E_x$	≈ 0	0
H_z	$\dfrac{-\mathrm{i}}{\omega\mu_0}\dfrac{\partial E_x}{\partial y}$	0	$\dfrac{1}{\mathrm{i}\tilde\beta_z}\dfrac{\partial H_x}{\partial x}$	$\dfrac{1}{\mathrm{i}\tilde\beta_z}\dfrac{\partial H_x}{\partial x}$

波函数和本征方程

1) 各区的波函数

设 $X(x)$ 和 $Y(y)$ 分别如**图 2.4-2A(b)**, **(c)** 所示由 $\bar{n}_1, \bar{n}_2, \bar{n}_3$ 介质构成的垂直三层平板波导, 和由 $\bar{n}_4, \bar{n}_2, \bar{n}_6$ 介质构成的水平三层平板波导求出:

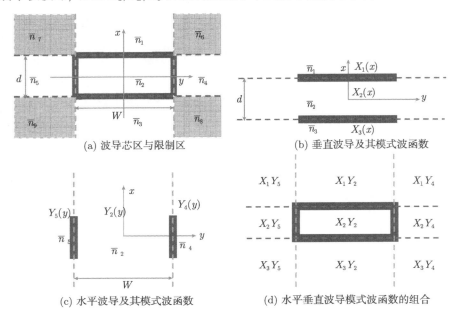

(a) 波导芯区与限制区　　　　　　(b) 垂直波导及其模式波函数

(c) 水平波导及其模式波函数　　　　(d) 水平垂直波导模式波函数的组合

图 2.4-2A　矩形波导的远离截止近似模型

$$x \geqslant \frac{d}{2}: \quad X_1 = A_1 \mathrm{e}^{-\gamma_1\left(x-\frac{d}{2}\right)}$$

$$|x| \leqslant \frac{d}{2}: \quad X_2 = A_2 \cos\left(\kappa_x x - \varphi_x\right) \tag{2.4-3l}$$

$$x \leqslant -\frac{d}{2}: \quad X_3 = A_3 \mathrm{e}^{\gamma_3\left(x+\frac{d}{2}\right)}$$

$$y \geqslant \frac{W}{2}: \quad Y_4 = B_4 \mathrm{e}^{-\gamma_4\left(y-\frac{W}{2}\right)};$$

$$|y| \leqslant \frac{W}{2}: \quad Y_2 = B_2 \cos\left(\kappa_y y - \varphi_y\right); \tag{2.4-3m}$$

$$y \leqslant -\frac{W}{2}: \quad Y_5 = B_5 \mathrm{e}^{\gamma_5\left(y+\frac{W}{2}\right)}$$

代入**图 2.4-2A(d)** 中，并略去二阶指数衰减项，可得出

$$x \geqslant \frac{d}{2}, y \geqslant \frac{W}{2}: \quad E_{y14}(x,y) = X_1 Y_4 = A_{14} \mathrm{e}^{-\gamma_1\left(x-\frac{d}{2}\right)} \mathrm{e}^{-\gamma_4\left(y-\frac{W}{2}\right)} \approx 0 \tag{2.4-3n}$$

$$x \geqslant \frac{d}{2}, |y| \leqslant \frac{W}{2}: \quad E_{y12}(x,y) = X_1 Y_2 = A_{12} \mathrm{e}^{-\gamma_1\left(x-\frac{d}{2}\right)} \cos\left(\kappa_y y - \varphi_y\right) \tag{2.4-3o}$$

$$x \geqslant \frac{d}{2}, y \leqslant -\frac{W}{2}: \quad E_{y15}(x,y) = X_1 Y_5 = A_{15} \mathrm{e}^{-\gamma_1\left(x-\frac{d}{2}\right)} \mathrm{e}^{\gamma_5\left(y+\frac{W}{2}\right)} \approx 0 \tag{2.4-3p}$$

$$|x| \leqslant \frac{d}{2}, y \geqslant \frac{W}{2}: \quad E_{y24}(x,y) = X_2 Y_4 = A_{24} \cos\left(\kappa_x x - \varphi_x\right) \mathrm{e}^{-\gamma_4\left(y-\frac{W}{2}\right)} \tag{2.4-3q}$$

$$|x| \leqslant \frac{d}{2}, |y| \leqslant \frac{W}{2}: \quad E_{y22}(x,y) = X_2 Y_2 = A_{22} \cos\left(\kappa_x x - \varphi_x\right) \cos\left(\kappa_y y - \varphi_y\right) \tag{2.4-3r}$$

$$|x| \leqslant \frac{d}{2}, y \leqslant -\frac{W}{2}: \quad E_{y25}(x,y) = X_2 Y_5 = A_{25} \cos\left(\kappa_x x - \varphi_x\right) \mathrm{e}^{\gamma_5\left(y+\frac{W}{2}\right)} \tag{2.4-3s}$$

$$x \leqslant -\frac{d}{2}, y \geqslant \frac{W}{2}: \quad E_{y34}(x,y) = X_3 Y_4 = A_{34} \mathrm{e}^{\gamma_3\left(x+\frac{d}{2}\right)} \mathrm{e}^{-\gamma_4\left(y-\frac{W}{2}\right)} \approx 0 \tag{2.4-3t}$$

$$x \leqslant -\frac{d}{2}, |y| \leqslant \frac{W}{2}: \quad E_{y32}(x,y) = X_3 Y_2 = A_{32} \mathrm{e}^{\gamma_3\left(x+\frac{d}{2}\right)} \cos\left(\kappa_y y - \varphi_y\right) \tag{2.4-3u}$$

$$x \leqslant -\frac{d}{2}, y \leqslant -\frac{W}{2}: \quad E_{y35}(x,y) = X_3 Y_5 = A_{35} \mathrm{e}^{\gamma_3\left(x+\frac{d}{2}\right)} \mathrm{e}^{\gamma_5\left(y+\frac{W}{2}\right)} \approx 0 \tag{2.4-3v}$$

2) 矩形波导中各传播常数和各衰减常数之间的关系

将上述组合波函数分别代入 E_y 的波动方程：

$$\frac{\partial^2 E_y(x,y)}{\partial x^2} + \frac{\partial^2 E_y(x,y)}{\partial y^2} + \left(k_0^2 \bar{n}^2 - \beta_z^2\right) E_y(x,y) = 0 \tag{2.4-4a}$$

$$|x| \leqslant \frac{d}{2}, |y| \leqslant \frac{W}{2}: \quad E_{y22}(x,y) = X_2 Y_2 = A_{22} \cos\left(\kappa_x x - \varphi_x\right) \cos\left(\kappa_y y - \varphi_y\right) \tag{2.4-4b}$$

代入波动方程：

$$\frac{\partial^2 E_y(x,y)}{\partial x^2} + \frac{\partial^2 E_y(x,y)}{\partial y^2} + \left(k_0^2 \bar{n}_2^2 - \beta_z^2\right) E_y(x,y) = 0 \tag{2.4-4c}$$

得

$$\left[\left(k_0^2 \bar{n}_2^2 - \beta_z^2\right) - \left(\kappa_x^2 + \kappa_y^2\right)\right] A_{22} \cos\left(\kappa_x x - \varphi_x\right) \cos\left(\kappa_y y - \varphi_y\right) = 0 \rightarrow$$
$$\kappa_x^2 + \kappa_y^2 + \beta_z^2 = k_0^2 \bar{n}_2^2 \tag{2.4-4d}$$

将式 (2.4-3o,u) 代入式 (2.4-4c) 得

$$\left(\gamma_{1,3}^2 - \kappa_y^2 + k_0^2 \bar{n}_{1,3}^2 - \beta_z^2\right) A_{12,32} \mathrm{e}^{\mp\gamma_1\left(x\mp\frac{d}{2}\right)} \cos\left(\kappa_y y - \varphi_y\right) = 0 \tag{2.4-4e}$$

将式 (2.4-3q,s) 代入式 (2.4-4c) 得

$$\left(\gamma_{4,5}^2 - \kappa_x^2 + k_0^2 \bar{n}_{4,5}^2 - \beta_z^2\right) A_{24,25} \cos\left(\kappa_x x - \varphi_x\right) \mathrm{e}^{\mp\gamma_{4,5}\left(y\mp\frac{W}{2}\right)} = 0 \tag{2.4-4f}$$

从而得出**传播常数** κ_x、κ_y、β_z 和**衰减常数** γ_1、γ_3、γ_4、γ_5 之间的关系:

$$\kappa_x^2 + \kappa_y^2 + \beta_z^2 = k_0^2 \bar{n}_2^2 \rightarrow \kappa_x = k_0 \sqrt{\left(\bar{n}_2^2 - \frac{\kappa_y^2}{k_0^2}\right) - \frac{\beta_z^2}{k_0^2}} = k_0\sqrt{\bar{n}_2'^2 - \overline{N}_m^2}, \quad \bar{n}_2' < \bar{n}_2 \tag{2.4-4g}$$

$$-\gamma_1^2 + \kappa_y^2 + \beta_z^2 = k_0^2 \bar{n}_1^2, \quad -\gamma_3^2 + \kappa_y^2 + \beta_z^2 = k_0^2 \bar{n}_3^2 \rightarrow \gamma_{1,3} = k_0\sqrt{\overline{N}_m^2 - \left(\bar{n}_{1,3}^2 - \frac{\kappa_y^2}{k_0^2}\right)} \tag{2.4-4h}$$

$$\kappa_x^2 - \gamma_4^2 + \beta_z^2 = k_0^2 \bar{n}_4^2, \quad \kappa_x^2 - \gamma_5^2 + \beta_z^2 = k_0^2 \bar{n}_5^2 \rightarrow \gamma_{4,5} = k_0\sqrt{\overline{N}_m^2 - \left(\bar{n}_{4,5}^2 - \frac{\kappa_x^2}{k_0^2}\right)} \tag{2.4-4i}$$

将式 (2.4-4d) 与式 (2.4-4e,f) 相减, 得出结果定义参数 $a_j, j = 1, 3, 4, 5$:

$$\gamma_1^2 + \kappa_x^2 = k_0^2 \left(\bar{n}_2^2 - \bar{n}_1^2\right) \equiv \left(\frac{\pi}{a_1}\right)^2, \quad \gamma_3^2 + \kappa_x^2 = k_0^2 \left(\bar{n}_2^2 - \bar{n}_3^2\right) \equiv \left(\frac{\pi}{a_3}\right)^2 \tag{2.4-4j}$$

$$\gamma_4^2 + \kappa_y^2 = k_0^2 \left(\bar{n}_2^2 - \bar{n}_4^2\right) \equiv \left(\frac{\pi}{a_4}\right)^2, \quad \gamma_5^2 + \kappa_y^2 = k_0^2 \left(\bar{n}_2^2 - \bar{n}_5^2\right) \equiv \left(\frac{\pi}{a_5}\right)^2 \tag{2.4-4k}$$

3) 电磁场分量系数的关系

在矩形边界上, 电场和磁场强度的切向分量、电位移矢量的法向分量都必须连续的**边界条件**, 由式 (2.4-3n~v) 得出

$$E_{y12}\left(\frac{d}{2}, y\right) = E_{y22}\left(\frac{d}{2}, y\right) \rightarrow A_{12} = A_{22} \cos\left(\frac{\kappa_x d}{2} - \varphi_x\right) \tag{2.4-4l}$$

$$E_{y32}\left(-\frac{d}{2}, y\right) = E_{y22}\left(-\frac{d}{2}, y\right) \rightarrow A_{32} = A_{22} \cos\left(\frac{\kappa_x d}{2} + \varphi_x\right) \tag{2.4-4m}$$

$$E_{z24}\left(x, \frac{W}{2}\right) = E_{z22}\left(x, \frac{W}{2}\right) \rightarrow A_{24} = A_{22}\frac{\kappa_y}{\gamma_4}\sin\left(\frac{\kappa_y W}{2} - \varphi_y\right) \qquad (2.4\text{-}4\text{n})$$

$$E_{z25}\left(x, -\frac{W}{2}\right) = E_{z22}\left(x, -\frac{W}{2}\right) \rightarrow A_{25} = A_{22}\frac{\kappa_y}{\gamma_5}\sin\left(\frac{\kappa_y W}{2} + \varphi_y\right) \qquad (2.4\text{-}4\text{o})$$

$$\bar{n}_4^2 E_{y24}\left(x, \frac{W}{2}\right) = \bar{n}_2^2 E_{y22}\left(x, \frac{W}{2}\right) \rightarrow A_{24} = A_{22}\frac{\bar{n}_2^2}{\bar{n}_4^2}\cos\left(\frac{\kappa_y W}{2} - \varphi_y\right) \qquad (2.4\text{-}4\text{p})$$

$$\bar{n}_5^2 E_{y25}\left(x, -\frac{W}{2}\right) = \bar{n}_2^2 E_{y22}\left(x, -\frac{W}{2}\right) \rightarrow A_{25} = A_{22}\frac{\bar{n}_2^2}{\bar{n}_5^2}\cos\left(\frac{\kappa_y W}{2} + \varphi_y\right) \qquad (2.4\text{-}4\text{q})$$

$$H_{z12}\left(\frac{d}{2}, y\right) = H_{z22}\left(\frac{d}{2}, y\right) \rightarrow A_{12} = A_{22}\frac{\kappa_x}{\gamma_1}\sin\left(\frac{\kappa_x d}{2} - \varphi_x\right) \qquad (2.4\text{-}4\text{r})$$

$$H_{z32}\left(-\frac{d}{2}, y\right) = H_{z22}\left(-\frac{d}{2}, y\right) \rightarrow A_{32} = A_{22}\frac{\kappa_x}{\gamma_3}\sin\left(\frac{\kappa_x d}{2} + \varphi_x\right) \qquad (2.4\text{-}4\text{s})$$

4) 本征方程

由式 (2.4-4l,r,m,s) 得

$$\tan\left(\frac{\kappa_x d}{2} - \varphi_x\right) = \frac{\gamma_1}{\kappa_x}, \quad \tan\left(\frac{\kappa_x d}{2} + \varphi_x\right) = \frac{\gamma_3}{\kappa_x} \qquad (2.4\text{-}5\text{a})$$

或结合成

$$\tan\left(\kappa_x d\right) = \frac{\kappa_x\left(\gamma_3 + \gamma_1\right)}{\kappa_x^2 - \gamma_3\gamma_1}, \quad \tan(2\varphi_x) = \frac{\kappa_x\left(\gamma_3 - \gamma_1\right)}{\kappa_x^2 + \gamma_3\gamma_1} \qquad (2.4\text{-}5\text{b})$$

由式 (2.2-4n,p;o,q) 得

$$\tan\left(\frac{\kappa_y W}{2} - \varphi_y\right) = \frac{\bar{n}_2^2}{\bar{n}_4^2}\frac{\gamma_4}{\kappa_y}, \quad \tan\left(\frac{\kappa_y W}{2} + \varphi_y\right) = \frac{\bar{n}_2^2}{\bar{n}_5^2}\frac{\gamma_5}{\kappa_y} \qquad (2.4\text{-}5\text{c})$$

或结合成

$$\tan(\kappa_y W) = \frac{\kappa_y\left[\left(\dfrac{\bar{n}_2}{\bar{n}_5}\right)^2\gamma_5 + \left(\dfrac{\bar{n}_2}{\bar{n}_4}\right)^2\gamma_4\right]}{\kappa_y^2 - \left(\dfrac{\bar{n}_2}{\bar{n}_5}\right)^2\gamma_5\left(\dfrac{\bar{n}_2}{\bar{n}_4}\right)^2\gamma_4}, \qquad (2.4\text{-}5\text{d})$$

$$\tan 2\varphi_y = \frac{\kappa_y\left[\left(\dfrac{\bar{n}_2}{\bar{n}_5}\right)^2\gamma_5 - \left(\dfrac{\bar{n}_2}{\bar{n}_4}\right)^2\gamma_4\right]}{\kappa_y^2 + \left(\dfrac{\bar{n}_2}{\bar{n}_5}\right)^2\gamma_5\left(\dfrac{\bar{n}_2}{\bar{n}_4}\right)^2\gamma_4} \qquad (2.4\text{-}5\text{d}')$$

当然, 式 (2.4-5a,c) 还可以分别写成

$$\kappa_x d = m\pi + \tan^{-1}\left(\frac{\gamma_1}{\kappa_x}\right) + \tan^{-1}\left(\frac{\gamma_3}{\kappa_x}\right)$$

$$= (m+1)\pi - \tan^{-1}\left(\frac{\kappa_x}{\gamma_1}\right) - \tan^{-1}\left(\frac{\kappa_x}{\gamma_3}\right) \tag{2.4-5e}$$

$$2\varphi_x = m\pi - \tan^{-1}\left(\frac{\gamma_1}{\kappa_x}\right) + \tan^{-1}\left(\frac{\gamma_3}{\kappa_x}\right)$$

$$= m\pi + \tan^{-1}\left(\frac{\kappa_x}{\gamma_1}\right) - \tan^{-1}\left(\frac{\kappa_x}{\gamma_3}\right) \tag{2.4-5f}$$

$$\kappa_y W = n\pi + \tan^{-1}\left(\frac{\bar{n}_2^2}{\bar{n}_4^2}\frac{\gamma_4}{\kappa_y}\right) + \tan^{-1}\left(\frac{\bar{n}_2^2}{\bar{n}_5^2}\frac{\gamma_5}{\kappa_y}\right)$$

$$= (n+1)\pi - \tan^{-1}\left(\frac{\bar{n}_4^2}{\bar{n}_2^2}\frac{\kappa_y}{\gamma_4}\right) - \tan^{-1}\left(\frac{\bar{n}_5^2}{\bar{n}_2^2}\frac{\kappa_y}{\gamma_5}\right) \tag{2.4-5g}$$

$$2\varphi_y = n\pi - \tan^{-1}\left(\frac{\bar{n}_2^2}{\bar{n}_4^2}\frac{\gamma_4}{\kappa_y}\right) + \tan^{-1}\left(\frac{\bar{n}_2^2}{\bar{n}_5^2}\frac{\gamma_5}{\kappa_y}\right)$$

$$= n\pi + \tan^{-1}\left(\frac{\bar{n}_4^2}{\bar{n}_2^2}\frac{\kappa_y}{\gamma_4}\right) - \tan^{-1}\left(\frac{\bar{n}_5^2}{\bar{n}_2^2}\frac{\kappa_y}{\gamma_5}\right) \tag{2.4-5h}$$

$$\bar{n}_1 = \bar{n}_3 \to \varphi_x = \frac{m\pi}{2}, \quad d_{\mathrm{cm}} = \frac{m\lambda_0}{2\sqrt{\bar{n}_2^2 - \bar{n}_{1,3}^2}},$$

$$\bar{n}_4 = \bar{n}_5 \to \varphi_y = \frac{n\pi}{2}, \quad W_{\mathrm{cn}} = \frac{n\lambda_0}{2\sqrt{\bar{n}_2^2 - \bar{n}_{4,5}^2}} \tag{2.4-5i}$$

其中, $m, n = 0, 1, 2, \cdots$ 可见利用三层平板波导的 TE 和 TM 模式的公式和图表就可以求出 κ_x 和 κ_y。从而得出 E_{mn}^y 的 β_z 和场分布。对于**均匀隐埋结构**, $\bar{n}_1 = \bar{n}_3 = \bar{n}_4 = \bar{n}_5 = \bar{n}_6 = \bar{n}_7 = \bar{n}_8 = \bar{n}_9$,

$$\gamma_1 = \gamma_3 = k_0\sqrt{N_m^2 - \left(\bar{n}_1^2 - \frac{\kappa_y^2}{k_0^2}\right)} \equiv \gamma_y, \quad \gamma_4 = \gamma_5 = k_0\sqrt{N_m^2 - \left(\bar{n}_1^2 - \frac{\kappa_x^2}{k_0^2}\right)} \equiv \gamma_x \tag{2.4-5j}$$

$$\kappa_x d = (m+1)\pi - 2\tan^{-1}\left(\frac{\kappa_x}{\gamma_y}\right), \quad \kappa_y W = (n+1)\pi - 2\tan^{-1}\left(\frac{\bar{n}_1^2}{\bar{n}_2^2}\frac{\kappa_y}{\gamma_x}\right) \tag{2.4-5k}$$

$$\varphi_x = \frac{m\pi}{2}, \quad d_{\mathrm{cm}} = \frac{m\lambda_0}{2\sqrt{\bar{n}_2^2 - \bar{n}_1^2}}, \quad \varphi_y = \frac{n\pi}{2}, \quad W_{\mathrm{cn}} = \frac{n\lambda_0}{2\sqrt{\bar{n}_2^2 - \bar{n}_1^2}} \tag{2.4-5l}$$

式 (2.4-5e,g) 还可以进一步取近似, 从而得出**近似的解析解**。例如, 如果

$$\gamma_1, \gamma_3 \gg \kappa_x, \quad \gamma_4, \gamma_5 \gg \kappa_y \tag{2.4-5m}$$

则由式 (2.4-4j,k) 得

$$\gamma_j \approx \frac{\pi}{a_j}, \quad j = 1, 3, 4, 5 \tag{2.4-5n}$$

由式 (2.4-5e,g) 得

$$\kappa_x d = (m+1)\pi - \kappa_x \left(\frac{1}{\gamma_1} + \frac{1}{\gamma_3} \right) \approx (m+1)\pi - \kappa_x \left(\frac{a_1 + a_3}{\pi} \right) \qquad (2.4\text{-}5\text{o})$$

$$\kappa_y W = (n+1)\pi - \kappa_y \left(\frac{\bar{n}_4^2}{\bar{n}_2^2} \frac{1}{\gamma_4} + \frac{\bar{n}_5^2}{\bar{n}_2^2} \frac{1}{\gamma_5} \right) \approx (n+1)\pi - \kappa_y \left(\frac{\bar{n}_4^2 a_4 + \bar{n}_5^2 a_5}{\pi \bar{n}_2^2} \right) \qquad (2.4\text{-}5\text{p})$$

从而求得

$$\kappa_x \approx \frac{(m+1)\pi}{d} \left(1 + \frac{a_1 + a_3}{\pi d} \right)^{-1}, \quad \kappa_y \approx \frac{(n+1)\pi}{W} \left(1 + \frac{\bar{n}_4^2 a_4 + \bar{n}_5^2 a_5}{\pi W \bar{n}_2^2} \right)^{-1} \qquad (2.4\text{-}5\text{q})$$

$$\beta_z = \sqrt{k_0^2 \bar{n}_2^2 - \kappa_x^2 - \kappa_y^2} \rightarrow \overline{N}_m = \beta_z / k_0,$$

$$b' = \left(\overline{N}_m^2 - \bar{n}_1^2 \right) / \left(\bar{n}_2^2 - \bar{n}_1^2 \right), \quad V' = k_0 d \sqrt{\bar{n}_2^2 - \bar{n}_1^2} \qquad (2.4\text{-}5\text{r})$$

同理，可以求得 E_{mn}^x 的 β_z 和场分布。

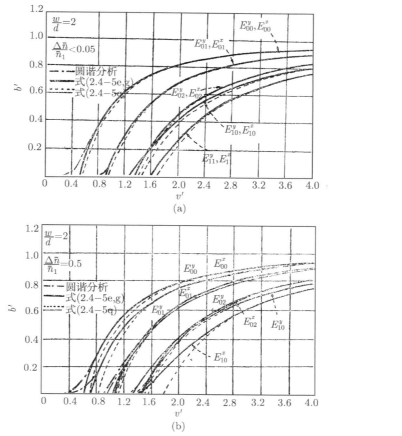

图 2.4-2B 矩形波导的远离截止近似模型计算结果及其与圆谐分析的计算结果相比较[11.2]

5) 数值结果[11.2]

采用归一化传播常数 b' 和归一化厚度 V'，则可以对不同的宽厚比 W/d，由式 (2.4-5e,g)(实线) 或式 (2.4-5q)(虚线) 算出 b' 与 V' 的关系。为了与相当精确的圆谐分析的结果进行比较，**图 2.4-2B** 画出 $\bar{n}_1 = \bar{n}_3 = \bar{n}_4 = \bar{n}_5 = \bar{n}_6 = \bar{n}_7 = \bar{n}_8 = \bar{n}_9, W/d = 2$ 和 $\Delta\bar{n}/\bar{n}_1 < 0.5$ 情况下的三种计大，基模的差别更明显。两种近似结果都得出不应该有的**基模截止现象**，式 (2.4-5q) 的误差更大。

图 2.4-2C 和**图 2.4-2D** 是远离截止解析近似算出的 $E_{21}^y(x,y) = X_2(x)Y_1(y)$ 模式波函数及其等高图。

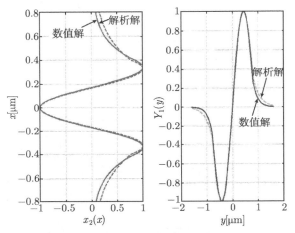

图 2.4-2C　矩形波导 $E_{21}^y(x,y)$ 等高图精确数值解和解析近似解的比较

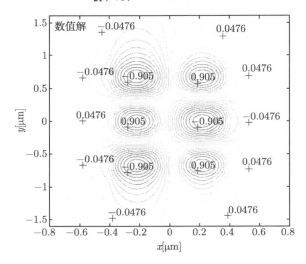

图 2.4-2D　矩形波导 $E_{21}^y(x,y)$ 的等高图

2.4.3　等效折射率近似 [11.3]

1. 电磁模型

从模式折射率的观点看，如果波导结构的**宽厚比较大**，$W/d \gg 1$，则矩形波导**图 2.4-3A(a)** 可以近似看成是由左、中、右三个芯层厚度为 d 的水平三层平板波导组成的，如**图 2.4-3A(b)~(d)** 所示。设其 TE 模式 y 沿 z 轴的传播常数 β_z 分别为 $\beta_{\mathrm{I}}^{\mathrm{TE}}, \beta_{\mathrm{II}}^{\mathrm{TE}}, \beta_{\mathrm{III}}^{\mathrm{TE}}$，则左中右三个区的模式折射率分别为

$$\overline{N}_j^{\mathrm{TE}} = \beta_j^{\mathrm{TE}}/k_0 \tag{2.4-6a}$$

其中，$j = \mathrm{I, II, III}$。由折射率为 $\overline{N}_{\mathrm{I}}^{\mathrm{TE}}, \overline{N}_{\mathrm{II}}^{\mathrm{TE}}, \overline{N}_{\mathrm{III}}^{\mathrm{TE}}$ 的介质分别构成左右两个无限厚的限制层夹着厚度为 W 的芯层，如**图 2.4-3A** 所示，则该波导的 **TM** 模式的传播常数 β_W^{TM} 就是原矩形波导的 E_{mn}^y 模式的传播常数，即

$$\beta_{z,mn}^y = \beta_W^{\mathrm{TM}} \tag{2.4-6b}$$

反之，如果右，中，左三个三层平板波导的 TM 模式的传播常数分别为 $\beta_{\mathrm{I}}^{\mathrm{TM}}, \beta_{\mathrm{II}}^{\mathrm{TM}}, \beta_{\mathrm{III}}^{\mathrm{TM}}$，则其模式折射率分别为

$$\overline{N}_j^{\mathrm{TM}} = \beta_j^{\mathrm{TM}}/k_0, \quad j = \mathrm{I, II, III} \tag{2.4-6c}$$

的介质分别构成右，左两个无限厚的限制层夹着厚度为 W 的芯层，则**该波导的 TE 模式的传播常数 β_W^{TE} 就是原矩形波导的 E_{mn}^x 模式的传播常数**，即

$$\beta_{z,mn}^x = \beta_W^{\mathrm{TE}} \tag{2.4-6d}$$

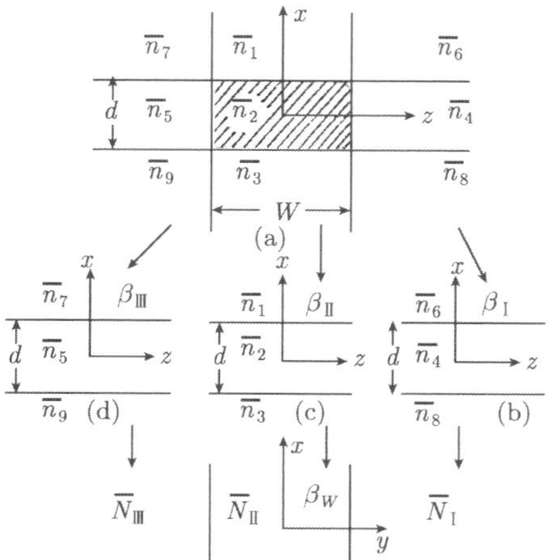

$X_1^{\mathrm{III,TE}}\, Y_{\mathrm{III}}^{\mathrm{TM}}$	$X_1^{\mathrm{II,TE}}\, Y_{\mathrm{II}}^{\mathrm{TM}}$	$X_1^{\mathrm{I,TE}}\, Y_{\mathrm{I}}^{\mathrm{TM}}$
$X_2^{\mathrm{III,TE}}\, Y_{\mathrm{III}}^{\mathrm{TM}}$	$X_2^{\mathrm{II,TE}}\, Y_{\mathrm{II}}^{\mathrm{TM}}$	$X_2^{\mathrm{I,TE}}\, Y_{\mathrm{I}}^{\mathrm{TM}}$
$X_3^{\mathrm{III,TE}}\, Y_{\mathrm{III}}^{\mathrm{TM}}$	$X_3^{\mathrm{II,TE}}\, Y_{\mathrm{II}}^{\mathrm{TM}}$	$X_3^{\mathrm{I,TE}}\, Y_{\mathrm{I}}^{\mathrm{TM}}$

(f) E_{mn}^y 模式 各区波函数的构成

$X_1^{\mathrm{III,TM}}\, Y_{\mathrm{III}}^{\mathrm{TE}}$	$X_1^{\mathrm{II,TM}}\, Y_{\mathrm{II}}^{\mathrm{TE}}$	$X_1^{\mathrm{I,TM}}\, Y_{\mathrm{I}}^{\mathrm{TE}}$
$X_2^{\mathrm{III,TM}}\, Y_{\mathrm{III}}^{\mathrm{TE}}$	$X_2^{\mathrm{II,TM}}\, Y_{\mathrm{II}}^{\mathrm{TE}}$	$X_2^{\mathrm{I,TM}}\, Y_{\mathrm{I}}^{\mathrm{TE}}$
$X_3^{\mathrm{III,TM}}\, Y_{\mathrm{III}}^{\mathrm{TE}}$	$X_3^{\mathrm{II,TM}}\, Y_{\mathrm{II}}^{\mathrm{TE}}$	$X_3^{\mathrm{I,TM}}\, Y_{\mathrm{I}}^{\mathrm{TE}}$

(g) E_{mn}^x 模式各区波函数的构成

图 2.4-3A　矩形波导的等效折射率近似模型

[定理 19]　　在等效折射率法中，E^y_{mn} 模式场由右，中，左三个 x 轴三层平板波导的 TE 模式折射率所构成一个 y 轴三层平板波导的 TM 模式决定。E^x_{mn} 模式折射率由右，中，左三个 x 轴三层平板波导的 TM 模式折射率所构成一个 y 轴三层平板波导的 TE 模式决定。

2. 波函数和本征方程

右、中、左三个三层平板波导及其等效三层平板波导中的波函数分别为

$$x \geqslant \frac{d}{2} : X^I_1 = A_1 \mathrm{e}^{-\gamma_6 \left(x - \frac{d}{2}\right)}, \quad |x| \leqslant \frac{d}{2} : X^I_2 = A_2 \cos \left(\kappa_I x - \varphi_I\right),$$

$$x \leqslant -\frac{d}{2} : X^I_3 = A_3 \mathrm{e}^{\gamma_8 \left(x + \frac{d}{2}\right)} \tag{2.4-6e}$$

$$x \geqslant \frac{d}{2} : X^{II}_1 = B_1 \mathrm{e}^{-\gamma_1 \left(x - \frac{d}{2}\right)}, \quad |x| \leqslant \frac{d}{2} : X^{II}_2 = B_2 \cos \left(\kappa_{II} x - \varphi_{II}\right),$$

$$x \leqslant -\frac{d}{2} : X^{II}_3 = B_3 \mathrm{e}^{\gamma_3 \left(x + \frac{d}{2}\right)} \tag{2.4-6f}$$

$$x \geqslant \frac{d}{2} : X^{III}_1 = C_1 \mathrm{e}^{-\gamma_7 \left(x - \frac{d}{2}\right)}, \quad |x| \leqslant \frac{d}{2} : X^{III}_2 = C_2 \cos \left(\kappa_{III} x - \varphi_{III}\right),$$

$$x \leqslant -\frac{d}{2} : X^{III}_3 = C_3 \mathrm{e}^{\gamma_9 \left(x + \frac{d}{2}\right)} \tag{2.4-6g}$$

$$y \geqslant \frac{W}{2} : Y_I = D_I \mathrm{e}^{-\gamma_I \left(y - \frac{W}{2}\right)}, \quad |y| \leqslant \frac{W}{2} : Y_{II} = D_{II} \cos \left(\kappa_W y - \varphi_W\right),$$

$$y \leqslant -\frac{W}{2} : Y_{III} = D_{III} \mathrm{e}^{\gamma_{III} \left(y + \frac{W}{2}\right)} \tag{2.4-6h}$$

其相应的传播常数 β_I、β_{II}、β_{III} 和 β_W 的本征方程分别为

$$\kappa^2_I = k^2_0 \bar{n}^2_4 - \beta^2_I, \quad \gamma^2_6 = \beta^2_I - k^2_0 \bar{n}^2_6, \quad \gamma^2_8 = \beta^2_I - k^2_0 \bar{n}^2_8 \tag{2.4-6i}$$

$$\kappa^2_{II} = k^2_0 \bar{n}^2_2 - \beta^2_{II}, \quad \gamma^2_1 = \beta^2_{II} - k^2_0 \bar{n}^2_1, \quad \gamma^2_3 = \beta^2_{II} - k^2_0 \bar{n}^2_3 \tag{2.4-6j}$$

$$\kappa^2_{III} = k^2_0 \bar{n}^2_5 - \beta^2_{III}, \quad \gamma^2_7 = \beta^2_{III} - k^2_0 \bar{n}^2_7, \quad \gamma^2_9 = \beta^2_{III} - k^2_0 \bar{n}^2_9 \tag{2.4-6k}$$

$$\kappa^2_W = k^2_0 \overline{N}^2_{II} - \beta^2_W = \beta^2_{II} - \beta^2_z, \quad \gamma^2_I = \beta^2_W - k^2_0 \overline{N}^2_I = \beta^2_z - \beta^2_I,$$

$$\gamma^2_{III} = \beta^2_W - k^2_0 \overline{N}^2_{III} = \beta^2_z - \beta^2_{III} \tag{2.4-6l}$$

其相应的本征方程分别为

$$\tan\left(\kappa_{\mathrm{I}}d\right) = \frac{\kappa_{\mathrm{I}}\left(\varepsilon_{48}\gamma_8 + \varepsilon_{46}\gamma_6\right)}{\kappa_{\mathrm{I}}^2 - \varepsilon_{48}\gamma_8 \cdot \varepsilon_{46}\gamma_6}, \quad \tan(2\varphi_{\mathrm{I}}) = \frac{\kappa_{\mathrm{I}}\left(\varepsilon_{48}\gamma_8 - \varepsilon_{46}\gamma_6\right)}{\kappa_{\mathrm{I}}^2 + \varepsilon_{48}\gamma_8 \cdot \varepsilon_{46}\gamma_6} \tag{2.4-6m}$$

$$\tan\left(\kappa_{\mathrm{II}}d\right) = \frac{\kappa_{\mathrm{II}}\left(\varepsilon_{23}\gamma_3 + \varepsilon_{21}\gamma_1\right)}{\kappa_{\mathrm{II}}^2 - \varepsilon_{23}\gamma_3 \cdot \varepsilon_{21}\gamma_1}, \quad \tan(2\varphi_{\mathrm{II}}) = \frac{\kappa_{\mathrm{II}}\left(\varepsilon_{23}\gamma_3 - \varepsilon_{21}\gamma_1\right)}{\kappa_{\mathrm{II}}^2 + \varepsilon_{23}\gamma_3 \cdot \varepsilon_{21}\gamma_1} \tag{2.4-6n}$$

$$\tan\left(\kappa_{\mathrm{III}}d\right) = \frac{\kappa_{\mathrm{III}}\left(\varepsilon_{59}\gamma_9 + \varepsilon_{57}\gamma_7\right)}{\kappa_{\mathrm{III}}^2 - \varepsilon_{59}\gamma_9 \cdot \varepsilon_{57}\gamma_7}, \quad \tan(2\varphi_{\mathrm{III}}) = \frac{\kappa_{\mathrm{III}}\left(\varepsilon_{59}\gamma_9 - \varepsilon_{57}\gamma_7\right)}{\kappa_{\mathrm{III}}^2 + \varepsilon_{59}\gamma_9 \cdot \varepsilon_{57}\gamma_7} \tag{2.4-6o}$$

$$\tan\left(\kappa_W W\right) = \frac{\kappa_W\left(\bar{\varepsilon}_{23}\gamma_3 + \bar{\varepsilon}_{21}\gamma_1\right)}{\kappa_W^2 - \bar{\varepsilon}_{23}\gamma_3 \cdot \bar{\varepsilon}_{21}\gamma_1}, \quad \tan(2\varphi_W) = \frac{\kappa_W\left(\bar{\varepsilon}_{23}\gamma_3 - \bar{\varepsilon}_{21}\gamma_1\right)}{\kappa_W^2 + \bar{\varepsilon}_{23}\gamma_3 \cdot \bar{\varepsilon}_{21}\gamma_1} \tag{2.4-6p}$$

$$\begin{aligned} \kappa_{\mathrm{I}}d &= m\pi + \tan^{-1}\left(\varepsilon_{48}\frac{\gamma_8}{\kappa_{\mathrm{I}}}\right) + \tan^{-1}\left(\varepsilon_{46}\frac{\gamma_6}{\kappa_{\mathrm{I}}}\right) \\ &= (m+1)\pi - \tan^{-1}\left(\varepsilon_{84}\frac{\kappa_{\mathrm{I}}}{\gamma_8}\right) - \tan^{-1}\left(\varepsilon_{64}\frac{\kappa_{\mathrm{I}}}{\gamma_6}\right) \end{aligned} \tag{2.4-6q}$$

$$\begin{aligned} 2\varphi_{\mathrm{I}} &= m\pi + \tan^{-1}\left(\varepsilon_{48}\frac{\gamma_8}{\kappa_{\mathrm{I}}}\right) - \tan^{-1}\left(\varepsilon_{46}\frac{\gamma_6}{\kappa_{\mathrm{I}}}\right) \\ &= m\pi - \tan^{-1}\left(\varepsilon_{84}\frac{\kappa_{\mathrm{I}}}{\gamma_8}\right) + \tan^{-1}\left(\varepsilon_{64}\frac{\kappa_{\mathrm{I}}}{\gamma_6}\right) \end{aligned} \tag{2.4-6r}$$

$$\begin{aligned} \kappa_{\mathrm{II}}d &= m\pi + \tan^{-1}\left(\varepsilon_{23}\frac{\gamma_3}{\kappa_{\mathrm{II}}}\right) + \tan^{-1}\left(\varepsilon_{21}\frac{\gamma_1}{\kappa_{\mathrm{II}}}\right) \\ &= (m+1)\pi - \tan^{-1}\left(\varepsilon_{32}\frac{\kappa_{\mathrm{II}}}{\gamma_3}\right) - \tan^{-1}\left(\varepsilon_{12}\frac{\kappa_{\mathrm{II}}}{\gamma_1}\right) \end{aligned} \tag{2.4-6s}$$

$$\begin{aligned} 2\varphi_{\mathrm{II}} &= m\pi + \tan^{-1}\left(\varepsilon_{23}\frac{\gamma_3}{\kappa_{\mathrm{II}}}\right) - \tan^{-1}\left(\varepsilon_{21}\frac{\gamma_1}{\kappa_{\mathrm{II}}}\right) \\ &= m\pi - \tan^{-1}\left(\varepsilon_{32}\frac{\kappa_{\mathrm{II}}}{\gamma_3}\right) + \tan^{-1}\left(\varepsilon_{12}\frac{\kappa_{\mathrm{II}}}{\gamma_1}\right) \end{aligned} \tag{2.4-6t}$$

$$\begin{aligned} \kappa_{\mathrm{III}}d &= m\pi + \tan^{-1}\left(\varepsilon_{59}\frac{\gamma_9}{\kappa_{\mathrm{III}}}\right) + \tan^{-1}\left(\varepsilon_{57}\frac{\gamma_7}{\kappa_{\mathrm{III}}}\right) \\ &= (m+1)\pi - \tan^{-1}\left(\varepsilon_{95}\frac{\kappa_{\mathrm{III}}}{\gamma_9}\right) - \tan^{-1}\left(\varepsilon_{75}\frac{\kappa_{\mathrm{III}}}{\gamma_7}\right) \end{aligned} \tag{2.4-6u}$$

$$\begin{aligned} 2\varphi_{\mathrm{III}} &= m\pi + \tan^{-1}\left(\varepsilon_{59}\frac{\gamma_9}{\kappa_{\mathrm{III}}}\right) - \tan^{-1}\left(\varepsilon_{57}\frac{\gamma_7}{\kappa_{\mathrm{III}}}\right) \\ &= m\pi - \tan^{-1}\left(\varepsilon_{95}\frac{\kappa_{\mathrm{III}}}{\gamma_9}\right) + \tan^{-1}\left(\varepsilon_{75}\frac{\kappa_{\mathrm{III}}}{\gamma_7}\right) \end{aligned} \tag{2.4-6v}$$

$$\kappa_W W = n\pi + \tan^{-1}\left(\bar{\varepsilon}_{23}\frac{\gamma_{\mathrm{III}}}{\kappa_W}\right) + \tan^{-1}\left(\bar{\varepsilon}_{21}\frac{\gamma_{\mathrm{I}}}{\kappa_W}\right)$$

$$= (n+1)\pi - \tan^{-1}\left(\bar{\varepsilon}_{32}\frac{\kappa_W}{\gamma_{\mathrm{III}}}\right) - \tan^{-1}\left(\bar{\varepsilon}_{12}\frac{\kappa_{\mathrm{III}}}{\gamma_{\mathrm{I}}}\right) \qquad (2.4\text{-}6\mathrm{w})$$

其中，

$$\varepsilon_{ij} \equiv \begin{cases} 1, & E_{mn}^y \\ \dfrac{\bar{n}_i^2}{\bar{n}_j^2}, & E_{mn}^x \end{cases}; \quad \bar{\varepsilon}_{ij} \equiv \begin{cases} \dfrac{\overline{N}_{(i)}^2}{\overline{N}_{(j)}^2} = \dfrac{\beta_{(i)}^2}{\beta_{(j)}^2}, & E_{mn}^y \\ 1, & E_{mn}^x \end{cases}; \quad i,j = \mathrm{I,II,III} \quad (2.4\text{-}6\mathrm{x})$$

导波模式的**截止条件**为

$$d_m = \frac{m\lambda_0}{2\sqrt{\bar{n}_2^2 - \bar{n}_{1,3}^2}}, \quad W_{mn} = \frac{n\lambda_0}{2\sqrt{\overline{N}_{\mathrm{II}}^2 - \overline{N}_{\mathrm{I,III}}^2}} \qquad (2.4\text{-}6\mathrm{y})$$

当然，也可以由如**图 2.1-3C(a)~(c)** 所示的通用曲线直接查出 $\beta_{\mathrm{I}},\beta_{\mathrm{II}},\beta_{\mathrm{III}}$ 和 β_W。且由于

$$\kappa_{\mathrm{II}} = \kappa_x, \quad \kappa_W = \kappa_y, \quad \beta_W = \beta_z \qquad (2.4\text{-}6\mathrm{z})$$

由式 (2.4-6e~x) 可以导出式 (2.4-4d~k) 和式 (2.4-5a~h)。故在 $W/d \gg 1$ 的条件下，等效折射率近似与远距离截止近似基本上是一致的。

3. 数值结果[11.3]

为将等效折射率近似与远离截止近似和圆谐分析作更定量的数值比较，在 $\bar{n}_1 = \bar{n}_3 = \bar{n}_4 = \bar{n}_5$ 条件下，对于：① $W/d = 1$，$\Delta\bar{n} \equiv \bar{n}_2 - \bar{n}_1$ 很小；② $W/d = 2$，$\Delta\bar{n}$ 很小；③ $W/d = 1$，$\Delta\bar{n}/\bar{n}_1 = 0.5$ 三种典型情况下的归一化模式折射率 $b = \dfrac{\overline{N}_{mn}^2 - \bar{n}_1^2}{\bar{n}_2^2 - \bar{n}_1^2}$ 随归一化厚度 $d, V/\pi = \dfrac{2d}{\lambda_0}(\bar{n}_2^2 - \bar{n}_1^2)^{1/2}$ 的变化，分别用等效折射率近似、远离截止近似和圆谐分析进行计算，结果如**图 2.4-3B(a)~(c)** 所示。可见：在距离截止的条件下，三种方法的计算结果基本相同；在接近截止的条件下，等效折射率近似的计算结果 (长短线) 比远离截止近似的计算 (虚线) 更接近于圆谐分析法的计算结果 (实线)。等效折射率近似的这个基本特点，使其成为处理**缓变波导**问题的有效方法 (见**第 3 章**)。

[引理 19.1]　相对于远离截止近似忽略 $\bar{n}_6 \sim \bar{n}_9$ 的作用，等效折射率法考虑到全部 $\bar{n}_1 \sim \bar{n}_9$ 的作用，因而比之更为精确，可适用于接近截止点，并得出与圆谐分析相近的基模不截止现象。

[引理 19.2]　与分层逼近法相结合的等效折射率法，还可成功用于分析非平面界面的突变波导结构的模式行为 (**图 2.4-3C(a)**)。

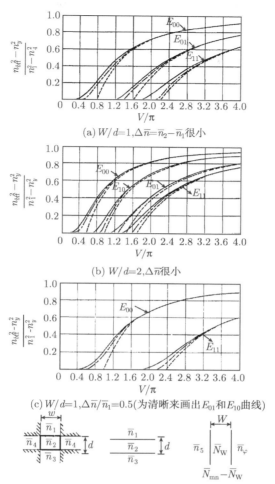

(a) $W/d=1,\Delta\bar{n}=\bar{n}_2-\bar{n}_1$很小

(b) $W/d=2,\Delta\bar{n}$很小

(c) $W/d=1,\Delta\bar{n}/\bar{n}_1=0.5$(为清晰来画出$E_{01}$和$E_{10}$曲线)

图 2.4-3B 矩形波导的等效折射率近似 (— - —)、远离截止近似 (- - -) 和
圆谐分析法 (—) 计算结果的比较[11.3]

图中 $E_{m+1,n+1}$ 即通常的 $E_{m,n}$,$\bar{n}_2=\bar{n}_3=\bar{n}_4$

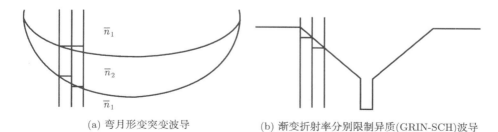

(a) 弯月形变突变波导   (b) 渐变折射率分别限制异质(GRIN-SCH)波导

图 2.4-3C 二维非平面突变波导

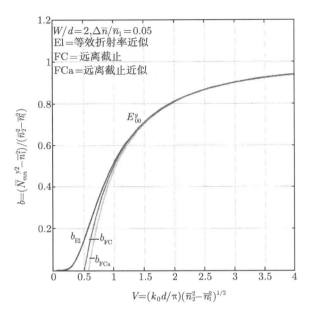

图 2.4-3D　矩形波导的等效折射率近似模型计算结果与远离截止近似计算结果的比较

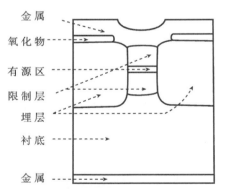

图 2.4-3E(a)　隐埋异质结构激光器结构[11.4]

[引理 19.3]　在芯层和限制层之间引入波导层使对注入载流子分布和模式光场的分布进行分别限制成为可能。而等效折射率法也成功和有效用于其分析设计。**(图 2.4-3C(b))**。

4. 隐埋异质结构 (BH) 激光器的波导结构[11.4]

图 2.4-3E(a) 是典型的**隐埋异质结构 (BH) 激光器**的实际结构的示意图。可见，它相当于**图 2.4-3A(a)** 中 $\bar{n}_1 = \bar{n}_3$ 和 $\bar{n}_j = \bar{n}_4 (j = 5, 6, 7, 8, 9)$ 的情况，这时 $\overline{N}_{\mathrm{I}} = \overline{N}_{\mathrm{III}} = \bar{n}_4$。所以只要求出水平三层平板波导和垂直三层平板波导的两个传

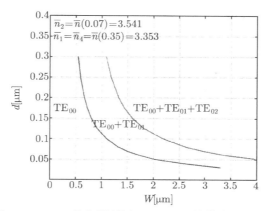

图 2.4-3E(b)　均匀限制层 ($x_1 = x_4$) 的模式分区分布

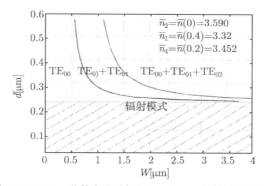

图 2.4-3E(c)　非均匀限制层 ($x_1 \neq x_4$) 的模式分区分布

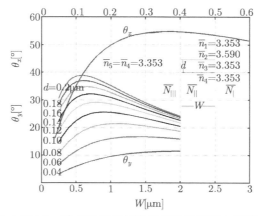

图 2.4-3E(d)　隐埋异质结构激光器的垂直和水平发散角

播常数 $\beta_{\mathrm{II}} = k_0 \overline{N}_{\mathrm{II}}$ 和 $\beta_z = \beta_W$ 即可。例如，采用 $\mathrm{Al}_x\mathrm{Ga}_{1-x}\mathrm{As}$ 材料，其折射率为 $\bar{n}(x)$。取有源层，限制层和隐埋层的 AlAs 克分子比分别为 x_2, x_1 和 x_4。**图**

2.2-3E(b)，**(c)** 分别画出了 $x_1 = x_4$ 和 $x_1 \neq x_4$ 时导波模式的截止现象，表明前者无截止现象，而后者有。将得到的本征值代入式 (2.1-23j,k) 中，即可分别求出基模远场光束的垂直发散角 $\theta_\perp$ 与有源区厚度 d 的关系和水平发散角 $\theta_{/\!/}(d)$ 与有源区宽度 W 的关系，如**图 2.4-3D(d)** 所示。

5. 导波模式本征值的基本性质

传播常数 β_z 或模式折射率 $\overline{N}_m = \beta_z/k_0$ 是本征方程的本征值。它确定本征方程的本征函数或电磁场分布。其大小与波导结构 (几何尺寸和光学参数分布) 之间必有密切的内在联系。如以复折射率作为描述介质的光学性质的参数，并以复三层对称平板波导作为波导结构的简化代表或典型，则本征值与波导结构的关系可归结为下述定理及其若干引理。其中将着重探讨 "模式折射率是波导以何为权的平均折射率" 等概念。

[定理 20] 对于复三层平板波导，模式折射率平方或模式介电常数等于波导介电常数以模式电场为权的平均值：

$$\left(\tilde{\beta}_z \Big/ k_0\right)^2 \equiv \tilde{N}_m^2 = \int_0^\infty \bar{n}^2 \tilde{E}_y \mathrm{d}x \Big/ \int_0^\infty \tilde{E}_y \mathrm{d}x \tag{2.4-7a}$$

[引理 20.1] 对于复三层平板波导，复模式折射率不等于波导结构中复折射率以模式光强为权的平均值，一般也不等于波导结构中复折射率以模式电场为权的平均值，除非复折射率差较小。

$$\int_{-\infty}^\infty \tilde{n} \left|\tilde{E}_y\right|^2 \mathrm{d}x \Big/ \int_{-\infty}^\infty \left|\tilde{E}_y\right|^2 \mathrm{d}x = \Gamma \tilde{n}_2 + (1 - \Gamma)\tilde{n}_1 \neq \frac{\tilde{\beta}_z}{k_0}$$

$$\equiv \tilde{N}_m \begin{cases} \overset{\tilde{n}_1 \approx \tilde{n}_2}{\approx} \\ \underset{\tilde{n}_1 \ll \tilde{n}_2}{\neq} \end{cases} \int_0^\infty \tilde{n}\tilde{E}_y \mathrm{d}x \Big/ \int_0^\infty \tilde{E}_y \mathrm{d}x \tag{2.4-7b}$$

[引理 20.2] 对于 **TM** 复三层平板波导，$\tilde{E}_y = 0$，其对称光振幅 (不是功率) 限制因子为

$$\frac{\int_0^{d/2} \tilde{H}_y \mathrm{d}x}{\int_0^\infty \tilde{H}_y \mathrm{d}x} = \frac{\int_0^{d/2} \tilde{E}_x \mathrm{d}x}{\int_0^\infty \tilde{E}_x \mathrm{d}x} = \frac{\tilde{N}_m^2 - \tilde{n}_1^2}{\tilde{n}_2'^2 - \tilde{n}_1^2} \equiv \tilde{b}_{\mathrm{M}}, \tag{2.4-7c}$$

$$\tilde{n}_2'^2 \equiv \tilde{N}_m^2 (1 - \varepsilon_{12}) + \varepsilon_{12}\tilde{n}_2^2, \quad \tilde{N}_m^2 \equiv \frac{\tilde{\beta}_z^2}{k_0^2} \tag{2.4-7c'}$$

与其归一化模式折射率 $\tilde{b}$ 的定义将稍有差别。

上述定理 **19**、引理 **19.1** 和引理 **19.2** 的证明如下。

1) 归一化模式折射率平方或归一化模式介电常数

TE 模:

$$\frac{\displaystyle\int_0^{d/2}\tilde{E}_y\mathrm{d}x}{\displaystyle\int_0^{\infty}\tilde{E}_y\mathrm{d}x}=\frac{\displaystyle\int_0^{d/2}\tilde{A}_\mathrm{e}\cos\tilde{\kappa}x\mathrm{d}x}{\displaystyle\int_0^{d/2}\tilde{A}_\mathrm{e}\cos\tilde{\kappa}x\mathrm{d}x+\int_{d/2}^{\infty}\tilde{A}_\mathrm{e}\cos\left(\frac{\tilde{\kappa}d}{2}\right)\mathrm{e}^{-\tilde{\gamma}\left(x-\frac{d}{2}\right)}\mathrm{d}x}$$

$$=\frac{\dfrac{1}{\tilde{\kappa}}\left[\sin\tilde{\kappa}x\right]_0^{d/2}}{\dfrac{1}{\tilde{\kappa}}\left[\sin\tilde{\kappa}x\right]_0^{d/2}+\cos\left(\dfrac{\tilde{\kappa}d}{2}\right)\dfrac{\left[\mathrm{e}^{-\tilde{\gamma}x'}\right]_0^{\infty}}{-\tilde{\gamma}}}$$

$$=\frac{\dfrac{1}{\tilde{\kappa}}\sin\left(\dfrac{\tilde{\kappa}d}{2}\right)}{\dfrac{1}{\tilde{\kappa}}\sin\left(\dfrac{\tilde{\kappa}d}{2}\right)+\dfrac{1}{\tilde{\gamma}}\cos\left(\dfrac{\tilde{\kappa}d}{2}\right)}=\frac{1}{1+\dfrac{\tilde{\kappa}}{\tilde{\gamma}}\cot\left(\dfrac{\tilde{\kappa}d}{2}\right)}$$

$$=\frac{1}{1+\dfrac{\tilde{\kappa}^2}{\tilde{\gamma}^2}}=\frac{\tilde{\gamma}^2}{\tilde{\gamma}^2+\tilde{\kappa}^2}=\frac{\tilde{\beta}_z^2-k_0^2\tilde{n}_1^2}{k_0^2\left(\tilde{n}_2^2-\tilde{n}_1^2\right)}\rightarrow$$

$$\frac{\displaystyle\int_0^{d/2}\tilde{E}_y\mathrm{d}x}{\displaystyle\int_0^{\infty}\tilde{E}_y\mathrm{d}x}=\frac{\left(\tilde{\beta}_z/k_0\right)^2-\tilde{n}_1^2}{\tilde{n}_2^2-\tilde{n}_1^2}=\tilde{b}\tag{2.4-7d}$$

TM 模:

$$|x|\leqslant\frac{d}{2}:\quad H_{y2}=A\cos\left(\kappa x-\phi\right),\quad E_{z2}=\frac{-\mathrm{i}}{\omega\varepsilon_2}\frac{\mathrm{d}H_{y2}}{\mathrm{d}x}=\frac{\mathrm{i}\kappa}{\omega\varepsilon_0\bar{n}_2^2}A\sin\left(\kappa x-\phi\right),$$

$$E_{x2}=\frac{\tilde{\beta}_z}{\omega\tilde{\varepsilon}}H_{y2}(x)=\frac{\beta_z}{\omega\varepsilon_0\bar{n}_2^2}A\cos\left(\kappa x-\phi\right)$$

$$x\geqslant\frac{d}{2}:\quad H_{y1}=B_1\mathrm{e}^{-\gamma_1 x},\quad E_{z1}=\frac{-\mathrm{i}}{\omega\varepsilon_1}\frac{\mathrm{d}H_{y1}}{\mathrm{d}x}=\frac{\mathrm{i}\gamma_1}{\omega\varepsilon_0\bar{n}_1^2}B_1\mathrm{e}^{-\gamma_1 x},$$

$$E_{x1}=\frac{\beta_z}{\omega\varepsilon_1}H_{y1}(x)=\frac{\beta_z}{\omega\varepsilon_0\bar{n}_1^2}B_1\mathrm{e}^{-\gamma_1 x}$$

$$\bar{n}_2^2E_{x2}\left(\frac{d}{2}\right)=\bar{n}_1^2E_{x1}\left(\frac{d}{2}\right)\rightarrow\frac{\bar{n}_2^2\beta_z}{\omega\varepsilon_0\bar{n}_2^2}A\cos\left(\frac{\kappa d}{2}-\phi\right)$$

$$=\frac{\bar{n}_1^2\beta_z}{\omega\varepsilon_0\bar{n}_1^2}B_1\mathrm{e}^{-\frac{\gamma_1 d}{2}}\rightarrow B_1=A\mathrm{e}^{\frac{\gamma_1 d}{2}}\cos\left(\frac{\kappa d}{2}-\phi\right)\rightarrow$$

$$E_{x2}(x)=\frac{\beta_z}{\omega\varepsilon_0\bar{n}_2^2}A\cos\left(\kappa x-\phi\right),\quad E_{x1}(x)=\frac{\beta_z}{\omega\varepsilon_0\bar{n}_1^2}A\cos\left(\frac{\kappa d}{2}-\phi\right)\mathrm{e}^{-\gamma_1\left(x-\frac{d}{2}\right)}$$

$$E_{y2}\left(\frac{d}{2}\right) = E_{y1}\left(\frac{d}{2}\right) \rightarrow A\cos\left(\frac{\kappa d}{2} - \phi\right) = B_1 \mathrm{e}^{-\frac{\gamma_1 d}{2}} \rightarrow E_{y2}(x) = A\cos\left(\kappa x - \phi\right),$$

$$E_{y1}(x) = A\cos\left(\frac{\kappa d}{2} - \phi\right)\mathrm{e}^{-\gamma_1\left(x - \frac{d}{2}\right)}$$

$$\tan\left(\frac{\kappa d}{2} - \phi\right) = \varepsilon_{21}\frac{\gamma_1}{\kappa}, \quad \tan\left(\frac{\kappa d}{2} + \phi\right) = \varepsilon_{23}\frac{\gamma_3}{\kappa}, \tag{2.4-7e}$$

$$\frac{\displaystyle\int_0^{d/2}\tilde{E}_x\mathrm{d}x}{\displaystyle\int_0^{\infty}\tilde{E}_x\mathrm{d}x} = \frac{\dfrac{\beta_z}{\omega\varepsilon_0\bar{n}_2^2}\displaystyle\int_0^{d/2}\tilde{A}_\mathrm{e}\cos\left(\tilde{\kappa}x\right)\mathrm{d}x}{\dfrac{\beta_z}{\omega\varepsilon_0\bar{n}_2^2}\displaystyle\int_0^{d/2}\tilde{A}_\mathrm{e}\cos\left(\tilde{\kappa}x\right)\mathrm{d}x + \dfrac{\beta_z}{\omega\varepsilon_0\bar{n}_1^2}\displaystyle\int_{d/2}^{\infty}\tilde{A}_\mathrm{e}\cos\left(\dfrac{\tilde{\kappa}d}{2}\right)\mathrm{e}^{-\tilde{\gamma}\left(x - \frac{d}{2}\right)}\mathrm{d}x}$$

$$= \frac{\displaystyle\int_0^{d/2}\tilde{A}_\mathrm{e}\cos\left(\tilde{\kappa}x\right)\mathrm{d}x}{\displaystyle\int_0^{d/2}\tilde{A}_\mathrm{e}\cos\left(\tilde{\kappa}x\right)\mathrm{d}x + \dfrac{\bar{n}_2^2}{\bar{n}_1^2}\displaystyle\int_{d/2}^{\infty}\tilde{A}_\mathrm{e}\cos\left(\dfrac{\tilde{\kappa}d}{2}\right)\mathrm{e}^{-\tilde{\gamma}\left(x - \frac{d}{2}\right)}\mathrm{d}x}$$

$$= \frac{\displaystyle\int_0^{d/2}\tilde{A}_\mathrm{e}\cos(\tilde{\kappa}x)\mathrm{d}x}{\displaystyle\int_0^{d/2}\tilde{A}_\mathrm{e}\cos(\tilde{\kappa}x - \phi) + \dfrac{\bar{n}_2^2}{\bar{n}_1^2}\displaystyle\int_{d/2}^{\infty}\tilde{A}_\mathrm{e}\cos\left(\dfrac{\tilde{\kappa}d}{2}\right)\mathrm{e}^{-\tilde{\gamma}\left(x - \frac{d}{2}\right)}\mathrm{d}x}$$

$$= \frac{\dfrac{1}{\tilde{\kappa}}\left[\sin(\tilde{\kappa}x)\right]_0^{d/2}}{\dfrac{1}{\tilde{\kappa}}\left[\sin(\tilde{\kappa}x)\right]_0^{d/2} + \varepsilon_{21}\cos\left(\dfrac{\tilde{\kappa}d}{2}\right)\dfrac{\left[\mathrm{e}^{-\tilde{\gamma}(x - d/2)^{\infty}}\right]_{d/2}^{\infty}}{-\tilde{\gamma}}}$$

$$= \frac{\dfrac{1}{\tilde{\kappa}}\sin\left(\dfrac{\tilde{\kappa}d}{2}\right)}{\dfrac{1}{\tilde{\kappa}}\sin\left(\dfrac{\tilde{\kappa}d}{2}\right) + \dfrac{\varepsilon_{21}}{\tilde{\gamma}}\cos\left(\dfrac{\tilde{\kappa}d}{2}\right)} = \frac{1}{1 + \varepsilon_{21}\dfrac{\tilde{\kappa}}{\tilde{\gamma}}\cot\left(\dfrac{\tilde{\kappa}d}{2}\right)}$$

$$= \frac{1}{1 + \varepsilon_{21}\dfrac{\tilde{\kappa}}{\tilde{\gamma}}\varepsilon_{12}\dfrac{\tilde{\kappa}}{\tilde{\gamma}}} = \frac{1}{1 + \dfrac{\tilde{\kappa}^2}{\tilde{\gamma}^2}} = \frac{\tilde{\gamma}^2}{\tilde{\gamma}^2 + \tilde{\kappa}^2}$$

$$= \frac{\tilde{\beta}_z^2 - k_0^2\tilde{n}_1^2}{\left(\tilde{\beta}_z^2 - k_0^2\tilde{n}_1^2\right) + \left(k_0^2\tilde{n}_2^2 - \tilde{\beta}_z^2\right)} = \frac{\tilde{\beta}_z^2 - k_0^2\tilde{n}_1^2}{k_0^2\left(\tilde{n}_2^2 - \tilde{n}_1^2\right)} = \frac{\tilde{N}_m^2 - \tilde{n}_1^2}{\tilde{n}_2^2 - \tilde{n}_1^2} = \tilde{b} \rightarrow$$

$$\frac{\displaystyle\int_0^{d/2}\tilde{H}_y\mathrm{d}x}{\displaystyle\int_0^{\infty}\tilde{H}_y\mathrm{d}x} = \frac{\dfrac{1}{\tilde{\kappa}}\left[\sin\left(\tilde{\kappa}x\right)\right]_0^{d/2}}{\dfrac{1}{\tilde{\kappa}}\left[\sin\right]_0^{d/2} + \cos\left(\dfrac{\tilde{\kappa}d}{2}\right)\cdot\dfrac{\left[\mathrm{e}^{-\tilde{\gamma}(x - d/2)}\right]_{d/2}^{\infty}}{-\tilde{\gamma}}}$$

$$= \frac{\frac{1}{\tilde{\kappa}} \sin\left(\frac{\tilde{\kappa}d}{2}\right)}{\frac{1}{\tilde{\kappa}} \sin\left(\frac{\tilde{\kappa}d}{2}\right) + \frac{1}{\tilde{\gamma}} \cos\left(\frac{\tilde{\kappa}d}{2}\right)} = \frac{1}{1 + \frac{\tilde{\kappa}}{\tilde{\gamma}} \cot\left(\frac{\tilde{\kappa}d}{2}\right)} = \frac{1}{1 + \varepsilon_{12} \frac{\tilde{\kappa}^2}{\tilde{\gamma}^2}}$$

$$= \frac{\tilde{\gamma}^2}{\tilde{\gamma}^2 + \varepsilon_{12}\tilde{\kappa}^2} = \frac{\tilde{\beta}_z^2 - k_0^2 \tilde{n}_1^2}{\tilde{\beta}_z^2 - k_0^2 \tilde{n}_1^2 + \varepsilon_{12}\left(k_0^2 \tilde{n}_2^2 - \tilde{\beta}_z^2\right)}$$

$$= \frac{\tilde{\beta}_z^2 - k_0^2 \tilde{n}_1^2}{\tilde{\beta}_z^2 (1 - \varepsilon_{12}) + k_0^2 \left(\varepsilon_{12}\tilde{n}_2^2 - \tilde{n}_1^2\right)} = \frac{\tilde{N}_m^2 - \tilde{n}_1^2}{\tilde{N}_m^2 (1 - \varepsilon_{12}) + \varepsilon_{12}\tilde{n}_2^2 - \tilde{n}_1^2} \rightarrow$$

$$\frac{\int_0^{d/2} \tilde{\psi}\mathrm{d}x}{\int_0^\infty \tilde{\psi}\mathrm{d}x} = \frac{\tilde{N}_m^2 - \tilde{n}_1^2}{\tilde{n}_2'^2 - \tilde{n}_1^2} \equiv \tilde{b}', \quad \tilde{n}_2'^2 \equiv \tilde{N}_m^2 (1 - \varepsilon_{12}) + \varepsilon_{12}\tilde{n}_2^2, \tag{2.4-7f}$$

$$\tilde{N}_m^2 \equiv \frac{\tilde{\beta}_z^2}{k_0^2}, \quad \tilde{\psi} \equiv \begin{cases} \tilde{E}_x, & \varepsilon_{12} = 1, \quad \tilde{b} = \tilde{b} \\ \tilde{H}_y, & \varepsilon_{12} = \tilde{n}_1^2/\tilde{n}_2^2 \end{cases} \tag{2.4-7f'}$$

2) 模式折射率平方或模式介电常数
对 TE 模:

$$\frac{\tilde{\beta}_z^2}{k_0^2} = \frac{(\beta_{zr} + \mathrm{i}\beta_{zi})^2}{k_0^2} = \frac{\beta_{zr}^2}{k_0^2} - \frac{\beta_{zi}^2}{k_0^2} + \mathrm{i}\frac{2\beta_{zr}\beta_{zi}}{k_0^2}$$

$$= \tilde{b}\left(\tilde{n}_2^2 - \tilde{n}_1^2\right) + \tilde{n}_1^2 = \tilde{b}\tilde{n}_2^2 + \left(1 - \tilde{b}\right)\tilde{n}_1^2 \tag{2.4-7g}$$

$$= \frac{\int_0^{d/2} \tilde{n}_2^2 \tilde{E}_y \mathrm{d}x}{\int_0^\infty \tilde{E}_y \mathrm{d}x} + \frac{\int_{d/2}^\infty \tilde{n}_1^2 \tilde{E}_y \mathrm{d}x}{\int_0^\infty \tilde{E}_y \mathrm{d}x}$$

$$= \frac{\int_0^{d/2} \left[\left(\bar{n}_2^2 - k_2'^2\right) + \mathrm{i}2\bar{n}_2 k_2'\right] \tilde{E}_y \mathrm{d}x}{\int_0^\infty \tilde{E}_y \mathrm{d}x} + \frac{\int_{d/2}^\infty \left[\left(\bar{n}_1^2 - k_1'^2\right) + \mathrm{i}2\bar{n}_1 k_1'\right] \tilde{E}_y \mathrm{d}x}{\int_0^\infty \tilde{E}_y \mathrm{d}x}$$

$$= \frac{\int_0^{d/2} \left(\bar{n}_2^2 - k_2'^2\right) \tilde{E}_y \mathrm{d}x}{\int_0^\infty \tilde{E}_y \mathrm{d}x} + \frac{\int_{d/2}^\infty \left(\bar{n}_1^2 - k_1'^2\right) \tilde{E}_y \mathrm{d}x}{\int_0^\infty \tilde{E}_y \mathrm{d}x}$$

$$+ \mathrm{i}\frac{\int_0^{d/2} 2\bar{n}_2 k_2' \tilde{E}_y \mathrm{d}x + \int_{d/2}^\infty 2\bar{n}_1 k_1' \tilde{E}_y \mathrm{d}x}{\int_0^\infty \tilde{E}_y \mathrm{d}x}$$

$$= \frac{\int_0^\infty \bar{n}^2 \tilde{E}_y \mathrm{d}x}{\int_0^\infty \tilde{E}_y \mathrm{d}x} - \frac{\int_0^\infty k'^2 \tilde{E}_y \mathrm{d}x}{\int_0^\infty \tilde{E}_y \mathrm{d}x} + \mathrm{i}\frac{\int_0^\infty 2\bar{n}_{k'} \tilde{E}_y \mathrm{d}x}{\int_0^\infty \tilde{E}_y \mathrm{d}x}$$

$$= \frac{\int_0^\infty \tilde{n}^2 \tilde{E}_y \mathrm{d}x}{\int_0^\infty \tilde{E}_y \mathrm{d}x} \rightarrow \frac{\tilde{\beta}_z^2}{k_0^2} = \frac{\int_0^\infty \tilde{n}^2 \tilde{E}_y \mathrm{d}x}{\int_0^\infty \tilde{E}_y \mathrm{d}x} \tag{2.4-7h}$$

由式 (2.4-7g,h)：

$$\frac{\beta_{zr}^2}{k_0^2} - \frac{\beta_{zi}^2}{k_0^2} + \mathrm{i}\frac{2\beta_{zr}\beta_{zi}}{k_0^2} = \frac{\int_0^\infty \bar{n}^2 \tilde{E}_y \mathrm{d}x}{\int_0^\infty \tilde{E}_y \mathrm{d}x} - \frac{\int_0^\infty k'^2 \tilde{E}_y \mathrm{d}x}{\int_0^\infty \tilde{E}_y \mathrm{d}x} + \mathrm{i}\frac{\int_0^\infty 2\bar{n}_{k'} \tilde{E}_y \mathrm{d}x}{\int_0^\infty \tilde{E}_y \mathrm{d}x} \rightarrow$$

$$\left(\frac{\beta_{zr}}{k_0}\right)^2 \equiv \overline{N}_m^2 \equiv \overline{\frac{\varepsilon_r}{\varepsilon_0}} = \frac{\int_0^\infty \frac{\varepsilon_r}{\varepsilon_0} \tilde{E}_y \mathrm{d}x}{\int_0^\infty \tilde{E}_y \mathrm{d}x} = \frac{\int_0^\infty \bar{n}^2 \tilde{E}_y \mathrm{d}x}{\int_0^\infty \tilde{E}_y \mathrm{d}x} \rightarrow \overline{\varepsilon_r} = \frac{\int_0^\infty \varepsilon_r \tilde{E}_y \mathrm{d}x}{\int_0^\infty \tilde{E}_y \mathrm{d}x} \tag{2.4-7i}$$

$$\left(\frac{\beta_{zi}}{k_0}\right)^2 = \frac{\int_0^\infty k'^2 \tilde{E}_y \mathrm{d}x}{\int_0^\infty \tilde{E}_y \mathrm{d}x}, \quad \frac{\beta_{zr}\beta_{zi}}{k_0^2} = \frac{\int_0^\infty \bar{n}k' \tilde{E}_y \mathrm{d}x}{\int_0^\infty \tilde{E}_y \mathrm{d}x} \tag{2.4-7j}$$

3) 弱波导情况

(1) 芯层与限制层折射率差小

$$\tilde{n}_2^2 \approx \tilde{n}_1^2 \rightarrow \tilde{b} \ll \frac{\tilde{n}_1^2}{\tilde{n}_2^2 - \tilde{n}_1^2} \rightarrow \frac{\tilde{\beta}_z}{k_0} = \sqrt{\tilde{b}(\tilde{n}_2^2 - \tilde{n}_1^2) + \tilde{n}_1^2}$$

$$= \tilde{n}_1 \sqrt{1 + \tilde{b}\left(\frac{\tilde{n}_2^2}{\tilde{n}_1^2} - 1\right)} \approx \tilde{n}_1\left[1 + \frac{\tilde{b}}{2}\left(\frac{\tilde{n}_2^2 - \tilde{n}_1^2}{\tilde{n}_1^2}\right)\right]$$

$$= \tilde{n}_1 + \frac{\tilde{b}}{2}\left(\frac{(\tilde{n}_2 + \tilde{n}_1)(\tilde{n}_2 - \tilde{n}_1)}{\tilde{n}_1^2}\right) \approx \tilde{n}_1 + \tilde{b}(\tilde{n}_2 - \tilde{n}_1) = \tilde{b}\tilde{n}_2 + \left(1 - \tilde{b}\right)\tilde{n}_1$$

$$= \frac{\int_0^{d/2} \tilde{E}_y \mathrm{d}x}{\int_0^\infty \tilde{E}_y \mathrm{d}x}\tilde{n}_2 + \frac{\int_0^\infty \tilde{E}_y \mathrm{d}x - \int_0^{d/2} \tilde{E}_y \mathrm{d}x}{\int_0^\infty \tilde{E}_y \mathrm{d}x}\tilde{n}_1$$

$$= \frac{\int_0^{d/2} \tilde{n}_2 \tilde{E}_y \mathrm{d}x}{\int_0^\infty \tilde{E}_y \mathrm{d}x} + \frac{\int_{d/2}^\infty \tilde{n}_1 \tilde{E}_y \mathrm{d}x}{\int_0^\infty \tilde{E}_y \mathrm{d}x} = \frac{\int_0^\infty \tilde{n} \tilde{E}_y \mathrm{d}x}{\int_0^\infty \tilde{E}_y \mathrm{d}x} \rightarrow$$

$$\frac{\tilde{\beta}_z}{k_0} \equiv \tilde{N}_m = \frac{\int_0^\infty \tilde{n}\tilde{E}_y \mathrm{d}x}{\int_0^\infty \tilde{E}_y \mathrm{d}x} = \frac{\int_{-\infty}^0 \tilde{n}\tilde{E}_y \mathrm{d}x}{\int_{-\infty}^0 \tilde{E}_y \mathrm{d}x} \tag{2.4-7k}$$

(2) 模式折射率的实部。

由式 (2.4-7i):

$$\left(\frac{\beta_{zr}}{k_0}\right)^2 \equiv \overline{N}_m^2 = \frac{\int_0^\infty \bar{n}^2 \tilde{E}_y \mathrm{d}x}{\int_0^\infty \tilde{E}_y \mathrm{d}x} = \frac{\int_0^{d/2} \bar{n}_2^2 \tilde{E}_y \mathrm{d}x + \int_{d/2}^\infty \bar{n}_1^2 \tilde{E}_y \mathrm{d}x}{\int_0^\infty \tilde{E}_y \mathrm{d}x}$$

$$= \frac{\int_0^{d/2} \tilde{E}_y \mathrm{d}x}{\int_0^\infty \tilde{E}_y \mathrm{d}x} \bar{n}_2^2 + \frac{\int_0^\infty \tilde{E}_y \mathrm{d}x - \int_0^{d/2} \tilde{E}_y \mathrm{d}x}{\int_0^\infty \tilde{E}_y \mathrm{d}x} \bar{n}_1^2 = \tilde{b}\bar{n}_2^2 + \left(1 - \tilde{b}\right)\bar{n}_1^2$$

$$\overline{N}_m \equiv \frac{\beta_{zr}}{k_0} = \sqrt{\tilde{b}\bar{n}_2^2 + \left(1 - \tilde{b}\right)\bar{n}_1^2} = \bar{n}_1 \sqrt{1 + \tilde{b}\left(\frac{\bar{n}_2^2}{\bar{n}_1^2} - 1\right)}$$

$$\approx \bar{n}_1 \left[1 + \frac{\tilde{b}}{2}\left(\frac{\bar{n}_2^2 - \bar{n}_1^2}{\bar{n}_1^2}\right)\right] = \bar{n}_1 + \frac{\tilde{b}}{2}\left(\frac{(\bar{n}_2 + \bar{n}_1)(\bar{n}_2 - \bar{n}_1)}{\bar{n}_1}\right)$$

$$\approx \bar{n}_1 + \tilde{b}\left(\bar{n}_2 - \bar{n}_1\right) = \tilde{b}\bar{n}_2 + \left(1 - \tilde{b}\right)\bar{n}_1 \tag{2.4-7l}$$

(3) 波导的复折射率分布以模式光强为权的平均值。

$$\frac{\int_{-\infty}^\infty \tilde{n}\left|\tilde{E}_y\right|^2 \mathrm{d}x}{\int_{-\infty}^\infty \left|\tilde{E}_y\right|^2 \mathrm{d}x} = \frac{\int_0^{d/2} \tilde{n}_2 \left|\tilde{E}_{y2}\right|^2 \mathrm{d}x}{\int_0^\infty \left|\tilde{E}_y\right|^2 \mathrm{d}x} + \frac{\int_{d/2}^\infty \tilde{n}_1 \left|\tilde{E}_{y1}\right|^2 \mathrm{d}x}{\int_0^\infty \left|\tilde{E}_y\right|^2 \mathrm{d}x}$$

$$= \frac{\int_0^{d/2} \left|\tilde{E}_{y2}\right|^2 \mathrm{d}x}{\int_0^\infty \left|\tilde{E}_y\right|^2 \mathrm{d}x} \tilde{n}_2 + \frac{\int_{d/2}^\infty \left|\tilde{E}_{y1}\right|^2 \mathrm{d}x}{\int_0^\infty \left|\tilde{E}_y\right|^2 \mathrm{d}x} \tilde{n}_1$$

$$= \Gamma \tilde{n}_2 + (1 - \Gamma)\tilde{n}_1 \tag{2.4-7m}$$

与式 (2.2-7g) 相比, 由于

$$\tilde{\Gamma} \equiv \frac{\int_0^{d/2} \left|\tilde{E}_{y2}\right|^2 \mathrm{d}x}{\int_0^\infty \left|\tilde{E}_y\right|^2 \mathrm{d}x} \neq \frac{\int_0^{d/2} \tilde{E}_{y2} \mathrm{d}x}{\int_0^\infty \tilde{E}_{y2} \mathrm{d}x} = \tilde{b} \rightarrow$$

$$\tilde{\Gamma}\tilde{n}_2 + \left(1 - \tilde{\Gamma}\right)\tilde{n}_1 \neq \tilde{b}\tilde{n}_2 + \left(1 - \tilde{b}\right)\tilde{n}_1 = \frac{\tilde{\beta}_z}{k_0} \rightarrow$$

$$\frac{\int_{-\infty}^{\infty} \tilde{n} \left| \tilde{E}_y \right|^2 \mathrm{d}x}{\int_{-\infty}^{\infty} \left| \tilde{E}_y \right|^2 \mathrm{d}x} = \frac{\int_{-\infty}^{0} \tilde{n} \left| \tilde{E}_y \right|^2 \mathrm{d}x}{\int_{-\infty}^{0} \left| \tilde{E}_y \right|^2 \mathrm{d}x} = \frac{\int_{0}^{\infty} \tilde{n} \left| \tilde{E}_y \right|^2 \mathrm{d}x}{\int_{0}^{\infty} \left| \tilde{E}_y \right|^2 \mathrm{d}x}$$

$$\neq \frac{\int_{0}^{\infty} \tilde{n} \tilde{E}_y \mathrm{d}x}{\int_{0}^{\infty} \tilde{E}_y \mathrm{d}x} = \frac{\int_{-\infty}^{0} \tilde{n} \tilde{E}_y \mathrm{d}x}{\int_{-\infty}^{0} \tilde{E}_y \mathrm{d}x} = \frac{\tilde{\beta}_z}{k_0} \equiv \tilde{N}_m \qquad (2.4\text{-}7\mathrm{n})$$

表明**波导的 TE 复模式折射率不是波导的复折射率分布以模式光强为权的平均值，
而是波导的复折射率分布以模式电场为权在半无限空间的平均值。**

第十一讲学习重点

实际的波导结构都是三维 (x, y, z) 的，如果不考虑轴向 (z) 端界面的作用，就可简化为二维 (xy) 的，如再不考虑其侧向 (y) 限制，则又可简化为一维 (x) 的。一维 (x) 波导如考虑其轴向 (z) 端界面的作用，就成为二维 $(x-z)$ 的。二维 (xy) 波导如考虑到轴向 (z) 端界面的作用，就成为三维 $(xy-z)$ 的，但与无端面的三维 (xyz) 波导腔不同，因为波导壁面与波导端面的作用不同。波导壁面起全反射作用，从而形成并留住分立的导波模式，放走连续的辐射模式。波导端面则出射导波模式的部分功率，同时返回其余部分功率形成该导波模式的反馈功率，从而形成能够起量子振荡器作用的激光腔。因此激光器中的波导腔是三维开腔 $(xy-z)$ 不是三维闭腔 (xyz)。由于实际半导体激光器中矩形波导的宽厚比都比较大，其波导过程的最有效近似分析法是有效折射率法，并已成功应用于任何突变多层矩形波导，甚至非平面波导或渐变折射率分别限制量子阱波导等的分析，从而揭示了许多新的波导行为及其规律性和有用的新概念。本讲的学习重点是：

(1) 矩形波导的精确分析方法原理，包括各种贝塞尔函数及其典型结果所呈现的规律性。

(2) 远离截止近似法处理矩形波导的理论、优点和局限性，及其数值计算。

(3) 等效折射率近似法处理矩形波导的理论、优点和局限性，及其数值计算。

(4) 通过隐埋波导结构的实例，理解矩形突变波导的分析方法及其模式结构和行为特点。

(5) 本征值与波函数的关系等基本性质的分析并建立其有关概念。

习 题 十一

Ex.11.1 (a) 用远离截止解析近似法分别计算矩形波导在 $W/d = 2, d = 0.8\mu\mathrm{m}$，

$\bar{n}_2 = 3.590$，$\Delta\bar{n}/\bar{n}_2 = 0.1$，$\bar{n}_1 = \bar{n}_2 - \Delta\bar{n}$ 时，E_{00}^y，E_{01}^y，E_{02}^y，E_{10}^y，E_{11}^y，E_{12}^y，E_{20}^y，E_{21}^y；E_{00}^x，E_{01}^x，E_{02}^x，E_{10}^x，E_{11}^x，E_{12}^x，E_{20}^x，E_{21}^x 模式的本征值 (b' 或 $\overline{N}_m$ 或 β_z，近似假设偏振简并)，并**定性**画出其波函数或近场图的大致形状。(b) 总结其规律性，并讨论对于埋在单一均匀介质中的矩形波导，其基模是否一定不会截止? 而用远离截止近似法得出的基模是否一定会截止? 为什么?

(c) 比较矩形波导和三层平板波导的模式结构，比较其归一化本征值 b 或 b' 随芯层厚度 d 或归一化厚度 V 或 V' 变化，特别是比较其截止现象和偏振简并性的规律性。

Ex.11.2 (a) 用等效折射率近似计算**图 2.4-3D** 所示情况的 b 随 V_3 的变化，并与远距离截止近似和圆谐分析法的计算结果进行比较，讨论其规律性和物理根源。(b) 用等效折射率近似计算**图 2.4-3E(b)**，(c) 所示两种结构参数的隐埋异质结构 (BH) 激光器模式按截止线分区的分布并讨论。(c) 计算**图 2.4-3E(d)** 所示的发散角 $\theta_\perp$ 随 d 和 $\theta_{//}$ (d) 随 W 的变化，并讨论在 $W/d \neq 1$ 实际情况下，如何得出有利于与光纤耦合的圆形横截面出射光束。

参 考 文 献

[11.1]　Goell J E. A circular-harmonic computer analysis of rectangular dielectric waveguides. BSTJ, 1969, 48: 2133–2160.

[11.2]　Marcatili E A J. Dielectric rectangular waveguide and directional coupler for integrated optics. BSTJ, 1969, 48: 2071–2102.

[11.3]　Hocker G B, Burns W K. Mode dispersion in diffused channel waveguides by the effective index method. Appl. Optics, 1977, 16: 113–118.

[11.4]　Saito K, Ito R. Buried-heterostructure AlGaAs lasers. IEEE J. Quantum Electron., 1980, QE-16: 205–215.

2.5　多层平板波导

三层平板波导虽然具备了波导的基本要素，但一方面，其可控的设计因素只有芯层厚度和三个折射率。为了增加可控的设计因素，可增加波导结构的层数，每增加一层就增加两个设计因素：**厚度**和**折射率**。另一方面，实际器件结构的尺寸都是有限的，因此，在芯层和上下层以外器件结构的作用不能忽略时，也必须考虑更多层数的突变平板波导理论模型和新出现的波导现象及其作用、影响和应用。由于侧面出光的半导体激光器实际结构的 "宽厚比" 相对比较大，因而可以忽略侧 (y) 向的内建波导过程，或者在此横 (x) 向波导分析的基础上，再应用**远离截止近似法**或**有效折射率法**进行二维处理。

2.5.1　四层平板波导[11.4,12.1]

在厚度为 d_2，折射率为 $\bar{n}_2$ 的有源芯层和折射率为 $\bar{n}_1$ 和 $\bar{n}_4$ 很厚的限制层之间，加上一个厚度为 d_3，折射率为 $\bar{n}_3$ 介于这两者之间的**波导层**，就构成一个**四层平板波导**，如**图 2.5-1A(a)** 所示，其导波模式的传播常数或模式折射率，将**高于**原三层平板波导的，又将**低于**其有源层加厚到 $d_2 + d_3$ 的三层平板波导的。所加的波导层可以起**传播**或**限制**的作用，前者相当于使总的导波芯层大于有源层。这就为控制平行于结平面方向的侧向模式，提供更大的可能性和灵活性。

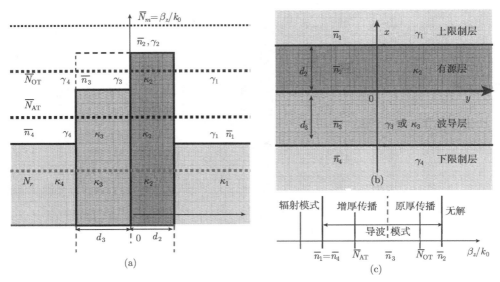

图 2.5-1A　四层平板波导的结构及其传播模式

四层平板波导的分析，是要得出麦克斯韦方程组或其导出的横向和纵向方程组在各层满足 $\partial/\partial y = 0$ 条件的解。对于多层平板波导的 TE 模式，$E_x = 0$、$E_z = 0$、$H_y = 0$，只需求解满足三个平面界面边界条件的含 6 个场系数和 1 个本征值的 4 个电场分布。

由标量波动方程

$$\nabla^2 \boldsymbol{E} = \mu_0 \bar{\varepsilon} \frac{\partial^2 \boldsymbol{E}}{\partial t^2} \tag{1.1-8a}$$

直腔波导的波函数

$$E_y(x, z, t) = E_y(x)\mathrm{e}^{\mathrm{i}(\omega t - \bar{\beta}_z z)} \tag{1.2-2a}$$

和麦克斯韦第三方程

$$\nabla \times \boldsymbol{E} = -\frac{\partial \boldsymbol{B}}{\partial t} \tag{1.1-1c}$$

得出

$$\frac{\partial^2 E_y(x)}{\partial x^2} + \left(k_0^2 \tilde{n}_j^2 - \tilde{\beta}_z^2\right) E_y(x) = 0 \tag{2.5-1a}$$

$$\begin{pmatrix} \boldsymbol{a}_x & \boldsymbol{a}_y & \boldsymbol{a}_z \\ \dfrac{\partial}{\partial x} & 0 & \dfrac{\partial}{\partial z} \\ E_x = 0 & E_y & E_z = 0 \end{pmatrix} = \left(0 - \frac{\partial E_y}{\partial z}\right)\boldsymbol{a}_x + (0-0)\,\boldsymbol{a}_y + \left(\frac{\partial E_y}{\partial x} - 0\right)\boldsymbol{a}_z$$

$$= -\mu_0 \frac{\partial H_x}{\partial t}\boldsymbol{a}_x - \mu_0 0 \boldsymbol{a}_y - \mu_0 \frac{\partial H_z}{\partial t}\boldsymbol{a}_z \rightarrow$$

$$\frac{\partial E_y}{\partial z} = -\mathrm{i}\beta_z E_y = \mu_0 \frac{\partial H_x}{\partial t} = \mathrm{i}\omega\mu_0 H_x \rightarrow H_z(x) = \frac{\mathrm{i}}{\omega\mu_0}\frac{\partial E_y(x)}{\partial x} \tag{2.5-1b}$$

$$\frac{\partial E_y}{\partial x} = -\mu_0 \frac{\partial H_z}{\partial t} = -\mathrm{i}\omega\mu_0 H_z \rightarrow H_x(x) = \frac{-\tilde{\beta}_z}{\omega\mu_0}E_y(x) \tag{2.5-1c}$$

同式 (2.1-4e,f), 其中, $\boldsymbol{a}_x, \boldsymbol{a}_y, \boldsymbol{a}_z$ 是 x, y, z 方向的单位矢。故一旦求得本征值 $\tilde{\beta}_z$, 则由式 (2.5-1a) 解出 E_y, 即可由式 (2.5-1b,c) 分别算出 H_x 和 H_z, 其他 3 个分量为 0, 从而得出全部本征函数。

1. 纯折射率波导

对纯折射率波导, $\tilde{n}_j = \bar{n}_j$。设有源层和波导层的厚度和折射率分别为 d_2、$\bar{n}_2$ 和 d_3、$\bar{n}_3$, 两厚限制层的折射率分别为 $\bar{n}_1$ 和 $\bar{n}_4$, 并设

$$\bar{n}_1 = \bar{n}_4 < \bar{n}_3 < \bar{n}_2 \tag{2.5-1d}$$

用**图 2.5-1A(b)** 坐标系, 通过改变**有源层厚度** d_2 和**波导层厚度** d_3, 即可使传播常数 β_z 或模式折射率 $\overline{N}_m = \beta_z/k_0$ 分别落在**如图 2.5-1A(c)** 所示的三个区内:

(1) 如果模式折射率存在于第二和第三层的折射率之间, $\bar{n}_2 > \overline{N}_m \equiv \beta_z/k_0 > \bar{n}_3$, 波导层将有指数衰减解而起**限制**作用, 这时的**总传播层厚度**将仍为 d_2, 故其作用产生的过程可称为**原厚传播 (original guiding thickness propagation)** 过程。

(2) 如果模式折射率存在于第三和第四层的折射率之间, $\bar{n}_3 > \overline{N}_m \equiv \beta_z/k_0 > \bar{n}_4 (= \bar{n}_1)$, 波导层将有简谐解而起**导波**或**传播**作用, 这时的总传播层厚度将增加为 $d_2 + d_3$, 故可称为**增厚传播 (augmented guiding thickness propagation)** 过程。

(3) 如果模式折射率恰等于第三层折射率, $\overline{N}_m = \beta_z/k_0 = \bar{n}_3$, 这时并不出现通常导波模式的截止现象, 而将出现从原厚传播转变到增厚传播的过渡模式 (transition mode)。通常的截止现象实质上是导波模式转化为辐射模式, 据此虽然也可认为原厚传播模式被截止, 但不是转化为辐射模式, 而是转化为增厚传播模式。为了避免造成概念上的混乱, 仍宜将前者称为 "**截止**", 后者称为 "**过渡模式**", 因其仍为一种导波模式。

(4) 如果模式折射率小于外限制层的折射率, $\overline{N}_m = \beta_z/k_0 < \bar{n}_1 = \bar{n}_4$, 所有四层皆有简谐解, 导波模式将**截止 (cut-off)**, 而转化为**辐射模式 (radiation mode)**。它是由于不满足腔壁的全反射条件而从腔壁辐射逃逸而离开光腔的, 因而并不构成由腔内**导波模式**在波导端面孔径形成出射激光光束中的**出射模式 (emission mode)** 或**外辐射模式 (external radiation mode)**, 故也可称为**内辐射模式 (internal radiation mode)**。

1) 增厚传播模式解

对于

$$\bar{n}_1 = \bar{n}_4 < \overline{N}_m \equiv \beta_z/k_0 < \bar{n}_3 < \bar{n}_2 \tag{2.5-1e}$$

由式 (2.5-1a):

$$\frac{1}{E_y(x)}\frac{\mathrm{d}^2 E_y(x)}{\mathrm{d}x^2} = -\left(k_0^2\bar{n}^2 - \beta_z^2\right) \tag{2.5-1f}$$

设

$$\gamma_1^2 \equiv \beta_z^2 - k_0^2\bar{n}_1^2 > 0, \quad \kappa_2^2 \equiv k_0^2\bar{n}_2^2 - \beta_z^2 > 0,$$

$$\kappa_3^2 \equiv k_0^2\bar{n}_3^2 - \beta_z^2 > 0, \quad \gamma_4^2 \equiv \beta_z^2 - k_0^2\bar{n}_4^2 > 0 \tag{2.5-1g}$$

各层的波函数含 6 个场系数和 1 个本征值:

$x \geqslant d_2$:

$$E_{y1}(x) = A_1 \mathrm{e}^{-\gamma_1(x-d_2)} \tag{2.5-1h}$$

$0 \leqslant x \leqslant d_2$:

$$E_{y2}(x) = A_2' \cos\left(\kappa_2 x - \varphi_2\right) = A_2 \cos\left(\kappa_2 x\right) + B_2 \sin\left(\kappa_2 x\right) \tag{2.5-1i}$$

$-d_3 \leqslant x \leqslant 0$:

$$E_{y3}(x) = A_3' \cos\left(\kappa_3 x - \varphi_3\right) = A_3 \cos\left(\kappa_3 x\right) + B_3 \sin\left(\kappa_3 x\right) \tag{2.5-1j}$$

$x \leqslant -d_3$:

$$E_{y4}(x) = A_4 \mathrm{e}^{\gamma_4(x+d_3)} \tag{2.5-1k}$$

各层之间的边界条件提供 6 个场系数关系:

$x = d_2$:

$$E_{y1}(d_2) = E_{y2}(d_2) \rightarrow A_1 = A_2 \cos\left(\kappa_2 d_2\right) + B_2 + B_2 \sin\left(\kappa_2 d_2\right) \tag{2.5-1l}$$

$$H_{z1}(d_2) = H_{z2}(d_2) \rightarrow -\gamma_1 A_1 = -\kappa_2\left[A_2 \sin\left(\kappa_2 d_2\right) - B_2 \cos\left(\kappa_2 d_2\right)\right] \tag{2.5-1m}$$

$x = 0$:

$$E_{y2}(0) = E_{y3}(0) \rightarrow A_2 = A_3, \quad H_{z2}(0) = H_{z3}(0) \rightarrow \kappa_2 B_2 = \kappa_3 B_3 \tag{2.5-1n, o}$$

$x = -d_3$:

$$E_{y3}(-d_3) = E_{y4}(-d_3) \rightarrow A_3 \cos(\kappa_3 d_3) - B_3 \sin(\kappa_3 d_3) = A_4 \tag{2.5-1p}$$

$$H_{z3}(-d_3) = H_{z4}(-d_3) \rightarrow \kappa_3 A_3 \sin(\kappa_3 d_3) + \kappa_3 B_3 \cos(\kappa_3 d_3) = \gamma_4 A_4 \tag{2.5-1q}$$

由式 (2.3-1n,o):

$$A_3 = A_2, \quad B_3 = B_2 \kappa_2/\kappa_3 \tag{2.5-1r}$$

由式 (2.3-1l,m):

$$A_1 = A_2 \cos(\kappa_2 d_2) + B_2 \sin(\kappa_2 d_2) = \frac{\kappa_2}{\gamma_1}[A_2 \sin(\kappa_2 d_2) - B_2 \cos(\kappa_2 d_2)] \rightarrow$$

$$A_2 \gamma_1 \cos(\kappa_2 d_2) + B_2 \gamma_1 \sin(\kappa_2 d_2) = A_2 \kappa_2 \sin(\kappa_2 d_2) - B_2 \kappa_2 \cos(\kappa_2 d_2) \rightarrow$$

$$B_2 = A_2 \frac{\kappa_2 \sin(\kappa_2 d_2) - \gamma_1 \cos(\kappa_2 d_2)}{\gamma_1 \sin(\kappa_2 d_2) + \kappa_2 \cos(\kappa_2 d_2)} \tag{2.5-1s}$$

$$\begin{aligned}
A_1 &= A_2 \left[\cos(\kappa_2 d_2) + \frac{\kappa_2 \sin^2(\kappa_2 d_2) - \gamma_1 \sin(\kappa_2 d_2)\cos(\kappa_2 d_2)}{\gamma_1 \sin(\kappa_2 d_2) + \kappa_2 \cos(\kappa_2 d_2)} \right] \\
&= A_2 \left[\frac{\gamma_1 \sin(\kappa_2 d_2)\cos(\kappa_2 d_2) + \kappa_2 \cos^2(\kappa_2 d_2) + \kappa_2 \sin^2(\kappa_2 d_2) - \gamma_1 \cos(\kappa_2 d_2)\sin(\kappa_2 d_2)}{\gamma_1 \sin(\kappa_2 d_2) + \kappa_2 \cos(\kappa_2 d_2)} \right] \\
&= A_2 \left[\frac{\kappa_2}{\gamma_1 \sin(\kappa_2 d_2) + \kappa_2 \cos(\kappa_2 d_2)} \right] \rightarrow A_2 = A_1 \left[\cos(\kappa_2 d_2) + \frac{\gamma_1}{\kappa_2} \sin(\kappa_2 d_2) \right] = A_3
\end{aligned} \tag{2.5-1t}$$

由式 (2.5-1s,t,r,p):

$$B_2 = A_1 \left[\sin(\kappa_2 d_2) - \frac{\gamma_1}{\kappa_2} \cos(\kappa_2 d_2) \right]$$

$$B_3 = A_1 \left[\frac{\kappa_2}{\kappa_3} \sin(\kappa_2 d_2) - \frac{\gamma_1}{\kappa_3} \cos(\kappa_2 d_2) \right] \tag{2.5-1u}$$

$$\begin{aligned}
A_4 &= A_3 \cos(\kappa_3 d_3) - B_3 \sin(\kappa_3 d_3) \\
&= A_1 \left\{ \left[\cos(\kappa_2 d_2) \cos(\kappa_3 d_3) + \frac{\gamma_1}{\kappa_2} \sin(\kappa_2 d_2) \cos(\kappa_3 d_3) \right] \right. \\
&\quad \left. - \left[\frac{\kappa_2}{\kappa_3} \sin(\kappa_2 d_2) \sin(\kappa_3 d_3) - \frac{\gamma_1}{\kappa_3} \cos(\kappa_2 d_2) \sin(\kappa_3 d_3) \right] \right\}
\end{aligned} \tag{2.5-1v}$$

而由式 (2.5-1q,u) 则得出

$$\begin{aligned}
A_4 &= A_3 \frac{\kappa_3}{\gamma_4} \sin(\kappa_3 d_3) + B_3 \frac{\kappa_3}{\gamma_4} \cos(\kappa_3 d_3) \\
&= A_1 \left[\frac{\kappa_3}{\gamma_4} \cos(\kappa_2 d_2) \sin(\kappa_3 d_3) + \frac{\kappa_3 \gamma_1}{\kappa_2 \gamma_4} \sin(\kappa_2 d_2) \sin(\kappa_3 d_3) \right.
\end{aligned}$$

$$+ \frac{\kappa_2}{\gamma_4} \sin(\kappa_2 d_2)\cos(\kappa_3 d_3) - \frac{\gamma_1}{\gamma_4}\cos(\kappa_2 d_2)\cos(\kappa_3 d_3) \Bigg] \tag{2.5-1w}$$

从这 6 个场系数关系中消去 6 个场系数即可得出确定本征值的本征方程:

式 (2.5-1w) 除以式 (2.5-1v) 得

$$1 = \frac{\dfrac{\kappa_3}{\gamma_4}\cos(\kappa_2 d_2)\sin(\kappa_3 d_3) + \dfrac{\kappa_3\gamma_1}{\kappa_2\gamma_4}\sin(\kappa_2 d_2)\sin(\kappa_3 d_3) + \dfrac{\kappa_2}{\gamma_4}\sin(\kappa_2 d_2)\cos(\kappa_3 d_3) - \dfrac{\gamma_1}{\gamma_4}\cos(\kappa_2 d_2)\cos(\kappa_3 d_3)}{\left[\cos(\kappa_2 d_2)\cos(\kappa_3 d_3) + \dfrac{\gamma_1}{\kappa_2}\sin(\kappa_2 d_2)\cos(\kappa_3 d_3)\right] - \left[\dfrac{\kappa_2}{\kappa_3}\sin(\kappa_2 d_2)\sin(\kappa_3 d_3) - \dfrac{\gamma_1}{\kappa_3}\cos(\kappa_2 d_2)\sin(\kappa_3 d_3)\right]}$$

$$= \frac{\kappa_3^2\kappa_2\tan(\kappa_3 d_3) + \kappa_3^2\gamma_1\tan(\kappa_2 d_2)\tan(\kappa_3 d_3) + \kappa_2^2\kappa_3\tan(\kappa_2 d_2) - \kappa_3\kappa_2\gamma_1}{\kappa_3\kappa_2\gamma_4 + \kappa_3\gamma_1\gamma_4\tan(\kappa_2 d_2) - \kappa_2^2\gamma_4\tan(\kappa_2 d_2)\tan(\kappa_3 d_3) + \kappa_2\gamma_4\gamma_1\tan(\kappa_3 d_3)} \rightarrow$$

$$\left\{ \left[\kappa_3^2\gamma_1\tan(\kappa_3 d_3) + \kappa_3^2\kappa_2\right] - \left[\kappa_3\gamma_1\gamma_4 - \kappa_2^2\gamma_4\tan(\kappa_3 d_3)\right] \right\}\tan(\kappa_2 d_2)$$
$$= \kappa_3\kappa_2\gamma_4 + \kappa_3\kappa_2\gamma_1 + \left(\kappa_2\gamma_4\gamma_1 - \kappa_3^2\kappa_2\right)\tan(\kappa_3 d_3)$$

$$\tan(\kappa_2 d_2) = \frac{\kappa_3\kappa_2\gamma_4 + \kappa_3\kappa_2\gamma_1 + \kappa_2\gamma_4\gamma_1\tan(\kappa_3 d_3) - \kappa_3^2\kappa_2\tan(\kappa_3 d_3)}{\kappa_3^2\gamma_1\tan(\kappa_3 d_3) + \kappa_2^2\kappa_3 - \kappa_3\gamma_1\gamma_4 + \kappa_2^2\gamma_4\tan(\kappa_3 d_3)}$$
$$= \frac{\kappa_2\gamma_1\left[\kappa_3 + \gamma_4\tan(\kappa_3 d_3)\right] + \kappa_3\kappa_2\left[\gamma_4 - \kappa_3\tan(\kappa_3 d_3)\right]}{\kappa_2^2\left[\kappa_3 + \gamma_4\tan(\kappa_3 d_3)\right] - \kappa_3\gamma_1\left[\gamma_4 - \kappa_3\tan(\kappa_3 d_3)\right]}$$

得增厚传播的本征方程:

$$\tan(\kappa_2 d_2) = \frac{\gamma_1\kappa_2\left[\kappa_3 + \gamma_4\tan(\kappa_3 d_3)\right] + \kappa_2\kappa_3\left[\gamma_4 - \kappa_3\tan(\kappa_3 d_3)\right]}{\kappa_2^2\left[\kappa_3 + \gamma_4\tan(\kappa_3 d_3)\right] - \gamma_1\kappa_3\left[\gamma_4 - \kappa_3\tan(\kappa_3 d_3)\right]} \tag{2.5-1x}$$

当 $d_3 \to 0$ 时, 式 (2.3-1x) 化为

$$\tan(\kappa_2 d_2) = \frac{\kappa_2(\gamma_1 + \gamma_4)}{\kappa_2^2 - \gamma_1\gamma_4} \tag{2.5-1y}$$

表明波导层很薄时, 波导结构将化为具有导波模式的三层平板波导 (**图 2.5-1A(a)**)。而当 $d_3 \to \infty$ 时, 波导结构将化为只有辐射模式的三层平板波导 (**图 2.5-1A(a)**)。由各层传播常数之间的关系 (2.5-1g) 和本征方程 (2.5-1x), 求解出本征值 β_z, 从而得出各层的传播常数 $\gamma_1, \kappa_2, \kappa_3, \gamma_4$, 代入波函数 (2.5-1h~k), 即可具体得出这四层平板波导的波函数或光模电磁场分布。

2) 原厚传播模式解

对于

$$\bar{n}_1 = \bar{n}_4 < \bar{n}_3 < \frac{\beta_z}{k_0} < \bar{n}_2, \quad \begin{cases} \gamma_1^2 \equiv \beta_z^2 - k_0^2 \bar{n}_1^2 > 0, & \kappa_2^2 \equiv k_0^2 \bar{n}_2^2 - \beta_z^2 > 0 \\ \gamma_3^2 \equiv \beta_z^2 - k_0^2 \bar{n}_3^2 > 0, & \gamma_4^2 \equiv \beta_z^2 - k_0^2 \bar{n}_4^2 > 0 \end{cases}$$

$$(2.5\text{-}2\mathrm{a, b})$$

各层的波函数为

$x \geqslant d_2$:

$$E_{y1}(x) = A_1 \mathrm{e}^{-\gamma_1(x-d_2)}, \quad H_{z1}(x) = -\frac{\mathrm{i}}{\omega\mu_0}\gamma A_1 \mathrm{e}^{-\gamma_1(x-d_2)} \tag{2.5-2c}$$

$0 \leqslant x \leqslant d_2$:

$$E_{y2}(x) = A_2' \cos(\kappa_2 x - \varphi_2) = A_2 \cos(\kappa_2 x) + B_2 \sin(\kappa_2 x) \tag{2.5-2d}$$

$$H_{z2}(x) = -\frac{\mathrm{i}}{\omega\mu_0}\kappa_2 A_2 \sin(\kappa_2 x) + \frac{\mathrm{i}}{\omega\mu_0}\kappa_2 B_2 \cos(\kappa_2 x) \tag{2.5-2e}$$

$-d_3 \leqslant x \leqslant 0$:

$$E_{y3}(x) = A_3 \mathrm{e}^{-\gamma_3 x} + B_3 \mathrm{e}^{\gamma_3 x}, \quad H_{z3}(x) = -\frac{\mathrm{i}}{\omega\mu_0}\gamma_3 A_3 \mathrm{e}^{-\gamma_3 x} + \frac{\mathrm{i}}{\omega\mu_0}\gamma_3 B_3 \mathrm{e}^{\gamma_3 x} \tag{2.5-2f}$$

$x \leqslant -d_3$:

$$E_{y4}(x) = A_4 \mathrm{e}^{\gamma_4(x+d_3)}, \quad H_{z4}(x) = \frac{\mathrm{i}}{\omega\mu_0}\gamma_4 A_4 \mathrm{e}^{\gamma_4(x+d_3)} \tag{2.5-2g}$$

各层之间的边界条件为

$x = d_2$:

$$E_{y1}(d_2) = E_{y2}(d_2) \rightarrow A_1 = A_2 \cos(\kappa_2 d_2) + B_2 + B_2 \sin(\kappa_2 d_2) \tag{2.5-2h}$$

$$H_{z1}(d_2) = H_{z2}(d_2) \rightarrow -\gamma_1 A_1 = -\kappa_2 A_2 \sin(\kappa_2 d_2) + \kappa_2 B_2 \cos(\kappa_2 d_2) \tag{2.5-2i}$$

$x = 0$:

$$E_{y2}(0) = E_{y3}(0) \rightarrow A_2 = A_3 + B_3 \tag{2.5-2j}$$

$$H_{z2}(0) = H_{z3}(0) \rightarrow \kappa_2 B_2 = -\gamma_3 A_3 + \gamma_3 B_3 \tag{2.5-2k}$$

$x = -d_3$:

$$E_{y3}(-d_3) = E_{y4}(-d_3) \rightarrow A_3 \mathrm{e}^{\gamma_3 d_3} + B_3 \mathrm{e}^{-\gamma_3 d_3} = A_4 \tag{2.5-2l}$$

$$H_{z3}(-d_3) = H_{z4}(-d_3) \rightarrow -\gamma_3 A_3 \mathrm{e}^{\gamma_3 d_3} + \gamma_3 B_3 \mathrm{e}^{-\gamma_3 d_3} = \gamma_4 A_4 \tag{2.5-2m}$$

由式 (2.5-2j,k,l):

$$A_4 = A_3 \mathrm{e}^{\gamma_3 d_3} + B_3 \mathrm{e}^{-\gamma_3 d_3} = -\frac{\gamma_3}{\gamma_4} A_3 \mathrm{e}^{\gamma_3 d_3} + \frac{\gamma_3}{\gamma_4} B_3 \mathrm{e}^{-\gamma_3 d_3} \rightarrow$$

$$A_3 \left(1 + \frac{\gamma_3}{\gamma_4}\right) \mathrm{e}^{\gamma_3 d_3} = B_3 \left(\frac{\gamma_3}{\gamma_4} - 1\right) \mathrm{e}^{-\gamma_3 d_3}$$

$$A_3 = B_3 \frac{\gamma_3 - \gamma_4}{\gamma_3 + \gamma_4} \mathrm{e}^{-2\gamma_3 d_3} = B_3 U, \quad U \equiv \frac{\gamma_3 - \gamma_4}{\gamma_3 + \gamma_4} \mathrm{e}^{-2\gamma_3 d_3}, \quad A_2 = B_3(1 + U) \tag{2.5-2n}$$

$$A_4 = B_3 \left(\frac{\gamma_3 - \gamma_4}{\gamma_3 + \gamma_4} + 1 \right) \mathrm{e}^{-\gamma_3 d_3} = B_3 \frac{2\gamma_3}{\gamma_3 + \gamma_4} \mathrm{e}^{-\gamma_3 d_3}, \quad B_2 = B_3 \left(1 - U \right) \frac{\gamma_3}{\kappa_2} \quad (2.5\text{-}2\mathrm{o})$$

由式 (2.5-2h,n,o):

$$A_1 = B_3 \left(1 + U \right) \cos \left(\kappa_2 d_2 \right) + B_3 \left(1 - U \right) \frac{\gamma_3}{\kappa_2} \sin \left(\kappa_2 d_2 \right)$$

$$= B_3 \left(1 + U \right) \left[\cos \left(\kappa_2 d_2 \right) + \frac{\gamma_3}{\kappa_2} \cdot \frac{1 - U}{1 + U} \sin \left(\kappa_2 d_2 \right) \right] \quad (2.5\text{-}2\mathrm{p})$$

由式 (2.5-2i,n,o):

$$A_1 = B_3 \left(1 + U \right) \frac{\kappa_2}{\gamma_1} \sin \left(\kappa_2 d_2 \right) - B_3 \left(1 - U \right) \frac{\gamma_3}{\gamma_1} \cos \left(\kappa_2 d_2 \right)$$

$$= B_3 \left(1 + U \right) \left[\frac{\kappa_2}{\gamma_1} \sin \left(\kappa_2 d_2 \right) - \frac{\gamma_3}{\gamma_1} \cdot \frac{1 - U}{1 + U} \cos \left(\kappa_2 d_2 \right) \right] \quad (2.5\text{-}2\mathrm{q})$$

由式 (2.5-2p,q):

$$\left[\frac{\kappa_2}{\gamma_1} \tan \left(\kappa_2 d_2 \right) - \frac{\gamma_3}{\gamma_1} \cdot \frac{1 - U}{1 + U} \right] = \left[1 + \frac{\gamma_3}{\kappa_2} \cdot \frac{1 - U}{1 + U} \tan \left(\kappa_2 d_2 \right) \right] \rightarrow$$

$$\tan \left(\kappa_2 d_2 \right) = \frac{1 + \dfrac{\gamma_3}{\gamma_1} \cdot \dfrac{1 - U}{1 + U}}{\dfrac{\kappa_2}{\gamma_1} - \dfrac{\gamma_3}{\kappa_2} \cdot \dfrac{1 - U}{1 + U}} = \frac{\gamma_1 \kappa_2 \left(1 + U \right) + \gamma_3 \kappa_2 \left(1 - U \right)}{\kappa_2^2 \left(1 + U \right) - \gamma_1 \gamma_3 \left(1 - U \right)}$$

$$= \frac{\kappa_2 \left(\gamma_1 + \gamma_3 \right) + \kappa_2 \left(\gamma_1 - \gamma_3 \right) U}{\left(\kappa_2^2 - \gamma_1 \gamma_3 \right) + \left(\kappa_2^2 + \gamma_1 \gamma_3 \right) U} \quad (2.5\text{-}2\mathrm{r})$$

$$= \frac{\kappa_2 \left(\gamma_3 + \gamma_1 \right) \left(\gamma_3 + \gamma_4 \right) \mathrm{e}^{\gamma_3 d_3} + \kappa_2 \left(\gamma_1 - \gamma_3 \right) \left(\gamma_3 - \gamma_4 \right) \mathrm{e}^{-\gamma_3 d_3}}{\left(\kappa_2^2 - \gamma_1 \gamma_3 \right) \left(\gamma_3 + \gamma_4 \right) \mathrm{e}^{\gamma_3 d_3} + \left(\kappa_2^2 + \gamma_1 \gamma_3 \right) \left(\gamma_3 - \gamma_4 \right) \mathrm{e}^{-\gamma_3 d_3}}$$

$$= \frac{\kappa_2 \left[\left(\gamma_1 \gamma_3 + \gamma_3 \gamma_4 \right) + \left(\gamma_3 \gamma_3 + \gamma_1 \gamma_4 \right) \right] \mathrm{e}^{\gamma_3 d_3} + \kappa_2 \left[\left(\gamma_1 \gamma_3 + \gamma_3 \gamma_4 \right) - \left(\gamma_3 \gamma_3 + \gamma_1 \gamma_4 \right) \right] \mathrm{e}^{-\gamma_3 d_3}}{\left[\gamma_3 \left(\kappa_2^2 - \gamma_1 \gamma_4 \right) + \left(\kappa_2^2 \gamma_4 - \gamma_3^2 \gamma_1 \right) \right] \mathrm{e}^{\gamma_3 d_3} + \left[\gamma_3 \left(\kappa_2^2 - \gamma_1 \gamma_4 \right) - \left(\kappa_2^2 \gamma_4 - \gamma_3^2 \gamma_1 \right) \right] \mathrm{e}^{-\gamma_3 d_3}}$$

$$= \frac{\kappa_2 \left(\gamma_1 \gamma_3 + \gamma_3 \gamma_4 \right) \left(\mathrm{e}^{\gamma_3 d_3} + \mathrm{e}^{-\gamma_3 d_3} \right) + \left(\gamma_3 \gamma_3 + \gamma_1 \gamma_4 \right) \left(\mathrm{e}^{\gamma_3 d_3} - \mathrm{e}^{-\gamma_3 d_3} \right)}{\gamma_3 \left(\kappa_2^2 - \gamma_1 \gamma_4 \right) \left(\mathrm{e}^{\gamma_3 d_3} + \mathrm{e}^{-\gamma_3 d_3} \right) + \left(\kappa_2^2 \gamma_4 - \gamma_3^2 \gamma_1 \right) \left(\mathrm{e}^{\gamma_3 d_3} - \mathrm{e}^{-\gamma_3 d_3} \right)}$$

$$= \frac{\kappa_2 \left(\gamma_1 \gamma_3 + \gamma_3 \gamma_4 \right) + \kappa_2 \left(\gamma_3 \gamma_3 + \gamma_1 \gamma_4 \right) \tanh \left(\gamma_3 d_3 \right)}{\gamma_3 \left(\kappa_2^2 - \gamma_1 \gamma_4 \right) + \left(\kappa_2^2 \gamma_4 - \gamma_3^2 \gamma_1 \right) \tanh \left(\gamma_3 d_3 \right)} \quad (2.5\text{-}2\mathrm{r}')$$

$$\therefore \quad \tan \left(\kappa_2 d_2 \right) = \frac{\kappa_2 \left(\gamma_1 \gamma_3 + \gamma_3 \gamma_4 \right) + \kappa_2 \left(\gamma_1 \gamma_4 + \gamma_3^2 \right) \tanh \left(\gamma_3 d_3 \right)}{\gamma_3 \left(\kappa_2^2 - \gamma_1 \gamma_4 \right) + \left(\kappa_2^2 \gamma_4 - \gamma_3^2 \gamma_1 \right) \tanh \left(\gamma_3 d_3 \right)}$$

$$= \frac{\kappa_2 \left(\gamma_1 + \gamma_3 \right) + \kappa_2 \left(\gamma_1 - \gamma_3 \right) U}{\left(\kappa_2^2 - \gamma_1 \gamma_3 \right) + \left(\kappa_2^2 + \gamma_1 \gamma_3 \right) U} \quad (2.5\text{-}2\mathrm{r}'')$$

$$d_3 = 0 \rightarrow \tan \left(\kappa_2 d_2 \right) = \frac{\kappa_2 \left(\gamma_1 + \gamma_4 \right)}{\kappa_2^2 - \gamma_1 \gamma_4} \quad (2.5\text{-}2\mathrm{s})$$

$$d_3 = \infty \rightarrow U = 0 \rightarrow \tan \left(\kappa_2 d_2 \right) = \frac{\kappa_2 \left(\gamma_1 + \gamma_3 \right)}{\kappa_2^2 - \gamma_1 \gamma_3} \quad (2.5\text{-}2\mathrm{s}')$$

波导结构在这两种极限情况下，皆分别化为具有导波模式的三层平板波导。本征方程 (2.5-2n) 解出本征值 β_z，得各层的传播常数 γ_1、κ_2、γ_3、γ_4 和场系数关系 (2.5-2b)，代入波函数 (2.5-2c~f)，即可得出这四层平板波导的原厚传播模式的电磁场分布。

3) 过渡模式解

当模式折射率 $\overline{N}_m = \beta_z/k_0 = \bar{n}_3$，各层的**传播常数的各个分量和场系数公式**将为

$$\gamma_{3\mathrm{t}} = \kappa_{3\mathrm{t}} = 0, \quad \gamma_{1\mathrm{t}} = k_0\sqrt{\bar{n}_3^2 - \bar{n}_1^2},$$

$$\kappa_{2\mathrm{t}} = k_0\sqrt{\bar{n}_2^2 - \bar{n}_3^2}, \quad \gamma_{4\mathrm{t}} = k_0\sqrt{\bar{n}_3^2 - \bar{n}_4^2}, \quad U = -1 \qquad (2.5\text{-}2\mathrm{t})$$

由式 (2.5-1t,u)：

$$A_1 = 1, \quad A_{2\mathrm{t}} = A_1\left[\cos(\kappa_{2\mathrm{t}}d_2) + \frac{\gamma_{1\mathrm{t}}}{\kappa_{2\mathrm{t}}}\sin(\kappa_{2\mathrm{t}}d_2)\right],$$

$$B_{2\mathrm{t}} = A_1\left[\sin(\kappa_{2\mathrm{t}}d_2) - \frac{\gamma_{1\mathrm{t}}}{\kappa_{2\mathrm{t}}}\cos(\kappa_{2\mathrm{t}}d_2)\right] \qquad (2.5\text{-}2\mathrm{u})$$

$$A_{3\mathrm{t}} = A_{2\mathrm{t}}, \quad B_{3\mathrm{t}} = \frac{A_1}{\kappa_{3\mathrm{t}}}\left[\kappa_{2\mathrm{t}}\sin(\kappa_{2\mathrm{t}}d_2) - \gamma_{1\mathrm{t}}\cos(\kappa_{2\mathrm{t}}d_2)\right] \qquad (2.5\text{-}2\mathrm{v})$$

由式 (2.5-1v)：

$$A_{4\mathrm{t}} = A_1\left\{\left[\cos(\kappa_{2\mathrm{t}}d_2) + \frac{\gamma_{1\mathrm{t}}}{\kappa_{2\mathrm{t}}}\sin(\kappa_{2\mathrm{t}}d_2)\right] - \left[\kappa_{2\mathrm{t}}\sin(\kappa_{2\mathrm{t}}d_2) - \gamma_{1\mathrm{t}}\cos(\kappa_{2\mathrm{t}}d_2)\right]d_3\right\}$$
$$(2.5\text{-}2\mathrm{w})$$

各层波函数：

$$x \geqslant d_2: \quad E_{y1}(x) = A_1\mathrm{e}^{-\gamma_1(x-d_2)} \qquad (2.5\text{-}2\mathrm{x})$$

$$0 \leqslant x \leqslant d_2: \quad E_{y2}(x) = A_1\left\{\left[\cos(\kappa_{2\mathrm{t}}d_2) + \frac{\gamma_{1\mathrm{t}}}{\kappa_{2\mathrm{t}}}\sin(\kappa_{2\mathrm{t}}d_2)\right]\cos(\kappa_{2\mathrm{t}}x)\right.$$
$$\left. + \left[\sin(\kappa_{2\mathrm{t}}d_2) - \frac{\gamma_{1\mathrm{t}}}{\kappa_{2\mathrm{t}}}\cos(\kappa_{2\mathrm{t}}d_2)\right]\sin(\kappa_2 x)\right\} \qquad (2.5\text{-}2\mathrm{y})$$

$$-d_3 \leqslant x \leqslant 0: \quad E_{y3\mathrm{t}}(x) = A_1\left\{\left[\cos(\kappa_{2\mathrm{t}}d_2) + \frac{\gamma_{1\mathrm{t}}}{\kappa_{2\mathrm{t}}}\sin(\kappa_{2\mathrm{t}}d_2)\right]\right.$$
$$\left. + \left[\kappa_{2\mathrm{t}}\sin(\kappa_{2\mathrm{t}}d_2) - \gamma_{1\mathrm{t}}\cos(\kappa_{2\mathrm{t}}d_2)\right]x\right\} \qquad (2.5\text{-}2\mathrm{z})$$

$$x \leqslant -d_3: \quad E_{y4}(x) = A_1\left\{\left[\cos(\kappa_{2\mathrm{t}}d_2) + \frac{\gamma_{1\mathrm{t}}}{\kappa_{2\mathrm{t}}}\sin(\kappa_{2\mathrm{t}}d_2)\right]\right.$$
$$\left. - \left[\kappa_{2\mathrm{t}}\sin(\kappa_{2\mathrm{t}}d_2) - \gamma_{1\mathrm{t}}\cos(\kappa_{2\mathrm{t}}d_2)\right]d_3\right\}\mathrm{e}^{\gamma_4(x+d_3)} \qquad (2.5\text{-}2\mathrm{w})$$

这时其本征方程 (2.5-1x) 化为两个厚度 d_2 和 d_3 之间的关系:

$$\tan\left(\kappa_{2t} d_2\right) = \frac{\gamma_{1t}\kappa_{2t}\left[\kappa_{3t} + \gamma_{4t}\kappa_{3t}d_3\right] + \kappa_{2t}\kappa_{3t}\left[\gamma_{4t} - \kappa_{3t}\kappa_{3t}d_3\right]}{\kappa_{2t}^2\left[\kappa_{3t} + \gamma_{4t}\kappa_{3t}d_3\right] - \gamma_{t1}\kappa_{3t}\left[\gamma_{4t} - \kappa_{3t}\kappa_{3t}d_3\right]}$$

$$= \frac{\gamma_{1t}\kappa_{2t}\left[1 + \gamma_{4t}d_3\right] + \kappa_{2t}\gamma_{4t}}{\kappa_{2t}^2\left[1 + \gamma_{4t}d_3\right] - \gamma_{t1}\gamma_{4t}} = \frac{\gamma_{1t} + \gamma_{4t} + \gamma_{1t}\gamma_{4t}d_3}{\kappa_{2t}\gamma_{4t}\left[d_3 - \left(\dfrac{\gamma_{1t}\gamma_{4t} - \kappa_{2t}^2}{\kappa_{2t}^2\gamma_{4t}}\right)\right]} \to$$

可称其为**过渡厚度** d_{2t}, d_{3t}:

$$d_{2t} = \frac{1}{\kappa_{2t}}\left\{m'\pi + \tan^{-1}\left[\frac{\gamma_{1t} + \gamma_{4t} + \gamma_{1t}\gamma_{4t}d_{3t}}{\kappa_{2t}\gamma_{4t}\left(d_{3t} - d_{3tc}\right)}\right]\right\} \tag{2.5-2x}$$

其中, 在 $d_{3t} = d_{3tc}$ 处有一**奇点**:

$$\gamma_{4t}\left(d_{3t} - d_{3tc}\right) = 1 - \frac{\gamma_{1t}\gamma_{4t}}{\kappa_{2t}^2} + \gamma_{4t}d_{3tc} = f(d_{3tc}) = 0 \to d_{2tc} = \left(m' + \frac{1}{2}\right)\frac{\pi}{\kappa_{2tc}}$$
$$\tag{2.5-2y}$$

由于在 $d_{3t} < d_{3tc}$ 时, $f(d_{3t}) < 0$, 为保证反正切函数的连续性, 必须加 π, 故**奇点厚度**为

$$d_{3tc} \equiv \frac{\gamma_{1t}\gamma_{4t} - \kappa_{2t}^2}{\kappa_{2t}^2\gamma_{4t}},$$

$$\begin{cases} d_{3t} > d_{3tc}, \quad m' = m \to d_{2tc} = \left(m + \dfrac{1}{2}\right)\dfrac{\pi}{\kappa_{2tc}} \\[3mm] d_{3t} < d_{3tc}, \quad m' = m + 1 \to d_{2tc} = \left(m + \dfrac{3}{2}\right)\dfrac{\pi}{\kappa_{2tc}} \end{cases}, \quad m \text{ 是**过渡模式的阶**}$$
$$\tag{2.5-2z}$$

4) 数值结果[12.1]

设各层为 Al 含量 $x = x_{Al}$ 不同的 $Al_x Ga_{1-x}As$, 其折射率分别为各自的 $\bar{n}(x_{Al})$, 如**图 2.5-1B(a)(b)** 中的插图所示, 其中, $\bar{n}_3 = \bar{n}(x_{Al}) = 3.590 - 0.71x_{Al} + 0.091x_{Al}^2$, $\bar{n}_1 = \bar{n}_4 = \bar{n}(0.36) = 3.346$, $\bar{n}_2 = \bar{n}(0) = 3.590$。由本征方程的增厚式 (2.5-1x) 或原厚式 (2.5-2r) 求出本征值, 得出模式折射率 $\overline{N}_{II} = \beta_{II}/k_0$, 其过渡模式的**奇点厚度**为 $d_{3tc} = 0.182\,764\mu m$。**图 2.5-1B(a)** 是对 $\bar{n}_3 = \bar{n}(0.1) = 3.520$ 和不同的波导层厚度 d_3 算出 TE_0 模式的模式折射率 $\overline{N}_{II}$ 与有源层厚度 d_2 的关系。**图 2.5-1B(b)** 是对 $d_3 = 1\mu m$ 和不同 Al 的克分子比 x_{Al} 算出 $\overline{N}_{II}$ 与 d_2 的关系。可见, **TE_0 模式的模式折射率比无波导层** ($d_3 = 0$) **时有所增加, 并随 x_{Al} 的减小 (即 $\bar{n}_3$ 的增加) 而增加, 增加的程度也是有源层厚度 d_2 小时最显著。x_{Al} 越大, $\overline{N}_{II}$ 随 d_2 的变化越显著。图 2.5-1B(c)** 是出现各阶过渡模式的芯层过渡厚度 d_{2t} 与引进波导层的过

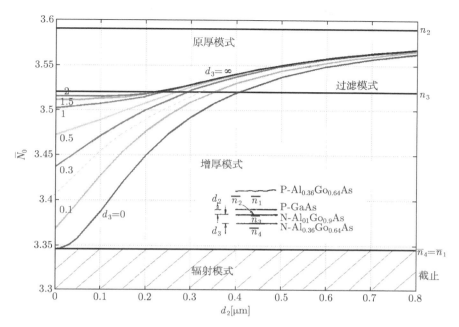

图 2.5-1B(a) 四层平板波导不同波导层厚 d_3 的基模折射率 $\bar{N}_0$ 随有源厚度 d_2 的变化[12.1]

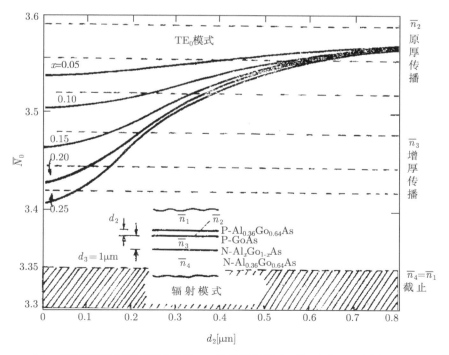

图 2.5-1B(b) 四层平板波导不同波导层 $\bar{n}_3$ 的基模折射率 $\bar{N}_0$ 随有源层厚度 d_2 的变化[12.1]

渡厚度 d_{3t} 之间的关系和波导层奇点厚度 d_{3tc} 的位置及其作用。**图 2.5-1C(a)~(d)** 是对**波导层**Al 克分子比分别为 $x_{Al} = 0.1$ 和 0.15 算出的**主次模式**TE$_0$ 和 TE$_1$ 的**光强分布**及其**模式解的分布**。更高阶导波模式的分布如**图 2.5-1C(e)~(h)** 所示，表明在设计上可以使主模 **TE$_0$** 比次模 **TE$_1$** 和更高阶模更集中在有源的芯层内，因此基模所获得的增益必将高于次模和更高阶模而更容易达到激射。该现象随波导层折射率的减小而更加明显。这种**将基模挤进有源层**，同时**将高阶模拉出有源层的**

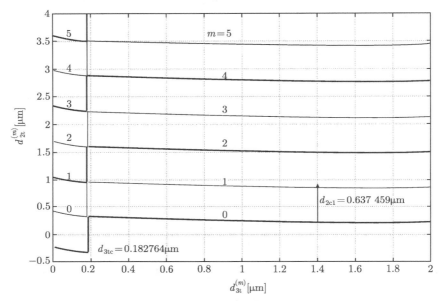

图 2.5-1B(c)　四层平板波导中存在各阶过渡模式的过渡厚度

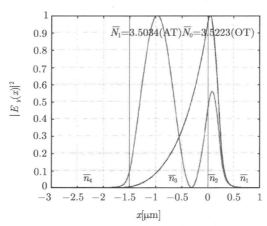

图 2.5-1C(a)　四层平板波导中主次导波模式的光强分布

$(d_3 = 1.5\mu m,\ x_{Al} = 0.10,\ \bar{N}_0/\bar{N}_1 = 1.0054)$

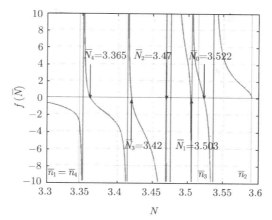

图 2.5-1C(b)　四层平板波导中导波模式解的分布

$(d_3 = 1.5\mu m，x_{Al} = 0.10，N_0/N_1 = 1.0054)$

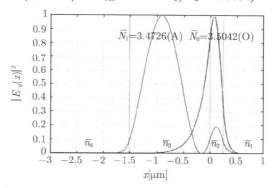

图 2.5-1C(c)　四层平板波导中主次导波模式光强分布

$(d_3 = 1.5\mu m，x_{Al} = 0.15，N_0/N_1 = 1.0091)$

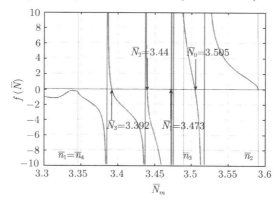

图 2.5-1C(d)　四层平板波导中导波模式解的分布

$(d_3 = 1.5\mu m，x_{Al} = 0.15，\overline{N}_0/\overline{N}_1 = 1.0091)$

现象，在五层平板波导中将有更突出的表现[13.6]，而这正是一切**分别限制波导设计思想**，包括光功率限制因子可以随量子阱厚度作线性变化的**渐变分别限制波导单量子阱 (GRIN-SCH-SQW) 激光器结构 (图 2.4-3A(i))** 设计思想的物理根据。

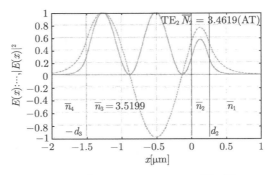

图 2.5-1C(e)　二阶模式分布 $(x_{A1} = 0.10, \overline{N}_0/\overline{N}_2 = 1.0332)$

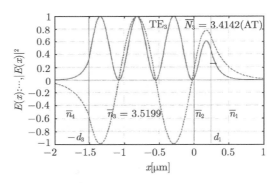

图 2.5-1C(f)　三阶模式分布 $(x_{A1} = 0.10, \bar{N}_0/\bar{N}_3 = 1.0317)$

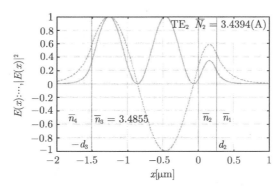

图 2.5-1C(g)　二阶模式分布 $(x_{A1} = 0.15, \bar{N}_0/\bar{N}_2 = 1.0215)$

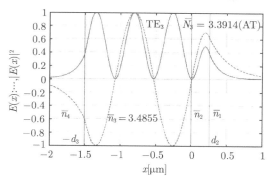

图 2.5-1C(h)　三阶模式分布 ($x_{A1} = 0.15$, $\bar{N}_0/\bar{N}_3 = 1.0333$)

[定理 21]　波导层的引入使模式折射率增大，尤其有源区厚度 d_2 小时最明显。所增大的量随波导层厚度 d_3 的增大而有不同程度的增加。然而在波导层厚度 $d_3 > 0.1\mu m$ 以后增加不大，$d_3 > 3\mu m$ 不再增加。波导层厚度 d_3 越小，$\overline{N}_{\mathrm{II}}$ 随有源层厚度 d_2 的变化越显著。

[引理 21.1]　增加波导层的折射率相当于增加波导层的厚度。

[引理 21.2]　厚度和折射率适当的波导层可将基模挤进有源层，同时将高阶模拉出有源层。

2. 等效三层平板波导[12.2]

原厚传播情况的四层平板波导还可以**等效成三层平板波导**来处理。在远离截止条件下，还可以进一步等效成**完全限制的三层平板波导**，从而得出**近似的解析解**，如**图 2.5-1D** 所示。将原厚传播的本征方程 (2.5-2r) 改写成

$$\tan(\kappa_2 d_2) = \frac{\kappa_2 \gamma_1 [\gamma_3 + \gamma_4 \tanh(\gamma_3 d_3)] + \kappa_2 \gamma_3 [\gamma_4 + \gamma_3 \tanh(\gamma_3 d_3)]}{\kappa_2^2 [\gamma_3 + \gamma_4 \tanh(\gamma_3 d_3)] - \gamma_1 \gamma_3 [\gamma_4 + \gamma_3 \tanh(\gamma_3 d_3)]}$$

$$= \frac{\dfrac{\gamma_1}{\kappa_2} + \left[\dfrac{\gamma_3}{\kappa_2} \cdot \dfrac{\gamma_4 + \gamma_3 \tanh(\gamma_3 d_3)}{\gamma_3 + \gamma_4 \tanh(\gamma_3 d_3)} \right]}{1 - \dfrac{\gamma_1}{\kappa_2} \left[\dfrac{\gamma_3}{\kappa_2} \cdot \dfrac{\gamma_4 + \gamma_3 \tanh(\gamma_3 d_3)}{\gamma_3 + \gamma_4 \tanh(\gamma_3 d_3)} \right]}$$

$$\equiv \frac{\tan\phi_1 + \tan\phi_2}{1 - \tan\phi_1 \cdot \tan\phi_2} \rightarrow$$

$$\tan(\kappa_2 d_2) = \tan(\phi_1 + \phi_2) \tag{2.5-3a}$$

$$\kappa_2 d_2 = m\pi + \phi_1 + \phi_2 \rightarrow$$

$$\kappa_2 d_2 = (m+1)\pi - \phi_1' - \phi_2' \tag{2.5-3b}$$

因 $\tan(\phi_j - \pi/2) = -\cot\phi_j = -1/\tan\phi_j$ 则 $\phi_j - \pi/2 = -1/\phi_j \equiv -\phi_j'$，其中，$j = 1, 2, m = 0, 1, 2, \cdots$

$$\phi_1 = \tan^{-1}\left(\frac{\gamma_1}{\kappa_2}\right), \quad \phi_2 = \tan^{-1}\left[\frac{\gamma_3}{\kappa_2} \cdot \frac{\gamma_4 + \gamma_3 \tanh(\gamma_3 d_3)}{\gamma_3 + \gamma_4 \tanh(\gamma_3 d_3)}\right] \tag{2.5-3c}$$

$$\phi_1' = \tan^{-1}\left(\frac{\kappa_2}{\gamma_1}\right), \quad \phi_2' = \tan^{-1}\left[\frac{\kappa_2}{\gamma_3} \cdot \frac{\gamma_3 + \gamma_4 \tanh(\gamma_3 d_3)}{\gamma_4 + \gamma_3 \tanh(\gamma_3 d_3)}\right] \tag{2.5-3d}$$

将式 (2.5-3b) 与式 (2.1-7g) 相比较, 可见原来的四层波导已经**等效成三层平板波导**。如令

$$\psi \equiv \kappa_2 d_2 = k_0 d_2 \sqrt{\bar{n}_2^2 - \overline{N_m^2}}, \quad V_j = k_0 d_2 \sqrt{\bar{n}_2^2 - \bar{n}_j^2}, \quad j = 1, 3, 4 \tag{2.5-3e}$$

则由式 (2.5-2b) 和式 (2.5-3b,d) 得

$$\gamma_j^2 d_2^2 = d_2^2\left(\beta_z^2 - k_0^2 \bar{n}_j^2\right) = k_0^2 d_2^2\left(\overline{N_m^2} - \bar{n}_j^2\right) = k_0^2 d_2^2\left[\left(\bar{n}_2^2 - \bar{n}_j^2\right) - \left(\bar{n}_2^2 - \overline{N_m^2}\right)\right] \rightarrow$$

$$\gamma_j d_2 = \sqrt{V_j^2 - \psi^2} \rightarrow \gamma_j/\gamma_{j'} = \frac{\sqrt{V_j^2 - \psi^2}}{\sqrt{V_{j'}^2 - \psi^2}} \tag{2.5-3f}$$

$$\phi_1' = \tan^{-1}\left(\frac{\kappa_2}{\gamma_1}\right) = \tan^{-1}\left(\frac{\kappa_2 d_2}{k_0 d_2 \sqrt{\overline{N_m^2} - \bar{n}_1^2}}\right)$$

$$= \tan^{-1}\left(\frac{\kappa_2 d_2}{\sqrt{k_0^2 d_2^2\left(\bar{n}_2^2 - \bar{n}_1^2\right) - k_0^2 d_2^2\left(\bar{n}_2^2 - \overline{N_m^2}\right)}}\right) \rightarrow$$

$$\phi_1' = \tan^{-1}\left(\frac{\psi}{\sqrt{V_1^2 - \psi^2}}\right) \tag{2.5-3g}$$

$$\phi_2' = \tan^{-1}\left[\frac{\kappa_2}{\gamma_3} \cdot \frac{\gamma_3 + \gamma_4 \tanh(\gamma_3 d_3)}{\gamma_4 + \gamma_3 \tanh(\gamma_3 d_3)}\right]$$

$$= \tan^{-1}\left[\frac{\psi}{\sqrt{V_3^2 - \psi^2}} \cdot \frac{\frac{\sqrt{V_3^2 - \psi^2}}{\sqrt{V_4^2 - \psi^2}} + \tanh(\gamma_3 d_3)}{1 + \frac{\sqrt{V_3^2 - \psi^2}}{\sqrt{V_4^2 - \psi^2}} \tanh(\gamma_3 d_3)}\right]$$

$$= \tan^{-1}\left[\frac{\psi}{\sqrt{V_3^2 - \psi^2}} \cdot \frac{\tanh V_{34} + \tanh(\gamma_3 d_3)}{1 + \tanh V_{34} \tanh(\gamma_3 d_3)}\right]$$

$$= \tan^{-1}\left[\frac{\psi}{\sqrt{V_3^2 - \psi^2}} \tanh(V_{34} + \gamma_3 d_3)\right]$$

$$= \tan^{-1}\left[\frac{\psi}{\sqrt{V_3^2 - \psi^2}} \tanh\left(\gamma_3 d_3 + \tanh^{-1}\frac{\sqrt{V_3^2 - \psi^2}}{\sqrt{V_4^2 - \psi^2}}\right)\right],$$

$$\tanh V_{34} \equiv \frac{\sqrt{V_3^2 - \psi^2}}{\sqrt{V_4^2 - \psi^2}} \rightarrow$$

$$\phi_2' = \tan^{-1}\left[\frac{\psi}{\sqrt{V_3^2 - \psi^2}}\tanh\left(\frac{d_3}{d_2}\sqrt{V_3^2 - \psi^2} + \tanh^{-1}\frac{\sqrt{V_3^2 - \psi^2}}{\sqrt{V_4^2 - \psi^2}}\right)\right] \quad (2.5\text{-}3\text{h})$$

如果仍取 $\bar{n}_4 = \bar{n}_1$，并包括 TM 模式，则可写成

$$(m+1)\pi = \psi + \tan^{-1}\left(\frac{\psi}{\varepsilon_{21}\sqrt{V_1^2 - \psi^2}}\right) + \tan^{-1}\left\{\left(\frac{\psi}{\varepsilon_{23}\sqrt{V_3^2 - \psi^2}}\right)\right.$$

$$\left.\tanh\left[\frac{d_3}{d_2}\sqrt{V_3^2 - \psi^2} + \tanh^{-1}\left(\frac{\varepsilon_{23}\sqrt{V_3^2 - \psi^2}}{\varepsilon_{21}\sqrt{V_1^2 - \psi^2}}\right)\right]\right\} \quad (2.5\text{-}3\text{i})$$

其中，$\varepsilon_{2j} \equiv \begin{cases} 1, & \text{TE} \\ \bar{n}_2^2/\bar{n}_j^2, & \text{TM} \end{cases}$。可见：

(1) 如果 $\overline{N}_m = \beta_z/k_0 = \bar{n}_1$，则 $\gamma_1 = 0$，**导波模式截止**，出现**辐射模式**。

(2) 如果 $\overline{N}_m = \beta_z/k_0 \rightarrow \bar{n}_2$，即**很远离截止**，或接近**完全限制**，这时将有

$$\psi = k_0 d_2\sqrt{\bar{n}_2^2 - (\beta_z/k_0)^2} \rightarrow 0 \quad (2.5\text{-}3\text{j})$$

则式 (2.5-3i) 化为

$$(m+1)\pi \approx \psi\left\{1 + \frac{1}{\varepsilon_{21}V_1} + \left(\frac{1}{\varepsilon_{23}V_3}\right)\tanh\left[\frac{d_3}{d_2}V_3 + \tanh^{-1}\left(\frac{\varepsilon_{23}V_3}{\varepsilon_{21}V_1}\right)\right]\right\}$$

$$\equiv \psi(1 + C_{\text{d}}) \quad (2.5\text{-}3\text{k})$$

即得

$$\psi \approx \frac{(m+1)\pi}{1 + C_{\text{d}}}, \quad \kappa_2 \approx \frac{(m+1)\pi}{(1 + C_{\text{d}})d_2} \equiv \frac{(m+1)\pi}{D}, \quad D \equiv (1 + C_{\text{d}})d_2 \quad (2.5\text{-}3\text{l})$$

$$C_{\text{d}} \approx \frac{1}{\varepsilon_{21}V_1} + \frac{1}{\varepsilon_{23}V_3}\cdot\tanh\left[\frac{d_3}{d_2}V_3 + \tanh^{-1}\left(\frac{\varepsilon_{23}V_3}{\varepsilon_{21}V_1}\right)\right] \quad (2.5\text{-}3\text{m})$$

(3) 如果 $d_3 = 0$，并将这时的**有源区厚度** d_2 写成 d_o，则

$$\psi \rightarrow \psi_\text{o} \equiv \kappa_2 d_\text{o}, \quad V_{jo} \equiv k_0 d_\text{o}\sqrt{\bar{n}_2^2 - \bar{n}_j^2}, \quad j = 1, 3, 4 \quad (2.5\text{-}3\text{n})$$

$$(m+1)\pi = \psi_\text{o} + \tan^{-1}\left(\frac{\psi_\text{o}}{\varepsilon_{21}\sqrt{V_{1o}^2 - \psi_\text{o}^2}}\right) + \tan^{-1}\left(\frac{\psi_\text{o}}{\varepsilon_{24}\sqrt{V_{4o}^2 - \psi_\text{o}^2}}\right) \quad (2.5\text{-}3\text{o})$$

在**很远离截止**或**完全限制**近似下，$\psi \rightarrow 0$，因而得出

$$(m+1)\pi \approx \psi_\text{o} + \frac{\psi_\text{o}}{\varepsilon_{21}V_{1o}} + \frac{\psi_\text{o}}{\varepsilon_{24}V_{4o}} \equiv \psi_\text{o}(1 + C_\text{o}) \quad (2.5\text{-}3\text{p})$$

$$\psi_{\mathrm{o}} = \kappa_2 d_{\mathrm{o}} = \frac{(m+1)\pi}{1+C_{\mathrm{o}}} \tag{2.5-3q}$$

$$\kappa_2 = \frac{(m+1)\pi}{(1+C_{\mathrm{o}})\, d_{\mathrm{o}}} \equiv \frac{(m+1)\pi}{D_{\mathrm{o}}}, \quad D_{\mathrm{o}} \equiv (1+C_{\mathrm{o}})\, d_{\mathrm{o}} \tag{2.5-3r}$$

$$C_{\mathrm{o}} \equiv \frac{d_2}{d_{\mathrm{o}}} \left(\frac{1}{\varepsilon_{21} V_{1\mathrm{o}}} + \frac{1}{\varepsilon_{24} V_{4\mathrm{o}}} \right) \tag{2.5-3s}$$

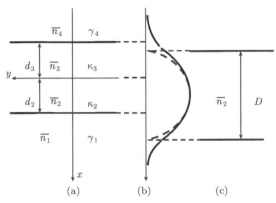

图 2.5-1D　原厚传播的四层波导 (a)，基模电场的分布 (b) 和等效完全限制三层平板波导 (c)

图 2.5-1E 是 ψ 的精确解 (2.5-3i) 和解析近似解 (2.5-3l) 的比较。可见，在归一化厚度 V_1 较大时，二者相差很小；在归一化厚度 V_1 较小时，在远离截止点较近处，近似解析解将随厚度的减小逐渐有所偏大。

[定理 22]　**原厚传播的四层平板波导可以等效为三层平板波导。在很远离截止或接近完全限制的近似下，还可得出近似解析公式。**

3. 复折射率衬底[12.3~12.7]

1) 电磁模型及其本征方程

图 2.5-1F(a)、(b) 所示的四层结构中的第四层是具有**复折射率**的衬底，其中坐标系的取法是为了提供反映**零级近似**的本征方程。设

$$\bar{n}_2 > \bar{n}_1, \bar{n}_3; \quad \tilde{n}_4 = \bar{n}_4 - \mathrm{i}\frac{\alpha_4}{2k_0} \tag{2.5-4a}$$

则

$$\gamma_1^2 \equiv \tilde{\beta}_z^2 - k_0^2 \bar{n}_1^2 \to \frac{\partial \gamma_1}{\partial \tilde{\beta}_z} = \frac{\tilde{\beta}_z}{\gamma_1} \tag{2.5-4b}$$

$$\kappa_2^2 \equiv k_0^2 \bar{n}_2^2 - \tilde{\beta}_z^2 \to \frac{\partial \kappa_2}{\partial \tilde{\beta}_z} = -\frac{\tilde{\beta}_z}{\kappa_2} \tag{2.5-4c}$$

$$\gamma_3^2 \equiv \tilde{\beta}_z^2 - k_0^2 \bar{n}_3^2 \to \frac{\partial \gamma_3}{\partial \tilde{\beta}_z} = \frac{\tilde{\beta}_z}{\gamma_3} \tag{2.5-4d}$$

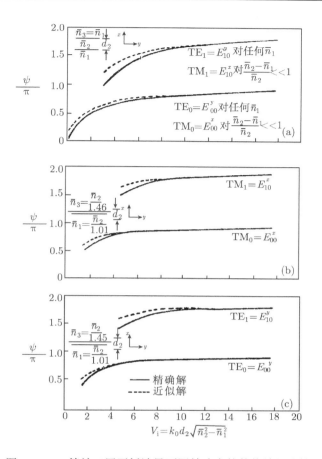

图 2.5-1E 等效三层平板波导不同精确度的数值结果比较

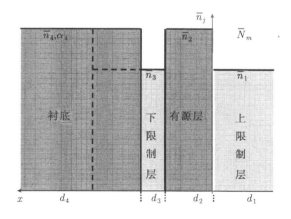

图 2.5-1F(a) 复折射率衬底波导的电磁模型

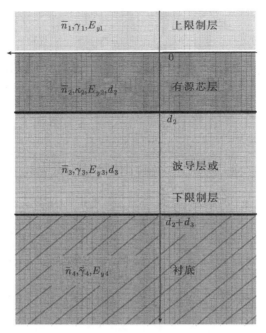

图 2.5-1F(b)　复折射率衬底波导的电磁模型

可设

$$\tilde{\gamma}_4^2 \equiv \tilde{\beta}_z^2 - k_0^2 \tilde{n}_4^2 \to \frac{\partial \tilde{\gamma}_4}{\partial \tilde{\beta}_z} = \frac{\tilde{\beta}_z}{\tilde{\gamma}_4} \tag{2.5-4e}$$

其中，$\tilde{\gamma}_4$ 一般是复数，其虚实部的相对大小将决定波导过程的性质。

对 TE 模式：

$$H_z(x) = \frac{\mathrm{i}}{\omega\mu_0} \frac{\partial E_y}{\partial x} \equiv \frac{\mathrm{i}}{\omega\mu_0} E_y', \quad E_y' \equiv \frac{\partial E_y}{\partial x} \tag{2.5-4f}$$

$x \leqslant 0$：

$$E_{y1}(x) = A_1 \mathrm{e}^{\gamma_1 x} \tag{2.5-4g}$$

$$H_{z1}(x) = \frac{\mathrm{i}}{\omega\mu_0} E_{y1}'(x) = \frac{\mathrm{i}}{\omega\mu_0} A_1 \gamma_1 \mathrm{e}^{\gamma_1 x} \tag{2.5-4g'}$$

$0 \leqslant x \leqslant d_2$：

$$\begin{aligned}
E_{y2}(x) &= A_2' \cos(\kappa_2 x - \varphi) \\
&= A_2 \cos(\kappa_2 x) + B_2 \sin(\kappa_2 x)
\end{aligned} \tag{2.5-4h}$$

$$H_{z2}(x) = \frac{\mathrm{i}}{\omega\mu_0} E_{y2}'(x) = \frac{\mathrm{i}}{\omega\mu_0} \left[-A_2 \kappa_2 \sin(\kappa_2 x) + B_2 \kappa_2 \cos(\kappa_2 x) \right] \tag{2.5-4i}$$

$d_2 \leqslant x \leqslant d_2 + d_3$：

$$E_{y3}(x) = A_3 \mathrm{e}^{-\gamma_3(x-d_2)} + B_3 \mathrm{e}^{\gamma_3(x-d_2)} \tag{2.5-4j}$$

$$H_{z3}(x) = \frac{\mathrm{i}}{\omega\mu_0} E'_{y3}(x) = \frac{\mathrm{i}}{\omega\mu_0} \left[-A_3\gamma_3 \mathrm{e}^{-\gamma_3(x-d_2)} + B_3\gamma_3 \mathrm{e}^{\gamma_3(x-d_2)} \right] \tag{2.5-4k}$$

$x \geqslant d_2 + d_3$:

$$E_{y4}(x) = A_4 \mathrm{e}^{-\tilde{\gamma}_4(x-d_2-d_3)}, \quad H_{z4}(x) = \frac{\mathrm{i}}{\omega\mu_0} E'_{y4}(x) = \frac{\mathrm{i}}{\omega\mu_0} \left[-A_4\tilde{\gamma}_4 \mathrm{e}^{-\tilde{\gamma}_4(x-d_2-d_3)} \right] \tag{2.5-4l}$$

各界面的边界条件和各层的波函数分别为

$x = 0$:

$$E_{y1}(0) = E_{y2}(0) \rightarrow A_1 = A_2, \quad H_{z1}(0) = H_{z2}(0) \rightarrow B_2 = \frac{\gamma_1}{\kappa_2} A_1 \tag{2.5-4m}$$

$x = d_2$:

$$E_{y2}(d_2) = E_{y3}(d_2) \rightarrow A_2 \cos(\kappa_2 d_2) + B_2 \sin \sin(\kappa_2 d_2) = A_3 + B_3 \tag{2.5-4n}$$

$$H_{z2}(d_2) = H_{z3}(d_2) \rightarrow \frac{\kappa_2}{\gamma_3} \left[-A_2 \sin(\kappa_2 d_2) + B_2 \cos(\kappa_2 d_2) \right] = -A_3 + B_3 \tag{2.5-4o}$$

$x = d_2 + d_3$:

$$E_{y3}(d_2 + d_3) = E_{y4}(d_2 + d_3) \rightarrow A_3 \mathrm{e}^{-\gamma_3 d_3} + B_3 \mathrm{e}^{\gamma_3 d_3} = A_4 \tag{2.5-4p}$$

$$H_{z3}(d_2 + d_3) = H_{z4}(d_2 + d_3) \rightarrow -A_3 \mathrm{e}^{-\gamma_3 d_3} + B_3 \mathrm{e}^{\gamma_3 d_3} = -\frac{\tilde{\gamma}_4}{\gamma_3} A_4 \tag{2.5-4q}$$

从之得出各系数之间的关系和本征方程分别为

$$A_2 = A_1, \quad B_2 = A_1 \frac{\gamma_1}{\kappa_2} \tag{2.5-4r}$$

由式 (2.5-4n)± 式 (2.5-4o) 和式 (2.5-4r) 得:

$$2B_3 = A_1 \left[\cos(\kappa_2 d_2) + \frac{\gamma_1}{\kappa_2} \sin(\kappa_2 d_2) \right] + A_1 \left[-\frac{\kappa_2}{\gamma_3} \sin(\kappa_2 d_2) + \frac{\gamma_1}{\gamma_3} \cos(\kappa_2 d_2) \right]$$

$$= A_1 \left[\left(1 + \frac{\gamma_1}{\gamma_3}\right) \cos(\kappa_2 d_2) + \left(\frac{\gamma_1}{\kappa_2} - \frac{\kappa_2}{\gamma_3}\right) \sin(\kappa_2 d_2) \right] \tag{2.5-4s}$$

$$2A_3 = A_1 \left[\cos(\kappa_2 d_2) + \frac{\gamma_1}{\kappa_2} \sin(\kappa_2 d_2) \right] + A_1 \left[\frac{\kappa_2}{\gamma_3} \sin(\kappa_2 d_2) - \frac{\gamma_1}{\gamma_3} \cos(\kappa_2 d_2) \right] \rightarrow$$

$$A_3 = \frac{A_1}{2} \left[\left(1 - \frac{\gamma_1}{\gamma_3}\right) \cos(\kappa_2 d_2) + \left(\frac{\kappa_2}{\gamma_3} + \frac{\gamma_1}{\kappa_2}\right) \sin(\kappa_2 d_2) \right] \tag{2.5-4t}$$

由式 (2.5-4s) 除以式 (2.5-4t),得

$$\frac{B_3}{A_3} = \frac{\left(1 + \dfrac{\gamma_1}{\gamma_3}\right) \cos(\kappa_2 d_2) + \left(\dfrac{\gamma_1}{\kappa_2} - \dfrac{\kappa_2}{\gamma_3}\right) \sin(\kappa_2 d_2)}{\left(1 - \dfrac{\gamma_1}{\gamma_3}\right) \cos(\kappa_2 d_2) + \left(\dfrac{\kappa_2}{\gamma_3} + \dfrac{\gamma_1}{\kappa_2}\right) \sin(\kappa_2 d_2)} \rightarrow$$

$$\frac{B_3}{A_3} = \frac{\kappa_2\left(\gamma_3+\gamma_1\right)-\left(\kappa_2^2-\gamma_1\gamma_3\right)\tan\left(\kappa_2 d_2\right)}{\kappa_2\left(\gamma_3-\gamma_1\right)+\left(\kappa_2^2+\gamma_1\gamma_3\right)\tan\left(\kappa_2 d_2\right)} \tag{2.5-4u}$$

由式 (2.5-4p,q) 得

$$A_4 = A_3\mathrm{e}^{-\gamma_3 d_3}+B_3\mathrm{e}^{\gamma_3 d_3}=\frac{\gamma_3}{\tilde{\gamma}_4}\left(A_3\mathrm{e}^{-\gamma_3 d_3}-B_3\mathrm{e}^{\gamma_3 d_3}\right) \tag{2.5-4v}$$

$$\tilde{\gamma}_4 = \gamma_3\frac{\dfrac{A_3}{B_3}\mathrm{e}^{-2\gamma_3 d_3}-1}{\dfrac{A_3}{B_3}\mathrm{e}^{-2\gamma_3 d_3}+1}\rightarrow\tilde{\gamma}_4\left(\frac{A_3}{B_3}\mathrm{e}^{-2\gamma_3 d_3}+1\right)$$

$$= \gamma_3\left(\frac{A_3}{B_3}\mathrm{e}^{-2\gamma_3 d_3}-1\right)\rightarrow\left(\frac{\tilde{\gamma}_4}{\gamma_3}-1\right)\frac{A_3}{B_3}\mathrm{e}^{-2\gamma_3 d_3}=-\left(1+\frac{\tilde{\gamma}_4}{\gamma_3}\right)\rightarrow$$

由式 (2.5-4n) 得

$$\left(\tilde{\gamma}_4-\gamma_3\right)\mathrm{e}^{-2\gamma_3 d_3}=-\left(\gamma_3+\tilde{\gamma}_4\right)\frac{B_3}{A_3}\rightarrow\frac{B_3}{A_3}=\frac{\gamma_3-\tilde{\gamma}_4}{\tilde{\gamma}_3+\gamma_4}\mathrm{e}^{-2\gamma_3 d_3}\equiv\tilde{U}=U_r+\mathrm{i}U_\mathrm{i} \tag{2.5-4w}$$

由式 (2.5-4u,w) 得

$$\frac{\kappa_2\left(\gamma_3+\gamma_1\right)-\left(\kappa_2^2-\gamma_1\gamma_3\right)\tan\left(\kappa_2 d_2\right)}{\kappa_2\left(\gamma_3-\gamma_1\right)+\left(\kappa_2^2+\gamma_1\gamma_3\right)\tan\left(\kappa_2 d_2\right)}=\tilde{U} \tag{2.5-4x}$$

则

$$\kappa_2\left(\gamma_3+\gamma_1\right)-\left(\kappa_2^2-\gamma_1\gamma_3\right)\tan\left(\kappa_2 d_2\right)$$
$$=\kappa_2\left(\gamma_3-\gamma_1\right)\tilde{U}+\left(\kappa_2^2+\gamma_1\gamma_3\right)\tilde{U}\tan\left(\kappa_2 d_2\right)\rightarrow$$

$$\kappa_2\left(\gamma_1+\gamma_3\right)+\kappa_2\left(\gamma_1-\gamma_3\right)\tilde{U}=\left[\left(\kappa_2^2-\gamma_1\gamma_3\right)+\left(\kappa_2^2+\gamma_1\gamma_3\right)\tilde{U}\right]\tan\left(\kappa_2 d_2\right)\rightarrow$$

$$\tan\left(\kappa_2 d_2\right)=\frac{\kappa_2\left(\gamma_1+\gamma_3\right)+\kappa_2\left(\gamma_1-\gamma_3\right)\tilde{U}}{\left(\kappa_2^2-\gamma_1\gamma_3\right)+\left(\kappa_2^2+\gamma_1\gamma_3\right)\tilde{U}} \tag{2.5-4y}$$

这就是复数折射率衬底四层平板波导问题的复数本征方程, 如有可直接求解复数方程的数学软件, 即可直接进行求解。但也可分开实部和虚部进行处理。例如, 分别写出复数量的实部和虚部:

$$\tan\left[\left(\kappa_{2\mathrm{r}}+\mathrm{i}\kappa_{2\mathrm{i}}\right)d_2\right]=\tan\left(\kappa_{2\mathrm{r}}d_2+\mathrm{i}\kappa_{2\mathrm{i}}d_2\right)=\frac{\tan\left(\kappa_{2\mathrm{r}}d_2\right)+\mathrm{i}\tanh\left(\kappa_{2\mathrm{i}}d_2\right)}{1-\mathrm{i}\tan\left(\kappa_{2\mathrm{r}}d_2\right)\tanh\left(\kappa_{2\mathrm{i}}d_2\right)}$$

$$=\frac{\tan\left(\kappa_{2\mathrm{r}}d_2\right)\left[1-\tanh^2\left(\kappa_{2\mathrm{i}}d_2\right)\right]+\mathrm{i}\tanh\left(\kappa_{2\mathrm{i}}d_2\right)\left[1+\tan^2\left(\kappa_{2\mathrm{r}}d_2\right)\right]}{1+\left[\tan\left(\kappa_{2\mathrm{r}}d_2\right)\tanh\left(\kappa_{2\mathrm{i}}d_2\right)\right]^2}$$

$$=\frac{\tan\left(\kappa_{2\mathrm{r}}d_2\right)\left[1-\tanh^2\left(\kappa_{2\mathrm{i}}d_2\right)\right]}{1+\left[\tan\left(\kappa_{2\mathrm{r}}d_2\right)\tanh\left(\kappa_{2\mathrm{i}}d_2\right)\right]^2}+\mathrm{i}\frac{\tanh\left(\kappa_{2\mathrm{i}}d_2\right)\left[1+\tan^2\left(\kappa_{2\mathrm{r}}d_2\right)\right]}{1+\left[\tan\left(\kappa_{2\mathrm{r}}d_2\right)\tanh\left(\kappa_{2\mathrm{i}}d_2\right)\right]^2}$$

$$\equiv\mathrm{K}_r+\mathrm{i}\mathrm{K}_\mathrm{i} \tag{2.5-5a}$$

由式 (2.5-4y)，式 (2.5-5a) 等于

$$\frac{(\kappa_{2r}+i\kappa_{2i})\left[(\gamma_{1r}+i\gamma_{1r})+(\gamma_{3r}+i\gamma_{3r})\right]+(\kappa_{2r}+i\kappa_{2i})\left[(\gamma_{1r}+i\gamma_{1r})-(\gamma_{3r}+i\gamma_{3r})\right](U_r+iU_i)}{\left[(\kappa_{2r}+i\kappa_{2i})^2-(\gamma_{1r}+i\gamma_{1r})(\gamma_{3r}+i\gamma_{3r})\right]+\left[(\kappa_{2r}+i\kappa_{2i})^2+(\gamma_{1r}+i\gamma_{1r})(\gamma_{3r}+i\gamma_{3r})\right](U_r+iU_i)}\rightarrow$$

故待解实部和虚部本征方程分别为

$$K_r \equiv \frac{C_u A_u + D_u B_u}{A_u^2 + B_u^2}, \quad K_i \equiv \frac{D_u A_u - C_u B_u}{A_u^2 + B_u^2} \tag{2.5-5b}$$

其中，

$$A_u \equiv a_1 + a_2 U_r + a_3 U_i, \quad B_u \equiv b_1 + b_2 U_r + b_3 U_i \tag{2.5-5c}$$

$$C_u \equiv c_1 + c_2 U_r + c_3 U_i, \quad D_u \equiv d_1 + d_2 U_r + d_3 U_i \tag{2.5-5d}$$

$$a_1 \equiv \left(\kappa_{2r}^2 - \kappa_{2i}^2\right) - \left(\gamma_{1r}\gamma_{3r} - \gamma_{1i}\gamma_{3i}\right),$$

$$a_2 \equiv \left(\kappa_{2r}^2 - \kappa_{2i}^2\right) + \left(\gamma_{1r}\gamma_{3r} - \gamma_{1i}\gamma_{3i}\right), \quad a_3 = -b_2 \tag{2.5-5e}$$

$$b_1 \equiv 2\kappa_{2r}\kappa_{2i} - \left(\gamma_{1r}\gamma_{3r} + \gamma_{1i}\gamma_{3i}\right),$$

$$b_2 \equiv 2\kappa_{2r}\kappa_{2i} + \left(\gamma_{1r}\gamma_{3r} + \gamma_{1i}\gamma_{3i}\right), \quad b_3 = a_2 \tag{2.5-5f}$$

$$c_1 \equiv \kappa_{2r}\left(\gamma_{1r} + \gamma_{3r}\right) - \kappa_{2i}\left(\gamma_{1i} + \gamma_{3i}\right),$$

$$c_2 \equiv \kappa_{2r}\left(\gamma_{1r} - \gamma_{3r}\right) - \kappa_{2i}\left(\gamma_{1i} - \gamma_{3i}\right), \quad c_3 = -d_2 \tag{2.5-5g}$$

$$d_1 \equiv \kappa_{2r}\left(\gamma_{1i} - \gamma_{3i}\right) + \kappa_{2i}\left(\gamma_{1r} + \gamma_{3r}\right),$$

$$d_2 \equiv \kappa_{2r}\left(\gamma_{1i} - \gamma_{3i}\right) + \kappa_{2i}\left(\gamma_{1r} - \gamma_{3r}\right), \quad d_3 = c_2 \tag{2.5-5h}$$

本征方程组：

$$K_r = \frac{\tan\left(\kappa_{2r}d_2\right)\left[1 - \tanh^2\left(\kappa_{2i}d_2\right)\right]}{1 + \left[\tan\left(\kappa_{2r}d_2\right)\tanh\left(\kappa_{2i}d_2\right)\right]^2}, \quad K_i = \frac{\tanh\left(\kappa_{2i}d_2\right)\left[1 + \tan^2\left(\kappa_{2r}d_2\right)\right]}{1 + \left[\tan\left(\kappa_{2r}d_2\right)\tanh\left(\kappa_{2i}d_2\right)\right]^2} \tag{2.5-5i}$$

模式电场系数：

$$A_2 = A_1, \quad B_2 = A_1\frac{\gamma_1}{\kappa_2}, \quad A_3 = \frac{A_1}{2}\left[\left(1 - \frac{\gamma_1}{\gamma_3}\right)\cos\left(\kappa_2 d_2\right) + \left(\frac{\kappa_2}{\gamma_3} + \frac{\gamma_1}{\kappa_2}\right)\sin\left(\kappa_2 d_2\right)\right] \tag{2.5-5j}$$

$$\tilde{U} = \frac{\gamma_3 - \tilde{\gamma}_4}{\gamma_3 + \tilde{\gamma}_4}e^{-2\gamma_3 d_3}, \quad B_3 = A_3\tilde{U},$$

$$A_4 = A_3 e^{-\gamma_3 d_3}\left(1 + \tilde{U}e^{2\gamma_3 d_3}\right) = A_3\left(\frac{2\gamma_3}{\gamma_3 + \tilde{\gamma}_4}\right)e^{-\gamma_3 d_3} \tag{2.5-5k}$$

$$B_3 = \frac{A_1}{2}\left[\left(1 + \frac{\gamma_1}{\gamma_3}\right)\cos\left(\kappa_2 d_2\right) + \left(\frac{\gamma_1}{\kappa_2} - \frac{\kappa_2}{\gamma_3}\right)\sin\left(\kappa_2 d_2\right)\right] \tag{2.5-5l}$$

对于**衬底作用极微弱**的情况:

$$d_3 = \infty \to \tilde{U} = 0 \to \tan(\kappa_2 d_2) = \frac{\kappa_2(\gamma_1 + \gamma_3)}{(\kappa_2^2 - \gamma_1 \gamma_3)} \tag{2.5-5m}$$

这正是纯折射率三层平板波导的本征方程 (2.1-7b), 表明这时的**衬底已经不起作用**。

由传播常数关系 (2.5-4b~e) 和本征方程 (2.5-4y), 求出 γ_1、κ_2、γ_1、$\tilde{\gamma}_4$ 和 $\tilde{\beta}_z$ 的值, 再由边界条件得出的关系 (2.5-4z)~(2.5-5b), 算出各个场系数之后, 代入式 (2.5-4g~l), 即得出各层的模式场分布。**由于包含在 $\tilde{U}$ 中的 $\tilde{\gamma}_4$ 是复数, 这四层波导结构的本征方程和导波模式本征值 $\tilde{\beta}_z$ 将为复数, 因此有关各量也将为复数。除了直接求解复数本征方程 (2.3-4y), 或联立求解本征方程的实部和虚部 (2.5-5i) 之外, 还可以采用下述微扰论方法处理, 这时只需求解三层平板波导的实数本征方程 (2.5-5m), 再作简单的代数运算即可得出复数本征值和本征函数, 而且可以形象地研究有吸收衬底对原三层平板波导的影响从小到大的全过程。**

2) 微扰近似

在 d_3 很大时, 衬底不起作用, 很容易由极限本征方程 (2.5-5m) 等求出本征值 β_{z0}。但是随着 d_3 的逐渐减小, 导波模式场将逐渐进入衬底, 从而不能忽视衬底的作用。如果衬底的作用不太强时, 可将衬底的作用看成是对三层平板波导的微扰, 这称为**弱耦合近似的情况要求有源层厚度** d_2 **和波导层厚度** d_3 **都不可太小**, 则可以用 $d_3 \to \infty$ 时解出的未受扰的本征值 (零级解) β_{z0} 表出受扰后的本征值 $\tilde{\beta}_z$。

将有源层和下限制层内磁场的纵向分量在 β_{z0} 的附近按泰勒级数展开, 只保留到一阶项, 并令其在边界两边的量相等 (边界条件要求磁场切向分量在 $x = d_2$ 界面上连续):

$$H_{z2}(\beta_{z0}) + \left(\frac{\partial H_{z2}}{\partial \beta_z}\right)_{\beta_{z0}, d_2} \Delta \tilde{\beta}_z = H_{z3}(\beta_{z0}) + \left(\frac{\partial H_{z3}}{\partial \beta_z}\right)_{\beta_{z0}, d_2} \Delta \tilde{\beta}_z \tag{2.5-5n}$$

$$\Delta \tilde{\beta}_z (\gamma_1, \kappa_2, \gamma_3, \tilde{\gamma}_4) = \left[\frac{H_{z3}(\beta_{z0}) - H_{z2}(\beta_{z0})}{\left(\dfrac{\partial H_{z2}}{\partial \beta_z}\right)_{\beta_{z0}} - \left(\dfrac{\partial H_{z3}}{\partial \beta_z}\right)_{\beta_{z0}}} \right]_{x = d_2}$$

$$= \left[\frac{\dfrac{\partial E_{y3}}{\partial x} - \dfrac{\partial E_{y2}}{\partial x}}{\dfrac{\partial^2 E_{y2}}{\partial \beta_z \partial x} - \dfrac{\partial^2 E_{y3}}{\partial \beta_z \partial x}} \right]_{\substack{\beta_z = \beta_{z0} \\ x = d_2}} \tag{2.5-5o}$$

其中, γ_1、κ_2、γ_3、$\tilde{\gamma}_4$、$\tilde{\beta}_z$ 和 $\tilde{U}$ 皆为与 β_{z0} 相联系的**零级近似解**。则用零级近似解表示的**一级微扰近似解**为

$$\tilde{\beta}_z \approx \beta_{z0} + \Delta \tilde{\beta}_z \tag{2.5-5p}$$

由式 (1.1-11f):

$$\overline{N}_m = \mathrm{Re}\left(\frac{\tilde{\beta}_z}{k_0}\right) = \frac{\beta_{z0}}{k_0} + \mathrm{Re}\left(\frac{\Delta\tilde{\beta}_z}{k_0}\right), \quad \bar{g} = -\bar{\alpha} = 2\mathrm{Im}\left(\tilde{\beta}_z\right) = 2\mathrm{Im}\left(\Delta\tilde{\beta}_z\right) \quad (2.5\text{-}5\mathrm{q})$$

其中，$\overline{N}_m$ 和 $\bar{\alpha}$ 是具有复折射率衬底的四层平板波导内导波模式的模式折射率和模式损耗系数 ($\bar{g} = -\bar{\alpha}$ 是模式增益)。

(1) 零级解。作为微扰法处理的零级解的是 $d_3 \to \infty$ 时，衬底的影响基本忽略的三层平板波导的解:

$$\begin{cases} \gamma_{10}^2 \equiv \tilde{\beta}_{z0}^2 - k_0^2\bar{n}_1^2, & \kappa_{20}^2 \equiv k_0^2\bar{n}_2^2 - \tilde{\beta}_{z0}^2 \\ \gamma_{30}^2 \equiv \tilde{\beta}_{z0}^2 - k_0^2\bar{n}_3^2, & \tilde{\gamma}_{40}^2 \equiv \tilde{\beta}_{z0}^2 - k_0^2\tilde{n}_4^2 \end{cases}; \quad \tilde{U}_0 \equiv \frac{\gamma_{30} - \tilde{\gamma}_{40}}{\gamma_{30} + \tilde{\gamma}_{40}}\mathrm{e}^{-2\gamma_{30}d_3} \quad (2.5\text{-}5\mathrm{r})$$

其中仍保留复数写法是由于 $\tilde{\gamma}_4$ 可能是复数 (如**图 2.5-1F(a)** 情况的简谐解)。

对 **TE 模式**，其波函数、边界条件、模式电场系数和本征方程分别为

①**波函数**。

$$x \leqslant 0: \quad E_{y10}(x) = A_{10}\mathrm{e}^{\gamma_{10}x},$$

$$H_{z10}(x) = \frac{\mathrm{i}}{\omega\mu_0}E'_{y10}(x) = \frac{\mathrm{i}}{\omega\mu_0}A_{10}\gamma_{10}\mathrm{e}^{\gamma_{10}x} \quad (2.5\text{-}5\mathrm{s})$$

$0 \leqslant x \leqslant d_2$:

$$E_{y20}(x) = A_{20}\cos\left(\kappa_{20}x\right) + B_{20}\sin\left(\kappa_{20}x\right) \quad (2.5\text{-}5\mathrm{t})$$

$$H_{z20}(x) = \frac{\mathrm{i}}{\omega\mu_0}E'_{y20}(x) = \frac{\mathrm{i}}{\omega\mu_0}\left[-A_{20}\kappa_{20}\sin\left(\kappa_{20}x\right) + B_{20}\kappa_{20}\cos\left(\kappa_{20}x\right)\right] \quad (2.5\text{-}5\mathrm{u})$$

$d_2 \leqslant x \leqslant d_2 + d_3$:

$$E_{y30}(x) = A_{30}\mathrm{e}^{-\gamma_{30}(x-d_2)}, \quad H_{z30}(x) = \frac{\mathrm{i}}{\omega\mu_0}E'_{y30}(x) = \frac{\mathrm{i}}{\omega\mu_0}\left[-A_{30}\gamma_{30}\mathrm{e}^{-\gamma_{30}(x-d_2)}\right] \quad (2.5\text{-}5\mathrm{v})$$

② **边界条件**。

$x = 0$:

$$E_{y10}(0) = E_{y20}(0) \to A_{10} = A_{20}, \quad H_{z1}(0) = H_{z2}(0) \to \frac{\gamma_{10}}{\kappa_{20}}A_{10} = B_{20} \quad (2.5\text{-}5\mathrm{w})$$

$x = d_2$:

$$E_{y20}\left(d_2\right) = E_{y30}\left(d_2\right) \to A_{20}\cos\left(\kappa_{20}d_2\right) + B_{20}\sin\left(\kappa_{20}d_2\right) = A_{30} \quad (2.5\text{-}5\mathrm{x})$$

$$H_{z20}\left(d_2\right) = H_{z30}\left(d_2\right) \to \frac{\kappa_{20}}{\gamma_{30}}\left[-A_{20}\sin\left(\kappa_{20}d_2\right) + B_{20}\cos\left(\kappa_{20}d_2\right)\right] = -A_3 \quad (2.5\text{-}5\mathrm{y})$$

③ **场系数**。

$$A_{10} = A_{20}, \quad B_{20} = A_{10}\frac{\gamma_{10}}{\kappa_{20}},$$

$$A_{30} = A_{10} \left[\cos\left(\kappa_{20}d_2\right) + \frac{\gamma_{10}}{\kappa_{20}} \sin\left(\kappa_{20}d_2\right) \right] \equiv A_{10} v_0\left(d_2\right) \tag{2.5-5z}$$

由式 (2.5-5y)：

$$A_{30} = A_{10} \left[\frac{\kappa_{20}}{\gamma_{30}} \sin\left(\kappa_{20}d_2\right) - \frac{\kappa_{20}}{\gamma_{30}} \frac{\gamma_{10}}{\kappa_{20}} \cos\left(\kappa_{20}d_2\right) \right] = A_{10} v_0\left(d_2\right) \rightarrow$$

$$\frac{\kappa_{20}}{\gamma_{30}} \sin\left(\kappa_{20}d_2\right) - \frac{\gamma_{10}}{\gamma_{30}} \cos\left(\kappa_{20}d_2\right) = \cos\left(\kappa_{20}d_2\right) + \frac{\gamma_{10}}{\kappa_{20}} \sin\left(\kappa_{20}d_2\right)$$

$$\rightarrow \frac{\kappa_{20}}{\gamma_{30}} \tan\left(\kappa_{20}d_2\right) - \frac{\gamma_{10}}{\gamma_{30}} = 1 + \frac{\gamma_{10}}{\kappa_{20}} \tan\left(\kappa_{20}d_2\right)$$

$$\left(\frac{\kappa_{20}}{\gamma_{30}} - \frac{\gamma_{10}}{\kappa_{20}} \right) \tan\left(\kappa_{20}d_2\right) = 1 + \frac{\gamma_{10}}{\gamma_{30}} \rightarrow \left(\frac{\kappa_{20}^2 - \gamma_{10}\gamma_{30}}{\gamma_{30}\kappa_{20}} \right) \tan\left(\kappa_{20}d_2\right)$$

$$= \frac{\gamma_{10} + \gamma_{30}}{\gamma_{30}} \rightarrow \tan\left(\kappa_{20}d_2\right) = \frac{\kappa_{20}\left(\gamma_{10} + \gamma_{30}\right)}{\kappa_{30}^2 - \gamma_{10}\gamma_{30}} \tag{2.5-5z$'$}$$

为了保证仍与衬底存在**微弱联系**的足够信息，由式 (2.5-5j~l)，各系数关系还应写成

$$A_2 \cos\left(\kappa_2 d_2\right) + B_2 \sin\left(\kappa_2 d_2\right) = A_1 v\left(d_2\right) = A_3 + B_3 = A_3(1 + \tilde{U}),$$

$$B_2 = A_1 \frac{\gamma_1}{\kappa_2} = \frac{\gamma_1}{\kappa_2} A_0(1 + \tilde{U}) \tag{2.5-6a}$$

$$A_0 = \frac{A_3}{v\left(d_2\right)} = \frac{A_1}{1 + \tilde{U}}, \quad A_1 \equiv A_0(1 + \tilde{U}) = A_2 \rightarrow \frac{A_{30}}{v_0\left(d_2\right)} \equiv A_{10} = A_{20} \tag{2.5-6b}$$

$$\tilde{U} = \frac{\gamma_3 - \tilde{\gamma}_4}{\gamma_3 + \tilde{\gamma}_4} e^{-2\gamma_3 d_3}, \quad v\left(d_2\right) \equiv \cos\left(\kappa_2 d_2\right) + \frac{\gamma_1}{\kappa_2} \sin\left(\kappa_2 d_2\right) \tag{2.5-6c}$$

$$A_3 = \frac{A_1}{2} \left[\left(1 - \frac{\gamma_1}{\gamma_3}\right) \cos\left(\kappa_2 d_2\right) + \left(\frac{\kappa_2}{\gamma_3} + \frac{\gamma_1}{\kappa_2}\right) \sin\left(\kappa_2 d_2\right) \right]$$

$$\equiv A_1 A = \frac{A_1}{1 + \tilde{U}} \left[\cos\left(\kappa_2 d_2\right) + \frac{\gamma_1}{\kappa_2} \sin\left(\kappa_2 d_2\right) \right] = A_0 v\left(d_2\right) \tag{2.5-6d}$$

$$B_3 = \frac{A_1}{2} \left[\left(1 + \frac{\gamma_1}{\gamma_3}\right) \cos\left(\kappa_2 d_2\right) + \left(\frac{\gamma_1}{\kappa_2} - \frac{\kappa_2}{\gamma_3}\right) \sin\left(\kappa_2 d_2\right) \right] \equiv A_1 B = A_3 \tilde{U}$$

$$\equiv A_0 v\left(d_2\right) \tilde{U} \tag{2.5-6e}$$

$$A_4 = A_3 e^{-\gamma_3 d_3} + B_3 e^{\gamma_3 d_3} = A_1 \left(A e^{-\gamma_3 d_3} + B e^{\gamma_3 d_3}\right) = A_0 v\left(d_2\right) \left(e^{-\gamma_3 d_3} + \tilde{U} e^{\gamma_3 d_3}\right)$$

$$= A_0 v\left(d_2\right) \left(e^{-\gamma_3 d_3} + \frac{\gamma_3 - \tilde{\gamma}_4}{\gamma_3 + \tilde{\gamma}_4} e^{-\gamma_3 d_3}\right) \rightarrow A_4 = A_0 v\left(d_2\right) \left(\frac{2\gamma_3}{\gamma_3 + \tilde{\gamma}_4} e^{-\gamma_3 d_3}\right) \tag{2.5-6f}$$

因而其相应的波函数也可写成

$$E_y(x) = A_0 \begin{cases} (1+\tilde{U}) \cdot \mathrm{e}^{\gamma_1 x}, & x \leqslant 0 \\ (1+\tilde{U}) \cdot \left[\cos(\kappa_2 x) + \dfrac{\gamma_1}{\kappa_2}\sin(\kappa_2 x)\right], & 0 \leqslant x \leqslant d_2 \\ \left[\cos(\kappa_2 d_2) + \dfrac{\gamma_1}{\kappa_2}\sin(\kappa_2 d_2)\right] \cdot \left[\mathrm{e}^{-\gamma_3(x-d_2)} + \tilde{U}\mathrm{e}^{\gamma_3(x-d_2)}\right], & d_2 \leqslant x \leqslant d_2+d_3 \\ \left[\cos(\kappa_2 d_2) + \dfrac{\gamma_1}{\kappa_2}\sin(\kappa_2 d_2)\right]\left(\dfrac{2\gamma_3}{\gamma_3+\tilde{\gamma}_4}\mathrm{e}^{-\gamma_3 d_3}\right)\cdot\mathrm{e}^{-\tilde{\gamma}_4(x-d_2-d_3)}, & x \geqslant d_2+d_3 \end{cases}$$

$$(2.5\text{-}6\mathrm{g})$$

其中，当 $\beta_z = \beta_{z0}$ 时，$A_0 \to A_{10}$，是与衬底基本无关的量，在对 β_z 微分时，可以当作常数。由式 (2.5-4i~q) 这些包含受到衬底微扰的场系数所表示的电磁场量分别为

$$\begin{aligned} H_{z2}(x) &\propto E'_{y2}(x) = -A_2\kappa_2\sin(\kappa_2 x) + B_2\kappa_2\cos(\kappa_2 x) \\ &= A_0(1+\tilde{U})\left[\gamma_1\cos(\kappa_2 x) - \kappa_2\sin(\kappa_2 x)\right] \end{aligned} \quad (2.5\text{-}6\mathrm{h})$$

$$\begin{aligned} H_{z3}(x) &\propto E'_{y3}(x) = -A_3\gamma_3\mathrm{e}^{-\gamma_3(x-d_2)} + B_3\gamma_3\mathrm{e}^{\gamma_3(x-d_2)} \\ &= A_0 v(d_2)\gamma_3\left[\tilde{U}\mathrm{e}^{\gamma_3(x-d_2)} - \mathrm{e}^{-\gamma_3(x-d_2)}\right] \end{aligned} \quad (2.5\text{-}6\mathrm{i})$$

$$\begin{aligned} (H_{z3}-H_{z2})_{\substack{\beta_z=\beta_{z0} \\ x=d_2}} &= A_0\left\{\gamma_3\left[\cos(\kappa_2 d_2)+\frac{\gamma_1}{\kappa_2}\sin(\kappa_2 d_2)\right](\tilde{U}-1)\right. \\ &\quad \left.-(1+\tilde{U})\left[\gamma_1\cos(\kappa_2 d_2)-\kappa_2\sin(\kappa_2 d_2)\right]\right\} \\ &= A_0\cos(\kappa_2 d_2)\left\{\gamma_3\left[1+\frac{\gamma_1}{\kappa_2}\tan(\kappa_2 d_2)\right](\tilde{U}-1)\right. \\ &\quad \left.-(1+\tilde{U})\left[\gamma_1-\kappa_2\tan(\kappa_2 d_2)\right]\right\} \\ &= A_0\cos(\kappa_2 d_2)\left\{\left[\gamma_3(\tilde{U}-1)-\gamma_1(1+\tilde{U})\right]\right. \\ &\quad \left.+\left[(1+\tilde{U})\kappa_2+(\tilde{U}-1)\frac{\gamma_1\gamma_3}{\kappa_2}\right]\tan(\kappa_2 d_2)\right\} \\ &= A_0\cos(\kappa_2 d_2)\left\{\left[(\gamma_3-\gamma_1)\tilde{U}-(\gamma_1+\gamma_3)\right]\right. \\ &\quad \left.+\frac{1}{\kappa_2}\left[(\kappa_2^2+\gamma_1\gamma_3)\tilde{U}+(\kappa_2^2-\gamma_1\gamma_3)\right]\frac{\kappa_2(\gamma_1+\gamma_3)}{\kappa_2^2-\gamma_1\gamma_3}\right\} \\ &= A_0\cos(\kappa_2 d_2)\left[\frac{(\kappa_2^2+\gamma_1\gamma_3)(\gamma_1+\gamma_3)-(\kappa_2^2-\gamma_1\gamma_3)(\gamma_1-\gamma_3)}{\kappa_2^2-\gamma_1\gamma_3}\tilde{U}\right] \end{aligned}$$

$$\cdot = A_0 \cos{(\kappa_2 d_2)} \left\{ \frac{\left[(\kappa_2^2 \gamma_1 + \kappa_2^2 \gamma_3) + (\gamma_1 \gamma_1 \gamma_3 + \gamma_1 \gamma_3 \gamma_3) \right]}{-\left[(\kappa_2^2 \gamma_1 - \kappa_2^2 \gamma_3) - (\gamma_1 \gamma_1 \gamma_3 - \gamma_1 \gamma_3 \gamma_3) \right]} \tilde{U} \right\}$$

$$= \frac{A_0 \cos{(\kappa_{20} d_2)}}{\kappa_{20}^2 - \gamma_{10} \gamma_{30}} \cdot 2 \left(\kappa_{20}^2 + \gamma_{10}^2 \right) \gamma_{30} \tilde{U}_0 \neq 0,$$

$$\because \left[H_{z2}\left(d_2 \right) = H_{z3}\left(d_2 \right) \right]_{\beta_z} \rightarrow \left[H_{z2}\left(d_2 \right) \neq H_{z3}\left(d_2 \right) \right]_{\beta_{z0}} \qquad (2.5\text{-}6\mathrm{j})$$

$$\frac{\partial \tilde{U}}{\partial \beta_z} = \frac{\partial}{\partial \beta_z} \left(\frac{\gamma_3 - \tilde{\gamma}_4}{\gamma_3 + \tilde{\gamma}_4} \mathrm{e}^{-2\gamma_3 d_3} \right)$$

$$= \frac{\left(\gamma_3 + \tilde{\gamma}_4 \right) \left(\dfrac{\beta_z}{\gamma_3} - \dfrac{\beta_z}{\tilde{\gamma}_4} \right) - \left(\gamma_3 - \tilde{\gamma}_4 \right) \left(\dfrac{\beta_z}{\gamma_3} + \dfrac{\beta_z}{\tilde{\gamma}_4} \right)}{\left(\gamma_3 + \tilde{\gamma}_4 \right)^2} \mathrm{e}^{-2\gamma_3 d_3}$$

$$- 2 d_3 \frac{\beta_z}{\gamma_3} \cdot \frac{\gamma_3 - \tilde{\gamma}_4}{\gamma_3 + \tilde{\gamma}_4} \mathrm{e}^{-2\gamma_3 d_3}$$

$$= -\left(d_3 + \frac{1}{\tilde{\gamma}_4} \right) \frac{2\beta_z \left(\gamma_3 - \tilde{\gamma}_4 \right) \mathrm{e}^{-2\gamma_3 d_3}}{\gamma_3 \left(\gamma_3 + \tilde{\gamma}_4 \right)} = -\frac{2\beta_z}{\gamma_3} \left(d_3 + \frac{1}{\tilde{\gamma}_4} \right) \tilde{U} \qquad (2.5\text{-}6\mathrm{k})$$

$$\frac{\partial v\left(d_2 \right)}{\partial \beta_z} = \frac{\partial}{\partial \beta_z} \left[\cos{(\kappa_2 d_2)} + \frac{\gamma_1}{\kappa_2} \sin{(\kappa_2 d_2)} \right]$$

$$= \frac{\beta_z}{\kappa_2} d_2 \sin{(\kappa_2 d_2)} + \frac{\kappa_2 \cdot \dfrac{\beta_z}{\gamma_1} + \gamma_1 \cdot \dfrac{\beta_z}{\kappa_2}}{\kappa_2^2} \sin{(\kappa_2 d_2)} - \frac{\gamma_1}{\kappa_2} \frac{\beta_z}{\kappa_2} d_2 \cos{(\kappa_2 d_2)}$$

$$= \frac{\beta_z}{\kappa_2} \left[\left(d_2 + \frac{\gamma_1^2 + \kappa_2^2}{\gamma_1 \kappa_2^2} \right) \sin{(\kappa_2 d_2)} - \frac{\gamma_1 d_2}{\kappa_2} \cos{(\kappa_2 d_2)} \right] \qquad (2.5\text{-}6\mathrm{l})$$

$$\frac{\partial H_{z2}(x)}{\partial \beta_z} \propto \frac{\partial E_{y2}'(x)}{\partial \beta_z} = \frac{\partial}{\partial \beta_z} \left\{ A_0 (1 + \tilde{U}) \left[\gamma_1 \cos{(\kappa_2 x)} - \kappa_2 \sin{(\kappa_2 x)} \right] \right\}$$

$$= A_0 \left\{ \frac{\partial \tilde{U}}{\partial \beta_z} \left[\gamma_1 \cos{(\kappa_2 x)} - \kappa_2 \sin{(\kappa_2 x)} \right] + (1 + \tilde{U}) \right.$$

$$\left. \left[\frac{\partial \gamma_1}{\partial \beta_z} \cos{(\kappa_2 x)} - \frac{\partial \kappa_2}{\partial \beta_z} \gamma_1 x \sin{(\kappa_2 x)} - \frac{\partial \kappa_2}{\partial \beta_z} \sin{(\kappa_2 x)} - \frac{\partial \kappa_2}{\partial \beta_z} \kappa_2 x \cos{(\kappa_2 x)} \right] \right\}$$

$$= A_0 \left\{ \frac{\partial \tilde{U}}{\partial \beta_z} \left[\gamma_1 \cos{(\kappa_2 x)} - \kappa_2 \sin{(\kappa_2 x)} \right] + (1 + \tilde{U}) \right.$$

$$\left. \left[\frac{\beta_z}{\gamma_1} \cos{(\kappa_2 x)} + \frac{\beta_z}{\kappa_2} \gamma_1 x \sin{(\kappa_2 x)} + \frac{\beta_z}{\kappa_2} \sin{(\kappa_2 x)} + \frac{\beta_z}{\kappa_2} \kappa_2 x \cos{(\kappa_2 x)} \right] \right\}$$

$$= A_0 \left\{ \frac{\partial \tilde{U}}{\partial \beta_z} \left[\gamma_1 \cos{(\kappa_2 x)} - \kappa_2 \sin{(\kappa_2 x)} \right] + (1 + \tilde{U}) \right.$$

$$\left. \left[\left(\frac{\beta_z}{\gamma_1} + \beta_z x \right) \cos{(\kappa_2 x)} + \left(\frac{\beta_z}{\kappa_2} + \frac{\beta_z}{\kappa_2} \gamma_1 x \right) \sin{(\kappa_2 x)} \right] \right\}$$

$$= A_0 \left\{ \frac{\partial \tilde{U}}{\partial \beta_z} \left[\gamma_1 \cos\left(\kappa_2 x\right) - \kappa_2 \sin\left(\kappa_2 x\right) \right] \right.$$

$$\left. + \frac{\beta_z}{\gamma_1} (1 + \tilde{U})(1 + \gamma_1 x) \left[\cos\left(\kappa_2 x\right) + \frac{\gamma_1}{\kappa_2} \sin\left(\kappa_2 x\right) \right] \right\}$$

$$= A_0 \left\{ \frac{\partial \tilde{U}}{\partial \beta_z} \left[\gamma_1 \cos\left(\kappa_2 x\right) - \kappa_2 \sin\left(\kappa_2 x\right) \right] + \frac{\beta_z}{\gamma_1} (1 + \tilde{U})(1 + \gamma_1 x) v\left(d_2\right) \right\}$$

$$(2.5\text{-}6\text{m})$$

$$\frac{\partial H_{z3}(x)}{\partial \beta_z} \propto \frac{\partial E'_{y3}(x)}{\partial \beta_z} = \frac{\partial}{\partial \beta_z} \left\{ A_0 v\left(d_2\right) \gamma_3 \left[\tilde{U} e^{\gamma_3(x-d_2)} - e^{-\gamma_3(x-d_2)} \right] \right\}$$

$$= A_0 \left\{ \left[\tilde{U} e^{\gamma_3(x-d_2)} - e^{-\gamma_3(x-d_2)} \right] \gamma_3 \frac{\partial v\left(d_2\right)}{\partial \beta_z} + v\left(d_2\right) \frac{\beta_z}{\gamma_3} \left[\tilde{U} e^{\gamma_3(x-d_2)} - e^{-\gamma_3(x-d_2)} \right] \right.$$

$$\left. + v\left(d_2\right) \gamma_3 \left[\frac{\partial \tilde{U}}{\partial \beta_z} e^{\gamma_3(x-d_2)} + \tilde{U} \frac{\beta_z}{\gamma_3} (x-d_2) e^{\gamma_3(x-d_2)} + \frac{\beta_z}{\gamma_3} (x-d_2) e^{-\gamma_3(x-d_2)} \right] \right\}$$

$$= A_0 \left\{ \left[v\left(d_2\right) \frac{\beta_z}{\gamma_3} + \frac{\partial v}{\partial \beta_z} \gamma_3 \right] \left[\tilde{U} e^{\gamma_3(x-d_2)} - e^{-\gamma_3(x-d_2)} \right] \right.$$

$$\left. + v\left(d_2\right) \gamma_3 \left[\frac{\partial \tilde{U}}{\partial \beta_z} e^{\gamma_3(x-d_2)} + \tilde{U} \frac{\beta_z}{\gamma_3} (x-d_2) e^{\gamma_3(x-d_2)} + \frac{\beta_z}{\gamma_3} (x-d_2) e^{-\gamma_3(x-d_2)} \right] \right\}$$

$$(2.5\text{-}6\text{n})$$

$$\left(\frac{\partial H_{z2}}{\partial \beta_z} - \frac{\partial H_{z3}}{\partial \beta_z} \right)_{\substack{x=d_2 \\ \beta_z=\beta_{z0}}} \propto \left(\frac{\partial E'_{y2}}{\partial \beta_z} - \frac{\partial E'_{y3}}{\partial \beta_z} \right)_{\substack{x=d_2 \\ \beta_z=\beta_{z0}}}$$

$$= A_0 \left\{ \frac{\partial \tilde{U}}{\partial \beta_z} \left[\gamma_1 \cos\left(\kappa_2 d_2\right) - \kappa_2 \sin\left(\kappa_2 d_2\right) \right] + \frac{\beta_z}{\gamma_1} (1 + \tilde{U})(1 + \gamma_1 d_2) v\left(d_2\right) \right.$$

$$\left. - \left[\left(v \frac{\beta_z}{\gamma_3} + \frac{\partial v}{\partial \beta_z} \gamma_3 \right) (\tilde{U} - 1) + v\left(d_2\right) \gamma_3 \frac{\partial \tilde{U}}{\partial \beta_z} \right] \right\}$$

$$= A_0 \left\{ \left[\gamma_1 \cos\left(\kappa_2 d_2\right) - \kappa_2 \sin\left(\kappa_2 d_2\right) - v\left(d_2\right) \gamma_3 \right] \frac{\partial \tilde{U}}{\partial \beta_z} \right.$$

$$\left. + \left[\frac{\beta_z}{\gamma_1} (1 + \tilde{U})(1 + \gamma_1 d_2) - \frac{\beta_z}{\gamma_3} (\tilde{U} - 1) \right] v\left(d_2\right) - \gamma_3 (\tilde{U} - 1) \frac{\partial v\left(d_2\right)}{\partial \beta_z} \right\}$$

$$= A_0 \left\{ \left[\left(\gamma_1 \cos\left(\kappa_2 d_2\right) - \kappa_2 \sin\left(\kappa_2 d_2\right) \right) - \left(\cos\left(\kappa_2 d_2\right) + \frac{\gamma_1}{\kappa_2} \sin\left(\kappa_2 d_2\right) \right) \gamma_3 \right] \right.$$

$$\left[-\frac{2\beta_z}{\gamma_3} \left(d_3 + \frac{1}{\tilde{\gamma}_4} \right) \tilde{U} \right] + \left[\frac{\beta_z}{\gamma_1} (1 + \tilde{U})(1 + \gamma_1 d_2) - \frac{\beta_z}{\gamma_3} (\tilde{U} - 1) \right]$$

$$\left. \left[\cos\left(\kappa_2 d_2\right) + \frac{\gamma_1}{\kappa_2} \sin\left(\kappa_2 d_2\right) \right] \right.$$

$$- \gamma_3(\tilde{U} - 1)\frac{\beta_z}{\kappa_2}\left[\left(d_2 + \frac{\gamma_1^2 + \kappa_2^2}{\gamma_1\kappa_2^2}\right)\sin(\kappa_2 d_2) - \frac{\gamma_1 d_2}{\kappa_2}\cos(\kappa_2 d_2)\right]\Big\}$$

$$= A_0\beta_z\cos(\kappa_2 d_2)\left\{\left[\frac{(\gamma_3 - \gamma_1)}{\gamma_3}\left(2d_3 + \frac{2}{\tilde{\gamma}_4}\right)\tilde{U}\right.\right.$$

$$+ \left(2d_3 + \frac{2}{\tilde{\gamma}_4}\right)\frac{(\kappa_2^2 + \gamma_1\gamma_3)}{\kappa_2\gamma_3}\tilde{U}\tan(\kappa_2 d_2)\right]$$

$$+ \left[\frac{(1 + \tilde{U})(1 + \gamma_1 d_2)}{\gamma_1} - \frac{\tilde{U} - 1}{\gamma_3}\right] + \left[\frac{(1 + \tilde{U})(1 + \gamma_1 d_2)}{\kappa_2} - \frac{\gamma_1(\tilde{U} - 1)}{\kappa_2\gamma_3}\right]\tan(\kappa_2 d_2)$$

$$+ \left[\frac{\gamma_1\gamma_3 d_2(\tilde{U} - 1)}{\kappa_2^2}\right] + \left[\frac{\gamma_3(1 - \tilde{U})}{\kappa_2}\left(d_2 + \frac{\gamma_1^2 + \kappa_2^2}{\gamma_1\kappa_2^2}\right)\right]\tan(\kappa_2 d_2)\right\}$$

$$= A_0\beta_z\cos(\kappa_2 d_2)\left\{\left[\frac{\gamma_3 - \gamma_1}{\gamma_3}\left(2d_3 + \frac{2}{\tilde{\gamma}_4}\right)\tilde{U} + \frac{(1 + \tilde{U})(1 + \gamma_1 d_2)}{\gamma_1}\right.\right.$$

$$- \frac{\tilde{U} - 1}{\gamma_3} + \frac{\gamma_1\gamma_3 d_2(\tilde{U} - 1)}{\kappa_2^2}\right]$$

$$+ \left[\frac{\gamma_3(1 - \tilde{U})}{\kappa_2}\left(d_2 + \frac{\gamma_1^2 + \kappa_2^2}{\gamma_1\kappa_2^2}\right) + \frac{(1 + \tilde{U})(1 + \gamma_1 d_2)}{\kappa_2}\right.$$

$$- \frac{\gamma_1(\tilde{U} - 1)}{\kappa_2\gamma_3} + \left(2d_3 + \frac{2}{\tilde{\gamma}_4}\right)\frac{\kappa_2^2 + \gamma_1\gamma_3}{\kappa_2\gamma_3}\tilde{U}\right]\frac{\kappa_2(\gamma_1 + \gamma_3)}{\kappa_2^2 - \gamma_1\gamma_3}\right\} \qquad (2.5\text{-}6\text{o})$$

$$\frac{1}{\Delta\tilde{\beta}_z} = \left(\frac{\dfrac{\partial H_{z2}}{\partial\beta_z} - \dfrac{\partial H_{z3}}{\partial\beta_z}}{H_{z2} - H_{z3}}\right)_{\substack{x = d_2 \\ \beta_z = \beta_{z0}}} = \left(\frac{\dfrac{\partial E'_{y2}}{\partial\beta_z} - \dfrac{\partial E'_{y3}}{\partial\beta_z}}{E'_{y2} - E'_{y3}}\right)_{\substack{x = d_2 \\ \beta_z = \beta_{z0}}}$$

$$= \frac{\beta_{z0}}{2(\kappa_2^2 + \gamma_1^2)\gamma_3\tilde{U}}\left\{\left[\frac{\gamma_3 - \gamma_1}{\gamma_3}\left(2d_3 + \frac{2}{\tilde{\gamma}_4}\right)\tilde{U} + \frac{(1 + \tilde{U})(1 + \gamma_1 d_2)}{\gamma_1}\right.\right.$$

$$- \frac{\tilde{U} - 1}{\gamma_3} + \frac{\gamma_1\gamma_3 d_2(\tilde{U} - 1)}{\kappa_2^2}\right](\kappa_2^2 - \gamma_1\gamma_3)$$

$$+ \left[\gamma_3(1 - \tilde{U})\left(d_2 + \frac{\gamma_1^2 + \kappa_2^2}{\gamma_1\kappa_2^2}\right) + (1 + \tilde{U})(1 + \gamma_1 d_2) - \frac{\gamma_1(\tilde{U} - 1)}{\gamma_3}\right.$$

$$+ \left(2d_3 + \frac{2}{\tilde{\gamma}_4}\right)\frac{\kappa_2^2 + \gamma_1\gamma_3}{\gamma_3}\tilde{U}\right](\gamma_1 + \gamma_3)\right\}$$

$$= \frac{\beta_{z0}}{2(\kappa_2^2 + \gamma_1^2)\gamma_3\tilde{U}}\left\{\tilde{U}\left[2(\kappa_2^2 + \gamma_1^2)\left(2d_3 + \frac{2}{\tilde{\gamma}_4}\right) + \frac{\kappa_2^4 - \gamma_1^2\gamma_3^2 + \kappa_2^2\gamma_1^2 - \kappa_2^2\gamma_3^2}{\kappa_2^2}d_2\right.\right.$$

$$+ \frac{(\gamma_3 - \gamma_1)(\kappa_2^2 - \gamma_1\gamma_3) - \gamma_1(\gamma_1^2 - \gamma_3^2)}{\gamma_1\gamma_3} - \frac{\gamma_3(\gamma_1 + \gamma_3)(\gamma_1^2 + \kappa_2^2)}{\gamma_1\kappa_2^2}\Bigg]$$

$$+ \left[\frac{(\kappa_2^2 + \gamma_1^2)(\gamma_1 + \gamma_1)}{\gamma_1\gamma_3} + \frac{\gamma_3(\gamma_1 + \gamma_3)(\gamma_1^2 + \kappa_2^2)}{\gamma_1\kappa_2^2} \right.$$

$$\left. + \left(\frac{(\kappa_2^2 - \gamma_1\gamma_3)^2 + \kappa_2^2(\gamma_1 + \gamma_3)^2}{\kappa_2^2} \right) d_2 \right] \Bigg\}$$

$$= \frac{\beta_{z0}}{2(\kappa_2^2 + \gamma_1^2)\gamma_3\tilde{U}} \Bigg\{ \tilde{U} \left[2(\kappa_2^2 + \gamma_1^2)\left(2d_3 + \frac{2}{\tilde{\gamma}_4} \right) + \frac{\kappa_2^2(\kappa_2^2 + \gamma_1^2) - \gamma_3^2(\kappa_2^2 + \gamma_1^2)}{\kappa_2^2} d_2 \right.$$

$$\left. + \frac{(\gamma_3 - \gamma_1)(\kappa_2^2 + \gamma_1^2)}{\gamma_1\gamma_3} - \frac{\gamma_3(\gamma_1 + \gamma_3)(\gamma_1^2 + \kappa_2^2)}{\gamma_1\kappa_2^2} \right]$$

$$+ \left[\frac{(\gamma_1 + \gamma_3)(\kappa_2^2 + \gamma_1^2)(\kappa_2^2 + \gamma_3^2)}{\gamma_1\gamma_3\kappa_2^2} + \left(\frac{(\kappa_2^2 + \gamma_3^2)(\kappa_2^2 + \gamma_1^2)}{\kappa_2^2} \right) d_2 \right] \Bigg\}$$

$$= \frac{\beta_{z0}(\kappa_2^2 + \gamma_1^2)}{2(\kappa_2^2 + \gamma_1^2)\gamma_3\tilde{U}} \Bigg\{ \tilde{U} \left[2\left(2d_3 + \frac{2}{\tilde{\gamma}_4} \right) + \frac{\kappa_2^2 - \gamma_3^2}{\kappa_2^2} d_2 + \frac{\gamma_3 - \gamma_1}{\gamma_1\gamma_3} - \frac{\gamma_3(\gamma_1 + \gamma_3)}{\gamma_1\kappa_2^2} \right]$$

$$+ \left[\frac{(\gamma_1 + \gamma_3)(\kappa_2^2 + \gamma_3^2)}{\gamma_1\gamma_3\kappa_2^2} + \frac{\kappa_2^2 + \gamma_3^2}{\kappa_2^2} d_2 \right] \Bigg\}$$

$$= \frac{\beta_{z0}}{2} \Bigg\{ \left[\frac{2}{\gamma_3}\left(2d_3 + \frac{2}{\tilde{\gamma}_4} \right) + \frac{\kappa_2^2 - \gamma_3^2}{\gamma_3\kappa_2^2} d_2 + \frac{\gamma_3 - \gamma_1}{\gamma_1\gamma_3^2} - \frac{\gamma_1 + \gamma_3}{\gamma_1\kappa_2^2} \right]$$

$$+ \left[\frac{(\gamma_1 + \gamma_3)(\kappa_2^2 + \gamma_3^2)}{\gamma_1\gamma_3^2\kappa_2^2} + \frac{\kappa_2^2 + \gamma_3^2}{\gamma_3\kappa_2^2} d_2 \right] \tilde{U}^{-1} \Bigg\}$$

$$= \frac{\beta_{z0}}{2} \Bigg\{ \left[\frac{2}{\gamma_3^2}\left(2\gamma_3 d_3 + \frac{2\gamma_3}{\tilde{\gamma}_4} \right) + \frac{\kappa_2^2 - \gamma_3^2}{\gamma_3^2\kappa_2^2}\left(\gamma_3 d_2 - \frac{\gamma_1 - \gamma_3}{\gamma_1} \right) - \frac{2}{\kappa_2^2} \right]$$

$$+ \frac{\kappa_2^2 + \gamma_3^2}{\gamma_3^2\kappa_2^2}\left(1 + \frac{\gamma_3}{\gamma_1} + \gamma_3 d_2 \right) \tilde{U}^{-1} \Bigg\}$$

$$= \frac{\beta_{z0}}{2} \Bigg\{ \left[-\left(\frac{1}{\kappa_2^2} - \frac{1}{\gamma_3^2} \right)\left(-1 + \frac{\gamma_3}{\gamma_1} + \gamma_3 d_2 \right) - \frac{2}{\gamma_3^2}\left(\frac{\gamma_3^2}{\kappa_2^2} - 2\gamma_3 d_3 - \frac{2\gamma_3}{\tilde{\gamma}_4} \right) \right]$$

$$+ \left(\frac{1}{\kappa_2^2} + \frac{1}{\gamma_3^2} \right)\left(1 + \frac{\gamma_3}{\gamma_1} + \gamma_3 d_2 \right) \tilde{U}^{-1} \Bigg\} \tag{2.5-6p}$$

$$\Delta\tilde{\beta}_z = \left(\frac{H_{z2} - H_{z3}}{\partial H_{z2}/\partial\beta_z - \partial H_{z3}/\partial\beta_z} \right)_{\substack{x = d_2 \\ \beta_z = \beta_{z0}}} = \left(\frac{E'_{y2} - E'_{y3}}{\partial E'_{y2}/\partial\beta_z - \partial E'_{y3}/\partial\beta_z} \right)_{\substack{x = d_2 \\ \beta_z = \beta_{z0}}} \rightarrow$$

$$\Delta\tilde{\beta} = \frac{2}{\beta_{z0}} \left[\left(\frac{1}{\kappa_{20}^2} + \frac{1}{\gamma_{30}^2} \right)\left(1 + \frac{\gamma_{30}}{\gamma_{10}} + \gamma_{30} d_2 \right) \tilde{U}_0^{-1} - \left(\frac{1}{\kappa_{20}^2} - \frac{1}{\gamma_{30}^2} \right)\left(-1 + \frac{\gamma_{30}}{\gamma_{10}} + \gamma_{30} d_2 \right) \right.$$

$$- \frac{2}{\gamma_{30}^2}\left(\frac{\gamma_{30}^2}{\kappa_{20}^2} - 2\gamma_{30}d_3 - \frac{2\gamma_{30}}{\tilde{\gamma}_{40}}\right)\bigg]^{-1} \tag{2.5-6q}$$

3) 计算步骤和数值结果

微扰法的计算步骤为：

(1) 由 $\gamma_{10}, \kappa_{20}, \gamma_{30}$ 与 β_{z0} 的关系 **(2.5-4b~d)** 和三层平板波导的本征方程 **(2.5-5m)** 求出本征值的零级近似值 β_{z0}。

(2) 由式 **(2.5-4e)** 得出衬底复传播常数零级近似值 $\tilde{\gamma}_{40}$，再由式 **(2.5-4w)** 得出 $\tilde{U}$ 的零级近似值 $\tilde{U}_0$。

(3) 由式 **(2.5-5r)** 得本征值的一级改正量 $\Delta\tilde{\beta}_z$，从而由式 **(2.5-5p)** 得出本征值的一级近似值 $\tilde{\beta}_z$。

(4) 代回式 **(2.5-4b~e)**，得出 $\gamma_1, \kappa_2, \gamma_3$ 和 $\tilde{\gamma}_4$ 的一级微扰近似值，分别代入式 **(2.5-6g)**，从而得出波函数的一级微扰近似值。

设各层为 x_{Al} 不同的 $Al_xGa_{1-x}As$，其折射率分别为 $\bar{n}_j$，自由载流子吸收系数 $\bar{\alpha}_{fc}$，衬底的吸收系数 $\bar{\alpha}_4$ 和各层的厚度 $d_j(j = 1,2,3,4)$，如**图 2.3-1G(a)** 所示。由式 **(2.5-5j~l)** 和式 **(2.1-6d,q,x)** 算出的 TE_0 模式的振幅和等相面的分布分别如**图 2.3-1G(a)** 所示。可见，衬底吸收使等相面明显弯曲和倾斜。而在上限制层 (d_1) 中，等相面是垂直轴向传播方向的平面，因而无侧向能流。与此不同，在下限制层和衬底内有显著的侧向能流，使模式场的振幅在衬底内有较大而且衰减较慢的分布。对于高阶模式，由于模式场在有源区外有较大的分布，这种**漏模现象**尤为严重，因而使高阶模式 (例如 TE_1 模式) 的阈值增益比基模的阈值增益大得多，如**图 2.5-1G(b)** 所示。因而，这种波导结构具有较强的**模式选择性**，特别是具有**基模**

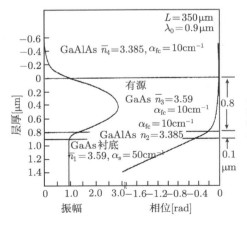 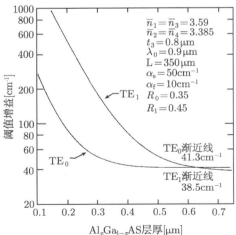

图 2.5-1G(a)　复折射率衬底四层波导基模　图 2.5-1G(b)　图 2.5-1G(a) 结构中基模和
　　　　振幅和等相面的分布[12.3]　　　　　　　　　一阶模阈值增益比较[12.3]

化功能，既可以使有源层厚度增大，又不至于出现高阶模式激射从而可以大为提高半导体激光器基模的输出激光功率。例如，用**图 2.3-1G(a)** 和 **(b)** 中注明的参数值 (其中，R_0、R_1 分别是 TE_0 和 TE_1 模式的端面功率反射率，L 是腔长) 算出如**图 2.3-1G(c)** 所示的结果表明：对于有源层厚度为 $d_2 = 0.8\mu m$，在下限制层厚度为 $d_3 = 0.4\mu m$ 时，TE_0 模式所需的阈值增益只比 $d_3 \rightarrow \infty$ 时增加 5%，但 TE_1 模式所需的阈值增益却增加了 110%。所以，即使这时有源层内已出现高阶模式，但由于这种**衬底吸收作用**的存在，高阶模式不可能达到激射，故仍能够保持单基横模激射。

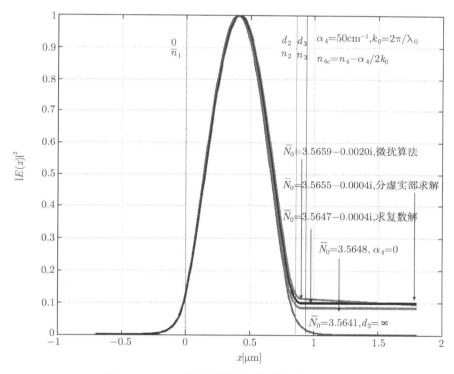

图 2.5-1G(c) 吸收衬底四层波导各种解法结果

[**定理 23**]　如四层平板波导的第四层是有吸收的衬底，而第三层不够厚，则可利用衬底的吸收性，大为提高高阶横模激射所需的阈值，使之不能激射而被淘汰，从而保证较厚有源芯层的单基横模激射，有利于提高单基横模的输出激光功率。

2.5.2　条形弱自建波导

用异质结构形成的矩形波导 (**2.4 节**)，对光和载流子都能实现很好的限制。但是由于异质材料的折射率差比较大 (可达百分之几十)，其高阶横向模式的截止厚度和截止宽度都比较小 (十分之几微米), 较小的厚度在垂直结面方向用多层外延技术不难实现, 但在平行结面方向较小的宽度, 不但工艺上有困难, 而且也限制了激光器的输出功率。为了增大高阶横模的截止宽度或单横模允许宽度, 同时保证模式的稳定性, 必须寻求在平行结面方向形成弱自建波导, 而且工艺上也不太难实现的结构。

1. 脊形波导 (RW, IRW,CDW,TS)[12.2,12.9~12.13]

1) 电磁模型

如果给定三层平板波导各层的折射率, 则其导波模式的传播常数 β_z 或模式折射率 $\overline{N}$ 将随波导芯层厚度 d 的增大而增大。因此, 如使波导芯层在宽度 w 内的厚度 d_0 大于其外的芯层厚度 d_0', 如**图 2.5-2A(a)** 所示, 则宽度 w 内的三层平板波导的导波模式折射率 $\overline{N}_{\mathrm{II}}$ 将大于其外的三层平板波导的导波模式折射率 $\overline{N}_{\mathrm{I}}$。故在平行于结平面的方向上形成了自建的对称三层平板波导, 如**图 2.5-2A(b)** 所示。适当控制厚度差 $\Delta d = d_0 - d_0'$, 可以使该自建波导足以抵消由载流子分布造成的非自建反波导, 并保持其弱波导的性质, 从而允许单模宽度足够大, 以克服在工艺上碰到的困难并提高激光功率和减小发散角。因为这种波导结构形似屋脊, 所以称为**脊形波导 (ridge waveguide, RW)**。如果厚层向下 (**图 2.5-2A(a)** 旋转 180°), 则称为**倒脊形波导 (inverted ridge waveguide, IRW)**。在压缩双异质结 (**constricted double-heterojunction, CDH**) 激光器、梯形衬底 (terraced subsrate, TS) 激光器等**非平面多层结构**的激光器中, 压缩利用有源层的厚度差来实现平行于结平面方

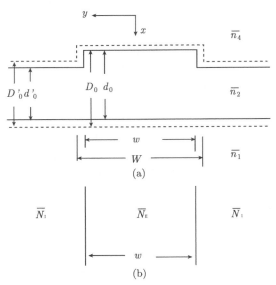

图 2.5-2A   利用模式折射率随有源层厚度增加而增加的脊形波导 (RW) 及其分析法

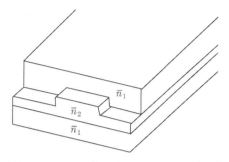

图 2.5-2A(c) 脊形波导结构示意图[12.9]

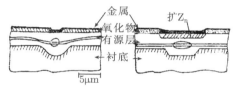

(a) 沟道衬底窄条(CNS)　　(b) 沟道衬底平面(CSP)

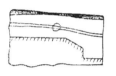 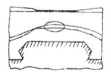

(c) 漏波导–CDH　　　　(d) 梯形衬底–TS

(e) 脊形波导–CDH　　　　(f) 半漏波导–CDH

图 2.5-2B　用腐蚀法制成衬底沟道或衬底台面, 以利用外延生长速度与生长界面的
几何形状有关来控制各外延层厚度[12.10]

向的波导和模式控制, 如**图 2.5-2B(a)~(f)** 所示。当然, 它们都属于缓变波导 (**第
3 章**), 但如果采用突变脊形波导近似, 则易得出误差不大的初步结果。

2) 近似解

对于脊形波导, 如果 w/d 足够大, 可用等效折射率近似法求出数值解, 但用远
离截止近似则易得出近似解析解。因后者使本征方程 (2.5-3m) 化为极其简单的代
数方程 (2.5-3o), 这相当于将原来光限制并不完全的有源区外厚度分别为 d_0、d_0', 宽
度为 w 的脊形波导 (**图 2.5-2A(a)** 的实线) 等效为光限制很完全的, 有源区内外厚
度分别为 D_0、D_0', 宽度 W 的脊形波导等效为宽度 W 的脊形波导 (**图 2.5-2A(a)**

的虚线)。由式 (2.5-3p,q),其间的关系为

$$D_{\mathrm{o}} \equiv d_{\mathrm{o}}\left(1 + C_{\mathrm{o}}\right), \quad D'_{\mathrm{o}} \equiv d'_{\mathrm{o}}\left(1 + C'_{\mathrm{o}}\right), \quad W \equiv w\left(1 + C_{\mathrm{w}}\right) \tag{2.5-7a}$$

对于 $E^y_{mn} \approx \mathrm{TE}$ 模式:

$$C_{\mathrm{o}} = \frac{d_2}{d_{\mathrm{o}}}\left(\frac{1}{V_1} + \frac{1}{V_4}\right), \quad C'_{\mathrm{o}} = \frac{d_2}{d'_{\mathrm{o}}}\left(\frac{1}{V_1} + \frac{1}{V_4}\right), \quad C_{\mathrm{w}} = \frac{2d_2}{wV_4}\frac{\bar{n}_4^2}{\bar{n}_2^2} \tag{2.5-7b}$$

对于 $E^x_{mn} \approx \mathrm{TM}$ 模式:

$$C_{\mathrm{o}} = \frac{d_2}{d_{\mathrm{o}}\bar{n}_2^2}\left(\frac{\bar{n}_2^2}{V_1} + \frac{\bar{n}_4^2}{V_4}\right), \quad C'_{\mathrm{o}} = \frac{d_2}{d'_{\mathrm{o}}\bar{n}_2^2}\left(\frac{\bar{n}_2^2}{V_1} + \frac{\bar{n}_4^2}{V_4}\right), \quad C_{\mathrm{w}} = \frac{2d_2}{wV_4} \tag{2.5-7c}$$

在波导芯内:

$$\kappa_x = \frac{p\pi}{D_{\mathrm{o}}}, \quad \kappa_y = \frac{q\pi}{W_{\mathrm{e}}}, \quad \beta_z = \sqrt{k_0^2\bar{n}_2^2 - \left(\frac{q\pi}{W_{\mathrm{e}}}\right)^2 - \left(\frac{p\pi}{D_{\mathrm{o}}}\right)^2} \tag{2.5-7d}$$

在波导芯外平板:

$$\kappa'_x = \frac{p'\pi}{D'_{\mathrm{o}}}, \quad \gamma_y \equiv \frac{1}{y_{pq}} = \sqrt{\beta_z^2 + \kappa_x'^2 - k_0^2\bar{n}_2^2} = \frac{p'\pi}{D'_{\mathrm{o}}}\sqrt{1 - \left(\frac{p\pi}{p'D_{\mathrm{o}}}\right)^2 - \left(\frac{qD'_{\mathrm{o}}}{p'W_{\mathrm{e}}}\right)^2} \tag{2.5-7e}$$

$$p = m + 1, \quad q = n + 1, \quad p' \equiv m' + 1 \tag{2.5-7f}$$

其中,p、q 分别是波导芯 x、y 方向模式场的峰值数,p' 是波导芯外平板 x 方向模式场的峰值数,γ_y 是 y 方向等效对称三层平板波导 (**图 2.5-2A(b)**) 中芯区外的衰减常数,其倒数 y_{pq} 是模式场的透入深度,W_{e} 是波导芯区两种等效宽度 W 和 W_b 的如下平均值。

设

$$\phi \equiv \bar{\kappa}_y W, \quad \bar{\kappa}_y = \frac{q\pi}{W_b} \tag{2.5-7g}$$

$$q\pi = \phi + 2\tan^{-1}\left(\frac{\phi}{\gamma_y W}\right) \approx \bar{\kappa}_y W\left(1 + \frac{2}{\gamma_y W}\right) \equiv \bar{\kappa}_y W_b \tag{2.5-7h}$$

则

$$W_b \equiv W + \frac{2}{\gamma_y} \approx W\left[1 + \frac{2D'_{\mathrm{o}}}{p'\pi W}\bigg/\sqrt{1 - \left(\frac{pD'_{\mathrm{o}}}{p'D_{\mathrm{o}}}\right)^2}\right] \tag{2.5-7i}$$

$$W_{\mathrm{e}} \equiv \frac{W\left(D_{\mathrm{o}} - D'_{\mathrm{o}}\right) + W_b D'_{\mathrm{o}}}{D_{\mathrm{o}}} \equiv W\left(1 + C_{\mathrm{e}}\right) \tag{2.5-7j}$$

$$C_b \equiv \frac{2}{\pi}\frac{D_{\mathrm{o}}'^2}{p'D_{\mathrm{o}}W}\bigg/\sqrt{1 - \left(\frac{pD'_{\mathrm{o}}}{p'D_{\mathrm{o}}}\right)^2} \tag{2.5-7k}$$

设脊形波导可以存在的导波模式最高阶数为 $m_{\max} = M, n_{\max} = N$。并近似令

$$y_{pq} = \infty, \quad P = M + 1, \quad Q = N + 1 \tag{2.5-7l}$$

则由式 (2.5-7e) 得

$$\left(\frac{QD'_{\mathrm{o}}}{p'W_{\mathrm{e}}}\right)^2 = 1 - \left(\frac{PD'_{\mathrm{o}}}{p'D_{\mathrm{o}}}\right)^2 \tag{2.5-7m}$$

$$\frac{QD'_{\mathrm{o}}}{p'W} = (1 + C_{\mathrm{e}})\sqrt{1 - \left(\frac{PD'_{\mathrm{o}}}{p'D_{\mathrm{o}}}\right)^2} = \sqrt{1 - \left(\frac{PD'_{\mathrm{o}}}{p'D_{\mathrm{o}}}\right)^2} + \frac{2}{\pi}\frac{D'^2_{\mathrm{o}}}{p'D_{\mathrm{o}}W} \tag{2.5-7n}$$

对 $M = 0$：

$$P = 1, \quad Q = Q_m \equiv \frac{p'W}{D'_{\mathrm{o}}}\left[\sqrt{1 - \left(\frac{PD'_{\mathrm{o}}}{p'D_{\mathrm{o}}}\right)^2} + \frac{2}{\pi}\frac{D'^2_{\mathrm{o}}}{p'D_{\mathrm{o}}W}\right] \tag{2.5-7o}$$

对 $N = 0$：

$$Q = 1, \quad P = P_m \equiv \frac{p'D_{\mathrm{o}}}{D'_{\mathrm{o}}}\left[\sqrt{1 - \left(\frac{PD'_{\mathrm{o}}}{p'D_{\mathrm{o}}} - \frac{2}{\pi}\frac{D'^2_{\mathrm{o}}}{p'D_{\mathrm{o}}W}\right)^2}\right] \tag{2.5-7p}$$

故波导内模式场的峰值数为

$$N' = P_m Q_m \approx \left(\frac{p'}{D'_{\mathrm{o}}}\right)^2 W D_{\mathrm{o}} \tag{2.5-7q}$$

图 2.5-2C(a) 是 $E^{x,y}_{MN}$ 模式与波导尺寸 (2.5-7n) 之间的关系。**图 2.5-2C(b)** 是

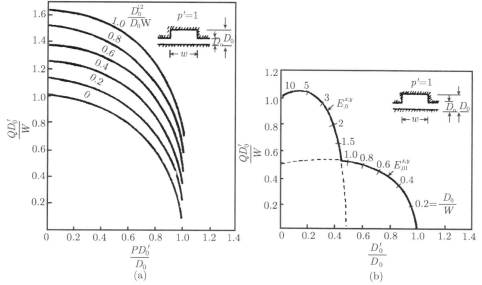

图 2.5-2C　$E^{x,y}_{MN}$ (a) $E^{x,y}_{10}$ 和 $E^{x,y}_{01}$(b) 模式与波导尺寸 (2.5-7n) 之间的关系[12.2]

$E_{10}^{x,y}$ 和 $E_{01}^{x,y}$ 与波导尺寸 (2.5-7n) 之间的关系，**图 2.5-2C(c)** 是 $\lambda_0 = 0.84\mu m$，$\bar{n}_1 = \bar{n}_4 = 3.39$，$\bar{n}_2 = 3.63$，$d_o' = 0.2\mu m$ 和 $0.4\mu m$ 时，要求基横模工作波导芯区厚度与宽度 w 的关系，实线是用远离截止近似算出的结果，虚线是用等效折射率近似算出的结果。可见，二者的结果非常接近。例如，为保证基横模工作，即 $P = 1, Q \leqslant 2$，由**图 2.4-2C(c)**，对于 $w = 3\mu m$，$d_o' = 0.4\mu m$，要求 $d_o < 0.42\mu m$。厚度差 $d_o - d_o'$ 越小，允许基横模工作的宽度 w 可以越大。

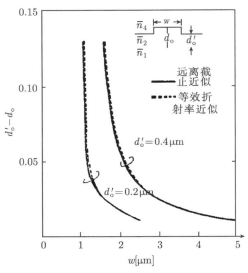

图 2.5-2C(c)　基横模工作波导芯区厚度与宽度 w 的关系
($\lambda_0 = 0.84\mu m$，$\bar{n}_1 = \bar{n}_4 = 3.39$，$\bar{n}_2 = 3.63$，实线也见文献 [12.11])

2. 条形负载波导 (SLW, SBH)[12.1,12.2]

1) 等效脊形波导

如果在三层平板波导的芯层和限制层之间加上一条宽度和厚度分别为 w 和 d_3，折射率为 $\bar{n}_3$ 的介质，则构成**条形负载波导 (strip-loaded waveguide, SLW)**，如**图 2.5-2D** 所示。这样的波导结构可以用等效折射率近似化为**图 2.5-2D(c)** 所示的芯区宽度为 w 的等效对称三层平板波导来求解，也可以化为**图 2.5-2D(b)** 所示的等效脊形波导来求解。将条区四层平板波导等效成芯层厚度为 D 的三层平板波导 (2.5-3a~m)，再用远离截止近似求出近似解析解 (2.5-3n~q)，其余皆按上一节的方法处理。

2) 四层隐埋异质 (BH) 波导[11.4]

隐埋异质 (BH) 激光器输出功率主要受端面灾变性损伤的限制，为了增大近场束宽以提高输出激光功率，减小芯区与左右限制层的模式折射率差 $\Delta\bar{N} = \bar{N}_{II} - \bar{N}_I$

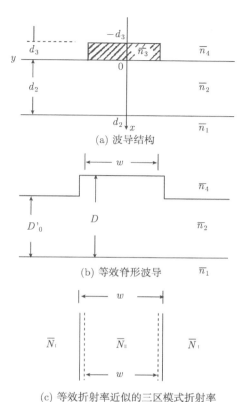

(a) 波导结构

(b) 等效脊形波导

(c) 等效折射率近似的三区模式折射率

图 2.5-2D 条形负载波导分析

以增加条宽 W 和引进波导层实现增厚传播都是有效的。**图 2.5-2E(a)**[11.4] 就是在有源层 $(d_2, \bar{n}_2)$ 和下限制层之间引进厚度为 d_3，折射率 $\bar{n}_3$ 介于 $\bar{n}_2$ 和 $\bar{n}_4$ 之间的波导层，而构成四层隐埋异质波导。适当选择 d_2、d_3、$\bar{n}_2$ 和 $\bar{n}_3$，可以实现**增厚传播**，这时模式折射率 $\overline{N}_{\mathrm{II}}$ 当然大于无波导层时的模式折射率。如埋层折射率 $\bar{n}_1 = \bar{n}_4 < \bar{n}_5 = \overline{N}_{\mathrm{I}} < \overline{N}_{\mathrm{II}}$，可以使 $\Delta\overline{N}$ 足够小，则可增大 W。例如，**图 2.5-2E(a)** 中采用 P 型上限制层 ($x_1 = 0.35 \sim 0.40, d_2 \approx 1.5\mu\mathrm{m}$，掺 Ge)，不掺杂有源层 ($0.01 < x_2 < 0.06, d_2 = 0.03 \sim 0.1\mu\mathrm{m}$)，N 型波导层 ($0.25 < x_3 < 0.3, d_2 \approx 1\mu\mathrm{m}$，掺 Sn)，N 型下限制层 ($x_4 = 0.3 \sim 0.35, d_4 \approx 2\mu\mathrm{m}$，掺 Sn)，不掺杂埋层 ($0.27 < x_5 < 0.32$) 和 n 型 GaAs 衬底。其激光功率算出达 $\geqslant 3$ mW 仍保持单基横模，单纵模工作。

3) 条形隐埋异质 (SBH) 波导[12.1]

如果在折射率为 $\bar{n}_3$、厚度为 d_3 的波导层上面宽度为 W、厚度为 d_2、折射率为 $\bar{n}_2$ 的有源层隐埋在折射率为 $\bar{n}_1$ 的较厚的上限制层内，而波导层下面是折射率为 $\bar{n}_4$ 的较厚的下限制层，则构成条形隐埋异质波导，如**图 2.5-2F** 所示。这样的

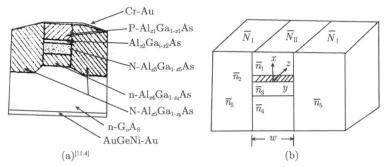

图 2.5-2E   中区为四层波导、左右区为单层的四层隐埋 (BH) 波导

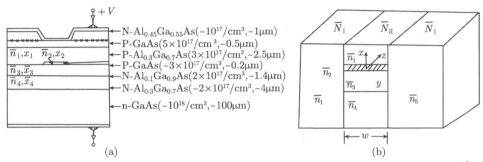

图 2.5-2F   中区为四层平板波导、左右区皆为三层平板波导的条形隐埋 (SBH) 波导结构[12.1]
工艺上需要先做三层外延, 取出刻蚀成有源条形区再外延三个区的上限制层

波导结构, 可以用等效折射率近似求出宽度为 W 的条区四层平板波导的模式折射率 $\overline{N}_{\mathrm{II}}$ 和条区之外三层平板波导的模式折射率 $\overline{N}_{\mathrm{I}}$。其 TE_{01} 模式截止的宽度为

$$W_{\mathrm{c}} = \frac{\lambda_0}{2\sqrt{\overline{N}_{\mathrm{II}}^2 - \overline{N}_{\mathrm{I}}^2}} \qquad (2.5\text{-}7\mathrm{r})$$

取

$$\bar{n}_1 = \bar{n}_4 < \bar{n}_3 < \bar{n}_2 \qquad (2.5\text{-}7\mathrm{s})$$

适当选择 d_2、d_3、$\bar{n}_2$ 和 $\bar{n}_3$, 可使 $\Delta \overline{N} = \overline{N}_{\mathrm{II}} - \overline{N}_{\mathrm{I}}$ 足够小, 因而 W_{c} 明显增大, 如
图 2.5-2G 所示。

设

$$E_y^{mn}(x, y) = E_y^m(x) E_y^n(y) \qquad (2.5\text{-}7\mathrm{t})$$

则其光功率限制因子为

$$\Gamma_{mn} \equiv \frac{\displaystyle\int_0^{d_2} \int_{-w/2}^{w/2} \left| E_y^{mn}(x, y) \right|^2 \mathrm{d}x\mathrm{d}y}{\displaystyle\int_{-\infty}^{\infty} \int_{-\infty}^{\infty} \left| E_y^{mn}(x, y) \right|^2 \mathrm{d}x\mathrm{d}y} = \frac{\displaystyle\int_0^{d_2} \left| E_y^m(x) \right|^2 \mathrm{d}x}{\displaystyle\int_{-\infty}^{\infty} \left| E_y^m(x) \right|^2 \mathrm{d}x} \frac{\displaystyle\int_{-w/2}^{w/2} \left| E_y^n(y) \right|^2 \mathrm{d}y}{\displaystyle\int_{-\infty}^{\infty} \left| E_y^n(y) \right|^2 \mathrm{d}y} = \Gamma_m \Gamma_n$$

$$(2.5\text{-}7\mathrm{u})$$

其数值结果及其对阈值电流密度 J_{th} 的影响如**图 2.5-2H(a)**，**(b)** 所示。可见，即使 $W = 4\mu m$ 的情况下，TE_{01} 模式的阈值仍然比 TE_{00} 模式的阈值高得多。

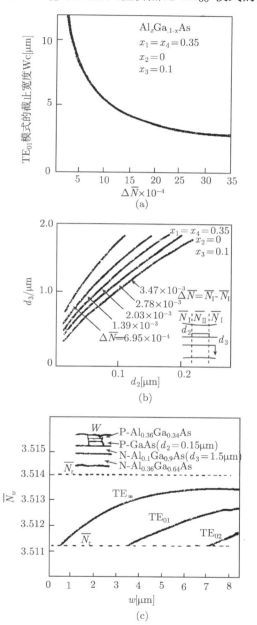

图 2.5-2G 条形隐埋异质 (SBH) 波导的 TE_{01} 截止宽度 W_c 与模式折射率差，d_3 与 d_2 和条宽 w 与芯层折射率的关系[12.1]

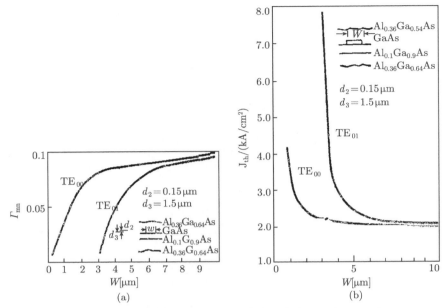

图 2.5-2H　条形隐埋异质 (SBH) 波导层宽度 W 对 TE_{01} 和
TE_{00} 阈值电流密度 J_{th} 的影响[12.1]

3. 衬底沟道平面 (CSP) 波导[12.3~12.8]

如果首先在有吸收的衬底 $\left(\tilde{n}_4 = \bar{n}_4 - i\dfrac{\alpha_4}{2k_0}\right)$ 上开出一个宽度为 W 的沟道,
然后在其上面依次外延生长出折射率为 $\bar{n}_3$ 的下限制层、折射率为 $\bar{n}_2$ 的有源层和
折射率为 $\bar{n}_1$ 的上限制层时, 有源层仍为厚度 (d_2) 均匀的薄平板, 下限制层在沟道
内外的厚度分别为 d_3 和 d_3', 则构成**沟道衬底平面 (channeled substrate planar,
CSP) 波导**, 如**图 2.5-2I** 所示。如果 d_3 足够大, 即沟道足够深, 则沟道区内可以
看成是三层平板波导, 而构道区外可以看成是具有复折射率衬底的四层平板波导。
这时, 沟道区外的复模式折射率 $\tilde{N}_I$ 稍小于沟道区的复模式折射率 $\tilde{N}_{II}$, 故在平行
于结平面的方向可形成足够大的自建弱波导。如果 d_3' 不太小. 可以保证模式与衬
底的耦合足够弱 (**图 2.5-2J**), 则可以用一级微扰近似 (2.5.1 节的 3.) 求出沟道区
内外的复模式折射率差

$$\Delta\tilde{N} \equiv \tilde{N}_{II} - \tilde{N}_I = \Delta\tilde{\beta}_z/k_0 \tag{2.5-8a}$$

从而求出沟道区内外本征值之差为

模式折射率差:

$$\Delta\overline{N} = \mathrm{Re}\left(\Delta\tilde{\beta}_z/k_0\right) \tag{2.5-8b}$$

模式增益差:

$$\Delta \bar{g} = 2\mathrm{Im}\left(\Delta\tilde{\beta}_z/k_0\right) \tag{2.5-8c}$$

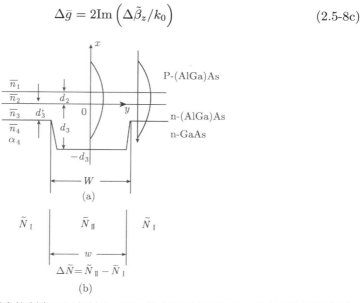

图 2.5-2I 利用限制层厚度控制有源层与衬底，通过模式的耦合程度由一次外延制成的衬底
沟道平面 (CSP) 波导结构[12.5]

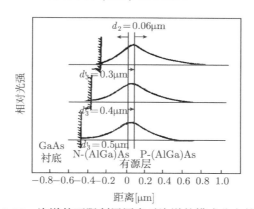

图 2.5-2J 沟道外下限制层厚度对沟道外模式分布的影响
$(\bar{n}_1 = \bar{n}_3 = 3.41, \bar{n}_2 = 3.62, \bar{n}_4 = 3.64, \alpha_4 = 8000/\mathrm{cm})$[12.5]

图 2.5-2K 和**表 2.5-1** 是对 GaAs/AlGaAs 沟道衬底平面波导算出的数值结果。可见：

(1) 随着 d_2 和 d_3' 的减小，$\Delta\bar{N}$ 和 $\Delta\bar{g}$ 迅速增大 (例如从 10^{-5} 增到 10^{-2}，但需注意，d_2 和 d_3' 太小时，一级微扰近似不适用，数值结果不太可靠)。

(2) 如果 $\bar{n}_1 < \bar{n}_3$，则光场移向衬底，$\Delta\bar{N}$ 和 $\Delta\bar{g}$ 也将增大，如**图 2.5-2K(b)**所示。

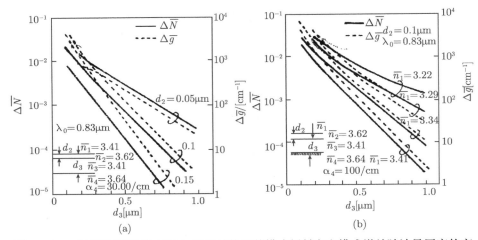

图 2.5-2K　衬底沟道平面 (CSP) 波导结构及其模式折射率和模式增益随波导厚度的变
化: (a) 不同 d_2; (b) 不同 $\bar{n}_1$[12.5]

表 2.5-1　模式折射率和模式增益差随衬底折射率和吸收损耗的变化[12.5]

$\sigma_4[\mu\mathrm{m}]$	$\bar{n}_1 = 3.41, \bar{n}_2 = 3.62, \bar{n}_3 = 3.41, d'_3 = 0.3\mu\mathrm{m}, d_2 = 0.1\mu\mathrm{m}, \lambda_0 = 0.83\mu\mathrm{m}$							
	$\bar{n}_4 = 3.41$		$\bar{n}_4 = 3.49$		$\bar{n}_4 = 3.57$		$\bar{n}_4 = 3.65$	
	$1000\Delta\bar{N}$	$\Delta\bar{g}/[\mathrm{cm}^{-1}]$	$1000\Delta\bar{N}$	$\Delta\bar{g}[\mathrm{cm}^{-1}]$	$1000\Delta\bar{N}$	$\Delta\bar{g}[\mathrm{cm}^{-1}]$	$1000\Delta\bar{N}$	$\Delta\bar{g}[\mathrm{cm}^{-1}]$
0	0	0	截	止	截	止	截	止
2×10^3	0.07	71	−0.20	773	2.69	796	3.88	715
4×10^3	0.26	132	0.17	676	2.63	753	3.81	694
6×10^3	0.51	177	0.54	608	2.60	714	3.74	673
8×10^3	0.76	210	0.88	559	2.60	676	3.69	652
10×10^3	1.01	233	1.17	522	2.62	642	3.65	632
12×10^3	1.24	250	1.42	494	2.65	611	3.62	612
14×10^3	1.45	261	1.64	471	2.70	584	3.60	592

(3) $\Delta\bar{N}$ 和 $\Delta\bar{g}$ 对 $\bar{n}_4$ 和 α_4 不太敏感, 故衬底材料尚有一定的选择余地。

(4) 如果波导参数选择不当, 则 $\Delta\bar{N}$ 和 $\Delta\bar{g}$ 不够大, 不能保证稳定的单基模工作, 因而激光器的输出将出现扭折, 如**图 2.5-2L(c)**、(d) 所示。

(5) 甚至有可能出现反折射率波导, 即

$$|\tilde{\gamma}_4|^{-1} < |\tilde{\gamma}_3|^{-1}, \quad \Delta\bar{N} < 0 \tag{2.5-8d}$$

这时, 光场主要依靠沟内外的增益差实现限制和导引作用, 而具有增益波导的性质, 等相面严重弯曲, 侧向光流太强将使基模的远场图出现三峰或双峰结构。**图 2.5-2J** 的远场单峰说明其 $\Delta\bar{N} > 0$。因此, 必须适当选择波导参数, 才有可能实现稳定的单基模工作, 并保证激光功率达 20mW 以上仍不出现扭折, 如**图 2.5-2L(a)**、(b) 所示。由图可见, 为保证稳定的单基横模工作, 要求:

$$\Delta\bar{N} \geqslant 3 \times 10^{-3} \tag{2.5-8e}$$

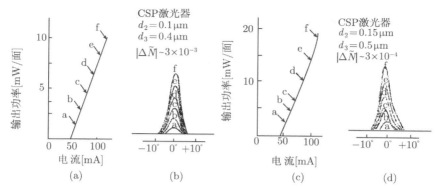

图 2.5-2L 不同波导强度 $|\Delta\tilde{N}| = |\Delta\tilde{\beta}_z/k_0|$ 的衬底沟道平面 (CSP) 波导的电流-光功率特性 (a),(c) 和远场图 (b),(d)[12.5]

4. 梯形衬底 (TS) 波导[12.11~12.14]

如果首先在衬底 $\left(\tilde{n}_4 = \bar{n}_4 - \mathrm{i}\dfrac{\alpha_4}{2\kappa_0}\right)$ 上加工出一个阶梯，然后在它上面依次外延生长出下限制层 ($\bar{n}_3$)、有源层 ($\bar{n}_2$) 和上限制层 ($\bar{n}_1$)，但不是使有源层长平，而是利用在凹处比平坦处生长较快，而在凸处生长较慢的非平面生长规律，使梯阶 (相当于沟道) 处有源层比平坦处 (即沟道外) 生长得厚一些，因而其模式折射率稍高一些而可在大致平行于结面方向形成足够大的自建弱波导，则构成梯形衬底 (TS) 波导，如**图 2.5-2M(a)** 所示。阶梯处下限制层的厚度为 d_3，平面处下限制层的厚度为 d_3'，总有 $d_3 > d_3'$。如果 d_3' 足够大，因而波导作用单纯取决于有源层的厚度差，则可以近似当作脊形突变波导来处理，如**图 2.5-2M(b)、(c)** 所示。如果 d_3' 比较小，则复折射率衬底起作用，也可能使沟外复模式折射率进一步降低，$\Delta\tilde{N}$ 增加，从而使波导作用加强，这时既不能单纯当作脊形波导来处理，也不能单纯当作沟道衬底平面波导来处理，而应该把二者结合起来，如**图 2.5-2M(d)、(e)** 所示。也就是说，首先求出阶梯处近似三层平板波导的模式折射率 $\overline{N}_{\mathrm{II}}$ 和平面处具有复折射率衬底的四层平板波导的复模式折射率 $\tilde{N}_{\mathrm{I}}$ (注意，其零级近似解不是 $\overline{N}_{\mathrm{II}}$)。然后由 $\Delta\tilde{N} = \overline{N}_{\mathrm{II}} - \tilde{N}_{\mathrm{I}}$ 求出 $\Delta\overline{N}$ 和 $\Delta\tilde{g}$。上述两种情况的数值计算结果如**图 2.5-2N** 所示。可见，d_3' **越小越不能单纯当作脊形波导来处理。**

5. 深 Zn 扩散平面条形 (DDS) 波导[12.15]

因为在半导体材料内掺入杂质会改变其复折射率，所以一定的异型杂质分布可以形成一定的自建复折射率分布。**图 2.5-2O** 表示在 n 型三层异质结构的 W 宽度内，扩散 p 型杂质，并使其透过有源层。如扩散前后的异型杂质分布合适，使所产生的自建复折射率分布足以超过达激射以后的注入载流子分布和结温升分布等所产生非自建复折射率分布而形成所需的弱自建波导，则这种结构称为**深 Zn 扩**

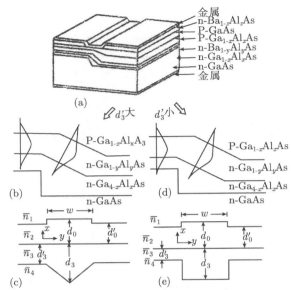

图 2.5-2M 将衬底腐蚀成一个梯形，控制外延生长速度，
形成有源层和限制层在中部较厚的 TS 波导[12.11]

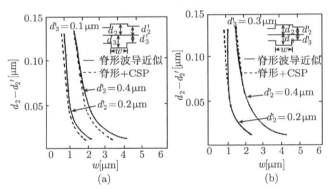

图 2.5-2N 对梯形衬底 (TS) 波导的脊形波导 (RW) 近似和 RW+CSP 近似的比较

散平面条形 (deep Zn diffusion planar stripe, DDS) 波导。由于产生与复折射率具有相同量级的机理较多，而且较难定量确定，实际上这种波导是较难作定量分析的。但由于其 x 方向波导主要依靠异质结构的强自建材料折射率差，而 y 方向异型掺杂形成侧向两个面对面的 pn 结也向有源区注入电子，改善了注入载流子限制，故可近似当作矩形波导来处理。综合考虑各种复折射率贡献后，用等效折射率法求出条区内 (II) 外 (I) 的复模式折射率：

$$\tilde{N}_{\mathrm{I}} = \overline{N}_{\mathrm{I}} - \mathrm{i}\frac{\alpha_{\mathrm{I}}}{2k_0}, \quad \tilde{N}_{\mathrm{II}} = \overline{N}_{\mathrm{II}} + \mathrm{i}\frac{g - \alpha_{\mathrm{II}}}{2k_0} \tag{2.5-8f}$$

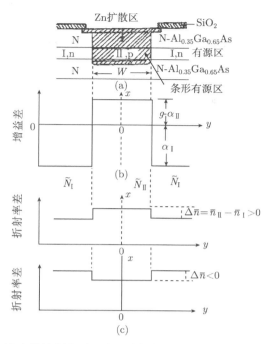

图 2.5-2O 利用 Zn 浓度使控制有源区比两边折射率高或低，而形成折射率正或负波导，从而可以实现不同的波导机制的深 Zn 扩散平面条形 (DDS) 波导[12.15]

$$\Delta \overline{N} = \mathrm{Re}\left(\tilde{N}_{\mathrm{II}} - \tilde{N}_{\mathrm{I}}\right) = \overline{N}_{\mathrm{II}} - \overline{N}_{\mathrm{I}} \tag{2.5-8g}$$

$$\Delta \bar{g} = 2k_0 \mathrm{Im}\left(\tilde{N}_{\mathrm{II}} - \tilde{N}_{\mathrm{I}}\right) = (g - \alpha_{\mathrm{II}}) + \alpha_{\mathrm{I}}, \quad \delta \equiv \frac{\Delta \bar{g}}{2k_0 \Delta \overline{N}} \tag{2.5-8h, i}$$

激光器的阈值条件是模式的净增益 ΔG 等于端面损耗:

$$\Delta G \equiv \frac{\int_{-\infty}^{\infty} g(y)\,|E(y)|^2\,\mathrm{d}y}{\int_{-\infty}^{\infty} |E(y)|^2\,\mathrm{d}y} = \frac{1}{L}\ln\left(\frac{1}{R}\right), \quad g(y) = \begin{cases} g - \alpha_{\mathrm{II}}, & |y| \leqslant W/2 \\ -\alpha_{\mathrm{I}}, & |y| \geqslant W/2 \end{cases}$$

$$\tag{2.5-8j}$$

近场图:

$$|E(y)|^2 = \begin{cases} \left|A\cos\left(\tilde{\kappa}y\right)\right|^2, & \tilde{\kappa}^2 = k_0^2\tilde{N}_{\mathrm{II}}^2 - \tilde{\beta}_z^2, \quad |y| \leqslant W/2 \\ \left|A\cos\left(\dfrac{\tilde{\kappa}W}{2}\right)\right|^2 \mathrm{e}^{-2\gamma_\mathrm{r}(|y|-W/2)}, & \tilde{\gamma}^2 = \tilde{\beta}_z^2 - k_0^2\tilde{N}_{\mathrm{I}}^2, \quad |y| \geqslant W/2 \end{cases}$$

$$\tag{2.5-8k}$$

等相面:

$$\Phi\left(y,z,t\right)=\begin{cases}\omega t-\beta_{\mathrm{zr}}z-\tan^{-1}\left[\tan\left(\kappa_{\mathrm{r}}y\right)\tanh\left(\kappa_{\mathrm{i}}y\right)\right], & |y|\leqslant W/2\\ \omega t-\beta_{\mathrm{zr}}z-\gamma_{\mathrm{i}}\left(y-W/2\right)-\tan^{-1}\left[\tan\left(\kappa_{\mathrm{r}}W/2\right)\tanh\left(\kappa_{\mathrm{i}}W/2\right)\right], & |y|\geqslant W/2\end{cases}$$
$$(2.5\text{-}8l)$$

远场图:

$$I\left(\theta\right)\propto\cos^2\theta\left|\int_{-\infty}^{\infty}E(y)\mathrm{e}^{\mathrm{i}k_0 y\sin\theta}\mathrm{d}y\right|^2 \qquad (2.5\text{-}8m)$$

对于给定的 W、α_{I} 和 $\Delta\overline{N}/\overline{N}_{\mathrm{II}}$,用第一个 g 的试用值 $[g]_1$ 由复本征方程 (2.1-9h) 或**图 2.1-3E** 求出 $\tilde{\kappa}$、$\tilde{\gamma}$,代入 $\Delta\mathrm{G}$ 得 g_{M} 作为第二个试用值 $[g]_2$,再重复求 $[g]_2$,$[g]_3$,直至 $[g]_n = L^{-1}\ln(1/R)$,即得一组相应于一定的 δ 值的近场图、远场图和等相面分布,如**图 2.5-2P~ 图 2.5-2R** 所示。**图 2.5-2Q** 中还画出了实验结果 (实线)。**图 2.5-2S 和图 2.5-2T** 分别是实测的有源区的空穴浓度 $p_{\mathrm{II}}\approx 1.3\times 10^{19}\mathrm{cm}^{-3}$ 和 $9\times 10^{18}\mathrm{cm}^{-3}$ 的不同条宽的深 Zn 扩散平面条形激光器的远场图、近场图和自发发射

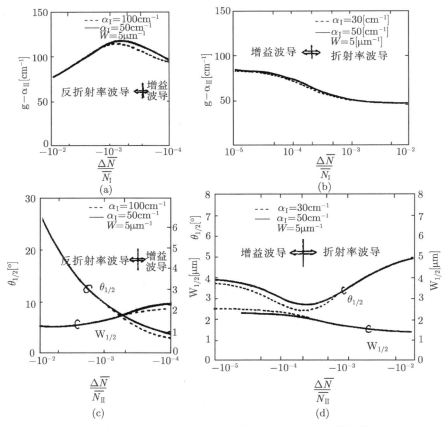

图 2.5-2P   对复折射率波导的深 Zn 扩散平面条形激光器数值算出净增益
随波导机制的变化[12.15]

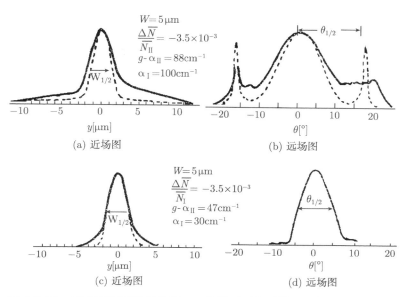

$W = 5\,\mu\text{m}$
$\dfrac{\Delta \overline{N}}{\overline{N}_{\text{II}}} = -3.5 \times 10^{-3}$
$g\text{-}\alpha_{\text{II}} = 88\text{cm}^{-1}$
$\alpha_{\text{I}} = 100\text{cm}^{-1}$

(a) 近场图   (b) 远场图

$W = 5\,\mu\text{m}$
$\dfrac{\Delta \overline{N}}{\overline{N}_{\text{I}}} = -3.5 \times 10^{-3}$
$g\text{-}\alpha_{\text{II}} = 47\text{cm}^{-1}$
$\alpha_{\text{I}} = 30\text{cm}^{-1}$

(c) 近场图   (d) 远场图

图 2.5-2Q 对复折射率波导的深 Zn 扩散平面条形激光器数值算出 (- - -)
和测出 (——) 的近场图和远场图[12.15]

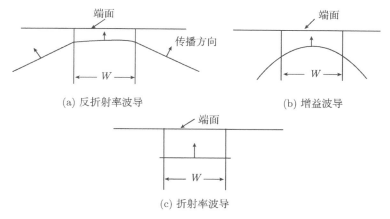

(a) 反折射率波导   (b) 增益波导

(c) 折射率波导

图 2.5-2R 深 Zn 扩散平面条形激光器数值算出的等相面随波导机制的变化[12.15]

光强沿结平面方向的分布。可见。由于 δ 值不同，DDS 激光器可以出现典型的折射
率波导、增益波导和反折射率波导三种情况，它们的等相面形状和远场图结构有密
切关系。特别是在反折射率波导情况，条区内模式折射率反而小于区外 ($\Delta \overline{N} < 0$)。
这时光场主要依靠增益差导引，等相面在条区外严重倾斜，其倾斜程度随条宽减小
而加剧。因而其近场分布虽仍为单峰，但其远场则随条宽减小而从单峰逐渐变为三
峰，最后变为双峰，这一现象曾被认为是一时不易理解的反常现象。

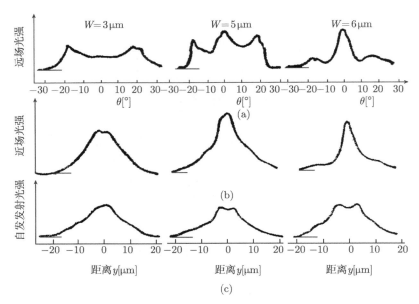

图 2.5-2S $p_{\text{II}} \approx 1.3 \times 10^{19} \text{cm}^{-3}$ 不同条宽 (W) 的深 Zn 扩散平面条形激光器的远场图、近场图和自发发射光强沿结平面方向的分布[12.15]

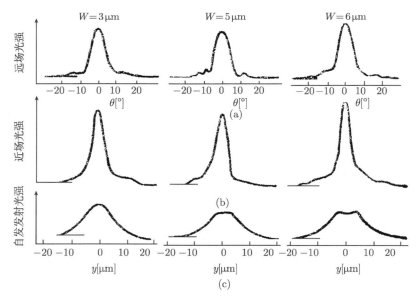

图 2.5-2T 不同条宽 (W) 的深 Zn 扩散平面条形激光器的远场图和近场图 $(\text{I}=\text{I}_{\text{th}} \sim 1.1\text{I}_{\text{th}})$，以及自发发射光强 $(\text{I}=\text{I}_{\text{th}}/2)$ 沿结平面方向的分布条区内空穴浓度约为 $9 \times 10^{18} \text{cm}^{-3}$ [12.15]

第十二讲学习重点

四层平板波导的中介层 (第三层、波导层)，不但本身可以起原厚或增厚传播的作用，而且可以控制第四层，例如有吸收的衬底的作用。这些作用也可以从其等效三层平板波导来研究。本讲的学习重点为：

（1）四层平板波导的基本性质，如原厚传播、增厚传播、过渡模式、过渡厚度、奇点厚度和分别限制的概念及其分析方法、物理实质、优缺点和应用。

（2）处理四层平板波导的等效三层平板波导理论和方法，所得结果及其推导和数值计算。

（3）处理复衬底四层平板波导的微扰理论和方法，所得结果及其推导和数值计算。

（4）条形侧向弱自建波导的形成、分析方法、性质特点及其应用。

习 题 十 二

Ex.12.1 **(a)** 计算并比较有源层为 GaAs，$d_2 = 0.25\mu m$，限制层为 $Al_{0.36}Ga_{0.64}As$，波导层分别为 $Al_{0.1}Ga_{0.9}As$ 和 $Al_{0.15}Ga_{0.85}As$，$d_3 = 1.5\mu m$ 的 TE_0 和 TE_1 模式的光场强度分布 (**图 2.5-1C(a)**)，并讨论其物理和技术含义。**(b)** **增厚传播**的四层平板波导可否等效为三层平板波导？先做出初步判断，如认为可以，则导出有关公式，如认为不可以，则证明其不可以。**(c)** 可否从远离截止近似解析法 (2.4-4j) 和 (2.4-5m~o) 直接导出 (2.5-3p,q)？如果可以，就具体推导出来，得出的结果是否说明远离截止近似解析法实际上就是完全限制近似？**(d)** 为什么要将四层或多层平板波导等效成三层平板波导，这对设计和理论分析有何意义或应用？**(e)** 如果 $\bar{n}_2 > \bar{n}_3 > \bar{n}_4 > \bar{n}_1$ 或 $\bar{n}_2 > \bar{n}_3 > \bar{n}_1 > \bar{n}_4$，这两种四层波导结构将分别有几种模式？分别是何模式？为什么？因此是否可以只讨论 $\bar{n}_4 = \bar{n}_1$ 情况而不失其普遍性？

Ex.12.2 **(a)** 计算 $\bar{n}_1 = \bar{n}_3 = 3.385$，$\alpha_{fc,1,2,3} = 10cm^{-1}$，$\alpha_4 = 50cm^{-1}$，$\bar{n}_2 = \bar{n}_4 = 3.590$，$d_2 = 0.8\mu m$，$d_3 = 0.1\mu m$，$L = 350\mu m$，$\lambda_0 = 0.9\mu m$ 时复折射率衬底四层平板波导的基模场及其等相面的分布，并讨论其物理和技术含义。**(b)** 同上问题可否由**精确本征方程**(2.5-4y) 求解？如果可以，就解出结果与微扰近似法的结果进行比较，从而评价发展和运用上述**微扰近似法**的必要性。**(c)** 复折射率衬底四层平板波导和增厚传播四层平板波导对高阶模都有抑制作用，但其物理机制是否相同？有何本质区别？**(d)** 在复折射率衬底四层平板波导的微扰论分析中，何以要用模式磁场进行微扰展开？为何不用模式电场进行微扰展开？是不可用还是也可用？为什么？

参 考 文 献

[12.1] Tsang W T, Logan R A. GaAs-Al$_x$Ga$_{1-x}$As strip buried heterostructure lasers. IEEE J. Quantum Electron., 1979, QE-15: 451–469.

[12.2] Marcatili E A J. Slab-Coupled Waveguides. BSTJ, 1974, 53: 645–674.

[12.3] Streifer W, Burnham R D, Scifres D R. Substrate radiation losses in GaAs heterostructure lasers，IEEE. J. Quantum Electron., 1976, QE-12: 177–182.

[12.4] Aiki K, Nakamura M, Kuroda T, et al. Transverse mode stabilized Al$_x$Ga$_{1-x}$As injection lasers with channeled-substrate-planar structure. IEEE J. Quantum Electron., 1978, QE-14: 89–94.

[12.5] Kuroda T, Nakamura M, Aiki K, et al. Channeld-substrate-planar structure Al$_x$Ga$_{1-x}$As lasers: an analytical waveguide study. Appl. Opt., 1984, 17: 3264–3267.

[12.6] 张敬明, 郑宝真. 半导体四层漏光波导的分析. 半导体学报, 1984, 5: 74–80.

[12.7] 张敬明. 半导体四层漏光波导的分析, II: 强耦合近似与精确解. 半导体学报, 1985, 6: 536–543.

[12.8] Chen C Y, Wang S. Near-field and beam-waist position of the semiconductor laser with a channeled-substrate planar structure. Appl. Phys. Lett., 1980, 37: 257–260.

[12.9] Lee T P, Burrus C A, Miller B I, et al. Al$_x$Ga$_{1-x}$As double-hetero-structure rib-waveguide injection laser. IEEE J. Quantum Electron., 1975, QE-11: 432–435.

[12.10] Botez D. Constricted double-heterostucture AlGaAs diode lasers: structure and electrooptical characteristics. IEEE J. Quantum Electron., 1981, QE-17: 2290–2308.

[12.11] Sugino T, Itoh K, Wada M, et al. Fundamental transverse and longitudinal mode oscillation in terraced substrate GaAs-(GaAl) As lasers. IEEE J. Quantum Electron., 1979, QE-15: 714–718.

[12.12] Sugino T, Itoh K, Shimizu H, et al. Reduction of threshold current in GaAlAs terraced substrate lasers. IEEE J. Quantum Electron., 1981, QE-17: 745–750.

[12.13] Wada M, Itoh K, Shimizu H. et al. Very low threshold visible TS lasers. IEEE J. Quantum Electron., 1981, QE-17: 776–780.

[12.14] Kirky P A, Thompson G H B. Chanelled substrate buried heterotructure GaAs-(GaAs)As injection lasers. J. Appl. Phys., 1976, 47: 4578–4589.

[12.15] Ueno M, Yonezu H. Guiding mechanisms controlled by impurity concentrations-(Al,Ga) As planar strip lasers with deep Zn diffusion. J. Appl. Phys., 1980, 51: 2361–2371.

2.5.3 质量迁移隐埋异质结构中的五层平板波导[13.1]

1. 波函数、本征方程和光强分布

采用**质量迁移隐埋异质结构** (mass transport buried heterostructure, **MTBH**) 工艺在垂直方向 (x) 波导的侧向 (y) 形成有源层两边的光限制层，与外限制层 (聚酰亚胺或空气) 构成侧向五层对称波导的隐埋异质结构，其电磁模型如**图 2.5-3A(a)**、(b) 所示。

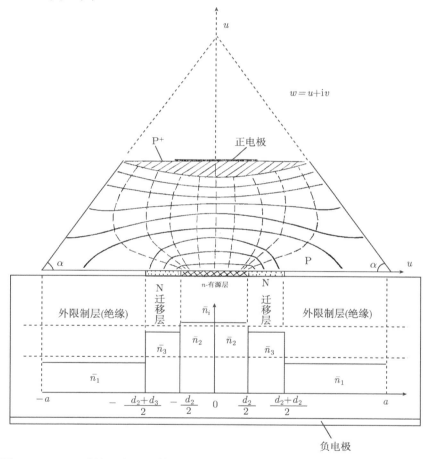

图 2.5-3A(a)　质量迁移 BH 激光器结构及其侧向五层对称波导的保角变换[13.1]

由亥姆霍兹方程：

$$\frac{\mathrm{d}^2 \psi_{\mathrm{i}}}{\mathrm{d}x^2} + k_0^2(\bar{n}_{\mathrm{i}}^2 - \overline{N}_m^2)\psi_{\mathrm{i}} = 0, \quad i = 1, 2, 3 \tag{2.5-9a}$$

其中，ψ_i 是第 i 层的模式电场 E_y。由于各层折射率的分布为

$$\bar{n}_2 > \bar{n}_3 > \bar{n}_1 \tag{2.5-9b}$$

方程 (2.5-9a) 的本征值 (——) 模式折射率 $\overline{N}_m$ 必在 $\bar{n}_2$ 和 $\bar{n}_1$ 之间:

$$\bar{n}_2 > \overline{N}_m > \bar{n}_1 \tag{2.5-9c}$$

当 $\bar{n}_2 > \overline{N}_m > \bar{n}_3$ 时, 为**原厚传播模式 (original thickness propagation mode)**, 这时**图 2.5-3A(b)** 各区的传播参数分别为

$$
\begin{aligned}
\gamma_1 &= k_0 \sqrt{\overline{N}_m^2 - \bar{n}_1^2} \\
\kappa_2 &= k_0 \sqrt{\bar{n}_2^2 - \overline{N}_m^2} \\
\gamma_3 &= k_0 \sqrt{\overline{N}_m^2 - \bar{n}_3^2}
\end{aligned}
\tag{2.5-9c$'$}
$$

而当 $\bar{n}_3 > \overline{N}_m > \bar{n}_1$ 时, 则为**增厚传播模式 (augmented thickness propagation mode)**。这时各区的传播参数分别为

$$
\begin{aligned}
\gamma_1 &= k_0 \sqrt{\overline{N}_m^2 - \bar{n}_1^2} \\
\kappa_2 &= k_0 \sqrt{\bar{n}_2^2 - \overline{N}_m^2} \\
\kappa_3 &= k_0 \sqrt{\bar{n}_3^2 - \overline{N}_m^2}
\end{aligned}
\tag{2.5-9c$''$}
$$

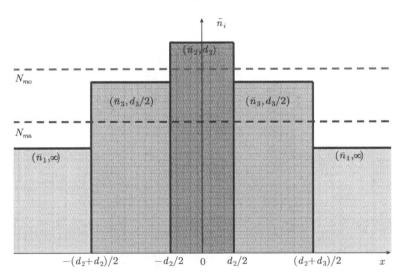

图 2.5-3A(b) 五层对称平板波导结构的电磁模型

1) 本征函数

TE 模式磁场 H_z 正比于模式电场 E_y 的导数; 由对偶性原理 (表现 2.1-1), TM 模式电场 E_z 正比于模式磁场 H_y 的导数:

$$\psi_{\mathrm{i}}' \equiv \frac{\mathrm{d}\psi_{\mathrm{i}}}{\mathrm{d}x} \xrightarrow{\mathrm{TE}} H_z = \frac{\mathrm{i}}{\omega\mu_0}\frac{\partial E_y(x)}{\partial x} \xrightarrow{\mathrm{TM}} E_z = \frac{-\mathrm{i}}{\omega\varepsilon_0\bar{n}^2}\frac{\partial H_y(x)}{\partial x} \tag{2.5-9d'}$$

$$\begin{cases} \mathrm{TE}: \ \gamma_1' = \gamma_1, \quad \kappa_2' = \kappa_2, \quad \gamma_3' = \gamma_3, \quad \kappa_3' = \kappa_3, \quad d_{3\mathrm{t}}' = d_{3\mathrm{t}} \\[2mm] \mathrm{TM}: \ \gamma_1' = \dfrac{\gamma_1}{\bar{n}_1^2}, \quad \kappa_2' = \dfrac{\kappa_2}{\bar{n}_2^2}, \quad \gamma_3' = \dfrac{\gamma_3}{\bar{n}_3^2}, \quad \kappa_3' = \dfrac{\kappa_3}{\bar{n}_3^2}, \quad d_{3\mathrm{t}}' = \bar{n}_3^2 d_{3\mathrm{t}} \end{cases} \tag{2.5-9d}$$

其中, ψ_{i} 和 ψ_{i}' 分别表示模式电场 E_y 和磁场 H_z 的本征函数, 其下标 o、a 和 t 分别表示**原厚**、**增厚传播模式**和**过渡模式**, 以芯区中心为 x 坐标原点, 由于对称性, 可只考虑 $x \geqslant 0$ 各区的**本征函数**。

$0 \leqslant x \leqslant d_2/2$:

$$\psi_2 = A_2 \cos\left(\kappa_2 x - \frac{m\pi}{2}\right), \quad \psi_2' = -\kappa_2' A_2 \sin\left(\kappa_2 x - \frac{m\pi}{2}\right) \tag{2.5-9e}$$

$d_2/2 \leqslant x \leqslant (d_2+d_3)/2$:

$$\psi_{3\mathrm{o}} = A_{3\mathrm{o}}\mathrm{e}^{-\gamma_3\left(x-\frac{d_2}{2}\right)} + B_{3\mathrm{o}}\mathrm{e}^{\gamma_3\left(x-\frac{d_2}{2}\right)},$$

$$\psi_{3\mathrm{o}}' = -\gamma_3' A_{3\mathrm{o}}\mathrm{e}^{-\gamma_3\left(x-\frac{d_2}{2}\right)} + \gamma_3' B_{3\mathrm{o}}\mathrm{e}^{\gamma_3\left(x-\frac{d_2}{2}\right)} \tag{2.5-9f}$$

$$\psi_{3\mathrm{a}} = A_{3\mathrm{a}}\cos\left[\kappa_3\left(x - \frac{d_2}{2}\right)\right] + B_{3\mathrm{a}}\sin\left[\kappa_3\left(x - \frac{d_2}{2}\right)\right]$$

$$= \sqrt{A_{3\mathrm{a}}^2 + B_{3\mathrm{a}}^2}\sin\left[\kappa_3\left(x - \frac{d_2}{2}\right) + \tan^{-1}\left(\frac{A_{3\mathrm{a}}}{B_{3\mathrm{a}}}\right)\right] \tag{2.5-9g}$$

$$\psi_{3\mathrm{a}}' = -\kappa_3' A_{3\mathrm{a}}\sin\left[\kappa_3\left(x - \frac{d_2}{2}\right)\right] + \kappa_3' B_{3\mathrm{a}}\cos\left[\kappa_3\left(x - \frac{d_2}{2}\right)\right]$$

$$= \kappa_3'\sqrt{A_{3\mathrm{a}}^2 + B_{3\mathrm{a}}^2}\cos\left[\kappa_3\left(x - \frac{d_2}{2}\right) + \tan^{-1}\left(\frac{A_{3\mathrm{a}}}{B_{3\mathrm{a}}}\right)\right] \tag{2.5-9g'}$$

$(d_2+d_3)/2 \leqslant x \leqslant \infty$:

$$\psi_1 = B_1\mathrm{e}^{-\gamma_1\left(x-\frac{d_2+d_3}{2}\right)}, \quad \psi_1' = -\gamma_1' B_1\mathrm{e}^{-\gamma_1\left(x-\frac{d_2+d_3}{2}\right)} \tag{2.5-9h}$$

2) 原厚传播模式 ($\bar{n}_3 < \overline{N}_m < \bar{n}_2$)

(1) **场系数关系**: 由**边界条件**求其场系数 (振幅), 从而得出原厚传播模式的本征方程。

$x = \dfrac{d_2}{2}$:

$$A_2\cos\left(\frac{\kappa_2 d_2}{2} - \frac{m\pi}{2}\right) = A_{3\mathrm{o}} + B_{3\mathrm{o}}, \quad -\kappa_2' A_2\sin\left(\frac{\kappa_2 d_2}{2} - \frac{m\pi}{2}\right) = -\gamma_3' A_{3\mathrm{o}} + \gamma_3' B_{3\mathrm{o}} \tag{2.5-9i}$$

$x = \dfrac{d_2+d_3}{2}$:

$$A_{3\mathrm{o}}\mathrm{e}^{-\frac{\gamma_3 d_3}{2}} + B_{3\mathrm{o}}\mathrm{e}^{\frac{\gamma_3 d_3}{2}} = B_{1\mathrm{o}}, \quad -\gamma_3' A_{3\mathrm{o}}\mathrm{e}^{-\frac{\gamma_3 d_3}{2}} + \gamma_3' B_{3\mathrm{o}}\mathrm{e}^{\frac{\gamma_3 d_3}{2}} = -\gamma_1' B_{1\mathrm{o}} \tag{2.5-9j}$$

$$A_{3\mathrm{o}} = \frac{\begin{vmatrix} A_2\cos\left(\dfrac{\kappa_2 d_2}{2} - \dfrac{m\pi}{2}\right) & 1 \\[2mm] -\kappa_2' A_2\sin\left(\dfrac{\kappa_2 d_2}{2} - \dfrac{m\pi}{2}\right) & \gamma_3' \end{vmatrix}}{\begin{vmatrix} 1 & 1 \\ -\gamma_3' & \gamma_3' \end{vmatrix}}$$

$$= A_2\,\frac{\gamma_3'\cos\left(\dfrac{\kappa_2 d_2}{2} - \dfrac{m\pi}{2}\right) + \kappa_2'\sin\left(\dfrac{\kappa_2 d_2}{2} - \dfrac{m\pi}{2}\right)}{2\gamma_3'} \tag{2.5-9k}$$

$$B_{3\mathrm{o}} = \frac{\begin{vmatrix} 1 & A_2\cos\left(\dfrac{\kappa_2 d_2}{2} - \dfrac{m\pi}{2}\right) \\[2mm] -\gamma_3' & -\kappa_2' A_2\sin\left(\dfrac{\kappa_2 d_2}{2} - \dfrac{m\pi}{2}\right) \end{vmatrix}}{\begin{vmatrix} 1 & 1 \\ -\gamma_3' & \gamma_3' \end{vmatrix}}$$

$$= A_2\,\frac{\gamma_3'\cos\left(\dfrac{\kappa_2 d_2}{2} - \dfrac{m\pi}{2}\right) - \kappa_2'\sin\left(\dfrac{\kappa_2 d_2}{2} - \dfrac{m\pi}{2}\right)}{2\gamma_3'} \tag{2.5-9l}$$

由式 (2.5-9j):

$$(\gamma_1' - \gamma_3')\mathrm{e}^{-\frac{\gamma_3 d_3}{2}}A_{3\mathrm{o}} + (\gamma_1' + \gamma_3')\mathrm{e}^{\frac{\gamma_3 d_3}{2}}B_{3\mathrm{o}} = 0 \tag{2.5-9m}$$

(2) 本征方程: 将式 (2.5-9k,l) 代入式 (2.5-9m), 得

$$(\gamma_1' - \gamma_3')\mathrm{e}^{-\frac{\gamma_3 d_3}{2}}\left[\gamma_3' + \kappa_2'\tan\left(\frac{\kappa_2 d_2}{2} - \frac{m\pi}{2}\right)\right]$$

$$+ (\gamma_1' + \gamma_3')\mathrm{e}^{\frac{\gamma_3 d_3}{2}}\left[\gamma_3' - \kappa_2'\tan\left(\frac{\kappa_2 d_2}{2} - \frac{m\pi}{2}\right)\right] = 0 \rightarrow$$

$$\gamma_3'\left[\gamma_1'\left(\mathrm{e}^{\frac{\gamma_3 d_3}{2}} + \mathrm{e}^{-\frac{\gamma_3 d_3}{2}}\right) + \gamma_3'\left(\mathrm{e}^{\frac{\gamma_3 d_3}{2}} - \mathrm{e}^{-\frac{\gamma_3 d_3}{2}}\right)\right]$$

$$- \kappa_2'\left[\gamma_1'\left(\mathrm{e}^{\frac{\gamma_3 d_3}{2}} - \mathrm{e}^{-\frac{\gamma_3 d_3}{2}}\right) + \gamma_3'\left(\mathrm{e}^{\frac{\gamma_3 d_3}{2}} + \mathrm{e}^{-\frac{\gamma_3 d_3}{2}}\right)\right]\tan\left(\frac{\kappa_2 d_2}{2} - \frac{m\pi}{2}\right) = 0 \rightarrow$$

$$\tan\left(\frac{\kappa_2 d_2}{2} - \frac{m\pi}{2}\right) = \frac{\gamma_3'\left[\gamma_1'\cosh\left(\dfrac{\gamma_3 d_3}{2}\right) + \gamma_3'\sinh\left(\dfrac{\gamma_3 d_3}{2}\right)\right]}{\kappa_2'\left[\gamma_1'\sinh\left(\dfrac{\gamma_3 d_3}{2}\right) + \gamma_3'\cosh\left(\dfrac{\gamma_3 d_3}{2}\right)\right]}$$

$$= \frac{\gamma_3'}{\kappa_2'}\cdot\frac{\gamma_1' + \gamma_3'\tanh\left(\dfrac{\gamma_3 d_3}{2}\right)}{\gamma_3' + \gamma_1'\tanh\left(\dfrac{\gamma_3 d_3}{2}\right)} \rightarrow$$

原厚传播的本征方程:

$$\tan\left(\frac{\kappa_2 d_2}{2} - \frac{m\pi}{2}\right) = \frac{\gamma_3'}{\kappa_2'} \cdot \frac{\gamma_1' + \gamma_3' \tanh\left(\frac{\gamma_3 d_3}{2}\right)}{\gamma_3' + \gamma_1' \tanh\left(\frac{\gamma_3 d_3}{2}\right)} \tag{2.5-9n}$$

当第三层厚度很大或很小时，对称五层波导将分别化为不同的三层平板波导：

$$d_3 \to \infty: \quad \tan\left(\frac{\kappa_2 d_2}{2} - \frac{m\pi}{2}\right) = \frac{\gamma_3'}{\kappa_2'} \cdot \frac{\gamma_1' + \gamma_3' \frac{1 - e^{-\gamma_3' d_3}}{1 + e^{-\gamma_3' d_3}}}{\gamma_3' + \gamma_1' \frac{1 - e^{-\gamma_3' d_3}}{1 + e^{-\gamma_3' d_3}}} = \frac{\gamma_3'}{\kappa_2'} \cdot \frac{\gamma_1' + \gamma_3'}{\gamma_3' + \gamma_1'} = \frac{\gamma_3'}{\kappa_2'} \tag{2.5-9o}$$

$$d_3 \to 0: \quad \tan\left(\frac{\kappa_2 d_2}{2} - \frac{m\pi}{2}\right) = \frac{\gamma_3'}{\kappa_2'} \cdot \frac{\gamma_1'}{\gamma_3'} = \frac{\gamma_1'}{\kappa_2'} \tag{2.5-9p}$$

(3) **场的振幅与 A_2 的比值**：由式 (2.5-9k~n)，将 A_{1o}, A_{3o}, B_{3o} 与 A_2 的比值分别写成

$$A_{3o} = \frac{\gamma_3' + \kappa_2' \tan\left(\frac{\kappa_2 d_2}{2} - \frac{m\pi}{2}\right)}{2\gamma_3'} A_2 \cos\left(\frac{\kappa_2 d_2}{2} - \frac{m\pi}{2}\right)$$

$$= \frac{\gamma_3' + \kappa_2' \frac{\gamma_3'}{\kappa_2'} \frac{\gamma_1' + \gamma_3' \tanh\left(\frac{\gamma_3 d_3}{2}\right)}{\gamma_3' + \gamma_1' \tanh\left(\frac{\gamma_3 d_3}{2}\right)}}{2\gamma_3'} A_2 \cos\left(\frac{\kappa_2 d_2}{2} - \frac{m\pi}{2}\right)$$

$$= \frac{A_2}{2}\left[1 + \frac{\gamma_1' + \gamma_3' \tanh\left(\frac{\gamma_3 d_3}{2}\right)}{\gamma_3' + \gamma_1' \tanh\left(\frac{\gamma_3 d_3}{2}\right)}\right] \cos\left(\frac{\kappa_2 d_2}{2} - \frac{m\pi}{2}\right) \to$$

$$A_{3o} = A_2 \frac{(\gamma_1' + \gamma_3')\left[1 + \tanh\left(\frac{\gamma_3 d_3}{2}\right)\right]}{2\left[\gamma_3' + \gamma_1' \tanh\left(\frac{\gamma_3 d_3}{2}\right)\right]} \cos\left(\frac{\kappa_2 d_2}{2} - \frac{m\pi}{2}\right) \tag{2.5-9q}$$

$$B_{3o} = \frac{\gamma_3' - \kappa_2' \tan\left(\frac{\kappa_2 d_2}{2} - \frac{m\pi}{2}\right)}{2\gamma_3'} A_2 \cos\left(\frac{\kappa_2 d_2}{2} - \frac{m\pi}{2}\right) \to$$

$$B_{3o} = A_2 \frac{(\gamma_3' - \gamma_1')\left[1 - \tanh\left(\frac{\gamma_3 d_3}{2}\right)\right]}{2\left[\gamma_3' + \gamma_1' \tanh\left(\frac{\gamma_3 d_3}{2}\right)\right]} \cos\left(\frac{\kappa_2 d_2}{2} - \frac{m\pi}{2}\right) \tag{2.5-9r}$$

$$B_{1o} = A_{3o} e^{-\frac{\gamma_3 d_3}{2}} + B_{3o} e^{\frac{\gamma_3 d_3}{2}}$$

$$
= \left\{ \frac{(\gamma_3' + \gamma_1') \left[1 + \tanh\left(\frac{\gamma_3 d_3}{2} \right) \right] \mathrm{e}^{-\frac{\gamma_3 d_3}{2}}}{2 \left[\gamma_3' + \gamma_1' \tanh\left(\frac{\gamma_3 d_3}{2} \right) \right]} \right.
$$

$$
\left. + \frac{(\gamma_3' - \gamma_1') \left[1 - \tanh\left(\frac{\gamma_3 d_3}{2} \right) \right] \mathrm{e}^{\frac{\gamma_3 d_3}{2}}}{2 \left[\gamma_3' + \gamma_1' \tanh\left(\frac{\gamma_3 d_3}{2} \right) \right]} \right\} A_2 \cos\left(\frac{\kappa_2 d_2}{2} - \frac{m\pi}{2} \right)
$$

$$
= \left\{ \frac{\begin{array}{c} \gamma_3' \left(\mathrm{e}^{-\frac{\gamma_3 d_3}{2}} + \mathrm{e}^{\frac{\gamma_3 d_3}{2}} \right) + \gamma_1' \left(\mathrm{e}^{-\frac{\gamma_3 d_3}{2}} - \mathrm{e}^{\frac{\gamma_3 d_3}{2}} \right) \\ + \left[\gamma_3' \left(\mathrm{e}^{-\frac{\gamma_3 d_3}{2}} - \mathrm{e}^{\frac{\gamma_3 d_3}{2}} \right) + \gamma_1' \left(\mathrm{e}^{-\frac{\gamma_3 d_3}{2}} - \mathrm{e}^{\frac{\gamma_3 d_3}{2}} \right) \right] \tanh\left(\frac{\gamma_3 d_3}{2} \right) \end{array}}{2 \left[\gamma_3' + \gamma_1' \tanh\left(\frac{\gamma_3 d_3}{2} \right) \right]} \right\}
$$

$$
\cdot A_2 \cos\left(\frac{\kappa_2 d_2}{2} - \frac{m\pi}{2} \right)
$$

$$
= \left\{ \frac{\begin{array}{c} \gamma_3' \cosh\left(\frac{\gamma_3 d_3}{2} \right) - \gamma_1' \sinh\left(\frac{\gamma_3 d_3}{2} \right) + \gamma_1' \tanh\left(\frac{\gamma_3 d_3}{2} \right) \cosh\left(\frac{\gamma_3 d_3}{2} \right) \\ - \gamma_3' \tanh\left(\frac{\gamma_3 d_3}{2} \right) \sinh\left(\frac{\gamma_3 d_3}{2} \right) \end{array}}{2 \left[\gamma_3' + \gamma_1' \tanh\left(\frac{\gamma_3 d_3}{2} \right) \right]} \right\}
$$

$$
\cdot A_2 \cos\left(\frac{\kappa_2 d_2}{2} - \frac{m\pi}{2} \right) \rightarrow
$$

$$
B_{1\mathrm{o}} = A_2 \frac{\gamma_3'}{\cosh\left(\frac{\gamma_3 d_3}{2} \right) \left[\gamma_3' + \gamma_1' \tanh\left(\frac{\gamma_3 d_3}{2} \right) \right]} \cos\left(\frac{\kappa_2 d_2}{2} - \frac{m\pi}{2} \right) \tag{2.5-9s}
$$

(4) 光强分布: **整个波导结构的原厚模式光能 I_i 和光功率限制因子 Γ_i 在各区的分布** $(i = 1, 2, 3)$:

$$
\begin{aligned}
I_{2\mathrm{o}} &\equiv 2 \int_0^{\frac{d_2}{2}} (\psi_2)^2 \, \mathrm{d}x = 2 \int_0^{\frac{d_2}{2}} \left[A_2 \cos(\kappa_2 x - m\pi/2) \right]^2 \, \mathrm{d}x \\
&= 2 A_2^2 \int_0^{d_2/2} \frac{1}{2} \left[1 + \cos(2\kappa_2 x - m\pi) \right] \, \mathrm{d}x \\
&= A_2^2 \left[x + \frac{1}{2\kappa_2} \sin(2\kappa_2 x - m\pi) \right]_0^{d_2/2} \rightarrow
\end{aligned}
$$

$$I_{2\mathrm{o}} = \frac{A_2^2}{2}\left[d_2 + \frac{1}{\kappa_2}\sin\left(\kappa_2 d_2 - m\pi\right)\right] \tag{2.5-9t}$$

$$I_{3\mathrm{o}} \equiv 2\int_{d_2/2}^{\frac{d_2+d_3}{2}} (\psi_3)^2\,\mathrm{d}x = 2\int_{d_2/2}^{\frac{d_2+d_3}{2}}\left[A_{3\mathrm{o}}\mathrm{e}^{-\gamma_3(x-d_2/2)} + B_{3\mathrm{o}}\mathrm{e}^{\gamma_3(x-d_2/2)}\right]^2\mathrm{d}x$$

$$= 2\int_{d_2/2}^{\frac{d_2+d_3}{2}}\left[A_{3\mathrm{o}}^2\mathrm{e}^{-2\gamma_3(x-d_2/2)} + 2A_{3\mathrm{o}}B_{3\mathrm{o}} + B_{3\mathrm{o}}^2\mathrm{e}^{2\gamma_3(x-d_2/2)}\right]\mathrm{d}x$$

$$= 2\left[A_{3\mathrm{o}}^2\mathrm{e}^{-\gamma_3(x-d_2/2)}/(-2\gamma_3) + 2A_{3\mathrm{o}}B_{3\mathrm{o}}x + B_{3\mathrm{o}}^2\mathrm{e}^{\gamma_3(x-d_2/2)}/(2\gamma_3)\right]_{d_2/2}^{(d_2+d_3)/2} \rightarrow$$

$$I_{3\mathrm{o}} = \frac{1}{\gamma_3}\left[A_{3\mathrm{o}}^2\left(1-\mathrm{e}^{-\gamma_3 d_3}\right) + B_{3\mathrm{o}}^2\left(\mathrm{e}^{\gamma_3 d_3}-1\right)\right] + 2A_{3\mathrm{o}}B_{3\mathrm{o}}d_3 \tag{2.5-9u}$$

$$I_{1\mathrm{o}} \equiv 2\int_{(d_2+d_3)/2}^{\infty}(\psi_1)^2\,\mathrm{d}x = 2\int_{(d_2+d_3)/2}^{\infty}B_{1\mathrm{o}}^2\mathrm{e}^{-2\gamma_1\left(x-\frac{d_2+d_3}{2}\right)}\mathrm{d}x \rightarrow I_{1\mathrm{o}} = \frac{B_{1\mathrm{o}}^2}{\gamma_1} \tag{2.5-9v}$$

$$\Gamma_{1\mathrm{o}} \equiv I_{1\mathrm{o}}/\sum_{i=1}^{3}I_{i\mathrm{o}}, \quad \Gamma_{2\mathrm{o}} \equiv I_{2\mathrm{o}}/\sum_{i=1}^{3}I_{i\mathrm{o}}, \quad \Gamma_{3\mathrm{o}} \equiv I_{3\mathrm{o}}/\sum_{i=1}^{3}I_{i\mathrm{o}} \tag{2.5-9w}$$

3) 增厚传播模式 $(\bar{n}_1 < \overline{N}_m < \bar{n}_3)$

(1) 场系数关系和本征方程: 由**边界条件**求其场系数 (振幅), 从而得出增厚传播模式的本征方程。

$$x = \frac{d_2}{2}: \begin{cases} A_2\cos\left(\frac{\kappa_2 d_2}{2} - \frac{m\pi}{2}\right) = \sqrt{A_{3\mathrm{a}}^2 + B_{3\mathrm{a}}^2}\sin\left[\tan^{-1}\left(\frac{A_{3\mathrm{a}}}{B_{3\mathrm{a}}}\right)\right] \\ -\kappa_2' A_2\sin\left(\frac{\kappa_2 d_2}{2} - \frac{m\pi}{2}\right) = \kappa_3'\sqrt{A_{3\mathrm{a}}^2 + B_{3\mathrm{a}}^2}\cos\left[\tan^{-1}\left(\frac{A_{3\mathrm{a}}}{B_{3\mathrm{a}}}\right)\right] \end{cases} \tag{2.5-10a}$$

$$x = \frac{d_2+d_3}{2}: \begin{cases} \sqrt{A_{3\mathrm{a}}^2 + B_{3\mathrm{a}}^2}\sin\left[\frac{\kappa_3 d_3}{2} + \tan^{-1}\left(\frac{A_{3\mathrm{a}}}{B_{3\mathrm{a}}}\right)\right] = B_1 \\ \kappa_3'\sqrt{A_{3\mathrm{a}}^2 + B_{3\mathrm{a}}^2}\cos\left[\frac{\kappa_3 d_3}{2} + \tan^{-1}\left(\frac{A_{3\mathrm{a}}}{B_{3\mathrm{a}}}\right)\right] = -\gamma_1' B_1 \end{cases} \tag{2.5-10b}$$

由式 (2.5-10a):

$$-\kappa_2'\tan\left(\frac{\kappa_2 d_2}{2} - \frac{m\pi}{2}\right) = \kappa_3'\cot\left[\tan^{-1}\left(\frac{A_{3\mathrm{a}}}{B_{3\mathrm{a}}}\right)\right] \rightarrow$$

$$\tan\left(\frac{\kappa_2 d_2}{2} - \frac{m\pi}{2}\right) = \frac{-\kappa_3'}{\kappa_2'\tan\left[\tan^{-1}\left(\frac{A_{3\mathrm{a}}}{B_{3\mathrm{a}}}\right)\right]} = -\frac{\kappa_3'}{\kappa_2'}\cdot\frac{B_{3\mathrm{a}}}{A_{3\mathrm{a}}} \rightarrow$$

$$\frac{B_{3\mathrm{a}}}{A_{3\mathrm{a}}} = -\frac{\kappa_2'}{\kappa_3'}\tan\left(\frac{\kappa_2 d_2}{2} - \frac{m\pi}{2}\right). \tag{2.5-10c}$$

由式 (2.5-10b)：

$$\frac{1}{\kappa_3'}\tan\left[\frac{\kappa_3 d_3}{2}+\tan^{-1}\left(\frac{A_{3a}}{B_{3a}}\right)\right]=\frac{\tan\left(\dfrac{\kappa_3 d_3}{2}\right)+\dfrac{A_{3a}}{B_{3a}}}{\kappa_3'\left[1-\dfrac{A_{3a}}{B_{3a}}\cdot\tan\left(\dfrac{\kappa_3 d_3}{2}\right)\right]}=-\frac{1}{\gamma_1'}\to$$

$$\kappa_3'\left[1-\frac{A_{3a}}{B_{3a}}\cdot\tan\left(\frac{\kappa_3 d_3}{2}\right)\right]+\gamma_1'\left[\tan\left(\frac{\kappa_3 d_3}{2}\right)+\frac{A_{3a}}{B_{3a}}\right]=0\to$$

$$\frac{A_{3a}}{B_{3a}}\left[\gamma_1'-\kappa_3'\tan\left(\frac{\kappa_3 d_3}{2}\right)\right]+\left[\kappa_3'+\gamma_1'\tan\left(\frac{\kappa_3 d_3}{2}\right)\right]=0\to$$

$$\frac{A_{3a}}{B_{3a}}=-\frac{\kappa_3'+\gamma_1'\tan\left(\dfrac{\kappa_3 d_3}{2}\right)}{\gamma_1'-\kappa_3'\tan\left(\dfrac{\kappa_3 d_3}{2}\right)} \tag{2.5-10c$'$}$$

由式 (2.5-10c,c$'$) 得出**增厚传播的本征方程**：

$$\tan\left(\frac{\kappa_2 d_2}{2}-\frac{m\pi}{2}\right)=\frac{\kappa_3'}{\kappa_2'}\cdot\frac{\gamma_1'-\kappa_3'\tan\left(\dfrac{\kappa_3 d_3}{2}\right)}{\kappa_3'+\gamma_1'\tan\left(\dfrac{\kappa_3 d_3}{2}\right)} \tag{2.5-10d}$$

(2)**场的振幅与 A_2 的比值**：由式 (2.5-10a~c) 得

$$A_2^2\cos^2\left(\frac{\kappa_2 d_2}{2}-\frac{m\pi}{2}\right)=\left(A_{3a}^2+B_{3a}^2\right)\sin^2\left[\tan^{-1}\left(\frac{A_{3a}}{B_{3a}}\right)\right]$$

$$\kappa_2'^2 A_2^2\sin^2\left(\frac{\kappa_2 d_2}{2}-\frac{m\pi}{2}\right)=\kappa_3'^2\left(A_{3a}^2+B_{3a}^2\right)\cos^2\left[\tan^{-1}\left(\frac{A_{3a}}{B_{3a}}\right)\right],$$

$$\tan\left(\frac{\kappa_2 d_2}{2}-\frac{m\pi}{2}\right)=-\frac{\kappa_3'}{\kappa_2'}\cdot\frac{B_{3a}}{A_{3a}}$$

$$A_2^2\left[\cos^2\left(\frac{\kappa_2 d_2}{2}-\frac{m\pi}{2}\right)+\frac{\kappa_2'^2}{\kappa_3'^2}\sin^2\left(\frac{\kappa_2 d_2}{2}-\frac{m\pi}{2}\right)\right]=A_{3a}^2+B_{3a}^2\to$$

$$A_2^2\cos^2\left(\frac{\kappa_2 d_2}{2}-\frac{m\pi}{2}\right)\left[1+\frac{\kappa_2'^2}{\kappa_3'^2}\tan^2\left(\frac{\kappa_2 d_2}{2}-\frac{m\pi}{2}\right)\right]$$

$$=A_2^2\cos^2\left(\frac{\kappa_2 d_2}{2}-\frac{m\pi}{2}\right)\left[1+\frac{\kappa_2'^2}{\kappa_3'^2}\frac{\kappa_3'^2}{\kappa_2'^2}\frac{B_{3a}^2}{A_{3a}^2}\right]\to$$

$$=A_2^2\cos^2\left(\frac{\kappa_2 d_2}{2}-\frac{m\pi}{2}\right)\left(1+\frac{B_{3a}^2}{A_{3a}^2}\right)$$

$$=A_{3a}^2+B_{3a}^2\to A_{3a}^2=A_2^2\cos^2\left(\frac{\kappa_2 d_2}{2}-\frac{m\pi}{2}\right)\to$$

$$A_{3\mathrm{a}} = A_2 \cos\left(\frac{\kappa_2 d_2}{2} - \frac{m\pi}{2}\right),$$

$$B_{3\mathrm{a}} = -\frac{\kappa_2'}{\kappa_3'} A_{3\mathrm{a}} \tan\left(\frac{\kappa_2 d_2}{2} - \frac{m\pi}{2}\right) = -\frac{\kappa_2'}{\kappa_3'} A_2 \sin\left(\frac{\kappa_2 d_2}{2} - \frac{m\pi}{2}\right) \qquad (2.5\text{-}10\mathrm{e})$$

令

$$\varphi_{3\mathrm{a}} \equiv \tan^{-1}\left(\frac{A_{3\mathrm{a}}}{B_{3\mathrm{a}}}\right) \rightarrow \sin\varphi_{3\mathrm{a}} = \frac{A_{3\mathrm{a}}}{\sqrt{A_{3\mathrm{a}}^2 + B_{3\mathrm{a}}^2}}, \quad \cos\varphi_{3\mathrm{a}} = \frac{B_{3\mathrm{a}}}{\sqrt{A_{3\mathrm{a}}^2 + B_{3\mathrm{a}}^2}} \quad (2.5\text{-}10\mathrm{f})$$

$$\begin{aligned}
B_1 &= \sqrt{A_{3\mathrm{a}}^2 + B_{3\mathrm{a}}^2} \sin\left(\frac{\kappa_3 d_3}{2} + \varphi_{3\mathrm{a}}\right) \\
&= \sqrt{A_{3\mathrm{a}}^2 + B_{3\mathrm{a}}^2} \left[\sin\left(\frac{\kappa_3 d_3}{2}\right)\cos\varphi_{3\mathrm{a}} + \cos\left(\frac{\kappa_3 d_3}{2}\right)\sin\varphi_{3\mathrm{a}}\right] \\
&= \sin\left(\frac{\kappa_3 d_3}{2}\right) B_{3\mathrm{a}} + \cos\left(\frac{\kappa_3 d_3}{2}\right) A_{3\mathrm{a}} \\
&= \sin\left(\frac{\kappa_3 d_3}{2}\right)\left[-\frac{\kappa_2'}{\kappa_3'} A_2 \sin\left(\frac{\kappa_2 d_2}{2} - \frac{m\pi}{2}\right)\right] + \cos\left(\frac{\kappa_3 d_3}{2}\right) A_2 \cos\left(\frac{\kappa_2 d_2}{2} - \frac{m\pi}{2}\right) \rightarrow
\end{aligned}$$

$$B_1 = A_2\left[\cos\left(\frac{\kappa_3 d_3}{2}\right)\cos\left(\frac{\kappa_2 d_2}{2} - \frac{m\pi}{2}\right) - \frac{\kappa_2'}{\kappa_3'}\sin\left(\frac{\kappa_3 d_3}{2}\right)\sin\left(\frac{\kappa_2 d_2}{2} - \frac{m\pi}{2}\right)\right]$$

$$(2.5\text{-}10\mathrm{g})$$

(3) 光强分布：整个波导结构的增厚模式光能 I_i 和光功率限制因子 Γ_i 在各区的分布 $(i = 1, 2, 3)$：

$$\begin{aligned}
I_{2\mathrm{a}} &\equiv 2\int_0^{\frac{d_2}{2}} (\psi_2)^2 \, \mathrm{d}x = 2\int_0^{\frac{d_2}{2}} \left[A_2 \cos\left(\kappa_2 x - \frac{m\pi}{2}\right)\right]^2 \mathrm{d}x \\
&= 2A_2^2 \int_0^{d_2/2} \frac{1}{2}\left[1 + \cos(2\kappa_2 x - m\pi)\right] \mathrm{d}x \\
&= A_2^2 \left[x + \frac{1}{2\kappa_2}\sin(2\kappa_2 x - m\pi)\right]_0^{d_2/2} \rightarrow
\end{aligned}$$

$$I_{2\mathrm{a}} = \frac{A_2^2}{2}\left[d_2 + \frac{1}{\kappa_2}\sin(\kappa_2 d_2 - m\pi)\right] \qquad (2.5\text{-}10\mathrm{h})$$

$$\begin{aligned}
I_{3\mathrm{a}} &\equiv 2\int_{d_2/2}^{\frac{d_2+d_3}{2}} (\psi_{3\mathrm{a}})^2 \, \mathrm{d}x \\
&= 2\int_{d_2/2}^{\frac{d_2+d_3}{2}} \left\{\sqrt{A_{3\mathrm{a}}^2 + B_{3\mathrm{a}}^2} \sin\left[\kappa_3\left(x - \frac{d_2}{2}\right) + \tan^{-1}\left(\frac{A_{3\mathrm{a}}}{B_{3\mathrm{a}}}\right)\right]\right\}^2 \mathrm{d}x \\
&= (A_{3\mathrm{a}}^2 + B_{3\mathrm{a}}^2)\int_{d_2/2}^{\frac{d_2+d_3}{2}} \left\{1 - \cos\left[2\kappa_3\left(x - \frac{d_2}{2}\right) + 2\tan^{-1}\left(\frac{A_{3\mathrm{a}}}{B_{3\mathrm{a}}}\right)\right]\right\} \mathrm{d}x \\
&= (A_{3\mathrm{a}}^2 + B_{3\mathrm{a}}^2)\left\{x - \frac{1}{2\kappa_3}\sin\left[2\kappa_3\left(x - \frac{d_2}{2}\right) + 2\tan^{-1}\left(\frac{A_{3\mathrm{a}}}{B_{3\mathrm{a}}}\right)\right]\right\}_{d_2/2}^{\frac{d_2+d_3}{2}}
\end{aligned}$$

$$= \left(A_{3a}^2 + B_{3a}^2\right) \left\{ \frac{d_3}{2} - \frac{1}{2\kappa_3} \sin\left[2\kappa_3 \left(\frac{d_3}{2}\right) + 2\tan^{-1}\left(\frac{A_{3a}}{B_{3a}}\right) \right] \right.$$

$$\left. + \frac{1}{2\kappa_3} \sin\left[2\tan^{-1}\left(\frac{A_{3a}}{B_{3a}}\right) \right] \right\}$$

$$= \left(A_{3a}^2 + B_{3a}^2\right) \left\{ \frac{d_3}{2} - \frac{1}{2\kappa_3} \left[\sin\left(\kappa_3 d_3 + 2\tan^{-1}\left(\frac{A_{3a}}{B_{3a}}\right) \right) \right. \right.$$

$$\left. \left. - \sin\left(2\tan^{-1}\left(\frac{A_{3a}}{B_{3a}}\right) \right) \right] \right\}$$

$$= \left(A_{3a}^2 + B_{3a}^2\right) \left\{ \frac{d_3}{2} - \frac{1}{2\kappa_3} \left[\sin\left(\kappa_3 d_3 \right) \cos\left(2\tan^{-1}\left(\frac{A_{3a}}{B_{3a}}\right) \right) \right. \right.$$

$$\left. \left. + \cos\left(\kappa_3 d_3 \right) \sin\left(2\tan^{-1}\left(\frac{A_{3a}}{B_{3a}}\right) \right) - \sin\left(2\tan^{-1}\left(\frac{A_{3a}}{B_{3a}}\right) \right) \right] \right\}$$

$$= \left(A_{3a}^2 + B_{3a}^2\right) \frac{d_3}{2} + P_1 + P_2 \tag{2.5-10i}$$

其中,

$$P_1 = -\frac{A_{3a}^2 + B_{3a}^2}{2\kappa_3} \sin\left(\kappa_3 d_3 \right) \cos\left[2\tan^{-1}\left(\frac{A_{3a}}{B_{a3}}\right) \right]$$

$$= -\frac{\sin\left(\kappa_3 d_3 \right) \left(A_{3a}^2 + B_{3a}^2\right)}{2\kappa_3} \left\{ 1 - 2\sin^2\left[\tan^{-1}\left(\frac{A_{3a}}{B_{3a}}\right) \right] \right\}$$

$$= -\frac{1}{2\kappa_3} \left[\sin\left(\kappa_3 d_3 \right) \left(A_{3a}^2 + B_{3a}^2\right) - 2\sin\left(\kappa_3 d_3 \right) A_2^2 \cos^2\left(\frac{\kappa_2 d_2}{2} - \frac{m\pi}{2} \right) \right]$$

$$= -\frac{1}{2\kappa_3} \sin\left(\kappa_3 d_3 \right) \left[\left(A_{3a}^2 + B_{3a}^2\right) - 2A_{3a}^2 \right] \tag{2.5-10j}$$

$$P_2 = -\frac{1}{2\kappa_3} \left(A_{3a}^2 + B_{3a}^2\right) \left[\cos\left(\kappa_3 d_3 \right) - 1 \right] \sin\left[2\tan^{-1}\left(\frac{A_{3a}}{B_{3a}}\right) \right]$$

$$= \frac{1}{2\kappa_3} \left(A_{3a}^2 + B_{3a}^2\right) \left[1 - \cos\left(\kappa_3 d_3 \right) \right] 2\sin\left[\tan^{-1}\left(\frac{A_{3a}}{B_{3a}}\right) \right] \cos\left[\tan^{-1}\left(\frac{A_{3a}}{B_{3a}}\right) \right]$$

$$= \frac{1}{\kappa_3} \left[1 - \cos\left(\kappa_3 d_3 \right) \right] A_{3a} B_{3a} \tag{2.5-10k}$$

由式 (2.5-10i~k):

$$I_{3a} = \left(A_{3a}^2 + B_{3a}^2\right) \frac{d_3}{2} + \left(A_{3a}^2 - B_{3a}^2\right) \frac{\sin\left(\kappa_3 d_3 \right)}{2\kappa_3} + \frac{A_{3a} B_{3a}}{\kappa_3} \left[1 - \cos\left(\kappa_3 d_3 \right) \right] \tag{2.5-10l}$$

$$I_{1a} \equiv 2 \int_{(d_2+d_3)/2}^{\infty} \left(\psi_1\right)^2 \mathrm{d}x = \int_{(d_2+d_3)/2}^{\infty} B_{1a}^2 \mathrm{e}^{-2\gamma_1 \left(x - \frac{d_2+d_3}{2}\right)} \mathrm{d}x \rightarrow I_{1a} = B_{1a}^2 / \gamma_1 \tag{2.5-10m}$$

$$\Gamma_{1a} \equiv I_{1a} / \sum_{i=1}^{3} I_{ia}, \quad \Gamma_{2a} \equiv I_{2a} / \sum_{i=1}^{3} I_{ia}, \quad \Gamma_{3a} \equiv I_{3a} / \sum_{i=1}^{3} I_{ia} \tag{2.5-10n}$$

2. 截止厚度[13.1]

m 阶模式的有源层**截止厚度**$d_{2c}^{(m)}$，是决定存在 $0 \sim m-1$ 阶共 m 个导波模式的厚度，超过此厚度将开始出现 m 阶导波模式，起此作用的厚度将受到迁移层厚度 d_3 的影响。m 阶导波模式的侧向截止厚度的定义，及其在 d_3 为有限范围内的相应参数分别为

$$0 \leqslant d_3 < \infty: \quad \overline{N}^{(m)}(d_{2c}, d_3) = \bar{n}_1 \to \gamma_1 = 0,$$

$$\kappa_2^{(1)} = k_0 \sqrt{\bar{n}_2^2 - \bar{n}_1^2}, \quad \kappa_3^{(1)} = k_0 \sqrt{\bar{n}_3^2 - \bar{n}_1^2}, \quad \Gamma_{2c}^{(m)} = 0 \tag{2.5-10o}$$

对称五层波导中有源层的截止厚度 $d_{2c}^{(m)}(d_3)$ 与迁移层厚度 d_3 的关系，可由截止条件下的式 (2.5-10d) 求出，因其在 $\gamma_1 = 0$ 时化为

$$\frac{\kappa_2^{(1)} d_{2c}^{(m)}(d_3)}{2} - \frac{m\pi}{2} = -\tan^{-1}\left[\frac{\kappa_3'}{\kappa_2'}\tan\left(\frac{\kappa_3 d_3}{2}\right)\right]$$

则在 $0 \leqslant d_3 < \infty$ 的整个有限区间：

$$d_{2c}^{(m)}(d_3) = \frac{m\pi}{\kappa_2^{(1)}} - \frac{2}{\kappa_2^{(1)}}\tan^{-1}\left[\frac{\kappa_3^{(1)}}{\kappa_2^{(1)}}\varepsilon_{23} \cdot \tan\left(\frac{\kappa_3^{(1)} d_3}{2}\right)\right] \tag{2.5-10p}$$

其中包含下述 4 种情况。

(1) 无迁移层情况 $(d_3 = 0)$。

$$d_{2c}^{(m)}(0) = \frac{m\pi}{\kappa_2^{(1)}} = md_{2c}^{(1)}(0), \quad d_{2c}^{(1)}(0) \equiv \frac{\lambda_0}{2\sqrt{\bar{n}_2^2 - \bar{n}_1^2}} \tag{2.5-10q}$$

表明这时其各阶截止公式与三层平板波导 $(\bar{n}_1, \infty)/(\bar{n}_2, d_2)/(\bar{n}_1, \infty)$ 相同。

(2) 迁移层厚度有限情况 $(0 \leqslant d_3 < \infty)$。

这时由于截止公式 (2.5-10p) 是周期性的多值函数 (**图 2.5-3B(a)**)，为了保持其连续性，必须**每跨一个周期时作相应的周期性平移连接**，如**图 2.5-3B(b)**、**(c)** 所示。如果反正切函数中正切函数的前因子接近于 1，则易得出**不必作此周期性平移连接的连续曲线近似公式**。设称此前因子为 $1+\delta$，则由式 (2.5-9c)、式 (2.5-10o)、式 (2.5-10q) 和 $\bar{n}_2 > \bar{n}_3 \gg \bar{n}_1$，由于在截止条件 $\gamma_1 = 0$ 下 **TM 模**的 δ 近似为

$$0 < \delta \equiv \frac{\kappa_3^{(1)}}{\kappa_2^{(1)}}\left(\frac{\bar{n}_2}{\bar{n}_3}\right)^2 - 1 = \frac{\bar{n}_3\sqrt{1 - \bar{n}_1^2/\bar{n}_3^2}}{\bar{n}_2\sqrt{1 - \bar{n}_1^2/\bar{n}_2^2}}\left(\frac{\bar{n}_2}{\bar{n}_3}\right)^2 - 1$$

$$\approx \frac{1 - \bar{n}_1^2/(2\bar{n}_3^2)}{1 - \bar{n}_1^2/(2\bar{n}_2^2)} \cdot \left(\frac{\bar{n}_2}{\bar{n}_3}\right) - 1 \approx \frac{\bar{n}_2 - \bar{n}_3}{\bar{n}_3} \ll 1 \tag{2.5-10r}$$

则在 $0 \leqslant d_3 < \infty$：

$$d_{2c}^{(m)}(d_3) = \frac{m\pi}{\kappa_2^{(1)}} - \frac{2}{\kappa_2^{(1)}} \tan^{-1}\left[\frac{\kappa_3^{(1)}}{\kappa_2^{(1)}}\left(\frac{\bar{n}_2}{\bar{n}_3}\right)^2 \cdot \tan\left(\frac{\kappa_3^{(1)}d_3}{2}\right)\right]$$

$$\approx \frac{m\pi}{\kappa_2^{(1)}} - \frac{2}{\kappa_2^{(1)}} \tan^{-1}\left[(1+\delta)\cdot\tan\left(\frac{\kappa_3^{(1)}d_3}{2}\right)\right]$$

$$\approx \frac{m\pi}{\kappa_2^{(1)}} - \frac{2}{\kappa_2^{(1)}} \tan^{-1}\left[\tan\left(\frac{\kappa_3^{(1)}d_3}{2}\right)\right]$$

$$\approx \frac{m\pi}{\kappa_2^{(1)}} - \frac{2}{\kappa_2^{(1)}} \left(\frac{\kappa_3^{(1)}d_3}{2}\right) \to d_{2c}^{(m)}(d_3) \approx \frac{m\pi - \kappa_3^{(1)}d_3}{\kappa_2^{(1)}} \qquad (2.5\text{-}10\text{s})$$

这时使有源层厚度为 m 阶模的截止厚度的迁移层厚度为

$$d_3 \approx \frac{m\pi - d_{2c}^{(m)}(d_3)\,\kappa_2^{(1)}}{\kappa_3^{(1)}} \qquad (2.5\text{-}10\text{t})$$

从之解出最高截止模阶即最大模数为

$$M_c \approx \text{Int}\left[\frac{\kappa_2^{(1)}}{\pi}d_{2c}^{(m)}(d_3) + \frac{\kappa_3^{(1)}}{\pi}d_3\right] = N_M \qquad (2.5\text{-}10\text{u})$$

例如，对于 $\bar{n}_2 = 3.52, \bar{n}_3 = 3.21, \bar{n}_1 = 1.5$ 和 $0 \leqslant d_3 < \infty$，由式 (2.5-10p)，**TM 模的截止厚度**数值上为

$$d_{2c}^{(m)} = 0.2041m - 0.12995 \tan^{-1}[\mathbf{1.0717} \cdot \tan(6.8583d_3)]$$

$$\approx 0.2041m - 0.12995 \tan^{-1}[\tan(6.8583d_3)]$$

$$= 0.2041m - 0.12995(6.8583d_3) \approx 0.2041m - 0.8912d_3$$

其中，取 $\delta = 0.0717 \approx 0$。

$$N_{M,\text{a}2} = \text{Int}\{[d_{2c}^{(m)} + 0.8912d_3]/0.2041\},$$

其中，Int 表示对 { } 的数值作四舍五入取整。如 $d_2 = 2\mu\text{m}$, $d_3 = 8\mu\text{m}$, $N_M = \text{Int}\{[2 + 0.8912 \cdot 8]/0.2041\} = 44$。当 $d_3 = 0$ 时，$N_M = \text{Int}\{2/0.2041\} = 10$。表明如 $d_2 = 2\mu\text{m}$，当 $d_3 = 0$ 时有 10 个模式，当 $d_3 = 8\mu\text{m}$ 时有 44 个模式，因而导波层的模数将随迁移层厚度 d_3 的增加而增加，则当 $d_3 \to \infty$ 时似应有无穷多个模式，如**图 2.5-3B(b)～(d)** 所示。

为比较，**图 2.5-3B(d)** 中取

$$d_{2c}^{(m)}(d_3) \approx \frac{m\pi}{\kappa_2^{(1)}} - \frac{2}{\kappa_2^{(1)}}\left[\frac{\kappa_3^{(1)}}{\kappa_2^{(1)}}\left(\frac{\bar{n}_2}{\bar{n}_3}\right)^2\left(\frac{\kappa_3^{(1)}d_3}{2}\right)\right] \to$$

$$N_{\mathrm{M},a1} = \frac{d_{2\mathrm{c}}^{(m)}\left(d_3\right)\kappa_2^{(1)}}{\pi} + \frac{\kappa_3^{(1)}}{\kappa_2^{(1)}}\left(\frac{\bar{n}_2}{\bar{n}_3}\right)^2\frac{\kappa_3^{(1)}d_3}{\pi} \tag{2.5-10v}$$

TE 模模的截止厚度与 TM 模近似相同，因

$$0 < -\delta \equiv 1 - \frac{\kappa_3^{'(1)}}{\kappa_2^{'(1)}} = 1 - \frac{\bar{n}_3\sqrt{1 - \bar{n}_1^2/\bar{n}_3^2}}{\bar{n}_2\sqrt{1 - \bar{n}_1^2/\bar{n}_2^2}}$$

$$\approx 1 - \frac{\bar{n}_3}{\bar{n}_2} = \frac{\bar{n}_2 - \bar{n}_3}{\bar{n}_2} \ll 1$$

(3) 无芯层情况 $\left(d_{2\mathrm{c}}^{(m)}\left(d_{3\mathrm{c}}^{(m)}\right) = 0\right)$。

$$d_{3\mathrm{c}}^{(m)} \approx \frac{m\pi}{\kappa_3^{(1)}} = md_{3\mathrm{c}}^{(1)}, \quad d_{3\mathrm{c}}^{(1)} \equiv \frac{\lambda_0}{2\sqrt{\bar{n}_3^2 - \bar{n}_1^2}} \tag{2.5-10w}$$

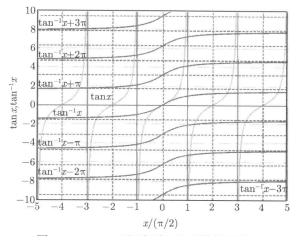

图 2.5-3B(a)　正切和反正切函数的周期性

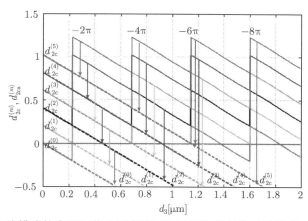

图 2.5-3B(b)　各阶模式的有源层截止厚度随迁移层厚度的变化以及精确 (实线) 和近似 (虚线) 公式结果的比较

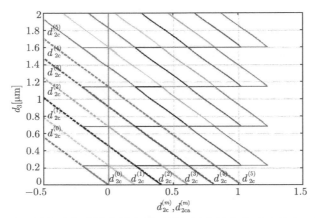

图 2.5-3B(c)　迁移层厚度随各阶模式的有源层截止厚度的变化以及精确 (实线) 和近似 (虚
线) 公式结果的比较

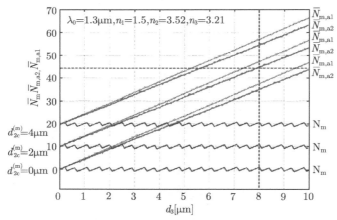

图 2.5-3B(d)　不同有源层截止厚度的总模数随迁移层厚度的变化

表明这时其各阶的截止公式与三层平板波导 $(\bar{n}_1, \infty)/(\bar{n}_3, d_3)/(\bar{n}_1, \infty)$ 相同。

(4) 迁移层趋于无限厚情况。

其截止公式将为

$$d_3 = \infty: \quad \overline{N}^{(m)}(d_{2c}, \infty) = \bar{n}_3$$

$$\gamma_3 = \kappa_3 = 0, \quad \kappa_2 \equiv \kappa_2^{(3)} = k_0\sqrt{\bar{n}_2^2 - \bar{n}_3^2}, \quad \varGamma_2^{(m)} = 0 \tag{2.5-10x}$$

$$\tan\left(\frac{\kappa_2 d_2}{2} - \frac{m\pi}{2}\right) = \frac{\gamma_3'}{\kappa_2'} \rightarrow$$

$$\gamma_3 = 0, \quad d_3 = \infty: \quad d_{2c,3}^{(m)} = \frac{m\pi}{\kappa_2^{(3)}} = md_{2c,3}^{(1)}, \quad d_{2c,3}^{(1)} = \frac{\lambda_0}{2\sqrt{\bar{n}_2^2 - \bar{n}_3^2}} \tag{2.5-10y}$$

表明这时其各阶的截止公式与三层平板波导 $(\bar{n}_3,\infty)/(\bar{n}_2,d_2)/(\bar{n}_3,\infty)$ 相同，而只有 4 个模式。如此突变是由于 $d_3 \to \infty$ 时将**失去一个反射面**，迁移层将化为外限制层，其模式场的相应边界条件为在无穷远处为零，因而无反射光所致。

图 2.5-3B(f)、**(g)** 是算出的各阶模式折射率 $\overline{N}^{(m)}$ 随 d_2 和 d_3 的变化。其曲线族的拓扑结构如**图 2.5-3B(e)** 所示。可见 d_3 不同的每一阶模式组成一组曲线族，在原厚传播区每条曲线解不相交，但在增厚传播区每一点 $(\overline{N}^{(m)}, d_2)$ 都可能有不同阶 m 和不同迁移层厚度 d_3 的曲线通过，即对 $(\overline{N}^{(m)}, d_2)$ 的每一要求，都可由不同的

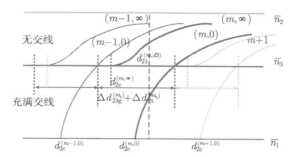

图 2.5-3B(e)　对称五层平板波导本征值曲线族的拓扑结构

每模阶 m 不同 d_3 组成一组曲线族，其上限为 $d_3 = \infty$，下限为 $d_3 = 0$ 曲线

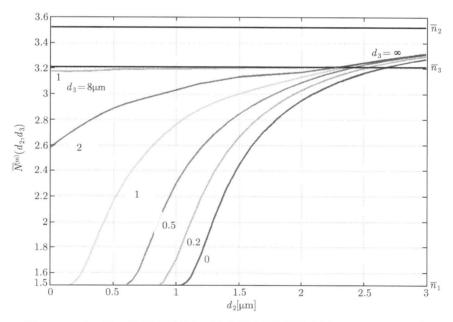

图 2.5-3B(f)　第 5 阶模式折射率 $\overline{N}^{(m)}$ 随有源层侧向厚度 d_2 和迁移层厚度 $d_3(= 0, 0.2, 0.5, 1, 2, 8, \infty)$ 的变化

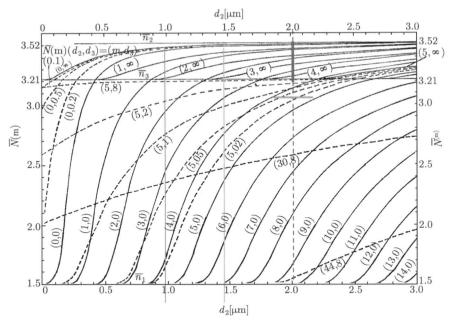

图 2.5-3B(g)　各阶模式折射率 $\bar{N}^{(m)}$ 随有源层侧向厚度 d_2 和迁移层厚度 d_3 的变化[13.1]

(m, d_3) 来实现。而且进一步的分析表明，随着 d_3 的增加，每一阶的模式场分布，特别是作为模式阶标帜的峰值数或亮点数将在 $d_2 + d_3$ 层内保持不变，但有些模式的亮点将从 d_2 层被拖到 d_3 层，有些模式则永不离开 d_2 层，而终将成 $d_3 \to \infty$ 时仅能留下的模式系。为了区分这两类模式，可称前者为 **B 类模式**，后者为 **A 类模式**。

图 2.5-3C(a) 是算出的 κ_2、κ_3、γ_4 随 $\overline{N}^{(m)}$ 的变化，**(b)** 是随 d_3 的变化，其中还比较了 $\bar{n}_1 = \bar{n}_4 = 1.5$ 和 1 时的总模数 N_m 随 d_3 的变化，可见其皆为线性变化，而且差别不是很大。

3. 模式亮点的位置和各亮点强度之比[13.1]

1) 有源层内模式光强的分布

为了定量研究迁移层厚度对各阶模式场的峰值或亮点分布的影响，可由芯层波函数入手

$$|x| \leqslant \frac{d_2}{2}, \quad (\psi_2)^2 = A_2^2 \cos^2\left(\kappa_2 x - \frac{m\pi}{2}\right) \tag{2.5-11a}$$

(1)**亮点位置**：

$$\cos^2\left(\kappa_2 x - \frac{m\pi}{2}\right) = 1 \to \kappa_2 x - \frac{m\pi}{2} = n\pi \to$$

$$x_n = \frac{\pi}{\kappa_2}\left(n + \frac{m}{2}\right), \quad n = 0, 1, 2, \cdots, \quad |x_n| \leqslant \frac{d_2}{2} \tag{2.5-11b}$$

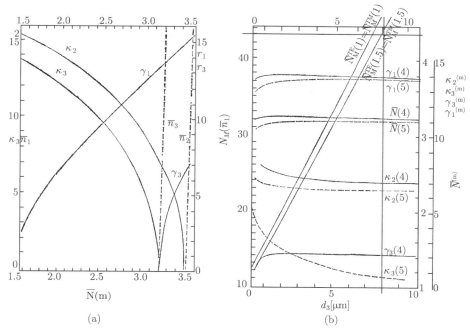

(a)　　　　　　　　　　　　　　　　(b)

图 2.5-3C(a) 模式的传播常数和衰减常数随模式折射率 (b) 总模数等随迁移层厚度的变化 (4 是原厚, 5 是增厚)[13.1]

(2)相邻两亮点间隔 (图 2.5-3D(a)):

$$x_{n+1} - x_n = \frac{\pi}{\kappa_2}\left(n+1+\frac{m}{2}\right) - \frac{\pi}{\kappa_2}\left(n+\frac{m}{2}\right) = \frac{\pi}{\kappa_2} \qquad (2.5\text{-}11c)$$

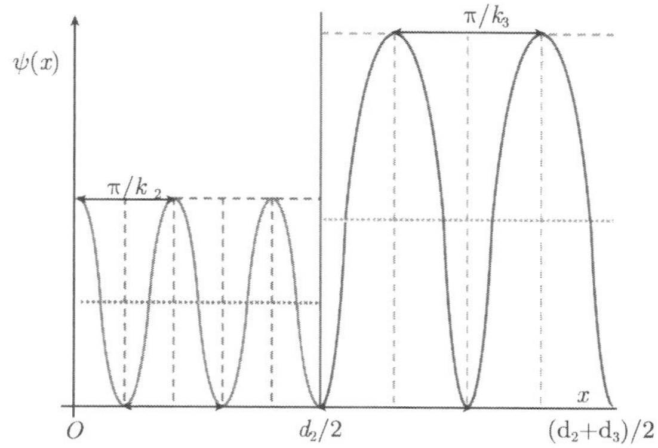

图 2.5-3D(a)　 有源层和迁移层的亮点分布示意

(3) **有源层内亮点数** N_{b2}: 有源层厚度 d_2 内亮点间隔为 π/κ_2, 因此其中亮点的个数为

$$N_{b2} \leqslant \frac{d_2}{\pi/\kappa_2} = \frac{\kappa_2 d_2}{\pi} \rightarrow \begin{cases} \text{偶阶：} 2n < \dfrac{\kappa_2 d_2}{\pi} < 2n+2 \rightarrow N_{b2} = 2n+1, \\ \qquad n = 0,1,2,\cdots, \quad N_{b2} = 1,3,5,\cdots \\ \text{奇阶：} 2n+1 < \dfrac{\kappa_2 d_2}{\pi} < 2n+3 \rightarrow N_{b2} = 2(n+1), \\ \qquad n = 0,1,2,\cdots, \quad N_{b2} = 2,4,6,\cdots \end{cases} \quad (2.5\text{-}11\text{d})$$

表明在有源芯层内的亮点个数 N_{b2} 由满足式 (2.5-11d) 中不等式的 n 值确定为 $2n+1$ (偶阶模式) 或 $2n+2$ (奇阶模式)。由对称性，有源区中光模亮点的奇偶性与光模的奇偶性或宇称性一致。

2) 增厚传播迁移层内光强的分布

$d_2/2 \leqslant x \leqslant (d_2+d_3)/2$：

$$(\psi_{3a})^2 = \left(A_{3a}^2 + B_{3a}^2\right) \sin^2\left[\kappa_3\left(x - \frac{d_2}{2}\right) + \tan^{-1}\left(\frac{A_{3a}}{B_{3a}}\right)\right] \quad (2.5\text{-}11\text{e})$$

(1) **亮点位置**：

$$\sin^2\left[\kappa_3\left(x - \frac{d_2}{2}\right) + \tan^{-1}\left(\frac{A_{3a}}{B_{3a}}\right)\right] = 1 \rightarrow \kappa_3\left(x_n - \frac{d_2}{2}\right) + \tan^{-1}\left(\frac{A_{3a}}{B_{3a}}\right) = \left(n + \frac{1}{2}\right)\pi$$

$d_2/2 \leqslant x \leqslant (d_2+d_3)/2$：

$$x_n = \frac{d_2}{2} + \frac{1}{\kappa_3}\left[\left(n + \frac{1}{2}\right)\pi - \tan^{-1}\left(\frac{A_{3a}}{B_{3a}}\right)\right], \quad n = 0,1,2,\cdots \quad (2.5\text{-}11\text{f})$$

(2) **相邻两亮点间隔**：

$$\begin{aligned} x_{n+1} - x_n &= \frac{d_2}{2} + \frac{1}{\kappa_3}\left[\left(n + \frac{1}{2} + 1\right)\pi - \tan^{-1}\left(\frac{A_{3a}}{B_{3a}}\right)\right] \\ &\quad - \frac{d_2}{2} - \frac{1}{\kappa_3}\left[\left(n + \frac{1}{2}\right)\pi - \tan^{-1}\left(\frac{A_{3a}}{B_{3a}}\right)\right] = \frac{\pi}{\kappa_3} \end{aligned} \quad (2.5\text{-}11\text{g})$$

(3) **迁移层内亮点数** N_3：迁移层总厚度 d_3 内的亮点间隔为 π/κ_3，故其中的总亮点数为

$$N_{b3} \leqslant \frac{d_3}{\pi/\kappa_3} = \frac{\kappa_3 d_3}{\pi}, \quad 2n'+1 < \frac{\kappa_3 d_3}{\pi} < 2n'+3, \rightarrow N_{b3} = 2(n'+1), \quad n' = 0,1,2,\cdots \quad (2.5\text{-}11\text{h})$$

(4) **波导中的总亮点数**：

$$\begin{aligned} N_{bm} &= N_{b2} + N_{b3} = m+1 \\ &= \begin{cases} \text{偶阶模} \begin{cases} \text{原厚模式：} 2n+1 \\ \text{增厚模式：} \begin{cases} 2n+1+0 = 2n+1 \\ 2n+1+2(n'+1) = 2(n+n'+1)+1 \end{cases} \end{cases} \\ \text{奇阶模} \begin{cases} \text{原厚模式：} 2(n+1) \\ \text{增厚模式：} \begin{cases} 2(n+1)+0 = 2(n+1) \\ 2(n+1)+2(n'+1) = 2(n+n'+2) \end{cases} \end{cases} \end{cases} \end{aligned} \quad (2.5\text{-}11\text{i})$$

(5)**亮点的相对强度**：亮点在有源层内的强度皆为 A_2^2，亮点在迁移层内的强度皆为 $A_{3a}^2 + B_{3a}^2$，由式 (2.5-10d,e)，有源区内亮点强度的比值，或亮点的相对光强为

$$A_{32}^2 \equiv \frac{A_{3a}^2 + B_{3a}^2}{A_2^2} = \cos^2\left(\frac{\kappa_2 d_2}{2} - \frac{m\pi}{2}\right) + \left(\frac{\kappa_2'}{\kappa_3'}\right)^2 \sin^2\left(\frac{\kappa_2 d_2}{2} - \frac{m\pi}{2}\right) \quad (2.5\text{-}11\text{j})$$

在亮点位置 (2.5-11f)，其光强之比最大发生在

$$\frac{\kappa_2 d_2}{2} - \frac{m\pi}{2} = \left(n'' + \frac{1}{2}\right)\pi, \quad n'' = 0, 1, 2, \cdots \quad (2.5\text{-}11\text{j}')$$

由**图 2.5-3C(a)**、**(b)**，$\kappa_2 > \kappa_3$，而 $\bar{n}_2 \gtrsim \bar{n}_3 \gg \bar{n}_1$，平方后可能为

$$\left(A_{32}^2\right)_{\max} = \left(\kappa_2'/\kappa_3'\right)^2 \gg 1 \quad (2.5\text{-}11\text{j}'')$$

4. 过渡模式及其特性

对一定的有源层厚度 d_2，随着迁移层厚度 d_3 的增加，哪些阶模式的亮点将从有源层移到迁移层，哪些不，将由过渡模式的阶决定。这是由过渡模式的特性所致。

过渡模式是当模式折射率等于迁移层的折射率 $\overline{N}^{(m_t)} \equiv \beta_{zt}^{(m_t)}/k_0 = \bar{n}_3$ 时的导波模式，这时其相应传播参数为

$$\gamma_{3t} = 0, \quad \kappa_{3t} = 0, \quad \gamma_{1t} = k_0\sqrt{\bar{n}_3^2 - \bar{n}_1^2}, \quad \kappa_{2t} = k_0\sqrt{\bar{n}_2^2 - \bar{n}_3^2} \quad (2.5\text{-}11\text{k})$$

因而具有一系列的特点，而有别于其他类型的模式。

1) 过渡模式的波函数

$|x| \leqslant d_2/2$：

$$\psi_{2ot} = A_{2t}\cos\left(\kappa_{2t}x - \frac{m_t\pi}{2}\right) \quad (2.5\text{-}11\text{l})$$

$d_2/2 \leqslant x \leqslant (d_2 + d_3)/2$：

$$\psi_{3o} = A_{3o}e^{-\gamma_3\left(x - \frac{d_2}{2}\right)} + B_{3o}e^{\gamma_3\left(x - \frac{d_2}{2}\right)} \rightarrow$$

$$\psi_{3ot} \approx A_{3ot}\left[1 - \gamma_{3t}\left(x - \frac{d_2}{2}\right)\right] + B_{3ot}\left[1 + \gamma_{3t}\left(x - \frac{d_2}{2}\right)\right] \rightarrow$$

$$\psi_{3ot} \approx (A_{3ot} + B_{3ot}) + (B_{3ot} - A_{3ot})\gamma_{3t}\left(x - \frac{d_2}{2}\right) \quad (2.5\text{-}8\text{m})$$

$$\psi_{3a} = \sqrt{A_{3a}^2 + B_{3a}^2}\sin\left[\kappa_3\left(x - \frac{d_2}{2}\right) + \tan^{-1}\left(\frac{A_{3a}}{B_{3a}}\right)\right]$$

$$= A_{3a}\cos\left[\kappa_3\left(x - \frac{d_2}{2}\right)\right] + B_{3a}\sin\left[\kappa_3\left(x - \frac{d_2}{2}\right)\right] \rightarrow$$

$$\psi_{3\mathrm{at}} \approx A_{3\mathrm{at}} + B_{3\mathrm{at}}\kappa_{3\mathrm{t}}\left(x - \frac{d_2}{2}\right) \approx \psi_{3\mathrm{ot}} \approx \psi_{3\mathrm{t}} \equiv A + B\left(x - \frac{d_2}{2}\right) \tag{2.5-11n}$$

表明**过渡模式在有源层和外限制层内如常,但在迁移层内的波函数是一个线性函数 (图 2.5-3D(b))**。在 $x = d_2/2$ 处,由式 (2.5-11n) 得出

$$A \equiv A_{3\mathrm{ot}} + B_{3\mathrm{ot}} = A_{3\mathrm{at}} = A_{2\mathrm{t}}\cos\left(\frac{\kappa_{2\mathrm{t}}d_2}{2} - \frac{m_{\mathrm{t}}\pi}{2}\right) \tag{2.5-11o}$$

由式 (2.5-9e):

$$B \equiv (B_{3\mathrm{ot}} - A_{3\mathrm{ot}})\gamma_{3\mathrm{t}} = B_{3\mathrm{at}}\kappa_{3\mathrm{t}}$$

$$= -A_{2\mathrm{t}}\kappa_{2\mathrm{t}}\varepsilon_{32}\sin\left(\frac{\kappa_{2\mathrm{t}}d_2}{2} - \frac{m_{\mathrm{t}}\pi}{2}\right) < 0, \quad \varepsilon_{ji} \equiv \begin{cases} \dfrac{\bar{n}_j^2}{\bar{n}_i^2}, & \mathrm{TM} \\ 1, & \mathrm{TE} \end{cases} \tag{2.5-11p}$$

由式 (2.5-11n):

$$(\psi_{3\mathrm{t}})^2 \equiv A^2 + B^2\left(x - \frac{d_2}{2}\right)^2 + 2AB\left(x - \frac{d_2}{2}\right)$$

$$= B^2\left[\left(-\frac{A}{B}\right)^2 - 2\left(-\frac{A}{B}\right)\left(x - \frac{d_2}{2}\right) + \left(x - \frac{d_2}{2}\right)^2\right]$$

$$= B^2\left[\left(x - \frac{d_2}{2}\right) - \left(-\frac{A}{B}\right)\right]^2 \equiv B^2\left[\left(x - \frac{d_2}{2}\right) - d_{\mathrm{o}}\right]^2$$

$$d_{\mathrm{o}} \equiv -\frac{A}{B} = -\frac{1}{\kappa_{2\mathrm{t}}\varepsilon_{32}}\cot\left(\frac{\kappa_{2\mathrm{t}}d_2}{2} - \frac{m_{\mathrm{t}}\pi}{2}\right) > 0 \tag{2.5-11q}$$

表明过渡模式的光强在迁移层是作**抛物型变化**的,由于 $\psi_{3\mathrm{o}}$ 是衰减分布,因而 $\psi_{3\mathrm{t}}$ 也应该是,故要求

$$\psi_{3\mathrm{t}} = B\left[\left(x - \frac{d_2}{2}\right) - d_{\mathrm{o}}\right] = -B\left[\left(d_{\mathrm{o}} + \frac{d_2}{2}\right) - x\right], \quad x - \frac{d_2}{2} \leqslant \frac{d_3}{2} < d_{\mathrm{o}} \tag{2.5-11r}$$

$$2AB = -2A_{2\mathrm{t}}^2\kappa_{2\mathrm{t}}\varepsilon_{32}\sin\left(\frac{\kappa_{2\mathrm{t}}d_2}{2} - \frac{m_{\mathrm{t}}\pi}{2}\right)\cos\left(\frac{\kappa_{2\mathrm{t}}d_2}{2} - \frac{m_{\mathrm{t}}\pi}{2}\right)$$

$$= -A_{2\mathrm{t}}^2\kappa_{2\mathrm{t}}\varepsilon_{32}\sin\left(\kappa_{2\mathrm{t}}d_2 - m_{\mathrm{t}}\pi\right) < 0 \tag{2.5-11s}$$

在外限制层,$x \geqslant (d_2 + d_3)/2$:

$$\psi_1 = A_1\mathrm{e}^{-\gamma_{1\mathrm{t}}\left(x - \frac{d_2+d_3}{2}\right)} \rightarrow (\psi_{1\mathrm{t}})^2 = A_{1\mathrm{t}}^2\mathrm{e}^{-2\gamma_{1\mathrm{t}}\left(x - \frac{d_2+d_3}{2}\right)} \tag{2.5-11t}$$

边界条件:

$$\psi_{3\mathrm{t}}\left(\frac{d_2+d_3}{2}\right) = \psi_{1\mathrm{t}}\left(\frac{d_2+d_3}{2}\right) \rightarrow A_{1\mathrm{t}} = B\left(\frac{d_3}{2} - d_0\right)$$

$$= B \left(\frac{d_3}{2} + \frac{A}{B} \right) \rightarrow A_{1t} = A + B \frac{d_3}{2} \tag{2.5-11u}$$

$$\frac{A}{A_{2t}} = \cos \left(\frac{\kappa_{2t} d_2}{2} - \frac{m_t \pi}{2} \right), \quad \frac{B}{A_{2t}} = -\kappa_{2t} \varepsilon_{32} \sin \left(\frac{\kappa_{2t} d_2}{2} - \frac{m_t \pi}{2} \right) < 0,$$

$$\sin \left(\frac{\kappa_{2t} d_2}{2} - \frac{m_t \pi}{2} \right) > 0 \tag{2.5-11v}$$

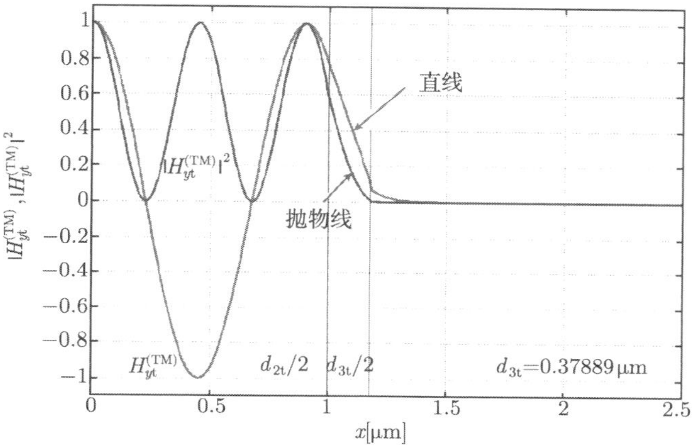

图 2.5-3D(b) 有源层厚度为 $d_2 = 2\mu m$，4 阶过渡模式的模式场分布

2) 各阶过渡模式的存在 (有解) 厚度

由图 **2.5-3B(g)**:

$$\overline{N}^{(m_t)} (d_2, d_3 = \infty) > \overline{N}^{(m_t)} (d_2, 0 \leqslant d_3 < \infty) \tag{2.5-11w}$$

故在 $0 \leqslant d_3 < \infty, m_t$ 阶过渡模式的亮点将全部在有源层 $d_{2t}^{(mt)}$ 内，因此可由亮点数不等式 (2.5-11d) 唯一确定过渡模式的阶:

$$\kappa_2 d_2 - m\pi > 0 \rightarrow \frac{\kappa_2 d_2}{\pi} - 1 < m_t < \frac{\kappa_2 d_2}{\pi} \rightarrow m_t \tag{2.5-11x}$$

由本征方程 (2.5-9n) 和 (2.5-10d)，m_t 阶过渡模式的有源层厚度 $d_{2t}^{(m_t)}$ 和迁移层厚度 $d_{3t}^{(m_t)}$ 也可定出为

$$\tan \left(\frac{\kappa_2 d_2}{2} - \frac{m\pi}{2} \right) = \frac{\gamma_3'}{\kappa_2'} \cdot \frac{\gamma_1' + \gamma_3' \tanh (\gamma_3 d_3/2)}{\gamma_3' + \gamma_1' \tanh (\gamma_3 d_3/2)} \approx \frac{1}{\kappa_2'} \cdot \frac{\gamma_1' + \gamma_3' (\gamma_3 d_3/2)}{1 + (\gamma_1'/\gamma_3') (\gamma_3 d_3/2)}$$

$$\approx \frac{1}{\kappa_2'} \cdot \frac{\gamma_1'}{1 + \gamma_1' \bar{n}_3^2 d_3/2} = \frac{\gamma_1}{\kappa_2} \cdot \frac{\varepsilon_{21}}{1 + \gamma_1 \varepsilon_{31} d_3/2} \rightarrow$$

解出

$$d_{3t}'^{(m_t)} = -\frac{2}{\gamma_{1t}'} + \frac{2}{\kappa_{2t}' \tan \left[\kappa_{2t} d_{2t}^{(m_t)}/2 - m\pi/2 \right]} \rightarrow d_{3t}^{(m_t)}$$

$$= -\frac{2\varepsilon_{13}}{\gamma_{1t}} + \frac{2}{\kappa_{2t}\varepsilon_{32}\tan\left[\kappa_{2t}d_{2t}^{(m_t)}/2 - m\pi/2\right]} \tag{2.5-11y}$$

$$d_{2t}^{(m_t)} = \frac{m_t\pi}{\kappa_{2t}} + \frac{2}{\kappa_{2t}}\tan^{-1}\left(\frac{1}{\kappa_{2t}'\left(1/\gamma_{1t}' + d_{3t}'/2\right)}\right) \to$$

$$d_{2t}^{(m_t)} = \frac{m_t\pi}{\kappa_{2t}} + \frac{2}{\kappa_{2t}}\tan^{-1}\left(\frac{2\varepsilon_{23}/\kappa_{2t}}{2\varepsilon_{13}/\gamma_{1t} + d_{3t}}\right) \tag{2.5-11z}$$

m_t 阶过渡模式**有解的厚度间隔** $\Delta d_{2t}^{(m_t)}$ (**允许区**) 和**无解的厚度间隔** $\Delta d_{2tg}^{(m_t)}$ (**禁区**) 分别为

$$\Delta d_{2t}^{(m_t)} = d_{2t}^{(m_t)}\left(d_3 = 0\right) - d_{2t}^{(m_t)}\left(d_3 = \infty\right)$$

$$= \frac{2}{\kappa_{2t}}\tan^{-1}\left(\frac{1}{\kappa_{2t}'/\gamma_{1t}'}\right) - \frac{2}{\kappa_{2t}}\tan^{-1}(0) = \frac{2}{\kappa_{2t}}\tan^{-1}\left(\frac{\gamma_{1t}'}{\kappa_{2t}'}\right) \tag{2.5-12a}$$

$$\Delta d_{2tg}^{(m_t)} = d_{2t}^{(m_t+1)}\left(d_3 = \infty\right) - d_{2t}^{(m_t)}\left(d_3 = 0\right)$$

$$= \frac{\pi}{\kappa_{2t}} - \frac{2}{\kappa_{2t}}\tan^{-1}\left(\frac{1}{\kappa_{2t}'/\gamma_{1t}'}\right) = \frac{1}{\kappa_{2t}}\left[\pi - 2\tan^{-1}\left(\frac{\gamma_{1t}'}{\kappa_{2t}'}\right)\right] \tag{2.5-12b}$$

$$\Delta d_{2t}^{(m_t)} + \Delta d_{2tg}^{(m_t)} = d_{2t}^{(m_t+1)}\left(d_3 = \infty\right) - d_{2t}^{(m_t)}\left(d_3 = \infty\right)$$

$$= \frac{\pi}{\kappa_{2t}} = \frac{\pi}{k_0\sqrt{\bar{n}_2^2 - \bar{n}_3^2}} = \frac{\lambda_0}{2\sqrt{\bar{n}_2^2 - \bar{n}_3^2}} = d_{2c,3}^{(1)} \tag{2.5-12c}$$

例如, 对于 $\bar{n}_1 = 1.5$ 的 TM 模式, 由式 (2.5-11z,y) 分别在数值上为

$$d_{2t}^{(m_t)} = 0.450\,013m_t + 0.286\,487\tan^{-1}\left(\frac{0.344\,493}{0.031\,839 + d_{3t}}\right)\ [\mu m] \tag{2.5-12d}$$

$$d_{3t}^{(m_t)} = -0.031\,839 + \frac{2}{5.805\,63\tan\left[3.490\,56d_{2t}^{(m_t)} - 1.5708m_t\right]}\ [\mu m] \tag{2.5-12e}$$

当 $\infty > d_3 \geqslant 0$ 时,

$$0.450\,013 \cdot m_t < d_{2t}^{(m_t)} \leqslant 0.450\,013 \cdot m_t + 0.423\,61\ [\mu m] \tag{2.5-12f}$$

$$\Delta d_{2t}^{(m_t)} = 0.423\,61, \quad \Delta d_{2tg}^{(m_t)} = 0.264\,03, \quad \Delta d_{2t}^{(m_t)} + \Delta d_{2tg}^{(m_t)} = 0.450\,013\ [\mu m] \tag{2.5-12g}$$

当 $d_{2t}^{(m_t)} = 2\mu m$ 时, 由式 (2.5-11x):

$$4.444\,432 - 1 < m_t < 4.444\,432 \to m_t = 4 \tag{2.5-12h}$$

出现各阶过渡模式的有源层厚度和迁移层厚度的关系及其相位关系如**图 2.5-3D** **(c)**、**(d)** 所示。

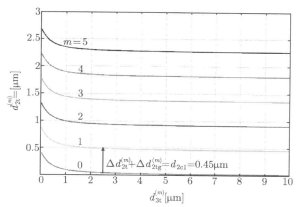

图 2.5-3D(c)　各阶过渡模式的有源区厚度

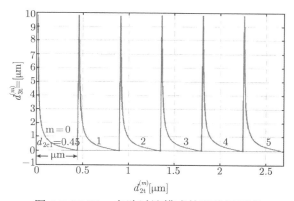

图 2.5-3D(d)　各阶过渡模式的迁移层厚度

5. A 类模式和 B 类模式及其特性

给定任一有源层厚度 d_2^0，则 d_2^0 必落在某个 $\Delta d_{2\mathrm{t}}^{(m_\mathrm{t})} + \Delta d_{2\mathrm{tg}}^{(m_\mathrm{t})}$ 区内，而有一个相应的 m_t **阶过渡模式**。由**图 2.5-3B(e)~(g)** 和 2.5.3 节 1. 中的 3:

$$m < m_\mathrm{t}, \quad \overline{N}^{(m)}(d_2^0, 0) > \overline{N}^{(m_\mathrm{t})}(d_2^0, \infty) \tag{2.5-12i}$$

则这些 m 和 m_t 模式只能是**原厚传播**或具有原厚传播特点的模式，可称为 **A 类模式**。显然，**A 类模式**光场在厚度为 $0 \leqslant d_3 \leqslant \infty$ 的迁移层内的分布都是衰减型的，不可能出现亮点，因而模式亮点随 d_3 的增加，虽然有从有源层向迁移层移动的趋势，但移动较小，且始终全部保留在有源层内 (**图 2.5-3D(e)、(g)**)。故随 d_3 的增加，**A 类模式**将连续转化为 $d_3 = \infty$ 时的三层平板波导的全部本征导波模式。又由**图 2.5-3B(e)、(g)** 和 **2.5.3 节 1. 中的 3)**，如在有解区，则当 $m > m_\mathrm{t}$ 时：

$$m > m_\mathrm{t}, \quad \overline{N}^{(m)}(d_2^0, 0 \leqslant d_3 < \infty) < \overline{N}^{(m_\mathrm{t})}(d_2^0, d_{3\mathrm{t}}) \tag{2.5-12j}$$

则 $m > m_\mathrm{t}$ 的模式，除 $d_3 = \infty$ 的极限情况以外，只能是增厚传播模式，这些 m 阶模式包括 $d_3 = \infty$ 极限情况下的模式，可称为 B 类模式。

当 $d_3 \to \infty$ 时，这 $m > m_\mathrm{t}$ 阶的 B 类模式将不满足 (2.5-11r,s,x) 的条件，即这时将为

$$\sin(\kappa_2 d_2 - m\pi) = 2\sin\left(\frac{\kappa_2 d_2}{2} - \frac{m\pi}{2}\right)\cos\left(\frac{\kappa_2 d_2}{2} - \frac{m\pi}{2}\right) \leqslant 0 \tag{2.5-12k}$$

导致

$$d_\mathrm{o} < 0 \ \ \text{或} \ \ 0 < d_\mathrm{o} < d_3/2 \tag{2.5-12l}$$

故 B 类模式光强在迁移层内的分布不是衰减型的，有源层内的亮点将有 $N_{b3} = m + 1 - N_{b2}$ 个移入迁移层内，直至 $d_3 \to \infty$。其中对偶阶模，N_{b2} 为 A 类模式中的最高偶阶模式亮点数 (例如，对 $d_2 = 2\mu\mathrm{m}$，$N_{b2} = 5$)，对奇阶模，N_{b2} 为 A 类模式中的最高奇阶模式亮点数 (例如，对 $d_2 = 2\mu\mathrm{m}$，$N_{b2} = 4$)，而且由于 $d_3/2 \gg |d_\mathrm{o}|$，式 (2.5-11i) 不可能趋于式 (2.5-11q)，因而移入迁移层内的亮点的相对光强 A_{32}^2 将随 d_3 的增加而迅速增加，如图 2.5-3D(a)，(e)~(j) 所示。直至当 $d_3 \to \infty$ 时，$\kappa_3 \to 0$，其光强 $A_{32}^2 \to \infty$。这时 B 类模式在有源层内的光功率限制因子 $\Gamma_2^{(B)}$ 也将迅速减小至 0，而在迁移层的光功率限制因子 $\Gamma_3^{(B)}$ 则将迅速增加至 1。由于迁移层是无源层，这时 B 类模式所需的模式增益也将迅速增加至 ∞ 而不能激射。实际上，这时的 B 类模式对有源层来说已完全转化为辐射模式，对于阶数越低的 B 类模式，出现这种光能大量移入迁移层的现象所需的 d_3 越小，如图 2.5-3D(e)~(j) 所示。

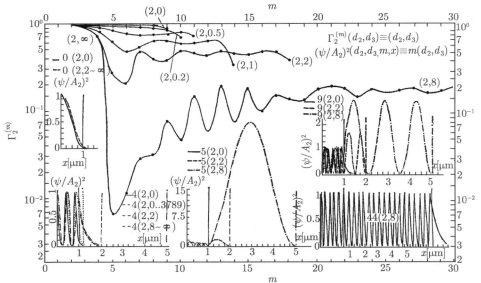

图 2.5-3D(e)　有源层厚度为 $2\mu\mathrm{m}$ 时，各阶模式近场图和光限制因子随迁移层厚度的变化[13.1]

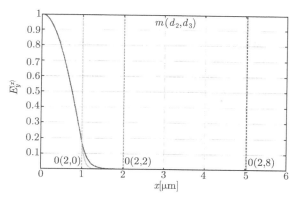

图 2.5-3D(f)　$d_2 = 2\mu m$，0 阶模式场分布随 d_3 的变化 —A 类模式

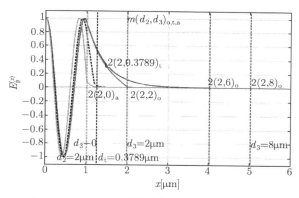

图 2.5-3D(g)　$d_2 = 2\mu m$，2 阶模式场分布随 d_3 的变化 —A 类模式

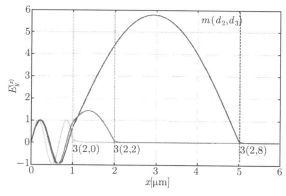

图 2.5-3D(h)　$d_2 = 2\mu m$，3 阶模式场分布随 d_3 的变化 —B 类模式

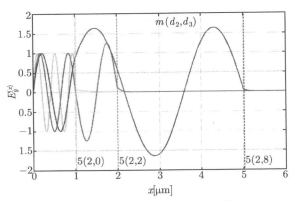

图 2.5-3D(i) $d_2 = 2\mu m$，5 阶模式场分布随 d_3 的变化 —B 类模式

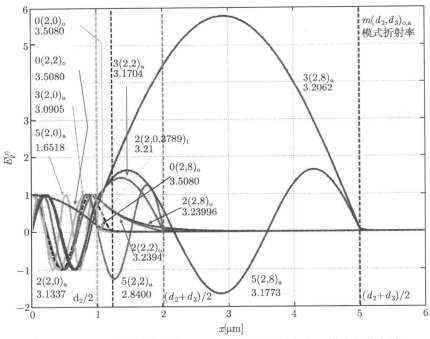

图 2.5-3D(j) 有源层厚度为 $d_2 = 2\mu m$ 的五层波导各阶模式场分布随
d_3 的变化与 A、B 模式和模数

图 2.5-3D(e) 中各个模式光强分布的插图和**图 2.5-3D(e)~(j)** 举例说明 A, B 类模式行为及其区别。由式 (2.5-11i)，在 $d_2 = 2\mu m$ 的条件下：

(1) A 类模式亮点数随 d_3 的变化。

基模：$0(2,0)_o$, $N_{bm} = (2 \times 0 + 1) = 1$; $0(2, 2 \sim \infty)_o$, $N_{bm} = (2 \times 0 + 1) + 0 = 1$

4 阶模：$4(2,0)_a$, $N_{bm} = (2 \times 2 + 1) = 5$; $4(2, 0 \sim \infty)_{a \sim o}$, $N_{bm} = (2 \times 2 + 1) + 0 = 5$

(2) B 类模式亮点数随 d_3 的变化。

5 阶模: $5(2,0)_a, N_{bm} = 2(2+1) = 6+0$; $5(2,0 \sim 8)_a, N_{bm} = 2(1+1)+2(0+1) = 2(1+0+2) = 6$

9 阶模: $9(2,0)_a, N_{bm} = 2(4+1) = 10$; $9(2,2)_a, N_{bm} = 2(2+1)+2(1+1) = 2(2+1+2) = 10$; $9(2,8)_a, N_{bm} = 2(1+1)+2(2+1) = 2(1+2+2) = 10$

44 阶模: $44(2,8)_a, N_{bm} = (2 \times 4 + 1) + 2(17+1) + 1 = 2(4+17+1)+1 = 45$。

因此, **2.5.3 节 1. 中的 3) 所提的图 2.5-3C(b) 中导波模式数随 d_3 的增加在 $d_3 = \infty$ 处有一突变**, 实质上就是由于当 $d_3 = \infty$ 时已不存在 $\bar{n}_1$ 限制层的反射层界面, 从而使五层平板波导突变为三层波导, 其导波模式的含义由光能应限制在 $d_2 + d_3$ 层内, 突变为光能应只限制在 d_2 有源层内。这时大量的 B 类模式由于其光能主要被限制在 d_3 迁移层内, 故不属于 $d_3 = \infty$ 极限情况下三层波导的导波模式, 其中只有 A 类模式同时是属于五层和三层平板波导意义下的导波模式, 而成为在 $d_3 = \infty$ 时保留下来的仅有模式。同时也说明在实际半导体激光器中, 绝不可能实现 $d_3 = \infty$ 的极限条件, 因而通常的 "三层平板波导" 结构实际上往往是五层平板波导结构, 这时只有 A 类模式是属于三层平板波导意义下的导波模式, 同时还存在着大量 B 类模式, 但这些 B 类模式往往由于其在有源层中的光功率限制因子非常小 $(\Gamma_2^{(B)} \approx \Gamma_2^{(m_c)} = 0)$, 不起明显作用而可略。同时必须指出, A、B 类模式与原厚、增厚模式的含义、概念和性质都不相同。原厚模式固然可能是 A 类模式, 但增厚模式不一定是 B 类模式。例如, 图 2.5-3D(e) 中的 4 阶模式 $4(2,0), 4(2,0 \sim \infty)$ 的插图或图 2.5-3D(g) 表明, 随 d_3 的增加, 这 4 阶模式从增厚模式逐渐转变为原厚模式, 但却始终是 A 类模式, 即随着 d_3 的增加, 其全部光点始终在芯区内不出来。由上分析, $m \leq m_t$, 是 A 类模式, 而 $m > m_t$ 则都是 B 类模式。因此, 图 2.5-3D(e)~(j) 中在 $d_2 = 2\mu m$ 条件下, $m_t = 4$, 则其 5、9、44 阶模式都是 B 类模式, 而其 0~4 阶模式都随着 d_3 的增加, 将从增厚模式逐渐转变为原厚模式, 但却始终是 A 类模式。

以上分析结果可归纳为下述定理和引理:

[定理 24] 有源芯层, 迁移层和外限制层折射率分别为 $\bar{n}_2 > \bar{n}_3 > \bar{n}_1$ 的对称五层平板波导中的导波模式行为可由其 m 阶模式折射率 $\overline{N}^{(m)}(d_2, d_3)$ 随有源芯层厚度 d_2 变化而以迁移层厚度 d_3 为参数的曲线族描述。芯层折射率 $\bar{n}_2$ 确定模式折射率可逼近而不能达到的上限水平线, 迁移层折射率 $\bar{n}_3$ 确定模式折射率从等厚传播解降到增厚传播解的分界水平线, 外限制层折射率 $\bar{n}_1$ 确定模式折射率可以达到的下限水平线 (图 2.5-3B(f), 下同)。

(1) 有源芯层厚度 d_2 和迁移层厚度 d_3 都会使模式光能向导波层集中, 因而使模式折射率增加, 即 $\overline{N}^{(m)}(d_2, d_3)$ 是其变量的单调增函数或单调上升曲线。

(2) 每模阶的模式折射率曲线 $\overline{N}^{(m)}(d_2, d_3)$ 组成互不相交的曲线族, 其上界是

$\bar{n}_3$ 水平线和 $\overline{N}^{(m)}(d_2, \infty)$ 的连接线, 下界是 $\overline{N}^{(m)}(d_2, 0)$ 曲线。

(3) 不同模阶的曲线族在原厚传播区仍不相交, 但在增厚传播区将相交。因而在增厚传播区中的每一点将有不同模阶的曲线通过。

(4) 每模阶的曲线族 $\overline{N}^{(m)}(d_2, d_3)$ 除了 $\overline{N}^{(m)}(d_2, \infty)$ 以外的曲线都会通过 $\bar{n}_3$ 水平线, 其每个交点确定一个过渡模式, 有交点的区域构成 m_t 过渡模式的有解区。在原厚传播区中 $\overline{N}^{(m-1)}(d_2, 0)$ 和 $\overline{N}^{(m)}(d_2, \infty)$ 之间形成无解区, 其中不存在任何模式折射率曲线, 因而在 $\bar{n}_3$ 水平线上截出一段无任何模式折射率曲线经过的禁区, 是 m_t 阶过渡模式的无解区。

(5) 对于一定的有源芯层厚度 d_2 的垂直线都可以通过 $\bar{n}_3$ 水平线, 其交点必在 m_t 阶过渡模式的有解区或无解区, 因而可能存在或不存在一个 m_t 阶过渡模式, 比 m_t 低阶的模式必为原厚传播模式, 称为 A 类模式, 比 m_t 高阶的模式必为增厚传播模式, 称为 B 类模式。

(6) m 阶 A 类模式在有源芯层厚度 d_2 内的亮点数 N_{b2} 为全部 $m+1$ 个, 不受迁移层厚度 d_3 的影响。m 阶 B 类模式在迁移层厚度 d_3 将有相应于 d_3 的 $N_{b3}(d_3)$ 个亮点进入增厚传播区, 因总亮点数为 $m+1$ 个, 故将只留下 $N_{b2}(d_3) = m+1-N_3(d_3)$ 个亮点在有源芯层厚度 d_2 内 (图 2.5-3D(g))。

(7) 对于一定的有源芯层厚度 d_2, B 类模式的最高阶 $m^{(5)}(d_2, d_3)$ 或模数 $m^{(5)}(d_2, d_3)+1$ 将随迁移层厚度 d_3 的增加而线性增加, 但达到无穷大的极限情况下, 将突然降为相应于有源芯层厚度为 d_2 的三层平板波导的最高阶 $m^{(3)}(d_2)$ 或模数 $m^{(3)}(d_2)+1$ (图 2.5-3D(g))。

[引理 24.1]　　实质上, A 类模式和 B 类模式各自的特有行为分别是原厚传播模式和增厚传播模式在一定有源芯层厚度 d_2 条件下, 对不同迁移层厚度 d_3 所表现的基本特性和基本区别。

[引理 24.2]　　有限的迁移层厚度 d_3 有抑制截止现象的作用。

[引理 24.3]　　过渡传播模式本身也是一种原厚传播模式, 但一般原厚传播模式的特点是模式亮点全部落在有源芯层厚度 d_2 以内, 在迁移层厚度 d_3 内的波函数和模式光强都是作指数衰减的。而过渡传播模式亮点虽然也是全部落在有源芯层厚度 d_2 以内, 但在迁移层厚度 d_3 内的波函数和模式光强则分别是作线性和倒抛物线型衰减的。

[引理 24.4]　　增加迁移层的折射率 $\bar{n}_3$ 相当于增加迁移层的厚度 d_3。

6. 应用[13.1]

上述对称五层平板波导理论既可应用于 y 向 (水平) 波导, 也可应用于 x 向 (垂直) 波导, 既可应用于普通半导体激光器, 也可以应用于量子阱激光器中的波导分析, 特别是分别限制异质结构的分析, 如图 2.5-3E(a)~(d) 所示。

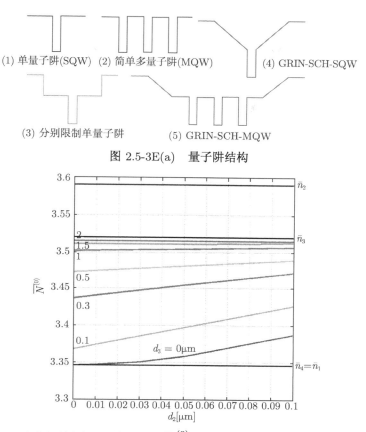

(1) 单量子阱(SQW)　(2) 简单多量子阱(MQW)　(4) GRIN-SCH-SQW

(3) 分别限制单量子阱　(5) GRIN-SCH-MQW

图 2.5-3E(a)　量子阱结构

图 2.5-3F(a)　四层平板波导基模折射率 $\overline{N}^{(0)}$ 随有源层厚度 d_2 和迁移层厚度 d_3 变化

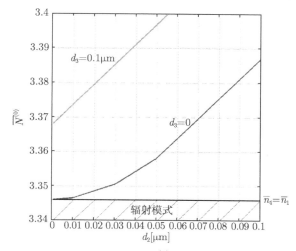

图 2.5-3F(b)　四层平板波导基横模折射率 $\overline{N}^{(0)}$ 随有源层厚度 d_2 和迁移层厚度 d_3 变化

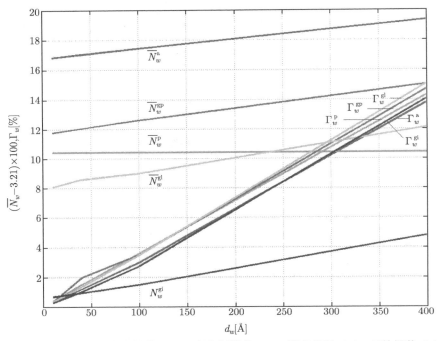

图 2.5-3F(c) 突变 (a)，渐变抛物 (gp)，渐变倒抛物 (gi)，渐变线性 (gl)，延伸抛物 (p) 型单量子阱的基横模折射率 $\overline{N}_w$ 和光功率限制因子 Γ_W 随阱宽 d_W 变化

2.6 突变波导模式的频谱结构

在实际半导体激光器三维光腔中得以存在的每个电磁波振荡模式除了有其特定的电磁场空间分布之外，还有其特定的振荡频率。有些是存在于一定频域范围内的无穷多频率组成的连续频谱，有些是存在于一定频域范围内的有限个分立频率组成的分立频谱。这些分立频率分属不同维的导波模式，其每维导波模式的分立频率具有不同的频率间隔而互相区分。而每维的特征频率间隔与该维波导是突变还是缓变分布有密切联系，因而三维模系的相对频谱结构有明显差别，因而从频谱分析不但可以鉴别模式的来源，而且可以从之判断光腔中的波导结构。以下将讨论突变波导的频谱结构作为本章的结尾。**第 3 章**缓变波导的开始将讨论与此不同的缓变波导的频谱结构。

2.6.1 连续谱

由**图 2.6-1** 和式 (2.5-3p)，在折射率为 $\bar{n}_2$ 的介质内，由波动方程给出传播常数的三个分量：$\beta_x \equiv \kappa_x$、$\beta_y \equiv \kappa_y$ 和 β_z 与光在真空中的波长 λ_0 之间的关系为

$$k_2 = k_0\bar{n}_2 = \beta = \sqrt{\beta_x^2 + \beta_y^2 + \beta_z^2} \rightarrow \frac{2\pi\bar{n}_2}{\lambda_0} = \frac{\omega\bar{n}_2}{c_0} = \sqrt{\kappa_x^2 + \kappa_y^2 + \beta_z^2} \quad (2.6\text{-}1a)$$

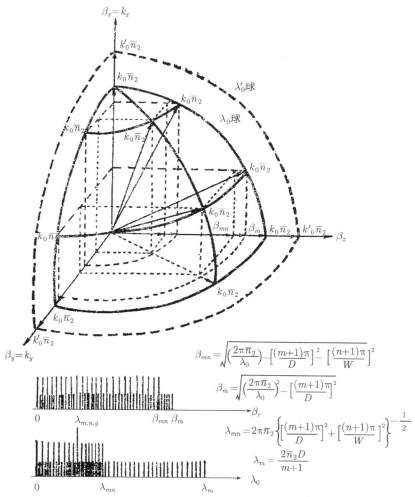

图 2.6-1 具有突变波导结构的半导体激光器内模式的谱结构模型

在无限介质内，如果不考虑色散，则 κ_x、κ_y 和 β_z 可以取任何值，λ_0 也可以取任何值，即它们都具有连续波谱或频谱。

在波导结构内，如果只受到一维或二维的横向限制，则只有一个或两个横向传播常数取分立值，波长 λ_0 仍然可以在一定范围内连续变化。例如，在三层或四层平板波导内，只有 κ_x 取分立值，其模阶为 $m = 0, 1, 2, \cdots, M$，这时将有

$$\kappa_x = \frac{2\pi}{\lambda_{0,x}}\bar{n}_2 = \frac{\omega_x}{c_0}\bar{n}_2 \approx \frac{(m+1)\pi}{D} = \frac{\pi}{D} \sim \frac{(M+1)\pi}{D} \quad (2.6\text{-}1b)$$

$$\lambda_{0,x} = \frac{2\bar{n}_2 D}{m+1} \Rightarrow 2\bar{n}_2 D \sim \frac{2\bar{n}_2 D}{M+1} \tag{2.6-1b'}$$

$$0 \leqslant \beta_z = \sqrt{\left(\frac{2\pi\bar{n}_2}{\lambda_0}\right)^2 - \left(\frac{(m+1)\pi}{D}\right)^2 - \kappa_y^2} = 0 \sim \sqrt{\left(\frac{2\pi\bar{n}_2}{\lambda_0}\right)^2 - \left(\frac{\pi}{D}\right)^2} \tag{2.6-1c}$$

$$\kappa_y = 0 \sim \sqrt{\left(\frac{2\pi\bar{n}_2}{\lambda_0}\right)^2 - \left(\frac{\pi}{D}\right)^2} \tag{2.6-1d}$$

如果在 y 方向上也有波导机制, 则这个方向上也将出现分立谱模式, 这时将有

$$\kappa_x \approx \frac{(m+1)\pi}{D}, \quad \kappa_y \approx \frac{(n+1)\pi}{W},$$

$$\beta_z = \sqrt{\left(\frac{2\pi\bar{n}_2}{\lambda_0}\right)^2 - \left(\frac{(m+1)\pi}{D}\right)^2 - \left(\frac{(n+1)\pi}{W}\right)^2} \geqslant 0 \tag{2.6-1e}$$

$$\lambda_0 = \frac{2\pi\bar{n}_2}{\sqrt{\left(\frac{(m+1)\pi}{D}\right)^2 + \left(\frac{(n+1)\pi}{W}\right)^2 + \beta_z^2}}$$

$$= \frac{2\pi\bar{n}_2}{\sqrt{\left(\frac{(M+1)\pi}{D}\right)^2 + \left(\frac{(N+1)\pi}{W}\right)^2 + \beta_{z,\max}^2}} \sim \frac{2\pi\bar{n}_2}{\sqrt{\left(\frac{\pi}{D}\right)^2 + \left(\frac{\pi}{W}\right)^2}} \tag{2.6-1f}$$

如图 2.6-1 所示。必须指出, 如果在 z 方向上只存在一个垂直端面, 则导波模式的频谱仍然有一段是连续的。

2.6.2 分立谱

如果在波导轴 z 方向上存在相距为 L 的两个垂直端面, 则其模式场将为

$$E_{mn}(x,y,z,t) = E_{mn}(x,y)\mathrm{e}^{\mathrm{i}(\omega t - \beta_z z)} \tag{2.6-2a}$$

必须满足在两个垂直端面上的边界条件:

$$E_{mn}(x,y,-L,t) = \pm E_{mn}(x,y,0,t) \tag{2.6-2b}$$

由式 (2.6-2a,b) 得出

$$\mathrm{e}^{\mathrm{i}\beta_z L} = \pm 1, \quad \beta_z = \frac{q\pi}{L} = \beta_{z,q}, \quad q \text{ 为正整数} \tag{2.6-2c}$$

从而形成了完全分立的**谐振模式**。其波长 $\lambda_0 \equiv \lambda_{mnq}$, 并由三维波导结构的参数 $(D,W,L,\bar{n}_2)$ 和三维模阶 (m,n,q) 唯一确定为

$$\frac{\bar{n}_2}{\lambda_0} = \frac{\omega_x}{2\pi c_0}\bar{n}_2 = \sqrt{\left(\frac{m+1}{2D}\right)^2 + \left(\frac{n+1}{2W}\right)^2 + \left(\frac{q}{2L}\right)^2} \equiv \sqrt{A_{mnq}} \tag{2.6-2d}$$

但是，材料折射率与波长有关，其色散关系可用**塞尔迈厄公式**表示为

$$\bar{n}_2^2(\lambda_0) = A_i + \frac{B_i \lambda_0^2}{\lambda_0^2 - C_i} \tag{2.6-2e}$$

不同材料的参数 A、B 和 C 如**表 2.6-1** 所示。对于 GaAs：

$$\bar{n}_2 = \sqrt{8.95 + \frac{2.054\lambda_0^2}{\lambda_0^2 - 0.390}} \tag{2.6-2f}$$

将式 (2.6-2f) 代入式 (2.6-2d)：

$$\frac{1}{\lambda_0}\sqrt{8.95 + \frac{2.054\lambda_0^2}{\lambda_0^2 - 0.390}} = \sqrt{A_{mnq}} \rightarrow A_{mnq} = \frac{8.95}{\lambda_0^2} + \frac{2.054}{\lambda_0^2 - 0.390} \rightarrow$$

$$(\lambda_0^4 - 0.390\lambda_0^2)A_{mnq} = 8.95\lambda_0^2 - 8.95 \times 0.390 + 2.054\lambda_0^2 \rightarrow A_{mnq}\lambda_0^4$$
$$- (0.390A_{mnq} + 11.004)\lambda_0^2 + 3.4905 = 0 \rightarrow$$

$$\lambda_0^2 = \frac{(0.390A_{mnq} + 11.004) + \sqrt{(0.390A_{mnq} + 11.004)^2 - 4A_{mnq}3.4905}}{2A_{mnq}} \rightarrow$$

解出

$$(\lambda_0)_{mnq} = \sqrt{\frac{(0.196A_{mnq} + 5.502) + C_{mnq}}{A_{mnq}}} \equiv \lambda_{mnq} \tag{2.6-2g}$$

其中，

$$C_{mnq} \equiv \sqrt{(0.196A_{mnq} + 5.502)^2 - 3.4905A_{mnq}} \tag{2.6-2h}$$

表 2.6-1 塞尔迈厄色散参数

i	材料	A_i	B_i	C_i
1	GaAs	8.95	2.054	0.390
2	GaP	4.54	4.31	0.220
3	InAs	7.79	4.00	0.250
4	InP	7.255	2.316	0.3922

图 2.6-2(a) 是对 $D = 0.3\mu m$，$W = 3\mu m$，$L = 300\mu m$ 和 $q = 2400 + q'$ 的计算结果。其中各谱线均以 (m, n, q') 标出，其作为波谱结构特征的**谱线间隔**分别为

$$-\frac{\Delta\lambda}{\Delta q} \approx 2.13\text{Å}, \quad -\frac{\Delta\lambda}{\Delta n} \approx 13.21\text{Å}, \quad -\frac{\Delta\lambda}{\Delta m} \approx 906\text{Å} \tag{2.6-2i}$$

其特点是横模间隔比侧模间隔约大 70 倍，比纵模间隔约大 500 倍，侧模间隔则比纵模间隔约大 6 倍。**图 2.6-1(b)** 是**弯月形异质隐埋激光器**的示意图，其实际测出的激光谱如**图 2.6-2(c)** 所示[12.14]。可见其结果特点与理论分析结果的特点在定性上颇为相似。

表 2.6-2   突变矩形波导的模式波谱结构

mnq'	A_{mnq}, μm^{-1}	C_{mnq}, μm^{-1}	$\bar{n}_{2,mnq}$	$\Delta\bar{n}_{2,mnq}$	$\lambda_{0,mnq}$, Å	$\Delta\lambda_{0,mnq}$, Å
000	18.8056	4.33187	3.67710	—	8479.35	—
001	18.8189	4.33336	3.67748	0.00038	8477.22	−2.138680
010	18.8889	4.33429	3.67947	0.00237	8466.08	−13.27272
100	27.1389	4.72975	3.94372	0.26662	7569.77	−909.5780

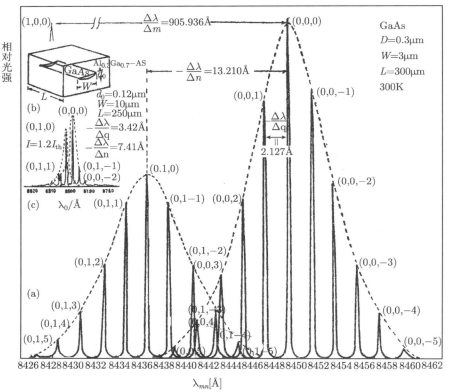

图 2.6-2   理论模谱与弯月形激光器模谱比较

[定理 24]   三维突变波导的模谱是包含横模 (x)、侧模 (y) 和纵模 (z) 既相互独立而又相互联系的三个分立谱系，其纵模 (q) 谱系主要由光腔的轴向长度 L 决定，横模 (m) 主要由光腔的横向等效厚度 D 决定，侧模 (n) 主要由光腔的侧向等效宽度 W 决定。由于各谱系的间隔特点是横模波长间隔 $\Delta\lambda_m$ 远大于侧模波长间隔 $\Delta\lambda_n$，而侧模波长间隔 $\Delta\lambda_n$ 又远大于纵模波长间隔 $\Delta\lambda_q$，$(\Delta\lambda_m \gg \Delta\lambda_n \gg \Delta\lambda_q)$，其中每个 n 阶的谱系是由不同阶 q 的纵模波长组成的梳状谱系，不同 n 阶的谱系是可能有部分重叠的纵模梳状谱系族，每个 m 阶的谱系就是由这些不同 n 的纵模梳状谱系族所组成，不同 m 的谱系族基本上不重叠。

第十三讲学习重点

在三层平板波导中的有源芯层与限制层之间分别加一层折射率介于其两者之间的迁移层而构成对称五层平板波导是一种更接近半导体激光器实际的波导结构模型，通过对其作深入和全面的分析研究，将可以得到对当今突变自建波导过程的深刻和全面的理解以及设计和应用。并从理论上指出三维突变波导谱系结构的可能基本特点。本讲的学习重点是：

(1) 对称五层平板波导的本征方程、模式折射率、波函数、场系数、截止关系的导出，及其随有源层和迁移层厚度的变化规律。各层亮点和光限制因子的分布，过渡模式和 A、B 类模式的特性随有源层和迁移层厚度变化的规律。

(2) 突变波导的连续谱和分立谱的结构和特点。

习 题 十 三

Ex.13.1 (a) 何谓 A 类模式和 B 类模式？可否认为它们分别就是原厚模式和增厚模式？为什么？(b) 分析并导出对称五层平板波导结构中模式的峰值或亮点数目及其空间分布，并证明对于一定的有源层厚度 d_2，其总模数 N_M 必随迁移层厚度 d_3 的增加作正比增加 (**图 2.5-3B(d)，图 2.5-3C(b)**)。然则当 d_3 趋于无穷大时，其总模数将为多少？为什么？(c) 求出有源层厚度 d_2 为 1 μm 时，一切可能存在的导波模式总数 (N_M)，过渡模式的阶 m_t，及其过渡厚度 d_{3t}，从而算出并画出 $d_3 = 0\mu m, 1\mu m, d_{3t}, 3\mu m, 9\mu m$ 时，$m_t - 2, m_t - 1, m_t, m_t + 1, m_t + 2, m_t + 5$ 阶模式场 $\psi(x)$ 在 $x = 0 \sim 5\mu m$ 区间的分布 (**图 2.5-3D(g)~(j)**)，并讨论其特点和意义。

Ex.13.2 (a) 有人认为半导体激光器中的 "横模具有其特征性的电磁场空间分布，如近场图和远场图等，纵模具有其特征性的频谱或波谱分布，如频率、波长、谱线间隔和谱线宽度等"，这样的认识是否正确？为什么？(b) 波导模式的频谱或波谱为什么会有连续谱和分立谱之分？它们分别是如何形成的？实际光腔一般都是三维的，其每维的频谱或波谱是否相同？如何区分？(c) 弯月形异质隐埋波导是一个突变还是缓变波导？何以其测出的模谱具有如**图 2.6-2** 中插图所示的梳状结构？这说明什么？

参 考 文 献

[13.1] 郭长志，陈水莲. 质量迁移层对 InGaAsP BH 半导体激光器阈值电流和模式行为的影响. 半导体学报, 1988, 9(2): 135–149; Guo C Z, Chen S L. Influence of mass-transported layers on threshild current and mode behavior in InGaAsP BH semiconductor lasers. translated by Eng A K. Chin. Phys., 1988, 8: 848–862.